石羊河流域水问题研究与实践

金彦兆　胡想全　雒天峰　王军德　程玉菲　等 著
丁　林　邓建伟　王以兵　孙栋元　李　斌

黄河水利出版社
·郑州·

内 容 提 要

本书通过对近10年来石羊河流域水文情势演变、植被恢复与生态环境保护、水资源保护开发与合理利用、农田节水灌溉与高效用水、地表水与地下水转化、区域水循环以及信息技术与水资源管理等水问题相关研究成果的系统集成、全面总结和重点凝练，提出了气候与土地利用变化情景水资源响应机制、生态环境修复与植被恢复模式、水资源合理配置与高效利用模式、生态－经济型绿洲建造技术模式、信息技术与水资源管理应用模式，对确保《石羊河流域重点治理规划》实施效果的稳定发挥和持续保持具有重要指导作用和借鉴意义。全书共分10章，主要包括概述、石羊河流域基本情况、气候与土地利用变化情景流域水资源响应过程、流域治理生态目标过程控制关键技术、流域生态修复与生态屏障构建技术、流域地下水运移及灌溉水循环转化规律、流域治理节水灌溉标准化技术、节水农业生态－经济型绿洲建造技术、基于总量控制的流域水资源管理技术和流域水资源高效利用与管理实践等内容。

本书涉及研究成果的取得，伴随了石羊河流域重点治理的全过程，技术层面突出集成、研发与综合技术体系形成相结合，实践层面注重示范应用与规模发展相统一，技术先进，系统性强，内容丰富，实践基础好，应用范围广，可供从事干旱区水资源系统规划、水利工程设计、水资源宏观管理和决策人员使用，亦可供有关研究人员与大专院校师生参考借鉴。

图书在版编目（CIP）数据

石羊河流域水问题研究与实践/金彦兆等著.—郑州:黄河水利出版社,2018.12

ISBN 978－7－5509－2170－2

Ⅰ.①石…　Ⅱ.①金…　Ⅲ.①石羊河－流域－水资源管理－研究　Ⅳ.①TV213.4

中国版本图书馆 CIP 数据核字(2018)第 233470 号

出 版 社：黄河水利出版社　　　　　　　　网址：www.yrcp.com

地址：河南省郑州市顺河路黄委会综合楼 14 层　　邮政编码：450003

发行单位：黄河水利出版社

发行部电话：0371－66026940、66020550、66028024、66022620(传真)

E-mail:hhslcbs@126.com

承印单位：河南瑞之光印刷股份有限公司

开本：787 mm×1 092 mm　　1/16

印张：40.75

字数：966 千字　　　　　　　　　　　　印数：1—1 000

版次：2018 年 12 月第 1 版　　　　　　　印次：2018 年 12 月第 1 次印刷

定价：260.00 元

前　言

　　石羊河流域水资源严重短缺，用水矛盾极为突出，由此导致地表水开发利用程度高、地下水严重超采、生态环境用水被大量挤占现象严重，继而引发了河流水生态系统恶化、地下水矿化度升高、林草植被萎缩甚至枯死等一系列生态环境问题，尤其是位于石羊河流域下游的民勤地区生态环境问题极为严峻，引起了全社会的广泛关注。从一定意义上说，民勤绿洲的消亡，将会直接危及石羊河流域中游绿洲甚至河西走廊大通道和国家生态屏障战略安全，丝绸之路、绿色走廊将有可能被沙漠阻隔，这必然会影响整个西部少数民族地区的发展与稳定，事关国家发展和民族和谐团结的长远大计。可以说，石羊河流域面临的所有问题，都是由水资源的短缺引起的，一旦解决了流域水资源问题，石羊河流域的一切问题便可迎刃而解。为了从根本上缓解石羊河流域水资源短缺、生态环境持续恶化的严峻形势，保障当地经济、社会、环境的协调、稳定与可持续发展，国务院于2007年12月批准了《石羊河流域重点治理规划》（简称《规划》）。伴随着《规划》的实施，国内各有关部门、科研院所相继开展了大量研究工作，取得了一系列研究成果，有力地支撑了流域重点治理各项工作的顺利推进和治理目标的如期实现。

　　为了深刻揭示石羊河流域地表水和地下水的循环转化规律，系统探索水资源合理配置与高效利用模式，科学合理地提出解决流域水问题的对策和措施，甘肃省水利科学研究院与民勤县水务局联合在石羊河流域下游建立了农业高效用水与生态环境保护试验站，水利部推广中心同时设立了甘肃省内陆河区高效节水技术推广示范基地。依托该基地，先后承担完成了国家国际科技合作计划项目"石羊河流域生态修复研究与示范"（2007DFA70860），国家科技支撑计划"民勤生态–经济型绿洲技术集成试验示范"（2007BAD46B05），国家自然基金地区基金"气候与土地利用变化对石羊河流域水资源影响研究"（51369003），水利部"948"计划项目"基于'3S'的民勤绿洲水资源管理技术应用与推广"（200847），水利部公益性行业科研专项"石羊河灌溉水循环转化规律及节水技术研究"（200801009）、"石羊河流域节水灌溉标准化技术体系规程研究"（201101045）、"石羊河流域治理生态目标过程控制关键技术"（201001060）以及甘肃省重大科技专项"民勤绿洲灌区节水关键技术研究与示范"（0702NKDA032），甘肃省技术研究与开发专项"河西内陆区免储水灌注水播种技术试验研究"（0912TCYA010）等项目，取得了一系列具有重要推广应用价值的创新研究成果，先后在《灌溉排水学报》《中国生态农业学报》《干旱区地理》《干旱地区农业研究》《中国农村水利水电》《水资源与水工程学报》《中国农学通报》《节水灌溉》《人民黄河》《水利规划与设计》等国家核心期刊发表学术论文80余篇，在河流水文情势演变、区域水循环与土壤水分动态变化、地表水与地下水联合调控、水资源合理配置与优化调度、农田灌溉与农业节水、农业种植结构调整与节水技术优化布局等方面提出了许多新思路、新观点、新方法和新技术，部分观点和方法得到了本领域专家、学者的一致认可和充分肯定，对有效解决石羊河流域水问题，支撑流域水资源可持续利用，保障区域经济、社会与生态系统协调、稳定与可持续发展具有很好的参考和借鉴作用。

《石羊河流域水问题研究与实践》涵盖了流域水资源变化情势预测、流域生态目标过程控制关键技术、生态修复与生态屏障构建技术、地下水运移与灌溉水循环转化规律、节水灌溉标准化技术、生态－经济型绿洲建造技术、流域水资源管理技术在内的与流域水资源合理配置与高效利用、节水灌溉与标准化技术、地表水与地下水循环转化规律、植被建设与生态环境保护等密切相关的流域水问题研究与实践成果，重点从节水灌溉技术在流域尺度的优化布局、中游区多水源地表水地下水联合调度、民勤水资源精细化调度与地下水目标控制、不确定因素影响下生态目标风险评价、不同灌溉技术效益与耗用水评价及大田作物、经济作物和设施农业节水灌溉标准化技术等角度开展研究，提出了能够有效解决石羊河流域水问题，支撑流域经济、社会与环境协调、稳定与可持续发展的新成果，用以指导流域重点治理实践，对全面推进《规划》实施进程，确保如期实现流域重点治理目标、保障西部生态屏障安全稳定、支撑经济社会协调发展具有深远的历史意义。同时，本成果涉及的水资源问题不仅是石羊河流域实现可持续发展的重要制约因素，也是今后我国北方缺水地区经济社会发展面临的共性技术问题，对确保类似缺水地区生态安全、供水安全与经济社会可持续发展具有十分重要的参考和借鉴作用。

先后参加前述项目（课题）研究的有甘肃省水利科学研究院李元红、金彦兆、王以兵、胡想全、雒天峰、王军德、邓建伟、丁林、程玉菲、孙栋元、孟彤彤、李斌、唐小娟、刘佳莉、王亚竹、梁川、吴婕、李莉、郑文燕、曾建军、宋增芳、罗三林，清华大学王忠静、朱金峰、胡智丹、尚文绣，中国农业大学郭萍、佟玲、姜娜、李思恩、王素芬、霍再林，甘肃省水文水资源局陈文、常继青，武威市水文水资源勘测局彭锁瑞，甘肃省水土保持科学研究所张新民，甘肃农业大学牛最荣，民勤县水务局魏多玉、潘存斌、张前中等。本书是在前述项目研究成果的基础上，由原项目组主要技术骨干金彦兆、胡想全、雒天峰、王军德、程玉菲、丁林、邓建伟、王以兵、孙栋元、卢书超、孟彤彤、李斌等撰写的。其中，第一章由金彦兆、张同泽、胡想全、王军德、雒天峰、丁林、程玉菲、孙栋元撰写；第二章由金彦兆、王以兵撰写；第三章由金彦兆、孙栋元撰写；第四章由胡想全、王军德、程玉菲、孙栋元、卢书超撰写；第五章由胡想全、王军德、程玉菲、孙栋元、卢书超撰写；第六章由丁林、雒天峰、程玉菲、孟彤彤、王以兵撰写；第七章由金彦兆、邓建伟、丁林撰写；第八章由雒天峰、程玉菲、丁林、李斌、王以兵撰写；第九章由胡想全、程玉菲、卢书超撰写；第十章由雒天峰、丁林、王军德、程玉菲撰写；王娟承担了成果后期的部分文稿校对与出版联络、文字校准等工作；全书由金彦兆完成最终统稿并审定。在书稿付梓之际，感谢与本书编写者一并长期开展石羊河流域相关项目研究的所有技术人员付出的辛勤劳动，感谢清华大学王忠静教授、赵建世副教授在石羊河流域相关项目申报、课题执行过程中给予我们的指导与帮助，尤其是曾经与我们并肩战斗了十余载的王忠静教授对课题研究工作给予的悉心指导和无私帮助，感谢中国农业大学郭萍、佟玲、姜娜、王素芬、李思恩、霍再林老师在项目执行期间付出的辛勤劳动，感谢甘肃省水土保持科学研究所张新民所长在甘肃省水利科学研究院工作期间付出的不懈努力及后期项目（课题）执行中给予的大力帮助，感谢甘肃农业大学牛最荣副校长、甘肃省水文水资源局常继青正高工、武威市水文水资源勘测局彭锁瑞局长在流域水文资料等方面提供的鼎力支持，感谢民勤县水务局魏多玉副局长长期以来对石羊河流域相关项目（课题）研究工作给予的大力支持！

  《石羊河流域水问题研究与实践》得到了科技部、水利部、国家自然科学基金委员会、甘肃省科学技术厅、甘肃省水利厅及有关部门的大力支持与帮助。本书成稿在前述项目(课题)研究成果的基础上,还吸收和借鉴了其他有关单位、其他项目(课题)组的相关研究成果和基础数据,在此一并表示感谢。

  由于编者水平有限,加之石羊河流域水问题的复杂性、多变性,综合治理的长期性、艰巨性,治理成效的时限性、局限性,相关技术研究与实践探索尚处在不断发展变化与逐步完善中,对部分问题的认识仍需假以时日,不断深化,因此书中难免存在不妥甚至错误之处,敬请读者批评指正。

《石羊河流域水问题研究与实践》编写组

2018 年 7 月 15 日

目　录

第一章　概　述

第一节　研究的目的与意义

一、研究背景

石羊河流域位于甘肃省河西走廊东端，乌稍岭以西，祁连山北麓，即祁连山东段与巴丹吉林沙漠、腾格里沙漠南缘之间，地理位置介于东经 101°41′~104°16′、北纬 36°29′~39°27′。东南与甘肃省兰州市、白银市相连，西北与甘肃省张掖市毗邻，西南紧靠青海省，东北与内蒙古自治区接壤，流域总面积 4.16 万 km²。

石羊河是甘肃河西走廊三大内陆河之一，是甘肃省河西内陆河流域中人口最多、经济较发达、水资源开发利用程度最高、用水矛盾最突出、生态环境问题最严峻的地区。现状流域水资源已严重超载，致使流域生态环境日趋恶化，尤其是下游民勤地区生态恶化形势已极其严峻，湖区北部地区已显现"罗布泊"景象，部分居民因无法生存而沦为生态难民，远走他乡。据有关资料记载，石羊河流域重点治理工程实施前，流域水资源开发利用程度高达 172%，远远超过其承载能力，致使生态环境日趋恶化，危害程度日益加重，影响范围持续扩大。具体表现为：一是南部祁连山区林草植被面积退缩，水源涵养功能减弱。由于上游山区人为的过度开发和超载放牧，林地减少，草场退化，植被覆盖度降低，水源涵养能力持续下降，约有 30% 的灌木林地出现草原化和荒漠化，林线比 20 世纪 50 年代上移 40 m。二是水资源严重短缺，下游来水量大幅减少。20 世纪 50 年代，石羊河流域年均径流量 17.8 亿 m³，现状已减少为 15.6 亿 m³，尤其是进入下游民勤盆地的水量已由 20 世纪 50 年代的 4.6 亿 m³ 减少至 2006 年的不足 1.0 亿 m³，过去曾经是长流水的南、北沙河如今已完全干涸。三是地下水严重超采，地下水位急剧下降。石羊河中下游区地下水年超采量达 4.32 亿 m³ 以上，其中民勤县年超采量接近 3.0 亿 m³，地下水位普遍下降 10~12 m，下降速率为每年 0.57 m，最大下降幅度达到 15~16 m。四是北部荒漠区植被枯死，荒漠化程度加剧。石羊河流域荒漠化面积达 1.8 万 km²，其中北部民勤县约 1.5 万 km²，维护北部沙区稳定的 12.2 万亩（1亩 =1/15 hm²，下同）沙生植物、90.0 万亩柴茨灌草枯死，300.0 万亩天然草场严重退化，流沙以每年 3~4 m 的速度向绿洲内部推进。五是自然灾害频繁发生，群众生命财产安全受到严重威胁。由于林草植被面积逐年减少，生态环境系统持续恶化，水土保持能力减弱，荒漠化、沙漠化面积不断扩大，风沙及沙尘暴危害日益加剧，特别是民勤县年均风沙日数达 139 d，最多时达 150 d，8 级以上大风日数达 70 d，年均强沙尘暴日数达到 29 d。由此不难看出，石羊河流域已成为水资源严重短缺、经济社会生态系统用水矛盾凸显的典型区域。民勤北部荒漠化、沙漠化日益加剧，生态环境已濒临崩溃，如果不尽快采取紧急抢救措施，沙进人退，"沙上墙，羊上房"的奇观将不断重演，民勤将会在不远的将来演变为又一个"罗布泊"。

石羊河流域的问题由来已久,其产生问题的根源是水资源严重短缺,由此导致用水结构不合理、地下水严重超采,继而引发一系列生态环境问题,引起全社会的广泛关注。从一定意义上说,一旦民勤绿洲消亡,将会直接危及石羊河流域中游绿洲甚至河西走廊大通道的安全,绿色走廊将有可能被沙漠阻隔,这必然会影响整个西部少数民族地区的发展与稳定,事关国家发展和民族和谐团结的长远大计。由此可见,石羊河流域面临的所有问题,都是由水资源短缺引起的,一旦解决了流域水资源的问题,石羊河流域的所有问题便迎刃而解了。

二、研究目的与意义

从根本上来说,石羊河流域的生态环境问题是资源型缺水所致。此外,由于工农业生产对水资源依赖程度高,长期无序开发导致水资源乱采滥用,难以真正做到合理开发、科学利用和有效保护,不仅造成水资源的巨大浪费,而且大量挤占了生态环境用水,出现了非常严峻的生态环境问题。为了从根本上缓解石羊河流域水资源严重短缺、生态环境持续恶化的严峻形势,保障当地经济、社会、环境的稳定、协调与可持续发展,国务院于 2007 年 12 月批准了《规划》,确定 2020 年主要生态目标为:平水年蔡旗断面下泄水量 2.9 亿 m^3,民勤盆地地下水开采量 0.86 亿 m^3,古浪河、黄羊河、杂木河、金塔河、西营河、东大河(简称六河水系)中游地下水开采量 4.18 亿 m^3。与此同时,甘肃省组织实施了规模宏大的流域重点治理工程,为从根本上抢救民勤绿洲迈出了坚实的步伐。

《规划》中的治理措施主要包括水资源配置保障工程、灌区续建配套与节水改造工程、生态环境建设与保护工程、生态移民及其他配套工程五部分。实施石羊河流域重点治理,拯救民勤绿洲,改善流域下游生态环境,根本出路在于通过水资源合理配置来增加生态环境用水,关键环节在于最大限度地实现农业灌溉的综合节水。农业是石羊河流域用水大户,只有最大限度地实现农业灌溉节水并把节水量切实用于生态环境建设,民勤地区生态环境恶化趋势才有可能得到遏制,拯救民勤绿洲的目标才能逐步得以实现。要实现农业节水,必须调整传统农业种植结构,转变现有农业发展模式,加强用水管理,转变用水方式。具体来说,就是要对以粮食作物为主的单一种植结构进行科学调整,通过优化种植结构,进一步扩大棉花、葵花等低耗水、高效益经济作物种植比例;建立包括输配水、田间灌溉、用水管理在内的灌溉农业全过程高效节水型灌溉系统,开展作物灌溉需水、生育期优化配水、农田水分管理、用水过程管理等灌区水管理技术研究与示范,积极探索干旱环境条件下发展"生态 – 经济 – 节水型"高效设施农业的新路子。

《规划》实施以来,流域重点治理工作取得了显著成效,结构调整全面推进,关井压田稳步实施,高效节水发展迅速,蔡旗断面 2010 年阶段下泄水量目标全面实现,流域尾闾地下水位逐步回升,但总体而言,与《规划》的要求尚有一定差距。为巩固近期治理成果,切实加快石羊河流域重点治理步伐,尽早实现规划远期治理目标,2010 年下半年开始,甘肃省有关部门及流域内地方政府在认真总结近期治理成果和经验的基础上,经过深入研究论证,提出了将规划远期 2020 年治理任务提前至 2015 年集中实施、对远期建设内容进行适当调整的方案。2011 年 3 月,甘肃省水利厅、发展改革委组织编制了《甘肃省石羊河流域重点治理调整实施方案》(简称《调整方案》),于 2011 年 7 月通过了水利部审查。

尽管《规划》和《调整方案》提出了蔡旗断面下泄水量、民勤盆地地下水开采量等生态水量目标和发展节水农业、高效农业的定额控制指标,但对《规划》实施的技术控制方案未进行深入研究,尤其是对节水灌溉技术在流域尺度上的优化布局与下泄水量目标等生态目标的关系、生态目标实现过程、不确定性因素影响下的生态目标风险等尚未进行深入研究。无论是《规划》还是《调整方案》,都只根据水资源配置方案,对全流域种植业内部粮食、经济作物比例进行了宏观调控,并没有提出不同区域、不同土壤情况下作物种植结构布局与调整的具体意见;只从提高灌溉水利用率的角度出发,确定了高效节水灌溉面积及灌溉定额,并没有对不同作物高效节水灌溉布局、技术模式等提出可具操作性的指导意见;只提出了灌区配套工程与节水改造内容及规模,并没有提出具体的不同灌水技术配套工程改造实施方案与对策。随着流域综合治理的不断推进,这些关键控制技术对治理目标的影响日益显现,增加了实现中游下泄水量及尾闾湿地目标的风险。分析其原因,主要是缺乏水资源实时调度管理中必需的节水技术优化布局、水资源联合调度过程控制、地表水地下水联合精细化调度等关键技术的支撑。

因此,开展包括气候与土地利用变化情景流域水资源响应机制、流域治理生态目标过程控制关键技术、生态环境修复与生态屏障构建技术、地下水运移与灌溉水循环转化规律、节水灌溉标准化技术、生态-经济型绿洲建造技术、流域水资源管理技术在内的与流域水资源高效利用、生态环境保护密切相关的流域水问题研究,重点从节水灌溉技术在流域尺度的优化布局、中游区多水源地表水地下水联合调度、民勤水资源精细化调度与地下水目标控制、不确定因素影响下生态目标风险评价、不同灌溉技术效益与耗用水评价及大田作物、经济作物和设施农业节水灌溉标准化技术等角度开展研究,提出能够有效地解决石羊河流域水问题、支撑流域经济社会发展的新技术、新方法和新模式,用以指导流域重点治理实践,全面推进《规划》实施进程,确保如期实现流域重点治理目标、保障西部生态屏障安全稳定、支撑经济社会协调发展具有深远的历史意义。同时,本成果涉及的水资源问题是石羊河流域实现可持续发展的重要制约因素,也是今后我国北方缺水地区经济社会发展面临的共性技术问题,对确保类似缺水地区生态安全、供水安全、粮食安全与经济社会可持续发展具有十分重要的参考和借鉴作用。

第二节 流域重点治理规划及实施情况

一、流域重点治理规划

(一)指导思想

坚持以人为本,树立全面、协调和可持续发展观,贯彻落实《中华人民共和国水法》和中央新时期水利工作方针。根据流域水资源特点、经济社会发展和生态环境保护的总体要求,从战略高度着眼,以全面建设节水型社会为主线,以生态环境保护为根本,以水资源合理配置、节约和保护为核心,以经济社会可持续发展为目标,立足本流域水资源,辅以适量的外流域调水,实施全流域综合治理。强化水资源管理,建立健全流域水权制度体系,规范水资源开发利用秩序;大力调整产业结构,实施高强度节水和废污水治理措施;工程措施与非工程措施相结合,生态效益、经济效益和社会效益相统一;下游抢救民勤绿洲、中游修复生态环境、上游保护水源；上、中、下游统筹规划，为全面实现小康社会和社会主义新农村建设战略目标奠定基础。

（二）治理目标

规划水平年：以 2003 年为现状水平年，2010 年和 2020 年为规划水平年，以 2010 水平年为规划重点。

规划治理范围：鉴于石羊河流域东部的大靖河水系、古浪县引黄灌区与流域内其他水系基本没有水力联系，与抢救民勤绿洲关系不大，因此《规划》只对大靖河水系和古浪县引黄灌区以外的流域其他范围进行治理规划。

规划总体目标：在保障生活水和基本生态用水、满足工业用水、调整农业用水，提高水资源利用效率、适度外调水量和生态移民的总体治理思路下，实现"决不让民勤成为第二个罗布泊"的重点治理目标。

2010 水平年治理目标：平水年份，民勤蔡旗断面下泄水量由现状年的 0.98 亿 m^3 增加到 2.50 亿 m^3 以上，民勤盆地地下水开采量由现状年的 5.17 亿 m^3 减少到 0.89 亿 m^3；六河水系中游地表水供水量由现状年的 9.72 亿 m^3 减少到 8.82 亿 m^3，地下水开采量由现状年的 7.47 亿 m^3 减少到 4.18 亿 m^3。基本实现六河水系中、下游区地下水的采补平衡，地下水位停止下降，有效地遏制了生态系统恶化趋势。

2020 水平年治理目标：平水年份，使民勤蔡旗断面下泄水量由 2010 年的 2.50 亿 m^3 增加到 2.90 亿 m^3 以上，民勤盆地地下水开采量减少到 0.86 亿 m^3；六河水系中游区地表水供水量由 2010 年的 8.82 亿 m^3 减少到 8.22 亿 m^3，地下水开采量稳定在 2010 年的 4.18 亿 m^3 左右。实现民勤盆地地下水位持续回升，北部湖区预计将出现总面积大约 70 km^2、地下水埋深小于 3 m 的浅埋区，形成一定范围的旱区湿地；六河水系中游地下水位有所回升，生态系统得到有效修复。

在西大河水系所属灌区实施以强化节水为核心的综合治理措施，实现西大河水系水资源供需基本平衡，使西大河水系下游金川—昌宁盆地地下水位有所回升，生态系统有所好转。

（三）规划布局

根据流域重点治理目标和总体治理思路，分上、中、下游分别布置治理措施。

1. 上游地区

继续建设和保护祁连山水源涵养林区，逐步扩大其保护范围。实施退耕还林（草）计划，减轻放牧强度，适度对水源涵养林核心地带农耕群众进行移民安置，减少人为活动干扰，逐步提高林草覆盖率，减轻水土流失，提高山区水源涵养能力。

2. 中游地区

调整产业结构和农业内部种植业结构、实施强化节水方案，提高用水效率，降低用水总量；减少地下水开采量，逐步恢复地下水位；实施污水处理工程，努力实现废污水资源化利用；建设绿洲防护林网体系，改善绿洲群众生活生产条件；以工业化带动城镇化发展，推动第三产业发展，扩大经济总量，增加就业；强化水资源管理，建立健全合理水价形成机制，全面推进节水型社会建设。

3. 下游地区

实施产业结构和农业种植结构调整,推行高强度节水措施,提高用水效率,大幅度压缩生产耗水规模,减少地下水开采,逐步恢复地下水位;大力发展第二、三产业,转变农业发展模式,扩大经济总量,增加就业,实现劳动力非农化转移;强化水资源管理,建立健全合理水价形成机制,全面推进节水型社会建设。建设必要的专用输配水工程,保障下游地区入境水量,增加生态用水,维护绿洲稳定;建设绿洲外围防风固沙灌木林带,实施绿洲与荒漠过渡带区域封育保护,建立荒漠生态保护区,提高生态自我修复能力;建设人工绿洲内部人工防护林网体系,改善绿洲群众生活生产条件;对失去人类基本生存条件和生存成本很高的民勤湖区北部居民实施生态移民,改善群众基本生存条件,同时减少人口对生态环境的压力。

(四)治理措施

为实现石羊河流域生态治理的最终目标,《规划》提出了以下六项综合治理措施:①加快流域城镇化建设、产业结构调整和农业内部种植结构调整步伐,大力发展设施农业和劳务输出,减轻流域水土资源压力;②建设专用输水渠工程、景电二期延伸民勤调水渠下段河道整治工程等水资源配置保障工程;③实施以干支渠改造、田间灌水模式改造和节水农艺技术研究推广为主的灌区节水改造;④实施生态建设与保护工程,建设祁连山区和民勤盆地生态建设与保护工程,实施生态移民工程,开展农村能源项目建设;⑤开展水资源区划及保护工作;⑥加强水资源管理基础设施建设,建设水资源调度管理信息系统,开展相关石羊河水循环转化规律研究及重点工程可行性研究。

二、流域治理调整规划

(一)实施周期调整

为巩固流域近期治理成果,切实加快石羊河流域重点治理步伐,尽早实现规划治理目标,推动区域经济社会又好又快发展,促进农业增效、农民增收、农村发展和生态改善,将规划远期2011~2020年治理任务提前到2011~2015年集中实施。

(二)水资源配置保障工程调整

水资源配置保障工程调整是将东大河至民勤蔡旗专用输水渠工程和景电二期向民勤调水渠下段河道整治工程调整为景电二期向民勤输水渠改建及民调渠延伸工程,包括景电二期向民勤调水渠改建段和民调渠延伸段两部分。

1. 景电二期向民勤调水渠改建

按照利用景电二期空闲时段、空余容量向民勤调水的原则,对景电二期总干一至十三泵站、总干渠、民调干渠段及各类建筑物险工险段和卡脖子区段进行改建,总计加固加高二期总干渠99.62 km、民调干渠明渠段14.33 km。

2. 民调渠延伸段建设

民调渠延伸段从民调工程5#泄水闸后新建输水渠道24.55 km,将水输送至民勤县蔡旗乡境内石羊河蔡旗水文站上游河道,沙漠腹地段采用钢筋混凝土暗渠,民武公路以北采用混凝土预制板弧底梯形断面渠道。

(三)水资源配置方案调整

1. 调整后民勤蔡旗断面水量组成

平水年份,2020 年民勤蔡旗断面下泄水量 2.95 亿 m^3,由三部分组成,分别为西营输水渠输水 1.08 亿 m^3、河道下泄 1.08 亿 m^3、景电二期向民勤调水 0.79 亿 m^3。其中,民勤调水从黄河提水 0.998 亿 m^3,至南北分水闸断面 0.89 亿 m^3,至民勤蔡旗断面水量 0.79 亿 m^3,输水效率 0.793。

2. 调整后水资源配置意见

《规划》实施金昌市灌区节水改造工程后,可实现农田灌溉节水量 4.22 亿 m^3,其中东河、西河、清河、四坝、金川灌区节水量分别为 0.75 亿 m^3、1.84 亿 m^3、0.30 亿 m^3、0.40 亿 m^3、0.93 亿 m^3。原计划东大河至民勤蔡旗专用输水渠的 0.30 亿 m^3 输水量(东大河皇城水库出库断面为 0.38 亿 m^3),只占《规划》金昌市灌区农田灌溉节水量的 7.1%。根据金昌市工业发展需水要求,调整实施方案中的水资源配置方案,将东大河分配给民勤的 0.30 亿 m^3 水量配置给金昌市工业使用。

三、规划实施情况

(一)优化调整产业结构

调整传统产业和各产业内部结构,是投入少、见效快、最直接的节水增收途径。流域内各级政府围绕推进传统农业向现代农业转变和建立新型工业结构,坚持节约用水、增加农民收入和确保粮食自给为目标,以水定产业、以水定规模。

1. 关井压田

截至 2015 年底,共压减农田灌溉配水面积 139 万亩,任务完成率达 103%。武威市按照《规划》提出的削减地下水开采量和压缩农业用水量的要求,关闭农业灌溉机井 3 318 眼,压减农田灌溉配水面积 66.52 万亩,任务完成率达 102%。

2. 产业结构调整

大力推进产业结构调整,积极发展战略性新兴产业,推动发展产业链经济,新型工业体系初步建立。2015 年,流域内第一、二、三产业比例为 19∶44∶37。

3. 农业种植结构调整

按照"规模化、区域性、多品种、高效益"的发展方向,流域内各级政府推动传统农业向现代农业转变,"三产"结构和粮经种植结构进一步优化。2015 年,流域内种植业粮经比调整为 57.4∶42.6。

(二)基本完成水资源配置保障工程

1. 西营河至民勤蔡旗专用输水渠

建成渠道总长 50.33 km,其中改建明渠 12.02 km,新建现浇混凝土明渠 13.87 km、暗渠 17.38 km、预制混凝土明渠 7.06 km。工程实施完成后西营河向民勤输水利用率从 42% 提高到 90% 以上。工程自 2010 年运行至 2017 年底,累计向民勤调水 11.06 亿 m^3,占民勤总调水量的 44.84%,其中 2017 年向民勤调水达到 1.43 亿 m^3。

2.景电二期向民勤输水渠改建及民调渠延伸工程

景电二期向民勤输水渠改建及民调渠延伸工程包括景电二期向民勤调水渠改建段和民调渠延伸段两部分。截至 2017 年底,已完成景电二期总干渠改造 34.13 km,民调干渠明渠改造 11.42 km,暗渠维修 1.0 km;民调渠延伸段新建输水暗渠 20.92 km,修建沿渠永久管理道路 30 km。

(三)超额完成灌区节水改造工程

截至 2016 年底,全流域改造干支渠长 1 883.66 km,完成批复建设任务的 101%。全流域完成田间节水改造面积 295.53 万亩,完成批复建设任务的 104%。

(四)较好地完成了生态建设与保护工程

建设人工绿洲基本生态体系和北部荒漠绿洲过渡带生态缓冲功能区,实施退耕封育、恢复荒漠植被等生态保护工程。自规划实施以来,武威、金昌两市累计完成人工造林 316.56 万亩,压沙造林 120.64 万亩,封育 254.71 万亩。其中,武威市累计完成人工造林 311.56 万亩,压沙造林 118.55 万亩,封育 236.95 万亩。

截至 2016 年底,生态移民试点工程完成移民 2.39 万人,任务完成率 100%。

(五)全面建成管理基础设施

水资源管理措施主要包括石羊河流域水资源调度管理信息系统工程、地下水开采计量设施安装等。其中,石羊河流域水资源调度管理信息系统工程共新建地下水位监测站 70 处,水质监测点 29 处,雨情数据采集点 28 处;安装机井管理 GSM 短信模块 61 套;西营灌区水位流量监测点 80 处;监测水库水位 4 处;控制闸门 63 孔,采集水位数据 17 处;视频监视 19 处 51 个站点;在凉州区清源、西营、金塔、古浪河灌区(部分)安装远程机井管理系统 1 681 套。工程建成运行至今,共采集 9 类 2 100 多个站点超过 400 万条数据,提高了石羊河流域水资源信息采集、处理以及水量监测与工程控制自动化水平。

全流域共安装地下水计量设施 1.75 万套,任务完成率 100%。

四、规划目标达成情况

(一)约束性目标提前全面实现

截至 2017 年,《规划》提出的民勤蔡旗断面下泄水量、民勤盆地地下水开采量两大约束性目标均已全面完成。

1.民勤蔡旗断面下泄水量

民勤蔡旗断面下泄水量目标提前超额完成。按平水年折算,2010 年,民勤蔡旗断面下泄水量达到 2.61 亿 m^3,近期目标完成率为 104%;2012 年达到 3.01 亿 m^3,提前完成了《规划》远期目标;2015 年达到 3.02 亿 m^3,远期目标完成率 102%;2016 年达到 3.37 亿 m^3,远期目标完成率 116%;2017 年达到 3.94 亿 m^3,远期目标完成率 134%.

2.民勤盆地地下水开采量

民勤盆地地下水开采量目标提前完成。自 2012 年以来,民勤盆地地下水开采量均在规划控制目标 0.86 亿 m^3 以内,提前完成了规划目标。

(二)其他目标基本实现

1. 六河水系中游地表水供水量

根据流域管理部门资料,2007 年六河水系中游总供水量 20.2 亿 m^3,其中地表水供水量 11.15 亿 m^3;2015 年六河水系中游总供水量减少到 14.81 亿 m^3,其中地表水供水量 9.92 亿 m^3。

2. 六河水系中游地下水开采量

根据流域管理部门资料,六河水系中游地下水开采量自 2007 年以来逐年减少,2015 年削减至 4.89 亿 m^3,较 2007 年减少了 46%。

3. 地下水位

地下水位下降趋势得到遏制,局部有所回升。根据甘肃省武威水文水资源勘测局监测数据,2007～2016 年民勤盆地、武威盆地和金川—昌宁盆地地下水位虽仍呈下降趋势,但 2011 年以后地下水位趋于稳定。2007 年以来,民勤青土湖地下水位呈逐年上升趋势,2017 年较 2007 年升高了 1.08 m。据甘肃省地质勘察院 2014 年 9 月现场调查,民勤青土湖区域地下水埋深小于 3.0 m 的旱区湿地约 106 km^2,局部地方地下水埋深小于 1.0 m,超过《规划》确定的北部湖区出现旱区湿地 70 km^2 左右的目标。

五、规划实施初步成效

(一)《规划》预期目标顺利实现,重点治理成效显著

《规划》各项措施得到全面落实,两大约束性治理目标均于 2012 年提前完成,下游民勤绿洲面积增加,干涸多年的青土湖形成了一定的季节性水面,同期流域内经济发展良好,群众收入显著增加,《规划》实施成效显著。与 2007 年相比,2015 年流域经济社会用水总量、地下水开采量等显著下降,蔡旗断面下泄水量、流域植被覆盖度等明显增加。通过强化节水和大幅提高经济社会用水效率,流域生态用水得到保障,2011～2017 年,在大幅减少民勤盆地地下水开采量的同时,蔡旗断面累计下泄水量 22.06 亿 m^3,累计向青土湖输水超过 2.04 亿 m^3,下游生态环境逐步好转,为流域可持续发展奠定了良好基础。

(二)流域植被面积明显增加,生态环境初步改善

《规划》实施以来,通过生态移民、关井压田、连片封育、治沙造林等措施,流域植被逐步恢复,局部地区植被覆盖度明显增加,沙化危害逐步减轻,生态环境得到初步改善。2010 年以来,武威、金昌两市累计完成治沙造林 316.56 万亩,封沙育林育草 254.71 万亩,森林覆盖率达到 21%;武威市连续 7 年有计划地向青土湖下泄生态用水,使干涸 51 年的青土湖形成了 3～25.16 km^2 季节性水面,湖区周边地下水位逐步回升,初步形成了 100 多 km^2 的旱区湿地。

(三)经济发展模式不断优化,水资源承载力向好转变

《规划》实施以来,流域内严格控制经济社会用水,大幅压减地下水开采量,形成倒逼机制,促使流域经济结构优化调整。经过多年的发展,逐步形成了以水定经济结构、以水定发展规模、以水定产业布局的发展思路,经济结构向适应流域水资源承载能力的方向转变。在水资源优化配置、产业结构优化调整的同时,水资源利用效率和效益显著提高,单方水效益产出大幅提升,在同等技术经济水平下,有限的水资源承载了更多的人口和经济容量。

(四)农业生产方式大幅转变,增收致富加快推进

通过开展生态移民、发展设施农业等措施,农业生产方式发生了显著变化,原有的传统农业生产方式彻底转变为现代化农业生产方式,农业生产效益明显提高。面对耕地持续压减、水资源长期短缺的实际情况,石羊河流域坚持以节水增收为目标,大力推进"设施农牧业＋特色林果业"的主体生产模式,促进了农民增产增收。

第三节　流域水问题研究与实践总体思路

一、研究范围与重点

(一)研究范围

为了更好地衔接《规划》治理成果,本书研究范围与《规划》治理范围保持一致,即除大靖河水系和古浪县引黄灌区以外的石羊河流域其他区域。

(二)研究重点

本书全面开展了包括气候与土地利用变化情景流域水资源响应机制、流域治理生态目标过程控制关键技术、生态环境修复与生态屏障构建技术、地下水运移与灌溉水循环转化规律、节水灌溉标准化技术、生态－经济型绿洲建造技术、流域水资源管理技术研究,重点从流域水文情势演变、节水灌溉技术在流域尺度的优化布局、中游区多水源地表水地下水联合调度、民勤水资源精细化调度与地下水目标控制、不确定因素影响下生态目标风险评价、不同灌溉技术效益与耗用水评价及大田作物、经济作物和设施农业节水灌溉标准化技术等角度开展研究。

二、研究目标与任务

(一)研究目标

石羊河流域水问题研究针对流域综合治理过程各环节对水资源的需求,以高效节水灌溉技术为依托,以地表水地下水联合调度为手段,以提高水资源利用效率、保障水资源有效供给、最大可能降低生态目标实现风险、确保生态目标实现、支撑流域可持续发展为目标,全面开展流域水文情势演变、生态植被建设、水资源合理配置、灌区农田水分调控、节水灌溉优化布局、节水灌溉技术集成与应用示范等相关水问题研究。其研究目标主要包括:揭示气候与土地利用变化情景流域水资源响应机制,预测未来不同情景水资源变化过程;开展流域上游祁连山区生态修复与水源涵养功能恢复技术、下游北部平原区生态修复技术研究,提出生态植被修复与建设模式;系统开展流域水资源供给、利用过程各环节水量转化关系研究,揭示水量损失与转化规律,提出输配水技术、高效节水灌溉技术模式,有效增加流域可利用水资源量;开展节水灌溉标准化技术体系研究,提出生态－经济均衡发展的节水型灌区发展模式,建立干旱区灌区高效用水技术应用样板;开展流域水资源总量控制方案、水资源调度与管理信息系统研究,提出水资源优化配置、高效利用、合理调度与科学管理对策措施,旨在为

节水型流域建设、生态屏障安全保障、重点治理生态目标实现以及后续实施效果的稳定发挥和持续保持提供技术支撑。

（二）研究任务

石羊河流域水问题研究的任务主要包括以下几点：一是揭示气候与土地利用变化情景流域水资源响应机制，预测未来不同情景水资源变化过程，为进行流域水资源优化配置与合理调度提供技术支撑；二是提出流域治理生态目标实现过程控制、风险评估与规避措施，指导流域综合治理各项措施的实施和过程管理；三是分区提出水源涵养、生态修复与植被建造技术模式，指导流域层面生态环境保护与生态屏障建设的顺利实施；四是提出地表水地下水联合调度规则，指导水资源保护开发利用在流域尺度的优化配置与合理调度；五是提出灌区种植结构调整、节水灌溉优化布局与节水灌溉技术应用模式，指导高效节水灌溉技术在灌区尺度的推广应用；六是基于农田高效节水灌溉技术，提出生态－经济型绿洲建造技术，实现流域经济－社会－生态系统的协调、均衡发展；七是提出流域水资源总量控制系统性技术方案与调度管理保障性措施，支撑流域水资源可持续利用、经济社会可持续发展；八是总结流域水资源高效利用与管理实践经验，为类似地区进行水资源利用过程管理提供技术借鉴。

三、研究解决的关键技术

本研究旨在为流域水资源合理配置、水资源优化调度、节水型流域建设、生态屏障安全保障、流域治理生态目标实现提供技术支撑，概括起来，需解决的关键技术主要包括以下四个方面：

（1）流域综合治理生态目标实现过程控制技术：以蔡旗断面水量、中下游地下水开采量、尾闾青土湖地下水位埋深与地下水浅埋区面积为控制指标的石羊河流域治理生态目标，基于流域水资源优化配置、高效利用、合理调度和科学管理等诸多环节的有机衔接、有效实施和有序推进，取决于对其实现过程的风险评估与管控，使得生态目标实现过程控制技术成为本研究的关键技术之一。

（2）基于水资源条件支撑的生态屏障构建技术：一方面，极度短缺的水资源本底条件导致了流域十分脆弱的生态环境；另一方面，日益加剧的人类经济社会活动使得流域水资源利用更加捉襟见肘，造成经济、社会、生态系统之间的用水矛盾进一步凸显，由此决定了水资源有限利用条件下生态环境保护与生态屏障构建技术成为本研究的关键技术之二。

（3）地表水地下水开发利用在流域尺度的优化配置技术：流域上下游、各用水部门对水资源利用在时间上、空间上的客观需求，水资源利用过程的循环转化、地下水的运移变化以及地表水地下水之间的多次循环转化，决定了流域水资源系统有机关联、多次转化、重复利用的特点，由此使得在流域尺度上进行地表水地下水开发利用过程的联合调度、优化配置成为本研究的关键技术之三。

（4）节水灌溉技术模式在灌区尺度的优化布局：节水灌溉技术推广应用与作物种植结构、农业生产方式以及水资源数量、特点、转化关系等密切相关，基于石羊河流域作物构成、灌区分布、水资源特点的多样性、复杂性和不确定性，从而使得在灌区尺度上进行节水灌溉技术模式的集成、布局、优化和应用示范成为本研究的关键技术之四。

四、研究内容与方法

（一）研究内容

按照旨在为节水型流域建设、生态屏障安全保障、重点治理生态目标实现提供技术支撑的要求，石羊河流域水问题研究内容主要包括以下八个方面：

（1）变化条件下流域水资源响应机制：定量分析土地利用时空变化特征和变异规律，揭示流域水文气象时空变化规律；建立气候变化与土地利用变化石羊河流域水资源影响模拟模型，揭示气候变化与土地利用变化情景流域水文水资源响应机制；预测未来不同情景水资源变化过程，为进行水资源优化配置与合理调度提供技术支撑。

（2）流域治理生态目标过程控制关键技术：开展节水灌溉技术适应性评价，研究田间灌溉水转化规律及转换关系，优选提出流域尺度主要节水灌溉技术布局；建立地下水模型，开展中游泉水溢出与转化规律，提出地表水、地下水联合调度方案，模拟蔡旗断面可能下泄流量；建立下游民勤地区地表水、地下水联合精细化调度模型，研究不同治理措施时下游地下水位与生态响应，优选提出最佳实时调度方案；研究流域治理可能发生的水文不确定性和管理不确定性对生态目标实现的影响。

（3）流域生态环境修复与生态屏障构建技术：在定量分析流域土地利用变化特点的基础上，分区域揭示生态环境修复技术需求；构建 SWAT 水文模拟模型，分析流域上游产汇流特点，结合生态水文过程，研究提出生态修复技术模式；定量分析北部平原区生态需水特征，集成生态修复技术模式。

（4）流域地下水运移与灌溉水循环转化规律：开展灌溉渠系水量损失及转化规律研究，建立水量转化模型，揭示渠系水量损失及转化规律；开展不同灌溉方式下灌溉水消耗机制、田间水分利用效率研究，揭示田间灌溉水转化规律；开展不同灌溉技术应用评价，提出高标准节水灌溉技术；针对不同农业节水技术，建立节水技术多目标优化模型，提出输配水技术优化模式和高效节水灌溉技术优化模式，为实现农业节水、增加生态用水、遏制生态环境恶化提供技术支持。

（5）基于流域治理的节水灌溉标准化技术：构建灌区尺度水土资源耦合评价及种植结构优化模型，提出节水效益型种植结构模式；进行不同灌溉技术效益与耗用水指标评价，提出不同灌溉方式技术指标与经济评价指标；开展大田作物调亏灌溉、滴灌、膜下滴灌、沟灌、隔沟交替灌标准化综合技术体系以及日光温室蔬菜膜下滴灌、膜下沟灌标准化综合技术体系研究，分别提出流域大田作物、设施农业节水灌溉标准化技术体系规程，以指导流域治理及后期节水灌溉技术的推广应用。

（6）基于节水农业的生态－经济型绿洲建造技术：研究生态－经济型绿洲种植结构模式、节水型储水灌溉技术、免储水灌注水播种技术；进行大田粮（草）优化作物节水灌溉新技术、大田经济作物灌水新技术、低压节能温室灌溉系统示范及设施农业种植结构优选；集成节水生态型粮（草）作物技术模式、节水高效型大田经济作物技术模式、节水高效设施农业技术模式及其技术模式集成与灌溉水管理技术，形成流域下游绿洲水资源高效利用与节水生态农业示范模式及推广体系。

（7）基于总量控制的流域水资源管理技术：围绕流域重点治理规划提出的不同水平年治理目标以及上下游水资源分配方案，以实现下游民勤绿洲灌区水资源优化配置和高效利用为研究目标,采用"3S"、C#. net 及数据库技术,建立民勤绿洲灌溉管理信息系统和地下水利用管理信息系统,运用 FEFLOW5.4 软件构建地下水数值模拟模型,开发水资源调度系统,根据调度管理系统模拟的最佳调度成果,制订绿洲地下水资源开发利用方案。

(8)流域水资源高效利用与管理实践:在流域大田粮食作物、经济作物、设施农业调亏灌溉、垄作沟灌、注水播种、膜下滴灌技术及灌溉水管理技术研究基础上,进行相应灌溉技术与标准化技术体系以及灌溉水管理技术示范,为流域高效节水灌溉技术的标准化、规模化、集成化推广应用提供样板,对全面推行节水灌溉技术、有效缓解区域用水矛盾、显著改善区域生态环境、实现水资源可持续利用提供技术保障。

(二)研究方法

在全面系统地收集整理石羊河流域水文气象、土壤地质、水资源现状与开发利用、土地资源利用、农业种植结构、经济社会发展、生态环境现状与植被修复、流域重点治理规划与实施效果等相关资料的基础上,兼顾流域上中下游发展,统筹区域"三生"(生活、生产、生态)用水,以区域经济、社会、生态环境协调均衡发展为目标,以水资源合理配置与高效利用为途径,以最大限度地提高水资源利用率和利用效率为抓手,采用调查研究与数据分析、现场试验与理论分析、测试分析与模拟计算、情景分析与数值模拟、技术集成与示范应用相结合的方法,依据应用数学、水利学、土壤学、生态学、经济学、信息技术等学科理论,应用水资源规划、水资源配置、水资源利用、水资源宏观决策、水文循环与模拟、卫星遥感、地理信息系统、自动控制、数据分析等技术,注重流域生态植被建设与环境保护、水资源合理配置与高效利用、经济与社会协调发展,提出包括变化情景流域水文水资源响应过程、生态植被建造技术模式、水资源优化配置技术模式、节水灌溉技术应用模式、生态目标实现风险管控技术措施在内的,能够确保流域经济 - 社会 - 生态系统协调均衡持续发展的水资源合理配置与高效利用技术模式。

五、研究框架与体系

石羊河流域水问题研究立足流域水资源极为短缺、地下水超采严重、供需水矛盾十分突出、生态环境极度脆弱、经济社会发展受到制约等现状,旨在通过流域上游生态环境修复与生态屏障构建技术研发应用,达到恢复植被、涵养水源的目的;通过中游地区种植结构调整和高效节水灌溉技术推广应用,谋求水资源合理配置与高效利用,建设节水型灌区,为全面实现蔡旗断面水量目标创造条件;通过地下水运移与灌溉水循环转化规律研究,依托地表水与地下水联合调度,促进经济、社会与生态协调均衡发展,为流域下游尾闾青土湖湿地生态目标恢复奠定基础。在此前提下,梳理、归并石羊河流域水问题表现形式及问题根源,从生态环境保护、水资源配置、水资源利用、区域水循环、水资源管理等方面全面开展与之相关的技术措施研究,按照最大限度地提高水资源利用率与利用效率,保障经济、社会、生态系统协调均衡发展的要求,提出了气候与土地利用变化水资源响应模式、生态环境修复与植被恢复模式、水资源合理配置与高效利用模式、生态 - 经济型绿洲建造技术模式、信息化与水资源管理模式,对确保石羊河流域重点治理生态目标实现具有重要意义。石羊河流域水问题研究与实践框架体系见图 1-1。

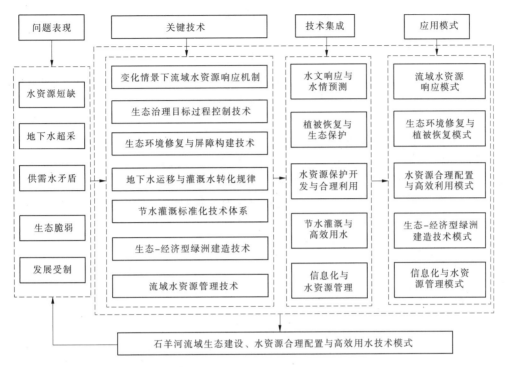

图 1-1　石羊河流域水问题研究与实践框架体系

第四节　主要研究成果

一、变化情景流域水资源响应过程

(一)流域土地利用变化过程与特征

(1)1980~2012年,石羊河流域土地利用发生了不同程度的变化,总体上耕地、城乡工矿居民用地、林地和水域呈现增加趋势,未利用地和草地呈现减少趋势。基于土地利用空间数据库,从1980~1995年、1995~2000年、2000~2006年和2006~2012年四个时段,定量分析了石羊河流域土地利用类型结构变化和不同土地利用类型转化过程与规律。

(2)1980年、1995年和2000年石羊河流域不同土地利用类型分形维数的排序均为:水域>耕地>林地>草地>未利用土地>城乡工矿居民用地。2006年和2012年分维数排序为:水域>耕地>草地>林地>未利用土地>城乡工矿居民用地。1980年石羊河流域整体土地利用分形维值为1.529 6,1995年为1.502 5,2000年为1.544 5,2006年为1.563 1,2012年为1.567 6。不同土地利用类型平均分形维数排序为水域(1.831 7)>耕地(1.567 8)>林地(1.535 1)>草地(1.531 5)>未利用土地(1.441 3)>城乡工矿居民用地(1.341 1)。1980年石羊河流域整体空间结构稳定性指数为0.108 3,1995年为0.099 7,2000年为0.122 8,2006年为0.116 7,2012年为0.118 6,说明整个流域不同土地利用类型的空间结构稳定性逐渐上升,其平均稳定性顺序为水域(0.331 7)>城乡工矿居民用地(0.158 9)>耕地(0.063 5)＞未利用土地(0.058 7)＞林地(0.035 1)＞草地(0.031 5)。

(3)石羊河流域土地利用结构合理度较高,均在75%以上,在时间上总体呈波动上升趋势。其中,2006～2012年上升19.54%,增幅最大,表明石羊河流域在近期治理后,土地利用结构趋于合理。不同土地利用类型变化对土地利用结构的合理性影响不同,其土地利用结构合理性关联度依次为未利用土地(0.973 8)＞林地(0.961 1)＞草地(0.950 4)＞耕地(0.935 2)＞居民用地(0.757 6)＞水域(0.709 0)。

(4)2020年研究区耕地、林地、水域、草地、居民用地、未利用土地的面积分别为6 136.83 km²、3 186.73 km²、203.32 km²、11 928.03 km²、669.30 km²、18 462.39 km²,与2012年相比,模拟2020年土地利用结构没有发生较大的变化,但是其土地利用格局继续保持1980～2012年间变化趋势,仍然是以未利用土地和草地为主,未利用土地占据优势地位,是土地利用格局的基质景观,其次是草地和耕地,林地、居民用地和水域所占份额较小,且减少量较小,各地类的相互转化量相对较小,基本保持稳定,处于动态平衡状态中。

(二)流域气象、水文变化趋势与规律

(1)石羊河流域气温呈现增加趋势,气温季节变化呈现不同变化规律,同时呈现不同变化幅度与趋势,各站春、夏、秋、冬四个季节均表现为增温趋势,但各个季节的增温速率略有差异,九条岭站、南营水库站、杂木寺站和红崖山水库站均呈现冬季增温速率最高的变化趋势,而黄羊河站呈现秋季增温速率最高的变化趋势。从南部到北部年均气温的变化率逐渐减小,从东向西气温的变化率先增大后减小,中部南营水库站的增温趋势最大,年均气温以0.488 ℃/10年的速率增加,在出山口以上中部地区出现了一个高值变化率中心,北部红崖山水库站增温趋势最小,年均气温以0.011 ℃/10年的速率增加。

(2)石羊河流域降水量由南向北为先减小后增大变化,其中杂木寺站降水量呈现减少趋势,年均降水量以8.779 mm/10年的速率递减;西大河站降水量增加趋势最大,年均降水量以20.259 mm/10年的速率增加;南营水库站降水量增加趋势最小,年均降水量以3.821 mm/10年的速率增加;出山口以下红崖山水库站降水量有增加趋势,年均降水量以6.323 mm/10年的速率增加;流域平均降水量分布为从南向北先减小后增加再减小,其中西大河水库站年均降水量最大,为417 mm,红崖山水库站年均降水量最小,为122 mm。

(3)石羊河流域径流量南营水库站减少幅度最小,年均径流量以0.104亿 m³/10年的速率减少;红崖山水库站减少幅度最大,年均径流量以0.625亿 m³/10年的速率减少。径流量年代际变化呈现不同变化规律,各站在各年代表现规律不尽一致。

(4)石羊河流域气温与径流量相关系数为负,即随着气温的升高径流量减少,各站线性相关系数在0.023 9～0.182 1,说明气温与径流量相关性较弱。降水和径流相关系数均为正值,即随着降水的增加径流量也增加,除红崖山水库站外,其余各站相关系数为0.285 6～0.518 1,说明降水和径流相关性较好。

(三)基于主成分分析法的石羊河流域水资源影响

通过对流域水资源变化影响因素分析,选取海拔、土壤、土地利用等地貌因素,温度、降水量等气象因素,人口密度、人均GDP、牲畜数等人口分布和经济因素,水资源径流因素,利用主成分分析法对石羊河流域水资源影响进行分析研究。通过对相关指标主成分贡献率分析,得到三个主成分,其方差贡献率分别为42.34%、30.40%和18.73%,累计贡献率已达

91.47%。根据回归方程,近60年来人为因子在水资源变化过程中起主导负作用,主要表现为人口、牲畜、工农业生产的急剧增加对水资源产生的破坏作用大大超过了降水因子的正作用,而温度因子虽其影响力不是很大,但却使水资源减少的趋势进一步加剧。

（四）石羊河流域分布式水文模型

根据流域特征,结合流域水文、气象、土壤等数据,建立流域空间数据库、属性数据库,采用SWAT模型,以数字高程模型为基础,通过流域河网生产和子流域划分,完成流域空间离散化,提取分布式水文模型参数,结合GIS、RS技术,建立石羊河流域分布式水文模型,应用LH-OAT法对模型参数敏感性分析,在此基础上,完成对模型进行校验和验证,同时运用石羊河流域九条岭水文站、黄羊河水文站、南营河水文站和杂木寺水文站水文数据对径流过程进行了模拟与评价。结果表明,SWAT模型能够较好地模拟石羊河流域内径流过程,实测流量和模拟流量的线性回归系数和模型的效率系数满足规定的要求。黄羊河流域模型验证期与模拟期,Nash-Sutcliffe效率系数较高,模拟与实测相比,相对误差小于10%,石羊河模拟与实测径流的相对误差以及模型效率系数都在模型模拟可接受的范围内。可见SWAT水文模型在石羊河流域径流模拟中有较好的适用性,可信度较高,精度也较高。

（五）气候与土地利用变化情景流域水资源变化预测

（1）设计降水变化为+20%、+10%、0、-10%、-20%,气候变化为+2℃、+1℃、0、-1℃、-2℃,通过预测分析,得出如下主要结论:①气候变化对径流影响显著,一方面,随着降水的减少和气温的增加年径流明显减少;另一方面,随着降水的增加和气温的降低年径流明显增加。②降水变化对年径流的影响比气温变化对年径流的影响更为显著,黄羊河、南营河降水变化20%所引起的年径流变化率分别是气温变化2℃所引起的变化率的3.17倍和2.70倍左右。③不同气候变化情景下的年径流差异明显,降水减少20%且气温增加2℃为年径流最小情景,黄羊河、南营河年径流分别比现状减少55.19%和57.98%;而降水增加20%且气温下降2℃为年径流最大情景,黄羊河、南营河年径流分别比现状增加61.00%和59.60%。

（2）气温变化对径流的影响在不同月份有着不同的表现:当气温逐渐升高时,春季3月、4月径流有少量增加,其他月份径流有不同程度的减少,其中夏季7~9月径流减少程度最大。春季径流的少量增加是由于气温的升高,流域内积雪温度提前达到融雪阈值温度,融雪过程提前并且融雪速率随温度的升高有所增大,从而积雪融水增大,导致径流有所增加。夏秋季在降水不变的情况下由于温度升高,蒸发量显著增加,从而使径流量有较大幅度减少。冬季径流量也有少量的减少是因为虽然气温有所增加,却仍然低于积雪融雪阈值温度,流域内的降水大部分以降雪形式保留在地面,而融雪过程尚未开始,不能贡献积雪融水,但是蒸发量（升华）却随气温的升高有所增加,最终导致径流量减少。

（3）设计土地利用变化情景为:林地面积增加且增加部分来源于耕地、林地面积增加且增加部分来源于未利用地、草地面积增加且增加部分来源于未利用地分别增加5%、10%、15%、20%,通过预测得出如下主要结论:①土地利用变化对径流变化影响显著,其中林地、草地面积的增加都将引起径流量的增加;②林地变化对径流量的影响明显大于草地变化对径流量的影响,在10%增长率情景下,黄羊河、南营河林地（来源于未利用地）的径流增长率分别是草地（来源于未利用地）径流增长率的1.60~3.65倍;③耕地利用变化对径流量的影响明显小于未利用地变化对径流量的影响,在 10% 增长率情景下,黄羊河、南营河林地(增长来源于耕地)的径流增长率分别达到林地(增长来源于耕地)径流增长率的 4 倍以上。

二、流域治理生态目标过程控制关键技术

(一)流域尺度节水灌溉优化空间布局

利用生态适宜性原理,将节水灌溉技术作为一种生态功能,选择土地利用类型、坡度、土壤类型和降水条件作为节水灌溉适宜性评价因子,借助最小费用距离分析模拟了基于生态目标的节水灌溉技术从渠道向周围空间扩展的过程,得出了石羊河流域中下游节水灌溉技术发展的强度分布特征,流域下游灌区节水强度要高于流域中游各灌区,部分天然生态也应适度推广节水灌溉技术。利用多目标规划方法,从经济效益、社会效益和生态效益三方面对流域中、下游种植结构进行了分析,明确提出压减春小麦、玉米等粮食作物,增加苜蓿生态作物、温室瓜类和蔬菜种植面积是今后流域种植结构调整的方向。采用模糊综合评判方法研究了石羊河流域中下游各灌区节水灌溉优化模式与适宜灌溉分区,基于石羊河流域综合治理,提出了保障蔡旗断面及尾闾青土湖湿地生态目标的流域尺度节水灌溉优化布局方案。

(二)基于 MIKE BASIN - FEFLOW 流域治理生态目标过程控制技术

根据研究区水文地质参数、初始设置和源汇项计算,建立了 FEFLOW5.4 地下水三维数值模拟模型,通过反复调整参数和均衡,识别水文地质条件,最终确定模型结构、参数等,并从观测井地下水位拟合曲线、含水层地下水位变幅分析和水量均衡分析三个方面,利用 2007 ~ 2011 年实测资料进行了模型验证。研究区绿洲地下水开采区地下水位仍在下降,但下降的幅度逐年减少,到 2011 年地下水位下降幅度大于 1 m 的区域基本消失,绿洲边缘地下水位逐年回升;均衡结果分析与实际基本一致,地下水开采主要集中在潜水含水层。建立了 MIKE BASIN 地表水模拟及管理模型,耦合了 FEFLOW 地下水管理模型,采用《规划》现状、近期和远期水平用水数据,模拟了蔡旗断面水量、研究区地下水均衡和水位埋深变化。计算结果显示,2003 年、2010 年和 2020 年蔡旗断面扣除调水工程后水量分别为 0.70 亿 m^3、0.97 亿 m^3 和 1.09 亿 m^3,与《规划》中的指标要求基本一致;2003 年、2010 年和 2020 年研究区地下水均衡量分别为 -4.32 亿 m^3、0.10 亿 m^3 和 1.03 亿 m^3,《规划》中研究区地下水均衡量分别为 -4.32 亿 m^3、0.03 亿 m^3 和 0.94 亿 m^3,结果相差不大,模拟结果能够达到精度要求;2010 年地下水埋深趋于稳定,基本停止下降;到 2020 年民勤绿洲区地下水位有所回升,湖区出现 73.89 km^2 的 0 ~ 3 m 地下水位浅埋区,武威盆地地下水位略有下降趋势,但幅度不大;2003 年、2010 年和 2020 年蔡旗断面泉水溢出量分别为 0.36 亿 m^3、0.40 亿 m^3 和 0.47 亿 m^3。

(三)基于 WEAP - MODFLOW 流域治理生态目标过程控制技术

根据研究区域水资源供需关系,对供水单元、需水单元、河流、渠道等进行概化,建立了 WEAP 水资源管理模型。根据研究区域水文地质参数、初始及边界条件和源汇项计算,建立了 MODFLOW 地下水三维含水层结构模型,对研究区地下水系进行了识别和验证,通过反复调整参数和均衡,识别水文地质条件,确定了模型结构、参数等。通过耦合 WEAP 模型和 MODFLOW 模型,实现了数据和结果在 WEAP 和 MODFLOW 之间的交换,共同完成了地表水、地下水联合调度。利用 2007 ~ 2010 年实测资料,依据水量均衡、蔡旗断面过流水量、观

测井地下水位拟合曲线等验证了 WEAP - MODFLOW 模型的可靠性。模拟时段内整个区域的入流和出流之差与地下水储水量、水库蓄水量变化完全满足水量平衡关系;蔡旗断面过流水量模拟与实测趋势相同,水量误差小于3%;绝大部分观测井水位模拟值与实测值匹配效果较好;个别观测井处水位模拟值与实测值存在偏差,但仍能反映水位的变化趋势。模型率定结果显示 WEAP - MODFLOW 连接比较可靠,精度满足要求,可用于研究区域地表水、地下水系统的模拟分析。采用《规划》中的用水数据、调水方案、种植结构和节水措施,使用 WEAP - MODFLOW 模型对研究区域进行模拟。结果显示,至2020年,六河水系中游地下水开采量3.9亿 m^3,蔡旗断面下泄流量3.0亿 m^3,民勤盆地地下水年蓄变量0.29亿 m^3,《规划》中2020水平年六河水系中游地下水开采量4.2亿 m^3,蔡旗断面下泄流量2.9亿 m^3,民勤盆地地下水年蓄变量0.26亿 m^3,结果相差不大。

(四)不确定因素下生态目标实现风险

结合甘肃省石羊河出山口六河水系1955~2009年径流系列资料和《规划》,将管理不确定性依据分为节水目标达成和节水目标未达成两种情景;将水文不确定性分为预测年情景和平水年情景,分别利用误差反向传播神经网络、贝叶斯分析方法、动态聚类法分析预测年和平水年1955~2009年径流系列资料,在二者基础上分析了不同管理不确定性下生态目标达成概率和偏移目标,提出了预测年情景下和平水年情景下蔡旗断面下泄水量与下游尾间湿地生态目标偏离程度和可能产生的损失,分析极端事件情景下的水文频率分别为95%、97%、99%的生态目标偏离程度和可能产生的损失。在不考虑各输水渠道调水量调整情况下,依据《规划》调整后的流域综合灌溉定额和灌溉水利用系数,提出了不同管理不确定性下极端风险概率95%、97%、99%情景下,蔡旗断面以上各灌区调整后节水灌溉面积以及预测年、平水年情景下为达到尾间湿地生态目标石羊河流域各灌区调整后的节水灌溉面积。

(五)生态目标控制优选方案

通过建立多层次评价指标,用成功度评价法对取水总量控制制度和治理措施实施所带来的影响进行了综合评估。石羊河流域取水总量控制目标评估体系和绩效评估体系综合评价值均在80分以上,总体而言,通过取水总量控制体系实施和流域重点治理,促进了流域经济结构、用水结构和发展方式转变,增加了城乡居民收入,减缓了地下水位下降速度,遏制了生态恶化趋势,使得局部生态环境有所好转。系统分析了石羊河经济发展目标、种植结构及灌溉模式、石羊河多水源状况、武威盆地水资源配置和民勤盆地水资源配置布局及调整状况,在调整方案的基础上,优选提出了民勤盆地泉山区所有用水均为地表水(方案一)、实现节水灌溉技术优化布局(方案二)、《调整方案》加强节水灌溉技术方案(方案三)和增加西营河调水(方案四)四种方案,利用建立的流域治理生态目标过程控制技术分析了方案的效果。结果显示,方案一对湖区水位回升有明显效果,但是对中游地区水位恢复没有明显作用;方案二对中下游灌区水位恢复有促进作用,特别是中游地区效果明显,但是对湖区出现浅水位效果不明显,此方案下湖区水位恢复过程缓慢;方案三能够有效增加流域内民勤盆地的地下水蓄变量,有效提升民勤盆地地下水位;方案四加大西营河调水对民勤盆地地下水的恢复无益,同时导致上游西营灌区缺水严重。建议方案一、方案二和方案三结合,在积极推广适宜的节水灌溉技术、调整中下游节水灌溉布局的前提下,调整下游民勤县的水资源配置管理,以促进石羊河流域生态目标的实现。

(六)石羊河流域治理生态目标过程控制建议

利用前述研究成果,分别从节水灌溉技术、水资源调度、水资源配置、蔡旗断面水量目标和尾闾青土湖湿地生态目标五个方面,提出了相应的流域治理生态目标过程控制建议:一是推广本项研究中基于生态目标的种植结构调整和节水灌溉布局优化方案。采用侧重生态效益的种植结构,压减春小麦和玉米等粮食作物面积,提高温室瓜类和蔬菜种植比例和生态型作物苜蓿的种植规模;重点发展滴灌和管灌等高效节水灌溉技术,推广"以管代渠"的渠系管道化技术。二是根据节水灌溉技术优化布局和种植结构调整方案,合理设计中下游水资源调度规则和方案,高效合理利用地下水资源。三是加大水资源配置工程建设,加大调整方案中水资源配置工程建设力度,推进灌区节水改造工程建设。四是加强流域中游节水灌溉技术推广,全面推进节水型社会建设,有效提升中游蔡旗断面天然河道下泄水量。五是通过将坝区灌区和环河灌区地表水置换为泉山区的地下水,在泉山区进行地表水灌溉,加快青土湖区地下水恢复过程,促进青土湖旱区湿地目标的早日实现。

三、流域生态修复与生态屏障构建技术

(一)石羊河流域祁连山区生态环境与土地利用现状

结合历史文献资料和石羊河流域自然地理特征考察报告,绘制了祁连山区主要植被类型地理分布图和土壤分布图,分析总结了1986年石羊河流域祁连山区森林、耕地和草地变化特征;利用遥感和地理信息技术对石羊河流域祁连山区1987年、1999年和2006年的遥感图像进行了土地覆盖数据解译,通过对三个不同时期生态环境变化趋势的研究,对比分析了真实环境下该区域生态景观格局;通过构建祁连山区景观格局分析评价指标体系,对比分析了1987年和1999年间祁连山区景观格局指标变化特征。针对以上分析结果,分析总结了祁连山区主要生态环境问题。

(二)石羊河流域祁连山区SWAT分布式水文模型

选择石羊河流域祁连山区杂木河流域作为研究小流域,基于GIS技术分析了流域地形特征、土地利用、土壤类型、气象、水文等资料,首次将SWAT分布式水文模型成功应用于该流域;利用杂木河流域SWAT分布式水文模型开展了2005年水文收支状况研究。

(三)石羊河流域最佳水源涵养功能植被组合模式

利用分布式水文模型研究不同立地条件下植被水文效应,基于不同立地条件下最佳植被组合模式,利用GIS地形分析和空间分析功能提出了区域生态修复措施。利用建立的流域分布式水文模型,设计不同植被组合模式,开展了不同植被组合模式及不同立地条件的水文效应和水量平衡特征研究,分析提出了不同立地条件下的最佳水源涵养功能植被组合模式。

(四)民勤生态功能分区

细化了民勤生态功能分区,针对不同生态功能分区的主要生态环境问题,提出了生态修复规划。根据北部平原区生态现状,结合不同区域地质、地貌、气候、农业、生物土壤及人类经济活动等特点及在石羊河流域中承担的生态功能,遵循民勤县在《甘肃省主体功能区划》中属于石羊河下游生态治理功能区这一基本定位,按照主导性和综合性原则,在生态环境主

导因素区划的基础上,利用 GIS 技术将石羊河流域北部平原区划分为不同生态功能区;针对不同生态功能区,开展了生态现状分析研究,提出了生态修复规划。

(五)民勤生态安全评价指标体系

以民勤县各乡(镇)为主要生态安全评价单元,根据北部平原区生态安全目标,构建了生态安全评价指标体系;采用目标—状态—响应方法,利用层次分析法和熵权法评价了民勤区域生态安全现状,在此基础上,利用 GIS 技术分析提出了不同生态功能区的生态安全综合指数。

(六)北部平原区生态需水配置方案

根据北部平原区生态功能定位和生态恢复目标,确定了生态功能区生态需水量,制定了以生态需水为核心的水资源配置原则,提出了北部平原区生态需水配置方案和保障措施。

四、流域地下水运移及灌溉水循环转化规律

(一)石羊河流域地下水位变化模拟

利用 FEFLOW 地下水运动模拟软件模拟了石羊河流域地下水位变化情况,并利用研究区的地下水典型观测井对模型模拟结果进行了验证。经分析,民勤盆地地下水总体呈由西南向东北流动的势态,就各区域而言,地下水流向又有差异。红崖山—县城一带,地下水由西南向东北流动;县城—狼跑泉山一带,地下水以苏武山东侧—狼跑泉山西侧为中线,由西南、东南两个方向向中线汇流后再向北反映出该段地下水在接受上游径流和沙漠区侧向补给后向强开采区流动的特征;狼山以北,地下水流向由西南向东北。

(二)渠系渗漏水运移过程模型

借助土壤水动力学理论对二维土壤水运动定解求值方法,建立了渠系渗漏水运移过程的求解模型。该模型在建立过程中考虑了水深压力对入渗过程的影响,模型的求解方法采用交替方向隐式差分格式(ADI 法)。对土壤剖面含水率、土壤水湿润峰运移值和累积入渗量及入渗速率等指标的实测值与模型计算值的比较结果表明,均具有较好的一致性,相对误差在15%以下。利用该模型并结合零通量面理论,通过实测法确定石羊河下游红崖山灌区渠堤水转化的零通量面为 1.2 m。在上述渗漏水转化分析的基础上,计算了 2010 年红崖山灌区渗漏损失水量。结合红崖山灌区 2010 年各级渠道运行数据,计算了石羊河流域红崖山灌区 2010 年全年运行期间渠道渗漏损失及其转化量,并计算了渠系水利用系数。

(三)土壤水分动态变化情况和转化规律

通过田间试验,分析了冬季、夏季休闲期,不同处理下土壤水分动态变化情况和转化规律。研究了小麦、玉米、棉花、葵花、辣椒、洋葱 5 种石羊河流域种植的主要粮食、经济作物在不同生长期的田间水转化规律,在此基础上,分析了灌区尺度的田间水转化规律,并以玉米为代表,利用一维垂直非饱和土壤水运动计算模型,模拟计算了玉米生育期各生长阶段不同灌水定额下田间水分转化规律,对棵间蒸发、深层渗漏与灌水定额之间的数量关系进行了定量研究,并与田间试验数据进行了比较,提出了石羊河流域玉米适宜的节水灌溉定额。

(四)水资源利用效率

在系统分析、计算灌溉水在渠道和田间渗漏量、蒸发量、田间储水量的基础上,以民勤红崖山灌区为例,计算了灌溉水利用系数,其中渠系水利用率为 82.24% ,田间灌溉水利用效

率为 78.71%，则灌溉水利用率为 64.73%。

五、流域节水灌溉标准化技术

（一）流域土壤肥力模糊评价模型与主导作物选择

在系统分析石羊河流域土地与水分生产力影响因素的基础上，建立了土壤肥力模糊评价模型，评价了流域内各灌区土壤肥力；按照流域种植大田粮食作物、大田经济作物对种植区土壤理化性质及水分条件的要求，对流域内不同灌区适合种植的主要作物进行了筛选，提出了流域各灌区适合种植的主导作物。

（二）流域主导作物种植模式与综合效益评价方法

选择制种玉米、小麦为主导粮食作物，选择酿酒葡萄、苹果、大棚蔬菜为主导经济作物，分别确定了不同作物适宜的灌溉方式、灌溉定额，分析了灌溉水生产效率，提出了以制种玉米滴灌为主的粮食作物种植模式和以温室蔬菜滴灌为主的经济作物种植模式，并从经济效益、节水效益、社会效益等角度出发，选取年平均投资额、产投比、灌溉定额、可转移水量、灌溉水利用效率、管理难易程度、推广难易程度等七个指标，构建了综合评价指标体系，提出了不同作物、不同灌溉方式下的流域主导作物综合效益评价方法。

（三）灌区节水高效作物种植结构和优先顺序

以灌区尺度为单元，以筛选提出的主导作物为对象，以土地生产力、水分生产力中的土壤肥力、水质状况、社会经济因素等指标为约束条件，以经济效益、社会效益和生态效益等综合效益最大为原则，建立了石羊河流域土地生产力和水资源配置耦合评价模型，应用模型提出了石羊河流域各灌区节水高效作物种植结构和作物种植优先顺序。

（四）节水型灌溉制度

通过土壤水分扩散规律、土壤水分动态、作物生长发育动态、耗水规律、产量、水分生产效率及经济效益的研究，提出了玉米、辣椒、葵花、棉花等作物在不同注水灌溉模式下的适宜注水定额、配套保水剂使用方案、配套农艺措施及相应节水灌溉制度，小麦、玉米、啤酒大麦春季储水灌溉适宜灌水定额、配套农艺措施及相应的春季储水灌节水灌溉制度。

（五）节水灌溉标准化技术体系

通过对土壤水分动态、耗水规律、产量、水分生产效率及经济效益等指标的研究，提出了春小麦、玉米、西瓜等作物调亏灌溉标准化技术体系，棉花、葵花、洋葱、制种玉米、辣椒等作物膜下滴灌标准化技术体系，春小麦、葵花、辣椒、南瓜等作物垄膜沟灌标准化技术体系。

六、民勤生态－经济型绿洲建造技术

（一）绿洲区作物生态环境贡献率

在分析收集到的大量资料和长系列水文资料的基础上，利用层次分析法将各种作物对生态环境的影响进行定量化分析，得出了项目区 12 种作物对生态环境的贡献率指标，其中，牧草（苜蓿）最大，为 0.196 7；蔬菜（温室）和瓜类（温室）其次，分别为 0.136 0 和 0.122 4；板蓝根、花生、洋葱、葵花、茴香、啤酒大麦和棉花为 0.075 ~ 0.055；春小麦和玉米最小，分别为 0.048 和 0.052。

（二）绿洲区多目标规划农业种植结构优化模型

结合项目区 12 种主要农作物水效率指标,建立了基于多目标规划的农业种植结构优化模型,分析得出了 2010 年、2020 年侧重于经济效益、社会效益、生态效益的农业种植结构优化方案,为地方政府未来种植结构调整提供了决策依据。

（三）绿洲区土面蒸发规律与土壤水分转化规律

开展了秋季免耕、免储水灌、春季储水灌和作物秸秆覆盖条件下农田休闲期土面蒸发规律的研究,得出了以上措施所减少的土面蒸发量分别为 10 mm、60 mm、45 mm、10 mm;开展了小麦、玉米、花生、辣椒等作物在免储水灌前提下施用保水剂、采用注水播种技术和地膜覆盖措施时的土壤水分转化规律研究,得出了各种技术措施的节水机制和节水量结果,各种作物在施用 $2.5 \sim 3$ g/m^2 保水剂时可减少棵间蒸发 $10 \sim 15$ mm,在采用注水播种技术时减少灌水量 130 mm 以上,在使用地膜覆盖措施时可降低棵间蒸发 50 mm 左右。

（四）绿洲节水－生态型农业技术模式

集成提出了民勤绿洲节水－生态型农业技术模式,分别是小麦免储水灌注水播种技术模式、玉米免储水灌地膜覆盖注水播种技术模式、玉米免储水灌注水播种全膜垄作沟灌技术模式、辣椒免储水灌注水移栽垄作沟灌技术模式、葵花(花生)免储水灌全膜垄作沟灌技术模式和温室蔬菜低压膜下滴灌技术模式等,节水增产效果得到了充分验证,宜于大面积推广。

七、流域水资源管理技术

（一）绿洲区灌溉管理信息系统

采用 C#. net 并结合数据库技术、GIS 技术建立了绿洲区灌溉管理信息系统,实现了灌区灌溉管理的可视化查询、动态管理、及时检索、查询工程信息状况等功能。同时,还能分析评价以及预测有关灌溉信息变化状况,并为本研究的水资源管理调度系统提供必需的基础数据。

（二）流域地下水利用管理信息系统

利用 C#. net 并结合数据库技术、GIS 技术建立了地下水利用管理信息系统,其功能主要包括三个方面:一是可有效地实现数据的可视化功能,使原来分散的数据得到有效统一,方便数据的查询与分析;二是通过对实测数据资料的补充,能及时更新数据库系统,便于维护;三是可为本研究的地下水模拟模型以及水资源调度管理系统提供数据库支持。

（三）流域水资源管理调度模型

基于民勤绿洲水资源利用现状,构建了水资源管理调度模型,该模型由 5 个子模块组成,其核心模型是水资源实时调度模型,另外还包括种植结构优化、需水预测、可供水量预测和结果评价 4 个预测子模块。该模型与利用 FEFLOW5.4 构建的地下水数值模拟模型耦合嵌套,通过地下水位模拟预测各方案在控制地下水位、改善生态方面的影响,评价方案的合理性。

（四）水资源配置方案

根据水资源管理调度模型模拟得到了水资源配置方案,分年度地下水控制开采量:2007 年 3.59 亿 m^3,其中坝区 1.79 亿 m^3,泉山区 0.93 亿 m^3,湖区 0.87 亿 m^3;2010 年 0.83 亿

m³,其中坝区 0.42 亿 m³,泉山 0.22 亿 m³,湖区 0.19 亿 m³;2015 年 0.80 亿 m³,其中坝区 0.41 亿 m³,泉山区 0.21 亿 m³,湖区 0.18 亿 m³。根据地下水开发利用方案,2010 年绿洲农业开采井由现状年的 7 605 眼压缩到 1 757 眼,其中坝区 530 眼,泉山区 805 眼,湖区 422 眼;2015 年绿洲农业开采井压缩至 1 691 眼,其中坝区 506 眼,泉山区 785 眼,湖区 400 眼。

参 考 文 献

[1] 甘肃省水利厅.甘肃省石羊河流域重点治理规划[R]. 兰州:甘肃省水利厅,2007.

[2] 陈隆亨,曲耀光. 河西地区水土资源及其合理开发利用[M]. 北京:科学出版社,1992.

[3] 李世明,程国栋,李元红,等. 河西走廊水资源合理利用与生态环境保护[M]. 郑州:黄河水利出版社,2002.

[4] 王浩,陈敏健,秦大庸,等. 西北地区水资源合理配置和承载力研究[M]. 郑州:黄河水利出版社,2003.

[5] 李世明,吕光圻,李元红,等. 河西走廊可持续发展与水资源合理利用[M]. 北京:中国环境科学出版社,1999.

[6] 康绍忠,栗晓玲,杜太生,等. 西北旱区流域尺度水资源转化过滤及其节水调控模式[M]. 北京:中国水利水电出版社,2009.

[7] 甘肃省水利科学研究院.气候与土地利用变化对石羊河流域水资源影响研究[R]. 兰州:甘肃省水利科学研究院,2018.

[8] 甘肃省水利科学研究院.石羊河流域治理生态目标过程控制关键技术[R]. 兰州:甘肃省水利科学研究院,2013.

[9] 甘肃省水利科学研究院.石羊河流域生态环境修复研究与示范 [R]. 兰州:甘肃省水利科学研究院,2010.

[10] 甘肃省水利科学研究院.石羊河灌溉水循环转化规律及节水技术研究[R]. 兰州:甘肃省水利科学研究院,2012.

[11] 甘肃省水利科学研究院.石羊河流域节水灌溉标准化技术体系规程研究[R]. 兰州:甘肃省水利科学研究院,2013.

[12] 甘肃省水利科学研究院.民勤生态–经济型绿洲技术集成试验示范[R]. 兰州:甘肃省水利科学研究院,2010.

[13] 甘肃省水利科学研究院.基于 3S 的民勤绿洲水资源管理技术应用与推广[R]. 兰州:甘肃省水利科学研究院,2009.

第二章　石羊河流域基本情况

第一节　石羊河流域概况

一、地理位置

石羊河流域是甘肃河西走廊三大内陆河之一,位于甘肃省河西走廊东端,乌鞘岭以西,祁连山北麓,即祁连山东段与巴丹吉林沙漠、腾格里沙漠南缘之间,地理位置介于东经101°41′~104°16′,北纬36°29′~39°27′。东南与甘肃省白银、兰州两市相连,西北与甘肃省张掖市毗邻,西南紧靠青海省,东北与内蒙古自治区接壤,流域总面积4.06万 km²。

二、地形地貌

石羊河流域地势南高北低,自西南向东北倾斜。全流域可分为南部祁连山地、中部走廊平原区、北部低山丘陵区及荒漠区四大地貌单元。南部祁连山地海拔2 000~5 000 m,山脉大致呈西北—东南走向,4 500 m以上有现代冰川分布。中部走廊平原区由位于东西向龙首山东延的余脉——韩母山、红崖山和阿拉古山的断续分布,将走廊平原分隔为南北盆地,南盆地包括大靖、武威、永昌三个盆地,海拔1 400~2 000 m;北盆地包括民勤—潮水盆地、金川—昌宁盆地,海拔1 300~1 400 m,最低点白亭海仅1 020 m(已干涸)。北部低山丘陵区为低矮的趋于准平原化、荒漠化的低山丘陵区,海拔低于2 000 m。

三、社会经济

石羊河流域行政区划包括武威市古浪县、凉州区、民勤县全部及天祝县部分,金昌市永昌县及金川区全部,以及张掖市肃南裕固族自治县和山丹县的部分地区、白银市景泰县的少部分地区,全流域共涉及4市9县。截至2015年底,流域总人口221.17万人,人口密度54.5人/km²,其中城镇人口92.90万人,农村人口128.27万人,城镇化率42.0%。

石羊河流域土地面积4.06万 km²,现状耕地面积30.801万 hm²,播种面积30.405万 hm²,农田有效灌溉面积30.004万 hm²,基本生态林地灌溉面积2.74万 hm²,农村人口人均农田有效灌溉面积0.23 hm²。

石羊河流域工业布局已形成以金川镍矿为首的稀有金属制造业和以凉州区为首的食品加工业格局。2015年,全流域国内生产总值606.19亿元,工业增加值194.83亿元。

石羊河流域土地资源丰富,光热条件好,农业生产发达,是甘肃省主要粮食生产区。种植粮食作物有小麦、玉米、油料等,畜牧业以家畜为主。2015年全流域粮食作物播种面积19.867万 hm²,粮食总产量达124.3万 t;经济作物播种面积9.614万 hm²,大小牲畜年末存栏547.63万头,其中大牲畜61.91万头(只),小牲畜485.72万头(只)。

四、气候条件

石羊河流域深居大陆腹地,属大陆性温带干旱气候,气候特点是夏季短促而炎热,冬季漫长而寒冷,日照充足、太阳辐射强、昼夜温差大、降水稀少、蒸发强烈、气候干燥,季风强劲、沙尘暴肆虐、扬沙天气多。由于流域地形地貌复杂,地势悬殊,气候差异较大,自南向北可大致划分为三个气候区。

(1)南部祁连山高寒半干旱半湿润区:海拔 2 000 ~ 5 000 m,年降水量 300 ~ 600 mm,年蒸发量 700 ~ 1 200 mm,干旱指数 1 ~ 4。

(2)中部走廊平原温凉干旱区:海拔 1 500 ~ 2 000 mm,年降水量 150 ~ 300 mm,年蒸发量 1 300 ~ 2 000 mm,干旱指数 4 ~ 15。

(3)北部温暖干旱区:包括民勤全部、古浪北部、凉州区东北部、金昌市龙首山以北等地域,海拔 1 300 ~ 1 500 m,年降水量小于 150 mm,民勤北部接近腾格里沙漠边缘地带年降水量 50 mm,年蒸发量 2 000 ~ 2 600 mm,干旱指数 15 ~ 25。

五、土壤类型及植被

石羊河流域从高山到平原土壤垂直带谱分异明显,山地土壤随着海拔的升高形成了灰钙土、栗钙土、黑钙土、亚高山和高山草甸土、寒漠土的垂直地带谱,绿洲平原区由山麓到沙漠出现了灰漠土、灰棕漠土、风沙土的地带谱,沿河绿洲又有灌漠土、潮土等非地带性土壤分布。由于耕地的熟化影响,绿洲内的耕地已由自然土壤演变为独立的土类,即绿洲灌耕土。此外,由于受复杂地形和农业耕种的影响,局部区域地带性土壤与地域性土壤交错分布,而且在特定的地区尚分布有盐土、草甸土、沼泽土、风沙土等土类。

石羊河流域有高寒草甸、灌丛草甸、森林草甸,寒温带山地荒漠,温带半荒漠、荒漠及绿洲等生态景观,全流域大致可分为南部山地生态系统、中部平原荒漠与绿洲生态系统、北部低山及高原生态系统。植被地带性分布规律为,在祁连山山地有山地草甸(高山草甸、沼泽草甸)、森林和草原(山地草甸草原、干草原、荒漠化草原)等植被类型,植被垂直分带性明显,自上而下依次为:高山甸状植被带(海拔 3 800 ~ 4 200 m),高山嵩草、苔草草甸植被带(海拔 3 500 ~ 3 800 m),高山灌丛草甸植被带(海拔 3 200 ~ 3 500 m),中高山青海云杉、祁连圆柏、金蜡梅等森林和灌丛草甸植被带(海拔 2 600 ~ 3 200 m 或 3 400 m),冷嵩山地草原植被带(海拔 2 300 ~ 2 600 m),短花针茅、冷嵩等荒漠草原植被带(海拔 2 000 ~ 3 000 m),珍珠、红沙、短花针茅草原荒漠植被带(海拔 1 800 ~ 2 000 m)。南北盆地的平原地缘绿洲内部为农作物和人工林等人工植被,某些地下水位高的地带有少量草甸植被。走廊北山为荒漠植被,以耐旱并较耐盐的小灌木为主,在沙漠边缘的山地为稀疏的沙生植物,其他地区均为沙生或盐生荒漠植被。

六、河流水系

石羊河发源于祁连山东段的毛毛山、冷龙岭北麓,自东向西由大靖河、古浪河、黄羊河、杂木河、金塔河、西营河、东大河、西大河等 8 条较大河流及多条小沟小河组成,河流补给来源为山区大气降水和高山冰雪融水,产流面积 1.1 万 km²,多年平均径流量 15.6 亿 m³。按照水文地质单元又可分为大靖河水系、六河水系及西大河水系,其中大靖河水系主要由大靖河组成,属大靖盆地,其河流水量在该盆地内转化利用,随着水资源开发利用率的提高,与石羊河干流已经失去了天然水力联系;六河水系由古浪河、黄羊河、杂木河、金塔河、西营河、东大河组成,属武威盆地,其水量被农业引灌和下渗洪积扇转化为地下水,在洪积扇边缘地带又以泉水形式溢出地表,形成众多泉水河道,最终在南盆地边缘汇成石羊河,穿过蔡旗进入民勤盆地,最终汇集于民勤北部的流域尾闾——青土湖,但随着红崖山水库的建成和流域水资源开发利用率的不断提高,现状红崖山水库以下河道除配合流域治理偶有洪水下泄外,出现天然地表径流的机会已非常少;西大河水系上游主要由西大河组成,隶属永昌盆地,其水量在该盆地内开发利用和转化后汇入金川峡水库,进入金川—昌宁盆地,在该盆地内被全部消耗利用。石羊河流域水系见图2-1。

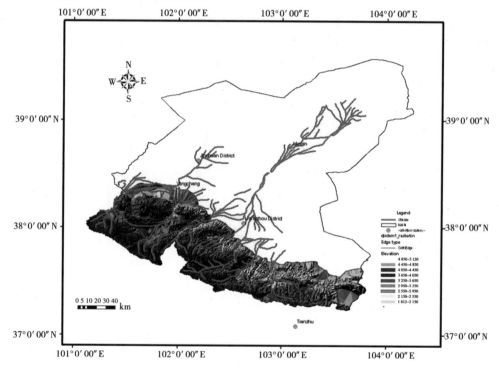

图 2-1　石羊河流域水系图

第二节　流域水资源及开发利用情况

一、水资源现状评价

(一)地表水资源

石羊河流域降水分带特征明显,地表水资源主要产于祁连山区,产流面积 1.11 万 km²。地表水资源总量 15.75 亿 m³,其中大靖河、古浪河、黄羊河、杂木河、金塔河、西营河、东大河和西大河 8 条较大支流多年平均天然径流量 14.74 亿 m³,其他 11 条小沟小河及浅山区多年平均径流量 1.01 亿 m³。

(二)地下水资源

石羊河流域与地表水不重复的地下水资源量为 0.99 亿 m³,其中流域天然降水、凝结水补给量 0.43 亿 m³,沙漠地区侧向流入量 0.49 亿 m³,祁连山区侧向补给量 0.07 亿 m³。

(三)水资源总量

流域水资源总量 16.74 亿 m³,其中地表天然水资源量 15.75 亿 m³,与地表水不重复的地下水资源量 0.99 亿 m³。

按水系分,西大河水系水资源总量 1.55 亿 m³,其中地表水资源量 1.44 亿 m³,与地表水不重复的地下水资源量 0.11 亿 m³;六河水系水资源总量 14.05 亿 m³,其中地表水资源量13.17 亿 m³,与地表水不重复的地下水资源量 0.88 亿 m³;大靖河水系水资源总量 0.13 亿m³,其中地表水资源量为 0.13 亿 m³,与地表水不重复的地下水资源量只有 20 万 m³。石羊河流域主要河流水文特征见表 2-1。

表 2-1　石羊河流域主要河流水文特征

河流 名称	河道长 (km)	集水面积 (km²)	最大径流		最小径流		多年平均径流量 (亿 m³)
			年份	数量(亿 m³)	年份	数量(亿 m³)	
大靖河	45	389	1961	0.32	1960	0.04	0.13
古浪河	53	877	1958	1.53	1965	0.40	0.77
黄羊河		828	1964	1.94	1965	0.94	1.42
杂木河	60	851	1958	4.98	1965	1.42	2.53
金塔河	50	841	1961	2.08	1962	0.20	1.47
西营河	80	1 455	1967	5.01	1962	2.84	3.84
东大河	36	1 545	1967	4.226	1962	2.497	3.14
西大河	51	811	1954	2.831	1962	0.908	1.44
小河及浅沟							1.01
合计							15.75

二、水资源特点

石羊河流域山区河流的径流补给主要是天然降水,因此地表径流年内分配与降水年内分配基本一致,作物生长期 4~6 月径流量仅占全年的 30% 左右,径流主要集中在汛期(6~9 月),占全年的 60% 左右。

石羊河流域地表径流量年际变化较大,丰、平、枯交替出现,但变化相对复杂,没有明显的周期规律。20 世纪 50 年代水资源偏丰,60~80 年代基本属于正常,90 年代偏枯,21 世纪前 10 年正常偏丰,2010~2015 年则为连续 6 年偏丰期,但总体来看,径流年际、年代际之间变化幅度不大。

年径流变差系数 C_v 值和最大最小倍比反映年际变化的程度,其中占石羊河径流量 90%

以上的六河水系 C_v 值为 0.15~0.25,不仅数值较小,而且变幅不大,说明六河水系水量补给较为稳定,年际变化不大。而仅占石羊河地表径流量 5% 左右的古浪河、大靖河 C_v 值则分别为 0.32、0.48,说明径流量越小的河流变差系数越大,径流补给越不稳定。

三、水资源利用现状

(一)水利工程建设现状

截至 2015 年底,石羊河流域共有水库 20 座,其中中型水库 8 座,小型水库 12 座,总库容 4.5 亿 m³,兴利库容 3.7 亿 m³,8 条支流除杂木河外其他均建有水库;已建成总干渠、干渠 109 条,干支渠以上渠道总长 3 989 km;建有机电井 1.69 万眼,配套 1.56 万眼,其中民勤现有机井数量 1.01 万眼,配套 0.9 万眼;建成万亩以上灌区 17 个;建成景电二期延伸向民勤调水和引硫济金两处跨流域调水工程。全流域水利工程现状供水能力 28.2 亿 m³,为保障流域供水安全、粮食安全、生态安全,促进经济社会发展发挥了重要作用。

(二)现状供、用、耗水量

1. 现状供水量

2015 年,石羊河流域总供水量 23.68 亿 m³,其中地表水源供水量 15.70 亿 m³,占总供水量的 66.3%(蓄水工程供水量 11.44 亿 m³,占总供水量的 48.3%,引水工程供水量 1.46 亿 m³,占 6.2%,提水工程供水量 0.40 亿 m³,占 1.7%,调水工程供水量 2.40 亿 m³,占 10.1%);地下水源供水量 7.67 亿 m³,占 32.4%;其他水源供水量为 0.31 亿 m³,占 1.3%。由此可见,石羊河流域水利工程体系完善,尤其是蓄水工程较多,供水量接近总供水量的 1/2;而流域水资源短缺矛盾突出,调水工程供水量占比超过 1/10。与此同时,流域对包括污水处理回用在内的其他水源利用量明显不足。

2. 现状用水量

2015 年,石羊河流域总用水量 23.68 亿 m³,其中工业用水量 2.14 亿 m³,占总用水量的 9.04%;农田灌溉用水量 19.08 亿 m³,占 80.57%;林牧鱼畜用水量 1.35 亿 m³,占 5.70%;城镇公共用水量 0.21 亿 m³,占 0.89%;城镇生活用水量 0.27 亿 m³,占 1.14%;农村生活用水量 0.21 亿 m³,占 0.89%;生态环境用水量为 0.42 亿 m³,占 1.77%。由此可见,石羊河流域农田灌溉用水量明显偏高,以六河系统中游及民勤县更为突出,而流域工业及生活用水比例明显偏低,从另一方面折射出流域产业结构不够合理,以农业为主的第一产业仍然主导着目前流域经济社会的发展。

3. 现状耗水量

2015 年,石羊河流域总耗水量 16.23 亿 m³,平均耗水率 68.5%。其中,工业耗水量 0.69 亿 m³,占总耗水量的 4.25%;农田灌溉耗水量 13.87 亿 m³,占 85.46%;林牧鱼畜耗水量 1.00 亿 m³,占 6.16%;城镇公共耗水量 0.10 亿 m³,占 0.62%;城镇生活耗水量 0.10 亿 m³,占 0.62%;农村生活耗水量 0.20 亿 m³,占 1.23%;生态环境耗水量为 0.27 亿 m³,占 1.66%。

四、水资源利用评价

众所周知,石羊河流域是甘肃省河西内陆河流域中人口最多、经济较发达、水资源开发利用程度最高、用水矛盾最突出、生态环境问题最严重的地区。2015 年,扣除外调水后,流域水资源利用率仍然高达127%。当然,流域水资源利用率居高不下的原因,一方面是流域特殊的水文循环与转化过程决定的,另一方面也集中反映了水资源短缺、用水量偏高的事实。

从流域耗水量分析结果来看,通过连续多年石羊河流域重点治理措施的实施,全流域2015 年耗水量已经低于流域多年平均水资源总量,这与流域尾闾青土湖区域地下水位稳定回升是高度一致的。尤其是随着综合治理的逐渐推进,依托农业种植结构调整,节水灌溉工程建设,水资源利用率显著提高,农业耗水量明显减少,综合治理前社会经济用水挤占天然生态用水,导致生态环境持续恶化的现象得到有效遏制,不仅为全面完成流域重点治理生态目标奠定了基础,而且为进一步实施流域后续治理积累了经验。

第三节　流域土地资源及开发利用情况

一、土地资源要素及特点

石羊河流域地域辽阔,地形地貌复杂,土地类型多样,森林、草原、冰川、雪山、戈壁、沙漠、湖泊、沼泽、滩地、裸砾等种类齐全。依据全国土地分类体系,结合石羊河流域土地资源性质和特点,其土地利用类型可划分为 6 个一级景观类型(耕地、林地、草地、水域、城乡工矿居民用地、未利用地)和 25 个二级景观类型。

就石羊河流域土地利用 6 个一级景观类型要素而言,林地、草地分布范围较广,是该流域土地利用的主要类型。林地、草地除重点分布在中游区域外,上游山区高程相对较低的区域及下游人工绿洲边缘区域也有广泛分布,但受山区高寒气候及水源因素制约,分布范围受到限制,一般规模不大。耕地则广泛分布在出山口以下的中游及下游区域,一般沿河流两岸及人工渠道所在区域分布,是该流域人工绿洲的重要组成部分。除流域尾闾青土湖和城区景观湖外,由水库构成的水域是流域十分重要的土地资源构成要素,流域内各支流目前均已有水库建成,是该流域水域的重要组成部分。城乡工矿居民用地则随流域经济社会活动广布于流域绿洲核心区域,是流域土地利用的精华,同时主导着流域土地利用的变迁。未利用地大多位于流域上游高山区和流域下游边缘区域,在中游局部范围内也有分布,但一般规模不大。其中,上游高山区未利用地利用难度大,利用价值低;而广泛分布在流域下游边缘以及中游区零星分布的未利用地则利用难度不大,一旦获得足够的政策支撑和水资源支撑,可在短期内转变为耕地、林地、草地、水域、城乡工矿居民用地等,对支撑流域经济社会发展具有重要价值。

二、土地资源利用现状

利用 2012 年石羊河流域夏秋季空间分辨率为 30 m 的 Landsat TM、ETM 遥感影像,提取土地利用信息,生成现状土地利用专题图,据此分析流域土地利用类型。石羊河流域土地利用现状主要依据土壤质地、地表覆盖物、主要用途等来划分,隶属一级六大类,具体见表2-2。

表 2-2　石羊河流域土地利用类型分类情况

土地类型	耕地	林地	草地	水域	城乡工矿居民用地	未利用地	合计
面积(km²)	6 945.20	2 756.06	10 908.95	190.26	526.43	19 251.92	40 578.82
比例(%)	17.12	6.79	26.88	0.47	1.30	47.44	100

石羊河流域 2012 年土地利用类型见图 2-2。

图 2-2　石羊河流域 2012 年土地利用类型图

石羊河流域土地面积约为 4.06 万 km²,人均占有土地面积 0.018 km²。截至 2012 年底,流域已利用土地面积为 2.13 万 km²,占总面积的 52.46%。其中,耕地面积占全流域面积的 17.12%,均为旱耕地;林地面积占流域总面积的 6.79%,包括有林地、灌木林地、疏林地和其他林地;草地面积占全流域总面积的 26.88%,包括高盖度草地、中盖度草地和低盖度草地;水域面积占全流域面积的 0.47%;城乡工矿居民用地占 1.30%;未利用地占47.44%,包括沙漠、戈壁、盐碱地、沼泽、裸地、裸岩石砾地及其他未利用地等。

三、土地资源利用评价

石羊河流域地域辽阔,土地类型多样,适耕面积大,水资源短缺,水土资源适配性差,植被覆盖度低,生态环境极度脆弱。流域上游山区降水量相对较大,植被条件较好,但区域内山高坡陡,土地开发利用条件较差,现状利用基本以林地、草地为主,局部有人工水域面积存在;中游区域地形相对较缓,地表水、地下水资源条件较好,土地适耕性好,人类社会经济活动频繁,是本流域内主要的农业灌溉、林果产业和畜牧业发展区域,土地利用以耕地、城乡工矿居民用地为主,兼有林地、草地等类型;下游区域地形平缓,地域辽阔,土地资源丰富,但水资源条件较差,水土资源适配性很差,土地利用主要以局部区域的耕地、城乡工矿居民用地为主,零星、点状分布有林地、草地,受腾格里沙漠影响,绝大部分区域为难以利用的沙漠或零星分布有红柳、梭梭等沙生植物的沙丘。

总体来看,石羊河流域土地资源开发利用程度较低,以耕地、草地为主的开发利用区域仅占52.56%,以沙漠、戈壁、盐碱地、沼泽、裸土地等为主的未利用地面积占47.44%。但进一步分析可知,虽然流域内尚有接近一半的土地未能得到开发利用,但受特殊自然环境、地形地貌、区域特点等各种因素的影响,土地资源的进一步开发利用受到一定制约,尤其是水资源短缺,成为土地资源进一步开发利用的最大掣肘。

第四节　流域农业生产与种植结构情况

一、农业生产现状

截至2015年底,石羊河流域耕地面积30.801万hm^2,播种面积30.405万hm^2,农田有效灌溉面积30.004万hm^2。在播种面积中,以谷物、薯类为主的粮食作物种植面积16.580万hm^2,以蔬菜、油料、药材为主的经济作物种植面积11.565万hm^2,其他作物种植面积2.260万hm^2。石羊河流域2015年农作物播种面积分布见表2-3。

表2-3　石羊河流域农作物播种面积情况　　　　　　　（单位:万hm^2)

粮食作物				经济作物						其他	合计
谷物	豆类	薯类	小计	棉花	油料	蔬菜类	瓜果类	药材	小计		
12.154	1.301	3.125	16.580	0.604	3.251	5.449	0.831	1.430	11.565	2.260	30.405

二、主导作物及种植结构

由表2-3可见,石羊河流域主导作物仍为粮食作物,占农作物播种面积的54.5%,其次为经济作物,占农作物播种面积的38.0%。进一步分析可知,在粮食作物中,玉米播种面积最大,占粮食作物的45.6%,其次为小麦,占22.8%,第三为薯类,占18.9%;在经济作物中,蔬菜面积占比最大,占经济作物的47.1%,其次为油料,占28.1%,第三为药材,占12.4%。

三、种植结构变化分析

长期以来,受水资源短缺因素制约,石羊河流域内各级政府按照以水定产业、以水定规模的要求,推进传统农业向现代农业转变,农业种植结构得到进一步优化调整。尤其是伴随着流域重点治理的实施,通过大力推广高效节水灌溉技术,流域内农业种植结构得到进一步优化调整,由传统的粮食、瓜果类等大宗作物逐步向蔬菜、药材等高附加值作物转变。流域粮食作物、经济作物比例由重点治理实施前2007年的61:39调整为2015年的55:45和2016年的52:48,与《规划》要求的50:50已非常接近。由此可见,流域粮食作物种植比例明显降低,而经济作物种植比例逐渐提高,同时农作物种植结构更加复杂,枸杞、枣、鲜切花、大豆以及各类中药材等非传统类作物不断得以引进试种并取得成功,成为调整农作物种植结构、引领现代特色农业发展的重要组成部分。

第五节 流域节水农业发展情况

一、节水农业发展历程

受水资源短缺因素制约,石羊河流域节水发展起步较早,成效显著。从20世纪五六十年代发展起来的卵石衬砌渠道开始,始终处于甘肃省先进水平。改革开放以来,伴随着我国水利建设事业的大规模发展,水库塘坝建设、河道整治、平田整地以及渠系配套等一系列水利工程随之全面实施,农田水利工程体系逐渐完善,灌溉渠系日趋系统,各种类型的混凝土衬砌渠道得以大量推广应用,流域节水农业得以快速发展。20世纪80年代中后期,管道输水灌溉技术、燕山滴灌技术先后被引进并在流域内得到了推广应用。90年代后期至21世纪初,国家先后实施了节水灌溉示范项目和节水灌溉标准化县建设项目,显著促进了流域节水灌溉技术的推广应用,使流域高效节水农业发展迈上了一个新的台阶。2006年以来,伴随着流域重点治理应急项目和治理工程的实施,石羊河流域先后实施了5万hm²以管道输水灌溉、滴灌为主的高效节水灌溉工程,尤其是2013年以来"甘肃省河西走廊国家级高效节水灌溉示范区项目"的实施,再次掀起了高效节水灌溉技术的发展与推广应用的高潮,为现代高效农业发展提供了坚强的水利保障。

二、现状高效节水农业发展情况

截至2016年底,石羊河流域累计建成高效节水灌溉工程13.842万hm²,占流域有效灌溉面积的46.1%,接近有效灌溉面积的一半,已经具备一定规模,对保障水资源供给发挥了重要作用。在高效节水灌溉面积中,管道输水灌溉面积4.205万hm²,滴灌面积0.485万hm²,喷灌面积9.152万hm²,为缓解流域水资源供需矛盾,全面、持续实施流域水资源高效利用,促进农业产业结构调整奠定了坚实基础。石羊河流域高效节水灌溉面积见表2-4。

表2-4 石羊河流域高效节水灌溉面积情况

水源类型	地表水				地下水			合计			
灌溉方式	管灌	滴灌	喷灌	小计	管灌	喷灌	小计	管灌	滴灌	喷灌	合计
面积(万hm²)	1.207	0.485	2.735	4.427	2.998	6.417	9.415	4.205	0.485	9.152	13.842

三、节水农业效果评价

石羊河流域是河西内陆区水资源最为紧缺、水资源开发利用程度最高的区域。受此影响,流域水资源供需矛盾突出,经济社会发展备受制约,生态植被严重退化,实施以管道输水灌溉、喷灌、滴灌为主的高效节水灌溉意义非凡。20世纪末21世纪初国家实施的节水灌溉示范项目和节水灌溉标准化县建设项目,在流域内各县、区建成了为数不等的高效节水灌溉工程,发挥了很好的引领和示范作用,为流域后续高效节水灌溉技术的推广应用奠定了深厚基础。石羊河流域重点治理项目的实施,建成高效节水灌溉面积5万hm²,是流域大规模建设高效节水灌溉工程的开始,使流域高效节水灌溉进入了新阶段,迈上了新台阶。甘肃省河西走廊国家级高效节水灌溉示范区项目的实施,在石羊河流域规划建成高效节水灌溉面积15.3万 hm²,再次掀起了流域高效节水灌溉工程建设的高潮,从而使流域高效节水灌溉发展步入了快车道,实现了新飞跃,达到了新高度。

甘肃省河西内陆区节水灌溉示范项目和节水灌溉标准化县建设项目分析结果表明,高效节水灌溉工程的实施综合亩均节水量可达到 191 m³,其中高标准管灌亩均节水量 68 m³,喷灌亩均节水量 195 m³,微灌亩均节水量 246 m³。甘肃省高效节水灌溉项目后评价结果表明,凉州区、民勤县高效节水灌溉工程实施后经济净现值均大于零,内部收益率均大于社会折现率12%,效益费用比均大于1.2。尤其是滴灌以大棚蔬菜、葡萄等高效经济作物为主,产量高,"两节两省"(节水、节地、省肥、省劳)效果明显,效益最大。高效节水灌溉工程实施后,粮食和经济作物增产带来的外部效益显著,对促进国民经济发展、提高农业生产效益发挥了巨大作用。但不容忽视的是随着节水灌溉工程的实施,作为工程管理主体的水管单位运行费用增加,水费收入减少,经济效益受到影响。

参 考 文 献

[1] 甘肃省水利厅,甘肃省发展和改革委员会.甘肃省石羊河流域重点治理规划[R].兰州:甘肃省水利厅,2007.

[2] 甘肃省水利厅,甘肃省发展和改革委员会.甘肃省石羊河流域重点治理调整实施方案[R].兰州:甘肃省水利厅,2011.

[3] 武威地区土壤普查办公室.武威地区土壤[R].兰州:甘肃省水利厅,1998.

[4] 陈隆亨,曲耀光.河西地区水土资源及其合理开发利用[M].北京:科学出版社,1992.

[5] 甘肃省水利水电勘测设计研究院,清华大学.石羊河流域近期重点治理规划[R].兰州:甘肃省水利水电勘测设计研究院,2005.

[6] 康绍忠,粟晓玲,杜太生,等.西北旱区流域尺度水资源转化过滤及其节水调控模式[M].北京:中国水利水电出版社,2009.

[7] 李世明,程国栋,李元红,等.河西走廊水资源合理利用与生态环境保护[M].郑州:黄河水利出版社,2002.

[8] 王浩,陈敏健,秦大庸,等.西北地区水资源合理配置和承载力研究[M].郑州:黄河水利出版社,2003.

[9] 李世明,吕光圻,李元红,等.河西走廊可持续发展与水资源合理利用[M].北京:中国环境科学出版社,1999.

[10] 甘肃省水利厅.甘肃省河西走廊国家级高效节水灌溉示范区项目实施方案[R].兰州:甘肃省水利厅,2012.

第三章　气候与土地利用变化情景流域水资源响应过程

　　人类活动引起的土地利用/覆被变化是导致区域水问题日益严峻的主要原因之一,气候变化对水文水资源的影响逐渐成为全球环境变化研究的重要组成部分。因此,以水问题为纽带,研究气候与土地利用变化情景下的水文水资源效应及其对水循环、水环境和水灾害的影响,对于合理利用及保护水资源,为国民经济可持续发展提供安全、可靠的水资源保障具有积极意义。

第一节　流域土地利用变化过程与特征

一、数据来源与研究方法

(一)数据来源及处理

　　选取1980年、1995年、2000年、2006年和2012年石羊河流域夏秋季空间分辨率为30 m的 Landsat TM、ETM 遥感影像。提取土地利用信息时,首先,对 TM/ETM + 影像的4(R)、3(G)、2(B)波段进行组合,生成标准假彩色图像,并统一转换为 Albers 投影,将2000年ETM + 数据以数字化的矢量数据为地理参考,结合实地 GPS 测点信息进行几何纠正,以此为标准,对其余4期 TM 影像进行几何纠正。其次,建立遥感解译标识,通过 GPS 定位进行实地观测和记录,并实地修正和校正解译,建立适合该区域的绿洲遥感解译标识。再次是提取土地利用信息,利用 ArcGIS 插件,生成现状土地利用专题图;以此为基础,使用 ArcGIS 空间叠置分析功能,生成5个时段的土地利用变化专题图。最后,通过对照 GoogleEarth 提供的高分辨率数据视图,结合野外实地观察及经验知识判定地物类型并验证预判图的精度。

(二)土地利用分类

　　根据解译处理的5期石羊河流域土地利用变化数据,在 ERDAS 8.5 和 ArcGIS 9.2 软件支持下,依据全国土地分类体系,结合石羊河流域土地资源性质和特点,将研究区域土地利用类型划分为6个一级景观类型(耕地、林地、草地、水域、城乡工矿居民用地、未利用地)和25个二级景观类型,建立了流域1980年、1995年、2000年、2006年和2012年土地利用空间数据库。

(三)研究方法

1. 土地利用动态度

1)单一土地利用动态度

　　单一土地利用动态度表现了某研究区在一定时间范围内某种土地利用类型的数量变化情况,可以定量描述区域土地利用变化的速度及变化中的类型差异,其表达式为

$$K = \frac{U_b - U_a}{U_a} \times \frac{1}{T} \tag{3-1}$$

式中：K 为研究时段内某一类型土地利用动态度；U_a、U_b 分别为研究期初和研究期末某一种土地利用类型的数量；T 为研究时段长，当 T 设定为年时，所得数值就是该研究区某种土地利用类型的年变化率。

2）土地利用综合动态度

土地利用综合动态度是刻画土地利用类型变化速度区域差异的指标，反映人类活动对流域土地利用类型变化的综合影响。其数学模型为

$$S = \left(\sum_{i=1}^{n} \Delta S_{i-j} / S_i \right) \times \frac{1}{T} \times 100\% \tag{3-2}$$

式中：S 为与 t 时段对应的研究区土地利用综合动态度；ΔS_{i-j} 为监测开始至结束时段内第 i 类土地利用类型转换为其他类类型面积的总和；S_i 为监测开始时间第 i 类土地利用类型总面积；T 为土地利用变化时段。

2. 分形维数计算

分形维数计算公式如下：

$$A = kP^{\frac{2}{D}} \tag{3-3}$$

式中：A 为某一斑块面积；P 为同一斑块周长；D 为分形维数；k 为待定常数。

根据式（3-3）进行各地类斑块周长—面积关系的建立和各地类空间结构分维的计算。

对式（3-3）进行双对数变换，得到

$$\lg A = \frac{2}{D}\lg P + C \tag{3-4}$$

由式（3-4）可建立石羊河流域各地类斑块的周长—面积关系。D 的理论取值范围为0～2，它的大小反映地类斑块的复杂性和稳定性，D 值越大，表示土地利用空间上的镶嵌结构越复杂；D 值越小，表示空间上的镶嵌结构越简单；$D = 0$ 时，土地利用绝对集中到一点；$D = 1$ 时，表示地类斑块为正方形；$D = 1.5$ 时，表示该空间处于一种类似于布朗运动的随机运动状态，即空间结构最不稳定；$D = 2$ 时，土地利用为绝对的均匀。为了定量表示空间结构的稳定性，构造空间各要素结构稳定性指数 SK，SK 值越大，表示空间结构越稳定。

$$SK = |1.5 - D| \tag{3-5}$$

二、石羊河流域土地利用变化总体特征

1980～2012 年石羊河流域土地利用变化见图 3-1。通过分析土地利用类型的总量变化，可以掌握土地利用变化总趋势及其结构变化。

1980～2012 年，石羊河流域土地利用类型发生了不同程度的变化（见图 3-2）。总体上，耕地、城乡工矿居民用地、林地和水域呈现增加趋势，未利用地和草地呈现减少趋势。耕地面积由 1980 年的 6 663.63 km² 增加到 2012 年的 6 945.21 km²，年动态度为 0.13%，其中 1980～1995 年呈现减少趋势，1995～2006 年呈现增加趋势，2006～2012 年又呈现减少趋势；林地由 1980 年的 2 628.06 km² 增加到 2012 年的 2 756.06 km²，年动态度为 0.15%，其中 1980～

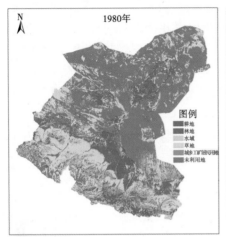

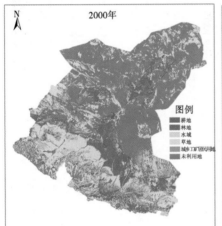
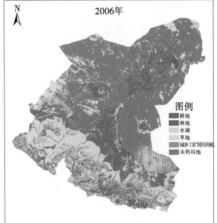

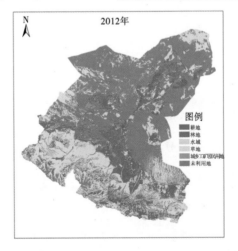

图 3-1　石羊河流域 1980～2012 年土地利用类型变化

1995 年呈现增加趋势,1995~2000 年呈现减少趋势,2000~2012 年又呈现增加趋势;城乡工矿居民用地由 1980 年的 349.24 km² 增加到 2012 年的 526.47 km²,年动态度为 1.59%,其中 1980~1995 年呈现减少趋势,1995~2012 年一直呈现增加趋势;水域由 1980 年的 149.69 km² 增加到 2012 年的 190.26 km²,年动态度为 0.85%,水域变化趋势相对比较复杂,呈现先增后减再增再减的变化趋势,但总体上仍呈现增加趋势;草地由 1980 年的 11 121.16 km² 减少到 2012 年的 10 908.95 km²,年动态度为 -0.06%,其中 1980~1995 年呈现增加趋势,1995~2006 年呈现减少趋势,2006~2012 年又呈现增加趋势;未利用地由 1980 年的 19 667.04 km² 减少到 2012 年的 19 251.91 km²,年动态度为 -0.07%,其中 1980~1995 年呈现减少趋势,1995~2006 年呈现增加趋势,2006~2012 年又呈现减少趋势。

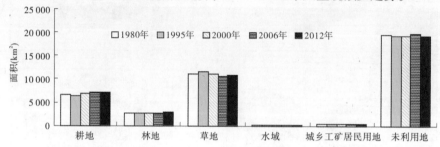

图 3-2　石羊河流域 1980~2012 年土地利用变化过程

三、石羊河流域土地利用类型结构变化

通过对 5 期数据的统计分析,得到该时期内土地利用类型的变化状况,见表 3-1 ~ 表 3-4。

表 3-1　石羊河流域 1980~1995 年土地利用变化

土地利用类型	1980 年		1995 年		变化面积 (km²)	年变化率 (%)
	面积(km²)	比例(%)	面积(km²)	比例(%)		
耕地	6 663.63	16.42	6 439.61	15.87	-224.02	-0.22
林地	2 628.06	6.48	2 653.87	6.54	25.81	0.07
草地	11 121.16	27.41	11 547.00	28.45	425.84	0.26
水域	149.69	0.37	278.36	0.69	128.67	5.73
城乡工矿居民用地	349.24	0.86	337.22	0.83	-12.02	-0.23
未利用地	19 667.04	48.46	19 322.76	47.62	-344.28	-0.12

表 3-2　石羊河流域 1995～2000 年土地利用变化

土地利用类型	1995 年		2000 年		变化面积（km²）	年变化率（%）
	面积（km²）	比例（%）	面积（km²）	比例（%）		
耕地	6 439.61	15.87	6 796.81	16.75	357.20	1.11
林地	2 653.87	6.54	2 630.54	6.48	−23.33	−0.18
草地	11 547.00	28.45	11 183.05	27.56	−363.95	−0.63
水域	278.36	0.69	149.83	0.37	−128.53	−9.23
城乡工矿居民用地	337.22	0.83	386.84	0.95	49.62	2.94
未利用地	19 322.76	47.62	19 431.75	47.89	108.99	0.11

表 3-3　石羊河流域 2000～2006 年土地利用变化

土地利用类型	2000 年		2006 年		变化面积（km²）	年变化率（%）
	面积（km²）	比例（%）	面积（km²）	比例（%）		
耕地	6 796.81	16.75	7 044.22	17.36	247.41	0.61
林地	2 630.54	6.48	2 545.16	6.27	−85.38	−0.54
草地	11 183.05	27.56	10 525.89	25.94	−657.16	−0.98
水域	149.83	0.37	192.45	0.48	42.62	4.74
城乡工矿居民用地	386.84	0.95	447.82	1.10	60.98	2.63
未利用地	19 431.75	47.89	19 823.28	48.85	391.53	0.34

表 3-4　石羊河流域 2006–2012 年土地利用变化

土地利用类型	2006 年		2012 年		变化面积（km²）	年变化率（%）
	面积（km²）	比例（%）	面积（km²）	比例（%）		
耕地	7 044.22	17.36	6 945.21	17.12	−99.01	−0.23
林地	2 545.16	6.27	2 756.06	6.79	210.90	1.38
草地	10 525.89	25.94	10 908.95	26.88	383.06	0.61
水域	192.45	0.48	190.26	0.47	−2.19	−0.19
城乡工矿居民用地	447.82	1.10	526.43	1.30	78.61	2.93
未利用地	19 823.28	48.85	19 251.91	47.44	−571.37	−0.48

从表 3-1 和图 3-3 可以看出，1980～1995 年石羊河流域土地利用变化的基本特点是：①林地、草地和水域面积均有不同程度的增加，其中草地面积增加最多，为 425.84 km²，草地所占比例由 1980 年的 27.41% 增加到 1995 年的 28.45%，年递增率 0.26%；水域面积增加相对较多，增加面积 128.67 km²，水域所占比例由 1980 年的 0.37% 增加到 1995 年的 0.69%，年递增率 5.73%；林地增加相对较小，增加面积为 25.81 km²，年递增率 0.07%。

②耕地、城乡工矿居民用地以及未利用地面积均有不同程度的减少,其中未利用地面积减少最多,为 344.28 km²,未利用地所占比例由 1980 年的 48.46% 减少到 1995 年的 47.62%,年递减率 0.12%;耕地面积减少相对较多,为 224.02 km²,耕地所占比例由 1980 年的 16.42% 减少到 1995 年的 15.87%,年递减率 0.22%;城乡工矿居民用地减少相对较少,减少面积为 12.02 km²,年递减率 0.23%。

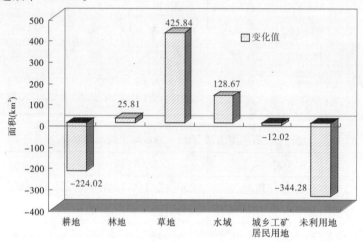

图 3-3　石羊河流域 1980~1995 年土地利用变化

从表 3-2 和图 3-4 可以看出,1995~2000 年石羊河流域土地利用变化的基本特点是:①耕地、未利用地和城乡工矿居民用地面积均有不同程度的增加,其中耕地面积增加最多,为 357.20 km²,耕地所占比例由 1995 年的 15.87% 增加到 2000 年的 16.75%,年递增率 1.11%;未利用地面积增加相对较多,增加面积为 108.99 km²,未利用地所占比例由 1995 年的 47.62% 增加到 2000 年的 47.89%,年递增率 0.11%;城乡工矿居民用地面积增加相对较少,为 49.62 km²,年递增率 2.94%。②草地、水域以及林地面积均有不同程度的减少,其中草地面积减少最多,为 363.95 km²,草地所占比例由 1995 年的 28.45% 减少到 2000 年的 27.56%,年递减率 0.63%;水域面积减少相对较多,为 128.53 km²,水域所占比例由 1995 年的 0.69% 减少到 2000 年的 0.37%,年递减率 9.23%;林地减少相对较少,减少面积为 23.33 km²,年递减率 0.18%。

从表 3-3 和图 3-5 可以看出,2000~2006 年石羊河流域土地利用变化的基本特点是:①未利用地、耕地、城乡工矿居民用地和水域面积均有不同程度的增加,其中未利用地面积增加最多,为 391.53 km²,未利用地所占比例由 2000 年的 47.89% 增加到 2006 年的 48.85%,年递增率 0.34%;耕地面积增加相对较多,增加面积为 247.41 km²,耕地所占比例由 2000 年的 16.75% 增加到 2006 年的 17.36%,年递增率 0.61%;城乡工矿居民用地和水域面积增加相对较少,增加面积分别为 60.98 km² 和 42.62 km²,年递增率分别为 2.63% 和 4.74%。②草地面积和林地面积均有不同程度的减少,其中草地面积减少最多,为 657.16 km²,草地所占比例由 2000 年的 27.56% 减少到 2006 年的 25.94%,年递减率 0.98%;林地面积减少最少,为 85.38 km²,林地所占比例由 2000 年的 6.48% 减少到 2006 年的 6.27%,年递减率 0.54%。

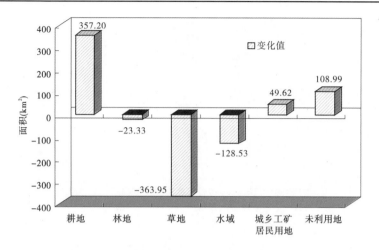

图 3-4　石羊河流域 1995~2000 年土地利用变化

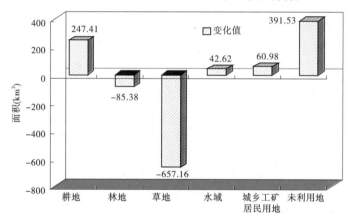

图 3-5　石羊河流域 2000~2006 年土地利用变化

从表 3-4 和图 3-6 可以看出,2006~2012 年石羊河流域土地利用变化的基本特点是:①草地、林地和城乡工矿居民用地面积均有不同程度的增加,其中草地面积增加最多,为 383.06 km²,草地所占比例由 2006 年的 25.94% 增加到 2012 年的 26.88%,年递增率 0.61%;林地面积增加相对较多,为 210.90 km²,林地所占比例由 2006 年的 6.27% 增加到 2012 年的 6.79%,年递增率 1.38%;城乡工矿居民用地面积增加相对较少,为 78.61 km²,年递增率 2.93%。②未利用地、耕地和水域面积均有不同程度的减少,其中未利用地面积减少最多,为 571.37 km²,未利用地所占比例由 2006 年的 48.85% 减少到 2012 年的 47.44%,年递减率 0.48%;耕地面积减少相对较多,为 99.01,耕地所占比例由 2006 年的 17.36% 减少到 2012 年的 17.12%,年递减率 0.23%;水域面积减少最少,为 2.19 km²,水域所占比例几乎没变,年递减率 0.19%。

四、石羊河流域土地利用类型转化过程

为了描述 1980~2012 年间各种土地利用类型的转换过程,利用 ArcGIS 空间分析功能计算出各时段土地利用类型的转移矩阵(见表 3-5~表 3-8),同时利用土地利用类型转移数

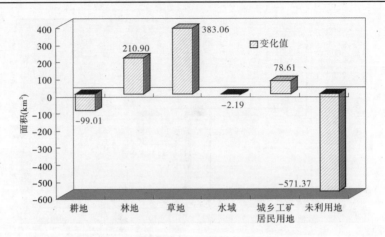

图 3-6　石羊河流域 2006~2012 年土地利用变化

据生成各时期土地利用转移矩阵图(见图 3-7~图 3-10),以更直观地了解土地利用在空间上的变化,分析土地利用变化的空间差异性。

(一)石羊河流域 1980~1995 年土地利用类型转化过程

石羊河流域 1980~1995 年土地利用类型转化过程见表 3-5、图 3-7。由此可见:

表 3-5　石羊河流域 1980~1995 年土地利用类型转移矩阵　　　　(单位:km²)

转出类型	转入类型						
	耕地	林地	草地	水域	城乡工矿居民用地	未利用地	1980 年合计
耕地	5 885.59	59.96	423.54	2.64	21.47	270.43	6 663.63
林地	26.46	2 540.46	36.05	0.17	0.12	24.80	2 628.06
草地	197.47	14.28	10 772.56	12.04	3.65	121.16	11 121.16
水域	8.07	0.00	1.26	139.86	0.36	0.14	149.69
城乡工矿居民用地	29.14	0.36	9.25	0.14	306.03	4.32	349.24
未利用地	292.88	38.81	304.34	123.51	5.59	18 901.91	19 667.06
1995 年合计	6 439.61	2 653.87	11 547.00	278.36	337.22	19 322.78	40 578.82

(1)耕地面积总体呈减少趋势。1980 年耕地面积 6 663.63 km²,1995 年 6 439.61 km²,减少了 224.02 km²。转出量达 778.04 km²,占土地总面积的 1.92%,从转出类型上看,主要是转化为草地和未利用地,面积分别为 423.54 km² 和 270.43 km²;转入量 554.02 km²,转入类型为未利用地和草地。

(2)林地面积总体增加,但增加量并不大。1980 年林地面积 2 628.06 km²,1995 年 2 653.87 km²,增加 25.81 km²。转出面积达 87.60 km²,占土地总面积的 0.22%,转出类型主要有草地、耕地和未利用地,有 1.37% 的林地转换为草地,1.01% 的林地转换为耕地,占转出面积的 99.67%;转入类型主要有耕地、未利用地及草地,面积 113.05 km²。

(3)草地面积明显增加。1980 年草地面积 11 121.16 km²,1995 年 11 547.00 km²,增加 425.84 km²。有 348.60 km² 转出,主要转化为耕地和未利用地,其中 1.78% 转化为耕地,

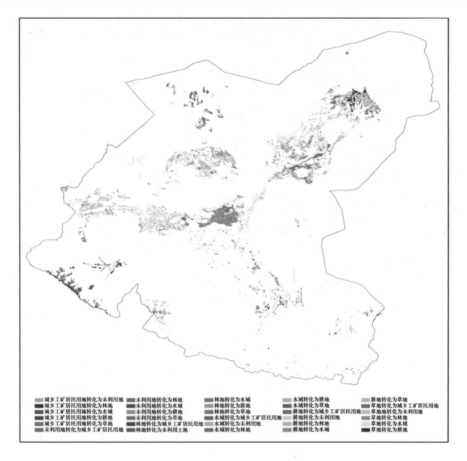

图 3-7 石羊河流域 1980~1995 年土地利用类型转移

1.09%转化为未利用地;转入类型主要有耕地和未利用地。

(4)水域面积呈现增加趋势。1980 年水域面积 149.69 km²,1995 年 278.36 km²,增加 128.67 km²,水域主要转换为耕地,占转出面积的 82.01%;水域转入量为 138.50 km²,主要 为未利用地,面积 123.51 km²。

(5)城乡工矿居民用地减少相对较少。1980 年城乡工矿居民用地总面积 349.24 km², 1995 年 337.22 km²,减少 12.02 km²。有 43.21 km² 转出,主要转化为耕地、草地和未利用 地,其中有 8.35%转换为耕地,2.65%转换为草地;有 31.19 km² 土地转为城乡工矿居民用 地,转入类型有耕地、草地和未利用地。

(6)未利用地呈现减少趋势。未利用地由 1980 年的 19 667.06 km²减少到 1995 年的 19 322.78 km²,减少 344.28 km²。转出量 2 765.13 km²,占总面积的 1.89%。转出类型主 要有草地和耕地;主要转入类型有耕地、草地、林地,面积约 420.85 km²。

(二)石羊河流域 1995~2000 年土地利用类型转化过程

石羊河流域 1995~2000 年土地利用类型转化过程见表 3-6、图 3-8。由此可见:

表 3-6　石羊河流域 1995～2000 年土地利用类型转移矩阵　　　　　（单位:km²）

转出类型	转入类型						1995 年合计
	耕地	林地	草地	水域	城乡工矿居民用地	未利用地	
耕地	5 993.40	28.57	199.57	9.63	60.82	147.62	6 439.61
林地	69.56	2 539.76	14.33	0.00	0.64	29.58	2 653.87
草地	433.43	36.22	10 769.04	1.26	11.17	295.88	11 547.00
水域	2.73	0.24	13.35	138.43	0.14	123.47	278.36
城乡工矿居民用地	23.50	0.10	3.65	0.36	306.30	3.30	337.22
未利用地	274.19	25.65	183.10	0.15	7.76	18 831.90	19 322.76
2000 年合计	6 796.81	2 630.54	11 183.05	149.83	386.84	19 431.75	40 578.82

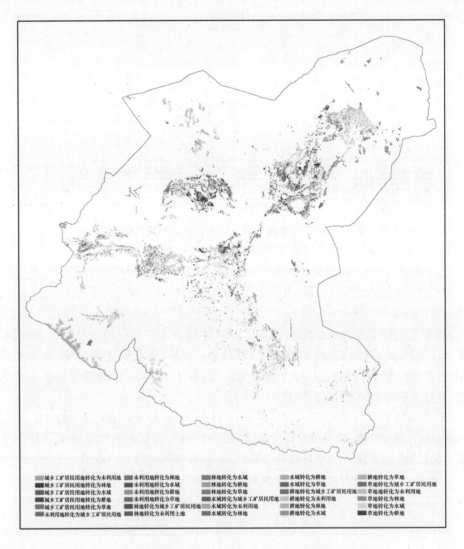

图 3-8　石羊河流域 1995～2000 年土地利用类型转移

（1）耕地面积总体呈增加趋势。1995 年为 6 639.61 km²，2000 年为 6 796.81 km²，增加 357.20 km²。转出量 446.21 km²，占土地总面积的 1.10%，从转出类型上看，主要是转化为草地和未利用地，面积分别为 199.57 km² 和 147.62 km²；转入量 803.41 km²，转入类型为未利用地和草地。

（2）林地面积总体减少，但减少量并不大。1995 年林地面积 2 653.87 km²，2000 年为 2 630.54 km²，减少 23.33 km²。转出面积达 114.11 km²，占土地总面积的 0.28%，转出类型主要有耕地和未利用地，有 2.62% 的林地转为耕地，1.11% 的林地转为未利用地，占转出面积的 86.88%；转入类型主要有草地、耕地及未利用地，面积 90.78 km²。

（3）草地面积明显减少。1995 年草地面积为 11 547.00 km²，2000 年为 11 183.05 km²，减少 363.96 km²。有 777.95 km² 转出，主要转为耕地和未利用地，其中 3.75% 转为耕地，2.56% 转为未利用地；转入类型主要有耕地和未利用地，转入面积 414.01 km²。

（4）水域面积呈现减少趋势。1995 年水域面积 278.36 km²，2000 年为 149.83 km²，减少 128.53 km²。水域主要转为未利用地，占转出面积的 96.06%；水域转入量 11.40 km²，主要为耕地，面积 9.63 km²。

（5）城乡工矿居民用地呈现增加趋势。1995 年城乡工矿居民用地总面积 337.22 km²，2000 年 386.84 km²，增加 49.62 km²。有 30.92 km² 转出，主要转为耕地、草地和未利用地，其中有 6.97% 转为耕地，1.08% 转为草地；有 80.54 km² 土地转入城乡工矿居民用地，转入类型有耕地、草地和未利用地。

（6）未利用地呈现增加趋势。未利用地由 1995 年的 19 322.78 km² 增加到 2000 年的 19 431.75 km²，增加 108.99 km²，转出量 490.86 km²，占总面积的 1.21%。转出类型主要有草地和耕地；主要转入类型有耕地、草地、水域，总面积 599.85 km²。

（三）石羊河流域 2000～2006 年土地利用类型转化过程

石羊河流域 2000～2006 年土地利用类型转化过程见表 3-7、图 3-9。由此可见：

表 3-7　石羊河流域 2000～2006 年土地利用类型转移矩阵　（单位：km²）

转出类型	转入类型						
	耕地	林地	草地	水域	城乡工矿居民用地	未利用地	2000 年合计
耕地	6 221.29	26.20	300.72	2.55	60.91	185.14	6 796.81
林地	49.45	2 349.32	168.57	3.07	2.39	57.74	2 630.54
草地	293.68	62.70	9 368.06	13.30	14.38	1 430.93	11 183.05
水域	5.03	0.04	2.73	139.89	0	2.14	149.83
城乡工矿居民用地	23.51	0.57	1.09	0.02	359.66	1.99	386.84
未利用地	451.26	106.33	684.72	33.62	10.48	18 145.34	19 431.75
2006 年合计	7 044.22	2 545.16	10 525.89	192.45	447.82	19 823.28	40 578.82

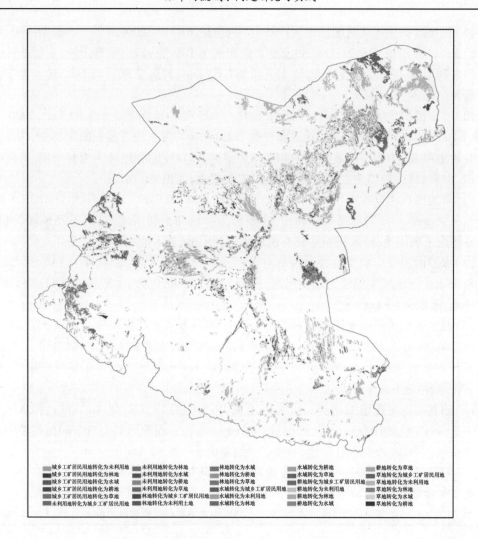

图 3-9　石羊河流域 2000 ~ 2006 年土地利用类型转移

（1）耕地面积总体呈增加趋势。2000 年为 6 796.81 km²，2006 年为 7 044.22 km²，增加 247.41 km²。转出量 575.52 km²，占土地总面积的 1.42%，从转出类型上看，主要是转为草地、未利用地和城乡工矿居民用地，面积分别为 300.72 km²、185.14 km² 和 60.91 km²；转入量 822.93 km²，转入类型为未利用地和草地。

（2）林地面积总体呈现减少趋势。2000 年林地面积 2 630.54 km²，2006 年 2 547.16 km²，减少 85.38 km²。转出面积 281.22 km²，占土地总面积的 0.69%，转出类型主要有草地、未利用地和耕地，有 6.41% 的林地转为草地，2.20% 的林地转为未利用地，1.88% 的林地转为耕地；转入类型主要有草地、耕地及未利用地，面积 195.84 km²。

（3）草地面积明显减少。2000 年草地面积 11 183.05 km²，2006 年为 10 525.89 km²，减少 657.16 km²。有 1 814.99 km² 转出，主要转为未利用地和耕地，其中 12.80% 转为未利用地，2.63% 转为耕地；转入类型主要有未利用地和耕地，转入总面积 1 157.83 km²。

（4）水域面积呈现增加趋势。2000 年水域面积 149.83 km²，2006 年为 192.45 km²，增

加 42.62 km²。水域主要转为耕地、草地和未利用地,转出总面积 9.94 km²;水域转入量 52.56 km²,转入类型主要为未利用地和草地,面积 46.92 km²。

（5）城乡工矿居民用地呈现增加趋势。2000 年城乡工矿居民用地总面积 386.84 km², 2006 年为 447.82 km²,增加 60.98 km²。有 27.18 km² 转出,主要转为耕地,有 6.08% 转为耕地;有 88.16 km² 土地转为城乡工矿居民用地,转入类型有耕地、草地和未利用地。

（6）未利用地呈现增加趋势。未利用地由 2000 年的 19 431.75 km² 增加到 2006 年的 19 823.28 km²,增加 391.53 km²,转出量 1 286.41 km²,占总面积的 3.17%,转出类型主要有草地、耕地和林地;主要转入类型有草地、耕地和林地,转入总面积 1 677.94 km²。

（四）石羊河流域 2006～2012 年土地利用类型转化过程

石羊河流域 2006～2012 年土地利用类型转化过程见表 3-8、图 3-10。由此可见:

表 3-8　2006～2012 年石羊河流域土地利用类型转移矩阵　　　　（单位:km²）

转出类型	转入类型						
	耕地	林地	草地	水域	城乡工矿居民用地	未利用地	2006 年合计
耕地	6 326.15	78.37	253.24	3.95	137.51	245.00	7 044.22
林地	44.57	2 038.22	333.90	11.10	2.48	114.89	2 545.16
草地	270.81	276.04	8 669.05	17.66	12.68	1 279.65	10 525.89
水域	6.39	5.11	14.65	139.10	0.08	27.12	192.45
城乡工矿居民用地	84.47	5.30	9.19	1.02	328.81	19.03	447.82
未利用地	212.82	353.02	1 628.92	17.43	44.87	17 566.22	19 823.28
2012 年合计	6 945.21	2 756.06	10 908.95	190.26	526.43	19 251.91	40 578.82

（1）耕地面积总体呈减少趋势。2006 年耕地面积 7 044.22 km²,2012 年 6 945.21 km², 减少 99.01 km²。转出量 718.07 km²,占土地总面积的 1.77%,从转出类型上看,主要是转为草地、未利用地和城乡工矿居民用地,面积分别为 253.24 km²、245.00 km² 和 137.51 km²; 转入量 619.06 km²,转入类型主要为草地和未利用地。

（2）林地面积总体呈增加趋势。2006 年林地面积 2 547.16 km²,2012 年为 2 756.06 km²,增加 210.90 km²。转出面积达 506.94 km²,占土地总面积的 1.25%,转出类型主要有草地、未利用地和耕地,有 13.12% 的林地转为草地,4.51% 的林地转为未利用地,1.75% 的林地转为耕地;转入类型主要有未利用地、草地及耕地,转入总面积 717.84 km²。

（3）草地面积明显增加。2006 年草地面积 10 525.89 km²,2012 年为 10 908.95 km²,增加 383.06 km²。有 1 856.84 km² 转出,主要转为未利用地、林地和耕地,其中 12.16% 转为未利用地,2.62% 转为林地,2.57% 转为耕地;转入类型主要有未利用地、林地和耕地,转入总面积 2 239.90 km²。

（4）水域面积略微呈减少趋势。2006 年水域面积 192.45 km²,2012 年为 190.26 km², 减少 2.19 km²。水域主要转为未利用地、草地、耕地和林地,转出总面积 53.35 km²;水域转入量 51.16 km²,转入类型主要为未利用地、草地和林地,面积 46.19 km²。

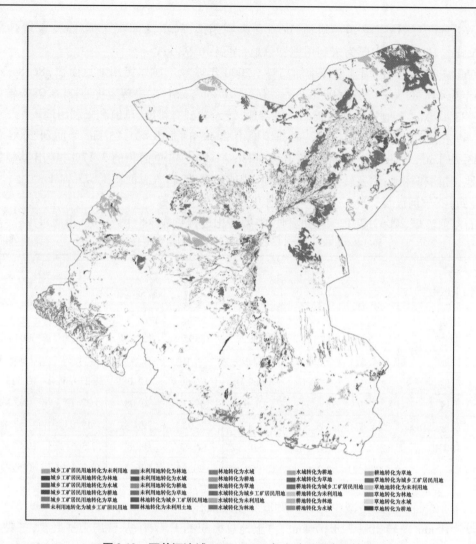

城乡工矿居民用地转化为未利用地	未利用地转化为林地	林地转化为水域	水域转化为耕地	耕地转化为草地
城乡工矿居民用地转化为林地	未利用地转化为草地	林地转化为耕地	水域转化为城乡工矿居民用地	草地转化为城乡工矿居民用地
城乡工矿居民用地转化为水域	未利用地转化为耕地	林地转化为草地	耕地转化为城乡工矿居民用地	草地转化为未利用地
城乡工矿居民用地转化为耕地	林地转化为城乡工矿居民用地	水域转化为城乡工矿居民用地	耕地转化为未利用地	草地转化为林地
城乡工矿居民用地转化为草地	林地转化为未利用土地	水域转化为未利用地	耕地转化为林地	草地转化为水域
未利用地转化为城乡工矿居民用地		水域转化为林地	耕地转化为水域	草地转化为耕地

图 3-10　石羊河流域 2006~2012 年土地利用类型转移

（5）城乡工矿居民用地呈现增加趋势。2006 年城乡工矿居民用地总面积 447.82 km²，2012 年，526.43 km²，增加 78.61 km²。有 119.01 km² 转出，主要转为耕地和未利用地，有 18.86% 转为耕地，4.25% 转为未利用地；有 197.62 km² 土地转为城乡工矿居民用地，转入类型有耕地、未利用地和草地。

（6）未利用地呈现减少趋势。未利用地由 2006 年的 19 823.28 km²，减少到 2012 年的 19 251.91 km²，减少 571.36 km²，转出量 2 257.06 km²，占总面积的 5.56%，转出类型主要有草地、林地和耕地；主要转入类型有草地、耕地和林地，转入总面积 1 685.69 km²。

五、石羊河流域土地利用变化分形特征研究

（一）不同土地利用类型分形特征

根据 1980 年、1995 年、2000 年、2006 年和 2012 年 5 期土地利用图，计算各土地利用类型的斑块面积和周长并分别求对数，从而拟合出对数面积和对数周长的关系，采用式（3-4）

　　计算各土地利用类型的分维值。由于计算分维的地类相对较多,这里仅给出 2012 年不同土地利用类型周长—面积双对数计算图(见图 3-11)。对图中双对数进行线性回归分析,得到不同土地利用类型分维数分析结果(见表 3-9)。各土地利用类型斑块面积与斑块周长的双对数关系表明,它们具有很强的正相关性,且斑块面积越大,相关性越好。

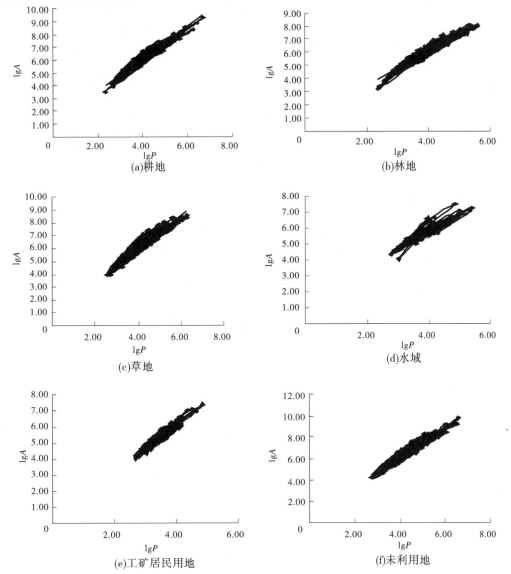

图 3-11　石羊河流域 2012 年不同土地利用类型周长—面积双对数散点关系

　　从表 3-9 可见,1980 年、1995 年和 2000 年流域不同土地利用类型分维数排序均为:水域 > 耕地 > 林地 > 草地 > 未利用地 > 工矿居民用地,说明这三个时期水域用地对空间的占据程度最大,覆盖度最高,水域的空间镶嵌结构较复杂;耕地的规模仅次于水域,从分维值可看出耕地的空间镶嵌结构相对复杂;工矿居民用地的空间占据程度最小,且规模较小,空间镶嵌结构比较简单。2006 年和 2012 年流域不同土地利用类型分维数排序为:水域 > 耕

地 > 草地 > 林地 > 未利用地 > 工矿居民用地,可见在 2006 年和 2012 年流域土地利用结构中,仍以水域和耕地为主要利用类型,草地的空间占据程度有所增加,而林地的空间占据程度相对减小,同时流域内不同土地利用类型的分维值发生了一定的变化,空间镶嵌结构和覆盖规模也有所改变。

表 3-9　石羊河流域 1980 年、1995 年、2000 年、2006 年和 2012 年不同土地利用类型分维数分析结果

土地利用类型	年份	周长 P—面积 A 关系式	R^2	分维数 D	分维数变化 ΔD
耕地	1980	$\lg A = 1.289\,7\,\lg P + 0.891\,1$	0.944 1	1.550 7	
	1995	$\lg A = 1.272\,0\,\lg P + 0.958\,9$	0.946 4	1.572 3	0.021 6
	2000	$\lg A = 1.282\,9\,\lg P + 0.917\,7$	0.945 5	1.559 0	−0.013 3
	2006	$\lg A = 1.274\,3\,\lg P + 0.934\,8$	0.948 2	1.569 5	0.010 5
	2012	$\lg A = 1.259\,8\,\lg P + 1.007\,0$	0.940 8	1.587 6	0.018 1
林地	1980	$\lg A = 1.306\,8\,\lg P + 0.845\,0$	0.944 7	1.530 5	
	1995	$\lg A = 1.302\,8\,\lg P + 0.863\,9$	0.945 4	1.535 2	0.004 7
	2000	$\lg A = 1.307\,8\,\lg P + 0.841\,7$	0.944 9	1.529 3	−0.005 9
	2006	$\lg A = 1.292\,3\,\lg P + 0.900\,6$	0.950 1	1.547 6	0.018 3
	2012	$\lg A = 1.304\,5\,\lg P + 0.855\,6$	0.942 8	1.533 2	−0.014 4
草地	1980	$\lg A = 1.320\,5\,\lg P + 0.740\,4$	0.931 5	1.514 6	
	1995	$\lg A = 1.314\,5\,\lg P + 0.767\,8$	0.928 4	1.521 5	0.006 9
	2000	$\lg A = 1.319\,0\,\lg P + 0.747\,1$	0.931 4	1.516 3	−0.005 2
	2006	$\lg A = 1.291\,6\,\lg P + 0.842\,9$	0.936 9	1.548 8	0.032 5
	2012	$\lg A = 1.285\,1\,\lg P + 0.868\,4$	0.935 8	1.556 3	0.007 5
水域	1980	$\lg A = 1.100\,2\,\lg P + 1.504\,9$	0.837 3	1.817 9	
	1995	$\lg A = 1.184\,6\,\lg P + 1.245\,5$	0.902 2	1.688 3	−0.129 6
	2000	$\lg A = 1.054\,1\,\lg P + 1.703\,2$	0.828 9	1.897 4	0.209 1
	2006	$\lg A = 1.067\,6\,\lg P + 1.669\,5$	0.832 9	1.873 4	−0.024
	2012	$\lg A = 1.062\,9\,\lg P + 1.679\,4$	0.845 3	1.881 6	0.008 2
工矿居民用地	1980	$\lg A = 1.508\,1\,\lg P + 0.194\,1$	0.914 9	1.326 2	
	1995	$\lg A = 1.574\,9\,\lg P + 0.000\,1$	0.922 3	1.269 9	−0.056 3
	2000	$\lg A = 1.507\,5\,\lg P + 0.197\,5$	0.919 5	1.326 7	0.056 8
	2006	$\lg A = 1.448\,0\,\lg P + 0.370\,6$	0.917 3	1.381 2	0.054 5
	2012	$\lg A = 1.426\,9\,\lg P + 0.430\,3$	0.923 0	1.401 6	0.020 4

续表 3-9

土地利用类型	年份	周长 P—面积 A 关系式	R^2	分维数 D	分维数变化 ΔD
未利用地	1980	$\lg A = 1.391\ 3\ \lg P + 0.637\ 8$	0.939 7	1.437 5	
	1995	$\lg A = 1.401\ 0\ \lg P + 0.605\ 9$	0.937 1	1.427 6	−0.009 9
	2000	$\lg A = 1.390\ 7\ \lg P + 0.640\ 3$	0.939 3	1.438 1	0.010 5
	2006	$\lg A = 1.371\ 7\ \lg P + 0.686\ 8$	0.943 3	1.458 0	0.019 9
	2012	$\lg A = 1.383\ 7\ \lg P + 0.636\ 1$	0.938 4	1.445 4	−0.012 6

比较流域内 1980 年、1995 年、2000 年、2006 年和 2012 年土地利用变化的分维值,可以得到土地利用变化的信息。由此可见,耕地、草地的分维数变化 ΔD 均呈现先正后负再正现象,表明这两类土地利用类型的规模呈现先增加后减小再增加的趋势,其空间分布的复杂性也呈现先增加后减小再增加的趋势;工矿居民用地分维数变化 ΔD 总体呈现先负后正现象,说明工矿居民用地空间分布有先减小后增加趋势,复杂性的变化也相似;未利用地的分维数变化 ΔD 总体均为先负后正再负现象,说明未利用地空间分布有先减小后增加再减小的趋势,复杂性的变化也相似;水域的分维数变化 ΔD 呈现负正负正现象,而林地的分维数变化 ΔD 呈现正负正负现象,说明水域和林地空间分布相对复杂,处于不断变化之中。

(二)不同土地利用类型面积、斑块数量与分维数之间的关系

石羊河流域不同土地利用类型斑块面积、数量与分维数关系分析结果见表 3-10。由此可见,1980~2012 年,总体上流域内耕地面积呈现先增后减的趋势,斑块数呈现先减后增趋势,分形维数在逐渐增大,说明流域内耕地的空间分布逐渐趋于复杂。林地和草地面积均呈现先增后减再增的趋势;而斑块数林地呈现先增后减趋势,草地呈现先减后增再减趋势;平均斑块面积林地呈先减少后增加趋势,草地呈现先增后减再增趋势;分维数林地呈现先增后减再增再减趋势,草地呈现先增后减再增趋势,说明林地的空间结构不稳定,草地的空间分布结构呈现先简单后复杂的过程。水域面积和分维数变化相对复杂,斑块数呈现先增后减再增趋势,平均斑块面积呈现先减后增再减趋势,而水域分维数相对比较大,说明水域空间镶嵌结构相对比较复杂。工矿居民用地面积、平均斑块面积和分维数都呈现先减后增趋势,而斑块数呈现先减后增再减趋势,说明工矿居民用地呈现由简单到复杂的变化趋势。未利用地面积、平均斑块面积和分维数都呈现先减后增再减趋势,而斑块数呈现先增后减再增趋势,说明未利用地呈现从简单到复杂再简单的变化趋势。

表 3-10 石羊河流域不同土地利用类型斑块面积、数量与分维数关系分析结果

土地利用类型	年份	斑块数	斑块面积(hm^2)	平均斑块面积(hm^2)	分维数 D
耕地	1980	1 749	666 362.91	381.00	1.550 7
	1995	1 749	643 960.94	368.19	1.572 3
	2000	1 743	679 680.57	389.95	1.559 0
	2006	1 468	704 422.48	479.85	1.569 5
	2012	1 543	694 520.57	450.11	1.587 6

续表 3-10

土地利用类型	年份	斑块数	斑块面积(hm²)	平均斑块面积(hm²)	分维数 D
林地	1980	2 126	262 806.15	123.62	1.530 5
	1995	2 227	265 387.32	119.17	1.535 2
	2000	2 135	263 055.60	123.21	1.529 3
	2006	1 882	254 517.08	135.24	1.547 6
	2012	1 829	275 606.52	150.69	1.533 2
草地	1980	6 771	1 112 116.35	164.25	1.514 6
	1995	6 654	1 154 700.16	173.53	1.521 5
	2000	6 808	1 118 304.89	164.26	1.516 3
	2006	6 339	1 052 589.39	166.05	1.548 8
	2012	6 105	1 090 895.12	178.69	1.556 3
水域	1980	79	14 969.40	189.49	1.817 9
	1995	259	27 836.06	107.48	1.688 3
	2000	78	14 983.05	192.09	1.897 4
	2006	70	19 244.89	274.93	1.873 4
	2012	100	19 026.30	190.26	1.881 6
工矿居民用地	1980	3 611	34 924.16	9.67	1.326 2
	1995	3 496	33 722.26	9.65	1.269 9
	2000	3 859	38 684.14	10.02	1.326 7
	2006	3 938	44 781.84	11.37	1.381 2
	2012	3 901	52 643.40	13.49	1.401 6
未利用地	1980	1 844	1 966 704.05	1 066.54	1.437 5
	1995	1 954	1 932 276.22	988.88	1.427 6
	2000	1 844	1 943 174.99	1 053.78	1.438 1
	2006	1 623	1 982 327.66	1 221.40	1.458 0
	2012	1 789	1 925 191.31	1 076.13	1.445 4

由此可知,分形维数不是土地利用面积、斑块数量和平均斑块面积等单一因素的简单叠加和直接反映,而是面积、斑块数量和平均斑块面积等单项指标有机结合的综合表现,是综合表征土地利用变化空间格局的定量指标。

(三)不同土地利用类型时空分形维值动态变化

不同时间不同土地利用类型分形维值的变化反映了土地利用变化趋势,分形维值增大,土地利用类型扩张,土地利用类型的空间镶嵌结构变复杂,反之则缩减,空间结构相应地越简单。由表 3-10 可以计算出,1980 年、1995 年、2000 年、2006 年、2012 年石羊河流域整体土地利用分形维值分别为 1.529 6、1.502 5、1.544 5、1.563 1 和 1.567 6,总体上,流域土地利用分形维数呈现先减后增趋势,表明随着人类活动的不断影响和流域水资源的变化,土地利用空间结构趋于复杂化,土地利用类型有扩张的趋势。不同土地利用类型平均分形维值排序为水域(1.831 7) > 耕地(1.567 8) > 林地(1.535 1) > 草地(1.531 5) > 未利用地(1.441 3) >

工矿居民用地(1.341 1)。1980~2012年石羊河流域不同土地利用类型分形维值见图3-12。

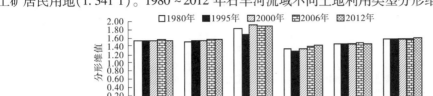

图 3-12 石羊河流域 1980~2012 年不同土地利用类型分形维值柱状图

从图 3-12 可以看出,1980~2012 年石羊河流域不同土地利用类型分形维数发生了不同程度的变化。其中,耕地分维数 1995 年比 1980 年增加 0.021 6,2000 年比 1995 年减少 0.013 3,2006 年比 2000 年增加 0.010 5,2012 年比 2006 年增加 0.018 1,相对于 1980 年,2012 年耕地分维数增加 0.036 9;林地分维数 1995 年比 1980 年增加 0.004 7,2000 年比 1995 年减少 0.005 9,2006 年比 2000 年增加 0.018 3,2012 年比 2006 年减少 0.014 4,相对于 1980 年,2012 年林地分维数增加 0.002 7;草地分维数 1995 年比 1980 年增加 0.006 9,2000 年比 1995 年减少 0.005 2,2006 年比 2000 年增加 0.032 5,2012 年比 2006 年增加 0.007 5,相对于 1980 年,2012 年草地分维数增加 0.041 7;水域分维数 1995 年比 1980 年减少 0.129 6,2000 年比 1995 年增加 0.209 1,2006 年比 2000 年减少 0.024 0,2012 年比 2006 年增加 0.008 2,相对于 1980 年,2012 年水域分维数增加 0.063 7;工矿居民用地分维数 1995 年比 1980 年减少 0.056 3,2000 年比 1995 年增加 0.056 8,2006 年比 2000 年增加 0.054 5,2012 年比 2006 年增加 0.020 4,相对于 1980 年,2012 年工矿居民用地分维数增加 0.075 4;未利用地分维数 1995 年比 1980 年减少 0.009 9,2000 年比 1995 年增加 0.010 5,2006 年比 2000 年增加 0.019 9,2012 年比 2006 年减少 0.012 6,相对于 1980 年,2012 年未利用地分维数增加 0.007 9。总体而言,1980~2012 年流域不同土地利用类型分维数都呈现增加趋势,工矿居民用地增加幅度最大,其次为草地和水域,最小为林地,说明流域土地利用结构逐渐趋于复杂。

(四)不同土地利用类型时空分形维数稳定性

根据式(3-5)计算各土地利用类型的空间结构稳定性指数得出,1980 年、1995 年、2000 年、2006 年和 2012 年流域整体空间结构稳定性指数分别为 0.108 3、0.099 7、0.122 8、0.116 7 和 0.118 6,说明整个流域不同土地利用类型的空间结构稳定性逐渐上升,其平均稳定性顺序为水域(0.331 7) > 工矿居民用地(0.158 9) > 耕地(0.063 5) > 未利用地(0.058 7) > 林地(0.035 1) > 草地(0.031 5)。

从图 3-13 可以看出,1980~2012 年,耕地和草地空间结构稳定性指数呈逐渐增加趋势,表明耕地和草地的空间结构趋于稳定。林地空间结构稳定性指数呈现增减增减变化趋势,而水域呈现减增减增变化趋势,说明林地和水域的空间结构稳定性波动不定。工矿居民用地空间结构稳定性指数呈现先增后减的变化趋势,表明工矿居民用地空间结构趋于不稳定。

六、土地利用变化驱动力分析

(一)自然因素

影响土地利用变化的自然因素相对比较多,主要表现在气候变化方面,而气候对土地利

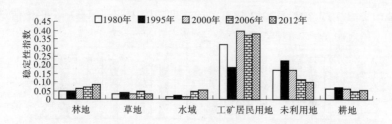

图 3-13   石羊河流域 1980 ~ 2012 年不同土地利用空间结构稳定性指数柱状图

用变化的影响主要通过气温、降水和相对湿度等实现。本书选择武威和民勤两个气象站,从降水量、平均气温和平均相对湿度三个方面分析气候因素对流域土地利用变化的影响。

    石羊河流域 1980 ~ 2012 年降水量、平均气温和平均相对湿度变化曲线见图 3-14。由此可见,33 年来研究区降水量和平均气温呈波动式持续增加趋势,而平均相对湿度呈波动式持续减少趋势,总体上气候变化呈现暖干变化趋势。民勤站和武威站降水量分别由 1980 年的 84.92 mm 和 107.42 mm 增加到 2012 年的 107.28 mm 和 125.83 mm,分别增加了 22.36

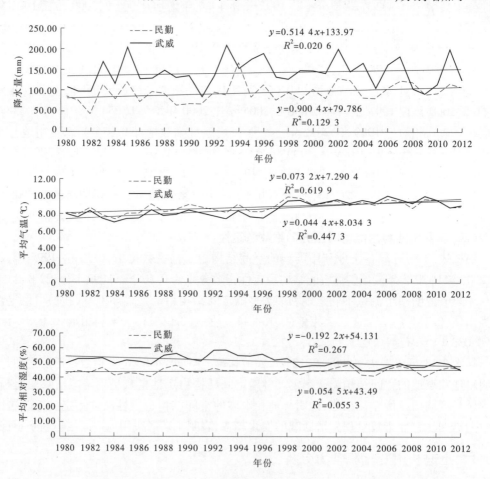

图 3-14   石羊河流域 1980 ~ 2012 年降水量、平均气温和平均相对湿度的变化曲线

mm 和 18.41 mm;平均气温分别由 1980 年的 8.13 ℃和 7.98 ℃增加到 2012 年的 8.78 ℃和
8.90 ℃,分别增加了 0.65 ℃和 0.92 ℃;而平均相对湿度武威站变化相对明显,民勤站变化
不甚明显。温度升高加剧蒸发发生,与降水量增加互相抵消,同时导致相对湿度有所降低。
结合前人相关研究成果,总体来看,降水量、平均气温和平均相对湿度对流域土地利用变化
的影响相对较小。

(二)社会经济因素

影响土地变化的众多社会经济因素中,人口因素对土地利用变化的影响尤为重要,是社
会经济因素中最主要的因素,同时是影响土地利用变化最具活力的驱动力之一。随着流域
人口的不断增加,城市化和工业化水平不断提高,带动国内生产总值、工业增加值和粮食产
量的不断增长,从而导致城乡工矿居民用地和耕地面积发生不同程度的变化。

石羊河流域 1980 ~ 2012 年总人口、国内生产总值、工业增加值和粮食产量的变化过程
见图 3-15。由此可见,33 年来,研究区总人口、国内生产总值、工业增加值和粮食产量呈现
持续增加趋势。总人口由 1980 年的 175.30 万人增加到 2012 年的 220.36 万人,增加了
45.06 万人,年增长率 0.779%;国内生产总值、工业增加值和粮食产量分别由 1980 年的
5.69 亿元、1.37 亿元和 54.08 万 t 增加到 2012 年的 610.42 亿元、321.14 亿元和 147.55 万 t,分
别增加了 604.73 亿元、319.77 亿元和 93.47 万 t。1980 ~ 2000 年时段内国内生产总值和工
业增加值分别增加了 93.11 亿元和 36.68 亿元,2000 ~ 2012 年时段内国内生产总值和工业
增加值分别增加了 511.62 亿元和 283.09 亿元,后 13 年的增长速度明显大于前 20 年。国
内生产总值和工业增加值的迅速发展必然引起城镇用地和建设用地的不断扩张,使得土地
利用格局发生相应变化。

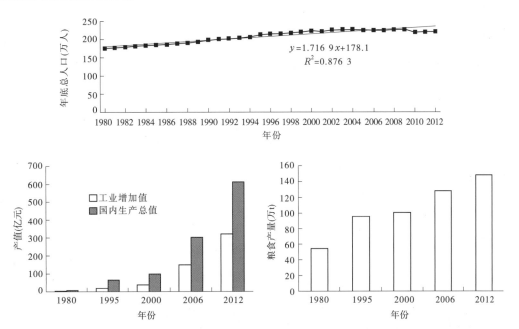

图 3-15　石羊河流域 1980 ~ 2012 年总人口、国内生产总值、工业增加值和粮食产量的变化过程

（三）政策因素

随着国家对生态环境问题的日益重视，国家环境政策也是影响土地利用变化的重要因素。石羊河流域土地利用变化涉及的相关政策有"三北"防护林体系建设、退耕还林还草和西部大开发战略等。石羊河流域日益恶化的生态环境，引起了国家和当地政府对生态环境问题的高度重视，国家级和省级自然保护区的建立以及2006年启动的石羊河流域重点治理规划等项目的实施，以及流域内退耕还林、"关井压田"和水资源优化配置等措施的进一步实施，改善了流域生态环境，提高了环境承载能力，使生态恶化的状况基本得到遏制。因此，随着流域内生态环境状况的不断变化，土地利用结构、类型和数量也发生了相应的变化与转移。

七、石羊河流域土地利用结构合理性评价

土地利用结构合理性评价是土地利用结构调整与优化的基础，也是土地利用总体规划的核心内容。现阶段对于土地利用结构合理性评价，国内外已有大量研究，且多种研究方法被广泛应用，如典型相关分析法、最优线性规划法、计量地理法、景观生态学理论、系统动力学方法、马尔可夫法、空间洛伦茨曲线和分形维数等，不同评价方法给研究区域土地利用结构和形态的时空变化提供了众多方法上的选择，但一些方法评价过程的复杂性和可实施性容易造成评价结果的主观性和不确定性，进而影响土地利用结构的优化，造成土地利用总体规划决策失误。为精确、直观反映土地利用结构合理性，寻求一种物理意义明确、实用、简单、科学的评价方法，使规划方案更加科学、合理，对土地利用结构合理性研究具有极为重要的理论价值和现实操作意义。

研究以石羊河流域5期（1980年、1995年、2000年、2006年、2012年）土地利用变化数据为基础，基于TOPSIS方法，采用熵值法确定指标权重，结合灰色关联度分析，对石羊河流域土地利用结构的合理性进行了综合评价。

（一）TOPSIS法评价过程

1. 数据标准化

为使各指标具有可比性及可计算性，应对其进行无量纲化处理，即标准化。将评价指标分为效益型指标和成本型指标，并通过以下公式进行标准化处理：

对于效益型指标

$$Z_{ij} = \begin{cases} (Y_{ij} - Y_{j\min})/(Y_{j\max} - Y_{j\min}) & Y_{j\max} \neq Y_{j\min} \\ 1 & Y_{j\max} = Y_{j\min} \end{cases} \quad (3\text{-}6)$$

式中：Z_{ij}为指标标准化值；$Y_{j\max}$为指标最大值；$Y_{j\min}$为指标最小值。

对于成本型指标

$$Z_{ij} = \begin{cases} (Y_{j\max} - Y_{ij})/(Y_{j\max} - Y_{j\min}) & Y_{j\max} \neq Y_{j\min} \\ 1 & Y_{j\max} = Y_{j\min} \end{cases} \quad (3\text{-}7)$$

2. 指标权重的确定及决策矩阵的建立

熵值可判断某个指标的离散程度，指标的离散程度越大，该指标对综合评价的影响越大，其计算公式如下

$$H_j = -\frac{1}{\ln n}\sum_{i=1}^{n}f_{ij}\ln f_{ij} \tag{3-8}$$

其中

$$f_{ij} = \frac{Y_{ij}}{\sum_{i=1}^{n}Y_{ij}} \tag{3-9}$$

进而可得到

$$W_j = \frac{1-H_j}{\sum_{j=1}^{m}(1-H_j)} \tag{3-10}$$

在此基础上,建立多属性决策矩阵如下

$$X = (x_{ij})_{m\times n} = [W_{ij}Z_{ij}]_{m\times n} \tag{3-11}$$

式中:Z_{ij}为指标标准化值;f_{ij}为指标数据占总数据的百分比;H_i为离散度;W_{ij}为指标权重;X为决策矩阵;其他符号意义同前。

3. 确定理想解

$$X^* = \{(\max_{1\le i\le m}X_{ij}\mid j\in j^*),(\min_{1\le i\le m}X_{ij}\mid j\in j^-)\} = (x_1^*,x_2^*,\cdots,x_j^*,\cdots,x_n^*) \tag{3-12}$$

$$X^\times = \{(\min_{1\le i\le m}X_{ij}\mid j\in j^*),(\max_{1\le i\le m}X_{ij}\mid j\in j^-)\} = (x_1^\times,x_2^\times,\cdots,x_j^\times,\cdots,x_n^\times) \tag{3-13}$$

式中:X^*为成本型指标集合;$X^\times$为效益型指标集合;其他符号意义同前。

计算各年份指标向量到正负理想解的距离,综合向量到正理想解和负理想解距离表达式为

$$S_i^* = \sqrt{\sum_{j=1}^{n}(x_{ij}-x_j^*)^2} \tag{3-14}$$

$$S_i^\times = \sqrt{\sum_{j=1}^{n}(x_{ij}-x_j^\times)^2} \tag{3-15}$$

式中:S_i^*为正理想解距离的表达式;$S_i^\times$为负理想解距离的表达式;x^*为成本型指标集合;$x^\times$为效益型指标集合;其他符号意义同前。

在确定正、负理想值时,确定已利用地为效益型指标,未利用地为成本型指标。

4. 土地利用结构合理度计算

建立各评价方案的$[S_i^*,S_i^\times]$二维数据空间。设点$A(\min(S_i^*),\max(S_i^\times))$为最优理想参照点,计算各备选方案与该点之间的相对距离:

$$D_i = \sqrt{[S_i^*-\min(S_i^*)]+[S_i^\times-\max(S_i^\times)]}\qquad(i=1,2,\cdots,m) \tag{3-16}$$

$$R_i = (1-D_i)\times 100 \tag{3-17}$$

式中:R_i为土地利用结构合理度,R_i越大,说明土地利用结构越合理;其他符号意义同前。

5. 灰色关联度分析

关联度的一般表达式为

$$\gamma_{ij} = \frac{1}{n}\sum_{i=1}^{n}\zeta_{ij}(t) \tag{3-18}$$

其中，$\zeta_{ij}(t)$ 称为关联系数，定义为

$$\zeta_{ij}(t) = \frac{\Delta_{\min} + k\Delta_{\max}}{\Delta_{ij}(t) + \Delta_{\max}} \tag{3-19}$$

$$\Delta_{ij}(t) = |X_i(t) - X_j(t)| \tag{3-20}$$

$$\Delta_{\max} = \max_j \max_i \Delta_{ij}(t) \tag{3-21}$$

$$\Delta_{\min} = \min_j \min_i \Delta_{ij}(t) \tag{3-22}$$

$$\max_i(\Delta_i(\max)) = \max_i(\max_i |x_0(t) - x_i(t)|) \tag{3-23}$$

$$\min_i(\Delta_i(\min)) = \min_i(\min_i |x_0(t) - x_i(t)|) \tag{3-24}$$

式中：$\zeta_{ij}(t)$ 为关联系数；$\Delta_{\max}$、$\Delta_{\min}$ 分别为最大值、最小值；其他符号意义同前。

$t = 1,2,\cdots,n$；式中 $\zeta_{ij}(t)$ 是第 t 个时刻比较曲线 x_i 与参考曲线 x_0 的相对差值，它称为 x_i 对 x_0 在 k 时刻的关联系数。其中，ζ 为分辨系数，一般在 0 与 1 之间选取，本书取 ζ 为 0.5；k 为灰数，本书取 k 的白化值为 0.5，用于提高关联因素之间的差异显著性。

（二）数据来源及预处理

土地利用基础数据来源于石羊河流域 5 期（1980 年、1995 年、2000 年、2006 年、2012 年）DEM 数据，为使数据具有可比性，土地利用分类系统仍采用 1984 年全国《土地利用现状调查技术规程》中的分类标准。土地利用面积、比例见表 3-11。

表 3-11　石羊河流域 1980 年、1995 年、2000 年、2006 年、2012 年土地利用面积、比例

类型	1980 年		1995 年		2000 年		2006 年		2012 年	
	面积（km²）	百分比（%）	面积（km²）	百分比（%）	面积（km²）	百分比（%）	面积（km²）	百分比（%）	面积（km²）	百分比（%）
耕地	6 663.63	16.42	6 439.61	15.87	6 796.81	16.75	7 044.22	17.36	6 945.21	17.12
林地	2 628.06	6.48	2 653.87	6.54	2 630.54	6.48	2 545.16	6.27	2 756.06	6.79
水域	149.69	0.37	278.36	0.69	149.83	0.37	192.45	0.48	190.26	0.47
草地	11 121.16	27.41	11 547.00	28.45	11 183.05	27.56	10 525.89	25.94	10 908.95	26.88
城乡工矿居民用地	349.24	0.86	337.22	0.83	386.84	0.95	447.82	1.10	526.43	1.30
未利用地	19 667.04	48.46	19 322.76	47.62	19 431.75	47.89	19 823.28	48.85	19 251.91	47.44
合计	40 578.82	100.00	40 578.82	100.00	40 578.82	100.00	40 578.82	100.00	40 578.82	100.00

（三）基于熵权 TOPSIS 法的石羊河流域土地利用结构合理性评价

首先，根据评价指标类型，据式（3-6）、式（3-7）对数据进行标准化处理，具体结果见表 3-12。

表 3-12 评价指标数据标准化处理结果

年份	1980	1995	2000	2006	2012
耕地	0.370 5	0	0.590 8	1.000 0	0.836 2
林地	0.393 0	0.515 4	0.404 9	0	1.000 0
水域	0	1.000 0	0.001 1	0.332 3	0.315 3
草地	0.583 0	1.000 0	0.643 6	0	0.375 1
城乡工矿居民用地	0.063 5	0	0.262 2	0.584 5	1.000 0
未利用地	0.726 5	0.124 0	0.314 7	1.000 0	0

其次,依据式(3-8)~式(3-10)确定石羊河流域土地利用各评价指标的权重系数

$$W_{ij} = \begin{bmatrix} W_1 & W_2 & W_3 & W_4 & W_5 & W_6 \\ 0.160\ 7 & 0.160\ 5 & 0.185\ 0 & 0.160\ 7 & 0.172\ 8 & 0.160\ 3 \end{bmatrix}$$

再次,依据式(3-11)建立多属性决策矩阵如下:

$$X = \begin{bmatrix} 0.059\ 5 & 0 & 0.094\ 9 & 0.160\ 7 & 0.134\ 4 \\ 0.063\ 1 & 0.082\ 7 & 0.065\ 0 & 0 & 0.160\ 5 \\ 0 & 0.185\ 0 & 0.000\ 2 & 0.061\ 5 & 0.058\ 3 \\ 0.093\ 7 & 0.160\ 7 & 0.103\ 4 & 0 & 0.060\ 3 \\ 0.011\ 0 & 0 & 0.045\ 3 & 0.101\ 0 & 0.172\ 8 \\ 0.116\ 5 & 0.019\ 9 & 0.050\ 5 & 0.160\ 3 & 0 \end{bmatrix}$$

第四,依据式(3-12)~式(3-15)确定正负理想解(X^*,$X^\times$),并计算各年份的指标向量到正负理想解的距离(S^*、$S^\times$);同时,据式(3-16)、式(3-17)计算土地利用结构合理度 R_i,具体结果见表 3-13。

表 3-13 石羊河流域 1980 年、1995 年、2000 年、2006 年、2012 年土地利用结构合理度分析结果

年份	S^*	$S^\times$	D_i	R_i
1980	0.313 4	0.135 4	0.242 4	75.757 2
1995	0.249 3	0.294 3	0.091 3	90.874 8
2000	0.264 0	0.195 0	0.165 1	83.491 1
2006	0.312 6	0.199 5	0.195 4	80.459 4
2012	0.163 8	0.326 2	0	100

最后,按如下步骤依次进行灰色关联度分析:

第一步,据式(3-20)确定求差序列,各个时刻 x_i 与 x_0 的绝对差见表 3-14。

表 3-14　土地利用结构灰色关联度差序列的绝对差

土地利用类型	1980 年	1995 年	2000 年	2006 年	2012 年
$\Delta_1 = \mid x_0(t) - x_1(t) \mid$	0	0.033 6	0.020 0	0.057 1	0.042 3
$\Delta_2 = \mid x_0(t) - x_2(t) \mid$	0	0.009 8	0.001 0	0.031 5	0.048 7
$\Delta_3 = \mid x_0(t) - x_3(t) \mid$	0	0.859 6	0.000 9	0.285 7	0.271 0
$\Delta_4 = \mid x_0(t) - x_4(t) \mid$	0	0.038 3	0.005 6	0.053 5	0.019 1
$\Delta_5 = \mid x_0(t) - x_5(t) \mid$	0	0.034 4	0.107 7	0.282 3	0.507 4
$\Delta_6 = \mid x_0(t) - x_6(t) \mid$	0	0.017 5	0.012 0	0.007 9	0.021 1

第二步,据式(3-21)~式(3-24)求得两级最大差与最小差为

$$\Delta_{\max} = 0.429 \, 8, \Delta_{\min} = 0$$

第三步,将数据代入关联系数计算式(3-19)得

$$\zeta_1 = (\zeta_1(1),\zeta_1(2),\zeta_1(3),\zeta_1(4),\zeta_1(5)) = (1.000 \, 0, 0.927 \, 5, 0.955 \, 6, 0.882 \, 7, 0.910 \, 5)$$

$$\zeta_2 = (\zeta_2(1),\zeta_2(2),\zeta_2(3),\zeta_2(4),\zeta_2(5)) = (1.000 \, 0, 0.977 \, 7, 0.997 \, 8, 0.931 \, 6, 0.898 \, 2)$$

$$\zeta_3 = (\zeta_3(1),\zeta_3(2),\zeta_3(3),\zeta_3(4),\zeta_3(5)) = (1.000 \, 0, 0.333 \, 3, 0.999 \, 8, 0.600 \, 7, 0.613 \, 3)$$

$$\zeta_4 = (\zeta_4(1),\zeta_4(2),\zeta_4(3),\zeta_4(4),\zeta_4(5)) = (1.000 \, 0, 0.918 \, 2, 0.987 \, 2, 0.889 \, 3, 0.957 \, 5)$$

$$\zeta_5 = (\zeta_5(1),\zeta_5(2),\zeta_5(3),\zeta_5(4),\zeta_5(5)) = (1.000 \, 0, 0.925 \, 9, 0.799 \, 7, 0.603 \, 6, 0.458 \, 6)$$

$$\zeta_6 = (\zeta_6(1),\zeta_6(2),\zeta_6(3),\zeta_6(4),\zeta_6(5)) = (1.000 \, 0, 0.960 \, 9, 0.972 \, 9, 0.981 \, 9, 0.953 \, 2)$$

第四步,根据关联系数,结合式(3-18)求关联度得

$$r_i = \begin{bmatrix} r_1 & r_2 & r_3 & r_4 & r_5 & r_6 \\ 0.935 \, 2 & 0.961 \, 1 & 0.709 \, 0 & 0.950 \, 4 & 0.757 \, 6 & 0.973 \, 8 \end{bmatrix}$$

相应的关联序为 $r_6 > r_2 > r_4 > r_1 > r_5 > r_3$,即未利用地>林地>草地>耕地>城乡工矿居民用地>水域。上述关联序表明,对石羊河流域土地利用影响最大的是未利用地和林地,其次是草地和耕地,再次是城乡工矿居民用地和水域。

同理,以石羊河流域耕地为参考数列 x_0,林地、水域、草地、居民用地、未利用地分别为参考数列 x_1、x_2、x_3、x_4、x_5,进行灰色关联度分析,可得到

$$r_i = \begin{bmatrix} r_1 & r_2 & r_3 & r_4 & r_5 \\ 0.938 \, 5 & 0.722 \, 9 & 0.902 \, 1 & 0.797 \, 7 & 0.935 \, 0 \end{bmatrix}$$

相应的关联序为 $r_1 > r_5 > r_3 > r_4 > r_2$,上述关联序表明石羊河流域对耕地影响最大的是林地和未利用地,其次是草地,再次是居民用地和水域。

(四)结果与分析

利用石羊河流域 1980 年、1995 年、2000 年、2006 年、2012 年 5 期土地利用数据,基于 TOPSIS 方法,采用熵值法确定指标权重,结合灰色关联度分析,对石羊河流域土地利用结构的合理性进行了综合评价。结果表明:

(1)石羊河流域 1980 年、1995 年、2000 年、2006 年、2012 年 5 期土地利用结构合理度总体较高,均在 75% 以上,在时间上总体呈波动上升趋势。其中,2006~2012 年上升 19.54%,增幅最大,表明石羊河流域在实施重点治理后,土地利用结构趋于合理。

（2）不同土地利用类型变化对土地利用结构的合理性影响不同,其土地利用结构合理性关联度依次为未利用地(0.973 8) > 林地(0.961 1) > 草地(0.950 4) > 耕地(0.935 2) > 城乡工矿居民用地(0.757 6) > 水域(0.709 0)。

（3）以石羊河流域耕地为参考数列,对影响耕地的其他土地利用结构进行了灰色关联度分析,发现对耕地影响最大的是林地(0.938 5)和未利用地(0.935 0),其次是草地(0.902 1),再次是城乡工矿居民用地(0.797 7)和水域(0.722 9)。

（4）限制石羊河流域未利用土地开发,保护林地,调整草地和耕地比例,控制居民用地过快增长和严格保护水域,对优化石羊河流域土地利用结构具有决定性的作用。

八、基于元胞自动机与马尔可夫链的石羊河土地利用预测

（一）CA – Markov 模型

1. 元胞自动机(CA)模型

元胞自动机模型是一种时间、空间状态均离散的格子动力学模型,侧重于不同时空特征元胞的相互作用,具有强大的空间计算模拟能力,特别适合自组织功能系统的动态模拟和展示。元胞自动机模拟结果可受到不确定因素的影响,如元胞、结构以及源数据的质量。在土地利用变化的过程中,元胞自动机模型不仅综合考虑了土壤、气候、地形等自然因素,而且对政策、经济、技术等人文因素以及土地利用的历史趋势变化一并进行了综合考虑,因此具有很强的适用性。

元胞自动机模型可表示如下:

$$s(t, t + 1) = f(s(t), N) \tag{3-25}$$

式中:s 为元胞有限、离散的状态集合;N 为元胞的领域;$t, t + 1$ 分别为不同的时间;f 为局部空间元胞的转换规则。

2. 马尔可夫(Markov)模型

马尔可夫模型由苏联数学家安德烈·马尔可夫首先提出而得名,它是基于马尔可夫随机过程系统而形成的一个过程理论模型,以达到预测和随机控制的目的。马尔可夫过程即假设事件在时间序列 $t_1 < t_2, \cdots, < t_n$ 上为随机过程,序列中任一时间 t_n 状态 a_n 只与前一时间 t_{n-1} 有关,而与 t_{n-1} 之前的时间无关,则该过程具有无后效性。所谓无后效性是指当前的状态一旦确定,则以后的状态不再受此前状态的影响。马尔可夫模型因此常被用于相关无后效性过程事件的预测研究,已成为一种重要的预测方法。土地利用的变化同样具有马尔可夫过程,具体特性如下:在一定区域内,不同的土地利用类型可以相互转变;目前的土地利用状态只与前一时间的土地利用状态相关,不同土地利用类型之间存在数量或比例的转变,即状态转移概率;土地利用类型相互转变的过程包括许多难以用特别方法来精确描述的事件;在一段时间内,土地利用类型的平均转换状态比较稳定,符合马尔可夫链的要求。

基于贝叶斯条件概率公式,对土地利用变化的预测模型如下:

$$s(t + 1) = P_{ij} \times s(t) \tag{3-26}$$

式中:$s(t)$、$s(t + 1)$ 分别为 t、$t + 1$ 时间土地利用的系统状态;P_{ij} 为状态转移概率矩阵。

P_{ij} 的计算模型如下:

$$P_{ij} = \begin{bmatrix} p_{11} & p_{12} & \cdots & p_{1n} \\ p_{21} & p_{22} & \cdots & p_{2n} \\ \vdots & \vdots & & \vdots \\ p_{n1} & p_{n2} & \cdots & p_{mn} \end{bmatrix} \tag{3-27}$$

式中：P_{ij} 为第 i 类土地转换为第 j 类土地的转移概率；n 为研究区域土地利用类型的数目。

P_{ij} 需符合以下条件：

$$0 \leqslant P_{ij} \leqslant 1(i,j = 1,2,3,\cdots,n) \text{ 且 } \sum_{i=1}^{n} P_{ij} = 1(i,j = 1,2,3,\cdots,n) \tag{3-28}$$

3. CA - Markov 模型

CA - Markov(Cell Automata - Markov Chain,元胞自动机 - 马尔可夫链)模型是将元胞自动机、马尔可夫链、多准则、多目标土地分配结合起来进行土地利用的预测方法,就是将具有连续性质的空间分布元素加入马尔可夫链的分析过程。起初的土地利用变化模拟大多数是将时间和空间状态分开的,不能同时进行,如用元胞自动机模拟空间变化,用马尔可夫链或者线性/非线性回归模拟时间序列变化。随着元胞自动机与马尔可夫链的有效结合,解决了土地利用时空同步模拟的瓶颈问题。

现有研究中对土地利用的模拟预测比较多见,方法较为成熟。如马尔可夫链、人工神经网络、clue - s 模型、元胞自动机、最小二乘法、ANN - CA 模型、CA - Markov 模型、PLS - PP 模型等,其中 CA - Markov 模型近来受到的关注的最高,再者是美国克拉克大学实验室研发的 IDRISI 土地利用专业软件,软件内部集成了 CA - Markov 模块,模块所具有的自定义设置和原理介绍功能大大减少了模拟预测过程中的编程工作量,并且模拟预测的结果更为可靠。

CA - Markov 模型对土地利用的模拟主要应用于耕地利用监测与预测以及模型本身的改进、不同情景演化评价、流域水文动态变化、土地模拟预测和驱动力定性分析、景观格局分析、城市扩张原理等。

在使用 CA - Markov 模型的发展过程中,对于土地利用变化驱动因素的遴选和分析也是极其重要的。目前主要有两种方法较为常见,一是 Logistic - CA - Makov(逻辑元胞马尔可夫)模式,二是建立在主成分分析和层次分析的基础上的 AHP - MCE - CA - Markov(层次逻辑元胞马尔可夫)模式。此外,近来还引入了新的方法,如 ant - colony - optimization(蚁群优化算法 - CA - Markov)、LPIs(Landscape Pattern Indexes) - MCE - CA - Markov 模式等。总之,该模型应用发展迅速,是研究模拟预测地表覆被变化的重要工具。

CA - Markov 模型的工作原理是以预测基期的土地利用为初始状态,以基期和之前土地利用转移面积及适宜性图集表述的像元适宜的土地利用类型为依据,对土地利用类型进行重新分配,直至达到马尔可夫链预测的土地利用面积。

由上述可知,马尔可夫模型侧重于土地利用变化预测,不能展现各类型土地变化的空间分布,而元胞自动机模型能够对复杂空间系统的时空动态演化过程进行表达。因此,CA - Markov 模型结合了 Markov 模型和 CA 模型的理论方法,同时具有对时间动态和空间格局进行表达的优势,能够较好地模拟区域土地利用的时空格局动态变化,并进行预测。

IDRISI32 软件中的 CA - Markov 模块集成了元胞自动机过滤器和马尔可夫过程的功能,利用土地转移矩阵和适宜性图集,可以预测区域的土地利用变化,进而预测区域生态承载力变化。

(二)CA - Markov 模型数据

IDRISI 软件中使用数据的栅格大小为 30 m × 30 m。根据 CA - Markov 模块的功能需求,模拟过程有以下几个关键点。

1. 转换规则

利用 GIS 的空间叠置分析技术,能够得到1980~2012 年流域土地利用转移概率矩阵和转移面积矩阵,转移概率矩阵指的是某种土地利用类型转换为其他土地利用类型的概率,转移面积矩阵为某种土地利用类型在下一个时间点转换成其他土地利用类型的面积。在马尔可夫模型中,参与计算的是土地转移概率矩阵,转移概率矩阵可以由转移面积矩阵计算得到,由于在 IDRISI 软件中,CA - Markov 模块需要添加的数据是土地面积转移矩阵,程序会在运行的过程中将添加的数据自动计算为转移概率矩阵,因此本书使用土地面积转移矩阵作为 CA - Markov 模块的转换规则。

2. 驱动因素与生成空间分布

根据模型要求,结合研究区实际,选取地貌因素(海拔、坡度、坡向、土壤、土地利用)、气象因素(积温(> 10 ℃)、降水量)、社会因素(人口密度、人均 GDP)、经济因素和河流水系因素等指标。其中,地貌因素的空间分布通过 DEM 数据得到;气象因素的空间分布利用流域内及周边的气象站点数据首先生成等值线,再插值得到;人口分布和经济因素的空间分布按照统计及发展年鉴数据赋值于流域内行政区划的属性生成;海拔、坡度、坡向、土壤、土地利用水系因素也可根据 SWAT 模型进行模拟。由于气象数据、经济数据变动性大,分别依据2012 年的相关观测和统计数据生成对应的空间分布图。

3. 适宜性图集

图集指的是数张图集成在一个文件中,作为一个整体,这是 IDRISI 软件中 CA - Markov 模块所定义的一种特殊文件组织方式;适宜性指的是当前土地利用在下一个状态的适宜性,因此适应性图集就是各类土地利用在下一个状态的适宜性的图像集合,使得模型的最终参数输入显得高效简洁。

依据起始年各类土地利用状况,利用 IDRISI 中的 logisticreg 模块,分别将每类土地利用类型作为因变量,11 个驱动因素作为自变量,通过回归分析,计算得到每类土地的空间分布概率图,再使用 collection editor 模块将所有的概率图集成在一个文件中。本书所用图集为2012 年的适宜性图集,其中海拔、坡度、坡向、土壤、土地利用和水系图在第六章 SWAT 模型建立中详细说明。

4. 邻域滤波器

滤波器是 CA - Markov 模型的重要组成部分,元胞滤波器通过产生空间加权因子,能够改变周围的元胞,并决定元胞下一时刻的状态,因此确定滤波器对于模型的模拟预测具有重要意义。按照已有研究:采用 5 × 5 摩尔邻域,模拟精度更高。因此,研究采用 5 × 5 摩尔的邻域滤波器,作为 CA - Markov 模型的滤波参数。

5. 起始时间点和迭代次数

研究以 2012 年为起始年份,由于模型运算 1 年为 1 个迭代周期,所以迭代次数为8,进而模拟预测 2020 年的土地利用状况。

（三）基于 CA – Markov 模型的土地利用变化趋势预测

以 2012 年土地利用类型分布为初始状态,输入基于 MCE 创建土地利用适宜性图集,指定地理元胞自动机的循环次数为 8 年,结合 CA – Markov 模型,进而得到研究区域 2020 年的土地利用预测结果(见表 3-15 和图 3-16)。

表 3-15　2012 ~ 2020 年土地利用变化量　　　　　　　　　（单位:km²）

类型	面积		
	2012 年现状值	2020 年预测值	变化量
耕地	6 945.21	6 136.83	−808.38
林地	2 756.06	3 178.95	422.89
水域	190.26	203.32	13.06
草地	10 908.95	11 928.03	1 019.08
城乡工矿居民用地	526.43	669.30	142.87
未利用地	19 251.91	18 462.39	−789.52
合计	40 578.82	40 578.82	

在 ArcGIS 支持下,采用 create random points 生成随机样点,并随机抽取 498 个样点,借助 spatial analyst 功能,提取 2013 年和 2014 年国土二类清查数据,对预测模型的精度进行验证,并获取 417 个正确的样点数据,其模拟精度达到 85.73%,说明其拟合程度较好,表明模拟数据能很好地表达各地类之间相互转化趋势,很好地说明了该模型能够预测未来各土地利用类型的变化。

根据预测,2020 年研究区域耕地、林地、水域、草地、城乡工矿居民用地、未利用地面积分别为 6 136.83 km²、3 178.95 km²、203.32 km²、11 928.03 km²、669.30 km²、18 462.39 km²,与 2012 年相比,模拟 2020 年土地利用结构没有发生较大变化,但是其土地利用格局继续保持 1980 ~ 2012 年变化趋势,仍然是以未利用地和草地为主,未利用地占据优势地位,是土地利用格局的基质景观,其次是草地和耕地、林地、城乡工矿居民用地和水域所占份额较小,且减少量较小,各地类的相互转化量相对较小,基本保持稳定,处于动态平衡状态中。预测的 8 年间草地增加 1 019.08 km²,增加速度相对 2006 ~ 2012 年间有所增加,其生态恢复的趋势依旧强劲;耕地面积减少 808.38 km²,其减少速度要大于 2006 ~ 2012 年,表明随着退耕还林还草制度的有效实施及城市用地规模的不断扩大,由未利用地、耕地转向草地是其主要转换轨迹,同时说明今后耕地保护任务依然艰巨,由此可见加强城市土地利用管理与合理规划及生态恢复仍然十分必要。林地的增加源同样主要为林区的耕地和未利用地,虽然"关井压田"和"退耕还林"工程已经起到一定作用,区域生态环境恶化的势头在一定程度上得到遏制,但如何调整农牧业产业结构和转变生产经营方式仍然是当前必须解决的问题,生态环境与经济发展之间的矛盾还将长期存在。与 2012 年相比,各地类型基本上处于动态平衡状态中。

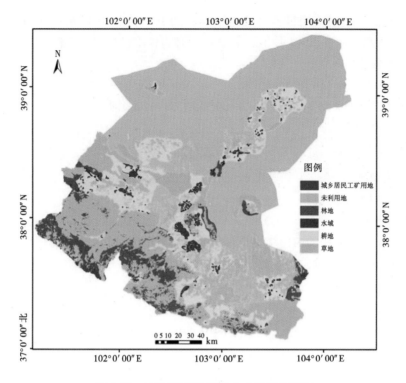

图例
- ■ 城乡居民工矿用地
- ■ 未利用地
- ■ 林地
- ■ 水域
- ■ 耕地
- ■ 草地

图 3-16　石羊河流域 2020 年土地利用预测

第二节　流域气象水文变化趋势与规律

一、数据处理与研究方法

气象站、水文站实测数据是一种典型的时间序列资料,蕴涵着极其丰富的信息。研究气候变化与水文变化所用的时间序列资料需要有足够的序列长度和精确度,必须客观真实,满足均一性、代表性和比较性等原则。选取石羊河流域现有 7 个气象站、水文站(西大河水库、九条岭、南营水库、杂木寺、黄羊河、古浪和红崖山水库)自建站以来历年气温、降水量和径流数据作为研究的基本资料。

(一)数据来源

径流与气象数据采用 1953～2010 年石羊河流域水文站统计资料,其中径流数据来源于甘肃省水文水资源局,气象数据来源于甘肃省气象局。

(二)数据预处理

(1)数据查漏补缺:对原始数据中气温、降水量和径流观测值缺失的,采用邻近年同期观测值的平均值进行插补,来满足资料序列的连续性和一致性要求。

(2)年代际和季节划分:年代际只考虑 1951～2010 年,根据各气象站、水文站时间序列长短不一各,具体划分为:1951～1960 年为 50 年代,1961～1970 年为 60 年代,1971～1980 年为 70 年代,1981～1990 年为 80 年代,1991～2000 年为 90 年代,2001～2010 年为 21 世纪初。考虑到结果的可比性,用世界气象组织推荐的 1951 ~ 2010 年 60 年均值作为年均值。季节划分:3 ~ 5 月为春季,6 ~ 8 月为夏季,9 ~ 11 月为秋季,12 月至翌年 2 月为冬季。

(三)研究方法

1. 气候倾向率

气候要素的趋势系数变化一般采用一次线性方程表示,即

$$\hat{x}a_i = a_0 + a_1 t \qquad (t = 1, 2, \cdots, n) \tag{3-29}$$

$$dx/dt = a_1 \tag{3-30}$$

式中:a_i 为气候倾向率,单位为某要素单位/10 年,即要素的 10 年变化率;a_0 为回归常数;a_1 为回归系数;t 为时间序列。

2. 累积距平

累积距平是一种常用的由曲线直观判断变化趋势的方法,同时通过对累积距平曲线的观察,也可以划分变化的阶段性。对于时间序列 x,其某一时刻 t 的累积距平表示为

$$\hat{x}_t = \sum_{i=1}^{t} (x_i - \bar{x}) \qquad (t = 1, 2, \cdots, n) \tag{3-31}$$

式中:$\hat{x}_t$ 为第 t 年的距平累积值;x_i 为要素的序列值;$\bar{x}$ 为该序列的平均值;其他符号意义同前。

其中,$\bar{x} = \dfrac{1}{n} \sum_{i=1}^{t} x_i$,将 n 个时刻的累积距平值全部算出,即可绘制累积距平曲线,进行趋势分析。

3. 距平百分率

采用《水文情报预报规范》(GB/T 22482—2008)中的距平百分率 P 作为划分径流丰平枯的标准。距平百分率 P = (某年年径流量 – 年均径流量)/年均径流量 × 100%,径流丰平枯划分标准见表 3-16。

表 3-16　径流丰平枯划分标准

丰平枯级别	特丰水年	偏丰水年	平水年	偏枯水年	特枯水年
划分标准	$P > 20\%$	$10\% < P \leqslant 20\%$	$-10\% < P \leqslant 10\%$	$-20\% < P \leqslant -10\%$	$P < -20\%$

二、石羊河流域气温时空变化特征与规律研究

(一)气温年变化特征与规律

1. 九条岭站

九条岭站 1972 ~ 2010 年年均气温为 4.75 ℃,整体呈增加趋势,趋势方程为 $y = 0.025\,2x + 4.240\,5$,年均气温以 0.252 ℃/10 年的速率增加,39 年内增加了 0.98 ℃,增加趋势不显著。该站年均气温年际变化大,最大值为 1997 年的 5.80 ℃,最小值为 1976 年的 3.50 ℃,两者相差 2.30 ℃,最大、最小年气温比值为 1.66(见表 3-17)。从该站年均气温变化的 5 年滑动平均曲线(见图 3-17)可见,1972 ~ 1997 年年均气温呈缓慢增加趋势,1997 ~ 2010 年呈缓慢下降趋势。

表 3-17　石羊河流域九条岭站年代际平均气温

时段	平均值（℃）	最大值		最小值		最大值/最小值
		数值（℃）	年份	数值（℃）	年份	
1972～1980 年	4.35	4.80	1978	3.50	1976	1.37
1981～1990 年	4.61	5.30	1990	3.70	1984	1.43
1991～2000 年	4.96	5.80	1997	4.30	1994/1995	1.35
2001～2010 年	5.02	5.30	2001/2008	4.74	2010	1.12
1972～2010 年	4.75	5.80	1997	3.50	1976	1.66

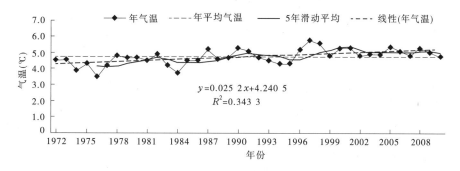

图 3-17　石羊河流域九条岭站 1972～2010 年气温年变化曲线

2. 南营水库站

南营水库站 1981～2010 年年均气温为 7.53 ℃，整体呈增加趋势，趋势方程为 $y = 0.048\,8x + 6.775$，年均气温以 0.488 ℃/10 年的速率增加，30 年内增加了 1.46 ℃，增加趋势相对显著。该站年均气温年际变化大，最大值为 1998 年的 8.90 ℃，最小值为 1984 年的 6.10 ℃，两者相差 2.80 ℃，最大、最小年气温比值为 1.46（见表 3-18）。从该站年均气温变化的 5 年滑动平均曲线（见图 3-18）可见，1981～1998 年年均气温呈大幅波动上升趋势，1999～2010 年呈缓慢波动下降趋势。

表 3-18　石羊河流域南营水库站年代际平均气温

时段	平均值（℃）	最大值		最小值		最大值/最小值
		数值（℃）	年份	数值（℃）	年份	
1981～1990 年	6.97	8.10	1990	6.10	1984	1.33
1991～2000 年	7.73	8.90	1998	7.00	1993/1996	1.27
2001～2010 年	7.89	8.30	2009	7.50	2005	1.11
1981～2010 年	7.53	8.90	1998	6.10	1984	1.46

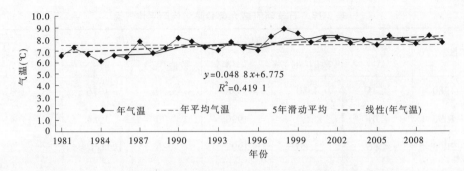

图 3-18　石羊河流域南营水库站 1981～2010 年气温年际变化曲线

3. 杂木寺站

石羊河流域杂木寺站 1955～2010 年年均气温为 6.40 ℃,整体呈增加趋势,趋势方程为 $y=0.015\,1x+5.972\,1$,年均气温以 0.151 ℃/10 年的速度增加,56 年内增加了 0.85 ℃,增加趋势相对显著。该站年均气温年际变化大,最大值为 1998 年的 8.10 ℃,最小值为 1976 年的 4.50 ℃,两者相差 3.60 ℃,最大、最小年气温比值为 1.80(见表 3-19)。从该站年均气温变化的 5 年滑动平均曲线(见图 3-19)可以看出,1955～1963 年均气温呈缓慢增加趋势,1964～1976 年呈大幅波动下降趋势,1977～1998 年又呈缓慢增加趋势,1999～2010 年呈缓慢下降趋势。

表 3-19　石羊河流域杂木寺站年代际平均气温

时段	平均值(℃)	最大值		最小值		最大值/最小值
		数值(℃)	年份	数值(℃)	年份	
1955～1960 年	6.42	7.20	1960	4.80	1956	1.50
1961～1970 年	6.40	7.50	1963	4.90	1970	1.53
1971～1980 年	5.50	6.20	1971/1980	4.50	1976	1.38
1981～1990 年	6.39	7.30	1987/1990	5.50	1984	1.33
1991～2000 年	6.94	8.10	1998	6.30	1993	1.29
2001～2010 年	6.79	7.00	2002/2006	6.30	2005	1.11
1955～2010 年	6.40	8.10	1998	4.50	1976	1.80

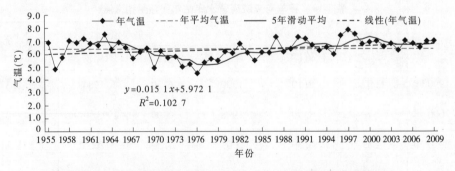

图 3-19　石羊河流域杂木寺站 1955～2010 年气温年际变化曲线

4. 黄羊河站

黄羊河站 1962～2010 年年均气温为 5.12 ℃,整体呈现增加趋势,趋势方程为 $y = 0.040\ 8x + 4.103\ 1$,年均气温以 0.408 ℃/10 年的速率增加,49 年内增加了 2.0 ℃,增加趋势显著。该站年均气温年际变化大,最大值为 1998 年的 6.80 ℃,最小值为 1967 年的 3.50 ℃,两者相差 3.30 ℃,最大、最小年气温比值为 1.94(见表 3-20)。从该站年均气温变化的 5 年滑动平均曲线(见图 3-20)可见,1962～1970 年年均气温呈缓慢减少趋势,1972～2010 年呈大幅度波动上升趋势。

表 3-20　石羊河流域黄羊河站年代际平均气温

时段	平均值（℃）	最大值		最小值		最大值/最小值
		数值（℃）	年份	数值（℃）	年份	
1962～1970 年	4.45	5.20	1963	3.50	1967	1.49
1971～1980 年	4.65	5.10	1978	4.00	1974	1.28
1981～1990 年	4.88	6.10	1990	4.00	1987	1.53
1991～2000 年	5.61	6.80	1998	4.90	1991	1.39
2001～2010 年	5.95	6.30	2010	5.60	2008	1.13
1962～2010 年	5.12	6.80	1998	3.50	1967	1.94

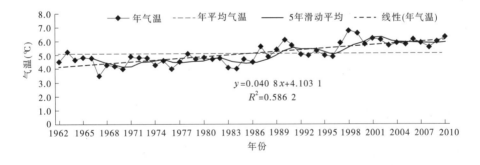

图 3-20　石羊河流域黄羊河站 1962～2010 年气温年际变化曲线

5. 红崖山水库站

石羊河流域红崖山水库站 1962～2010 年年均气温 8.74 ℃,整体呈缓慢增加趋势,趋势方程 $y = 0.001\ 1x + 8.716\ 5$,年均气温以 0.011 ℃/10 年的速度增加,39 年内增加了 0.4 ℃,增加趋势不显著。该站年均气温年际变化大,最大值为 1965 年和 1997 年的 9.60 ℃,最小值为 1984 年的 7.20 ℃,两者相差 2.40 ℃,最大、最小年气温比值 1.33(见表 3-21)。从石羊河流域红崖山水库站年均气温变化的 5 年滑动平均曲线(见图 3-21)可以看出,1962～2010 年年均气温呈略微增加趋势。

表 3-21　石羊河流域红崖山水库站年代际平均气温

时段	平均值（℃）	最大值		最小值		最大值/最小值
		数值（℃）	年份	数值（℃）	年份	
1962~1970 年	8.77	9.60	1965	7.60	1967	1.26
1971~1980 年	8.89	9.30	1978	8.40	1976	1.11
1981~1990 年	8.47	9.30	1987	7.20	1984	1.29
1991~2000 年	8.70	9.60	1997	8.10	1995	1.19
2001~2010 年	8.90	9.30	2008	8.30	2007	1.12
1962~2010 年	8.74	9.60	1965/1997	7.20	1984	1.33

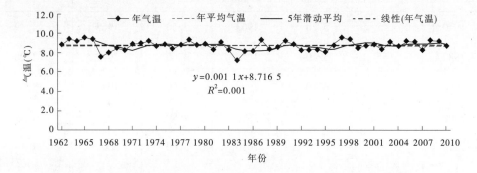

图 3-21　石羊河流域红崖山水库站 1962~2010 年气温年际变化曲线

（二）气温年代际变化特征与规律

1. 九条岭站

石羊河流域九条岭站年代际平均气温统计见表 3-17,由表可知,过去 39 年中,该站 20 世纪 70~80 年代气温较低,70 年代最低,代际平均值为 4.35 ℃,比年均值低 0.40 ℃,90 年代气温升高,之后持续升温,21 世纪初出现了强劲增温趋势,代际平均值为 5.02 ℃,比年均值高 0.27 ℃。70 年代和 80 年代气温均低于平均值,90 年代以及 21 世纪初均高于年均值,增幅分别为 0.21 ℃和 0.27 ℃。

2. 南营水库站

石羊河流域南营水库站年代际平均气温统计见表 3-18,由表 3-18 可知,过去 30 年中,该站 20 世纪 80 年代气温较低,代际平均值为 6.97 ℃,比年均值低 0.56 ℃,90 年代至 21 世纪初气温持续升高,平均分别为 7.73 ℃和 7.89 ℃,比年均值分别高 0.20 ℃和 0.36 ℃。

3. 杂木寺站

石羊河流域杂木寺站年代际平均气温统计见表 3-19,由表 3-19 可知,过去 56 年该站 20 世纪 50 年代、60 年代和 80 年代气温接近平均值,而 70 年代气温相对较低,代际平均值为 5.50 ℃,比年均值低 0.90 ℃,90 年代至 21 世纪初气温持续升高,代际平均分别为 6.94 ℃和 6.79 ℃,比年均值分别高 0.54 ℃和 0.39 ℃。

4. 黄羊河站

石羊河流域黄羊河站年代际平均气温统计见表 3-20,由表 3-20 可知,过去 49 年中,该站 20 世纪 50 年代、70 年代和 80 年代气温相对较低,代际平均值分别为 4.45 ℃、4.65 ℃ 和 4.88 ℃,比年均值分别低 0.67 ℃、0.47 ℃ 和 0.24 ℃,90 年代至 21 世纪初气温持续升高,代际平均值分别为 5.61 ℃ 和 5.95 ℃,比年均值分别高 0.49 ℃ 和 0.83 ℃。

5. 红崖山水库站

石羊河流域红崖山水库站年代际平均气温统计见表 3-21,由表 3-21 可知,过去 39 年中,该站 20 世纪 60 年代和 90 年代气温接近平均值,70 年代和 21 世纪初高于平均值,代际平均值分别为 8.89 ℃ 和 8.90 ℃,比年均值分别高 0.15 ℃ 和 0.16 ℃,80 年代低于平均值,代际平均值为 8.47 ℃,比年均值低 0.27 ℃。

(三)气温季节变化特征与规律

1. 九条岭站

从九条岭站季节平均气温演变分析(见图 3-22 和表 3-22),该站春、夏、秋、冬四个季节均表现出增温趋势,但各个季节的增温速率略有差异。通过对比分析:该站冬季增温速率最高,1972 ~ 2010 年冬季平均气温升高 1.28 ℃,线性增温幅度 0.329 ℃/10 年;春季和夏季次之,平均气温分别升高 0.99 ℃ 和 0.93 ℃,线性增温幅度分别为 0.253 ℃/10 年和 0.239 ℃/10 年;秋季气温升高幅度最小,为 0.80 ℃,线性增温幅度 0.206 ℃/10 年,表明冬季增温对该站平均气温增暖的贡献最大。

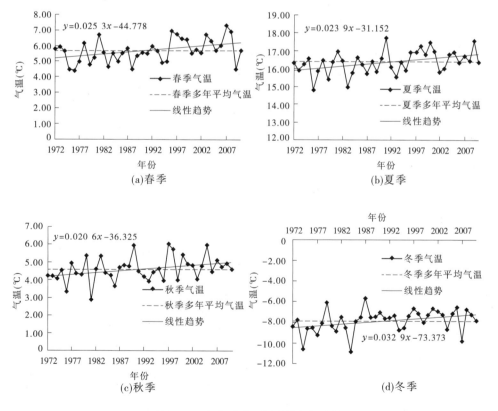

图 3-22　九条岭站不同季节气温变化

表 3-22　　九条岭站不同季节气温距平变化　　　　　　（单位:℃）

时间	春季	夏季	秋季	冬季
20 世纪 70 年代	− 0.39	− 0.42	− 0.36	− 0.56
20 世纪 80 年代	− 0.28	− 0.23	− 0.14	− 0.19
20 世纪 90 年代	0.25	0.24	0.12	0.23
21 世纪初	0.31	0.30	0.28	0.37

（1）春季:20 世纪 70 年代平均气温最低,比年均值低 0.39 ℃;21 世纪初最高,比年均值高 0.31 ℃。

（2）夏季:20 世纪 70 年代平均气温最低,比年均值低 0.42 ℃;21 世纪初最高,比年均值高 0.30 ℃。

（3）秋季:20 世纪 70 年代平均气温最低,比年均值低 0.36 ℃;21 世纪初最高,比年均值高 0.28 ℃。

（4）冬季:20 世纪 70 年代平均气温最低,比年均值低 0.56 ℃;21 世纪初最高,比年均值高 0.37 ℃。

2. 南营水库站

从南营水库站季节平均气温演变分析结果(见图 3-23 和表 3-23) 可见,该站春、夏、秋、

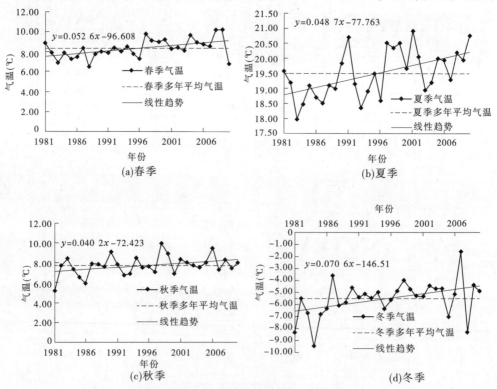

(a)春季　　　　　　　　　　　　　　(b)夏季

(c)秋季　　　　　　　　　　　　　　(d)冬季

图 3-23　南营水库站不同季节气温变化

冬四个季节均表现出增温趋势。通过对比分析:该站冬季增温速率最高,1981～2010 年冬季平均气温升高 2.05 ℃,线性增温幅度 0.706 ℃/10 年;春季和夏季次之,平均气温分别升高 1.53 ℃ 和 1.41 ℃,线性增温幅度分别为 0.526 ℃/10 年和 0.487 ℃/10 年;秋季气温升高幅度最小为 1.17 ℃,线性增温幅度 0.402 ℃/10 年,表明冬季增温对该站平均气温增暖的贡献最大。

表 3-23　南营水库站不同季节气温距平变化　　　　　　　　　（单位:℃）

时间	春季	夏季	秋季	冬季
20 世纪 80 年代	− 0.67	− 0.65	− 0.56	− 1.00
20 世纪 90 年代	0.06	0.14	0.29	0.41
21 世纪初	0.49	0.40	0.19	0.45

(1)春季:20 世纪 80 年代平均气温比年均低 0.67 ℃;21 世纪初最高,比年均高 0.49 ℃。

(2)夏季:20 世纪 80 年代平均气温比年均低 0.65 ℃;21 世纪初最高,比年均高 0.40 ℃。

(3)秋季:20 世纪 80 年代平均气温比年均低 0.56 ℃;90 年代最高,比年均高 0.29 ℃。

(4)冬季:20 世纪 80 年代平均气温最低,比年均低 1.00 ℃;21 世纪初最高,比年均高 0.45 ℃。

3. 杂木寺站

从杂木寺站季节平均气温演变分析结果(见图 3-24 和表 3-24)可见,该站春、夏、秋、冬四个季节均表现出增温趋势。通过对比分析:该站冬季增温速率最高,1955～2010 年冬季平均气温升高 1.85 ℃,线性增温幅度 0.331 ℃/10 年;秋季和春季次之,平均气温分别升高 1.77 ℃ 和 0.79 ℃,线性增温幅度分别为 0.316 ℃/10 年和 0.141 ℃/10 年;夏季气温略有升高,升高幅度最小为 0.17 ℃,线性增温幅度 0.03 ℃/10 年,表明冬季增温对该站平均气温增暖的贡献最大。

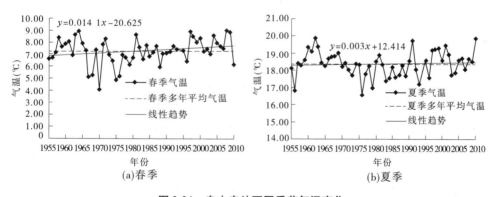

图 3-24　杂木寺站不同季节气温变化

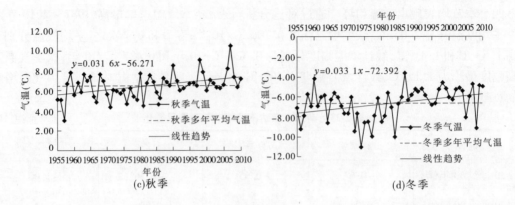

续图 3-24

表 3-24　杂木寺站不同季节气温距平变化　　　　　　　　　　　（单位：℃）

时间	春季	夏季	秋季	冬季
20 世纪 50 年代	0.05	-0.33	-0.93	-0.71
20 世纪 60 年代	0.08	0.59	0.04	0.27
20 世纪 70 年代	-0.92	-0.51	-0.96	-1.62
20 世纪 80 年代	-0.07	-0.37	0.03	-0.07
20 世纪 90 年代	-0.16	-0.31	0.29	0.54
21 世纪初	0.52	0.25	0.66	0.71

（1）春季：平均气温距平值 20 世纪五六十年代为正值，70～90 年代为负值，21 世纪初为正值；70 年代平均气温最低，比年均低 0.92 ℃；21 世纪初最高，比年均高 0.52 ℃。

（2）夏季：平均气温距平值变化波动较大，20 世纪 50 年代为负值，60 年代为正值，70～90 年代为负值，21 世纪初为正值；70 年代最低，比年均低 0.51 ℃；60 年代最高，比年均高 0.59 ℃。

（3）秋季：平均气温距平值 20 世纪 50 年代为负值，60 年代略有升高为正值，70 年代为负值，80 年代以来为正值；70 年代平均气温最低，比年均低 0.96 ℃；21 世纪初最高，比年均高 0.66 ℃。

（4）冬季：平均气温距平值在 20 世纪 50 年代为负值，60 年代为正值，70 年代和 80 年代为负值，90 年代以来均为正值；70 年代平均气温最低，比年均低 1.62 ℃；21 世纪初最高，比年均高 0.71 ℃。

4. 黄羊河站

从黄羊河站季节平均气温演变分析结果（见图 3-25 和表 3-25）可见，黄羊河站春、夏、秋、冬四个季节均表现出增温趋势，但各个季节的增温速率略有差异。通过对比分析：该站秋季增温速率最高，1962～2010 年冬季平均气温升高 2.99 ℃，线性增温幅度 0.611 ℃/10 年；冬季和夏季次之，平均气温分别升高 2.35 ℃和 1.54 ℃，线性增温幅度分别为 0.48 ℃/10 年和

0.315 ℃/10 年;春季气温升高幅度最小为 1.30 ℃,线性增温幅度 0.266 ℃/10 年,表明秋季增温对该站平均气温增暖的贡献最大。

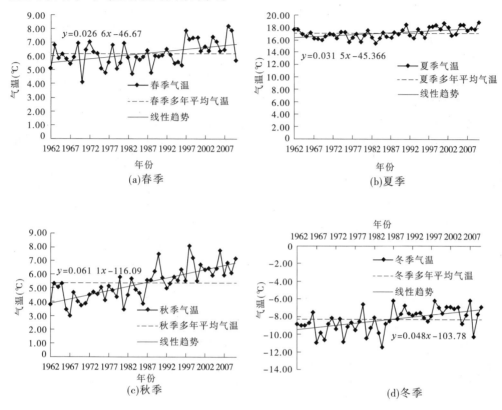

图 3-25　黄羊河站不同季节气温变化

表 3-25　黄羊河站不同季节气温距平变化　　　　　　　　（单位:℃）

时间	春季	夏季	秋季	冬季
20 世纪 60 年代	− 0.17	− 0.31	− 1.03	− 0.97
20 世纪 70 年代	− 0.43	− 0.54	− 0.86	− 0.44
20 世纪 80 年代	− 0.39	− 0.44	− 0.35	− 0.48
20 世纪 90 年代	0.17	0.38	0.84	0.81
21 世纪初	0.71	0.78	1.08	0.81

（1）春季:20 世纪 70 年代平均气温最低,比年均低 0.43 ℃;21 世纪初最高,比年均高 0.71 ℃。

（2）夏季:20 世纪 70 年代平均气温最低,比年均低 0.54 ℃;21 世纪初最高,比年均高 0.78 ℃。

（3）秋季:20 世纪 60 年代平均气温最低,比年均低 1.03 ℃;21 世纪初最高,比年均高

1.08 ℃。

(4)冬季:20 世纪 60 年代平均气温最低,比年均低 0.97 ℃;21 世纪初最高,比年均冬季气温高 0.81 ℃。

5.红崖山水库站

从红崖山水库站季节平均气温演变分析结果(见图 3-26 和表 3-26)可见,红崖山水库站春、秋、冬三个季节变化表现出略增温趋势,但变化趋势不明显,夏季略有降温趋势,各个季节的增温速率略有差异。通过对比分析:该站冬季增温速率最高,1962～2010 年冬季平均气温升高 0.84 ℃,线性增温幅度 0.172 ℃/10 年;春季次之,平均气温升高 0.44 ℃,线性增温幅度 0.089 ℃/10 年;秋季气温升高幅度最小,为 0.12 ℃,线性增温幅度 0.025 ℃/10 年,表明冬季增温对该站平均气温增暖的贡献最大。而夏季气温略有降低,1962～2010 年夏季平均气温降低 0.93 ℃,线性降温幅度 0.19 ℃/10 年。

(1)春季:平均气温距平值 20 世纪 60 年代为正值,七八十年代为负值,90 年代以来为正值;80 年代平均气温最低,比年均低 0.49 ℃;60 年代最高,比年均高 0.39 ℃。

(2)夏季:平均气温距平值 20 世纪六七十年代为正值,80 年代以来均为负值;80 年代平均气温最低,比年均低 0.36 ℃;60 年代最高,比年均高 0.60 ℃。

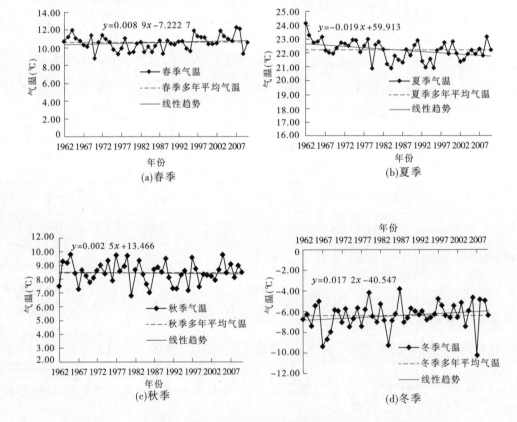

图 3-26　红崖山水库站不同季节气温变化

表 3-26 红崖山水库站不同季节气温距平变化 （单位:℃）

时间	春季	夏季	秋季	冬季
20 世纪 60 年代	0.39	0.60	0.09	−0.74
20 世纪 70 年代	−0.39	0.26	0.18	0.20
20 世纪 80 年代	−0.49	−0.36	−0.12	−0.16
20 世纪 90 年代	0.15	−0.27	−0.25	0.35
21 世纪初	0.38	−0.10	0.11	0.18

（3）秋季:平均气温距平值 20 世纪六七十年代为正值,八九十年代为负值,21 世纪初为正值;90 年代平均气温最低,比年均低 0.25 ℃;70 年代最高,比年均高 0.18 ℃。

（4）冬季:平均气温距平值 20 世纪 60 年代为负值,70 年代为正值,80 年代为负值,90 年代以来均为正值;60 年代平均气温最低,比年均低 0.74 ℃;90 年代最高,比年均高 0.35 ℃。

（四）气温空间变化特征与规律

本书所采用水文气象资料站主要分布在出山口以上山区,出山口以下水文站相对较少,因此气温空间变化特征分析选取九条岭站、南营水库站、杂木寺站、黄羊河站作为出山口以上的代表站,红崖山水库站作为出山口以下的代表站。

从空间分布来看,九条岭站、南营水库站、杂木寺站、黄羊河站和红崖山水库站各站点的气温倾向率都为正值,表明石羊河流域全流域气温普遍存在增温趋势。流域从南部到北部年均气温变化率逐渐减小,从东向西气温变化率先增大后减小,中部南营水库站增温趋势最大,年均气温以 0.488 ℃/10 年的速度增加,在出山口以上中部地区出现了一个高值变化率中心,北部红崖山水库站增温趋势最小,年均气温以 0.011 ℃/10 年的速度增加。流域平均气温分布为从南向北逐渐升高,其中红崖山水库站年均气温最高,为 8.74 ℃,九条岭站年均气温最低,为 4.75 ℃。

三、石羊河流域降水时空变化特征与规律研究

（一）降水年变化特征与规律

1. 西大河水库站

西大河水库站 1956～2010 年年均降水量为 387.80 mm,趋势方程为 $y = 2.025\,9x + 331.03$,以 20.259 mm/10 年的速率增加,55 年内增加了 111.42 mm,增加趋势显著。该站年均降水量年际变化大,最大值为 1988 年的 546.6 mm,最小值为 1962 年的 257.0 mm,相差 289.60 m,最大、最小年降水量比值为 2.13(见表 3-27)。从该站年均降水量变化的 5 年滑动平均曲线(见图 3-27)可以看出,年均降水量 1956～1988 年呈缓慢增加趋势,1989～1991 年呈急剧下降趋势,1992～2010 年呈缓慢波动上升趋势。

表 3-27　石羊河流域西大河水库站年代际平均降水量分析成果

时段	平均值(mm)	最大值(mm)	年份	最小值(mm)	年份	最大值/最小值
1956～1960 年	334.4	376.1	1960	299.7	1956	1.25
1961～1970 年	356.9	433.0	1964	257.0	1962	1.68
1971～1980 年	355.4	431.5	1975	291.3	1972	1.48
1981～1990 年	421.5	546.6	1988	324.0	1982	1.69
1991～2000 年	405.0	470.7	1993	295.2	1991	1.59
2001～2010 年	426.70	544.9	2003	343.1	2001	1.59
1956～2010 年	387.80	546.6	1988	257.0	1962	2.13

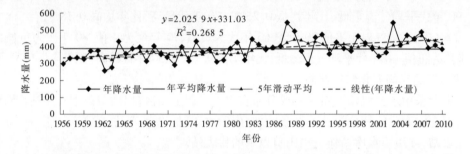

图 3-27　石羊河流域西大河水库站 1956～2010 年降水量变化曲线

2. 九条岭站

　　九条岭站 1956～2010 年年均降水量 304.36 mm,趋势方程为 $y = 1.221\ 6x + 270.16$,以 12.216 mm/10 年的速率增加,55 年内增加了 67.20 mm,增加趋势相对显著。该站年均降水量年际变化大,最大值为 1964 年的 458.9 mm,最小值为 1961 年的 122.0 mm,两者相差 336.9 mm,最大、最小年降水量比值 3.76(见表 3-28)。从该站年均降水量变化的 5 年滑动平均曲线(见图 3-28)可以看出,年均降水量 1956～1964 年呈大幅增加趋势,1965～2007 年呈缓慢增加趋势,2008～2010 年呈缓慢下降趋势。

表 3-28　石羊河流域九条岭站年代际平均降水量分析成果

时段	平均值(mm)	最大值(mm)	年份	最小值(mm)	年份	最大值/最小值
1956～1960 年	261.7	320.3	1958	191.2	1959	1.68
1961～1970 年	269.8	458.9	1964	122.0	1961	3.76
1971～1980 年	310.9	396.6	1979	253.7	1974	1.56
1981～1990 年	337.5	439.8	1983	231.9	1982	1.90
1991～2000 年	305.0	368.0	1993	230.6	1991	1.60
2001～2010 年	319.9	419.5	2007	263.9	2010	1.59
1956～2010 年	304.36	458.9	1964	122.0	1961	3.76

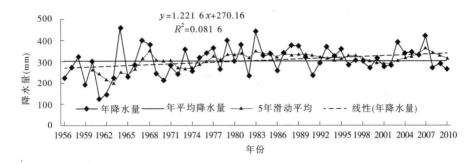

图 3-28　石羊河流域九条岭站 1956～2010 年降水量变化曲线

3. 南营水库站

南营水库站 1956～2010 年年均降水量 234.3 mm,趋势方程 $y = 0.382\,1x + 223.64$,以 3.821 mm/10 年的速率增加,55 年内增加了 21.02 mm,增加趋势不显著。该站年均降水量年际变化大,最大值为 1964 年的 458.9 mm,最小值为 1961 年的 122.0 mm,两者相差 336.9 mm,最大、最小年降水量比值 2.71(见表 3-29)。从该站年均降水量变化的 5 年滑动平均曲线和降水量年际距平曲线(见图 3-29)可以看出,年均降水量 1956～1967 年呈波动上升趋势,1968～1991 年呈波动下降趋势,1992～2010 年呈缓慢波动上升与下降交替趋势。

表 3-29　石羊河流域南营水库站年代际平均降水量分析成果

时段	平均值(mm)	最大值(mm)	年份	最小值(mm)	年份	最大值/最小值
1956～1960 年	177.3	226.4	1960	134.9	1956	1.68
1961～1970 年	268.7	353.6	1967	167.6	1963	2.11
1971～1980 年	217.2	267.9	1979	147.7	1972	1.81
1981～1990 年	227.2	296.5	1983	189.4	1982	1.57
1991～2000 年	246.3	348.6	1993	130.7	1991	2.67
2001～2010 年	240.9	347.7	2007	173.6	2009	2.00
1956～2010 年	234.3	353.6	1967	130.7	1991	2.71

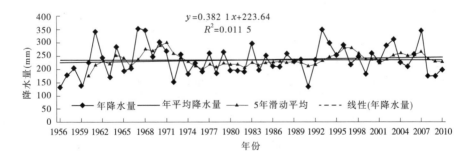

图 3-29　石羊河流域南营水库站 1956～2010 年降水量变化曲线

4. 杂木寺站

杂木寺站 1951～2010 年年均降水量 344.8 mm,趋势方程为 $y = -0.877\,9x + 371.02$,以 8.779 mm/10 年的速率递减,60 年内减少了 52.67 mm,减少趋势相对显著。该站年均降水量年际变化大,最大值为 1958 年的 500.5 mm,最小值为 1974 年的 222.4 mm,两者相差 278.1 mm,最大、最小年降水量比值 2.25(见表 3-30)。从该站年均降水量变化 5 年滑动平均曲线(见图 3-30)可以看出,年均降水量 1951~2010 年整体呈缓慢波动递减趋势。

表 3-30　石羊河流域杂木寺站年代际平均降水量分析成果

时段	平均值(mm)	最大值(mm)	年份	最小值(mm)	年份	最大值/最小值
1951~1960 年	379.4	500.5	1958	302.8	1956	1.65
1961~1970 年	349.6	488.8	1961	249.1	1962	1.96
1971~1980 年	343.0	443.7	1976	222.4	1974	2.00
1981~1990 年	325.2	378.7	1983	262.4	1987	1.44
1991~2000 年	336.4	430.3	1993	234.4	1999	1.84
2001~2010 年	335.2	439.1	2007	242.8	2009	1.81
1951~2010 年	344.8	500.5	1958	222.4	1974	2.25

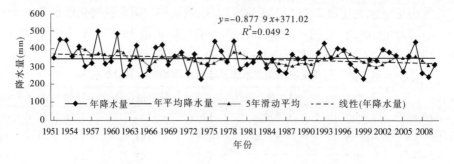

图 3-30　石羊河流域杂木寺站 1951~2010 年降水量变化曲线

5.黄羊河站

黄羊河站 1950~2010 年年均降水量 270.9 mm,趋势方程 $y = -0.5137x + 286.84$,以 5.137 mm/10 年的速率递减,61 年内减少 31.34 mm,减小趋势不显著。该站年均降水量年际变化大,最大值为 1958 年的 384.1 mm,最小值为 1991 年的 185.1 mm,两者相差 199.0 mm,最大、最小年降水量比值 2.08(见表 3-31)。从该站年均降水量变化的 5 年滑动平均曲线(见图 3-31)可以看出,年均降水量 1950~1958 年呈缓慢波动增加趋势,1959~1990 年呈缓慢减少趋势,1991~1993 年呈急剧增加趋势,1994~2010 年呈波动下降趋势。

表 3-31　石羊河流域黄羊河站年代际平均降水量分析成果

时段	平均值(mm)	最大值(mm)	年份	最小值(mm)	年份	最大值/最小值
1950~1960 年	284.0	384.1	1958	214.6	1950	1.79
1961~1970 年	283.9	367.4	1967	208.2	1962	1.76
1971~1980 年	274.8	339.8	1979	196.1	1974	1.73
1981~1990 年	247.8	293.5	1983	197.5	1987	1.49
1991~2000 年	279.8	380.4	1993	185.1	1991	2.06
2001~2010 年	254.0	332.1	2003	194.2	2009	1.71
1950~2010 年	270.9	384.1	1958	185.1	1991	2.08

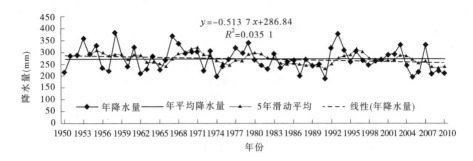

图 3-31　石羊河流域黄羊河站 1950～2010 年降水量变化曲线

6. 古浪站

古浪站 1956～2010 年年均降水量 370.3 mm,趋势方程为 $y = -0.233x + 363.73$,以 2.33 mm/10 年的速度增加,55 年内增加了 12.8 mm,增加趋势不显著。该站年均降水量年际变化大,最大值为 1961 年的 547.3 mm,最小值为 1962 年的 248.0 mm,两者相差 299.3 mm,最大、最小年降水量比值 2.20(见表 3-32)。从该站年均降水量变化的 5 年滑动平均曲线(见图 3-32)可以看出,年均降水量 1956～2010 年呈缓慢波动略微增加趋势。

表 3-32　石羊河流域古浪站年代际平均降水量分析成果

时段	平均值(mm)	最大值(mm)	年份	最小值(mm)	年份	最大值/最小值
1956～1960 年	342.5	491.5	1958	270.2	1957	1.82
1961～1970 年	377.3	547.3	1961	248.0	1962	2.21
1971～1980 年	376.5	462.6	1979	268.7	1974	1.72
1981～1990 年	359.1	418.2	1988	292.5	1987	1.43
1991～2000 年	384.7	486.5	1993	264.6	1991	1.84
2001～2010 年	367.4	466.3	2007	291.2	2005	1.60
1956～2010 年	370.3	547.3	1961	248.0	1962	2.20

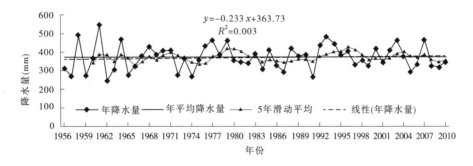

图 3-32　石羊河流域古浪站 1956～2010 年降水量变化曲线

7. 红崖山水库站

红崖山水库站 1956～2010 年均降水量 122.7 mm,趋势方程为 $y = -0.632\,3x + 104.95$,以 6.323 mm/10 年的速度增加,55 年内增加了 34.78 mm,增加趋势相对显著。该

站年均降水量年际变化大,最大值为1968年的236.4 mm,最小值为1959年的45.2 mm,两者相差191.2 mm,最大、最小年降水量比值为5.23(见表3-33)。从该站年均降水量变化的5年滑动平均曲线(见图3-33)可以看出,年均降水量1956~1968年呈增加趋势,1969~1984年呈现不断下降趋势,1985~2010年呈增加趋势。

表3-33　石羊河流域红崖山水库站年代际平均降水量分析成果

时段	平均值(mm)	最大值(mm)	年份	最小值(mm)	年份	最大值/最小值
1956~1960年	90.2	151.2	1958	45.2	1959	3.35
1961~1970年	127.3	236.4	1968	59.4	1962	3.98
1971~1980年	123.8	170.9	1973	97.4	1972	1.75
1981~1990年	111.5	129.1	1988	75.4	1984	1.71
1991~2000年	125.2	165.9	1996	85.7	1999	1.94
2001~2010年	141.8	184.3	2002	110.5	2005	1.67
1956~2010年	122.7	236.4	1968	45.2	1959	5.23

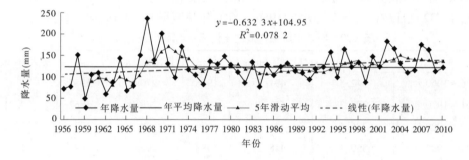

图3-33　石羊河流域红崖山水库站1956~2010年降水量变化曲线

(二)降水年代际变化特征与规律

1.西大河水库站

由表3-27可知,过去55年石羊河流域西大河水库站20世纪50~70年代降水量较低,分别为334.40 mm、356.9 mm和355.4mm,比多年平均值分别低53.4 mm、30.9 mm和32.4 mm;80年代到21世纪初降水量升高,分别为421.50 mm、405.0 mm和426.70 mm,比多年平均值分别高33.7 mm、17.2 mm和38.9 mm。

2.九条岭站

由表3-28可知,过去55年中,石羊河流域九条岭站20世纪六七十年代降水量较低,分别为261.7 mm和269.8 mm,比多年平均值分别低42.66 mm和34.56 mm;70年代到21世纪初降水量升高,分别为310.9 mm、337.5 mm、305.5 mm和319.9 mm,比多年平均值分别高6.54 mm、33.14 mm、0.64 mm和15.54 mm。

3.南营水库站

由表3-29可知,过去55年石羊河流域南营水库站20世纪50年代、70年代和80年代降水量较低,分别为177.3 mm、217.2 mm和227.2 mm,比多年平均值分别低57.0 mm、17.1 mm和7.1 mm;20世纪60年代、90年代和21世纪初降水量相对较高,分别为268.7 mm、

246.3 mm 和 240.9 mm,比多年平均值分别高 34.4 mm、12.0 mm 和 6.6 mm。

4. 杂木寺站

由表 3-30 可知,过去 60 年中,石羊河流域杂木寺站 20 世纪 50 年代和 60 年代降水量相对较高,分别为 379.4 mm 和 349.6 mm,比多年平均值分别高 34.6 mm 和 4.8 mm;70 年代到 21 世纪初降水量相对较低,有逐渐减少的趋势,分别为 343.0 mm、325.2 mm、336.4 mm 和 335.2 mm,比多年平均值分别低 1.8 mm、19.6 mm、8.4 mm 和 9.6 mm。

5. 黄羊河站

由表 3-31 可知,过去 61 年中,石羊河流域黄羊河站 20 世纪 50~70 年代和 90 年代降水量相对较高,分别为 284.0 mm、283.9 mm、274.8 mm 和 279.8 mm,比多年平均值分别高 13.1 mm、13.0 mm、3.9 mm 和 8.9 mm;80 年代和 21 世纪初降水量相对较低,分别为 247.8 mm 和 254.0 mm,比多年平均值分别低 23.1 mm 和 16.9 mm。

6. 古浪站

由表 3-32 可知,过去 55 年中,石羊河流域古浪站 20 世纪 50 年代、80 年代和 21 世纪初降水量相对较低,分别为 342.5 mm、359.1 mm 和 367.4 mm,比多年平均值分别低 27.8 mm、11.2 mm 和 2.9 mm;六七十年代和 90 年代降水量相对较高,分别为 377.3 mm、376.5 mm 和 384.7 mm,比多年平均值分别高 7.0 mm、6.2 mm 和 14.4 mm。

7. 红崖山水库站

由表 3-33 可知,过去 55 年中,石羊河流域红崖山水库站 20 世纪 50 年代和 80 年代降水量相对较低,分别为 90.2 mm 和 111.5 mm,比多年平均值分别低 32.5 mm 和 11.2 mm;20 世纪 60 年代、70 年代、90 年代和 21 世纪初降水量相对较高,分别为 127.3 mm、123.8 mm、125.2 mm 和 141.8 mm,比多年平均值分别高 4.6 mm、1.1 mm、2.5 mm 和 19.1 mm。

(三)降水季节变化特征与规律

1. 西大河水库站

从西大河水库站季节平均降水量演变分析结果(见表 3-34 和图 3-34)可见,该站春、夏、秋、冬四个季节均表现出降水量增加趋势,但各个季节的增加速率略有差异。通过对比分析:该站夏季降水量增加速率最高,1956~2010 年期间增加 55.39 mm,线性增加幅度 10.07 mm/10 年;秋季和春季次之,分别增加 34.25 mm 和 19.70 mm,线性增加幅度分别为 6.227 mm/10 年和 3.581 mm/10 年;冬季增加幅度最小,为 2.09 mm,线性增加幅度 0.38 mm/10 年,表明该站夏季降水量增加对平均降水量增加的贡献最大。

表 3-34　西大河水库站降水量距平变化分析结果　　　　　　　　　　（单位:mm）

时间	春季	夏季	秋季	冬季
20 世纪 50 年代	-12.90	-36.53	-13.02	-1.33
20 世纪 60 年代	-5.83	-16.52	-5.89	-0.60
20 世纪 70 年代	-7.29	-20.66	-7.36	-0.75
20 世纪 80 年代	10.77	23.07	0.14	1.39
20 世纪 90 年代	5.03	19.25	-8.06	-0.50
21 世纪初	2.25	8.61	23.98	0.90

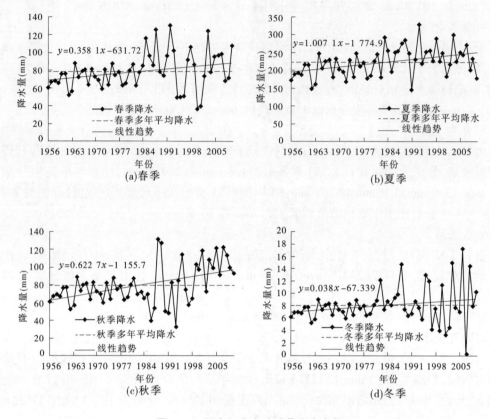

图 3-34　西大河水库站季节降水变化

（1）春季：20 世纪 50 年代平均降水量最少，比年均少 12.90 mm；80 年代最多，比年均多 10.77 mm。

（2）夏季：20 世纪 50 年代平均降水量最少，比年均少 36.53 mm；80 年代最多，比年均多 23.07 mm。

（3）秋季：20 世纪 50 年代平均降水量最少，比年均少 13.02 mm；21 世纪初最多，比年均多 23.98 mm。

（4）冬季：20 世纪 50 年代平均降水量最少，比年均少 1.33 mm；80 年代最多，比年均多 1.39 mm。

2. 九条岭站

从九条岭站季节平均降水量演变分析结果（见图 3-35 和表 3-35）可见，该站春、夏、秋、冬四个季节均表现出降水量增加趋势。通过对比分析：该站春季、夏季和秋季降水量增加速率基本相等，1957～2010 年期间，春季、夏季和秋季平均降水量分别增加 7.97 mm、7.86 mm 和 7.77 mm，线性增加幅度分别为 1.475 mm/10 年、1.455 mm/10 年和 1.439 mm/10 年；冬季降水量增加幅度最小仅为 0.297 mm，线性增加幅度 0.055 mm/10 年。

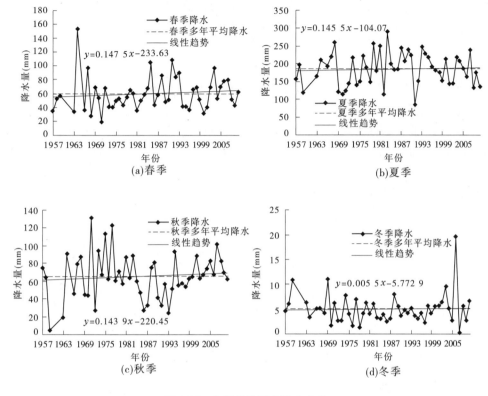

图 3-35　九条岭站季节降水变化

表 3-35　九条岭站降水量距平变化分析结果　　　（单位：mm）

时间	春季	夏季	秋季	冬季
20 世纪 50 年代	-11.05	-2.44	-8.66	1.25
20 世纪 60 年代	10.34	-23.77	14.67	-1.15
20 世纪 70 年代	-10.73	25.80	-4.62	-0.60
20 世纪 80 年代	1.63	9.29	-10.83	-0.83
20 世纪 90 年代	4.28	-5.25	9.84	1.41
21 世纪初	1.76	-20.83	0.67	-0.23

（1）春季：平均降水量距平值 20 世纪 50 年代为负值，60 年代为正值，70 年代为负值，80 年代为正值；50 年代平均降水量最少，比年均少 11.05 mm；60 年代最多，比年均多 10.34 mm。

（2）夏季：平均降水量距平值 20 世纪 50 年代、60 年代为负值，70 年代、80 年代为正值，90 年代之后为负值；60 年代平均降水量最少，比年均少 23.77 mm；70 年代最多，比年均多 25.80 mm。

（3）秋季：平均降水量距平值 20 世纪 50 年代为负值，60 年代为正值，70 年代、80 年代为负值，90 年代开始为正值；80 年代平均降水量最少，比年均少 10.83 mm；60 年代最多，比年均多 14.67 mm。

（4）冬季：平均降水量距平值 20 世纪 50 年代为正值，60～80 年代为负值，90 年代为正值，21 世纪初开始为负值；70 年代平均降水量最少，比年均少 1.15 mm；50 年代最多，比年均多 1.25 mm。

3. 南营水库站

从南营水库站季节平均降水量演变分析结果（见图 3-36 和表 3-36）可见，该站春、夏、秋季均表现出降水量减少趋势，而冬季降水量略有增加。通过对比分析：该站夏季降水量减少最多，1961～2010 年期间平均减少 18.56 mm，线性减少幅度 3.712 mm/10 年；秋季次之，平均减少 8.005 mm，线性减少幅度 1.601 mm/10 年；春季降水量减少幅度最小，仅为 1.095 mm，线性减少幅度 0.219 mm/10 年；冬季降水量略有增加，增加幅度很小，仅为 0.185 mm，表明南营水库站夏季降水量减少对平均降水量减少的贡献最大。

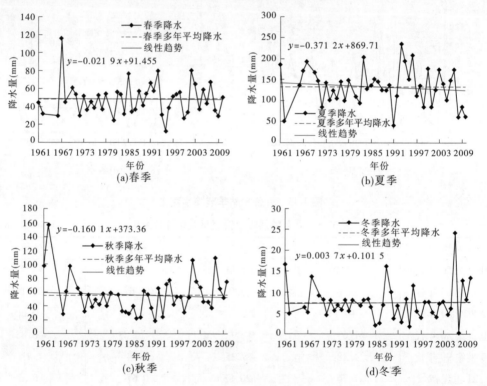

图 3-36　南营水库站季节降水变化

表 3-36　南营水库站降水量距平变化分析结果　　　　　（单位：mm）

时间	春季	夏季	秋季	冬季
20 世纪 60 年代	5.50	15.75	33.03	1.91
20 世纪 70 年代	-2.21	-6.16	-5.77	-0.47
20 世纪 80 年代	-2.36	2.59	-16.28	0.02
20 世纪 90 年代	1.89	8.71	-8.22	-1.56
21 世纪初	-0.28	-11.60	11.02	0.96

（1）春季：平均降水量距平值20世纪60年代为正值，七八十年代为负值，90年代为正值，21世纪初为负值；80年代平均降水量最少，比年均少2.36 mm；60年代最多，比年均多5.50 mm。

（2）夏季：平均降水量距平值20世纪60年代为正值，70年代为负值，八九十年代为正值，21世纪初为负值；21世纪初平均降水量最少，比年均少11.60 mm；60年代最多，比年均多15.75 mm。

（3）秋季：平均降水量距平值20世纪60年代为正值，70～90年代为负值，21世纪初为正值；80年代平均降水量最少，比年均少16.28 mm；60年代最多，比年均多33.03 mm。

（4）冬季：平均降水量距平值20世纪60年代为正值，70年代为负值，80年代为正值，90年代为负值，21世纪初为正值；90年代平均降水量最少，比年均少1.56 mm；60年代最多，比年均多1.91 mm。

4. 杂木寺站

从杂木寺站季节的平均降水量演变分析结果（见图3-37和表3-37）可见，该站夏、秋、冬三个季节均表现出降水量减少趋势，而春季降水量略有增加，增加幅度很小。通过对比分析：该站夏季降水量减少最多，1952～2010年期间平均减少37.01 mm，线性减少幅度6.273 mm/10年；秋季次之，减少12.09 mm，线性减少幅度2.049 mm/10年；冬季最小，仅为3.57 mm，线性减少幅度0.605 mm/10年；春季降水量略有增加，增加幅度很小，1952～2010年期

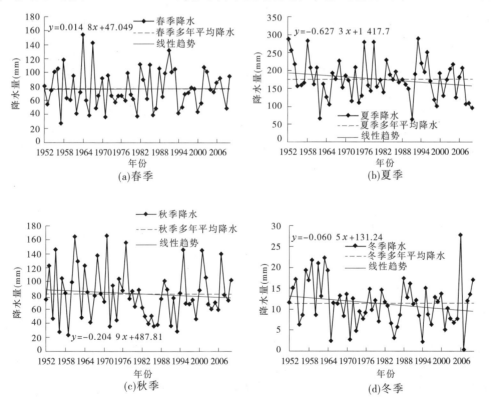

图3-37 杂木寺站季节降水变化

间仅增加 0.082 6 mm,线性增加幅度 0.148 mm/10 年,表明该站夏季降水量减少对平均降水量减少的贡献最大。

表 3-37 杂木寺站降水量距平变化分析结果 （单位:mm)

时间	春季	夏季	秋季	冬季
20 世纪 50 年代	1.85	42.16	-3.30	3.31
20 世纪 60 年代	1.44	-17.87	16.80	1.77
20 世纪 70 年代	-5.60	3.02	9.91	-1.69
20 世纪 80 年代	-3.35	0.66	-21.71	-1.51
20 世纪 90 年代	5.98	-0.81	-11.03	-0.86
21 世纪初	0.06	-17.04	7.88	-0.32

(1)春季:平均降水量距平值 20 世纪 50 年代和 60 年代为正值,70 年代和 80 年代为负值,90 年代开始为正值;70 年代平均降水量最少,比年均少 5.60 mm;90 年代最多,比年均多 5.98 mm。

(2)夏季:平均降水量距平值 20 世纪 50 年代为正值,60 年代为负值,70 年代和 80 年代为正值,90 年代开始为负值;60 年代平均降水量最少,比年均少 17.87 mm;50 年代最多,比年均多 42.16 mm。

(3)秋季:平均降水量距平值 20 世纪 50 年代为负值,60 年代和 70 年代为正值,80 年代和 90 年代为负值,21 世纪初开始为正值;80 年代平均降水量最少,比年均少 21.71 mm;60 年代最多,比年均多 16.80 mm。

(4)冬季:平均降水量距平值 20 世纪 50 年代和 60 年代为正值,70 年代以来降水量距平值为负值;70 年代平均降水量最少,比年均少 1.69 mm;50 年代最多,比年均多 3.31 mm。

5. 黄羊河站

从黄羊河站季节平均降水量演变分析结果(见表 3-38 和图 3-38)可见,该站夏、秋、冬三个季节均表现出降水量减少趋势,春季降水量略有增加,增加幅度很小。通过对比分析:该站夏季降水量减少最多,1951～2010 年期间平均减少 25.92 mm,线性减少幅度 4.32 mm/10 年;秋季次之,平均减少 7.61 mm,线性减少幅度 1.269 mm/10 年;冬季减少幅度最小,仅为 2.94 mm,线性减少幅度 0.49 mm/10 年;春季降水量略有增加,增加幅度很小,1951～2010 年期间仅增加 3.29 mm,线性增加幅度 0.548 mm/10 年,表明该站夏季降水量减少对平均降水量减少的贡献最大。

表 3-38 黄羊河站降水量距平变化分析结果 （单位:mm)

时间	春季	夏季	秋季	冬季
20 世纪 50 年代	-3.23	15.84	-0.24	3.00
20 世纪 60 年代	7.54	-3.43	6.94	0.49
20 世纪 70 年代	-7.51	6.33	10.84	-1.40
20 世纪 80 年代	-4.91	-2.28	-13.19	-0.02
20 世纪 90 年代	7.06	10.89	-10.55	0.14
21 世纪初	0.75	-20.86	6.21	-1.14

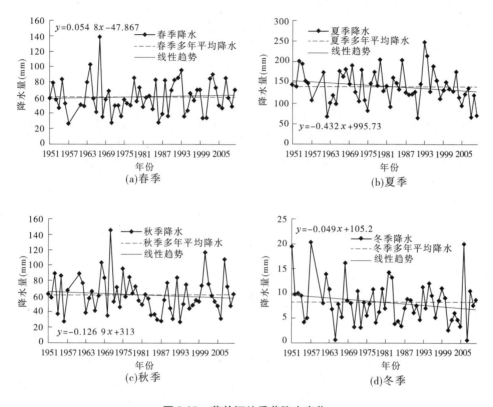

图 3-38　黄羊河站季节降水变化

（1）春季：平均降水量距平值 20 世纪 50 年代为负值，60 年代为正值，70 年代和 80 年代为负值，90 年代开始为正值；70 年代平均降水量最少，比年均少 7.51 mm；60 年代最多，比年均多 7.54 mm。

（2）夏季：平均降水量距平值 20 世纪 50 年代为正值，60 年代为负值，70 年代为正值，80 年代为负值，90 年代为正值，21 世纪初开始为负值；21 世纪初平均降水量最少，比年均少 20.86 mm；50 年代最多，比年均多 15.84 mm。

（3）秋季：平均降水量距平值 20 世纪 50 年代为负值，60 年代和 70 年代为正值，80 年代和 90 年代为负值，21 世纪初开始为正值；80 年代平均降水量最少，比年均少 13.19 mm；70 年代最多，比年均多 10.84 mm。

（4）冬季：平均降水量距平值 20 世纪 50 年代和 60 年代为正值，70 年代和 80 年代为负值，90 年代为正值，21 世纪初以来为负值；70 年代平均降水量最少，比年均少 1.40 mm；50 年代最多，比年均多 3.00 mm。

6. 古浪站

从古浪站季节平均降水量演变分析结果（见图 3-39 和表 3-39）可见，该站夏、秋两个季节均表现出降水量减少趋势，春季和冬季降水量略有增加。通过对比分析：该站夏季降水量减少最多，1958～2010 年期间平均减少 20.24 mm，线性减少幅度 3.819 mm/10 年；秋季次之，平均减少 1.92 mm，线性减少幅度 0.363 mm/10 年；春季增加最多，1958～2010 年期间平均增加 16.53 mm,线性增加幅度 3.119 mm/10 年;冬季降水量略有增加,但增加幅度很小,仅为 4.028 mm,线性增加幅度 0.76 mm/10 年,表明古浪站夏季降水量减少对平均降水量减少的贡献最大。

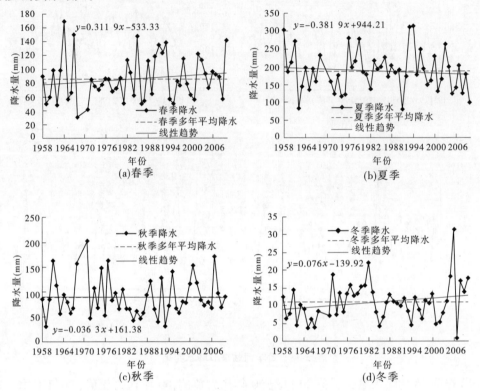

图 3-39　古浪站季节降水变化

表 3-39　古浪站降水量距平变化分析结果　　　　　　　　（单位:mm）

时间	春季	夏季	秋季	冬季
20 世纪 50 年代	−16.05	59.30	−31.30	−1.52
20 世纪 60 年代	0.48	−5.74	7.68	−3.34
20 世纪 70 年代	−12.14	−1.05	18.74	1.37
20 世纪 80 年代	−2.29	1.84	−17.12	1.21
20 世纪 90 年代	11.27	12.69	−13.65	−1.36
21 世纪初	4.29	−18.44	12.05	2.01

(1)春季:平均降水量距平值 20 世纪 50 年代为负值,60 年代为正值,七八十年代为负值,90 年代开始为正值;50 年代平均降水量最少,比平均值少 16.05 mm;90 年代最多,比平均值多 11.27 mm。

(2)夏季:平均降水量距平值 20 世纪 50 年代为正值,60 年代和 70 年代为负值,80 年代和 90 年代为正值,21 世纪初开始为负值;21 世纪初平均降水量最少,比平均值少 18.44 mm;50 年代最多,比平均值多 59.30 mm。

（3）秋季:平均降水量距平值 20 世纪 50 年代为负值,60 年代和 70 年代为正值,80 年代和 90 年代为负值,21 世纪初开始为正值;50 年代平均降水量最少,比平均值少 31.30 mm;70 年代最多,比平均值多 18.74 mm。

（4）冬季:平均降水量距平值 20 世纪 50 年代和 60 年代为负值,70 年代和 80 年代为正值,90 年代为负值,21 世纪初以来为正值;60 年代平均降水量最少,比平均值少 3.34 mm;21 世纪初最多,比年均值多 2.01 mm。

7. 红崖山水库站

从红崖山水库站季节平均降水量演变结果（见图 3-40 和表 3-40）可见,该站春、夏、秋、冬四个季节均表现出降水量增加的趋势。通过分析:该站秋季降水量增加速率最高,1963～2010 年期间平均增加 14.63 mm,线性增加幅度 3.048 mm/10 年;夏季和春季次之,分别增加 13.20 mm 和 10.48 mm,线性增加幅度分别为 2.751 mm/10 年和 2.183 mm/10 年;冬季降水量增加幅度最小,为 1.32 mm,线性增加幅度 0.274 mm/10 年,表明该站秋季降水量增加对平均降水量增加的贡献最大。

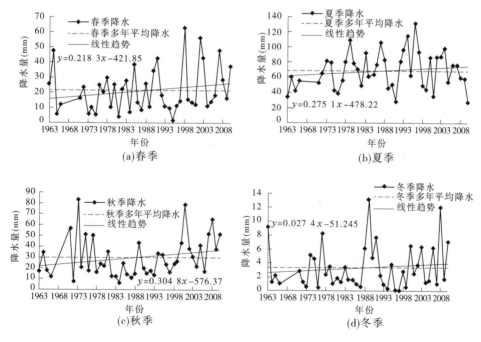

图 3-40 红崖山水库站季节降水变化

（1）春季:平均降水量距平值 20 世纪 60 年代为正值,70 年代和 80 年代为负值,90 年代开始为正值;70 年代平均降水量最少,比年均值少 5.08 mm;21 世纪初最多,比年均值多 5.77 mm。

（2）夏季:平均降水量距平值 20 世纪 60 年代和 70 年代为负值,80 年代和 90 年代为正值,21 世纪初开始为负值;50 年代平均降水量最少,比年均值少 20.83 mm;90 年代最多,比年均值多 6.44 mm。

表 3-40　红崖山水库站降水量距平变化分析结果　　　　（单位：mm）

时间	春季	夏季	秋季	冬季
20 世纪 60 年代	1.50	−20.83	−9.24	0.10
20 世纪 70 年代	−5.08	−0.95	6.92	−0.12
20 世纪 80 年代	−3.12	3.86	−9.96	−0.20
20 世纪 90 年代	0.74	6.44	−7.64	−1.04
21 世纪初	5.77	−1.02	13.70	1.19

（3）秋季：平均降水量距平值 20 世纪 60 年代为负值，70 年代为正值，80 年代和 90 年代为负值，21 世纪初开始为正值；80 年代平均降水量最少，比年均值少 9.96 mm；21 世纪初最多，比年均值多 13.70 mm。

（4）冬季：平均降水量距平值 20 世纪 60 年代为正值，70～90 年代为负值，21 世纪初为正值；90 年代平均降水量最少，比年均值少 1.04 mm；21 世纪初最多，比年均值多 1.19 mm。

（四）降水空间变化特征与规律

本书所采用的水文气象资料为石羊河流域主要水文站实测资料，水文站主要分布在出山口以上山区，出山口以下水文站相对较少，因此降水空间变化特征分析选取九条岭站、南营水库站、杂木寺站、黄羊河站、古浪站和西大河水库站作为出山口以上的代表站，红崖山水库站作为出山口以下的代表站。

从空间分布来看，出山口以上的西大河水库站、九条岭站、南营水库站、古浪河站各站点降水量的倾向率均为正值，杂木寺站、黄羊河站降水量的倾向率为负值，综合分析出山口以上降水量略有增加趋势。由南向北降水量变化为先减小后增大，其中杂木寺站降水量呈现减少趋势，年均降水量以 8.779 mm/10 年的速率递减；西大河站降水量增加趋势最大，年均降水量以 20.259 mm/10 年的速率增加；南营水库站降水量增加趋势最小，年均降水量以 3.821 mm/10 年的速率增加。出山口以下红崖山水库站降水量有增加趋势，年均降水量以 6.323 mm/10 年的速率增加。流域平均降水量分布为从南向北先减小后增加再减小，其中西大河水库站年均降水量最大，为 417 mm，红崖山水库站年均降水量最小，为 122 mm。

四、石羊河流域径流时空变化特征与规律研究

（一）径流年变化特征与规律

1. 西大河水库站

西大河水库站 1959～2010 年年均径流量 1.60 亿 m³，趋势方程 $y = 0.006\,9x + 1.411\,8$，以 0.069 亿 m³/10 年的速率增加，52 年增加了 0.36 亿 m³，增加趋势相对显著。该站年均径流量年际变化大，最大值为 2006 年的 2.65 亿 m³，最小值为 1962 年的 0.97 亿 m³，两者相差 1.68 亿 m³，最大、最小年径流量比值为 2.73（见表 3-41）。从该站年均径流量变化 5 年滑动

平均曲线(见图3-41)可以看出,年均径流量1959～1989年呈缓慢增加趋势,1990～2001年呈缓慢下降趋势,2002～2007年呈大幅上升趋势,2008～2010年呈缓慢下降趋势。

表3-41　石羊河流域西大河水库站年代际平均径流量分析结果

时段	平均值（亿 m³）	最大值（亿 m³）	年份	最小值（亿 m³）	年份	最大值/最小值	距平百分率（%）	年景
1959～1970 年	1.49	2.29	1967	0.97	1962	2.36	−6.58	平水年
1971～1980 年	1.49	1.86	1971	1.04	1978	1.79	−6.85	平水年
1981～1990 年	1.69	2.61	1989	1.19	1982	2.19	5.78	平水年
1991～2000 年	1.50	2.02	1993	1.26	1991/1994	1.60	−5.71	平水年
2001～2010 年	1.83	2.65	2006	1.13	2001	2.35	14.68	丰水年
1959～2010 年	1.60	2.65	2006	0.97	1962	2.73		

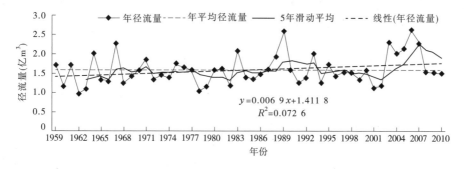

图3-41　石羊河流域西大河水库站1959～2010年径流量年际变化曲线

2. 九条岭站

九条岭站1972～2010年年均径流量3.14亿 m³,趋势方程 $y = 0.005\,9x + 3.020\,6$,以 0.059 亿 m³/10 年的速率增加,39 年增加 0.23 亿 m³,增加趋势不显著。该站年均径流量年际变化大,最大值为2003年的4.42亿 m³,最小值为1991年的2.12亿 m³,两者相差2.30亿 m³,最大、最小年径流量比值为2.08(见表3-42)。从该站年均径流量变化5年滑动平均曲线(见图3-42)可以看出,年均径流量1972～1989年呈缓慢增加趋势,1990～2002年呈快速下降趋势,2003～2007年呈大幅上升趋势,2008～2010年呈缓慢下降趋势。

表3-42　石羊河流域九条岭站年代际平均径流量分析结果

时段	平均值（亿 m³）	最大值（亿 m³）	年份	最小值（亿 m³）	年份	最大值/最小值	距平百分率（%）	年景
1972～1980 年	3.08	3.69	1977	2.60	1972	1.42	−1.74	平水年
1981～1990 年	3.33	4.41	1989	2.65	1987	1.66	6.11	平水年
1991～2000 年	2.72	3.67	1993	2.12	1991	1.73	−13.48	偏枯水年
2001～2010 年	3.42	4.42	2003	2.49	2001	1.78	8.93	平水年
1972～2010 年	3.14	4.42	2003	2.12	1991	2.08		

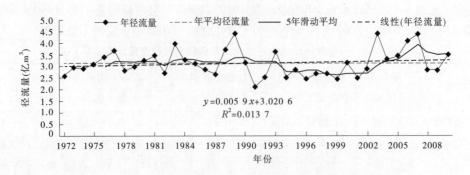

图 3-42 石羊河流域九条岭站 1972～2010 年径流量年际变化曲线

3. 南营水库站

南营水库站 1950～2010 年年均径流量 1.38 亿 m^3，趋势方程 $y = -0.010\,4x + 1.696\,9$，以 0.104 亿 m^3/10 年的速率减少，61 年减少了 0.63 亿 m^3，趋势相对显著。该站年均径流量年际变化大，最大值为 1954 年的 2.31 亿 m^3，最小值为 1991 年的 0.80 亿 m^3，两者相差 1.51 亿 m^3，最大、最小年径流量比值为 2.89（见表 3-43）。从该站年均径流量变化 5 年滑动平均曲线（见图 3-43）可以看出，年均径流量 1950～2010 年呈大幅波动下降趋势。

表 3-43 石羊河流域南营水库站年代际平均径流量分析结果

时段	平均值（亿 m^3）	最大值（亿 m^3）	年份	最小值（亿 m^3）	年份	最大值/最小值	距平百分率(%)	年景
1950～1960 年	1.77	2.31	1954	1.40	1960	1.65	28.66	特丰水年
1961～1970 年	1.45	2.07	1961	0.99	1962	2.09	5.34	平水年
1971～1980 年	1.27	1.62	1977	1.04	1974	1.56	-7.71	平水年
1981～1990 年	1.33	1.70	1989	1.06	1987	1.60	-3.11	平水年
1991～2000 年	1.25	1.74	1993	0.80	1991	2.18	-8.84	平水年
2001～2010 年	1.14	1.55	2003	0.84	2001	1.85	-17.21	偏枯水年
1950～2010 年	1.38	2.31	1954	0.80	1991	2.89		

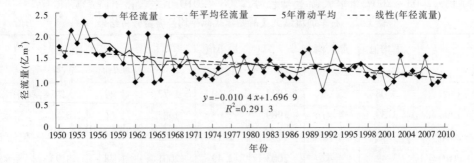

图 3-43 石羊河流域南营水库站 1950～2010 年径流量年际变化曲线

4. 杂木寺站

杂木寺站 1952 ~ 2010 年年均径流量 2.44 亿 m^3,趋势方程 $y = -0.009\ 8x + 2.734\ 7$,以 0.098 亿 m^3/10 年的速率减少,59 年减少 0.58 亿 m^3,趋势相对显著。该站年均径流量年际变化大,最大值为 1958 年的 4.95 亿 m^3,最小值为 1991 年的 1.57 亿 m^3,两者相差 3.38 亿 m^3,最大、最小年径流量比值为 3.15(见表 3-44)。从该站年均径流量变化 5 年滑动平均曲线(见图 3-44)可以看出,年均径流量 1952 ~ 1961 年呈缓慢减小趋势,1962 ~ 1967 年呈缓慢增加趋势,1968 ~ 2002 年呈缓慢波动下降趋势,2003 ~ 2010 年呈缓慢上升趋势。

表 3-44　石羊河流域杂木寺站年代际平均径流量分析结果

时段	平均值 (亿 m^3)	最大值 (亿 m^3)	年份	最小值 (亿 m^3)	年份	最大值/ 最小值	距平百分率(%)	年景
1952 ~ 1960 年	3.19	4.95	1958	2.34	1956	2.12	30.78	特丰水年
1961 ~ 1970 年	2.23	3.26	1967	1.60	1962	2.04	-8.83	平水年
1971 ~ 1980 年	2.31	2.50	1976	2.05	1974	1.22	-5.39	平水年
1981 ~ 1990 年	2.44	3.07	1989	1.93	1984	1.59	0.07	平水年
1991 ~ 2000 年	2.08	2.92	1993	1.57	1991	1.86	-14.85	偏枯水年
2001 ~ 2010 年	2.47	3.54	2003	1.66	2002	2.13	1.29	平水年
1952 ~ 2010 年	2.44	4.95	1958	1.57	1991	3.15		

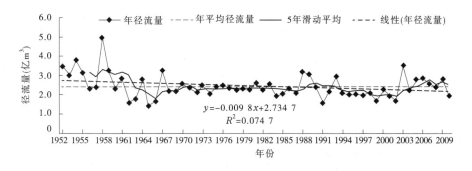

图 3-44　石羊河流域杂木寺站 1952 ~ 2010 年径流量年际变化曲线

5. 黄羊河站

黄羊河站 1950 ~ 2010 年年均径流量 1.31 亿 m^3,趋势方程 $y = -0.008\ 6x + 1.565\ 7$,以 0.086 亿 m^3/10 年的速率减少,61 年减少 0.52 亿 m^3,趋势显著。该站年均径流量年际变化大,最大值为 1954 年的 2.09 亿 m^3,最小值为 1991 年的 0.68 亿 m^3,两者相差 1.41 亿 m^3,最大、最小年径流量比值 3.07(见表 3-45)。从该站年均径流量变化 5 年滑动平均曲线(见图 3-45)可以看出,年均径流量 1950 ~ 1974 年呈大幅波动下降趋势,1975 ~ 1994 年呈缓慢上升趋势,1995 ~ 2010 年呈大幅波动下降趋势。

表 3-45　石羊河流域黄羊河站年代际平均径流量分析结果

时段	平均值（亿 m³）	最大值（亿 m³）	年份	最小值（亿 m³）	年份	最大值/最小值	距平百分率（%）	年景
1950～1960 年	1.71	2.09	1954	1.18	1957	1.77	30.78	特丰水年
1961～1970 年	1.30	1.84	1964	0.83	1965	2.22	-0.74	平水年
1971～1980 年	1.21	1.49	1976	0.81	1974	1.84	-7.41	平水年
1981～1990 年	1.42	1.68	1981	0.93	1987	1.81	8.18	平水年
1991～2000 年	1.12	1.91	1993	0.68	1991	2.81	-14.35	偏枯水年
2001～2010 年	1.13	1.73	2003	0.81	2001	2.14	-13.31	偏枯水年
1950～2010 年	1.31	2.09	1954	0.68	1991	3.07		

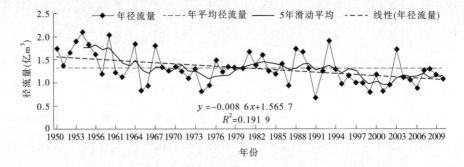

图 3-45　石羊河流域黄羊河站 1950～2010 年径流量年际变化曲线

6. 古浪站

古浪站 1956～2010 年年均径流量 0.66 亿 m³，趋势方程 $y = -0.006\ 7x + 0.845\ 2$，以 0.067 亿 m³/10 年的速率减少，55 年减少 0.37 亿 m³，趋势相对显著。该站年均径流量年际变化大，最大值为 1958 年的 1.49 亿 m³，最小值为 2009 年的 0.32 亿 m³，两者相差 1.17 亿 m³，最大、最小年径流量比值 4.66（见表 3-46）。从该站年均径流量变化 5 年滑动平均曲线（见图 3-46）可见，年均径流量 1956～1974 年呈大幅波动下降趋势，1975～1979 年呈缓慢增加趋势，1980～2010 年呈大幅波动下降趋势。

表 3-46　石羊河流域古浪站年代际平均径流量分析结果

时段	平均值（亿 m³）	最大值（亿 m³）	年份	最小值（亿 m³）	年份	最大值/最小值	距平百分率（%）	年景
1956～1960 年	0.91	1.49	1958	0.52	1957	2.87	38.77	特丰水年
1961～1970 年	0.72	1.43	1961	0.37	1965	3.86	10.27	偏丰水年
1971～1980 年	0.70	0.97	1978	0.45	1974	2.16	6.74	平水年
1981～1990 年	0.65	0.86	1988	0.35	1987	2.46	-1.31	平水年
1991～2000 年	0.58	0.92	1993	0.37	1991	2.49	-11.82	偏枯水年
2001～2010 年	0.50	0.75	2003	0.32	2009	2.34	-23.26	特枯水年
1956～2010 年	0.66	1.49	1958	0.32	2009	4.66		

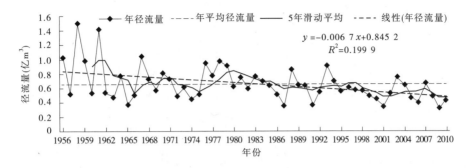

图3-46　石羊河流域古浪站1956~2010年径流量年际变化曲线

7. 红崖山水库站

红崖山水库站1962~2010年年均径流量为2.15亿 m^3，趋势方程 $y = -0.062\,5x + 3.706\,6$，以0.625亿 m^3/10年的速率减少，49年减少3.06亿 m^3，趋势显著。该站径流量年际变化大，最大值为1967年的5.11亿 m^3，最小值为2001年的0.70亿 m^3，相差4.41亿 m^3，最大、最小年径流量比值7.30（见表3-47）。从该站年均径流量变化5年滑动平均曲线（见图3-47）可见，年均径流量1962~2005年呈大幅波动下降趋势，2006~2010年呈大幅波动上升趋势。

表3-47　石羊河流域红崖山水库站年代际平均径流量分析结果

时段	平均值（亿 m^3）	最大值（亿 m^3）	年份	最小值（亿 m^3）	年份	最大值/最小值	距平百分率（%）	年景
1962~1970年	3.79	5.11	1967	2.87	1965	1.78	76.71	特丰水年
1971~1980年	2.64	3.44	1971	2.03	1980	1.69	22.84	特丰水年
1981~1990年	2.02	2.46	1983	1.48	1990	1.66	-6.07	平水年
1991~2000年	1.16	1.92	1993	0.75	2000	2.56	-46.01	特枯水年
2001~2010年	1.29	2.36	2010	0.70	2001	3.37	-39.80	特枯水年
1962~2010年	2.15	5.11	1967	0.70	2001	7.30		

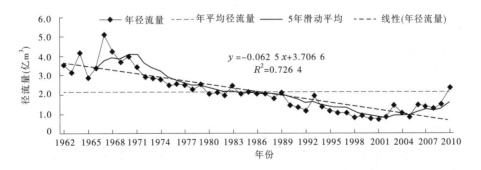

图3-47　石羊河流域红崖山水库站1962~2010年径流量年际变化曲线

(二)径流年代际变化特征与规律

1. 西大河水库站

由表 3-41 可知,过去 52 年中,西大河水库站 20 世纪六七十年代和 90 年代径流量相对较低,平均值分别为 1.49 亿 m³、1.49 亿 m³ 和 1.50 亿 m³,比多年平均值分别低 0.11 亿 m³、0.11 亿 m³ 和 0.10 亿 m³;80 年代和 21 世纪初径流量相对较高,平均值分别为 1.69 亿 m³ 和 1.83 亿 m³,比多年平均值分别高 0.09 亿 m³ 和 0.23 亿 m³。

2. 九条岭站

由表 3-42 可知,过去 39 年中,九条岭站 20 世纪 70 年代和 90 年代径流量相对较低,平均值分别为 3.08 亿 m³ 和 2.72 亿 m³,比多年平均值分别低 0.06 亿 m³ 和 0.42 亿 m³,80 年代和 21 世纪初径流量相对较高,平均值分别为 3.33 亿 m³ 和 3.42 亿 m³,比多年平均值分别高 0.19 亿 m³ 和 0.28 亿 m³。

3. 南营水库站

由表 3-43 可知,过去 39 年中,南营水库站 20 世纪五六十年代径流量相对较高,平均值分别为 1.77 亿 m³ 和 1.45 亿 m³,比多年平均值分别高 0.39 亿 m³ 和 0.07 亿 m³,70~90 年代和 21 世纪初径流量相对较低,平均值分别为 1.27 亿 m³、1.33 亿 m³、1.25 亿 m³ 和 1.14 亿 m³,比多年平均值分别低 0.11 亿 m³、0.05 亿 m³、0.13 亿 m³ 和 0.24 亿 m³。

4. 杂木寺站

由表 3-44 可知,过去 59 年中,杂木寺站 20 世纪 50 年代径流量相对较高,为 3.19 亿 m³,比多年平均值高 0.75 亿 m³,六七十年代和 90 年代径流量相对较低,平均值分别为 2.23 亿 m³、2.31 亿 m³ 和 2.08 亿 m³,比多年平均值分别低 0.21 亿 m³、0.13 亿 m³ 和 0.36 亿 m³,80 年代和 21 世纪初接近于平均值,分别为 2.44 亿 m³ 和 2.47 亿 m³。

5. 黄羊河站

由表 3-45 可知,过去 59 年中,黄羊河站 20 世纪 50 年代和 80 年代径流量相对较高,分别为 1.71 亿 m³ 和 1.42 亿 m³,比多年平均值高 0.40 亿 m³ 和 0.11 亿 m³,60 年代、70 年代、90 年代和 21 世纪初径流量相对较低,分别为 1.30 亿 m³、1.21 亿 m³、1.12 亿 m³ 和 1.13 亿 m³,比多年平均值分别低 0.01 亿 m³、0.10 亿 m³、0.19 亿 m³ 和 0.18 亿 m³。

6. 古浪站

由表 3-46 可知,过去 55 年中,古浪站 20 世纪 50~70 年代径流量相对较高,分别为 0.91 亿 m³、0.72 亿 m³ 和 0.70 亿 m³,比多年平均值分别高 0.25 亿 m³、0.06 亿 m³ 和 0.04 亿 m³,八九十年代和 21 世纪初径流量相对较低,分别为 0.65 亿 m³、0.58 亿 m³ 和 0.50 亿 m³,比多年平均值分别低 0.01 亿 m³、0.08 亿 m³ 和 0.16 亿 m³。

7. 红崖山水库站

由表 3-47 可知,过去 59 年中,红崖山水库站 20 世纪 60 年代和 70 年代径流量相对较高,分别为 3.79 亿 m³ 和 2.64 亿 m³,比多年平均值分别高 1.64 亿 m³ 和 0.49 亿 m³,八九十年代和 21 世纪初径流量相对较低,分别为 2.02 亿 m³、1.16 亿 m³ 和 1.29 亿 m³,比多年平均值分别低 0.13 亿 m³、0.99 亿 m³ 和 0.86 亿 m³。

（三）径流季节变化特征与规律

1. 西大河水库站

分析西大河水库站季节平均径流量变化（见图 3-48 和表 3-48），该站春、夏、秋、冬四个季节均表现为年径流增加趋势，但各季增加速率略有差异。通过对比分析：西大河水库站夏季年径流量增加速率最高，1959 ~ 2010 年平均增加 0.234 亿 m³，线性增加幅度 0.045 亿 m³/10 年；秋季次之，平均增加 0.09 亿 m³，线性增加幅度 0.018 亿 m³/10 年；冬季平均年径流量增加 0.026 亿 m³，线性增加幅度 0.005 亿 m³/10 年；春季增加幅度最小为 0.021 亿 m³，线性增加幅度 0.004 亿 m³/10 年，表明该站夏季径流量增加对年径流量增加的贡献最大。

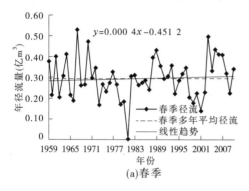

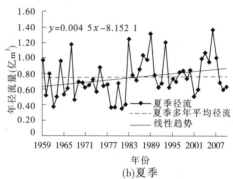

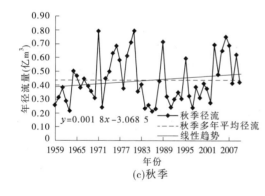

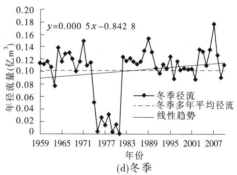

图 3-48　西大河水库站季节径流量变化

表 3-48　西大河水库站径流距平变化分析结果　　　　（单位：亿 m³）

时间	春季	夏季	秋季	冬季
20 世纪 50 年代	0.09	− 0.04	− 0.07	0.01
20 世纪 60 年代	0.01	− 0.09	0.05	− 0.01
20 世纪 70 年代	− 0.01	− 0.11	0.02	− 0.04
20 世纪 80 年代	− 0.03	0.11	− 0.06	0.01
20 世纪 90 年代	− 0.01	0.12	0.02	0.01
21 世纪初	0.03	− 0.02	0.08	0.02

年径流量季节变化存在以下特点：

（1）春季：平均年径流量距平值20世纪50年代和60年代为正值，70~90年代为负值，21世纪初为正值；80年代年均径流量最小，比年均径流量小0.11亿 m³；50年代最大，比年均径流量大0.09亿 m³。

（2）夏季：平均年径流量距平值20世纪50~70年代为负值，八九十年代为正值，21世纪初为负值；70年代平均年径流量最小，比年均径流量小0.11亿 m³；90年代最大，比年均径流量大0.12亿 m³。

（3）秋季：平均年径流量距平值20世纪50年代为负值，六七十年代为正值，80年代为负值，90年代以来为正值；50年代平均径流量最小，比年均径流量小0.07亿 m³；21世纪初最大，比年均径流量大0.08亿 m³。

（4）冬季：平均径流量距平值20世纪50年代为正值，60年代和70年代为负值，80年代以来为正值；70年代平均径流量最小，比年均径流量小0.04亿 m³；21世纪初最大，比年均径流量大0.02亿 m³。

2. 九条岭站

分析九条岭站季节平均径流量变化（见图3-49和表3-49），该站春、秋、冬三个季节表现为年径流量增加趋势，但各季增加速率略有差异，夏季年径流量有减小趋势。通过对比分析：该站秋季年径流量增加速率最高，1972~2010年平均增加0.246亿m³，线性增加幅度

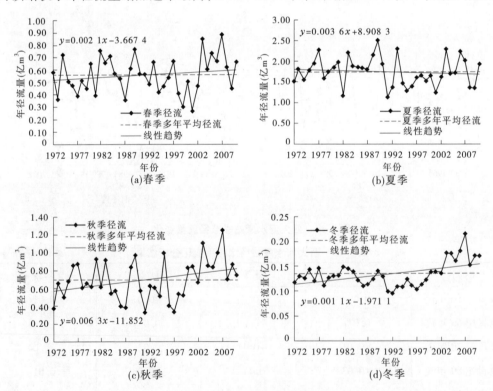

图 3-49　九条岭站季节径流量变化

表 3-49　九条岭站径流距平变化分析结果　（单位：亿 m³）

时间	春季	夏季	秋季	冬季
20 世纪 70 年代	− 0.06	0.03	− 0.04	− 0.01
20 世纪 80 年代	0.04	0.18	− 0.02	0.00
20 世纪 90 年代	− 0.05	− 0.19	− 0.15	− 0.02
21 世纪初	0.05	− 0.01	0.19	0.03

0.063 亿 m³/10 年；春季次之，平均增加 0.082 亿 m³，线性增加幅度 0.021 亿 m³/10 年；冬季平均增加 0.043 亿 m³，线性增加幅度 0.011 亿 m³/10 年；夏季平均年径流量有减小的趋势，平均减小 0.14 亿 m³，线性减小幅度 0.036 亿 m³/10 年，表明该站秋季径流量增加对年径流量增加的贡献最大。

年径流量季节变化存在以下特点：

（1）春季：平均年径流量距平值 20 世纪 70 年代为负值，80 年代为正值，90 年代为负值，21 世纪初为正值；70 年代平均年径流量最小，比年均值小 0.06 亿 m³；21 世纪初最大，比年均值大 0.05 亿 m³。

（2）夏季：平均年径流量距平值七八十年代为正值，90 年代以来为负值；90 年代平均年径流量最小，比年均径流量小 0.19 亿 m³；80 年代最大，比年均值大 0.18 亿 m³。

（3）秋季：平均年径流量距平值 20 世纪 70 ~ 90 年代为负值，21 世纪初以来为正值；90 年代平均径流量最小，比年均小 0.15 亿 m³；21 世纪初最大，比年均值大 0.19 亿 m³。

（4）冬季：平均年径流量距平值 70 年代为负值，80 年代为正值，90 年代为负值，21 世纪初为正值；90 年代平均径流量最小，比年均值小 0.02 亿 m³；21 世纪初最大，比年均值大 0.03 亿 m³。

3. 南营水库站

分析南营水库站季节平均径流量变化（见图 3-50 和表 3-50）可见，该站春、夏、秋、冬四个季节均表现为径流量减少趋势，但各季减少速率略有差异。通过对比分析：南营水库站夏季年径流量减少速率最高，1966 ~ 2010 年平均减少 0.261 亿 m³，线性减少幅度 0.058 亿 m³/10 年；春季次之，平均减少 0.05 亿 m³，线性减少幅度 0.011 亿 m³/10 年；秋季和冬季平均年径流量均减少 0.018 亿 m³，线性减少幅度 0.004 亿 m³/10 年，表明南营水库站夏季径流量减少对平均年径流量减少的贡献最大。

表 3-50　南营水库站径流距平变化分析结果　（单位：亿 m³）

时间	春季	夏季	秋季	冬季
20 世纪 60 年代	0.05	0.08	0.02	0
20 世纪 70 年代	− 0.05	0.14	0.07	0.01
20 世纪 80 年代	0.03	0.04	− 0.02	0
20 世纪 90 年代	0.01	0	− 0.03	0
21 世纪初	− 0.02	− 0.11	0.01	− 0.01

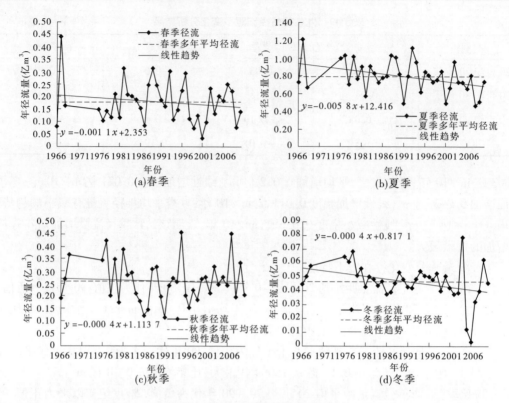

图 3-50　南营水库站季节径流量变化

年径流量季节变化存在以下特点：

（1）春季：平均年径流量距平值 20 世纪 60 年代为正值，70 年代为负值，80 年代和 90 年代为正值，21 世纪初为负值；70 年代平均年径流量最小，比年均值小 0.05 亿 m^3；60 年代最大，比年均值大 0.05 亿 m^3。

（2）夏季：平均年径流量距平值 20 世纪 50～90 年代为正值，21 世纪初为负值；21 世纪初平均年径流量最小，比年均值小 0.11 亿 m^3；70 年代最大，比年均值大 0.14 亿 m^3。

（3）秋季：平均径流量距平值 20 世纪六七十年代为正值，八九十年代为负值，21 世纪初以来为正值；90 年代平均径流量最小，比年均值小为 0.03 亿 m^3；70 年代最大，比年均值大 0.07 亿 m^3。

（4）冬季：平均年径流量距平值变化很小，20 世纪 50 年代、80 年代和 90 年代相对稳定，70 年代为正值，21 世纪初为负值；21 世纪初平均年径流量最小，比年均值小 0.01 亿 m^3；70 年代最大，比年均值大 0.01 亿 m^3。

4. 杂木寺站

分析杂木寺站季节平均径流量变化（见图 3-51 和表 3-51）可见，该站春、夏两个季节表现为年径流减小趋势，秋季和冬季表现为年径流增加趋势，各季径流量变化速率略有差异。通过对比分析：该站夏季年径流量减小速率最大，1952～2010 年平均减小 0.549 亿 m^3，线性减小幅度 0.093 亿 m^3/10 年；春季次之，平均减小 0.030 m^3，线性减小幅度 0.005 亿 m^3/10 年；秋季和冬季平均年径流量增加速率基本相等，1952～2010 年均径流量分别增加 0.041 3

亿 m³ 和 0.035 4 亿 m³,线性增加幅度分别为 0.007 亿 m³/10 年和 0.006 亿 m³/10 年,表明该站夏季径流量减小对年径流量减小的贡献最大。

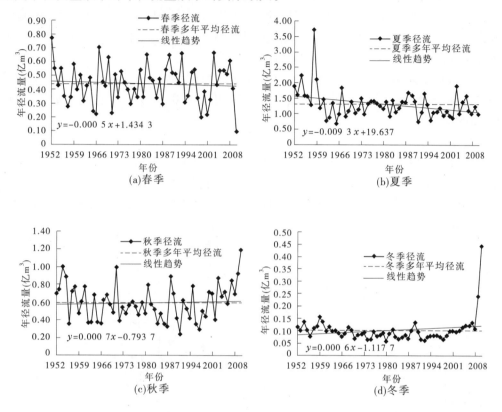

图 3-51　杂木寺站季节径流量变化

表 3-51　杂木寺站径流距平变化分析结果　　　　　　　　（单位:亿 m³）

时间	春季	夏季	秋季	冬季
20 世纪 50 年代	0.04	0.60	0.10	0.02
20 世纪 60 年代	− 0.03	− 0.20	− 0.06	0
20 世纪 70 年代	− 0.03	− 0.03	− 0.03	− 0.02
20 世纪 80 年代	0.04	0	− 0.05	− 0.02
20 世纪 90 年代	0	− 0.20	− 0.14	− 0.03
21 世纪初	− 0.01	− 0.13	0.16	0.05

年径流量季节变化存在以下特点:

（1）春季:平均年径流量距平值 20 世纪 50 年代为正值,60 年代、70 年代为负值,80 年代、90 年代为正值,21 世纪初为负值;60 年代、70 年代平均年径流量最小,比年均值小 0.03 亿 m³;50 年代、80 年代最大,比年均值大 0.04 亿 m³。

（2）夏季：平均年径流量距平值 20 世纪 50 年代为正值，60 年代以来为负值；60 年代、90 年代平均年径流量最小，比年均值小 0.20 亿 m³；50 年代最大，比年均值大 0.60 亿 m³。

（3）秋季：平均年径流量距平值 20 世纪 50 年代为正值，60～90 年代为负值，21 世纪初以来为正值；90 年代平均径流量最小，比年均值小 0.14 亿 m³；21 世纪初最大，比年均值大 0.16 亿 m³。

（4）冬季：平均年径流量距平值 20 世纪 50 年代为正值，70～90 年代为负值，21 世纪初以来为正值；冬季 90 年代平均径流量最小，比年均值小 0.03 亿 m³；21 世纪初最大，比年均值大 0.05 亿 m³。

5.黄羊河站

分析黄羊河站季节平均径流量变化结果（见图 3-52 和表 3-52）可知，该站春、夏、秋、冬四个季节均表现为年径流量减少趋势。通过对比分析：该站夏季年径流量减少速率最高，1950～2010 年平均减少 0.268 亿 m³，线性减少幅度 0.044 亿 m³/10 年；秋季次之，平均减少 0.226 亿 m³，线性减少幅度 0.037 亿 m³/10 年；春季减少 0.098 亿 m³，线性减少幅度 0.016 亿 m³/10 年；冬季变化幅度很小，1950～2010 年径流量减少 0.003 7 亿 m³，表明该站夏季径流量减少对年径流量减少的贡献最大。

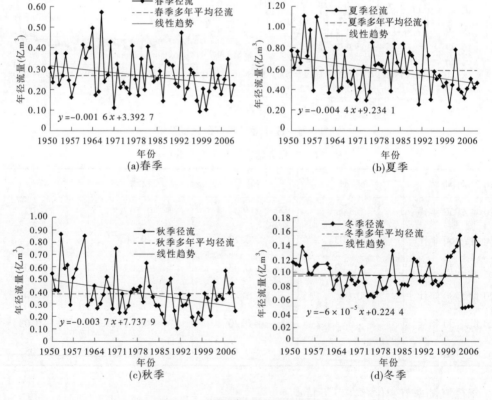

图 3-52　黄羊河站季节径流量变化

表 3-52　黄羊河站径流距平变化分析结果　　　　　（单位:亿 m³）

年代	春季	夏季	秋季	冬季
20 世纪 50 年代	0	0.21	0.15	0.02
20 世纪 60 年代	0.08	− 0.04	0.04	− 0.01
20 世纪 70 年代	− 0.01	− 0.05	0	− 0.02
20 世纪 80 年代	0.02	0.08	− 0.02	0
20 世纪 90 年代	− 0.03	− 0.03	− 0.14	0
21 世纪初	− 0.04	− 0.15	− 0.01	0.01

年径流量季节变化存在以下特点:

(1)春季:平均年径流量距平值 20 世纪 50 年代基本持平,60 年代为正值,70 年代为负值,80 年代为正值,90 年代和 21 世纪初为负值。平均年径流量 21 世纪初最小,比年均值小 0.04 亿 m³;60 年代最大,比年均值大 0.08 亿 m³。

(2)夏季:平均年径流量距平值 20 世纪 50 年代为正值,60 年代、70 年代为负值,80 年代为正值,90 年代和 21 世纪初为负值。平均年径流量 21 世纪初最小,比年均值小 0.15 亿 m³;50 年代最大,比年均值大 0.21 亿 m³。

(3)秋季:平均年径流量距平值 20 世纪 50 年代、60 年代为正值,70 年代基本持平,80 年代以来为负值。平均径流量 90 年代最小,比年均值小 0.14 亿 m³;50 年代最大,比年均值大 0.15 亿 m³。

(4)冬季:平均年径流量距平值 20 世纪 50 年代为正值,60 年代、70 年代为负值,80 年代、90 年代基本持平,21 世纪初为正值。平均径流量 70 年代最小,比年均值小 0.02 亿 m³;50 年代最大,比年均值大 0.02 亿 m³。

6. 古浪站

分析古浪站季节平均径流量变化结果(见图 3-53 和表 3-53)可见,该站春、夏、秋、冬四个季节均表现为年径流量减少趋势。通过对比分析:该站夏季年径流量减少速率最高,1957 ~ 2010 年平均减少 0.173 亿 m³,线性减少幅度 0.032 亿 m³/10 年;秋季次之,平均减少 0.076 亿 m³,线性减少幅度 0.014 亿 m³/10 年;春季减少 0.065 亿 m³,线性减少幅度 0.012 亿 m³/10 年;冬季减少幅度最小为 0.022 亿 m³,线性减少幅度 0.004 亿 m³/10 年,表明该站夏季径流量减少对年径流量减少的贡献最大。

表 3-53　古浪站径流距平变化分析结果　　　　　（单位:亿 m³）

时间	春季	夏季	秋季	冬季
20 世纪 50 年代	− 0.01	0.09	0.02	0.02
20 世纪 60 年代	0.03	− 0.01	0.02	0
20 世纪 70 年代	0.02	0.02	0.02	0
20 世纪 80 年代	0.01	0.01	0	− 0.02
20 世纪 90 年代	− 0.02	− 0.01	− 0.04	0.02
21 世纪初	− 0.03	− 0.09	− 0.02	− 0.01

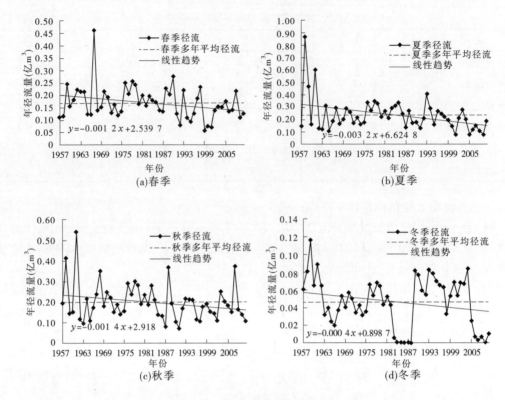

图 3-53　古浪站季节径流量变化

年径流量季节变化存在以下特点：

（1）春季：平均年径流量距平值 20 世纪 50 年代为负值，60~80 年代为正值，90 年代和 21 世纪初为负值。平均年径流量 21 世纪初最小，比年均值小 0.03 亿 m^3；60 年代最大，比年均值大 0.03 亿 m^3。

（2）夏季：平均年径流量距平值 20 世纪 50 年代为正值，60 年代为负值，70 年代、80 年代为正值，90 年代和 21 世纪初为负值。平均年径流量 21 世纪初最小，比年均值小 0.09 亿 m^3；50 年代最大，比年均值大 0.09 亿 m^3。

（3）秋季：平均年径流量距平值 20 世纪 50~70 年代为正值，80 年代基本持平，90 年代和 21 世纪初为负值。平均径流量 90 年代最小，比年均值小 0.04 亿 m^3；50 年代、60 年代和 70 年代基本持平，比年均值大 0.02 亿 m^3。

（4）冬季：平均年径流量距平值 20 世纪 50 年代为正值，60 年代、70 年代基本持平，80 年代为负值，90 年代为正值，21 世纪初为负值。平均径流量 80 年代最小，比年均值小 0.02 亿 m^3；50 年代、90 年代基本持平，比年均值大 0.02 亿 m^3。

7. 红崖山水库站

分析红崖山水库站季节平均径流量变化结果（见图 3-54 和表 3-54）可知，该站春、夏、秋、冬四个季节均表现为径流减少趋势。通过分析：该站冬季年径流量减少速率最高，1962~2010 年平均减少 1.485 亿 m^3，线性减少幅度 0.297 亿 m^3/10 年；春季次之，平均减少 0.675 亿 m^3，线性减少幅度 0.135 亿 m^3/10 年；秋季减少 0.505 亿 m^3，线性减少幅度 0.101 亿 m^3/10 年；

夏季平均减少幅度最小,为 0.465 亿 m^3,线性减少幅度 0.093 亿 m^3/10 年,表明该站冬季径流量减少对年径流量减少的贡献最大。

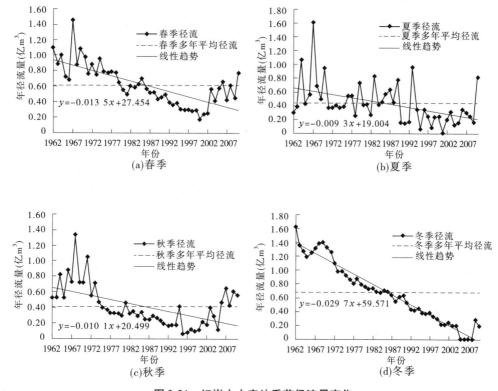

图 3-54 红崖山水库站季节径流量变化

表 3-54 红崖山水库站径流距平变化分析结果 （单位:亿 m^3）

时间	春季	夏季	秋季	冬季
20 世纪 60 年代	0.36	0.25	0.35	0.67
20 世纪 70 年代	0.19	0.06	0.12	0.31
20 世纪 80 年代	−0.06	0.09	−0.10	0
20 世纪 90 年代	−0.26	−0.16	−0.24	−0.26
21 世纪初	−0.15	−0.17	−0.05	−0.54

年径流量季节变化存在以下特点:

(1)春季:平均年径流量距平值,20 世纪 60 年代、70 年代为正值,80 年代以来均为负值。平均年径流量 90 年代最小,比年均值小 0.26 亿 m^3;60 年代最大,比年均值大 0.36 亿 m^3。

(2)夏季:平均年径流量距平值 20 世纪 60~80 年代为正值,90 年代和 21 世纪初为负值。平均年径流量 21 世纪初最小,比年均值小 0.17 亿 m^3;50 年代最大,比年均值大 0.25 亿 m^3。

（3）秋季：平均年径流量距平值 20 世纪 60 年代、70 年代为正值，80 年代以来均为负值。平均径流量 90 年代最小，比年均值小 0.24 亿 m³；50 年代平均最大，比年均值大 0.35 亿 m³。

（4）冬季：平均年径流量距平值 20 世纪 60 年代、70 年代为正值，80 年代相对稳定，90 年代以来为负值。平均径流量 21 世纪初最小，比年均值小 0.54 亿 m³；60 年代最大，比年均值大 0.67 亿 m³。

（四）径流空间变化特征与规律

从空间分布来看，南营水库站、杂木寺站、黄羊河站、古浪站和红崖山水库站的径流呈减少趋势，仅西大河水库站和九条岭站略有增加，整个流域径流呈减少趋势，其中南营水库站减少幅度最大，年均以 0.104 亿 m³/10 年的速率减少；红崖山水库站减少幅度最小，年均以 0.625 亿 m³/10 年的速率减少。西大河水库站和九条岭站略有增加，分别以 0.069 亿 m³/10 年和 0.059 亿 m³/10 年的速率增加。从实测径流分析，九条岭站（西营河）年均径流量最大，古浪站（古浪河）最小，其中：九条岭站（西营河）年均径流量 3.14 亿 m³，杂木寺站（杂木河）年均径流量 2.44 亿 m³，红崖山水库站（蔡旗断面以下）年均径流量 2.15 亿 m³，西大河水库站（西大河）年均径流量 1.60 亿 m³，黄羊河站（黄羊河）年均径流量 1.31 亿 m³，南营水库站（南营河）年均径流量 1.26 亿 m³，古浪站（古浪河）年均径流量 0.57 亿 m³。

五、气温和降水对石羊河流域径流影响研究

（一）气温对石羊河流域径流的影响研究

气温作为热量指标对径流量的主要影响表现在以下几个方面：一是影响冰川和积雪消融；二是影响流域总蒸散发量；三是改变流域高山区降水形态；四是改变流域下垫面与近地面层空气之间的温差，从而形成流域小气候。

气温与径流相关关系见图 3-55。由此可知，气温与径流量相关系数为负值，即随着气温的升高径流量减少。黄羊河站、南营水库站、杂木寺站、红崖山水库站、九条岭站气温与径流线性相关系数 R^2 分别为 0.182 1、0.164 9、0.025 3、0.023 9 和 0.046 5，说明气温与径流相关程度较差。

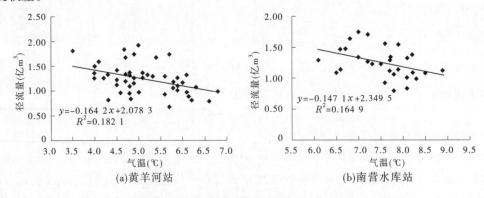

(a)黄羊河站　　　　　　　　　　(b)南营水库站

图 3-55　石羊河流域气温与径流相关关系

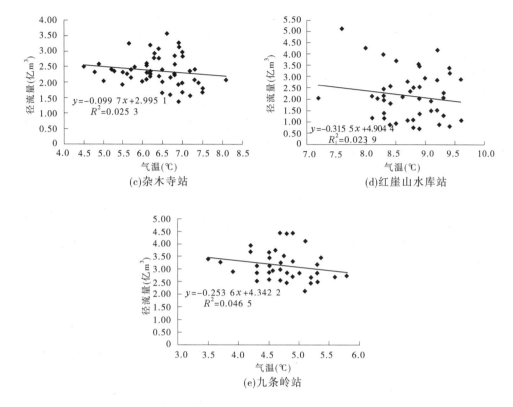

(c)杂木寺站　　　　　　　　　　　　(d)红崖山水库站

(e)九条岭站

续图 3-55

(二)降水对石羊河流域径流的影响研究

石羊河上游径流补给来源分为冰雪融水和大气降水。选取石羊河流域 7 个代表站,对 7 个水文站降水量和径流量分别做相关分析,结果(见图 3-56)表明:石羊河流域降水量和径流量相关系数均为正值,即随着降水的增加径流量也增加。除红崖山水库站相关系数 R^2 = 0.07,相关性不明显外,其余 6 个水文站黄羊河站、南营水库站、杂木寺站、九条岭站、西大河水库站、古浪站降水量与径流量线性相关系数 R^2 分别为 0.285 6、0.366 4、0.303 3、0.511 7、0.518 1 和 0.436 7,相关性较好。

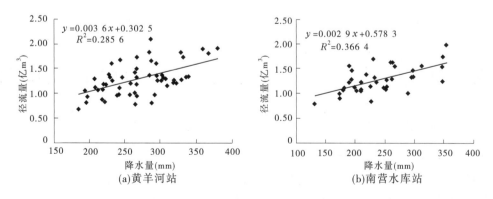

(a)黄羊河站　　　　　　　　　　　　(b)南营水库站

图 3-56　石羊河流域降水量与径流量相关关系

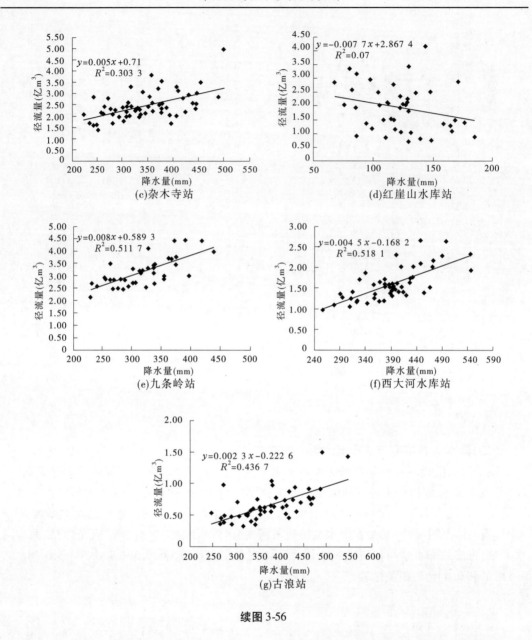

续图 3-56

第三节　石羊河流域 SWAT 分布式水文模型构建与模拟

一、SWAT 模型简介

(一)SWAT 模型结构简述

SWAT 模型是具有物理基础的、基于流域尺度的动态模拟模型,模型运行以日为时间单位,但可以进行连续多年的模拟计算。模拟结果可以选择以年、月或日为时间单位输出。

SWAT 模型由水文、气象、泥沙、土壤温度、作物生长、养分、农药/杀虫剂和农业管理 8

个组件构成。可以模拟地表径流、入渗、侧流、地下水流、回流、融雪径流、土壤温度、土壤湿度、蒸散发、产沙、输沙、作物生长、养分流失、流域水质、农药/杀虫剂等多种过程以及多种农业管理措施(耕作、灌溉、施肥、收割、用水调度等)对这些过程的影响。SWAT 作为一种基于过程的分布式流域水文模型,因其良好地集成了遥感(RS)、地理信息系统(GIS)、数字高程模型(DEM)等数字技术,可模拟、预测不同气候、下垫面条件下径流、泥沙、非点源污染的水文过程,因而得到了广泛应用。在我国,SWAT 模型已在水量、泥沙和非点源污染模拟等方面得到了广泛深入的研究与应用。

(二)SWAT 模型参数输入

SWAT 模型需要的数据包括数字高程模型(DEM)、土地利用和土地覆盖变化(LUCC)、土壤分类数据和土壤属性数据、流域实际测绘的数字河流资料、气象数据站点的空间分布及实测的日气象资料、流域控制站点的流量资料及自然地理资料。SWAT 模型所需数据及格式见表3-55。

表 3-55　SWAT 模型所需数据及格式

数据	数据项目	精度	格式	来源
空间数据	数字高程模型(DEM)	1:10 万	GRID	国家自然科学基金委员会中国西部环境与生态科学数据中心
	土地利用和土地覆盖变化(LUCC)	1:10 万	GRID/shape	
	土壤类型	1:100 万		
属性数据	土地利用属性数据		DBF	中国科学院
	土壤属性数据		DBF	《甘肃土种志》《甘肃土壤》及流域内各县市土壤志
气象数据	降水、最高最低气温、辐射、湿度、风速	日	DBF	中国气象局、甘肃省气象局
水文资料	流量	日、月、年	DBF	甘肃省水文局

按照模型要求,需应用 ArcGIS、ArcVIEW、Microsoft Visual Foxpro 等软件,进行图件数据格式、投影转换,创建模拟模型的输入数据库。SWAT 模型需要的空间数据必须具有相同的投影格式和坐标系统,同时在 SWAT 模型中,需要定义空间数据的投影。

对于空间数据的投影,首先,在模型对话框里选择坐标系统(select a coordinate system);其次,依次选择 Predefined(预定义坐标系统)、Projected Coordinate System(平面坐标系统)、Gauss Kruger(高斯克里格)、Beijing 1954、Beijing 1954 3Degree GK CM102 E 坐标系统;再次,在实际应用中,根据 GIS 数据的具体情况选择合适的平面坐标系。在选择投影坐标系后点击应用,即将数据采用选定的投影进行显示。

二、模型空间数据库的建立

(一)DEM 数据生成

数字高程模型 DEM 是模型进行流域划分、水系生成和水文过程模拟的基础。利用

DEM 数据可以计算子流域的地形参数如坡度、坡长,还可以通过汇流分析生成河网,确定河网特征。根据 DEM 30 m 数据,经过数字化处理得到石羊河流域的 DEM 图(见图 3-57)、流域数字高程模型(见图 3-58)、坡度图(见图 3-59)及坡向图(见图 3-60)。数据分辨率统一采用 30 m×30 m。

图 3-57　石羊河流域 30 m DEM

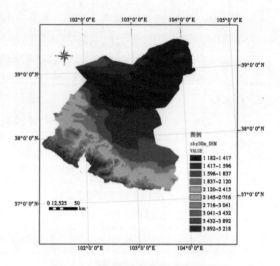

图 3-58　石羊河流域数字高程模型

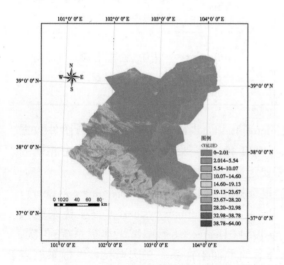

图 3-59　石羊河流域坡度分析结果

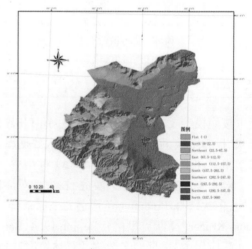

图 3-60　石羊河流域坡向分析结果

SWAT 模型能够识别的土地利用基于美国的土地利用分类,以四个英文字母为编码。研究采用 2012 年 1:10 万土地利用图,利用 GIS 软件进行前期拼接处理,得到该研究区域的土地利用类型图(见图 3-61),其土地利用类型采用我国土地资源 6 大类 31 个亚类分类方法,但需要将土地利用数据重新分类并转换成模型规定的土地利用英文字母代码,最后利用代码,把研究区的土地利用类型与模型附带的植被生成数据库、农业管理数据库联系起来(见表3-56~表3-58)。

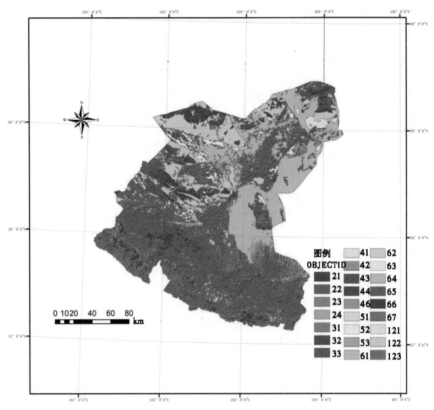

图 3-61　石羊河流域土地利用

表 3-56　土地资源分类系统

一级类型		二级类型		含义
编号	名称	编号	名称	
1	耕地	—	—	指种植农作物的土地,包括熟耕地、新开荒地、休闲地、轮歇地、草田轮作地;以种植农作物为主的农果、农桑、农林用地;耕种3年以上的滩地和滩涂
		11	水田	指有水源保证和灌溉设施,在一般年景能正常灌溉,用以种植水稻、莲藕等水生农作物的耕地,包括实行水稻和旱地作物轮种的耕地
		12	旱地	指无灌溉水源及设施,靠天然降水生长作物的耕地;有水源和浇灌设施,在一般年景下能正常灌溉的旱作物耕地;以种菜为主的耕地,正常轮作的休闲地和轮歇地

续表 3-56

一级类型		二级类型		含义
编号	名称	编号	名称	
2	林地	—	—	指生长乔木、灌木、竹类以及沿海红树林地等的林业用地
		21	有林地	指郁闭度 >30% 的天然木和人工林,包括用材林、经济林、防护林等成片林地
		22	灌木林	指郁闭度 >40%、高度在 2 m 以下的矮林地和灌丛林地
		23	疏林地	指疏林地(郁闭度为 10% ~30%)
		24	其他林地	未成林、造林地、迹地、苗圃及各类园地(果园、桑园、茶园、热作林园地等)
3	草地	—	—	指以生长草本植物为主,覆盖度在 5% 以上的各类草地,包括以牧为主的灌丛草地和郁闭度在 10% 以下的疏林草地
4	水域	31	高覆盖度草地	指覆盖度 >50% 的天然草地、改良草地和割草地,此类草地一般水分条件较好,草被生长茂密
		32	中覆盖度草地	指覆盖度为 20% ~50% 的天然草地和改良草地,此类草地一般水分不足,草被较稀疏
		33	低覆盖度草地	指覆盖度为 5% ~20% 的天然草地,此类草地水分缺乏,草被稀疏,牧业利用条件差
		—	—	指天然陆地水域和水利设施用地
5	城乡工矿居民用地	41	河渠	指天然形成或人工开挖的河流及主干渠常年水位以下的土地,人工渠包括堤岸
		42	湖泊	指天然形成的积水区常年水位以下的土地
		43	水库坑塘	指人工修建的蓄水区常年水位以下的土地
		44	永久性冰川雪地	指常年被冰川和积雪所覆盖的土地
		45	滩涂	指沿海大潮高潮位与低潮位之间的潮侵地带
		46	滩地	指河、湖水域平水期水位与洪水期水位之间的土地
		—	—	指城乡居民点及县、镇以外的工矿、交通等用地
6	未利用地	51	城镇用地	指大、中、小城市及县、镇以上建成区用地
		52	农村居民点	指农村居民点
		53	其他建设用地	指独立于城镇以外的厂矿、大型工业区、油田、盐场、采石场等用地、交通道路、机场及特殊用地
		—	—	目前还未利用的土地,包括难利用土地

续表 3-56

一级类型		二级类型		含义
编号	名称	编号	名称	
7	其他	61	沙地	指地表为沙覆盖,植被覆盖度在 5% 以下的土地,包括沙漠,不包括水系中的沙滩
		62	戈壁	指地表以碎砾石为主,植被覆盖度在 5% 以下的土地
		63	盐碱地	指地表盐碱聚集,植被稀少,只能生长耐盐碱植物的土地
		64	沼泽地	指地势平坦低洼、排水不畅、长期潮湿、季节性积水或常积水、表层生长湿生植物的土地
		65	裸土地	指地表土质覆盖,植被覆盖度在 5% 以下的土地
		66	裸岩石砾地	指地表为岩石或石砾,其覆盖面积在 5% 以下的土地
		67	其他	指其他未利用地,包括高寒荒漠、苔原等

表 3-57　土地利用类型

LUCC_PAR_1 （代码）	NAME （土地利用类型）	DETAIL	SWAT 土地利用代号
21	有林地	郁闭度 >30% 的天然林和人工林	FRS1
22	灌木林	郁闭度 >40%,高度在 2 m 以下的矮林地和灌丛林地	FRS2
23	疏林地	郁闭度为 10% ~30% 的疏林地	FRS3
24	其他林地	未成林造林地、迹地、苗圃及各类园地	FRS4
31	高覆盖度草地	覆盖度 >50% 的天然草地、改良草地和割草地	RNG1
32	中覆盖度草地	覆盖度为 20% ~50% 的天然草地和改良草地	RNG2
33	低覆盖度草地	覆盖度为 5% ~20% 的天然草地	RNG3
43	水库坑塘	人工修建的蓄水区	WATR
46	滩地	河、湖水域平水期水位与洪水期水位之间的土地	LAN1
51	城镇用地	指大、中、小城市及县、镇以上建成区用地	URHD
52	农村居民点	农村居民居住地	URML
53	其他建设用地	厂矿、大型工业区、交通道路等用地及特殊用地	UIDU
61	沙地	地表为沙覆盖,植被覆盖度在 5% 以下的土地	LAN2
63	盐碱地	地表盐碱聚集,植被稀少,只长耐盐碱植物的土地	LAN3
65	裸土地	地表土质覆盖,植被覆盖度在 5% 以下的土地	LAN4
66	裸岩石砾地	地表为岩石或石砾,其覆盖面积在 5% 以下的土地	LAN5
113	平原水田	平原区种植水稻、莲藕等水生农作物的耕地	RICE
121	山地旱地	分布于山地的旱作耕地	AGR1
122	丘陵旱地	分布于丘陵的旱作耕地	AGR2
123	平原旱地	分布于平原的旱作耕地	AGR3
124	坡地旱地	坡度大于 25° 的坡地	AGR4

表 3-58　SWAT 中石羊河流域土地利用类型

代码	土地利用类型	SWAT 代码	土地利用类型
122	丘陵旱地	BARL	Barley
123	平原旱地	AGRC	Agricultural land-close
21	有林地	FRSD	Forest-deciduous
22	灌木林	RNGB	Range-brush
23	疏林地	FRST	Forest-mixed
31	高覆盖度草地	SPAS	Summer pasture
32	中覆盖度草地	SPAS	Summer pasture
33	低覆盖度草地	SPAS	Summer pasture
52	农村居民点	URML	Residential-Med/Low Density
53	其他建设用地	URML	Residential-Med/Low Density
67	其他未利用地		

（二）土壤数据处理

土壤类型数据采用中国大陆土壤 shp 数据，裁剪出甘肃省土壤 shp 数据，进而确定石羊河流域，利用 GIS 软件进行投影转换和切割，得到该研究区土壤类型图，存储成 grid 或 shape 格式（见图 3-62）。研究区域土壤共有 8 个土纲 11 个土类 12 种土壤类型，其中高山土、钙层土所占面积比例较大。研究区土壤类型及分布见表 3-59。

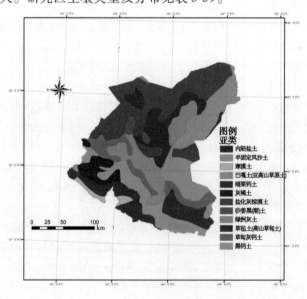

图 3-62　石羊河流域土壤类型

表 3-59 石羊河流域土壤类型及面积分布情况

土壤代码	面积(km²)	亚类	土类	土纲
23118100	4 076.512	内陆盐土	盐土	盐碱土
23115141	6 610.549	半固定风沙土	风沙土	初育土
23120151	566.518	寒漠土	寒漠土	高山土
23120102	683.547	巴嘎土(寒钙土)	寒钙土	高山土
23112111	2 467.572	暗栗钙土	栗钙土	钙层土
23111121	1 838.687	灰褐土	灰褐土	半淋溶土
23114104	10 418.459	盐化灰棕漠土	灰漠土	漠土
23112103	474.531	[砂姜黑(潮)土]、石灰性黑钙土	黑钙土	钙层土
23114101	4 443.778	绿洲灰土、灰漠土	灰漠土	漠土
23120102	2 291.078	草毡土	草毡土	高山土
23113113	3 023.46	草甸灰钙土	灰钙土	干旱土
23112101	3 662.313	黑钙土	黑钙土	钙层土

注:1. 绿洲土在颜色上也有区域性差别,可分为绿洲灰土、绿洲白土、绿洲潮土 3 类。绿洲灰土基本分布在温带荒漠,
以灌溉绿洲为主,土壤有机质含量高,无盐碱化侵扰。绿洲灰土多分布在山前平原的中下部,在中国河西走廊的
内陆河中游绿洲就是灰土绿洲。白土绿洲主要分布在热带、亚热带干旱区,有机质含量低,但也无盐碱化侵扰,
其在非洲、南美洲、澳大利亚、南亚分布比较普遍。潮土绿洲分布在河流的下游和特别低洼地区,地下水位较高,
土壤有"夜潮"现象,并且有一定的盐碱化。

2. [砂姜黑(潮)土]—天祝黑土—石灰性黑钙土。

3. 高山土系列有黑毡土(亚高山草甸土)、草毡土(高山草甸土)、巴嘎土(亚高山草原土)、莎嘎土(高山草原土)、高
山漠土和高山寒漠土之分。巴嘎土主要分布于喜马拉雅山北侧的高原宽谷湖盆,植被属于干草原类型。土壤有
机质含量有时可达 3% ~ 10%,剖面下部砾石背面常有薄膜状碳酸钙累积。大部为牧地,植被稀疏,载畜量低。

4. 根据研究区域进行土壤数据查询,每个亚类可能有多个土种,选择的原则就是以面积最大的土种来代表整个亚
类。

三、模型属性数据库的建立

(一)土地利用属性数据库

模型中有关土地利用和植被覆盖数据通过 DBF 文件进行存储和计算,具体变量及含义
见表 3-60。

表 3-60 SWAT 模型土地利用和植被覆盖属性

变量	模型定义
ICNUM	土地覆盖/植被代码
CPNM	一个由 4 个字母组成的代表土地覆盖/植被代码
IDC	土地覆盖/植被类型
DESCRIPTION	土地覆盖/植被类型描述
BIO_E	辐射利用效率或者生物能比
HVSTI	最佳生长条件收获指数
BLAI	最大可能叶面积指数

续表 3-60

变量	模型定义
FRGRW1	植物生长季节比例或在叶面积发展曲线上与第一点相对应的潜在总热
LAIMX1	在最佳叶面积发展曲线上与第一点相对应的最大叶面积指数
FRGRW2	植物生长季节比例或在叶面积发展曲线上与第二点相对应的潜在总热
LAIMX2	在最佳叶面积发展曲线上与第二点相对应的最大叶面积指数
DLAI	当叶面积减少时,植物生长季节比例
CHTMX	最大树冠高度
RDMX	最大根深
T_OPT	植物生长最佳温度
T_BASE	植物生长最低温度
WSYE	收获指标较低限度
USLE_C	USLE 方程中土地覆盖因子 C 的最小值
GSI	在高太阳辐射和低水汽压下最大的气孔导率
FRGMAX	在气孔导率曲线上对应于第二点的部分水汽压差
WAVP	在增加水汽压差时平均辐射使用效率降低率
CO2HI	对应于辐射使用效率曲线第二点的大气二氧化碳浓度
BIOEH	对应于辐射使用效率曲线第二点的单位体积生物能量比例
RSDCO_PL	植物残渣分解系数

(二)土壤属性数据库

土壤属性数据对模型模拟流域产流、产沙和植物生长具有极其重要的作用。SWAT 模型中自带的美国土壤分类和属性数据库,在美国以外的研究区域,需要用户自己定义土壤属性数据库,并以 DBF 格式存储在 AVSWATDB 文件中,模型可以通过土壤空间数据中的土壤类型代码进行调用。SWAT 模型所需要的土壤数据可以分为两类:一类是土壤水文物理特性数据;一类是土壤化学性质数据。考虑到研究重点在对流域径流量和泥沙量的模拟,化学属性在模型中可以略过,所以在研究过程中仅构建了土壤物理属性数据库。

SWAT 模型中各类土壤的水文、水传导属性包括:土壤所属的水文单元组,植被根系深度值,整个土壤层深度,土壤层数,土壤表面到各层土壤的深度,土壤各层中黏粒、粉粒、砂粒、砾石、有机质含量,各层土壤容重,土壤各层有效田间持水量,土壤各层饱和导水率,土壤各层 USLE 方程中的土壤可蚀性系数,土壤各层田间反照率等。

水文单元组是 SWAT 模型采用 SCS 径流曲线模型过程的一个重要参数,美国自然资源保护署(The U. S. Natural Resource Conservation Service,简称 NRCS)基于土壤入渗特性,主要依据各类土壤表层 0.5 m 饱和导水率大小,将不同土壤类型的水文单元组划分为 A、B、C、D 四组,同一组土壤在相同的暴雨和植被覆盖条件下具有类似的产流潜能。张雪松等参照 NRCS 标准,结合国内土壤特性,利用土壤上层 0.5 m 饱和导水率对土壤水文特性进行了分组,按照土壤上层 0.5 m 饱和导水率划分土壤水分单元,具体见表 3-61。

表 3-61　土壤水文单元特性分组

单元组	性质	土壤上层 0.5 m 饱和导水率(mm/h)
A	在完全湿润条件下具有较高渗透率的土壤。土壤质地主要由砂砾石组成,排水导水能力强(产流低)。如厚层砂、厚层黄土、团粒化粉砂土等	>110
B	在完全湿润条件下具有中等渗透率的土壤。土壤质地由沙壤质组成,排水导水能力中等。如薄层黄土、沙壤土等	14~110
C	在完全湿润条件下具有较低渗透率的土壤。土壤质地为黏壤土、薄层沙壤土,这类土壤大多有一个阻碍水流向下运动的层,下渗率和导水能力较低。如黏壤土、薄层沙壤土、有机质含量低的土壤、黏质含量高的土壤等	1.4~14
D	在完全湿润条件下具有很低渗透率的土壤。土壤质地为黏土,有很高的涨水能力,大多有一个永久的水位线,黏土层接近地表,其深层土几乎不影响产流,导水能力极低。如吸水后显著膨胀的土壤、塑性黏土、某些盐渍土等	<1.4

植被根系深度,整个土壤层深度,土壤层数,土壤表面到各层土壤的深度,土壤各层中黏粒、粉粒、砂粒、砾石、有机质含量等资料来源于《甘肃省土壤志》《甘肃省土种志》及研究区各县(区)土壤志。由于目前国内采用的土壤分类标准与 SWAT 模型规定的土壤分类标准不一致,研究采用不同粒径间土壤质地资料的转换研究成果,利用线性插值等数学方法进行了转换,具体见表 3-62~表 3-64。

表 3-62　土壤数据库参数

变量名称	模型定义	注释
TITLE/TEXT	位于 .sol 文件的第一行,用于说明文件	
SNAM	土壤名称	
NLAYERS	土壤分层数	
HYDGRP	土壤水文学分组(A、B、C 或 D)	
SOL_ZMX	土壤剖面最大根系深度(mm)	
ANION_EXCL	阴离子交换孔隙度	模型默认值为 0.5
SOL_CRK	土壤最大可压缩量,以所占总土壤体积的分数表示	模型默认值为 0.5,可选
TEXTURE	土壤层结构	
SOL_Z	土壤表层到底层深度(mm)	

续表 3-62

变量名称	模型定义	注释
SOL_BD	土壤湿密度(mg/m³或 g/cm³)	
SOL_AWC	土壤有效可利用水量(mm)	
SOL_K	饱和导水率/饱和水力传导系数(mm/h)	
SOL_CBN	土壤层中有机碳含量	一般由有机质含量乘 0.58
CLAY	黏土含量,由直径<0.002 mm 的土壤颗粒组成	
SILT	壤土含量,由直径 0.002~0.05 mm 的土壤颗粒组成	
SAND	砂土含量,由直径 0.05~2.0 mm 的土壤颗粒组成	
ROCK	砾石含量,由直径>2.0 mm 的土壤颗粒组成	
SOL_ALB	地表反射率(湿)	国内目前尚没有相关可用来借鉴的经验公式,在此默认为 0.01
USLE_K	USLE 方程中土壤侵蚀力因子	
SOL_EC	土壤电导率(dS/m)	默认为 0

表 3-63　土壤粒径分类对照

美国制		国际制	
黏粒 CLAY	粒径:<0.002 mm	黏粒	粒径:<0.002 mm
粉砂 SILT	粒径:0.002~0.05 mm	粉砂	粒径:0.002~0.02 mm
砂土 SAND	粒径:0.05~2 mm	细砂粒	粒径:0.02~0.2 mm
砾石 ROCK	粒径:>2 mm	粗砂粒	粒径:0.2~2 mm
		砾石	粒径:>2 mm

表 3-64　石羊河流域主要土壤类型土壤质地转换　　　　　　　　　(%)

土壤类型	土层深度(cm)	土壤粒径(mm)					质地名称
		>2	2~0.2	0.2~0.02	0.02~0.002	<0.002	
黑钙土(062) 23112101	0~18			48.50	33.40	18.10	黏壤土
	18~28			42.20	40.30	17.50	黏壤土
	28~110			50.00	33.00	17.00	黏壤土
	110~132			44.60	35.20	20.20	黏壤土
草甸灰钙土(109) 23113113	2~22	0	46.85		37.41	15.74	黏壤土
	22~57	0	53.04		33.45	13.51	壤土
	57~74	0	55.12		44.38	0.50	砂质壤土
	74~107	0	48.76		50.24	1.00	粉砂壤土
	107~163	0	46.04		50.69	3.27	粉砂壤土

续表 3-64

土壤类型	土层深度（cm）	土壤粒径（mm）					质地名称
		>2	2~0.2	0.2~0.02	0.02~0.002	<0.002	
草毡土（272）23120102	0~10						壤土
	10~30						壤土
	30~58						黏壤土
	58~70						黏壤土
灰漠土（123）23114101	0~26		5.10	42.14	36.67	16.09	黏壤土
	26~50		3.38	39.34	44.43	12.85	壤土
	50~78		3.38	35.79	44.50	16.33	黏壤土
	78~105		6.43	33.60	42.90	17.07	黏壤土
	105~130		9.59	40.10	37.21	13.01	壤土
石灰性黑钙土（064）23112103	0~23		0.21	42.65	37.00	20.14	黏壤
	23~57		0.53	37.37	39.45	22.56	黏壤
	57~90		0.46	19.64	51.26	28.64	粉砂质黏壤土
	90~120		6.21	30.83	37.32	25.64	壤质黏土
盐化灰棕漠土（129）23114104	8~12	37.03	65.54	9.04	12.58	12.84	多砾质砂壤土
	12~26	13.41	85.76	4.82	4.91	4.51	多砾质砂壤土
	26~36	65.92	96.77	0.50	1.54	1.19	多砾质砂壤土
	36~54	4.82	97.89	0	1.54	0.57	多砾质砂壤土
	54~105	77.01	98.37	0	1.37	0.36	多砾质砂壤土
灰褐土（042）23111121	10~37	14.50		46.18	36.21	17.61	多砾质黏壤土
	37~75	13.60		49.05	33.77	17.18	多砾质黏壤土
	75~135	39.60		56.24	28.20	15.50	多砾质砂质黏壤土
暗栗钙土（072）23112111	0~18		17.55	15.58	29.86	37.01	黏壤土
	18~40		14.17	10.63	32.76	42.44	黏壤土
	40~60		69.88	2.66	10.89	16.77	粉砂质黏壤土
巴嘎土（寒钙土）（279）23120102	0~20						壤土
	20~50						壤土
	50~110						壤土
寒漠土（281）23120151	0~5						沙壤土
	5~12						多砾质沙壤土
	12~27						粗砾质

续表 3-64

土壤类型	土层深度 (cm)	土壤粒径(mm)					质地名称
		>2	2~0.2	0.2~0.02	0.02~0.002	<0.002	
半固定风沙土(164) 23115141	0~0.5		81.2	5.4	3.8	9.6	壤质砂土
	0.5~23		89.3	0.5	1.9	8.3	壤质砂土
	23~56						砂土
	56~86						砂土
内陆盐土(225) 23118100	0~14		0.1	34.9	54.0	11.0	粉砂壤土
	14~34		0	37.0	50.0	13.0	粉砂壤土
	34~85		1.5	66.0	23.5	9.0	砂质壤土
	85~140		0	51.0	37.0	12.0	壤土

（1）土壤参数提取。SOL_BD[土壤湿密度(mg/m³ 或 g/cm³)]、SOL_AWC[土壤有效持水量(mm)]、SOL_K[饱和导水率/饱和水力传导系数(mm/h)]3 个变量可以由 SPAW 软件计算得到。该软件主要利用其中的 Soil Water Characteristics 模块，根据土壤中黏土 Clay、砂土 Sand、有机质 Organic Matter、盐度 Salinity、砂砾 Gravel 等的含量来计算土壤数据库中所需的土壤湿密度 SOL_BD、土壤层有效持水量 SOL_AWC、饱和导水率 SOL_K 等参数，这些参数都是我国目前所缺乏的。

通过填入所有空白格内的参数，如 Sand、Clay 等，灰色显示的参数就可以显示计算后的结果，其中我们所需要的 3 个参数：

SOL_BD = Bulk Density

SOL_AWC = Field Capacity(田间持水量) − Wilting Point(饱和导水率)

SOL_K = Sat Hydraulic Cond

另外，在 SPAW 模型中单位要选择 Metric 国际单位制，在 Options 下拉菜单中选择 Units 下的 Metric 即可(见图 3-63)。

（2）其他变量提取。(USLE_K)USLE 方程中土壤侵蚀力因子利用 Williams 等在 EPIC 模型中采用的土壤可蚀性因子 K 值的估算方法，只需要土壤的有机碳和颗粒组成资料即可计算，其公式如下：

$$K_{USLE} = f_{csand} \cdot f_{cl-si} \cdot f_{orgc} \cdot f_{hisand} \tag{3-32}$$

式中：K_{USLE} 为土壤侵蚀力因子；f_{csand} 为粗糙砂土质地土壤侵蚀因子；f_{cl-si} 为黏壤土土壤侵蚀因子；f_{orgc} 为土壤有机质因子；f_{hisand} 为高砂质土壤侵蚀因子。

$$f_{csand} = 0.2 + 0.3 \times e^{[-0.256 \times sd(1-\frac{si}{100})]} \tag{3-33}$$

$$f_{cl-si} = \left(\frac{si}{si+cl}\right)^{0.3} \tag{3-34}$$

$$f_{orgc} = 1 - \frac{0.25 \times c}{c + e^{(3.72-2.95 \times c)}} \tag{3-35}$$

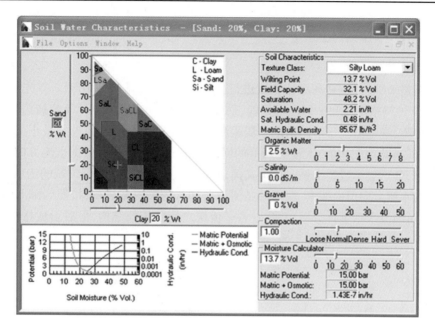

图 3-63　SPAW 土壤属性计算程序界面

$$f_{\text{hisand}} = 1 - \frac{0.7 \times \left(1 - \dfrac{sd}{100}\right)}{\left(1 - \dfrac{sd}{100}\right) + e^{\left[-5.51 + 22.9 \times \left(1 - \frac{sd}{100}\right)\right]}} \tag{3-36}$$

式中：sd 为砂粒含量百分数；si 为粉粒含量百分数；cl 为黏粒含量百分数；c 为有机碳含量百分数。

　　土壤水文学分组定义在 SWAT 用户手册中对其分组标准进行了规定，主要依据 0~5 m 厚表层土壤的饱和导水率大小，将土壤分成 A、B、C、D 共 4 组，并做出了概念性的说明。A 类为渗透性强、潜在径流量很低的一类土壤，主要是一些具有良好透水性能的砂土或砾石土，土壤在完全饱和情况下仍然具有很高的入渗速率和导水率；B 类为渗透性较强的土壤，主要是一些沙壤土，或者在土壤剖面的一定深度处存在一定的弱不透水层，当土壤在水分完全饱和时仍具有较高的入渗速率；C 类为中等透水性土壤，主要为壤土，或者虽为砂性土，但在土壤剖面的一定深度处存在一层不透水层，当土壤水分完全饱和时保持中等入渗速率；D 类为微弱透水性土壤，主要为黏土等。至此，SWAT 模型土壤物理属性数据库所需参数全部确定。

（三）气象水文资料数据库

　　在时间尺度上，模型模拟时间步长可以为年、月、日。因此，模拟时按日步长以 DBF 格式输入。采用的气象站（永昌、民勤、武威、门源、乌鞘岭）与 4 条河流出山口水文站 1956~2010 年实测资料，包含太阳辐射、风速、湿度、最高温度和最大湿度、雨量站降水日数据资料。

四、流域空间离散化研究

(一)流域河网生产

由于栅格 DEM 很容易利用计算机进行处理,本书使用栅格型 DEM。首先对所使用的 DEM 进行洼地网格填充和平坦网格处理,采用一定的流向确定原则计算流域内所有网格的水流方向矩阵,统计流经每个网格的水流累积矩阵,设定一个形成河道的最小面积阈值,水流累积矩阵(转化为面积值)大于该阈值的网格即组成河道。然后根据水流方向矩阵,将河道连接起来,就形成了数字水系。再定义河道的交汇点或水文站为子流域的出口点,并由河道交汇点按水流方向反向搜索,获得每条河道所拥有的子流域面积,按照 Strahler 水系级数划分方法,对河流水系进行分级,并建立各子流域之间的拓扑结构,最后形成按空间分布的自然子流域。其计算流程如图 3-64、图 3-65 所示。

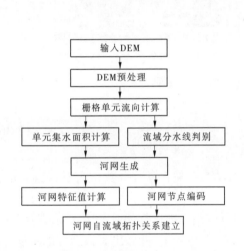

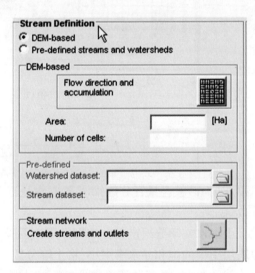

图 3-64　石羊河数字流域水系生成过程示意图　　图 3-65　石羊河数字流域水系生成过程操作

利用 SWAT 技术对石羊河流域的 DEM 设定阈值分别为 12 228 hm^2、15 000 hm^2、30 000 hm^2、150 000 hm^2 的子流域划分,结果见图 3-66 ~ 图 3-69。通过对比分析三个阈值的数字化水系划分结果发现,当阈值为 12 228 hm^2 时,SWAT 模型所产生的数字水系与实际水系较为吻合。因此,本书采用以 12 228 hm^2 为阈值的水系划分结果建立石羊河流域水文模型。

(二)子流域划分

流域数字高程模型、植被类型以及土壤类型等数据被看作是支持空间分布式水文模型的基本参数。分布式流域水文模型总是将一个流域分成足够多的互不嵌套的单元面积,以适应流域气象因子(如降水、气温等)和下垫面条件(如地形、地貌、土地利用、土壤类型)等客观上存在的空间分布不均匀性,即流域的空间离散化问题。目前,基于 DEM 的流域离散化方法主要有网格(grid)、山坡(hillslope)、子流域(subbasin)、水文响应单元 HRU(Hydrological Response Unit)、典型单元面积 REA(Representative Elemental Area)、分组响应单元 GRU(Groupe Response Unit)以及它们的组合等。本书采用子流域划分方法,以 12 228 hm^2、

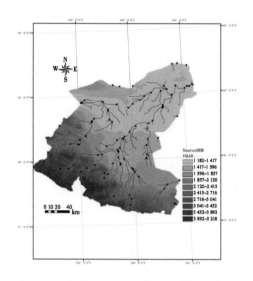

图 3-66 阈值 12 228 hm² 时流域数字水系

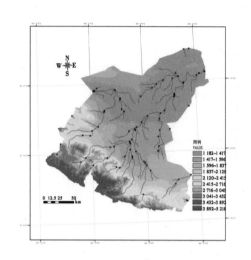

图 3-67 阈值 15 000 hm² 时流域数字水系

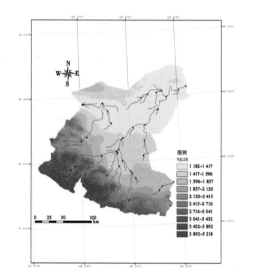

图 3-68 阈值 30 000 hm² 时流域数字水系

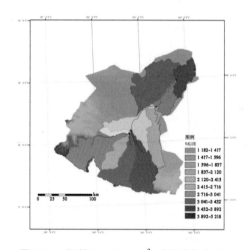

图 3-69 阈值 150 000 hm² 时流域数字水系

15 000 hm² 为阈值在 SWAT 模型中分别得到 127 个、107 个子流域。子流域河道属性及其特征值见表 3-65、表 3-66,子流域划分结果见图 3-70、图 3-71。

表 3-65 石羊河子流域属性

OBJECTID	GRIDCODE	Subbasin	Area	Slo1	Len1	Sll	…
1.00	1.00	1.00	17 640.72	5.72	36 922.33	60.96	…
2.00	2.00	2.00	600.12	5.65	4 820.44	60.96	…
3.00	3.00	3.00	12 409.20	7.11	22 635.02	60.96	…
4.00	4.00	4.00	2 497.95	6.63	9 945.14	60.96	…

续表 3-65

OBJECTID	GRIDCODE	Subbasin	Area	Slo1	Len1	Sll	…
5. 00	5. 00	5. 00	19 605. 15	7. 01	28 050. 64	60. 96	…
6. 00	6. 00	6. 00	20 928. 24	6. 73	36 744. 27	60. 96	…
7. 00	7. 00	7. 00	23 244. 48	7. 64	31 570. 24	60. 96	…
8. 00	8. 00	8. 00	1 532. 79	5. 29	7 648. 08	60. 96	…
9. 00	9. 00	9. 00	14 232. 42	4. 81	31 690. 42	91. 44	…
⋮	⋮	⋮	⋮	⋮	⋮	⋮	
126. 00	126. 00	126. 00	12 645. 00	26. 36	23 645. 97	126. 00	…
127. 00	127. 00	127. 00	13 953. 69	35. 69	33 376. 30	127. 00	…

表 3-66　石羊河子流域河道属性

OBJECTID	ARCID	GRID_CODE	FROM_NODE	TO_NODE	Subbasin	SubbasinR	AreaC	…
1. 00	4. 00	1. 00	1. 00	2. 00	1. 00	2. 00	17 640. 72	…
2. 00	5. 00	2. 00	2. 00	0. 00	2. 00	0. 00	2 445 816. 42	…
3. 00	6. 00	3. 00	3. 00	15. 00	3. 00	15. 00	12 409. 20	…
4. 00	7. 00	4. 00	4. 00	2. 00	4. 00	2. 00	2 427 575. 58	…
5. 00	8. 00	5. 00	5. 00	8. 00	5. 00	8. 00	19 605. 15	…
6. 00	10. 00	6. 00	6. 00	13. 00	6. 00	13. 00	20 928. 24	…
7. 00	11. 00	7. 00	7. 00	13. 00	7. 00	13. 00	23 244. 48	…
8. 00	12. 00	8. 00	8. 00	4. 00	8. 00	4. 00	2 410 845. 21	…
9. 00	14. 00	9. 00	9. 00	4. 00	9. 00	4. 00	14 232. 42	…
⋮	⋮	⋮	⋮	⋮	⋮	⋮	⋮	
126. 00	192. 00	126. 00	126. 00	125. 00	126. 00	125. 00	12 645. 00	…
127. 00	194. 00	127. 00	127. 00	125. 00	127. 00	125. 00	13 953. 69	…

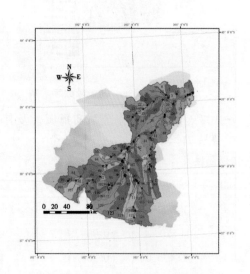

图 3-70　阈值 12 228 hm² 时子流域划分

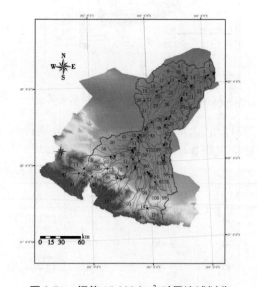

图 3-71　阈值 15 000 hm² 时子流域划分

五、SWAT 模型参数敏感性分析

SWAT 模型参数敏感性分析是模型校准和验证的前提和基础。敏感性分析是评估输入参数对模拟结果的影响程度,其输出参数常用于校准模型。敏感性参数的不确定性将会给模拟结果带来显著影响,在模型校准之前,对其进行调节是非常必要的。

(一)方法

采用 Morris 提出的 LH – OAT 法进行参数的敏感性分析。LH – OAT 法结合了 One – factor – At – a – Time(OAT)分析法与 Latin Hypercube 采样技术,兼有全局分析法和局部分析法二者的长处。LH – OAT 的优点是保证了每一个参数在其取值范围内都被采样,并且能确定哪个输入参数改变了模型输出,降低了需要调整的参数数目,节约了模拟者所用的时间,提高了模型计算效率。

(二)原理

LH – OAT 先执行 LH 采样,然后执行 OAT 采样,具体见图 3-72。首先,每个参数被划分为 N 个区间,在每个区间内取一个采样点(LH 采样)。然后,一次改变一个采样点(OAT)。该方法通过循环方式来执行,每一个循环起始于一个 LH 采样点。在每一个 LH 采样点 j 附近,每个参数 e_i 的局部影响 S_{ij}(百分比)见式(3-37)。

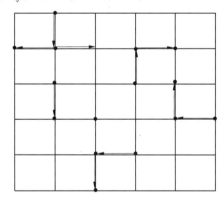

图 3-72　LH – OAT 采样路线

$$S_{ij} = \left| 100 \times \left\{ \frac{\dfrac{M(e_1,\cdots,e_i(1+f_i),\cdots,e_p) - M(e_1,\cdots,e_i,\cdots,e_p)}{[M(e_1,\cdots,e_i(1+f_i),\cdots,e_p) - M(e_1,\cdots,e_i,\cdots,e_p)]/2}}{f_i} \right\} \right| \quad (3-37)$$

式中:$M(\cdots)$ 为模型函数;f_i 为参数 e_i 改变的比例;j 为 LH 采样点。

参数随着 f_i 而改变,根据定义可能增加,也可能减小,因此一个循环需要运行 $P+1$ 次。参数 e_i 的影响结果通过求取抽样点 S_{ij} 的平均值得到,共有 N 个抽样点,因此该方法运行的次数为 $N \times (P+1)$。这样,在求得每个参数的影响效果之后,按照其值大小顺序,就可以确定对模型输出影响较大的参数。

(三)敏感性分析结果

在使用 LH – OAT 方法进行敏感性分析之后,就可以确定对模拟结果影响较大的参数,但考虑到模型的率定是基于实际的物理过程,所以其结果仅作为参考,在实际率定中并非所

有参数都进行调整,其结果见表 3-67。

表 3-67　基于 LH – OAT 的参数敏感性分析结果

参数	所在输出文件	变量含义	排序
CN_2	Management(mgt)	SCS 径流曲线数	1
SOL_AWC	Soil(.sol)	土壤有效可利用水量	2
ESCO	HRU(.hru)	土壤蒸发补偿系数	3
EPCO	HRU(.hru)	植物吸收补偿系数	4
CANMX	HRU(.hru)	最大冠层截留量	5
SOL_K	Soil(.sol)	饱和导水率/饱和水力传导系数(mm/h)	6
SOL_Z	Soil(.sol)	土壤表层到底层深度	7
GW_DELAY	Groundwater(.gw)	地下水滞后时间	8
ALPHA_BF	Groundwater(.gw)	基流消退系数	9
SLOPE	HRU(.hru)	平均坡度	10
SOL_ALB	Soil(.sol)	地表反射率	11
BIOMIX	Management(.mgt)	生物扰动效率	12
TIMP	Basin(.bsn)	雪盖温度滞后因子	13
CH_K_2	Management(.mgt)	主河道有效水力传导率	14
SURLAG	Basin(.bsn)	地表径流滞后系数	15
SMFMX	Basin(.bsn)	最大融雪因子	16
SMTMP	Basin(.bsn)	雪融化的温度阈值	17
BLAI	Crop(.dat)	最大潜在叶面积指数	18
SFTMP	Basin(.bsn)	雨雪分界温度阈值	19
SMFMN	Basin(.bsn)	最小融雪因子	20
SLSUBBSN	HRU(.hru)	平均坡长	21
CH_N	Subbasin(.sub)	子流域和主河道曼宁公式 n 值	28
GWQMN	Groundwater(.gw)	浅层地下水回流阈值	28
GW_REVAP	Groundwater(.gw)	浅层地下水再蒸发系数	28
REVAPMN	Groundwater(.gw)	浅层地下水再蒸发阈值	28
TLAPS	Subbasin(.sub)	温度递减率	28
RCHRG_DP	Groundwater(.gw)	根区水分补偿地下水比例	28

表 3-71 为基于 LH – OAT 的 SWAT 模型参数敏感性分析结果,排序越靠前,说明该参数对模拟结果的影响越大。

六、模型校准与率定

参数率定是指寻找能使模拟值与观测值之间最一致参数的过程。根据 LH – OAT 敏感性分析结果,并参考相关参数率定文献,最终选择以下参数:径流曲线数(CN_2)、土壤有效可利用水量(SOL_AW)、土壤蒸发补偿系数(ESCO)、植物蒸腾修正系数(EPCO)、最大冠层截留量(CANMX)、土壤饱和水力传导系数(SOL_K)、土壤表层到底层深度(SOL_Z)、地下水补给延迟天数(GW_DELAY)、基流消退系数(ALPHA_BF)来校准模型。这9个参数的具体描述见表3-68,其中土壤深度(SOL_Z)和土壤饱和水力传导率(SOL_K)参数调整参考相关文献。

表 3-68　石羊河流域 SWAT 模型敏感性分析和取值

参数	定义	敏感性分级	文件	取值范围
CN_2	SCS 径流曲线数	1	Management(mgt)	(59.85,78.8)
SOL_AW	土壤有效可利用水量	2	Soil(.sol)	0.010
ESCO	土壤蒸发修正系数	3	HRU(.hru)	0.957
EPCO	植物蒸腾修正系数	4	HRU(.hru)	0.766
CANMX	冠层需水量最大值	5	HRU(.hru)	0.568
SOL_K	土壤饱和水力传导系数	6	Soil(.sol)	(52.09,86.84)
SOL_Z	土壤表层到底层深度	7	Soil(.sol)	(138.38,222.69)
GW_DELAY	地下水延滞时间	8	Groundwater(.gw)	(23.25,31)
ALPHA_BF	基流系数	9	Groundwater(.gw)	(0.048,0.176)

径流曲线(CN_2)是 SCS 产流模型中重要的参数,描述流域内降水—径流关系,综合反映流域内下垫面(土地利用/覆被方式、土壤类型、水文条件、前期水分状况)产流能力。理论上 CN_2 的取值范围在 0～100,与径流量成正相关关系;土壤有效可利用水量(SOL_AW)反映了土壤的蓄水能力,与产流量成反比关系,该系数越大,表明土壤蓄水能力越强,径流量越小。土壤蒸发补偿系数(ESCO)是调整不同土壤层间水分补偿运动的参数,该系数增大,土壤深层蒸发量减少,径流量增加;土壤饱和水力传导系数(SOL_K)把土壤水流速与水力梯度关联起来,是土壤中水运动难易的度量,该系数与产流量成正相关关系;地下水补给延迟天数(GW_DELAY)和基流消退系数(ALPHA_BF)对水文过程线有重要影响。基流消退系数(ALPHA_BF)是通过输入 1993～2004 年日径流量数据,运用数字滤波法分割基流得到的,即在 DOS 环境下运行 bflow.exe 模块,对 10 年日径流数据进行分割计算。

七、石羊河流域典型河流径流模拟

模型校准就是修改模型参数,比较模拟值与实测值,直到实现预先确定的目标函数。本书选用相关系数(R^2)、相对误差(RE)以及 Nash – Suttcliffe 模型效率系数(Ens)作为评价模拟结果的指标。相关系数 R^2 可以评价模拟值与实测值的吻合程度,当 $R^2 = 1$ 表示非常吻合;当 $R^2 < 1$ 时,其值越小表示吻合程度越差。相对误差 RE 和模型效率系数 Ens 的计算分别见式(3-38)、式(3-39):

$$RE = \frac{Q_p - Q_0}{Q_0} \tag{3-38}$$

$$Ens = 1 - \frac{\sum\limits_{i=1}^{n}(Q_0 - Q_p)^2}{\sum\limits_{i=1}^{n}(Q_0 - Q_{avg})^2} \qquad (3-39)$$

式中:Q_0为实测值;Q_p为模拟值;Q_{avg}为实测平均值;n为数据个数。

$RE > 0$,表明模型模拟值偏大;$RE < 0$,表明模型模拟值偏小;$RE = 0$,表明模型模拟值与实测值吻合。Ens的值越接近1,说明模型模拟结果越好;当$Ens = 1$时,模拟结果与实测结果吻合;当$Ens < 0$时,说明使用模型模拟值比直接使用实测平均值的可信度更低。

根据数据获取的完整性,选用1993~2004年石羊河流域九条岭水文站进行径流模拟,其中1993~1998年作为数据校准阶段,1999~2004作为数据验证阶段。九条岭水文站月径流、年径流模拟结果见表3-69,九条岭、黄羊河、南营、杂木寺等水文站年径流实测结果及模拟结果见表3-70。

表3-69　九条岭水文站月径流、年径流模拟结果

径流类别	时期	模型效率系数	相关误差(%)	相关系数
月径流	1993~1998年	0.68	2.9	0.74
	1999~2004年	0.65	6.2	0.72
年径流	1993~1998年	0.76	2.8	0.89
	1999~2004年	0.72	5.6	0.86

表3-70　九条岭水文站年径流过程实测及模拟数据　　　　　　(单位:m³/s)

测站	年份	1993	1994	1995	1996	1997	1998	1999	2000	2001	2002	2003	2004
九条岭	实测	138.61	94.48	108.65	92.54	102.06	102.18	92.82	118.58	94.05	108.95	167.53	125.69
	模拟	109.95	85.28	109.28	79.22	91.93	90.61	87.04	77.46	70.79	88.64	144.78	112.41
黄羊河	实测	72.21	48.73	36.65	43.62	37.94	37.29	30.11	44.61	30.56	36.69	65.37	41.96
	模拟	54.38	37.02	27.66	32.44	28.66	33.52	24.13	37.81	26.30	29.81	55.33	35.05
南营	实测	65.68	51.74	48.09	49.80	49.40	42.25	39.66	48.59	31.68	38.04	58.43	44.81
	模拟	54.35	46.83	43.85	46.93	43.96	33.13	30.56	38.28	23.57	31.19	49.72	38.48
杂木寺	实测	110.2	79.33	75.88	76.43	74.78	79.06	63.17	85.90	73.20	63.16	133.7	84.22
	模拟	98.78	60.61	60.42	55.36	72.36	67.48	49.04	71.29	68.63	58.39	104.9	72.96

参考石羊河已有参数敏感调整成果及九条岭验证模拟数据,对黄羊站、南营水库站、杂木寺站校准(1993~1998年)和验证(1999~2004年),其结果见图3-73~图3-76。

SWAT模型模拟结果期望值在0.6左右,表明SWAT很好地概化了研究区参数,比较准确地描述了研究区的水文过程。因此,SWAT模型能够较好地刻画石羊河流域水量,应用SWAT模型进行径流模拟是可行的。另外,从模型的参数率定可以看出,9个参数均与流域下垫面条件有关。

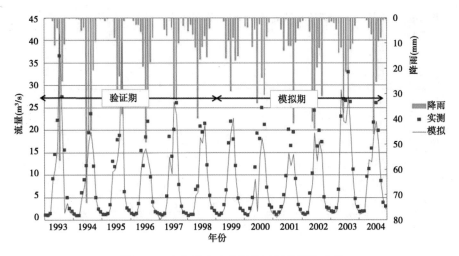

图 3-73　九条岭水文站径流过程模拟及验证

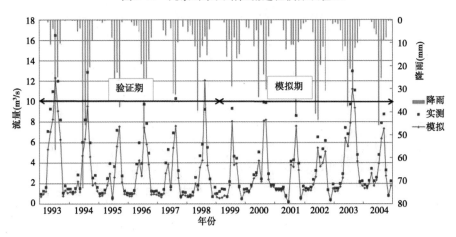

图 3-74　黄羊河水文站径流过程模拟及验证

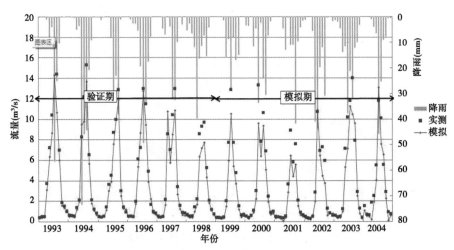

图 3-75　南营水文站径流过程模拟及验证

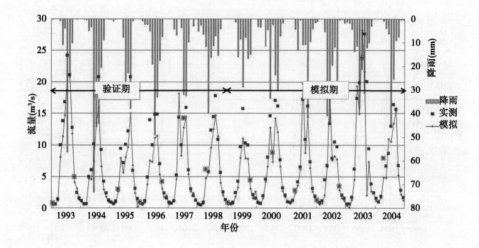

图 3-76　杂木寺水文站径流过程模拟及验证

同时选用 1980～1999 年石羊河流域出山口实测月径流量数据值进行模型校准,并利用所得参数对 2000～2009 年实测资料进行验证(见图 3-77)。校准期、验证期模拟值与实测值的相关关系见图 3-78。

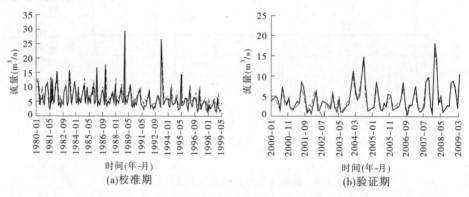

图 3-77　校准期、验证期月径流量模拟值和实测值对比

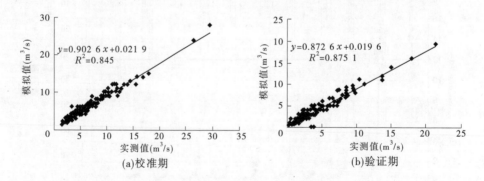

图 3-78　校准期、验证期模拟值与实测值的相关关系

由图 3-77 可以看出:①石羊河流域 SWAT 模型模拟值与实测值相比,略偏小,但基本能

够反映径流实际变化趋势。②石羊河流域冬季径流极小,春季过后径流明显增大,这表明冬季气温低,冰川融水极少;春季气温回升,冰川融水对石羊河流域径流产生了很大影响,是石羊河流域径流的重要组成部分。③夏季(6~9月)径流量最大,表明降水也是石羊河流域夏、秋季节径流量的重要来源,且气温对该径流具有显著的调控作用,同时校准期和验证期月流量模拟值和实测值拟合较好,这与参数敏感性分析得出的积雪温度滞后因子(TIMP)最为敏感的结果相吻合。

第四节　气候与土地利用变化情景流域水资源响应机制

根据前述研究建立的石羊河流域SWAT分布式水文模型,选取流域典型河流黄羊河和南营河,研究气候与土地利用变化情景下的流域径流量变化特征与变化规律。

一、气候变化情景典型河流水资源变化预测研究

气候变化是指气候平均状态在统计学意义上的巨大改变或持续较长时间的变动,包括气候的自然波动和人类活动引起的变化,如降水变化、温度变化、蒸发量变化、风速变化等。气候变化尤其是降水、温度变化对水文水资源具有着重要影响。

当前对气候变化的水文水资源效应研究大多采用气候情景设计与水文模型模拟相结合的研究思路,分析气候变化对径流、水平衡和水资源量的影响。

(一)气候变化情景水资源变化预测方法研究

1.预测方法

祁连山区近几十年来的降水、气温数据反映出明显的气候变化特征,具体表现在:降水在20世纪80年代以前呈下降趋势,但从80年代以后呈显著增加趋势,尤其山区中部表现最为明显;几十年来气温呈显著上升趋势,升幅基本为0.5℃/10年,90年代中期以后上升趋势最为明显,变幅最大超1℃/10年。

为了分析气候变化对石羊河流域水文水资源的重要影响,采用气候情景设计与水文模型模拟相结合的研究方法进行定量研究。

2.气候变化情景设计

基于全球气候变化趋势和区域气候变化特点,在1976~2010年气象资料的基础上,设计未来气候变化情景为:石羊河流域降水量变化+20%、+10%、0、-10%、-20%;气温变化+2℃、+1℃、0、-1℃、-2℃。根据气候变化情景设计,共有25种不同情景组合,具体见表3-71。

(二)气候变化情景典型河流水资源变化预测

以石羊河流域典型河流黄羊河、南营河为例,根据前述分析提出的气候变化情景,基于SWAT模型进行径流模拟,得出黄羊河、南营河年径流深、径流深变化量和变化率。

1.黄羊河径流深变化预测

气候变化情景下黄羊河径流变化预测结果如表3-72、图3-79所示。可以得出:

表 3-71　石羊河流域气候变化情景设计结果

情景设计		降水量变化				
		20%	10%	0	−10%	−20%
气温变化	+2 ℃	W1	W2	W3	W4	W5
	+1 ℃	W6	W7	W8	W9	W10
	0	W11	W12	W0	W13	W14
	−1 ℃	W15	W16	W17	W18	W19
	−2 ℃	W20	W21	W22	W23	W24

表 3-72　黄羊河不同降水量和气温情况下年径流模拟结果

设计情景径流变化			降水量变化				
			20%	10%	0	−10%	−20%
气温变化	年径流深(mm)	+2 ℃	1.687 4	1.388 5	1.100 0	0.828 7	0.586 4
		+1 ℃	1.810 9	1.504 4	1.212 7	0.933 6	0.673 3
		0	1.918 4	1.611 1	1.308 6	1.022 5	0.751 4
		−1 ℃	2.036 6	1.718 5	1.408 9	1.104 0	0.822 1
		−2 ℃	2.106 8	1.789 2	1.470 5	1.158 1	0.868 8
	径流变化(mm)	+2 ℃	0.378 8	0.079 9	−0.208 6	−0.479 9	−0.722 2
		+1 ℃	0.502 3	0.195 8	−0.095 9	−0.375 0	−0.635 3
		0	0.609 8	0.302 5	0.000 0	−0.286 1	−0.557 2
		−1 ℃	0.728 3	0.409 9	0.100 3	−0.204 6	−0.486 5
		−2 ℃	0.798 2	0.480 6	0.161 9	−0.150 5	−0.439 8
	变化率(%)	+2 ℃	28.944 1	6.102 7	−15.943 6	−36.671 8	−55.189 0
		+1 ℃	38.387 5	14.960 2	−7.330 2	−28.658 1	−48.549 3
		0	46.596 5	23.113 4	0.000 0	−21.865 0	−42.579 2
		−1 ℃	55.656 3	31.322 4	7.664 9	−15.636 8	−37.180 9
		−2 ℃	60.998 7	36.727 6	12.372 7	−11.500 9	−33.610 0

（1）黄羊河气候变化对径流影响显著,随着降水量的减少和气温的增加年径流明显减少。这是因为降水是径流形成的基础,是流域水资源的直接来源,当降水量减少时,整个流域的来水量随之减少,从而使径流量有所减少;气温的升高会促使流域蒸发量增加,在总来水量不变的情况下,使径流量减少。

（2）黄羊河降水变化对年径流的影响比气温变化对年径流的影响更为显著。W12、W13情景年径流深变化率分别为 23.11%、−21.86%,W8、W17 情景年径流变化率分别为 −7.33%、7.66%,由此可见,降水变化10%引起的年径流变化率是气温变化 1 ℃引起的变

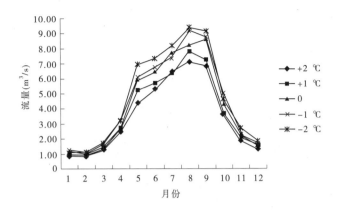

图3-79 黄羊河降水量不变气温变化条件下月径流模拟结果

化率的2.99倍。而W11、W14情景径流变化率分别为46.60%、-42.58%；W3、W22情景径流变化率分别为-15.94%、12.37%，由此可见，降水变化20%引起的年径流变化率是气温变化2℃引起的变化率的3.14倍。

（3）黄羊河不同气候变化情景下的年径流差异明显。不同的气候条件会产生不同的年径流，年径流深最大情景为降水增加20%且气温下降2℃，年径流深比现状增加61.00%，年径流最小情景为降水量减少20%且气温升高2℃，年径流深比现状减少55.19%。因此，准确预测该流域气候变化对研究分析流域水文水资源变化是非常重要的。

图3-79反映了降水不变、气温变化条件下的月径流变化情况，可以看出，气温变化对径流的影响在不同月份有着不同的表现：当气温逐渐升高时，春季3月、4月径流有少量增加，其他月份径流有不同程度的减少，其中夏季（7~9月）径流减少程度最大。春季径流的少量增加是由于气温的升高，流域内积雪温度提前达到融雪阈值，融雪过程提前并且融雪速率由于温度的升高有所增大，从而使积雪融水增大，导致径流有所增加。夏、秋季在降水不变的情况下由于温度的升高使蒸发量显著增加，从而使径流量有较大幅度减少。冬季径流量也有少量的减少，是因为虽然气温有所增加，却仍然低于积雪融雪阈值温度，流域内的降水大部分以降雪形式保留在地面，而融雪过程尚未开始，不能贡献积雪融水，但是蒸发量（升华）却随气温的升高有所增加，最终导致径流量减少。

2. 南营河径流深变化预测

南营河径流变化预测结果见表3-73、图3-80。可以得出：

（1）南营河气候变化对径流影响显著，随着降水减少和气温增加年径流明显减少。这是因为降水是径流形成的基础，是流域水资源的直接来源，当降水量减少时，来水量随之减少，从而使径流量有所减少；气温的升高会促使流域蒸发量增加，在总来水量不变的情况下，径流减少。

（2）南营河降水变化对年径流影响比气温变化对年径流的影响要大。W12、W13年径流变化率分别为23.11%、-17.68%，而W8、W17年径流变化率分别为-14.30%、2.08%，由此可见，降水变化10%引起的年径流变化率是气温变化1℃引起的变化率的2.49倍。W11、W14年径流变化率分别为39.62%、-41.88%，而W3、W22径流变化率分别为-14.30%、15.86%，由此可见，降水变化20%引起的年径流变化率是气温变化2℃引起的变化率的 2.70 倍左右。

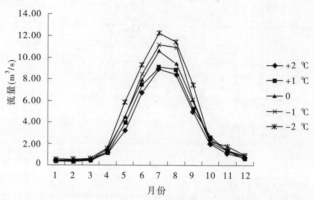

图 3-80　南营河降水不变气温变化条件下月径流模拟结果

表 3-73　南营河不同降水和气温情况下年径流深模拟结果

设计情景径流变化			降水量变化				
			20%	10%	0	−10%	−20%
气温变化	年径流深（mm）	+2 ℃	1.541 9	1.376 6	1.027 3	0.853 5	0.531 2
		+1 ℃	1.661 3	1.418 0	1.083 3	0.954 8	0.641 6
		0	1.765 1	1.556 4	1.220 1	1.040 7	0.734 7
		−1 ℃	1.897 2	1.669 0	1.290 5	1.075 3	0.873 5
		−2 ℃	2.017 7	1.754 9	1.464 7	1.092 3	0.881 6
	径流变化（mm）	+2 ℃	0.277 7	0.112 4	−0.236 8	−0.410 7	−0.732 9
		+1 ℃	0.397 1	0.153 9	−0.180 8	−0.309 4	−0.622 6
		0	0.500 9	0.292 2	0.000 0	−0.223 5	−0.529 5
		−1 ℃	0.633 1	0.404 8	0.026 4	−0.188 9	−0.390 7
		−2 ℃	0.753 5	0.490 7	0.200 5	−0.171 4	−0.382 6
	变化率（%）	+2 ℃	21.969 6	8.892 5	−18.733 4	−32.487 1	−57.978 8
		+1 ℃	31.413 0	12.170 5	−14.304 6	−24.473 4	−49.246 8
		0	39.622 0	23.113 4	0.000 0	−17.680 3	−41.881 7
		−1 ℃	50.076 7	32.019 8	2.085 4	−14.939 3	−30.903 9
		−2 ℃	59.603 8	38.819 9	15.860 0	−13.593 2	−30.262 2

（3）南营河不同气候变化情景下年径流差异明显。由图 3-80 可知,不同的气候条件会产生不同的年径流,年径流最大情景为降水增加 20% 且气温下降 2 ℃,年径流深比现状增加 59.60% ,年径流最小情景为降水减少 20% 且气温升高 2 ℃,年径流深比现状减少 57.98% 。因此,准确预测该流域的气候变化对研究分析流域水文水资源的变化是非常重要的。

二、土地利用变化情景典型河流水资源变化预测研究

(一)土地利用变化情景水资源变化预测方法研究

1. 预测方法

从土地利用/覆被变化方面,通过设置不同变化情景对流域进行径流模拟,研究分析变化环境下的水文水资源效应。

土地利用/覆被变化对流域的水文过程及水资源量有着重要影响。总体来看,这种影响主要表现在以下几个方面:①不同的土地利用类型其植被覆盖度、叶面积指数、光照率等都有所不同,从而导致不同的蒸发速率。②土地利用类型的变化影响土壤的物理结构、空隙度、透水性、有机质等物理、化学属性,从而使土壤蓄水保水能力发生变化,进而影响流域的产汇流过程。③不同的土地利用使地表粗糙程度发生变化,还会影响地表容蓄水量等,从而影响地表径流的速率。

运用情景设计法定量分析土地利用变化对径流量的影响是研究土地利用/覆被变化水文效应中经常采用的方法。设计情景时通常需要综合考虑研究目的、空间尺度、自然环境特征及社会经济特点等,极端土地利用法是比较常用的设计方法。

2. 土地利用情景设计

根据《规划》与石羊河流域土地利用变化特征分析研究成果,设定以下3种土地利用变化情景:

(1)林地面积增加,增加部分来源于耕地。在林地、水域、草地、居民用地和未利用地相互转化过程中,林地面积分别增加5%、10%、15%、20%,其增加的面积来源于耕地,对其他土地面积的变化忽略不计,可得到情景S1、S2、S3、S4。

(2)林地面积增加,增加部分来源于未利用地。在林地、水域、草地、居民用地和未利用地相互转化过程中,林地面积分别增加5%、10%、15%、20%,其增加面积来源于未利用地,对其他土地面积的变化忽略不计,可得到情景S5、S6、S7、S8。

(3)草地面积增加,增加部分来源于未利用地。在林地、水域、草地、居民用地和未利用地相互转化过程中,草地面积分别增加5%、10%、15%、20%,其增加面积来源于未利用地,对其他土地面积的变化忽略不计,可得到情景S9、S10、S11、S12。

石羊河流域土地利用情景设计结果见表3-74。

表3-74　石羊河流域土地利用情景设计结果

土地面积变化情景设计	流入项变化比例			
	5%	10%	15%	20%
林地面积增加,增加部分来源于耕地	S1	S2	S3	S4
林地面积增加,增加部分来源于未利用地	S5	S6	S7	S8
草地面积增加,增加部分来源于未利用地	S9	S10	S11	S12

(二)土地利用变化情景典型河流水资源变化预测

以石羊河流域典型河流黄羊河、南营河为例,基于2012年气温、降水条件,根据前述分析提出的土地利用变化情景,基于SWAT模型进行径流模拟,得出黄羊河、南营河年径流

深、径流深变化量和变化率。

1. 黄羊河径流变化模拟

黄羊河土地利用变化情景下径流模拟结果见表 3-75。

表 3-75　土地利用变化情景下石羊河流域黄羊河径流模拟结果　　　（单位:亿 m³）

土地面积变化情景设计	流入项变化比例			
	5%	10%	15%	20%
林地面积增加,增加部分来源于耕地	1.325 0	1.375 4	1.402 9	1.423 8
林地面积增加,增加部分来源于未利用地	1.309 1	1.309 7	1.315 1	1.316 7
草地面积增加,增加部分来源于未利用地	1.309 0	1.309 3	1.309 4	1.309 9

（1）S1、S2、S3、S4 情景年径流量分别为 1.325 0 亿 m³、1.375 4 亿 m³、1.402 9 亿 m³ 和 1.423 8 亿 m³,分别较现状径流量 1.308 6 亿 m³ 增加 0.016 4 亿 m³、0.066 8 亿 m³、0.094 3 亿 m³ 和 0.115 2 亿 m³,增长率分别为 1.25%、5.10% 和 7.21% 和 8.80%。由此可见,随着林地面积的增加,黄羊河径流呈现增加趋势。

（2）S5、S6、S7、S8 情景年径流量分别为 1.309 1 亿 m³、1.309 7 亿 m³、1.315 1 亿 m³ 和 1.316 7 亿 m³,分别较现状年增加 0.000 5 亿 m³、0.001 1 亿 m³、0.006 5 亿 m³ 和 0.008 1 亿 m³,增长率分别为 0.04%、0.08%、0.50% 和 0.62%。由此可见,随着林地面积的增加（增加部分来源于未利用地）,黄羊河径流呈现微弱增加趋势。

（3）S9、S10、S11、S12 情景年径流量分别为 1.309 0 亿 m³、1.309 3 亿 m³、1.309 4 亿 m³ 和 1.309 9 亿 m³,较现状年分别增加 0.004 亿 m³、0.000 7 亿 m³、0.000 8 亿 m³ 和 0.001 3 亿 m³,变化率分别为 0.03%、0.05%、0.06% 和 0.10%。由此可见,草地面积增加（增加部分来源于未利用地）,黄羊河径流呈现微弱增加趋势。

究其原由,主要是流域降水量有限,而草地蒸散量较大,导致径流量增加受到限制,但具体的影响机制还需进一步探讨。

2. 南营河径流变化模拟

南营河土地利用变化情景下径流模拟结果见表 3-76。

表 3-76　土地利用变化情景下石羊河流域南营河径流模拟结果　　　（单位:亿 m³）

土地面积变化情景设计	流入项变化比例			
	5%	10%	15%	20%
林地面积增加,增加部分来源于耕地	1.238 5	1.259 5	1.283 1	1.336 0
林地面积增加,增加部分来源于未利用地	1.223 3	1.229 0	1.231 7	1.236 2
草地面积增加,增加部分来源于未利用地	1.221 8	1.222 5	1.222 9	1.223 1

（1）S1、S2、S3、S4 情景年径流量分别为 1.238 5 亿 m³、1.259 5 亿 m³、1.283 1 亿 m³ 和 1.336 0 亿 m³,分别较现状径流量 1.220 1 亿 m³ 增加 0.018 4 亿 m³、0.039 4 亿 m³、0.063 0 亿 m³ 和 0.115 9 亿 m³,增长率分别为 1.51%、3.23%、5.16% 和 9.50%。由此可见,随着林

地面积的增加(增加部分来源于耕地),南营河径流呈现增加趋势。

(2)S5、S6、S7、S8情景年径流量分别为1.2233亿m³、1.2290亿m³、1.2317亿m³和1.2362亿m³,较现状年分别增加0.0032亿m³、0.0089亿m³、0.0116亿m³和0.0161亿m³,增长率分别为0.26%、0.73%、0.95%和1.32%。由此可见,随着林地面积的增加(增加部分来源于未利用地),南营河径流呈现微弱增加趋势。

(3)S9、S10、S11、S12情景年径流量分别为1.2218亿m³、1.2225亿m³、1.2229亿m³和1.2231亿m³,较现状年分别增加0.0017亿m³、0.0024亿m³、0.0028亿m³和0.0030亿m³,变化率为0.14%、0.20%、0.23%和0.25%。由此可见,随着草地面积的增加(增加部分来源于未利用地),南营河径流亦呈现微弱增加趋势,但增加趋势总体大于黄羊河。

通过土地利用变化情景下石羊河流域典型河流水资源变化预测可以得出:

(1)林地面积增加,典型河流黄羊河、南营河径流量均呈现增加趋势。但就其内部的土地利用转移来看,林地增加且其增加部分来源于耕地的径流变化率远大于林地增加且其增加部分来源于未利用地的径流变化率,进一步说明了耕地变化对径流的影响远远小于未利用地变化。

(2)草地面积增加,典型河流黄羊河、南营河总径流量在一定程度上微弱增加。但就其内部的土地利用转移来看,草地增加且其增加部分来源于耕地的径流变化率同样远大于草地增加且其增加部分来源于未利用地的径流变化率,再次说明耕地变化对径流的影响远远小于未利用地的变化。

三、气候与土地利用变化情景典型河流水资源变化预测研究

(一)气候与土地利用变化情景水资源变化预测方法研究

1. 基本资料

应用前述构建的石羊河流域SWAT分布式水文模型,开展未来气候与土地利用变化情景下石羊河流域水资源变化预测。

气候与土地利用变化情景下石羊河流域水资源变化预测研究中,SWAT模型的输入数据包括空间数据、属性数据、气象数据和水文资料。空间数据包括数字高程模型(DEM)、土地利用和土地覆盖变化(LUCC)、土壤类型。属性数据主要包括土壤属性数据。气象数据有永昌、民勤、武威、门源、乌鞘岭5个站点以及4条河流出山口水文站1956～2010年实测资料,包含太阳辐射、风速、湿度、最高温度和最大湿度。水文资料包括石羊河流域及周边4个雨量站点的降水逐日数据资料。所需数据来源、处理均已在第六章中说明,本模拟只对气候变化和土地利用数据进行改变。同时,采用Morris提出的LH-OAT法进行参数的敏感性分析。

2. 气候与土地利用变化情景组合

为了分析气候变化对石羊河流域水文水资源的重要影响,采用气候情景设计与水文模型模拟相结合的研究方法进行定量研究。结合流域降水、温度和土地利用情况下,以针对性强、代表性好且能反映典型河流水资源径流量变化为原则设立情景模式。基于以上全球、中国以及祁连山区气候变化趋势,在1976～2010年气象资料的基础上,前述设定石羊河流域降水变化+10%、0和-10%,温度变化+1℃、0和-1℃等气候变化情景,对典型河流水资

源变化进行了预测;设定3种土地利用变化情景:林地面积增加且增加部分来源于耕地、林地面积增加且增加部分来源于未利用地、草地面积增加且增加部分来源于未利用地,4种变化率5%、10%、15%和20%,对典型河流水资源变化进行了预测。

在前述设定的不同降水(3种情景)、温度(3种情景)和土地利用形式(3×4种情景)组合下,共有108种情景。由于在不同降水、温度和土地利用排列组合下产生情景较多,通过实际模拟,并根据《规划》与石羊河流域土地利用变化特征分析研究成果,以及在咨询相关业内水文专家,选取了代表性好、针对性强且具有发生可能性的情景模式,即选定未来气候变化情景为:石羊河流域降水变化+10%、0,温度变化+1 ℃、0 ℃,土地利用变化情景为林地面积增加且增加部分来源于耕地、林地面积增加且增加部分来源于未利用地、草地面积增加且增加部分来源于未利用地3种土地利用变化情景下变化率10%,组合形成未来石羊河流域气候与土地利用变化情景,设计情景组合结果见表3-77。

表3-77　石羊河流域气候与土地利用变化情景设计结果

变化情景组合		气候变化情景			
		$T+0\ ℃,P+0\%$	$T+0\ ℃,P+10\%$	$T+1\ ℃,P+0\%$	$T+1\ ℃,P+10\%$
土地利用变化	林地增10%—耕地减	WS1	WS2	WS3	WS4
	林地增10%—未利用地减	WS5	WS6	WS7	WS8
	草地—增10%—未利用地减	WS9	WS10	WS11	WS12

(二)气候与土地利用变化情景典型河流水资源变化预测

以石羊河流域典型河流黄羊河、南营河为例,根据前述分析提出的气候与土地利用变化情景组合,基于SWAT模型进行径流模拟计算。

1. 黄羊河径流深变化预测

黄羊河不同气候与土地利用变化情景下径流变化预测结果见表3-78。

表3-78　石羊河流域黄羊河气候与土地利用变化情景下径流变化模拟结果

变化情景组合		气候变化情景			
		$T+0\ ℃,P+0\%$	$T+0\ ℃,P+10\%$	$T+1\ ℃,P+0\%$	$T+1\ ℃,P+10\%$
土地利用变化	林地增10%—耕地减	1.375 4	1.677 9	1.279 5	1.571 2
	林地增10%—未利用地减	1.309 7	1.612 2	1.213 8	1.505 5
	草地增10%—未利用地减	1.309 3	1.611 8	1.213 4	1.505 1

由此可见,在未来气温升高1 ℃,降水量不变,林地、草地增加10%的情景下(WS3、WS7、WS11),黄羊河径流量呈现减少趋势,从1.308 6亿 m³分别减少到1.279 5亿 m³、

1.213 8 亿 m³、1.213 4 亿 m³,减少幅度分别为 2.22%、7.24%、7.27%;而在未来气温升高 1 ℃,降水量增加 10% 的情境下(WS4、WS8、WS12),黄羊河径流量呈现增加趋势,从 1.308 6 亿 m³ 分别增加到 1.571 2 亿 m³、1.505 5 亿 m³、1.505 1 亿 m³,增加幅度分别为 20.07%、15.05%、15.02%。

(1)WS1、WS2、WS3 和 WS4 情景年径流量分别为 1.375 4 亿 m³、1.677 9 亿 m³、1.279 5 亿 m³ 和 1.571 2 亿 m³,与现状径流量 1.308 6 亿 m³ 相比,其中 WS1、WS2、WS4 情景径流量有所增加,增长率分别为 5.10%、28.22% 和 20.07%,而 WS3 情景则略有减少,减少幅度为 2.22%。

林地增加量保持不变(增加来源于耕地),温度保持不变,降水从 0% 增加到 10%,年径流量增加 0.302 5 亿 m³,增长率 21.99%;林地增加量保持不变,温度增加 1 ℃ 情况下,降水从 0% 增加到 10%,年径流量增加 0.291 7 亿 m³,增长率 22.80%。林地增加量保持不变,降水不变,温度从增加 0 ℃ 变化到增加 1 ℃,年径流量减少 0.095 9 亿 m³,变化率 7.32%;林地增加量保持不变,降水增加 10%,温度从增加 0 ℃ 变化到增加 1 ℃,年径流量减少 0.106 7 亿 m³,变化率 6.36%。

(2)WS5、WS6、WS7 和 WS8 情景年径流量分别为 1.309 7 亿 m³、1.612 2 亿 m³、1.213 8 亿 m³ 和 1.505 5 亿 m³,较现状相比,其中 WS5、WS6、WS8 情景径流量有所增加,增长率分别为 0.08%、23.20% 和 15.05%,而 WS7 情景则有所减少,减少幅度 7.24%。

林地增加量保持不变(增加来源于未利用地),温度保持不变,降水从 0% 增加到 10%,年径流量增加 0.302 5 亿 m³,增长率 23.10%;林地增加量保持不变,温度增加 1 ℃ 情况下,降水从 0% 增加到 10%,年径流量增加 0.291 7 亿 m³,增长率 24.03%。林地增加量保持不变,降水不变,温度从增加 0 ℃ 变化到增加 1 ℃,年径流量减少 0.095 9 亿 m³,变化率 6.97%;林地增加量保持不变,降水增加 10%,温度从增加 0 ℃ 变化到增加 1 ℃,年径流量减少 0.106 7 亿 m³,变化率为 6.62%。

(3)WS9、WS10、WS11 和 WS12 情景年径流量分别为 1.309 3 亿 m³、1.611 8 亿 m³、1.213 4 亿 m³ 和 1.505 1 亿 m³,与现状相比,其中 WS9、WS10、WS12 情景径流量有所增加,增长率分别为 0.05%、23.17% 和 15.02%,而 WS11 情景则有所减少,减少幅度 7.27%。

草地增加量保持不变(增加来源于未利用地),温度保持不变,降水从 0% 增加到 10%,年径流量增加 0.302 5 亿 m³,增长率 23.10%;林地增加量保持不变,温度增加 1 ℃ 情况下,降水从 0% 增加到 10%,年径流量增加 0.291 7 亿 m³,增长率 24.04%。林地增加量保持不变,降水不变,温度从增加 0 ℃ 变化到增加 1 ℃,年径流量减少 0.095 9 亿 m³,变化率为 7.32%;林地增加量保持不变,降水增加 10%,温度从增加 0 ℃ 变化到增加 1 ℃,年径流量减少 0.106 7 亿 m³,变化率 6.62%。

由此可见,在未来气温升高 1 ℃,降水量不变,林地、草地增加 10% 的情景下(WS3、WS7、WS11),黄羊河径流量呈现减少趋势,从 1.308 6 亿 m³ 分别减少到 1.279 5 亿 m³、1.213 8 亿 m³、1.213 4 亿 m³,减少幅度分别为 2.22%、7.24%、7.27%;而在未来气温升高 1 ℃,降水量增加 10% 的情境下(WS4、WS8、WS12),黄羊河径流量呈现增加趋势,从 1.308 6 亿 m³ 分别增加到 1.571 2 亿 m³、1.505 5 亿 m³、1.505 1 亿 m³,增加幅度分别为 20.07%、15.05%、15.02%。

2. 南营河径流深变化预测

南营河不同气候与土地利用变化情景径流变化预测结果见表 3-79。

表 3-79　石羊河流域南营河气候与土地利用变化情景下径流模拟结果

变化情景组合		气候变化情景			
		$T+0\ ℃,P+0\%$	$T+0\ ℃,P+10\%$	$T+1\ ℃,P+0\%$	$T+1\ ℃,P+10\%$
土地利用变化	林地增 10%—耕地减	1.259 5	1.595 8	1.122 7	1.457 4
	林地增 10%—未利用地减	1.229 0	1.565 3	1.092 2	1.426 9
	草地增 10%—未利用地减	1.222 5	1.558 8	1.085 7	1.420 4

（1）WS1、WS2、WS3 和 WS4 情景年径流量分别为 1.259 5 亿 m³、1.595 8 亿 m³、1.122 7 亿 m³ 和 1.457 4 亿 m³，与现状径流量 1.220 1 亿 m³ 相比，其中 WS1、WS2、WS4 情景径流量有所增加，增长率分别为 3.23%、30.79% 和 19.45%，而 WS3 情景径流量则有所减少，减少幅度为 7.98%。

林地增加量保持不变（增加部分来源于耕地），温度保持不变，降水从 0% 增加到 10%，年径流量增加 0.336 3 亿 m³，增长率为 26.70%；林地增加量保持不变，温度增加 1 ℃ 情况下，降水从 0% 增加到 10%，年径流量增加 0.334 7 亿 m³，增长率为 29.81%。林地增加量保持不变，降水不变，温度从增加 0 ℃ 变化到增加 1 ℃，年径流量减少 0.136 8 亿 m³，变化率为 10.86%；林地增加量保持不变，降水增加 10%，温度从增加 0 ℃ 变化到增加 1 ℃，年径流量减少 0.138 4 亿 m³，变化率为 8.67%。

（2）WS5、WS6、WS7 和 WS8 情景年径流量分别为 1.229 0 亿 m³、1.565 3 亿 m³、1.092 2 亿 m³ 和 1.426 9 亿 m³，与现状相比，其中 WS5、WS6、WS8 情景径流量有所增加，增长率分别为 0.73%、28.29% 和 16.95%，而 WS7 情景则有所减少，减少幅度 10.48%。

林地增加量保持不变，温度保持不变，降水从 0% 增加到 10%，年径流量增加 0.336 3 亿 m³，增长率 27.36%；林地增加量保持不变，温度增加 1 ℃ 情况下，降水从 0% 增加到 10%，年径流量增加 0.334 7 亿 m³，增长率为 30.64%。林地增加量保持不变，降水不变，温度从增加 0 ℃ 变化到增加 1 ℃，年径流量减少 0.136 8 亿 m³，变化率为 11.13%；林地增加量保持不变，降水增加 10%，温度从增加 0 ℃ 变化到增加 1 ℃，年径流量减少 0.138 4 亿 m³，变化率 8.84%。

（3）WS9、WS10、WS11 和 WS12 情景年径流量分别为 1.222 5 亿 m³、1.558 8 亿 m³、1.085 7 亿 m³ 和 1.420 4 亿 m³，与现状相比，其中 WS9、WS10、WS12 情景径流量有所增加，增长率分别为 0.20%、27.76% 和 16.42%，而 WS11 情景则有所减少，减少幅度 11.02%。

林地增加量保持不变，温度保持不变，降水从 0% 增加到 10%，年径流量增加 0.336 3 亿 m³，增长率为 27.51%；林地增加量保持不变，温度增加 1 ℃ 情况下，降水从 0% 增加到 10%，年径流量增加 0.334 7 亿 m³，增长率为 29.81%。林地增加量保持不变，降水不变，温度从增加 0 ℃ 变化到增加 1 ℃，年径流量减少 0.1368 亿 m³，变化率为 11.19%；林地增加量保持不变，降水增加 10%，温度从增加 0 ℃ 变化到增加 1 ℃，年径流量减少 0.138 4 亿 m³，变化率为 8.87%。

由此可见,在未来气温升高 1 ℃,降水量不变,林地、草地增加 10% 的情景下(WS3、WS7、WS11),南营河径流量呈现减少趋势,从 1.220 1 亿 m³ 分别减少到 1.122 7 亿 m³、1.092 2 亿 m³、1.085 7 亿 m³,减少幅度分别为 7.98%、10.48%、11.02%;而在未来气温升高 1 ℃,降水量增加 10% 的情境下(WS4、WS8、WS12),南营河径流量呈现增加趋势,从 1.220 1 亿 m³ 分别增加到 1.457 4 亿 m³、1.426 9 亿 m³、1.420 4 亿 m³,增加幅度分别为 19.45%、16.95%、16.42%。

参 考 文 献

[1] Abdo K S, Fiseha B M, Rientjes T H M, et al. Assessment of climate change impacts on the hydrology of Gilgel Abay catchment in Lake Tana basin, Ethiopia [J]. Hydrological Processes, 2009, 23: 3661-3669.

[2] Aburas M M, Ho Y M, Ramli M F, et al. Improving the capability of an integrated CA-Markov model to simulate spatio-temporal urban growth trends using an Analytical Hierarchy Process and Frequency Ratio[J]. International Journal of Applied Earth Observation and Geoinformation, 2017, 59: 65-78.

[3] Barnett T P, Adam J C, Lettenmaier, DP. Potential impacts of a warming climate on water availability in snow -dominated regions [J]. Nature, 2005, 138: 303-309.

[4] Cao W, Bowden W B, Davie T, et al. Modelling impacts of land cover change on critical water resources in the Motueka River catchment, New Zealand[J]. Water Resources Management, 2009, 23(1): 137-151.

[5] Duru U, Arabi M, Wohl E E. Modeling stream flow and sediment yield using the SWAT model: a case study of Ankara River basin, Turkey[J]. Physical Geography, 2017: 1-26.

[6] Fan K H,Li Y B. Land use change and its driving force analysis in the central area of Chongqing City from 1986 to 2007[J]. Research of Soil and Water Conservation, 2012,19(1):168-173.

[7] Graham P L,Johan A,Bengt C. Assessing climate change impacts on hydrology from an ensemble of regional climate models, model scales and linking methods—a case study on the Lule River basin[J]. Climatic Change, 2007, 81:293-307.

[8] Kil S L, Chung E S. Hydrological effects of climate change, groundwater withdrawal, and land use in a small Korean watershed [J]. Hydrological Processes, 2007, 21:3046-3056.

[9] Kundu S, Khare D, Mondal A. Individual and combined impacts of future climate and land use changes on the water balance[J]. Ecological Engineering, 2017, 105: 42-57.

[10] Lan C, Dennis P, Lettenmaier, et al. Effects of a century of land cover and climate change on the hydrology of the Puget Sound basin [J]. Hydrological Processes, 2009, 23: 907-933.

[11] Li Z, Xu Z, Shao Q, et al. Parameter estimation and uncertainty analysis of SWAT model in upper reaches of the Heihe River basin[J]. Hydrological Processes, 2009, 23(19): 2744-2753.

[12] Luo Y, Arnold J, Allen P, et al. Baseflow simulation using SWAT model in an inland river basin in Tianshan Mountains, Northwest China[J]. Hydrology and Earth System Sciences, 2012, 16(4): 1259-1267.

[13] Sang L, Zhang C, Yang J, et al. Simulation of land use spatial pattern of towns and villages based on CA-Markov model[J]. Mathematical and Computer Modelling, 2011, 54(3): 938-943.

[14] Spera S A, Galford G L, Coe M T, et al. Land-use change affects water recycling in Brazil's last agricultural frontier[J]. Global Change Biology, 2016, 22(10): 3405-3413.

[15] Sterling S M, Ducharne A, Polcher J. The impact of global land-cover change on the terrestrial water cycle [J]. Nature Climate Change, 2012, 3(4): 385-390.

[16] Thielen D R, San José J J, Montes R A, et al. Assessment of land use changes on woody cover and landscape fragmentation in the Orinoco savannas using fractal distributions[J]. Ecological Indicators, 2008, 8: 224-238.

[17] Tomer M D, Schilling K E. A simple approach to distinguish land-use and climate-change effects on watershed hydrology[J]. Journal of hydrology, 2009, 376(1): 24-33.

[18] Tong S T Y, Sun Y, Ranatunga T, et al. Predicting plausible impacts of sets of climate and land use change scenarios on water resources[J]. Applied Geography, 2012, 32(2): 477-489.

[19] Worku T, Khare D, Tripathi S K. Modeling runoff-sediment response to land use/land cover changes using integrated GIS and SWAT model in the Beressa watershed[J]. Environmental Earth Sciences, 2017, 76 (16): 550.

[20] Yao H, Scott L, Guay C. Hydrological impacts of climate change predicted for an inland lake catchment in Ontario by using monthly water balance analyses[J]. Hydrological Processes, 2009, 23: 2368-2382.

[21] Zhang X, Ren L, Kong X. Estimating spatiotemporal variability and sustainability of shallow groundwater in a well-irrigated plain of the Haihe River basin using SWAT model[J]. Journal of Hydrology, 2016, 541: 1221-1240.

[22] Zhang X, Srinivasan R, Hao F. Predicting hydrologic response to climate change in the Luohe River basin using the SWAT model[J]. Transactions of the ASABE, 2007, 50(3): 901-910.

[23] 蔡朵朵. 基于 SWAT 模型的北洛河典型子流域降雨径流模拟研究[D]. 杨凌: 西北农林科技大学, 2017.

[24] 陈爱玲, 都金康. 基于 CA-Markov 模型的秦淮河流域土地覆盖格局模拟预测[J]. 国土资源遥感, 2014, 26(2): 184-189.

[25] 陈怀录, 刘艳霞, 迟守乾, 等. 石羊河流域生态危机的综合治理探讨[J]. 中国沙漠, 2008, 28(5): 886-890.

[26] 陈军锋, 李秀彬, 张明. 模型模拟梭磨河流域气候波动和土地覆盖变化对流域水文的影响[J]. 中国科学 D 辑(地球科学), 2004, 34(7): 668-674.

[27] 陈利群, 刘昌明. 黄河源区气候和土地覆被变化对径流的影响[J]. 中国环境科学, 2007, 27(4): 559-565.

[28] 陈明辉, 陈颖彪, 郭冠华, 等. 城市边缘区土地利用结构分形特征的动态变化——以广州市南拓区为例[J]. 地球信息科学学报, 2011, 13(4): 520-525.

[29] 陈晓宏, 王兆礼. 东江流域土地利用变化对水资源的影响[J]. 北京师范大学学报, 2010, 46(3): 311-316.

[30] 程刚, 张祖陆, 吕建树. 基于 CA-Markov 模型的三川河流域景观格局分析及动态预测[J]. 生态学, 2013, 32(4): 999-1005.

[31] 丁贞玉, 马金珠. 石羊河流域出山口径流特征及其与山区气候变化相关关系分析[J]. 资源科学, 2007, 29(3): 53-58.

[32] 范广洲, 吕世华, 程国栋. 气候变化对滦河流域水资源影响的水文模式模拟(Ⅱ): 模拟结果分析[J]. 高原气象, 2001, 20(3): 302-310.

[33] 冯夏清, 章光新, 尹雄锐. 基于 SWAT 模型的乌裕尔河流域气候变化的水文响应[J]. 地理科学进展, 2010, 29(7): 827-832.

[34] 郭斌, 张莉, 文雯, 等. 基于 CA-Markov 模型的黄土高原南部地区土地利用动态模拟[J]. 干旱区资源

与环境,2014,28(12):14-18.

[35] 郝芳华,陈利群,刘昌明,等.土地利用变化对产流和产沙的影响分析[J].水土保持学报,2004,18(3):5-8.

[36] 胡胜,杨冬冬,吴江,等.基于数字滤波法和SWAT模型的灞河流域基流时空变化特征研究[J].地理科学,2017,37(3):455-463.

[37] 黄鹏,袁艳斌,董恒.CA-Markov模型的清江土地利用变化研究[J].测绘科学,2017,42(10):102-109.

[38] 黄玉霞,王宝鉴,张强,等.气候变化和人类活动对石羊河流域水资源影响评价[J].高原气息,2008,27(4):866-872.

[39] 贾仰文,高辉,牛存稳,等.气候变化对黄河源区径流过程的影响[J].水利学报,2008,39(1):52-58.

[40] 降亚楠,王蕾,魏晓妹,等.基于SWAT模型的气候变化对泾河径流量的影响[J].农业机械学报,2017,48(2):262-270.

[41] 金彦兆,曾建军,胡想全,等.农业种植结构与用水决策模型研究[J].水利发展研究,2016(6):15-19.

[42] 蒋小荣,李丁,庞国锦.本世纪初石羊河流域土地利用变化及驱动力分析[J].干旱区资源与环境,2010,24(12):61-66.

[43] 井梅秀,李晶.基于CA-Markov模型的关中—天水经济区土地利用变化动态模拟[J].陕西师范大学学报(自然科学版),2013,41(1):99-103.

[44] 井云清,张飞,张月.基于CA-Markov模型的艾比湖湿地自然保护区土地利用/覆被变化及预测[J].应用生态学报,2016,27(11):3649-3658.

[45] 蓝永超,沈永平,高前兆,等.祁连山西段党河山区流域气候变化及其对出山径流的影响与预估[J].冰川冻土,2011,33(6):1259-1267.

[46] 李小玉,肖笃宁.石羊河流域中下游绿洲土地利用变化与水资源动态研究[J].水科学进展,2005,16(5):643-648.

[47] 李义玲,乔木,杨小林,等.干旱区典型流域近30年土地利用/土地覆被变化的分形特征分析——以玛纳斯河流域为例[J].干旱区地理,2008,31(1):75-81.

[48] 李相虎,赵鑫,任立良.石羊河流域近50年来水资源变化的定量分析[J].河海大学学报(自然科学版),2007,35(2):164-167.

[49] 李昭阳,汤洁,孙平安,等.松嫩平原西南部土地利用动态变化的分形研究[J].吉林大学学报(地球科学版),2006,36(2):250-258.

[50] 李传哲,于福亮,刘佳,等.近20年来黑河干流中游地区土地利用/覆被变化及驱动力定量研究[J].自然资源学报,2011,26(3):353-363.

[51] 李慧,靳晟,雷晓云,等.SWAT模型参数敏感性分析与自动率定的重要性研究——以玛纳斯河径流模拟为例[J].水资源与水工程学报,2010,21(1):79-82.

[52] 李佳,张小咏,杨艳昭.基于SWAT模型的长江源土地利用/土地覆被情景变化对径流影响研究[J].水土保持研究,2012,19(3):119-124.

[53] 李帅,魏虹,刘媛,等.气候与土地利用变化下宁夏清水河流域径流模拟[J].生态学报,2017,37(4):1252-1260.

[54] 凌成星,鞠洪波,张怀清,等.基于CA-MARKOV模型的北京湿地资源变化预测研究[J].中国农学通报,2012,28(20):262-269.

[55] 刘晓辉,吕宪国,董贵华.分维模型在土地利用研究中的应用[J].地理科学,2008,28(6):765-769.

[56] 李兴钢,梁成华,王延松,等.基于CA-Markov模型的辽河三角洲湿地景观格局预测[J].环境科学与技术,2013,36(5):188-192.

[57] 黎云云,畅建霞,金文婷, 等.基于 SWAT 模型的渭河流域分区径流模拟研究[J].西北农林科技大学学报(自然科学版),2017,45(4):204-212.

[58] 马晴,李丁,廖杰,等.疏勒河中下游绿洲土地利用变化及其驱动力分析[J].经济地理,2014,34(1):148-155.

[59] 马国军,林栋,王万雄.石羊河流域水资源利用与经济发展系统分析[J].中国沙漠, 2012, 32 (6):1779-1785.

[60] 孟宝,张勃,张华等.黑河中游张掖市土地利用/覆盖变化的水文水资源效应分析[J].干旱区资源与环境,2006, 20(3):94-99.

[61] 欧春平,夏军,王中根,等.土地利用/覆被变化对 SWAT 模型水循环模拟结果的影响研究——以海河流域为例[J].水力发电学报,2009,28(4):124-129.

[62] 潘竟虎,石培基.基于洛伦茨曲线和分形的甘肃省土地利用空间结构分析[J].农业系统科学与综合研究, 2008, 24(2): 252 -256.

[63] 祁敏,张超.基于 SWAT 模型的阿克苏河流域径流模拟[J].水土保持研究,2017,24(3):283-287.

[64] 秦大河,陈宜瑜,李学勇.中国气候与环境演变(下卷)气候与环境变化的影响与适应减缓对策[M].北京:科学出版社, 2005.

[65] 邱国玉,尹婧,熊育久,等.北方干旱化和土地利用变化对泾河流域径流的影响[J].自然资源学报,2008, 23(2): 211-218.

[66] 任建民,忏彦卿,贡力.人类活动对内陆河石羊河流域水资源转化的影响[[J].干旱区资源与环境,2007, 21(8): 7-11.

[67] 桑学锋,周祖昊,秦大庸, 等.改进的 SWAT 模型在强人类活动地区的应用[J].水利学报, 2008, 39 (12): 1377-1383,1389.

[68] 尚海洋,张志强.石羊河流域土地利用类型变化与转换效果分析[J].资源开发与市场,2015,31(1):40-44.

[69] 史晓亮,李颖,杨志勇.基于 SWAT 模型的诺敏河流域径流对土地利用/覆被变化的响应模拟研究[J].水资源与水工程学报,2016,27(1):65-69.

[70] 史培军,宫鹏.土地利用/土地覆盖变化研究的方法与实践[M].北京:科学出版社, 2000.

[71] 宋增芳,曾建军,金彦兆,等.基于 SWAT 模型和 SUFI-2 算法的石羊河流域月径流分布式模拟[J].水土保持通报, 2016,05:172-177.

[72] 孙栋元,赵成义,魏恒,等.基于分维模型的台兰河流域土地利用变化研究[J].水土保持学报, 2010, 24(2): 218-222.

[73] 孙栋元,金彦兆,胡想全,等.石羊河流域土地利用变化的分形特征研究[J].中国农学通报,2016, 32 (35): 80-87.

[74] 汤洁,汪雪格,李昭阳, 等.基于 CA-Markov 模型的吉林省西部土地利用景观格局变化趋势预测[J].吉林大学学报(地球科学版),2010,40(2):405-411.

[75] 万荣荣,杨桂山.流域 LUCC 水文效应研究中的若干问题探讨[J].地理科学进展, 2005,24(3):25-33.

[76] 王大鹏,王周龙,李德一,等.额济纳三角洲近 15 年土地利用分形特征及变化[J].干旱区地理,2007,30(5);742-746.

[77] 王根绪,张钰,刘桂民,等.马营河流域 1967~2000 年土地利用变化对河流的影响[J].中国科学 D 辑(地球科学), 2005, 35(7): 671-681.

[78] 王杰,叶柏生,吴锦奎,等.基于遥感分析的近 20 a 来人类活动对石羊河流域地表径流的影响研究[J].冰川冻土, 2008, 30(1): 87-92.

[79] 王刚,贾冰.石羊河流域气候变化历史及其对水文水资源的影响[J].干旱水利水电技术,2008,44(3):172-173.

[80] 王怀志,高玉琴,袁玉,等.基于 SWAT 模型的秦淮河流域气候变化水文响应研究[J].水资源与水工程学报,2017,28(1):81-87.

[81] 汪佳莉,吴国平,范庆亚,等.基于 CA-Markov 模型的山东省临沂市土地利用格局变化研究及预测[J].水土保持研究,2015,22(1):212-216.

[82] 王俊杰,刘珏,石铁柱,等.基于 CA-Markov 模型的自然保护区土地利用变化分析[J].安徽农业大学学报,2016,43(5):780-786.

[83] 王学,张祖陆,宁吉才.基于 SWAT 模型的白马河流域土地利用变化的径流响应[J].生态学,2013,32(1):186-194.

[84] 王学,张祖陆,张超.基于 CA-Markov 模型的白马河流域景观格局分析及预测[J].水电能源科学,2011,29(12):111-115.

[85] 王友生,余新晓,贺康宁,等.基于 CA-Markov 模型的藕河流域土地利用变化动态模拟[J].农业工程学报,2011,27(12):330-336.

[86] 王中根,朱新军,夏军,等.海河流域分布式 SWAT 模型的构建[J].地理科学进展,2008(4):1-6.

[87] 文洁,刘学录.基于改进 TOPSIS 方法的甘肃省土地利用结构合理性评价[J].干旱地区农业研究,2009,27(4):234-239.

[88] 吴晶晶,田永中,许文轩,等.基于 CA-Markov 模型的乌江下游地区土地利用变化情景分析[J].水土保持研究,2017,24(4):133-139.

[89] 夏智宏,周月华,许红梅.基于 SWAT 模型的汉江流域水资源对气候变化的响应[J].长江流域资源与环境,2010,19(2):158-163.

[90] 夏军,乔云峰,宋献方,等.岔巴沟流域不同下垫面对降雨径流关系影响规律分析[J].资源科学,2007,29(1):70-76.

[91] 解修平,周杰,张海龙,等.基于景观生态和马尔可夫过程的西安地区土地利用变化分析[J].资源科学,2006,28(6):175-181.

[92] 徐淑琴,丁星臣,王斌,等.潜在蒸散量对 SWAT 模型寒区典型流域径流模拟的影响[J].农业机械学报,2017,48(3):261-269.

[93] 许小娟,刘会玉,林振山,等.基于 CA-MARKOV 模型的江苏沿海土地利用变化情景分析[J].水土保持研究,2017,24(1):213-218.

[94] 杨东,郑凤娟.改进的 TOPSIS 法在土地利用结构合理性评价中的应用——以兰州市为例[J].土壤通报,2012,43(1):120-124.

[95] 姚进忠,曾建军.石羊河流域土地利用结构合理性评价[J].水土保持通报,2016,36(3):230-234.

[96] 袁军营,苏保林,李卉,等.基于 SWAT 模型的柴河水库流域径流模拟研究[J].北京师范大学学报(自然科学版),2010,46(3):361-365.

[97] 袁飞,谢正辉,任立良,等.气候变化对海河流域水文特性的影响[J].水利学报,2005,36(3):274-279.

[98] 余钟波.流域分布式水文学原理及应用[M].北京:科学出版社,2008.

[99] 张建云,王国庆,刘九夫,等.国内外关于气候变化对水的影响的研究进展[J].人民长江,2009,40(8):39-42.

[100] 张建云,王国庆.气候变化对水文水资源影响研究[M].北京:科学出版社,2007.

[101] 张丽,杨国范,刘吉平.1986~2012 年抚顺市土地利用动态变化及热点分析[J].地理科学,2014,34(2):185-191.

[102] 张世清,安放舟,郭彦峰.基于 TM 影像的石羊河流域土地利用变化研究[J].新疆环境保护,2012,34 (1):40-46.

[103] 张文化,魏晓妹,李彦刚.气候变化与人类活动对石羊河流域地下水动态变化的影响[J].水土保持研究, 2009, 16(1): 183-187.

[104] 张晓东,颉耀文,史建尧,等.石羊河流域土地利用与景观格局变化[J].兰州大学学报(自然科学版),2008,44(5): 19-25.

[105] 张俊平,李净.基于 CA-Markov 模型的甘州区土地利用变化预测分析[J].中国农学通报,2017, 33 (4): 105-110.

[106] 张凌,南卓铜,余文君.基于模型耦合的土地利用变化和水文响应多情景分析[J].地球信息科学学报,2013,15(6):829-839.

[107] 张利平,陈小凤,张晓琳,等.VIC 模型与 SWAT 模型在中小流域径流模拟中的对比研究[J].长江流域资源与环境,2009,18(8):745-752.

[108] 张利平,曾思栋,夏军,等.漳卫河流域水文循环过程对气候变化的响应[J].自然资源学报,2011, 26(7): 1217-1226.

[109] 张利平,曾思栋,王任超,等.气候变化对滦河流域水文循环的影响及模拟[J].资源科学,2011, 33 (5): 966-974.

[110] 张雪刚,毛媛媛,董家瑞,等.SWAT 模型与 MODFLOW 模型的耦合计算及应用[J].水资源保护, 2010, 26(3):49-52.

[111] 张雪松,郝芳华,杨志峰,等.基于 SWAT 模型的中尺度流域产流产沙模拟研究[J].水土保持研究, 2003(4):38-42.

[112] 曾建军,李元红,金彦兆,等.InVEST 模型在石羊河流域生态系统水源供给中的应用前景与方法 [J].水资源与水工程学报,2015,26(6):83-87.

[113] 曾建军,胡想全,李莉,等.南水北调对甘肃省可持续发展影响分析[J].水利规划与设计, 2015 (11):15-17.

[114] 曾建军,金彦兆,孙栋元,等.气候变化对干旱内陆河流域水资源影响的研究进展[J].水资源与水工程学报,2015,26(2):72-78.

[115] 曾思栋,张利平,夏军,等.永定河流域水循环特征及其对气候变化的响应[J].应用基础与工程科学学报,2013,21(3):501-511.

[116] 赵冬玲,杜萌,杨建宇,等.基于 CA-Markov 模型的土地利用演化模拟预测研究[J].农业机械学报,2016,47(3):278-285.

[117] 朱小华,宋小宁.石羊河流域景观格局变化分析与转移倾向因子[J].兰州大学学报(自然科学版),2010,46(1):65-71.

[118] 朱艳莉,李越群,廖和平,等.基于灰色线性规划的土地利用结构优化研究[J].西南师范大学学报, 2009,34(2):97-102.

[119] 周兰萍,魏怀东,丁伟,等.1998~2005 年石羊河流域土地利用/覆盖变化及其分析[J].水土保持通报,2009, 29(1): 169-173.

[120] 左德鹏,徐宗学.基于 SWAT 模型和 SUFI-2 算法的渭河流域月径流分布式模拟[J].北京师范大学学报(自然科学版),2012,48(5):490-496.

[121] 甘肃省水利科学研究院.气候与土地利用变化对石羊河流域水资源影响研究[R].兰州:甘肃省水利科学研究院,2018.

第四章　流域治理生态目标
过程控制关键技术

　　为缓解石羊河流域生态恶化形势,保障当地经济、社会与环境的稳定、协调和可持续发展,国务院于 2007 年 12 月批准实施了《规划》。该《规划》虽然提出了具体的生态目标和治理任务,但未对实施过程中的技术控制方案进行深入研究,尤其是对节水灌溉技术在流域尺度上的优化布局与下泄水量目标等生态目标的关系、生态目标实现过程、不确定性因素影响下的生态目标风险等尚未进行深入研究。为此,开展了石羊河流域治理生态目标过程控制关键技术研究,旨在加快流域内节水现代化进程,为实现蔡旗断面水量控制目标和尾闾湿地目标提供重要技术支撑。项目研究内容包括节水灌溉技术在流域尺度的优化布局、中游区多水源地表水地下水联合调度、民勤水资源精细化调度与地下水目标控制、不确定因素影响下生态目标风险评价等。

第一节　流域尺度节水灌溉技术优化布局

一、数据来源与研究方法

(一)数据来源

　　研究区数字地形资料来源于 USGS/NASA SRTM 数据,土壤和土地利用数据分别来自联合国粮食农业组织和中国科学院西部环境数据中心,研究区水系、河渠和节水灌溉资料来源于武威市凉州区水务局、民勤县水务局等。

(二)研究方法

1.生态适宜性评价原理

　　生态适宜性是指土地本身所提供的生态条件(如光、热、水、土以及地形等)对某种用途(如居住、开垦、农业、节水等)的适宜与否及适宜程度。这种适宜性是基于自然过程而不致引起环境退化,按照土地适宜性评价结果构建的整体格局,是符合生态规律、满足人类与自然共生要求的。生态适宜性原理主要关注景观单元"垂直"方向上的"匹配"。

　　基于生态目标的节水灌溉空间优化布局的基本思路是:根据干旱区流域上、中、下游水力联系与水资源和生态之间的关系,节水灌溉技术布局应采用不同的节水程度,尽可能减小实施节水灌溉而对区域地下水和地表水转换产生的不利影响,综合考虑降水、土壤、坡度、土地利用等生态因子以及人均水资源量、耕地平均水资源量等人类因子,确立维护节水和生态良性发展双赢条件的节水灌溉布局原则,利用生态适宜性原理研究提出流域节水灌溉技术的空间布局。

2.最小累计阻力模型

　　最小累计阻力模型指生态空间在从源头到目的地扩展过程中所需耗费代价的模型,最

早由 Knaapen 于 1992 年提出,经俞孔坚、陈利顶等完善后,可用下式来加以表述:

$$MCR = f_{\min} \sum_{j=n}^{i=m} D_{ij} \times R_i \qquad (4-1)$$

式中:MCR 为最小累计阻力值;D_{ij} 为从源 j 到景观单元 i 的空间距离;R_i 为景观单元 i 对生态空间扩张的阻力系数;$\sum$ 为单元 i 与景观 j 之间穿越所有单元的距离和阻力的累积;min 为被评价的生态空间张力对于不同源取累积阻力最小值;f 为最小累积阻力与生态过程的正相关关系,是一个单调递增函数。

最小累积阻力值反映了生态空间张力的潜在可能性及趋势,通过最小累积阻力的大小可判断景观单元与源单元的连通性和相似性。本书借助最小费用距离分析模拟了基于生态目标的节水灌溉技术从渠道("源")向周围空间(所有景观单位)扩展的过程,最小累积阻力小的地方适宜发展节水灌溉,而最小累积阻力大的地方相对而言不宜或尽可能少发展节水灌溉。

二、基于生态目标的节水灌溉技术空间优化

(一)节水灌溉技术生态适宜性评价

1.评价因子确定和分级

不同类型的节水灌溉技术有其不同的适用范围,在选择节水灌溉类型时主要应考虑作物、地形、土壤、水源和降水量等条件,本书选择土地利用类型、坡度、土壤类型和降水量作为评价基于生态目标的节水灌溉技术适应性的重要因子。

研究区降水量为 114~320 mm。根据研究区实际情况,将评价因子分级如下:

降水因子分级:一级 114~150 mm,二级 150~200 mm,三级 200~250 mm,四级 250~300 mm,五级 300~320 mm。

坡度因子分级:一级 0°~5°,二级 5°~10°,三级 10°~15°,四级 15°~20°,五级 20°~25°,六级>25°。

覆盖类型分级:研究区内土地覆盖类型有耕地、草地、林地和其他土地类型。

土壤类型分级:研究区内分布有人为土、初育土、半水成土、干旱土、漠土、盐碱土和钙层土七种土壤,按照土壤渗透性大小将土壤分为七级。

2.适宜性评价原则、模型及过程

基于上述评价因子,以实现石羊河流域中游蔡旗断面下泄水量生态目标下节水灌溉优化布局为基本目标,适宜性评价的基本原则主要考虑:①设定随着降水量的减少,发展节水灌溉的优先级增加。②由于西北干旱区风力等的限制,喷灌技术推广较为缓慢,因此在地形坡度因子的考虑中仅考虑地面灌溉和局部灌溉的方式,地形坡度越小,其发展节水灌溉的优先级越高。③由于资料的限制,无法充分收集研究区作物种植结构,本书仅将土地利用类型作为节水灌溉发展评价因子,耕地、林地和草地具有较高的发展节水灌溉的优先级。④土壤渗透性较大的土壤类型具有较高的发展节水灌溉技术的优先级。⑤盐碱土发展节水灌溉技术的阻力较大。

整个过程按下面的评价模型进行:

$$Y_i = P_i(D_i + L_i + S_i) \quad (i = 1,2,3,\cdots,n) \qquad (4-2)$$

式中:i 为评价单元编号;n 为评价单元个数;Y_i 为第 i 个评价单元的适宜性等级分值即阻力值;P_i 为第 i 个评价单元的降水因子;D_i、L_i、S_i 分别为第 i 个评价单元的坡度等级、覆盖类型和土壤类型。

参考其他专家学者的评价过程,基于生态目标的节水灌溉适宜性评价过程如下:

(1)依据前述评价因子和分级标准,基于研究区数字高程模型和降水量,分别生成降水分布图和坡度分级图。

(2)进行评价因子等级评分,确定各因子发展节水灌溉技术的阻力值(见表 4-1~表 4-4)。

表 4-1　节水灌溉降水量阻力分级结果

范围	114~150	150~200	200~250	250~300	300~320
阻力值	1	2	3	4	5

表 4-2　节水灌溉坡度阻力分级结果

坡度范围	0°~5°	5°~10°	10°~15°	15°~20°	20°~25°	>25°
阻力值	1	2	3	4	5	6

表 4-3　节水灌溉土壤阻力分级结果

土壤类型	人为土	钙层土	干旱土	漠土	初育土	半水成土	盐碱土
阻力值	1	2	3	4	5	6	7

表 4-4　节水灌溉景观阻力分级结果

景观类型	耕地	草地	林地	其他土地
阻力值	1	2	3	4

(3)对坡度、景观和土壤分类图分别进行叠加,生成 168 幅以坡度、景观和土壤类型三项指标标识的空间单元图形。

(4)按发展节水灌溉的优先程度分别对 168 幅单元图形进行判别分析和类型归并排序,得到按优先级排序的 15 种空间单元,优先级越低,其发展节水灌溉技术的阻力越小。

(5)将合并后的图层与降水分级图以乘积的形式进行叠加,得到以发展节水灌溉技术的相对优先级为属性的空间单元,以此优先级系数作为各评价单元的阻力参数,形成以栅格方式储存的阻力值空间分布(见图 4-1~图 4-6)。

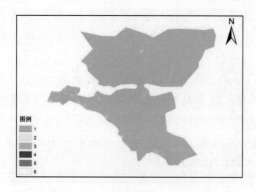

图4-1　节水灌溉坡度阻力空间分布

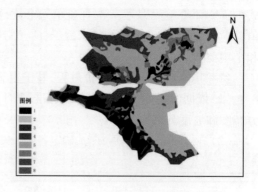

图4-2　节水灌溉土壤阻力空间分布

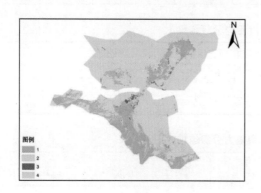

图4-3　节水灌溉景观阻力空间分布

图4-4　节水灌溉坡度—土壤—景观
阻力叠加空间分布

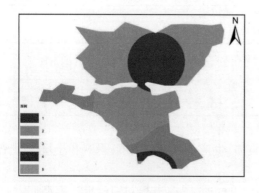

图4-5　节水灌溉降水量阻力空间分布

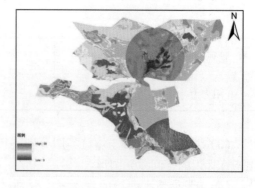

图4-6　节水灌溉适宜性评价阻力系数空间分布

（二）节水灌溉技术空间格局生态优化

1.源地确立

节水灌溉技术源地确立参考生态空间源地确立方法进行。西北干旱内陆区农田水利特别是渠系建设对农业生产起着十分重要的作用,水源条件较好的地方应优先发展节水灌溉。以研究区现有农田水利工程为主要参考因素,考虑到石羊河流域综合治理关井压田工程及研究区中下游井水河水混灌的特点,确立将中下游黄羊、金塔、金羊等17个灌区内渠系作为节水灌溉技术空间格局生态优化的源地。这些源地为灌区农田提供了水资源,是灌区农业生产和地区粮食安全的保障。

2.最小累计阻力空间布局

基于前述"源地"和适宜性评价中形成的阻力值空间分布,利用 ArcGIS10.0 中的"cost-distance"制图分析工具,采用最小累计阻力模型(MCR),形成了研究区节水灌溉技术最小累计阻力空间分布,具体见图 4-7。

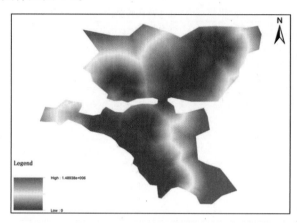

图 4-7　节水灌溉技术最小累计阻力空间分布

三、节水灌溉方式优化研究

节水灌溉方式选择是一个多目标综合评价问题,包括经济、资源、社会效益及其综合效益目标,所确定的节水灌溉技术应与当地经济发展水平、生产经营、管理体制相适应。选择适当的节水灌溉方式,能够比较客观地体现节水灌溉的综合效益,对指导节水灌溉发展,实现区域农业可持续发展具有重要意义。为全面反映节水灌溉的综合影响,采用模糊综合评判方法,研究干旱区节水灌溉优化模式与适宜灌溉分区,在对影响区域效益的诸因素进行评价的基础上,通过综合评判矩阵对效益做出多因素综合评价。

(一)节水灌溉二级模糊综合评判模型的建立

节水灌溉模式评价指标体系及其建立过程相对复杂,需要考虑很多因素。但总体而言,主要存在两个方面的问题,一是权重分配较难,二是权重确定后由于满足归一性要求会淹没许多信息,从而影响结论的准确性。为更好地解决上述问题,研究常采用分层的方法,如多种灌溉模式的优选可以分别从经济、资源、社会等方面进行考虑,在它们之间分配权重进行综合评价,每一层次单因素评价又是低一层次多因素评价的结果。节水灌溉模式优选综合评价指标体系见图 4-8。

由图 4-8 可以看出,节水灌溉模式优选评价指标体系从经济、资源、社会三个方面考虑,将整个系统分为两层,各层指标数据见表 4-5。特征值分为越小越优和越大越优两种类型,分别采用不同的计算方式进行正规化处理。

对于越小越优的指标相对隶属度公式为

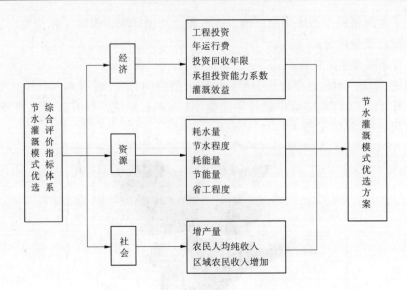

图 4-8　节水灌溉模式优选综合评价指标体系

$$r_j = \frac{X_j - X_{min}}{X_{max} - X_{min}} \qquad (4\text{-}3)$$

对于越大越优的指标相对隶属度公式为

$$r_j = 1 - \frac{X_j - X_{min}}{X_{max} - X_{min}} \qquad (4\text{-}4)$$

式中:X_j 为某一参评因子原始值;X_{max} 为某一参评因子最大值;X_{min} 为某一参评因子最小值;r_j 为某一参评因子标准化值。

利用式(4-3)、式(4-4)对初始指标值进行正规化处理,再转换成归一化评判矩阵,得到各方案的相对隶属度矩阵。

$$lR = \begin{vmatrix} lr_{11} & lr_{12} & \cdots & lr_{1n} \\ lr_{21} & lr_{22} & \cdots & lr_{2n} \\ \vdots & \vdots & & \vdots \\ lr_{m1} & lr_{m2} & \cdots & lr_{mn} \end{vmatrix} = lr_{ij} \qquad (4\text{-}5)$$

应用二级模糊优选模型,得到 j 方案关于第 l 层指标 k 的相对优属度 lu_{kj}。计算公式如下:

$$lu_{kj} = \cfrac{1}{\left[\cfrac{\sum\limits_{i=1}^{m} \left[w_i(lr_{ij} - s_h) \right]^p}{\sum\limits_{i=1}^{m} \left[w_i(r_{ij} - s_h) \right]^p}\right]^{\frac{2}{p}}} \qquad (4\text{-}6)$$

按以下步骤进行方案的优选:

(1)自第一层开始,首先确定指标的合理权重,然后由式(4-6)计算方案对于第二层所有指标 k 的相对优属度 lu_{kj},组成优属度向量 lu_j;

(2)以 lu_j 作为第二层方案集的特征值 $2x_j$,重复以上计算过程,计算出各方案的综合评

价结果 lu_j。按照最大隶属度原则,对各方案进行排序和优选。

(二)指标变权重的主客观结合法

由于农业灌溉系统涉及的因素种类众多,本书按重要程度采用层次分析法与专家调查法相结合确定权重。该方法一方面能够帮助决策者迅速、科学地给定权重的大小;另一方面,决策过程融入了决策者的意见,使决策者能依据经验、知识与灌区具体情况,直接参与确定权重的过程。目标相对重要性的相对隶属度 $W(i)$ 由式(4-7)计算:

$$W(i) = \cfrac{1}{\left|\cfrac{\sum\limits_{i=1}^{m}(1-w_{ij})^p}{\sum\limits_{j=1}^{m}(w_{ji})^p}\right|^{\frac{2}{p}}} \qquad (4-7)$$

优选时,首先按照公式计算出指标 i 的初始权向量,然后根据灌区实际情况及决策者的经验知识对初始权重进行判断。若初始解基本符合决策者的判断,则将该初始解作为指标权向量,代入式(4-6)进行方案的相对优属度计算;否则,需要依据指标间的相对重要性和决策者的知识、经验对初始解进行合理调整。调整方法如下:

(1)将指标权向量的初始解 $w(i)$ 做归一化处理,得到 $w'(i)$;

(2)决策者判断是否接受 w' 中的指标,若不接受,则依据语气算子与相对隶属度之间的关系表,在 w' 的基础上对初始权向量进行调整,并做归一化处理。

(三)黄羊灌区节水灌溉方式优选

以凉州区黄羊灌区为例构建评价模型。根据对灌区种植结构、农业生产、社会经济等多方面的考虑,确定从以下方案中进行方案优选:喷管(移动式、半固定式)、管灌、微灌(微喷、滴管)和渠灌共6种方案。评价体系从经济、资源、社会三方面考虑,并将整个体系分为两层,各层定量指标见表4-5。其中,工程投资指标采用单位面积工程投资确定,对于使用寿命不同的工程,采用相同工程使用年限作为比较标准;工程年运行费包括直接费和间接费两部分;承担投资能力系数用灌溉工程年人均投资与灌区群众年人均收入比值来表示;节水程度以畦灌为对比对象。

表 4-5 黄羊灌区节水灌溉模式优化布局指标体系特征值

指标		灌溉方式					
		喷灌		管灌	微灌		渠灌
		移动式	半固定式		微喷	滴灌	
经济	工程投资(万元/hm²)	1.8	2.1	1.05	3.15	2.1	0.98
	年运行费(元/hm²)	480.17	560.2	280.11	840.29	560.3	260.1
	投资回收年限(年)	12.46	12.46	12.46	12.46	12.46	17.58
	承担投资能力系数	0.55	0.52	0.61	0.36	0.42	0.81
	灌溉效益(万元/hm²)	1.0	1.01	0.9	1.6	1.1	0.81

续表 4-5

指标		灌溉方式					
		喷灌		管灌	微灌		渠灌
		移动式	半固定式		微喷	滴灌	
资源	耗水量(m³/hm²)	4 225	4 663	4 725	2 100	2 626	5 250
	节水程度(m³/hm²)	1 320	1 537	750	3 330	4 620	750
	耗能量(kW/hm²)	720	853	1055	336	384	1 155
	节能量(kW/hm²)	264	178	189	112	495	150
	省工程度(万元/hm²)	1.38	1.35	1.4	1.6	99	1.26
社会	增产量(t/hm²)	1.7	1.6	1.5	2.3	1.9	1.2
	农民人均纯收入(万元/hm²)	0.54	0.51	0.48	0.74	0.61	0.38
	区域农业增加收入(万元/hm²)	0.80	0.76	0.62	0.79	0.71	0.41

　　优选时,先从第一层算起,经济指标分为工程投资、年运行费、投资回收年限、承担投资能力系数和灌溉效益五个子指标。其中,工程投资、年运行费、投资回收年限为越小越优指标;承担投资能力系数和灌溉效益为越大越优指标。将正规化评判矩阵转换为归一化评判矩阵,由此可以得到各方案对经济子指标的相对隶属度矩阵。

　　用类似方法可以得到其余两个指标(资源子指标和社会子指标)的相对隶属度矩阵。

　　权重的确定以经济子指标为例,具体的计算方法是:根据式(4-5)得到指标权重矩阵。当 $p=2$ 时,由式(4-7)得到指标的非归一化权向量,归一化后得到指标的初始权向量,由指标初始权向量决策者进行判断,看是否符合决策者的看法,若不满足,根据实际情况进行调整。例如:经济指标的 5 个子指标由式(4-7)进行计算后得到指标的非归一化权向量为

$$W(i) = (0.042\ 1 \quad 0.050\ 1 \quad 0.031\ 8 \quad 0.028\ 8 \quad 0.039\ 4)$$

归一化后得到:

$$W'(i) = (0.26 \quad 0.24 \quad 0.13 \quad 0.20 \quad 0.17)$$

决策者依据综合知识,最后得到一组符合决策者观点的权重,归一化权重为

$$W_1'(i) = (0.30 \quad 0.10 \quad 0.27 \quad 0.29 \quad 0.04)$$

对于其他类指标,运用以上的方法和步骤,得到各指标权重为

$$W_2'(i) = (0.34 \quad 0.18 \quad 0.26 \quad 0.16 \quad 0.06)$$

$$W_3'(i) = (0.51 \quad 0.24 \quad 0.25)$$

　　同样,对于第一层的资源、社会两类指标进行相对优属度计算,以它们作为第二层各指标的相对隶属度,则组成各方案关于综合评价的相对隶属度矩阵。

　　重复第一层的计算步骤,最后得到各方案的相对优属度向量:

$$V_1 = (0.33 \quad 0.42 \quad 0.25)$$

　　当式(4-6)中距离参数 $p=1$ 时,$2u = (0.217\ 3 \quad 0.141\ 6 \quad 0.121\ 9 \quad 0.116\ 3 \quad 0.156\ 2 \quad 0.102\ 9)$。

根据最大隶属度原则进行优选,得到黄羊灌区灌水技术方案关于优越性的排序为移动式喷灌、滴灌、半固定式喷灌、管灌、微喷灌和渠灌。

(四)石羊河流域节水灌溉方式优选结果

根据上述原理、方法,结合喷灌技术在石羊河流域适应性较差的情况,分别计算得出了研究区16个灌区节水灌溉方式优选方案,具体见表4-6。

表4-6　石羊河流域中下游灌区节水灌溉模式优化结果

取水水源		节点名称	节水灌溉方式排序
西大河	西河灌区	地表水	滴灌、渠灌、管灌
	四坝灌区	地下水	滴灌、管灌、渠灌
	金川灌区	地表及地下水	滴灌、管灌、渠灌
	昌宁灌区	地下水	滴灌、管灌、渠灌
东大河	东河灌区	地表水	滴灌、渠灌、管灌
	清河灌区	地下水	滴灌、管灌、渠灌
西营河	西营灌区	地表水	滴灌、渠灌、管灌
	永昌灌区	地下水	滴灌、管灌、渠灌
金塔河	金塔灌区	地表水	滴灌、渠灌、管灌
	环河灌区	地下水	滴灌、管灌、渠灌
杂木河	杂木灌区	地表水	滴灌、渠灌、管灌
	金羊灌区	地下水	滴灌、管灌、渠灌
黄羊河	黄羊灌区	地表水	滴灌、渠灌、管灌
	清源灌区	地下水	滴灌、管灌、渠灌
古浪河	古浪灌区	地表水	滴灌、渠灌、管灌
	古丰灌区	地表水	滴灌、渠灌、管灌

四、流域尺度节水农业种植结构优化研究

(一)节水型绿洲主导作物品种筛选

通过市场需求和经济效益分析、水分生产效益评价,建立以水分利用效益为核心,以生态服务价值、产值、成本收益率等为配套指标的综合评价体系。根据凉州区主要农作物种植情况,综合考虑经济、社会和生态效益目标,并结合实际调查,选取10种作物的种植面积作为决策变量,其中粮食作物为春小麦和玉米2种,经济作物为棉花、啤酒大麦、洋葱、茴香、葵花、蔬菜和温室(瓜类)共7种,牧草类只有1种,为苜蓿。

(二)节水型灌区种植结构优化方案研究

石羊河流域中下游现状以种植粮食作物为主,耗用水量大,综合效益低。近年来,低耗水、高效益的经济类作物种植比例虽然有所扩大,但因种植结构调整涉及包括市场在内的诸多问题,而目前针对这些问题的研究还不够深入,种植结构调整仍存在一定的盲目性。因此,需要通盘考虑经济、社会、生态环境等诸多方面的协调发展,优化种植结构,合理配置有限水资源,谋求综合效益最大。

目前,对农作物种植结构多目标模型的研究,多数评价节水农业用水科学性和合理性的

指标是水的总效益或者净效益最大化。也正因为如此,人们往往忽视了农业系统总目标的其他两个方面——社会效益和生态效益。综合考虑地区经济、社会和生态效益目标,结合筛选的农作物新品种,建立凉州区灌区种植结构优化模型,采用层次分析法对农业生态要素进行生态功能价值估算,即对生态效益定量化。

1.生态效益定量化及其方法

种植结构优化采用多目标规划法,即在水资源有限的前提下,以社会效益、经济效益和生态效益最大为优化目标。模型中各种作物经济、社会等指标可以通过数据定量表示,比如经济指标可以选作物灌溉毛效益或净效益等指标来衡量,社会指标可选用粮食产量或农产品的商品化比例等指标来衡量。但对于生态环境目标,通常的研究只能定性描述或转化为约束条件,对农业生态系统要素进行生态功能价值估算是目前生态环境研究的难点和前沿课题,本书采用层次分析法(AHP),即根据单位面积种植不同作物对生态环境影响的重要性来定量化。

1)层次分析法

层次分析法 AHP(the Analytic Hierarchy Process)是美国运筹学家萨迪(T. L. Saaty)教授于 20 世纪 70 年代初期提出的。其首先把复杂的系统分解为若干子系统,并按照它们之间的从属关系分组,形成有序的递阶层次结构;其次,通过就某种特性两两比较的方式确定层次中各个子系统的相对重要性;最后,综合人的判断决定各子系统的相对重要性。

2)模型建立

(1)模型层次结构:层次结构模型由目标层(A)、准则层(C)和对象层(P)三个层次组成。准则层(C),表示为实现目标 A 所涉及的若干中间环节,在此选植被盖度、地下水均衡、水利工程投入、土壤质量和灌溉水量作为衡量作物对石羊河蔡旗断面的重要性指标。对象层(P)表示为实现目标 A 的若干具体措施、政策、方案等,此处为 8 种作物,即春小麦(P_1)、玉米(P_2)、棉花(P_3)、油葵(P_4)、温室(瓜类)(P_5)、温室(蔬菜)(P_6)、苜蓿(P_7)和青贮玉米(P_8)。层次分析法结构见图 4-9。

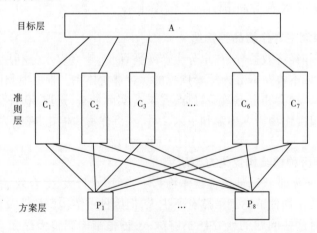

图 4-9　层次分析法结构示意图

(2)判断矩阵构成:根据上述模型结构,在专家咨询的基础上,构造了 A—C 判断矩阵、C—P 判断矩阵,并进行了层次单排序计算。由于人们对客观事物的认识存在一定的偏差,因此获得的判断矩阵一般不一定具有一致性。但是,模型要求只有当判断矩阵具有完全一致性和满意一致性时,层次分析法分析结果才有效。为此,需要对判断矩阵进行一致性检验。在层次分析法中,为了使判断定量化,关键在于设法使任意两个方案对于某一准则的相对优越程度得到定量描述。一般对单一准则来说,两个方案进行比较总能判断出优劣。层次分析法采用 1~9 标度方法,对不同情况的评比给出数量标度。

判断矩阵标度及含义一览见表 4-7。

表 4-7 判断矩阵标度及含义一览

标度	定义与说明
1	两个元素对某个属性具有同样重要性
3	两个元素比较,一个元素比另一个元素稍微重要
5	两个元素比较,一个元素比另一个元素明显重要
7	两个元素比较,一个元素比另一个元素重要得多
9	两个元素比较,一个元素比另一个元素极端重要
2,4,6,8	表示需要在上述两个标度之间折中时的标度
$1/b_{ij}$	两个元素的反比较

(3)层次单排序:就是把本层次所有各元素相对上一层,排出评比顺序,这就要计算判断矩阵的最大特征向量,最常用的方法是和积法和方根法,本书采用和积法。在目标层 A 下,n 个元素 $P_1,P_2,\cdots,P_n$ 排序权重计算,可以求解判断矩阵 P 的最大特征根。将判断矩阵的每一列元素作归一化处理,其元素的一般项为

$$\bar{b}_{ij} = \frac{b_{ij}}{\displaystyle\sum_{k=1}^{n} b_{kj}} \quad (i,j=1,2,\cdots,n) \tag{4-8}$$

然后将每一列经归一化处理后的判断矩阵按行求和:

$$\bar{w}_{ij} = \sum_{j=1}^{n} \bar{b}_{ij} \quad (i,j=1,2,\cdots,n) \tag{4-9}$$

再将向量 $\bar{W} = [\bar{W}_1, \bar{W}_2, \cdots, \bar{W}_n]^{\mathrm{T}}$ 归一化为

$$W_i = \frac{\bar{W}_i}{\displaystyle\sum_{i=1}^{n} \bar{W}_i} \quad (i,j=1,2,\cdots,n)$$

则 $W = [W_1, W_2, \cdots, W_n]^{\mathrm{T}}$ 即为所求的特征向量。

最后计算最大特征根

$$\lambda_{\max} = \sum_{i=1}^{n} \frac{(AW)_i}{nW_i}$$

式中，$(AW)_i$ 表示向量 AW 的第 i 个向量。

对于 n 阶判断矩阵，其最大特征根为单根，且 $\lambda_{\max} \geqslant n$。当 $\lambda_{\max} \geqslant n$，其余特征根均为正值时，则具有完全一致性，如果 $\lambda_{\max}$ 稍大于 n，而其余特征根接近于 0，则 A 具有满意的一致性。判断矩阵中的 b_{ij} 根据资料数据、专家意见和系统分析人员的经验经过反复研究后确定。因此，应用层次分析法时，保持判断思维的一致性是非常重要的。检验矩阵的一致性，需计算一致性指标：

$$\left.\begin{array}{l} CI = \dfrac{\lambda_{\max} - n}{n - 1} \\[3mm] CR = \dfrac{CI}{RI} \end{array}\right\} \tag{4-10}$$

一致性指标 CI 值越大，表明判断矩阵偏离完全一致性的程度越大；CI 值越小，表明判断矩阵越接近于完全一致性。一般判断矩阵的阶数 n 越大，人为造成的偏离完全一致性指标 CI 值便越大；反之则越小。CR 为判断矩阵的随机一致性比例，当 $CR<0.1$ 时，则判断矩阵具有满意的一致性解；否则，需要重新判断，直到满意。

对于多阶判断矩阵，引入平均随机一致性指标 RI（Random Index），表 4-8 给出了 1~15 阶正互反矩阵计算 1 000 次得到的平均随机一致性指标。种植结构模型层次单排序计算结果见表 4-9。

表 4-8　判断矩阵的平均随机一致性指标

n	1	2	3	4	5	6	7	8	9	10	11	12	13	14	15
RI	0	0	0.58	0.90	1.12	1.24	1.32	1.41	1.46	1.49	1.52	1.54	1.56	1.58	1.59

表 4-9　种植结构模型层次单排序计算结果

项目	$A—C$	$P—C_1$	$P—C_2$	$P—C_3$	$P—C_4$	$P—C_5$	$P—C_6$	$P—C_7$
$\lambda_{\max}$	7.203 1	8.319 1	8.406 7	8.344 5	8.215 5	8.282 6	8.198 6	8.491 5
CI	0.033 9	0.045 6	0.058 1	0.049 2	0.030 8	0.040 4	0.028 4	0.070 2
RI	1.320 0	1.410 0	1.410 0	1.410 0	1.410 0	1.410 0	1.410 0	1.410 0
CR	0.025 6	0.032 3	0.041 2	0.034 9	0.021 8	0.028 6	0.020 1	0.049 8
层次模型的随机一致性	满意一致性	满意一致性	满意一致性	满意一致性	满意一致性	满意一致性	满意一致性	满意一致性

（4）层次总排序：利用层次单排序计算结果，进一步综合出对上一层次的优劣顺序，就是层次总排序的任务，即计算每一层次所有元素对总目标的相对权值，得出最低层次元素对总目标优先顺序的相对权重。种植结构模型层次总排序计算结果见表 4-10。

表 4-10 种植结构模型层次总排序

P 层	C_1	C_2	C_3	C_4	C_5	C_6	C_7	P 层总排序结果
	0.074 8	0.074 8	0.033 7	0.033 7	0.156 9	0.313 0	0.313 0	
P_1	0.031 7	0.019 6	0.054 3	0.054 3	0.070 0	0.035 5	0.030 0	0.039 0
P_2	0.018 7	0.069 6	0.114 6	0.114 6	0.070 0	0.035 5	0.030 0	0.045 8
P_3	0.118 1	0.077 6	0.025 4	0.025 4	0.070 0	0.035 5	0.030 0	0.047 8
P_4	0.057 8	0.149 2	0.054 3	0.054 3	0.210 0	0.084 4	0.067 2	0.099 6
P_5	0.268 8	0.290 6	0.389 6	0.389 6	0.210 0	0.182 3	0.133 7	0.200 0
P_6	0.268 8	0.290 6	0.221 7	0.221 7	0.210 0	0.182 3	0.133 7	0.188 7
P_7	0.118 1	0.033 3	0.025 4	0.025 4	0.062 4	0.360 0	0.341 9	0.242 6
P_8	0.118 1	0.069 6	0.114 6	0.114 6	0.097 8	0.084 4	0.233 3	0.136 6

（5）一致性检验：层次总排序后，需要检查整个递阶层次模型的判断一致性。方法采用式（4-10），其值小于或等于 0.10，认为层次总排序具有满意的一致性；否则，调整判断矩阵，直到满意。

$$CI = \sum_{j=1}^{n} a_j CI_j \tag{4-11}$$

$$RI = \sum_{j=1}^{n} a_j RI_j \tag{4-12}$$

式中：CI 为层次总排序的一致性指标，CI_j、RI_j 分别为与 C 层 a_j 对应的 P 层次中判断矩阵的一致性指标和随机一致性指标；CR 为层次总排序的随机一致性比例。

本书中 $CI = 0.046\ 9$，$RI = 1.54$，$CR = 0.035 < 0.10$，说明层次总排序具有满意一致性。

3）结果分析

将各种作物对目标层的层次总排序结果，作为单位面积土地上种植相应作物对生态环境影响的重要性指标。石羊河流域主要作物相对生态效益指标计算结果见表 4-11。

表 4-11 石羊河流域主要作物相对生态效益指标计算结果

作物	春小麦	玉米	棉花	油葵	温室（瓜类）	温室（蔬菜）	苜蓿	青贮玉米
综合效益	0.039 0	0.045 8	0.047 8	0.099 6	0.200 0	0.188 7	0.242 6	0.136 6

由表 4-11 可以看出，在上述 8 种作物中，苜蓿对综合效益的贡献率最大，为 0.242 6，在条件允许的情况下应尽可能多种植苜蓿，以改善当地的生态环境；温室（蔬菜）、温室（瓜类）和青贮玉米次之，从综合效益角度考虑为排在第二位应种植的作物；春小麦、玉米、油葵和棉花的生态效益为 0.039~0.099；对综合效益贡献最小的为春小麦和玉米，这两种作物属于高耗水低产值的作物，在极度缺水的民勤地区不鼓励种植。

2.基于种植结构调整的多目标优化模型

在分析国内外农业种植结构调整研究动态的基础上,考虑满足农业可持续发展的要求,研究建立了农业种植结构优化多目标规划模型。因为农业系统是一个复杂的大系统,对其进行结构调整,选取的目标一方面要满足各目标间相互独立,另一方面要有代表性,通过综合分析,最后选定粮食总产量、经济效益和生态效益为该模型的3个目标。

石羊河流域中游各大灌区存在两种水源供水,即地下水和来自祁连山区的地表径流,作物灌溉定额参照武威市统计年鉴并结合灌溉试验成果视具体情况综合确定。为了具有可比性,粮食价格均以2010年不变价计算。

1)目标函数

目标函数1——效益函数,即种植作物的经济效益最大。

$$\max f_1(A_1, A_2, \cdots, A_n) = \sum_{j=1}^{10} C_j A_j S_j \tag{4-13}$$

式中:A_j为第j种作物的面积;C_j为第j种作物的单价,元/kg;S_j为第j种作物灌溉条件下的产量,kg/hm²。

目标函数2——产量函数,即种植作物的产量最高。

$$\max f_2(A_1, A_2, \cdots, A_n) = \sum_{j=1}^{10} A_j S_j \tag{4-14}$$

式中各符号意义同前。

目标函数3——生态效益函数,指由农业生产环节产生的生态效益,不包括河流、湖泊、坑塘、湿地等的生态效益。

$$\max f_3(A_1, A_2, \cdots, A_n) = \sum_{j=1}^{10} A_j ECO_j \tag{4-15}$$

式中:ECO_j为第j种作物灌溉时单位面积对生态的贡献率;其他符号意义同前。

2)决策变量

通过实际考察,选取8种作物种植面积作为决策变量,其中粮食作物2种,即春小麦和玉米;经济作物7种,即棉花、青贮玉米、油葵、温室(蔬菜)和温室(瓜类);牧草类1种,即苜蓿。种植结构模型决策变量见表4-12。

表4-12　种植结构模型决策变量

作物	春小麦	玉米	棉花	油葵	温室(瓜类)	温室(蔬菜)	苜蓿	青贮玉米
灌溉面积(hm²)	A_1	A_2	A_3	A_4	A_5	A_6	A_7	A_8

3)约束条件

(1)水资源量约束条件。在区域种植业发展中,首要的目标是农业的可持续发展。在水资源严重短缺的石羊河流域,水资源大量消耗必然会对区域经济健康发展产生很大的阻力。因此,在进行种植业结构优化时,水资源的约束是最强大的,即所种植的作物灌溉需水量不能超过区域所能提供的灌溉用水量。

$$\sum_{j=1}^{10} A_j M_j \leqslant Q_1 \eta_1 + Q_2 \eta_2 \tag{4-16}$$

式中：M_j 为第 j 种作物的灌溉定额，m^3/hm^2；Q_1 为地表水农业可利用量，m^3；Q_2 为地下水农业可利用量，m^3；η_1 为地表水灌溉利用系数；η_2 为地下水灌溉利用系数；其他符号意义同前。

（2）面积约束。

$$\sum_{j=1}^{10} A_j \leqslant FXA \tag{4-17}$$

式中：XA 为总耕地面积，hm^2；F 为复种指数；其他符号意义同前。

（3）粮食产量满足该地区人民的需求量。

$$A_j S_j \geqslant yield_j POP \tag{4-18}$$

式中：S_j 为第 j 种作物的产量，kg/hm^2；$yield_j$ 为人们对第 j 种作物的年需求量，$kg/$人；POP 为区域总人口，人；其他符号意义同前。

（4）决策变量非负约束。

$$A_j \geqslant 0$$

3. 方案优化

1）方案设计

模型中所需要的参数和数据均根据流域统计资料、实地调查、试验相结合确定；通过确定综合效益、产量效益和水分生产效率，设定方案一为综合效益方案，方案二为产量效益方案，方案三为水分生产效率方案。考虑到多目标决策过程本身不可能是一种纯客观的过程，必然要将决策者的意见、偏好和现实情况联系起来，只有通过模型与决策者之间高效合理的互动才有可能产生科学合理的决策方案和优化方案。

2）优化结果

在水资源总量不能继续增加的条件下，只有通过调整作物种植结构，发展节水、经济和有利于生态环境恢复的种植作物，压缩耗水量大且利润低的传统作物的种植面积，在不需要保障国家粮食安全的前提下继续减少春小麦和玉米等粮食作物比重，重点通过调整油葵、温室（蔬菜）、苜蓿和青贮玉米种植规模的方式调整当地种植结构以期获得不同用户的最大效益。综合效益、产量效益和水分生产效益的经济作物与草料作物的比例分别为 77：23、95：5 和 72：28，相对 2014 年水平的 95：5 来说，可以看出当前实际绿洲的种植结构突出的是产量效益，而非综合效益和水分效益。因此，农户、政府和市场应当结合各自利益关切点，以上述方案为基本点，通过会商或博弈方式调整地区农户种植结构。

不同种植结构方案多目标优化模型计算结果见表 4-13。

表 4-13　不同种植结构方案多目标优化模型计算结果

项目	方案一 （侧重综合效益）	方案二 （侧重产量效益）	方案三 （侧重水分生产效率）
$x_1(hm^2)$	0	0	0
$x_2(hm^2)$	0	0	0
$x_3(hm^2)$	1 795 095	1 795 095	1 795 095

续表 4-13

项目	方案一 （侧重综合效益）	方案二 （侧重产量效益）	方案三 （侧重水分生产效率）
$x_4(\text{hm}^2)$	1 915 425	4 087 080	1 915 425
$x_5(\text{hm}^2)$	2 479 935	2 005 470	2 005 470
$x_6(\text{hm}^2)$	1 003 395	1 003 395	1 003 395
$x_7(\text{hm}^2)$	2 185 650	0	2 161 320
$x_8(\text{hm}^2)$	0	488 460	498 795
综合效益	99 477	76 669	97 299
水分效益	5 584 910	3 198 052	5 699 400
产量效益	1 609 448 955	2 131 047 699	1 741 754 735

3）结果评价

从石羊河流域综合治理的目标出发,就是为了维护流域内社会、经济和生态的可持续与稳定协调发展,现状种植结构必须加以调整,需要大幅降低春小麦和玉米等粮食作物比例,提高苜蓿、温室（蔬菜）和温室（瓜果）种植比例,适度减少其他作物的种植比例。

五、流域尺度下节水灌溉优化布局

基于流域尺度节水灌溉强度优化分区、各灌区节水灌溉技术优选和种植结构调整基本结论,根据石羊河流域综合治理 2010 年耕地面积数据,结合《甘肃省河西走廊国家级高效节水灌溉示范区项目实施方案》确定的流域节水灌溉发展规模,流域尺度节水灌溉优化布局推荐方案见表 4-14 和图 4-10。

表 4-14　流域尺度节水灌溉优化布局推荐方案　　　　　　（单位：万 hm²）

县（区）		灌区	综合治理目标方案					研究推荐方案			
			渠灌	管灌	大田滴灌	温棚滴灌	合计	渠灌	滴灌	管灌	合计
金昌市		小计	2.519	0.468	0.112	0.192	3.291	2.295	0.832	0.648	3.775
	永昌县	小计	2.033	0.201	0.075	0.125	2.434	1.701	0.664	0.637	3.002
		西河	0.643	0	0	0.041	0.684	0	0.047	0.613	0.660
		四坝	0.328	0.053	0.020	0.020	0.421	0.309	0.309	0.015	0.633
		东河	0.605	0.029	0.033	0.033	0.700	0.343	0.103	0.009	0.455
		清河	0.457	0.118	0.021	0.031	0.627	1.049	0.204	0	1.253
	金川区	金川	0.486	0.267	0.037	0.067	0.857	0.594	0.168	0.011	0.773

续表 4-14

县(区)		灌区	综合治理目标方案					研究推荐方案			
			渠灌	管灌	大田滴灌	温棚滴灌	合计	渠灌	滴灌	管灌	合计
武威市	凉州区	小计	6.650	0.985	0.664	1.141	9.440	5.035	3.201	0.308	8.544
		西营	1.751	0.105	0.033	0.221	2.110	1.378	0.583	0	1.961
		金塔	0.693	0.053	0.033	0.132	0.911	0.784	0.058	0	0.842
		杂木	1.650	0.027	0.027	0.194	1.898	1.406	0.271	0	1.677
		黄羊	1.388	0	0.097	0.117	1.602	1.011	0.267	0	1.278
		清源	0.417	0.333	0.159	0.159	1.068	0.137	1.005	0.217	1.359
		金羊	0.270	0.200	0.157	0.157	0.784	0.085	0.244	0.022	0.351
		永昌	0.481	0.267	0.158	0.161	1.067	0.234	0.773	0.069	1.076
	民勤县	小计	1.668	0.364	1.525	0.358	3.915	4.894	1.655	0.145	6.694
		红崖山	1.520	0.167	1.497	0.333	3.517	4.839	1.528	0	6.367
		昌宁	0.089	0.020	0.015	0.015	0.139	0.026	0.028	0.046	0.100
		环河	0.059	0.177	0.013	0.010	0.259	0.029	0.099	0.099	0.227
	古浪县	小计	1.554	0	0	0.151	1.705	0.769	0.687	0.029	1.485
		古浪	1.393	0	0	0.122	1.515	0.769	0.687	0.029	1.485
		古丰	0.161	0	0	0.029	0.190	0	0	0	0
总计			12.391	1.817	2.301	1.842	18.351	12.993	6.375	1.130	20.498

图 4-10　流域尺度节水灌溉优化布局推荐方案

石羊河流域综合治理提出目标达成方案中,发展节水灌溉面积 18.351 万 hm², 其中渠灌 12.391 万 hm², 管灌 1.817 万 hm², 大田滴灌 2.301 万 hm², 温室滴灌 1.842 万 hm²。按照推荐方案,相较达成方案,在加强节水灌溉技术的基础上,应重点在石羊河流域推广滴灌技术,且推广面积较达成方案增加 2.898 万 hm²,同时需要减少管灌技术应用面积 0.714 万 hm²。根据上述研究结论,石羊河流域基于生态目标的过程控制技术中必须采取更为有效的节水灌溉技术,石羊河流域需要进行大面积的设施农业措施的布置,因此需要大力发展滴灌等高效节水灌溉技术。2010 年现状推荐发展渠灌 12.994 万 hm²,滴灌 6.376 万 hm²,管灌 1.129 万 hm²,合计发展节水灌溉面积 20.499 万 hm²。

第二节　MIKE BASIN-FEFLOW 模型生态目标过程控制技术

一、石羊河流域 MIKE BASIN 水资源模型建立

石羊河流域重点治理是一个完全意义上的生态治理项目,具有非常具体的生态目标。为确保生态目标的实现,《规划》提出了包括节水灌溉、关闭机井、调水乃至各区域、各行业水资源配置方案等翔实的总体治理方案,但对实现生态目标的一些关键控制技术,如流域尺度节水灌溉技术优化布局、地表水地下水联合精细化调度方案等,由于前期缺少具体研究,未能进行系统布局。利用 MIKE BASIN 建立石羊河流域水资源利用模拟模型,验证规划水资源开发利用方案下实现既定生态目标的保障程度,成为本书的重点。

(一)模型选择

MIKE BASIN 模型基于 ArcGIS 编写,与 ArcGIS 系统无缝结合,有着丰富的基于 GIS 的数据分析、显示、共享及处理功能。界面简洁明了,易于操作理解,具有强大的直观显示能力,可以为技术人员、管理人员和公众提供比较直观的模型演示。MIKE BASIN 模型具有水文模拟能力,能够对石羊河流域综合治理规划实施的各种过程与规则进行合理准确的描述;能够通过二次开发对模型进行操作、修改和改造,模型满足用于该区域研究的使用要求。因此,本书选用 MIKE BASIN 模型。

MIKE BASIN 是一款在流域或区域尺度下解决水量优化配置、用水户关联、水库调度规则以及水质模拟等问题的综合性水资源数学模型软件。MIKE BASIN 模型根据 DEM 图以及 shapefile 文件等栅格图形,可以自动生成水流向、河网,通过自动描述子流域功能,可以实现子流域划分,在模型搭建过程中,根据研究工作的具体内容和重点需求,将用水户划分为若干类型,在模型中用不同图形要素表示出来。模型搭建需要采用实测资料对参数进行率定,率定后的模型可以用于对规划水平年的水资源配置和管理。

MIKE BASIN 模型在模拟过程中,既考虑到了空间要素的影响,也考虑到了时间要素的影响。它可以使用不同的时间尺度(年、月、日、小时等)、空间尺度(用水户、工程布局、河流水系、流域形状)对若干方案分别进行研究,计算速度快,具有强大的数据交互、结果分析展示等功能,可移植性和可扩展性强。在水文学方面,模型通过空间分析功能可以在已有的 DEM 图的基础上,在流域中自上游至下游自动追踪河流并生成河道,从而建立河网。此外,也可以根据流域出口点所在位置自动划分子流域。MIKE BASIN 模型主要由水资源模型、降雨径流模块、时间分析模块及污染物负荷模块四大部分组成。水资源模型为 MIKE BA-SIN 模型核心部分,降雨径流模块负责子流域的降雨径流计算结果;时间分析模块负责数据

的前、后处理及统计功能；污染物负荷模块负责面源污染物负荷计算。石羊河流域 MIKE BASIN 模型概化结果见图 4-11。

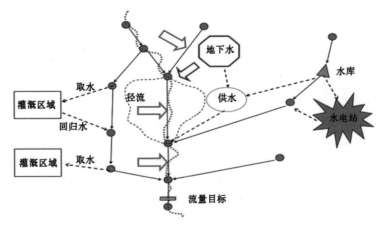

图 4-11　石羊河流域 MIKE BASIN 模型概化结果

基于 MIKE BASIN 长期以来在世界多个流域（区域）水资源规划管理中取得的成果及丰富经验,近年来国内也逐步接触并利用此软件,主要用以研究水资源优化配置及制订合理的规划方案。依托其强大的运算功能,进行多方案计算和分析,旨在为项目或规划方案的最终决策提供强有力的技术支持。

（二）石羊河流域 MIKE BASIN 模型搭建

1.模型数据需求资料收集

1）石羊河流域 DEM 数据

石羊河流域 MIKE BASIN 水资源管理模型通过中国地区 SRTM 数据集直接提取石羊河流域 DEM 图。石羊河流域 DEM 图见图 4-12。

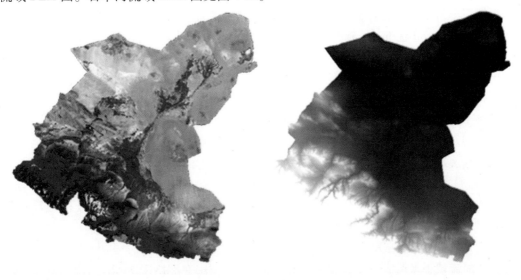

图 4-12　石羊河流域 DEM

2）石羊河流域水文资料

根据研究需要,收集到水面蒸发站 6 个(红崖山站、杂木寺站、黄羊河水库坝上站、九条岭站、西大河水库坝上站、南营水库站)、气温站 6 个(杂木寺、九条岭、红崖山、南营、黄羊水库、西大河)、水文站 10 个(古浪、黄羊河等)、雨量站 24 个(毛家庄、九条岭等)、水质监测站 7 个(金川峡水库、九条岭等)。石羊河流域水文站点统计见表 4-15。

表 4-15　石羊河流域水文站点统计

站点类型	站点名称
水面蒸发站	红崖山站、杂木寺站、黄羊河水库坝上站、九条岭站、西大河水库坝上站、南营水库站
气温站	杂木寺、九条岭、红崖山、南营、黄羊水库、西大河
水文站	古浪、黄羊河、杂木寺、南营水库、九条岭、蔡旗、红崖山水库、西大河水库、金川峡、红水河
雨量站	西大河、毛家庄、九条岭、沙沟寺、金川峡、宁远堡、收成、红崖山、石家庄、毛藏、宽沟、南营、杂木寺、皇娘娘台、沙金台、黄羊河、土门、古浪、张家墩、横梁、孔家庄、龙沟、大靖峡、干城
水质监测站	金川峡、九条岭、红水河、四坝桥、蔡旗、红崖山、黄羊河

3）气象观测数据

根据武威市农业气候资源和民勤县农业气候资源,对石羊河流域所辖区域内的多年月平均气温、多年月平均降水、多年月平均参考作物蒸散量、多年月平均农田水分盈亏量等数据进行了整理,获得了研究区气象观测基本数据。

4）水库基本情况

根据石羊河流域管理局统计,石羊河流域内现有水库 11 座,包括西大河水库(0.68 亿 m^3)、皇城水库(0.80 亿 m^3)、金川峡水库(0.65 亿 m^3)、西营水库(0.24 亿 m^3)、南营水库(0.16亿 m^3)、黄羊水库(0.56 亿 m^3)、红崖山水库(1.27 亿 m^3)、古浪水库(0.16 亿 m^3)、大靖峡水库(0.10 亿 m^3),将这些水库的基本情况资料收集汇总,以便在水文建模中使用。

2.水资源管理模型构建

1）计算单元划分

该模型水资源计算分区不考虑行政分区,只根据河流级别进行划分。石羊河流域自东向西除包括大靖河、古浪河、黄羊河、杂木河、金塔河、西营河、东大河、西大河等 8 条较大支流外,还有 11 条小沟小河。利用 MIKE BASIN 模型"河流追踪"和"流域描述"功能,结合流域实际情况,将石羊河流域划分为 27 个计算分区。石羊河流域分区名称及流域面积见表 4-16。

2）用水户与用水节点

石羊河流域用水组成可按农业用水和生活用水划分,在 MIKE BASIN 模型中需要将农业用水和生活用水根据实际情况分配到各个灌区及城镇。本次模拟计算以流域出口断面径流量作为河道内生态环境用水量,为此仅将河道外生态用水列为用水户计算用水量。在此基础上,依据取水水源、供水保证率及供水优先次序等确定用水户、用水节点,按取水规则制作时间序列文件。由于现有水文气象资料均为各月累积值,所以取水时间序列文件同样以月为计算时段单位,MIKE BASIN 模型模拟计算均以月作为计算时段。石羊河流域 MIKE BASIN 模型用水户见表4-17。

表 4-16 石羊河流域分区名称及流域面积

DHI_ID	子流域名	入口节点	分配面积	出口节点	面积(km²)
24	xidahe1	50	1 185.0	48.0	1 185.0
26	xidahe2	65	2 175.2	61.0	2 175.2
27	xidahe3	72	1 522.2	49.0	1 522.2
28	dongdahe1	75	2 209.9	73.0	2 209.9
29	dongdahe2	79	282.3	74.0	282.3
30	xiyinghe1	83	1 088.3	82.0	1 088.3
31	GW_xiying	88	926.4	81.0	926.4
32	jinta	84	916.7	80.0	916.7
33	GW_jinta	92	715.7	81.0	715.7
34	zamu	95	809.4	93.0	809.4
35	GW_zamu	99	407.5	94.0	407.5
36	huangyang	100	923.8	101.0	923.8
37	GW_huangyang	106	860.3	102.0	860.3
38	gulang1	109	153.4	110.0	153.4
39	gulang2	107	403.4	108.0	403.4
40	gulang3	111	430.6	108.0	430.6
41	Catchment47	108	15.5	110.0	15.5
44	Catchment50	112	1.0	102.0	1.0
45	Catchment51	102	1.0	94.0	1.0
46	Catchment52	94	1.0	116.0	1.0
47	Catchment53	81	1.0	116.0	1.0
48	Catchment54	116	1.0	117.0	1.0
49	Catchment55	140	16 625.5	118.0	16 625.5
50	dajing1	122	292.9	120.0	292.9
51	dajing2	127	232.7	121.0	232.7
55	hongshuihe	119	1.0	112.0	1.0
56	GW_gulang	129	500.0	112.0	500.0

表 4-17　石羊河流域 MIKE BASIN 模型用水户一览表

序号	用水户			取水水源	节点名称
1		西河灌区	农业灌溉	地表水	Irr_xihe
2		四坝灌区	农业灌溉	地下水	Irr_siba
3	西大河	金昌市	生活	地表水	City_jinchang
4		金昌市	工业	地表水	Indust_jinchang
5		金川灌区	农业灌溉	地表水及地下水	Irr_jinchuan
6		昌宁灌区	农业灌溉	地下水	Irr_changning
7	东大河	东河灌区	农业灌溉	地表水	Irr_donghe
8		清河灌区	农业灌溉	地下水	Irr_qinghe
9	西营河	西营灌区	农业灌溉	地表水	Irr_xiying
10		永昌灌区	农业灌溉	地下水	Irr_yongchang
11		金塔灌区	农业灌溉	地表水	Irr_jinta
12	金塔河	环河灌区	农业灌溉	地下水	Irr_huanhe
13		武威市	生活	地下水	City_wuwei
14		武威市	工业	地下水	Indust_wuwei
15	杂木河	杂木灌区	农业灌溉	地表水	Irr_zamu
16		金羊灌区	农业灌溉	地下水	Irr_jinyang
17	黄羊河	黄羊灌区	农业灌溉	地表水	Irr_huangyang
18		清源灌区	农业灌溉	地下水	Irr_qingyuan
19	古浪河	古浪灌区	农业灌溉	地表水	Irr_gulang
20		古丰灌区	农业灌溉	地表水	Irr_gufeng
21	大靖河	大靖灌区	农业灌溉	地表水	Irr_dajing
22		红崖山灌区	农业灌溉	地表水	Irr_hongyashan
23	石羊河	民勤县	生活	地下水	City_minqin
24		民勤县	工业	地下水	Indust_minqin

注：农村生活用水、河道外生态用水均纳入相应灌区用水户中一并计算。

3）供水户与供水节点

石羊河流域供水方式有三种，分别为河道内直接取水、水库供水（有供水管线）、地下水供水。在 MIKE BASIN 模型中，河道内取水可以直接将取水节点设置在河道上，供水的时间序列为径流时间系列；水库供水方式，需要在水库与用水户之间建立连接通道，供水时间序列取决于用水户需水量与水库可供水量，具体结果由 MIKE BASIN 模拟结果决定；地下水供水取决于地下水可供水量，具体结果由 FEFLOW 模拟结果决定。

3.模型初步建立

根据前述各用水节点及供水节点水资源供需关系和供水优先权限，参照《规划》中石羊河水资源系统利用与转化关系概化图建立水资源配置网络,生成石羊河流域 MIKE BASIN 水资源模拟模型。石羊河水资源系统利用与转化关系概化见图 4-13。

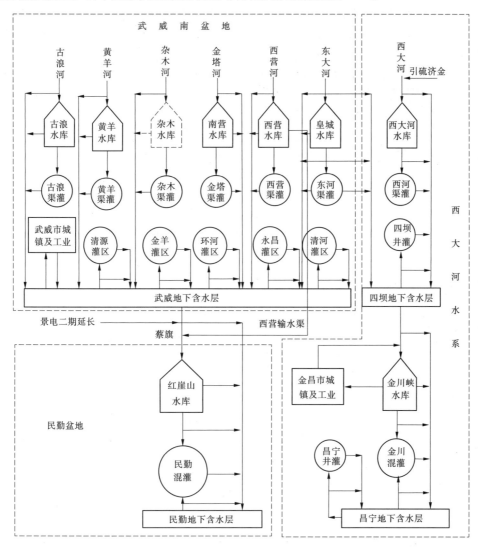

图 4-13　石羊河水资源系统利用与转化关系概化

(三) MIKE BASIN 模型参数设计

在水资源规划中,利用长序列水文气象数据可模拟天然降水和河道径流情况,利用历史用水数据则可以模拟人类活动对水资源变化的影响。虽然多年历史水文气象资料较易收集,但历史用水资料却由于其复杂性、多样性和当时客观条件所限,一直难以实现系统、完整收集。因此,本次研究只能根据当地实际情况,收集短时期或某些特定年份的用水数据及其他相关资料,用于水资源模型的搭建和验证。

模型运行模拟时间步长一般取决于流域研究分区划分及发展情况。在水资源规划中,一般在较大的流域很难获得非常详细的日步长数据。因此,通常情况下采用月步长即能满足研究工作要求。

　　MIKE BASIN 模型针对不同的模块可分别设置各自的计算步长,比如较易获得资料的水文模型可按照日步长进行计算,而水资源配置中可设置为月步长计算。鉴于 MIKE BA-SIN 模型的这种特点及现有数据情况,为了计算结果更为精确,模型内部按照日步长进行模拟,对于缺乏日步长的数据由模型进行差值计算,最终按月步长输出结果。石羊河流域 MIKE BASIN 模型各子流域、河流、水库节点、用水户所需数据见表 4-18～表 4-22。

表 4-18　石羊河流域 MIKE BASIN 模型各子流域所需数据

主要分类	次要分类	说明
通用	面积	流域面积
	径流时间序列	流域内的地表径流过程
地下水	地下水模型	地下水分为一层(浅层)或两层(浅层和深层)
	地下水分布	地下水埋深
	地下水出流	地下水的出流速度及出流总量
	地下水补给	地下水的补给过程
水质	地表水水质	流域内地表径流流入河道的物质传输
	地下水水质	地表水到地下水的物质传输

(四) MIKE BASIN 模型识别与检验

1.现状数据模拟结果

　　在石羊河流域应用 MIKE BASIN 模型的主要目的是进行以蔡旗断面下泄水量为目标的中游地区多水源地表地下水联合调度研究,提出主要控制性工程及调水工程调度规则以及优化调度方案为流域水资源管理提供支持。为了使流域水资源综合管理规划与各用水部门规划相协调,研究人员采用 2007～2010 年降水、蒸发、调水及各个灌区用水数据,运行 MIKE BASIN 模型,结合 FEFLOW 地下水模型,求得蔡旗断面 2007～2010 年下泄水量。蔡旗断面 2007～2010 年下泄水量模拟结果见表 4-23。

表 4-19　石羊河流域 MIKE BASIN 模型河流所需数据

主要分类	次要分类	说明
河流节点	供水规则	设定向用水户供水的优先权
	分流	向支流分流的方式及水量
河流	河长	用于计算污染物沿程降解
	河宽	用于计算河流水位和流量演算
	河道损失	沿程渗漏损失、蒸发损失
	过流能力	河道输水能力
	演算	两节点之间进行水位和流量演算
	水质	计算污染物在河段、水库随时间及温度的降解

表 4-20　石羊河流域 MIKE BASIN 模型水库节点所需数据

主要分类	次要分类	说明
物理特性	初始水位	模拟时段开始时刻库水位
	关系曲线	水库库容、水位、面积关系曲线
	特征水位	水库特征水位
	损益表	水库库区蒸发、下渗和降水补给
操作规则	防洪限制水位	水库防洪限制水位
	最小流量	满足下游用水需求的水库最小/生态下泄水量
	最大下泄水量	防洪限制水位到坝顶水位之间的水库最大下泄能力
	操作最低水位	水库为下游用水户供水所允许的最低水位
	泄水	水库泄流能力
供水规则	优先权	用水户取水顺序
	保留库容	水库群联合调度需求
	远程供水	水库满足非相邻节点水量的调度规则
水质	水库中水质	水库中物质的传输转移

表 4-21　石羊河流域 MIKE BASIN 模型普通用水户节点所需数据

主要分类	次要分类	说明
取水	需水量	用水户总需水量
	地下水取水绝对量	从地下水中抽取固定的水量
	地下水取水相对量	按照一定比例从地下水中抽取水量
	缺水补偿系数	总缺水量在下一个计算时段内补偿的比例系数
回水	回水量/位置	未消耗的回归河道水量及回归位置
	水质	回归水中所含的物质传输
优先权	优先顺序	从不同水源取水的优先顺序

表 4-22　石羊河流域 MIKE BASIN 模型灌区用水户节点所需数据

主要分类	次要分类	说明
气候	温度	计算时段空气最高、最低温度
	风速	距地面 2 m 处的风速
	空气相对湿度	空气中的相对湿度
	日照时间	每天日照时间
	降水	降水时间序列、有效降水
土壤	蒸散发深度	表层土壤蒸散发影响的最大深度
	土壤湿度	初期含水量、持水能力、干旱阈值
	土壤类型	灌区土壤类型

续表 4-22

主要分类	次要分类	说明
作物	作物类型	灌区种植作物种类
	作物生长阶段	初期、生长期、中期、后期及其对应的作物系数
	叶面覆盖程度	植株高度与覆盖地面比例
	作物产量	潜在生产力
灌溉	灌溉时机	需要灌溉的条件
	灌溉程度	灌溉满足作物缺水的程度及方法

表 4-23 蔡旗断面 2007~2010 年下泄水量模拟结果　　　（单位:亿 m³）

月份	2007 年		2008 年		2009 年		2010 年		2011 年	
	模拟	实测	模拟	实测	模拟	实测	模拟	实测	模拟	实测
1	0.04	0.08	0.06	0.06	0.05	0.06	0.07	0.05	0.07	0.06
2	0.04	0.06	0.06	0.08	0.08	0.11	0.10	0.08	0.06	0.10
3	0.10	0.22	0.12	0.18	0.14	0.20	0.23	0.24	0.07	0.36
4	0.11	0.23	0.22	0.22	0.21	0.20	0.14	0.20	0.13	0.37
5	0.15	0.19	0.20	0.10	0.15	0.05	0.37	0.35	0.24	0.10
6	0.09	0.05	0.11	0.02	0.10	0.01	0.30	0.20	0.45	0.02
7	0.15	0.27	0.13	0.05	0.13	0.05	0.43	0.45	0.42	0.75
8	0.18	0.21	0.19	0.28	0.22	0.26	0.32	0.37	0.42	0.57
9	0.21	0.55	0.18	0.16	0.28	0.36	0.34	0.42	0.36	0.14
10	0.21	0.24	0.18	0.23	0.26	0.26	0.22	0.17	0.35	0.20
11	0.17	0.03	0.12	0.06	0.19	0.12	0.14	0.05	0.17	0.04
12	0.08	0.06	0.05	0.06	0.10	0.03	0.08	0.04	0.10	0.07
合计	1.53	2.19	1.62	1.50	1.91	1.71	2.74	2.62	2.84	2.80

注:2007 年数据不包括紧急调水量。

2.蔡旗断面下泄水量分析

蔡旗断面 2007~2011 年水量组成模型计算结果见表 4-24。

表 4-24 蔡旗断面 2007~2011 年水量组成模型计算结果　　　（单位:亿 m³）

断面来水量		2007 年	2008 年	2009 年	2010 年	2011 年	备注
预测结果	民调水量	0.41	0.50	0.53	0.65	0.70	
	西营输水	0.17	0.36	0.66	1.33	1.35	
	河道来水	0.60	0.47	0.46	0.52	0.56	MIKE BASIN 模拟
	泉水溢出	0.35	0.29	0.26	0.24	0.23	FEFLOW 模拟
	合计	1.53	1.62	1.91	2.74	2.84	
实测结果		2.19	1.50	1.71	2.62	2.80	

经对比分析可以看出,模型模拟蔡旗断面来水过程和实际来水过程趋势一致,水量差别不大。由于 2007 年紧急调水量数据不详,结果无法对比。2008~2011 年模拟结果与实测值最大误差只有 12.8%,模拟结果最好的 2011 年误差只有 1.6%。蔡旗断面 2007~2011 年水量模拟与实测误差对比见表 4-25(2007 年模拟数据中未考虑紧急调水量)。

表 4-25　蔡旗断面 2007~2011 年水量模拟与实测误差对比

项目	2007 年	2008 年	2009 年	2010 年	2011 年
模拟(亿 m²)	1.53	1.60	1.93	2.74	2.84
实测(亿 m³)	2.19	1.50	1.71	2.62	2.80
误差(%)	−30.0	6.9	12.8	4.6	1.6

模拟结果与实测误差对比见图 4-14。由图 4-14 可以看出,模型模拟的精度在不断提高,误差逐渐缩小,到 2011 年误差仅为 1.6%,且趋势和实测值相吻合,因此可以证明模型参数设置合理,模拟结果可信度较高。

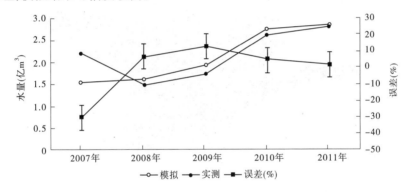

图 4-14　模拟结果与实测误差对比

二、FEFLOW 三维地下水数值模拟模型

(一)模型搭建

1.网格剖分

研究区总面积 2.35 万 km²,网格剖分主要考虑三方面因素:①开采井分布在有限元三角网格结点上;②研究区边界、分区边界、渠系、地质构造边界分布在结点上,并需要网格加密;③兼顾研究区内土地利用类型。据此将研究区剖分成 26 850 个有限单元,13 952 个结点。另外,将所有不符合规则的钝角三角形调整为锐角三角形。研究区域 FEFLOW 网格剖分结果见图 4-15。

2.3D 空间模型构建

根据研究区水文地质构造,将研究区域含水层 3D 空间模型构建为 2 片和 1 层的空间结构。研究区含水层 FEFLOW 3D 空间结构见图 4-16。

图 4-15　研究区域 FEFLOW 网格剖分

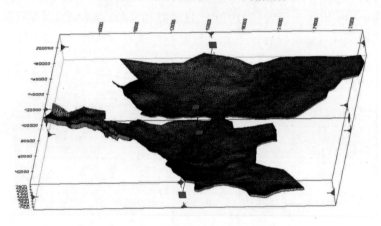

图 4-16　研究区含水层 FEFLOW 3D 空间结构

3.模拟类型和时间步长确定

模拟类型为饱和含水层瞬时流,取 2007 年 1 月 1 日的流场作为地下水模拟的初始流场,2007 年 1 月至 2011 年 12 月为模型校验期,以定时间步长方式选定模拟步长为 5 d,最终的时间序列离散结果为 5 年,共 365 步,包含 1 825 d。

(二)参数设计

源汇项包括降水入渗、灌溉回渗、河道入渗补给、渠道渗漏、蒸发蒸腾、泉水溢出、机井开采、侧向补给等。

按照软件要求,武威盆地含水层系统的南部为盆地与山体接触(断裂)带和民勤盆地东部与腾格里沙漠交汇带,将其视为第二类边界,作为定流量边界,其余均视为零流量边界;河水和地下水交换作用采用第三类边界条件刻画,其中地下水向河道补给量视为泉水溢出量计算;开采机井采用第四类边界条件。降水入渗、蒸发蒸腾、田间和渠系入渗采用面状补给模块进行计算,经过换算,将各项入渗补给强度和入渗补给时间函数分配到相应的单元格中,以备 FEFLOW 软件调用。

地质参数、特性(导水率、给水度、不同层高程)和初始及边界条件采用胡立堂(2009)相关成果,FEFLOW 模拟区边界条件见图 4-17,研究区 DEM 见图 4-18。

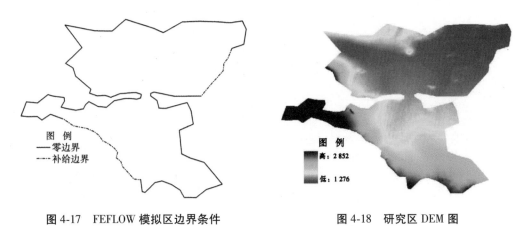

图 4-17　FEFLOW 模拟区边界条件　　　　图 4-18　研究区 DEM 图

(三) 模型识别与检验

1.模型识别原则

模型参数设定完成后,即可运行模拟程序,将模拟结果与参照数据对比分析,进行模型校验。研究区 FEFLOW 水力参数分区见图 4-19。

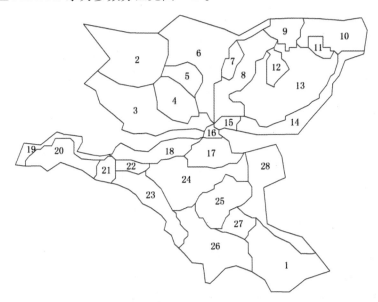

图 4-19　研究区 FEFLOW 水力参数分区

模型识别与校验遵循如下原则进行:①模型计算输出流场趋势要与实测流场趋势一致;②特征点地下水动态变化过程计算值与观测值相等或者在一定允许误差下近似相等,而且在动态变化趋势上保持一致;③均衡项在均衡期内要符合研究区实际情况,而且均衡项在时空上要保持一致。

检验数值模拟结果的可靠性通常是比较计算结果与实测数据的拟合程度,判断地下水位模拟值与观测值之间的均方根误差($RMSE$)和相关系数(R^2),以表征模型的精度及效率,

其中:

$$RMSE = \sqrt{\frac{1}{N}\sum_{i=1}^{N}(S_i - O_i)^2} \qquad (4-19)$$

$$R^2 = \frac{\left[\sum\limits_{i=1}^{N}(S_i - S_{ave})(O_i - O_{ave})\right]^2}{\left[\sum\limits_{i=1}^{N}(S_i - S_{ave})\sum\limits_{i=1}^{N}(O_i - O_{ave})\right]^2} \qquad (4-20)$$

式中:S_i 为第 i 步的地下水位模拟值,m;O_i 为第 i 步的地下水位观测值,m;N 为观测值总数;S_{ave} 为模拟的地下水位平均值,m;O_{ave} 为观测地下水位平均值,m。

选取 2007~2011 年研究区内 29 眼观测井(见图 4-20)地下水位观测数据,用于模型校验。

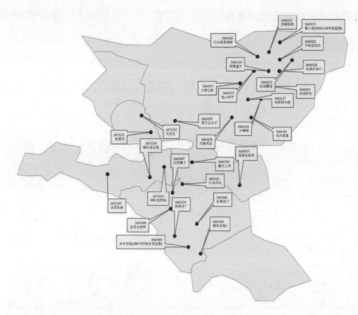

图 4-20　研究区观测井分布

2.模型识别结果评价

根据前述章节水文地质参数和初始设置以及源汇项计算,建立了地下水三维数值模拟模型,通过反复调整参数和均衡,识别水文地质条件,最终确定模型结构、参数等。模型结果识别的可靠性评价主要包括以下三个方面:观测井地下水位拟合曲线分析、含水层地下水位变幅分析和水量均衡分析。

1)观测井地下水位拟合曲线分析

观测井模拟结果与实测地下水位变化趋势基本保持一致,个别井变化幅度较大,但总体趋势一致,模拟水位与实测水位对比见图 4-21。利用式(4-19)、式(4-20)分别计算了各井点模型模拟与实测地下水位之间的均方根误差($RMSE$)、相关系数(R^2),见表 4-26,误差均在允许范围内。

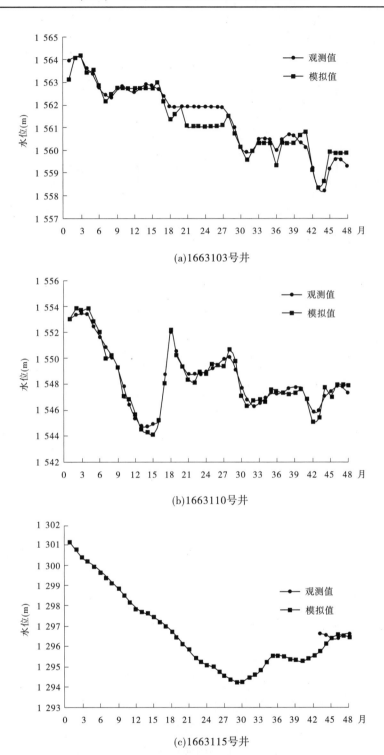

(a)1663103号井

(b)1663110号井

(c)1663115号井

图 4-21　典型机井地下水位对比

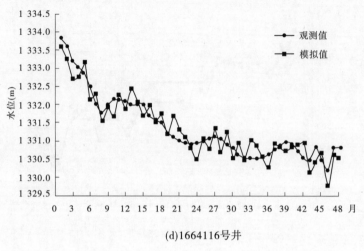

(d)1664116号井

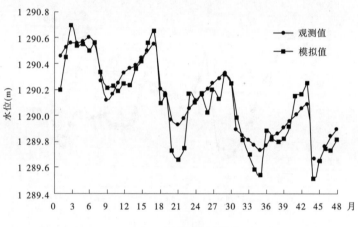

(e)1664121号井

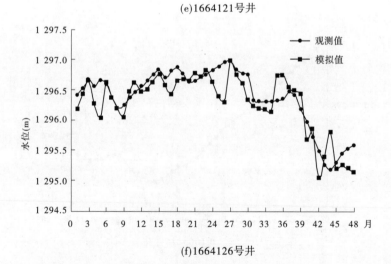

(f)1664126号井

续图 4-21

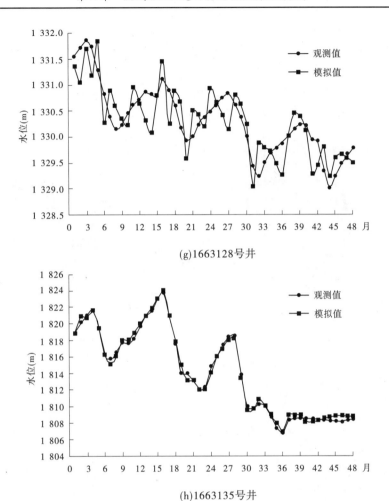

(g)1663128号井

(h)1663135号井

续图 4-21

表 4-26 研究区观测井检验误差统计

井号	RMSE(m)	R^2	井号	RMSE(m)	R^2
1663101	0.38	0.93	1664122	0.28	0.84
1663103	0.45	0.96	1664123	0.38	0.80
1663106	0.54	0.79	1664124	0.29	0.78
1663107	0.41	0.82	1664125	0.43	0.95
1663109	0.44	0.93	1664126	0.27	0.87
1663110	0.43	0.99	1664127	0.40	0.86
1663111	0.15	0.89	1664128	0.40	0.82
1664115	0.41	0.97	1664129	0.44	0.98
1664116	0.30	0.94	1664130	0.43	0.84
1664117	0.48	0.91	1671131	0.43	0.99
1664118	0.23	0.96	1671132	0.45	0.98
1664119	0.23	0.91	1671133	0.33	0.98
1664120	0.25	0.86	1671134	0.37	0.95
1664121	0.12	0.94	1671135	0.42	0.97

2）地下水位变幅分析

由模型计算的逐年地下水位变幅分析可见,模型校验期 2007~2011 年研究区绿洲地下水开采区地下水位仍在下降,但下降幅度逐年减少,到 2011 年地下水位下降大于 1 m 的区域基本消失,绿洲边缘地下水位逐年回升,其中正值表示地下水位回升,负值表示地下水位下降。2007~2011 年 FEFLOW 模拟地下水位变幅见图 4-22。

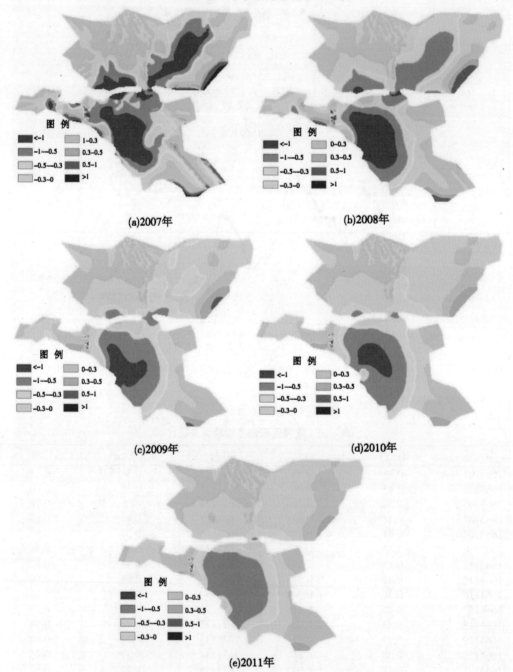

图 4-22　2007~2011 年 FEFLOW 模拟地下水位变幅　（单位:m)

3）水量均衡分析

水量均衡是模型模拟计算结果可信度的一个重要测量指标。模型模拟计算得到的2007～2011年地下水量均衡结果见表4-27。

表4-27　研究区模拟期地下水量均衡结果　　　（单位:亿m³）

分区	源汇项	均衡项	2007年	2008年	2009年	2010年	2011年
武威盆地	补给项	侧向补给	0.88	0.88	0.88	0.88	0.88
		田间入渗	1.29	1.22	1.12	1.11	1.12
		渠系入渗	5.15	4.85	4.48	4.43	4.46
		降水入渗	0.29	0.28	0.31	0.37	0.43
		河床入渗	0.79	0.79	0.78	0.77	0.77
		小计	8.40	8.02	7.57	7.55	7.66
	排泄项	潜水蒸发	0.32	0.33	0.34	0.33	0.32
		泉水溢出	0.35	0.29	0.26	0.24	0.23
		开采量	11.26	10.35	7.97	7.66	7.31
		小计	11.93	10.97	8.57	8.23	7.86
	水量平衡		−3.53	−2.95	−1.00	−0.68	−0.20
民勤盆地	补给项	侧向补给	0.45	0.45	0.45	0.45	0.45
		田间入渗	0.23	0.21	0.20	0.20	0.20
		渠系入渗	0.90	0.86	0.79	0.77	0.78
		降水入渗	0.11	0.10	0.11	0.14	0.16
		河床入渗	0	0	0	0	0
		小计	1.69	1.62	1.55	1.56	1.59
	排泄项	潜水蒸发	0.07	0.07	0.07	0.08	0.08
		泉水溢出	0	0	0	0	0
		开采量	4.00	3.41	2.45	2.11	1.91
		小计	4.07	3.48	2.52	2.19	1.99
	水量平衡		−2.38	−1.86	−0.97	−0.63	−0.40
研究区	补给项	侧向补给	1.33	1.33	1.33	1.33	1.33
		田间入渗	1.52	1.43	1.32	1.30	1.31
		渠系入渗	6.06	5.72	5.27	5.21	5.25
		降水入渗	0.39	0.38	0.42	0.51	0.59
		河床入渗	0.79	0.79	0.78	0.76	0.77
		小计	10.09	9.65	9.12	9.11	9.25
	排泄项	潜水蒸发	0.39	0.41	0.41	0.41	0.39
		泉水溢出	0.35	0.29	0.26	0.24	0.23
		开采量	15.26	13.76	10.42	9.77	9.24
		小计	16.00	14.46	11.09	10.42	9.86
	水量平衡		−5.91	−4.81	−1.97	−1.31	−0.61

均衡分析结果表明,研究区地下水开采主要集中在潜水含水层,2007年地下水系统总补给量10.09亿m³,总排泄量16.00亿m³,均衡差−5.91亿m³;至2011年,地下水系统总补

给量 9.25 亿 m³,总排泄量 9.86 亿 m³,均衡差-0.61 亿 m³,地下水仍为负均衡,但地下水超采量逐年减小。在补给项中田间入渗和渠系补给比例最大,为研究区地下水的主要补给来源;在排泄项中,人工开采已经成为地下水排泄的主要方式,这也是该区地下水集中开采区水位下降的主要原因,尤其在绿洲区已出现明显的降落漏斗。

泉水溢出量仍在减少,原因是泉水溢出带位于绿洲区,绿洲区地下水开采量虽然逐年减少,但是开采速率大于地下水恢复速度,因此地下水位仍在下降,导致泉水溢出量仍在逐年减少。

通过以上检验,研究区域地下水位计算和观测水位变化趋势基本一致,水量均衡计算符合实际,表明建立的地下水概念模型是合理的,各类边界条件、源汇项概化以及相关参数分区和选取恰当,模型能够较好地刻画石羊河流域水文地质条件,为合理开发利用流域地下水资源提供了科学依据。

三、MIKE BASIN-FEFLOW 地表水与地下水联合调度模拟模型

(一)地表水与地下水联合调度方案设计

1.地表水与地下水联合调度目标与目标函数

石羊河流域地表水与地下水联合调度涉及目标众多,包括经济、社会、环境等。要进行多目标决策,所需资料多,决策本身难度大求解困难。因此,目标选取时应在尽可能保证"三生"基本用水的前提下,以流域缺水量最小为目标,同时使缺水在各区均匀分布,把缺水引起的损失减到最小。据此,建立流域地表水与地下水联合调度目标函数如下:

$$W_q = \mathrm{Min}\Big\{ \sum_{t=1}^{T} \sum_{m=1}^{M} \sum_{j=1}^{J} \big[W_y(t,m,j) - W_g(t,m,j) \big] / \big[T \cdot W_g(t,m,j) \big] \Big\} \qquad (4\text{-}21)$$

式中:W_q 为全流域多年平均缺水程度;t 为计算时段,$t=1,2,\cdots,T$,以月为计算时段;j 为用水户编号;m 为按子区划分编号,$m=1,2,\cdots,M$;$W_y(t,m,j)$ 为第 t 时段第 m 子区第 j 用户用水需求;$W_g(t,m,j)$ 为第 t 时段第 m 子区第 j 用户供水量。

2.约束条件

1)供需平衡约束

$$W_g(t,m,j) = WB_g(t,m,j) + WD_g(m,j) \qquad (4\text{-}22)$$

$$W(t,m,j) = WB(t,m,j) + WD(m,j) \qquad (4\text{-}23)$$

式中:$WB_g(t,m,j)$ 为地表水供水量;$WD_g(m,j)$ 为地下水供水量;$W(t,m,j)$ 为总水资源量;$WB(t,m,j)$ 为地表水资源量;$WD(m,j)$ 为地下水资源量。

2)地表水量平衡约束

$$WC(t,m,j) = WR(t,m,j) - WB_g(t,m,j) - \Delta W(t,m,j) \qquad (4\text{-}24)$$

或　　　　$$V(t+1) = V(t) - WR(t,m,j) - W_g(t,m,j) - \Delta W(t,m,j) \qquad (4\text{-}25)$$

式中:$WC(t,m,j)$ 为区域出境水量;$WR(t,m,j)$ 为地表入境水量;$\Delta W(t,m,j)$ 为水量损失;$V(t+1)$ 为水库库容。

3)地下水量平衡约束

$$W_{补} - W_{排} = \pm WD \qquad (4\text{-}26)$$

$$W_{补} = \beta WR \qquad (4\text{-}27)$$

$$W_{排} = W_{蒸} + W_{泉} + W_{侧出} + \sum_{j=1}^{j} WD_g(t,m,j) \tag{4-28}$$

$$\sum_{t=1}^{T} \sum_{m=1}^{M} \sum_{j=1}^{J} WD_g(t,m,j) \leqslant WD_{max} \tag{4-29}$$

式中:$W_{补}$为地下水补水量;$W_{排}$为地下水排泄量,包括蒸发量 $W_{蒸}$、泉水量 $W_{泉}$、地下水侧向流出量 $W_{侧出}$;WD_{max}为地下水可开采量;β 为地表水与地下水转换系数。

4)水库库容约束

$$V_{min} \leqslant V(t) \leqslant V_{max} \tag{4-30}$$

式中:V_{min}、V_{max}分别为水库允许最小、最大库容。

5)"三生"用水约束

$$W_{ymin}(m,j) \leqslant W_g(t,m,j) \leqslant W_{ymax}(m,j) \tag{4-31}$$

式中:j 为"三生"用水编号,$j=1$ 为生活,$j=2$ 为生产,$j=3$ 为人工生态;$W_{ymin}(m,j)$、$W_{ymax}(m,j)$为"三生"用水下、上限制,其中上限为需水预测值,下限由式(4-32)计算确定:

$$W_{ymin}(m,j) = \alpha_j W_{ymax}(m,j) \tag{4-32}$$

式中:α_j 为基本用水系数,其中 $\alpha_1 = 1$,表示生活用水必须满足,$\alpha_2 = 0.78$,表示生产用水可以减少,$\alpha_3 = 0.8$,表示生态用水应尽量保证。

6)地下水位约束

(1)保证地下水位在丰水期能得到有效补偿;

(2)地下水系统最低水位不应导致区内地表生态环境退化;

(3)防止丰水期水位过高引起土壤次生盐碱化等问题。

依据以上原则并结合石羊河流域实际情况,在设计开采方案时,应确保:①以丰补歉,保证地下水位有一定的恢复,地下水位不会持续下降;②保证最大降深水位不得超过含水层厚度的 $1/2$,平均水位降深不超过含水层厚度的 $1/3$。

3.联合调度方案拟定

根据石羊河流域地表水、地下水和外调水等多水源特点,紧紧围绕《规划》确定的治理目标,确定 2003 年现状年、2010 年与 2020 年两个规划水平年共 3 个地表水与地下水联合调度方案,分析在不同方案下的石羊河流域水资源供需平衡与配置状况,模拟并预测不同方案流域用水状况和水资源供需平衡。

(二)地表水与地下水联合调度方案供需平衡分析

石羊河流域水资源优化配置涉及的水源类型有地表水、地下水及外调水;根据研究界定范围,划分为 21 个子区域;用户主要有农业用水、生活用水和生态用水;主要配水工程类型有水库、调水工程和渠首工程。

利用 MIKE BASIN 模型对 21 个子区域进行水资源供需平衡模拟,模拟不同方案下流域各用水户水资源状况,在此基础上利用 FEFLOW 模型,模拟不同方案下地下水开采量和地下水位动态变化规律。据此分析不同调度方案下流域水资源供需状况和缺水情况,分析评价不同方案的合理性和可行性。同时,基于模拟结果分析实现流域治理目标的可能性。

1.现状水平年

现状水平年流域总需水 35.18 亿 m³,其中农业、工业、人畜和生态需水分别为 31.66 亿 m³、

1.58 亿 m³、0.79 亿 m³ 和 1.15 亿 m³。总供水量 28.80 亿 m³,其中水库供水 14.04 亿 m³,开采地下水 14.76 亿 m³,缺水量 6.38 亿 m³。

2.2010 水平年

2010 水平年流域总需水 23.79 亿 m³,其中农业、工业、人畜和生态需水分别为 18.96 亿 m³、2.55 亿 m³、0.98 亿 m³ 和 1.30 亿 m³。总供水量 21.29 亿 m³,其中水库供水 14.39 亿 m³,开采地下水 6.90 亿 m³,缺水量 2.50 亿 m³。

3.2020 水平年

2020 水平年流域总需水 19.58 亿 m³,其中农业、工业、人畜和生态需水分别为 13.78 亿 m³、3.19 亿 m³、1.28 亿 m³ 和 1.33 亿 m³。总供水量 19.40 亿 m³,其中水库供水 12.85 亿 m³,开采地下水 6.55 亿 m³,缺水量 0.18 亿 m³。

(三)地表水与地下水联合调度方案模拟结果

为进一步验证模型各项参数的合理性,采用《规划》中现状、近期和远期水平年用水数据,运行 MIKE BASIN 模型,结合 FEFLOW 地下水模型,模拟了蔡旗断面 2003 年、2010 年和 2020 年水量、研究区地下水均衡和水位埋深变化,结果具体见表 4-28~表 4-31。

表 4-28　以 2003 年数据模拟石羊河流域蔡旗断面近 31 年水量结果　（单位:亿 m³）

年份	1 月	2 月	3 月	4 月	5 月	6 月	7 月	8 月	9 月	10 月	11 月	12 月	合计
1980	0.03	0.02	0.03	0.01	0.08	0.02	0.10	0.06	0.02	0.01	0.01	0.01	0.40
1981	0.01	0.01	0.03	0.01	0.02	0.01	0.09	0.17	0.15	0.04	0.01	0.02	0.57
1982	0.02	0.02	0.05	0.02	0.14	0.01	0.05	0.01	0.02	0.02	0.01	0.01	0.38
1983	0.01	0.02	0.02	0.01	0.10	0.02	0.13	0.19	0.05	0.04	0.01	0.01	0.61
1984	0.01	0.02	0.03	0.03	0.04	0.05	0.12	0.03	0.01	0.01	0.01	0.01	0.37
1985	0.01	0.02	0.02	0.01	0.04	0.01	0.03	0.05	0.02	0.01	0.01	0.01	0.30
1986	0.01	0.01	0.02	0.01	0.04	0.10	0.13	0.03	0.01	0.01	0.01	0.01	0.39
1987	0.01	0.01	0.02	0.01	0.01	0.13	0.03	0.02	0.01	0.01	0.01	0.01	0.28
1988	0.01	0.01	0.01	0.01	0.10	0.13	0.19	0.08	0.07	0.06	0.01	0.02	0.70
1989	0.02	0.02	0.04	0.02	0.13	0.08	0.28	0.07	0.09	0.06	0.01	0.02	0.84
1990	0.02	0.02	0.04	0.01	0.09	0.09	0.10	0.05	0.01	0.01	0.01	0.01	0.46
1991	0.01	0.01	0.02	0.01	0.06	0.02	0.01	0.01	0.01	0.01	0.01	0.01	0.19
1992	0.01	0.01	0.01	0.01	0.03	0.04	0.03	0.03	0.04	0.01	0.01	0.01	0.24
1993	0.01	0.01	0.03	0.05	0.11	0.08	0.25	0.15	0.05	0.01	0.01	0.01	0.77
1994	0.01	0.02	0.03	0.01	0.01	0.01	0.07	0.12	0.02	0.01	0.01	0.01	0.33
1995	0.02	0.01	0.03	0.01	0.02	0.01	0.02	0.03	0.12	0.02	0.01	0.01	0.31
1996	0.01	0.01	0.02	0.01	0.07	0.02	0.07	0.05	0.01	0.01	0.01	0.01	0.30
1997	0.01	0.01	0.02	0.01	0.10	0.01	0.04	0.06	0.01	0.01	0.01	0.01	0.31
1998	0.01	0.01	0.02	0.01	0.01	0.01	0.04	0.01	0.01	0.01	0.01	0.01	0.20
1999	0.01	0.01	0.02	0.01	0.01	0.01	0.05	0.01	0.01	0.01	0.01	0.01	0.17
2000	0.01	0.01	0.03	0.01	0.02	0.05	0.02	0.05	0.05	0.02	0.01	0.02	0.30
2001	0.01	0.02	0.02	0.01	0.01	0.01	0.03	0.01	0.04	0.02	0.01	0.02	0.21
2002	0.01	0.01	0.02	0.01	0.01	0.03	0.01	0.01	0.01	0.01	0.01	0.01	0.15
2003	0.01	0.02	0.03	0.01	0.12	0.10	0.13	0.20	0.13	0.06	0.01	0.02	0.84
2004	0.02	0.03	0.04	0.02	0.01	0.01	0.05	0.05	0.04	0.03	0.01	0.01	0.32
2005	0.02	0.02	0.03	0.02	0.06	0.02	0.03	0.04	0.02	0.04	0.01	0.02	0.33

续表4-28

年份	1月	2月	3月	4月	5月	6月	7月	8月	9月	10月	11月	12月	合计
2006	0.02	0.02	0.02	0.01	0.06	0.04	0.10	0.10	0.03	0.04	0.01	0.01	0.46
2007	0.02	0.02	0.02	0.01	0.10	0.01	0.05	0.03	0.10	0.06	0.01	0.02	0.45
2008	0.02	0.02	0.03	0.02	0.08	0.03	0.01	0.01	0.03	0.02	0.01	0.01	0.29
2009	0.02	0.03	0.03	0.01	0.01	0.02	0.01	0.04	0.04	0.05	0.01	0.05	0.32
2010	0.02	0.02	0.03	0.01	0.03	0.04	0.07	0.06	0.04	0.07	0.02	0.03	0.44
平均	0.01	0.02	0.03	0.01	0.06	0.04	0.08	0.06	0.04	0.03	0.01	0.01	0.39

表4-29　以2010年数据模拟石羊河流域蔡旗断面近31年水量结果　（单位:亿 m³）

年份	1月	2月	3月	4月	5月	6月	7月	8月	9月	10月	11月	12月	合计
1980	0.03	0.02	0.03	0.01	0.13	0.03	0.16	0.11	0.04	0.02	0.01	0.01	0.60
1981	0.01	0.01	0.03	0.01	0.03	0.02	0.16	0.22	0.20	0.05	0.01	0.02	0.77
1982	0.02	0.02	0.05	0.02	0.18	0.01	0.08	0.01	0.05	0.03	0.01	0.01	0.49
1983	0.01	0.02	0.02	0.01	0.14	0.06	0.19	0.23	0.09	0.05	0.01	0.01	0.84
1984	0.02	0.02	0.03	0.05	0.06	0.10	0.15	0.06	0.01	0.02	0.01	0.01	0.54
1985	0.01	0.02	0.02	0.01	0.07	0.13	0.07	0.10	0.04	0.01	0.01	0.01	0.50
1986	0.01	0.01	0.02	0.01	0.08	0.15	0.17	0.06	0.01	0.01	0.01	0.01	0.54
1987	0.01	0.01	0.02	0.01	0.02	0.20	0.05	0.04	0.01	0.01	0.01	0.01	0.40
1988	0.01	0.01	0.01	0.01	0.14	0.17	0.23	0.12	0.11	0.08	0.01	0.02	0.92
1989	0.02	0.02	0.04	0.03	0.17	0.12	0.32	0.12	0.12	0.07	0.01	0.03	1.07
1990	0.02	0.02	0.04	0.01	0.12	0.14	0.15	0.09	0.02	0.01	0.01	0.01	0.64
1991	0.01	0.01	0.03	0.01	0.09	0.04	0.01	0.01	0.01	0.01	0.01	0.01	0.25
1992	0.01	0.01	0.01	0.01	0.06	0.06	0.05	0.05	0.06	0.03	0.01	0.02	0.38
1993	0.01	0.01	0.03	0.07	0.14	0.14	0.30	0.19	0.07	0.01	0.01	0.01	0.99
1994	0.01	0.02	0.03	0.01	0.02	0.01	0.10	0.17	0.03	0.01	0.01	0.02	0.45
1995	0.02	0.01	0.03	0.01	0.05	0.01	0.04	0.06	0.17	0.03	0.01	0.01	0.44
1996	0.01	0.01	0.02	0.01	0.11	0.02	0.10	0.10	0.01	0.01	0.01	0.01	0.42
1997	0.01	0.01	0.02	0.01	0.14	0.02	0.09	0.13	0.01	0.01	0.01	0.01	0.47
1998	0.01	0.01	0.02	0.02	0.01	0.05	0.07	0.10	0.03	0.02	0.01	0.01	0.36
1999	0.01	0.01	0.02	0.01	0.01	0.01	0.10	0.04	0.02	0.01	0.01	0.01	0.26
2000	0.01	0.01	0.03	0.01	0.04	0.09	0.04	0.10	0.10	0.04	0.01	0.02	0.50
2001	0.02	0.02	0.03	0.01	0.01	0.01	0.05	0.02	0.08	0.04	0.01	0.02	0.32
2002	0.01	0.01	0.02	0.01	0.03	0.08	0.03	0.04	0.04	0.01	0.01	0.01	0.30
2003	0.01	0.02	0.03	0.02	0.16	0.14	0.17	0.25	0.17	0.08	0.01	0.02	1.08
2004	0.03	0.03	0.04	0.04	0.03	0.02	0.10	0.11	0.07	0.05	0.01	0.01	0.54
2005	0.02	0.02	0.03	0.04	0.09	0.04	0.08	0.09	0.05	0.07	0.01	0.02	0.56
2006	0.02	0.02	0.02	0.01	0.10	0.08	0.15	0.15	0.06	0.06	0.01	0.01	0.69
2007	0.02	0.02	0.02	0.01	0.13	0.06	0.10	0.08	0.13	0.08	0.01	0.02	0.68
2008	0.02	0.02	0.03	0.03	0.12	0.04	0.04	0.04	0.05	0.04	0.01	0.01	0.45
2009	0.02	0.03	0.03	0.01	0.03	0.04	0.03	0.07	0.08	0.09	0.01	0.05	0.49
2010	0.02	0.02	0.03	0.01	0.06	0.09	0.12	0.10	0.07	0.08	0.02	0.03	0.65
平均	0.02	0.02	0.03	0.02	0.08	0.07	0.12	0.10	0.07	0.04	0.01	0.02	0.57

表 4-30　以 2020 年数据模拟石羊河流域蔡旗断面近 31 年水量结果　（单位：亿 m³）

年份	1 月	2 月	3 月	4 月	5 月	6 月	7 月	8 月	9 月	10 月	11 月	12 月	合计
1980	0.03	0.02	0.03	0.01	0.14	0.04	0.17	0.12	0.05	0.02	0.01	0.01	0.65
1981	0.01	0.01	0.03	0.01	0.03	0.04	0.17	0.24	0.20	0.06	0.01	0.02	0.83
1982	0.02	0.03	0.05	0.02	0.18	0.02	0.09	0.01	0.07	0.04	0.01	0.01	0.55
1983	0.01	0.02	0.02	0.01	0.15	0.08	0.20	0.25	0.10	0.06	0.01	0.01	0.92
1984	0.02	0.02	0.03	0.06	0.08	0.11	0.17	0.07	0.01	0.02	0.01	0.01	0.62
1985	0.01	0.02	0.02	0.01	0.09	0.15	0.09	0.11	0.05	0.01	0.01	0.01	0.58
1986	0.01	0.01	0.02	0.01	0.09	0.16	0.18	0.07	0.01	0.01	0.01	0.01	0.59
1987	0.01	0.01	0.02	0.01	0.02	0.21	0.07	0.06	0.01	0.01	0.01	0.01	0.45
1988	0.01	0.01	0.01	0.01	0.15	0.18	0.25	0.13	0.12	0.10	0.01	0.02	1.00
1989	0.02	0.02	0.04	0.03	0.19	0.13	0.34	0.13	0.13	0.08	0.01	0.03	1.15
1990	0.03	0.03	0.05	0.02	0.12	0.15	0.16	0.10	0.03	0.01	0.01	0.01	0.72
1991	0.01	0.01	0.03	0.01	0.11	0.06	0.02	0.01	0.01	0.01	0.01	0.01	0.30
1992	0.01	0.01	0.01	0.01	0.07	0.08	0.07	0.07	0.07	0.04	0.01	0.02	0.47
1993	0.01	0.01	0.03	0.08	0.14	0.14	0.31	0.21	0.09	0.02	0.01	0.01	1.06
1994	0.02	0.02	0.03	0.01	0.02	0.03	0.13	0.20	0.04	0.02	0.01	0.02	0.55
1995	0.02	0.02	0.03	0.01	0.05	0.01	0.05	0.07	0.20	0.03	0.01	0.01	0.51
1996	0.01	0.02	0.03	0.02	0.12	0.02	0.12	0.11	0.01	0.01	0.01	0.01	0.49
1997	0.01	0.01	0.02	0.02	0.15	0.02	0.10	0.14	0.01	0.01	0.01	0.01	0.53
1998	0.01	0.01	0.02	0.02	0.02	0.07	0.09	0.11	0.03	0.02	0.01	0.01	0.42
1999	0.01	0.02	0.03	0.01	0.01	0.02	0.13	0.04	0.03	0.01	0.01	0.01	0.33
2000	0.01	0.01	0.03	0.01	0.04	0.11	0.05	0.13	0.11	0.05	0.01	0.02	0.58
2001	0.02	0.02	0.03	0.01	0.01	0.01	0.07	0.03	0.10	0.05	0.01	0.02	0.38
2002	0.01	0.01	0.02	0.01	0.03	0.11	0.04	0.05	0.06	0.01	0.01	0.01	0.37
2003	0.01	0.02	0.03	0.02	0.18	0.15	0.20	0.26	0.18	0.09	0.01	0.02	1.17
2004	0.03	0.03	3.04	0.04	0.04	0.03	0.11	0.12	9.09	0.05	11.01	12.01	0.60
2005	0.02	0.02	0.03	0.04	0.10	0.05	0.10	0.11	0.05	0.07	0.01	0.02	0.62
2006	0.02	0.02	0.02	0.01	0.11	0.09	0.16	0.17	0.07	0.06	0.01	0.01	0.75
2007	0.02	0.02	0.02	0.01	0.14	0.06	0.10	0.09	0.14	0.09	0.02	0.02	0.73
2008	0.02	0.02	0.03	0.04	0.13	0.06	0.05	0.05	0.06	0.04	0.01	0.02	0.52
2009	0.03	0.03	0.03	0.02	0.03	0.04	0.04	0.09	0.10	0.09	0.01	0.05	0.55
2010	0.03	0.02	0.03	0.01	0.06	0.09	0.12	0.11	0.08	0.09	0.03	0.03	0.70
平均	0.02	0.02	0.03	0.02	0.09	0.08	0.13	0.11	0.07	0.04	0.01	0.02	0.64

表 4-31 研究区地下水均衡结果 （单位：亿 m³）

水均衡项			2003 年	2010 年	2020 年
模拟结果	补给量	侧向补给	1.33	1.33	1.33
		田间入渗	2.11	1.17	1.28
		渠系入渗	6.53	3.96	3.85
		降水入渗	0.33	0.46	0.45
		河床入渗	0.80	0.87	1.64
		小计	11.10	7.79	8.55
	排泄量	潜水蒸发	0.30	0.39	0.41
		泉水溢出	0.36	0.40	0.47
		开采量	14.76	6.90	6.65
		小计	15.42	7.69	7.53
	水量平衡		−4.32	0.10	1.02
规划结果			−4.32	0.03	0.94

1.地下水均衡分析

通过模拟分析，2003 年、2010 年和 2020 年研究区地下水均衡量分别为−4.32 亿 m³、0.10亿 m³ 和1.02亿 m³，《规划》中研究区地下水均衡量分别为−4.32 亿 m³、0.03 亿 m³ 和0.94 亿 m³，两者结果比较接近，模拟能够达到精度要求。

2.地下水埋深分析

分析结果表明，2010 年地下水埋深趋于稳定，地下水位基本停止下降；到 2020 年民勤绿洲区地下水位有所回升，湖区出现 73.89 km² 的 0~3 m 地下水浅埋区，武威盆地地下水略有下降趋势，但幅度不大。

3.蔡旗断面水量分析

利用 FEFLOW 地下水模型模拟了 2003 年、2010 年和 2020 年中游洪水河泉水溢出量，利用 MIKE BASIN 水资源管理模型模拟了河道弃水量。两个模型结合分析，模型对规划近期和远期水平年蔡旗断面来水量（不计外调水）进行了很好的模拟还原，精确度较高，说明模型参数设置正确，满足模拟计算要求。规划方案模拟计算结果见表4-32。根据模拟结果，到 2020 年，扣除调水量后蔡旗断面水量将达到 1.08 亿 m³。

表 4-32 规划方案模拟计算结果 （单位：亿 m³）

项目		2003 年	2010 年	2020 年	备注
模拟值	河道来水	0.52	0.53	0.65	规划数据
		0.39	0.57	0.62	MIKE BASIN 模拟
	泉水溢出	0.47	0.42	0.43	规划数据
		0.36	0.40	0.47	FEFLOW 模拟
	合计	0.75	0.97	1.09	
规划值		0.99	0.95	1.08	

不同水平年近31 年系列模拟结果对比见图4-23，可以看出，各水平年模拟蔡旗断面河道来水数据趋势相同，由近期水平年到远期水平年水量逐渐增大，模拟结果符合预期要求。

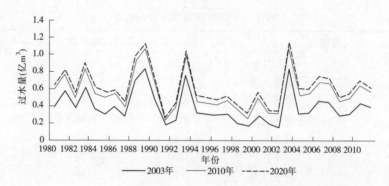

图 4-23　各水平年用水数据下近 31 年蔡旗断面过水量模拟结果对比

第三节　WEAP-MODFLOW 模型生态目标过程控制技术

一、石羊河中下游 WEAP 水资源管理模型的建立

(一)模型搭建

WEAP 地表水模型是具有物理意义的概念性模型,它将水资源供需中不同的物理单元(供水单元、需水单元)和节点(水库、水文站、取水点)进行概化,并通过具有物理意义的连接(渠道、河道)表现其水力联系,模拟不同水资源利用情景下的水量配置与供需平衡分析结果。

1.供水单元和水源

按照 WEAP 模型要求,需要对研究区 12 条河流进行概化模拟,包括西营河、石羊河、金塔河、杂木河、柳条河、古浪河、黄羊河、大靖河、西大河、东大河、红水河、黄羊川河。石羊河WEAP 模型河流所需数据、河流设置情况见表 4-33、表 4-34。

表 4-33　石羊河 WEAP 模型河流所需数据一览

主要分类	次要分类	说明
水库	物理特征	总库容、初始库容、库容曲线、泄水能力、蒸发、渗漏
	运行规则	蓄水上限、减小供水起始库容、减小供水系数、死库容
	优先级	蓄水优先级
河段	来流与出流	地表水来流、蒸发
水文站	流量	实测数据

表 4-34　石羊河 WEAP 模型河流设置情况

河流	河段数	水库数	水库名称
石羊河	9	1	红崖山水库
西营河	5	1	西营水库
金塔河	3	1	南营水库
杂木河	3	0	无
黄羊河	4	1	黄羊水库
柳条河	3	1	柳条河水库
古浪河	5	0	无

续表 4-34

河流	河段数	水库数	水库名称
龙沟河	2	1	十八里堡水库
黄羊川河	2	1	曹家湖水库
大靖河	3	1	大靖峡水库
西大河	5	2	金川峡水库、西大河水库
东大河	4	1	皇城水库
红水河	6	0	无

河流上包含水库、河段、水文站三类物理单元:研究区有水库 11 座,分别是西营、红崖山、南营、黄羊、柳条河、十八里堡、曹家湖、大靖峡、金川峡、西大河和皇城水库,其物理参数有总库容、初始库容、库容曲线、最大下泄能力、蒸发—降水、下渗、实测库容(用于参数率定)、特征库容、蓄水优先级;河段是被不同的节点划分成的河流,河段侧向入流(包括杂木、西营、南营、黄羊水库以下)、入渗及蒸发比例;水文站是模型用于河道水量率定的节点,包括九条岭、西营、蔡旗、杂木寺、金川峡和红水河等。河流分流主要模拟灌区渠首或调水工程从河道引水情况,模型中设置分流的河流有西大河、东大河、西营河、黄羊河、古浪河、古丰河,其分流量受最大引水能力约束。

地下水供水单元按照区域地下水地质单元分区,概化为金川、民勤、石羊中部、石羊东部、石羊西部和四坝含水层共 6 个水文地质单元,其约束和边界条件有最大储变量、初始水量、最大取水量、天然补给量等,考虑到石羊河流域冬灌泡地用水的特殊性,在进行冬灌的灌区设置冬灌含水层,共计 23 个。石羊河 WEAP 模型地下水含水层设置见表 4-35。

表 4-35　石羊河 WEAP 模型地下水含水层设置

编号	含水层	备注
1	Minqin_aquifer	
2	shiyang_east_aquifer	
3	shiyang_west_aquifer	
4	shiyang_central_aquifer	
5	jinchuan_aquifer	
6	siba_springs_aquifer	
7	xiying_temp	西营灌区冬灌含水层
8	xihe_temp	西河灌区冬灌含水层
9	donghe_temp	东河灌区冬灌含水层
10	jinta_temp	金塔灌区冬灌含水层
11	huangyang_temp	黄羊灌区冬灌含水层
12	gufeng_temp	古丰灌区冬灌含水层
13	gulanghe_temp	古浪河灌区冬灌含水层
14	dajing_temp	大靖灌区冬灌含水层
15	siba_temp	四坝灌区冬灌含水层
16	jinchang_temp	金昌灌区冬灌含水层
17	changning_temp	昌宁灌区冬灌含水层
18	huanhe_GW_temp	环河灌区冬灌含水层
19	qinghe_GW_temp	清河灌区冬灌含水层
20	yongchang_GW_temp	永昌灌区冬灌含水层
21	zamu_temp	杂木灌区冬灌含水层
22	qingyuan_temp	清源灌区冬灌含水层

续表 4-35

编号	含水层	备注
23	nanhu_GW_temp	南湖灌区冬灌含水层
24	jinyang_GW_temp	金羊灌区冬灌含水层
25	baqu_temp	坝区灌区冬灌含水层
26	jiahe_temp	夹河灌区冬灌含水层
27	quanshan_temp	泉山灌区冬灌含水层
28	hubei_temp	湖北灌区冬灌含水层
29	hunan_temp	湖南灌区冬灌含水层

径流/入渗过程,包括从灌区或地下水至不同单元的分配比例等。石羊河 WEAP 模型节点连接所需数据见表 4-36。

表 4-36　石羊河 WEAP 模型节点连接所需数据

主要分类	次要分类	说明
输送连接	连接规则	过流能力、供水上限(需水最大满足程度)、供水优先级
	损失	系统损失、渗漏损失
回流连接	来流与出流	路径、系统损失、渗漏损失、地下水补给
径流/下渗	径流比例	从灌区或地下水至不同单元的分配比例

供水单元和水源的控制方程为水量平衡,包括总入流、出流及水量蓄变量(水库、含水层、土壤含水率)。以河段为例,水量平衡计算方程为

$$Q_{\text{downstreamOutflow}} = Q_{\text{upInflow}} + Q_{\text{inSurface}} + Q_{\text{fromGround}} - Q_{\text{toGround}} - E \tag{4-33}$$

式中:$Q_{\text{downstreamOutflow}}$ 为下游出流;Q_{upInflow} 为上游来流;$Q_{\text{inSurface}}$ 为区间地表来流;$Q_{\text{fromGround}}$ 为地下水补给河水;Q_{toGround} 为下渗;E 为蒸发。

约束条件主要是物理约束和人为控制约束,如河道过流能力、供给量不超过需求量、优先顺序等。

2.需求点和集水盆地

需求点(Demand sites)代表流域内实际的需水部门,包括农业、工业和生活水等部门,活动水平、年均用水及分配、消耗比例采用 2000 年水平。

集水盆地(Catchments)可以进行降水径流模拟计算,采用 rain/runoff(FAO)方法,利用作物面积比例、作物系数(K_c)、田间有效降水比例、降水、参考作物腾发量(ET_0)、重复利用率进行水量计算,实际产量与供水状况相联系,通过最大产量和供水不足时产量比例计算得到。石羊河 WEAP 模型需水单元所需数据类型见表 4-37,需水单元设置见表 4-38。

表 4-37　石羊河 WEAP 模型需水单元所需数据类型一览

主要分类	次要分类	说明
需求点	用水	人口、年用水量、用水量年内逐月变化情况、耗水率
	优先级	需水次序
集水盆地	土地利用	面积、作物 K_c 值、有效降水系数
	气候	降水、蒸发
	种植情况	种植结构、水源
	优先级	需水次序

表 4-38　石羊河 WEAP 模型需水单元设置

需水单元	编号	名称	二级名称	备注
需求点	1	jinchuan_rural		
	2	jinchang_industry		
	3	jinchang city	domestic	
	4	minqin	domestic	
			industry	
	5	minqin_rural		
	6	wuwei	domestic	
			industry	
	7	wuwei_rural		
集水盆地	1	baqu GW		
	2	changning_GW		
	3	dajing irr		
	4	donghe irr		
	5	gufeng irr		
	6	gulang irr		
	7	gulanghe irr		
	8	huangyang irr		
	9	huanhe GW		
	10	hubei irr		
	11	hunan irr		
	12	jiahe GW		
	13	jinchan irr		
	14	jinta irr		
	15	jinyang GW		
	16	nanhua GW		
	17	qinghe GW		
	18	qingyuan GW		
	19	quanshan irr		
	20	siba irr		
	21	xihe irr		
	22	xiying irr		
	23	yongchang GW		
	24	zamu irr		
需水单元	1	WI_huangyang		灌区冬灌需水单元
	2	WI_baqu		灌区冬灌需水单元
	3	WI_changning		灌区冬灌需水单元
	4	WI_dajing		灌区冬灌需水单元
	5	WI_donghe		灌区冬灌需水单元
	6	WI_gufeng		灌区冬灌需水单元
	7	WI_gulanghe		灌区冬灌需水单元
	8	WI_huanhe		灌区冬灌需水单元
	9	WI_hubei		灌区冬灌需水单元

续表 4-38

需水单元	编号	名称	二级名称	备注
	10	WI_hunan		灌区冬灌需水单元
	11	WI_jiaha		灌区冬灌需水单元
	12	WI_jinchang		灌区冬灌需水单元
	13	WI_jinta		灌区冬灌需水单元
	14	WI_jinyang		灌区冬灌需水单元
	15	WI_nanhu		灌区冬灌需水单元
需水单元	16	WI_qinghe		灌区冬灌需水单元
	17	WI_qingyuan		灌区冬灌需水单元
	18	WI_quanshan		灌区冬灌需水单元
	19	WI_siba		灌区冬灌需水单元
	20	WI_xihe		灌区冬灌需水单元
	21	WI_xiying		灌区冬灌需水单元
	22	WI_yongchang		灌区冬灌需水单元
	23	WI_zamu		灌区冬灌需水单元

（二）参数设置及关键假设

通过设置一些通用的常量参数，能够进行不同情景的水量模拟和配置，其中包括作物假设（如 K_c，产量）、气象假设（如 ET_0）、水库（初始库容比例、降水和蒸发）、其他（如输送损失 conveyance_OPP_Loss，生活日需水、耗水比例、入渗系数、河流下渗、径流进入地下、有效降水）、地下水初始水量（比例）、冬灌泡地面积、泡地水深等。石羊河 WEAP 模型参数设置及关键假设条件见表 4-39。

表 4-39　石羊河 WEAP 模型参数设置及关键假设条件

主要分类	次要分类	说明
	Kc Alfalfa	苜蓿年内逐月 K_c 值
	Kc Cotton	棉花年内逐月 K_c 值
crops	Kc Maize	玉米年内逐月 K_c 值
	Kc Vegetables	蔬菜年内逐月 K_c 值
	Kc Wheat	小麦年内逐月 K_c 值
	Kc Others	其他作物年内逐月 K_c 值
	Eto_yongchang	永昌地区年内逐月 ET_0
	Eto_wuwei	武威地区年内逐月 ET_0
	Eto_minqin	民勤地区年内逐月 ET_0
	Eto_gulang	古浪地区年内逐月 ET_0
Meteo Data	Precip_yongchang	永昌地区年内逐月 $Precip$
	Precip_wuwei	武威地区年内逐月 $Precip$
	Precip_minqin	民勤地区年内逐月 $Precip$
	Precip_gulang	古浪地区年内逐月 $Precip$
MetEo Others	effective precip	有效降水比例
Reservoirs	Initial storage	水库初始蓄水量

续表 4-39

主要分类	次要分类	说明
Reservoir_netevap	xidahe_Eo	西大河水库年内逐月 E_0
	xidahe_Precip	西大河水库年内逐月 $Precip$
	huangcheng_Eo	皇城水库年内逐月 E_0
	huangcheng_Precip	皇城水库年内逐月 $Precip$
	jinchuanxia_Eo	金川峡水库年内逐月 E_0
	jinchuanxia_Precip	金川峡水库年内逐月 $Precip$
	xiying_Eo	西营水库年内逐月 E_0
	xiying_Precip	西营水库年内逐月 $Precip$
	nanying_Eo	南营水库年内逐月 E_0
	nanying_Precip	南营水库年内逐月 $Precip$
	huangyang_Eo	黄羊水库年内逐月 E_0
	huangyang_Precip	黄羊水库年内逐月 $Precip$
	liutiaohe_Eo	柳条河水库年内逐月 E_0
	liutiaohe_Precip	柳条河水库年内逐月 $Precip$
	shibalibao_Eo	十八里堡水库年内逐月 E_0
	shibalibao_Precip	十八里堡水库年内逐月 $Precip$
	caojiahu_Eo	曹家湖水库年内逐月 E_0
	caojiahu_Precip	曹家湖水库年内逐月 $Precip$
	dajingxia_Eo	大靖峡水库年内逐月 E_0
	dajingxia_Precip	大靖峡水库年内逐月 $Precip$
	hongyasha_Eo	红崖山水库年内逐月 E_0
	hongyasha_Precip	红崖山水库年内逐月 $Precip$
Groundwater	initalstorage	地下含水层初始蓄水量
WI_depth	WI_depth	冬灌泡地水深
River	eva	河流蒸发损失

二、MODFLOW 地下水三维含水层结构模型

(一) 模型搭建

1.网格剖分

地下水模型 MODFLOW 是一种模块式三维有限差分地下水流模型,可以对不同地下水含水层及单元水流进行模拟。作为一种模块式三维有限差分地下水流模型,可以模拟孔隙介质的三维地下水流动。模型原理如下:

$$\frac{\partial}{\partial x}\left(K_{xx}\frac{\partial h}{\partial x}\right)+\frac{\partial}{\partial y}\left(K_{yy}\frac{\partial h}{\partial y}\right)+\frac{\partial}{\partial z}\left(K_{zz}\frac{\partial h}{\partial z}\right)-W=S_s\frac{\partial h}{\partial t} \qquad (4\text{-}34)$$

式中：K_{xx}、K_{yy}、K_{zz} 分别为沿 x、y、z 方向的渗透系数；h 为水头；t 为时间；W 为在非平衡状态下，通过均质、各向同性土壤介质单位体积的流量，表示地下水的源汇项；S_s 为贮水系数。

　　建立研究区地下水流数值模拟模型，首先要对模拟区域进行网格剖分。剖分时除遵循一般的剖分原则外，还应满足研究区边界、分区边界、渠系、地质构造边界分布在网格线上，并兼顾研究区内土地利用类型。网格划分为 10 000 个单元，其中活动网格 3 357 个。研究区地表高程见图 4-24，有限元网格剖分见图 4-25，灌区分布情况见图 4-26，底部高程见图 4-27。

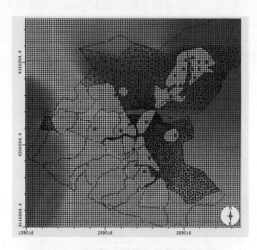

图 4-24　研究区域地下水模型地表高程

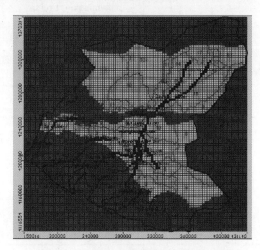

图 4-25　研究区域有限元网格剖分

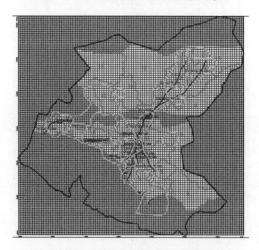

图 4-26　研究区域灌区分布情况

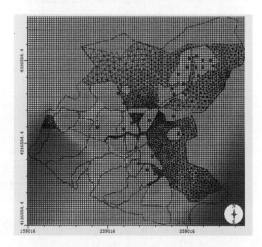

图 4-27　研究区域地下水模型底部高程

　　地下含水层设为单层，行宽 2 537.6 m，列宽 2 721.2 m，每个网格面积 6.91 km²，活动区域面积共 2.32 万 km²，行、列剖面见图 4-28、图 4-29。

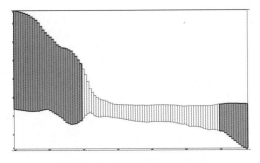

图 4-28 研究区域行剖面

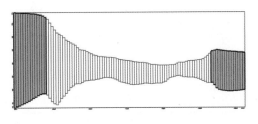

图 4-29 研究区域列剖面

2.属性设置

地质参数/特性(导水率、给水度、不同层高程)和初始及边界条件采用胡立堂(2009)相关研究成果,包括初始水头(初始蓄水量、储水系数)、入渗补给边界、河道边界(西大河、东大河、西营、金塔、杂木、红水河、石羊河)等。潜水蒸发假定线性分布,极限埋深 5 m,最大蒸发能力 1 200 mm/年。

1)渗透系数

渗透系数(conductivity)包括 K_x 模型沿 x 轴方向的渗透系数、K_y 模型沿 y 轴方向的渗透系数、K_z 模型沿 z 轴方向的渗透系数。该模型中采用相同的 K_x 和 K_y。研究区渗透系数分区设置见表 4-40,渗透系数分布见图 4-30。

表 4-40 研究区域渗透系数分区设置

分区	K_x(m/d)	K_y(m/d)	K_z(m/d)
1	28.000	28.000	5.600 0
2	20.462	20.462	4.092 3
3	2.011	2.011	0.402 3
4	3.069	3.069	0.613 9
5	1.023	1.023	0.204 6
6	0.512	0.512	0.102 3
7	20.462	20.462	4.092 3
8	3.069	3.069	0.613 9
9	1.023	1.023	0.204 6
10	20.462	20.462	4.092 3
11	10.231	10.231	2.046 2
12	0.010 2	0.010 2	0.002 1
13	2.558	2.558	0.051 2
14	12.788	12.788	2.557 7

续表 4-40

分区	K_x(m/d)	K_y(m/d)	K_z(m/d)
15	3.581	3.581	2.046 2
16	15.346	15.346	3.069 2
17	20.011	20.011	4.402 3
18	0.512	0.512	0.102 3
19	2.011	2.011	0.402 3
20	3.581	3.581	0.716 2
21	24.000	24.000	4.800 0

2)存储

存储(storage)包括 S_s(贮水系数)、S_y(给水度)、$Eff.Por$(有效孔隙度)、$Tot.Por$(总孔隙度)。研究区域存储分区设置见表 4-41,存储分区见图 4-31。

表 4-41 研究区域存储分区设置

分区	S_s(m/d)	S_y	$Eff.Por$	$Tot.Por$
1	1.0×10^{-5}	0.26	0.15	0.30
2	2.5×10^{-5}	0.19	0.15	0.30
3	3.0×10^{-5}	0.16	0.15	0.30
4	3.5×10^{-5}	0.14	0.15	0.30
5	1.0×10^{-5}	0.11	0.15	0.30
6	4.0×10^{-5}	0.03	0.15	0.30
7	4.5×10^{-5}	0.08	0.15	0.30
8	4.0×10^{-5}	0.08	0.15	0.30
9	4.4×10^{-5}	0.08	0.15	0.30
10	4.0×10^{-5}	0.02	0.15	0.30
11	6.0×10^{-5}	0.02	0.15	0.30
12	7.0×10^{-5}	0.02	0.15	0.30
13	3.0×10^{-5}	0.07	0.15	0.30

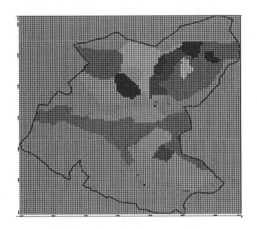

图 4-30　研究区域渗透系数分区

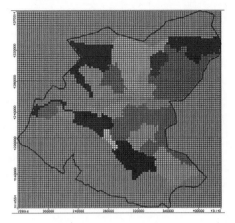

图 4-31　研究区域存储分区

3）初始水头

初始水头的合理推测能够有效减少模型运算时间。该模型中初始水头值从 .shp 文件中读入。研究区域初始水头分区见图 4-32。

3.边界条件设置

1）河流

MODFLOW 允许把地表水边界条件引入地下水流模拟中。江河、溪流和湖泊与地下水系统之间的补给或排泄关系取决于地表水体和地下水体之间的水力梯度。河流程序包允许模拟被一层低渗透性材料与地下水系统分开的地表水体。

河流程序要求河流边界所包括的每一个单元都要输入如下信息：

● 河水位标高：河水位标高是地表水体水面的标高，该标高可随时间改变。

● 河底标高：河底标高为溪、河或湖底标高。

传导系数：传导系数是一个数字参数，它代表地表水体和地下水体之间阻止水流的能力。传导系数由经过某单元的河段长度（L）、该单元中的河宽（W）、河床厚度（M）以及河床物质的水力传导系数（K）计算得到。模型河流边界设置见图 4-33。

图 4-32　研究区域初始水头分区

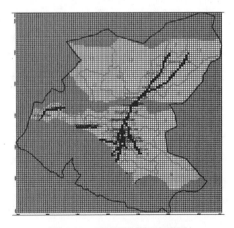

图 4-33　研究区域河流边界

●河床传导系数 C 为

$$C = \frac{KLW}{M} \tag{4-35}$$

2）补给边界

MODFLOW 用补给程序包（RCH）来处理地下水补给。补给程序包首先用来模拟地下水来自大气的补给。大多数情况下，大气补给表现为降水向地下水系统的入渗结果。除大气降水补给外，补给程序包还可以用来模拟其他来源的补给，比如人工补给。

在 Visual MODFLOW 中补给仅输入顶层即第一层中。因为天然补给是由地表进入地下水系统的，因此没有必要在同一垂直列的多个深度同时发生补给。然而，在一次模拟中，各层之间的地下水位垂向位置可能会有所不同。该模型地下水仅设置一层，补给边界分区见图 4-34。

3）蒸发

MODFLOW 用蒸发程序包（ET）来处理蒸发作用。蒸发与蒸腾程序包模拟植物蒸腾、直接蒸发和从地下水饱水区渗出到地表的水的去除效应。该方法以下述假设为基础：

●当地下水位位于或高出地表（第一层的顶板）时，蒸发损失达到用户设定的最大值。

●当地下水位在地表以下的"消失深度（Extinction Depth）"，或低于第一层时，将不会出现蒸发作用。

●在这两个界限之间，蒸发作用随水位标高变化呈线性变化。

在 Visual MODFLOW 中蒸发仅输入顶层。输入参数可设置 1 000 个不同的分区。模型中蒸发分区设置见表 4-42，蒸发分区见图 4-35。

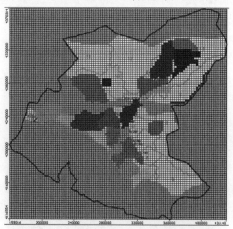

图 4-34　研究区域地下水补给边界分区

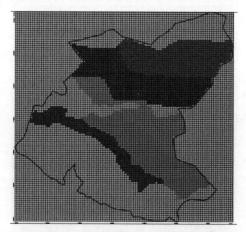

图 4-35　研究区域蒸发分区

（二）模型识别和检验

根据前述水文地质参数计算和初始设置，以及源汇项计算，对研究区地下水系进行了识别和验证，通过反复调整参数和均衡，识别水文地质条件，确定了模型结构、参数等。模型结果可靠性评价主要依据水量均衡、观测井地下水位拟合曲线、模拟期含水层模拟流场与实际流场等进行分析。

表 4-42　研究区域蒸发设置

分区	蒸发量(mm/年)	消失深度(m)
南部 1	1 100	5
南部 2	1 200	5
中部	1 500	5
北部 1	1 600	5
北部 2	1 800	5

根据已有研究参数成果,通过水位过程线拟合来看,典型区域地下水位计算和观测水位变化趋势基本一致,表明所建立的研究区地下水概念模型是合理的,对各类边界条件、渠系概化以及相关参数选取和分区是恰当的,利用 MODFLOW 建立的地下水模型能够较好地刻画石羊河流域水文地质条件,为合理开发利用地下水资源提供了科学依据,可以耦合地表水模型建立联合调度模型。

三、WEAP-MODFLOW 地表水与地下水联合调度模型

在石羊河这样的干旱内陆河流域,地表水和地下水转化频繁,尤其是地下水、泉水与河水的转化更加频繁,其转化关系随着地形地貌和季节变化而呈现不同的变化过程,直接影响着人们对河川基流量、地下水水质及生态环境演变的认识。因此,进行石羊河流域水资源配置分析研究,同时需要进行地表水与地下水联合调度研究,以保证生态环境目标要求的地下水位控制和下游断面流量目标。

通过耦合 WEAP 模型和 MODFLOW 模型,能够实现数据和结果在 WEAP 和 MODFLOW 之间的交换,共同完成地表水、地下水的联合调度,研究局部地下水位对整个系统的影响。WEAP 模型输出的地下水入渗(补给)值、地下水开采量(抽水量)、河流水位和地表径流,作为 MODFLOW 的输入值;MODFLOW 的地下水位(水头)、含水层间的侧向流与地表、地下水流,将作为 WEAP 的输入值进行计算。

选择 2007 年 1 月至 2010 年 12 月作为模拟验证的时间序列,以定时间步长方式选定模拟步长为 10 d;WEAP 的时间步长 1 个月,每次交换时 MODFLOW 按旬进行 3 步运算并按月汇总数据。

(一)耦合连接及运行情况

地表水与地下水联合调度模型在 WEAP 平台中运行和操作,通过读入 MODFLOW 的网格划分、河道、补给等基本信息数据文件,包括以 BAS6、BCF6、CHD、DIS、DRN、HUF2、LPF、NAM、OC、RCH、RIV、WEL 为扩展名的文件。

1.在 WEAP 中模型连接情况

时间步长(Days):月,分别为 31,28,31,30,31,30,31,31,30,31,30,31

WEAP 中的地下水节点(6 个含水层与 MODFLOW 网格连接)

35 个需求节点(每个需求节点对应 MODFLOW 的多个单元格)

65 条河段(WEAP 中的 26 条河段与 MODFLOW 的 190 个网格连接)

2.在 MODFLOW 中模型连接情况

MODFLOW 中活动网格单元连接 WEAP 地下水:全部连接

MODFLOW 活动网格单元连接 WEAP 需求点:67

在 MODFLOW 河道文件定义的河道网格:190,对应关系很敏感

河道网格单元连接到 WEAP 中河道:全部连接

不活动网格值:$1×10^{30}$

干的网格值:$-1×10^{30}$

MODFLOW 蒸散发文件没有被 WEAP 处理,即蒸散发按照 WEAP 中的结果进行计算。模型计算所需要的数据包括水文地质参数(含水层渗透系数等)、GIS 数据、气象数据(降水量、蒸发量、径流量)、水资源数据(地下水位监测数据)和社会经济数据(工农业生活用水、种植结构)等。WEAP-MODFLOW 耦合模型计算原理见图 4-36。

图 4-36　WEAP-MODFLOW 耦合模型计算原理

模型输出结果包括以下几方面:需求点(用水量、需水量、不满足量、保证率、河道生态流量需求、需求点入流和出流)、供水和水源(进入区域的入流和出流、河道流量、径流与水文站比较、河道水位、流速等)、地下水结果(蓄水量、入流和出流、网格水头及埋深、补给、向河道的泄流排泄)、水库(蓄水量、高程、入流和出流、蒸发、实测蓄水量)、输送和回流连接(流量、入流和出流)、集水盆地(实测降水、径流入渗、最大和实际蒸散发、产量)等。

地表水与地下水耦合模型水量平衡分析是表征联合调度效果的重要方面,区域内总的水量平衡包括区域入流、出流、地下水蓄变量与水库蓄变量。其中:区域入流包括河流源头来水、地表水到河段的入流、地下水补给、水库入流、其他水源入流、集水盆地降水;区域出流包括需求点消耗、集水盆地蒸发蒸腾、河流河段及水库蒸发、输送连接损失、地下水和水库溢流、废水处理损失、不流入其他河流的河流终点和分流处的出流。石羊河流域多年平均需水量特征见图 4-37。

(二)WEAP-MODFLOW 联合调度初步结果

利用 2000 年社会经济需水情景,集水盆地的降水径流模拟及灌溉需水采用 rainfall/runoff(FAO)方法,进行了区域水资源平衡分析,对蔡旗下泄水量和河道-地下水补给排泄进行初步模拟,得到了水资源配置和地下水变化的初步结果。研究区地下水均衡计算结果见表 4-43。

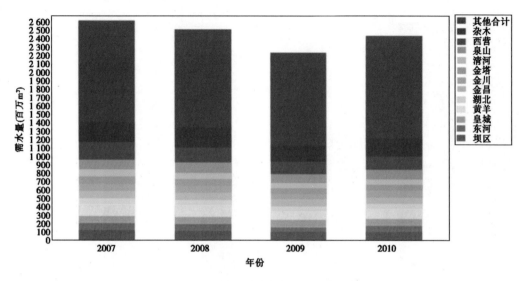

图 4-37 石羊河流域多年平均需水量特征

表 4-43 研究区地下水均衡计算结果 （单位：亿 m³）

年份	2007	2008	2009	2010
区域入流	19.79	16.57	22.61	18.19
区域出流	16.28	16.50	18.25	16.57
地下水储量变化	3.22	0.09	4.35	2.24
水库蓄水量变化	0.29	−0.02	0.02	−0.62
水量均衡差	0	0	0	0

由表 4-43 可知，整个区域的入流和出流之差与地下水储水量、水库蓄水量变化完全满足水量平衡关系，因此 WEAP−MODFLOW 的连接比较可靠，可用于复杂地表水−地下水系统的模拟分析。研究区入流量、出流量、缺水量、蒸散发量柱状图见图 4-38~图 4-41。

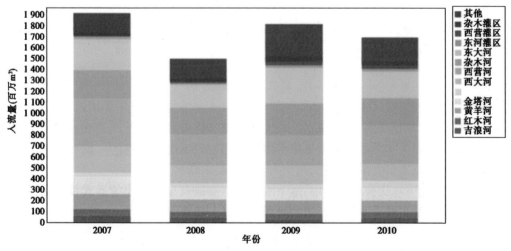

图 4-38 研究区入流量柱状图

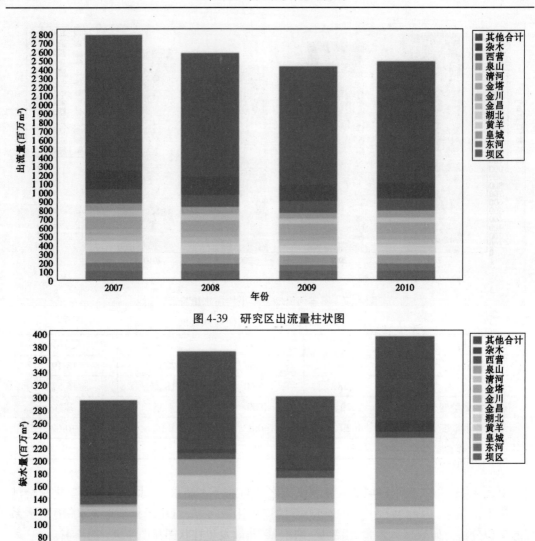

图 4-39　研究区出流量柱状图

图 4-40　研究区缺水量柱状图

由此可以看出,研究区入流在不同水文年之间有一定差异,出流则多年趋于稳定,而缺水量与区域的水资源量关系密切,缺水比较大的是供水优先级比较低或者受地下水开采限制的灌区,整个区域的实际蒸散发量也基本维持稳定。对各个需水点的入流和出流进行了分析,发现主要的流出项是需求消耗,而流入项则主要是降水。

在地表水和地下水交换与转化中,地下水向河道排泄及泉水溢出等形式可以利用耦合模型进行模拟,得到主要含水层向河道的排泄量如图 4-42 所示。

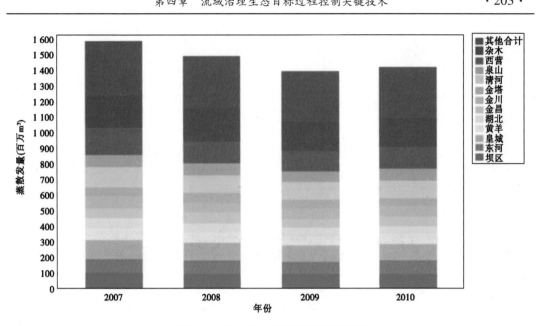

图 4-41　研究区实际蒸散发量柱状图

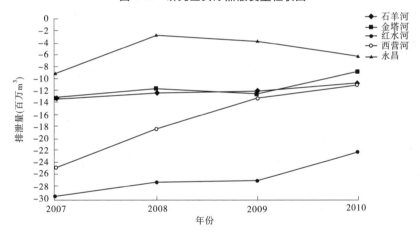

图 4-42　地下含水层泉水出流模拟结果

地下含水层水量变化可以用水资源联合调度方案研究中地下水的变化趋势进行预测分析;水库蓄水量变化可用水库供水调度过程进行分析,也可根据实测资料进一步率定和模拟。水库蓄水量多年变化过程见图 4-43。

(三)联合调度模型率定情况

采用模型对地表水地下水联合调度结果进行模拟计算,还需要进一步对模型进行率定分析,主要是利用水文站实测径流资料,对蔡旗断面等的过流水量进行准确模拟。蔡旗断面基准年实测和模拟水量见图 4-44,可见多年各月平均水量模拟与实测趋势相同,年内总体模拟趋势较好,水量误差在 3% 左右,总体认为模拟结果能反映年内来水量的季节性差异。

通过建立石羊河流域中下游地表水地下水联合调度模型 WEAP-MODFLOW,利用 2000 年需水数据进行区域地表水地下水资源平衡分析,对蔡旗断面下泄水量和河道-地下水补给排泄进行初步模拟,得到地下水变化初步结果见图 4-45,研究区观测井布置见图 4-46。

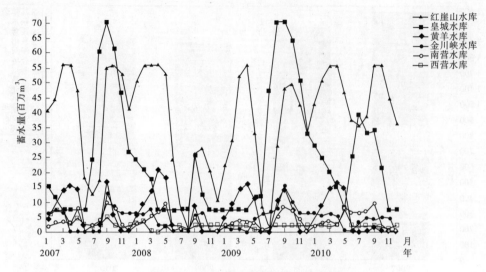

图 4-43　水库蓄水量多年变化过程线

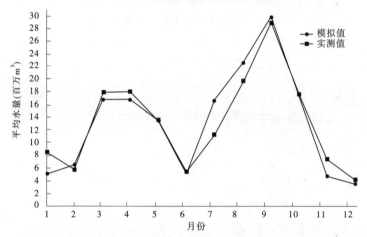

图 4-44　蔡旗断面各月基准年实测和模拟水量

2007~2010 年部分观测井水位实测值与模拟值结果对比见图 4-47。分析可知,大部分观测井水位模拟值与实测值匹配较好,个别观测井水位模拟值与实测值存在偏差,模拟值的波动幅度小于实测值,但总体上仍能反映水位的变化趋势。

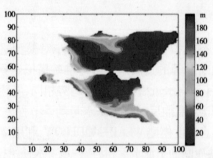

图 4-45　研究区模拟时段末(2010 年 12 月)地下水位分布

图 4-46　研究区观测井布置

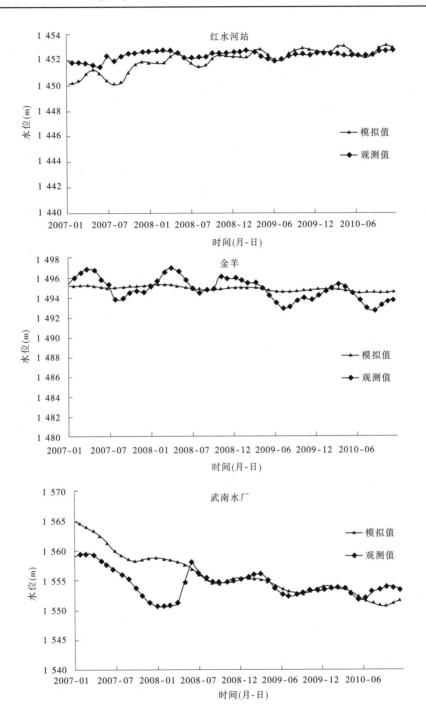

图 4-47　不同观测井 2007～2010 年水位实测值与模拟值结果对比

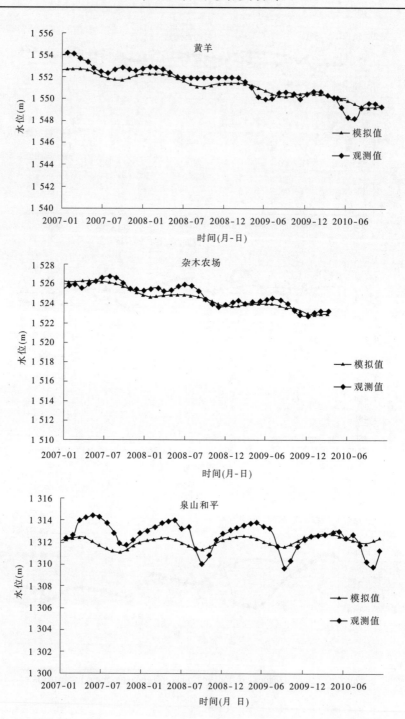

续图 4-47

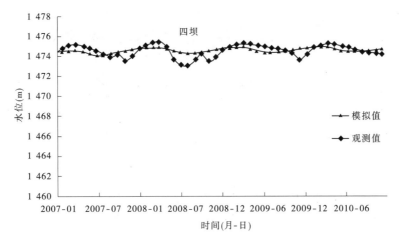

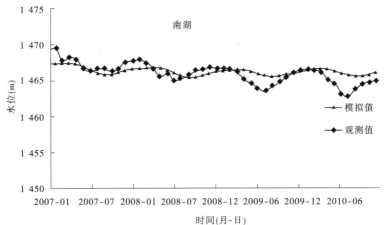

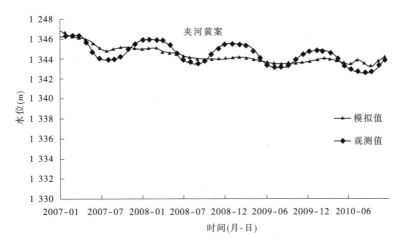

续图 4-47

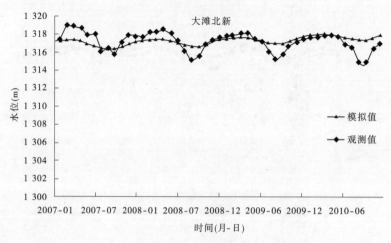

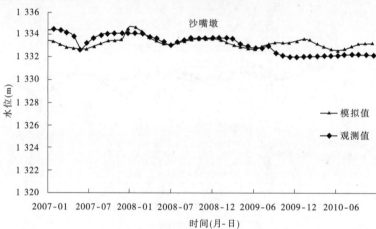

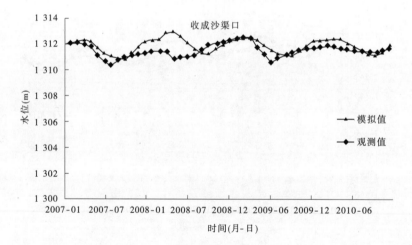

续图 4-47

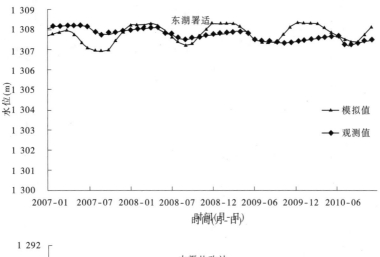

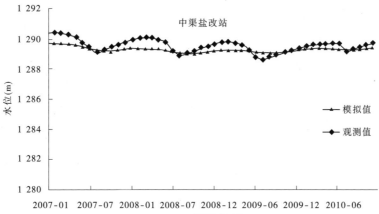

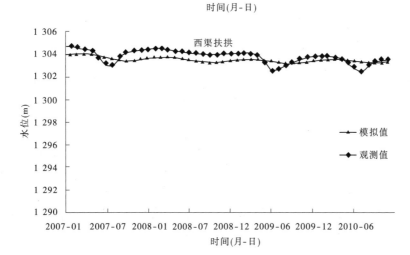

续图 4-47

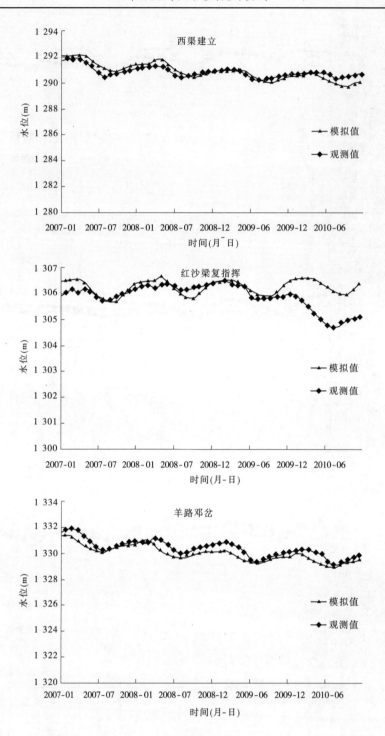

续图 4-47

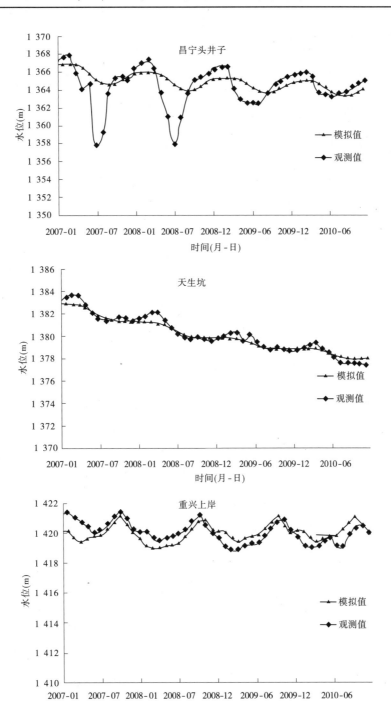

续图 4-47

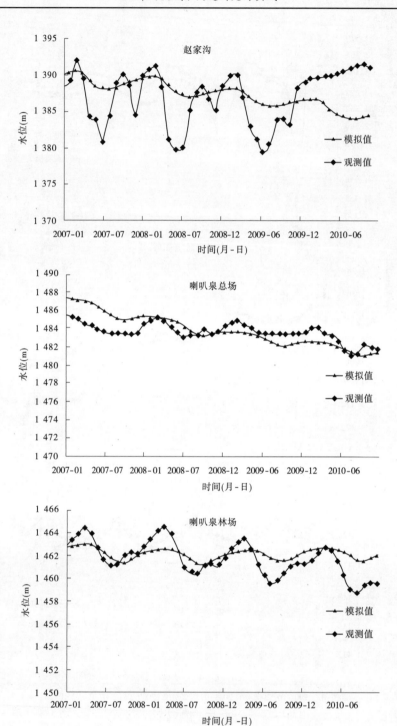

续图 4-47

第四节　基于 Bayesian 的生态目标风险评估技术

一、基于贝叶斯方法的生态风险评价模型构建

(一)生态风险评估系统方法

1.Bayesian analysis 方法简介

Krzysztofowicz R 在 1985 年提出了贝叶斯预报处理器(Bayesian Processor of Forecasts,简称 BPF),将传统的水文预报与贝叶斯方法相结合,以概率分布形式定量描述水文预报的不确定性。其基本思路是:用贝叶斯先验分布体现流量过程的自然不确定性,用似然函数描述水文模型结构和参数的不确定性,根据贝叶斯方法将两者结合起来就得到了贝叶斯后验密度函数,即水文预报量的不确定性。

Krzysztofowicz R 提出的 BPF 定义了水文模型的预报结果与时间离散的观测流量等两类变量。$X = \{x_1, x_2, \cdots, x_n\}$ 表示在预报时刻 t 已知的实测过程,$S = \{S_1, S_2, \cdots, S_n\}$ 表示与预报时刻 t 相应时间下的实际径流过程(k 为预见期时段数),$\hat{X} = \{\hat{x}_1, \hat{x}_2, \cdots, \hat{x}_t\}$ 为 X 的确定性预报值,$Y = (\hat{x}_1 - x_1) - (\hat{x}_2 - x_2), \cdots, (\hat{x}_t - x_t)$ 表示实测过程 X 与相应的预报过程 $\hat{x}$ 的残差序列,$\hat{S} = \{\hat{s}_1, \hat{s}_2, \cdots, \hat{s}_t\}$ 为 S 的网络预报值,其中 $\hat{X}$ 与 $\hat{S}$ 均由中长期预报模型计算得到。BPF 的基本思想是根据预报时刻 t 已知的信息 X、$\hat{X}$、$\hat{S}$,对未来不确定的 S 进行概率预报。

用先验分布体现实测过程的自然不确定性,用似然函数描述水文模型结构与参数的不确定性,利用贝叶斯公式将两者耦合就得到了 s_k 的贝叶斯后验密度函数:

$$\phi_k(s_k \mid \hat{s}_k, X, Y) = \frac{f_k(s_k \mid \hat{s}_k, Y) g_k(s_k \mid Y)}{\int_{-\infty}^{\infty} f_k(s_k \mid \hat{s}_k, Y) g_k(s_k \mid X) \mathrm{d}s_k} \tag{4-36}$$

式中:ϕ_k 为 s_k 的后验密度;g_k 为先验密度;f_k 为似然函数。

式(4-36)中的 g_k、f_k 的计算难度很大,如果不作相关假定进行适当简化,其结构将变得相当复杂。因此,应根据具体情况确定先验分布与似然函数的形式。在各种处理先验分布与似然函数的方法中,线性正态假设为最普遍、最有效的方法,并可获得后验密度函数的解析解。本研究先验分布与似然函数形式的确定均以线性正态假设为基础。

1) 先验分布选取

Krzysztofowicz R 将先验分布假定为一阶马尔可夫过程且残差服从正态分布 $N(0, \tau^2)$;张洪刚等假定实测流量过程在同一时期内稳定,引入自回归滑动平均模型模拟 s_k,因枯季流量过程消退规律较稳定,s_k 与 X 线性相关关系较好,因此可采用多元线性回归模型模拟 s_k:

$$s_k = a_k + B_k X^{-T} + \zeta_k \tag{4-37}$$

式中:a_k 为常数;B_k 为 X 的系数;X 为 1973~2009 年实测径流量;据线性正态假设,可假定残差 ζ_k 服从正态分布 $N(0, x_k^2)$,则 s_k 先验分布服从以 X 为条件的正态分布:

$$s_k \sim N(a_k + B_k X^{-T}, x_k^2) \tag{4-38}$$

2）似然函数选取

BPF 模型假定实测流量与预报流量服从线性关系，且残差服从正态分布 $N(0,\sigma^2)$；在进一步研究中，Krzysztofowicz R 假定变量经过正态转化后服从线性正态关系；张洪刚等研究则假定空间标量服从线性正态关系，引入 $AR(k)$ 模型模拟 $\hat{s}_k$。本研究选取多元回归模型模拟似然函数：

$$\hat{s}_k = c_k + \Theta_k Y^T + d_k s_k + \varepsilon_k \tag{4-39}$$

式中：c_k、d_k 和 $\Theta_k = \{\theta_{k,l},\cdots,\theta_{k,2},\theta_{k,1}\}$ 为模型参数；$\overline{Y} = \{y_{t-l+1},\cdots,y_{t-1},y_t\}$；$l$ 为模型阶数；ε_k 为不依赖 s_k 和 $\overline{Y}$ 的残差序列。

根据线性正态假设，可假定残差 ε_k 服从正态分布 $N(0,\delta_k^2)$，则 $\hat{s}_k$ 的似然函数也服从正态分布：

$$\hat{s}_k \sim N(c_k + \Theta_k Y^T + d_k s_k, \delta_k^2) \tag{4-40}$$

将选取的先验分布与似然函数代入式（4-36），整理后可得 s_k 的贝叶斯后验密度函数：

$$\phi_k(s_k \mid \hat{s}_k, X, Y) = \frac{1}{T_k} q\left(\frac{s_k - d_k A_k \hat{s}_k - D_k}{T_k}\right) \tag{4-41}$$

式中：q 为标准正态分布密度函数，其中：

$$\left.\begin{array}{l} T_k^2 = x_k^2 \delta_k^2 / (d_k^2 + d_k^2 x_k^2) \\[2mm] A_k = x_k^2 / (\delta_k^2 + d_k^2 x_k^2) \\[2mm] D_k = \dfrac{\delta_k^2 (a_k + B_k X^{-T}) - d_k x_k^2 (c_k + \Theta_k Y^T)}{\delta_k^2 + d_k^2 x_k^2} \end{array}\right\} \tag{4-42}$$

相应的分布函数为

$$\phi_k(s_k \mid \hat{s}_k, X, Y) = Q\left(\frac{s_k - d_k A_k \hat{s}_k - D_k}{T_k}\right) \tag{4-43}$$

关于先验分布与似然函数的回归阶数，Krzysztofowicz R 对先验分布一般采用一阶模型就可取得较好的模拟效果，对似然函数则可根据实际情况采用一阶模型和二阶模型。在实时作业预报中：①根据历史径流资料优选 x_k、δ_k、d_k、B_k、c_k、Θ_k 等模型参数，借助 Excel 中的数据分析工具率定上述参数。先验分布与似然函数的参数应先用历史同期资料进行优选，以保证模型参数的一致性。②用所建的贝叶斯概率模型，通过计算得到 s_k 的后验分布函数 ϕ_k，并取 ϕ_k 的 50% 分位数作为最终校正结果进行发布，即

$$s_k = d_k A_k \hat{s}_k + D_k \tag{4-44}$$

根据数理统计原理，由 ϕ_k 对预报流量进行区间估计，求得给定置信区间下待预报流量的置信区间，从而提供更多的预报信息，还可考虑预报的不确定性，定量估计各种决策风险和后果。

2.动态聚类分析方法

动态聚类分析是聚类分析中的一种，它保证样方内具有较高的同质性，是以样方组内的离差平方和最小为判据，通过反复调整迭代来实现的。动态聚类分析过程如图 4-48 所示，其主要步骤包括初始分类、确定计算过程中"标值"和判断调整。

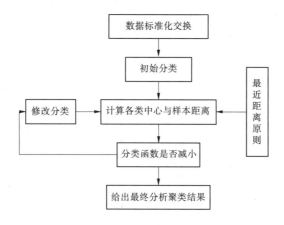

图 4-48　动态聚类分析过程示意

1）初始分类

根据各个风险值的具体分布情况,相近的聚集点为一类,得到初始分类结果: $G1$、$G2$、$G3$、$G4$、$\cdots$、Gkj。

2）确定计算过程中的"标值"

将每一类所有值的算术平均数作为每类的计算"标值",计算距离,调整分类。

$$d_{ik} = \mid X_i - \overline{X_k} \mid \quad (i = 1, 2, \cdots, n; k = 1, 2, \cdots, p) \tag{4-45}$$

根据 d_{ik} 的计算结果,按 $\min\limits_{k} d_{ik} = d_{it}$ 进行新的分类,于是得到第一次分类结果

$$\mathbf{\Pi}_l(U) = \left\{ G_k^{(1)} \mid k = 1, 2, \cdots, p \right\} \tag{4-46}$$

3）判断调整

判别第一次分类结果是否需进一步调整,其方法是比较 $\mathbf{\Pi}_0(U)$ 和 $\mathbf{\Pi}_1(U)$ 是否相等,若相等则分类结束,否则应继续进行调整,重复进行计算。

（二）研究模型构建

根据石羊河六河水系 1955~2009 年出山口年径流系列资料和《规划》,分析 2020 年蔡旗断面下泄水量和下游尾闾湿地生态目标达成概率及相应的生态偏移量,并就不同情景提出相应的规避措施。将管理不确定性依据《规划》分为节水目标达成和节水目标未达成两种情景;将水文不确定性分为预测年情景和平水年情景,其中预测年情景基于误差反向传播神经网络(Back Propagation neural network)和贝叶斯分析(Bayesian analysis)方法相结合进行分析,平水年情景采用动态聚类分析方法从 1955~2009 年径流系列资料中分析得到,分别在二者的基础上对不同的管理不确定性下生态目标达成概率和偏移目标进行分析。然后基于 P-Ⅲ曲线得出极端风险下蔡旗断面下泄水量与下游尾闾湿地生态目标偏离程度和可能产生的损失。针对不同情景评估风险,提出规避风险的对策建议。研究技术路线见图 4-49。

二、石羊河流域生态治理不确定性因素识别

（一）管理不确定性因素

1.蔡旗断面 2020 年流量目标达成情景

《规划》以 2020 年预计出山口以下当地水资源需求量 12.94 亿 m³ 为前提,在达到规划

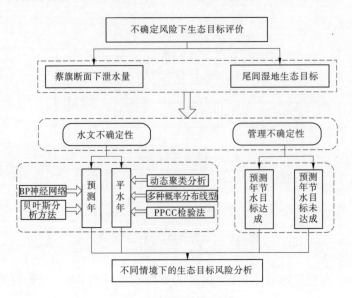

图 4-49　研究技术路线

节水目标及外流域调水目标条件下,石羊河流域达到水平衡。也就是说,只有在同时满足六河出山口水量达到 12.94 亿 m³、实现规划节水目标和外流域调水前提下,石羊河流域蔡旗断面下泄水量生态目标才可达到;反之,则无法完成规划年既定的蔡旗断面生态目标任务。石羊河流域治理方案下 2020 水平年净耗水量平衡见表 4-44。

表 4-44　石羊河流域治理方案下 2020 水平年净耗水量平衡　　　　（单位:亿 m³）

分区	出山口以下当地水资源总量	外流域进入/调入量	总计	农业耗水	工业生活耗水	基本生态耗水	渠道输水损失及其他蒸发	总耗水量	盆地水量交换（出）	盆地水量交换（入）	地下水蓄变量
武威南盆地	12.94	0.15	13.09	6.00	1.40	0.53	1.63	9.56	3.49		0.04

2.蔡旗断面 2020 年流量目标维持现状情景

在预测年节水水平维持现状的情景下,工业生活单位产值耗水量维持现状年用水水平。

其工业生活耗水量＝现状年单位产值耗水量×规划年工业产值+现状年城镇农村用水水平×规划年城镇农村人口预测数;农业用水量和生态耗水量维持现状年用水水平;渠道输水损耗及其他蒸发量维持现状年损耗及蒸发量。经计算,现状节水水平下武威南盆地水资源消耗量 11.26 亿 m³,具体见表 4-45。

表 4-45　石羊河流域现状节水水平下武威南盆地耗水量　　　　（单位:亿 m³）

农业耗水	工业生活耗水	基本生态耗水	渠道输水损失及其他蒸发	总耗水量
6.27	2.65	0.49	1.85	11.26

若要满足武威南盆地水量平衡,需满足:出山口以下当地水资源总量+外流域进入/调入量+盆地水量交换（入）/调入量=总耗水量进入量+盆地水量交换（出）+地下水蓄变量,具体结果见表 4-46。

表 4-46　石羊河流域现状节水水平下满足 2020 年武威南盆地净耗水平衡　（单位：亿 m³）

分区	出山口以下当地水资源总量	外流域进入/调入量	总计	农业耗水	工业生活耗水	基本生态耗水	渠道输水损失及其他蒸发	总耗水量	盆地水量交换（出）	盆地水量交换（入）/调入量	地下水蓄变量
武威南盆地	14.63	0.15	14.78	6.27	2.65	0.49	1.85	11.26	3.49		0.03

根据前述平衡关系进行计算，在 2020 年武威南盆地节水水平维持现状、外流域调水以及盆地间调水维持规划年水平的情况下，当六河出山口水量达到 14.63 亿 m³ 时，石羊河流域蔡旗断面下泄水量的生态目标才可达到；反之，则无法完成规划年既定的蔡旗断面生态目标任务。

3. 尾间湿地面积 2020 年目标达成情景

预测 2020 年尾间湿地生态目标达到条件下民勤地区净耗水量平衡结果见表 4-47。

表 4-47　2020 年尾间湿地生态目标达到条件下民勤地区净耗水量平衡结果　（单位：亿 m³）

分区	出山口以下当地水资源总量	外流域进入/调入量	总计	农业耗水	工业生活耗水	基本生态耗水	渠道输水损失及其他蒸发	总耗水量	盆地水量交换（出）	盆地水量交换（入）	地下水蓄变量
民勤盆地	0.31	0.46	0.77	1.58	0.15	0.19	0.74	2.66		2.15	0.26

即在民勤盆地地下水蓄变量为 0.26 亿 m³ 的时候，民勤盆地尾间湿地的生态目标可以达到。因为设定规划年武威南盆地往西河水系输水量为 1.34 亿 m³，根据《规划》中 2020 水平年净耗水量平衡表可知，在规划年节水目标达成的条件下，武威南盆地出山口以下水资源总量达到 12.94 亿 m³ 可使民勤地区地下水蓄变量达到 0.26 亿 m³，即实现民勤盆地尾间湿地的生态治理目标。

4. 尾间湿地面积 2020 年目标未达成情景

在预测节水水平维持现状的情景下，工业生活单位产值耗水量维持现状年用水水平。

其工业生活耗水量＝现状年单位产值耗水量×规划年工业产值＋现状年城镇农村用水水平×规划年城镇农村人口预测数；农业用水量和生态耗水量维持现状年用水水平；渠道输水损耗及其他蒸发量＝现状年民勤地区蒸发水量＋（预测年民勤地区总水量－现状年民勤地区总水量）×尾间湿地蒸发率。经计算，现状节水水平下民勤地区水资源消耗量 2.79 亿 m³，具体见表 4-48。

表 4-48　石羊河流域现状节水水平下民勤地区耗水量　（单位：亿 m³）

农业耗水	工业生活耗水	基本生态耗水	渠道输水损失及其他蒸发	总耗水量
1.61	0.17	0.20	0.81	2.79

若要满足民勤地区水量平衡，需满足：出山口以下当地水资源总量＋外流域进入/调入量＋盆地水量交换（入）/调入量＝总耗水量＋盆地水量交换（出）＋地下水蓄变量，具体结果见表 4-49。

表 4-49　现状年用水水平下石羊河流域水平衡　　　　　（单位：亿 m³）

分区	出山口以下当地水资源总量	外流域进入/调入量	总计	农业耗水	工业生活耗水	基本生态耗水	渠道输水损失及其他蒸发	总耗水量	盆地水量交换（出）	盆地水量交换（入）/调入量	地下水蓄变量
武威南盆地	14.76	0.15	14.91	6.27	26.47	0.49	1.85	11.26	3.62		0.04
民勤盆地	0.31	0.46	0.77	1.61	0.17	0.20	0.81	2.79		2.28	0.26
西河水系										1.34	

根据前述平衡关系计算，只有在民勤地区盆地间水量交换（入）达到 2.28 亿 m³ 的条件下，才能实现尾闾湿地生态保护目标。也就是说，规划年在现状年用水水平下，武威南盆地输往民勤盆地的水量应至少为 2.28 亿 m³，才能实现民勤盆地尾闾湿地生态治理目标。

进一步分析表明，在现状节水水平条件下，规划年六河出山口水量至少需达到 14.76 亿 m³，才能同时满足蔡旗断面下泄水量生态目标和民勤盆地尾闾湿地生态治理目标。

（二）水文不确定因素

1.预测年情景下生态目标可靠性分析

建立三层结构的 BP 神经网络，对石羊河出山口六河水系 2010~2020 年径流总量进行预测，预测结果见表 4-50。

表 4-50　石羊河出山口六河水系年径流总量预测结果　　　　　（单位：亿 m³）

年份	2010	2011	2012	2013	2014	2015	2016	2017	2018	2019	2020
六河水系径流总量	11.73	13.80	12.71	13.66	13.27	12.86	13.68	13.33	11.19	13.14	13.18

采用贝叶斯概率预报模型进一步提高 BP 神经网络的预报精度，并得出石羊河出山口六河水系 1985~2020 年径流总量后验概率密度函数（见图 4-50），横坐标为径流总量，纵坐标为相应径流量对应的后验概率密度。图中，50%分位数 13.10 亿 m³ 对应的后验概率密度为 0.7。图 4-51 为石羊河出山口六河水系 1985~2020 年径流总量分布密度函数，横坐标为分布函数 ϕ_k，纵坐标为相应的正态分布概率值对应的枯季径流量。图中绘出了分布函数 10%、50%、90%的分位数，可见贝叶斯法在提高预报精度的同时，还能基于后验密度函数与分布函数对预报流量进行区间估计，可为决策者提供更多决策依据。

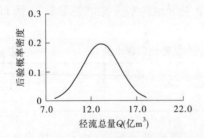

图 4-50　石羊河出山口六河水系径流量
后验概率密度函数

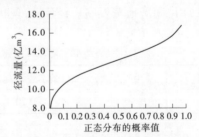

图 4-51　石羊河出山口六河水系
径流量分布函数

2.平水年情景下生态目标可靠性分析

在历史径流频率分析条件下,首先采用动态聚类分析方法将已有 1955~2009 年径流量数据分为三类,然后将得到的 2010~2020 年六河水系预测流量值加入再次进行分类,并据此得出概率分析数据,在此基础上进行 2020 年生态目标达成概率分析。

利用数学统计软件 SAS,采用动态分析法对 1955~2009 年历史径流分类,结果见表 4-51,加入预测值前后的分类结果见表 4-52。

表 4-51　石羊河流域六河水系 1955~2009 年径流量数据分类　（单位:亿 m³）

年份	径流量	分类	年份	径流量	分类	年份	径流量	分类
2009	9.23	3	1991	8.16	3	1972	11.14	3
2008	10.74	3	1990	12.35	2	1971	11.57	2
2007	14.36	2	1989	16.02	1	1970	13.81	2
2006	13.81	2	1988	15.22	2	1969	12.02	2
2005	12.46	2	1987	10.82	3	1968	12.10	2
2004	11.79	2	1986	11.32	3	1967	17.08	1
2003	15.93	1	1985	11.37	3	1966	10.21	3
2002	10.52	3	1984	11.61	2	1965	9.15	3
2001	9.62	3	1983	14.02	2	1964	14.84	2
2000	11.82	2	1981	14.43	2	1963	10.23	3
1999	9.62	3	1980	11.92	2	1962	9.42	3
1998	11.21	3	1979	12.30	2	1961	15.10	2
1997	10.57	3	1978	11.09	3	1960	12.25	2
1996	10.66	3	1977	13.32	2	1959	14.99	2
1995	11.26	3	1976	12.99	2	1958	18.98	1
1994	11.43	3	1975	12.14	2	1957	12.25	2
1993	15.39	1	1974	10.32	3	1956	14.68	2
1992	10.70	3	1973	12.08	2	1955	16.76	1

表 4-52　石羊河流域六河水系 1955~2020 年径流量数据分类　（单位:亿 m³）

年份	径流量	分类	年份	径流量	分类	年份	径流量	分类
1955	16.76	1	1977	13.32	2	1999	9.62	2
1956	14.68	2	1978	11.09	3	2000	11.82	2
1957	12.25	2	1979	12.30	2	2001	9.62	2
1958	18.98	1	1980	11.92	2	2002	10.52	2
1959	14.99	2	1981	14.43	2	2003	15.93	1
1960	12.25	2	1982	10.87	3	2004	11.79	2
1961	15.10	2	1983	14.02	2	2005	12.46	2

续表 4-52

年份	径流量	分类	年份	径流量	分类	年份	径流量	分类
1962	9.42	3	1984	11.61	2	2006	13.81	2
1963	10.23	3	1985	11.37	3	2007	14.36	2
1964	14.84	2	1986	11.32	3	2008	10.74	2
1965	9.15	3	1987	10.82	3	2009	9.23	2
1966	10.21	3	1988	15.22	2	2010	11.73	2
1967	17.08	1	1989	16.02	1	2011	13.80	2
1968	12.10	2	1990	12.35	2	2012	12.71	2
1969	12.02	2	1991	8.16	3	2013	13.66	2
1970	13.81	2	1992	10.70	3	2014	13.27	2
1971	11.57	2	1993	15.39	1	2015	12.86	2
1972	11.14	2	1994	11.43	2	2016	13.68	2
1973	12.08	2	1995	11.26	2	2017	13.33	2
1974	10.32	3	1996	10.66	2	2018	11.19	2
1975	12.14	2	1997	10.57	2	2019	13.14	2
1976	12.99	2	1998	11.21	2	2020	13.18	2

　　由表 4-52 可见,预测值(2010~2020 年)都在分类 2 内,故运用 PPCC 法对历史径流(1955~2009 年)的分类 2 数据(平水年)进行分析,根据 4 种假设分布的概率,分别计算石羊河出山口流量的 $y_{(i)}$ 值及 PPCC 值(r),挑选其中 PPCC 的最大值(r_{max})及其对应的分布类型。

　　变换后的 PPCC 法为

$$r = \frac{\left| \sum_{i=1}^{n} (x_{(i)} - x_m)(y_{(i)} - y_m) \right|}{\left[\sum_{i=1}^{n} (x_{(i)} - x_m)^2 \sum_{i=1}^{n} (y_{(i)} - y_m)^2 \right]^{\frac{1}{2}}} \tag{4-47}$$

　　根据变换后的 PPCC 法计算结果值(r),具体见表 4-53。

表 4-53　石羊河流域六河水系平水年序列不同分布的 PPCC(r)

石羊河六河出山口	假设分布				r_{max}	分布
	P-Ⅲ	LP-Ⅲ	TN	LN		
PPCC(r)	0.93	0.31	0.95	0.92	0.95	LN

三、水文及管理不确定性对生态目标的影响分析

(一)预测年情境下不确定性分析

　　根据《规划》,在达到节水目标及外流域调水目标条件下,当 2020 年出山口以下当地水

资源总量为 12.94 亿 m³时,石羊河流域蔡旗断面达到水平衡;现状节水水平下,当 2020 年出山口以下当地水资源总量为 14.63 亿 m³ 时,石羊河流域蔡旗断面达到水平衡。对贝叶斯概率分析法得出的六河水系径流总量分布函数进行分析,结果见表 4-54。

表 4-54　石羊河流域治理预测水量情景下目标达成概率

方法	不同情境分类	节水目标达成	节水目标维持现状
贝叶斯分析	蔡旗断面水量目标达成概率(%)	55.69	24.53
	生态目标偏离程度(亿 m³)	[0,4.31]	[0,6.29]
	尾闾湿地生态目标未达成概率(%)	55.69	24.53
	生态目标偏离程度(亿 m³)	[0,0.26]	[0,0.26]

(二)平水年情景下不确定性分析

由前述分析,结合《规划》,对径流频率分布下的六河水系径流总量分布函数进行分析,结果见表 4-55。

表 4-55　石羊河流域治理平水年情景下目标达成概率

方法	不同情境分类	节水目标达成	节水目标维持现状
动态聚类分析	蔡旗断面水量目标达成概率(%)	54.80	10.44
	生态目标偏离程度(亿 m³)	[0,1.59]	[0,3.56]
	尾闾湿地生态目标未达成概率(%)	54.80	8.67
	生态目标偏离程度(亿 m³)	[0,0.26]	[0,0.26]

(三)极端事件下的风险程度

极端事件下的风险分析,首先绘制石羊河出山口六河水系(古浪河、黄羊河、杂木河、金塔河、西营河、东大河)1955～2009 年总径流量的 P-Ⅲ曲线,根据运算其样本均值 E_x 为 12.34亿 m³、变差系数 C_v 为 0.19、偏态系数 C_s 为 1.04、倍比系数 C_s/C_v 为 5.47。绘制频率曲线,见图 4-52。

设定极端事件情景的水文频率分别为 95%、97%、99%,在 P-Ⅲ曲线上求出对应频率的径流量值,设定人为管理不确定性分为预测年节水目标达成情景和预测年节水水平维持现状情景,得出蔡旗断面生态目标可靠性及偏离程度,见表 4-56、表 4-57。

由此可见,在极端事件水文频率为 95%情况下,预测年节水目标达成情景时和预测年节水水平维持现状情景时,距蔡旗断面 2.67 亿 m³ 来水量的生态目标可能会分别有 4.25 亿 m³ 和 6.22亿 m³ 的水量缺失,生态目标达到概率为 0。在水文频率为 97%的情况下水量缺失量分别为 4.52 亿 m³ 和 6.50 亿 m³,生态目标达到概率为 0。在水文频率为 99%的情况下水量缺失量分别为 4.96 亿 m³ 和 6.93 亿 m³,生态目标达到概率为 0。

同理可得尾闾湿地生态目标可靠性及偏离程度,见表 4-58、表 4-59。

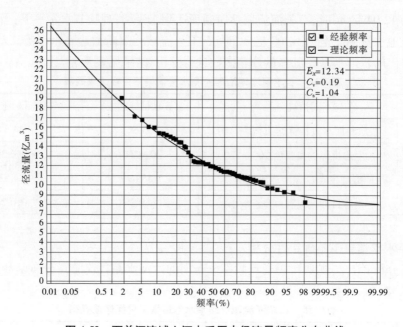

图 4-52　石羊河流域六河水系历史径流量频率分布曲线

表 4-56　石羊河流域治理节水目标达成条件时蔡旗断面生态目标可靠性及偏离程度

水文频率	95%	97%	99%
P-Ⅲ曲线极值频率对应水量（亿 m³）	9.29	9.05	8.68
节水目标达到时出山口平衡水量（亿 m³）	12.94	12.94	12.94
水量差值（亿 m³）	−3.65	−3.89	−4.26
蔡旗断面与红崖山水库出库断面之间的输水效率	0.86	0.86	0.86
蔡旗断面生态目标水量缺失（亿 m³）	−4.25	−4.52	−4.96

表 4-57　石羊河流域治理节水目标未达成条件时蔡旗断面生态目标可靠性及偏离程度

水文频率	95%	97%	99%
P-Ⅲ曲线极值频率对应水量（亿 m³）	9.29	9.05	8.68
节水目标达到时出山口平衡水量（亿 m³）	14.63	14.63	14.63
水量差值（亿 m³）	−5.34	−5.58	−5.95
蔡旗断面与红崖山水库出库断面之间的输水效率	0.86	0.86	0.86
蔡旗断面生态目标水量缺失（亿 m³）	−6.22	−6.50	−6.93

表 4-58　石羊河流域治理节水目标达成条件时尾间湿地生态目标可靠性及偏离程度

水文频率	95%	97%	99%
P-Ⅲ曲线极值频率对应水量（亿 m³）	9.29	9.05	8.68
节水目标达到时出山口平衡水量（亿 m³）	12.94	12.94	12.94
水量差值（亿 m³）	−3.65	−3.89	−4.26

表 4-59　石羊河流域治理节水目标未达成条件时尾闾湿地生态目标可靠性及偏离程度

水文频率	95%	97%	99%
P-Ⅲ曲线极值频率对应水量(亿 m³)	9.29	9.05	8.68
节水目标达到时出山口平衡水量(亿 m³)	14.76	14.76	14.76
水量差值(亿 m³)	−5.47	−5.71	−6.08

由此可见,在极端事件水文频率为 95% 情况下,预测年节水目标达成情景时和预测年节水水平维持现状情景时,武威南盆地与民勤盆地间水量的缺失偏离量分别为 3.65 亿 m³和 5.47 亿 m³。在水文频率为 97% 的情况下,水量缺失量分别为 3.89 亿 m³和 5.71 亿 m³。在水文频率为 99% 的情况下,水量缺失量分别为 4.26 亿 m³和 6.08 亿 m³,即在极端事件水文情景下,民勤盆地尾闾湿地的生态目标达到概率为 0。

四、生态治理目标风险分析及规避措施

事实上,区域水资源短缺风险就是该区域需水与供水之间的不平衡。因此,我们可以通过一定的技术手段对其进行处理,主要是从供水管理与需水管理两个层面进行。本节主要以石羊河流域为例,从这两个方面研究水资源短缺风险处理的方法,从而降低该地区水资源短缺的风险。

(一)极端风险条件下的风险规避措施

经《规划》调整以后,主要是减少工业比较发达的金昌市农业灌溉面积,而位于石羊河出山口附近的灌区中仅对古浪河灌区、杂木灌区、西营灌区的灌溉面积进行调整,分别减少0.139 万 hm²、0.383 万 hm²、0.616 万 hm²,同时 2020 年调整后的流域综合灌溉定额为 4 350 m³/hm²,灌溉水利用系数为 0.64,该 3 个灌区节水量仅为 0.77 亿 m³。而位于蔡旗断面上游的灌区有西营、金塔、杂木、黄羊、永昌、清源、金羊、古浪、古丰 9 个灌区,其中西营、金塔、杂木、黄羊、古浪、古丰 6 个灌区位于出山口附近,极端风险概率 95%、97%、99% 下,出山口六河水系对应水量缺失量分别为 4.25 亿 m³、4.52 亿 m³、4.96 亿 m³。在不考虑各输水渠道调水量调整情况下,依据规划调整后的流域综合灌溉定额和灌溉水利用系数,研究得出在极端风险概率 95%、97%、99% 下蔡旗断面以上各灌区调整后的面积,见表 4-60、表 4-61。

表 4-60　石羊河流域治理规避极端风险后蔡旗断面以上各灌区面积(节水目标达成)

(单位:万 hm²)

灌区	西营	金塔	杂木	黄羊	永昌	清源	金羊	古浪	古丰	西河	四坝	东河	清河
面积	2.999	1.045	2.515	1.983	1.117	0.521	0.151	1.691	0.190	2.485	0.777	2.728	1.339
规避 95%	2.041	0.711	1.711	1.349	0.760	0.355	0.103	1.151	0.129	1.691	0.529	1.856	0.911
规避 97%	1.977	0.689	1.658	1.307	0.737	0.344	0.100	1.115	0.125	1.639	0.512	1.799	0.883
规避 99%	1.880	0.655	1.577	1.243	0.701	0.327	0.095	1.060	0.119	1.558	0.487	1.710	0.839

表 4-61　石羊河流域治理规避极端风险后蔡旗断面以上各灌区面积(节水目标未达成)

(单位:万 hm²)

灌区	西营	金塔	杂木	黄羊	永昌	清源	金羊	古浪	古丰	西河	四坝	东河	清河
面积	2.999	1.045	2.515	1.983	1.117	0.521	0.151	1.691	0.190	2.485	0.777	2.728	1.339
规避 95%	1.595	0.556	1.337	1.055	0.594	0.277	0.081	0.899	0.101	1.322	0.413	1.451	0.712
规避 97%	1.532	0.534	1.285	1.013	0.571	0.266	0.077	0.864	0.097	1.269	0.397	1.393	0.684
规避 99%	1.435	0.500	1.203	0.949	0.535	0.249	0.073	0.809	0.091	1.189	0.371	1.305	0.640

同理,可得预测水量情境下和由动态聚类分析得到的平水年情景下,蔡旗断面以上各灌区调整后的面积,见表 4-62、表 4-63。

表 4-62　石羊河流域治理预测水量情景下蔡旗断面以上各灌区面积　(单位:万 hm²)

灌区	西营	金塔	杂木	黄羊	永昌	清源	金羊	古浪	古丰	西河	四坝	东河	清河
面积	2.999	1.045	2.515	1.983	1.117	0.521	0.151	1.691	0.190	2.485	0.777	2.728	1.339
节水目标达成	2.026	0.706	1.699	1.339	0.755	0.352	0.102	1.143	0.129	1.679	0.525	1.843	0.904
节水目标未达成	1.579	0.550	1.324	1.044	0.588	0.275	0.080	0.891	0.100	1.308	0.409	1.436	0.705

表 4-63　石羊河流域治理平水年情景下蔡旗断面以上各灌区面积　(单位:万 hm²)

灌区	西营	金塔	杂木	黄羊	永昌	清源	金羊	古浪	古丰	西河	四坝	东河	清河
面积	2.999	1.045	2.515	1.983	1.117	0.521	0.151	1.691	0.190	2.485	0.777	2.728	1.339
节水目标达成	2.640	0.920	2.213	1.745	0.983	0.459	0.133	1.489	0.167	2.188	0.684	2.401	1.179
节水目标未达成	2.195	07.65	1.841	1.451	0.818	0.381	0.111	1.238	0.139	1.819	0.569	1.997	0.980

而对于尾闾湿地,石羊河流域所有灌区均在其上游,在节水目标达成条件下,所需出山口六河水系径流量为 12.94 万 m³,和蔡旗断面下泄水量目标达成概率一致,当经调整后蔡旗断面生态目标达成时,尾闾湿地也相应达成其生态目标;节水目标未达成条件下,在不考虑各输水渠道调水量调整情况下,依据《规划》调整后的流域综合灌溉定额和灌溉水利用系数,得出在极端风险概率 95%、97%、99%下石羊河流域各灌区调整后的面积,见表 4-64。

表 4-64　石羊河流域治理规避极端风险后石羊河流域各灌区面积(节水目标未达成)

(单位:万 hm²)

灌区	西营	金塔	杂木	黄羊	永昌	清源	金羊	古浪	古丰
面积	2.999	1.045	2.515	1.983	1.117	0.521	0.151	1.691	0.190
规避 95%	2.149	0.749	1.802	1.421	0.801	0.373	0.109	1.212	0.136
规避 97%	2.112	0.736	1.771	1.396	0.787	0.367	0.107	1.191	0.134
规避 99%	2.055	0.716	1.723	1.358	0.765	0.357	0.104	1.159	0.130

续表 4-64

灌区	西河	四坝	东河	清河	红崖山	环河	昌宁	金川	
面积	2.485	0.777	2.728	1.339	5.971	0.521	0.610	1.764	
规避 95%	1.781	0.557	1.955	0.959	4.279	0.373	0.437	1.264	
规避 97%	1.750	0.547	1.921	0.943	4.205	0.367	0.429	1.242	
规避 99%	1.703	0.532	1.869	0.917	4.090	0.357	0.418	1.209	

　　同理,可得预测水量情境下和由动态聚类分析得到的平水年情景下,为达到尾闾湿地生态目标,石羊河流域各灌区调整后的面积,见表 4-65、表 4-66。

表 4-65　石羊河流域治理预测水量情景下石羊河流域各灌区面积　（单位:万 hm²）

灌区	西营	金塔	杂木	黄羊	永昌	清源	金羊	古浪	古丰
面积	2.999	1.045	2.515	1.983	1.117	0.521	0.151	1.691	0.190
节水目标未达成	2.140	0.746	1.795	1.415	0.797	0.372	0.108	1.207	0.135
灌区	西河	四坝	东河	清河	红崖山	环河	昌宁	金川	
面积	2.485	0.777	2.728	1.339	5.971	0.521	0.610	1.764	
节水目标未达成	1.773	0.554	1.947	0.955	4.261	0.371	0.435	1.259	

表 4-66　石羊河流域治理平水年情景下石羊河流域各灌区面积　（单位:万 hm²）

灌区	西营	金塔	杂木	黄羊	永昌	清源	金羊	古浪	古丰
面积	2.999	1.045	2.515	1.983	1.117	0.521	0.151	1.691	0.190
节水目标未达成	2.504	0.873	2.099	1.655	0.933	0.435	0.127	1.412	0.159
灌区	西河	四坝	东河	清河	红崖山	环河	昌宁	金川	
面积	2.485	0.777	2.728	1.339	5.971	0.521	0.610	1.764	
节水目标未达成	2.075	0.649	2.277	1.117	4.985	0.435	0.509	1.473	

　　其中,武威市凉州区单位面积灌水量较小,但复种比例高,耕地平均灌溉定额比较高,应进一步降低其复种指数;古浪县农田非充分灌溉十分普遍,应加强农业节水技术的推广,对灌溉基础设施进行改造,从而进一步提高灌溉水利用系数;民勤县由于地处沙漠边缘,干旱指数高,因此其首要任务是退耕还林,种植防沙林网,调整种植业结构,大力发展以低耗水且高产农作物为基础的现代种植业,对于耗水量比较大的农产品需求,采取虚拟水战略,从而节省有限的水资源。同时,可适当减少位于石羊河上游祁连山区的耕地面积,实行退耕还林,从一定程度上遏制出山口河流汛期水势,调节河流径流量年内分配,降低农业所需灌溉用水,为生态需水提供更多可供水量。此外,降低农业所需灌溉用水,为生态需水提供更多可供水量。

（二）其他风险规避措施

1. 发掘水库兴利潜力，提高可供水量

由《规划》可知，2003年，全流域总供水量的37.8%来自蓄水工程，11.3%来自引水工程，50.3%来自地下水工程，其他供水仅占0.6%。而石羊河流域山区河流的径流补给主要是降水，因此径流的年内分配中主汛期（7~9月）占49.6%，枯季（10月至翌年3月）占18.49%。因此，合理利用水库蓄水，调节径流年内分配，在提高蓄水工程供水比例的同时，可降低对地下水的开采，从而进一步提高蔡旗断面和尾闾湿地生态目标达成的概率。

石羊河流域8条河流中，除杂木河外均建有水库，全流域共有水库20座，其中中型水库8座，小型水库12座，总库容4.50亿m³，兴利库容3.70亿m³，挖掘中型水库的水量调度与兴利潜力，是增加可用水资源的措施之一。其中包括以下几个方面：一是搞好水库加固除险，以逐步抬高汛限水位，随着水库除险加固工程的进展和水文系列的延长，对大型水库设计水位进行全面复核，校算蓄水位，改一级控制为多级控制，提高汛限水位，实行初汛、主汛和后汛分时段汛限水位；二是通过科学分析提高汛限水位，如利用卫星云图、雨水情遥测系统等现代化手段，实施分期抬高汛限水位、预报调度、考虑天气预报延长预见期等水库调度方式，在保证安全的前提下多蓄水，为改善流域生态环境提供更多的水量。

2. 工业节水措施

工业节水措施主要应该以产业结构调整、更新用水装置、改进生产工艺、推广节水器具以及提高管理水平等为重点。因此，工业节水主要应该从四个方面来抓：①全面调整工业结构，对高耗水工业采取有计划和有重点地限制以及压缩；②通过多种行政手段，加强需水、用水过程管理，实施计划用水；③严格控制废污水排放，实施工业用水"零排放"政策；④实施内部循环用水，提高工业用水重复利用率；⑤改造工业设备以及生产工艺，不断提高用水效率和效益。

3. 第三产业和家庭生活节水措施

加强节水政策宣传，提高全民节水意识；加大节水型器具普及力度，实行"定额管理"与"阶梯水价"双调控制度；采取切实可行的政策措施，鼓励内部挖潜，提高水利用效率；实行生活用水器具节水市场准入制度，鼓励相关生产制造企业实施技术革新。

4. "水价+水权"的水资源管理模式

水资源紧缺条件下，其配置使用应该遵从市场原则，实施"水价+水权"管理模式是水资源短缺条件下一种有效的资源配置方式。应推行不同产业不同水价，全面实行超定额用水累进加价的水价制度，合理制定地下水使用水价，限制地下水超量开发和不合理利用，调节水资源利用结构，促进供需平衡。

第五节　生态目标过程控制方案筛选与优化

一、　生态目标过程控制方案设计

（1）方案一：模拟《规划》方案，计算2003年、2010年和2020年地下水位变化和蔡旗断面来水组成，简称《规划方案》。

（2）方案二：《甘肃省石羊河流域重点治理调整实施方案》（2011年），治理目标不变，使2020年治理目标提前至2015年实现，简称《调整方案》。

（3）方案三：在实地调查和收集资料的基础上，模拟2007～2011年流域地下水位变化，在现状基础上预测2020年石羊河流域地下水变化趋势，简称《现状方案》。

（4）方案四：在《调整方案》基础上，压减红崖山灌区泉山区全部地下水，将该区0.17亿 m^3 地下水全部置换为地表水，坝区地表水供水量减少0.17亿 m^3，相应地下水开采量增加0.17亿 m^3，简称《置换方案》。

（5）方案五：在《调整方案》基础上，全流域加大节水力度，增加管灌、大田滴灌和日光温室面积，简称《节水方案》。

（6）方案六：为了应对中游节水不足的情况，在《调整方案》基础上，将西营河向民勤调水量增加至1.38亿 m^3，不增加其他河流和景电调水量，简称《应急方案》。

《规划方案》《节水方案》《调整方案》节水灌溉工程面积见表4-67～表4-69。

表4-67　石羊河流域治理《规划方案》节水灌溉工程规划　　　　（单位：万 hm^2）

市、县（区）		灌区	田间工程				
			渠灌	管灌	大田滴灌	日光温室	合计
	合计		10.899	1.524	2.212	1.651	16.287
武威市	凉州区	小计	7.439	1.108	0.687	1.141	10.375
		西营	2.005	0.127	0.033	0.221	2.387
		金塔	0.827	0.053	0.033	0.132	1.045
		杂木	1.878	0.033	0.027	0.194	2.132
		清源	0.523	0.349	0.159	0.159	1.188
		金羊	0.270	0.233	0.157	0.157	0.818
		黄羊	1.455	0	0.117	0.117	1.688
		永昌	0.481	0.313	0.161	0.161	1.117
	民勤县	小计	1.868	0.416	1.525	0.358	4.169
		红崖山	1.720	0.200	1.497	0.333	3.751
		昌宁	0.089	0.033	0.015	0.015	0.153
		环河	0.059	0.183	0.013	0.010	0.265
	古浪县	小计	1.592	0	0	0.151	1.743
		古浪	1.431	0	0	0.122	1.553
		古丰	0.161	0	0	0.029	0.190
金昌市	合计		3.419	0.668	0.141	0.192	4.419
	永昌县	小计	2.866	0.294	0.084	0.125	3.369
		西河	0.976	0	0	0.041	1.017
		四坝	0.461	0.067	0.020	0.020	0.568
		东河	0.972	0.049	0.033	0.033	1.088
		清河	0.457	0.178	0.031	0.031	0.696
	金川区	金川	0.553	0.374	0.057	0.067	1.050
总计			14.318	2.192	2.353	1.842	20.706

表 4-68　石羊河流域治理《节水方案》节水灌溉工程规划　　　（单位：万 hm²）

市、县（区）		灌区	田间工程				
			渠灌	管灌	大田滴灌	日光温室	合计
合计			5.886	1.639	4.237	3.302	15.061
武威市	凉州区	小计	4.444	1.387	1.328	2.283	9.441
		西营	1.391	0.211	0.067	0.443	2.111
		金塔	0.475	0.107	0.067	0.264	0.912
		杂木	1.403	0.053	0.053	0.388	1.897
		清源	0	0.433	0.317	0.317	1.068
		金羊	0	0.155	0.315	0.315	0.785
		黄羊	1.175	0	0.193	0.233	1.601
		永昌	0	0.428	0.316	0.323	1.067
	民勤县	小计	0.038	0.252	2.909	0.718	3.915
		红崖山	0	0	2.851	0.667	3.517
		昌宁	0.038	0.040	0.031	0.031	0.139
		环河	0	0.212	0.027	0.020	0.259
	古浪县	小计	1.404	0	0	0.301	1.705
		古浪	1.271	0	0	0.244	1.515
		古丰	0.133	0	0	0.057	0.190
金昌市	合计		1.917	0.767	0.223	0.384	3.290
	永昌县	小计	1.802	0.232	0.150	0.251	2.433
		西河	0.601	0	0	0.083	0.684
		四坝	0.235	0.107	0.040	0.040	0.421
		东河	0.509	0.059	0.067	0.067	0.701
		清河	0.457	0.066	0.043	0.061	0.627
	金川区	金川	0.115	0.535	0.073	0.133	0.857
总计			7.803	2.406	4.460	3.686	18.351

表 4-69　石羊河流域治理《调整方案》节水灌溉工程规划　　　（单位：万 hm²）

市、县（区）		灌区	田间工程				
			渠灌	管灌	大田滴灌	日光温室	合计
合计			5.886	1.639	4.237	3.302	15.061
武威市	凉州区	小计	4.444	1.387	1.328	2.283	9.441
		西营	1.391	0.211	0.067	0.443	2.111
		金塔	0.475	0.107	0.067	0.264	0.912
		杂木	1.403	0.053	0.053	0.388	1.897
		清源	0	0.433	0.317	0.317	1.068
		金羊	0	0.155	0.315	0.315	0.785
		黄羊	1.175	0	0.193	0.233	1.601
		永昌	0	0.428	0.316	0.323	1.067

续表 4-69

市、县(区)		灌区	田间工程				
			渠灌	管灌	大田滴灌	日光温室	合计
武威市	民勤县	小计	0.038	0.252	2.909	0.718	3.915
		红崖山	0	0	2.851	0.667	3.517
		昌宁	0.038	0.040	0.031	0.031	0.139
		环河	0	0.212	0.027	0.020	0.259
	古浪县	小计	1.404	0	0	0.301	1.705
		古浪	1.271	0	0	0.244	1.515
		古丰	0.133	0	0	0.057	0.190
合　计			1.917	0.767	0.223	0.384	3.290
金昌市	永昌县	小计	1.802	0.232	0.150	0.251	2.433
		西河	0.601	0	0	0.083	0.684
		四坝	0.235	0.107	0.040	0.040	0.421
		东河	0.509	0.059	0.067	0.067	0.701
		清河	0.457	0.066	0.043	0.061	0.627
	金川区	金川	0.115	0.535	0.073	0.133	0.857
总计			7.802	2.406	4.460	3.686	18.351

二、生态目标过程控制方案效果模拟

(一) MIKEBASIN-FEFLOW 模型计算结果

1.方案一

通过计算分析,该方案下 2003 年、2010 年和 2020 年研究区地下水均衡量分别为-4.32 亿 m³、0.10 亿 m³ 和 1.03 亿 m³,《规划方案》地下水埋深及变化见图 4-53、图 4-54。《规划》中研究区地下水均衡量分别为-4.32 亿 m³、0.03 亿 m³ 和 0.94 亿 m³,两者相差不大。通过分析,2010 年地下水埋深趋于稳定,地下水位基本停止下降,民勤地下水位开始回升,基本实现六河水系中下游地下水采补平衡,能有效遏制生态系统恶化趋势;到 2020 年,民勤绿洲区地下水位有所回升,湖区出现约 73.89 km² 的 0~3 m 地下水浅埋区,形成一定范围的旱区湿地,武威盆地地下水略有下降趋势,但幅度不大,生态系统得到有效修复。

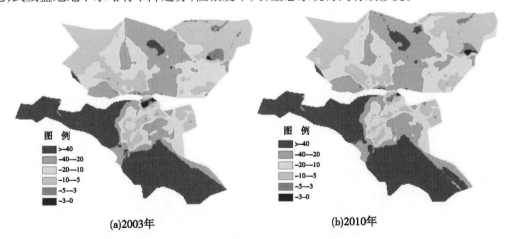

图 4-53　《规划方案》地下水埋深　(单位:m)

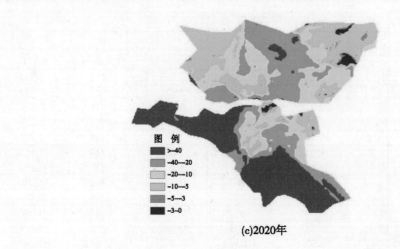

(c)2020年

续图 4-53

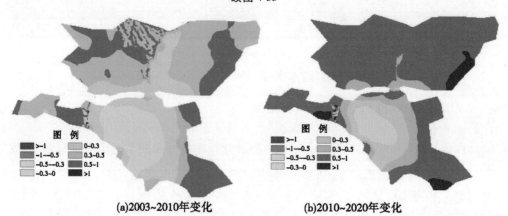

(a)2003~2010年变化   (b)2010~2020年变化

图 4-54 《规划方案》地下水埋深变化 （单位:m）

联合 FEFLOW 地下水模型与 MIKE BASIN 水资源管理模型,分别计算了 2003 年、2010 年和 2020 年蔡旗断面泉水溢出量及其河道弃水(不含民调工程调水量)。其中,2003 年 0.75 亿 m³,2010 年 0.97 亿 m³,2020 年 1.09 亿 m³。结果与《规划》数据较为接近,且趋势相同。具体数据见表 4-70。

表 4-70 河道来水与泉水溢出量计算结果对比 （单位:亿 m³）

年份		2003 年	2010 年	2020 年
《规划》	河道来水	0.52	0.53	0.65
	泉水溢出	0.47	0.42	0.43
	合计	0.99	0.95	1.08
《规划方案》	河道来水	0.39	0.57	0.62
	泉水溢出	0.36	0.40	0.47
	合计	0.75	0.97	1.09

模拟结果表明,按照《规划》要求确保各类措施落实到位,可实现在规划期末使民勤蔡旗断面下泄水量由2010年的2.5亿m³增加到2.9亿m³以上,民勤盆地地下水开采量减少到0.86亿m³,继而实现民勤盆地地下水位持续回升,生态系统有所好转的目标。

2.方案二

根据《调整方案》计算结果(见图4-55、图4-56)分析,2011年为现状资料,地下水均衡仍为负值,2011~2015年将《规划》中2011~2020年10年的治理任务集中到前5年实施,提前完成全部治理任务,在现状基础上到2015年研究区地下水实现正均衡,地下水位开始回升,湖区出现35.54 km²地下水浅埋区;预测到2020年地下水位持续回升,湖区出现75.13 km²地下水浅埋区,《调整方案》可实现《规划》2020年目标,生态系统得到有效修复。

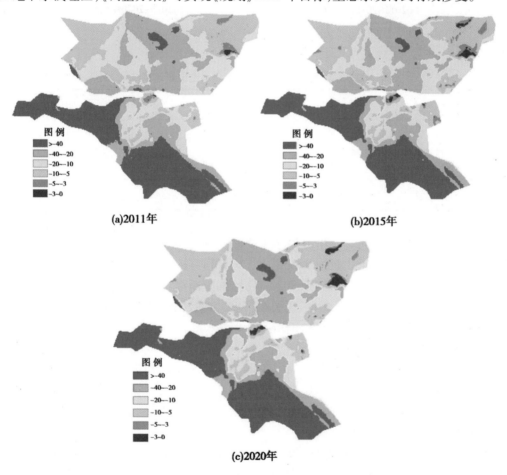

图 4-55　《调整方案》地下水埋深 （单位：m）

利用 FEFLOW 地下水模型计算 2011 年、2015 年和 2020 年中游洪水河泉水溢出量,利用 MIKE BASIN 水资源管理模型计算河道弃水量,两项合计:扣除调水量后,2011 年、2015年、2020 年蔡旗断面水量分别为 0.79 亿 m³、0.99 亿 m³ 和 1.13 亿 m³。《调整方案》河道来水与泉水溢出量计算结果见表 4-71。

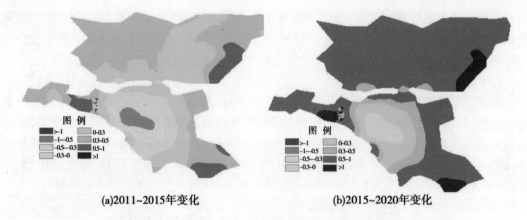

(a)2011~2015年变化   (b)2015~2020年变化

图 4-56　《调整方案》地下水埋深变化　（单位:m）

表 4-71　《调整方案》河道来水与泉水溢出量计算结果　（单位:亿 m³）

年份	2011	2015	2020
河道来水	0.56	0.60	0.65
泉水溢出	0.23	0.39	0.48
合计	0.79	0.99	1.13

从以上模拟计算结果可以看出,若按照《调整方案》实施石羊河流域综合治理,2015 年蔡旗断面河道来水与泉水溢出量为 0.99 亿 m³,与规划目标 1.08 亿 m³ 相比仍有 0.09 亿 m³ 的差距,无法达到规划目标值。但到 2020 年时,蔡旗断面河道来水与泉水溢出量将达到 1.13亿 m³,超过《规划》目标值。因此,需要在《调整方案》的基础上,继续加大中游节水和调水力度,才有可能完成调整方案确定的既定目标。

3.方案三

根据方案三的设计内容,按现状节水力度预测,到 2015 年研究区地下水位基本停止下降,湖区未出现浅水埋深区,到 2020 年研究区地下水位停止下降,并开始回升,湖区出现 8.32 km² 浅水埋深区,但与《规划方案》《调整方案》相比,地下水回升速度相对较慢,具体见图 4-57、图 4-58。

利用 FEFLOW 地下水模型计算 2007~2011 年中游洪水河泉水溢出量,利用 MIKE BA-SIN 水资源管理模型计算河道弃水量,计算结果(不含调水量):2011 年河道弃水和泉水溢出量为 0.79 亿 m³,到 2020 年预计增加到 0.89 亿 m³,具体结果见表 4-72。

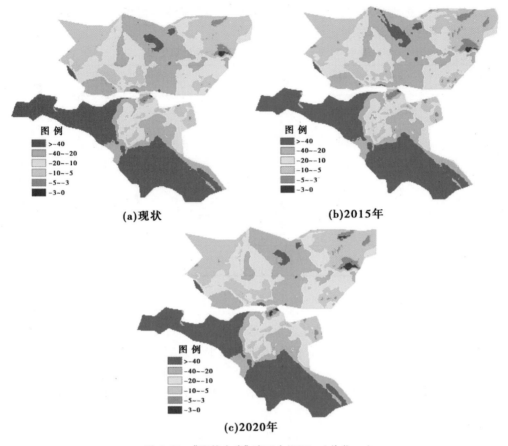

(a)现状　　　　　　　　　　**(b)2015年**

(c)2020年

图 4-57　《现状方案》地下水埋深　（单位:m）

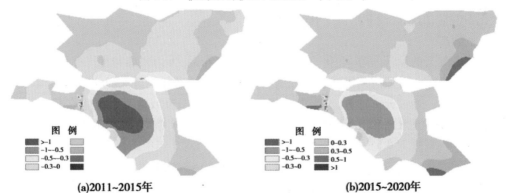

(a)2011~2015年　　　　　　　　　　**(b)2015~2020年**

图 4-58　《现状方案》地下水埋深变化　（单位:m）

表 4-72　《现状方案》河道来水与泉水溢出模拟计算结果　　　（单位:亿 m³）

年份	2007 年	2008 年	2009 年	2010 年	2011 年	2020 年
河道来水	0.60	0.46	0.48	0.51	0.56	0.60
泉水溢出	0.35	0.29	0.26	0.24	0.23	0.29
合计	0.95	0.75	0.74	0.75	0.79	0.89

为了与实测数据进行对比,将模拟数据与实际发生的调水数据相加后,与实测蔡旗断面下泄流量数据进行对比,具体对比结果见表 4-73。

表 4-73　《现状方案》蔡旗断面水量计算结果　　　　　　（单位:亿 m³）

年份	2007	2008	2009	2010	2011	2020	备注
实测民调水量	0.41	0.50	0.53	0.65	0.70	—	
实测西营输水	0.17	0.36	0.66	1.33	1.35	—	MIKE BASIN 模拟
模拟河道来水	0.60	0.46	0.48	0.51	0.56	0.60	
模拟泉水溢出	0.35	0.29	0.26	0.24	0.23	0.29	FEFLOW 模拟
模拟合计	1.53	1.61	1.93	2.73	2.84	0.89	
实测蔡旗断面	2.19	1.50	1.71	2.62	2.80		

4.方案四

根据方案四的设计内容,将民勤盆地泉山区地下水开采量全部置换为地表水,坝区减少的地表配水量可用开采相应的地下水置换,其他区域水资源配置方式不变。通过分析计算:中游地区水资源配置方式保持不变,《置换方案》对中游盆地地下水变化基本没有影响,泉水溢出量和河道来水量基本无变化,而民勤盆地坝区地下水略有下降,但幅度不大,每年降幅为 5~15 cm,湖区地下水位明显呈上升趋势,预测到 2015 年湖区出现约 38.58 km² 的地下水浅埋区,到 2020 年湖区出现约 82.58 km² 的地下水浅埋区,生态环境得到良好改善,具体见图 4-59、图 4-60。与《调整方案》相比,《置换方案》中蔡旗断面来水量基本一致,中游地下水变化不明显,但湖区地下水位上升明显。

5.方案五

根据方案五的设计内容,优化流域尺度节水灌溉布局,大力发展和推广高效节水灌溉技术,在清源、金羊、永昌、清河等灌区增加滴灌面积,减少管灌和渠灌面积,减少农业灌溉对地下水的开采量。通过分析计算,节水灌溉优化布局方案下,流域地下水位略有升高,特别是在中游清源、金羊、永昌和清河等灌区,地下水位呈明显上升趋势,局部最大每年可回升 10 cm 以上。与《调整方案》比较,《节水方案》更加有助于 2015 年中下游蔡旗断面水量和湖区生态目标的实现。预测《节水方案》2015 年湖区出现约 43.81 km² 的浅埋区,2020 年湖区出现约 85.43 km² 的浅埋区;中游清源、金羊、永昌、清河等灌区和昌宁盆地地下水位有明显上升趋势,生态环境将得到有效改善,具体见图 4-61、图 4-62。《节水方案》可以加速石羊河流域生态目标的实现,但是需要加大节水灌溉工程的投资,成本较高,国家投资和地方财政支持将成为关键。

利用 FEFLOW 地下水模型计算 2011 年、2015 年和 2020 年中游洪水河泉水溢出量,利用 MIKE BASIN 水资源管理模型计算河道弃水量,两项合计,扣除调水量,2011 年、2015 年、2020 年蔡旗断面水量分别为 0.81 亿 m³、1.09 亿 m³ 和 1.19 亿 m³。具体计算结果见表 4-74。

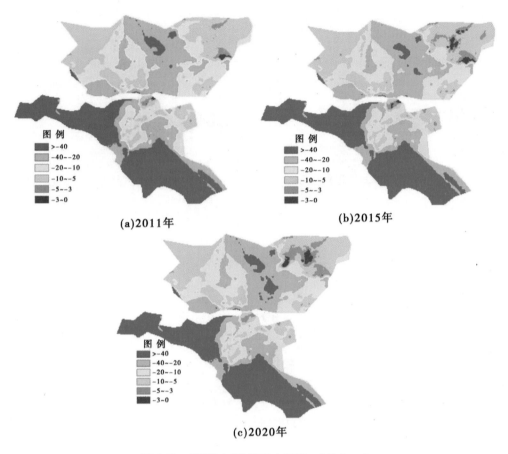

(a)2011年　　　　　　　(b)2015年

(c)2020年

图4-59　《置换方案》地下水埋深　（单位:m）

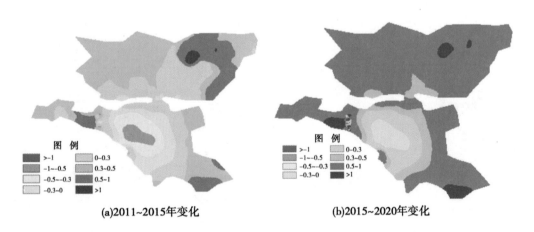

(a)2011~2015年变化　　　　　　　(b)2015~2020年变化

图4-60　《置换方案》地下水埋深变化　（单位:m）

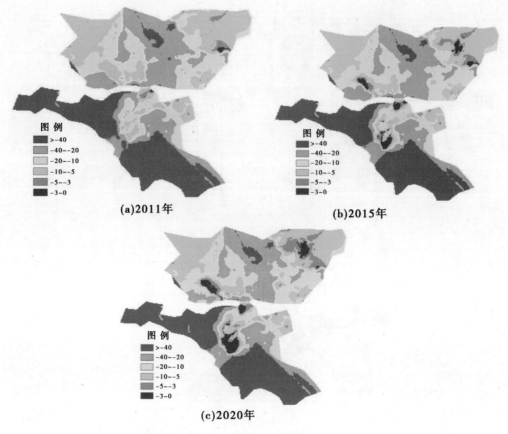

(a)2011年　　　　　　　　　　(b)2015年

(c)2020年

图 4-61　《节水方案》地下水埋深　（单位：m）

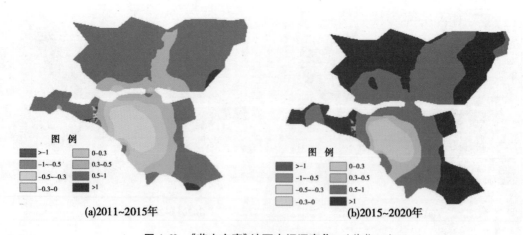

(a)2011~2015年　　　　　　　　　(b)2015~2020年

图 4-62　《节水方案》地下水埋深变化　（单位：m）

表 4-74 《节水方案》河道来水与泉水溢出计算结果 （单位：亿 m³）

组成项	2011 年	2015 年	2020 年
河道来水	0.58	0.61	0.65
泉水溢出	0.23	0.48	0.54
合计	0.81	1.09	1.19

由此可见，在《调整方案》基础上加强节水措施，到 2015 年河道来水与泉水溢出量将达到 1.09 亿 m³，达到《调整方案》确定的目标。到 2020 年河道来水与泉水溢出水量继续增大，达到 1.19 亿 m³，对下游地下水位回升、生态系统修复有进一步促进作用。

6.方案六

根据方案六的设计内容，利用模型进行计算分析：将西营河调水量增加到 1.38 亿 m³，预测到 2015 年地下水位开始回升，湖区出现 35.39 km² 地下水浅埋区；到 2020 年地下水位持续回升，湖区出现 75.81 km² 地下水浅埋区。在《调整方案》的基础上，增加调水量不会全部补给地下水，对中游盆地地下水位回升贡献不大，青土湖区的地下水位也没有明显变化，仅仅增加蔡旗断面的来水量约 0.016 亿 m³，具体见图 4-63、图 4-64。与此同时，增加西营河调水量将造成西营河流域社会用经济部门水资源量的短缺，年均约增加缺水量 100 万 m³。

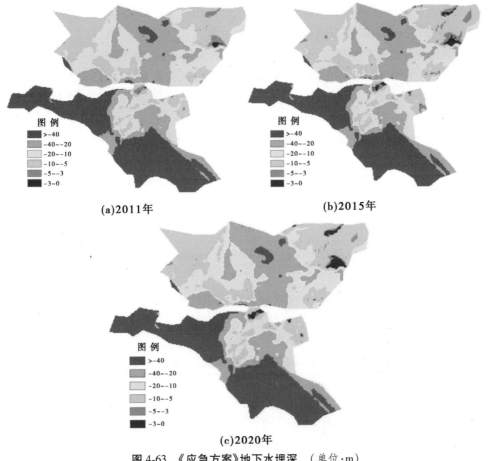

(a)2011年　　　　(b)2015年

(c)2020年

图 4-63 《应急方案》地下水埋深 （单位：m）

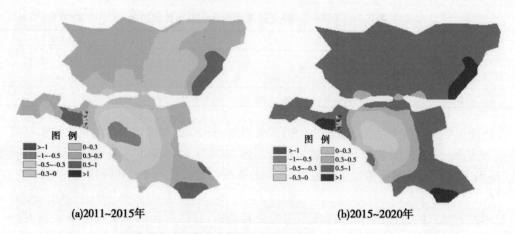

(a)2011~2015年　　　　　　　　　　(b)2015~2020年

图4-64　《应急方案》地下水埋深变化　（单位：m）

（二）WEAP-MODFLOW 模型计算结果

1.方案一

按照《规划》执行下，通过 WEAP-MODFLOW 地表水地下水联合调度模型计算分析，2003 年、2010 年和 2020 年研究区地下水均衡量分别为-4.89 亿 m^3、0.40 亿 m^3 和 1.06 亿 m^3，《规划》中研究区地下水均衡量分别为-4.32 亿 m^3、0.03 亿 m^3 和 0.94 亿 m^3，两者相差不大，与 MIKE BASIN-FEFLOW 模型模拟结果也基本一致。

民勤盆地地下水变化情况见表 4-75。结果显示，《规划》方案下 2003~2010 年间民勤盆地地下水开采量持续减少，2010 年基本实现采补平衡，正均衡量 0.01 亿 m^3；2020 年民勤盆地地下水正均衡量达到 0.26 亿 m^3。WEAP-MODFLOW 地表水地下水联合调度模型模拟结果与规划数据基本一致，2003 年民勤盆地地下水超采严重，超采量达 2.79 亿 m^3，2010 年实现采补平衡，正均衡量 0.14 亿 m^3，2020 年正均衡量达到 0.32 亿 m^3，均超过《规划》确定的目标值，可实现民勤盆地地下水位持续回升、生态系统有所好转的目标。

表 4-75　《规划方案》民勤盆地地下水蓄变量对比　　　　　（单位：亿 m^3）

年份	2003	2010	2020	备注
地下水蓄变量	-2.96	0.01	0.26	规划数据
	-2.79	0.14	0.32	WEAP-MODFLOW 模拟

WEAP-MODFLOW 地表水地下水联合调度模型模拟结果显示，扣除调水量，2003 年、2010 年、2020 年蔡旗断面水量分别达到 0.87 亿 m^3、0.93 亿 m^3 和 1.21 亿 m^3，模拟结果与《规划方案》数据接近，具体结果见表 4-76。

表 4-76　《规划方案》蔡旗断面水量计算结果对比　　　　　（单位：亿 m^3）

年份	2003	2010	2020
模拟结果	0.87	0.93	1.21
规划数据	0.99	0.95	1.08

2.方案二

与《规划方案》相比，2015 年《调整方案》流域供水总量减小 0.17 亿 m³，供水量也随之下降，继而使得 2010~2015 年间流域需水满足程度比《规划方案》略有提高。将《规划》中 2011~2020 年 10 年的治理任务集中到前 5 年实施，提前完成全部治理任务，有利于减小全流域供水总量，在现状基础上到 2020 年地下水持续回升，生态系统得到有效修复。

与《规划方案》相比，《调整方案》六河中游年均地表水供水量和地下水开采量均略有下降。图 4-65 为《调整方案》与《规划方案》民勤盆地地下水蓄变量对比情况。由此可见，两种方案下民勤盆地地下水蓄变量基本相同。主要原因在于民勤的各项工程措施在 2010 年前基本完成，加速方案实施对民勤含水层影响较小。扣除调水量后，2011 年、2015 年、2020 年蔡旗断面水量分别为 0.95 亿 m³、1.06 亿 m³ 和 1.24 亿 m³，比《规划方案》略有上升，两种方案的对比见表 4-77。

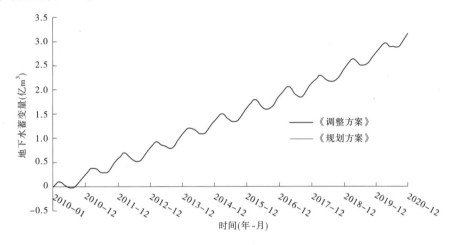

图 4-65 《调整方案》与《规划方案》民勤盆地地下水蓄变量对比

表 4-77 《规划方案》与《调整方案》蔡旗断面水量结果对比 （单位：亿 m³）

年份	2011	2015	2020
《规划方案》	0.95	1.02	1.21
《调整方案》	0.95	1.06	1.24

根据以上模拟计算结果可以看出，按照《调整方案》进行实施，扣除调水量，到 2015 年蔡旗断面来水量为 1.06 亿 m³，和《规划》目标 1.08 亿 m³ 相比较仍略有差距，无法达到规划目标；但到 2020 年将超过原《规划》目标，蔡旗断面来水量达到 1.24 亿 m³。因此，需要在《调整方案》的基础上继续加大中游节水和下游调水力度，才有可能完成调整方案的既定目标。

3.方案三

在实地调查和收集资料的基础上，采用 WEAP-MODFLOW 地表水地下水联合调度模型模拟 2007~2011 年流域地下水位变化，在现状基础上预测 2020 年石羊河流域地下水变化趋势。图 4-66 为《现状方案》与《规划方案》民勤盆地地下水蓄变量对比情况。计算结果显示,2007~2011年《现状方案》民勤盆地地下水蓄变量由负均衡逐渐转为正均衡,但地下水蓄变量正均衡量明显低于《规划方案》,且差距逐年扩大。

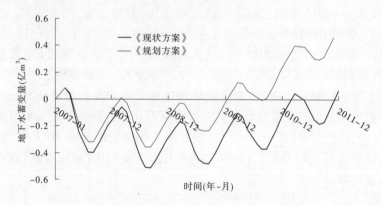

图4-66　《现状方案》与《规划方案》民勤盆地地下水蓄变量对比

　　根据2007~2011年数据,通过 WEAP-MODFLOW 地表水地下水联合调度模型预测2020年石羊河流域地下水变化趋势。图4-67为《现状方案》与《规划方案》民勤盆地地下水蓄变量预测值对比情况。模拟结果显示,民勤盆地地下水蓄变量持续呈现正均衡,但仍低于《规划方案》,且差距逐年增大。

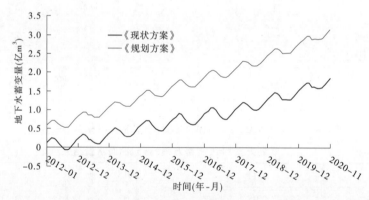

图4-67　《现状方案》与《规划方案》民勤盆地地下水蓄变量预测值对比图

　　通过 WEAP-MODFLOW 地表水地下水联合调度模型模拟蔡旗断面水量,并在现状基础上预测2020年蔡旗断面水量。计算结果显示:扣除调水量后,2011年蔡旗断面水量为0.88亿 m³,到2020年预计增加到1.13亿 m³,具体模拟结果见表4-78。

表4-78　《现状方案》蔡旗断面水量计算结果　　　　　　　（单位:亿 m³）

年份	2007	2008	2009	2010	2011	2020
模拟结果	1.19	0.93	0.85	0.73	0.88	1.13

4.方案四

　　将民勤盆地泉山区地下水开采量全部置换为地表水,其他区域水资源配置方式不变。红崖山灌区地下水地表水置换方案通过将泉山区所有地下水供水连接转换成地表水供水连接实现。泉山区地下水置换为地表水会引起民勤盆地总供水量发生变化。WEAP-MODF-LOW 模型计算结果显示,与《调整方案》相比,泉山区年均地下水均衡量 0.08 亿 m³,坝区及周边地区地下水开采量有所增加。民勤盆地地下水开采量呈现下降趋势,但缺水量有所上升。《置换方案》与《调整方案》蔡旗断面水量见表 4-79。计算结果显示:与《调整方案》相比,蔡旗断面来水量基本一致。《置换方案》主要对民勤盆地地下水开采和供水造成影响,对其他地区几乎没有影响。

表 4-79 《置换方案》与《调整方案》蔡旗断面水量结果对比 （单位:亿 m³）

年份	2011	2015	2020
《调整方案》	0.95	1.06	1.24
《置换方案》	0.95	1.05	1.24

5.方案五

根据方案五的设计内容,在《调整方案》基础上,全流域增加节水力度,优化流域尺度节水灌溉布局,大力发展和推广高新节水灌溉技术,在清源、金羊、永昌、清河等灌区增加滴灌面积,减少管灌和渠灌面积,减少农业灌溉用水的地下水开采量。通过 WEAP-MODFLOW地表水地下水联合调度模型模拟分析,与《调整方案》相比,2010~2015 年间,《节水方案》需水满足程度有所提升,但增长幅度较小。《调整方案》与《节水方案》石羊河流域需水满足程度对比见图 4-68。

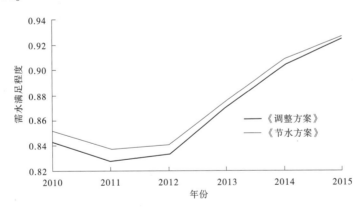

图 4-68 《调整方案》与《节水方案》石羊河流域需水满足程度对比

《节水方案》六河中游地表水供水量和地下水开采量与《调整方案》基本相同。图 4-69为两种方案下民勤盆地地下水蓄变量变化对比。在《节水方案》下,民勤盆地 2010~2015 年间地下水蓄变量增加 1.82 亿 m³,与《调整方案》相比,地下水蓄变量增长速度加快,年正均衡量 0.36 亿 m³,增幅超过 30%,高于《规划方案》目标。

采用 WEAP-MODFLOW 地表水地下水联合调度模型模拟蔡旗断面水量,结果显示:扣除调水量后,2011 年、2015 年、2020 年蔡旗断面水量分别为 1.03 亿 m³、1.16 亿 m³ 和1.30亿 m³。具体计算结果见表 4-80。

图 4-69　《调整方案》与《节水方案》民勤盆地地下水蓄变量对比

表 4-80　《节水方案》与《调整方案》蔡旗断面水量结果对比　　　（单位：亿 m³）

年份	2011	2015	2020
《调整方案》	0.95	1.06	1.24
《节水方案》	1.03	1.16	1.30

根据以上模拟计算结果可以看出，在《调整方案》基础上加强节水措施，到 2015 年河道来水与泉水溢出量达到 1.16 亿 m³，可达到《调整方案》目标。到 2020 年河道来水与泉水溢出水量继续增大，达到 1.30 亿 m³，对下游地下水位回升、生态系统修复有明显的促进作用。

6. 方案六

根据方案六的设计内容，为应对中游节水不足的情况，在《调整方案》基础上，将西营河向民勤调水量增加至 1.38 亿 m³，不增加其他河流和景电调水量。通过 WEAP-MODFLOW 地表水地下水联合调度模型模拟分析，与《调整方案》相比，增加调水量使蔡旗断面下泄水量增大。《应急方案》与《调整方案》蔡旗断面水量结果对比情况见表 4-81。根据计算结果，2015 年蔡旗断面下泄水量 1.15 亿 m³，达到《规划》要求；2020 年蔡旗断面下泄水量 1.35 亿 m³，超出《规划》要求 0.27 亿 m³。

表 4-81　《应急方案》与《调整方案》蔡旗断面水量结果对比　　　（单位：亿 m³）

年份	2011	2015	2020
《调整方案》	0.95	1.06	1.24
《应急方案》	1.06	1.15	1.35

增加调水对民勤盆地地下水蓄变量基本没有影响（见图 4-70），《调整方案》与《应急方案》下，民勤盆地地下水蓄变量基本相同。同时，增加调水对增加民勤盆地供水（坝区灌区、泉山灌区、湖南灌区、湖北灌区、夹河灌区农田灌溉和冬灌泡地供水及民勤盆地内生产生活供水）没有明显影响。在模拟期内（2010~2015 年），两种方案下民勤盆地缺水量基本相同（见图 4-71）。

根据 WEAP-MODFLOW 地表水地下水联合调度模型模拟结果，增加调水对输水河流对应的用水部门造成影响。以西营灌区为例，与《规划方案》模拟结果对比，增加调水后，西营

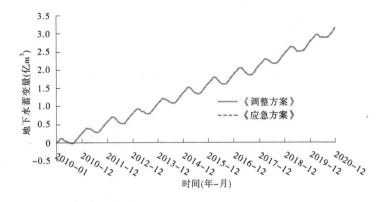

图 4-70 《调整方案》与《应急方案》民勤盆地地下水蓄变量对比

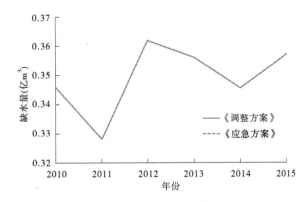

图 4-71 《调整方案》与《应急方案》民勤盆地缺水量对比

灌区年均缺水量增加约 100 万 m³（不含冬灌泡地缺水），见图 4-72。模拟结果显示，增加调水对增加蔡旗断面下泄水量有明显作用，但对地下水基本没有影响。通过分析，造成以上模拟结果的主要原因在于石羊河流域水资源紧张，在《调整方案》的基础上，可调水量的增长空间不大，且输送水量不会全部补给地下水。

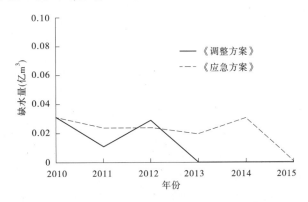

图 4-72 《调整方案》与《应急方案》西营灌区缺水量对比

三、生态目标过程控制方案比较

由前述分析结果可知,以上六种方案下,MIKE BASIN-FEFLOW 模型和 WEAP-MODF-LOW 模型计算结果基本接近,无较大差别。这里仅对各方案 MIKE BASIN-FEFLOW 模型计算结果进行比较分析。

(一)方案一、方案二和方案三比较

方案一、方案二和方案三计算结果比较见表 4-82。通过对比分析可见,严格执行《规划》到 2020 年能够实现综合治理的目标;预测到 2020 年《调整方案》能够实现综合治理的生态目标;在实际发生《现状方案》下,预测 2020 年综合治理取得很大成效,地下水位停止下降,并开始回升,湖区出现小面积地下水浅埋区,但是与《规划》治理生态目标略有差距。

表 4-82　不同方案预测 2020 年治理生态目标实现情况对比

方案	规划目标		模型计算结果			
	蔡旗断面水量（亿 m³）	湖区地下水浅埋区（km²）	蔡旗断面水量（亿 m³）			湖区地下水浅埋区（km²）
			MIKE BASIN 河道来水	FEFLOW 泉水溢出	合计	
方案一（《规划方案》）	1.08	70	0.62	0.47	1.09	73.89
方案二（《调整方案》）	1.08	70	0.65	0.48	1.13	75.13
方案三（《现状方案》）	1.08	70	0.60	0.29	0.89	8.32

(二)方案四、方案五和方案六比较

方案四、方案五和方案六计算结果见表 4-83。由此可见,方案四对湖区地下水目标实现有显著作用,但是对中游蔡旗断面来水量目标的实现影响不大。方案五可以加速石羊河流域生态目标的实现,但是需要加大节水灌溉工程的投资,成本较高,可能会造成地方财政的困难。方案六对中游和湖区地下水恢复无益,同时造成西营河流域社会经济各部门的缺水,但对蔡旗断面水量目标实现有益,可增加蔡旗断面来水量约 0.016 亿 m³,因此本方案只作为蔡旗断面来水量目标实现的应急方案。

(三)生态目标过程控制方案推荐

通过以上几种方案对比分析:方案五即《节水方案》下,2015 年、2020 年湖区分别可出现约 43.81 km²、85.43 km² 的地下水浅埋区。中游清源、金羊、永昌、清河等灌区和昌宁盆地地下水位有明显上升趋势,生态环境将得到有效改善,到 2015 年河道来水与泉水溢出量达到 1.08 亿 m³,达到调整方案目标;到 2020 年河道来水与泉水溢出水量继续增大,达到 1.19 亿 m³,对下游地下水位回升、生态系统修复有进一步促进作用。该方案可以加速石羊河流域生态目标的实现,但是需要加大节水灌溉工程的投资,成本较高,可能会造成地方财政的困难。因此,在投资状况允许的前提下,优先推荐此方案。由此可见,在《调整方案》的基础上,积极推广适宜的节水灌溉技术,优化调整中下游节水灌溉布局,可进一步促进石羊河流域生态目标的实现。

表 4-83　不同方案预测 2020 年治理生态目标实现情况对比

方案	规划目标		模型计算结果			
	蔡旗断面水量（亿 m³）	湖区地下水浅埋区（km²）	蔡旗断面水量（亿 m³）			湖区地下水浅埋区（km²）
			MIKE BASIN 河道来水	FEFLOW 泉水溢出	合计	
方案二（《调整方案》）	1.08	70	0.65	0.48	1.13	75.13
方案四（《置换方案》）	1.08	70	0.65	0.48	1.13	82.58
方案五（《节水方案》）	1.08	70	0.65	0.54	1.19	85.43
方案六（《应急方案》）	1.08	70	0.67	0.48	1.15	75.81

方案四即《置换方案》对湖区地下水目标实现有显著作用,但是对中游蔡旗断面来水量目标的实现影响不大,到 2015 年、2020 年湖区分别可出现约 38.58 km²、82.58 km² 的地下水浅埋区,而蔡旗断面来水量与《调整方案》基本一致,中游地下水变化不明显。因此,在节水灌溉投资有限的情况下,可以通过红崖山灌区内部地表水、地下水资源利用的优化调度,实现湖区地下水位 0~3 m 浅埋区的生态目标。

方案六即《应急方案》对湖区地下水目标没有影响,但是有利于中游蔡旗断面来水量目标的实现。通过模型计算预测分析:将西营调水量增加到 1.38 亿 m³,预测到 2015 年湖区出现 35.39 km² 地下水浅埋区;预测到 2020 年地下水持续回升,湖区出现 75.81 km² 地下水浅埋区,与《调整方案》结果基本一致,对中游和湖区地下水的恢复无益,但可增加蔡旗断面来水量约 0.016 亿 m³。增加向蔡旗断面调水的同时,会造成西营河流域社会经济各部门的缺水,因此该方案只作为蔡旗断面来水量目标实现的应急方案。

第六节　生态目标过程控制方案及其建议

一、重点治理生态目标分期可达性评价

(一)重点治理进展跟踪

石羊河流域重点治理进展数据和资料来源主要包括以下几个方面:①与《规划》有关的报告和文件;②甘肃省水利厅有关部门统计资料;③石羊河流域治理网站以及政府官网公布数据;④遥感数据。根据上述资料汇总,石羊河流域综合治理可达性分目标和绩效两个层次治理指标见表 4-84、表 4-85。

表 4-84　石羊河流域治理 2010 年目标指标规划值和实现值一览

指标层		规划值	实现值
实际下泄水量(亿 m³)		2.5	2.62
下泄水量组成		1.1∶1.08∶0.49	1.334 7∶0.629 6∶0.653 5
实际下泄水量与规划下泄水量的偏离值(亿 m³)		0	0.12
地表水取用量(亿 m³)		14.39	17.44
地下水开采量(亿 m³)		6.9	7.66
民勤盆地地下水开采量(亿 m³)		0.89	1.241
地下水蓄变量(亿 m³)		+0.03	−2.619 6
三产比例		17∶47∶36	17∶60∶23
种植业内部粮、经作物比例		65∶35	66∶34
农田灌溉配水面积(万 hm²)		24.257	24.321
用水结构比例		4.6∶6.1∶12.0∶77.3	3.4∶2.5∶5.7∶88.4
专用输水渠	建设长度(km)	50.386	50.386
	输水效率	0.9	0.9
	年输水量(亿 m³)	1.1	1.34
骨干工程干支渠改造长度(km)		878.1	824.68
田间配套工程面积(渠灌、管灌、日光温室、大田滴灌)(万 hm²)		12.072	11.704
移民安置人数(人)		10 500	8 100

表 4-85　石羊河流域治理 2010 年绩效指标规划值和实现值

指标层	规划值/理想值	实现值
万元工业增加值用水量(m³)	64~90	61.72
工业用水重复利用率(%)	75	55
灌溉水利用系数	0.57	0.56
万元 GDP 用水量(m³)	841	568

续表 4-85

指标层	规划值/理想值	实现值
水资源开发利用程度(%)	128	152
用水总量(亿 m³)	21.29	25.22
人均用水量(m³)	943	1 099.51
植被覆盖度	明显改善	基本不变
防护林网面积(万 hm²)	2.340	1.252
农田灌溉配水面积(万 hm²)	24.257	24.321
各河段水质级别	明显改善	有所改善
三产比例	17：47：36	17：60：23
种植业内部粮、经作物比例	65：35	66：34
管理体制与运行机制	管理体制高效、规范，规章制度完善	管理体制较规范，规章制度较完善
农民人均纯收入(元)	4 500	4 738
城市化率(%)	39.6	38.79
年接待旅游人次与平均值之比	202.28	217.95
年旅游收入与平均值之比	6.995	12.195

(二)重点治理效果评价

《规划》的实施为石羊河流域水资源可持续利用与生态、社会、经济的协调、稳定发展带来了十分难得的机遇，但同时为流域水资源管理带来了一系列新的问题。研究通过建立多层次指标，用成功度评价法对取水总量控制制度和治理措施实施所带来的影响进行综合评估，旨在通过对石羊河流域重点治理的客观科学评价，为流域治理提供技术支撑和支持。

1.评估指标选取

《规划》的实施对石羊河流域社会、经济的发展和生态系统的影响是多方面的，而指标体系的构建应考虑其综合性、可操作性和代表性。因此，应尽可能全面反映区域变化特征和状况，建立多指标体系。在评估过程中，经常会用到前后对比法或有无对比法，对于同一指标应选用相同的计算方法，并保持相同的量纲，以便对比前后或有无的变化。所选取的指标信息应是容易获得的，或是在常规数据基础上计算可得的，具有较强的可操作性。同时，评价指标体系应力求简洁，选取其中最具代表性的指标，并利用权重赋值来突出主导因子。

　　根据所能获得的数据支撑,主要从目标和绩效两个方面对石羊河流域取水总量控制制度实施情况进行评估。根据西北地区生态环境特点和不同层次治理目标重要性的不同,目标评估体系划分为约束性目标、过程性目标、辅助性目标三大类,每一类指标能分别反映规划实施后达到的目标与原规划目标的实现程度,并能从中分析取水总量控制制度的实施结果和作用。绩效评估体系包括水量分配和节约用水绩效、生态保护绩效和社会改善绩效,主要评估取水总量控制体系是否以高效的方式实现了规划目标。针对石羊河流域现状及《规划》实施情况,构建目标评估体系和绩效评估体系,具体见表 4-86 和表 4-87。

表 4-86　石羊河流域取水总量控制目标评估指标体系

目标层	准则层	指标层
约束性目标	特定断面下泄水量	实际下泄水量(亿 m³)
		下泄水量组成
		实际下泄水量与规划下泄水量的偏离值(亿 m³)
	节约用水	地表水取用量(亿 m³)
		地下水开采量(亿 m³)
		民勤盆地地下水开采量(亿 m³)
		地下水蓄变量(亿 m³)
过程性目标	调整产业结构	三产比例
		种植业内部粮、经作物比例
		农田灌溉配水面积(万 hm²)
		用水结构比例
	水资源配置保障工程	专用输水渠建设长度(km)
		输水效率
		年输水量(亿 m³)
	灌区节水改造工程	骨干工程干支渠改造长度(km)
		田间配套工程面积(渠灌、管灌、日光温室、大田滴灌)(万 hm²)
辅助性目标	生态移民试点工程	移民安置人数(人)

表 4-87 石羊河流域取水总量控制绩效评估指标体系

目标层	指标层
水量分配和节约用水绩效	万元工业增加值用水量(m^3)
	工业用水重复利用率(%)
	灌溉水利用系数
	万元 GDP 用水量(m^3)
	水资源开发利用程度(%)
	用水总量(亿 m^3)
	人均用水量(m^3)
生态保护绩效	植被覆盖度
	防护林网面积(万 hm^2)
	农田灌溉配水面积(万 hm^2)
	各河段水质类别
社会改善绩效	三产比例
	种植业内部粮、经作物比例
	管理体制与运行机制
	农民人均纯收入(元)
	城市化率(%)
	年接待旅游人次与平均值之比
	年旅游收入与平均值之比

2.评估指标判别标准和分级

提出上述指标体系后,根据完全成功、成功、部分成功、不成功、失败五级评价结论建立评价标准。为进行综合定量分析和评价,需对各评价指标进行可比性量化。依据各指标特点,具体操作过程中可采用不同的方法进行量化。

(1)根据《规划》在水资源、生态和工程建设等方面的目标,结合五级评分标准和实际完成情况,对指标进行量化分级。如对实际下泄水量,《规划》提出 2010 年蔡旗断面下泄水量要达到 2.5 亿 m^3 的目标,分级时按照任务的 100%、80%、60%、40% 和小于 40% 所对应的下泄水量,即 2.5 亿 m^3、2.0 亿 m^3、1.5 亿 m^3、1.0 亿 m^3 和不足 1.0 亿 m^3,对指标进行量化分级,分别对应五级评分标准 100 分、80 分、60 分、40 分和小于 40 分的分值;又如对地下水开采量,《规划》提出 2010 年地下水开采量要压缩到 6.9 亿 m^3,分级时可按照实际开采量与规划开采量的比值,即不超采、超采 20% 以内、超采 40% 以内、超采 60% 以内和超采超过 60% 所对应的水量进行划分,分别对应五级评分标准各级的分值。

（2）对于下泄水量组成、三产比例等类似的指标，可采用（0,1）区间的连续数来确定指标分级量化值。以下泄水量组成为例，具体操作为：将各组成水量的实际值与规划值分别相比，再分别乘以规划各组成水量在总水量中的比值（各组成水量的权重），将各乘积相加得到实际水量组成与规划水量组成的偏离值，用 1 减去该偏离值，再与评分标准相对应，即得到下泄水量组成这一指标的得分。

（3）对于一些社会经济指标，可根据《规划》实施前后的发展水平，并参照其他地区发展水平进行量化分级。如年接待旅游人数（万人次）这一指标，由于对分级标准不好确定，可将评估年份的数值与平均值相比，再将比值与评分标准对应起来，从而实现对指标的量化分级。

（4）有科学物理依据的，或者有规章规程规定的，可按照科学依据或规章规定确定评价指标的阈值，并以此对指标进行量化分级。如工业用水重复利用率的等级划分就是依据节水型社会建设要求达到的标准（75%）确定的。

（5）对于某些难以量化的定性指标，可先将指标进行定性划分，如管理体制和运行机制，可划分为"管理体制高效、规范，规章制度完善""管理体制较规范，规章制度较完善""管理体制不够规范，规章制度不够完善""管理体制不规范，规章制度不完善""管理体制很不规范，规章制度很不完善"五个等级，再与评分标准结合起来，对指标进行量化分级。

根据评价指标判别标准和阈值以及研究区实际情况，按照五级评分标准将各个指标划分为 5 个等级，具体分级情况见表 4-88 和表 4-89。

3.指标体系权重

在综合评价中，由于各个指标的重要性和贡献率不一，为计算不同目标、不同准则层面的评估得分，需要分别确定目标评估体系和绩效评估体系中的众多权重值。本书采用特征向量法（EM 法）求其权重，其主要步骤如下。

1）指标重要性判断矩阵 A 的确定

由决策人把目标的重要性两两成对比较，设有 n 个指标，则需比较 $C_n^2 = \frac{1}{2}n(n-1)$ 次。把第 i 个目标对第 j 个目标的相对重要性记为 a_{ij}，并认为这就是指标 i 的权 ω_i 和指标 j 的权 ω_j 之比的近似值。n 个指标比较的结果为矩阵 A

$$A = \begin{pmatrix} a_{11} & a_{12} \cdots & a_{1n} \\ a_{21} & a_{22} \cdots & a_{2n} \\ \vdots & \vdots & \vdots \\ a_{n1} & a_{n2} & a_{nn} \end{pmatrix} = \begin{pmatrix} \dfrac{\omega_1}{\omega_1} & \dfrac{\omega_1}{\omega_2} & \cdots & \dfrac{\omega_1}{\omega_n} \\ \dfrac{\omega_2}{\omega_1} & \dfrac{\omega_2}{\omega_2} & \cdots & \dfrac{\omega_2}{\omega_n} \\ \vdots & \vdots & & \vdots \\ \dfrac{\omega_n}{\omega_1} & \dfrac{\omega_n}{\omega_2} & \cdots & \dfrac{\omega_n}{\omega_n} \end{pmatrix} \tag{4-48}$$

为了便于比较第 i 个目标对第 j 个目标的相对重要性，即 a_{ij} 值，Saaty 根据一般人的认知习惯和判断能力给出指标之间的相对重要性等级，具体见表 4-90。

表4-88 目标评估体系指标分级标准

指标层	规划值	1级 100分 完全成功	2级 80~99分 成功	3级 60~79分 部分成功	4级 40~59分 不成功	5级 <40分 失败
实际下泄水量（亿m³）	2.5	≥2.5	2.0~2.5	1.5~2.0	1.0~1.5	<1.0
下泄水量组成	1.1:1.08:0.49	1	0.80~0.99	0.60~0.79	0.40~0.59	<0.40
实际下泄水量与规划下泄水量的偏离值（亿m³）	0	≥0	-0.5~0	-1.0~-0.5	-1.5~-1.0	<-1.5
地表水取用量（亿m³）	14.39	≤14.390	14.390~17.268	17.268~20.146	20.146~23.024	>23.024
地下水开采量（亿m³）	6.90	≤6.90	6.90~8.28	8.28~9.66	9.66~11.04	>11.04
民勤盆地地下水开采量（亿m³）	0.89	≤0.89	0.89~1.07	1.07~1.25	1.25~1.42	>1.42
地下水蓄变量（亿m³）	0.03	≥0.03	-0.5~0.03	-1~-0.5	-2~-1	<-2
三产比例	17:47:36	1	0.80~0.99	0.60~0.79	0.40~0.59	<0.40
种植业内部粮、经作物比例	65:35	1	0.80~0.99	0.60~0.79	0.40~0.59	<0.40
农田灌溉配水面积（千hm²）	24.257	≤24.257	24.257~29.108	29.108~33.959	33.959~38.811	>38.811
用水结构比例	4.6:6.1:12.0:77.3	1	0.80~0.99	0.60~0.79	0.40~0.59	<0.40
专用输水渠建设长度（km）	≥50.386	50.386	40.309~50.386	30.232~40.309	20.154~30.232	<20.154
输水效率	0.9	≥0.9	0.72~0.9	0.54~0.72	0.36~0.54	<0.36
年输水量（亿m³）	1.1	≥1.1	0.88~1.1	0.66~0.88	0.44~0.66	<0.44
骨干工程干支渠改造长度（km）	878.10	≥878.10	702.48~878.10	526.86~702.48	351.24~526.86	<351.24
田间配套工程面积（渠灌、管灌、日光温室、大田滴灌）（万hm²）	12.072	≥12.072	9.657~12.072	7.243~9.657	4.829~7.243	<4.829
移民安置人数（人）	10 500	10 500	8 400~10 500	6 300~8 400	4 200~6 300	<4 200

表 4-89 绩效评估体系指标分级标准表

指标层	规划值/理想值	1级 100分 完全成功	2级 80~99分 成功	3级 60~79分 部分成功	4级 40~59分 不成功	5级 <40分 失败
万元工业增加值用水量（m³）	64~90	≤64.0	64.0~76.8	76.8~89.6	89.6~102.4	>102.4
工业用水重复利用率（%）	75	≥75	60~75	45~60	30~45	<30
灌溉水利用系数	0.570	≥0.570	0.456~0.570	0.342~0.456	0.228~0.342	<0.228
万元 GDP 用水量（m³）	841.0	≤841.0	841.0~925.1	925.1~1 009.2	1 009.2~1 093.3	>1 093.3
水资源开发利用程度（%）	128.0	≤128.0	128.0~153.6	153.6~179.2	179.2~204.8	>204.8
用水总量（亿 m³）	21.29.0	≤21.29.0	21.290~25.548	25.548~29.806	29.806~34.064	>34.064
人均用水量（m³）	943.0	≤943.0	943.0~1 131.6	1 131.6~1 320.2	1 320.2~1 508.8	>1 508.8
植被覆盖度		明显改善	有所改善	基本不变	有恶化趋势	严重恶化
防护林网面积（万 hm²）	2.340	≥2.340	1.872~2.340	1.404~1.872	0.936~1.404	<0.936
农田灌溉配水面积（万 hm²）	24.257	≤24.257	24.257~29.108	29.108~33.959	33.959~38.811	>38.811
各河段水质级别		明显改善	有所改善	基本不变	有恶化趋势	严重恶化
三产比例	17：47：36	1	0.80~0.99	0.60~0.79	0.40~0.59	<0.40
种植业内部粮,经作物比例	65：35	1	0.80~0.99	0.60~0.79	0.40~0.59	<0.40
管理体制与运行机制		管理体制高效,规范	完善,很规范	有,不够规范	不完善,也不规范	几乎没有
农民人均纯收入变化（元）	4 500	≥4 500	3 600~4 500	2 700~3 600	1 800~2 700	<1 800
城市化率变化（%）	39.6	≥39.6	31.68~39.60	23.76~31.68	15.84~23.76	<15.84
年接待旅游人次与平均值之比		≥1.2	1.0~1.2	0.8~1.0	0.6~0.8	0<0.6
年旅游收入与平均值之比		≥1.2	1.0~1.2	0.8~1.0	0.6~0.8	0<0.6

表 4-90 指标重要性判断矩阵 A 中元素取值

相对重要程度	定义	说明
1	同等重要	两个指标同样重要
3	略微重要	由经验或判断,认为一个指标比另一个略微重要
5	相当重要	由经验或判断,认为一个指标比另一个重要
7	明显重要	深感一个指标比另一个指标重要,且这种重要性已有实践证明
9	绝对重要	强烈地感到一个指标比另一个指标重要得多
2,4,6,8	两个相邻判断的中间值	需要折中时采用

2)权向量推求

由式(4-48)得到:

$$
A \cdot \omega \approx
\begin{pmatrix}
\dfrac{\omega_1}{\omega_1} & \dfrac{\omega_1}{\omega_2} & \cdots & \dfrac{\omega_1}{\omega_n} \\
\dfrac{\omega_2}{\omega_1} & \dfrac{\omega_2}{\omega_2} & \cdots & \dfrac{\omega_2}{\omega_n} \\
\vdots & \vdots & & \vdots \\
\dfrac{\omega_n}{\omega_1} & \dfrac{\omega_n}{\omega_2} & & \dfrac{\omega_n}{\omega_n}
\end{pmatrix}
\begin{pmatrix}
\omega_1 \\ \omega_2 \\ \vdots \\ \omega_n
\end{pmatrix}
= n \cdot
\begin{pmatrix}
\omega_1 \\ \omega_2 \\ \vdots \\ \omega_n
\end{pmatrix}
\tag{4-49}
$$

即

$$
(A - nI)\omega = 0 \tag{4-50}
$$

式中:I 为单位矩阵。

矩阵 A 有这样的性质:A 中元素小的摄动意味着特征值小的摄动,如果对 A 的估计足够准确,则有

$$
A\omega = \lambda_{\max}\omega \tag{4-51}
$$

式中:$\lambda_{\max}$ 为矩阵 A 的最大特征值。

由式(4-51)可以求得特征向量即权向量:$\omega = [\omega_1, \omega_2, \cdots, \omega_n]^T$。

3)一致性检验

采用 $\lambda_{\max} \sim n$ 度量 A 中各元素 $a_{ij}(i,j=1,2,\cdots,n)$ 的估计一致性。引入一致性指标 CI

$$
CI = \frac{\lambda_{\max} - n}{n - 1} \tag{4-52}
$$

CI 与同阶矩阵的随机指标 RI 之比称为一致性比率,记为 CR,即

$$
CR = \frac{CI}{RI} \tag{4-53}
$$

比率 CR 可以用来判定矩阵 A 能否被接受。若 $CR>0.1$,说明 A 中各元素 a_{ij} 的估计一致性太差,需要重新估计。若 $CR<0.1$,则可认为 A 中各元素 a_{ij} 的估计基本一致。

由 $CR=0.1$ 和表 4-91 中的 RI 值,用式(4-52)和式(4-53)可以求得与 n 相对应的临界特

征值 λ'_{max} ：

$$\lambda'_{max} = CI(n-1) + n = CRRI(n-1) + n = 0.1RI(n-1) + n \qquad (4\text{-}54)$$

由式(4-54)求得的 λ'_{max} 见表4-91。可以应用 λ'_{max} 检验一致性，如果 $\lambda_{max} > \lambda'_{max}$ ，说明决策人所给出的矩阵 A 中各元素 a_{ij} 的一致性太差，不能通过一致性检验，需要决策人仔细斟酌，调整矩阵 A 中各元素 a_{ij} 值后重新计算 λ'_{max} ，直至 $\lambda_{max} < \lambda'_{max}$ 。

表 4-91　n 阶矩阵的随机指标和相应的临界特征值

n	2	3	4	5	6	7	8	9	10
RI	0	0.58	0.9	1.12	1.24	1.32	1.41	1.45	1.49
λ'_{max}		3.12	4.07	5.45	6.62	7.79	8.99	10.16	11.34

用特征向量法可以求最大特征值 λ_{max} ，但是求解时需要解 n 次方程，当 $n \geqslant 3$ 时计算比较麻烦。假定差异最小化，可以采用 Saaty 提出的近似算法(LLSM)。LLSM 法的主要步骤如下：

A 中每行元素连乘并开 n 次方：

$$\omega_i^* = \sqrt[n]{\prod_{j=1}^{n} a_{ij}} \qquad i = 1, 2, \cdots, n \qquad (4\text{-}55)$$

求权重：

$$\omega_i = \frac{\omega_i^*}{\sum_{i=1}^{n} \omega_i^*} \qquad i = 1, 2, \cdots, n \qquad (4\text{-}56)$$

A 中每列元素求和：

$$S_j = \sum_{i=1}^{n} a_{ij} \qquad j = 1, 2, \cdots, n \qquad (4\text{-}57)$$

计算 λ_{max} 值：

$$\lambda_{max} = \sum_{i=1}^{n} \omega_i S_i \qquad (4\text{-}58)$$

取水总量控制体系评估是一个多人、多目标的问题。因此，在评估体系中权重系数的选取也是一个典型的群决策过程。在群决策中，由于每个决策者对每个指标重要性的理解不同，因此确定的指标重要性判断矩阵也不尽相同，可根据第 $k(k=1,2,\cdots,n)$ 个决策者确定的第 i 个指标和第 j 个指标的重要性进行判断打分，得到 $a_{ij,k}$ 后，采用过半数规则、几何平均值规则、算术平均值规则和不满意度最小规则来确定最终的 a_{ij} 。

(1)过半数规则：只要超过50%的决策人认为第 i 个指标和第 j 个指标同等重要，那么这两个指标就是同等重要的，即 $a_{ij}^{(1)} = 1$ ；如果有超过50%的决策人认为第 i 个指标比第 j 个指标略微重要，那么 $a_{ij}^{(1)} = 3$ 。

(2)几何平均值规则：根据 $a_{ij,k}(k=1,2,\cdots,n)$ 求其几何平均值：

$$a_{ij}^{(2)} = \sqrt[n]{\prod_{k=1}^{n} a_{ij,k}} \qquad (4\text{-}59)$$

式中:$a_{ij}^{(2)}$ 为采用几何平均值规则计算的 a_{ij};n 为决策人数。

（3）算术平均值规则:根据 $a_{ij,k}(k=1,2,\cdots,n)$ 求其算术平均值:

$$a_{ij}^{(3)} = \frac{1}{n} \sum_{k=1}^{n} a_{ij,k} \qquad (4\text{-}60)$$

式中:$a_{ij}^{(3)}$ 为采用算术平均值规则计算的 。

（4）不满意度最小规则:由前述过半数规则、几何平均值规则和算术平均值规则计算的 a_{ij},利用不满意度最小规则确定 a_{ij}。

$$R_{ij}^{(m)} = \frac{a_{ij,*} - a_{ij}^{(m)}}{a_{ij,*}} \qquad (4\text{-}61)$$

当 $\min(R_{ij}^{(m)}) = R_{ij}^{(m_0)}$ 时 $\qquad a_{ij}^{(4)} = a_{ij}^{(m_0)} \qquad (4\text{-}62)$

式中:$R_{ij}^{(m)}$ 为第 $m(m=1,2,3)$ 种规则下的 a_{ij} 不满意度值;$a_{ij,*}$ 为 a_{ij} 满意度目标值;$a_{ij}^{(m)}$ 为第 $m(m=1,2,3)$ 种规则下确定的 a_{ij};$R_{ij0}^{(m)}$ 为第 $m_0(m_0 \in m, m=1,2,3)$ 种规则下的 a_{ij} 不满意度最小值;$a_{ij}^{(4)}$ 为采用不满意最小规则确定的 a_{ij}。

本书中采用不满意度最小规则（$a_{ij}^{(4)}$ 值）确定指标重要性判断矩阵,在确定了指标重要性判断矩阵后,采用 LLSM 法确定最终权重系数,目标评估体系和绩效评估体系各级权重值见表 4-92 和表 4-93。

表 4-92　目标评估体系各级权重值

目标层	权重	准则层	权重	指标层	单排序权重
约束性目标	0.65	特定断面下泄水量	0.5	实际下泄水量（亿 m³）	0.65
				下泄水量组成	0.10
				实际下泄水量与规划下泄水量的偏离值（亿 m³）	0.25
		节约用水	0.5	地表水取用量（亿 m³）	0.09
				地下水开采量（亿 m³）	0.30
				民勤盆地地下水开采量（亿 m³）	0.48
				地下水蓄变量（亿 m³）	0.13
过程性目标	0.23	调整产业结构	0.33	三产比例	0.10
				种植业内部粮、经作物比例	0.07
				农田灌溉配水面积（万 hm²）	0.55
				用水结构比例	0.28
		水资源配置保障工程	0.33	专用输水渠建设长度（km）	0.12
				输水效率	0.23
				年输水量（亿 m³）	0.65
		灌区节水改造工程	0.33	骨干工程干支渠改造长度（km）	0.50
				田间配套工程面积（万 hm²）	0.50
辅助性目标	0.12	生态移民试点工程	1	移民安置人数（人）	1

表 4-93　绩效评估体系各级权重值

目标层	权重	指标层	单排序权重
水量分配和节约用水绩效	0.65	万元工业增加值用水量（m³）	0.04
		工业用水重复利用率（%）	0.03
		灌溉水利用系数	0.06
		万元 GDP 用水量（m³）	0.15
		水资源开发利用程度（%）	0.22
		用水总量（亿 m³）	0.34
		人均用水量（m³）	0.16
生态保护绩效	0.25	植被覆盖度	0.08
		防护林网面积（万 hm²）	0.17
		农田灌溉配水面积（万 hm²）	0.48
		各河段水质级别	0.27
社会改善绩效	0.10	三产比例	0.15
		种植业内部粮、经作物比例	0.04
		管理体制与运行机制变化	0.24
		农民人均纯收入变化（元）	0.33
		城市化率变化（%）	0.08
		年接待旅游人次与平均值之比	0.04
		年旅游收入与平均值之比	0.12

4.指标值评分

本次评估所依据的目标评估体系和绩效评估体系评价指标值和指标得分值见表 4-94 和表 4-95。表中得分值多数是由指标值和规划值相比得到的,借此反映规划预期的实现程度,对于某些难以量化的定性指标,参考前述评价指标分级标准和方法给出指标得分值。

表 4-94　目标评估体系评价指标值和指标得分值

指标层	规划值	指标值	得分值
实际下泄水量（亿 m³）	2.5	2.62	100
下泄水量组成（亿 m³）	1.1∶1.08∶0.49	1.334 7∶0.629 6∶0.653 5	68
实际下泄水量与规划下泄水量的偏离值（亿 m³）	0	0.12	100
地表水取用量（亿 m³）	14.39	17.44	78.8
地下水开采量（亿 m³）	6.9	7.66	89
民勤盆地地下水开采量（亿 m³）	0.89	1.241	60.9
地下水蓄变量（亿 m³）	+0.03	−2.619 6	10

续表 4-94

指标层	规划值	指标值	得分值
三产比例	17：47：36	17：60：23	74
种植业内部粮、经作物比例	65：35	66：34	98
农田灌溉配水面积（万 hm²）	24.257	24.321	99
用水结构比例	4.6：6.1：12.0：77.3	3.4：2.5：5.7：88.4	77.8
专用输水渠建设长度（km）	50.386	50.386	100
输水效率	0.9	0.9	100
年输水量（亿 m³）	1.1	1.34	100
骨干工程干支渠改造长度（km）	878.1	824.68	93.9
田间配套工程面积（渠灌、管灌、日光温室、大田滴灌）（万 hm²）	12.072	11.704	97
移民安置人数（人）	10 500	8 100	77.1

表 4-95　绩效评估体系评价指标值和指标得分值

指标层	规划值/理想值	指标值	得分值
万元工业增加值用水量（m³）	64~90	61.72	100
工业用水重复利用率（%）	75	55	73.3
灌溉水利用系数	0.57	0.56	98.2
万元 GDP 用水量（m³）	841	568	100
水资源开发利用程度（%）	128	152	81.2
用水总量（亿 m³）	21.29	25.22	81.5
人均用水量（m³）	943	1 099.51	83.4
植被覆盖度	明显改善	基本不变	75
防护林网面积（万 hm²）	2.34	1.252	53.5
农田灌溉配水面积（万 hm²）	24.257	24.321	99
各河段水质级别	明显改善	有所改善	85
三产比例	17：47：36	17：60：23	74
种植业内部粮、经作物比例	65：35	66：34	98
管理体制与运行机制变化	管理体制高效、规范，规章制度完善	管理体制较规范，规章制度较完善	85
农民人均纯收入变化（元）	4 500	4 738	100
城市化率变化（%）	39.6	38.79	98
年接待旅游人次与平均值之比	202.28	217.95	87.7
年旅游收入与平均值之比	6.995	12.195	100

5.综合评估

在确定了目标评估体系和绩效评估体系各指标值、得分和权重后,可通过综合评价模型对石羊河流域取水总量控制制度和规划治理措施实施效果进行评价。模型的一般形式为

$$H = \sum_{j=1}^{m} r_{ij} a_{ij} \qquad i = 1, 2, \cdots, n \tag{4-63}$$

式中:H 为评价值;r_{ij} 为各指标权重;a_{ij} 为指标分值。

按照上文判别标准,将石羊河流域取水总量控制目标评估体系和绩效评估体系评价值分为 5 个等级:1 级为完全成功,表示取水总量控制体系预期的各项目标已全部实现或超过预期目标,评价值为 100 分;2 级为成功,表明取水总量控制体系预期的绝大部分目标已经实现,评价值为 80~99 分;3 级为部分成功,表明取水总量控制体系预期的部分目标已经实现,评价值为 60~79 分;4 级为不成功,表示取水总量控制体系预期的目标很少实现,评价值为 40~59 分;5 级为失败,表明取水总量控制体系预期的各项目标没有实现,评价值小于 40 分。石羊河流域取水总量控制目标评估体系和绩效评估体系综合评估结果见表 4-96 和表 4-97。

表 4-96　目标评估体系综合评估结果

体系	得分	目标层	得分	准则层	得分
目标评估体系	83.55	约束性目标	80.60	特定断面下泄水量	96.95
				节约用水	64.25
		过程性目标	95.31	调整产业结构	90.49
				水资源配置保障工程	100
				灌区节水改造工程	95.45
		辅助性目标	77.10	生态移民试点工程	77.10

表 4-97　绩效评估体系综合评估结果

体系	得分	目标层	得分
绩效评估体系	86.48	水量分配和节约用水绩效	86.03
		生态保护绩效	85.49
		社会改善绩效	91.81

二、石羊河流域治理目标达成及原因分析

(一)目标评估体系

从表 4-96 可以看出,目标评估体系评价值为 83.55 分,根据上述等级划分,石羊河流域取水总量控制目标评估方面的响应为成功,表明流域重点治理任务基本完成,取水总量控制体系预期的绝大部分目标已经实现。

具体来看,截至 2010 年底,蔡旗断面过水量达到 2.62 亿 m³,由于 2010 年属于平水年略偏丰,按照天然来水量进行折算,相当于平水年蔡旗断面过水量达到 2.55 亿 m³,完成了规划确定的目标。但其水量组成却与《规划》的要求有一定出入,在节约用水方面得分较低,地表水取用量和地下水开采量都超过了预期目标,说明六河中游地区下泄水量没有得到保

证,节水力度仍需加强。为切实执行总量控制和定额管理制度,要继续加强流域水资源统一管理,严格按照流域水资源分配方案控制各区域用水总量;同时,由于流域地下水开采直接关系到流域治理目标的实现,需要特别加强对地下水的管理,严格控制地下水开采量。

1.过程性目标评估

在过程性目标评估中,水资源配置保障工程和灌区节水改造工程任务完成较好,大部分预期目标已顺利实现。西营河向民勤蔡旗专用输水渠工程建成通水后,2010 年向民勤蔡旗断面输水 1.33 亿 m^3,为实现 2010 年蔡旗断面下泄水量约束性目标打下了坚实基础;2011年向蔡旗断面输水 1.35 亿 m^3,大幅度增加了民勤盆地的来水量。灌区节水改造工程的实施改善了灌区田间输水渠道,显著提高了渠系水利用系数和水资源利用效率。在调整产业结构方面,现状农田灌溉配水面积规模总体依然偏大,一定程度上挤占了生态用水,为减少农业用水从而控制用水总量,仍要适当减少农田灌溉面积。同时,用水结构比例没有达到《规划》要求,农业用水比重依然过大,为提高用水效率,必须加快产业结构调整和农业内部结构调整步伐,减轻水土资源承载压力。

2.辅助性目标评估

在辅助性目标评估中,受数据资料限制,生态移民试点工程评价指标只有移民安置人数一项,对生态移民配套工程的实施进展和效果无法评估。实施过程中发现,由于《规划》方案不能满足移民要求,到 2010 年共安置移民 8 100 人,剩余 2 400 人正在安置。对于生态移民试点工作,要在总结以工代赈易地扶贫搬迁工程实施经验的基础上,制定切实可行的移民试点搬迁办法及相应的配套政策,审慎稳妥地开展工作,确保实现"移得出、稳得住、能致富"的目标。

(二)绩效评估体系

表 4-97 列出了绩效评估体系的综合评估结果,总评价值为 86.48 分,根据上述等级划分,石羊河流域取水总量控制绩效评估方面的响应也是成功的。

在水量分配和节约用水绩效方面,评价值为 86.03 分,表明取水总量控制体系实施以来,通过全面推进节水型社会建设,不断优化产业结构和用水结构,水资源利用效率和效益有所提高。然而,由于用水总量控制没有达到预期目标,水资源开发利用程度和人均用水量等反映节水效果的关键指标评价值较低。为不断提高水资源利益效率和效益,要继续加强流域水资源统一管理,切实执行总量控制和定额管理制度。

1.生态绩效评估

在生态保护绩效方面,评价值为 85.49 分,表明治理措施的实施取得了较好的生态效果,初步遏制了生态恶化趋势。其中,在土地利用变化上,遥感解译数据显示 2004 年以来耕地面积基本稳定在 48 万 hm^2,2010 年耕地面积相对 2008 年减少了 0.383 万 hm^2;林地面积基本稳定在 2.333 万 hm^2,变化不大;草地面积则呈小幅逐年增加趋势,2010 年较 2004 年增加了 1.267 万 hm^2。从流域整体来看,降水是影响植被生长的最主要因素,气候环境异常变化及人类活动等因素对植被生长状况的影响也不容忽视。2004~2009 年石羊河流域生态环境没有明显改善,但民勤下游等地的局部生态环境出现了好转。由于生态修复需要一个比较长的过程,随着取水总量控制体系的继续实施,河道过水时间和长度会持续增加,生态方面的效果会越来越好。在河流水质上,2010 年石羊河干流污染物浓度有较明显下降,总体延续了近年来的改善趋势,其中红崖山水库十多年来首次达到年均Ⅲ类水质,显示出武威城区入河污染物排放治理、西营水库向下游大量调水以及民调工程调水等全流域综合治理工程对流域水环境的改善成效。

2.社会绩效评估

在社会改善绩效方面评价值较高,表明取水总量控制的实施在石羊河流域社会改善方面起到了积极影响。其中,在农民人均纯收入和年旅游收入方面的响应为完全成功,一方面取水总量控制体系的实施和流域治理拉动了当地基础设施建设和旅游业的快速发展;另一方面也促进了产业结构调整,带动了工农业快速发展和农民生活水平的提高。但与此同时,还需在产业结构调整上加快步伐,提高第二、三产业增加值在国内生产总值中的比重,整体提高区域经济效益。在管理体制和运行机制方面评价值85分,表明流域管理体制较规范,规章制度也较完善。在石羊河流域后续治理中,要不断完善以水权、水市场理论为基础的管理体制,形成以经济手段为主的节水机制,进一步推动节水型社会建设。

石羊河流域取水总量控制目标评估体系和绩效评估体系综合评价值均在80分以上,总体而言,通过取水总量控制体系的实施和流域重点治理,促进了流域经济结构、用水结构和发展方式转变,增加了城乡居民收入,减缓了地下水位下降速度,遏制了生态恶化趋势,使得局部生态环境有所好转。

三、石羊河流域生态目标过程控制方案建议

(一)节水灌溉发展建议

《调整方案》基础上的强化《节水方案》显示,增加节水力度可以加速石羊河流域生态目标的实现。但在《规划方案》下,仅田间工程总投资就高达28.35亿元,大幅度增加节水工程的成本极大,可能会给地方财政造成困难。基于生态目标的流域节水灌溉优化布局结果能够有效结合正在实施的"甘肃省河西走廊国家级高效节水灌溉示范区项目",为石羊河流域综合治理目标实现提供强有力的支撑。

(1)因地制宜,充分考虑当地自然条件,改变现有种植结构模式。流域中下游选择作物种植类型时主要应考虑土壤、水源、气候和水质等条件。石羊河流域中游凉州区各灌区由于水源条件较好,同时为保障下游民勤地区用水,应进一步压减春小麦种植比例,增加温室瓜类、温室蔬菜种植面积;下游民勤县要加大苜蓿等生态作物种植比例,促进种植业向棚舍养殖业转变。建议该区采用侧重生态效益的种植结构。

(2)充分考虑经济能力,结合项目推进基于生态目标的节水灌溉技术空间布局模式。节水灌溉方式的选择应与当地经济发展水平、生产经营、管理体制相适应,在确保《规划》节水灌溉工程实施的基础上,提高管灌、滴灌等高效节水灌溉面积比例,全面实施农业节水战略。

(二)水资源调度建议

石羊河流域水资源利用长期处于超载状态,水资源供需矛盾十分突出,总耗水量超过总水资源量,全流域地下水超采严重,以下游为甚。从生态角度讲,除位于石羊河干流和红崖山水库两侧的环河灌区因受河道和红崖山水库入渗影响地下水埋深较浅外,流域其他区域地下水埋深状况已难以支撑该地区天然地带性生态植被的存活。为遏制中下游生态环境的不断恶化,必须改变现行不合理的水资源利用模式,在全流域范围内进行水资源的合理调

度,以确保中下游盆地地下水位不再持续下降。其中,流域下游红崖山水库以下的民勤盆地,是抢救的重点区域。

因此,流域水资源利用要在调整种植结构和节水灌溉优化布局的基础上,合理调度流域上中下游水资源,统筹高效利用水资源。在科学合理分析当年水文特征的情况下,依据流域种植结构及不同作物灌溉制度,科学制订地表地下水、上中下游统一调度计划,合理利用水库调蓄能力,错峰分区域进行水资源的高效利用和保障供给,从而提升流域水资源综合调度能力,实现水资源精细精准管理。

(三)水资源配置工程建议

水资源配置工程建设为提高流域水资源调度能力提供了基本保障,西营河专用输水渠和景电二期民勤调水工程对保障石羊河流域治理生态目标的实现提供了工程支撑。因此,建议在《调整方案》的基础上,一是改扩建杂木河渠首,二是景电二期向民勤调水渠下段河道整治工程调整为景电二期向民勤输水渠改建及民调渠延伸工程,包括景电二期向民勤调水渠改建段和民调渠延伸段两部分。

(四)蔡旗断面水量目标建议

《调整方案》提出的蔡旗断面水量目标为:断面过水量达到 2.5 亿 m^3 以上,其中西营河专用输水渠输水 1.1 亿 m^3,景电二期调水 0.49 亿 m^3 以上;规划天然河道下泄水量 1.08 亿 m^3。实施杂木河、金塔河、西营河联合调度,确保凉州区进入蔡旗断面的水量不小于 2.10 亿 m^3。蔡旗断面水量目标实现与否直接关系着下游民勤盆地社会经济和生态的可持续发展,也是评判石羊河流域治理成效的关键指标之一。石羊河流域综合治理过程中蔡旗断面水量总体目标已经达成,然而实际发生的蔡旗断面水量构成却与《规划》尚有出入。目前,通过景电灌区节水技术的推广应用,景电二期工程向蔡旗断面调水量增加到 0.80 亿 m^3 以上。因此,天然河道下泄水量目标有待进一步论证。

(1)加强上中游水资源高效利用。区域内水资源供给手段和供给过程采用高效节水模式,实施城市生活、工业生产废污水回收处理利用,分区确定农业灌溉定额,减少区域内农业用水,最大限度增加上中游向蔡旗断面的泄水量。

(2)加快中游节水灌溉技术的应用推广。基于生态目标的流域尺度节水灌溉技术方案对中游蔡旗断面的水量保障模拟结果显示,中游区节水灌溉优化布局模式对区域地下水位回升有着积极作用。因此,应进一步加大、加快中游节水灌溉模式的应用推广,为永续实现天然河道下泄水量目标提供可靠保障。

(五)青土湖湿地目标建议

《规划》提出青土湖 2020 水平年治理目标为:北部湖区预计将出现总面积大约 70 km^2、埋深小于 3 m 的地下水浅埋区,继而形成一定范围的旱区湿地。有资料表明,《规划》实施以来,2013 年 5 月青土湖地下水位上升至 3.41 m,较 2007 年上升 0.61 m,青土湖水域面积 8 km^2。尽管自《规划》实施以来,青土湖地区地下水位有所回升,然而回升速度、湿地面积较《规划》提出的目标尚有一定差距,仍需要在以下几方面采取措施,确保最终目标的实现。

(1)适当提高环河灌区和坝区地下水开采量。由于环河灌区和坝区处于流域中游,而且受水库和石羊河干流对区域地下水的补给作用,该区地下水资源相对较为丰富,因此可通过地表水地下水资源联合调度,置换部分地表水资源输入红崖山灌区乃至湖区,为地下水补给提供水源,促进地下水位回升。

(2)提高泉山地区地表水资源使用量,减少地下水开采量。由于泉山地区距离青土湖湖区较近,水文地质条件均一,模拟结果表明:大面积的地表水灌溉能够有效促进湖区地下水位的回升,对实现《规划》提出的青土湖湿地目标具有积极作用。

参 考 文 献

[1] Hillbricht-Ilkowska A, Maitre V. Water table fluctuations in the riparian zone: comparative results from a pan-European experiment[J]. Journal of Hydrology,2000, 265(1-4):129-148.

[2] Asmuth Jos R von, Knotters Martin. Characerising groundwater dynamics based on a system identification approach[J]. Journal of Hydrology,2004, 296(1-4):118-134.

[3] Automated calibration and mass balance calculations[J]. Journal of Hydrology,2001,243(1-2):73-90.

[4] Bakker M. Simulating groundwater flow in multi-aquifer systems with analytical and numerical Dupuit-models [J]. Journal of Hydrology,1999, 222(1-4):55-64.

[5] Beckers J, Frind E O. Simulating groundwater flow and runoff for the Oro Moraine aquifer system. Part II[J], Journal of Hydrology,2001,243:73-90.

[6] Berendrecht W L, Heemink A W, Geer F C. van, et al. State-space modeling of water table fluctuations in switching regimes[J]. Journal of Hydrology,2004, 292(1-4):249-261.

[7] Bouarfa S, Zimmer D. Water-table shapes and drain flow rates in shallow drainage systems[J]. Journal of Hydrology, 2000,235(3-4):264-275.

[8] Bradley C. Simulation of the annual water table dynamics of a floodplain wetland, Narborough Bog, UK[J]. Journal of Hydrology,2002, 261(1-4):150-172.

[9] Brunner Philip, Bauer Peter, Eugster Martin, et al. Using remote sensing to regionalize local precipitation recharge rates obtained from the Chloride Method[J]. Journal of Hydrology,2004, 294(4):241-250.

[10] Burt T P, Bates P D, Stewart M D, et al. Water table fluctuations within the flood plain of the River Severn [J]. Journal of Hydrology,2002, 262(1-4):102-121.

[11] Burt T P, Pinay G, Matheson F E, A. Butturini, J. C. Clement, S. Danielescu, D. J. Dowrick, M. M. Hefting,

[12] Cabrera M C, Custodio E. Groundwater flow in a volcanic-sedimentary coastal aquifer: Telde area, Gran Canaria,Islands, Spain[J]. Hydrogeology Journal,2014,12:305-320.

[13] Chen Zhuoheng, Grasby Stephen E, Osadetz Kirk G. Predicting average annual groundwater levels from climatic variables: an empirical model[J]. Journal of Hydrology,2004, 260(1-4):102-117.

[14] Cobby D M, David C M, Horritt M S, et al. Two-dimensional hydraulic flood modelling using a finite-element mesh decomposed according to vegetation and topographic features derived from airborne scanning laser altimetry[J]. Hydrol. Process,2003, 17: 1979-2000.

[15] Ebrahee A M, Riad S, Wycisk P. et al. A local-scale groundwater flow model for groundwater resources management in Dakhla Oasis.SW Egypt[J].Hydrogeology Journal,2004, 12:714-722.

[16] Ershadi A , Kh iabani H, LΦrup J k. App lications Remote Sensing, GIS and River Basin Modelling in Integrated Water Resources Management of Kabul River Basin[B]. ICID 21st European Regional Cnference2005, Frankfurt and Slubice, Germany and Poland, 2005.

[17] Heilig A, Steenhuis T S, Walter M T, et al. Funneled flow mechanisms in layered soil: field investigations [J].Journal of Hydrology,2003, 279(1-4):210-223.

[18] Isabella Shentsis, Eliyahu Rosenthal. Recharge of aquifers by flood events in an arid region[J]. Hydrological Processes,2003, 17(4): 695-712.

[19] JΦrgensen B S. A River Rehabilitation Study in Malaysia [D]. Technical University of Denmark, 2002.

[20] Larsen H, Mark O, Jha M K, et al. The Application of Models in Integrated River Basin Management [EB/OL]. [2004].

[21] Macdonald A. Modelling for Integrated Water Resources and Environment Management [EB/OL]. [2004].

[22] Storm B. Cape Fear River Basin Modelling Project[EB/OL]. [2004].

[23] 曹剑峰,迟宝明,王文科,等. 专门水文地质学[M].3 版. 北京:科学出版社,2006.

[24] 陈崇希,唐仲华.地下水流动问题数值方法[M].北京:地质大学出版社,1990.

[25] 陈刚,张兴奇,李满春. MIKE BASIN 支持下的流域水文建模与水资源管理分析——以西藏达孜县为例[J]. 地球信息科学,2008,10 (2):230 - 236.

[26] 陈志恺. 西北地区水资源配置生态环境建设和可持续发展战略研究(水资源卷) [M]. 北京:科学出版社,2004.

[27] 丁宏伟,王贵玲,黄晓辉.红崖山水库径流量减少与民勤绿洲水资源危机分析[J].中国沙漠, 2003,23 (1):84-89.

[28] 俄有浩.民勤盆地地下水时空动态及其对生态环境变化影响过程的 GIS 辅助模拟[D].兰州:兰州大学, 2005.

[29] 俄有浩,严平,仲生年,等.民勤沙井子地区地下水动态研究[J].中国沙漠, 1997,17(1):70-76.

[30] 范锡鹏.内陆河流域和山间盆地地下水资源评价//中国干旱半干旱地区地下水资源评价[M].北京:科学出版社,1991.

[31] 方红远.水资源合理配置中的水量调控模式研究[D].南京:河海大学,2003.

[32] 甘泓.水资源合理配置理论与实践研究[D].北京:中国水利水电科学研究院, 2000.

[33] 巩增泰.干旱区内陆河流域水资源管理配置数学模型[D].北京:中国科学院寒区旱区环境与工程研究所,2005.

[34] 谷源泽,张胜红,郭书英,等. FEFLOW 有限元地下水流系统[M].徐州:中国矿业大学出版社,2001.

[35] 顾世祥,李远华,何大明,等. 以 MIKE BASIN 实现流域水资源三次供需平衡[J].水资源与水工程学报,2007,18(1):5-10.

[36] 贺国平,邵景力,崔亚莉,等. FEFLOW 在地下水流模拟方面的应用[J].成都理工大学学报(自然科学版),2003,30(4):356-361.

[37] 黄晓荣.宁夏经济用水与生态用水合理配置研究[D].成都:四川大学,2005.

[38] 黄子琛,王继和.民勤地区梭梭林衰亡原因的初步研究[J].林业科学,1983,19(1):79-84.

[39] 康绍忠,贺正中,张学.陕西省作物需水量及分区灌溉模式[M].北京:水利水电出版社,1992.

[40] 李英能,黄修桥,吴景社,等.水土资源评价与节水灌溉规划[M].北京:水利水电出版社,1998.

[41] 卢玉邦,郭龙珠,郎景波.综合评价方法在节水灌溉方式选择中的应用[J].农业工程学报,2006,22 (2):33-36.

[42] 马金珠,魏红.民勤地下水资源开发引起的生态与环境问题[J].干旱区研究,2003,20(4):261-265.

[43] 马兴旺,李保国,吴春荣,等.绿洲区土地利用对地下水影响的数值模拟分析——以民勤绿洲为例[J].资源科学,2002,24(2):49-55.

[44] 裴源生,张金萍.广义水资源合理配置总控结构研究[J].资源科学,2006,28(4):166-171.

[45] 裴源生,赵勇,陆垂裕.水资源配置的水循环响应定量研究——以宁夏为例[J].资源科学,2006,28

(4):189-194.

[46] 齐学斌,庞鸿宾.节水灌溉的环境效应研究现状与研究重点[J].农业工程学报,2000,16(4):37-40.

[47] 宋冬梅,肖笃宁,张志城,等.石羊河下游民勤绿洲生态安全时空变化分析[J].中国沙漠,2004,24(3):335-342.

[48] 王大纯,张人权.水文地质学基础[M].北京:地质出版社,1986.

[49] 王刚.酒泉盆地地下水系统数值模拟研究[D].兰州:兰州大学,2007.

[50] 王根绪,程国栋,沈永平.近50年来河西走廊区域生态环境变化特征与综合防治对策[J].自然资源学报,2002,17(1):78-86.

[51] 王根绪,程国栋,徐中民.中国西北干旱区水资源利用及其生态环境问题[J].自然资源学报,1999,14(2):109-116.

[52] 王浩,王建华,秦大庸.流域水资源合理配置的研究进展与发展方向[J].水科学进展,2004,15(1):123-128.

[53] 王浩.我国水资源合理配置的现状和未来[J].水利水电技术,2006,37(2):7-14.

[54] 王珊琳,李杰,刘德峰.流域水资源配置模拟模型及实例应用研究[J].人民珠江,2004(5):11-14.

[55] 魏红.民勤盆地水资源承载力研究[D].兰州:兰州大学,2004.

[56] 吴景社,康绍忠,王景雷,等.基于主成分分析和模糊聚类方法的全国节水灌溉分区研究[J].农业工程学报,2004,20(4):64-68.

[57] 吴泽宁,索丽生.水资源优化配置研究进展[J].灌溉排水学报,2004,23(2):1-5.

[58] 谢新民,张海庆,等.水资源评价及可持续利用规划理论与实践[M].郑州:黄河水利出版社,2003.

[59] 薛禹群,谢春红.水文地质学的数值法[M].北京:煤炭工业出版社,1980.

[60] 薛禹群,朱学愚.地下水动力学[M].北京:地质出版社,1979.

[61] 尹明万,谢新民,王浩,等.基于生活、生产和生态环境用水的水资源配置模型[J].水利水电科技进展,2004,24(2):5-8.

[62] 尤祥瑜,谢新民,孙仕军,等.我国水资源配置模型研究现状与展望[J].中国水利水电科学院学报,2004,2(2):131-140.

[63] 岳春芳.东南沿海地区水资源优化配置模型及其应用研究[D].乌鲁木齐:新疆农业大学,2004.

[64] 张庆华,白玉惠,倪红珍.节水灌溉方式的优化选择[J].水利学报,2002(1):47-51.

[65] 张蔚榛.地下水土壤水动力学[M].北京:中国水利水电出版社,1996.

[66] 张新民,沈冰,金彦兆.节水灌溉与河西绿洲可持续发展[J].中国农村水利水电,2000(12):9-11.

[67] 朱高峰.民勤盆地地下水系统数值模拟与管理[D].兰州:兰州大学,2005.

[68] 甘肃省水利科学研究院.石羊河流域治理生态目标过程控制关键技术[R].兰州:甘肃省水利科学研究院,2013.

第五章　流域生态修复与生态屏障构建技术

第一节　祁连山区生态环境现状及变化趋势

一、祁连山区生态环境现状评价

以 2006 年为现状年,通过土地利用情况调查,分析研究区内森林、耕地和草地等生态景观格局。土地分类采用中国科学院"中国土地资源分类系统",为了便于景观生态分析,对部分类别划分出三级类型区,部分类别归并或省略,共划分出 6 个一级类型区 21 个二级类型区。祁连山景观分类系统见表5-1。

表 5-1　祁连山景观分类系统

一级类型区		二级(三级)类型区	
代码	类型	代码	类型
1	耕地	121	旱地
		122	水浇地
2	林地	21	有林地
		22	疏林地
		23	灌木林地
3	草地	31	高覆盖度草地
		32	中覆盖度草地
		33	低覆盖度草地
4	水域	41	河渠
		43	水库
		44	永久性冰川雪地
		46	滩地
5	建设用地	51	城镇用地
		52	农村居民点用地
		53	其他建设用地
6	未利用地	61	沙地
		62	戈壁
		64	沼泽地
		65	裸土地
		66	裸岩
		67	其他未利用地

在遥感解译的基础上,通过 ARC/INFO 软件对各种景观类型面积和比例进行了分析。

结果显示,石羊河流域上游祁连山区耕地面积占 31.62%,林地占 22.89%,草地占 34.21%,水域占 0.90%,建设用地占 0.68%,未利用土地占 9.70%。2006 年祁连山区景观类型见表 5-2。

表 5-2　2006 年祁连山区景观类型

景观类型	面积(km²)	比例(%)	景观类型	面积(km²)	比例(%)
水浇地	104 045.71	8.65	滩地	3 914.003 6	0.33
旱地	276 392.59	22.97	城镇居民地	494.331 08	0.04
有林地	33 450.835	2.78	农村居民地	7 143.633 3	0.59
疏林地	183 555.01	15.26	工矿用地	571.227 02	0.05
灌木林地	58 405.766	4.85	沙地	4 539.057 8	0.38
高覆盖度草地	58 518.913	4.86	戈壁	4 799.405 5	0.40
中覆盖度草地	227 220.93	18.89	沼泽地	4 355.606	0.36
低覆盖度草地	125 881.96	10.46	裸土地	5 265.175 2	0.44
河渠	127.427 57	0.01	裸岩地	23 814.674	1.98
水库	1 415.983 9	0.12	其他未利用地	73 840.979	6.14
永久冰川	5 299.229 1	0.44			

由表 5-2 可见,耕地、建设用地等人工景观类型合计仅占总面积的 32.30%,而林地、草地等自然景观类型占 57.10%,自然景观类型是构成石羊河流域上游祁连山区生态系统结构的主体景观类型。

人工和自然景观类型在空间分布上存在一定的差异,由东南向西北的自然景观和人工景观表现出减少的趋势,说明人类活动对自然生态环境的影响东南强于西北,而乔木林、灌木林、草地等自然景观类型的生存条件在研究区东南部要好于西北部,这主要是受降水分布不均的影响,继而引起植被立地条件的不同所致。

二、祁连山区生态环境变化分析

(一)近 20 年祁连山区土地利用动态变化特征

前述关于祁连山区生态景观动态变化来源于史料记载,已无法得到确切证实。本书基于遥感和地理信息系统技术,分析了 1987 ~ 2006 年 20 年石羊河流域祁连山区景观动态变化特征。结果表明,1987 ~ 2006 年的 20 年间,研究区土地利用与土地覆盖格局发生了一定变化。1987 年、1999 年和 2006 年土地利用变化趋势分析见表 5-3。

1987 ~ 1999 年期间,受人类活动和全球气候变暖等因素的影响,祁连山区耕地、林地、城镇农村居民用地、沙地、戈壁、裸岩地和其他土地利用面积等退化性生态景观增加,耕地面积大幅增加;高、中、低覆盖度草地,永久冰川雪地等自然景观面积显著减少,有林地和水库面积略有减少;工矿用地和沼泽地面积维持稳定。受天然降水稀少、草原载畜量逐年提高以及气候变暖等因素的影响,自然景观呈现高盖度草甸向低盖度草甸退化的趋势。同时,由于人类活动不断加强,该阶段区域内人文景观逐渐增强。

表 5-3　1987 年、1999 年和 2006 年土地利用变化趋势分析　（单位：hm²）

代码	类型名称	1987 年	1999 年	变化	1999 年	2006 年	变化
122	水浇地	118 592.56	58 369.80	− 60 222.76	58 369.8	104 045.71	45 675.91
121	旱地	89 719.03	161 778	72 058.97	161 778	276 392.59	114 614.59
21	有林地	32 542.63	30 701.82	− 1 840.81	30 701.82	33 450.84	2 749.02
22	疏林地	155 225.75	157 881.20	2 655.45	157 881.2	183 555.01	25 673.81
23	灌木林地	55 315.17	52 633.60	− 2 681.57	52 633.6	58 405.77	5 772.17
31	高覆盖度草地	170 539.23	125 727.13	− 44 812.1	125 727.1	58 518.91	− 67 208.19
32	中覆盖度草地	304 872.18	337 017.80	32 145.62	337 017.8	227 220.93	− 109 796.87
33	低覆盖度草地	157 537.86	159 341	1 803.14	159 341	125 881.96	− 33 459.04
41	河渠	951.85	1 130.64	178.79	1 130.64	127.43	− 1 003.21
43	水库	1 827.47	1 619.23	− 208.24	1 619.23	1 415.98	− 203.25
44	冰川积雪	12 976.32	8 310.73	− 4 665.59	8 310.73	5 299.23	− 3 011.50
46	滩地		4 665.59	4 665.59	4 665.59	3 914.00	− 751.59
51	城镇居民地	208.01	250.78	42.77	250.78	494.33	243.55
52	农村居民地	4 215.81	4 652.97	437.16	4 652.97	7 143.63	2 490.66
53	工矿用地	469.39	467.90	− 1.49	467.90	571.23	103.33
61	沙地	1 413.62	1 334.13	− 79.49	1 334.13	4 539.06	3 204.93
62	戈壁	6 398.31	6 754.01	355.70	6 754.01	4 799.41	− 1 954.60
64	沼泽地	4 665.59	4 665.59	0	4 665.59	4 355.61	− 309.98
65	裸土地	4 002.35	13 454.48	9 452.13	13 454.48	5 265.18	− 8 189.30
66	裸岩地	13 421.75	4 081.78	− 9 339.97	4 081.78	23 814.67	19 732.89
67	其他未利用地	68 157.53	68 214.30	56.77	68 214.30	73 840.98	5 626.68

1999~2006 年期间，疏林地、中覆盖度草地、低覆盖度草地、农村居民用地和裸岩地面积显著增加；水浇地、旱地、高覆盖度草地、水库、永久性冰川雪地、滩地、戈壁和未利用地面积呈明显减少趋势；有林地、城镇居民用地、工矿用地以及裸岩地面积略有增加，但增加不明显；河渠、水库和沙地略有减少。初步分析，出现这种情况的原因主要是西部大开发战略实施以来，退耕还林政策的实施和祁连山水源涵养林核心区的保护力度进一步加强。

祁连山区生态系统及其景观格局的变化，反映了人类活动强度的增加及其对生态系统胁迫的加剧，从而破坏了生态系统的正常功能和作用，导致石羊河流域上游地区生态系统退化。同时，1987~1999 年和 1999~2006 年祁连山自然景观格局变化特征说明，随着生态环境保护政策的落实和人类环境意识的加强，能够为该区域生态环境修复提供强力支撑条件。

（二）祁连山区生态景观动态特征分析

1. 祁连山区土地转移矩阵计算

根据 1987 年和 1999 年两期土地利用解译成果，利用 ARC/INFO 软件进行土地利用转移矩阵分析，1987~1999 年祁连山区土地利用转移矩阵见表 5-4。

表 5-4　1987～1999 年祁连山区土地利用转移矩阵　　　　　（单位：hm²）

土地类型	裸岩	裸土	冷岩	耕地	冰川积雪	戈壁	草地	滩地	居民用地	沙漠	水域	林地
裸岩	13 421.66						0.09					
裸土		3 953.65		48.70								
冷岩			68 157.00									0.54
耕地		123.63	0.00	206 960.59		334.55	404.14		425.57	1.47	58.40	3.24
冰川积雪					8 310.73			4 665.59				
戈壁				27.44		6 370.78						0.10
草地	23.04	4.50	8.99	12 500.56		17.42	620 254.99		44.38	0.81	0.03	94.54
滩地												
居民用地				0.23					4 892.98			
沙漠				12.51			69.26			1 331.85		
水域				67.88							2 691.44	20.00
林地	9.79		48.31	529.91		31.27	1 357.36		8.71			241 098.20

　　从表 5-4 可以看出，1987～1999 年期间，研究区耕地、草地、林地、居民用地、水域和沙漠景观格局发生了变化，各景观类型变化强度和变化方向有所不同。纯自然生态系统景观格局变化强度后期有所上升，人类活动影响强度呈加强趋势。从生态效应角度分析，林地、草地等环境用地保留率下降，居民用地率上升，表明近年来祁连山区生态功能呈退化趋势。

　　2. 祁连山区不同土地类型转化分析

　　1）耕地

　　1987～1999 年期间，耕地面积呈上升趋势，这一变化特点与社会经济发展密切相关。比较两个研究期，耕地的主要转出为草地、居民用地和戈壁沙漠；从耕地的转入看，主要是草地、有林地转化为耕地。说明 13 年来，人口增加造成城镇、居民点、工矿用地占用耕地的问题十分严重。同时，人口增加导致耕地需求扩大，滥垦草原、毁林开荒的现象存在，而且区域内水资源配置工程的建设对耕地、林地和草地有所破坏。

　　2）林地

　　13 年来，有林地面积呈持续减少趋势。1987～1999 年，林地主要转化为草地、冷岩、戈壁和居民用地；从林地转入情况看，有少量草地和水体向林地转化。从中可以看出，林地和草地的转换十分频繁，林地的减少是因为毁林开荒和植被破坏，但同时有林地的增加又是退耕还林、植被恢复所致。总体上，有林地面积减少，说明区域生态系统发生退化，但在局部地区也出现了生态恢复的有利局面。

　　3）草地

　　草地面积在 13 年中表现为减少趋势，草地转化为耕地、林地、居民用地和冷岩面积分别占其变化面积的 98.47%、0.18%、0.34% 和 0.74%。草地收入主要为少量林地和耕地。在人类活动强烈干扰和全球气候变暖条件下，草地面积的减少充分说明祁连山区生态脆弱性不断加强。虽然通过实施退耕还林战略，加强了对生态环境的保护，出现了少量耕地还原草地的现象，但在祁连山区这一措施还严重滞后，大面积破坏草场的现象仍然存在。

4）水域

水域在研究区是面积比例最小的景观类型,虽然水域面积呈增加趋势,但景观稳定性差,变动较频繁。水域景观类型的转化主要发生在草地和耕地之间,河渠景观的增加是人为水利工程活动对自然生态系统破坏最直接的例证。

5）农村居民用地

农村居民用地转化主要发生在耕地、草地和林地之间。13 年来,农村居民用地一直呈持续增加趋势,占用耕地、草地和林地。13 年来,分别有 425.57 hm^2 耕地、44.38 hm^2 草地和 8.71 hm^2 林地转化为农村居民用地,占 1999 年农村居民用地的 7.92%、0.82% 和0.16%。随着经济的高速发展和人口规模的不断扩大,为了加强乡村间的经济联系,修建和扩建了乡村公路,占用了大量的草地和耕地;同时,城镇化建设,大量兴建和扩建乡(镇)企业,也占用了大量城市周边的草地、耕地。

6）冰川积雪

随着全球气候变暖趋势的加剧,祁连山区冰川积雪面积不断缩小,近 35% 的面积逐步消融转化为滩地。

7）其他未利用地

裸土、裸岩、冷岩和沙漠等未利用地景观变化较为稳定,从转入和转出分析来看,未利用地景观转化主要发生在耕地。

（三）祁连山区景观指数变化特征分析

1.祁连山区生态环境现状评价体系构建

祁连山区生态景观空间结构在很大程度上控制着山区各生态景观的功能及其生态作用的发挥,影响着山区生态水文过程的物质流、能量流和信息流的正常运转。在研究其景观空间结构时,首先考察个体单元空间形态。依据山区景观的空间形态、轮廓、分布和功能等基本特征,可将山区景观区分为斑块(patch)、廊道(corridor)和基质(matrix)三部分。山区生态景观斑块是指景观中一切非线性的生态景观。作为斑块意义上的工矿居民用地,其类型、规模、形状、空间格局深刻影响着整个山区的自然景观。山区廊道是指景观中线状或条状的生态景观,通常为河流、道路、河岸植被带等,是山区水、化学元素、物种迁移的主要通道。山区生态环境景观基质是指山区景观中人工环境以外的广大区域,从物质形态上说,山区生态环境景观基质主要是自然的元素,主要由林地、灌木林地、草地、裸土、裸岩、冷岩等组成。在不同的区域,斑块和廊道的类型和数量不同、配置系数不同,形成不同的景观格局,决定景观处于不同的发展过程。

建立格局与过程之间相互联系的首要问题是如何将景观格局数量化,使景观格局的表示更加客观、直观。近年来,越来越多的学者对景观格局空间特征量度及其指标体系的建立进行了研究,由此产生了许多景观结构指数,如景观多样性指标、均匀度、优势度、镶嵌度、聚集度等,这些指标都是景观空间分析的基础。

进行祁连山区生态环境景观格局分析,一是应用 RS、GIS 技术提取祁连山区生态环境信息,生成矢量格式的生态环境景观图;二是应用 FRAGSTATS、Excel 等软件开展前述工作。综合不同学者已有研究成果,本书开展了以下 4 个方面景观生态分析:①景观斑块构成分析;②景观斑块形状指数分析;③景观斑块破碎化分析;④景观类型多样性及总体景观格局分析。祁连山区生态环境景观指数指标体系见表5-5。

表5-5　祁连山区生态环境景观指数指标体系

分析类型	指数
斑块构成	各类斑块数量(NP)、各类斑块面积(A)斑块平均面积(AV)、最大斑块指数(LPI)
破碎化	平均面积、密度、分维数
形状	斑块周长面积比
总体格局	多样性指数(H)、最大多样性指数(H_{max})、丰富度密度(PRD)、均匀度指数(E)、优势度指数(D)

2. 景观格局主要指数及其生态学意义

1）斑块数(NP)

该指数是类型水平或景观水平上总的斑块数目,是标志景观破碎化程度的重要指标,在类型水平和景观水平上都有重要意义。

$$NP = \sum_{i=1}^{n} N_i \tag{5-1}$$

式中:N_i 为斑块个数。

2）斑块密度(PD)

该指数是斑块个数与景观总面积的比值,即每平方千米的斑块数。值愈大,景观破碎化程度愈高,空间异质性愈大。它反映了景观空间结构的复杂性,根据这一指数可以比较不同类型景观破碎化程度和整个景观的破碎化状况。斑块密度表达式为

$$PD = \frac{N}{A} \tag{5-2}$$

式中:N 为研究区斑块总数或景观中某类型景观的斑块个数;A 为各研究区域总面积或景观总面积。

3）斑块总面积(A_i)

斑块总面积是景观中某类景观类型斑块面积的总和,反映该类景观类型斑块大小的整体水平。

$$A_i = \sum_{j=1}^{m} A_{ij} \tag{5-3}$$

式中:A_{ij} 为第 i 类景观类型第 j 个斑块的面积。

4）平均斑块面积(MPS_i)

该指数是斑块面积与斑块数目的比值,也有景观水平和类型水平两种类型。这一指数是一个比较简单且富有生态学意义的格局指标,可以用来对比不同景观的聚集或破碎化程度,也可以指示景观中各类型间的差异。

$$MPS_i = A_i / n_i \tag{5-4}$$

式中:A_i 为斑块总面积;n_i 为斑块个数。

5）斑块形状指数(LSI)

景观形状指数用来测定其形状的复杂程度,通常是通过计算某一斑块形状与相同的圆形或正方形之间的偏离程度来测量其形状复杂程度的,其公式为

$$LSI = \frac{0.25E}{\sqrt{A}} \tag{5-5}$$

式中:E 为景观中所有斑块边界的总长度;A 为景观总面积。

6)景观斑块分维数(FD)

分维数(fractal dimension)可以直观地理解为不规则几何形状的非整数维数,可以反映空间实体几何形状的不规则性。自然界中很多事物都存在分维现象,生态景观是由具有异质性的斑块组合而成的镶嵌体,斑块的形状不规则,但却具有相似性,一般认为具有分形的性质。景观斑块分维数可用式(5-6)计算:

$$FD = 2\frac{\ln(0.25p_{ij})}{\ln(a_{ij})} \tag{5-6}$$

式中:a_{ij}、P_{ij}分别为斑块的面积和周长。

FD 值位于 $1 \sim 2$,其值接近 1,说明该类型斑块的形状接近于正方形,其值越大说明形状越不规则,受到外界的干扰越大。

7)景观多样性指数(landscape diversity index)

多样性指数 H 是基于信息论之上,用来度量系统结构组成复杂程度的一些指数,是景观水平的格局指数。常用的有 Shannon-Weaver 多样性指数、Simpson 多样性指数等。Shannon 多样性指数的公式为

$$H = -\sum_{i=1}^{m}(P_i \ln P_i) \tag{5-7}$$

式中:n 为景观中的斑块类型数;P_i 为斑块类型 i 在景观中出现的概率。

H 值大于零,类型愈多,各类面积愈相似,其值愈大。

8)景观丰富度指数(landscape richness index)

景观丰富度指数 R 是指景观中斑块类型的总数,即 $R = m$,m 是景观中斑块类型数目。在比较不同景观时,相对丰富度(relative riehness)和丰富密度(richness density)更为适宜,即

$$R_r = \left(\frac{m}{m_{\max}}\right) \times 100\% \tag{5-8}$$

$$R_d = \left(\frac{m}{A}\right) \times 100\% \tag{5-9}$$

式中:R_r、R_d分别表示相对丰富度和丰富密度;$m_{\max}$ 为景观中斑块类型数的最大值;A 为景观面积。

9)景观优势度指数(landscape dominance index)

该指数是多样性指数的最大值与实际计算值之间的差值。D 值越大,说明整个景观由一种或几种斑块类型支配的程度越大。优势度指数越大,组成景观各类型所占比例差异大,景观中有一种或者少数几种类型占优势;优势度指数小,景观组成各类型占比相当。景观优势度公式为

$$D = H_{\max} + \sum_{i=1}^{m}(P_i \ln P_i) \tag{5-10}$$

10)景观均匀度指数(landscape evenness index)

景观均匀度指数反映景观中各斑块面积分布的不均匀程度,其值为多样性指数和其最

大值的比值。以 Shannon 多样性指数为例,均匀度可表达为

$$E = H/H_{max} \tag{5-11}$$

式中:H 为 Shannon 多样性指数;H_{max} 为最大值。

景观均匀度指数 E 值位于 $0 \sim 1$,E 越接近于 1,景观斑块分布越均匀。

3. 祁连山区景观指数变化特征分析

根据构建的祁连山区生态环境现状景观格局指标体系,利用 1987 年和 1999 年土地利用解译成果,采用 FRAGSTATS3.0 软件和 SPSS11.0 软件分别统计两个时期的景观类型指数。景观类型指数见表5-6。

表5-6　景观类型指数

景观指数	年份	斑块总面积（hm²）	斑块数	平均斑块面积	斑块密度	最大斑块指数	斑块形状指数	景观斑块分维数
耕地	1987	208 311.59	684	304.55	0.056 5	4.30	92.24	1.117 0
	1999	220 147.80	682	322.80	0.056 3	9.47	90.79	1.116 0
林地	1987	243 083.55	1 073	226.55	0.088 7	2.31	81.56	1.118 8
	1999	241 216.62	1 069	225.65	0.088 3	2.31	81.80	1.118 9
草地	1987	632 949.27	1 249	506.76	0.103 2	12.66	101.57	1.120 9
	1999	622 085.90	1 282	485.25	0.105 9	12.61	102.42	1.122 4
水库	1987	1 827.47	18	101.53	0.001 5	0.04	12.50	1.130 1
	1999	1 619.23	18	89.96	0.001 5	0.04	12.63	1.126 7
河道	1987	951.85	32	29.75	0.002 6	0.16	30.16	1.201 4
	1999	1 130.64	32	35.33	0.002 6	0.16	29.71	1.201 2
冰川积雪	1987	12 976.32	11	1 179.67	0.000 1	0.01	2.15	1.116 0
	1999	8 310.73	8	1 038.84	0.000 1	0.01	2.15	1.116 0
工矿居民用地	1987	4 893.21	961	5.09	0.079 4	0.03	40.53	1.054 0
	1999	5 371.65	981	5.48	0.081 1	0.03	40.92	1.054 7
沙地	1987	1 413.62	50	28.27	0.004 1	0.01	13.43	1.104 2
	1999	1 334.13	50	26.68	0.004 1	0.01	13.65	1.104 8
戈壁	1987	6 398.31	35	182.81	0.002 9	0.29	18.44	1.116 2
	1999	6 754.01	36	187.61	0.003 0	0.29	18.63	1.114 5
沼泽	1987	4 665.59	25	186.62	0.002 1	0.07	13.16	1.118 7
	1999	4 665.59	25	186.62	0.002 1	0.06	13.16	1.118 7
裸土	1987	4 002.35	169	23.68	0.014 0	0.03	26.90	1.107 4
	1999	13 454.48	172	78.22	0.014 2	0.03	27.03	1.106 8
裸岩	1987	13 421.75	56	239.67	0.004 6	0.49	17.06	1.113 0
	1999	4 081.78	56	72.89	0.004 6	0.49	17.06	1.112 9
冷漠	1987	68 157.53	55	1 239.23	0.004 5	2.30	23.75	1.130 4
	1999	68 214.30	55	1 240.26	0.004 5	2.30	23.78	1.130 5

从表5-6 可以很明显地看到,祁连山区 1999 年整个山区景观的破碎度大于 1987 年。进一步分析可知,就不同斑块类型而言,斑块破碎度指数存在较大差异。1987 年和 1999 年,斑块破碎度较大的 5 个景观类型完全一致,即草地 > 林地 > 工矿居民用地 > 耕地 > 裸土,人类活动对这些景观类型的影响较强。同一类型在时间上也表现出较大变化,如耕地破

碎度指数由 1987 年的 0.056 5 减小到 1999 年的 0.056 3,减小的原因是随着对坡地和滩地的不断开发,农田面积不断扩大,斑块数减少也说明分散的农田转变为大面积连续分布的农田。工矿居民用地破碎度有所增加,由 1987 年的 0.079 4 增加到 1999 年的 0.081 1,其平均斑块面积和斑块数量大幅增加,说明人类活动越来越强烈,城镇居民点、工矿用地、交通用地建设速度快,所占比例都相应提高。随着耕地和工矿居民用地的扩张,草地被占用分割得最强烈,斑块数增加,破碎度也随之增加,由 1987 年的 0.103 2 增加到 1999 年的 0.105 9。

随着人类活动强度的增加,人类定向选择造成一些景观类型退化或消失,一些景观类型范围扩大,分布趋于连片,使得破碎化程度降低,景观类型在局部范围内更加聚集;与此同时,人类活动又不断分割景观,使原来成为整体的自然景观分化成不同类型景观斑块,呈镶嵌分布,破碎化程度增加。在耕地、工矿居民用地、水面等景观的变化与发展中,一方面在尽力扩张这些景观的外围,其结果是增加景观斑块的数目和面积,各种类型斑块镶嵌分布,景观越来越破碎;另一方面也在尽量规划这些景观内部结构,其结果使得上述景观斑块分布更有规律,在一定区域呈集聚分布,景观破碎度降低。从以上分析看,近 13 年来前者占优势,整个景观的破碎化程度呈缓慢增加的趋势。

就 1987 年、1999 年的景观多样性和均匀度指数而言,虽然其变化幅度都较小,但仍能反映出一些问题。多样性指数大小取决于两个方面的信息,一是斑块类型的多少(丰富度),二是各斑块类型在面积上分布的均匀程度。1987 ~ 1999 年,研究区域景观的 Shannon 多样性指数由 1.389 2 上升为 1.400 1,说明该区域内景观结构趋于复杂;均匀度指数由 0.541 6 上升为 0.545 9,说明斑块分布趋于非均匀,多样性和均匀度指数的对比都显示该地区 1987 年的景观多样性指数低于 1999 年,表明景观多样性平稳中略有上升,单一性略微下降。1987 年和 1999 年祁连山区景观总体指标分析见表 5-7。

表 5-7　1987 年和 1999 年祁连山区景观总体指标分析

指数	H	E
1987 年	1.389 2	0.541 6
1999 年	1.400 1	0.545 9

第二节　流域生态屏障构建技术需求分析

石羊河流域上中下游具有非常鲜明的区域特点,总体上可以分为上游祁连山、中游绿洲区和下游北部平原区,依其植被类型和功能定位,与生态屏障构建密切相关的区域重点是上游祁连山区和下游北部平原区。

一、祁连山区生态屏障构建技术需求

(一)山区水源涵养林地特点

(1)森林多呈带状或斑块状,与阳坡草原交错分布,同亚高山灌丛草原和浅山区草原、荒漠草原相衔接,如果经营管理不当,森林就有被灌丛草原或草原更替的可能。

(2)树种单一,森林结构简单,森林生态圈主要由云杉林、圆柏林、高山灌木林和中低山阳性灌木林等 4 个森林生态系统所组成,生态系统相对脆弱,破坏后很难恢复。

（3）森林覆盖率低，但林分的龄组结构比较合理，中、幼龄林面积较大，其比重为幼龄林面积占林分总面积的27.3%、中龄林占57.0%、成熟林占15.7%，其林分结构十分有利于永续利用、长期经营和持续不断地发挥森林涵养水源的功能。

（二）水源涵养林地主要生态环境问题

（1）林牧农矛盾尖锐，水土流失严重。由于祁连山林区人口的增加，扩垦耕地逐年增加。据统计，祁连山区载畜量由20世纪50年代的70余万头（只），发展到现在的180万头（只），为了扩大草场，在水源林主要组成部分灌木林和疏林中进行放牧，面积达24万多 hm²。牲畜践踏和啃食林木，造成水土流失严重，仅祁连山凉州区段水土流失总面积就达86.36万 hm²，各主要水库淤积泥沙占总库容的30%以上，西营、杂木、黄羊、金塔四河流年均输沙量达93万 m³ 之多。

（2）径流减少，旱象增加。森林具有涵养水源、调节径流和增加降水的作用，但由于祁连山林牧矛盾严重，森林遭到破坏，河流年径流量及降水量都有不同程度的减少。据有关资料，20世纪70年代与50年代相比，由于石羊河上游毁林开荒较多，近20年径流减少8.5 m³/s。又据甘肃省气象部门资料，20世纪40年代武威地区年降水量为180 mm，70年代减少到154 mm。降水量的减少使得旱象进一步增加，生态环境更加脆弱。

（3）病虫害时有发生，营林生产失调。祁连山森林是重要的水源涵养林，它的兴衰关系到整个河西内陆区生态环境的安全。但目前森林病虫害严重，风倒木、枯立木、病腐木到处可见。如天祝古城、华隆、乌鞘岭、夏玛、哈溪、祁连等6个林场，云杉锈病的发生面积达2万 hm²，其中严重的有7 000 hm²，肃南林场的青海云杉林，松梢螟、阿扁叶蜂、小叶蜂、金色蝉等虫害时常发生，给森林资源带来了较大损失。

（三）技术需求

针对祁连山区水源涵养林特点、主要生态环境问题及区域生态功能定位，该区的重点技术需求主要是祁连山区水文效应、生态修复技术及示范。

1. 祁连山区水文效应技术

针对祁连山区水循环与水资源特点，开展祁连山区水文循环及水收支研究、不同立地条件植被水文效应研究、不同立地条件景观结构水文生态效应和下垫面变化条件下的流域水收支分析研究。

2. 祁连山区生态修复技术

基于祁连山生态功能定位与生态修复技术原理，开展祁连山流域生态修复技术措施、技术模式、生态修复对策等技术需求研究。

3. 祁连山区水源涵养林生态修复技术示范

基于祁连山生态修复技术措施与模式，开展祁连山灌木林地及封育技术、坡耕地退耕还草及封育技术、矿区河滩地生态恢复技术和不同坡位造林技术等生态修复技术示范。

二、北部平原区生态屏障构建技术需求

（一）土地利用现状分析

根据1986年、2000年和2005年民勤县遥感影像资料解译，分析了区域土地利用变化。1986年、2000年和2005年土地利用变化情况见表5-8和图5-1。

表 5-8　1986 年、2000 年和 2005 年土地利用变化情况　　（单位:km²）

年份	耕地	林地	草地	水域	工矿居民用地	未利用地	总面积
1986	1 229.68	226.98	2 229.12	23.49	68.70	12 527.86	16 305.83
2000	1 379.51	207.90	2 193.90	15.20	74.43	12 434.89	16 305.83
2005	1 458.83	198.38	2 190.68	16.21	74.97	12 366.76	16 305.83

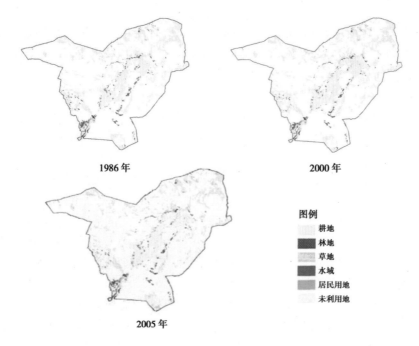

图 5-1　石羊河流域北部平原区土地利用

　　耕地和工矿居民用地在过去的 20 年中急剧增大,但变化趋势存在差异。1986～2000
年的 15 年里,耕地年均变化率 9.99 km²/年,而 2000～2005 年年均变化率增加到 13.22
km²/年,说明人类对自然生态资源的掠夺和占有变得更加突出,而居民用地年均变化率由
1986～2000 年的 0.382 km²/年减小到 2000～2005 年的 0.09 km²/年。林地和草地面积在
20 年里有所减少,但减少趋势却有所不同。林地资源的破坏和自然退化在近 6 年中趋势有
所增强,其减少速率由 1.27 km²/年增加到 1.59 km²/年,草地资源的破坏和退化在近 6 年
中趋势有所减缓,其变化速率由 2.35 km²/年减少到 0.54 km²/年。

　　(二)重大生态环境问题分析

　　根据石羊河北部平原区土地利用现状分析,结合民勤地区社会经济发展对生态环境的
影响和要求,目前制约区域社会、经济发展的生态环境问题主要有如下几点:

　　(1)林地草地面积萎缩。由于受上游来水量的逐年减少和下游民勤县地下水的严重超
采,该区地下水位急剧下降,造成地下水采补失衡。地下水位普遍下降 10～20 m,局部地区
达 40 m。地下水矿化度以每年 0.1 g/L 的速度提高,苦咸水面积由湖区向外扩展,水质不断
恶化,人畜饮水发生困难,盐碱地面积急剧增加,植被大量枯死。近年来,民勤县有 0.9 万
hm² 沙枣林枯梢衰败,2.333 万 hm² 白茨、红柳等天然植被处于死亡、半死亡状态。

（2）荒漠化程度加剧。近年来有 0.667 万 hm² 耕地和 3.867 万 hm² 林地沙化，26.333 万 hm² 草场退化。流沙以每年 3~4 m 的速度向绿洲推进，个别地段推进速度达到每年 8~10 m。由于下游各种植被大面积萎缩、枯死，固沙能力减弱，荒漠化蔓延的势头仍在加剧。

（3）耕地面积不断扩大。由于人类对天然生态的掠夺，大面积毁林开荒现象时有发生，耕地面积不断扩张。

（4）自然灾害频繁发生。由于植被减少，生态恶化，水土保持能力减弱，风沙及沙尘暴危害日益加剧。年均风沙天数达 139 d，最多时达 150 d；8 级以上大风天数超过 70 d，年均强沙尘暴天数多达 29 d。由于受大风、沙尘暴影响，农作物大面积受害，给人民群众生产生活带来很大困难。

（三）技术需求

针对北部平原区存在的主要生态环境问题，立足区域生态功能定位，该区的重点技术需求主要包括生态功能区划与生态评价、合理生态需水、水资源优化配置、地下水位恢复和生态修复技术示范等。

（1）北部平原区生态功能区划与生态评价技术。针对北部平原区生态环境现状，依据生态功能区划原则与目标，开展北部平原区生态功能区划研究，提出不同生态功能区生态保护与恢复目标以及措施；建立北部平原区生态评价模型，评估北部平原区生态环境状况。

（2）北部平原区生态需水量。根据北部平原区生态需水类型和状况，开展北部平原区荒漠植被正常生长需水量和主要生态功能区合理生态需水量研究，确定北部平原区地下水恢复需水量、植被正常生长需水量以及总需水量。

（3）基于生态需水的绿洲区水资源配置技术。基于水资源配置原则，开展基于生态需水的绿洲区水资源配置研究，提出北部平原区水资源配置方案和天然生态水量配置方案。

（4）最佳水资源配置方案下的地下水恢复技术。根据北部平原区地下水资源状况，开展北部平原区水资源配置方案下地下水恢复技术研究，进行地下水动态变化规律分析研究，提出最佳水资源配置方案下地下水恢复方式以及生态恢复措施与对策。

（5）北部平原区生态修复技术示范。根据北部平原区生态环境现状，选取典型示范区，开展北部平原区营造林技术示范、化学固沙技术示范、工程治沙技术示范和植物固沙技术示范。

第三节　基于 SWAT 水文模型的祁连山区水文效应

一、祁连山区水文循环归路概念描述

内陆河水流进入干旱的封闭盆地，形成了一个个封闭的陆地水循环系统。内陆河流域水资源在流域上游山区水循环中形成，在广阔的平原陆地水循环中散失，并且具有强烈的地表水与地下水相互转化过程。

（一）水资源形成

石羊河上游祁连山区为径流形成区。高山发育的冰川每年夏季消融，形成冰川径流，成为多数河流的源头。山地坡陡、降水较多且形式多样，经植被截留、地表径流和壤中流转化，除消耗于蒸发和植被蒸腾外,即形成降水径流和季节性积雪融水径流,并迅速汇集于河道,同时有一部分降水和径流在山坡和河谷盆地入渗地下,随地形、地质条件变化出流进入河道。在山区地表水资源形成转化的同时,山区的降水与径流还支撑着山地生态系统。按照水资源形成转化规律,可以将石羊河上游出山口的地表径流划分为山区降水径流、冰川融水径流、地下水基流三部分,其比例在每个水系视降水时空分布、冰川面积、山间盆地与河谷大小,大致分别为 20% ~80%、0 ~40%、10% ~40%。从山区总降水量分析,只有 5% ~10% 降落在冰川区来维持冰川物质平衡,这部分降水除消耗蒸发外,受气温的调节,每年约有一半与消融的冰川水补给河流,形成冰川径流;降落在山区其余地区的降水,有 20% ~30% 直接产流,形成地表径流汇集河道,成为平原区地表水资源。

(二)水资源消耗

祁连山区既是径流的形成区,也是水资源的耗散区。控制山区径流的主要因子是降水、蒸发和地表径流的转化量。从山区的降水—径流关系分析,降水除形成径流外,还要满足山地灌木、森林和草场生长的需水,其余水量消耗于山区蒸发。有研究表明,祁连山东段石羊河流域上游径流系数为 0.3 ~0.4,有 40% ~50% 的降水消耗于蒸发。

在高山冰川区,除雪线以上的降水补给冰川外,其余的降水每年在夏季作为一部分冰川融水径流出流。冰川区水文观测资料表明,蒸发损失的水量占年降水的 20% ~25%。降水补给形成的冰川,受太阳辐射和气温变化影响,经冰川运动和消融,部分转化为融水径流,并在年内和年际调节着河川径流。在高寒裸露山区,降水量相对丰富,蒸发能力较弱,由于无植被生长,产流率高,年降水的 75% 左右可以转化为径流,径流系数可达 0.7 以上。

二、祁连山 SWAT 分布式水文模型构建

(一)SWAT 模型空间数据库和属性数据库

SWAT 模型的主要输入数据有气象数据、数字高程模型(DEM)数据、土壤数据、土地利用数据;模型校准和验证采用实测的月径流量资料,气象数据为杂木河流域内杂木寺和毛藏寺的日观测资料。研究以 GIS 技术为支持,构建了杂木河流域 SWAT 模型空间数据库和属性数据库,具体见表5-9。

表5-9 SWAT 模型所需数据及格式

数据	数据项目	精度	格式	来源
空间数据	数字高程模型(DEM)	1:10 万	GRID	国家自然科学基金委员会"中国西部环境与生态科学数据中心"
	土地利用和土地覆盖变化(LUCC)	1:10 万	GRID/shape	
	土壤类型	1:100 万		
属性数据	土壤属性数据		DBF	《甘肃土种志》《甘肃土壤》及流域内各县市土壤志
	植被属性数据			
气象数据	降水、最高最低气温、辐射、湿度、风速	日	DBF	中国气象局、甘肃省气象局
水文资料	流量	日、月、年	DBF	甘肃省水文局

(二)土地利用数据

研究采用国家自然科学基金委员会"中国西部环境与生态科学数据中心"1986 年 1:10

万土地利用图,其土地利用类型采用我国土地资源6大类25个亚类的分类方法。SWAT模型能够识别的土地利用基于美国土地利用分类,以4个英文字母为编码,需要将上述土地利用数据重新分类,转换成模型规定的土地利用英文字母代码,通过代码把研究区的土地利用类型和模型附带的植被生成数据库、农业管理数据库联系起来。杂木河流域土地利用见图5-2,土地利用类型见表5-10。

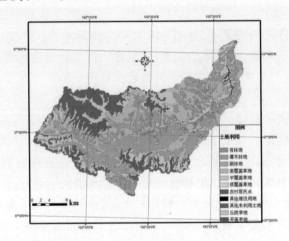

图 5-2　杂木河流域土地利用

表 5-10　杂木河流域土地利用类型

代码	土地利用类型	SWAT 代码	土地利用类型
122	丘陵旱地	BARL	Barley
123	平原旱地	AGRC	Agricultural land-close
21	有林地	FRSD	Forest-deciduous
22	灌木林	RNGB	Range-brush
23	疏林地	FRST	Forest-mixed
31	高覆盖度草地	SPAS	Summer pasture
32	中覆盖度草地	SPAS	Summer pasture
33	低覆盖度草地	SPAS	Summer pasture
52	农村居民点	URML	Residential-Med/Low Density
53	建设用地	URML	Residential-Med/Low Density
67	其他未利用地	URLD	Residential-Low Density

(三) 模型初始参数选取

杂木河流域SWAT模型所需的植被截流、植被与土壤蒸散发系数和初始含水率主要采用已有研究在项目区的实测资料。

各层土壤容重、田间持水量、饱和导水率资料利用USDA开发的SPAW软件中的Soil Water Characteristics模块来处理。该模块通过土壤质地数据来计算土壤水文属性。田间反照率(Albedo)参照前人研究成果选用 0.23。

(四)SWAT 模型适用性评价

SWAT 模型是基于流域尺度且具有物理基础的动态模拟模型,模型运行以日为时间单位,但可以进行连续多年的模拟计算。其适用性评价主要表现在参数敏感度分析、参数校准、验证以及不确定性分析等方面。

由于数学模型只是对真实世界所作的粗略模拟,模型的敏感参数影响着模拟结果的准确性和可靠性。参数敏感性分析是在对分布式模型参数进行初步估算率定之后,用该参数值模拟计算研究区某实测年份的径流量,对模型中 6 个重要参数进行敏感性检验;检验方法采用 LH - OAT,检验输出值为流量、蒸散发量,据此确定该区最为敏感的影响参数,敏感性参数及其校准值见表 5-11。

表 5-11　敏感性参数及其校准值

敏感等级	输入文件	校准参数	参数含义	参数值
1	*.MGT	CN2	半湿润径流曲线系数	65 ~ 75
2	*.SOL	SOL_AWC(mm/mm)	土壤可利用水量	0.25
3	*.GW	CWQMN(mm)	最小基流出流阈值	0.12 ~ 0.24
4	*.GW	Rchrg_dp	深层地下水下渗率	0.15 ~ 0.20
5	*.HRU	ESCO	土壤蒸发补偿系数	0.06 ~ 0.30
6	*.HRU	CANMX(mm)	植被最大储水量	0.80 ~ 1.8

在参数敏感度分析的基础上,运用实测月径流数据,采用 SCE - UA 方法进行模型的精确校准及不确定性分析,并用该研究区的实测数据进行验证。考虑到径流数据的可获取性以及水文气候条件的相似性,研究选用 1972 年作为准备阶段,1975 ~ 1979 年作为模型的校正期,1981 ~ 1982 年和 1985 ~ 1986 年作为模型的验证期,进行河道流量对径流进行参数率定。通过调整参数使径流模拟值与实测值相吻合,要求模拟值与实测值年均误差小于实测值的 10% ,月均值的线性回归系数 $R^2 > 0.8$,且 $Ens > 0.7$。模拟结果见表 5-12。

表 5-12　SWAT 模型模拟结果

尺度	阶段	Nash 效率系数 Ens	回归系数 R^2
月	校正期	0.710 5	0.861 0
	验证期	0.756 0	0.896 5

三、祁连山水文效应研究

(一)山区水文循环及水收支研究

利用已率定好的水文模型计算 2005 年杂木河流域水文循环及水收支平衡情况,分析 2005 年水文循环规律,具体结果见图 5-3。

从图 5-3 可以看出,降水是杂木河流域唯一的水量来源,约有 56.56% 的降水直接以蒸散发形式消耗;降水形成壤中流的比例为 39.69% ,其余水量则消耗于植被生长和补给地下水。

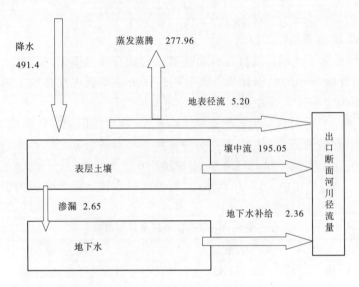

图 5-3　杂木河流域 2005 年水循环及水收支示意图　（单位:mm）

（二）不同立地条件下植被水文效应分析

1. 流域尺度

利用 SWAT 模型分析了杂木河流域不同立地条件下的植被水文效应,具体结果见表 5-13、表 5-14。

表 5-13　2005 年不同海拔高度条件下水文效应变化特征

景观结构	水文因子	海拔高度分级（m）				
		2 220~2 600	2 600~3 000	3 000~3 500	3 500~3 800	3 800~4 389
现状	ET（mm）	231.21	233.93	244.06	245.64	251
	R（mm）	197.39	195.12	185.3	183.4	174.78

表 5-14　2005 年不同坡度条件下水文效应变化特征

景观结构	水文因子	坡度分级（°）				
		19.37~25	25~30	30~35	35~40	40~45	45~60.79
现状	ET（mm）	291.67	242.11	241.77	243.02	241.52	240.86
	R（mm）	125.07	187.15	187.16	185.76	187.05	187.93

各种景观类型的水文效应随海拔高度变化而变化,径流深随着海拔高度的增加而减小,蒸散发随着海拔高度的增加而增加。

坡度是影响水文效应空间异质性的主要立地因子,径流深随着坡度的增加总体上在增加,而蒸散发随着坡度增加总体上呈现减小的趋势。

2. 子流域尺度

利用 Arcmap 软件,分别建立了杂木河流域子流域景观结构、海拔高度分级、坡度分级、模拟径流深和蒸散发空间分布图,具体见图 5-4~图 5-8。结果表明:

（1）杂木河流域景观结构以灌木林 + 草地景观结构为主。由于受高寒冰川退缩和草地退

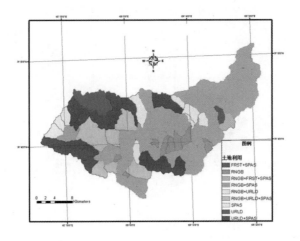

图 5-4　杂木河流域土地利用

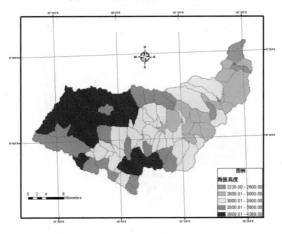

图 5-5　杂木河流域高程分级

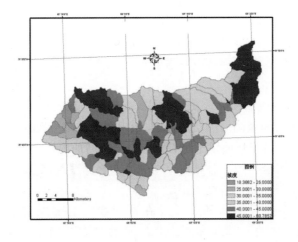

图 5-6　杂木河流域坡度分级

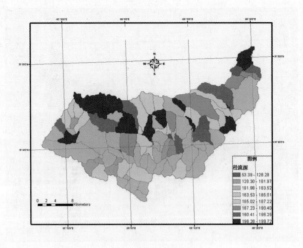

图 5-7　模拟径流深分布

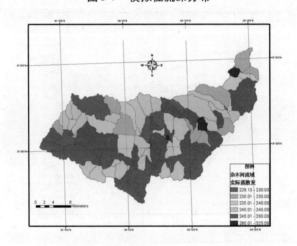

图 5-8　模拟蒸散发强度分布

化的影响,海拔 3 800 m 以上未利用土地分布面积巨大,主要分布在流域的上中游地区。

(2)杂木河流域在不同景观类型条件下,径流深和蒸散发的空间分布存在较高的异质性。流域中游地区径流深最大,而蒸散发强度较小;流域上游地区径流深较小,蒸散发强度最大。

(3)不同景观类型径流深和蒸散发在不同海拔高度呈现差异。草地径流深与海拔高度成反比关系,蒸散发随着海拔高度的增加而增大;未利用地 + 草地景观结构径流深与海拔高度成反比关系,蒸散发在 3 800 m 以下随着海拔高度的增加而逐渐增大,而在 3 800 m 以上随着海拔高度的增加而逐渐变小;林地 + 草地和灌木林 + 草地景观结构径流深随着海拔高度的增加而减小,蒸散发与海拔高度成正比。

(4)不同景观类型的径流深和蒸散发在不同坡度上表现出巨大空间变异性。草地、未利用地 + 草地、林地 + 草地和灌木林 + 草地景观结构径流深在缓坡条件下随着坡度的增大而增大,陡坡随着坡度的增大而减小;蒸散发随坡度变化趋势则与径流深变化完全相反。

(三)不同立地条件下景观结构水文生态效应

利用 GIS 技术和 SWAT 分布式水文模型,分析不同植被组合模式在不同立地条件下的水文效应。考虑到祁连山区生态环境现状日益恶化,林地、草场退化加剧,同时结合该区植物分布,初步构建了 7 种生态良好型植被恢复模式,具体见表 5-15。

表 5-15　杂木河流域土地利用组合模式

序号	植被组合模式	SWAT 代号	流域面积比例(%)	优势植物
1	林地	FRSD	100	祁连圆柏、青海云杉、红桦和青杨
2	灌木林地	RNGB	100	绣线菊、青海杜鹃、高山柳和金露梅
3	草地	SPAS	100	小蒿草
4	林地	FRSD	54.8	祁连圆柏、青海云杉、红桦和青杨
	草地	SPAS	45.2	小蒿草
5	林地	FRSD	54.8	祁连圆柏、青海云杉、红桦和青杨
	灌木	RNGB	45.2	绣线菊、青海杜鹃、高山柳和金露梅
6	灌木	RNGB	45.2	绣线菊、青海杜鹃、高山柳和金露梅
	草地	SPAS	54.8	小蒿草
7	草地	SPAS	54.8	小蒿草
	未利用地	URML	45.2	黑土滩、裸岩、裸土

不同植被模式下水文效应与立地因子关系见表 5-16。选取资料系列较为完备的 1986 年作为现状年,与模拟计算结果进行对比分析。由此可见,各种景观类型的水文效应随着海拔高度的变化呈现不同规律的变化,其径流深(*WYLD*)随海拔高度的增加而减小,而蒸散发(*ET*)则随海拔高度的增加而增加。海拔 2 600 m 以下的林地 + 草地和灌木林地 + 草地景观结构其径流深较小。随着海拔高度的增加,林地、林地 + 灌木林地、林地 + 草地、林地和林地 + 草地的垂直地带植物景观结构其径流深和现状水平基本一致,可以认为是保持现有水源涵养条件下最好的生态环境植被种植模式。

坡度是影响不同植被组合模式水文效应空间异质性的主要立地因子。径流深在缓坡条件下随着坡度的增大而增大,陡坡随着坡度的增大而减小;蒸散发随着坡度的变化趋势与径流深相反。相同气象条件下,随着坡度的增加,产生较大径流的景观地带分布为林地、林地 + 草地、林地 + 灌木林和林地 + 灌木林地,其蒸散发也高于现状水平,有力加强了局地的水文循环过程。

表 5-16　　不同植被模式下水文效应与立地因子关系

海拔(m)	景观结构	水文因子	19.37°~25°	25°~30°	30°~35°	35°~40°	40°~45°	45°~67.9°	平均
2 220~ 2 600	XZ	ET(mm)	—	—	—	—	229.275	231.849 33	230.562 17
		WYLD(mm)	—	—	—	—	199.710	196.616 67	198.163 33
	F	ET(mm)	—	—	—	—	228.064	230.687	229.375 5
		WYLD(mm)	—	—	—	—	199.875	196.176	198.025 5
	R	ET(mm)	—	—	—	—	229.137	231.947 33	230.542 17
		WYLD(mm)	—	—	—	—	199.831	196.122	197.976 5
	S	ET(mm)	—	—	—	—	229.669	232.514	231.091 5
		WYLD(mm)	—	—	—	—	199.656	195.943 67	197.799 83
	FS	ET(mm)	—	—	—	—	229.114	231.769	230.441 5
		WYLD(mm)	—	—	—	—	199.691	196.031 67	197.861 33
	FR	ET(mm)	—	—	—	—	228.733	231.436 67	230.084 83
		WYLD(mm)	—	—	—	—	199.846	196.144 33	197.995 17
	RS	ET(mm)	—	—	—	—	229.337	232.164 67	230.750 83
		WYLD(mm)	—	—	—	—	199.764	196.055	197.909 5
	SU	ET(mm)	—	—	—	—	225.932	228.689 33	227.310 67
		WYLD(mm)	—	—	—	—	203.205	199.483	201.344
2 600~ 3 000	XZ	ET(mm)	—	229.28	233.83	238.99	233.26	233.40	233.75
		WYLD(mm)	—	199.69	195.45	190.39	196.00	195.10	195.33
	F	ET(mm)	—	228.13	232.01	238.30	231.88	232.02	232.47
		WYLD(mm)	—	199.81	196.12	190.13	196.24	195.15	195.49
	R	ET(mm)	—	229.20	233.01	239.18	232.88	233.27	233.51
		WYLD(mm)	—	199.76	196.06	190.04	196.17	195.08	195.42
	S	ET(mm)	—	229.75	233.52	239.66	233.40	233.82	234.03
		WYLD(mm)	—	199.58	195.85	189.78	195.97	194.87	195.21
	FS	ET(mm)	—	229.19	233.31	239.24	232.86	232.99	233.52
		WYLD(mm)	—	199.35	195.64	189.91	196.04	194.91	195.17
	FR	ET(mm)	—	228.58	232.96	238.76	232.50	232.51	233.06
		WYLD(mm)	—	199.79	195.79	190.23	196.20	195.22	195.44
	RS	ET(mm)	—	229.52	233.49	239.18	233.08	233.45	233.74
		WYLD(mm)	—	199.66	195.68	190.09	196.08	195.07	195.32
	SU	ET(mm)	—	227.23	229.88	235.26	229.73	230.76	230.57
		WYLD(mm)	—	201.84	199.17	193.83	199.36	197.70	198.38

续表 5-16

海拔(m)	景观结构	水文因子	19.37°~25°	25°~30°	30°~35°	35°~40°	40°~45°	45°~67.9°	平均
3 000 ~ 3 500	XZ	ET(mm)	—	246.43	244.58	242.84	243.90	244.92	244.53
		$WYLD$(mm)	—	183.02	184.80	186.43	185.49	184.49	184.84
	F	ET(mm)	—	245.51	243.40	241.69	243.15	244.01	243.55
		$WYLD$(mm)	—	183.27	185.28	186.75	185.52	184.69	185.10
	R	ET(mm)	—	246.26	244.19	242.53	243.94	244.79	244.34
		$WYLD$(mm)	—	183.14	185.15	186.64	185.39	184.57	184.98
	S	ET(mm)	—	246.69	244.64	242.97	244.40	245.24	244.79
		$WYLD$(mm)	—	182.82	184.84	186.37	185.08	184.25	184.67
	FS	ET(mm)	—	245.97	243.76	242.06	243.27	244.39	243.89
		$WYLD$(mm)	—	183.10	185.33	186.76	185.68	184.60	185.09
	FR	ET(mm)	—	245.80	243.93	242.00	243.19	244.29	243.84
		$WYLD$(mm)	—	183.22	185.10	186.74	185.71	184.65	185.08
	RS	ET(mm)	—	246.52	244.52	242.79	244.00	245.08	244.58
		$WYLD$(mm)	—	182.94	184.89	186.47	185.42	184.36	184.82
	SU	ET(mm)	—	244.04	241.26	240.55	241.86	242.88	242.12
		$WYLD$(mm)	—	185.22	187.85	188.54	187.42	186.41	187.09
3 500 ~ 3 800	XZ	ET(mm)	—	246.65	246.69	245.26	245.58	244.73	245.78
		$WYLD$(mm)	—	182.80	182.77	183.68	182.99	184.16	183.28
	F	ET(mm)	—	245.65	245.68	245.77	245.84	245.77	245.74
		$WYLD$(mm)	—	183.12	182.94	182.49	182.06	182.34	182.59
	R	ET(mm)	—	246.40	246.45	246.59	246.72	246.62	246.56
		$WYLD$(mm)	—	182.99	182.80	182.36	181.93	182.21	182.46
	S	ET(mm)	—	246.86	246.88	246.98	247.06	246.98	246.95
		$WYLD$(mm)	—	182.64	182.49	182.11	181.75	181.99	182.19
	FS	ET(mm)	—	246.28	246.40	246.43	246.60	246.25	246.39
		$WYLD$(mm)	—	182.87	182.66	182.21	181.86	182.17	182.35
	FR	ET(mm)	—	246.04	246.11	246.17	246.38	246.09	246.16
		$WYLD$(mm)	—	183.05	182.95	182.52	181.98	182.37	182.57
	RS	ET(mm)	—	246.62	246.59	246.73	246.84	246.83	246.72
		$WYLD$(mm)	—	182.82	182.77	182.36	181.87	182.14	182.39
	SU	ET(mm)	—	243.08	242.60	243.03	242.59	244.24	243.11
		$WYLD$(mm)	—	186.11	186.52	185.79	185.88	184.57	185.77

续表 5-16

海拔(m)	景观结构	水文因子	19.37°~25°	25°~30°	30°~35°	35°~40°	40°~45°	45°~67.9°	平均
3 800~4 389	XZ	ET(mm)	291.67	246.21	243.74	244.25	243.85	243.03	252.12
		$WYLD$(mm)	125.07	183.08	183.14	182.67	183.09	183.63	173.45
	F	ET(mm)	289.56	245.84	246.33	246.34	246.33	246.36	253.46
		$WYLD$(mm)	126.03	182.31	179.54	179.44	179.51	179.34	171.03
	R	ET(mm)	290.81	246.68	247.50	247.52	247.50	247.55	254.59
		$WYLD$(mm)	125.72	182.17	179.44	179.34	179.41	179.25	170.89
	S	ET(mm)	291.76	247.07	247.60	247.61	247.60	247.63	254.88
		$WYLD$(mm)	125.00	181.93	179.60	179.53	179.59	179.44	170.85
	FS	ET(mm)	291.09	246.71	246.87	246.84	246.80	246.73	254.17
		$WYLD$(mm)	125.31	181.90	179.48	179.54	179.49	179.28	170.84
	FR	ET(mm)	290.43	246.35	246.77	246.78	246.71	246.65	253.95
		$WYLD$(mm)	125.82	182.41	179.49	179.55	179.54	179.31	171.02
	RS	ET(mm)	291.10	246.70	247.50	247.53	247.51	247.55	254.65
		$WYLD$(mm)	125.50	182.36	179.61	179.61	179.65	179.47	171.03
	SU	ET(mm)	289.36	241.79	244.54	244.66	244.89	245.47	251.78
		$WYLD$(mm)	127.93	186.78	182.39	182.45	182.18	181.43	173.86

(四)下垫面变化条件下的流域水量收支平衡分析

利用杂木河流域分布式 SWAT 模型,分别进行流域水量收支平衡预测。同时,对比分析 1986 年现状条件的水量收支,具体见表 5-17。

表 5-17　不同植被模式下水量收支平衡分析　　　　　　　　　　　(单位:mm)

景观结构	降水量	总蒸发量	出山径流量	土壤水含量	渗漏量
现状	432.90	243.48	184.78	2.82	2.01
F	432.90	243.51	183.79	3.92	2.09
R	432.90	244.50	183.68	3.05	2.08
S	432.90	244.88	183.51	2.83	2.00
F + S	432.90	244.12	183.68	3.43	2.03
F + R	432.90	243.96	183.78	3.49	2.08
R + S	432.90	244.66	183.66	2.91	2.05
U + S	432.90	241.65	186.49	2.72	1.82

(1)蒸散发是杂木河流域水资源消耗的主要形式,占降水总量的 55.82% ~ 56.57%。良好植被模式条件下,林地由于减弱了土壤蒸腾和根系吸收水的蒸腾作用而蒸发最弱,相反草地总蒸散发强烈。

(2)组合植被模式能够明显改善流域的水分收支平衡状况,有利于流域水源涵养效能的提升,林地 + 草地和林地 + 灌木林地能够有效减少流域植被蒸散发损失,增加流域产流量,能够对中下游地区水资源供给提供良好保障。

(3)不同植被模式对于流域土壤水含量贡献度不同。提出的植被组合模式中,林地植被能够有效增加流域土壤水含量,减小流域水分蓄变量;草地由于其根系密集在土层表面,形成致密的弱透水层而不利于土壤水分的增加。

(4)人类活动对于自然植被的破坏,附加于流域水量收支平衡之上的规律是减小流域总蒸散发量和土壤水含量,增加流域出山径流。从水文循环的长序列周期看,不利于流域水资源的可持续供给。

(5)单一植被模式在水量收支各分支中能够明显加大流域总蒸散发量,减少流域出山径流量,增加流域的水分蓄变量,为水资源的可持续供给带来时间变异;组合模式明显改善流域水量收支比例,适度减弱流域蒸散发量,增加流域出山径流,为水资源可持续供给提供恒量保证,同时可减弱局地水资源时间变异程度。

第四节　祁连山区生态修复技术

一、祁连山区生态修复原理

(一)物种生态适应性和适宜性原理

物种选择是植被恢复和重建的基础,也是人工植物群落结构调控的重要手段。物种的生物学、生态学特性决定了它的正常生长发育必须具备一定的生态条件,其分布限制在一定的区域范围内,即具有生态适应性。因此,具体环境中的物种选择必须遵循生态适应性原理,做到适地适物种。另外,物种具有一定的功能价值,或有突出的经济功能,能提供人们需要的产品,或有突出的生态功能,能较好地固土保水,改良土壤,或二者兼备,即具有适宜性。选择物种时,也应遵从适宜性原理,引入符合人们某种重建愿望的目的物种。因此,选择出既具备良好的生态适应性,又具有较好适宜性的物种,是植被恢复和重建的关键。

(二)资源充分利用原理

自然群落是在长期自然选择下形成的,对环境资源的利用较充分。因此,在建造植物群落时必须模仿自然群落结构。多层次匹配是自然群落的结构特征,是植物群落尤其是森林植被系统的普遍现象,表现为结构在时间、空间上的多样化。在实践应用上,可根据物种利用资源的差异性,使深根与浅根植物匹配,达到充分利用土壤养分、水分,保持水土的多层次性;阔叶植物与针叶植物匹配,达到利用光照、营养上的多样性;耐阴植物与喜阳植物匹配,保持它们光能利用的差异性和非竞争性;落叶植物与常绿植物匹配,保持在营养空间利用上的时间差异性;乔灌草匹配,使营养空间上利用具有立体性;生态效益为主的物种与经济性能为主的物种匹配,保持效益上的双重性。只有合理配置和科学组合各物种,协调种内种间关系,设计参差、复层的群落,如乔灌草立体结构和林果农间作,加厚活动层,加大群落叶面积系数,减少光反射率,减少竞争和抑制,充分利用资源,加强对光、热、水等资源的利用和能量转化,就能使环境资源得到充分利用,为重建生态经济型植物群落和植被系统提供支持。

(三)共生原理

共生是指不同物种的有机体或系统合作共存。共生的结果使所有共生者都大大节约物质能量,减少浪费和损失,使系统获得多重效益,共生者之间差异越大,系统多样性越高,共生效益也越大。共生原理主要应用于物种选择、群落模式配置及种间关系协调等方面。此外,在管理、布局和调控植物群落时,根据共生原理,应重视边缘交叉地带,创造具共生关系的正边缘效应,杜绝他感作用等负边缘效应。

(四)密度效应原理

密度效应是种群和群落普遍存在的规律,物种生存受制于环境,合理的密度是物种存在、发展的前提。物种在最小生存种群(MVP)和最大生存种群之间存在着最适宜种群。最小生存种群是由物种生物学生态学特性决定的,个体数小于最小生存种群,该物种将消失;最大生存种群是由环境资源决定的,超过环境载荷(承载力),种群由于种内竞争而发生自疏现象,种群个体减少;过稀则不能充分利用环境资源,生产力低。只有保持适合的种群密度才能使个体间协调共生。种间也存在密度效应原理,与种群内相似。因而,在构建群落时,应遵循密度效应原理,必须考虑物种内部和种间的合理密度配置。

(五)生态位(多样性)原理

生态位是指某一种群存在的条件。生态位理论告诉我们,生态位和种群存在一一对应关系,即一定的种群要求一定的生态位;反过来,一个生态位只能容纳一个特定规模的生物种群。自然群落随着演替向顶级群落阶段发展,其生态位数目增多,物种多样性也增多,空白生态位逐渐被填充,生态位逐渐饱和。农业人工植物群落内杂草、病虫害易于侵入,正是人为使物种单一化,而产生了较多空白生态位。应用生态位原理,就是把适宜的物种引入,填补空白生态位,使原有群落的生态位逐渐饱和,这不仅可以抵抗病虫害的侵入,增强群落稳定性,也可增加生物多样性,提高群落生产力。

(六)协调稳定原理

物质循环和能量流动是群落和系统的特征。正常的群落和系统物质及能量的生产(输入)大于其消耗(输出),至少是输入输出相等,因而群落或系统是平衡的、协调稳定的。一旦输入小于输出,群落或系统结构受到破坏,其功能将退化。输入输出比越大,群落或系统演替进展越快。因此,在构建人工植物群落和植被时,掌握好协调稳定,以及输入与输出动态变化原理,在演替前期投入一定的物质和能量,给群落或系统注入驱动力,可促进群落结构的形成,增强其功能。而在后期,在带走群落中物质和能量的同时,加入相当的物质和能量,可保证群落协调稳定地发展,而不退化。

(七)生物调控原理

生物间普遍存在着不同的生物类群、不同的生态型和不同的生态类型。它们对环境的适应以及自身价值均存在着较大差异。如杉木有不同的生态型,分别适应不同的区域,其适应性、生产力相差很大,通过选择不同生态型的杉木,可大大提高群落生产能力。生物调控可通过适应类群的选择、物种遗传性的改变、栽培技术的改良、种群密度的控制、种内种间共生关系的应用和物种时空的合理布局等措施实施。

(八)协同效应与整体功能最优原理

自然生态系统或群落是一种非平均状态下不断与外界进行物质和能量交换的自组织系统,其自组织能力是系统从无序到有序进化的一种协同作用。要素之间的彼此联合、协同作用,只有依靠不同质的部分,要素之间有序状态的不断涨落来维持系统整体的稳定,达到最佳状态,缩短时间,加快速度。植物群落或植被表现出良好的生态效益和经济效益是群落内各要素综合作用的体现。通常整体功能效益远远大于各要素的功能效益之和。因而在群落及植被发展过程中,通过管理和调整种内、种间及植物与环境的关系,使之协调,可加快植被恢复与重建步伐。整体功能优化主要通过不同生态学特性的适宜物种选择,生物调控实现。

(九)生态演替原理

演替指植物群落更替的有序变化与发展过程。演替的过程和方向取决于外界因子对植物群落的作用、植物群落自身对环境作用的响应变化,群落中植物组成、植物繁殖体的散布和群落中植物之间的相互作用等因素。演替按发展方向可分为进展演替和逆行演替两类,简单而稀疏的植被发展到森林群落称进展演替;当受到干扰和破坏时,森林群落又发展到稀疏植被、灌丛,甚至裸地,称逆行演替。逆行演替导致植被结构破坏,引起功能退化和环境退化。因而,恢复和重建植被必须遵循生态演替规律,促进进展演替,重建其结构,恢复其功能。在选择物种时,考虑选择处于进展演替前一阶段的某些物种,加快演替进程。消除干扰和破坏,将植被恢复和重建的人工植物群落建立在进展演替的基础上。

二、祁连山区子流域生态技术措施

根据生态现状调查结论可知,石羊河流域祁连山区8条流域中,西大河、东大河、西营河和杂木河由于人类耕作活动较弱,自然植被保护较为良好,而金塔河、黄羊河、古浪河和大靖河由于人类活动较为强烈,耕地分布广泛,自然生态破坏较为严重。因此,针对不同区域人类活动影响水平的不同,生态修复措施既可采用共性技术,也采取不同类型的方式。

(1)重视森林生态系统的保护和修复。水源涵养林地最佳覆盖率和不同立地条件下的最佳水源涵养效应模式是指导祁连山区林地生态系统保护和修复的基本原则。祁连山水源涵养林地是石羊河流域生态环境系统和社会经济可持续发展的基本和关键区域,林地的恢复和保护要根据地形、水分、气候条件,采用金露梅、高山柳、祁连圆柏、青海云杉、柠条、沙棘等优势建种群恢复灌木林地和有林地,提升上游八大流域林地和灌木林地面积比例,对于金塔河、黄羊河、古浪河和大靖河要适度促使低覆盖草地向灌木林地和有林地发展。

(2)保护草场、控制牲畜数量,降低草地生态系统负荷。对于人类活动影响较弱的流域,生态修复的基本措施是保护现有草场面积不变,适度控制牲畜数量、降低草地生态系统负荷,提升现有草场质量。对于人类影响活动强烈的流域,由于草地面积被农田所取代,因此要退耕还草,实行草场封育、季节轮牧制度,按照该区的理论草原承载能力调整畜牧业数量,提升草地面积和质量。

(3)实施土地整理和水利基础设施建设。祁连山耕地要在现有基础上,减少海拔较高、热量条件不足、坡度较陡等低产田的面积,同时要减少灌溉条件无法充分保证地区的耕地面积。针对祁连山区耕地主要集中在各流域河谷和缓坡地带的现实,要在实施退耕还林还草规划的前提下,实施土地平整技术,优化农田分布格局,配套灌溉农业水利基础设施建设,充分节约有限的土地资源和水资源,充分发挥有限耕地条件下的经济效益。严格控制大靖河、古浪河、黄羊河和金塔河等流域内耕地面积,大力实施退耕还林还草工程。

(4)建立生态补偿制度。祁连山区与祁连山所孕育的山前平原区荒漠绿洲是一个完整的生态系统,平原区绿洲农业发展得益于上游生态保护所涵养的充足水源。考虑生态与经济的关联性,应将祁连山区以及祁连山冰雪融水浇灌的山前平原区绿洲作为一个完整的生态经济系统,对因进行祁连山生态保护而导致的经济损失进行必要的补偿。生态补偿制度也是充分利用经济杠杆的作用,对于生态保护而受损的农户和牧民给予调动生态保护意识的奖励,从而激发形成良好的石羊河流域祁连山区生态保护意识和生活习性。

(5)生态退化恶劣区适度采用新科技手段。祁连山区蕴藏着丰富的煤炭和有色金属资源,不合理的开发利用造成了大规模的植被破坏区,事实证明,在这些区域依靠自然的生态修复手段无法达到恢复生态植被系统的作用。因此,可采用客土栽培技术对矿区裸露地表进行生态恢复,而对于公路等基础设施建设造成的植被破坏区域,可采用液体喷涂覆膜栽培技术恢复生态植被。

第五节　北部平原区生态评价及需水量分析

一、北部平原区生态功能区划

(一)生态功能区划原则

1. 主导功能原则

生态功能确定以生态系统的主导服务功能为主,在具有多种生态服务功能的地域,以生态调节功能优先;在具有多种生态调节功能的地域,以主导调节功能优先。

2. 区域相关性原则

在区划过程中,综合考虑石羊河流域上下游关系、凉州区与民勤县生态功能的互补作用,根据保障区域、流域与国家生态安全的要求,分析和确定区域的主导生态功能。

3. 协调一致性原则

生态功能区的确定要与国家主体功能区规划、社会发展规划、经济发展规划以及其他各种专项规划和区域重大经济、技术、政策相衔接。

4. 分级区划原则

民勤生态功能区划应与全国生态功能区划相衔接,在区划尺度上应更能满足县域经济社会发展和生态保护工作微观管理的需要。

(二)生态功能区划目标

(1)分析民勤不同区域生态系统类型、生态问题、生态敏感性和生态系统服务功能类型及其空间分布特征,提出民勤生态功能区划方案,明确各类生态功能区主导生态服务功能以及生态保护目标,划定对民勤乃至石羊河流域生态安全起关键作用的重要生态功能区域。

(2)按综合生态系统管理思想,改变按要素管理生态系统的传统模式,分析各重要生态功能区主要生态问题,分别提出生态保护主要方向。

(3)以生态功能区划为基础,指导区域生态保护与生态建设、产业布局、资源利用和经济社会发展规划,协调社会经济发展和生态保护的关系。

(三)生态功能分区概述

1. 生态功能分区

遵循民勤县在《甘肃省主体功能区划》中属于石羊河下游生态治理功能区这一基本原则,根据民勤县不同区域的地质地貌、气候、农业、生物土壤及人类经济活动等的特点及流域承担的生态功能,按照主导性和综合性原则,在生态环境主导因素区划的基础上,利用 Arc-

GIS9.0 的多层面迭加功能,叠加民勤县其他基本数据,将石羊河流域北部平原区划分为5个生态功能亚区及 16 个三级区,具体分区结果详见表 5-18 和图 5-9。

表 5-18　北部平原区生态功能分区

序号	功能亚区名称	序号	三级功能区名称
I	湖区湿地恢复功能亚区	I_1	白碱湖区湿地恢复功能三级区
		I_2	青土湖湿地恢复功能三级区
		I_3	四方墩碱滩湿地恢复功能三级区
II	绿洲农业生态功能亚区	II_1	昌宁绿洲农业生态功能三级区
		II_2	民勤绿洲农业生态功能三级区
III	山地生物多样性保护生态功能亚区	III_1	北山山地生物多样性保护生态功能三级区
		III_2	红崖山山地戈壁生物多样性保护生态功能三级区
		III_3	苏武山生物多样性保护生态功能三级区
		III_4	狼刨泉山生物多样性保护生态功能三级区
IV	戈壁防沙林带生态功能亚区	IV_1	北山戈壁防沙林带生态功能三级区
		IV_2	花儿园戈壁防沙林带生态功能三级区
		IV_3	黄蒿滩戈壁防沙林带生态功能三级区
		IV_4	老虎口戈壁防沙林带生态功能三级区
V	防风固沙治理生态功能亚区	V_1	巴丹吉林防风固沙治理生态功能三级区
		V_2	腾格里防风固沙治理生态功能三级区
		V_3	北山防风固沙治理生态功能三级区

2. 生态功能分区概述

1)湿地恢复生态功能亚区

北部平原区现有湿地恢复保护生态功能三级区 3 个,面积 1 196.61 km²,占全县土地面积的 7.33%。其中,对民勤生态安全具有重要作用的湿地恢复保护生态功能区主要包括白碱湖区湿地恢复功能三级区、青土湖湿地恢复功能三级区和四方墩碱滩湿地恢复功能三级区。

(1)该区主要生态问题。上游和绿洲区人口增加以及农业和城市扩张,交通、水利工程建设,过度放牧,生物资源过度开发等导致湿地遭到破坏,天然灌丛草地出现沙化现象。

(2)该区生态保护主要方向。①严格控制上游绿洲区水资源取用量,扭转民勤绿洲常年超采地下水的用水现状,恢复湖区地下水位;②不得改变自然保护区土地用途,禁止在自然保护区内开发建设;③实施重大工程对湿地生态影响评价。

(3)生态需水保障措施。①白碱湖区和青土湖湿地功能恢复区生态需水,主要依赖于上游绿洲区地下水开采量逐渐减少而带来的地下水位上升和上游绿洲弃水;②四方墩碱滩湿地功能恢复区生态需水,无论依靠上游来水或者建设专用生态输水工程都无法保障,该区域生态需水保障只能依靠降水和未来地下水位的上升加以补给。

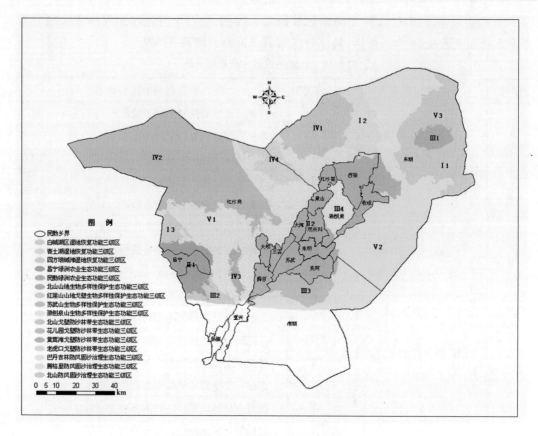

图 5-9　北部平原区生态功能区划

2）绿洲农业生产生态功能亚区

绿洲农业生产生态功能亚区主要是指以提供粮食、肉类、蛋、奶、水产品和棉、油等农产品为主的长期从事农业生产的地区。民勤县共有绿洲农业生产生态功能三级区 2 个，面积 2 337.06 km²，占全县土地面积的 14.32%，集中分布在民勤绿洲和昌宁绿洲。

（1）该区主要生态问题。农田侵占、土壤肥力下降、农业面源污染严重；在草地畜牧业区，过度放牧，草地退化沙化，抵御灾害能力低；沙丘活化、流沙入侵现象明显。

（2）该区生态保护主要方向。①严格保护基本农田，培养土壤肥力；②加强农田基本建设，增强抵御自然灾害的能力；③发展无公害农产品、绿色食品和有机食品；④调整农业产业结构和农村经济结构，合理组织农业生产和农村经济活动。

（3）生态需水保障措施。该区生态需水保障措施主要依赖于人工灌溉或农田灌溉渗漏水，除此之外，其他水源十分有限。

3. 山地生物多样性保护亚区

北部平原区现共有山地生物多样性保护生态功能三级区 4 个，面积 1 047.474 km²，占全县土地面积的 6.42%。

（1）该区主要生态问题。过度放牧、生物资源过度开发，外来物种入侵等，导致山地自然栖息地遭到破坏；生物多样性受到严重威胁，许多野生动植物物种濒临灭绝。

（2）该区生态保护主要方向。①禁止滥捕、乱采、乱猎野生动植物；②加强对外来物种入侵的控制,禁止在自然保护区引进外来物种;③保护自然生态系统与重要物种栖息地,防止生态建设导致栖息环境的改变。

(3)生态需水保障措施。①天然降水补给;②人工造林和防风固沙林所需用水靠机井开采地下水供给。

4.戈壁防沙林带生态功能亚区

北部平原区有防风固沙生态功能三级区 4 个,面积 3 897.06 km²,占全县土地面积的23.89%。其中,由于外围沙漠不断通过民勤西部山系缺口向民勤涌入,花儿园、老虎口戈壁生态功能修复区对民勤乃至全流域生态安全具有重要作用。

(1)该区主要生态问题。民勤县区域外围沙漠凭借风力作用不断入侵,植被覆盖度过低,林地面积较小,石漠化程度较高。

(2)该区生态保护主要方向。①加强民勤北部山系缺口人工防护林体系建设,注重植被恢复和保护;②严格控制畜牧业发展规模,大力发展林业和草业,加快规模化圈养牧业发展速度,控制放养对草地生态系统的破坏。

(3)生态需水保障措施。人工造林和防风固沙林所需用水靠机井开采地下水供给。

5.防风固沙治理生态功能亚区

民勤县有防风固沙治理生态功能三级区 3 个,面积 7 194.670 km²,占全县土地面积的44.10%。其中,对民勤乃至全流域生态安全具有重要作用的防风固沙生态功能区主要包括巴丹吉林沙漠、腾格里沙漠等。

(1)该区主要生态问题。过度放牧、草原开垦、水资源严重短缺与过度开发导致植被退化、土地沙化程度较高、沙尘暴频发。

(2)该区生态保护主要方向。①在沙漠化极敏感区和高度敏感区建立生态功能保护区,严格控制放牧和草原生物资源利用,禁止开垦草原,加强植被恢复和保护;②转变传统畜牧业生产方式,大力发展草业,加快规模化圈养牧业发展速度,控制放养对草地生态系统的损害;③调整产业结构、退耕还草、退牧还草,恢复草地植被;④强化石羊河流域规划实施和综合管理,禁止在农业生产区发展高耗水产业;⑤禁止新建引水和蓄水工程,合理利用水资源,保障生态用水。

(3)生态需水保障措施。①天然降水补给;②人工造林和防风固沙林所需用水依靠机井开采地下水供给。

二、北部平原区生态评价

(一)民勤地下水生态风险评估

1.民勤地下水位故障树模型

1)模型建立

民勤地下水位下降及引起地下水位下降的人为因素和自然因素可以看作一个系统。在此系统中,此事件设定为"民勤地下水位下降",引起此事件的原因主要可分为两部分,一是民勤当地耗水量增加,二是民勤上游红崖山水库来水量减少。对于民勤当地耗水量,可进一步细分为农作物用水、城乡及工业用水、生态用水和其他耗水等四类水资源消耗。

农作物用水主要受到耕地面积变化的影响,当地的潜在蒸散发(PET)和降水变化也影响农作物用水量。城乡及工业用水不受自然因素的影响,可视为底事件。生态用水是指为防止进一步沙漠化而供给当地植被的耗水,和农作物用水一样,生态用水也受到蒸散发(PET)和降水的影响。其他耗水由于数据缺失,仅作上述三类耗水风险分析。根据故障树原理,建立民勤地下水位生态风险故障树模型,如图5-10所示。

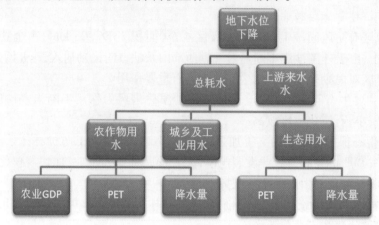

图 5-10　　民勤地下水系统故障树框架图

2)模型求解

民勤地下水位下降系统可以划分为四个子系统,即上游来水量/民勤总耗水量→地下水位下降子系统、农业用水/城乡及工业用水/生态用水→总耗水子系统、农业 GDP/PET/降水量→农业用水子系统和 PET/降水量→生态用水子系统。其中,农业用水/城乡及工业用水/生态用水→总耗水子系统中的各 c 值可以采用各类耗水占总耗水的百分比,其余三个子系统的 c 值均为位置参数,需用已有数据进行求解。为此,可在 WinBUGS 中分别建立三个子系统模型,数据按累积频率转化后的可能性参数。每个子系统模型中,所输入的数据长度以该系统中所有数据序列中最短的序列为准。求解后得到如下结果,具体见表 5-19 ~ 表 5-21和图 5-11 ~ 图 5-13。

表 5-19　　农业 GDP/PET/降水量→农业用水子系统各节点重要性系数

节点	值	备注
CLaw1	0.956 2	"农业 GDP→农业用水"节点
CLaw2	0.007 455	"PET→农业用水"节点
CLaw3	0.040 3	"降水量→农业用水"节点
taugw	73.51	
sigmagw	0.124 9	

表 5-20　　PET/降水量→生态用水子系统各节点重要性系数

节点	值	备注
CLew1	0.283 3	"PET→生态用水"节点
CLew2	0.673	"降水量→生态用水"节点
taugw	14.63	
sigmagw	0.327 6	

表 5-21　上游来水量/民勤总耗水量→地下水位下降子系统各节点重要性系数

节点	值	备注
CLgw1	0.361 6	"上游来水量→地下水位下降"节点
CLgw2	0.575 8	"民勤总耗水量→地下水位下降"节点
taugw	84.4	
sigmagw	0.111 5	

上述结果中 CL 为所要求解的未知参数 c，tau 代表参数 τ，是评价模型拟合程度优劣的一个参数，τ 的均值越大，拟合程度越好。sigma 代表参数 σ，是另一个评价拟合程度的参数，且 $\sigma = \dfrac{1}{\sqrt{\tau}}$。由此可见，CL 的平均值都在 0～1，$\tau$ 值分别为 73.51、14.63 和 84.4，只有在 PET/降水量→生态用水子系统中求得的 τ 值略低，分析其原因，可能是采用的资料系列过短(仅为 7 年)。

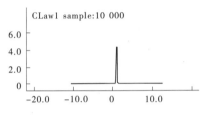
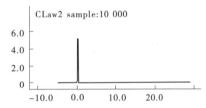
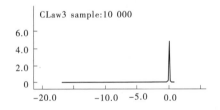
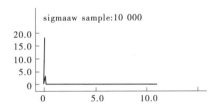
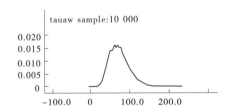

图 5-11　农业 GDP/PET/降水量→农业用水子系统中各节点重要性系数

3)参数检验

为验证模型是否有效，现将采用 WinBUGS 计算的地下水位下降、农业用水、生态用水的累积频率计算值与实测值做对比，计算值与实测值的相关性见表 5-22 和图 5-14。其中，农业用水累积频率的计算值与实测值相关关系较好，成显著的线性相关关系；地下水位下降累积频率的计算值与实测值相关关系明显，但仍有少数数据偏离较为严重；生态用水累积频率的计算值与实测值相关关系不明显，分析其原因应是数据资料较少。

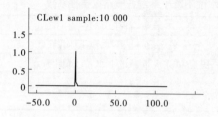 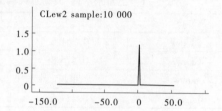

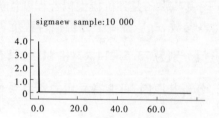 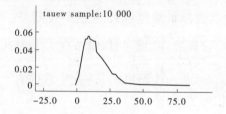

图 5-12　PET/降水量→生态用水子系统中各节点重要性系数

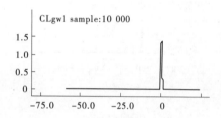 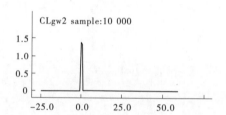

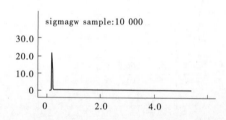 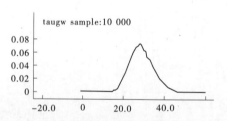

图 5-13　上游来水量/民勤总耗水量→地下水位下降子系统中各节点重要性系数

表 5-22　各节点重要性系数

编号	节点	重要性系数 c
4.1	农业 GDP→农作物用水	0.956 2
4.2	PET→农作物用水	0.007 455
4.3	降水量→农作物用水	0.040 3
4.4	PET→生态用水	0.283 3
4.5	降水量→生态用水	0.673 0
3.1	农作物用水→总耗水	0.789 8
3.2	城乡及工业用水→总耗水	0.041 4
3.3	生态用水→总耗水	0.130 2
2.1	总耗水→地下水位下降	0.361 6
2.2	上游来水量→地下水位下降	0.575 8

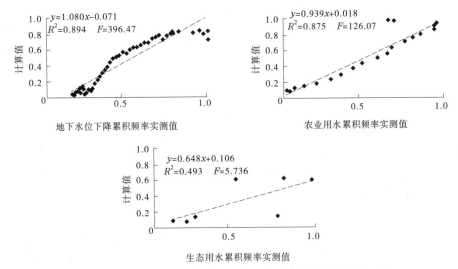

图 5-14　WinBUGS 计算的各变量累积频率计算值与实测值对比

由于生态用水一项数据长度过小,因此采用 $\alpha=0.1$,即 90% 的置信区间进行显著性分析,结果见图 5-14。通过分析,地下水位下降一项,观测值为 49,$F=396.47$,$n=47$,查表得 $F_{1,51}\approx2.81$,$F>F_{1,51}$,故二者存在相关关系;农业用水一项,观测值为 20,$F=126.07$,$n=18$。查表得 $F_{1,18}\approx3.01$,$F>F_{1,18}$,故二者存在相关关系;生态用水一项,观测值为 8,$F=5.736$,$n=6$,查表得 $F_{1,6}\approx3.78$,$F>F_{1,6}$,故二者存在相关关系。

上述三个变量的累积频率计算值与实测值的 R^2 均超过 0.5,且显著性检验证明了计算值与实测值之间的相关关系,因此可以认为模型有效。

2. 民勤地下水位故障树的风险评估

建立民勤地下水位故障树,其目的是探讨在持续强烈的水资源开发条件和全球气候变化条件下的民勤地下水位生态安全程度。民勤县自 2005 年开始,实施了压缩耕地和关闭地下水井的节水措施。因此,研究将无人为影响的最后一年,即 2004 年作为基准年,将 2001~2100 年的降水量与 PET 数据代入地下水位变化的故障树模型,计算地下水位下降的风险参数,并与 2004 年比较。农业 GDP、上游来水量和城乡及工业用水等三项数据均采用 2004 年数据计算。

为评估气候变化对民勤地下水位变化的影响,按照单一变量原则,仅将气候数据做出调整,采用 IPCC 设计的三种气候模式,分别为 A2、A12 和 B1。根据 CGCM 的定义,A2、A12 和 B1 依次为温室气体高排放、中排放和低排放情景,而地下水位变化的风险参数也呈现出与此相关的变化规律。图 5-15 为三个气候情景计算后的地下水位变化的风险参数,虚线表示的是 2004 年的风险参数,为 0.835 3。

通过对比三个气候情景的风险参数可以看出,在不同气候情景下,地下水的风险参数值呈现出一个共同的特点,即风险参数值都在 0.78~0.83 波动。A2 与 A12 情景中,随着年份的延续,波动的幅度逐渐降低,说明在这两个情景中,气候因素对地下水位的影响越来越小,而在 B1 情景中则无此规律。相比于 2004 年的风险参数,绝大多数年份的风险都较低。三个情景中仅有 B1 情景的 2023 年的风险参数较为接近,为 0.823 5。

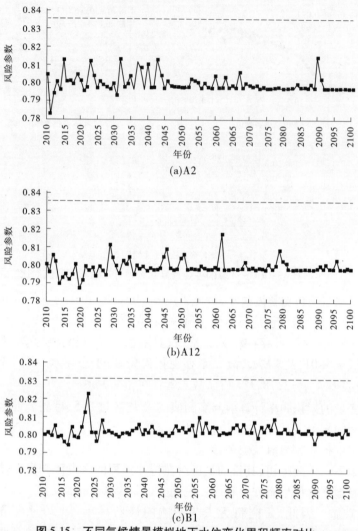

图 5-15 不同气候情景模拟地下水位变化累积频率对比

从整体上看,A2 情景计算风险参数均值为 0.799 3,高于 A12 情景的 0.797 9 和 B1 情景的 0.797 7。因此,可以认为在地下水位变化方面,A2 情景导致地下水位下降的风险更高,A12 和 B1 情景导致地下水位下降的风险则相对较低。

三个情景的风险参数低于 2004 年的风险参数,分析有两方面原因:一是 2004 年为干旱年,降水量实测值为 100. 2 mm,PET 实测值为 2 808. 8 mm,平均地下水位下降值达0. 835 m;二是故障树模型中,降水量的重要性系数 c 均高于同一级事件中 PET 的重要性系数,说明仅考虑气候条件时,降水量对地下水位变化的影响要大于 PET 对其的影响。2001 ~ 2100 年降水量均值高,且有上升趋势,因此虽然 PET 也在增加,但地下水位下降的风险仍然不大。

将三个情景地下水位下降的风险参数转换为地下水位下降的高度,得到表 5-23。分析得出:若不采取减少耕地和关闭机井等措施,即使农业和工业生产能力维持在 2004 年的水平,仅受气候条件的影响,民勤的地下水位将在未来的 90 年间下降约 63 m。

表 5-23　仅受气候条件影响下的民勤地下水位变化预测

模拟情景	A2	A1B	B1
90 年间地下水位下降高度(m)	63.632	63.499	63.469
2100 年地下水位(m)	−86.583	−85.451	−86.421

基于贝叶斯分析方法的民勤盆地地下水位故障树生态风险评估模型分析表明,未来气候条件的变化,特别是气温、降水和潜在蒸散发对民勤盆地的地下水位变化无明显作用,而若继续超采,地下水将导致民勤盆地地下水位在 2100 年继续下降约 63 m。因此,实施以水资源利用与生态保护为核心的流域综合治理将势在必行。

(二)北部平原区生态安全评价

1. 北部平原区生态安全评价模型

1)生态安全评价模型

民勤生态安全综合评价指数 R 由全部单项因子的标准化评价值乘以权重求和得到,具体计算可采用式(5-12)进行。

$$R = \sum_{i=1}^{m} r_j w_j \qquad (5\text{-}12)$$

式中:R 为民勤生态安全综合评价指数;r_j 为某一参评因子标准化值;w_j 为权重。

根据参评因子的无量纲化公式意义,生态安全综合评价指数 R 越大,生态系统越不安全。

2)指标体系的构建

根据指标选择的系统性、独立性、实用性、针对性和可操作性等原则,以 PSR 概念模型为基础,根据目前民勤区域生态、经济和社会发展的总体特征,主要从资源生态环境压力(A1)、资源生态环境质量(A2)、资源生态环境保护整治能力(A3)等 3 个方面来设定民勤区域生态安全评价的指标体系。民勤区域生态安全评价指标体系及各乡(镇)统计值见表 5-24 和表 5-25。

表 5-24　民勤区域生态安全评价指标体系

目标	代号	二级指标类型	代号	三级指标类型	代号	四级指标类型
农业生态安全	A1	资源生态环境压力	B1	人口压力	C1	人口密度
			B2	土地压力	C2	人均耕地
					C3	耕地比重
			B3	水资源压力	C4	人均水资源量
					C5	地下水埋深
			B4	污染压力	C6	化肥施用强度
					C7	农膜使用强度
	A2	资源生态环境质量	B5	资源环境质量	C8	林地覆盖率
					C9	自然灾害成灾率
	A3	资源生态环境保护整治能力	B6	投入能力	C10	防风固沙治理率
					C11	人工造林面积
					C12	退耕还林面积
					C13	农民人均支配收入
					C14	人均 GDP
					C15	人均粮食产量

表 5-25　2005 年民勤县各乡(镇)生态安全评价指标体系统计值

行政区划	C1 (人/km²)	C2 (人/km²)	C3 (%)	C4 (m³)	C5 (m)	C6 (kg/人)	C7 (hm²)	C8 (hm²)	C9 (kg/km²)	C10 (%)	C11 (%)	C12 (%)	C13 (万hm²)	C14 (元)	C15 (万元)
昌宁乡	45.00	0.35	16	700.00	26	1 638.00	86.00	13.33	192 435.67	27	12	21	7.167	3 661.00	0.86
莱旗乡	158.00	0.11	17	680.00	16	1 301.00	74.67	0.00	677 127.34	35	35	21	8.087	3 646.00	0.61
重兴乡	116.00	0.20	23	680.00	18	788.00	72.67	20.00	184 104.95	7	43	21	7.293	3 658.00	0.54
薛百乡	210.00	0.18	39	660.00	25	418.00	161.33	26.67	241 415.09	60	84	21	1.733	3 800.00	0.50
大坝乡	297.00	0.19	58	660.00	23	807.00	136.67	36.67	310 364.24	59	69	21	13.193	3 890.00	0.64
三雷镇	1 044.00	0.04	43	660.00	30	751.00	114.67	53.33	246 906.35	40	32	21	11.900	3 771.00	0.76
苏武乡	141.00	0.16	23	650.00	29	784.00	253.33	20.00	203 425.14	45	44	21	24.767	3 660.00	0.51
东坝镇	140.00	0.20	27	660.00	28	413.00	106.00	0.00	153 755.20	64	21	21	9.767	4 045.00	0.65
夹河乡	60.00	0.39	23	660.00	28	929.00	7.467	60.00	103 386.56	43	30	21	74.80	3 960.00	0.54
大滩乡	179.00	0.25	44	660.00	25	661.00	113.33	84.67	342 489.57	58	68	21	10.613	3 896.00	0.79
双茨科	131.00	0.32	42	660.00	27	899.00	119.33	13.33	102 851.33	45	28	21	11.160	4 050.00	0.79
泉山镇	198.00	0.24	48	660.00	27	778.00	122.00	20.00	168 496.50	44	36	21	12.340	4 095.00	0.60
红沙梁	171.00	0.23	39	660.00	27	158.00	90.00	268.67	99 725.45	72	43	21	9.080	916.00	0.60
西渠镇	58.00	0.23	13	660.00	20	323.00	247.33	40.00	111 387.16	43	7	21	19.967	915.00	0.48
东湖镇	3.00	0.20	1	660.00	15	295.00	154.67	6.67	428 272.78	71	1	21	10.640	856.00	0.34
收成乡	86.00	0.23	20	660.00	17	810.00	125.33	0.00	104 182.39	37	9	21	13.520	965.00	0.43
红沙岗	0.10	0.16	0	620.00	8	704.00	4.67	0.00	46 875.00	36	0	21	0.480	4 820.00	1.07
南湖乡	1.50	0.38	1	640.00	16	4265.00	10.00	20.00	83 223.68	42	0	21	0.953	1 486.00	0.30

2.民勤生态安全评估

1）民勤生态安全评估分级标准

根据综合指数排序特点,在参考其他科学研究成果和咨询专家的基础上,确定民勤县生态安全分级标准。拟分4个档次确定其"生态安全度"。民勤县生态安全评估分级标准见表5-26。

表5-26　民勤县生态安全评估分级标准

级别	安全状态	指标范围	基本特征
一级	安全	$R \leqslant 0.40$	生态环境基本未受干扰破坏,生态系统结构完整,功能性强,系统恢复再生能力强,生态问题不显著,生态灾害少
二级	较安全	$0.40 < R \leqslant 0.60$	生态环境较少受到破坏,生态系统结构尚完整,功能尚好,一般干扰下可恢复,生态问题不显著,生态灾害不大
三级	较不安全	$0.60 < R \leqslant 0.80$	生态环境受到一定破坏,生态系统结构有变化,但尚可维持基本功能,受干扰后易恶化,生态问题显现,生态灾害时有发生
四级	不安全	$R > 0.80$	生态环境受到严重破坏,生态系统结构残缺不全,功能接近或者已经丧失,生态恢复与重建很困难,生态环境问题很大并经常演变成生态灾害

2）民勤县生态安全评价结果分析

采用前述指标体系统计值及评价计算方法,民勤县生态安全综合评价指数计算结果见图5-16。根据生态安全评价等级,划分民勤不同乡(镇)生态安全等级结果,见图5-17。

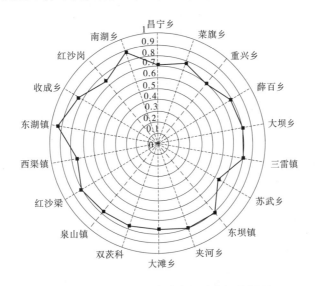

图5-16　各乡(镇)生态安全评价指标分析图

分析结果表明,民勤绿洲东西两面分别受到腾格里和巴丹吉林两大沙漠的合围,生态退化,生态安全问题不容忽视。尽管人类在绿洲内部采用人工造林、退耕还林和人工压沙等生态修复措施,然而绿洲内部由于人口众多、耕地广泛、水资源严重不足、化肥施用强度较高和农膜使用强度较高等综合因素的影响,生态安全整体呈现较不安全水平;在绿洲边缘区红沙梁、夹河、东坝和收成等乡(镇)生态环境呈现不安全水平;绿洲外围东湖、南湖和红沙岗三

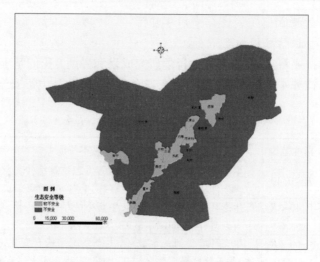

图 5-17　民勤县生态安全评价指标空间分析

个乡(镇)由于巴丹吉林沙漠和腾格里沙漠的影响,沙尘暴等自然灾害时有发生,流沙入侵、沙丘活化和灌丛沙化等问题日益严重。

整体来看,北部平原区生态安全整体呈现岌岌可危的趋势。就绿洲内部而言,农业生态系统大量使用化肥、农膜,人口急剧膨胀、地下水的大肆开发导致其生态系统较为脆弱,严重制约着绿洲社会、经济和环境的可持续发展。绿洲外围沙漠区,一方面,绿洲内部大规模开采和使用地下水,导致天然灌木林地死亡,进而引起沙丘活化、沙漠化加剧,生态环境恶化;另一方面,由于气候变化和气候环流影响,沙尘暴等极端气候加剧,沙漠化趋势有增无减。因此,绿洲外围生态安全无从谈起。

三、北部平原区生态需水量研究

对于生态需水量研究来说,目前尚无统一的研究内涵。本节将从生态功能区定位及生态功能恢复目标来确定不同生态功能区的生态需水,从恢复地下水位和植被正常生长两个方面出发确定生态恢复需水量。

(一)生态需水量计算方法

1.地下水位恢复水量

生态环境恶化主要是该区地下水位的急剧下降所致。因此,从恢复地下水位的角度出发,应用达西公式计算恢复地下水位所需的生态需水量。

$$W = \mu \times F \times \Delta H \tag{5-13}$$

式中:W 为湿地恢复到一定水位下的生态需水量;μ 为给水度;ΔH 为地下水位变幅;F 为恢复湿地面积。

2.北部平原区荒漠植被正常生长需水量

1)模型选择

地下水位恢复后,其生境范围内的植物生态需水量采用具有代表性的阿维利扬诺夫公式计算其生态需水量。

$$E = \alpha (1 - H/H_{\max})^b E_0 \tag{5-14}$$

式中:E 为潜水蒸发量,mm;H 为地下水埋深,m;H_{max} 为极限地下水埋深,m;E_0 为水面蒸发量,mm;a、b 为与植物有关的经验系数。

2)参数率定

在干旱有植被的地区,H_{max} 一般情况下以 5 m 为限,在荒漠区 H_{max} 取 4.5 m,大于这一深度的潜水蒸发量认为等于零,这也是目前水文地质计算中普遍采用的值。现状生态需水计算取实测地下水埋深值,不同水平年地下水埋深采用地下水数值模拟结果。E_0 采用 E—601型蒸发器实测的北部平原区蒸发量 E_0 的多年平均值。a、b 是与植被、土质有关的待定系数,在有植被地区主要采用中国科学院寒区旱区环境与工程研究所根据甘肃水文二队在张掖、民勤等地的试验数据标定出来的值:a 取 1.174,b 取 3.63;在裸地上,a 取 0.62,b 取 2.8。

(二)北部平原区主要生态功能区生态需水量研究

根据石羊河流域北部平原区生态系统特点,绿洲农业生态功能区生态需水量参考《规划》确定,山地生物多样性生态功能区的天然降水足以维护该区的生物多样性,因此对该区生态需水量不再考虑。民勤北部平原区生态需水量计算单元见图5-18。

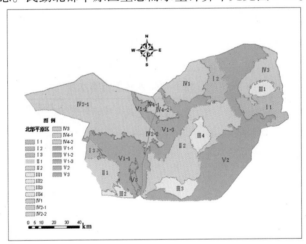

图5-18　民勤北部平原区生态需水量计算单元

1.北部平原区地下水位恢复需水量

据《河西走廊地下水资源评价报告》,1965～1999 年 35 年间,石羊河流域地下水开采量由 1.44 亿 m³ 增加到 13.825 亿 m³,致使流域下游地区民勤盆地地下水位以每年 0.3～1.2 m 的降幅持续下降。根据民勤县水务局提供的地下水位监测数据,1999～2005 年,民勤地区地下水位年均降幅在 0.4～1.5 m。民勤、昌宁盆地不同生态功能区地下水位年均降幅见表 5-27。

表5-27　恢复功能区地下水位年变幅

计算单元	民勤			昌宁	
生态功能区	I₁	I₂	II₂	II₁	I₃
地下水位年均降幅(m)	0.2～0.35	0.45～0.6	0.3～0.35	0.62～0.87	0.52～0.77
给水度	0.13	0.19	0.15	0.16	0.22

注:数据来源于《河西走廊地下水资源评价报告》。

1977 年民勤盆地地下水量均衡计算成果见表 5-28。由此可见,1977 年民勤盆地地下水为负均衡,其值达到 1.93 亿 m³,地下水补给量为 2.32 亿 m³,地下水排泄量为 4.25 亿 m³,其中机井开采地下水 2.98 亿 m³。根据地下水负均衡特点,只有当上游来水量为 4.41 亿 m³ 时,民勤县地下水会出现正均衡状态,生态环境将逐步好转。因此,根据上游来水量资料系列调查,选择 1969 年为生态恢复目标,以恢复期为 36 年计算恢复地下水位所需生态需水量。

表 5-28　1977 年民勤盆地地下水量均衡计算成果　　　　　（单位:亿 m³）

补给项				排泄项					均衡差
河、渠、田入渗	降凝入渗	侧向流入	合计	蒸发蒸腾	泉水溢出	机井开采	侧向流出	合计	
1.89	0.28	0.15	2.32	1.27	0	2.98	0	4.25	-1.93

通过计算,民勤盆地地下水位要恢复到 1969 年水平,其最小生态需水量约为 49.82 亿 m³,最大生态需水量约为 63.79 亿 m³。其中,民勤绿洲地下水恢复最小、最大生态需水量分别约为 30.28 亿 m³、35.33 亿 m³;昌宁盆地最大、最小生态需水分别约为 31.49 亿 m³、22.14 亿 m³,见表 5-29。

表 5-29　地下水位恢复生态需水量

计算分区	生态功能区	面积(万 m²)	最小生态需水量(万 m³/年)	最大生态需水量(万 m³/年)
民勤	I₁	61 792.07	57 837.38	101 215.40
	I₂	44 676.74	137 515.00	183 353.33
	II₂	186 927.7	302 822.86	353 293.31
	合计	293 396.51	498 175.24	637 862.04
昌宁	II₁	46 777.97	167 053.50	234 413.78
	I₃	13 191.93	54 329.65	80 449.70
	合计	59 969.90	221 383.08	314 863.56

2.北部平原区植被正常生长需水量

1)湿地恢复生态功能区植被正常生长需水量

分析表明:实现湿地恢复生态功能区的生态恢复,需在 2005～2020 年间转变不合理的土地利用方式,实施退耕还林还草。同时,为扭转沙漠化不断加剧的不利局面,一是要加强防护林体系建设,二是力求有限湿地面积的逐步恢复,三是逐年恢复地下水位。在此条件下,以 2005 年湿地恢复生态功能区生态植被覆盖度为基础,按照 2015 年、2020 年林地覆盖度、草地覆盖度分别提高 1 个百分点和 2 个百分点来确定生态恢复目标。湿地恢复生态功能区目标见表 5-30。湿地恢复生态功能区林地草地生态需水量计算,采用阿维利扬诺夫公式计算,结果见表 5-31。

表 5-30　湿地恢复功能区生态目标

计算单元	生态功能区	面积（万 m²）	2005 年		2015 年		2020 年	
			林地盖度（%）	草地盖度（%）	林地盖度（%）	草地盖度（%）	林地盖度（%）	草地盖度（%）
民勤	I₁	61 792.07	0.39	12.41	1.39	13.41	2.39	14.41
	I₂	44 676.74	1.21	25.33	2.21	26.33	3.21	27.33
昌宁	I₃	13 191.93	0.00	14.29	1.00	15.29	2.00	16.29

表 5-31　湿地恢复功能区地下水位恢复后植被正常生长需水量 （单位:万 m³/年）

生态功能区	I₁	I₂	I₃	合计
2005 年	486.55	729.28	115.97	1 331.8
2015 年	562.56	784.24	132.20	1 479
2020 年	638.56	839.19	148.43	1 626.18

2）防风林带生态功能区生态需水量

由于受到巴丹吉林和腾格里两大沙漠的影响,北部平原区沙漠入侵和土地沙化问题日益严峻。要发挥该区的防风作用,必须加强生态防护林草体系建设。2015 年该区防风林带面积占各区面积的比例不少于 10%,草地面积比例不少于 5%;2020 年面积比例在 2015 年基础上再提高 1 个百分点。各区生态功能区恢复目标见表 5-32。针对防风林带生态功能区,采用阿维利扬诺夫公式,分别计算 2005 年、2015 年、2020 年生态需水量,具体结果见表 5-33。

表 5-32　防风林带林地恢复功能区生态恢复目标

计算单元	生态功能区	面积（万 m²）	2005 年		2015 年		2020 年	
			林地盖度（%）	草地盖度（%）	林地盖度（%）	草地盖度（%）	林地盖度（%）	草地盖度（%）
民勤	IV₁	71 712.79	0.19	11.44	10.19	15.44	11.19	16.44
	IV₂₋₂	9 268.04	1.26	8.43	10.26	10.43	11.26	11.43
	IV₄₋₂	21 190.44	2.39	13.69	10.39	15.69	11.39	16.69
昌宁	IV₂₋₁	266 030.40	0.01	10.23	10.01	12.26	11.01	13.26
	IV₃	9 997.30	0	0	10	5.00	11	6.00
	IV₄₋₁	11 507.47	0.08	48.76	10.08	49.76	11.08	50.76

3）防风固沙治理生态功能区生态需水量

由于长期受到沙漠侵入和土地沙化的影响,北部平原区在重点地区开展了防风固沙治理工程,采用尼龙网格加植被、鹅卵石网格加植被、黏土网格加植被等多种方式对沙漠化进行治理。该区在治理过程中采用一次性灌溉方式对梭梭等林地进行浇灌,以后靠天然降水

表 5-33　防风林带林地恢复功能区生态需水量　　　（单位：万 m³）

计算分区	生态功能区	2005 年	2015 年	2020 年
民勤	IV₁	512.96	1 130.44	1 218.66
	IV₂₋₂	55.24	117.94	129.34
	IV₄₋₂	209.57	339.90	365.97
	合计	777.77	1 588.28	1 713.97
昌宁	IV₂₋₁	1 675.46	3 643.80	3 971.04
	IV₃	0	92.23	104.53
	IV₄₋₁	345.67	423.52	437.68
	合计	2 021.13	4 159.55	4 513.25

和包气带水分加以维持。因此，该部分生态需水量计算采用阿维利扬诺夫公式进行计算。在此条件下，以 2005 年防风固沙治理功能区生态植被覆盖度为基础，按照 2015 年、2020 年林地覆盖度、草地覆盖度分别提高 1 个百分点和 2 个百分点来确定生态恢复目标。防风固沙治理生态功能区生态恢复目标见表 5-34，生态需水量见表 5-35。

表 5-34　防风固沙治理生态功能区生态恢复目标

计算单元	生态功能区	面积（万 m²）	2005 年		2015 年		2020 年	
			林地盖度（%）	草地盖度（%）	林地盖度（%）	草地盖度（%）	林地盖度（%）	草地盖度（%）
民勤	V₁₋₃	97 594.30	1.55	13.13	2.55	14.13	3.55	15.13
	V₂₋₂	305 555.33	0.39	10.16	1.39	11.16	2.39	12.16
	V₃	62 095.01	0	48.07	1.00	49.00	2.00	50.00
昌宁	V₁₋₁	103 539.75	0.03	11.76	1.03	12.76	2.03	13.76
	V₁₋₂	16 578.41	0.03	1.87	1.03	2.87	2.03	3.87

表 5-35　防风固沙治理生态功能区植被种植后正常生长需水量　　　（单位：万 m³）

计算分区	生态功能区	2005 年	2015 年	2020 年
民勤	V₁₋₃	881.16	1 001.21	1 121.26
	V₂₋₂	1 982.65	2 358.51	2 734.36
	V₃	1 835.84	1 909.55	1 985.93
	合计	4 699.65	5 269.27	5 841.55
昌宁	V₁₋₁	750.80	878.16	1 005.52
	V₁₋₂	19.37	39.77	60.16
	合计	770.17	917.93	1 065.68

4）北部平原区生态需水总量

北部平原区 2005 年、2015 年和 2020 年生态需水量汇总见表 5-36,绿洲区生态需水量参照石羊河流域重点治理规划确定。

表 5-36　北部平原区生态需水量　　　　　　　　（单位:万 m³）

计算分区	生态功能区	2005 年	2015 年	2020 年	计算分区	生态功能区	2005 年	2015 年	2020 年
民勤	I₁	486.55	562.56	638.56					
	I₂	729.28	784.24	839.19					
	II₂	2 011	3 178	3 135	昌宁	I₃	115.97	132.2	148.43
	IV₁	512.96	1 130.44	1 218.66		II₁	190	113	96
	IV₂₋₂	55.24	117.94	129.34		IV₂₋₁	1 675.46	3 643.8	3 971.04
	IV₄₋₂	209.57	339.9	365.97		IV₃	0	92.23	104.53
	V₁₋₃	881.16	1 001.21	1 121.26		IV₄₋₁	345.67	423.52	437.68
	V₂₋₂	1 982.65	2 358.51	2 734.36		V₁₋₁	750.8	878.16	1 005.52
	V₃	1 835.84	1 909.55	1 985.93		V₁₋₂	19.37	39.77	60.16
	合计	8 704.25	11 382.35	12 168.27		合计	3 097.27	5 322.68	5 823.36

2005 年民勤盆地植被正常生长需水量约 0.87 亿 m³,湿地、绿洲、防风林带和防风治沙生态功能区生态需水量分别占总生态需水量的 13.97%、23.10%、8.94% 和 53.99%。2015 年民勤盆地植被正常生长需水量约 1.14 亿 m³,湿地、绿洲、防风林带和防风治沙生态功能区生态需水量分别占总生态需水量的 11.83%、27.92%、13.95% 和 46.30%。2020 年民勤盆地植被正常生长需水量约 1.22 亿 m³,湿地、绿洲、防风林带和防风治沙生态功能区生态需水量分别占总生态需水量的 12.14%、25.76%、14.09% 和 48.01%。

2005 年昌宁盆地植被正常生长需水量约 0.31 亿 m³,湿地、绿洲、防风林带和防风治沙生态功能区生态需水量分别占总生态需水量的 3.74%、6.13%、65.26% 和 24.87%。2015 年昌宁盆地植被正常生长需水量约 0.53 亿 m³,湿地、绿洲、防风林带和防风治沙生态功能区生态需水量分别占总生态需水量的 2.48%、2.12%、78.15% 和 17.25%。2020 年昌宁盆地植被正常生长需水量约 0.58 亿 m³,湿地、绿洲、防风林带和防风治沙生态功能区生态需水量分别占总生态需水量的 2.55%、1.65%、77.50% 和 18.30%。

第六节　流域生态屏障构建技术模式

一、祁连山区生态屏障构建技术模式

（一）祁连山区不同立地条件下生态修复植被种植模式研究

根据祁连山区降水、气候条件、植被的地带性分布特征和土壤类型等自然条件,利用基于 SWAT 模型对不同植被类型水文效应的研究成果,提出提升祁连山区水源涵养能力的生态修复合理模式,具体见表 5-37、表 5-38。

表 5-37　不同立地条件下最佳水源涵养植被组合模式

海拔(m)	坡度(°)					
	19.37 ~ 25	25 ~ 30	30 ~ 35	35 ~ 40	40 ~ 45	45 ~ 67.9
2 220 ~ 2 600	—	—	—	—	F、R、F + R、R + S	现状
2 601 ~ 3 000	—	F、F + R	F、F + R	现状	F + R	现状
3 001 ~ 3 500	—	F	F + S	F + S	F + R	F
3 501 ~ 3 800	F	F + R	现状	现状	现状	现状
3 801 ~ 4 389	F、R、F + R、R + S	现状	现状	现状	现状	现状

表 5-38　最佳水源涵养植被组合

植被组合	优势植物组合
林地(F)	青海云杉、祁连圆柏
灌木林地 + 草地(R + S)	高山柳、金露梅、绣线菊 + 小蒿草
林地 + 灌木林地(F + R)	青海云杉、祁连圆柏 + 高山柳、金露梅、绣线菊
灌木林地(R)	高山柳、金露梅、绣线菊
林地 + 草地(F + S)	青海云杉、祁连圆柏 + 小蒿草

(二)最佳生态修复植被模式及其适用条件

由于典型小流域杂木河流域海拔高度集中在 2 050 ~ 4 830 m,其地形无法代表整个石羊河流域祁连山区的地形特征。同时,基于 SWAT 模型研究中流域被划分为子流域,子流域高程系流域平均高程。因此,研究得出的不同高度和坡度分级条件下最佳水源涵养植被组合模式仅适用于子流域划分阈值为 400 hm² 的祁连山区高度和坡度分级下的生态修复。

(三)祁连山区子流域生态修复模式

借助 GIS 技术,利用祁连山上游土地利用类型、祁连山区 1∶10 万地形图、祁连山区水系图,参考祁连山区生态功能区划相关成果,分别绘制祁连山区生态功能区划环境现状图、祁连山区高度分级下耕地分布特征图、祁连山区坡度分级下耕地分布特征图,分布特征见图 5-19 ~ 图 5-21。同时,利用基于 SWAT 模型提出的不同立地条件最佳植被组合模式,结合石羊河上游子流域生态环境现状(见表 5-39)和存在的生态环境问题,依据不同生态系统的生态修复原理和原则,提出适合各流域的生态修复技术措施(见表 5-40)。祁连山区子流域景观现状以及采取不同生态修复模式后的景观见图 5-22、图 5-23。

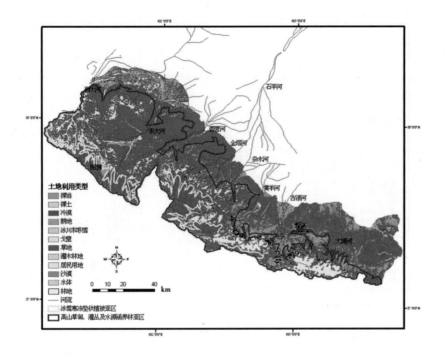

图 5-19　石羊河上游八大河系生态功能分区及环境现状

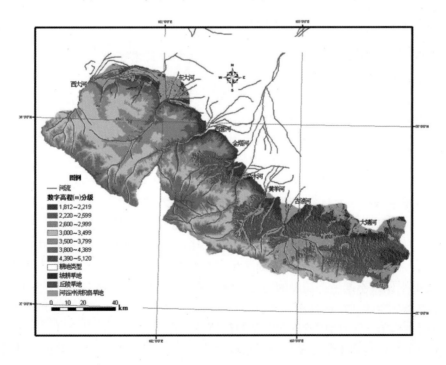

图 5-20　石羊河上游祁连山区高度分级下耕地分布特征

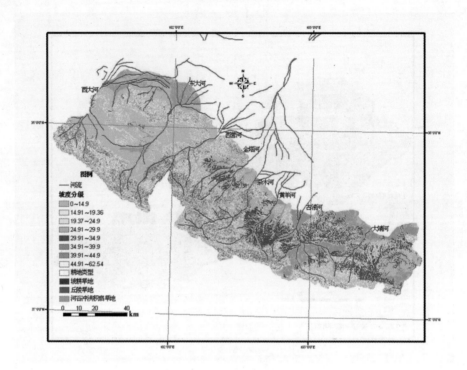

图 5-21　石羊河上游祁连山区坡度分级下耕地分布特征

二、北部平原区生态屏障构建技术模式

(一)基于生态功能分区的北部平原区生态屏障构建技术模式

生态功能分区能够为构建区域生态屏障体系提供宏观框架。根据北部平原区地质地貌、气候、农业、生物土壤及人类经济活动等特点及流域承担的生态功能,按照主导性和综合性原则,在生态环境主导因素区划的基础上,结合地理信息技术,将石羊河流域北部平原区划分为湖区湿地恢复功能亚区、绿洲农业生态功能亚区、山地生物多样性保护生态功能亚区、戈壁防沙林带生态功能亚区和防风固沙治理生态功能亚区 5 个生态功能亚区及 16 个三级区,从而为北部平原区生态保护与恢复以及生态屏障构建提供技术支撑。

(二)基于生态需水的北部平原区生态屏障构建技术模式

生态需水研究是区域水资源综合管理和优化配置、保护和恢复生态环境中最为关键的科学问题之一,同时是实现区域水资源合理规划、生态水量合理配置以及区域生态屏障构建的基础依据。根据石羊河流域北部平原区生态系统特点,结合不同植被类型的生态需水规律,针对北部平原区不同生态功能的主体生态恢复目标,采用不同生态需水量计算方法,对湿地恢复生态功能区、防风林带生态恢复功能区、防风治沙生态治理功能区和绿洲农业生态功能区进行生态需水量计算,确定北部平原区植被正常生长需水量、主要生态功能区生态需水量以及地下水恢复需水量和总生态需水量,从而为北部平原区生态屏障的构建提供生态需水方面的参考依据。

表 5-39 石羊河上游八大流域主要植被类型立地分析结果

子流域	项目	有林地	疏林地	灌木林地	园地	高覆盖草地	中覆盖草地	低覆盖草地	未利用地	坡耕地	水浇地
大靖河	<6	6.00	4.61	7.19		10.18	8.12	15.73	18.33	24.89	63.45
	6~15	37.99	38.85	41.04		29.94	43.56	48.94	33.82	53.39	31.80
	15~25	47.71	37.98	42.99		39.52	41.41	28.41	27.77	19.92	4.69
	25~35	8.09	17.72	8.22		19.31	6.77	6.49	18.71	1.75	0.06
	>35	0.21	0.84	0.56		1.05	0.14	0.43	1.37	0.06	0.00
古浪河	<6	5.53	3.68	6.19	100.00	7.67	10.16	17.55	4.02	20.36	37.52
	6~15	41.67	28.90	37.76		35.58	39.83	35.96	8.81	54.17	46.26
	15~25	42.48	40.59	40.02		37.52	37.27	34.38	35.36	22.53	14.12
	25~35	9.69	24.41	14.36		17.25	11.58	11.44	41.49	2.89	1.96
	>35	0.63	2.42	1.67		1.98	1.16	0.67	10.32	0.05	0.14
黄羊河	<6	81.13	4.66	3.22		12.45	7.59	11.05	1.07	20.44	68.01
	6~15	0	30.02	25.36		34.22	35.96	52.43	14.01	59.31	23.32
	15~25	0.00	34.72	30.82		31.08	33.39	28.53	34.61	18.64	7.46
	25~35	0.00	24.81	30.96		18.97	18.78	6.86	40.03	1.54	1.11
	>35	18.87	5.79	9.64		3.28	4.28	1.13	10.28	0.07	0.10
杂木河	<6	5.73	3.21	8.47		7.17	3.81	5.21	3.24	21.50	60.06
	6~15	16.24	20.22	27.80		29.08	24.11	29.32	18.78	45.28	16.26
	15~25	30.36	35.85	35.00		36.53	34.26	27.65	31.35	24.76	10.78
	25~35	33.76	31.39	21.74		21.75	27.17	18.74	31.94	6.51	8.82
	>35	13.91	9.33	6.99		5.47	10.65	19.08	14.69	1.95	4.08

续表 5-39

子流域	项目	有林地	疏林地	灌木林地	园地	高覆盖草地	中覆盖草地	低覆盖草地	未利用地	坡耕地	水浇地
金塔河	<6	5.90		7.75		8.50	9.59	14.90	2.44	21.99	28.32
	6~15	33.85		32.21		39.19	41.60	52.10	15.14	59.97	35.25
	15~25	45.17		40.71		34.58	31.96	25.16	28.39	16.49	27.07
	25~35	13.01		17.75		15.11	13.95	7.18	33.40	1.40	8.39
	>35	2.07		1.58		2.62	2.90	0.66	20.63	0.15	0.97
西营河	<6	3.01	2.75	6.31		9.22	11.21	11.82	4.77	16.25	40.47
	6~15	19.43	19.71	20.37		24.12	27.85	37.48	15.74	32.86	30.82
	15~25	40.69	37.59	34.73		33.27	32.99	34.39	27.62	26.49	19.56
	25~35	29.90	29.20	29.25		25.18	21.35	14.07	34.84	15.02	7.66
	>35	6.97	10.75	9.34		8.21	6.60	2.24	17.03	9.38	1.49
东大河	<6	11.56	18.32	3.63	100.00	36.02	21.35	20.10	10.86	29.13	84.82
	6~15	28.65	38.19	30.91		43.66	41.83	47.79	20.24	53.12	10.91
	15~25	38.43	29.90	43.79		15.38	24.78	24.48	30.02	15.55	2.11
	25~35	18.74	11.79	19.96		4.41	10.33	6.71	28.75	1.69	1.12
	>35	2.62	1.79	1.71		0.53	1.71	0.92	10.13	0.51	1.04
西大河	<6		14.01	26.50		41.58	17.88	32.57	44.06	30.99	99.14
	6~15		31.71	37.28		36.23	39.96	37.44	13.96	45.02	0.81
	15~25		31.97	26.43		15.44	28.42	25.29	17.38	18.90	0.05
	25~35		18.93	8.66		5.88	11.96	4.42	19.21	4.52	0.00
	>35		3.38	1.13		0.87	1.78	0.28	5.39	0.57	0

表5-40　石羊河上游八大河系生态修复技术措施

子流域	主要土地利用类型	生态功能亚区	主要生态问题	具体生态修复措施
大靖河	草地、林地、耕地、裸土	浅山草原及荒漠草原亚区 I₃、高山草甸、灌丛及水源涵养林亚区 I₂	1. 草地退化严重，草场质量较差，中低覆盖度草场地面积占草场面积的97%； 2. 源头区分布大片林地，林地质量一般，有林地疏林地面积较少； 3. 中下游2 900 m以下坡耕地分布广泛，占全流域的33.18%； 4. 水土流失加重	1. 采用退耕还草，封育，围栏和人工种植优势草类的方式，改良草场结构，提升高覆盖度草地面积占草场面积比例，使之达到流域面积的25%； 2. 源头区成立自然保护区，加大种植青海云杉等高水源涵养的优势树种，采用复合林草模式，提高有林地面积比例至10%； 3. 采用土地平整技术，保障中高产田的存在，优化农田分布格局，配套灌溉农业水利基础设施建设，对于低产农田和坡度大于15°的旱耕地进行退耕还草，降低耕地比例至27.81%； 4. 生态移民，将退耕部分农户转移出该流域，给予其城镇户口，给予生活出路扶持
古浪河	耕地、林地、草地	浅山草原及荒漠草原亚区 I₃、高山草甸、灌丛及水源涵养林亚区 I₂	1. 人类活动强烈，破坏河源区林地草地结构，破坏河源面积占全流域的39.71%； 2. 河源区林地面积所占比例较小，有林地和林地疏林地面积所占比例较小； 3. 草地退化或遭破坏严重，其面积占全流域的23.11%	1. 压缩河源区水浇地地面积比例，保障中高产水浇地的存在，对于低产水浇地和全部旱耕地进行退耕还草，降低耕地面积比例至25.67%； 2. 源头区成立自然保护区，对于该自然保护区加以保护和恢复，按照森林生态修复措施，加大种植青海云杉等高水源涵养的优势树种，采用复合林草模式，提高有林地面积比例至10%； 3. 采用退耕还草，封育，围栏和人工种植优势草类的方式，改良草场结构，提升草地和高覆盖度草地面积比例，使之分别达到流域面积的40%和20%； 4. 生态移民，将退耕部分农户转移出该流域，解决其生活出路

续表5-40

子流域	主要土地利用类型	生态功能亚区	主要生态问题	具体生态修复措施
黄羊河	林地,草地,裸岩,耕地	浅山草原及荒漠草原亚区 I_3,高山草甸,灌丛及水源涵养林亚区 I_2,冰雪寒冻垫状植被亚区 I_1	1. 林地分布集中,有林地面积较小,仅占全流域的0.58%; 2. 草地退化现象明显,草场质量适中; 3. 河谷地区农业生产广泛,旱地面积所占比例较大,占全流域的21.31%	1. 水源涵养林地保护,退耕还林,使有林地面积比例达到36.35%;优化林地植被模式,使有林地面积分布达到10%; 2. 封育草场,调整草地质量结构,将部分退耕旱地转化为高覆盖草地,同时提升退耕旱地面积比例为47.25%; 3. 调整农业种植结构和种植方式,提高水浇地农业产量和经济效益,降低种植面积,将全部旱耕地转化为林草地,使耕地面积比例降为7.46%; 4. 生态移民,将退耕部分农户转移出该流域,解决其生活出路
杂木河	林地,草地,冷白岩	浅山草原及荒漠草原亚区 I_3,高山草甸,灌丛及水源涵养林亚区 I_2	1. 林地分布广泛,有林地面积较小,仅占全流域的0.95%; 2. 草场面积巨大,由于该区区畜牧业发达,严重超载,草地退化严重; 3. 天然未利用地面积占全流域面积的19.88%	1. 加强疏林地的封育,调整疏林地分结构,使其向以青海云杉林为优势建种的林业结构发展,保持现有林地面积不受破坏; 2. 封育草场,实行季节轮牧制度,按照该区草原区理论草场承载能力调整现有草场牧业牛羊数量,提升高覆盖草场面积比例为25.10%; 3. 采用可喷涂植物液体覆膜技术或客土栽培技术对未利用地进行生态修复
金塔河	草地,林地,裸土	浅山草原及荒漠草原亚区 I_3,高山草甸,灌丛及水源涵养林亚区 I_2	1. 草地退化严重,中低覆盖度草地占草地面积的85%; 2. 林地破碎分布,有林地和灌木林地面积较小,仅分别占全流域的1.42%和4.66%; 3. 有一定农业生产活动存在,旱地面积较大; 4. 天然未利用地面积占全流域的15.88%	1. 封育草场,实行季节轮牧制度,按照该区理论草原系承载能力调整畜牧业牛羊数量,提升高覆盖草场面积比例为20.00%; 2. 根据地形,水分,气候条件适度发展林业,采用金露梅,高山柳,青海云杉等优势建种群植物恢复灌木林地和有林地发展,适度转化草地向灌木林地和有林地比列,提升其面积基 3. 采用土地平整技术,优化农田分布格局,配套灌溉农业水利基础设施建设,提高旱地的灌溉保证率; 4. 采用可喷涂植物液体覆膜技术或客土栽培技术对未利用地进行生态修复

续表 5-40

子流域	主要土地利用类型	生态功能亚区	主要生态问题	具体生态修复措施
西营河	草地,林地,裸土,耕地	浅山草原及荒漠草原亚区 I_3,高山草甸,灌丛及水源涵养林亚区 I_2,冰雪寒冻垫状植被亚区 I_1	1. 草场中度退化,高覆盖度草场面积较小,占草地面积7%,中覆盖度草场面积占草地面积的81%; 2. 林地破碎,但生长良好; 3. 天然未利用土地面积占全流域的11.52%	1. 适当转化中低覆盖度草地向林业发展,面积控制在10%左右,实施季节草场,封育草场,发展一定承载能力下的畜牧业; 2. 根据地形,水分,气候等条件适度发展林业,采用金露梅,高山柳,青海云杉等优势建种群植物恢复灌木林地和有林地,提升其面积比例,适度转化低覆盖度草地向灌木林地和有林地发展,使林地面积所占比例增加至33.67%; 3. 禁止农业耕作; 4. 采用可喷涂植物液体覆膜技术或客土栽培技术对未利用土地进行生态修复
东大河	草地,裸岩,冷岩,林地	浅山草原及荒漠草原亚区 I_3,高山草甸,灌丛及水源涵养林亚区 I_2,冰雪寒冻垫状植被亚区 I_1	1. 草场质量较好,面积分布广泛; 2. 林地破碎,灌木林地面积比例较小; 3. 有一定的农业耕作存在; 4. 天然未利用土地面积占全流域的20.36%	1. 适当转化中低覆盖度草地向林业发展,面积控制在10%左右,实施季节草场,封育草场,发展畜牧业; 2. 根据地形,水分,气候等优势建种群植物恢复灌木林地和有林地,提升其面积比例,适度转化低覆盖度草地向灌木林地和有林地发展,使林地面积所占比例增加至25.94%; 3. 改变牧民生活方式,实施游牧民族定居工程; 4. 加强冲洪积农田水利基础设施建设; 5. 采用可喷涂植物液体覆膜技术或客土栽培技术对未利用土地进行生态修复
西大河	林地,草地,裸岩	浅山草原及荒漠草原亚区 I_3,高山草甸,灌丛及水源涵养林亚区 I_2	1. 草场质量一般,面积分布广泛; 2. 水源涵养林广泛分布; 3. 有一定的裸岩存在; 4. 冲洪积农业存在	1. 保持现有草场面积不变,采用轮牧,封育等措施提高草场质量,发展一定草场承载能力下的畜牧业; 2. 加强水源涵养林保护,采用现代森林管理体系管理; 3. 加强冲洪积农田水利基础设施建设; 4. 采用可喷涂植物液体覆膜技术或客土栽培技术对未利用土地进行生态修复

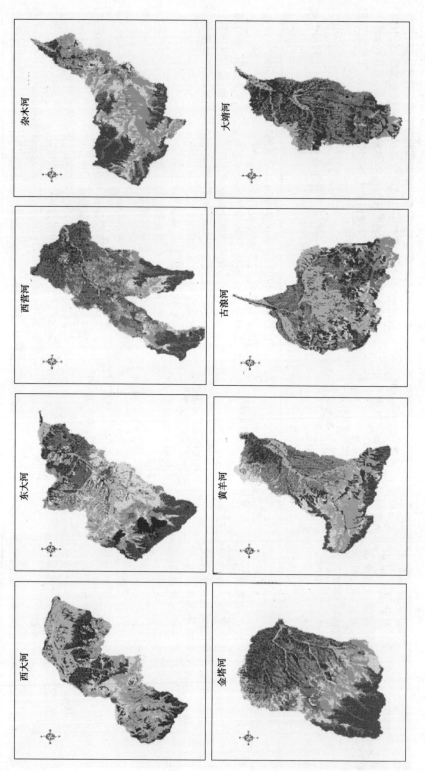

图 5-22　石羊河流域祁连山区八大流域生态景观现状

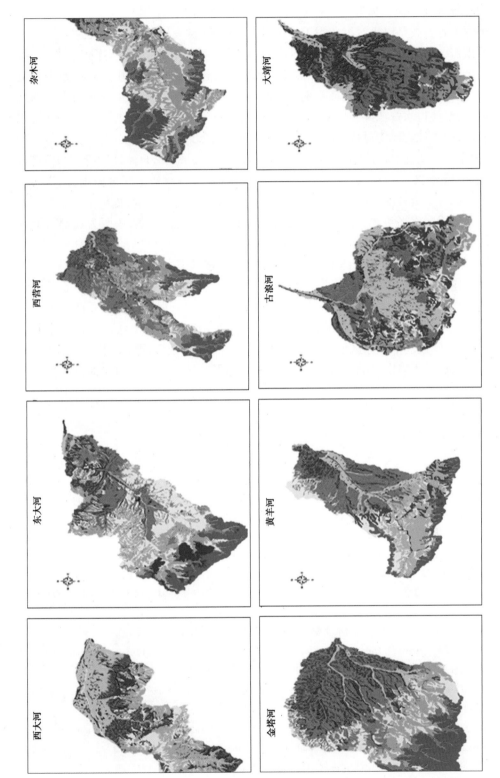

图 5-23 石羊河流域祁连山区八大流域生态修复后景观

（三）基于水资源配置方案的北部平原区生态屏障构建技术模式

水资源配置方案是以满足行业需求为出发点，兼顾区域发展需求，以采取强化节水措施的水资源供需分析成果为基础，按照水资源可利用量对河道外用水消耗实施总量控制，按照河流生态环境要求进行断面水量控制，按照节水型社会建设要求进行用水定额控制，对流域水资源在经济社会系统和生态环境系统之间、不同部门和区域之间以及不同用水行业之间进行合理调配，使得水资源配置格局与经济社会发展及生态环境保护要求相协调，实现水资源合理利用，促进社会经济可持续发展。在保障经济社会又好又快发展的同时，有效保护水资源，维护生态平衡、改善环境质量。针对石羊河流域北部平原区自然环境特点和经济社会发展状况，按照公平性、可持续性、高效性、系统性和优先性等水资源配置原则，确定石羊河流域北部平原区水资源配置的优先次序为城乡生活、生态、工业、农业，提出了基于生态需水的北部平原区不同水平年水资源配置方案和天然生态水量配置方案，从而为北部平原区生态屏障构建提供技术保障。

（四）基于地下水恢复的北部平原区生态屏障构建技术模式

地下水作为石羊河流域北部平原区生态保护与恢复的关键因子，在区域生态环境建设中具有重要作用，对促进北部平原区生态屏障建设意义重大。根据北部平原区地下水动态监测资料，结合区域地下水资源状况、水文地质条件，采用数值模拟方法研究北部平原区地下水变化规律，掌握北部平原区地下水变异规律，提出最佳水资源配置方案下北部平原区地下水恢复方式以及生态恢复措施与对策，从而为北部平原区生态屏障构建提供数据支持与技术支撑。

参 考 文 献

［1］Conway D. Understanding the hydrological impacts of land cover and land use change［J］. IHDP Update, 2001（1）: 5-6.

［2］陈军锋,李秀彬. 森林植被变化对流域水文影响的争论［J］. 自然资源学报,2001,16(5):474-480.

［3］陈军锋,李秀彬,张明. 模型模拟梭磨河流域气候波动和土地覆被变化对流域水文的影响［J］. 中国科学 D 辑:地球科学,2004,34(7): 668-674.

［4］郝芳华,陈利群,刘昌明,等. 土地利用变化对产流和产沙的影响分析［J］. 水土保持学报,2004,18(3): 5-8.

［5］陈军锋,李秀彬. 土地覆被变化的水文响应模拟研究［J］. 应用生态学报,2004,15(5):833-836.

［6］Stanley A C, Misganow D. Detection of changes in stream flow and floods resulting from climate change fluctuations and land use drainage changes［J］. Climate Change ,1996,32(4):411-421.

［7］Sun G,Riekerk H,Comerford N. Modeling the hydrologic impacts of forest harvesting on florida flatwoods［J］. Journal of American Water Resources Association,1998,34(4):843-854.

［8］Wiberg D A, Strzepek K M. CHARM:A hydrologic model for land use and climate change studies in China［R］. International Institute for Applied Systems Analysis Interim report,2000,IR－00－072.

［9］张银辉. SWAT 模型及其应用研究进展［J］. 地理科学进展,2005,24(5):121-129.

［10］Yu G,Xue B,Lai G Y,et al. A 200-year historical modeling of catchment nutrient changes in Taihu basin,

China[J]. Hydrobiologia,2007,581:79-87.

[11] Lai G Y, Yu G, Gui F. Preliminary study on assessment of nutrient transport in the Taihu Basin based on SWAT modeling[J]. Science in China series D: Earth Sciences,2006,49(1):135-145.

[12] 王中根,刘昌明,黄友波.SWAT 模型的原理、结构及应用研究[J].地理科学进展,2003,22(1):79-86.

[13] 李道峰,田英,刘昌明.黄河河源区变化环境下分布式水文模拟[J].地理学报,2004,59(4):565-573.

[14] 朱新军,王中根,李建新,等.SWAT 模型在漳卫河流域应用研究[J].地理科学进展,2006,25(5):105-111.

[15] 张永勇,夏军,王刚胜,等.淮河流域闸坝调控对河流水质的影响分析[J].武汉大学学报(工学版),2007,40(4):31-35.

[16] 党宏忠,周泽福,赵雨森,等.祁连山水源涵养林土壤水文特征研究[J].林业科学研究,2006,19(1):39-44.

[17] 董晓红,于澎涛,王彦辉,等.分布式生态水文模型 TOPOG 在温带山地小流域的应用——以排露沟小流域为例[J].林业科学研究,2007,20(4):477-484.

[18] 康尔泗,程国栋,董增川.中国西北干旱区冰雪水资源与出山径流[M].北京:科学出版社,2002.

[19] 甘肃省水利科学研究院.石羊河流域生态环境修复研究与示范[R].兰州:甘肃省水利科学研究院,2010.

第六章　流域地下水运移及
灌溉水循环转化规律

第一节　石羊河流域地下水数值模拟模型

一、流域水文地质条件

(一)流域地质条件

石羊河流域山区与平原区地层岩性截然不同,即使山体之间、平原内部,地层岩性及地质结构也各有差异。

民勤盆地位于阿拉善高原东南缘,在地质构造上属于阿拉善台块之一。台块基底以前震旦纪变质岩为主,出露基岩岩性以震旦系—新第三系灰白及灰黑色花岗片麻岩、紫色或红色砂岩及泥岩为主。盆地其余部分自上新世末期以来处于大幅度沉降过程,它接纳了上新世至全新世以来由石羊河挟带的大量泥沙,经过洪积—冲积—湖(淤)积作用以及由盆地周围和中部露头剥蚀山地经过风化作用形成的砾石、砂砾、沙土、黏土和风积沙等巨厚沉积物,构成了民勤盆地湖盆相、多层型的更新统—全新统第四系水文地质构造单元。

在山体中,北山主要由古生代岩浆岩构成,前震旦纪片岩、片麻岩零星分布;红崖山及盆地内部的狼刨泉山、莱菔山,岩性主要由前震旦纪、震旦纪片岩、片麻岩、千枚岩、变质岩,白垩纪和第三纪泥岩、砂质泥岩、砂岩及砂砾岩组成。

平原区自上新世以来地面大幅度下降,由上新统及第四系广泛沉积而形成。据物探资料,其厚度达数百米,其中上新统及下更新统为松散的河湖相砂、砾与泥岩互层;中上更新统以冲洪积相为主。南部岩性以砂砾石为主,局部夹砂及亚砂土;向北逐渐过渡为砂、亚砂土、亚黏土的互层结构。区内全新统出露于地表,主要有两种成因类型:一是冲湖积相亚砂土,构成绿洲平原;二是风积形成的沙漠,大面积分布于绿洲北部及东部,形态以新月形沙丘、沙链、沙垄为主,绿洲内部零星分布的沙漠,多呈缓起状的丛草沙丘。

从地层岩性可知,民勤盆地仍保留了中、新生代以前重大构造运动所形成的基本轮廓,但中、新生代以来,又进行了以强烈差异性断块运动为主的构造发育时期,伴随盆地大幅度沉降,产生了一系列断裂,其中对水文地质条件具有控制意义的为北山山前断裂及红崖山—阿拉古山的大断裂,前者使山前平原基底隆起,第四系厚度急剧变薄并基本不含孔隙水;后者近东西向分布,切断了中上更新统含水层,两断层地下水位差 10 m 左右,是民勤盆地与南武威盆地的分界线。

(二)流域水文地质条件

根据民勤盆地水文地质构造特征,第四系巨厚松散沉积物构成的含水层系自上而下可分为全新统—中上更新统含水层系统和下更新统—上新统含水层系统。

1. 全新统—中上更新统含水层组

研究区内全新统—中上更新统含水层较薄,其厚度大部分地区在 50 ~ 100 m,其产状和岩性结构也较为复杂,为该区主要开采层。含水层系统岩性以砾砂、砂为主,其间夹有多层不稳定黏性土层。南部和中部属潜水—承压水,水位南部为 3 ~ 9 m,北部湖区含水层多为细沙,水位为 1 ~ 5 m。

2. 下更新统—上新统含水层组

下更新统—上新统含水层顶界埋深在 20 ~ 125 m,含水层岩性南北变化较大,南部由砂卵砾石组成,中部含砾砂,北部为沙层,均为多层状结构,导水性较弱。含水层厚度累计在 100 m 以上。

盆地第四系含水层系统总厚度自南向北基本为 250 ~ 300 m。从民勤盆地蔡旗—白土井水文地质结构剖面图(见图 6-1)可以看出,研究区第四系含水层自南向北夹有多层弱透水的黏性土层,具有多层型含水层特征。另外,在距离地表 120 ~ 150 m,有厚度为 50 m 左右的比较完整的弱透水黏性土层,自南向北其富水性逐渐变差。地下水水力坡度由 0.1% ~ 0.3% 到 0.07% ~ 0.08%,单宽径流量为 70 ~ 6 000 m³/(d·km²),径流强度沿径流方向逐渐减小。其中民勤湖区,含水层径流基本停滞,而大面积的垂直径流却非常活跃。20 世纪 60 年代以来,民勤绿洲内占机井总数 95% 的农用取水机井深度在 100 ~ 120 m,而占机井总数 5% 左右的生活饮用水机井深度均在 200 ~ 300 m。

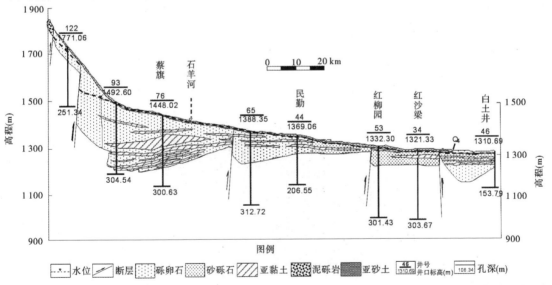

图 6-1　民勤盆地蔡旗—白土井水文地质结构剖面图

二、流域地下水模型构建

(一)模型选择

本书选用的 FEFLOW 地下水运动模拟软件就是基于有限单元法的模拟系统。有限单元法与有限差分法的剖分方式不同,有限单元法一般多剖分成三角形单元体,这些单元体既可以是规则的,也可以是不规则的。另外,每个单元内部的水头分布是按照单元各结点水头值以线性插值函数进行分配的。在整个区域内,将实际上连续的地下水面变成由各有限单元顶点(结点)的水头平面组成的不连续的折线面所代替,将求解区域内任意点水头的问题转换为求解各有限元顶点水头的问题。

(二)模型构建

1. 含水层 3D 空间模型构建

根据民勤绿洲水文地质构造,第四系含水层在地表以下 120～150 m 存在很多个总厚度约 50 m 的分布比较完整的弱透水黏土层。在该弱透水黏土层之上,虽然也分布着多个弱透水黏土夹层,并有可能形成局部上层滞水,但总体而言,这些弱透水黏土夹层断续分布,范围有限。因此,在本书中将研究区含水层概化为 4 片 3 层,即上层的潜水含水层,厚度从南向北为 120～150 m;中间的弱透水黏土夹层,厚度为 50 m 左右;下层为处在弱透水黏土夹层之下的承压含水层,厚度 100 m 左右。承压含水层以下视为基岩,也就是承压含水层的底板。另外,在研究区域内由于基岩抬升出露于地表的苏武山和狼刨泉山,视为不透水体,在离散剖分时进行特别处理。

研究区 3D 空间模型建成了 4 片 3 层的空间结构。其中,第一片为地面,第二片为潜水含水层的底板,第三片为承压含水层的顶板,第四片为承压含水层的底板,也就是基岩。第一片与第二片构成第一层,即潜水含水层;第二片和第三片构成第二层,即隔水层;第三片和第四片构成第三层,即承压水含水层。第一片由研究区的 DEM 生成,研究区 DEM 的生成是选取 1:10 万地形图,通过人工跟踪将地形图数字化,在 ARC/INFO 环境下经过错误改正、坐标转化、空间拓扑关系构建等操作,生成相关特征图层和研究区数字地形空间数据库,再生成 DEM。第二、三、四片的高程等值线根据研究区相关水文地质构造数据和钻孔资料生成。研究区含水层 3D 空间结构见图 6-2。

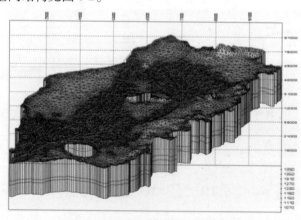

图 6-2　研究区含水层 3D 空间结构

2. 研究区离散剖分

利用有限元法开展地下水运动数值模拟的物理基础是对研究区进行剖分,将研究区连续体进行离散化,然后对各单元体进行近似计算,最后求得整个渗流区的解。因此,对研究区进行离散和剖分是 FEFLOW 模拟地下水运动的关键。

该研究区域总面积为 4 843.6 km²,民勤绿洲轮廓面积 1 139.0 km²。离散化采用不规则三角形剖分,剖分遵循以下原则进行:①每个开采井均分布在有限元三角网格结点上;

②研究区边界、分区边界、渠系、地质构造边界分布在结点上,并需要网格加密;③兼顾研究区内土地利用类型(见图6-3)。将研究区剖分成73 296个有限单元,50 560个结点,平均每平方千米10~11个节点。研究区剖分的有限元网格见图6-4。研究区内苏武山和狼刨泉山所在区域在离散剖分后,将山体轮廓区域的离散有限元删除,以避免其参与地下水流运动过程的模拟。

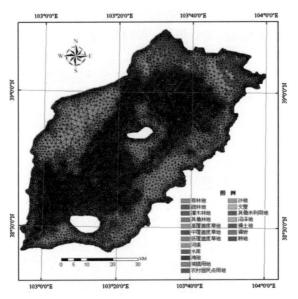

图6-3　研究区土地利用类型

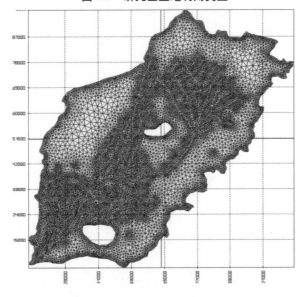

图6-4　研究区有限元网格剖分

3. 模拟类型和时间步长确定

FEFLOW可以对饱和含水层(承压和非承压)与非饱和含水层地下水稳定流和非稳定流以及溶质转移进行模拟。根据民勤地下水运动特点和含水层结构特性,在FEFLOW的

Problem Definition 设计中,上层含水层介质(Layer1)选择饱和非承压含水层,水流选择瞬时地下水瞬时流(Transient flow),非承压含水层水面设定为可自由运动水面。下层含水层介质(Layer2)选择饱和承压水含水层。在地下水瞬时流(Transient flow)模拟过程中,模拟的时间序列需要进行离散。

本书的校验时间序列为 2000 年 1 月至 2002 年 12 月,共 1 080 d;验证时段为 2003 年 1 月至 2005 年 12 月,共 1 096 d。每个时间段内包括若干时间步长,时间步长由模型自动控制,根据模型运行情况来自动调整时间步长,并严格控制每次迭代误差。

4. 参数确定

参数确定是地下水运动数值模拟运行前需要准备的主要内容,参数优化是进行模型校验的最基本工作,也是地下水运动数值模拟能够得到最佳效果的最关键步骤。地下水运动过程数值模拟所需要确定的水力参数主要包括研究区边界条件、模型初始条件、含水层水力传导系数、给水度、地下水补给、排泄水量均衡计算等。

1)边界条件

研究区内狼刨泉山和苏武山基岩出露于地表,视为不透水层。另外,在 FEFLOW5.4 中,地下水抽水井、注水井被视为第四类边界条件;边界条件计算过程中,由于研究区东南部与巴丹吉林沙漠接壤,通过对地下水长期观测资料和相关调查数据分析,该区域地下水位变化幅度较小。因此,将沙漠边缘的边界设为第一类定水头边界条件;其他侧向补给确定为第二类边界条件,即定流量边界条件;渠系水和地下水交换作用采用第三类边界条件刻画。

民勤盆地断面的选择参考《甘肃省民勤县区域水文地质调查报告》的有关内容,断面长度、导水系数、断面水位线与地下水方向夹角值均不变,计算的主要内容是水力坡度的变化。

水力坡度为沿渗透途径水头损失与相应渗透途径长度的比值。由于缺乏资料,部分水力坡度依旧沿用《甘肃省民勤县区域水文地质调查报告》数据,本书所计算的水力坡度断面为 A—B、F—G、G—H、I—J、L—M 和 M—A。水力坡度的计算根据钻孔资料确定水位差、地理坐标,进而利用 ARCVIEW 确定相应的渗透途径长度(见图 6-5)。

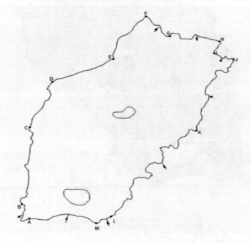

图 6-5　研究区地下水侧向径流计算分布

2）初始条件

在进行大区域地下水计算时,需要根据实测的地下水位推定初始流场,以便检查地下水数值计算精度、进行非稳定地下水计算及识别含水层参数。初始流场的推定方法通常有Universal Kriging、Residual Kriging、Akimainter/extrapolation、Inverse Distance Weighting 等。研究区共有长期观测井 49 眼,在空间位置上相对分散,具体分布见图 6-6。利用这些观测资料校正 1996 年研究区地下水初始流场,得到 2000 年潜水初始流场,图 6-7 为 2000 年 1 月 1 日初始流场。从初始流场总趋势上看,地下水总体上由西南向东北运动,符合实际情况。由于第四纪各时期含水层之间没有稳定的隔水岩层,其间的水力联系极为密切,均与上游单一含水层连通,构成了连续的、统一的,横向以盆地边界为限的含水岩系综合体,初始水头相等,同时将该流场作为承压水的初始流场。

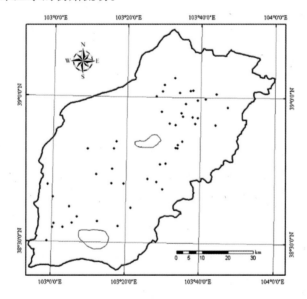

图 6-6　研究区地下水长期观测井位置

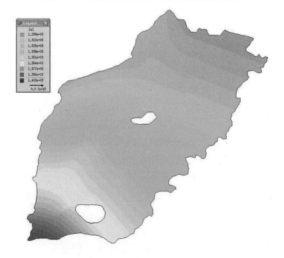

图 6-7　研究区初始流场

3）水流介质

在 FEFLOW5.4 地下水运动模拟中,考虑的水流介质参数主要包括含水层水力传导系数、给水度。对于 3D 各向异性含水层地下水运动模拟,水力传导系数分为 X 方向水力传导系数 K_{xx}、Y 方向水力传导系数 K_{yy} 和 Z 方向水力传导系数 K_{zz}。对于非承压(潜水)含水层,给水度是指重力给水度;对于承压含水层,给水度是指弹性储水系数。根据研究区含水层 3D 空间模型特征,上层含水层(第一层)为潜水含水层,水平方向(K_{xx})含水层水力传导系数和给水度参数从民勤水文地质部门获得(见图 6-8、图 6-9),中间的弱透水层视(第二层)为隔水层,下层(第三层)含水层为承压水含水层,水力传导系数和给水度参数均以定值确定。

图 6-8　研究区第一层和第三层水文地质参数

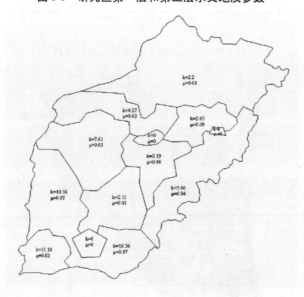

图 6-9　研究区第二层水文地质参数

4)源汇项确定

在地下水数值模拟中,源汇项的分析计算是一项复杂且十分重要的工作,源汇项的准确与否直接影响着水量模拟结果的精度。因此,本书在收集大量水文、气象和灌溉资料的基础上,结合水均衡试验相关资料,对田间入渗量、渠系入渗量、开采量、潜水蒸发和侧向补给量进行分析计算,求取较为切合实际的计算结果,以提高模型的计算精度。

(1)源汇项系统结构:研究区源汇项系统结构可用下列地下水均衡数学模型:

$$(Q_渠 + Q_田 + Q_降凝 + Q_侧) - (Q_蒸发 + Q_开 + Q_侧出) = \Delta Q \qquad (6-1)$$

式中:$Q_渠$为渠系水入渗补给量,亿 m^3;$Q_田$为田间灌溉水回归入渗补给量,亿 m^3;$Q_降凝$为降水和凝结水入渗补给量,亿 m^3;$Q_侧$为地下径流侧向补给量,亿 m^3;$Q_蒸发$为浅层地下水的蒸散发消耗量,亿 m^3;$Q_开$为地下水人工开采量,亿 m^3;$Q_侧出$为流出盆地的侧向地下径流量,亿 m^3;ΔQ为地下水均衡值,亿 m^3。

(2)源汇项时空分布特征:地下水源汇项时空变化不尽相同,随着地形地貌条件及季节的变化而变化,在同一时间的不同地区或同一地区的不同时间均不相同(见表6-1)。典型的如降水和凝结水入渗补给主要发生在地下水埋深小于 5 m 的地区,而浅层地下水的蒸发也主要发生在地下水埋深小于 5 m 的地区等。

表 6-1　各源汇项的补/排量计算时段

源汇项	降水补给	凝结水入渗	灌溉入渗	渠系入渗	侧向补给	机井抽水	潜水蒸发
时段(月)	5~9	5/9~5/10	3~10	4,5,6,10	1~12	1~12	1~12

(3)源汇项计算:研究区源汇项包括补给项和排泄项两大部分,其中补给项包括渠系水入渗、田间灌溉水回归入渗、降水和凝结水入渗;排泄项主要包括地下水人工开采和浅层地下水的蒸散发消耗。以上各量的计算将研究区域、灌区分布、土地利用类型、地下水埋深在ArcGIS中进行叠加,利用 FEFLOW IN(+)/OUT(-)专门模块对应到相应的分区上,确定每个区域的补给、排泄项属性及其数值,形成数据库资料,以备 FEFLOW 程序调用。

①田间灌溉水入渗补给量。计算田间供水量时,首先在 ArcGIS 中把土地利用现状图和行政图叠加产生各乡(镇)的耕地图(见图6-10),按照各乡(镇)种植结构和灌溉制度计算出每次灌水时各乡(镇)某种作物的灌水量和灌水时间。耗水量主要通过计算农田实际蒸散发来相应求得。计算结果在 FEFLOW IN(+)/OUT(-)专门模块中对应到相应分区上,并与确定的时间函数相关联。

②大气降水、凝结水入渗补给量。民勤县有效降水量很小,而且绿洲区地下水埋深又大,所以降水入渗对地下水的补给和蒸散损失必须考虑地下水埋深因素,并分配到区域和某些时段上。根据已有研究《甘肃省河西走廊地下水

图 6-10　研究区灌溉农田分布和乡(镇)分区

分布规律与合理开发利用研究报告》,1988),在民勤绿洲降水及凝结水入渗有效补给限于地下水埋深小于 10 m 的区域。降水入渗补给以年每次降水大于 10 mm 的降水量之和为基数(有效降水量),用入渗系数法计算。凝结水入渗主要发生在秋季,凝结水入渗补给量为年凝结水层厚度与对应埋深区面积之积。计算公式如下:

$$Q_{降} = FP\alpha \tag{6-2}$$

$$Q_{凝} = AH \tag{6-3}$$

式中:$Q_{降}$、$Q_{凝}$ 分别为降水入渗补给量和凝结水补给量,m^3;F 为接受降雨入渗的面积,m^2;P 为有效降雨量,mm;α 为有效降雨入渗系数;A 为凝结水发生的面积,m^2;H 为凝结水层厚度,mm。

降水和凝结水入渗系数的大小与包气带岩性、潜水水位埋深、地形地貌、植被类型和降水特征相关,前两者起重要作用。依据研究区各计算地段包气带地层岩性和地下水位以及相关研究成果确定入渗系数,具体见表6-2。

表6-2　降水入渗系数和凝结层厚度

水位埋深(m)	1 ~ 3	3 ~ 5	5 ~ 10
降水入渗系数(m)	0.15	0.142	0.10
凝结层厚度(m)	12.2	20.8	—

③潜水蒸发。潜水蒸发强度主要与潜水水位、包气带岩性、地表植被和气候等因素有关。一般认为埋深大于 5 m 的地区潜水蒸发微弱,根据对研究区内水文地质条件的分析,区内的蒸发极限埋深为 5 m。计算公式如下:

$$Q_{蒸发} = Fq \tag{6-4}$$

式中:$Q_{蒸发}$ 为陆面蒸发量,m^3;F 为不同埋深陆面面积,m^2;q 为单位面积蒸发量,m。

潜水蒸发参数分为农作物种植区与荒芜区两大块计算。农业区现状地下水埋深多大于5 m,故蒸发量忽略不计,而荒芜区蒸发量依据民勤地渗仪资料相关分析研究成果确定。荒芜区不同潜水水位埋深条件下的蒸发量见表6-3。

表6-3　荒芜区潜水水位埋深与年蒸发量关系

潜水水位埋深(m)	0 ~ 1	1 ~ 3	3 ~ 5	>5
蒸发量(mm)	580	148	17	0

前述计算中,地下水主要排泄项机井抽水和补给项中渠系渗漏部分,在模型中分别作为第四类边界条件和第三类边界条件处理,在此不再赘述。

三、流域地下水模型识别与验证

(一)模型识别

模型参数设定完成后,即可运行模拟程序,通过与参照数据的对比分析,进行模型校验,获得相对满意的模拟结果。

模型校验是一个非常耗费时间但又不可缺少的工作,利用研究区内特征点、线、面、体上已知的地下水动态观测资料与模型在该特定点上的计算值进行对比,以此来观测建立的数值模型对地质体的仿真程度。模型识别与校验遵循如下原则进行:①模型计算输出流场趋势要与实测流场趋势一致;②特征点上地下水动态变化过程计算值要与观测值相等或者在一定允许误差下近似相等,而且在曲线动态变化趋势上保持一致;③均衡项在均衡期内要符合研究区实际情况,而且均衡项在时空上要保持一致性。

在获得较好模拟结果并用该模拟结果进行地下水位变化预测之前,必须对模型进行校验。模型校验就是反复地调整模型的输入参数,通过比较模拟结果和地面观测数据,使得模拟结果和观测数据在模拟结果允许的误差范围内达到匹配的目的。

以 2000~2002 年三个水文年地下水长期观测数据为基础,运行 FEFLOW 模拟软件中自带的参数估计计算程序——PEST2.0,可得到水文地质概念模型在给定水文地质参数和各均衡项条件下的水位时空分布。通过拟合同时期的长期观测孔历时曲线来识别水文地质参数、边界值和其他均衡项,建立符合研究区的水文地质条件,以便更加精确地定量研究模拟区的补给和排泄,预测不同情景下的地下水变化趋势。

由于民勤绿洲95%以上的地下水开采发生在模型的上层含水层(潜水含水层)中,多年来民勤盆地地下水位变化也主要表现在潜水含水层,因此在民勤盆地地下水运动过程数值模拟中,主要调整了潜水含水层的水力传导系数(渗透系数)、给水度、地下水净开采量的空间分布。

模型校验并运行完成后,计算开采井休闲期各长期观测孔模拟值和观测值均方根误差大小,并分析判断导致观测点数据和模拟数据产生偏差的问题所在,调整可能导致偏差的有关参数,再次进行模型运行,使模拟值和观测值的均方根误差达到最小。本书选用 0.10 作为模拟的合理误差范围,要求开采机井 85% 观测孔均方根误差达到 0.10 以下,认为模型达到合理范围。均方根误差计算见式(6-5):

$$RMSE = \frac{\sqrt{\dfrac{\sum\limits_{i=1}^{N}(S_i - O_i)^2}{N}}}{\overline{O}} \times 100\% \tag{6-5}$$

式中:S_i 为第 i 步的地下水位模拟值,m;O_i 为第 i 步的地下水位观测值,m;N 为观测值总数;$\overline{O}$ 为地下水位观测值平均值,m。

通过计算,49 眼观测井中有 42 眼均方根误差小于 0.10,占 85.7%,7 眼观测井均方根误差在 0.10~0.15,占 14.3%,达到模型合理要求范围。

图 6-11~图 6-20 为从坝区到湖区不同位置所选取的 10 眼观测井的观测值和模拟值对比。

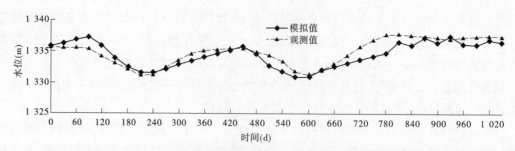

图6-11　2000~2002年3号井实测地下水位与模拟地下水位对比

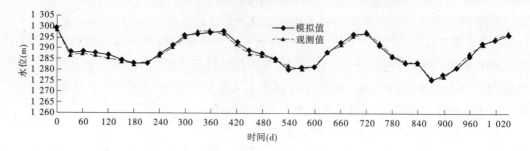

图6-12　2000~2002年6号井实测地下水位与模拟地下水位对比

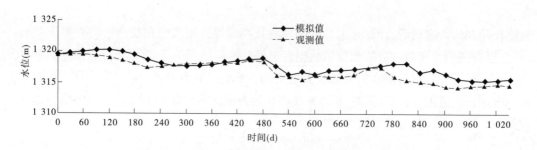

图6-13　2000~2002年10号井实测地下水位与模拟地下水位对比

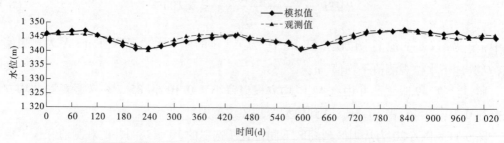

图6-14　2000~2002年13号井实测地下水位与模拟地下水位对比

(二)模型验证

　　利用数学模型概化的研究区地下水模拟模型在给定条件下进行验证,验证时段为2003年1月至2005年12月。从地下水位动态模拟结果来看,所有长期观测孔水位变化拟合均较好。图6-21~图6-30为典型观测孔模拟地下水位和实测地下水位变化对比结果。

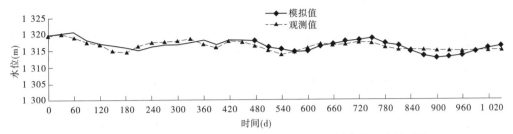

图 6-15　2000～2002 年 17 号井实测地下水位与模拟地下水位对比

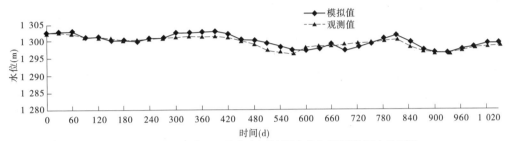

图 6-16　2000～2002 年 25 号井实测地下水位与模拟地下水位对比

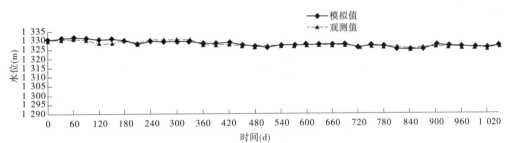

图 6-17　2000～2002 年 30 号井实测地下水位与模拟地下水位对比

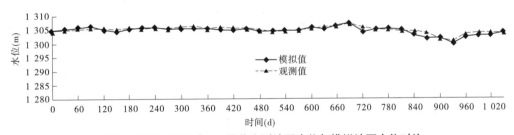

图 6-18　2000～2002 年 33 号井实测地下水位与模拟地下水位对比

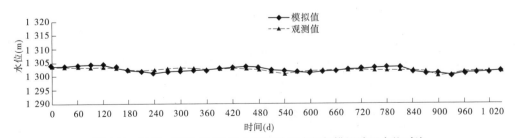

图 6-19　2000～2002 年 39 号井实测地下水位与模拟地下水位对比

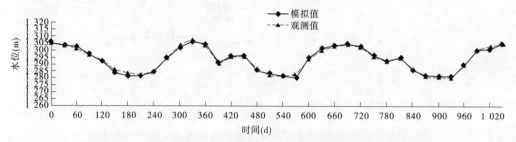

图 6-20 2000~2002 年 44 号井实测地下水位与模拟地下水位对比

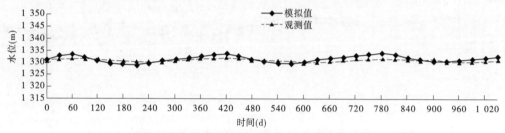

图 6-21 2003~2005 年 3 号井实测地下水位与模拟地下水位对比

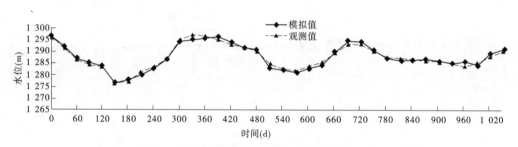

图 6-22 2003~2005 年 6 号井实测地下水位与模拟地下水位对比

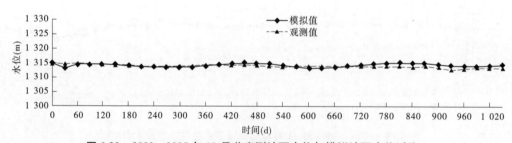

图 6-23 2003~2005 年 10 号井实测地下水位与模拟地下水位对比

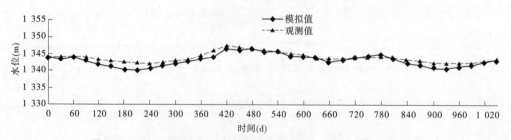

图 6-24 2003~2005 年 13 号井实测地下水位与模拟地下水位对比

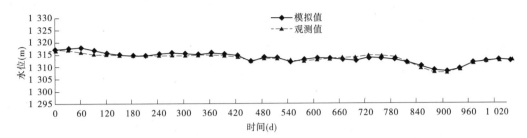

图 6-25　2003～2005 年 17 号井实测地下水位与模拟地下水位对比

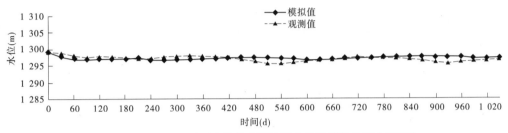

图 6-26　2003～2005 年 25 号井实测地下水位与模拟地下水位对比

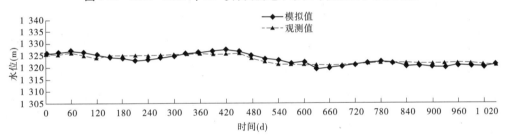

图 6-27　2003～2005 年 30 号井实测地下水位与模拟地下水位对比

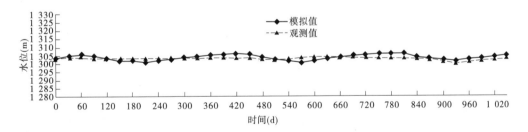

图 6-28　2003～2005 年 33 号井实测地下水位与模拟地下水位对比

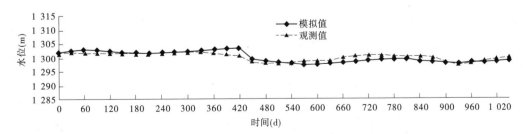

图 6-29　2003～2005 年 39 号井实测地下水位与模拟地下水位对比

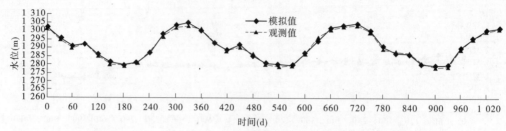

图6-30　2003～2005年44号井实测地下水位与模拟地下水位对比

通过水位过程线拟合来看,典型区域地下水位计算和观测水位变化趋势基本一致,表明所建立的研究区地下水概念模型是合理的,对各类边界条件、渠系概化以及相关参数的选取和分区是恰当的,模型能够较好地刻画民勤绿洲的水文地质条件,为合理开发利用地下水资源,恢复绿洲生态环境提供科学依据。

第二节　石羊河流域地下水运移规律

一、流域地下水补给与排泄条件

研究区地下水补给主要为渠系入渗补给、田间灌溉水回归入渗补给、降水凝结水入渗补给以及南部侧向地下径流补给等。据"西北地区地下水资源评价及合理开发利用研究",民勤绿洲渠系和田间灌溉水补给占85%,侧向补给占10%,降水及凝结水补给占5%。而地下水排泄条件主要有浅层地下水的蒸散发消耗、地下水人工开采和流出的地下水侧向径流。地表径流对研究区的补给主要受控于红崖山水库出库水量和渠系、田间渗透系数。研究区没有明显的补给区、径流区和排泄区,补给和排泄几乎同时在全区发生是研究区地下水运动的典型特点。

二、流域含水系统结构特征

从前述水文地质结构剖面图(见图6-1)来看,研究区地下水含水系统为第四系巨厚松散沉积物构成的多层含水层系。研究区第四系地层构造特征为:下更新统为冲积—湖积构造,以砂砾岩、砂岩及泥岩为主,厚度为100～150 m,是主要的淡水含水层;中更新统是洪积—冲积产物,主要为砂土或砂砾石,厚度为10～200 m;上更新统地层为洪积—冲积层,以砂土和黏砂土为主,厚度为5～50 m。全新统地层在研究区北部的湖区以灰白色及青灰色的黏砂土和砂土的冲积—湖积地层为主,含钙质结核和芦苇等植物根系,黏砂土还具有小团粒及棱块状结核,并夹有薄层泥炭,厚度为15～40 m;南部及石羊河两侧以黏砂土及砂土冲积层为主,砂土疏松,黏砂土内含有植物根系,自西南向东北沿河流方向具有岩性颗粒由粗变细的特点,厚度为15 m左右。同时,在全新统湖积—冲积地层之上,覆盖褐黄色细沙为主的风积沙层,厚度1～30 m不等,构成局部含水层。

综上所述,根据模型构建的实际需要,可把含水系统概化为非均质各向异性的、空间上由三层地质体构成的地下水含水系统,即上层为浅层潜水含水层,中间为相对隔水的弱透水层,下层为承压水含水层。

三、流域地下水流系统特征

研究区从西南向东北倾斜,地面海拔 1 276～1 468 m,地面坡降 0.5‰～0.9‰。红崖山水库的建成阻断了进入民勤盆地的石羊河天然河道,从而人工灌溉渠系代替了天然河道。民勤绿洲灌溉总干渠开始于红崖山水库,并向东北方向延伸,各级灌溉渠系网状分布于总干渠两侧并覆盖民勤绿洲,形成民勤绿洲灌溉渠系网络。研究区地下水流系统概念性模型是:来自武威盆地的地下水径流经过沟通南北盆地的河谷、古河道或翻越阿拉古山—红崖山一线的构造"鞍部"进入研究区,同时接受红崖山水库辐射性下渗、地表径流及降水和凝结水渗漏和地表水与地下水相互转化,在重力作用下沿着西南—东北方向运动于承压和非承压含水层系统中,以平面流动为主。为了能够较好地反映地下水流系统运动特征,把研究区地下水水流系统概化为三维非稳定流运动系统。

四、流域地下水运移规律

民勤盆地地下水总体呈由西南向东北径流的势态,但就各区域而言,地下水流向存在差异。红崖山—县城一带,地下水由西南向东北径流;县城—狼跑泉山一带,地下水以苏武山东侧—狼跑泉山西侧为中线,由西南、东南两个方向向中线汇流后再转向北径流,反映出该段地下水在接受上游径流和沙漠区侧向补给后向强开采区流动的特征;狼跑泉山以北,地下水流向由西南向东北。

第三节　石羊河流域渠系水量损失及转化规律

渠道渗漏水运移转化途径包括补充地下水、渠堤无效蒸发和渠旁植物蒸发,本书根据非饱和土壤入渗过程中入渗率随时间变化的关系,建立了渠道渗漏的三阶段(入渗率快速下降阶段、线性递减阶段和稳定入渗阶段)入渗模型,确定了衬砌渠道渗漏量与非衬砌渠道渗漏量之间的定量关系(折减系数)。在对红崖山灌区渠系水面蒸发量及渗漏量计算的基础上,对运移到零通量面 ZFP(渠堤以下 120 cm)以上的渗漏水量在渠堤蒸发(包括无效蒸发和渠旁植物蒸腾)进行了计算,同时计算了渠系水渗漏对地下水的补给量。

一、土壤水运动基本方程

一般情况下,达西定律同样适用于非饱和土壤水分运动。在水平和垂直方向的渗透速度 v_x、v_z 可分别写成:

$$\left.\begin{aligned} v_x &= -k(\theta)\,\frac{\partial \varphi}{\partial x} \\ v_z &= -k(\theta)\,\frac{\partial \varphi}{\partial z} \end{aligned}\right\} \tag{6-6}$$

$$k(\theta) = k_S\left(\frac{\theta - \theta_0}{\theta_S - \theta_0}\right) \tag{6-7}$$

式中:v_x、v_z 分别为土体在水平和垂直方向的渗透速度,m/s;φ 为土壤水总势能,$\varphi = h + z$(以总水头表示）；h 为入渗水头，m；z 为位置水头（重力势水头），m；k 为水力传导度（或导水率）；k_s 为 θ 等于饱和含水率时的水力传导度；n 为经验指数，$n = 3.5 \sim 4$；θ 为体积含水率；θ_0 为最大分子持水率。

水力传导度与土壤入渗水头之间的关系式可写成：

$$K(h) = \frac{a}{|h|^n + b} \tag{6-8}$$

或

$$K(h) = K_s e^{ch} \tag{6-9}$$

式中：a、b、c 均为经验常数；其他符号意义同前。

设土壤水在垂直平面上发生二维运动，取微小体积 $\Delta x \times \Delta z \times 1$（垂直 x、z 平面厚度为 1），如图 6-31 所示，则在 x、z 方向进入和流出比体积的土壤水差值为

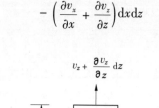

$$-\left(\frac{\partial v_x}{\partial x} + \frac{\partial v_z}{\partial z}\right)\mathrm{d}x\mathrm{d}z$$

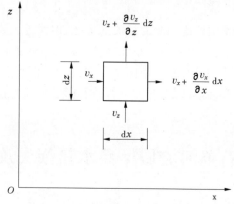

图 6-31　微小土体积土壤水运动示意图

单位时间土壤体积中贮水量的变化率为 $\dfrac{\partial \theta}{\partial t}\mathrm{d}x\mathrm{d}z$，式中，$\theta$ 为体积含水率。

根据质量守恒原则，以上两式相等。从而可得到土壤水流连续方程式：

$$\frac{\partial \theta}{\partial t} = -\left(\frac{\partial v_x}{\partial x} + \frac{\partial v_z}{\partial z}\right) \tag{6-10}$$

将 v_x、v_z 代入水流连续方程式后，可得

$$\frac{\partial \theta}{\partial t} = \frac{\partial}{\partial x}\left[K(\theta)\frac{\partial \varphi}{\partial x}\right] + \frac{\partial}{\partial z}\left[K(\theta)\frac{\partial \varphi}{\partial z}\right] \tag{6-11}$$

考虑到 $\varphi = h + z$，$\dfrac{\partial \varphi}{\partial x} = \dfrac{\partial h}{\partial x}$，$\dfrac{\partial \varphi}{\partial z} = \dfrac{\partial h}{\partial z} + 1$，代入式（6-11）得

$$\frac{\partial \theta}{\partial t} = \frac{\partial\left[K(\theta)\dfrac{\partial h}{\partial x}\right]}{\partial x} + \frac{\partial\left[K(\theta)\dfrac{\partial h}{\partial z}\right]}{\partial z} + \frac{\partial K(\theta)}{\partial z} \tag{6-12}$$

由于土壤含水率与土壤入渗水头 h 之间存在着函数关系，渗透系数 K 也可写成入渗水头 h 的函数，因此土壤水运动基本方程也可写成另一种以 h 为变量的形式。

土壤水在 x、z 方向的渗透速度为

$$\left.\begin{array}{l} v_x = -K(h)\,\dfrac{\partial \varphi}{\partial x} = -K(h)\,\dfrac{\partial h}{\partial x} \\[2mm] v_z = -K(h)\,\dfrac{\partial \varphi}{\partial z} = -K(h)\left(\dfrac{\partial h}{\partial z}+1\right) \end{array}\right\} \tag{6-13}$$

将以上各式代入水流连续方程,得

$$\frac{\partial \theta}{\partial t} = \frac{\partial\left[K(h)\,\dfrac{\partial h}{\partial x}\right]}{\partial x} + \frac{\partial\left[K(h)\,\dfrac{\partial h}{\partial z}\right]}{\partial z} + \frac{\partial K(h)}{\partial z} \tag{6-14}$$

考虑到 $\dfrac{\partial \theta}{\partial t} = \dfrac{\partial \theta}{\partial h}\dfrac{\partial h}{\partial t} = C(h)\dfrac{\partial \theta}{\partial t}$

$$C(h)\,\frac{\partial h}{\partial t} = \frac{\partial\left[K(h)\,\dfrac{\partial h}{\partial x}\right]}{\partial x} + \frac{\partial\left[K(h)\,\dfrac{\partial h}{z}\right]}{\partial z} + \frac{\partial K(h)}{\partial z} \tag{6-15}$$

式中,$C(h) = \dfrac{\mathrm{d}\theta}{\mathrm{d}h}$ 表示入渗水头减小 1 个单位时,自单位体积土壤中所能释放出来的水体积,其量纲是 $[L^{-1}]$,$C(h)$ 称为土壤的容水度。

在初始条件和边界条件已知的情况下,可根据这些定解条件求解式,求得各点土壤含水率或土壤负压和土壤水流量的计算公式,或用数值计算法直接计算各点土壤含水率(或负压)和土壤水的流量。

二、渠道渗漏水分运移定解条件

以常见的梯形断面渠道(见图 6-32)为例,假定在研究范围内渠岸及渠底土壤为同性均质,在入渗期间,忽略蒸发对入渗的影响,则渠道的土壤水分运动问题可简化为与渠道断面平行的垂直平面上的二维渗流问题,且具有以渠道轴线为对称轴的对称特点,如图 6-32 所示,则只需研究 $ABCDEFA$ 区域即可,取 z 轴向下为正。

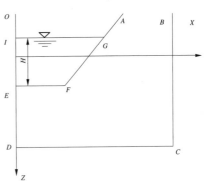

图 6-32　梯形渠道断面示意图

(一)初始条件

$$h_0 = a\theta_0^b \qquad t = 0$$

式中:h_0 为非饱和土壤的初始负压水头,cm;θ_0 为非饱和土壤的初始体积含水率;a、b 为经验常数;t 为时间。

(二)边界条件

在实际计算中,由于 BC 边界取值较大,在渠道运行期间渗漏水分无法到达,则有

$$h_{BC} = c\theta_0^d \qquad t > 0$$

对于渠底 EF 边界:$h_{EF} = c\theta_s^d + H \qquad t > 0 \quad 0 < x < \dfrac{b}{2}$

对于渠壁 FG 边界:$h_{FG} = c\theta_S^d + \left(H - \dfrac{x - b/2}{m}\right) \qquad t > 0 \quad \dfrac{b}{2} < x < \dfrac{b}{2} + H \times m$

对 AB、GA 边界,则有

$$h_{AB} = c\theta_0^d \qquad t > 0$$
$$h_{GA} = c\theta_0^d \qquad t > 0$$

式中:θ_s 为土壤的饱和含水率;θ_0 为土壤初始含水率。

三、水分运移模型构建

目前,在土壤水分运动问题的计算中,所用的数值计算方法主要是有限差分法和有限单元法(有限元法),有限差分法就是将土壤水分运动的偏微分方程变成差分方程,组成可以直接求解的代数方程组。有限单元法即用简单的插值函数来代替每个单元上的未知函数,然后集合起来可以形成直接求解的代数方程组。由于有限差分法的原理及方法相对简单,目前在土壤水分运动计算中较为常用,故本次选用有限差分法。

利用差分方程求解时,利用差分近似可将原方程写为差分方程。最简单的是用显示差分格式,此时不用求解方程便可由时段初的定解条件用差分方程直接求出节点时段末的值。但由于收敛性和稳定性的问题,显示格式的应用受到很大限制。若用一般的隐式差分格式(或中心差分格式),则每一节点的差分方程中包含 5 个未知数,因而使用计算机计算时需要的存储单元多,解方程计算工作量大。为此,对平面流动问题多采用交替隐式差分法(ADI)。

(一)ADI 方程建立

在时阶 t_n 和 t_{n+1} 之间设想一个过渡时阶 $t_n + \dfrac{\Delta t}{2}$($t_{n+\frac{1}{2}}$),如图 6-32 所示。为了由 t_n 时刻的水头求出 t_{n+1} 时刻的水头,分如下两步进行:

(1)由 t_n 时刻的水头分布求出 $t_{n+\frac{1}{2}}$ 时刻的水头分布。采用的差分方程是:x 方向取隐式,z 方向取显式,即

$$C_{i,j}^{n+\frac{1}{2}} \frac{h_{i,j}^{n+\frac{1}{2}}}{\Delta t} = \frac{K_{i+\frac{1}{2},j}^{n+\frac{1}{2}}\left(\frac{h_{i+1,j}^{n+\frac{1}{2}} - h_{i,j}^{n+\frac{1}{2}}}{\Delta x}\right) - K_{i-\frac{1}{2},j}^{n+\frac{1}{2}}\left(\frac{h_{i,j}^{n+\frac{1}{2}} - h_{i-1,j}^{n+\frac{1}{2}}}{\Delta x}\right)}{\Delta x} +$$

$$\frac{K_{i,j+\frac{1}{2}}^{n}\left(\frac{h_{i,j+1}^{n} - h_{i,j}^{n}}{\Delta z}\right) - K_{i,j-\frac{1}{2}}^{n}\left(\frac{h_{i,j}^{n} - h_{i,j-1}^{n}}{\Delta z}\right)}{\Delta z} + \frac{K_{i,i+\frac{1}{2}}^{n} - K_{i,i-\frac{1}{2}}^{n}}{\Delta z}$$

整理得到

$$\frac{K_{i-\frac{1}{2},j}^{n+\frac{1}{2}}}{\Delta x^2} h_{i-1,j}^{n+\frac{1}{2}} + \left(-\frac{K_{i+\frac{1}{2},j}^{n+\frac{1}{2}}}{\Delta x^2} - \frac{K_{i-\frac{1}{2},j}^{n+\frac{1}{2}}}{\Delta x^2} - \frac{C_{i,j}^{n+\frac{1}{2}}}{\Delta t}\right) h_{i,j}^{n+\frac{1}{2}} + \frac{K_{i+\frac{1}{2},j}^{n+\frac{1}{2}}}{\Delta x^2} h_{i+1,j}^{n+\frac{1}{2}} =$$

$$\frac{K_{i,j+\frac{1}{2}}^{n} h_{i,j+1}^{n}}{\Delta z^2} - \frac{K_{i,j+\frac{1}{2}}^{n} h_{i,j}^{n}}{\Delta z^2} - \frac{K_{i,j-\frac{1}{2}}^{n} h_{i,j}^{n}}{\Delta z^2} + \frac{K_{i,j-\frac{1}{2}}^{n} h_{i,j-1}^{n}}{\Delta z^2} + \frac{K_{i,j+\frac{1}{2}}^{n}}{\Delta z} - \frac{K_{i,j-\frac{1}{2}}^{n}}{\Delta z}$$

将上式化为

$$E_{i,j} h_{i-1,j}^{n+\frac{1}{2}} + F_{i,j} h_{i,j}^{n+\frac{1}{2}} + G_{i,j} h_{i+1,j}^{n+\frac{1}{2}} = H_{i,j}^{n+\frac{1}{2}} \tag{6-16}$$

$$E_{i,j} = \frac{K_{i-\frac{1}{2},j}^{n+\frac{1}{2}}}{\Delta x^2}, F_{ij} = -\frac{K_{i+\frac{1}{2},j}^{n+\frac{1}{2}}}{\Delta x^2} - \frac{K_{i-\frac{1}{2},j}^{n+\frac{1}{2}}}{\Delta x^2} - \frac{C_{i,j}^{n+\frac{1}{2}}}{\Delta t}, G_{i,j} = \frac{K_{i+\frac{1}{2},j}^{n+\frac{1}{2}}}{\Delta x^2}$$

$$H_{i,j}^{n+\frac{1}{2}} = \frac{K_{i,j+\frac{1}{2}}^n h_{i,j+1}^n}{\Delta z^2} - \frac{K_{i,j+\frac{1}{2}}^n h_{i,j}^n}{\Delta z^2} - \frac{K_{i,j-\frac{1}{2}}^n h_{i,j}^n}{\Delta z^2} + \frac{K_{i,j-\frac{1}{2}}^n h_{i,j-1}^n}{\Delta z^2} + \frac{K_{i,j+\frac{1}{2}}^n}{\Delta z} - \frac{K_{i,j-\frac{1}{2}}^n}{\Delta z}$$

式中　$K_{i+\frac{1}{2},j}^{n+\frac{1}{2}} = \dfrac{K_{i,j+1}^{n+\frac{1}{2}} + K_{i,j}^{n+\frac{1}{2}}}{2}$　　$K_{i-\frac{1}{2},j}^{n+\frac{1}{2}} = \dfrac{K_{i,j}^{n+\frac{1}{2}} + K_{i-1,j}^{n+\frac{1}{2}}}{2}$

$$K_{i,j+\frac{1}{2}}^n = \frac{K_{i,j+1}^n + K_{i,j}^n}{2}　　K_{i,j-\frac{1}{2}}^n = \frac{K_{i,j-1}^n + K_{i,j}^n}{2}$$

$$C_{i,j}^{n+\frac{1}{2}} = \frac{C_{i,j}^{n+1} + C_{i,j}^n}{2}$$

（2）由 $t_{n+\frac{1}{2}}$ 时刻的水头分布求出 t_{n+1} 时刻的水头分布值。建立差分方程时，x 方向取显式，z 方向取隐式，即

$$C_{i,j}^{n+1} \frac{h_{i,j}^{n+1} - h_{i,j}^{n+\frac{1}{2}}}{\Delta t} = \frac{K_{i+\frac{1}{2},j}^{n+\frac{1}{2}} \left(\dfrac{h_{i+1,j}^{n+\frac{1}{2}} - h_{i,j}^{n+\frac{1}{2}}}{\Delta x}\right) - K_{i-\frac{1}{2},j}^{n+\frac{1}{2}} \left(\dfrac{h_{i,j}^{n+\frac{1}{2}} - h_{i-1,j}^{n+\frac{1}{2}}}{\Delta x}\right)}{\Delta x} +$$

$$\frac{K_{i,j+\frac{1}{2}}^{n+1} \left(\dfrac{h_{i,j+1}^{n+1} - h_{i,j}^{n+1}}{\Delta z}\right) - K_{i,j-\frac{1}{2}}^{n+1} \left(\dfrac{h_{i,j}^{n+1} - h_{i,j-1}^{n+1}}{\Delta z}\right)}{\Delta z} + \frac{K_{i,i+\frac{1}{2}}^{n+1} - K_{i,i-\frac{1}{2}}^{n+1}}{\Delta z}$$

整理得到

$$\frac{K_{i,j-\frac{1}{2}}^{n+1}}{\Delta z^2} h_{i,j-1}^{n+1} + \left(-\frac{K_{i,j+\frac{1}{2}}^{n+1}}{\Delta z^2} - \frac{K_{i,j-\frac{1}{2}}^{n+1}}{\Delta z^2} - \frac{C_{i,j}^{n+1}}{\Delta t}\right) h_{i,j}^{n+1} + \frac{K_{i,j+\frac{1}{2}}^{n+1}}{\Delta z^2} h_{i,j+1}^{n+1} =$$

$$-\frac{K_{i+\frac{1}{2},j}^{n+\frac{1}{2}} h_{i+1,j}^{n+\frac{1}{2}}}{\Delta x^2} + \frac{K_{i+\frac{1}{2},j}^{n+\frac{1}{2}} h_{i,j}^{n+\frac{1}{2}}}{\Delta x^2} + \frac{K_{i-\frac{1}{2},j}^{n+\frac{1}{2}} h_{i,j}^{n+\frac{1}{2}}}{\Delta x^2} - \frac{K_{i-\frac{1}{2},j}^{n+\frac{1}{2}} h_{i-1,j}^{n+\frac{1}{2}}}{\Delta x^2} + \frac{C_{i,j}^{n+1} h_{i,j}^{n+\frac{1}{2}}}{\Delta t} - \frac{K_{i,j+\frac{1}{2}}^{n+1}}{\Delta x} + \frac{K_{i,j-\frac{1}{2}}^{n+1}}{\Delta x}$$

将上式化为

$$E_{i,j} h_{i,j-1}^{n+1} + F_{i,j} h_{i,j}^{n+1} + G_{i,j} h_{i,j+1}^{n+1} = H_{i,j}^{n+1} \tag{6-17}$$

$$E_{i,j} = \frac{K_{i,j-\frac{1}{2}}^{n+1}}{\Delta z^2}, F_{ij} = -\frac{K_{i,j+\frac{1}{2}}^{n+1}}{\Delta z^2} - \frac{K_{i,j-\frac{1}{2}}^{n+1}}{\Delta z^2} - \frac{C_{i,j}^{n+1}}{\Delta t}, G_{i,j} = \frac{K_{i,j+\frac{1}{2}}^{n+1}}{\Delta z^2}$$

$$H_{i,j}^{n+\frac{1}{2}} = -\frac{K_{i+\frac{1}{2},j}^{n+\frac{1}{2}} h_{i+1,j}^{n+\frac{1}{2}}}{\Delta x^2} + \frac{K_{i+\frac{1}{2},j}^{n+\frac{1}{2}} h_{i,j}^{n+\frac{1}{2}}}{\Delta x^2} + \frac{K_{i-\frac{1}{2},j}^{n+\frac{1}{2}} h_{i,j}^{n+\frac{1}{2}}}{\Delta x^2} - \frac{K_{i-\frac{1}{2},j}^{n+\frac{1}{2}} h_{i-1,j}^{n+\frac{1}{2}}}{\Delta x^2} - \frac{K_{i,j+\frac{1}{2}}^{n+1}}{\Delta x} + \frac{K_{i,j-\frac{1}{2}}^{n+1}}{\Delta x} - \frac{C_{i,j}^{n+1} h_{i,j}^{n+\frac{1}{2}}}{\Delta t}$$

式中　$K_{i+\frac{1}{2},j}^{n+1} = \dfrac{K_{i,j+1}^{n+1} + K_{i,j}^{n+1}}{2}$　　$K_{i-\frac{1}{2},j}^{n+\frac{1}{2}} = \dfrac{K_{i,j-1}^{n+1} + K_{i,j}^{n+1}}{2}$

$$K_{i,j+\frac{1}{2}}^{n+1} = \frac{K_{i,j+1}^{n+1} + K_{i,j}^{n+1}}{2}　　K_{i,j-\frac{1}{2}}^n = \frac{K_{i,j-1}^{n+1} + K_{i,j}^{n+1}}{2}$$

由式（6-11）式和式（6-12）可见，在每个方程中只含有 3 个未知数，并且分别对于 x 方向和 y 方向来说是三角方程组，因此可以用追赶法求解。计算区域的网格划分 x、y 方向均取 5 m，步长 Δx、Δy 取 10 cm，将计算区域进行划分，如图 6-33 所示。沿 x 方向结点编号 $i = 0$，1，2，$\cdots$，N_i；沿 y 方向结点编号 $j = 0$，1，2，$\cdots$，N_j。时间步长取 $\Delta t = 30$ min。

（二）ADI 方程解法

（1）利用式（6-11）求出 $n + \dfrac{1}{2}$ 时阶的水头分布。①固定 j，让 i 分别取 1，2，$\cdots$，N_{i-1}，则由

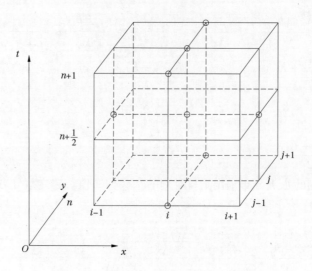

图 6-33　二维交替方向隐式差分典型格架

式(6-11)可建立 N_{i-1} 个方程,它们包含 N_{i-1} 个未知水头: $h_{1,j}^{n+\frac{1}{2}}$, $h_{2,j}^{n+\frac{1}{2}}$, $h_{3,j}^{n+\frac{1}{2}}$, $\cdots$, $h_{N_{i-1},j}^{n+\frac{1}{2}}$（如图6-34（a）中符号"○"表示的点处）,并且这 N_{i-1} 个方程组成一个三角方程组,完全可以按一维隐式格式的追赶法求解。这样便求出了图6-35（a）中第 j 行各内结点在 $n+1/2$ 时阶的水头值;②分别让 j 取 $1,2,\cdots,N_{i-1}$,重复①的运算,即可求出 $n+1/2$ 时阶全部内结点的水头值。

（2）利用式(6-12)求 $n+1$ 时阶的水头值。其他的与（1）类似,此时应该是:①固定 i,让 j 分别取 $1,2,\cdots,N_{i-1}$,从而按式(6-12)可建立 N_{j-1} 个方程,含有 N_{j-1} 个未知水头: $h_{i,1}^{n+1}$, $h_{i,2}^{n+1}$, $h_{i,3}^{n+1}$, $\cdots$, $h_{i,N_{j-1}}^{n+1}$,同样按追赶法求解。于是求得 $n+1$ 时阶图6-33（b）中第 i 列各内结点的水头值。②分别让 i 取 $1,2,\cdots,N_{j-1}$,重复上一步的运算,便可求出 $n+1$ 时阶全部内结点水头值。

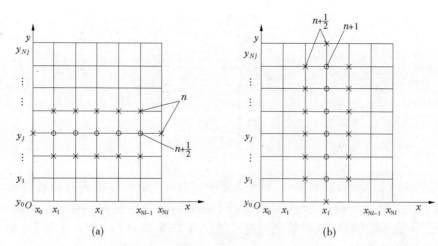

图 6-34　二维交替方向隐式格式示意图

至此,完成了 n 时阶到 $n+1$ 时阶的全部计算。具体计算时,从 t_0（初始）时刻开始,先计

算 t_1 时刻,再计算 t_2 时刻等,直到拟计算的 t_m 时刻的水头值分布。

在计算过程中,对 ADI 求解过程采用了 Visual Basic(VB)语言编程计算,非饱和二维土壤水分入渗过程 ADI 法求解程序框图见图 6-35。

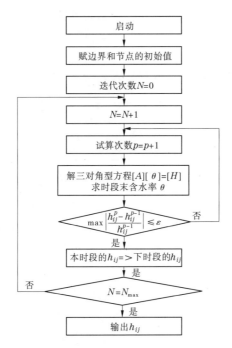

图 6-35　非饱和二维土壤水分入渗过程 ADI 法求解程序框图

(三)模型检验

为了验证渠道渗漏水运移数值模拟精度,2011 年 5 月,在甘肃省水利科学研究院民勤灌溉试验站开展了现场试验测试,并与模拟结果进行了对照分析。

1. 现场试验

1)现场试验布置

修建观测模型渠道断面形式为底宽 $B = 50$ cm,渠深 $H = 75$ cm,边坡系数 $Z = 1.2$ 的梯形断面。观测期间入渗水头 $D = 50$ cm,观测段长 13 m,上、下游平衡区各长 2 m。选取观测渠段中部位置,从渠底中心开始横向每 50 cm 设 TDR 测管一根,每根埋设深度为地面以下 2 m。试验布置如图 6-36 所示。

图 6-36　渠道模型纵断面示意图

2)试验方法

观测过程采用恒水位方式。观测水深由 50 cm 下降至 35 cm。每下降 15 cm 为一个观测时段,每一个观测时段结束后再将水深补充至 50 cm,记录每个观测时段的初始时间和结束时间。每次补水的水量通过精度为 0.001 m^3 的水表记录。试验共历时 10 d。TDR 观测为蓄水前观测初始含水率,蓄水开始后每半小时观测一次,直至蓄水结束后继续观测 4 d。

3)试验结果

根据蓄水期间 TDR 测量结果,对数据进行分析整理,结果见表 6-4。

表 6-4　红崖山灌区干渠渠堤土壤湿润锋观测结果

时间 (min)	竖向			横向		
	实测值(cm)	模拟值(cm)	相对误差(%)	实测值(cm)	模拟值(m)	相对误差(%)
10	12.335	10.57	−14.31	5.351	6.11	14.18
100	70.362	59.88	−14.89	25.35	28.6	12.82
200	94.73	100	5.56	45.47	49.66	9.21
441	134.365	153.69	14.38	57.26	65.71	14.76

2. 数值计算

本次 ADI 求解过程通过计算机实现时,考虑了渠堤初始含水率、渠底宽度、边坡系数、渠深、渠道水深、渠道类型和渗漏时间几个参数,具体输入界面见图 6-37。

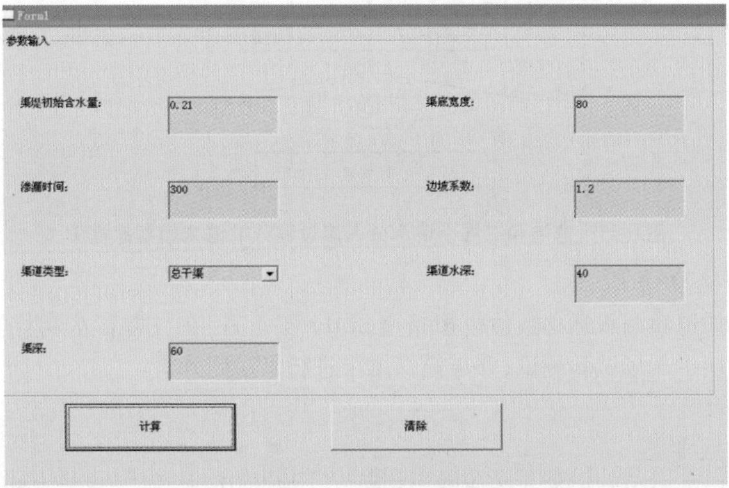

图 6-37　输入界面

计算完成后将会弹出提示窗口,提示计算结果的保存位置及文件名,见图 6-38。计算结果为以渠道横断面中心线为边界,沿渠堤水平和竖直方向土壤含水率的变化情况(见图 6-39)。

3. 结果对照

对计算结果和实测结果进行了比较,结果见表 6-4,由表看出,模型模拟值与实测值的误差在 15% 以内,模拟结果较好。

四、渠堤蒸发损失分析计算

利用建立的渠道渗漏水转化模型并结合 VB 语言程序,计算民勤红崖山灌区各级渠道 2010 年运行期间渠道渗漏水的渠堤土面蒸发量。

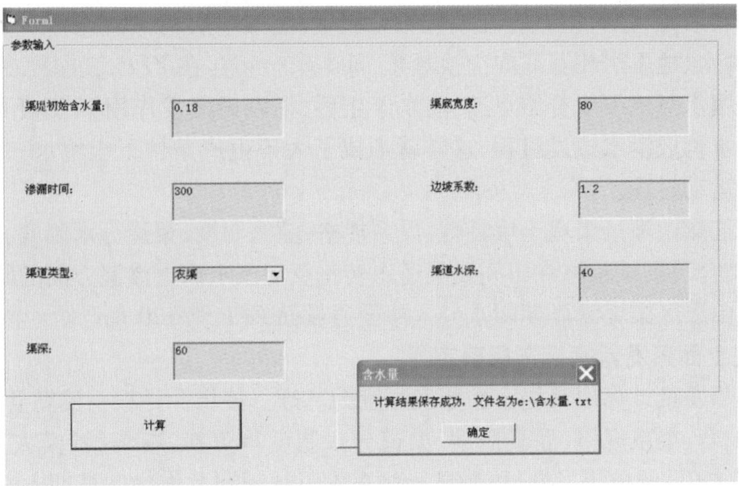

图 6-38　计算完成后提示界面

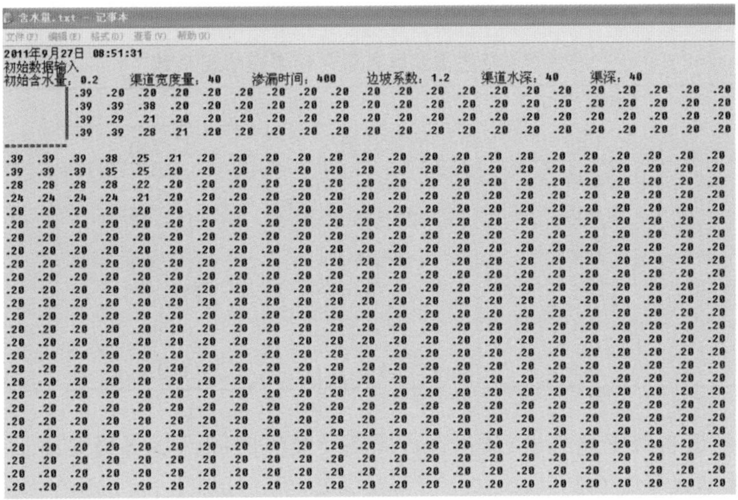

图 6-39　湿润锋变化模拟结果页面

(一) 零通量面确定

根据国际土壤学会土壤术语委员会定义,土壤水势为:在标准大气压下,从水池中把极少量的纯水从基准面上等温地、可逆地移动到土壤中某一吸水点,使之成为土壤水所必需的功。土壤中任一点的土壤水分通量由达西公式 $q = K(\psi m)\dfrac{\partial \psi}{\partial z}$ 给出,当水势梯度 $\dfrac{\partial \psi}{\partial z} = 0$ 时,该处的通量 $q = 0$,则称该处的水平面为零通量面 ZFP。

土壤剖面中出现零通量面时,根据水势的分布特点,零通量面可以分为单一聚合型零通量面、单一发散型零通量面、具有多个零通量面等几种类型。在灌溉期,灌溉水的入渗和蒸发作用,将会引起田间土壤内的水势变化,通过负压计监测土壤水势变化,绘制土壤水势曲线,由土壤水势曲线可以确定剖面上土壤水分运动的方向(水分由水势高处向水势低处运动)及零通量面的形成发育变化过程。根据《干旱内陆河灌区田间水分模拟研究》(王俊)、《河西走廊灌溉水田间入渗补给地下水机理研究》(陈志辉)的成果,在干旱内陆河灌区,作物生育期灌前和灌溉初期,ZFP 存在期较长且稳定;灌溉中后期,具有多个 ZFP,入渗、蒸发交替出现,土壤水、地下水相互双向交换频繁,基本上全年存在 ZFP,其深度在 90 ~ 150 cm。灌溉形成的土壤水对地下水补给迅速,灌水停止后,在农田蒸发作用下,地下水又通过毛细管转化为土壤水构成潜水蒸发过程,这样就形成了大田生产条件下土壤水—植物水—大气水的连续水分运动过程。

在民勤县红崖山灌区渠堤土壤特性、渠系规格、灌溉制度、渠道分水制度、地下水埋深等资料基础上,结合民勤试验站在田间及渠道水转化及灌溉水深层渗漏方面的研究资料,本书研究确定红崖山灌区渠堤灌溉期间水分入渗零通量面 ZFP 为 120 cm。

(二)渠堤土面蒸发量指标选择确定

渠堤土面蒸发量计算以渠堤土面蒸发强度为基础。该指标是根据民勤县红崖山灌区土壤特性、渠系配套、渠系规格、灌溉制度、渠道分水制度等资料,参考《沙漠人工植被区土壤蒸发测定》(张志山)的成果,结合民勤试验站在农田休闲期及作物生育期土面蒸发、渠堤土面蒸发研究成果确定。渠堤土面蒸发计算宽度依据式(6-11)、式(6-12)计算结果及表 6-5 修正系数确定。

表 6-5　红崖山灌区各级衬砌渠道修正系数

名称	渗漏时间（h）	渗漏量(mm)		修正系数 β
		计算值	实测值	
总干	800	33 414	127	0.003 8
干渠	700	24 143.5	144.18	0.005 9
支渠	600	19 680	3 271.2	0.166
斗渠	35	1 300	279.575	0.215
农渠	50	1 412	339	0.240
机井沟	25	410	110.4	0.269

据红崖山灌区各级渠道长度、通水运行周期及灌溉时间计算各级渠道土面蒸发强度及计算宽度,具体结果见表 6-6。

表 6-6　渠道土面蒸发强度及渗漏计算宽度

渠道名称		春灌		夏灌		冬灌		平均蒸发强度(mm/d)	平均计算宽度(cm)
		蒸发强度(mm/d)	计算宽度(cm)	蒸发强度(mm/d)	计算宽度(cm)	蒸发强度(mm/d)	计算宽度(cm)		
干渠		0.32	11.1	0.41	11.3	0.17	10.4	0.30	10.9
支渠		0.32	25.8	0.41	22.9	0.17	23.3	0.30	24.0
斗渠	衬砌	0.32	29.2	0.41	26.0	0.17	25.9	0.30	27.0
	未衬砌	0.42	153.7	0.73	146.8	0.35	136.3	0.50	124.3
农渠	衬砌	0.32	39.3	0.41	34.8	0.17	34.9	0.30	36.3
	未衬砌	0.64	62.3	1.02	57.2	0.44	58.4	0.70	59.3
机井沟	衬砌	0.32	31.1	0.41	29.8	0.17	28.6	0.30	29.9
	未衬砌	3.33	40.5	4.2	42.3	2.1	41.7	3.20	41.5

五、红崖山灌区渠系水量损失分析

(一)红崖山灌区渠系现状

1.渠系及配套工程

红崖山水库建成后,1966年开始建设灌溉引水渠系工程。据调查统计资料,截至目前,先后修建和衬砌跃进总干渠1条,长87.37 km,控制灌溉面积6.307万 hm²;干渠13条,总长度168.566 km,已衬砌168.566 km,控制面积5.035万 hm²;支渠73条,总长度485.052 km,已衬砌485.052 km,控制面积3.478万 hm²;斗农渠5 305条,总长度2 861.974 km。这些渠系工程以及田林路等配套、附属工程的建成,使得整个民勤绿洲基本覆盖在一个网状的田间灌溉体系中。渠系衬砌及配套工程的实施,显著提高了渠道输水能力。红崖山灌区渠系建设情况见表6-7,渠系布置情况见图6-40。

表6-7　红崖山灌区干渠建设情况

名称	渠道长度(km)	衬砌长度(km)	控制灌溉面积(万 hm²)
总干渠	87.37	87.37	0.631
一干渠	21.21	21.21	0.046
二干渠	9.44	9.44	0.028
三干渠	28.20	28.20	0.073
四干渠	4.00	4.00	0.014
五干渠	5.00	5.00	0.011
六干渠	4.66	4.66	0.020
七干渠	28.10	28.10	0.087
八干渠	18.25	18.25	0.022
九干渠	6.14	6.14	0.039
十干渠	21.60	21.60	0.019
十一干渠	16.51	16.51	0.089
双干渠	37.10	37.10	0.040
三岔支干	5.46	5.46	0.015

截至2010年底,红崖山灌区共有渠系建筑物12 671座。其中,总干渠49座,干渠308座,分干渠27座,支渠1 687座,斗渠5 328座,农渠5 272座。

2.机井

20世纪60年代中期以前,由于地下水埋深浅,民勤地区开始修建涝池、镶井,以水车等传统取水设施为主开采利用浅层地下水资源,进行小面积农业灌溉。60年代中期以后,随着农业生产的持续发展,耕地面积增加和上游来水减少的矛盾逐渐显现,1965年民勤县开始发展机井取水工程,到2010年全县共建成机井6 519眼。

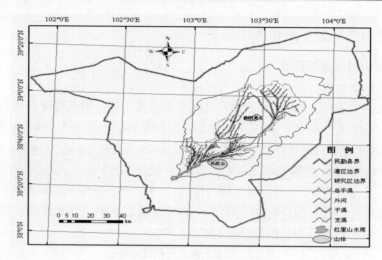

图6-40 红崖山灌区渠系布置

(二)渠系损失水量分析

1. 各级渠道入渠水量

根据《民勤县人民政府关于印发民勤县 2010 年水资源分配方案的通知》,2010 年石羊河流域下游民勤县红崖山灌区总干入口水量 22 937 万 m³,用于农业灌溉的地下水量 12 191 万 m³。

2. 渠系损失水量分析

1)渗漏损失分析计算

首先利用上述渠道累积渗漏计算公式和衬砌渠道修正系数,结合民勤县水务局提供的红崖山灌区各级渠道断面尺寸、衬砌长度、未衬砌长度,参照民勤县 2010 年各级渠道运行制度,在分析计算各级渠道通水时间、输配水流量、水深及渠基土壤等参数基础上,计算各级渠道累积渗漏量,对于衬砌渠道,乘以表 6-5 的修正系数。计算结果见表 6-8 ~ 表 6-12。

表 6-8 2010 年干渠渠道渗漏损失计算结果　　　　　(单位:万 m³)

名称	春灌	夏灌	秋冬灌	合计
跃进总干渠	14.72	22.11	9.24	46.07
一干渠	0	1.67	0.84	2.51
二干渠	0	1.01	0.43	1.44
三干渠	0	3.82	1.82	5.64
四干渠	0	0.11	0.17	0.28
五干渠	0	0.25	0.26	0.51
六干渠	0	0.07	0.11	0.18
七干渠	2.27	4.52	2.67	9.46
八干渠	1.54	1.75	0	3.29
九干渠	1.01	9.95	0	10.96
十干渠	1.89	2.23	0	4.12
十一干渠	1.02	1.09	0	2.11
三岔总支干	0.44	0.54	0	0.98
损失合计	22.89	49.12	15.54	87.55

表6-9　2010 年支渠渠道渗漏损失计算结果　　　　（单位:万 m³）

所属干渠名称	春灌	一轮夏灌	二轮夏灌	三轮夏灌	秋冬灌	合计
一干	0	17.88	15.57	0	15.26	48.71
二干	0	15.11	14.81	0	17.44	47.36
三干	0	33.27	31.39	0	46.96	111.62
四干	0	10.18	9.56	0	17.56	37.30
六干	0	24.84	24.17	0	34.47	83.48
七干	58.63	41.13	41.13	0	42.45	183.34
双干	0	14.62	16.05	0	14.62	45.29
东渠	120.55	53.92	53.92	35.65	0	264.04
中渠	70.88	28.83	27.62	35.77	0	163.10
西渠	0	0	0	0	0	0
湖管处	9.15	3.81	3.84	3.71	0	20.51
合计	259.21	243.59	238.06	75.13	188.76	1 004.75

表6-10　2010 年斗渠渠道渗漏损失计算结果　　　　（单位:万 m³）

所属干渠名称	春灌	一轮夏灌	二轮夏灌	三轮夏灌	秋冬灌	合计
一干	0	13.35	17.61	0	15.33	46.29
二干	0	3.31	3.43	0	3.99	10.73
三干	0	19.31	19.30	0	30.11	68.72
四干	0	6.55	6.45	0	11.58	24.58
六干	0	8.19	8.46	0	12.30	28.95
七干	20.25	16.04	15.56	0	23.14	74.99
双干	0	8.99	9.60	0	8.56	27.15
东渠	22.54	11.11	11.11	7.79	0	52.55
中渠	27.38	11.92	11.45	12.38	0	63.13
西渠	62.69	29.39	29.39	24.18	0	145.65
湖管处	2.67	1.51	1.51	1.39	0	7.08
合计	135.53	129.67	133.87	45.74	105.01	549.82

表6-11　2010 年农渠渠道渗漏损失计算结果　　　　（单位:万 m³）

所属干渠名称	春灌	一轮夏灌	二轮夏灌	三轮夏灌	秋冬灌	合计
一干	0	17.84	18.28	0	16.61	52.73
二干	0	6.22	6.12	0	7.02	19.36
三干	0	28.48	26.58	0	40.87	95.93
四干	0	12.33	11.59	0	20.31	44.23
六干	0	11.74	11.58	0	17.00	40.32
七干	29.27	21.77	21.38	0	1.75	74.17
双干	0	11.27	12.49	0	11.29	35.05
东渠	75.09	35.06	35.06	22.27	0	167.48
中渠	54.27	21.80	21.08	22.99	0	120.14
西渠	115.75	71.46	71.46	25.27	0	283.94
湖管处	12.47	6.45	6.79	4.17	0	29.88
合计	286.85	244.42	242.41	74.70	114.85	963.23

表 6-12　2010 年机井沟渗漏损失计算结果　　　　　（单位:万 m³）

所属干渠名称	一轮夏灌	二轮夏灌	三轮夏灌	四轮夏灌	合计
一干	116.24	116.24	116.24	116.24	464.96
二干	33.70	33.70	33.70	33.70	134.81
三干	209.82	209.82	209.82	209.82	839.26
四干	26.40	26.40	26.40	26.40	105.59
六干	37.64	37.64	37.64	37.64	150.55
七干	92.72	92.72	92.72	92.72	370.90
双干	74.14	74.14	74.14	74.14	296.58
东渠	48.73	48.73	48.73	48.73	194.94
中渠	26.71	26.71	26.71	26.71	106.86
西渠	28.72	28.72	28.72	28.72	114.89
湖管处	4.52	4.52	4.52	4.52	18.06
总干处	12.24	12.24	12.24	12.24	48.98
机关农场	133.64	133.64	133.64	133.64	534.56
合计	845.24	845.24	845.24	845.24	3 380.96

由表 6-8 ~ 表 6-12 可见,2010 年民勤红崖山灌区总干渠及干渠渗漏损失水量 87.55 万 m³,支渠渠道渗漏损失水量 1 004.75 万 m³,斗渠渠道渗漏损失水量 549.82 万 m³,农渠渠道渗漏损失水量 963.23 万 m³,机井沟在配水量 12 191 万 m³ 的条件下渗漏损失水量 3 380.96 万 m³,整个灌溉渠系年渗漏损失水量 5 986.22 万 m³。

2)蒸发损失分析计算

利用渠道水面蒸发计算模型,计算民勤红崖山灌区 2010 年运行期各级渠道水面蒸发量。

根据民勤县红崖山灌区各级渠系与机井沟 2010 年不同灌水期的灌水时间、水面宽度、输水长度,结合表 6-13 的不同灌溉期日均蒸发量,分别计算各级渠道水面蒸发量。其计算结果分别为:$E_{C干} = 126.266$ 万 m³,$E_{C支} = 48.778$ 万 m³,$E_{C斗} = 11.390$ 万 m³,$E_{C农} = 8.409$ 万 m³,$E_{C机} = 58.812$ 万 m³,$E_C = 253.655$ 万 m³。各级渠道各灌溉期内水面蒸发量计算结果见表 6-14 ~ 表 6-18。

表 6-13　红崖山灌区不同灌溉期日均蒸发量计算结果

灌期	时间	日均蒸发量(mm/d)
春灌	3 月 3 日至 4 月 18 日	4.02
夏灌	6 月 4 日至 8 月 18 日	7.01
秋冬灌	10 月 20 日至 11 月 15 日	3.28

表 6-14　红崖山灌区干渠水面蒸发量计算结果　　　（单位：万 m³）

名称	春灌	夏灌	冬灌	损失合计
跃进总干	17.253	45.010	8.771	71.034
一干渠	0	2.847	0.606	3.453
二干渠	0	1.601	0.318	1.919
三干渠	0	6.165	1.366	7.531
四干渠	0	0.177	0.126	0.303
五干渠	0	0.403	0.198	0.601
六干渠	0	0.115	0.085	0.200
七干渠	2.130	7.494	2.059	11.683
八干渠	1.360	2.708	0	4.068
九干渠	0.782	15.732	0	16.514
十干渠	1.665	3.432	0	5.097
十一干渠	0.978	1.670	0	2.648
三岔总支渠	0.376	0.840	0	1.216
损失总计	126.267			

表 6-15　红崖山灌区支渠水面蒸发量计算结果　　　（单位：万 m³）

名称	春灌	一轮夏灌	二轮夏灌	三轮夏灌	秋冬灌	损失合计
一干渠	0	0.981	0.944	0	0.409	2.334
二干渠	0	0.994	0.976	0	0.521	2.491
三干渠	0	2.006	1.892	0	1.355	5.253
四干渠	0	0.613	0.572	0	0.523	1.708
六干渠	0	1.636	1.607	0	1.079	4.322
七干渠	2.162	2.544	2.544	1.966	0	9.216
双干渠	0	0.910	1.014	0	0.426	2.350
东渠	4.111	3.167	3.168	1.966	0	12.412
中渠	2.595	1.688	1.640	1.659	0	7.582
湖管处	0.365	0.287	0.289	0.168	0	1.109
损失总计	48.777					

表 6-16　红崖山灌区斗渠水面蒸发量计算结果　　　　　　（单位：万 m³）

名称	春灌	一轮夏灌	二轮夏灌	三轮夏灌	秋冬灌	损失合计
一干渠	0	0.409	0.456	0	0.167	1.032
二干渠	0	0.086	0.084	0	0.044	0.214
三干渠	0	0.289	0.267	0	0.195	0.751
四干渠	0	0.078	0.071	0	0.064	0.213
六干渠	0	0.106	0.105	0	0.070	0.281
七干渠	0.312	0.202	0.199	0.034	0	0.747
双干渠	0	0.083	0.093	0	0.038	0.214
东渠	0.434	0.193	0.193	0.058	0	0.878
中渠	0.357	0.129	0.124	0.036	0	0.646
西渠	0.966	0.427	0.427	0.280	0	2.100
湖管处	1.982	0.877	0.877	0.578	0	4.314
损失总计	11.390					

表 6-17　红崖山灌区农渠水面蒸发量计算结果　　　　　　（单位：万 m³）

名称	春灌	一轮夏灌	二轮夏灌	三轮夏灌	秋冬灌	损失合计
一干渠	0	0.226	0.236	0	0.092	0.554
二干渠	0	0.093	0.090	0	0.047	0.230
三干渠	0	0.280	0.259	0	0.189	0.728
四干渠	0	0.119	0.110	0	0.098	0.327
六干渠	0	0.116	0.113	0	0.078	0.307
七干渠	0.182	0.185	0.184	0.181	0	0.732
双干渠	0	0.099	0.112	0	0.047	0.258
东渠	0.462	0.317	0.321	0.302	0	1.402
中渠	0.331	0.183	0.179	0.290	0	0.983
西渠	0.699	0.603	0.610	0.730	0	2.642
湖管处	0.075	0.056	0.060	0.055	0	0.246
损失总计	8.409					

表6-18　红崖山灌区机井沟水面蒸发量计算结果　　　　（单位:万 m³）

名称	一轮夏灌	二轮夏灌	三轮夏灌	四轮夏灌	损失合计
一干渠	1.788	1.788	1.788	1.788	7.152
二干渠	0.887	0.887	0.887	0.887	3.548
三干渠	2.793	2.793	2.793	2.793	11.172
四干渠	0.850	0.850	0.850	0.850	3.400
六干渠	0.872	0.872	0.872	0.872	3.488
七干渠	2.304	2.304	2.304	2.304	9.216
双干渠	0.931	0.931	0.931	0.931	3.724
东渠	0.966	0.966	0.966	0.966	3.864
中渠	0.754	0.754	0.754	0.754	3.016
西渠	0.642	0.642	0.642	0.642	2.568
湖管处	0.162	0.162	0.162	0.162	0.648
总干处	0.164	0.164	0.164	0.164	0.656
机关农场	1.590	1.590	1.590	1.590	6.360
损失总计	58.812				

(三)渠堤土面蒸发分析

在计算渠堤土面蒸发时,渠堤土壤未通水时初始含水率为0.18(体积含水率),通水期间利用渠道渗漏模型并结合 VB 语言程序计算不同时间段侧渗宽度,并以不同时间段的侧渗宽度计算土面蒸发量,对于衬砌渠道,蒸发土面的宽度在相同渠基土壤的基础上乘以渗漏量修正系数;在通水结束后,依据通水结束时侧渗宽度,计算渗入 1.2 m 以上的水量,这些水分经土面蒸发,使土壤含水率达到初始含水率时,所损失的水量即为停水后蒸发量。依据渠堤土壤蒸发量指标,以 2010 年为例,计算民勤红崖山灌区渠堤土面蒸发量,具体结果见表6-19 ~ 表6-23。

表6-19　红崖山灌区干渠渠旁土面蒸发量计算结果　　　　（单位:m³）

名称	冬灌		春灌		夏灌	
	通水期	停水后	通水期	停水后	通水期	停水后
跃进总干	226.05	1 103.98	413.52	1 847.66	573.93	1 913.10
一干渠	29.65	518.81	0	0	106.31	603.38
二干渠	19.88	245.54	0	0	52.29	274.50
三干渠	69.61	541.40	0	0	161.18	593.82
四干渠	9.29	88.68	0	0	8.81	88.13
五干渠	12.40	124.05	0	0	11.74	123.24
六干渠	6.64	46.48	0	0	3.72	43.44
七干渠	142.34	807.88	112.31	786.79	258.42	861.41
八干渠	0	0	112.40	536.01	135.43	546.92
九干渠	0	0	39.72	181.31	475.29	1 848.35
十干渠	0	0	133.35	636.46	160.81	649.41
十一干渠	0	0	64.04	292.34	73.47	296.69
三岔总支渠	0	0	35.32	161.23	40.52	163.63
损失合计	19 413.08					

表 6-20　红崖山灌区支渠渠旁土面蒸发量计算结果　　　　　（单位：m³）

名称	春灌 通水期	一轮夏灌 通水期	二轮夏灌 通水期	三轮夏灌 通水期	秋冬灌 通水期	停水后 总和
一干渠	0	145.11	141.11	0	102.15	9 820.33
二干渠	0	136.30	132.49	0	129.79	6 292.11
三干渠	0	254.05	250.16	0	336.12	21 359.53
四干渠	0	85.61	78.99	0	157.59	6 789.85
六干渠	0	254.97	249.62	0	321.66	6 727.81
七干渠	442.28	272.25	277.61	0	272.25	24 739.08
双干渠	0	100.86	114.48	0	100.86	8 475.28
东渠	1 155.92	518.27	518.27	304.38	0	19 985.93
中渠	594.11	202.88	200.81	284.05	0	22 753.34
湖管处	75.43	32.93	33.20	30.99	0	4 548.88
损失合计			139 799.69			

表 6-21　红崖山灌区斗渠渠旁土面蒸发量计算结果　　　　　（单位：m³）

名称	衬砌状况	春灌 通水期	一轮夏灌 通水期	二轮夏灌 通水期	三轮夏灌 通水期	秋冬灌 通水期	停水后 总和
一干渠	已衬砌	0	209.38	235.85	0	146.46	16 153.64
	未衬砌	0	503.18	566.78	0	351.96	23 291.84
二干渠	已衬砌	0	241.37	232.69	0	225.33	13 764.19
	未衬砌	0	162.96	157.10	0	152.14	5 575.86
三干渠	已衬砌	0	180.90	175.57	0	240.72	16 914.69
	未衬砌	0	1 920.77	1 864.21	0	2 555.99	107 761.00
四干渠	已衬砌	0	40.59	37.44	0	72.36	3 542.56
	未衬砌	0	970.60	895.22	0	1 730.03	50 821.81
六干渠	已衬砌	0	123.66	121.79	0	154.40	4 021.96
	未衬砌	0	2 695.47	2 654.64	0	3 365.42	52 600.62
七干渠	已衬砌	647.10	384.85	384.85	0	323.03	34 953.70
	未衬砌	3 434.31	2 042.51	2 042.51	0	1 714.38	111 304.76
双干渠	已衬砌	0	28.68	33.34	0	28.68	3 246.56
	未衬砌	0	1 157.98	1 346.14	0	1 157.98	78 646.30
东渠	已衬砌	1 403.50	629.28	629.28	352.06	0	27 243.24
	未衬砌	6 785.00	3 042.13	3 042.13	1 701.99	0	79 021.70
中渠	已衬砌	275.50	91.35	89.84	105.06	0	10 371.86
	未衬砌	6 785.00	3 042.13	3 042.13	1 701.99	0	79 021.70
西渠	已衬砌	1 152.49	516.73	516.73	401.31	0	22 680.63
	未衬砌	12 944.89	5 803.99	5 803.99	4 507.60	0	152 850.36
湖管处	已衬砌	24.86	11.31	11.31	10.65	0	1 786.85
	未衬砌	196.14	89.23	89.23	84.03	0	8 457.37
损失合计				1 006 627.38			

表6-22　红崖山灌区农渠渠旁土面蒸发量计算结果　（单位:m³）

名称	衬砌状况	春灌通水期	一轮夏灌通水期	二轮夏灌通水期	三轮夏灌通水期	秋冬灌通水期	停水后总和
一干渠	已衬砌	0	23.14	26.28	0	15.83	11 715.63
	未衬砌	0	89.88	73.59	0	61.49	16 253.74
二干渠	已衬砌	0	15.53	14.91	0	14.43	11 622.38
	未衬砌	0	25.39	41.76	0	23.59	6 786.58
三干渠	已衬砌	0	8.10	7.85	0	10.93	5 063.21
	未衬砌	0	123.92	21.98	0	167.23	27 657.65
四干渠	已衬砌	0	3.84	3.52	0	7.05	2 993.67
	未衬砌	0	49.85	9.87	0	91.45	13 873.45
六干渠	已衬砌	0	3.96	3.89	0	5.00	1 849.24
	未衬砌	0	96.31	10.90	0	121.81	16 081.46
七干渠	已衬砌	13.80	7.91	7.91	6.96	0	6 196.49
	未衬砌	137.90	78.99	78.99	69.49	0	22 107.17
双干渠	已衬砌	0	3.72	4.37	0	3.72	4 166.22
	未衬砌	0	51.90	12.22	0	51.90	20 741.34
东渠	已衬砌	11.44	4.89	4.89	2.64	0	4 000.38
	未衬砌	572.27	244.30	244.30	132.00	0	71 439.24
中渠	已衬砌	10.02	3.13	3.08	3.66	0	3 904.31
	未衬砌	370.74	115.62	113.77	135.50	0	51 580.20
西渠	已衬砌	0	0	0	0	0	0
	未衬砌	525.02	223.12	223.12	169.92	0	78 515.12
湖管处	已衬砌	0	0	0	0	0	0
	未衬砌	105.63	46.90	46.90	44.07	0	11 679.20
损失合计				393 286.67			

表 6-23　红崖山灌区机井沟渠旁土面蒸发量计算结果　　　　（单位:m³）

名称	衬砌状况	一轮夏灌通水期	二轮夏灌通水期	三轮夏灌通水期	四轮夏灌通水期	停水后总和
一干渠	已衬砌	142.12	142.12	142.12	142.12	18 191.00
	未衬砌	9 020.39	9 020.39	9 020.39	9 020.39	144 326.25
二干渠	已衬砌	116.75	116.75	116.75	116.75	14 943.61
	未衬砌	1 450.20	1 450.20	1 450.20	1 450.20	23 203.12
三干渠	已衬砌	167.62	167.62	167.62	167.62	21 455.06
	未衬砌	17 652.38	17 652.38	17 652.38	17 652.38	282 438.14
四干渠	已衬砌	123.22	123.22	123.22	123.22	15 772.49
	未衬砌	645.58	645.58	645.58	645.58	10 329.29
六干渠	已衬砌	105.99	105.99	105.99	105.99	13 566.46
	未衬砌	1 995.49	1 995.49	1 995.49	1 995.49	31 927.91
七干渠	已衬砌	293.10	293.10	293.10	293.10	37 516.88
	未衬砌	4 423.05	4 423.05	4 423.05	4 423.05	70 768.74
双干渠	已衬砌	47.83	47.83	47.83	47.83	6 121.96
	未衬砌	6 413.93	6 413.93	6 413.93	6 413.93	102 622.92
西渠	已衬砌	76.14	76.14	76.14	76.14	9 745.92
	未衬砌	1 595.98	1 595.98	1 595.98	1 595.98	25 535.69
中渠	已衬砌	102.96	102.96	102.96	102.96	13 179.46
	未衬砌	988.65	988.65	988.65	988.65	15 818.34
东渠	已衬砌	103.83	103.83	103.83	103.83	13 290.88
	未衬砌	3 099.17	3 099.17	3 099.17	3 099.17	49 586.69
湖管处	已衬砌	24.50	24.50	24.50	24.50	3 135.97
	未衬砌	57.66	57.66	57.66	57.66	922.52
总干处	已衬砌	10.03	10.03	10.03	10.03	1 283.90
	未衬砌	1 026.37	1 026.37	1 026.37	1 026.37	16 421.99
机关农场	已衬砌	68.18	68.18	68.18	68.18	8 726.88
	未衬砌	11 838.53	11 838.53	11 838.53	11 838.53	189 416.45
损失合计		1 386 607.12				

　　由以上计算结果可知,民勤红崖山灌区在 2010 年渠道运行期内,所有渠堤土壤蒸发量 294.57 万 m³,其中衬砌渠道通水期间蒸发量 2.81 万 m³,停水后蒸发量 53.05 万 m³,总蒸发量 55.86 万 m³,占整个渠堤蒸发量的 18.96%;未衬砌渠道通水期间蒸发量 33.77 万 m³,停水后蒸发量 204.94 万 m³,总蒸发量 238.71 万 m³,占整个渠旁土壤蒸发量的 81.04%。

（四）损失及转化结果分析

根据前述分析计算结果,地表水方面,民勤红崖山灌区 2010 年总干渠、干渠、支渠、斗渠、农渠渗漏损失水量 2 605.30 万 m^3,渠道水面蒸发量 194.842 万 m^3,与渗漏损失重复的渠道土面蒸发量 155.913 万 m^3,渠道输水总损失水量 2 800.14 万 m^3。渠道渗漏损失补给地下水量 2 449.39 万 m^3,地下水补给量占总损失水量的 87.47%,总损失量占红崖山灌区总用水量的 12.21%。地下水补给量占总用水量的 10.68%,渠系水利用系数 0.878。

地下水方面,机井沟渗漏损失水量 3 380.94 万 m^3,机井沟水面蒸发量 58.814 万 m^3,机井沟渠堤土面蒸发量 138.661 万 m^3,地下水通过渠道总损失量 3 439.75 万 m^3。渠道渗漏损失水补给地下水量 3 242.28 万 m^3,地下水补给量占渠道总损失水量的 94.26%。总损失量占地下水用水量的 28.22%,机井沟渠道水利用系数 0.718。

红崖山灌区渠系水利用系数计算结果见表 6-24。

表 6-24　红崖山灌区渠系水利用系数计算结果

水源类型	名称	入口水量 （万 m^3）	渗漏量 （万 m^3）	水面蒸发量 （万 m^3）	土蒸发量 （万 m^3）	出口水量 （万 m^3）	渠系水利用系数
地表水	总干渠	22 937.00	46.06	71.033	0.608	22 819.91	0.995
	干渠	22 819.91	41.51	55.23	1.333	22 723.17	0.996
	支渠	22 723.17	1 004.71	48.778	13.98	21 669.68	0.954
	斗渠	21 669.68	549.82	11.39	100.663	21 108.47	0.974
	农渠	21 108.47	963.20	8.411	39.329	20 136.86	0.954
合计		22 937	2 605.30	194.842	155.913	20 136.86	0.878
地下水	机井沟	12 191	3 380.94	58.814	138.661	8 751.25	0.718

第四节　石羊河流域灌溉水田间转化规律

一、休闲期土壤水分转化规律

（一）无覆盖条件下农田休闲期耗水规律

石羊河流域夏作物休闲期长达 7 个半月(8 月下旬至翌年 3 月中旬),秋作物休闲期达 7 个月(10 月上旬至翌年 4 月下旬),农田休闲期土面蒸散发是该区域农田水分的主要消耗途径之一。采取传统冬季储水灌溉(CI,灌水量 1 500 m^3/hm^2)、低定额储水灌溉(LI,灌水量 900 m^3/hm^2)、秋耕 + 免储水灌溉(ANSW)、秋季免耕 + 免储水灌溉(SNSW)等处理,探索不同耕作处理条件下休闲期农田土壤水分变化特点、土壤水分蒸发规律、休闲期耗水量等。

1. 休闲期土壤水分垂直变化特点

1）夏季休闲期土壤水分垂直变化特点

根据四种处理的不同秋耕方式,又可将夏季休闲期分为两个阶段,第一阶段从收割至秋耕,第二阶段从秋耕至储水灌溉前。分别对收割后、秋耕前、秋耕后、储水灌溉前的土壤含水率进行测定,各时间点的水分垂直分布见图6-41～图6-44。

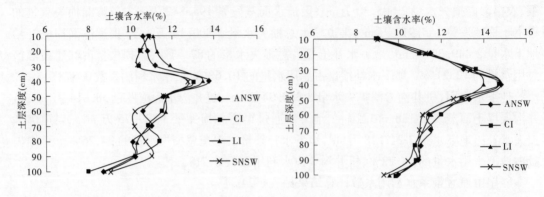

图6-41　收割后不同处理土壤水分分布　　　　图6-42　秋耕前不同处理土壤水分分布

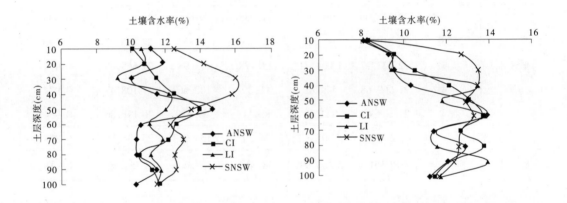

图6-43　秋耕后不同处理土壤水分分布　　　　图6-44　储水灌溉前不同处理土壤水分分布

　　7月下旬农作物收割后测定土壤水分,各处理0～100 cm间土壤水分垂直分布基本一致,各处理的水分初始分布没有差异。表层土壤受到蒸发影响,其含水率较低,40～50 cm土壤含水率最大,50 cm以下又开始下降,造成土壤水分在垂直方向上呈横 V 字形。9月下旬对 CI、LI、ANSW 处理进行秋耕,SNSW 实施春耕,分别测定各处理秋耕前后的土壤含水率,分析结果见图6-43、图6-44。由图6-43可以看出,秋季免耕(SNSW)0～40 cm土壤含水率与传统耕作方式相比,形成显著性差异($p < 0.01$)。这说明传统耕作模式与春耕土壤的机械结构相比发生了较大变化,耕作条件下土壤孔隙度变大,保水性较差,天然降水的转化利用率降低,形成了土壤水分的流失。在40 cm以下各处理间水分变化趋势差异不大,说明秋季免耕处理主要通过限制农田表层土壤蒸发来保持土壤水分,而对底层土壤水分影响不大。从图6-44可见,秋耕前各处理间土壤水分分布仍然没有发生差异性变化,由于该阶段降水对土壤水分的补给,土壤水分略有增加,0～30 cm水分变化最为明显,深层土壤水分分

布几乎没有变化。同时,由图 6-44 可以看出,由于该阶段有效降水量较少,表层土壤的含水率有所下降,但在 0 ~ 30 cm 土层,SNSW 处理的土壤含水率与其他三个处理相差较大($p >$ 0.01),其他 3 个处理间基本没有差异。也就是说,从前茬小麦收获秋耕后,由于土壤结构发生较大变化,表层土壤疏松,极大地加剧了表层土壤水分蒸发,形成了大量的水分损失,而秋季免耕处理很好地保持了土壤水分。在分析储水灌溉前的土壤水分时,将土层分为 0 ~ 10 cm、0 ~ 30 cm、0 ~ 100 cm 以及 30 ~ 100 cm,采用方差分析方法,对不同土层进行分析比较,研究不同处理对夏季休闲期农田土壤水分变化的影响。具体分析结果见表 6-25。

表 6-25 储水灌溉前不同耕作方式下各土层平均含水率分布情况 (%)

处理	含水率(%)			
	0 ~ 10	0 ~ 30	30 ~ 100	0 ~ 100
CI	7.97[aA]	9.27[bA]	13.32[aA]	12.11[aA]
LI	8.31[aA]	9.02[bA]	12.97[aA]	11.79[aA]
ANSW	7.84[aA]	8.86[bA]	11.30[aA]	10.57[aA]
SNSW	8.81[aA]	13.06[aA]	13.19[aA]	13.16[aA]

注:小写字母表示 0.05 水平上差异显著,大写字母表示 0.01 水平上差异显著,下同。

由表 6-25 可见,0 ~ 30 cm 秋季免耕条件下土壤含水率与其他处理有明显差异,即秋季免耕在夏季休闲期可以起到良好的保墒作用。由于夏季休闲农田土壤水分补给只有降水,而水分消耗是土壤蒸发。由此可以得出,秋季免耕可以减少土壤蒸发,提高降水利用率,对水资源短缺地区具有重要作用和重大影响。同时,秋季免耕处理 30 ~ 100 cm 土层含水率与其他处理相比差异不显著,其主要原因是天然降水只对表层 0 ~ 30 cm 土壤含水率造成一定影响,而深层土壤由于得不到地下水和降水的有效补给,所以差异不大。

2)冬季休闲期土壤水分垂直变化特点

石羊河流域储水灌(冬灌)定额相当大,当地农民称为"泡地",不同定额冬季储水灌溉后的土壤含水率变化如图 6-45、图 6-46 所示。由图 6-45 可以看出,CIL 和 LI 处理由于经过储水灌溉补充土壤水分,所以其土壤含水率要远远高于其他两种处理,而且在 70 ~ 100 cm 土层中,CI 处理的土壤含水率又高于 LI 处理,达到该土层的田间持水率 19.6%,造成一定程度的深层渗漏,形成土壤水分的无效流失。从图 6-46 可以看出,由于受土壤蒸发影响,各处理 0 ~ 10 cm 土层含水率差异不大,而在 20 ~ 100 cm 土层,CI 和 LI 处理的土壤含水率还是高于其他两种处理,且由于试验当年冬季休闲期降水量较大,SNSW 和 ANSW 两种处理通过降水补给,土壤含水率还略有提高。

2. 休闲期土壤含水率动态变化规律

1)休闲期表层土壤水分动态

通过对休闲期土壤水分的连续观测,对休闲期农田表层 0 ~ 30 cm 土壤含水率变化进行了对比分析,具体见图 6-47。

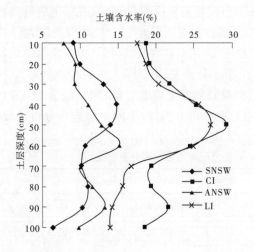

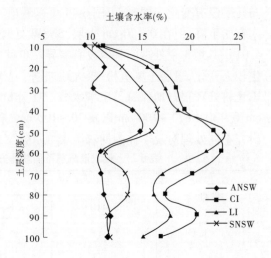

图 6-45　储水灌溉后各处理土壤含水率分布　　　　图 6-46　次年播种前各处理土壤含水率分布

　　由图 6-47 可知,前茬小麦收割时,各处理间的水分差别并不大,由于没有有效降水,土壤含水率不断下降。从 9 月 30 日耕地后,秋季免耕(SNSW)处理的土壤水分虽然也在减小,但其土壤水分变化比其他三个处理的下降速度要小,说明秋季免耕(SNSW)具有保墒作用。进入 9 月,降水量增多,表层土壤含水率变化较为剧烈,而与其他处理相比,秋季免耕的表层土壤含水率变化相对平稳,且与其他处理的含水率之间的差距不断扩大。11 月 20 日对 CI 和 LI 处理进行冬灌,其他两处理未冬灌,冬灌后传统储水灌溉和低定额储水灌溉的土壤含水率明显升高,CI 的含水率最大,LI 次之,其次是 SNSW 和 ANSW。另外,尽管 CI 处理表层含水率与 LI 处理相差不大,但结合前述分析可以知道,CI 处理存在着明显的水分深层渗漏,造成了农田土壤水分的不必要浪费。而 LI 处理土壤水分则主要储存在 40～60 cm 土层中,既没有造成深层渗漏,又减少了蒸发损失,储水灌溉的效果较好。

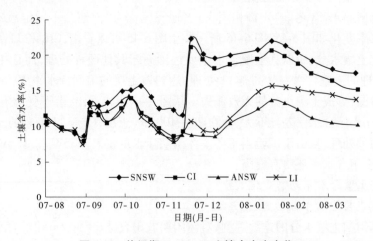

图 6-47　休闲期 0～30 cm 土壤含水率变化

2）休闲期土壤水分变化动态

对夏作物收获后、秋耕后、冬灌前后及次年播种前土壤水分进行了测定,并对休闲期各阶段的 0～30 cm 以及 0～100 cm 土壤水分变化进行方差分析,具体结果见表 6-26、表 6-27。

表 6-26　休闲期 0～30 cm 土层土壤水分变化　　　　　　（%）

处理	收割至秋耕	秋耕至储水灌溉	储水灌溉至次年播种	整个休闲期
CI	−0.55^{aA}	−1.41^{bB}	−7.18^{aA}	−9.14^{aA}
LI	−0.60^{aA}	−1.50^{bB}	−5.46^{aA}	−7.56^{aA}
ANSW	−0.46^{aA}	−1.91^{bB}	1.36^{bB}	−1.01^{bB}
SNSW	−0.56^{aA}	2.45^{aA}	2.16^{bB}	4.05^{cB}

表 6-27　休闲期 0～100 cm 土层土壤水分变化　　　　　　（%）

处理	收割至秋耕	秋耕至储水灌溉	储水灌溉至次年播种	整个休闲期
CI	−0.96^{aA}	0.71^{bB}	−2.99^{aA}	−3.24^{aA}
LI	−0.99^{aA}	0.88^{bB}	−1.75^{aA}	−1.86^{bA}
ANSW	−0.90^{aA}	0.79^{bB}	0.49^{aA}	0.38^{bB}
SNSW	−0.92^{aA}	1.87^{aA}	1.25^{aA}	2.20^{cC}

由表 6-26 可以看出,从收获到秋耕这一阶段,土壤含水率呈下降趋势,但是这一阶段降水对于 0～30 cm 土壤水分有所补充。秋耕后至储水灌溉这一阶段,对 0～30 cm 土层而言,传统耕作方式的土壤水分呈下降趋势,而秋季免耕（SNSW）条件下土壤水分呈增长趋势。从储水灌溉至次年播种,冬季储水灌溉的两种处理土壤水分呈急剧下降趋势,免储水灌溉处理因为降水补给土壤水分反而呈上升趋势。

由表 6-27 可以看出,从收获到秋耕这一阶段,各处理 0～100 cm 深度土壤含水率均呈下降趋势,无明显差异。秋耕后至储水灌溉这一阶段,各处理 0～100 cm 深度土壤含水率均呈上升趋势,秋季免耕条件下土壤水分增加较为明显,与其他三种处理形成显著性差异（$p < 0.01$）。主要是表层土壤质地较为密实,减小了水气扩散通量,表明秋季免耕可以使土壤储存较多的降水资源。从储水灌溉至翌年播种,免耕处理与其他三种处理形成显著性差异（$p < 0.01$）。

3. 休闲期土壤水分蒸发耗散规律

1）不同处理土壤蒸发量日变化趋势

图 6-48 为冬季休闲期土壤蒸发量日变化情况。由此可见,各处理的日蒸发强度峰值出现在每天 13:00 左右,这一时间段日照条件最好,气温较高,土壤接受的太阳辐射最为强烈,加剧了土壤水分的蒸发扩散。而 CI 和 LI 两个处理的土壤水分较高,所以其土壤蒸发峰值要远远高于 SNSW 和 ANSW 两个处理。

2）土壤蒸发强度与表层土壤含水率关系

为消除气象因素影响,图 6-49 和图 6-50 分别给出了 2007 年 9 月（$T_{ave} = 20.6$ ℃）和 11 月（$T_{ave} = 8.6$ ℃）实测裸地土壤蒸发强度与表层 20 cm 土壤含水率的关系。

从图 6-49 和图 6-50 可以看出,2007 年 9 月、11 月土壤蒸发强度变化趋势相同,均是先随土壤含水率的增加而线性增加,当表层土壤含水率介于 10%～14% 时,土壤蒸发量随土

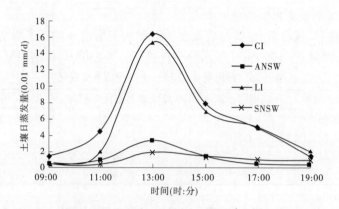

图 6-48　冬季休闲期土壤蒸发量日变化(2007 年 11 月 25 日)

壤含水率增加而增大的速率较小;当表层土壤含水率介于 14% ~ 19% 时,土壤蒸发量又随土壤含水率的增加而迅速增大;当表层土壤含水率大于 19% 时,土壤蒸发量随土壤含水率的增加基本上呈水平直线变化。这一结果说明,当表层土壤含水率大于 20% 时,棵间土壤蒸发主要受大气蒸发力控制,处在棵间土壤蒸发的第一阶段;当表层土壤含水率介于 10% ~ 19% 时,棵间土壤蒸发处在蒸发速率的递减阶段,主要受制于土壤湿度和土壤导水率。

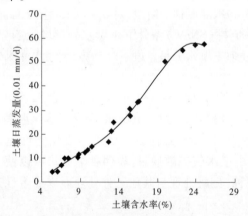

图 6-49　土壤蒸发量与 0 ~ 20 cm 土壤含水率相关关系(2007 年 9 月)

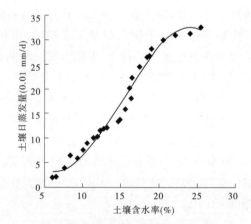

图 6-50　土壤蒸发量与 0 ~ 20 cm 土壤含水率相关关系(2007 年 11 月)

　　根据土壤蒸发观测结果,对土壤蒸发强度与表层土壤含水率关系进行了回归分析,结果见表 6-28。

表 6-28　土壤蒸发强度与 0 ~ 20 cm 土壤含水率相关关系回归拟合关系

月份	拟合方程	相关系数
9	$y = -0.0015x^4 + 0.0802x^3 - 1.3864x^2 + 11.699x - 29.726$	$R^2 = 0.9934$
11	$y = -0.0101x^3 + 0.4638x^2 - 4.6405x + 16.638$	$R^2 = 0.9757$

3）休闲期土壤水蒸发强度变化分析

农田夏季休闲期各处理间日蒸发强度差异不是非常明显,日蒸发强度变化趋势基本一致。休闲期土壤水蒸发量变化见图6-51。从2007年11月21日冬季储水灌后进入冬季休闲期,CI和LI两处理由于进行了灌水,补充了大量土壤水分,其土壤日蒸发强度大幅增加,明显高于其他两处理。冬季休闲期虽然受到气候因素影响,土壤蒸发能力下降,蒸发强度减小,但是,由于2007年12月至2008年1月降水量较大,因此这一阶段土壤蒸发强度并未下降,反而有一定程度的增加。2008年2月以后,随着气温的回升,土壤蒸发强度有所增加,但随着表层土壤含水率的下降,其土壤蒸发也相应减少。

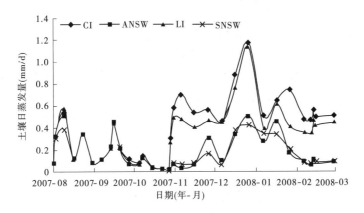

图6-51 休闲期土壤水蒸发量变化

4）土壤累积蒸发量变化规律分析

休闲期农田土壤蒸发量较大,是土壤水分损失的主要原因。本书对休闲期农田土壤1 m土层的累积蒸发量进行了分析比较,具体结果见图6-52。

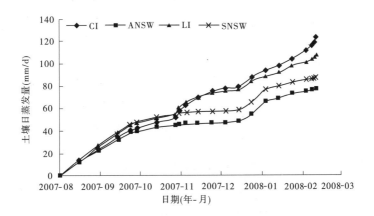

图6-52 不同处理休闲期土壤累积蒸发量

从图6-52可见,在11月22日冬季储水灌溉以前,各处理土壤累计蒸发量并未明显差别。随后,CI和LI蒸发量与SNSW和ANSW的差距逐步拉大,形成了大量水分的无效损失,并且至春小麦播种前,与CI相比,LI、ANSW、SNSW累计蒸发量分别下降了12.92%、44.31%、55.07%,说明CI形成了过大的无效水分蒸发损失。

4.休闲期农田耗水量分析

耗水量(ET)受诸多因素影响,其中最主要的是气象因子、土壤水分状况。蒸发耗水量常用水量平衡法计算,依据相邻两次土壤水分测定结果,计算该时段内蒸发耗水量。其耗水量用下式计算:

$$ET_{1-2} = 10 \sum_{i=1}^{n} \gamma_i H_i (W_{i1} - W_{i2}) + M + P + K - C \qquad (6\text{-}18)$$

式中:ET_{1-2} 为阶段耗水量,mm;i 为土壤层次号数;n 为土壤层次总数目;r_i 为第 i 层土壤干密度,g/cm^3;H_i 为第 i 层土壤厚度,cm;W_{i1} 为第 i 层土壤在时段始的含水率(干土重的百分率);W_{i2} 为第 i 层土壤在时段末的含水率(干土重的百分率);M 为时段内灌水量,mm;P 为时段内降水量,mm;K 为时段内地下水补给量,mm,对于有底蒸渗器 $K=0$;C 为时段内排水量(地表排水与下层排水之和),mm。

由于过量开采地下水资源,地下水位不断下降,地下水埋深在 40 m 以下,所以地下水的补给量在计算作物耗水量时不予考虑,即 $K=0$。在石羊河流域,高强度长时间的降水很少,在计算耗水量时,一般将 5 mm 以下的降水视为无效降水,在计算时不予考虑,故式(6-18)可简化为

$$ET_{1-2} = 10 \sum_{i=1}^{n} \gamma_i H_i (W_{i1} - W_{i2}) + M + P - C \qquad (6\text{-}19)$$

根据观测到的土壤水分变化过程,将休闲期划分为收割至冬灌的夏季休闲期、冬灌期及冬灌至翌年播前的冬季休闲期 3 个阶段,计算 1 m 土层内的土壤储水量变化,结果见表 6-29 ~ 表 6-32。

表 6-29　夏季休闲期 1 m 土壤深度水量平衡分析

处理	初始含水率（%）	最终含水率（%）	有效降水量（mm）	1 m 增加储水量（mm）	土壤蒸发量（mm）
CI	11.21	12.19	72.8	21.43^{bB}	51.37
LI	11.23	11.07	72.8	22.24^{bB}	50.56
ANSW	11.29	11.43	72.8	23.09^{bB}	49.71
SNSW	11.17	12.31	72.8	33.16^{aA}	39.64

表 6-30　冬季储水灌溉期 1 m 土壤深度水量平衡

处理	初始含水率（%）	最终含水率（%）	储水灌溉		
			储水灌溉定额（mm）	1 m 增加储水量（mm）	深层渗漏（mm）
CI	12.19	23.75	149.9	106.04	43.86
LI	11.07	19.05	90	83.93	6.07
ANSW	11.43	11.07	0	0	0
SNSW	12.31	12.31	0	0	0

表6-31　冬季休闲期1 m土壤深度水量平衡

处理	初始含水率（％）	最终含水率（％）	有效降水量（mm）	1 m增加储水量（mm）	土壤蒸发量（mm）
CI	23.75	19.03	28.0	-38.74	69.74
LI	19.05	17.27	28.0	-26.90	54.90
ANSW	11.07	11.58	28.0	7.26	20.74
SNSW	12.31	13.24	28.0	13.23	14.77

表6-32　休闲期农田1 m土壤深度水量平衡　　　　（单位:mm）

处理	有效降水及灌水量	深层渗漏量	1 m增加储水量	土壤蒸发量
CI	250.7	43.86	88.73	121.11
LI	190.8	6.07	79.27	105.46
ANSW	100.8	0	33.35	67.45
SNSW	100.8	0	46.39	54.41

与历年相比,2007年农田休闲期降水量较大。从表6-29～表6-32可以看出,到休闲期末,虽然土壤蒸发量较大,但是由于灌溉和降水仍然有一部分水分储存在土壤中,提高了土壤含水率,增加了土壤的储水量。其中,SNSW的储水量增加要明显高于其他三处理,形成显著性差异($p < 0.01$)。2007年11月下旬,对CI和LI处理进行冬季储水灌溉,由于CI处理的灌溉定额较大,产生了43.86 mm的深层渗漏,形成了水资源的无效损失。在冬季休闲期,由土壤含水率相差较大,导致四种处理的土壤蒸发量也相差较多。与CI处理相比,LI、ANSW和SNSW的土壤蒸发量分别减少了14.84 mm、49 mm、54.97 mm。从整个农田休闲期来看,由于土壤蒸发和灌溉产生的深层渗漏而产生的土壤水分损失的大小顺序为CI > LI > ANSW > SNSW,其水分损失(深层渗漏 + 土壤蒸发)分别为164.97 mm、111.53 mm、67.45 mm和54.41 mm。

（二）覆盖条件下农田休闲期耗水规律

通过研究免储水灌溉配套不同覆盖农艺措施条件下,农田休闲期土壤水分变化规律、降水利用效率及地面覆盖对土壤水分的减蒸作用,提出适合石羊河流域休闲期农田土壤水分的调控措施。覆盖方式采用覆膜与覆草两种,耕作方式采用免耕、起垄和平整三种形式。免耕留茬(CK1)、免耕 + 覆草(CK2)、深翻 + 起垄 + 覆膜(CK3)、深翻 + 起垄 + 覆草(CK4)、深翻 + 整平 + 覆膜(CK5)、深翻(CK6)、深翻 + 覆草(CK7)共七个处理。试验田翻耕深度30 cm,覆草处理覆草量均采用相同水平,为6 000 kg/hm²,垄沟规格为垄底宽100 cm,垄高25 cm,垄顶宽60 cm,沟宽40 cm。

1.休闲期土壤含水率动态变化

试验将休闲期分为两个阶段,第一阶段从小麦收割至封冻前,第二阶段从封冻至翌年播种前。分别对收割后、封冻前、翌年播种前土壤含水率进行测定,各时间点水分垂直分布见

图 6-53。

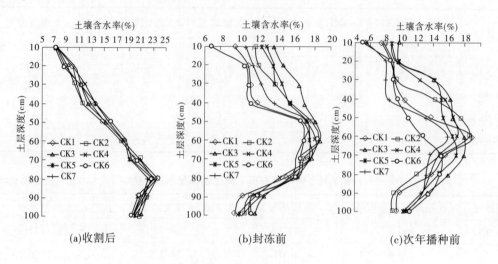

(a)收割后　　　　　　(b)封冻前　　　　　　(c)次年播种前

图 6-53　不同耕作及覆盖条件下休闲期不同阶段土壤水分分布情况

收割后土壤水分测定结果表明,各处理 0~100 cm 间土壤水分垂直分布基本一致,水分初始分布没有差异。表层土壤受到小麦生育后期土面蒸发影响,其含水率较低,70~90 cm 的土壤含水率最大,造成土壤水分在垂直方向上呈横 V 字形。由于耕作方式及覆盖方式不同,封冻前各处理间 0~50 cm 含水率变化较为剧烈,不同覆盖处理 0~40 cm 的土壤含水率与传统耕作方式相比,形成显著性差异,如 CK3、CK4 和 CK5 处理在 20 cm 处含水率较常规深翻处理 CK6 分别提高 40.8%、31.3% 和 29.7%。说明传统耕作模式与覆盖措施相结合减少了土面蒸发,保水性较好,天然降水的转化利用率较高。在 40 cm 以下各处理间水分变化趋势差异不大,说明耕作覆盖处理主要通过限制农田表层土壤蒸发来保持土壤水分,而对底层土壤水分影响不大。由于封冻后有效降水较少,表层土壤含水率有所下降,但在 0~20 cm 土层,覆盖处理的土壤含水率仍高于裸地处理,30~40 cm 土层土壤含水率显著高于裸地处理。也就是说,从前茬小麦收获秋耕后,由于土壤结构发生较大变化,表层土壤疏松,常规处理极大地加剧了表层土壤水分蒸发,形成了大量水分损失。

2. 农田休闲期不同处理保墒效果

小麦收获—土地封冻期,各处理日均蒸发量处于 0.94~1.30 mm,免耕秸秆覆盖处理相比免耕裸地日均蒸发量降低 0.21 mm,深翻起垄覆膜、深翻覆草、深翻覆膜处理相比深翻裸地日均蒸发量分别降低 0.36 mm、0.11 mm、0.27 mm,深翻覆膜的抑制蒸发效果更为显著。地面封冻—春耕期,各处理累计蒸发量只占总蒸发量的 9.1%~23.4%。整个休闲期内各处理日均蒸发量呈现深翻 > 深翻 + 覆草 > 免耕 > 免耕 + 覆草 > 深翻 + 起垄 + 覆草 > 深翻 + 覆膜 > 深翻 + 起垄 + 覆膜趋势。深翻后土壤疏松,增大了土壤孔隙度,提高了土壤蒸发能力,加大了蒸发损失。

休闲期不同耕作、覆盖措施下土壤蒸发量及储水量情况见表 6-33。

表 6-33　休闲期不同耕作、覆盖措施下土壤蒸发量及储水量情况

时间段	处理	CK₁	CK₂	CK₃	CK₄	CK₅	CK₆	CK₇
收获—封冻期（7 月 15 日至11 月 15 日）	初始土壤储水量（mm）	244.5	243.2	243.8	246.7	241.1	243.3	242.5
	降水量（mm）	103.1	103.1	103.1	103.1	103.1	103.1	103.1
	最终土壤储水量（mm）	198.9	222.0	238.4	222.9	225.5	196.7	209.1
	蒸发量（mm）	148.7	124.3	108.5	126.8	118.7	149.7	136.5
	日均蒸发量（mm/d）	1.29	1.08	0.94	1.10	1.03	1.30	1.19
封冻—春耕期（11 月 15 日至 3 月 25 日）	最终土壤储水量（mm）	184.0	186.8	210.9	199.3	209.9	169.3	167.5
	蒸发量（mm）	14.9	35.1	27.4	23.6	15.7	33.6	41.7
	日均蒸发量（mm/d）	0.11	0.27	0.21	0.18	0.12	0.21	0.32
休闲期日均蒸发量（mm/d）		0.67	0.65	0.55	0.61	0.55	0.75	0.73
休闲期内蒸发量（mm）		163.6	159.4	135.9	150.5	134.4	183.3	178.2

3. 休闲期土壤水分蒸发耗散规律

休闲期农田土壤蒸发量较大，是土壤水分损失的主要原因。农田耕作后各处理日蒸发强度差异较明显，主要是因为不同覆盖材料影响了土面蒸发。由于覆盖处理提高了降水利用率，补充了土壤水分，使土壤储水量增加，其土壤日蒸发强度有所增加，略高于裸地处理。休闲期农田土壤 1.0 m 土层累计蒸发量结果见图 6-54。各处理土壤累积蒸发量随处理不同逐渐明显，不覆盖处理与覆盖处理的差距逐步拉大，形成了大量水分的无效损失，至翌年作物播种前，与 CK6 相比，CK3、CK4 和 CK5 累计蒸发量分别下降 23.3%、15.0% 和 24.1%，说明耕作后不覆盖处理形成了过大的无效水分蒸发损失。

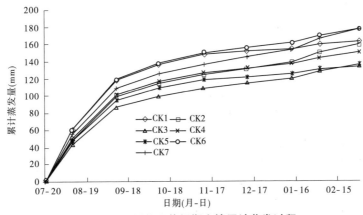

图 6-54　不同处理休闲期土壤累计蒸发过程

4. 休闲期耗水量分析

1.0 m 土层内土壤储水量变化结果见表 6-34。由此可见，到休闲期末，虽然 1.0 m 土壤储水量有所减少，但由于降水导致覆盖处理仍有一部分水分储存在土壤中，提高了土壤含水率，较不覆盖处理增加了土壤储水量。其中，CK3 储水量增加明显高于其他处理。从整个农田休闲期来看,土壤水分损失大小顺序依次为 CK6 > CK7 > CK1 > CK2 > CK4 > CK3 > CK5,其水分损失(土壤蒸发)最大为深翻裸地处理,最小为深翻覆膜处理。

表 6-34　休闲期 1.0 m 土壤深度水量平衡分析结果

处理	初始含水率(%)	最终含水率(%)	有效降水量 (mm)	1 m 增加储水量 (mm)	土壤蒸发量 (mm)
CK1	15.88	11.95	103.1	−60.50	163.6
CK2	15.79	12.13	103.1	−56.33	159.4
CK3	15.83	13.70	103.1	−32.84	135.9
CK4	16.02	12.94	103.1	−47.38	150.5
CK5	15.66	13.63	103.1	−31.26	134.4
CK6	15.80	10.99	103.1	−80.23	183.3
CK7	15.75	10.87	103.1	−75.05	178.2

综合考虑当地气候条件和农田休闲期不同耕作及覆盖措施下,抑制土面蒸发、提高有效降水利用率等因素,休闲期农田采用深翻 + 覆膜和深翻 + 起垄 + 覆膜处理可有效抑制土面蒸发,充分利用降水资源。

二、灌溉水田间转化规律

根据石羊河流域主栽作物,选择主要粮食作物小麦、玉米,经济作物棉花、葵花、辣椒、洋葱为研究对象,开展常规灌溉、调亏灌溉、覆膜垄作沟灌、膜下滴灌、喷灌、免储水灌、全膜覆盖膜孔灌等不同灌溉方式下灌溉水消耗机制及水分利用率研究。

(一)春小麦灌溉水转化规律

通过采用冬季储水灌溉和免冬季储水灌溉两种形式,设定不同的灌溉处理,研究上述灌溉条件下灌溉水转化规律。其中储水灌溉条件下设计传统灌溉定额和低定额灌溉 2 个灌溉水平(传统冬季储水灌溉 CI 和低定额储水灌溉 LI),免储水灌溉处理条件下设计进行秋耕和春耕两种耕作处理(秋耕 + 免储水灌溉次年注水播种 ANSW 和春耕 + 免储水灌溉 SNSW 次年注水播种,注水定额均为 100 m³/hm²)。

1. 土壤含水率动态变化

图 6-55 ~ 图 6-58 分别为全生育期 0 ~ 100 cm、0 ~ 30 cm、30 ~ 80 cm、80 ~ 100 cm 土层土壤水分动态变化。

从图 6-55 ~ 图 6-58 可以看出,0 ~ 30 cm 的蒸发层土壤水分变化最为强烈,且与 0 ~ 100 cm 整个计划湿润层的变化趋势较为一致。图 6-55 中,SNSW 和 ANSW 两处理由于未经过冬季储水灌溉的水分补充在生育期前期 0 ~ 30 cm 深度的土壤水分远远低于 CI 和 LI 两处理,但经过免冬灌注水播种 SNSW 和 ANSW 两处理已经较好地提高并保持 20 ~ 30 cm 的土壤含水率,到生育期后期经过数次灌溉土壤含水率分布及变化趋势逐步一致;30 ~ 80 cm 土壤水分变化生长前期较小,至中后期由于作物根系吸水量加大,其含水率变化也较为剧烈。由图 6-58 可以看出,SNSW 和 ANSW 两处理,80 ~ 100 cm 传导层土壤水分变化最小,基本处在 14% ~ 18%,无剧烈变化。

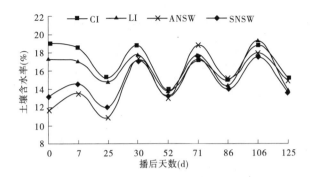

图 6-55　春小麦全生育期 0~100 cm 土层土壤水分动态

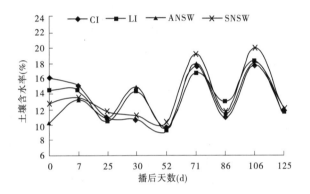

图 6-56　春小麦全生育期 0~30 cm 土层土壤水分动态

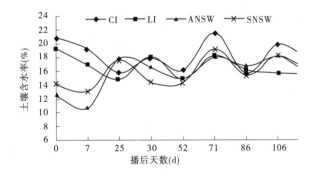

图 6-57　春小麦全生育期 30~80 cm 土层土壤水分动态

2. 春小麦耗水特性分析

春小麦播种后,经过灌溉水分补充,0~30 cm 土壤储水量得以增加,特别是 10~20 cm 土壤含水率提高尤为明显。图 6-59 为各处理播种后 7 d 的土壤水分分布情况,对免冬季储水灌溉两处理进行注水播种可以有效提高土壤表层 10~20 cm 深度的土壤含水率,其中 ANSW 和 SNSW 在 10~20 cm 的平均含水率分别提高 3.96% 和 5.18%,ANSW 和 SNSW 处理 10~20 cm 平均土壤含水率较 CI 还要高 0.3% 和 0.86%,从而为春小麦出苗提供良好的水分环境,完全满足作物出苗的水分要求。春小麦不同生育期 0~100 cm 土层含水率及作

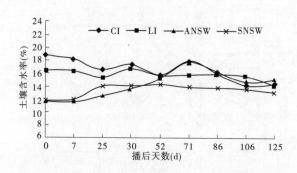

图 6-58　春小麦全生育期 80～100 cm 土层土壤水分动态

物耗水量变化分析结果见表 6-35。

表 6-35　春小麦不同生育期 0～100 cm 土层含水率及作物耗水量分析结果

生育阶段	试验处理	期初水量 （mm）	期末水量 （mm）	灌溉水 （mm）	≥5 mm 降水量 （mm）	耗水量 （mm）	日均耗水量 （mm/d）
苗期 25 d	CI	270.2	215.7	0	24.1	78.6	3.14
	LI	245.2	208.7	0	24.1	60.6	2.42
	ANSW	164.4	177.58	10.0	24.1	20.9	0.84
	SNSW	188.0	209.93	10.0	24.1	12.2	0.49
拔节期 27 d	CI	215.7	144.47	71.79	0	143.02	5.30
	LI	208.7	150.99	75.64	0	133.35	4.94
	ANSW	177.58	124.62	87.18	0	140.14	5.19
	SNSW	209.93	152.22	79.49	0	137.20	5.08
孕穗期 19 d	CI	144.47	120.20	107.69	0	131.96	6.95
	LI	150.99	125.01	105.38	0	131.36	6.91
	ANSW	124.62	114.52	97.44	0	107.54	5.66
	SNSW	152.22	139.49	102.56	0	115.29	6.07
灌浆期 35 d	CI	120.20	143.38	215.38	0	192.20	5.49
	LI	125.01	146.03	220.51	0	199.49	5.70
	ANSW	114.52	102.41	228.21	0	240.32	6.87
	SNSW	139.49	130.10	228.21	0	237.60	6.79
收获期 19 d	CI	143.38	90.15	0	7.6	60.83	3.20
	LI	146.03	87.84	0	7.6	65.79	3.46
	ANSW	102.41	58.82	0	7.6	51.19	2.69
	SNSW	130.10	86.01	0	7.6	51.69	2.72
全生育期 125 d	CI	270.2	90.15	394.86	31.7	606.61	4.85
	LI	245.2	87.84	401.53	31.7	590.59	4.72
	ANSW	164.4	58.82	422.83	31.7	560.11	4.48
	SNSW	188.0	86.01	420.26	31.7	553.95	4.43

　　从表 6-35 可以看出,春小麦整个出苗阶段,免冬季储水灌两处理 ANSW、SNSW 由于土壤含水率较低,很好地抑制了棵间蒸发,日均耗水强度分别比 CI、LI 处理的耗水量减少了

2.30 mm/d、2.65 mm/d,减少幅度分别达到72.6%、84.4%。拔节期通过灌溉可以满足春小麦生长要求,在这一阶段 SNSW 和 ANSW 两处理耗水量与其他两处理没有差异,经计算,其土壤含水率在拔节末期已经下降至10%以下,处在较低土壤水分水平,需提前灌水来满足下一生育阶段的水分需求。孕穗期由于 SNSW 和 ANSW 两处理原始水分储存较少,不能较好地满足作物生长的水分要求,所以该阶段耗水量要略低于 CI 和 LI 两处理的耗水量。灌浆期 ANSW 和 SNSW 两处理耗水量要远远高于其他两个处理,分析其原因,主要是在孕穗期后期土壤原始储水量有限,在一定程度上对春小麦的生长造成了水分胁迫,灌浆期复水后,作物自身的补充生长特性使得其生长速率进一步加大,故造成较大的水分消耗,日耗水强度较高。收获期各处理间耗水量仍然有一定差异,ANSW 和 SNSW 两处理耗水量较低,分析原因,主要是灌浆期耗水量较大导致土壤含水率较低造成的。就春小麦全生育期而言,与 CI 处理相比,SNSW 和 ANSW 两处理生育期耗水量分别下降了46.50 mm 和52.66 mm,日均耗水量分别减少了0.37 mm 和0.42 mm;而 LI 处理则与 CI 处理没有明显差别。

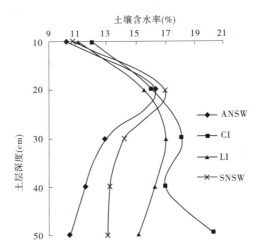

图 6-59 春小麦注水播种后土壤水分分布

由图 6-60 可以看出,在苗期 ANSW 和 SNSW 两处理采用注水播种,可以很好地减少棵间蒸发,保持表层土壤的水分,使其日均耗水量明显降低。在拔节期,由于小麦需水量不大,ANSW 和 SNSW 两处理通过灌溉补充水量,可以满足小麦生长要求,并不会因土壤缺乏水分影响作物生长。在拔节至孕穗期,CI 与 LI 两处理的日均耗水量要明显高于 ANSW 和 SNSW 两处理,分析原因,主要是采用注水播种的两处理虽然拔节期灌溉补充土壤水分,可以满足小麦生长,但由于土壤原始储水量有限,而小麦在孕穗期作物需水量较大,灌溉补充的水分并不能完全满足小麦生长,在一定程度上减缓了作物生长,造成其日均耗水量的降低,这种现象亦可称为免储水灌溉注水播种这一灌水模式的后期效应或者是滞后效应。在灌浆期,农田经过三次灌溉的水量补充,各处理土壤储水量差异基本消除,土壤水分都可以满足小麦生长要求。但 ANSW 和 SNSW 两处理由于在孕穗期的水分缺失造成作物生长减缓,在灌浆期通过复水后的补充效应,加快了小麦生长,从而消耗更多的水分,增加了水分的日均消耗。

3. 春小麦生育期棵间蒸发规律

棵间蒸发是农田水量平衡计算的内容之一,尤其在作物的生长前期,土壤处于裸露状

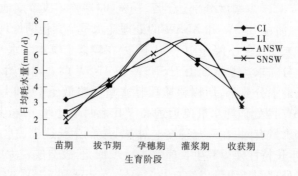

图 6-60　全生育期日均耗水量变化过程

态,棵间蒸发尤为强烈。但是,在农田水量平衡的各种计算模型中如何将棵间蒸发和植物蒸腾区分开来,一直是困扰人们的难题。只有在明确了作物各生育阶段棵间蒸发和植物蒸腾的比例关系后,才能准确地估算农田土壤水分动态,制定合理的灌溉制度,尽可能减少无效土壤水分散失,提高水分利用效率。利用 Micro-Lysimete(微型蒸渗桶)能准确地对作物各生育阶段的棵间蒸发进行测定。春小麦农田相对土壤蒸发强度的高低主要受冠层下方表层土壤含水率和地表覆盖度(叶面积指数)二者的共同影响,图 6-61 表明了各处理方式下春小麦不同生育阶段的日蒸发量。

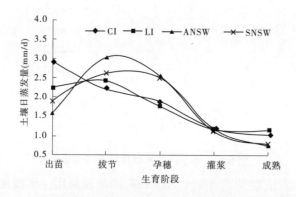

图 6-61　春小麦全生育期土壤日蒸发量变化过程

从图 6-61 可以看出,由于受到土壤含水率影响,春小麦苗期各处理方式下的土壤日蒸发量出现明显差异,表现为 CI > LI > SNSW > ANSW。在拔节和孕穗期日蒸发差异则主要是处理间作物叶面积指数不同造成的,表现为 CI 和 LI 两处理明显低于 SNSW 和 ANSW 两处理。在春小麦灌浆期和成熟期,各处理土壤含水率和叶面积指数差异不大,其土壤日蒸发量也趋于一致。

4. 春小麦水分利用效率

水分利用效率是用来描述作物生长量与水分利用状况之间关系的指标,作物生育期外的灌溉水量也是必要的灌水量,它包括冬灌水量、春季播前灌水量以及灌溉洗盐水量。因此,在作物生产周期内,灌溉的目的不仅是供给作物生长需要的水分,还应当包括调节作物生长环境所需要的水量。本书采用水分利用效率 WUE 和灌溉水生产效率 IWUE 指标来评价各处理的水分利用和灌溉水利用效果,反映灌溉水量与产量关系的灌溉水生产效率或单方水效益。

$$WUE = \frac{Y}{ETQ} \tag{6-20}$$

$$IWUE = \frac{Y}{W}I \tag{6-21}$$

式中:Y 为单位面积上的经济产量,kg/hm²;ETQ 为单位面积上的实际蒸发蒸腾量或田间耗水量,用 mm 或 m³/hm² 表示;W 为单位面积上的灌溉水量;WUE 为水分利用效率,即单位面积上消耗的水量所生产的产量;$IWUE$ 为灌溉水利用效率,即单位面积上灌溉水量所生产的产量。

表6-36 列出了春小麦的主要经济性状指标、水分利用效率和灌溉水利用效率。

表6-36　不同处理春小麦的主要经济性状指标及水分利用效率

处理	产量 (kg/hm²)	穗长 (cm)	有效小穗数 (个)	千粒重 (g)	水分利用效率 (kg/m³)	灌溉水利用效率(kg/m³)
CI	5 919.22	9.2	14.25	45.81	0.81	0.87
LI	5 798.29	9.1	13.93	48.16	0.83	0.92
ANSW	5 327.28	8.8	13.90	41.58	0.85	0.98
SNSW	5 449.50	8.7	13.92	42.39	0.90	1.00

从表6-36 可以看出,与 CI 处理比较,LI、ANSW 和 SNSW 三处理产量均有所降低,降低幅度分别为2.04%、10.00% 和 7.94%。然而,LI、ANSW 和 SNSW 三处理水分利用效率、灌溉水利用效率却均有提高,其中水分利用效率分别提高了 0.02 kg/m³、0.04 kg/m³ 和 0.09 kg/m³,灌溉水利用效率分别提高了 0.05 kg/m³、0.11 kg/m³ 和 0.13 kg/m³,其中 SNSW 处理水分利用效率、灌溉水利用效率提高均超过 10%。需要指出的是,ANSW、SNSW 处理由于农田休闲期没有得到足够的水分补充,土壤储水量相对有限,影响了作物生长发育,产量降低较大。在实际生产应用中,免冬季储水灌溉技术的推广应用必须结合农田休闲期相应的农艺或化学节水措施一并进行。

(二)玉米灌溉水转化规律

采用调亏灌溉、垄作沟灌、免储水灌注水播种、全膜覆盖膜孔灌溉和常规覆膜灌溉五种形式,研究上述灌溉条件下灌溉水的转化规律,具体处理设计见表6-37。

表6-37　玉米灌溉水转化规律试验处理设计结果

处理	处理代号	灌水次数	灌水定额(m³/hm) (储水/生育期)	耕作方式
常规覆膜灌溉	CK	6	1 200/5 400	秋耕,翻耕深度30 cm,正常播种
调亏灌溉	TK	5	1 200/4 500	秋耕,翻耕深度30 cm,正常播种
垄作沟灌	LG	6	1 200/3 600	秋耕,翻耕深度30 cm,垄作
免储水灌	MC	5	0/4 740	春耕,翻耕深度30 cm,注水播种
全膜覆盖膜孔灌	QM	6	0/4 500	春耕,翻耕深度30 cm,全膜孔灌

1. 土壤含水率动态变化

图6-62 ~ 图6-65 分别为全生育期0 ~ 120 cm、0 ~ 30 cm、30 ~ 80 cm、80 ~ 120 cm 土层土

壤水分动态变化。由此可见,0～30 cm 的蒸发层土壤水分变化最为强烈,且与 0～120 cm
整个计划湿润层的变化趋势较为一致;MC 和 QM 两处理由于未冬灌,在生育期前期 0～30
cm 土壤水分远低于 CK、TK 两处理,但经过注水播种 MC、QM 两处理 20～30 cm 土壤含水率
已明显增加,经过数次灌溉到生育期后期土壤含水率分布及变化趋势逐步一致;30～80 cm
土壤水分变化生长前期较小,至中后期由于作物根系吸水量加大,其含水率变化也较为剧
烈;各处理 80～100 cm 土壤水分变化最小,基本处在 11.2%～13.9%,无剧烈变化。

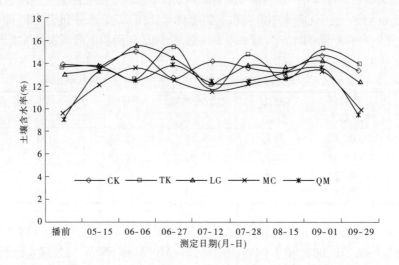

图 6-62　玉米全生育期 0～120 cm 土层土壤水分动态

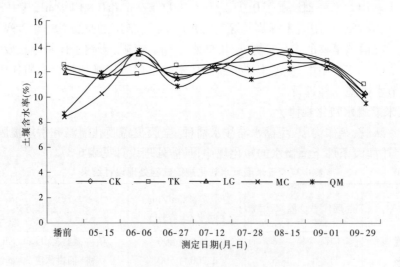

图 6-63　玉米全生育期 0～30 cm 土层土壤水分动态

2. 玉米耗水特性分析

不同处理各生育阶段玉米耗水量分析结果见表 6-38。由表 6-38 可见,常规灌溉玉米从
播种到苗期的含水率较大,且远远高于免储水灌处理,主要是由于常规灌溉处理冬季储水量
较大,使其各层含水率都大于免储水灌处理。调亏灌溉玉米播前土壤水分与对照无差别,播

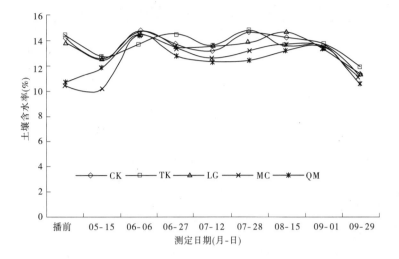

图 6-64　玉米全生育期 30~80 cm 土层土壤水分动态

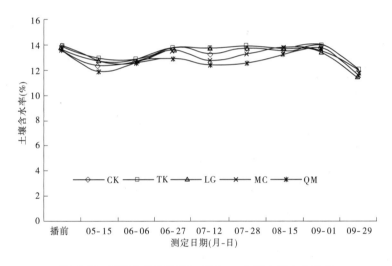

图 6-65　玉米全生育期 80~120 cm 土层土壤水分动态

种后由于调亏灌溉首次灌水时间推迟 10 d 左右,含水率也出现了差异,灌水后含水率峰值也相应向后推移,整个生育期常规玉米共灌水 6 次,而调亏灌溉只需灌水 5 次,虽然灌水次数减少,但基本不影响玉米生长及产量,其耗水量为584.8 mm,较 CK 减少99.3 mm,耗水强度为 3.57 mm/d,降低 14.39%;垄作沟灌玉米播前—苗期含水率与对照无差别,拔节后由于垄作沟灌玉米灌水定额较小,整个生育期灌水量及对照也小,其耗水量为 497.2 mm,较 CK 减少 186.9 mm。免储水灌注水播种玉米全生育期耗水量为 574.2 mm,较 CK 减少 109.9 mm,耗水强度为 3.50 mm/d,减少 16.07%;免储水灌全膜覆盖膜孔灌播种后由于全膜覆盖抑制了土壤蒸发,作物根区土壤均能维持较高的含水率,而对照由于其田间蒸发较大,其含水率在短期内就会下降到与全膜覆盖处理一致。膜孔注水玉米耗水量为 602.0 mm,较 CK 减少 82.1 mm,耗水强度为 3.67 mm/d,减少 11.99%。

表 6-38　玉米不同灌溉方式下耗水规律分析结果

生育期	耗水指标	常规灌溉（CK）	调亏灌溉（TK）	垄作沟灌（LG）	免储水注水播种（MC）	免储水全膜覆盖膜孔灌（QM）
播种—苗期	耗水量(mm)	110.8	55.8	73.1	44.5	73.8
	耗水模数(%)	16.20	9.54	14.70	7.97	12.25
	耗水强度(mm/d)	2.77	1.40	1.83	1.10	2.11
苗期—拔节期	耗水量(mm)	144.3	114.3	87.5	72.2	134.4
	耗水模数(%)	21.09	19.55	17.60	12.89	22.33
	耗水强度(mm/d)	5.15	4.08	3.13	2.89	5.38
拔节—抽穗期	耗水量(mm)	102.0	104.6	85.3	170.9	92.2
	耗水模数(%)	14.91	17.89	17.16	30.10	15.31
	耗水强度(mm/d)	6.00	6.15	5.02	7.67	5.42
抽穗—灌浆期	耗水量(mm)	204.7	192.6	153.1	177.5	188.1
	耗水模数(%)	29.92	32.92	30.79	27.13	31.26
	耗水强度(mm/d)	6.02	5.66	4.50	4.69	4.70
灌浆—成熟期	耗水量(mm)	122.3	117.5	98.2	109.1	113.5
	耗水模数(%)	17.88	20.09	19.75	16.94	18.85
	耗水强度(mm/d)	2.72	2.61	2.18	2.76	2.70
全生育期	耗水量(mm)	684.1	584.8	497.2	574.2	602.0
	耗水强度(mm/d)	4.17	3.57	3.03	3.50	3.67

　　玉米在播种后,MC 和 QM 处理经过灌溉水分补充,0~30 cm 土壤储水量得以增加,特别是 10~20 cm 土壤含水率提高尤为明显。由图 6-66 看出,免冬季储水灌溉的两个处理进行注水播种和全膜覆盖膜孔灌可以有效提高土壤表层 10~20 cm 土壤含水率,MC 和 QM 平均含水率分别提高到 10.71% 和 18.60%;由于 MC 无冬季储水灌溉,其 0~50 cm 含水率一直低于其他处理,而处理 QM 春灌定额较小,除表层含水率较小外,20~50 cm 含水率与 CK 已差别不大。由此可见,免储水灌注水播种和全膜覆盖低定额膜孔灌播种后土壤水分可以完全满足作物出苗的水分要求。

　　3. 生育期棵间蒸发规律

　　图 6-67 为玉米作物各处理不同生育阶段日蒸发量。由此可见,各处理全生育期土壤蒸发规律均一致,玉米苗期土壤日蒸发量由于受到土壤含水率影响出现明显差异,表现为 CK > TK > QM > LG > MC。在拔节和抽穗期,各处理间的日蒸发量差异则主要是处理间地膜覆盖程度不同造成的,表现为 LG 和 QM 两处理明显低于 CK、TK 和 MC 三处理。在玉米灌浆期和成熟期,仍是 LG 和 QM 两处理的蒸发量明显低于其他处理。

　　4. 各生育阶段棵间蒸发量占阶段耗水量的比例

　　表 6-39 列出了不同处理玉米各生育阶段的棵间土壤蒸发量及其与阶段耗水量比例。

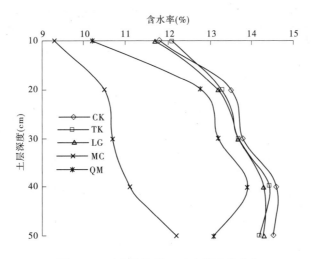

图 6-66 玉米播种后 10 d 土壤水分分布

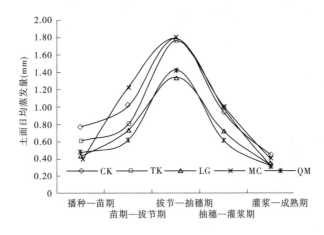

图 6-67 玉米全生育期土壤日蒸发量变化过程

播种—苗期由于各处理间土壤水分存在差异,因此阶段耗水量与棵间土壤蒸发量差异较大,土壤蒸发量大小顺序为 CK > TK > QM > LG > MC,其日平均棵间土壤蒸发量分别为 0.77 mm、0.61 mm、0.47 mm、0.42 mm 和 0.35 mm。苗期—拔节阶段,由于 LG 处理覆全膜,其棵间蒸发与苗期无差别,除 MC 处理灌水后棵间蒸发增加外,其余处理的棵间土壤蒸发量占阶段耗水量比例明显减小。各处理间棵间蒸发耗水量差异较大,TK 和 MC 明显高于其他处理,这主要是由于两处理均覆半膜,裸地面积较大,因此棵间蒸发较大。在玉米抽穗期,田间耗水转向以植物蒸腾耗水为主,各水分处理的棵间蒸发量占阶段耗水量的比例进一步减小,介于 7.86% ~13.64%。灌浆后随玉米的成熟,叶片开始衰老、变黄,植株蒸腾能力减弱,棵间蒸发量占阶段耗水量的比例又上升到 20% 左右。从全生育期来看,各处理玉米棵间蒸发占总耗水量的比例大小顺序为 MC > TK > CK > LG > QM,其比例分别为 24.13%、22.64%、21.92%、21.14% 和 17.10%。

表 6-39　玉米各生育阶段棵间土壤蒸发量耗水量分析结果

处理	生育阶段	播种—苗期	苗期—拔节期	拔节—抽穗期	抽穗—灌浆期	灌浆—成熟期	全生育期
CK	E(mm)	30.88	28.37	48.46	22.50	19.75	149.96
	ET(mm)	110.80	144.30	102.00	204.70	122.30	684.10
	E/ET(%)	27.87	19.66	47.51	10.99	16.15	21.92
TK	E(mm)	24.26	22.50	47.64	23.59	14.38	132.37
	ET(mm)	55.80	114.30	104.60	192.60	117.50	584.80
	E/ET(%)	43.48	19.69	45.54	12.25	12.24	22.64
LG	E(mm)	16.84	20.39	36.38	17.23	14.25	105.09
	ET(mm)	73.10	87.50	85.30	153.10	98.20	497.20
	E/ET(%)	23.04	23.30	42.65	11.25	14.51	21.14
MC	E(mm)	13.85	34.35	48.24	24.21	17.89	138.54
	ET(mm)	44.50	72.20	170.90	177.50	109.10	574.20
	E/ET(%)	31.12	47.58	28.23	13.64	16.40	24.13
QM	E(mm)	18.65	17.17	38.53	14.79	13.76	102.90
	ET(mm)	73.80	134.4	92.20	188.10	113.50	602.00
	E/ET(%)	25.27	12.78	41.79	7.86	12.12	17.10

5. 玉米水分利用效率

玉米各处理产量较对照均有所提高,其中增产幅度最大的处理为 TK,增产 4.64%;其次为 LG 处理,增产了 3.69%。对水分利用效率而言,各处理均高于 CK,其中 TK 较 CK 节水 14.52%,水分利用效率为 2.26 kg/m³,提高 22.05%;LG 较 CK 节水 27.32%,水分利用效率为 2.64 kg/m³,提高 42.48%;MC 较 CK 节水 16.08%,水分利用效率为 2.27 kg/m³,提高 22.82%;QM 较 CK 节水 12.02%,水分利用效率为 2.10 kg/m³,提高 13.59%。

不同灌溉方式下玉米产量及水分利用效率分析结果见表 6-40。

表 6-40　不同灌溉方式下玉米产量及水分利用效率分析结果

处理	灌水量 (m³/hm²)	耗水量 (m³/hm²)	产量 (kg/hm²)	增产率 (%)	节水率 (%)	水分利用效率 (kg/m³)
CK	5 400	6 841	12 640	—	—	1.85
TK	4 500	5 848	13 204	4.46	14.52	2.26
LG	3 600	4 972	13 106	3.69	27.32	2.64
MC	4 740	5 741	13 045	3.20	16.08	2.27
QM	4 500	6 019	12 648	0.07	12.02	2.10

(三)棉花灌溉水转化规律

采用常规覆膜灌溉(CK)和膜下滴灌(DG)两种灌溉方式,冬季储水灌定额均为 1 200

m³/hm²。常规覆膜灌溉生育期灌水 4 次,灌溉定额 3 600 m³/hm²,膜下滴灌生育期灌水 7 次,灌溉定额 2 100 m³/hm²,研究上述灌溉条件下灌溉水转化规律。

1. 土壤含水率动态变化

图 6-68~图 6-71 为棉花全生育期 0~100 cm、0~30 cm、30~80 cm、80~100 cm 土层土壤水分动态变化过程。由此可见,两处理 0~30 cm 土层土壤水分变化最为强烈,且与 0~100 cm 整个计划湿润层的变化趋势较为一致。0~100 cm 土层 DG 处理由于灌水定额较小,灌水后各峰值含水率均低于对照,而 0~30 cm 含水率则与对照相差不大;在 30~80 cm 土层 DG 处理含水率变化幅度较小,主要是因为滴灌条件下入渗到该层的灌溉水较少;到 80~100 cm 土层含水率变化趋近于直线,灌溉水基本渗不到该层,同样 CK 处理 80~100 cm 土层土壤水分变化最小,基本处在 12.4%~19.1%。

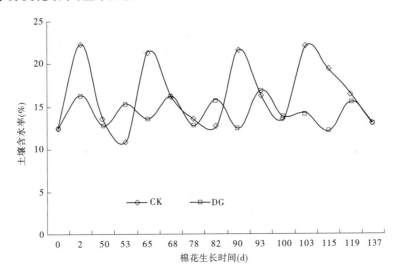

图 6-68 棉花全生育期 0~100 cm 土层土壤水分动态

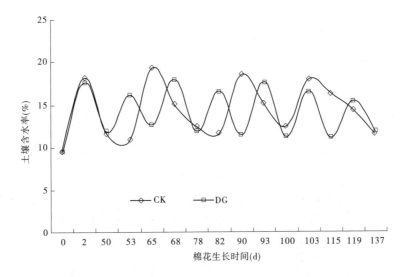

图 6-69 棉花全生育期 0~30 cm 土层土壤水分动态

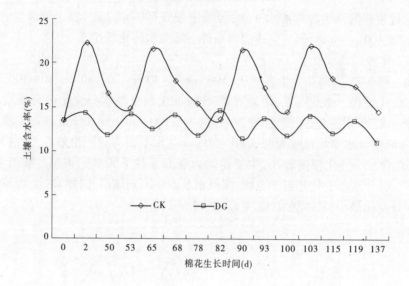

图 6-70　棉花全生育期 30～80 cm 土层土壤水分动态

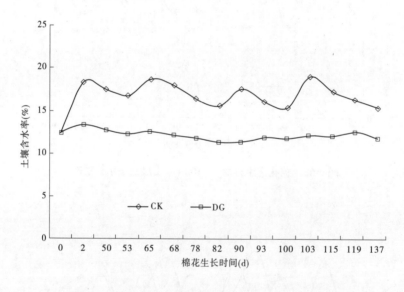

图 6-71　棉花全生育期 80～100 cm 土层土壤水分动态

2. 棉花耗水特性分析

棉花两种灌溉方式下播前土壤水分无差别,播种后由于膜下滴灌第 2 次灌水时间提前 10 d 左右,含水率也出现了差异,灌水后含水率峰值也相应向前推移,整个生育期常规棉花共灌水 4 次,而膜下滴灌则灌水 7 次,虽然灌水次数增加,但每次灌水定额较小,不影响棉花生长及产量形成,其全生育期耗水量为 316.4 mm(见表 6-41),较 CK 减少 156.2 mm,耗水强度为 1.99 mm/d,降低 33.05%。

表 6-41   棉花不同灌溉方式下耗水规律分析结果

| 处理 | 播种—苗期 | | | 苗期—蕾期 | | | 蕾期—花铃期 | | | 花铃期—收获期 | | | 全生育期 | |
	耗水量 (mm)	耗水模数 (%)	耗水强度 (mm/d)	耗水量 (mm)	耗水模数 (%)	耗水强度 (mm/d)	耗水量 (mm)	耗水模数 (%)	耗水强度 (mm/d)	耗水量 (mm)	耗水模数 (%)	耗水强度 (mm/d)	耗水量 (mm)	耗水强度 (mm/d)
CK	102.4	21.67	2.50	136.8	28.95	2.97	180.3	38.15	5.01	53.1	11.24	1.48	472.6	2.97
DG	64.2	0.20	1.57	98.7	0.20	2.14	119.7	0.38	3.33	33.8	0.11	0.94	316.4	1.99

3. 棉花生育期棵间蒸发规律

表 6-42 列出了不同处理棉花各生育阶段棵间土壤蒸发量及其与阶段耗水量比例。各生育阶段由于处理间土壤水分存在差异,因此阶段耗水量与棵间土壤蒸发量差异较大,土壤蒸发量大小顺序为 CK > DG,其日平均最大棵间土壤蒸发量分别为 1.93 mm 和 0.63 mm。各处理由于灌水定额的差异及灌溉方式不同,CK 棵间土壤蒸发量占阶段耗水量的比例均在 30% 以上,而 DG 处理均低于 20%。

表 6-42   棉花各生育阶段棵间土壤蒸发量、耗水量分析结果

处理	生育阶段	播种—苗期	苗期—蕾期	蕾期—花铃期	花铃—收获期	全生育期
CK	E(mm)	30.88	58.37	69.46	18.34	177.05
	ET(mm)	102.40	136.80	180.30	53.10	472.60
	E/ET(%)	30.16	42.67	38.52	34.54	37.46
DG	E(mm)	9.68	18.50	22.64	6.38	57.20
	ET(mm)	64.20	98.70	119.70	33.80	316.40
	E/ET(%)	15.08	18.74	18.91	18.88	18.08

图 6-72 为棉花不同生育阶段的土壤日蒸发量过程。从图 6-72 中可以看出,各处理全生育期土壤蒸发规律均一致,只是 DG 棉花日均蒸发量均低于对照,主要是因为 DG 处理减少了裸地土壤蒸发及灌水后地膜膜面水分蒸发。

4. 棉花水分利用效率

膜下滴灌棉花产量(皮棉产量)为 2 249.8 kg/hm^2,较对照增产 3.2%;其水分利用效率为 0.73 kg/m^3,节水 34.92%,见表 6-43。

表 6-43   棉花产量及水分利用效率分析结果

处理	灌水量 (m^3/hm^2)	耗水量 (m^3/hm^2)	产量 (kg/hm^2)	节水率 (%)	增产率 (%)	水分利用效率 (kg/m^3)
CK	3 600	4 726.0	2 180.0	—	—	0.46
DG	2 100	3 075.5	2 249.8	34.92	3.2	0.73

(四)葵花灌溉水消耗及水分利用效率研究

采用常规覆膜灌溉(CK)和覆膜垄作沟灌(LG)两种灌溉方式,冬季储水灌定额均为

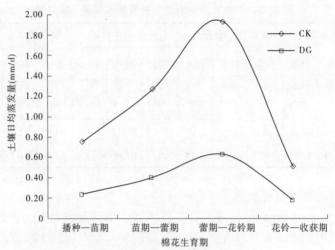

图 6-72　棉花全生育期土壤日蒸发量变化过程

1 200 m³/hm²。常规覆膜灌溉生育期灌水 4 次,灌溉定额 3 600 m³/hm²,垄作沟灌生育期灌水 5 次,灌溉定额 3 000 m³/hm²,研究上述灌溉条件下灌溉水的转化规律。

1. 土壤含水率动态变化

葵花全生育期 0～100 cm、0～30 cm、30～80 cm、80～100 cm 土层土壤水分动态变化见图 6-73～图 6-76。由此可以看出,两处理 0～30 cm 土层土壤水分变化最为强烈,且与 0～100 cm 整个计划湿润层的变化趋势较为一致。0～100 cm 土层 LG 处理由于灌水定额较小,灌水后除个别点外,绝大多数含水率峰值均低于 CK 处理;而灌水时间不一致除使 0～30 cm 含水率峰值出现差异外,其他时段与对照相差不大;在 30～80 cm 土层 LG 处理含水率峰值均小于对照,主要是因为垄作沟灌条件下入渗到该层的灌溉水较少;到 80～100 cm 两处理含水率变化幅度较小,趋近于直线,灌水后土壤含水率基本处在 16.5%～19.8%。

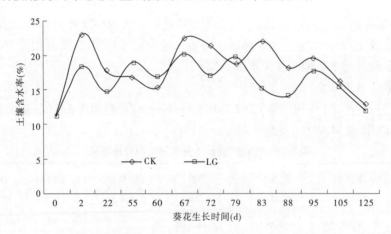

图 6-73　葵花全生育期 0～100 cm 土层土壤水分动态

2. 葵花耗水特性分析

垄作沟灌灌水前后土壤水分含量均小于覆膜畦灌,这是由于垄作沟灌灌溉定额减小,深层土壤水分含量变小,0～100 cm 深度平均土壤水分含量减小。葵花耗水量分别为垄作沟

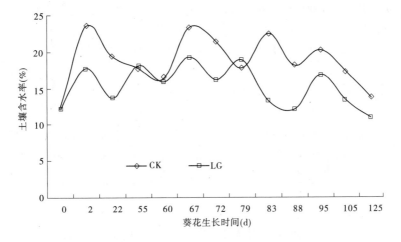

图 6-74　葵花全生育期 0～30 cm 土层土壤水分动态

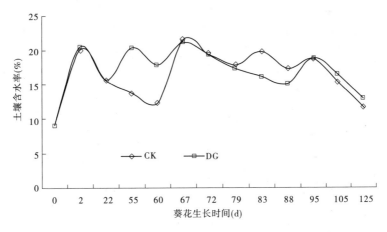

图 6-75　葵花全生育期 30～80 cm 土层土壤水分动态

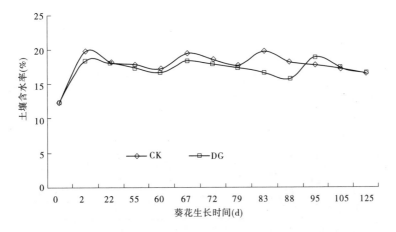

图 6-76　葵花全生育期 80～100 cm 土层土壤水分动态

灌 370.19 mm、覆膜畦灌 469.61 mm，见表 6-44。垄作沟灌葵花全生育期耗水量比对照减少 99.42 mm，耗水强度为 3.62 mm/d，较对照降低 21.17%。

表 6-44　葵花不同灌溉方式下耗水规律分析结果

处理	播种—初蕾期			初蕾—盛花期			盛花—乳熟期			乳熟—收获期			全生育期	
	耗水量 (mm)	耗水模数 (%)	耗水强度 (mm/d)	耗水量 (mm)	耗水模数 (%)	耗水强度 (mm/d)	耗水量 (mm)	耗水模数 (%)	耗水强度 (mm/d)	耗水量 (mm)	耗水模数 (%)	耗水强度 (mm/d)	耗水量 (mm)	耗水强度 (mm/d)
CK	92.47	19.69	4.62	121.07	25.78	6.05	212.88	45.33	6.08	43.19	9.20	1.73	469.61	3.35
LG	65.48	17.69	3.27	95.23	25.72	4.76	170.76	46.13	4.88	38.72	10.46	1.55	370.19	2.64

3. 生育期棵间蒸发规律

图 6-77 为葵花不同生育阶段土壤日蒸发量。由此可见，各处理全生育期土壤蒸发规律均一致，只是 LG 处理日均蒸发量均低于 CK 处理，主要是因为 LG 处理灌水定额较小且减少了裸地土壤蒸发。表 6-45 列出了不同处理葵花各生育阶段棵间蒸发量及耗水量比例。各生育阶段由于处理间土壤水分存在差异，因此阶段耗水量与棵间蒸发量差异较大，其土壤日均最大棵间土壤蒸发量分别为 2.30 mm 和 1.08 mm。由于灌水定额的差异及灌溉方式的不同，CK 处理土壤蒸发量占耗水量的比例为 35.57%，而 LG 处理为 21.66%。

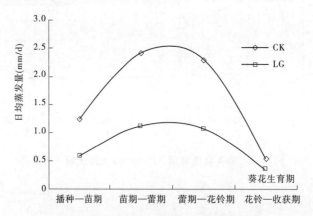

图 6-77　葵花生育期土壤日蒸发量变化过程

表 6-45　葵花各生育阶段棵间土壤蒸发量、耗水量分析结果

处理	生育阶段	播种—初蕾期	初蕾—盛花期	盛花—乳熟期	乳熟—收获期	全生育期
CK	E(mm)	24.88	48.37	80.46	13.34	167.05
	ET(mm)	92.47	121.07	212.88	43.19	469.61
	E/ET(%)	26.91	39.95	37.80	30.89	35.57
LG	E(mm)	11.68	22.5	37.64	8.38	80.2
	ET(mm)	65.48	95.23	170.76	38.72	370.19
	E/ET(%)	17.84	23.63	22.04	21.64	21.66

4. 葵花水分利用效率

葵花产量及水分利用效率分析结果见表 6-46。结果表明，葵花 LG 处理产量 7 057

kg/hm²,较 CK 处理增产 3.02%;水分利用效率 1.91 kg/m³,提高 30.68%,较 LG 处理节水
21.17%。

表 6-46　葵花产量及水分利用效率分析结果

种植方式	灌水量 (m³/hm²)	耗水量 (m³/hm²)	产量 (kg/hm²)	节水率 (%)	增产率 (%)	水分利用效率 (kg/m³)
常规地膜	3 600	4 696	6 850	—	—	1.46
垄作沟灌	3 000	3 702	7 057	21.17	3.02	1.91

(五)辣椒灌溉水消耗转化规律研究

采用常规覆膜灌溉(CK)和覆膜垄作沟灌(LG)两种灌溉方式,冬季储水灌溉定额均为
1 200 m³/hm²。常规覆膜灌溉生育期灌水 5 次,灌溉定额 4 500 m³/hm²;覆膜垄作沟灌生育期
灌水 6 次,灌溉定额 3 900 m³/hm²,开展前述灌溉条件下辣椒作物灌溉水消耗转化规律研究。

1. 土壤含水率动态变化

辣椒全生育期 0~100 cm、0~30 cm、30~80 cm、80~100 cm 土层土壤水分动态变化见
图 6-78~图 6-81。由此可见,两处理 0~30 cm 土层土壤水分变化最为强烈,且与 0~100 cm
整个计划湿润层的变化趋势较为一致。0~100 cm 土层 LG 处理由于灌水定额较小,灌水后
各含水率峰值均低于 CK 处理;而灌水时间不一致除使 0~30 cm 土层含水率峰值出现差异
外,其他时段与对照相差不大;在 30~80 cm 土层 LG 处理除个别点外,绝大多数含水率峰
值均小于对照,主要是由垄作沟灌条件下入渗到该层的灌溉水较少;到 80~100 cm 土层两
处理含水率变化幅度较小,趋近于直线,灌水后基本处在 16.5%~19.8%。

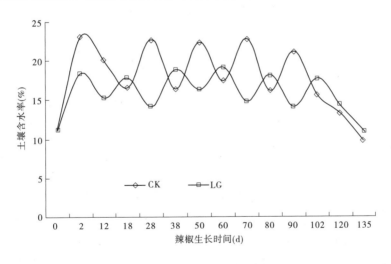

图 6-78　辣椒全生育期 0~100 cm 土层土壤水分动态

2. 辣椒耗水特性分析

垄作沟灌灌水前后土壤水分含量均小于覆膜畦灌,这是由于垄作沟灌灌溉定额减小,深
层渗漏量减小,深层土壤水分含量变小,导致 0~100 cm 土层深度土壤平均含水率减小。辣
椒耗水量分别为 CK 处理 401.4 mm、LG 处理 477.8 mm,LG 处理全生育期耗水量比 CK 处
理减少 76.4 mm,耗水强度 2.97 mm/d,比对照降低 16.10%。辣椒不同灌溉方式耗水规律

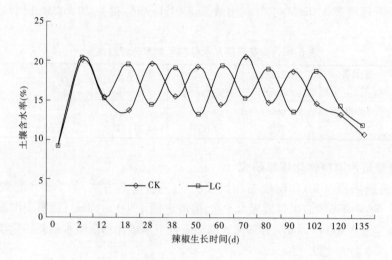

图 6-79　辣椒全生育期 0 ～ 30 cm 土层土壤水分动态

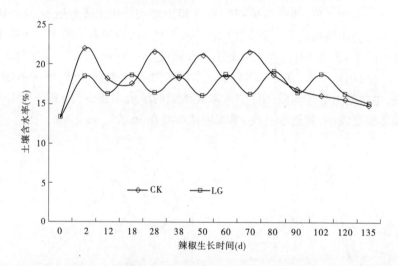

图 6-80　辣椒全生育期 30 ～ 80 cm 土层土壤水分动态

分析结果,见表 6-47。

表 6-47　辣椒不同灌溉方式耗水规律分析结果

种植方式	播种—苗期			苗期—开花结果期			开花结果—结果盛期			结果盛期—收获期			全生育期	
	耗水量(mm)	耗水模数(%)	耗水强度(mm/d)	耗水量(mm)	耗水模数(%)	耗水强度(mm/d)	耗水量(mm)	耗水模数(%)	耗水强度(mm/d)	耗水量(mm)	耗水模数(%)	耗水强度(mm/d)	耗水量(mm)	耗水强度(mm/d)
CK	41.5	8.69	1.60	118.9	24.88	3.84	170.5	35.68	5.17	146.9	30.75	3.34	477.8	3.54
LG	45.8	11.34	1.75	94.2	23.5	3.00	160.2	35	4.83	101.2	30.16	2.28	401.4	2.97

3. 辣椒生育期棵间蒸发规律

辣椒不同生育阶段土壤日蒸发量见图 6-82。由此可见,各处理全生育期土壤蒸发规律

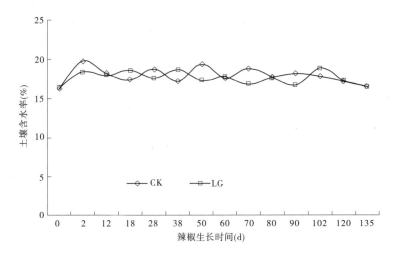

图 6-81　辣椒全生育期 80~100 cm 土层土壤水分动态

相同,但 LG 处理日均蒸发量均低于 CK 处理,主要是因为 LG 处理灌水定额较小且减少了裸地土壤蒸发量。不同处理辣椒各生育阶段棵间蒸发量分析结果见表 6-48。各生育阶段由于处理间土壤水分存在差异,因此阶段耗水量与棵间蒸发量差异较大,日平均最大棵间土壤蒸发量分别为 2.00 mm 和 1.11 mm。由于灌水定额差异及灌溉方式的不同,CK 处理棵间土壤蒸发量占耗水量的 37.00%,而 LG 处理只有 21.15%。

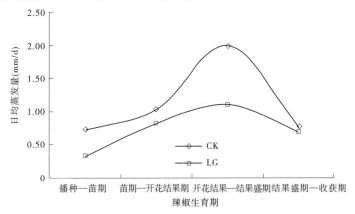

图 6-82　辣椒全生育期土壤日蒸发量变化

表 6-48　辣椒各生育阶段棵间蒸发量、耗水量分析结果

处理	生育阶段	播种—苗期	苗期—开花结果期	开花结果—结果盛期	结果盛期—收获期	全生育期
CK	E(mm)	18.88	32.37	65.92	33.25	150.42
	ET(mm)	45.8	94.2	160.2	101.2	401.40
	E/ET(%)	41.22	34.36	41.15	32.86	37.00
LG	E(mm)	8.68	25.51	36.62	30.24	101.05
	ET(mm)	41.5	118.9	170.5	146.9	477.8
	E/ET(%)	20.92	21.46	21.48	20.59	21.15

4. 辣椒产量及水分利用效率

辣椒产量及水分利用效率分析结果见表6-49。结果表明,LG处理鲜辣椒产量22 268.7 kg/hm², 较CK处理增产0.60%, 节水15.99%; 水分利用效率5.55 kg/m³, 较CK处理提高19.87%。

表6-49　辣椒产量及水分利用效率分析结果

种植方式	灌水量 (m³/hm²)	耗水量 (m³/hm²)	产量 (kg/hm²)	节水率 (%)	增产率 (%)	水分利用效率 (kg/m³)
CK	4 500	4 778	22 130.6	—	—	4.63
LG	3 900	4 014	22 268.7	15.99	0.60	5.55

(六)洋葱灌溉水消耗转化规律研究

采用常规覆膜灌溉(CK)、膜下滴灌(DG)和覆膜喷灌(PG)三种灌溉方式,冬季储水灌定额均为1 200 m³/hm²。CK处理生育期灌水7次,灌溉定额5 250 m³/hm²; DG处理生育期灌水13次,灌溉定额2 910 m³/hm²; PG处理生育期灌水13次,灌溉定额3 450 m³/hm²,开展前述灌溉条件下灌溉水消耗转化规律研究。

1. 土壤含水率动态变化

洋葱全生育期0~100 cm、0~30 cm、30~80 cm、80~100 cm土层土壤水分动态变化见图6-83~图6-86。由此可见,CK处理0~30 cm土层土壤水分变化最为强烈,且与0~100 cm整个计划湿润层的变化趋势较为一致。在0~100 cm土层PG和DG处理由于灌水次数多、灌水定额小,灌水时间间隔较小等,其含水率在整个生育期变化都比较平稳,灌水后各含水率峰值均低于对照,只有0~30 cm土层PG和DG处理土壤含水率与CK处理相差不大,而30~80cm及80~100 cm土层PG和DG处理土壤含水率均明显小于对照,主要是由于喷灌及滴灌条件下入渗到该层的灌溉水很少,两处理土壤含水率变化幅度趋近于直线,灌水后基本处在12.1%~13.9%。

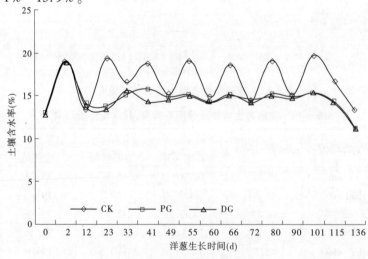

图6-83　洋葱全生育期0~100 cm土层土壤水分动态

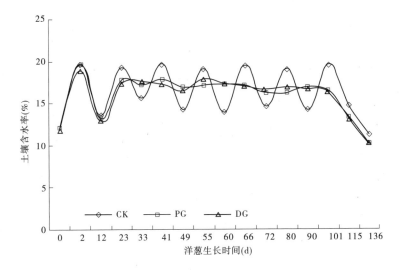

图 6-84　洋葱全生育期 0～30 cm 土层土壤水分动态

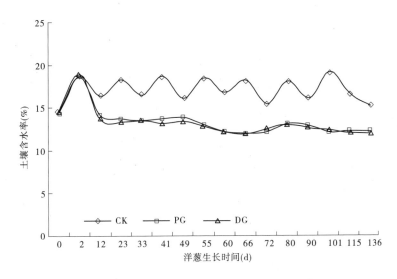

图 6-85　洋葱全生育期 30～80 cm 土层土壤水分动态

2. 洋葱耗水特性分析

洋葱不同灌溉方式耗水规律分析结果见表6-50。由表6-50可见,PG 处理和 DG 处理灌水前后土壤水分含量均小于 CK 处理,这是由于这两种灌溉方式灌溉定额减小,深层渗漏量减小,深层土壤水分含量变小,导致 0～100 cm 土层深度平均土壤水分含量减小。三种试验处理方案下,CK、DG、PG 处理洋葱耗水量分别为 621.5 mm、397.2 mm、457.8 mm,DG、PG 处理全生育期耗水量比 CK 处理分别减少 224.3 mm 和 163.7 mm,分别降低 36.09% 和 26.34%;耗水强度分别为 2.92 mm/d 和 3.37 mm/d,比对照分别减少 1.65 mm/d 和 1.20 mm/d。

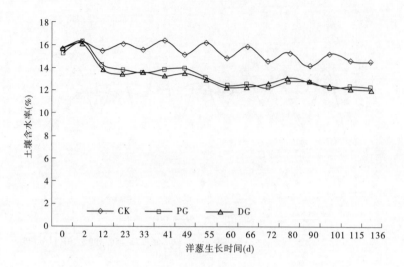

图 6-86　洋葱全生育期 80 ～ 100 cm 土层土壤水分动态

表 6-50　洋葱不同灌溉方式耗水规律分析结果

种植方式	移栽—缓苗期			缓苗—旺长期			旺长—膨大期			膨大—收获期			全生育期	
	耗水量 (mm)	耗水模数 (%)	耗水强度 (mm/d)	耗水量 (mm)	耗水模数 (%)	耗水强度 (mm/d)	耗水量 (mm)	耗水模数 (%)	耗水强度 (mm/d)	耗水量 (mm)	耗水模数 (%)	耗水强度 (mm/d)	耗水量 (mm)	耗水强度 (mm/d)
CK	185.6	29.86	4.12	135.4	21.79	5.42	180.2	28.99	5.15	120.3	19.36	3.88	621.5	4.57
DG	116.4	29.31	2.59	84.3	21.22	3.37	111.1	27.97	3.17	85.4	21.50	2.75	397.2	2.92
PG	136.3	29.77	3.03	94.6	20.66	3.78	125.4	27.39	3.58	101.5	22.17	3.27	457.8	3.37

3. 洋葱生育期棵间蒸发规律

洋葱不同生育阶段土壤日蒸发量见图 6-87。由此可见,各处理全生育期土壤蒸发规律均一致,只是 DG 和 PG 处理日均蒸发量均低于 CK 处理,主要是因为其灌水定额较小且减少了裸地土壤蒸发;由于 PG 处理飘逸和棵间蒸发损失较大,其各生育期日均蒸发均大于 DG 处理。

不同处理洋葱各生育阶段的棵间蒸发量、耗水量分析结果见表 6-51。由此可见,由于处理间土壤水分存在差异,各生育阶段耗水量与棵间蒸发量差异较大,土壤蒸发量大小顺序为 CK > PG > DG,其日平均最大棵间土壤蒸发量分别为 1.65 mm 、0.77 mm 和 0.61 mm。各处理由于灌水定额的差异及灌溉方式的不同棵间土壤蒸发量占耗水量的比例 CK 处理为 30.09% ,而 PG 处理为 19.79% ,DG 为 16.80% 。

4. 洋葱产量及水分利用效率

洋葱产量及水分利用效率分析结果见表 6-52。结果表明,DG 处理、PG 处理鲜葱产量分别为 42 635.8 kg/hm² 和 40 714.6 kg/hm² ,较对照分别减产 7.06% 和 11.25% ,节水率分别为 36.09% 和 26.34% ;水分利用效率分别为 10.73 kg/m³ 和 8.89 kg/m³ ,分别较对照提高 45.45% 和 20.51% 。

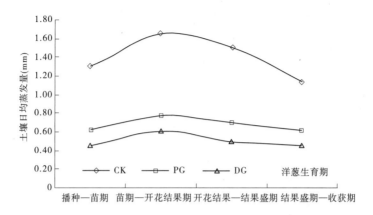

图 6-87　洋葱全生育期土壤日蒸发量变化

表 6-51　洋葱各生育阶段棵间土壤蒸发量、耗水量分析结果

处理	生育阶段	移栽—缓苗期	缓苗—旺长期	旺长—膨大期	膨大—收获期	全生育期
CK	E(mm)	185.60	135.40	180.20	120.30	621.50
	ET(mm)	58.24	41.32	52.34	35.14	187.04
	E/ET(%)	31.38	30.52	29.05	29.21	30.09
DG	E(mm)	116.40	84.30	111.10	85.40	397.20
	ET(mm)	20.17	15.16	17.42	13.98	66.73
	E/ET(%)	17.33	17.98	15.68	16.37	16.80
PG	E(mm)	136.30	94.60	125.40	101.50	457.80
	ET(mm)	28.16	19.28	24.21	18.97	90.62
	E/ET(%)	20.66	20.38	19.31	18.69	19.79

表 6-52　洋葱产量及水分利用效率分析结果

处理	灌水量 （m³/hm²）	耗水量 （m³/hm²）	产量 （kg/ hm²）	节水率 （%）	增产率 （%）	水分利用效率 （kg/m³）
CK	5 250	6 215	45 875.3	—	—	7.38
DG	2 910	3 972	42 635.8	36.09	−7.06	10.73
PG	3 450	4 578	40 714.6	26.34	−11.25	8.89

三、灌区尺度田间水分转换规律

（一）不同灌溉定额下农田水分转化规律

研究分种植、裸地两种情况,采用常规覆膜畦灌方式,种植作物为葵花,灌溉定额分别为 1 200 m³/hm²（T1）、1 500 m³/hm²（T2）、1 800 m³/hm²（T3）、2 100 m³/hm²（T4）、2 400 m³/hm²（T5）,初始含水率分别为 $50\%\theta_f$ 和 $68\%\theta_f$（θ_f 为田间持水量,葵花地取值为质量含水率 20.3%,裸地取值为质量含水率 22.0%）。

1.种植作物试验区灌水后土壤含水率动态变化

作物种植情况下不同灌溉定额灌水前后土壤含水率变化见图6-88～图6-91。由图6-88～图6-91可知,灌水前各处理含水率变化趋势均一致,灌水后由于灌水定额不同,在含水率增加的同时,各处理间含水率较灌水前有较大变化。灌水后随着时间的延长,各处理含水率峰值逐渐下移,土壤下层含水率逐渐变大,但只有T3、T4、T5处理120 cm处含水率大于灌水前,因此可知,当作物种植情况下灌水量大于1 500 m³/hm² 时,可产生深层渗漏,且随着灌水定额的增大,深层渗漏也增大。

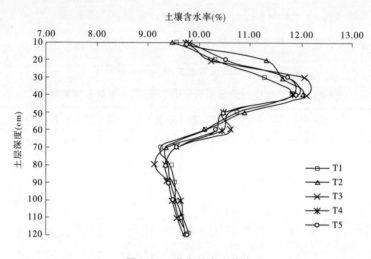

图6-88　灌水前含水率变化

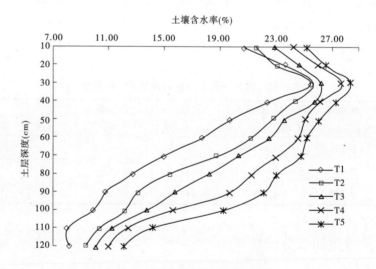

图6-89　灌水后24 h含水率变化

2.种植作物试验区灌水后田间水分转化规律

不同灌溉定额下灌溉水转化情况见表6-53。由表6-53可知,当灌水定额小于1 500 m³/hm² 时,作物生育期灌溉不会产生深层渗漏;当灌水定额大于1 500 m³/hm² 时,在初始含水率为50%θ_f条件下可产生深层渗漏,其中,当灌水定额为2 400 m³/hm² 时,产生深层渗

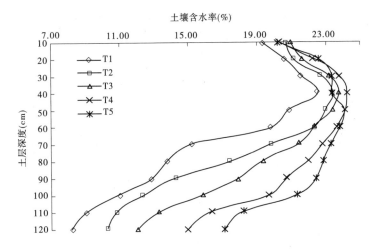

图 6-90　灌水后 48 h 土壤含水率变化

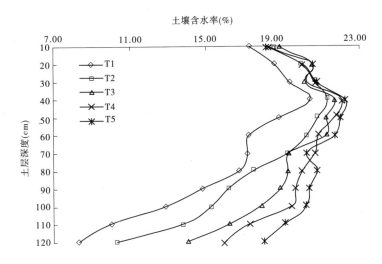

图 6-91　灌水后 72 h 土壤含水率变化

漏量达到 50.01 mm。

表 6-53　不同灌溉定额下灌溉水转化

处理	灌水量（mm）	灌水前储水量（mm）	灌水后24 h储水量（mm）	灌水后48 h储水量（mm）	灌水后72 h储水量（mm）	θ_f时储水量（mm）	总水量（mm）	腾发量（mm）	渗漏量（mm）	损失量（mm）
T1	120.00	157.57	252.84	252.63	249.25	316.68	277.57	28.32	0.00	28.32
T2	150.00	159.32	283.49	282.82	278.40	316.68	309.32	30.92	0.00	30.92
T3	180.00	159.63	305.70	304.92	298.42	316.68	339.63	30.13	11.08	41.21
T4	210.00	157.82	333.76	330.25	308.28	316.68	367.82	30.65	28.89	59.54
T5	240.00	158.72	356.12	340.60	317.20	316.68	398.72	31.51	50.01	81.52

3. 裸地试验区灌水后土壤含水率动态变化及田间水分转化规律

裸地不同灌溉定额下灌溉水转化情况见表 6-54，土壤含水率变化见图 6-92～图 6-95。由表 6-54 可知，在裸地情况下当灌水定额小于 1 200 m³/hm² 时，灌溉不会产生深层渗漏；当灌水定额大于 1 200 m³/hm² 时，在初始含水率为 68%θ_f 条件下可产生深层渗漏，其中，当灌水定额为 2 400 m³/hm² 时，产生深层渗漏 103.45 mm。

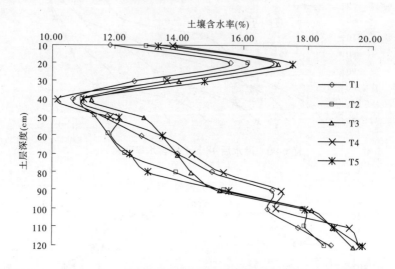

图 6-92　灌水前土壤含水率变化

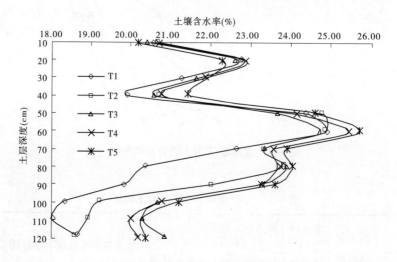

图 6-93　灌水后 24 h 土壤含水率变化

由以上研究可知，无论是有作物覆盖还是无作物覆盖，农田灌水定额均不能大于 1 200 m³/hm²，否则就会产生深层渗漏，且深层渗漏量随灌水定额的增加而增加；由于该试验处于作物生长旺盛期，气温较高，作物蒸腾及棵间蒸发均较大，若在作物生育初期或末期以及农田休闲时期灌溉，深层渗漏量也会随之增加。

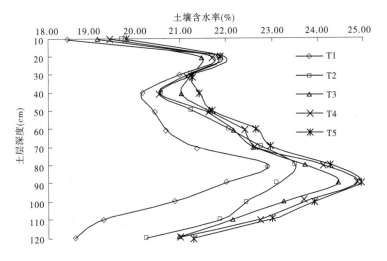

图 6-94　灌水后 48 h 土壤含水率变化

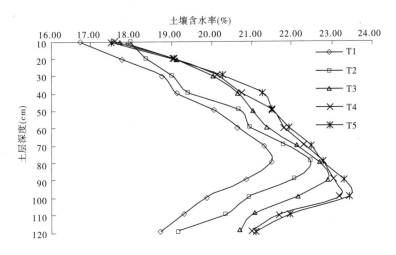

图 6-95　灌水后 72 h 土壤含水率变化

表 6-54　不同灌溉定额下灌溉水转化分析结果

处理	灌水量 （mm）	灌水前 储水量 （mm）	灌水后 24 h 储水量 （mm）	灌水后 48 h 储水量 （mm）	灌水后 72 h 储水量 （mm）	θ_f 时 储水量 （mm）	总水量 （mm）	腾发量 （mm）	渗漏量 （mm）	损失量 （mm）
T1	120.00	268.59	387.84	380.01	361.44	406.56	388.59	12.73	0.00	12.73
T2	150.00	266.49	403.26	400.77	375.09	406.56	416.49	13.21	28.19	41.40
T3	180.00	281.09	409.96	405.21	385.85	406.56	461.09	14.23	61.01	75.24
T4	210.00	281.36	412.22	408.65	393.30	406.56	491.36	14.84	83.22	98.06
T5	240.00	274.76	415.70	413.74	394.88	406.56	514.76	16.43	103.45	119.88

（二）灌区尺度田间水分转换规律

1. 作物生育期田间水分转化规律

根据民勤县统计年鉴及红崖山灌区灌溉制度统计资料,结合国内外已有研究成果及本书研究成果,对 2010 年红崖山灌区夏灌期间灌溉水转化规律进行了研究,表明在灌区内(包括坝区、泉山区、湖区)不同作物生育期灌水定额均在 $600 \sim 900$ m³/hm²。另据前述研究成果,作物生育期灌溉定额小于 $1\,200$ m³/hm² 时不会产生深层渗漏,因此认为在夏灌期间灌溉水不会产生深层渗漏,对地下水无补给。因此,本节只研究了地上部分蒸腾蒸发量,具体计算结果见表 6-55。

表 6-55　红崖山灌区不同作物夏灌期间田间水转化量计算结果

作物	种植面积 （万 hm²）	灌溉定额 （m³/hm²）	生育期灌水量 （万 m³）	总棵间蒸发 （万 m³）	吸收蒸腾总量 （万 m³）
小麦	0.985	4 050	3 987.9	1 676.17	2 311.73
玉米	0.415	4 500	1 866.0	410.41	1 455.59
啤酒大麦	0.065	4 050	261.9	104.78	157.12
棉花	0.823	3 000	2 468.0	913.00	1 555.00
葵花	0.311	3 000	932.0	335.52	596.48
黑、白瓜子	0.195	2 700	525.6	110.38	415.22
茴香	0.227	3 300	748.0	172.08	575.92
洋葱	0.187	4 500	840.0	252.02	587.98
蔬菜	0.351	4 500	1 578.0	583.76	994.24
瓜类	0.129	3 750	485.0	169.77	315.23
其他	0.065	3 300	213.4	66.15	147.25
合计	3.753		13 905.8	4 794.04	9 111.76

由计算可知,夏灌期间总灌水量 13 905.8 万 m³,在整个灌溉水量中,棵间蒸发损失水量 4 794.04 万 m³,占 34.5%;作物吸收及蒸腾水量 9 111.76 万 m³,占 65.5%。

2. 冬、春泡地田间水分转化规律

根据民勤县红崖山灌区 2010 年冬、春灌统计资料及灌溉制度统计资料,开展冬、春泡地水量转化规律研究,冬春泡地期间土壤含水率一般在 $50\% \theta_f \sim 60\% \theta_f$,深层渗漏量随初始含水率有所变化,表 6-56 中的渗漏量数据根据各区土壤初始含水率计算而得。红崖山灌区 2010 年冬、春灌泡地情况及深层渗漏见表 6-56。

由表 6-56 可知,灌区冬、春灌泡地总灌水量为 7 923.15 万 m³,其中河水 6 233.55 万 m³,井水 1 689.60 万 m³,总深层渗漏量 1 378.97 万 m³。由于井水泡地面积逐渐缩小,井水泡地渗漏量 60.62 万 m³,占总渗漏量的 4.40%;而河水泡地渗漏量 1 318.35 万 m³,占总渗漏量的 95.60%。

表 6-56　红崖山灌区 2010 年冬、春灌泡地情况及深层渗漏计算结果

分区	泡地季节	地表水			地下水			合计		
		泡地面积（万 hm²）	泡地水量（万 m³）	1.2 m 以下深层渗漏（万 m³）	泡地面积（万 hm²）	泡地水量（万 m³）	1.2 m 以下深层渗漏（万 m³）	泡地面积（万 hm²）	泡地水量（万 m³）	1.2 m 以下深层渗漏（万 m³）
坝区	冬季	1.429	1 714.80	151.71	0.807	1 331.00	47.75	1.759	3 045.80	199.46
泉山区	冬季	0.953	1 070.55	163.53	0.217	358.60	12.87	0.746	1 429.15	176.40
	春季	0.529	437.40	66.81	0			0.216	437.40	66.81
湖区	春季	0.216	3 010.80	936.30	0			1.029	3 010.80	936.30
合计	冬季	1.029	2 785.35	315.24	1.024	1 689.60	60.62	2.505	4 474.95	375.86
	春季	1.481	3 448.20	1 003.11	0	0	0	1.245	3 448.20	1 003.11
总计		2.727	6 233.55	1 318.35	1.024	1 689.60	60.62	3.751	7 923.15	1 378.97

3. 红崖山灌区田间水分转化规律

通过对红崖山灌区夏灌及冬、春灌泡地灌溉水转化规律研究,冬、春灌泡地期间棵间蒸发量较大,根据已有研究成果,冬季泡地后到下一年种植前,总棵间蒸发量占灌水量的54%;春季泡地后到种植前,总棵间蒸发量占灌水量的 29%。经计算后可得到 2010 年冬、春泡地期间棵间蒸发分别为 2 087.60 万 m³ 和 1 178.85 万 m³。以 2010 年为例,以年为单位的灌溉周期内,灌溉水转化数量关系见表 6-57。

表 6-57　红崖山灌区 2010 年灌溉水田间转化计算　　　（单位:万 m³）

灌水时间	净灌溉水	渗漏量	棵间蒸发	吸收蒸腾
冬灌	4 474.95	375.86	2 089.60	1 515.38
春灌	3 448.20	1 003.11	1 178.85	1 760.40
夏灌	13 905.80	0	4 794.04	9 111.76
合计	21 828.95	1 378.97	8 062.49	12 387.54

由表 6-51 可知,2010 年进入 3.753 万 hm² 农田的灌溉水量为 21 828.95 万 m³。在上述灌溉水量中,1 378.97 万 m³ 通过深层渗漏进入地表 1.2 m 以下,占 6.32%;8 062.49 万 m³ 通过棵间蒸发进入大气中,占 36.93%;12 389.54 万 m³ 通过作物吸收利用及光合作用消耗,占 56.75%。

四、农田灌溉水转化规律模拟

本节利用一维垂直非饱和土壤水运动计算模型,以玉米为研究对象,通过模拟计算玉米生育期各生长阶段不同灌水定额下田间水分转化规律,对棵间蒸发、深层渗漏与灌水定额之间的数量关系进行了定量研究,并与田间试验数据进行了比较,提出了石羊河流域玉米适宜的节水灌溉定额。

（一）田间水分转化动力学模式

田间水分转化过程主要包括降雨或灌水入渗、径流、根区土壤水分运移、根系吸水、蒸发蒸腾、根区以下土壤水运动等。描述土壤水运动的动力学方程是由达西定律和连续方程相结合推导出来的，由于方程是非线性的，所以只有在特定的初始和边界条件下才能用解析法求解。自 20 世纪 60 年代以来，随着电子计算机技术的发展，人们能够借助计算机运用数值模拟方法，对一般条件下的土壤水分运动问题求解，并得到了满意结果。本书采用 HYDRUS 模型软件进行数值模拟。HYDRUS 模型软件是美国盐碱实验室在 Worm 模型基础上的改进版，用于模拟计算一维垂直非饱和流和溶质运移，考虑了作物根系吸水和土壤持水能力的滞后影响，适用于恒定或非恒定的边界条件，具有灵活的输入输出功能，可用来模拟非匀质土壤，最多可模拟 5 种 20 层土壤。模型中方程解法采用 Gakerin 线性有限元法。

方程和边界条件：在忽略土壤侧向水流运动，仅考虑一维垂向运移时，有根系吸水项的土壤水分运动方程为

$$c(h)\frac{\partial h}{\partial t} = \frac{\partial}{\partial Z}\Big[k(h)\frac{\partial h}{\partial Z} - k(h)\Big] - s(z,t) \tag{6-22}$$

式中：$c(h)$ 为比水容重，$c(h) = \mathrm{d}\theta/\mathrm{d}h$；$h$ 为土壤压力水头；θ 为体积含水率；$k(h)$ 为水力传导度；$s(z,t)$ 为单位体积根系吸水率；z 为土壤深度，向下为正；t 为时间。

初始条件：$h(z,t) = h_0(z)$，$t = 0$。

上边界条件：$h(0,t) = h_0(t)$。

$$\Big[-k(h)\frac{\partial h}{\partial z} + k(h)\Big]\Big|_{z=0} = q_0(t) \tag{6-23}$$

式中：$h_0(t)$ 为已知压力水头；$q_0(t)$ 为净通量，正通量表示下渗，负通量表示蒸发（棵间蒸发）。

下边界条件：$h(1,t) = h_i(t)$。

$$\Big[-k(h)\frac{\partial h}{\partial z} + k(h)\Big]\Big|_{z=l} = q_1(t) \quad \text{或} \quad \frac{\partial h}{\partial z}\Big|_{z_t} = 0 \tag{6-24}$$

（二）作物根系吸水模式

研究采用 VanGenuchten 模型，即

$$s(z,t) = Ep(t)\xi'(z)\sigma(h,h_0) \tag{6-25}$$

式中：$s(z,t)$ 为单位根据吸水率；$Ep(t)$ 为作物最大蒸腾率；$\sigma(h,h_0)$ 为盐分应力函数，反映土壤盐分对田间根系吸水的影响。

$$\sigma(h,h_0) = \frac{1}{1 + \Big(\dfrac{h + h_0}{h_{50}}\Big)^p} \tag{6-26}$$

式中：h 为压力水头；h_0 为渗透压，与溶液浓度 C 有关，$h_0 = a_1 C$，a_1 为简单换算系数，其值依赖于压力水头和浓度表达的单位；h_{50} 为作物潜在蒸腾率减少 50% 的土水势，对玉米而言，h_{50} 为 $-0.25 \sim -0.65$ MPa，一般取 -0.43 MPa（Ehler，1983）；P 为经验常数，$P \approx 3$；$\xi'(z)$ 为根系密度分布函数相对值。

$$\xi'(z) = \frac{\xi(z)}{\int_0^{L_r}\xi(z)\,\mathrm{d}z} \tag{6-27}$$

式中:L_r 为根层深度;$\xi(z)$ 为根系密度分布函数,是根深 L_r 的函数,实际应用中将 L_r 分为若干层且认为每层内根系分布是均匀的,根系密度采用层内干根重占根区总干根重的比值表示,由田间实测获得。

(三)非饱和导水率的确定

非饱和导水率 K 是土壤水分运动的重要参数,在对非饱和土壤水运动基本方程进行数学分析时,无论是用解析解还是用数值解的方法,都要用到它。获得 K 的方法有两种:一种是试验方法,如瞬时剖面法、垂直下渗通量法、垂直土壤稳定蒸发法、结壳法等;另一种是间接法,即根据已知的水分特征曲线和其他条件推导出的函数形式,如 Van Genunchten(1980)将土壤水分特征曲线的函数形式与 Mualem(1976)推导出的用来预测非饱和导水率的函数形式相结合得到如下函数关系:

$$\theta(h) = \theta_r + \frac{\theta_s - \theta_r}{[1 + (\alpha h)^n]^m} \tag{6-28}$$

$$k(l) = k_s s_1^{1/2}[1 - (1 - s_1^{1/m})^m]^2 \tag{6-29}$$

$$s_s = \frac{\theta - \theta_r}{\theta_s - \theta_r} \tag{6-30}$$

式中:θ_s 为饱和含水率;θ_r 为残余含水率;k_s 为饱和导水率;s_1 为相对饱和度;α、n、m 为拟合参数。

将式(6-28)代入式(6-29)得

$$K(h) = k_s[1 + (\alpha h)^n]^{-2/m}\{1 - [1 - (1 + \alpha h)^n]^{-m}\}^2 \tag{6-31}$$

VG 非饱和导水率函数有关参数见表6-58。

表6-58　VG 非饱和导水率函数有关参数

土层深度 (cm)	饱和含水率 (cm³/cm³)	残余含水 (cm³/cm³)	α	n	R^2
0~80	0.47	0.12	0.018	1.33	0.97
80~100	0.52	0.10	0.006	1.19	0.98
100~120	0.46	0.07	0.009	1.48	0.98
120~140	0.44	0.06	0.0023	1.39	0.99

(四)作物腾发量计算

作物腾发量又称作物耗水量,是指在作物生长季节,从生长面积上失去的水量,它包括从作物体蒸腾的水量和组成作物体内的水量(所占比例很小,可忽略不计)以及从种植面积上棵间蒸发的水量。目前最常用的最大作物腾发率的计算方法是先计算参考作物腾发率 $ET_0(t)$,然后将其乘以一个作物系数 $K_c(t)$,即 $ET_c(t) = K_c(t)ET_0(t)$;作物系数 K_c 由河北望都灌溉试验站的灌溉资料确定。参考作物腾发率由 FAO 新近推荐的 Penman-monteith 方法计算,FAO-Penman-monteith 方法把参考作物腾发量重新定义为"作物高度 0.12 m,固定叶而阻力 70 s/m,反射率 0.23 的假想参考作物的腾发量"。由此,结合 Penman-monteith 方法可得出 FAO-Penman-monteith 方程如下

$$ET_0 = \frac{0.408\Delta(R_n - G) + \gamma \dfrac{900}{T + 273} U_2(e_a - e_d)}{\Delta + \gamma(1 + 0.34U_2)} (24h) \tag{6-32}$$

式中:ET_0 为假想草的参考腾发量,mm/d;R_n 为净辐射,mJ/(m² · d);G 为土壤热通量;γ 为干湿球常数;U_2 为 2.0 m 高处风速;e_a 为饱和水汽压,kPa;e_d 为实际水汽压,kPa;Δ 为压力曲线斜率;P 为大气压力,kPa。

(五)棵间蒸发与植株蒸腾划分

作物腾发量中叶面蒸腾与棵间蒸发的分摊是农田水分循环以及土壤—植物—大气连续体水分传输动态模拟研究中必不可少的工作之一,也是一件困难的事情。Richie 和 Burnett (1971) 研究了棉花和谷类作物的分摊系数和叶面积指数 LAI 的关系,提出了充分供水条件下叶面蒸腾 T_p 与 ET_c 关系式:

$$T_p = (-0.21 + 0.7 \times LAI^{1/2})ET_c \quad (0.1 \leqslant LAI \leqslant 2.7)$$
$$T_p \approx 0 \quad (LAI \leqslant 0.1) \tag{6-33}$$

国内对这方面研究工作开展不多,康绍忠研究认为:作物蒸腾在总腾发量中所占的比例依赖于提供到作物冠层和棵间土壤表面的净辐射以及各部分的传输阻力,若叶面蒸发与腾发用波纹比—能量平衡法计算:$ET_c = R_n/(1 + \beta_1)$,$T_p = R_{nc}/(1 + \beta_2)$,在充分供水条件下 $\beta_1 \approx \beta_2$,由此可导出:$T_p/ET_c = R_{nc}/R_n$。据田间连续几年观测,得到如下关系

$$\frac{R_{nc}}{R_n} = 1 - e^{-K\left[1.0 + A\left|\sin\left(\frac{t-13}{12}\right)\pi\right|\right]LAI} \tag{6-34}$$

式中:t 为一日中的时间,从零点开始;K、A 为经验系数,对于玉米 $K = 0.4016$,$A = 0.9872$;T_p 为叶面蒸腾;ET_c 为作物腾发量。

本书利用实测的 LAI 数据,分别用康绍忠公式和 Chids 公式计算了甘肃省水利科学研究院民勤县试验站 2009 年玉米作物不同生育阶段的叶面蒸腾 T_p 并进行了线性回归分析,其相关系数 $R^2 = 0.98$,说明两种公式计算 T_p 有很好的一致性,应用于实际比较可靠。

本书模拟计算中潜在蒸腾率采用康绍忠公式计算结果。

(六)实际棵间蒸发估算

在模拟计算中,上边界通量包括实际棵间蒸发量,但比较准确地确定实际棵间蒸发量目前仍很困难,为此研究采用试算方法,即根据实测叶面积指数按康绍忠的棵间蒸发、叶面蒸腾分配公式求出各阶段棵间蒸发与叶面蒸腾的比值,然后在计算中先输入潜在棵间蒸发,则有一个叶面蒸腾值(等于根系吸水)输出,得出一个模拟的棵间蒸发与根系吸水的比值 E_s/S (见表 6-59),判断两个比值的大小,如果不一致,则改变输入的棵间蒸发值,再进行模拟计算,直至两个比值比较接近。由式(6-32)可推导出:

$$\frac{E_s}{S} = \frac{e^{-k\left[1.0 + A\left|\sin\left(\frac{A-B}{t}\pi\right)\right|\right]LAI}}{1 - e^{-k\left[1.0 + A\left|\sin\left(\frac{A-B}{t}\right)\right|\right]LAI}} \tag{6-35}$$

式中:E_s 为棵间蒸发量;S 为叶面蒸腾量。

表 6-59 各生育阶段 E_s/S 值

生育阶段	播种—出苗	出苗—拔节	拔节—抽穗	抽穗—灌浆成熟
平均 LAI		0.422 5	5.38	6.48
E_s/ET_c		0.914	0.210	0.062
E_s/S		10.628	0.266	0.066

(七)田间水分转换规律分析

选用 600 m^3/hm^2、750 m^3/hm^2、900 m^3/hm^2、1 050 m^3/hm^2、1 200 m^3/hm^2、1 500 m^3/hm^2、1 800 m^3/hm^2、2 100 m^3/hm^2 等不同灌水定额在不同生育阶段进行模拟,以 1 m 土层为例,选择出苗—拔节、拔节—抽穗、抽穗—灌浆成熟三个生长阶段无雨情况下的 15 d 进行模拟,模拟结果见图 6-96 和图 6-97。

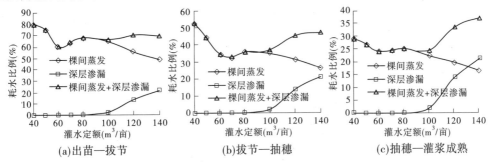

图 6-96 不同生育阶段灌水定额与耗水关系

(1)随着灌水定额的增加,棵间蒸发所占灌溉耗水量的比例逐渐减小,而深层渗漏所占比例则逐渐增大,但二者之和总存在一个最小值,相应于此最小比值的灌水定额,即为最节水的灌水定额,对应于不同生育阶段其灌水定额亦不同,分别为 900 m^3/hm^2、1 050 m^3/hm^2 和 900 m^3/hm^2(见图 6-96)。在不同灌水定额条件下,土层内储水量,棵间蒸发量变化较小,主要变化为深层渗漏量,灌水量超过 1 500 m^3/hm^2 以后,灌水越多,渗漏越多,说明多灌水是无益的。

(2)考虑土层深度不同,深层渗漏的值也不同,以灌浆至成熟期为例(见图 6-97),对应土层深度 120 cm、100 cm 和 80 cm 的灌水定额均为 900 m^3/hm^2,三个土层深度灌水定额均一致,主要是在研究区即使土层深度取 80 cm 时,灌水定额小于 1 200 m^3/hm^2,也无深层渗漏。夏玉米的有效根深最大可达到 100 cm,本次模拟计算时平衡区(土层深度)选用 100 cm。

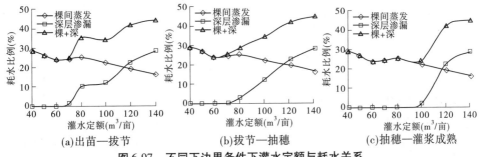

图 6-97 不同下边界条件下灌水定额与耗水关系

第五节　石羊河流域灌溉水利用率

灌溉水利用率是指某一时期灌入田间可被作物利用的水量与水源地灌溉取水总量的比值(%)，用 η 表示。它反映全灌区渠系输水和田间用水状况，是衡量从水源取水到田间作物吸收利用过程中灌溉水利用程度的一个重要指标，能综合反映灌区灌溉工程状况、用水管理水平、灌溉技术水平。本节以民勤红崖山灌区为例，进行灌溉水利用率分析计算。

一、渠系水利用率

根据本章第三节的分析计算结果，民勤红崖山灌区渠系水综合利用系数0.822，其中地表水灌区渠系水利用系数0.878，地下水灌区渠系水利用系数0.718。

二、田间水利用率

(一)作物生育期田间水利用情况

根据本章第四节的分析计算结果，2010年红崖山灌区生育期作物总灌溉水13 905.80万 m^3。在整个灌溉水量中，棵间蒸发损失水量4 794.04万 m^3，占34.5%，作物吸收及蒸腾水量9 111.76万 m^3，占65.5%。

(二)冬、春泡地期水分利用情况

根据本章第四节的分析计算结果，2010年红崖山灌区冬、春灌泡地净灌水量为7 923.15万 m^3，其中河水6 233.55万 m^3，井水1 689.60万 m^3。总深层渗漏量1 378.97万 m^3，其中井水泡地渗漏量仅为60.62万 m^3，河水泡地渗漏量为1 318.35万 m^3。冬季泡地后到下一年种植前棵间蒸发为2 089.60万 m^3；春季泡地后到种植前棵间蒸发为1 178.85万 m^3。红崖山灌区2010年灌溉水量转化见表6-60。

表6-60　红崖山灌区2010年灌溉水量转化

灌水时间	净灌溉水量 （万 m^3）	渗漏量 （万 m^3）	棵间蒸发量 （万 m^3）	吸收蒸腾量 （万 m^3）
冬灌	4 474.95	375.86	2 089.60	1 515.38
春灌	3 448.20	1 003.11	1 178.85	1 760.40
夏灌	13 905.80	0	4 794.04	9 111.76
合计	21 828.95	1 378.97	8 062.49	12 387.54

(三)红崖山灌区田间水利用率

通过研究红崖山灌区冬、春泡地及作物生育期灌溉水利用情况，可知2010年进入3.751万 hm^2 农田的净灌溉水量为21 828.95万 m^3，其中作物生育期通过蒸腾蒸发、光合作用利用量为13 905.80万 m^3，冬、春泡地水分被作物蒸腾蒸发、光合作用利用量为3 275.78万 m^3；休闲期蒸发3 268.45万 m^3（包括冬、春泡地棵间蒸发），总深层渗漏损耗为1 378.97万 m^3。经计算，田间灌溉水利用效率为78.71%。

三、灌溉水利用率

灌溉水利用率是指某一时期灌入田间可被作物利用的水量与水源地灌溉取水总量的比值(%),用 η 表示。它反映全灌区渠系输水和田间用水状况,是衡量从水源取水到田间作物吸收利用过程中灌溉水利用程度的一个重要指标,能综合反映灌区灌溉工程状况、用水管理水平、灌溉技术水平。本节以民勤红崖山灌区为例进行计算,其中渠系水利用率为82.24%,田间灌溉水利用效率为78.71%,则灌溉水利用率为64.73%。

参 考 文 献

[1] Asmuth Jos R von, Knotters Martin. Characterising groundwater dynamics based on a system identification approach[J]. Journal of Hydrology, 2004, 296(1-4):118-134.

[2] Bakker M. Simulating groundwater flow in multi-aquifer systems with analytical and numerical Dupuit-models [J]. Journal of Hydrology, 1999, 222(1-4):55-64.

[3] Berendrecht W L, Heemink A W, Geer F C, et al. State-space modeling of water table fluctuations in switching regimes[J]. Journal of Hydrology, 2004, 292(1-4):249-261.

[4] Brunner Philip, Bauer Peter, Eugster Martin, et al. Using remote sensing to regionalize local precipitation recharge rates obtained from the Chloride Method[J]. Journal of Hydrology, 2004, 294(4):241-250.

[5] Burt T P, Bates P D, Stewart M D, et al. Water table fluctuations within the flood plain of the River Severn, England[J]. Journal of Hydrology, 2002, 262(1-4):102-121.

[6] Beckers J, Frind E O. Simulating groundwater flow and runoff for the Oro Moraine aquifer system. Part II. Hutomated calibration and mas bolance calculations[J]. Journal of Hydrdog, 2001(1-2):73-90.

[7] Bradley C. Simulation of the annual water table dynamics of a floodplain wetland, Narborough Bog, UK[J]. Journal of Hydrology, 2002, 261(1-4):150-172.

[8] Bouarfa S, Zimmer D. Water – table shapes and drain flow rates in shallow drainage systems[J]. Journal of Hydrology, 2000, 235(3-4):264-275.

[9] A Hillbricht-Ilkowska, V Maitre. Water table fluctuations in the riparian zone: comparative results from a pan-European experiment[J]. Journal of Hydrology, 2002, 265(1-4):129-148.

[10] Cobby D M, David C M, Horritt M S, et al. Two-dimensional hydraulic flood modelling using a finite-element mesh decomposed according to vegetation and topographic features derived from airborne scanning laser altimetry[J]. Hydrol Process, 2002, 17:1979-2000.

[11] Cabrera M C, Custodio E. Groundwater flow in a volcanic-sedimentary coastal aquifer: Telde area, Gran Canaria, Chen Zhuoheng, Grasby Stephen E. and Osadetz Kirk G., 2002. Predicting average annual groundwater levels from climatic variables: an empirical model[J]. Journal of Hydrology, 2004, 260(1-4): 102-117.

[12] Ebrahee A M, Riad S, Wycisk P, et al. A local-scale groundwater flow model for groundwater resources management in Dakhla Oasis. SW Egypt[J]. Hydrogeology Journal, 2004, 12:714-722.

[13] Heilig A, Steenhuis T S, Walter M T, et al. Funneled flow mechanisms in layered soil: field investigations [J]. Journal of Hydrology, 2003, 279(1-4):210-223.

[14] Isabella Shentsis, Eliyahu Rosenthal. Recharge of aquifers by flood events in an arid region[J]. Hydrologi-

cal Processes,2003,17(4):695-712.

[15] 陈崇希,唐仲华.地下水流动问题数值方法[M].北京:中国地质大学出版社,2009.

[16] 黄子琛,王继和.民勤地区梭梭林衰亡原因的初步研究[J].林业科学,1983,19(1):79-84.

[17] 马金珠.魏红.民勤地下水资源开发引起的生态与环境问题[J].干旱区研究,2003,20(4):261-265.

[18] 马兴旺,李保国,吴春荣,等.绿洲区土地利用对地下水影响的数值模拟分析——以民勤绿洲为例[J].资源科学,2002,24(2):49-55.

[19] 丁宏伟,王贵玲,黄晓辉.红崖山水库径流量减少与民勤绿洲水资源危机分析[J].中国沙漠,2003,23(1):84-89.

[20] 俄有浩,严平,仲生年,等.民勤沙井子地区地下水动态研究[J].中国沙漠,1997,17(1):70-76.

[21] 范锡鹏.内陆河流域和山间盆地地下水资源评价[C]∥中国干旱半干旱地区地下水资源评价,1979:345-385.

[22] 谷源泽,张胜红,郭书英,等.FEFLOW 有限元地下水流系统[M].徐州:中国矿业大学出版社,2001.

[23] 贺国平,邵景力,崔亚莉,等.FEFLOW 在地下水流模拟方面的应用[J].成都理工大学学报(自然科学版),2003,30(4):356-361.

[24] 宋冬梅,肖笃宁,张志城,等.石羊河下游民勤绿洲生态安全时空变化分析[J].中国沙漠,2004,24(3):335-342.

[25] 王大纯,张人权.水文地质学基础[M].北京:地质出版社,1986.

[26] 俄有浩.民勤盆地地下水时空动态及其对生态环境变化影响过程的 GIS 辅助模拟[D].兰州:兰州大学,2005.

[27] 王刚.酒泉盆地地下水系统数值模拟研究[D].兰州:兰州大学,2007.

[28] 魏红.民勤盆地水资源承载力研究[D].兰州:兰州大学,2004.

[29] 朱高峰.民勤盆地地下水系统数值模拟与管理[D].兰州:兰州大学,2005.

[30] 薛禹群,谢春红.水文地质学的数值法[M].北京:煤炭工业出版社,1980.

[31] 薛禹群,朱学愚.地下水动力学[M].北京:地质出版社,1979.

[32] 张蔚榛.地下水土壤水动力学[M].北京:中国水利水电出版社,1996.

[33] 李安国,建功,曲强.渠道防渗工程技术[M].北京:中国水利水电出版社,1998.

[34] 李红星,樊贵盛.影响非饱和土渠床入渗能力主导因素的试验研究[J].水利学报,2009,40(5):630-634.

[35] 李红星,樊贵盛.基于点入渗参数计算土渠床自由渗漏损失的方法[J],水科学进展,2010,21(3):327-334.

[36] 薛禹群.地下水动力学原理[M].北京:地质出版社,1986.

[37] 雷志栋,杨诗秀,谢森传.土壤水动力学[M].北京:清华大学出版社,1988.

[38] 金永堂.渠道渗漏量计算与实验方法[C].北京:水利水电科学研究院,1986.

[39] 魏忠义,王治国,段喜明,等.河沟流域水分入渗的数学模型[J].水土保持研究,2000(4):34-37.

[40] 邵明安,王全九.推求土壤水分运动参数的简单入渗法 Ⅰ 理论分析[J].土壤学报,2000,37(1):,1-7.

[41] 邵明安,王全九.推求土壤水分运动参数的简单入渗法 Ⅱ 实验验证[J].土壤学报,2000,37(2):217-224.

[42] 刘继龙,马孝义,张振华.土壤入渗特性的空间变异性及土壤转换函数[J].水科学进展,2010(2):72-79.

[43] 武金慧,李占斌.水面蒸发研究进展与展望[J].水利与建筑工程学报,2007,5(3):46-50.

[44] 闵骞,张万琨.水库水面蒸发量计算方法的研究[J].水力发电,2003,29(5):36-39.

[45] 王永义.水面蒸发计算方法及其检验[J].地下水,2006,28(1):15-16.

[46] 闵骞.利用彭曼公式预测水面蒸发量[J].水利水电科技进展,2001,21(1):37-39.

[47] 李万义.适用于全国范围的水面蒸发量计算模型的研究[J].水文,2000,20(4):13-17.

[48] 陈惠泉.水面蒸发系数全国通用公式的验证[J].水科学进展,1995,6(2):116-120.

[49] 柴存英,王仰仁,王晓东.冬小麦储水灌溉节水增产效果分析[J].山西水利科技,1999(1):93-95.

[50] 刘冠,张新民,董平国.河西干旱区冬季免储水灌溉结合坐水种技术对春小麦出苗率和产量的影响[J].安徽农业科学,2009,37(20):9426-9429.

[51] 张新民,马忠民,胡想全,等.节水型冬季储水灌溉技术及其应用前景[J].中国农村水利水电,2007(3):48-49.

[52] 谢忠奎,王亚军,祁旭升,等.河西绿洲区储水灌溉节水技术研究[J].中国沙漠,2000,20(4):451-454.

[53] 陆祥生,梁智.武威灌溉农业节水问题思考[J].农业科技与信息,2006(9):26-27.

[54] 丁林,王以兵,李元红,等.干旱区辣椒全膜垄作沟灌与保水剂配合节水技术研究[J].干旱地区农业研究,2011,29(2):77-82.

[55] 翟治芬,赵元忠,景明,等.秸秆和地膜覆盖下春玉米农田腾发特征研究[J].中国生态农业学报,2010,18(1):62-66.

[56] 姚宝林,景明,施炯林.留茬覆盖免耕条件下土壤休闲期节水效应研究[J].西北农业学报,2008,17(2):122-125.

[57] 孙宏勇,张喜英,陈素英,等.农田耗水构成、规律及影响因素分析[J].中国生态农业学报,2011,19(5):1032-1038.

[58] 韩福贵,仲生年,俄有浩.民勤沙区降水及干旱特征分析[J].甘肃林业科技,1995(3):34-39.

[59] 丁林,金彦兆,李元红,等.石羊河流域农田休闲期耗水规律试验研究[J].中国生态农业学报,2012,20(4):447-453.

[60] 杜守宇.秋覆膜保墒抗旱技术[EB/OL].http://www.12346.gov.cn/,2008-10-19.

[61] 李光,高志强,孙敏,等.休闲期覆盖和施氮量对旱地小麦幼苗生理特性的影响[J].中国农学通报,2012,28(3):47-50.

[62] 贺立恒,高志强,孙敏,等.旱地小麦休闲期不同耕作措施对土壤水分蓄纳利用与产量形成的影响[J].中国农学通报,2012,28(15):106-111.

[63] 甘肃省水利科学研究院.石羊河灌溉水循环转化规律及节水技术研究[R].兰州:甘肃省水利科学研究院,2011.

第七章　流域治理节水灌溉标准化技术

第一节　水土资源耦合评价及种植结构优化

一、研究思路

作物是土壤、水分、阳光和空气等共同作用的产物,其中水分和土壤是决定农业生产的两大关键因素,也是可以通过人为调控的两大重要技术要素。土壤肥力决定着土地生产力的高低及其利用效益,同样决定着水分生产力的高低及其利用效益,而不同的作物对土地和水分的要求也不一样。在作物的整个生长发育过程中,水分和土壤相互作用、相互影响,但水分具有主导性的作用,水分决定着土壤养分的发挥程度。本书在对流域土壤性状、理化性质调查分析的基础上,研究流域不同灌区土壤肥力状况及布局,分析流域内不同作物适种条件,筛选提出适合流域种植的主要粮食作物、经济作物;以筛选作物为基础,通过建立土地生产力和水分生产力耦合评价模型,据此分析提出流域内各灌区主导作物优先种植顺序;在此基础上,研究提出流域内主导作物优化种植布局和种植结构调整建议。

本书在收集流域内各灌区土壤理化性质与水量、水质资料的基础上,通过对流域土壤理化性质、水分条件适宜性评价,提出土壤肥力评价指标,采用模糊评价方法建立土壤肥力评价模型,综合评价流域内各灌区土壤肥力;按照流域种植大田粮食作物、大田经济作物对土壤理化性质及水分条件的要求,筛选提出流域内各灌区适合种植的主导作物;以灌区尺度为单元,以筛选提出的主导作物为对象,以土地生产力、水分生产力中的土壤肥力、水质状况、社会经济因素等指标为约束条件,以经济效益、社会效益和生态效益等综合效益最大为原则,建立石羊河流域土地生产力和水资源配置耦合评价模型,分析提出节水高效作物种植结构,为指导石羊河流域农业种植结构调整,顺利实现流域生态治理目标提供技术支撑。

石羊河流域水土资源耦合评价及种植结构优化研究技术路线见图 7-1。

二、土壤肥力综合评价

(一)评价指标体系

土壤肥力是一个十分综合和相对模糊的概念,它是土壤各方面性质及影响其性质的诸多相关因素的综合反映,受到气候、地形、水文地质、管理水平、劳动投入、耕作时间等多方面因素的影响,因而表现出极强的空间差异。土壤肥力评价是指通过选择评价指标对土壤肥力水平进行等级评定的过程。由于多方面原因,国内目前还没有形成统一、规范的评价指标体系。但是,评价指标的选择仍然需遵守主导性、差异性、稳定性和可度量、可测量等原则,选取能真正反映土壤肥力特征的指标因子,建立评价指标体系。石羊河流域土壤肥力评价结合流域内不同区域土壤理化性质,根据专家建议,主要选取土壤理化指标 pH 值以及土壤养分指标(如有机质、全氮、速效氮、全磷、有效磷、全钾和速效钾等)作为评价指标,见表 7-1。

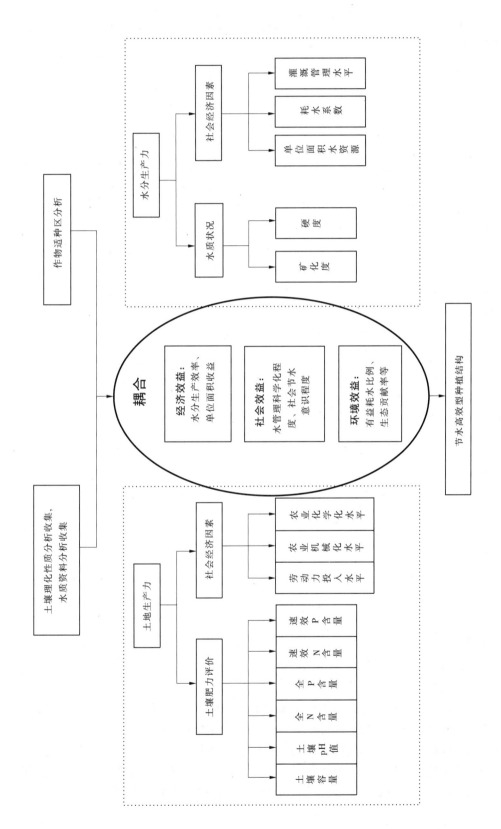

图 7-1 石羊河流域水土资源耦合评价及种植结构优化研究技术路线

表 7-1　土壤肥力评价指标表

指标类型	评价指标
土壤理化指标	pH 值
土壤养分指标	有机质、全氮、速效氮、全磷、有效磷、全钾、速效钾

(二)研究方法

土壤肥力水平是一个模糊概念,土壤肥力"高"和"低"之间存在模糊界限,而模糊评价法能够将众多带有精确值、区间值、语言值的指标数据进行统一处理,使各指标数据更加规范,从而在一定程度上提高评价的可靠性。因此,本书采用模糊评价法对石羊河流域土壤肥力进行评价。

具体评价过程主要采用模糊数学和多元统计分析原理相结合的方法,首先采用模糊数学方法计算各肥力指标隶属度,再用多元统计分析原理计算权重系数,最后把隶属度和隶属度权重系数加权求和,得出综合肥力指标值(Integrated Fertility Index,IFI)。IFI 取值范围为 0~1,其值越高,表明土壤肥力越好。

隶属度函数实际是所要评价的肥力指标与生长效应曲线之间关系的数学表达式,它可以将肥力评价指标标准化,并转变为范围为 0.1~1.0 的无量纲值(隶属度)。土壤肥力评价应用的隶属度函数通常有两类,分别是 S 型隶属度函数和抛物线型隶属度函数,不同的函数具有不同的表达式。

当函数为 S 型隶属度函数时:

$$F(x) = \begin{cases} 1.0 & x \geqslant x_2 \\ 0.1 + 0.9(x - x_1)(x_2 - x_1) & x_1 < x < x_2 \\ 0.1 & x \leqslant x_1 \end{cases} \tag{7-1}$$

式中:x 为评价指标数值;x_1 为指标下限值;x_2 为指标上限值。

当函数为抛物线型隶属度函数时:

$$F(x) = \begin{cases} 1.0 & x_2 \leqslant x \leqslant x_3 \\ 0.1 + 0.9(x - x_3)/(x_4 - x_3) & x_3 < x < x_4 \\ 0.1 + 0.9(x - x_1)/(x_2 - x_1) & x_1 < x < x_2 \\ 0.1 & x \leqslant x_1 \text{ 或 } x \geqslant x_4 \end{cases} \tag{7-2}$$

式中:x 为评价指标数值;x_1 为指标下限值;x_4 为指标上限值;x_2、x_3 为指标最优值。

确定各肥力指标后,依据指标适用函数类型及函数上限、下限和最优值等参数,将各指标实测数据代入函数公式得到隶属度值。

土壤肥力评价指标权重值为指标对土壤肥力的影响程度或贡献率,表示各指标在土壤肥力中的作用和地位。确定各肥力指标权重是土壤肥力综合评价的关键,也是目前土壤肥力评价的瓶颈。以往的评价大多凭经验人为确定权重或将其视为同等重要,评价结果的主观性比较强。为避免人为主观因素的干扰,选用因子分析方法,该方法旨在寻找对观察结果起支配作用的潜在因子(潜变量)的统计分析方法,根据土壤肥力各指标隶属度结果,使用

SPSS 统计软件计算各评价指标的公因子方差，公因子方差的贡献率即为评价指标的权重。

$$IFI = F_i W_i \qquad (7-3)$$

式中：F_i 为第 i 项土壤肥力评价指标的隶属度值；W_i 为第 i 项土壤肥力评价指标的权重值。

（三）结果与讨论

1. 土壤肥力评价指标隶属度

根据土壤样品的实测值，统计分析土壤肥力指标（见表 7-2）。根据生产实践经验，土壤 pH 值适中，才能促进作物生长，提高产量，过大或过小都将对作物生长和产量产生影响，因此归一化处理采用抛物线型隶属度函数较适宜；土壤的有机质、全氮、全磷、全钾和碱解氮、有效磷、有效钾等指标与作物生长呈正相关，指标越大，作物生长越好，但达到一定程度后，影响水平将稳定在同一水平，因此归一化处理采用 S 型隶属度函数进行较适宜。各肥力评价指标所选用的隶属度函数类型和阈值见表 7-3。

表 7-2　石羊河流域各灌区土壤肥力指标统计参数

特征值	pH 值	有机质（g/kg）	全氮（g/kg）	碱解氮（mg/kg）	全磷（g/kg）	有效磷（mg/kg）	全钾（g/kg）	速效钾（mg/kg）
平均值	8.39	14.66	0.84	66.24	0.86	16.21	10.33	159.67
最大值	9.00	22.92	1.40	100.37	1.69	31.22	23.62	202.13
最小值	7.88	6.90	0.42	22.10	0.56	9.34	1.47	108.00
标准差	0.38	4.57	0.29	22.92	0.22	5.58	8.68	22.67
变异系数	0.05	0.31	0.34	0.35	0.26	0.34	0.84	0.14

表 7-3　石羊河流域土壤各肥力评价指标所选用的隶属度函数类型和阈值

指标	隶属度函数类型	上限	最优值 1	最优值 2	下限
pH 值	抛物线型	9.00	8.26	8.63	7.88
有机质（g/kg）		22.92	—	—	6.90
全氮（g/kg）		1.40	—	—	0.42
碱解氮（mg/kg）		100.37	—	—	22.10
全磷（g/kg）	S 型	1.69	—	—	0.56
有效磷（mg/kg）		31.22	—	—	5.96
全钾（g/kg）		23.62	—	—	1.47
速效钾（mg/kg）		202.13	—	—	108.00

2. 土壤肥力评价指标权重

使用 SPSS 软件计算各评价指标的公因子方差，计算值表示该指标对土壤肥力的贡献，再根据公因子方差占总公因子方差的比重，计算得出各项肥力指标的权重，权重分析结果见表 7-4。

表 7-4 石羊河流域各项肥力指标公因子方差和权重计算结果

指标名称	全磷	速效钾	有效磷	pH 值	有机质	全氮	碱解氮	全钾
公因子方差	0.970	0.953	0.950	0.947	0.947	0.942	0.938	0.869
权重值	0.129 1	0.126 8	0.126 4	0.126 0	0.126 0	0.125 3	0.124 8	0.115 6

3. 土壤肥力综合评价指标

通过式(7-3)计算石羊河流域各灌区内样本点的土壤肥力综合评价指标值,结果为0.41~0.63,平均值为0.509,标准差为0.08,变异系数为0.01。石羊河流域各灌区土壤肥力综合指标分布见图7-2,石羊河流域土壤肥力状况见图7-3。

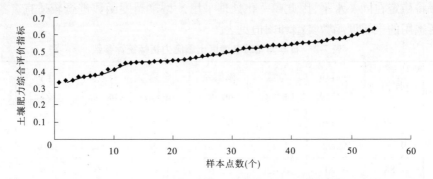

图 7-2 石羊河流域各灌区土壤肥力综合指标分布

图 7-3 石羊河流域土壤肥力状况

4. 结论

从石羊河流域土壤肥力状况综合评价结果可以看出,石羊河流域土壤肥力状况具有明显的空间异质性,自西南向东北土壤肥力逐渐降低;土壤肥力较好的区域主要分布在中游凉州区境内各灌区,下游民勤县境内各灌区土壤肥力相对较弱。土壤肥力的规律性分布与石羊河流域平原区土壤类型分布基本一致。中游凉州区内各灌区主要位于洪积扇扇缘,为河谷冲积平原,灌区内土壤经过长期灌淤、耕作、培肥而成,以绿洲灌溉耕作土和草甸土为主,灌区土壤肥力相对较好,土壤肥力综合评价指标值为 0.53~0.63;而民勤县位于流域下游,未形成绿洲前,主要为湖盆洼地和扇缘,形成绿洲后土壤又经受盐碱化和风沙的侵蚀,灌区内土壤以沼泽土、盐土和风沙土为主,土壤肥力相对较弱,土壤肥力综合评价指标值为 0.41~0.49。

中游凉州区和下游民勤县区域内土壤肥力也有差异,中游凉州区永昌灌区和下游民勤县环河、泉山灌区土壤肥力明显低于区域内平均水平。由于受地理位置、气候条件、开垦年限等影响,这些区域的土壤开发力度较大,区域内人多地少,生物产量基本为人畜所利用,有机物料难以有效还田,造成土壤腐殖质层变薄,改变了土壤养分收支平衡的状态,长时间过度开发利用使区域内土壤肥力水平相对较低。

5. 讨论

与收集到的东北和南方省区的土壤肥力评价结果比较发现,石羊河流域土壤肥力整体结果相对较低,综合分析认为,石羊河流域土壤开发指数相对较高,而在耕地投入和管理水平等方面则相对较低。因此,建议在土壤开发过程中追求高产的同时,应充分分析土壤养分的平衡状况,大力推行测土配方施肥技术;为防止流域内土壤退化,在施用化肥的同时,应进一步加大有机肥施用力度,保持土壤系统养分的可持续利用。

石羊河流域土壤肥力综合评价主要从土壤潜在生产能力角度进行,而土壤的现实生产力受气候、水热状况、施肥和经营制度等自然和人为因素影响较大,无法将这些指标具体量化到评价指标体系中。在今后的评价工作中,应进一步加强土壤潜在生产能力和现实生产能力之间差异的研究,找出造成土壤肥力差异的评价因子和量化评价方法,提出更加科学合理的评价结果,从而为科学、高效利用土地资源,指导流域农业生产,提高作物产量提供依据。

三、土地生产力和水分生产力耦合评价

(一)研究方法

以灌区为计算单元,考虑土壤肥力水平,以流域主导作物筛选为基础,通过模型计算,分析提出计算单元适种作物优劣顺序,为分区提出节水高效作物种植结构奠定基础。

参考联合国粮农组织 1971 年提出的土地生产力指数模型,本土地生产力和水分生产力耦合评价模型取经济、社会、环境各单因素的几何平均值作为总的目标函数:

$$PI = \sqrt[6]{F_1 F_2 F_3 F_4 F_5 F_6} \tag{7-4}$$

式中:PI 为土地生产力和水分生产力耦合评价指数,PI 越大表示耦合效益越好;F_1 为水分生产率指标;F_2 为作物经济效益指标;F_3 为农业管理科学化程度;F_4 为社会节水意识程度;F_5 为有益耗水比例;F_6 为作物生态效益贡献率。

1. 分目标函数指标 I ——经济效益

(1)水分生产率指标 F_1:在一定的作物品种和耕作栽培条件下,单位水资源量所获得的产量或产值,单位为 kg/m³ 或元/m³。

(2)作物经济效益指标 F_2:可用式(7-5)表示。

$$F_2 = A_j C_j S_j \tag{7-5}$$

式中:A_j 为第 j 种作物的种植面积,hm^2;C_j 为第 j 种作物产品的单价,元/kg;S_j 为第 j 种作物灌溉条件下产量,kg/hm^2。

2.分目标函数Ⅱ——社会效益

(1)农业管理科学化程度 F_3:主要对灌区管理机构设置情况、灌溉水管理秩序、水价政策、地下水灌溉相关政策以及农民是否参与灌溉管理和参与程度等方面的情况进行综合评价。

(2)社会节水意识程度 F_4:灌区群众的节水意识除受当地水资源禀赋条件影响外,还受农业水资源利用方式的影响。高效节水灌溉利用方式除向灌区群众展示高效节水的效果外,直接影响着农户的灌溉习惯。

评价方法可以采用评分法,就几个主要方面进行评分,并综合评分结果。

3.分目标函数Ⅲ——生态效益

(1)有益耗水比例 F_5:作物用于生产性消耗的水量与总用水量的比值,其中作物生产性消耗的水量采用甘肃省水利科学研究院已开展的相关试验数据。

(2)作物生态效益贡献 F_6:主要采用单位面积上作物的生态贡献率计算。

$$F_6 = A_j ECO_j \tag{7-6}$$

式中:ECO_j 为第 j 种作物灌溉时单位面积对生态的贡献率。

生态效益定量化指标见第八章第二节"绿洲灌区生态—经济种植结构优化"成果。

(二)评价指标体系

评价指标选取本着代表性、可量化性和独立性等原则,另外还要考虑评价指标的数据来源易于得到和进行分析计算。综合以上考虑,分灌区选择了单位面积纯收益、水分生产效率、农业水管理程度、社会节水意识程度、作物有益耗水比例和作物生态贡献率作为评价指标,构建了土地生产力和水分生产力耦合评价指标体系。石羊河流域土水耦合评价指标体系计算结果见表7-5。

表7-5　石羊河流域土水耦合评价指标体系计算结果

效益	经济效益		社会效益		生态效益	
指标	单位面积纯收益（元/hm²）	水分生产率（元/m³）	农业管理科学化程度（%）	社会节水意识程度（%）	作物有益耗水比例（%）	作物生态贡献率
小麦	6 510	3.70	90.00	92.00	55.56	0.05
玉米	11 265	3.80	90.00	92.00	66.67	0.05
棉花	19 125	8.31	90.00	92.00	64.29	0.06
洋葱	59 595	14.67	95.00	90.00	82.22	0.06
辣椒	27 660	6.00	95.00	90.00	73.56	0.14
籽瓜	7 110	3.99	95.00	90.00	86.67	0.12
茴香	19 605	6.25	95.00	92.00	64.29	0.06
葵花	13 575	5.38	92.00	92.00	71.43	0.07

（三）结论与建议

1. 评价结果

采用建立的土地生产力和水分生产力耦合（简称水土耦合）评价模型,对所选用的指标进行综合评价,评价结果见表7-6。从表7-6可以看出,综合考虑作物的经济效益、社会效益和生态效益,流域内各灌区作物种植的优劣顺序为洋葱、籽瓜、小麦、玉米、辣椒、棉花、茴香、葵花。

表7-6　石羊河流域土水耦合评价结果

序号	1	2	3	4	5	6	7	8
作物名称	洋葱	籽瓜	小麦	玉米	辣椒	棉花	茴香	葵花
评价结果	0.46	0.41	0.36	0.26	0.22	0.18	0.12	0.11

2. 结论与建议

根据土水耦合评价结果,结合流域主导作物筛选,提出石羊河流域各灌区作物优先种植顺序,石羊河流域各灌区作物优先种植顺序见表7-7。

表7-7　石羊河流域各灌区作物优先种植顺序

县（区）	灌区	适种作物
凉州区	金羊灌区	洋葱、籽瓜、小麦、辣椒、棉花、茴香、葵花
	金塔灌区	洋葱、籽瓜、小麦、玉米、辣椒、棉花、茴香、葵花
	黄羊灌区	洋葱、籽瓜、小麦、玉米、辣椒、棉花、茴香、葵花
	张义灌区	洋葱、籽瓜、小麦、玉米、辣椒、茴香、葵花
	杂木灌区	洋葱、籽瓜、小麦、玉米、辣椒、棉花、茴香、葵花
	永昌灌区	洋葱、籽瓜、小麦、辣椒、棉花、茴香、葵花
	西营灌区	洋葱、籽瓜、小麦、玉米、辣椒、棉花、茴香、葵花
	清源灌区	洋葱、籽瓜、小麦、辣椒、棉花、茴香、葵花
民勤县	昌宁灌区	洋葱、籽瓜、小麦、玉米、辣椒、棉花、茴香、葵花
	环河灌区	籽瓜、小麦、辣椒、棉花、茴香、葵花
	坝区	洋葱、籽瓜、小麦、玉米、辣椒、棉花、茴香、葵花
	泉山区	洋葱、籽瓜、小麦、玉米、辣椒、棉花、茴香、向日葵
	湖区	洋葱、籽瓜、小麦、辣椒、棉花、茴香、向日葵

石羊河流域各灌区作物优先种植顺序表明,经济效益最大的作物的综合效益不一定最大。一方面,在流域种植调整中,对作物的综合效益应予以充分重视;另一方面,农民以追求经济效益最大为目的,对综合效益的关注往往不够。因此,新技术、新成果的推广应用必须采取必要的行政干预和宣传引导,逐步提高群众意识,确保成果能够在生产实际中得以推广应用。

四、流域种植结构优化

(一)研究方法与约束条件

1. 研究方法

种植结构优化依据土地生产力和水分生产力耦合模型,分目标函数仍采用土地生产力和水分生产力耦合评价模型中的分目标函数,总目标为经济效益、社会效益、生态效益等综合效益最大;同时考虑各灌区土壤肥力的不同,造成土壤本底条件的差异,使灌区的肥料投入和种植成本差异较大。因此,在种植结构优化中,考虑将流域内各灌区土壤肥力评价结果作为经济效益目标函数,继而使流域的经济效益目标更加合理。目标函数见式(7-7)。

$$\max(F) = \max(IFI_i\alpha_1 F_1 + IFI_i\alpha_2 F_2 + \cdots + IFI_i\alpha_6 F_6) \tag{7-7}$$

式中:F 为目标函数值;$\alpha_1,\alpha_2,\cdots,\alpha_6$ 为各效益权重系数;其余符号意义同前。

2. 约束条件

1)配置水量约束

《石羊河流域近期重点治理规划》提出了流域内各县(区)各行业水量分配方案,凉州区、民勤县农业用水量不能超过农业水量分配方案,规划确定的凉州区、民勤县农业用水总量控制方案分别为 54 749 万 m³ 和 23 505 万 m³,种植结构优化中农业用水以此为红线控制指标。

2)单位面积配置水量约束

《石羊河流域近期重点治理规划》关键就是遏制石羊河流域的水资源过度开发利用。因此,水资源是石羊河流域发展的重要约束条件,各灌区单位面积灌溉水量不能超过规划配置水量。

3)总灌溉面积约束

《规划》划定了流域灌溉面积红线控制指标,凉州区、民勤县总配水面积 14.123 万 hm²。各种作物灌溉面积累计不能超过总灌溉面积。

$$\sum_{i=1}^{8} x_i \leq b \quad i = 1,2,\cdots,8 \tag{7-8}$$

式中:x_i 为各类作物灌溉面积,hm²;b 为流域总灌溉面积,hm²。

4)作物适种性约束

根据流域主导作物筛选和优化结果,灌区内不适宜种植的作物面积为零。

5)非负约束

各类种植作物面积非负。

$$x_i \geq 0 \quad i = 1,2,\cdots,8 \tag{7-9}$$

(二)结果与讨论

1. 方案拟定

采用 MATLAB 软件中的 fgoalattain 函数求解。fgoalattain 函数是 MATLAB 软件中多目标规划的求解方法之一,通过给定分目标函数权重,把多目标转化为单目标进行求解。

考虑到多目标决策过程本身不可能是一种纯客观的过程,必然要将决策者的意见、偏好和现实情况联系起来,通过确定经济效益、生态效益和社会效益权重,制定不同计算方案,只有通过模型与决策者之间高效合理的互动,才有可能产生科学合理的决策方案和优化方案。

按照前述方案设计原则,提出4种不同组合方案,见表7-8。

表7-8　石羊河流域种植结构优化拟订方案

方案	原则	拟定权重					
		F_1	F_2	F_3	F_4	F_5	F_6
一	同等重要	0.167	0.167	0.167	0.167	0.167	0.167
二	偏重经济效益	0.30	0.30	0.10	0.10	0.10	0.10
三	偏重社会效益	0.10	0.10	0.30	0.30	0.10	0.10
四	偏重生态效益	0.10	0.10	0.10	0.10	0.30	0.30

2. 优化结果

根据优化模型和拟订方案进行求解,优化结果见表7-9。

表7-9　石羊河流域种植结构优化结果　　　　　　　　　　（单位:万 hm²)

方案	同等重要	偏重经济效益	偏重社会效益	偏重生态效益
小麦	4.224	3.918	4.759	3.929
玉米	2.176	0.838	1.161	3.058
洋葱	0.564	0.361	0.803	0.375
籽瓜	0.564	0.361	0.355	0.371
辣椒	0.313	0.435	0.750	0.887
棉花	0.773	0.127	0.125	0.128
茴香	1.994	0.751	0.751	0.789
葵花	2.848	1.007	1.055	1.078
设施(蔬菜)	0.667	6.325	4.365	3.508
合计	14.123	14.123	14.123	14.123

从表7-9可知,方案一粮经种植比例为45∶55,方案二粮经种植比例为34∶66,方案三粮经种植比例为42∶58,方案四粮经种植比例为49∶51。方案一综合考虑各方面效益,流域内仍以粮食作物为主,种植比例占45%,同时经济附加值较高的茴香和葵花种植比例加大,占34.28%;方案二着重考虑经济效益,温室比例大幅度提高,占总种植比例的64%;方案三与方案四综合考虑了社会效益和生态效益占主要地位,但粮经作物种植比例略有差距。

3. 讨论

在落实最严格水资源管理制度,不能继续增加水资源可利用量的前提下,只有通过调整作物种植结构,依托节水明显、效益显著和利于生态环境的作物,压缩耗水量大且效益较低的传统作物种植面积,继续增加高效节水灌溉面积。因此,综合分析结果认为:鉴于石羊河流域治理的目的是通过流域水土资源优化配置,提高水资源利用效率,增加生态环境用水,拯救生态系统,因此推荐以生态效益为主的方案四。具体方案为:压缩春小麦及露地蔬菜等高耗水作物种植面积,结合现代节水技术发展设施农业,适当增加高效经济作物种植面积,粮经种植比例为 49∶51,粮食作物和经济作物的种植面积分别为 6.987 万 hm² 和 7.136 万 hm²。只有这样,才能在稳步提高农业收益的前提下,实现石羊河流域水土资源的优化配置,还水于生态。

第二节　灌溉效益与耗用水指标分析评价

一、主导作物不同灌溉方式用水效率分析

以武威市 2013 年农作物播种面积统计数据为依据,考虑高产高效作物优势,以及当地正在大力推进的种植结构调整和特色经济作物种植情况,分别选取制种玉米和春小麦作为石羊河流域主导粮食作物代表,酿酒葡萄、苹果、温室蔬菜作为主导经济作物代表。

(一)主导作物灌溉方式分析

经实地调研,流域主导粮食作物(制种玉米、春小麦)、经济作物(酿酒葡萄、苹果、温室蔬菜)主要灌溉方式见表 7-10。

表 7-10　石羊河流域主导粮食作物、经济作物灌溉方式

主导作物		主要灌溉方式
粮食作物	制种玉米	畦灌、沟灌、全膜垄作、膜下滴灌
	春小麦	畦灌、全膜畦灌、喷灌
经济作物	酿酒葡萄	沟灌、滴灌
	苹果	畦灌、滴灌
	温室蔬菜	膜下沟灌、膜下滴灌

(二)灌溉用水量分析

通过实地调查分析,结合试验数据以及有关部门工作成果,整理得到主要粮食作物、经济作物在不同种植模式、灌溉方式下的技术参数。流域内主导作物灌溉定额见表 7-11。

表 7-11　石羊河流域主导作物灌溉定额

主导作物		灌溉方式	播前灌水量 (m³/hm²)	生育期灌水量 (m³/hm²)	灌溉定额 (m³/hm²)
粮食 作物	制种 玉米	畦灌	1 500	3 750	5 250
		沟灌	1 500	1 800	3 300
		全膜垄作	1 500	1 500	3 000
		膜下滴灌	1 500	1 200	2 700
	春小麦	畦灌	1 500	3 000	4 500
		全膜畦灌	1 500	2 250	3 750
		喷灌	1 500	1 500	3 000

续表 7-11

主导作物		灌溉方式	播前灌水量 （m³/hm²）	生育期灌水量 （m³/hm²）	灌溉定额 （m³/hm²）
经济 作物	酿酒 葡萄	沟灌	1 500	2 250	3 750
		滴灌	1 500	300	1 800
	苹果	畦灌	1 500	4 500	6 000
		滴灌	1 500	3 000	4 500
	温室 蔬菜	膜下沟灌	1 050	2 955	4 005
		膜下滴灌	1 050	2 205	3 255

（三）灌溉产出分析

根据调研和试验所得产量数据，得到流域内主导作物灌溉产出数据，具体见表 7-12。

表 7-12　石羊河流域主导作物灌溉产出数据

主导作物		灌溉方式	单价 （元/kg）	产量 （kg/hm²）	总收入 （元/hm²）
粮食 作物	制种玉米	畦灌	2.2	12 495	30 000
		沟灌	2.2	13 755	33 000
		全膜垄作	2.2	13 755	33 000
		膜下滴灌	2.2	15 000	36 000
	春小麦	畦灌	2.0	7 500	15 000
		全膜畦灌	2.0	8 250	16 500
		喷灌	2.0	8 625	17 250
经济 作物	酿酒 葡萄	沟灌	3.0	15 000	45 000
		滴灌	3.0	17 250	51 750
	苹果	畦灌	1.8	40 005	72 000
		滴灌	1.8	41 670	75 000
	温室 蔬菜	膜下沟灌	3.0	57 495	172 500
		膜下滴灌	3.0	64 005	192 000

注：总收入中包括秸秆等收入。

（四）灌溉用水效率分析

1. 粮食作物

依据前述所得数据，计算得到石羊河流域主要粮食作物灌溉水生产效率，具体见表 7-13。由此可知，就粮食作物类型而言，制种玉米灌溉水生产效率明显优于春小麦。就灌溉方式而言，滴灌最优，喷灌次之，畦灌最低。其中，制种玉米畦灌方式需要的灌溉定额是膜下滴灌的 2 倍,远大于其他三种方式;小麦喷灌灌溉定额是畦灌的 2/3,水分生产效率较高。总体而言,制种玉米膜下滴灌灌溉水分生产效率最高,而小麦畦灌灌溉水生产效率最低。

表 7-13　石羊河流域主要粮食作物不同灌溉方式灌溉水分生产效率分析结果

作物类型	灌溉方式	总收入 (元/hm²)	灌溉定额 (m³/hm²)	灌溉水分利用效率 (元/m³)	排名
制种 玉米	畦灌	30 000	5 250	5.71	5
	沟灌	33 000	3 300	10.00	3
	全膜垄作	33 000	3 000	11.00	2
	膜下滴灌	36 000	2 700	13.33	1
春小麦	畦灌	15 000	4 500	3.33	7
	全膜畦灌	16 500	3 750	4.30	6
	喷灌	17 250	3 000	5.75	4

2. 经济作物

依据前述计算所得数据,得到石羊河流域主要经济作物灌溉水生产效率,具体见表 7-14。

表 7-14　主要经济作物不同灌溉方式灌溉水分生产效率分析结果

作物类型	灌溉方式	总收入 (元/hm²)	灌溉定额 (m³/hm²)	灌溉水利用效率 (元/m³)	排名
酿酒 葡萄	沟灌	45 000	3 750	12.00	5
	滴灌	51 750	1 800	28.75	3
苹果	畦灌	72 000	6 000	12.00	5
	滴灌	75 000	4 500	16.67	4
温室 蔬菜	膜下沟灌	172 500	3 975	43.40	2
	膜下滴灌	192 000	3 300	58.12	1

就作物种类而言,温室蔬菜灌溉水分生产效率远远优于其他经济作物,而苹果水分生产效率相对较低。就灌溉方式而言,滴灌灌溉水分生产效率远远优于沟灌、畦灌灌溉方式。总体来看,温室蔬菜膜下滴灌灌溉水分生产效率最高,温室蔬菜膜下沟灌次之,而苹果畦灌、酿酒葡萄沟灌灌溉水分生产效率最低。

二、主导作物不同灌溉方式经济效益分析

(一)粮食作物经济效益分析

根据石羊河流域大田粮食作物生产现状,结合试验数据,分析得出流域内主导粮食作物不同灌溉方式投入、产出、净效益结果,具体见表 7-15。

表7-15 粮食作物不同灌溉方式投入、产出、净效益结果 （单位：元/hm²）

主导作物	灌溉方式	机耕	水电	化肥	农药	地膜	种子	人工	管材	其他	总支出	总收入	净效益	排名
制种玉米	畦灌	750	3 750	4 950	735	900	1 080	10 050	0	1 500	23 715	30 000	6 285	2
	沟灌	750	3 300	4 950	735	1 350	960	13 500	0	6 150	31 695	33 000	1 305	7
	全膜垄作	750	3 300	4 950	735	1 350	960	12 975	0	6 150	31 170	33 000	1 830	6
	膜下滴灌	750	3 000	4 290	735	900	1 080	9 450	5 250	1 650	27 105	36 000	8 895	1
春小麦	畦灌	750	3 000	3 000	300	0	1 575	2 400	0	0	11 025	15 000	3 975	4
	全膜畦灌	750	3 000	3 000	300	900	1 575	3 000	0	0	12 525	16 500	3 975	4
	喷灌	750	3 000	3 000	300	0	1 575	1 500	3 000	0	13 125	17 250	4 125	3

由表7-15可见，就粮食作物而言，制种玉米净效益明显高于春小麦。就灌溉方式而言，膜下滴灌、喷灌经济效益最高，而沟灌经济效益最低。制种玉米膜下滴灌效益最高，其次为制种玉米畦灌，制种玉米畦灌和膜下滴灌两种方式净收入是其他两种方式的2倍，但考虑到采用滴灌技术能够得到政府提供的物资补贴，而畦灌所需投入的劳动力较低，成本比其他两种方式略低一点；经济效益最低的为制种玉米全膜垄作与制种玉米沟灌，单位面积净收入仅为前述两种灌溉方式的20%～25%，这主要是受到了起垄或开沟需要投入较多劳动力的影响。对小麦而言，三种灌溉方式的经济效益差别不大，认为灌溉方式对小麦经济效益的影响不大。

（二）经济作物经济效益分析

根据石羊河流域主导大田经济作物生产现状，结合试验数据，分析得出流域内主导经济作物不同灌溉方式投入、产出、净效益结果，具体见表7-16。

表7-16 经济作物不同灌溉方式的投入、产出、净效益结果 （单位：元/hm²）

主导作物	灌溉方式	机耕	水电	化肥	农药	地膜	种子	人工	管材	其他	总支出	总收入	净效益	排名
酿酒葡萄	沟灌	0	1 800	3 600	2 700	0	0	15 000	0	2 250	25 350	45 000	19 650	6
	滴灌	0	1 200	3 000	2 700	750	0	15 000	4 500	3 225	30 375	51 750	21 375	5
苹果	畦灌	0	3 750	13 500	5 025	0	0	19 800	0	5 250	47 325	72 000	24 675	3
	滴灌	0	3 000	12 000	5 025	0	0	19 800	5 250	5 250	50 325	75 000	24 675	3
温室蔬菜	膜下沟灌	750	4 995	8 025	3 750	750	10 545	10 500	0	15 000	54 330	172 500	118 170	2
	膜下滴灌	750	4 005	7 845	3 750	750	10 545	10 995	5 250	15 000	58 905	192 000	133 095	1

总体来说,经济作物中,温室蔬菜净效益最高,在总支出高于其他作物 300~2 000 元的水平下,其净效益高出 6 000 元以上。酿酒葡萄净收入低于苹果,但成本却只有苹果的一半左右。温室蔬菜膜下滴灌比膜下沟灌净收入高出 1 000 元左右,总支出高出 300 元左右,灌溉定额要减少 7 500 m³/hm²。目前,滴灌技术在果树、葡萄、温室蔬菜、棉花等高产出经济作物生产中推广情况良好,取得了显著的节水、增产效益。

三、主要作物不同灌溉方式综合效益评价研究

(一)评级指标体系

1. 指标体系构建

目前,关于不同作物或灌溉方式的综合效益评价,国内外仍没有形成统一的标准,评价指标的选取因每次评价目的的不同而不同。通过对流域内不同作物在不同灌溉方式下的综合效益进行优选评价,为流域种植结构调整和节水灌溉技术推广提供数据支持。

对于农业种植,绝大多数农民希望经济利益最大化,尽可能使投入能够得到更多回报;然而,本书则希望通过调整种植结构或采用节水灌溉方式,尽可能多地节约种植业用水量、提高水分利用效率。综合考虑前述两方面因素,从经济效益和用水效益两方面进行评价,以使优选结果能够同时满足效益最大化和提高水分利用效率的需求。另外,不同的作物和灌溉方式在经济投入、管理和操作等方面存在不同程度的差别,例如温室蔬菜相对于小麦需要投入更多的成本、管理人力,滴灌相比畦灌需要投入更多的成本、要求管理人员具有更高的素质等。考虑农户种植目的、管理人员素质对节水灌溉技术的认知程度等因素,引入社会效益准则,从管理和推广难易程度的角度出发,综合评价其对种植结构调整和节水灌溉方式推广的影响。依据上述原则构建的评价指标体系构架见图 7-4。

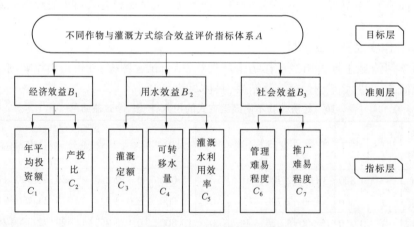

图 7-4　评价指标体系构架

2. 指标释义

1) 经济效益指标

(1) 年平均投资额(C_1)。指农户每年为保证生产正常进行所投入的总金额,温室建设费用按使用年限均摊,单位为元/hm²。

(2) 产投比(C_2)。产投比 = 单位面积年总产值/年平均投资额。

2）用水效益指标

（1）灌溉定额（C_3）。指作物全生育期内各次灌水量的总和（包括耕前储水灌溉），单位为 m^3/hm^2。

（2）可转移水量（C_4）。可转移水量 = 灌溉定额 – 农作物额定灌溉量，单位为 m^3/hm^2。农作物额定灌溉量参照《武威市行业用水定额（试行）》。

（3）灌溉水利用效率（C_5）。灌溉水利用效率 = 单位面积年总产值/灌溉定额，单位为元/m^3。

3）社会效益指标

（1）管理难易程度（C_6）。指作物日常管理、灌溉方式操作的方便程度，对种植、操作、维修人员的素质要求等，采用1、3、5、7、9评分制，分值越大表示越难。

（2）推广难易程度（C_7）。指向农民推广该作物和灌溉方式的难易程度，采用1、3、5、7、9评分制，分值越大表示越难。

（二）综合技术评价方法

1. 指标数据无量纲化处理

考虑到本次评价中没有指标为恒定值，且"可转移水量"指标可能会出现负值的情况，基于上述无量纲化处理方法适用范围，选用极差化处理法，极差法处理法公式见式（7-10）。

$$r_{ij} = \frac{\max A_j - a_{ij}}{\max A_j - \min A_j} \tag{7-10}$$

式中：a_{ij} 为评价指标值；$\max A_j$ 为 A 中第 j 个指标的最大值；$\min A_j$ 为 A 中第 j 个指标的最小值。

2. 指标权重计算——层次分析法

权重系数是指在一个领域中，对目标值起权衡作用的数值，一般分为主观权重系数和客观权重系数。主观权重系数（又称经验权数）是指人们对分析对象的各个因素，按其重要程度，依照经验，主观确定系数，例如德尔菲法、层次分析法等，这类方法人们研究得较早，也较为成熟，但客观性较差。客观权重系数是指经过对实际发生的资料进行整理、计算和分析，从而得出权重系数，例如熵权法、标准差法等，这类方法研究较晚，且很不完善，尤其是计算方法大多比较烦琐，不利于推广应用。考虑到实际使用的便捷程度及样本数据的获取，本书选用层次分析法。

1）判断矩阵构造

针对上一层次某一因素 A 而言，隶属于 A 的下一层因素有 $B_1,B_2,\cdots,B_n$，对 $B_1,B_2,\cdots,B_n$ 进行两两比较得出其相对重要性；为使判断定量化，参考 Saaty 的提议，按表7-17对比较结果进行赋值；将比较结果写成矩阵形式，即 A—B 层判断矩阵 A（见表7-18）。

表7-17　判断矩阵相对重要标度值及其含义

标度值	1	3	5	7	9	备注
标度值含义	元素 i 与元素 j 同等重要	元素 i 比元素 j 略重要	元素 i 比元素 j 重要	元素 i 比元素 j 重要得多	元素 i 比元素 j 极其重要	$b_{ij}=1/b_{ji}$

表 7-18　　*A—B* 层判断矩阵 *A*

A	*B*₁	*B*₂	⋯	*B*ₙ
B_1	b_{11}	b_{12}	⋯	b_{1n}
B_2	b_{21}	b_{22}	⋯	b_{2n}
⋮	⋮	⋮		⋮
B_n	b_{n1}	b_{n2}	⋯	b_{nn}

2）层次单排序计算

（1）计算判断矩阵各行元素连乘积：

$$M_i = \prod_{j=1}^{n} b_{ij} \tag{7-11}$$

式中：M_i 为判断矩阵各行元素连乘积；b_{ij} 为判断矩阵第 i 行第 j 列元素。

（2）计算 M_i 的 n 次方根：

$$\overline{W_i} = \sqrt[n]{M_i} \tag{7-12}$$

（3）对 $\overline{W_i}$ 进行归一化处理，求得特征向量，即元素 $B_i(i=1,2,\cdots,n)$ 的单排序权重值：

$$W_i = \frac{\overline{W_i}}{\sum\limits_{i=1}^{n} \overline{W_i}} \tag{7-13}$$

式中：W_i 为元素 B_i 的单排序权重值。

3）一致性检验

在运用中，很难精确判断各因素间的重要性，只能对其进行主观评估，因而和实际 b_{ij} 存在一定误差，则矩阵不能实现完全一致性。只有当判断矩阵基本满足一致性要求时，运用层次分析法得出的特征向量（权重）才是基本正确的。

（1）计算判断矩阵最大特征根：

$$\lambda_{\max} = \sum_{i=1}^{n} \frac{(AW)_i}{nW_i} \tag{7-14}$$

式中：$\lambda_{\max}$ 为判断矩阵的最大特征值；A 为评价指标的判断矩阵。

（2）计算一致性指标：

$$CI = \frac{\lambda_{\max} - n}{n - 1} \tag{7-15}$$

式中：CI 为评价指标序列的一致性指标。

（3）计算随机一致性比率：

$$CR = \frac{CI}{RI} \tag{7-16}$$

式中：CR 为评价指标序列的一致性比率；RI 为随机一致性指标，其值见表 7-19。

表 7-19　矩阵随机一致性指标 RI 值

阶数	1	2	3	4	5	6	7	8	9	10
RI	0	0	0.58	0.90	1.12	1.24	1.32	1.41	1.45	1.49

（4）判断一致性：若 $CR < 0.1$，则判断矩阵具有较高的一致性；若 $CR > 0.1$，则需要调整判断矩阵，直至达到满意的一致性。

4）总排序计算和一致性检验

设 A—B 层单排序结果为 W_{B1}，W_{B2}，$\cdots$，W_{Bn}，B_i—C（$i = 1,2,\cdots,n$）层单排序结果为 W_{1i}，W_{2i}，$\cdots$，W_{mi}，则 C 层总排序计算见表 7-20。

表 7-20　C 层总排序计算表

C 层	B 层				C 层总排序（权重）
	W_{B1}	W_{B2}	$\cdots$	W_{Bn}	
C_1	W_{11}	W_{12}	$\cdots$	W_{1n}	$W_{C1} = \sum_{i=1}^{n} W_{Bi} W_{1i}$
C_2	W_{21}	W_{22}	$\cdots$	W_{2n}	$W_{C2} = \sum_{i=1}^{n} W_{Bi} W_{2i}$
$\vdots$	$\vdots$	$\vdots$	$\vdots$	$\vdots$	$\vdots$
C_m	W_{m1}	W_{m2}	$\cdots$	W_{mn}	$W_{Cm} = \sum_{i=1}^{n} W_{Bi} W_{mi}$

总排序一致性检验时，CI、RI 值分别为 B_i—C 判断矩阵 CI、RI 值的加权平均值，权值为 B 层特征向量，计算公式如下：

$$CI_{总} = \sum_{i=1}^{n} W_{Bi} g CI_i \tag{7-17}$$

$$RI_{总} = \sum_{i=1}^{n} W_{Bi} g RI_i \tag{7-18}$$

$$CR_{总} = \frac{CI_{总}}{RI_{总}} \tag{7-19}$$

3. 综合评价分析——灰色关联度分析法

本次综合评价分析构建的指标体系，其中经济、社会等系统具有明显的层次复杂、结构模糊、随机动态变化等特性，调查样本大小引起的指标数据表现为不完全和不确定性等。为了能够尽量使用所有的样本数据，考虑使用灰色关联分析法，且评价指标最优值分为越大越好或越小越好两类，数据变化过程没有分级处理，适合灰色关联分析法。

灰色关联分析的基本思想是通过确定参考数据列和若干个比较数据列的几何形状相似程度来判断其联系是否紧密。该方法所要求样本容量可以少到 4 个，对无规律数据同样适用，不会出现量化结果与定性分析结果不符的情况。其基本步骤如下所述。

1）原始数据无量纲化处理

采用前述极差化法，得到标准矩阵 $R = \{r_{ij}\}_{n \times m}$。

2)计算关联系数

选取标准矩阵中各个评价指标的最大值构成参考数列：

$$\{r_{0j}\} = \{r_{01}, r_{02}, \cdots, r_{0m}\}$$

与参考数列作关联程度比较的 n 个数列：

$$R = \{r_{1j}, r_{2j}, \cdots, r_{nj}\} = \{r_{ij}\}_{n \times m}$$

第 i 个比较数列与参考数列对应指标 j 的绝对差值记为

$$\Delta_{0i}(j) = |r_{0j} - r_{ij}| \tag{7-20}$$

对于第 i 个比较数列，分别将 m 个 $\Delta_{0i}(j)$ 中的最小数和最大数记为 $\Delta_{0i}(\min)$ 和 $\Delta_{0i}(\max)$。对 n 个比较数列，又分别记 n 个 $\Delta_{0i}(\min)$ 中的最小者为 $\Delta(\min)$，n 个 $\Delta_{0i}(\max)$ 中的最大者为 $\Delta(\max)$。第 i 个比较数列与参考数列对应指标 j 的关联系数计算公式如下：

$$\zeta_{0i}(j) = \frac{\Delta(\min) + \rho\Delta(\max)}{\Delta_{0i}(j) + \rho\Delta(\max)} \tag{7-21}$$

式中：ρ 为分辨系数，用来削弱最大值 $\Delta(\max)$ 过大而使关联系数失真的影响，$0 < \rho < 1$。

3)计算关联度并排序

用比较数列与参考数列各指标关联系数的加权平均值来定量反映两个数列的关联程度，其中各指标的权值采用综合评判分析法计算所得的权重，关联度计算公式如下：

$$r_{0i} = \sum_{j=1}^{m} W_j \cdot \zeta_{0i}(j) \tag{7-22}$$

关联度大者表示比较数列与参考数列具有较高的相似度，即表明该参考数列更接近人们所期望的发展趋势；反之，则表示参考数列与人们的期望距离较远。由此，根据关联度大小对比较数列进行排序，进而得出最接近期望值的参评方案。

（三）实例分析

根据石羊河流域特征以及不同灌区灌溉水源和主导作物情况，将全流域分为 4 个灌溉区，即上游浅山雨养区、中游渠灌区、中游井灌区、下游井渠混灌区，具体分区见表 7-21、图 7-5。

表 7-21　石羊河流域灌溉分区

灌溉分区	灌溉水源	包含灌区	主要种植作物
上游浅山雨养区	大气降水	上游靠大气降水灌溉地区	春小麦、大麦、马铃薯、豆类、温室人参果、高原夏菜
中游渠灌区	渠水	西河、四坝、东河、金川、西营、金塔、杂木、黄羊、古浪河渠灌区等	春小麦、普通玉米、制种玉米、啤酒大麦、马铃薯、温室瓜菜、黄冠梨、枸杞、红枣
中游井灌区	井水	清河、永昌、金羊、清源、古浪河井灌区等	普通玉米、制种玉米、马铃薯、向日葵、鲜食葡萄、酿酒葡萄、番茄、辣椒、西瓜、温室番茄、温室辣椒、温室西瓜、苹果、黄冠梨、枸杞、红枣
下游井渠混灌区	井水、渠水	红崖山灌区	春小麦、普通玉米、棉花、向日葵、西瓜、无种壳西葫芦、鲜食葡萄、酿酒葡萄、洋葱、紫花苜蓿、黄冠梨、枸杞、红枣

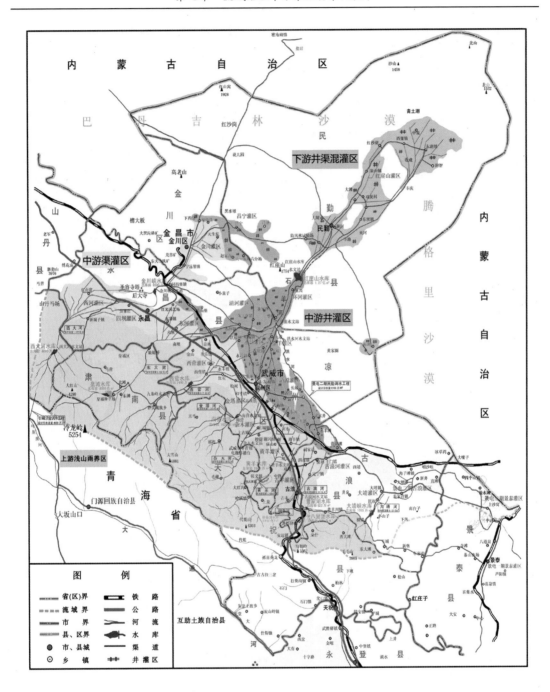

图 7-5　石羊河流域灌溉分区

1.原始数据无量纲化处理

对各类资料汇总整理后,处理得出各灌溉区不同作物与灌溉方式综合评价指标原始数据值,结果见表 7-22。应用极差化处理法,对原始数据进行标准化处理,得到标准矩阵参数。

表 7-22 各灌溉区不同作物与灌溉方式综合评价指标原始数据

灌溉分区	作物	覆盖方式	灌溉方式	C_1	C_2	C_3	C_4	C_5	C_6	C_7
上游浅山雨养区	春小麦	无	畦灌	635	1.10	330	−35	2.11	1	1
		覆膜	畦灌	700	1.20	330	−35	2.55	1	1
		无	喷灌	775	1.08	169	126	4.94	9	9
		覆膜	喷灌	820	1.22	126	169	8.00	9	9
		无	滴灌	820	1.12	204	91	4.50	9	9
	大麦	无	畦灌	550	1.64	300	−5	3.00	1	1
	马铃薯	覆膜	沟灌	700	2.57	360	−80	5.00	3	3
	豆类	覆膜	畦灌	120	2.50	120	120	2.50	1	1
	高原夏菜	覆膜	畦灌	2 100	2.29	360	40	13.33	3	1
		覆膜	沟灌	2 100	2.38	210	190	23.81	5	3
中游渠灌区	春小麦	无	畦灌	635	1.10	330	30	2.11	1	1
		覆膜	畦灌	700	1.20	330	30	2.55	1	1
		无	喷灌	775	1.08	169	191	4.94	9	9
		覆膜	喷灌	820	1.22	126	234	8.00	9	9
		无	滴灌	820	1.12	204	156	4.50	9	9
	普通玉米	覆秸秆	畦灌	1 150	1.46	426	−1	3.95	1	1
		覆膜	畦灌	1 200	1.71	417	8	4.93	1	1
	制种玉米	覆膜	畦灌	1 500	1.12	300	125	5.60	3	1
		覆膜	沟灌	1 500	1.29	150	275	12.93	5	3
		覆膜	隔沟交替灌	1 500	1.38	150	275	13.81	7	5
	啤酒大麦	无	畦灌	437	2.28	220	120	4.53	1	1
		无	沟灌	437	2.29	180	160	5.55	3	3
		覆草	沟灌	437	2.32	180	160	5.63	3	3
		覆膜	沟灌	470	2.01	180	160	5.26	3	3
		覆膜	滴灌	470	2.34	230	110	4.78	9	9
	马铃薯	无	沟灌	720	1.85	223	62	5.95	3	3
		覆膜	沟灌	720	2.14	223	62	6.90	3	3
		无	滴灌	720	4.31	220	65	14.10	9	9
		覆膜	滴灌	720	4.92	167	118	21.22	9	9
	温室瓜菜	覆膜	沟灌	1 650	2.73	470	−70	9.57	5	3
	黄冠梨	覆膜	沟灌	1 936	6.20	400	−160	30.00	3	7
	枸杞	覆膜	畦灌	4 170	2.88	600	−360	20.00	1	7
	红枣	覆膜	畦灌	1 800	2.67	300	−60	16.00	1	7

续表 7-22

灌溉分区	作物	覆盖方式	灌溉方式	C_1	C_2	C_3	C_4	C_5	C_6	C_7
中游井灌区	普通玉米	覆秸秆	畦灌	1 150	1.46	426	44	3.95	1	1
		覆膜	畦灌	1 200	1.71	417	53	4.93	1	1
	制种玉米	覆膜	畦灌	1 500	1.12	300	170	5.60	3	1
		覆膜	沟灌	1 500	1.29	150	320	12.93	5	3
		覆膜	隔沟交替灌	1 500	1.38	150	320	13.81	7	5
中游井灌区	马铃薯	无	沟灌	720	1.85	223	62	5.95	3	3
		覆膜	沟灌	720	2.14	223	62	6.90	3	3
		无	滴灌	720	4.31	220	65	14.10	9	9
		覆膜	滴灌	720	4.92	167	118	21.22	9	9
	葵花	覆膜	畦灌	640	3.28	380	−80	5.53	3	1
	鲜食葡萄	无	沟灌	350	1.20	80	240	5.25	3	3
		无	隔沟交替灌	350	1.56	67	253	8.17	7	5
		覆膜	沟灌	400	2.35	80	240	11.72	3	3
		覆膜	隔沟交替灌	400	3.35	67	253	20.11	7	5
		覆膜	滴灌	1 150	1.06	90	230	13.57	9	9
		覆膜	交替滴灌	1 150	1.08	45	275	27.79	9	9
	酿酒葡萄	覆膜	沟灌	2 930	0.96	277	43	10.14	3	3
		覆膜	小管出流	2 930	0.96	150	170	18.78	5	7
		覆膜	交替滴灌	2 930	0.43	77	243	16.23	9	9
		覆膜	调亏滴灌	2 930	0.44	63	257	20.41	9	9
	番茄	覆膜	沟灌	1 700	8.21	140	230	99.64	5	3
		覆膜	隔沟交替灌	1 700	8.21	93	277	149.46	7	5
	辣椒	覆膜	畦灌	1 100	6.47	300	70	23.71	3	1
		覆膜	沟灌	1 100	7.17	208	162	37.90	5	3
		覆膜	滴灌	1 100	4.32	220	150	21.59	9	9
	西瓜	覆膜	沟灌	850	5.66	215	85	22.36	5	3
		覆膜	调亏沟灌	850	5.38	138	162	33.21	3	3
	温室番茄	覆膜	沟灌	2 300	8.44	281	119	69.18	5	3
		覆膜	调亏沟灌	2 300	7.92	187	213	97.40	3	3
		覆膜	滴灌	2 300	7.36	225	175	75.22	9	9
	温室辣椒	覆膜	沟灌	1 900	7.40	342	58	41.12	5	3
		覆膜	调亏沟灌	1 900	7.55	304	96	47.11	3	3
	温室西瓜	覆膜	沟灌	7 000	5.71	400	0	100.00	5	3
	苹果	无	畦灌	2 932	3.69	323	−23	33.58	3	1
		无	调亏畦灌	2 933	3.95	296	4	39.16	1	3
	黄冠梨	覆膜	沟灌	1 936	6.20	400	−100	30.00	5	7
	枸杞	覆膜	畦灌	4 170	2.88	600	−300	20.00	1	7
	红枣	覆膜	畦灌	1 800	2.67	300	0	16.00	1	7

续表 7-22

灌溉分区	作物	覆盖方式	灌溉方式	C_1	C_2	C_3	C_4	C_5	C_6	C_7
下游井渠混灌区	春小麦	无	畦灌	455	2.64	500	-120	2.40	1	1
	普通玉米	覆秸秆	畦灌	1 150	1.46	426	44	3.95	1	1
		覆膜	畦灌	1 200	1.71	417	53	4.93	1	1
	棉花	覆膜	畦灌	685	2.13	360	-60	4.06	3	1
		覆膜	隔沟交替灌	685	2.96	96	204	21.08	7	5
		覆膜	调亏沟灌	685	2.18	96	204	15.56	3	3
		覆膜	滴灌	685	2.52	205	95	8.41	9	9
		覆膜	交替滴灌	685	2.04	96	204	14.51	9	9
		覆膜	调亏滴灌	685	2.36	96	204	16.80	9	9
	葵花	覆膜	畦灌	715	2.62	390	-90	4.81	3	1
	西瓜	覆膜	沟灌	850	5.66	215	165	22.36	5	3
		覆膜	调亏沟灌	850	5.38	138	242	33.21	3	3
	无种壳西葫芦	覆膜	畦灌	636	3.14	300	80	6.67	3	1
	鲜食葡萄	无	沟灌	350	1.20	80	200	5.25	3	5
		无	隔沟交替灌	350	1.56	67	213	8.17	7	5
		覆膜	沟灌	400	2.35	80	200	11.72	3	5
		覆膜	隔沟交替灌	400	3.35	67	213	20.11	7	5
		覆膜	滴灌	1 150	1.06	90	190	13.57	9	9
		覆膜	交替滴灌	1 150	1.08	45	235	27.79	9	9
	酿酒葡萄	覆膜	沟灌	2 930	0.96	277	3	10.14	3	5
		覆膜	小管出流	2 930	0.96	150	130	18.78	5	5
		覆膜	交替滴灌	2 930	0.43	77	203	16.23	9	9
		覆膜	调亏滴灌	2 930	0.44	63	217	20.41	9	9
	洋葱	覆膜	畦灌	3 463	2.05	700	-240	10.14	3	1
	紫花苜蓿	无	畦灌	260	5.00	220	20	5.91	1	1
		无	调亏畦灌	260	4.64	132	108	9.13	1	3
	黄冠梨	覆膜	沟灌	1 936	6.20	400	-100	30.00	3	7
	枸杞	覆膜	畦灌	4 170	2.88	600	-300	20.00	1	7
	红枣	覆膜	畦灌	1 800	2.67	300	0	16.00	1	7

2. 指标权重计算

依据前述方法,权重计算结果见表 7-23~表 7-27。

表 7-23　A—B 判断矩阵及其特征值

A	B_1	B_2	B_3	W	一致性检验
B_1	1	1	5	0.455	$\lambda_{max} = 3.000$
B_2	1	1	5	0.455	$CI = 0$
B_3	1/5	1/5	1	0.090	$CR = 0 < 0.1$

表 7-24　B_1—C 判断矩阵及其特征值

B_1	C_1	C_2	W	一致性检验
C_1	1	1/5	0.167	默认一致
C_2	5	1	0.833	

表 7-25　B_2—C 判断矩阵及其特征值

B_2	C_3	C_4	C_5	W	一致性检验
C_3	1	1/3	1/7	0.081	$\lambda_{max} = 3.065$
C_4	3	1	1/5	0.188	$CI = 0.032$
C_5	7	5	1	0.731	$CR = 0.056 < 1$

表 7-26　B_3—C 判断矩阵及其特征值

B_3	C_6	C_7	W	一致性检验
C_6	1	3	0.750	默认一致
C_7	1/3	1	0.250	

表 7-27　层次总排序

C 层	B_1 0.455	B_2 0.455	B_3 0.091	C 层总排序（权重）	一致性检验
C_1	0.167			0.076	
C_2	0.833			0.379	
C_3		0.081		0.037	$CI_{总} = 0.015$
C_4		0.188		0.086	$RI_{总} = 0.264$
C_5		0.731		0.332	$CR_{总} = 0.056 < 1$
C_6			0.750	0.068	
C_7			0.250	0.023	

3. 综合评价分析

应用前述灰色关联分析法,得到综合效益评价结果,见表 7-28。

表 7-28　石羊河流域主导作物综合效益评价结果

灌溉分区	作物	覆盖方式	灌溉方式	B_1		B_2		B_3		A	
				得分	排名	得分	排名	得分	排名	得分	排名
上游浅山雨养区	春小麦	无	畦灌	0.177	8	0.156	10	0.091	1	0.424	8
		覆膜	畦灌	0.181	6	0.158	9	0.091	1	0.430	7
		无	喷灌	0.172	10	0.205	4	0.030	8	0.408	9
		覆膜	喷灌	0.179	7	0.245	2	0.030	8	0.454	6
		无	滴灌	0.173	9	0.191	6	0.030	8	0.394	10
	大麦	无	畦灌	0.221	5	0.164	7	0.091	1	0.475	5
	马铃薯	覆膜	沟灌	0.427	1	0.162	8	0.061	6	0.649	3
	豆类	覆膜	畦灌	0.422	2	0.205	4	0.091	1	0.718	2
	高原夏菜	覆膜	畦灌	0.299	4	0.222	3	0.068	5	0.589	4
		覆膜	沟灌	0.327	3	0.439	1	0.049	7	0.815	1
中游渠灌区	春小麦	无	畦灌	0.195	13	0.179	22	0.091	1	0.464	15
		覆膜	畦灌	0.195	14	0.180	21	0.091	1	0.466	14
		无	喷灌	0.190	17	0.218	9	0.030	8	0.438	22
		覆膜	喷灌	0.192	15	0.242	5	0.030	8	0.463	17
		无	滴灌	0.190	19	0.207	13	0.030	8	0.427	23
	普通玉米	覆秸秆	畦灌	0.188	20	0.178	23	0.091	1	0.456	18
		覆膜	畦灌	0.191	16	0.182	20	0.091	1	0.464	16
	制种玉米	覆膜	畦灌	0.175	23	0.200	17	0.068	3	0.444	21
		覆膜	沟灌	0.178	22	0.268	4	0.049	6	0.496	9
		覆膜	隔沟交替灌	0.180	21	0.273	3	0.039	7	0.491	11
	啤酒大麦	无	畦灌	0.225	7	0.201	15	0.091	1	0.518	4
		无	沟灌	0.226	5	0.213	11	0.061	4	0.500	8
		覆草	沟灌	0.226	4	0.214	10	0.061	4	0.501	7
		覆膜	沟灌	0.218	8	0.213	12	0.061	4	0.491	10
		覆膜	滴灌	0.226	6	0.200	16	0.030	8	0.456	19
	马铃薯	无	沟灌	0.206	11	0.199	18	0.061	4	0.466	13
		覆膜	沟灌	0.212	9	0.202	14	0.061	4	0.475	12
		无	滴灌	0.284	3	0.233	7	0.030	8	0.547	3
		覆膜	滴灌	0.318	2	0.293	2	0.030	8	0.641	2
	温室瓜菜	覆膜	沟灌	0.207	10	0.191	19	0.049	6	0.447	20
	黄冠梨	覆膜	沟灌	0.421	1	0.385	1	0.055	5	0.861	1
	枸杞	覆膜	畦灌	0.190	18	0.234	6	0.077	2	0.502	6
	红枣	覆膜	畦灌	0.203	12	0.229	8	0.077	2	0.509	5

续表 7-28

灌溉分区	作物	覆盖方式	灌溉方式	B_1 得分	排名	B_2 得分	排名	B_3 得分	排名	A 得分	排名
中游井灌区	普通玉米	覆秸秆	畦灌	0.199	28	0.172	36	0.091	1	0.462	27
		覆膜	畦灌	0.202	27	0.173	35	0.091	1	0.466	25
	制种玉米	覆膜	畦灌	0.190	34	0.188	26	0.068	4	0.447	32
		覆膜	沟灌	0.192	33	0.228	9	0.049	6	0.469	23
		覆膜	隔沟交替灌	0.193	32	0.228	8	0.039	9	0.460	29
	马铃薯	无	沟灌	0.211	24	0.181	31	0.061	5	0.453	31
		覆膜	沟灌	0.215	22	0.181	30	0.061	5	0.457	30
		无	滴灌	0.255	14	0.186	29	0.030	10	0.471	22
		覆膜	滴灌	0.270	13	0.198	22	0.030	10	0.498	17
	葵花	覆膜	畦灌	0.235	18	0.166	37	0.068	4	0.469	24
	鲜食葡萄	无	沟灌	0.211	25	0.212	17	0.061	5	0.483	18
		无	隔沟交替灌	0.215	23	0.217	13	0.039	9	0.471	21
		覆膜	沟灌	0.225	19	0.216	14	0.061	5	0.501	15
		覆膜	隔沟交替灌	0.242	17	0.224	11	0.039	9	0.504	14
		覆膜	滴灌	0.194	30	0.214	15	0.030	10	0.439	33
		覆膜	交替滴灌	0.195	29	0.236	6	0.030	10	0.461	28
	酿酒葡萄	覆膜	沟灌	0.175	36	0.179	32	0.061	5	0.415	38
		覆膜	小管出流	0.175	35	0.203	20	0.045	7	0.423	36
		覆膜	交替滴灌	0.169	38	0.219	12	0.030	10	0.418	37
		覆膜	调亏滴灌	0.169	37	0.226	10	0.030	10	0.425	35
	番茄	覆膜	沟灌	0.412	3	0.291	2	0.049	6	0.752	2
		覆膜	隔沟交替灌	0.412	2	0.439	1	0.039	9	0.889	1
	辣椒	覆膜	畦灌	0.316	9	0.188	27	0.068	4	0.572	9
		覆膜	沟灌	0.349	7	0.211	18	0.049	6	0.610	7
		覆膜	滴灌	0.248	16	0.198	21	0.030	10	0.477	19
	西瓜	覆膜	沟灌	0.289	11	0.192	25	0.049	6	0.531	12
		覆膜	调亏沟灌	0.280	12	0.212	16	0.061	5	0.553	11
	温室番茄	覆膜	沟灌	0.427	1	0.230	7	0.049	6	0.706	4
		覆膜	调亏沟灌	0.383	4	0.282	3	0.061	5	0.725	3
		覆膜	滴灌	0.346	8	0.245	5	0.030	10	0.621	6
	温室辣椒	覆膜	沟灌	0.352	6	0.198	23	0.049	6	0.599	8
		覆膜	调亏沟灌	0.362	5	0.207	19	0.061	5	0.629	5
	温室西瓜	覆膜	沟灌	0.251	15	0.256	4	0.049	6	0.556	10
	苹果	无	畦灌	0.216	21	0.187	28	0.068	4	0.471	20
		无	调亏畦灌	0.221	20	0.194	24	0.083	2	0.498	16
	黄冠梨	覆膜	沟灌	0.294	10	0.178	34	0.043	8	0.516	13
	枸杞	覆膜	畦灌	0.194	31	0.160	38	0.077	3	0.431	34
	红枣	覆膜	畦灌	0.208	26	0.178	33	0.077	3	0.464	26

续表 7-28

灌溉分区	作物	覆盖方式	灌溉方式	B_1 得分	B_1 排名	B_2 得分	B_2 排名	B_3 得分	B_3 排名	A 得分	A 排名
下游井渠混灌区	小麦	无	畦灌	0.238	9	0.163	29	0.091	1	0.492	18
	普通玉米	覆秸秆	畦灌	0.195	22	0.181	25	0.091	1	0.467	24
		覆膜	畦灌	0.199	21	0.185	24	0.091	1	0.475	20
	棉花	覆膜	畦灌	0.219	15	0.174	27	0.068	4	0.462	26
		覆膜	隔沟交替灌	0.241	8	0.293	5	0.039	10	0.572	8
		覆膜	调亏沟灌	0.221	14	0.262	10	0.061	5	0.543	9
		覆膜	滴灌	0.229	12	0.207	20	0.030	11	0.467	25
		覆膜	交替滴灌	0.217	17	0.257	12	0.030	11	0.505	14
		覆膜	调亏滴灌	0.225	13	0.268	8	0.030	11	0.523	11
	葵花	覆膜	畦灌	0.231	11	0.173	28	0.068	4	0.472	22
	西瓜	覆膜	沟灌	0.377	2	0.286	7	0.049	8	0.712	3
		覆膜	调亏沟灌	0.353	3	0.446	1	0.061	5	0.860	1
	无种壳西葫芦	覆膜	畦灌	0.248	7	0.196	22	0.068	4	0.512	13
	鲜食葡萄	无	沟灌	0.211	19	0.225	16	0.057	6	0.493	17
		无	隔沟交替灌	0.218	16	0.238	15	0.039	10	0.495	16
		覆膜	沟灌	0.233	10	0.246	14	0.057	6	0.536	10
		覆膜	隔沟交替灌	0.261	6	0.291	6	0.039	10	0.591	6
		覆膜	滴灌	0.188	24	0.250	13	0.030	11	0.469	23
		覆膜	交替滴灌	0.189	23	0.366	2	0.030	11	0.585	7
	酿酒葡萄	覆膜	沟灌	0.166	27	0.200	21	0.057	6	0.423	29
		覆膜	小管出流	0.166	26	0.260	11	0.045	9	0.472	21
		覆膜	交替滴灌	0.158	29	0.266	9	0.030	11	0.455	27
		覆膜	调亏滴灌	0.158	28	0.295	4	0.030	11	0.483	19
	洋葱	覆膜	畦灌	0.184	25	0.176	26	0.068	4	0.428	28
	紫花苜蓿	无	畦灌	0.343	4	0.191	23	0.091	1	0.625	4
		无	调亏畦灌	0.322	5	0.216	19	0.083	2	0.621	5
	黄冠梨	覆膜	沟灌	0.420	1	0.330	3	0.055	7	0.804	2
	枸杞	覆膜	畦灌	0.201	20	0.221	18	0.077	3	0.500	15
	红枣	覆膜	畦灌	0.213	18	0.223	17	0.077	3	0.513	12

分析表 7-28 评价结果可以看出,由于气候、水源等条件的不同,石羊河流域不同灌溉分区主导作物综合效益存在较大差异。

1)上游浅山雨养区

薯类、豆类和高原夏菜等综合效益较高,但受大气降水不稳定的影响,作物品种与灌溉方式选择都受到了制约,导致正常年份只能种植一些粮食作物,或是在雨热同期时种植生育期较短的蔬菜等。

2)中游渠灌区

受上游来水影响,中游渠灌区水量具有不稳定性,年际效益变化大,对作物的生长影响较大。总体来说,特色经济作物收益较高;虽然黄冠梨等经济林综合效益最高,但在实际调查中发现,技术指导不到位、种植分散、管理缺失、市场变化大等问题严重,大多数农户种植积极性不高。该地区的温室蔬菜种植受来水不稳定影响,不能发挥设施农业的优势,不适宜在该区大规模推广。

3)中游井灌区

中游井灌区来水稳定,水量充足,能够满足大多数作物与灌溉方式要求。综合效益同样为经济作物高于粮食作物,其中温室种植为龙头产业,在多个村镇形成了产业化经营;制种玉米与酿酒葡萄同为该区特色作物,多为农户与公司之间的订单农业,能够确保农民的收益,降低种植风险。由于该区作物种类丰富,灌水周期长,应该且适宜试验推广低耗水作物和先进节水灌溉技术。

4)下游井渠混灌区

下游井渠混灌区水源条件与中游井灌区相似,且光热条件优越,适宜棉花、瓜类等特色经济作物生长,已经形成产业化种植。但由于土壤质地与蒸发强烈等因素存在,有必要大规模推行节水灌溉技术。

从全流域来看,以小麦、玉米经济效益最低,薯类、豆类和特色经济作物经济效益较高;节水效果则以低耗水作物及节水灌溉技术表现较优;粮食作物、管理措施简单的经济作物社会效益较好,而节水灌溉技术运用在管理和推广方面明显要难于传统的畦灌、沟灌等方式。

由此可见,首先,"压减粮食作物面积,大力发展特色经济作物"的种植结构调整方向是切合实际的。进行粮食作物面积压减时,需保证最低的粮食生产量,保障粮食安全。推广特色作物,应该从集中连片的示范区出发,规模化种植,集约化经营,产业化管理,立足地方特色,形成品牌效应,产生价格优势,调动农民的积极性,避免大面积、分散式种植情况。其次,节水技术虽然具有节水优势,但需要投入更多的成本,要求具有更高的操作能力。资金投入的增加使多数农户主动实施节水的积极性不高,而部分农民素质偏低,不能按要求进行运行操作与管理,导致节水技术不能带来节水效益,这些都严重妨碍了节水技术的推广应用。因此,相关部门在推广过程中,可适当增加补贴力度,减轻农民负担,并且应经常进行技术指导,不断提高农民的运行操作能力,在确保不减产的基础上实现节水目标,逐步增强农民推广应用节水技术的信心。同时,设施农业具有较大优势,但是对水源条件及管理人员的素质要求较高。因此,在推广应用中,一是要因地制宜,确保当地的自然条件适宜建设温室大棚;二是对种植户进行技术培训,提升管理水平,确保产生效益;三是应考虑产品销售渠道和引进特色品种的适宜性等问题。

第三节　流域大田作物节水灌溉标准化技术

一、调亏灌溉标准化技术

(一)调亏灌溉小麦标准化技术体系

调亏灌溉小麦在苗期—拔节期、孕穗—抽穗期、灌浆—成熟期等生育阶段进行水分亏缺处理;土壤水分亏缺程度分别为无水分亏缺 F、轻度水分亏缺 L、中度水分亏缺 M、重度水分亏缺 H,对应土壤含水率分别为田间持水量的 65% ~70%、60% ~65%、50% ~60%、45% ~50%。通过设定 LLL、LLM、MFL、MFM、MFH、HFF、HFM 等 7 个土壤水分调亏处理和 1 个充分供水对照处理 FFF 开展研究。

1. 调亏灌溉小麦产量效应

调亏灌溉小麦产量构成因素及生产效益计算结果见表 7-29。由此可见,不同水分调亏处理春小麦籽粒产量与穗粒重、粒重、株高呈极显著正相关($p < 0.01$),同时受小穗数的影响,但与穗长和穗粒数相关性不显著。这表明通过水分调亏以增加穗粒重、单粒重和株高是提高小麦籽粒产量的可行途径,应在农业生产中加以推广应用。

表 7-29　调亏灌溉小麦产量构成因素及生产效应计算结果

处理	穗长(cm)	小穗数(个)	穗粒数(粒)	穗粒重(g)	千粒重(g)	株高(cm)	籽粒产量(kg/hm²)	增产率(%)	地上部生物产量(kg/hm²)	比对照增加(%)
FFF	7.6	13.3	34.3	1.73	47.8	78.5	6 235	—	15 602	—
LLL	7.6	13.1	32.2	1.73	50.1	79.1	5 892	−5.5	16 519	5.9
LLM	8.0	13.7	38.3	1.95	46.0	78.1	5 824	−6.6	14 382	−7.8
MFL	8.3	14.0	38.5	1.99	50.7	82.4	7 058	13.2	18 055	15.7
MFM	8.5	14.0	39.7	1.93	52.7	81.0	7 057	13.2	18 716	19.9
MFH	8.6	14.0	38.0	1.83	52.0	79.8	6 440	3.3	17 706	11.9
HFF	8.2	14.2	40.1	2.18	52.4	79.8	7 263	16.5	20 412	30.8
HFM	8.3	14.1	38.6	2.01	51.0	78.7	6 167	−1.1	17 418	11.6

分析小麦产量效应发现,春小麦拔节期和灌浆—成熟期中度或重度水分调亏处理(MFL、MFM、MFH、HFF)均获得较高产量,表明某些生育期维持一定程度甚至较严重的水分亏缺亦能获得较高产量。此外,无论水分是否亏缺,小麦不同生育期连续恒水处理均会导致显著减产(LLL、LLM)。春小麦收获时各处理间地上部生物量(生物学产量)差异显著,且不同水分调亏处理与对照处理差异达显著水平,LLL 处理地上部生物量比 FFF 显著增加。LLM 处理地上部生物量比 FFF 对照显著降低,但其他 5 个调亏处理(MFL、MFM、MFH、HFF

及 HFM)生物量均比 FFF 显著提高。这说明适度适时调亏灌溉对春小麦地上部生物量的增加有利,特别是拔节期中度甚至重度调亏而孕穗—抽穗期恢复充分供水地上部生物量的增幅更大。但并非任何调亏处理都有利于增加生物产量,要视水分控制得是否适当而定。研究发现,拔节期、孕穗—抽穗期持续轻度水分调亏对地上部生物量产生的负面影响较大,有时甚至导致生物量降低达显著水平(LLM),说明持续水分亏缺即使是轻度水分胁迫也可严重影响小麦地上部生物量。因此,在农业生产中应尽量避免作物遭受持续干旱。

2.调亏灌溉小麦水分生产效率

调亏灌溉能显著提高春小麦水分生产效率,各生育期调亏处理与对照 FFF 间均存在显著差异。在所有水分调亏处理中,水分生产效率以 HFF 处理最高,达到 $1.67\ kg/m^3$,MFM次之,为 $1.63\ kg/m^3$,MFH、MFL 处理居第三,均为 $1.54\ kg/m^3$,而以全生育期始终充分供水处理 FFF 最低,只有 $1.24\ kg/m^3$。调亏灌溉小麦水分生产效率具体分析结果见表7-30。

表7-30　调亏灌溉小麦水分生产效率具体分析结果

处理	灌水量(mm)	耗水量(mm)	水分生产效率(kg/m^3)	节水率(%)
FFF	390	503	1.24	—
LLL	360	454	1.30	9.74
LLM	350	442	1.32	12.13
MFL	345	458	1.54	8.95
MFM	330	434	1.63	13.72
MFH	300	418	1.54	16.90
HFF	330	434	1.67	13.72
HFM	315	420	1.47	16.50

由此可见,试验条件下调亏灌溉春小麦水分生产效率表现与产量表现较为一致,这种表现缘于调亏处理较高的产量和相对较低的蒸散量,即产量越高,蒸散量越低,则水分生产效率越高。

3.调亏灌溉小麦耗水规律

春小麦不同水分调亏处理耗水模数变化趋势基本一致,各调亏灌溉处理与对照处理差异不大。调亏灌溉春小麦阶段耗水量出现两个高峰,分别是拔节—孕穗期、抽穗—灌浆期,其耗水模数分别在28%和27%以上(见表7-31);其次为孕穗—抽穗期,耗水模数均在17%以上;而分蘖—拔节期最小,耗水模数平均在5%左右。进一步分析可知,拔节—孕穗期耗水量大的原因是该阶段生育期长且作物日耗水强度较大,而抽穗—灌浆期耗水量大则是因为该阶段日耗水强度大。

由此可见,由于不同水分调亏处理春小麦阶段耗水量、日耗水强度的差异以及各生育阶段耗水量的累积效应,小麦全生育期总耗水量存在明显差异,其中,HFM 处理与 FFF 处理相差达83 mm。MFH 处理与 FFF 处理相差达85 mm。

表 7-31　调亏灌溉小麦耗水规律分析结果

处理	播种—分蘖			分蘖—拔节			拔节—孕穗		
	耗水量（mm）	耗水模数（%）	耗水强度（mm/d）	耗水量（mm）	耗水模数（%）	耗水强度（mm/d）	耗水量（mm）	耗水模数（%）	耗水强度（mm/d）
FFF	24.3	4.8	0.66	26.0	5.2	2.17	142.5	28.3	6.48
LLL	23.2	5.1	0.73	23.1	5.1	1.93	133.0	29.3	6.05
LLM	22.6	5.2	0.61	22.5	5.0	1.88	129.5	29.4	5.89
MFL	23.5	5.1	0.64	21.0	4.6	1.75	131.2	28.6	5.96
MFM	21.7	5.0	0.59	18.0	4.1	1.50	135.0	31.1	6.14
MFH	21.2	5.1	0.66	18.1	4.3	1.51	123.7	29.6	5.62
HFF	21.0	4.8	0.66	19.0	4.5	1.58	129.3	29.9	5.88
HFM	21.3	5.1	0.67	18.4	4.4	1.53	125.3	29.8	5.70

处理	孕穗—抽穗			抽穗—灌浆			灌浆—成熟			全生育期
	耗水量（mm）	耗水模数（%）	耗水强度（mm/d）	耗水量（mm）	耗水模数（%）	耗水强度（mm/d）	耗水量（mm）	耗水模数（%）	耗水强度（mm/d）	耗水量（mm）
FFF	97.1	19.3	4.86	138.8	27.6	7.31	74.3	14.8	5.31	503
LLL	85.7	18.9	4.29	135.6	29.9	7.14	53.4	11.8	3.81	454
LLM	83.4	18.9	4.17	132.0	29.9	6.95	52.0	11.9	3.71	442
MFL	80.3	17.5	4.02	140.4	30.7	7.39	61.6	13.4	4.40	458
MFM	74.5	17.2	3.73	133.4	30.7	7.02	51.4	11.8	3.67	434
MFH	72.5	17.3	3.63	129.5	31.0	6.82	53.0	12.7	3.79	418
HFF	75.3	17.4	3.77	134.4	30.8	7.07	55.0	12.7	3.91	434
HFM	72.7	17.3	3.64	130.1	31.0	6.85	52.2	12.4	3.73	420

4.调亏灌溉小麦经济效益

调亏灌溉小麦经济效益分析结果见表7-32。由此可知,各处理投入差别不大,但由于产量的提高,处理 MFL、MFM、HFF 较对照均可增收 2 000 元/hm² 以上,说明在小麦适宜生育阶段实施水分调控,不但可节水,还可增产,增加收入,具有明显的抗旱节水效果。结合前述分析可知,HFF 处理生育期灌溉定额较常规灌溉降低 60 mm,生育期耗水减少 85.5 mm,经济效益提高 35.7%。因此,在小麦适宜生育期实施调亏灌溉可有效节约水资源,提高水分生产效率,是实现农业增产、农民增收的实用灌溉技术。

5.调亏灌溉小麦标准化技术体系

节水模式:秋耕冬灌 + 常规播种 + 调亏灌溉。

表7-32　调亏灌溉小麦经济效益分析结果

处理	生产投入（元/hm²）	产出（元/hm²）			净产值（元/hm²）	增收（元/hm²）	投产比
		籽粒产出	秸秆产出	总计			
FFF	7 635	14 964.0	2 340.3	17 304.3	9 669.3	—	1:2.27
LLL	7 505	14 140.8	2 477.9	16 618.7	9 113.7	−555.6	1:2.21
LLM	7 475	13 977.6	2 157.3	16 134.9	8 659.9	−1 009.4	1:2.16
MFL	7 460	16 939.2	2 708.3	19 647.5	12 187.5	2 518.2	1:2.63
MFM	7 375	16 936.8	2 807.4	19 744.2	12 369.2	2 699.9	1:2.68
MFH	7 285	15 456.0	2 655.9	18 111.9	10 826.9	1 157.6	1:2.49
HFF	7 375	17 431.2	3 061.8	20 493.0	13 118.0	3 448.7	1:2.78
HFM	7 330	14 800.8	2 612.7	17 413.5	10 083.5	414.2	1:2.38

　　技术要求:前茬作物收割后,秋耕、冬灌。次年播种前深翻、耙耱、机械播种,定期监测土壤水分,适时进行第一次灌水。

　　技术指标:在小麦苗期—拔节期、孕穗—抽穗期、灌浆—成熟期三个生育阶段土壤含水率下限分别控制在田间持水量的45%～50%、65%～70%、65%～70%(HFF处理),其他生育阶段无水分亏缺。播种行距10 cm,播种量375 kg/hm²,冬灌定额1 200 m³/hm²。

　　灌水:全生育期灌水4次,采用小畦灌溉,灌水定额控制在750～900 m³/hm²,灌溉定额3 300 m³/hm²。

　　追肥:分别在拔节期、灌浆期结合灌水施肥2次,每次施尿素225 kg/hm²。

（二）调亏灌溉玉米标准化技术体系

　　调亏灌溉夏玉米设计在出苗—拔节、拔节—抽雄、抽雄—成熟等生育期实施水分亏缺处理;土壤水分亏缺程度分别为无水分亏缺F、轻度水分亏缺L、中度水分亏缺M、重度水分亏缺H,土壤含水率分别为田间持水量的65%～70%、60%～65%、50%～60%、45%～50%。设置LLL、LLM、MFL、MFM、MFH、HFF、HFM等7个土壤水分调亏处理和1个充分供水对照处理FFF开展研究。

　　1.调亏灌溉玉米产量效应

　　调亏灌溉玉米产量构成因素及效应分析结果见表7-33。由表7-33可知,一方面,不同水分调亏处理玉米籽粒产量除与穗粒重、穗重、穗粒数呈极显著正相关外,还受百粒重影响,但与穗长和穗行数相关性不显著。由此表明,通过水分调亏以增加穗粒重、穗重和穗粒数是提高玉米产量的可行途径。另一方面,玉米苗期、灌浆—成熟期中度或重度水分调亏处理(HFF、MFL、MFM)均获得较高产量,表明玉米某些生育期维持一定程度甚至较严重的水分亏缺亦能获得较高产量。而且,除LLL处理外,玉米收获时各处理间地上部生物量(生物学产量)差异显著,且不同水分调亏处理与对照处理差异均达显著水平,HFF处理显著增加,HFM处理显著降低。这说明适度适时调亏灌溉对玉米地上部生物量的增加有利,特别是苗期中度甚至重度调亏而孕穗和抽穗期恢复充分供水地上部生物量的增幅更大,这与玉米籽粒产量的表现极为相似。同时,灌浆成熟期中度以上水分调亏对地上部生物量产生的负面影响较大,有时甚至导致生物量降低达显著水平(HFM),这说明玉米灌浆期持续水分亏缺即使是轻度水分胁迫也可严重影响地上部生物量。

表 7-33　调亏灌溉玉米产量构成因素及效应分析结果

处理	株高(cm)	穗长(cm)	穗行数(行)	秃尖长(cm)	穗粒数(粒)	穗粒重(g)	穗重(g)	百粒重(g)	籽粒产量(kg/hm²)	增产率(%)	地上部生物产量(kg/hm²)	比对照增加(%)
FFF	189	18.5	16	1.5	488	205.6	264.4	41.61	12 802.5	—	25 244	—
LLL	182	19.2	20	1.8	494	233.3	301.1	41.37	13 821.6	7.96	25 511	1.06
LLM	189	21.5	14	1.4	507	224.0	294.4	42.34	12 787.2	-0.12	26 278	4.09
MFL	200	19.3	20	1.4	525	245.8	331.6	48.84	14 094.3	10.09	27 225	7.84
MFM	194	19.6	16	1.5	513	237.5	307.1	46.38	13 614.4	6.34	27 879	10.44
MFH	189	17.8	14	1.7	450	175.6	211.1	39.43	12 565.0	-1.86	26 066	3.26
HFF	204	20.1	16	0.7	528	241.1	323.1	45.12	15 094.7	17.90	27 837	10.27
HFM	182	19.2	14	1.7	464	223.3	297.0	40.93	12 066.6	-5.75	24 425	-3.25

2. 调亏灌溉玉米水分生产效率

调亏灌溉能显著提高玉米水分生产效率,调亏处理与对照 FFF 处理存在显著差异。在所有水分调亏处理中,水分生产效率以 HFF 处理最高,为 2.63 kg/m³(见表 7-34);MFM、MFL 处理仅次于 HFF 处理,分别为 2.55 kg/m³ 和 2.53 kg/m³;以全生育期充分供水的 FFF 处理最低,只有 1.87 kg/m³;其次为拔节期、孕穗期和抽穗期,始终轻度调亏,而灌浆—成熟期中度调亏的 LLM 处理。由此可见,试验条件下调亏灌溉玉米水分生产效率表现与产量表现基本一致,这种表现缘于调亏处理较高的产量和相对较低的蒸散量,即产量越高,蒸散量越低,则水分生产效率越高。

表 7-34　调亏灌溉玉米水分生产效率

处理	灌溉定额(mm)	耗水量(mm)	水分生产效率(kg/m³)	节水率(%)
FFF	540	684	1.87	—
LLL	470	584	2.37	14.62
LLM	455	576	2.22	15.79
MFL	440	558	2.53	18.42
MFM	430	534	2.55	21.93
MFH	420	518	2.43	24.27
HFF	480	574	2.63	16.08
HFM	415	520	2.32	23.98

3. 调亏灌溉玉米耗水规律

玉米不同水分调亏处理耗水模数变化趋势基本一致,各调亏灌溉处理间及其与对照间差异均不大。调亏灌溉玉米阶段耗水量出现两个高峰,分别是苗期—拔节期和抽穗—灌浆期,其耗水模数分别在 19% 和 23% 以上;其次为拔节—抽穗期和播种—苗期,耗水模数均在 14% 以上。拔节—孕穗期耗水量大的原因是该阶段生育期长且作物日耗水强度较大,而孕穗—灌浆期耗水量大的原因则是该阶段日耗水强度大。

表 7-35　调亏灌溉玉米耗水规律分析结果

| 处理 | 播种—苗期 | | | 苗期—拔节 | | | 拔节—抽穗期 | | | 抽穗—灌浆期 | | | 灌浆—成熟期 | | | 全生育期 |
	耗水量 (mm)	耗水模数 (%)	耗水强度 (mm/d)	耗水量 (mm)	耗水模数 (%)	耗水强度 (mm/d)	耗水量 (mm)	耗水模数 (%)	耗水强度 (mm/d)	耗水量 (mm)	耗水模数 (%)	耗水强度 (mm/d)	耗水量 (mm)	耗水模数 (%)	耗水强度 (mm/d)	耗水量 (mm)
FFF	110.8	16.2	2.2	144.3	21.1	5.8	102.0	14.9	9.3	204.7	29.9	6.0	122.3	17.9	2.7	684.0
LLL	98.8	16.9	2.0	114.3	19.6	4.6	104.6	17.9	9.5	172.6	29.6	5.1	93.7	16.0	2.1	584.0
LLM	103.1	17.9	2.1	117.5	20.4	4.7	112.7	19.6	10.2	151.5	26.3	4.5	91.2	15.8	2.0	576.0
MFL	87.9	15.8	1.8	113.2	20.3	4.5	108.6	19.5	9.9	154.6	27.7	4.5	93.7	16.8	2.1	558.0
MFM	88.7	16.6	1.8	132.7	24.9	5.3	103.4	19.4	9.4	136.4	25.5	4.0	72.4	13.6	1.6	534.0
MFH	86.9	16.8	1.7	134.2	25.9	5.4	105.8	20.4	9.6	122.7	23.7	3.6	68.4	13.2	1.5	518.0
HFF	82.5	14.4	1.7	134.5	23.4	5.4	115.2	20.1	10.5	153.6	26.8	4.5	88.2	15.4	2.0	574.0
HFM	80.1	15.4	1.6	132.8	25.5	5.3	105.8	20.3	9.6	137.3	26.4	4.0	64.0	12.3	1.4	520.0

因此,由于不同水分调亏处理玉米阶段耗水量、日耗水强度的差异以及各生育阶段耗水量的累积效应,小麦全生育期总耗水量还是存在明显差异,其中耗水量最小的 MFH 处理较对照减少 166 mm。

4.调亏灌溉玉米经济效益

调亏灌溉玉米经济效益分析结果见表 7-36。由此可见,各处理投入差别不大,但由于产量的提高,处理 MFL、LLL、HFF 等调亏处理均有明显的增产作用,尤其 HFF 处理表现最为明显,较对照增收 5 282.9 元/hm²。结合前述分析可知,HFF 处理灌水量较常规灌溉降低 60 mm,生育期耗水降低 110 mm,经济效益提高 25.0%。这说明在玉米适宜生育阶段实施水分调控,不但可节水,还可增产。

表 7-36　调亏灌溉玉米经济效益分析结果

| 处理 | 生产投入 (元/hm²) | 产出(元/hm²) | | | 净产值 (元/hm²) | 增收 (元/hm²) | 投产比 |
		籽粒产出	秸秆产出	总计			
FFF	8 310	26 885.3	2 524.4	29 409.7	21 099.7	—	1:3.54
LLL	8 085	29 024.8	2 551.1	31 575.9	23 490.9	2 391.2	1:3.91
LLM	8 040	26 853.0	2 627.8	29 480.8	21 440.8	341.1	1:3.67
MFL	7 995	29 597.9	2 722.5	32 320.4	24 325.4	3 225.7	1:4.04
MFM	7 950	28 590.2	2 787.9	31 378.0	23 428.0	2 328.3	1:3.95
MFH	7 920	26 386.4	2 606.6	28 993.0	21 073.0	−26.7	1:3.66
HFF	8 100	31 698.9	2 783.7	34 482.6	26 382.6	5 282.9	1:4.26
HFM	7 905	25 339.8	2 442.5	27 782.3	19 877.3	−1 222.4	1:3.51

5.调亏灌溉玉米标准化技术体系

节水模式:秋耕免冬灌 + 常规播种 + 调亏灌溉。

技术要求:前茬作物收割后,秋耕、免冬灌。次年播种前深翻、耙糖、人力机械播种,定期监测土壤水分,播后灌安种水。

技术指标:在玉米出苗—拔节期、孕穗期和抽穗期、灌浆—成熟期三个生育阶段土壤含水率下限分别控制在田间持水量的 45% ~ 50%、65% ~ 70%、65% ~ 70%。播种行距 45 cm,株距 30 cm,播种量 52.5 ~ 67.5 kg/hm²。

灌水:全生育期灌水 5 ~ 6 次,采用小畦灌溉,灌水定额控制在 750 ~ 900 m³/hm²,灌溉定额 4 800 m³/hm²。

追肥:分别在拔节期、灌浆期结合灌水施肥 2 次,每次施尿素 225 kg/hm²。

(三)调亏灌溉西瓜标准化技术体系

由于西瓜是一种耗水量很大的作物,因此在制定灌水定额时尽量不让其发生重度亏水。以当地常用的灌水定额作为标准灌水定额(简称标准水量),另以标准水量的 1/2、2/3、1/3 作为调亏灌水定额。标准水量依生育期而定,播种—开花期 450 m³/hm²,开花—坐果期 300 m³/hm²,坐果—膨大期 2 250 m³/hm²(分 5 次灌,每次 450 m³/hm²),膨大—成熟期 225 m³/hm²。小区宽度 4 m,长度 16 m,各小区之间用输水沟隔开,设计沟深 25 cm、宽 50 cm。西瓜种植行距 1.5m、株距 30 ~ 40 cm。每小区中有 100 棵西瓜。调亏灌溉西瓜试验设计见表 7-37。

表 7-37　调亏灌溉西瓜试验设计结果

处理	播种—开花期	开花—坐果期	坐果—膨大期	膨大—成熟期
T1	1/2	标准	标准	标准
T2	标准	1/2	标准	标准
T3	标准	标准	1/2	标准
T4	2/3	标准	标准	标准
T5	标准	2/3	标准	标准
T6	标准	标准	2/3	标准
CK	标准	标准	标准	标准

1.调亏灌溉西瓜产量效应

从西瓜产量(见表 7-38)可以看出,充分灌溉情况下的西瓜产量并非最高,产量最高的是在坐果—膨大期按 2/3 标准水量灌溉的 T6 处理,相比对照增产 3.81%,而按 1/2 标准水量灌溉的 T3 处理,产量却下降了 3.42%。这说明膨大期是果实的快速生长期,适度的水分亏缺有利于西瓜果实的生长,而严重的水分亏缺会导致减产,不应重度亏水;在播种—开花期进行亏水的 T1、T4 处理,按 1/2 标准水量灌溉的 T1 处理减产率高于按 2/3 标准水量灌溉的 T4 处理;在开花—坐果期进行亏水的处理 T2 和 T5,T2 减产 0.50%,T5 反而增产

2.94%;即在播种—开花期和开花—坐果期进行水分亏缺,适度亏水对产量影响不大,甚至有增产的现象。分析节水效率可知,处理 T5、T6 在产量增加的基础上,节水效率较对照提高 1.59% 和 9.71%。这说明西瓜虽然是一种耗水量极大的作物,但在适当阶段进行适宜亏水仍可以达到不减产,甚至实现增产。

表7-38　调亏灌溉西瓜产量效应分析结果

处理	灌溉定额(mm)	耗水量(mm)	产量(kg/hm²)	增产率(%)	节水率(%)
T1	300.0	356.9	56 561.4	−5.90	5.36
T2	307.5	363.8	59 805.0	−0.50	3.53
T3	205.0	301.1	58 050.0	−3.42	20.15
T4	307.5	364.3	59 781.0	−0.54	3.39
T5	312.5	371.1	61 876.8	2.94	1.59
T6	247.5	340.5	62 400.0	3.81	9.71
CK	322.5	377.1	60 107.1	—	—

2. 调亏灌溉西瓜水分生产效率

调亏灌溉西瓜水分生产效率见图7-6。由此可见,随着西瓜生育期的递推,不同亏水处理的水分生产效率逐渐提高,除播种—开花期 T1 处理水分生产效率降低外,其他各处理均显著提高,结合前述分析可知,在开花—坐果期、坐果—膨大期适度亏水可以同时获得节水、增产的双重效果。

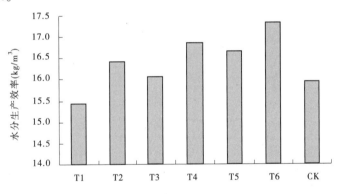

图7-6　调亏灌溉西瓜水分生产效率

3. 调亏灌溉西瓜耗水规律

调亏灌溉西瓜耗水规律分析结果见表7-39。由此可见,CK 处理耗水量最大,为 377.1 mm,T3 处理最小,为 301.1 mm。各处理耗水模数较大阶段为播种—开花期和坐果—膨大期,前者持续时间较长(65 d),累计耗水量增加,而后者是处于需水高峰期耗水量较大所致;同样,在坐果—膨大期耗水强度也是最大的,各处理在 5.15~6.40 mm/d。西瓜不同生育期亏水灌溉导致该生育期耗水量相对降低,进而影响到全生育期的耗水量,从总的趋势来看,耗水量随着灌水量的增加而增加。

表 7-39　调亏灌溉西瓜耗水规律分析结果

| 处理 | 播种—开花期 | | | 开花—坐果期 | | | 坐果—膨大期 | | | 膨大—成熟期 | | | 全生育期 |
	耗水量 (mm)	耗水模数 (%)	耗水强度 (mm/d)	耗水量 (mm)	耗水模数 (%)	耗水强度 (mm/d)	耗水量 (mm)	耗水模数 (%)	耗水强度 (mm/d)	耗水量 (mm)	耗水模数 (%)	耗水强度 (mm/d)	耗水量 (mm)
T1	118.9	32.41	1.83	38.8	10.58	5.54	147.3	42.87	6.29	51.9	14.15	5.19	356.9
T2	136.7	37.58	2.10	21.3	5.85	3.04	155.6	42.77	6.22	50.2	13.80	5.02	363.8
T3	125.1	37.41	2.08	39.4	10.91	5.63	98.7	35.64	5.15	37.9	16.03	5.79	301.1
T4	120.7	34.07	1.86	37.6	10.61	5.37	147.6	41.66	5.90	58.4	13.66	4.84	364.3
T5	139.8	37.67	2.15	30.3	8.16	4.33	148.2	39.94	5.93	52.8	14.23	5.28	371.1
T6	137.5	37.16	2.12	40.2	10.86	5.74	105.6	36.51	5.40	57.2	15.46	5.72	340.5
CK	140.3	37.20	2.16	44.6	10.50	5.66	155.0	42.43	6.40	37.2	9.86	3.72	377.1

4. 调亏灌溉西瓜经济效益

调亏灌溉西瓜经济效益分析结果见表 7-40。由此可见,各处理投入差别不大,但由于产量的提高,T5、T6 处理均有明显的增产效果,较对照分别增收 2 155.0 元/hm² 和 2 986.5 元/hm²。其中,T6 处理西瓜灌溉定额较对照降低 75 mm,生育期耗水降低 36 mm,灌溉水利用系数提高 0.18,水分生产力达 20 元/m³。说明在西瓜坐果—膨大期实施中轻度水分调控,可有效提高西瓜产量。

表 7-40　调亏灌溉西瓜经济效益分析结果

| 处理 | 生产投入 (元/hm²) | 产出(元/hm²) | | | 净产值 (元/hm²) | 增收 (元/hm²) | 投产比 |
		西瓜产出	茎蔓产出	总计			
T1	12 889.5	67 873.7	0	67 873.7	54 984.2	−4 184.3	1:5.24
T2	12 913.0	71 766.0	0	71 766.0	58 853.0	−315.5	1:5.54
T3	12 591.8	69 660.0	0	69 660.0	57 068.2	−2 100.3	1:5.38
T4	12 913.0	71 737.2	0	71 737.2	58 824.2	−344.3	1:5.54
T5	12 928.7	74 252.2	0	74 252.2	61 323.5	2 155.0	1:5.73
T6	12 725.0	74 880.0	0	74 880.0	62 155.0	2 986.5	1:5.78
CK	12 960.0	72 128.5	0	72 128.5	59 168.5	—	1:5.57

5. 调亏灌溉西瓜标准化技术体系

节水模式:秋耕免冬灌 + 垄沟播种 + 调亏灌溉。

技术要求:前茬作物收割后,秋耕、免冬灌。次年播种前深翻、耙糖、起垄覆膜、人力播种,定期监测土壤水分,播后灌安种水。

技术指标:西瓜坐果—膨大期按常规灌水定额的 2/3 进行灌溉。垄沟种植沟宽 0.5 m,垄宽 1.9 m,1 垄 2 行,株距 30 ~ 40 cm,大行距 170 cm,小行距 70 cm。

灌水:全生育期灌水 8 次,采用垄沟灌溉,灌定额分别为 450 m³/hm²、300 m³/hm²、300 m³/hm²、300 m³/hm²、300 m³/hm²、300 m³/hm²、300 m³/hm²、225 m³/hm²,灌溉定额 2 475 m³/hm²。

追肥:分别在开花期、膨大期结合灌水施肥 2 次,每次施尿素 150 kg/hm² + 磷酸二铵 75 kg/hm²。

二、膜下滴灌标准化技术体系

(一)膜下滴灌棉花标准化技术体系

休闲期秋耕免冬灌,膜下滴灌棉花播种后采用滴灌灌水,共涉及 5 个不同的处理试验方案、1 个常规处理对照方案。具体设计见表 7-41。

表 7-41　膜下滴灌棉花试验方案设计结果　　　　　(单位:m³/hm²)

处理	4 月下旬	6 月上旬	6 月下旬	7 月上旬	7 月下旬	8 月上旬	8 月下旬
T1	120	120	120	120	120	120	120
T2	180	180	180	180	180	180	180
T3	240	240	240	240	240	240	240
T4	300	300	300	300	300	300	300
T5	360	360	360	360	360	360	360
CK	900	900	—	900	—	900	—

1. 膜下滴灌棉花土壤水分变化

从图 7-7 ~ 图 7-9 可以看出,在播种到苗期常规灌溉处理含水率较大,且远远高于滴灌处理,主要是由于常规灌溉处理安种水定额较大,使其各层含水率都大于膜下滴灌处理。膜下滴灌含水率均为表层高于深层,即随着深度的增加,含水率降低,每次灌水各处理表层含水率均出现峰值,这是由于灌水使上层土壤含水率高于深层,而蒸发量大,上层土壤含水率较深层降低快。灌水后膜下滴灌处理中各层平均含水率都是 T5 最高,主要是由于膜下滴灌可以有效控制蒸发,土壤水分蒸发减少,灌水定额较大维持了较高的含水率;各滴灌处理随灌水定额的不同,其土壤含水率之间也有差异,但差异较小。随着时间的推移及灌水的实施,各处理间差异逐渐减小,到成熟时滴灌处理表层含水率已无明显差异。0 ~ 20 cm 土层的土壤含水率在整个生育期内变化幅度较大,灌水后迅速增加,随后快速下降。

20 ~ 40 cm 土层土壤含水率在整个生育期内变化趋势与 0 ~ 20 cm 土层相同,但其变化幅度较小。各处理土壤含水率变化幅度为 16.9% ~ 32.8%,与 0 ~ 20 cm 的变化幅度 29.4% ~ 42.7% 差别较大。总体来说,对照处理和滴灌定额较大处理的土壤含水率高于 T1 处理,且差异明显,以播种后 80 d(7 月 13 日)所测数据为例,T5 和 T1 处理土壤平均含水率分别为 8.7% 和 7.5%。

在 40 ~ 60 cm 处,各处理在灌水后含水率有所上升,但上升幅度不大。总体来说,各处理在全生育期 40 ~ 60 cm 土壤含水率均较小,主要是由于滴灌处理灌水量较小,不易下渗到 60 cm 以下。

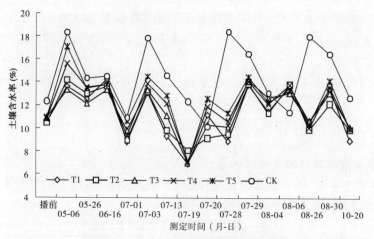

图 7-7　0 ~ 20 cm 土壤含水率变化过程

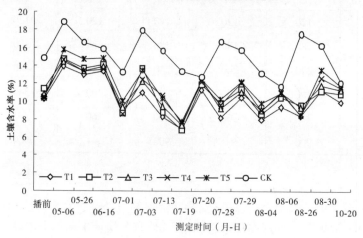

图 7-8　20 ~ 40 cm 土壤含水率变化过程

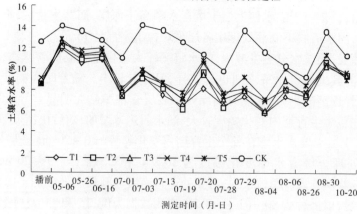

图 7-9　40 ~ 60 cm 土壤含水率变化过程

2. 膜下滴灌棉花产量效应

试验研究结果(见表 7-42)表明,常规灌溉处理产量并不是最高,而是处理 T5 和 T4 产量最高,其产量分别为 4 032.2 kg/hm² 和 3 959.6 kg/hm²;滴灌定额最小的处理 T1 产量 3 036.2 kg/hm²,为最低;同样 T5 和 T4 处理增产效果也最明显,其增产率分别为 5.06% 和 3.17%,而 T3、T2 和 T1 较对照均减产,其减产幅度分别为 7.92%、19.15% 和 20.89%。就节水效果而言,T1 处理节水率最高,其节水率为 47.23%,其余滴灌处理节水率均在 30% 以上。由膜下滴灌条件下各处理产量构成因素分析结果可知,滴灌灌水定额大的处理其单株铃数、单铃重、单株籽棉重均比 CK 处理大,其中 T5 与 T4 处理单株铃数较 CK 增加 1.34 个和 0.34 个,单铃重较 CK 增加 0.57 g 和 0.12 g,单株籽棉重较 CK 增加 2.28 g 和 1.64 g。这说明在水资源比较紧缺地区,采用膜下滴灌技术,可提高棉花单株铃数、单铃重、单株籽棉重等产量构成因素,并达到节水目的。

表 7-42　棉花各处理产量效应分析结果

处理	灌溉定额（mm）	耗水量（mm）	产量（kg/hm²）	增产率（%）	节水率（%）	株高（mm）	单株铃数（个）	单铃重（g）	单株籽棉重（g）	茎干重（g）
T1	84	253.02	3 036.2	-20.89	47.23	66.40	5.67	3.70	26.78	31.00
T2	126	264.90	3 103.1	-19.15	44.76	65.80	6.33	4.08	27.37	36.67
T3	168	277.22	3 534.0	-7.92	42.19	67.30	6.67	4.13	31.17	35.00
T4	210	295.22	3 959.6	3.17	38.43	71.40	7.67	4.38	34.92	35.67
T5	252	312.40	4 032.2	5.06	34.85	71.10	8.67	4.83	35.56	36.67
CK	360	479.51	3 838.1	—	—	71.30	7.33	4.26	33.28	36.57

考虑节水和增产双重效应,分析认为 T5、T4 是既增产又节水的最佳处理。因此,在实际生产中应采用冬季免储水灌,生育期膜下滴灌,滴灌灌水定额为 30 mm 或 36 mm,生育期灌水 7 次。

3.膜下滴灌棉花水分生产效率

表 7-43 表明,常规灌溉处理灌溉水生产效率 0.71 kg/m³ 及农田总供水分生产效率 0.53 kg/m³ 都是最低的;灌溉水生产效率最高的是 T1 处理,为 3.61 kg/m³,农田总供水生产效率最高的是 T4 和 T5,分别为 0.89 kg/m³ 和 0.86 kg/m³。不论是灌溉水生产效率还是农田总供水分生产效率,膜下滴灌处理与 CK 均呈极显著差异($p < 0.01$)。

表 7-43　膜下滴灌棉花各处理水分生产效率分析结果

处理	灌溉定额（mm）	耗水量（mm）	灌溉水生产效率（kg/m³）	农田总供水水分生产效率（kg/m³）
T1	84	253.02	3.61	0.80
T2	126	264.90	2.46	0.78
T3	168	277.22	2.10	0.85
T4	210	295.22	1.89	0.89
T5	252	312.40	1.60	0.86
CK	360	479.51	0.71	0.53

4. 膜下滴灌棉花耗水规律

全生育期以常规灌溉 CK 耗水量最大，为 479.5 mm（见表 7-44），与膜下滴灌处理达到极显著差异（$p < 0.01$）；耗水量最小的是 T1，其耗水量为 253.0 mm。生育期各阶段耗水量播种—苗期 T1 最小，与其余处理有显著差异（$p < 0.05$），且最小值与最大值相差 80.8 mm；苗期—拔节期以 T2 最小，各处理均与 CK 有显著差异；拔节—开花期灌水量大的处理耗水量反而小，主要是由于灌水量过小使 T1、T2 处理生育期推后，导致后续生育阶段需水量增加；开花—花铃期各处理耗水量随灌水量的增加而增加；花铃—收获期各处理耗水量基本无差异。由此可以看出，对照处理灌水量最大，其耗水量也最大；而滴灌处理比对照处理耗水量小，是因为滴灌处理可减少无效蒸发，具有较好的节水效果。

表 7-44　棉花全生育期耗水量、耗水模数和耗水强度分析结果

处理	播种—苗期 耗水量 (mm)	播种—苗期 耗水强度 (mm/d)	播种—苗期 耗水模数 (%)	苗期—拔节期 耗水量 (mm)	苗期—拔节期 耗水强度 (mm/d)	苗期—拔节期 耗水模数 (%)	拔节—开花期 耗水量 (mm)	拔节—开花期 耗水强度 (mm/d)	拔节—开花期 耗水模数 (%)	开花—花铃期 耗水量 (mm)	开花—花铃期 耗水强度 (mm/d)	开花—花铃期 耗水模数 (%)	花铃—收获期 耗水量 (mm)	花铃—收获期 耗水强度 (mm/d)	花铃—收获期 耗水模数 (%)	全生育期 耗水量 (mm)	全生育期 耗水强度 (mm/d)
T1	11.7	0.40	4.69	49.8	2.49	19.66	78.8	3.94	31.15	68.1	2.27	26.92	44.5	0.74	17.58	253.0	1.58
T2	12.9	0.43	4.85	45.6	2.28	17.20	84.9	4.24	32.04	78.7	2.62	29.72	42.9	0.71	16.18	264.9	1.66
T3	17.4	0.58	6.26	48.6	2.43	17.52	79.7	3.98	28.74	85.8	2.86	30.93	45.9	0.76	16.55	277.2	1.73
T4	20.4	0.68	6.90	51.1	2.55	17.29	77.0	3.85	26.09	105.6	3.52	35.77	41.2	0.69	13.95	295.2	1.85
T5	13.3	0.44	4.25	50.0	2.50	15.99	86.7	4.34	27.75	111.6	3.72	35.73	50.9	0.85	16.28	312.4	1.95
CK	92.5	3.08	19.28	68.0	3.40	14.18	120.2	6.01	25.06	121.9	4.06	25.42	77.0	1.28	16.05	479.5	3.00

5. 膜下滴灌棉花经济效益分析

膜下滴灌棉花经济效益分析结果见表 7-45。由此可见，灌溉定额较小的处理投入也小，由于产量及节水效益的提高，滴灌处理净效益高于对照，其中 T5 处理有明显增产作用，较对照增收 1 679.8 元/hm²，灌溉定额降低 108 mm，生育期耗水量降低 167.1 mm，灌溉水利用系数提高 0.25，水分生产力达 12.0 元/m³。

表 7-45　膜下滴灌棉花经济效益分析结果

处理	生产投入 （元/hm²）	产出（元/hm²） 籽棉产出	产出（元/hm²） 茎秆产出	产出（元/hm²） 总计	净产值 （元/hm²）	增收 （元/hm²）	投产比
T1	6 872	22 771.5	0	22 771.5	15 899.5	−5 206.3	1:3.31
T2	7 018	23 273.3	0	23 273.3	16 255.3	−4 850.5	1:3.32
T3	7 164	26 505.0	0	26 505.0	19 341.0	−1 764.8	1:3.70
T4	7 310	29 697.0	0	29 697.0	22 387.0	1 281.3	1:4.06
T5	7 456	30 241.5	0	30 241.5	22 785.5	1 679.8	1:4.06
CK	7 680	28 785.8	0	28 785.8	21 105.8	—	1:3.75

6. 膜下滴灌棉花标准化技术体系

节水模式：免耕免冬灌 + 深翻覆膜 + 膜下滴灌。

技术要求：在前茬作物收获后，留茬免耕免冬灌，次年播种前深翻、耙耱、碾压，采用机械完成铺滴灌带—覆膜程序，播后采用滴灌灌安种水，生育期采用膜下滴灌。

技术指标：种植模式 1 膜 2 管 4 行，行距 30 cm，株距 15 cm，滴灌带间距 60 cm。

灌水：全生育期灌水 7 次，采用膜下滴灌，灌水定额 30 ~ 36 mm，灌溉定额 2 100 ~ 2 520 m^3/hm^2。

追肥：分别在开花期、花铃期结合灌水施肥 2 次，每次施尿素 150 kg/hm^2。

（二）膜下滴灌洋葱标准化技术体系

设置 5 个洋葱膜下滴灌试验处理、1 个覆膜小畦灌对照处理，试验地免冬灌，移栽前各处理采用统一灌水定额，灌坐苗水 900 m^3/hm^2。具体试验方案设计结果见表 7-46。

表 7-46　膜下滴灌洋葱试验方案设计结果　　　　　　（单位：m^3/hm^2）

处理	灌水总量	灌水日期（月-日）								
		05-13	05-26	06-16	06-26	07-07	07-16	07-26	08-04	08-13
T1	2 160	240	240	240	240	240	240	240	240	240
T2	2 430	270	270	270	270	270	270	270	270	270
T3	2 700	300	300	300	300	300	300	300	300	300
T4	2 970	330	330	330	330	330	330	330	330	330
T5	3 240	360	360	360	360	360	360	360	360	360
CK	5 400	900	900	900	0	900	0	900	0	900

1. 膜下滴灌洋葱土壤水分变化

1）立苗期土壤水分动态变化

图 7-10 是立苗期（5 月 24 日，即 5 月 26 日灌水前 2 d）不同水分处理洋葱土壤水分变化。常规灌溉 CK 各层土壤含水率均高于膜下滴灌灌水处理，且膜下滴灌不同灌水处理中土壤含水率随灌水量的增加而增加。不同处理土壤含水率随土层深度增加均呈增加—减小—增加的变化趋势，且两个拐点分别出现在 20 cm 和 50 cm 深处。这主要是因为立苗期洋葱植株叶面积小，植株蒸腾作用较弱，土层水分受地表蒸发影响较大，土壤水分减少主要用于棵间蒸发，导致水分散失主要集中在 0 ~ 20 cm 土层。地膜的保墒作用把水分储存在了地表 20 cm 以下土层中，导致 20 cm 以下土壤水分含量相对较多；由于膜下滴灌各处理灌水量较小，水分无法再渗透到 30 cm 以下土层，导致土壤水分含量不断降低，而 60 cm 深处土壤水分含量又有所增加是前期底墒水分保持较高水平导致的结果。

2）六叶期土壤水分动态变化

图 7-11 是六叶期（6 月 22 日，即 6 月 21 日有效降水 10.4 mm 后）不同水分处理洋葱土壤水分变化。不同处理土壤含水率随土层深度的增加呈增加—减小—增加的变化趋势。相对立苗期，此阶段土壤含水率第一个拐点出现在 30 cm 深处。地膜能够提高灌溉水保蓄率，前 1 天的有效降水相当于又灌了一次水，所以在六叶期 0 ~ 20 cm 土层含水率高于 20 cm 以下土层。

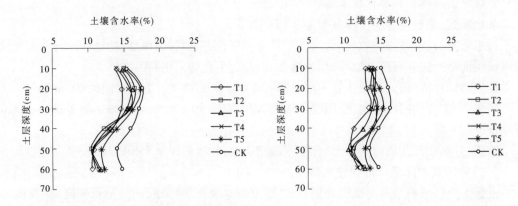

图 7-10　立苗期不同水分处理洋葱土壤水分变化　图 7-11　六叶期不同水分处理洋葱土壤水分变化

3）鳞茎膨大期土壤水分动态变化

图 7-12 是鳞茎膨大期（7 月 14 日，即 7 月 16 日灌水前 2 天）不同水分处理洋葱土壤水分变化。常规灌溉 CK 各层土壤含水率均高于其他膜下滴灌处理，不同水分处理土壤含水率随土层深度的增加呈先增加再减小的变化趋势。由图 7-12 可知，10～60 cm 各处理不同土层土壤含水率比六叶期均有所减少，其中 10 cm、20 cm、30 cm、40 cm、50 cm、60 cm 深处各处理最大减幅分别为 29.56%、24.89%、22.41%、27.02%、12.65%、28.21%。其原因是鳞茎膨大期是洋葱枝叶茂盛、根系最发达的需水关键时期，洋葱对水分需求量加大。

4）鳞茎盛膨大期土壤水分动态变化

图 7-13 是洋葱鳞茎盛膨大期（8 月 19 日，即 8 月 17 日有效降水 11.4 mm 后）不同水分处理土壤水分变化。常规灌溉 CK 各层土壤含水率均高于其他膜下滴灌处理，不同水分处理土壤含水率随土层深度增加呈先减小后增大的变化趋势。不同水分处理各土层土壤含水率比鳞茎盛膨大期有所增加，其原因是 8 月 15 日和 8 月 17 日的两次有效降水。

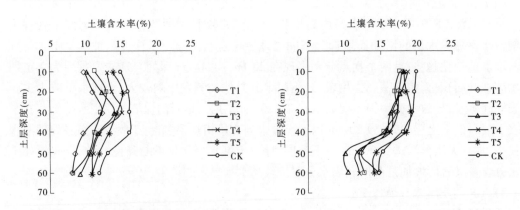

图 7-12　鳞茎膨大期土壤水分分布　　图 7-13　鳞茎盛膨大期土壤水分分布

从洋葱立苗期到鳞茎盛膨大期，常规灌溉 CK 各层土壤含水率均高于其他处理，且常规灌溉 CK 与滴灌处理各层土壤含水率差异显著（$p > 0.05$），由于膜下滴灌灌水量少，0～60 cm 土层的土壤含水率始终低于常规灌溉。

2. 膜下滴灌洋葱产量效应

不同灌水处理洋葱产量及构成要素见表7-47。就单株重和横径及纵径来看,各处理之间存在显著或极显著差异。产量最高的T4处理具有最大的单株重,为0.37 kg/株,而产量最小的T1处理单株重最小为0.16 kg/株,且与其他处理之间都有显著或极显著差异;另外,T4处理不但具有最大的单株重,横径也表现为最大,为9.27 cm,分别比T1、T2、T3、T5和CK提高34.93%、21.34%、12.64%、7.04%和7.17%,各处理之间表现为显著或极显著差异。由此可见,水分处理明显影响了洋葱营养生长,各处理单株重和横径随着灌溉量的增加而增加,单株重和横径差异明显大于纵径差异,也就是说,单株重和横径对水分反应敏感,洋葱产量主要是由单株重和横径决定的。

表7-47　不同灌水处理洋葱产量及构成要素

处理	产量(kg/hm²)	单株重(kg/株)	横茎(cm)	纵茎(cm)	灌水量(mm)	耗水量(mm)
T1	66 619.7	0.16	6.87	6.90	216	337
T2	95 568.4	0.23	7.64	7.95	243	367
T3	122 845.6	0.30	8.23	9.36	270	403
T4	151 018.5	0.37	9.27	9.37	297	421
T5	141 285.5	0.34	8.66	8.70	324	442
CK	137 106.0	0.33	8.65	9.35	540	654

3. 膜下滴灌洋葱水分生产效率

从图7-14可以看出,灌水量最多的对照处理CK水分生产效率最低,为20.34 kg/m³,T4处理最高,为35.87 kg/m³,T5处理次之,为31.97 kg/m³,表明在一定范围内,适当减小灌水量可以提高水分生产效率。从整个生育期来看,水分生产效率呈单峰曲线,随灌水量增加呈先增加后减小的趋势,各处理间存在较大差异。就灌水量最大的CK处理来说,当土壤水分含量过高时,光合速率不再增加,而蒸腾速率持续增长,必然导致作物耗水过多,这是灌溉导致水分生产效率下降的重要原因之一。

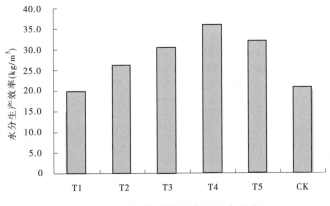

图7-14　膜下滴灌洋葱水分生产效率

4. 膜下滴灌洋葱耗水规律

膜下滴灌洋葱耗水规律分析结果见表7-48。将洋葱整个生育期按4个生育阶段划分,不同生育期需水量明显不同。常规灌溉 CK 各生育期耗水量均高于膜下滴灌处理,且常规灌溉与膜下滴灌各处理间以及膜下滴灌各处理间均存在显著性差异。各生育期耗水量随灌水定额的增加而增加。在鳞茎膨大期,灌水定额对植株的生长发育有很大影响,灌水定额小导致洋葱矮小,耗水量就小。在鳞茎盛膨大期,随着营养生长的逐渐减弱和气温的降低,日均耗水量开始下降,但由于该生育期时段较长,阶段需水量达到第二高峰值。从洋葱整个生育期来看,洋葱阶段耗水量与阶段灌水量有密切关系,即阶段耗水量大小完全由阶段灌水量大小所决定。

表 7-48　膜下滴灌洋葱耗水规律分析结果

处理	立苗期			六叶期			鳞茎膨大期			鳞茎盛膨大期			全生育期	
	耗水量（mm）	耗水模数（%）	耗水强度（mm/d）	耗水量（mm）	耗水模数（%）	耗水强度（mm/d）	耗水量（mm）	耗水模数（%）	耗水强度（mm/d）	耗水量（mm）	耗水模数（%）	耗水强度（mm/d）	耗水量（mm）	耗水强度（mm/d）
T1	75.2	23.0	2.6	92.1	28.2	4.6	78.1	23.9	3.3	81.7	25.0	2.3	327	3.0
T2	82.4	22.4	2.8	101.4	27.6	5.1	90.0	24.5	3.7	93.3	25.4	2.7	367	3.4
T3	86.0	21.3	3.0	109.5	27.6	5.5	98.0	24.3	4.1	109.5	27.2	3.1	403	3.7
T4	90.8	21.6	3.1	112.4	26.7	5.6	101.7	24.2	4.2	116.1	27.6	3.3	421	3.9
T5	94.8	21.5	3.3	117.4	26.6	5.9	105.4	23.8	4.4	124.4	28.2	3.6	442	4.1
CK	141.5	21.0	4.9	183.0	27.1	9.1	164.0	24.3	6.8	185.6	27.5	5.3	674	6.2

5. 膜下滴灌洋葱经济效益

灌水量最高的常规灌溉 CK 处理并没有获得最高的净收入,灌水量次高的膜下滴灌 T4 处理净收入最高,为 98 333.8 元/hm²(见表 7-49),与常规灌溉 CK 相比净收入多 11 809.0 元/hm²,增加 13.6%。而灌水最少的膜下滴灌 T1 处理净收入最低,为 31 087.8 元/hm²,分别比 T2、T3、T4、T5、CK 低 42.6%、59.0%、68.4%、65.6%、64.1%。T4 处理洋葱灌溉定额较对照降低 216 mm,生育期耗水降低 212 mm,灌溉水利用系数提高 0.23,水分生产力达 18 元/m³。由此可以看出,并不是灌水越多收益越多,适当灌水不仅能提高产量,而且净收入也明显提高。

表 7-49　膜下滴灌洋葱经济效益分析结果

处理	生产投入（元/hm²）	产出(元/hm²)			净产值（元/hm²）	增收（元/hm²）	投产比
		洋葱产出	茎秆产出	总计			
T1	22 208	53 295.8	0	53 295.8	31 087.8	-55 440.0	1:2.40
T2	22 289	76 454.7	0	76 454.7	54 165.7	-32 362.1	1:3.43
T3	22 400	98 276.5	0	98 276.5	75 876.5	-10 651.3	1:4.39
T4	22 481	120 814.8	0	120 814.8	98 333.8	11 806.0	1:5.37
T5	22 562	113 028.4	0	113 028.4	90 466.4	3 938.6	1:5.01
CK	23 160	109 684.8	0	109 684.8	86 524.8	—	1:4.74

6. 膜下滴灌洋葱标准化技术体系

节水模式:秋耕免冬灌 + 深翻覆膜 + 灌安种水移栽 + 膜下滴灌。

技术要求:前茬作物收获后,秋耕免冬灌,次年播前深翻、耙糖、碾压,采用机械完成铺滴灌带、覆膜程序,播后灌安种水,按 1 膜 8 行移栽,生育期膜下滴灌。

技术指标:1 膜 3 管 8 行,行距 15 cm,株距 10 cm,滴灌带间距 45 cm。

灌水:洋葱生育期灌水 10 次(包括安种水 1 次),灌水定额 330 m³/hm²,灌溉定额 2 970 m³/hm²。

追肥:分别在六叶期、膨大期结合灌水施肥 2 次,每次施尿素 75 kg/hm²。

(三)膜下滴灌葵花标准化技术体系

休闲期秋耕免冬灌,膜下滴灌葵花播种后采用滴灌灌水。膜下滴灌葵花试验方案具体设计见表 7-50。

表 7-50　膜下滴灌葵花试验方案设计结果

处理	种植方式		灌水定额(mm)	面积(m²)	单区灌水量(m³)	灌水时间(min)
T1	1 膜 3 行	1 膜 3 管	18	126	2.27	90
T2	1 膜 3 行	1 膜 3 管	24	126	3.02	120
T3	1 膜 3 行	1 膜 3 管	30	126	3.78	150
T4	1 膜 3 行	1 膜 3 管	36	126	4.53	180
CK	1 膜 3 行	常规膜上灌	90	126	11.34	—

1.膜下滴灌葵花土壤水分变化

由于各处理均未进行冬(春)储水灌,播前含水率无差别。播种后,由于各处理灌水量不同,含水率出现了差异,虽然滴灌处理灌水后含水率较低,但仍可满足葵花出苗及苗期生长需要;另外,对照处理灌水后含水率有较大提高,但由于其棵间蒸发较大,其含水率在短期内就会下降到与滴灌处理一致。各处理在生育旺盛期土壤含水率降低很快,耗水量增大,到收获期,随着降水量的增多,土壤含水率也有所提高。膜下滴灌葵花土壤水分变化过程见图 7-15。

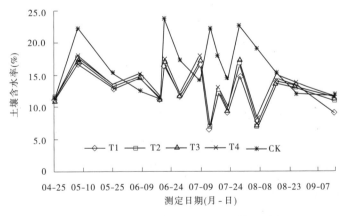

图 7-15　膜下滴灌葵花土壤水分变化过程

2.膜下滴灌葵花产量效应

免储水灌膜下滴灌葵花各处理产量效应及水分生产效率见表 7-51。由此可见,单盘粒重是构成产量的主要因素,T3 处理较 CK 处理是增产的,其产量为 6 904.5 kg/hm²,其增产率为 2.13%,而其他滴灌处理较对照是减产的,其减产率最大为 T1 的 25.89%。对于节水效果而言,T1 处理最高,达到 49.16%。就水分生产效率而言,CK 处理最低,为 1.43 kg/m³;水分生产效率最高的是 T3 处理,为 2.29 kg/m³。

表 7-51　膜下滴灌葵花各处理产量效应及水分生产效率

处理	株高 (cm)	盘直径 (cm)	单盘粒重 (g/盘)	单盘粒数 (粒)	盘干重 (g)	百粒重 (g)	灌水量 (mm)	耗水量 (mm)	产量 (kg/hm²)	增产率 (%)	节水率 (%)	水分生产效率 (kg/m³)
T1	144.0	18.6	83.5	659.0	58.0	14.0	126.0	240.09	5 010.0	−25.89	49.16	2.09
T2	149.0	20.5	90.6	731.0	69.9	16.6	168.0	270.85	5 737.5	−15.13	42.65	2.12
T3	148.0	20.8	115.0	864.0	71.7	16.5	210.0	294.36	6 904.5	2.13	37.67	2.29
T4	149.0	18.9	105.1	936.0	67.7	15.3	252.0	334.97	6 754.5	−0.09	29.07	2.06
CK	145.0	19.3	112.6	908.0	53.2	13.6	360.0	472.26	6 760.5	—	—	1.43

3. 膜下滴灌葵花耗水规律

全生育期耗水量最大的是常规灌溉处理 CK,为 472.26 mm(见表 7-52),最小的是 T1 处理,为 240.08 mm,较 CK 减少 232.17 mm。随着灌水定额的不同,各生育期各处理耗水量也不同,灌水量越大,耗水量也越大。各生育期 T1 处理耗水量最小,除成熟期外,与 CK 相差均在 35 mm 以上,日耗水强度比 CK 处理降低 1.50 mm/d 以上;其中拔节—开花期是葵花耗水高峰期,日耗水量均在 4.90 mm 以上,但耗水量最大的 CK 处理较最小的 T1 处理增加 56.7%;葵花进入生长后期,随着生长发育功能和各器官的衰退,对水分的需求逐渐降低,田间耗水量也随之减少。

表 7-52　膜下滴灌葵花全生育期耗水规律分析结果

处理	播种—苗期 耗水量 (mm)	耗水模数 (%)	耗水强度 (mm/d)	苗期—拔节期 耗水量 (mm)	耗水模数 (%)	耗水强度 (mm/d)	拔节—开花期 耗水量 (mm)	耗水模数 (%)	耗水强度 (mm/d)	开花—灌浆期 耗水量 (mm)	耗水模数 (%)	耗水强度 (mm/d)	灌浆—成熟期 耗水量 (mm)	耗水模数 (%)	耗水强度 (mm/d)	全生育期 耗水量 (mm)
T1	28.95	12.06	0.67	32.18	13.40	2.68	73.83	30.75	4.92	58.20	24.24	1.94	46.92	19.54	1.56	240.08
T2	36.06	13.32	0.84	38.18	14.10	2.68	84.88	31.34	5.66	64.00	23.64	2.13	47.70	17.61	1.59	270.85
T3	33.86	11.50	0.79	44.18	15.01	3.68	99.53	33.81	6.64	68.30	23.21	2.28	48.46	16.46	1.62	294.36
T4	42.89	12.81	1.00	50.18	14.98	4.18	104.65	31.24	6.98	82.60	24.67	2.75	54.60	16.30	1.82	334.97
CK	96.87	20.51	2.25	69.05	14.62	5.75	115.62	24.48	7.71	135.30	28.65	4.51	55.40	11.73	1.85	472.26

4. 膜下滴灌葵花经济效益分析

由表 7-53 可见,滴灌处理中,灌水量次高的 T3 处理净收入最高,为 16 019.3 元/hm²,与常规灌溉 CK 相比净收入多 865.6 元/hm²,增加 5.7%。而灌水量最少的膜下滴灌 T1 处理净收入最低,为 9 861.0 元/hm²,分别比 T2、T3、T4、CK 处理低 19.1%、38.4%、35.9%、34.9%。T3 处理葵花灌溉定额较对照降低 150 mm,生育期耗水降低 178 mm,灌溉水利用系数提高 0.26,水分生产力达 10.5 元/m³。由此可以看出,并不是灌水越多收益越多,适当灌水不仅能提高产量,而且净收入也明显提高。

表 7-53　膜下滴灌葵花经济效益比较

处理	生产投入（元/hm²）	产出（元/hm²）			净产值（元/hm²）	增收（元/hm²）	投产比
		籽粒产出	茎秆产出	总计			
T1	7 478	17 034.0	305	17 339.0	9 861.0	−5 292.7	1:2.32
T2	7 634	19 507.5	311	19 818.5	12 184.5	−2 969.2	1:2.60
T3	7 780	23 475.3	324	23 799.3	16 019.3	865.6	1:3.06
T4	7 926	22 965.3	335	23 300.3	15 374.3	220.6	1:2.94
CK	8 160	22 985.7	328	23 313.7	15 153.7	—	1:2.86

5. 膜下滴灌葵花标准化技术体系

节水模式：秋耕免冬灌 + 深翻覆膜 + 播种、灌安种水 + 膜下滴灌。

技术要求：在前茬作物收获后，秋耕、免冬灌，次年播种前深翻、耙糖、碾压，采用机械完成铺滴灌带、覆膜程序，播后灌安种水，生育期采用膜下滴灌。

技术指标：按 1 膜 3 管 3 行播种，行距 45 cm，株距 30 cm，滴灌带间距 45 cm。

灌水：生育期灌水 7 次（包括安种水 1 次），灌水定额 300 m³/hm²，灌溉定额 2 100 m³/hm²。

追肥：分别在孕蕾期、开花期结合灌水施肥 2 次，每次施尿素 75 kg/hm²。

（四）膜下滴灌制种玉米标准化技术体系

休闲期深耕免冬灌，膜下滴灌制种玉米播种后采用滴灌灌水。制种玉米试验方案具体设计见表 7-54。

表 7-54　膜下滴灌制种玉米试验方案设计结果

处理	种植方式		灌水定额（mm）
T1	1 膜 4 行	1 膜 2 管	18
T3	1 膜 4 行	1 膜 2 管	24
T3	1 膜 4 行	1 膜 2 管	30
T4	1 膜 4 行	1 膜 2 管	36
CK	1 膜 4 行	常规膜上灌	75

1. 膜下滴灌制种玉米产量效应

膜下滴灌制种玉米产量效应分析结果见表 7-55。就产量而言，最高的是 T4 处理，为 15 689.55 kg/hm²，其次是 T3 处理，为 15 263.1 kg/hm²，最低的是 T1 处理，为 13 868.1 kg/hm²；就增产率而言，T4 也是最明显的，为 4.04%，T3 处理次之，为 1.21%，而 T1 和 T2 处理则减产，减产率分别为 8.04%、2.38%。对于节水率来说，T1 处理最高，为 48.23%，T4 最低，为 29.08%。由此可见，采用节水灌溉措施较常规灌溉均能显著节水，其节水率均在 29% 以上，但过低的灌水定额会造成减产。因此，制种玉米膜下滴灌灌水定额 36 mm 是较为合理的选择。

表 7-55　膜下滴灌制种玉米产量效应分析结果

处理	株高 （mm）	穗长 （cm）	穗行数 （行/穗）	秃尖长 （cm）	穗粒数 （粒/穗）	穗粒重 （g）	穗重 （g）	百粒重 （g）	灌水量 （mm）	耗水量 （mm）	产量 （kg/hm²）	增产率 （%）	节水率 （%）
T1	144.38	12.38	12.00	1.42	220.34	98.54	115.51	39.86	162	296.32	13 868.1	-8.04	48.23
T2	147.33	12.07	12.00	1.13	216.67	90.12	120.34	41.18	216	335.82	14 721.0	-2.38	41.33
T3	145.00	13.57	12.00	1.53	224.00	102.46	122.61	46.12	270	373.42	15 263.1	1.21	34.76
T4	146.33	12.50	13.33	1.33	224.00	102.32	128.13	48.38	324	405.92	15 689.55	4.04	29.08
CK	144.33	13.63	11.67	1.13	204.33	99.80	125.60	45.34	450	572.4	15 079.95	—	—

2.膜下滴灌制种玉米水分生产效率

表 7-56 表明,无论是灌溉水生产效率,还是农田总供水生产效率,CK 处理都是最低的,而 T1 处理则是最高的。由此可见,制种玉米膜下滴灌灌溉水生产效率、农田水分生产效率均与灌水量呈负相关,且膜下滴灌各处理与 CK 处理均呈极显著差异($p < 0.01$)。

表 7-56　制种玉米各处理水分生产效率

处理	灌水量（mm）	耗水量（mm）	灌溉水生产效率（kg/m³）	农田总供水生产效率（kg/m³）
T1	162	296.32	8.56	4.68
T2	216	335.82	6.82	4.38
T3	270	373.42	5.65	4.09
T4	324	405.92	4.84	3.87
CK	450	572.40	3.35	2.63

3.膜下滴灌制种玉米耗水规律

全生育期 CK 处理耗水量最大,为 572.40 mm(见表 7-57),T1 处理最小,为 296.32 mm,较 CK 减少 276.08 mm。随着灌水定额的不同,耗水量各不相同,各生育期 T1 处理耗水量最小,除灌浆—成熟期外,其他各阶段耗水量与 CK 相差均在 40 mm 以上,耗水强度比 CK

表 7-57　膜下滴灌制种玉米各处理耗水规律分析结果

处理	播种—苗期		苗期—拔节期		拔节—抽穗期		抽穗—灌浆期		灌浆—成熟期		全生育期	
	耗水量 （mm）	耗水强度 （mm/d）	耗水量 （mm）	耗水强度 （mm/d）	耗水量 （mm）	耗水强度 （mm/d）	耗水量 （mm）	耗水强度 （mm/d）	耗水量 （mm）	耗水强度 （mm/d）	耗水量 （mm）	耗水强度 （mm/d）
T1	24.90	0.83	62.43	1.56	66.05	3.30	71.06	2.37	71.88	2.05	296.32	1.91
T2	30.03	1.00	64.27	1.61	73.56	3.68	85.55	2.85	82.41	2.35	335.82	2.17
T3	35.07	1.17	71.28	1.78	78.92	3.95	91.11	3.04	97.04	2.77	373.42	2.41
T4	36.24	1.21	77.81	1.95	92.93	4.65	99.11	3.30	99.83	2.85	405.92	2.62
CK	71.55	2.39	107.97	2.70	136.75	6.84	140.45	4.68	115.68	3.31	572.40	3.69

低1.78 mm/d;其中拔节—抽穗期耗水量最大,日耗水量均在3.3 mm以上;进入生长后期,随着生长发育功能和各器官的衰退,对水分的需求逐渐降低,田间耗水量也随之减少。T4处理灌溉定额较对照降低126 mm,生育期耗水降低166.48 mm。

4.膜下滴灌制种玉米棵间蒸发规律

膜下滴灌制种玉米各生育阶段棵间土壤蒸发量及阶段耗水比例见表7-58。由于各处理间土壤水分存在差异,播种—苗期耗水量与棵间土壤蒸发量差异较大,土壤蒸发量最大的为CK处理,最小的为T1处理。苗期—拔节阶段,由于采用膜下滴灌,其棵间蒸发与苗期无差别,各处理棵间土壤蒸发量占阶段耗水量的比例明显减小,但各处理棵间土壤蒸发耗水量差异仍较大,CK处理仍然明显高于其他处理,这主要是CK处理裸地面积较大所致。进入抽穗期,田间耗水转向以植物蒸腾耗水为主,各处理棵间土壤蒸发量占阶段耗水量的比例进一步减小,介于11.7%~17.2%。从全生育期来看,各处理棵间土壤蒸发占总耗水量的比例大小顺序为CK>T2>T1>T3>T4,其比例分别为24.2%、13.0%、12.8%、12.7%、12.2%。

表7-58 膜下滴灌制种玉米各生育阶段棵间土壤蒸发占阶段耗水量比例

处理	生育阶段	播种—苗期	苗期—拔节期	拔节—抽穗期	抽穗—灌浆期	灌浆—成熟期	全生育期
T1	E(mm)	3.7	8.4	8.8	8.3	8.7	37.9
	ET(mm)	24.9	62.4	66.1	71.1	71.9	296.3
	E/ET(%)	14.9	13.5	13.3	11.7	12.1	12.8
T2	E(mm)	4.9	8.7	8.9	10.2	10.8	43.5
	ET(mm)	30.0	64.3	73.6	85.6	82.4	335.8
	E/ET(%)	16.3	13.5	12.1	11.9	13.1	13.0
T3	E(mm)	5.7	9.2	10.4	11.4	10.6	47.3
	ET(mm)	35.1	71.3	78.9	91.1	97.0	373.4
	E/ET(%)	16.3	12.9	13.2	12.5	10.9	12.7
T4	E(mm)	5.6	9.2	12.3	12.0	10.2	49.4
	ET(mm)	36.2	77.8	92.9	99.1	99.8	405.9
	E/ET(%)	15.6	11.8	13.2	12.1	10.2	12.2
CK	E(mm)	13.9	34.4	48.2	24.2	17.9	138.5
	ET(mm)	71.6	108.0	136.8	140.5	115.7	572.4
	E/ET(%)	19.4	31.8	35.3	17.2	15.5	24.2

5.膜下滴灌制种玉米经济效益

膜下滴灌制种玉米经济效益分析结果见表7-59。由表7-59可知,T4处理净收入最高,为28 587.9元/hm²,与CK处理相比增加1 774.2元/hm²,增长率6.6%;而T1处理净收入最低,为24 888.2元/hm²,分别比T2、T3、T4、CK低6.5%、10.4%、12.9%、7.2%。由此可见,适当灌水不仅能提高产量,而且净收入也明显提高。

表 7-59　膜下滴灌制种玉米经济效益分析结果

| 处理 | 投入(元/hm²) | 产出(元/hm²) | | | 净产值 | 增收 | 投产比 |
	种子、化肥、劳力、机械费	籽粒产出	茎秆产出	总计	(元/hm²)	(元/hm²)	
T1	8 046	30 509.8	2 424.4	32 934.2	24 888.2	-1 925.5	1:4.09
T2	8 233	32 386.2	2 451.1	34 837.3	26 604.3	-209.4	1:4.23
T3	8 425	33 578.8	2 622.5	36 201.3	27 776.3	962.6	1:4.30
T4	8 617	34 517.0	2 687.9	37 204.9	28 587.9	1 774.2	1:4.32
CK	8 890	33 175.9	2 527.8	35 703.7	26 813.7		1:4.02

6.膜下滴灌制种玉米标准化技术体系

节水模式:秋耕免冬灌 + 覆膜播种 + 膜下滴灌。

技术要求:前茬作物收获后,秋耕免冬灌,次年播种前深翻、耙耱、碾压,采用机械完成铺滴灌带、覆膜程序,生育期采用膜下滴灌。

技术指标:种植模式1膜2管4行,行距35 cm,株距20 cm,滴灌带间距70 cm。

灌水:生育期灌水9次,灌水定额360 m³/hm²,灌溉定额3 240 m³/hm²。

追肥:分别在大喇叭期、灌浆期结合灌水施肥2次,每次施尿素75 kg/hm²。

(五)膜下滴灌辣椒标准化技术体系

休闲期深耕免冬灌。辣椒膜下滴灌各处理播后灌安种水750 m³/hm²。辣椒膜下滴灌试验方案具体设计结果见表7-60。

表 7-60　膜下滴灌辣椒试验方案具体设计结果

处理	种植方式		灌水定额(m³/hm²)	灌水次数	灌溉定额(m³/hm²)
T1	1膜3行	1膜3管	750/180	8	2 010
T2	1膜3行	1膜3管	750/225	8	2 430
T3	1膜3行	1膜3管	750/300	8	2 850
T4	1膜3行	1膜3管	750/360	8	3 270
CK	1膜3行	常规膜上灌	750	5	3 750

1.膜下滴灌辣椒土壤水分变化

从图7-16～图7-18可以看出,播种—苗期各处理含水率变化一致,主要是由于各处理播后安种水定额均一致。此后各处理含水率变化明显,膜下滴灌含水率均为中间层高于表层和深层,主要是表层水分蒸发强烈,深层水分不易到达所致。每次灌水,各处理各层含水率均出现峰值。灌水后膜下滴灌处理中各层平均含水率都是T4最高,主要是由于灌水定额较大,维持了较高的含水率;各滴灌处理随灌水定额的不同,其土壤含水率之间也有差异,但差异较小。20～40 cm土层土壤含水率在整个生育期内变化趋势与0～20 cm土层相同,但其变化幅度较小,总体来看,对照处理和滴灌定额较大处理的土壤含水率高于 T1 处理,且差异明显。在 40~60 cm 处,各处理在灌水后含水率有所上升,但上升幅度不大,总体来看,各处理在全生育期 40~60 cm 土壤含水率均较小,主要是由于滴灌灌水量较小,水分不易下渗到 60 cm 以下土层。

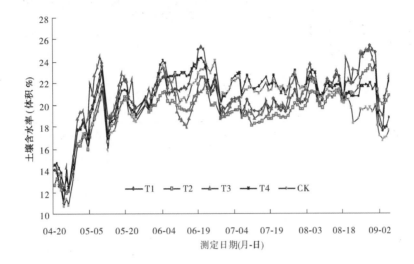

图 7-16　膜下滴灌辣椒 0~20 cm 土壤水分变化过程

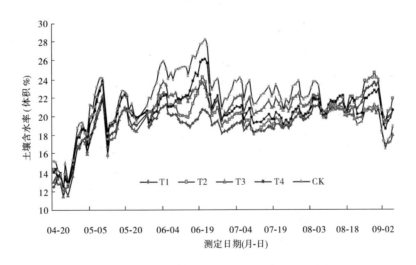

图 7-17　膜下滴灌辣椒 20~40 cm 土壤水分变化过程

2.膜下滴灌辣椒产量效应

由表 7-61 可知,T3、T4 处理较对照增产,产量分别为 6 718.3 kg/hm² 和 7 098.6 kg/hm²,增产率分别为 18.57% 和 25.29%,而 T1、T2 处理较对照减产,T1 处理减产率最大,达 18.96%。对于节水率来说,T1 处理最高,为 32.56%。就水分生产效率而言,CK 处理最低,为 1.06 kg/m³,而 T3 处理最高,为 1.51 kg/m³。

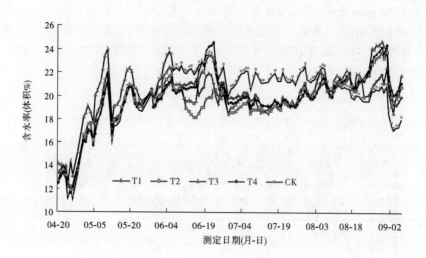

图 7-18　膜下滴灌辣椒 40~60 cm 土壤水分变化过程

表 7-61　膜下滴灌辣椒产量构成因素

处理	单株 总重 （t）	单株 果数 （个）	单株果 鲜重 （g）	单株茎 鲜重 （g）	单株果 干重 （g）	单株茎 干重 （g）	鲜产量 （kg/hm²）	灌水量 （mm）	耗水量 （mm）	产量 （kg/hm²）	增产 率 （%）	节水 率 （%）	水分利 用效率 （kg/m³）
T1	326.8	15.1	212.5	114.3	45.9	26.6	21 260.6	201	361.3	4 591.9	-18.96	32.56	1.27
T2	381.0	16.2	257.5	123.5	55.6	28.7	25 762.9	243	403.1	5 564.3	-1.79	24.75	1.38
T3	448.1	18.4	310.9	137.2	67.1	31.9	31 105.5	285	445.6	6 718.3	18.57	16.82	1.51
T4	473.8	20.2	328.5	145.3	71.0	33.8	32 866.4	327	487.8	7 098.6	25.29	8.94	1.46
CK	400.9	18.4	262.2	138.7	56.6	32.3	26 233.1	375	535.7	5 665.9	0	0	1.06

3. 膜下滴灌辣椒耗水规律

由表 7-62 可知，全生育期耗水量以 CK 处理最大，为 550.94 mm，T1 处理最小，为 361.30 mm，较 CK 减少 189.64 mm。随着灌水定额的不同，各生育期各处理耗水量也不同，各阶段耗水量均为 T1 处理最小，与 CK 处理相差均在 9 mm 以上，平均日耗水强度比 CK 低 1.18 mm；其中开花—结果期是辣椒耗水高峰期，日耗水量均在 3.0 mm 以上；辣椒进入生长后期，随着生长发育功能和各器官的衰退，对水分的需求逐渐降低，田间耗水量也随之减少。

表 7-62　膜下滴灌辣椒耗水规律分析结果

处理	播种—现蕾期			现蕾—开花期			开花—结果期			结果—收获期			全生育期	
	耗水量（mm）	耗水模数（%）	耗水强度（mm/d）	耗水量（mm）	耗水模数（%）	耗水强度（mm/d）	耗水量（mm）	耗水模数（%）	耗水强度（mm/d）	耗水量（mm）	耗水模数（%）	耗水强度（mm/d）	耗水量（mm）	耗水强度（mm/d）
T1	69.33	19.19	1.98	116.66	32.29	2.78	122.99	34.04	3.15	52.32	14.48	2.09	361.30	2.56
T2	78.60	19.50	2.25	128.71	31.93	3.06	134.19	33.29	3.44	61.59	15.28	2.46	403.09	2.86
T3	87.96	19.74	2.51	153.15	34.37	3.65	137.76	30.92	3.38	66.73	14.98	2.67	445.60	3.16
T4	87.10	18.43	2.92	176.78	37.41	4.21	140.88	29.81	3.61	67.80	14.35	2.71	472.56	3.48
CK	102.34	16.26	2.49	191.08	35.67	4.55	186.91	34.89	4.79	70.61	13.18	2.82	550.94	3.74

4. 膜下滴灌辣椒经济效益

由表 7-63 可知,T4 处理净收入最高,为 26 442.9 元/hm²,与 CK 处理相比增加 7 254.8 元/hm²,增长率 37.8%;而 T1 处理净收入最低,为 14 378.4 元/hm²,分别比 T2、T3、T4、CK 低 25.7%、41.6%、45.6%、25.1%。T4 处理灌溉定额较对照降低 48 mm,生育期耗水降低 52 mm,水分生产力达 6.4 元/m³。由此可见,适当灌水不仅能提高产量,而且净收入也明显提高。

表 7-63　膜下滴灌辣椒经济效益分析结果

处理	生产投入（元/hm²）	产出（元/hm²）			净产值（元/hm²）	增收（元/hm²）	投产比
		籽粒产出	茎秆产出	总计			
T1	8 408	21 260.6	1 525.8	22 786.4	14 378.4	−4 809.7	1∶2.71
T2	8 549	25 762.9	2 142.5	27 905.4	19 356.4	168.3	1∶3.26
T3	8 710	31 105.6	2 241.5	33 347.0	24 637.0	5 448.9	1∶3.83
T4	8 871	32 866.4	2 447.5	35 313.9	26 442.9	7 254.8	1∶3.98
CK	8 910	26 233.1	1 865.0	28 098.1	19 188.1	—	1∶3.15

5. 膜下滴灌辣椒标准化技术体系

节水模式:秋耕免冬灌 + 春季深翻覆膜 + 播种灌安种水 + 膜下滴灌。

技术要求:在前茬作物收获后,秋耕免冬灌,次年播种前深翻、耙耱、碾压,采用机械完成铺滴灌带、覆膜程序,播后灌安种水,全生育期采用膜下滴灌。

技术指标:种植模式 1 膜 3 管 3 行,行距 45 cm,株距 20 cm,滴灌带间距 50 cm。

灌水:生育期灌水 8 次(加安种水 1 次,定额 750 m³/hm²),灌水定额 360 m³/hm²,灌溉定额 3 270 m³/hm²。灌溉定额较对照降低 48 mm,生育期耗水降低 52 mm,水分生产力达 6.4 元/m³。

追肥:分别在挂果期、盛果期结合灌水施肥 2 次,每次施尿素 75 kg/hm²。

三、垄作沟灌标准化技术体系

（一）垄作沟灌辣椒标准化技术体系

供试辣椒品种为美国红，试验采用穴盘育苗，4 月 1 日播种，5 月 15 日移栽，9 月 2 日收获。共设 T1、T2、T3、T4 4 个试验处理，1 个常规处理 CK。其中，T1 灌水量 300 m^3/hm^2，T2 灌水量 375 m^3/hm^2，T3 灌水量 450 m^3/hm^2，T4 灌水量 525 m^3/hm^2，常规灌水量 900 m^3/hm^2。试验区免冬（春）季储水灌，移栽前先起垄覆膜，垄顶宽 50 cm，垄底宽 60 cm，垄高 30 cm，沟宽 40 cm，灌水量 600 m^3/hm^2，灌后 7～10 d 按行距 40 cm、株距 30 cm 移栽。全生育期灌水 5 次。

1. 垄作沟灌辣椒生育期土壤水分变化规律

由于覆膜抑制了土壤蒸发，移栽后辣椒各生育阶段根区土壤均能维持较高的含水率；此外，沟灌可减少水面蒸发面积，增加入渗水量，在辣椒移栽后的保水作用较为明显，并且灌水量越大保水效果越显著。由图 7-19 可知，各处理在移栽前土壤含水率基本一致，移栽后受灌水量影响，CK 处理土壤含水率较 T1、T2 分别提高 23.9% 和 22.3%，而 CK 处理由于移栽后灌水定额较大，其含水率增幅较明显。随着灌水的实施各处理含水率逐渐一致，含水率之间的差距也逐渐消除，生育旺盛期土壤含水率降低很快，耗水量增大，到收获期，随着降水的增多，土壤含水率有所提高。

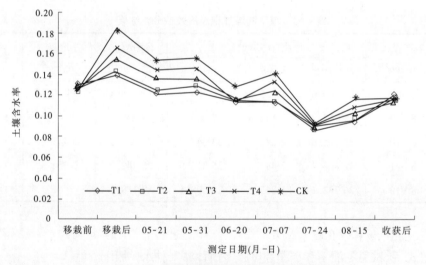

图 7-19　垄作沟灌辣椒土壤水分变化过程

2. 垄作沟灌辣椒产量及水分生产效率

垄作沟灌辣椒产量及水分生产效率见表 7-64。结果表明，T4 处理产量及其构成因素均高于其他处理，其干辣椒产量为 6 775.2 kg/hm^2，较 CK 处理增产 7.91%，节水 30.79%，水分生产效率提高 40%。考虑到节水、增产和提高水分生产效率的综合效应，覆膜垄作沟灌辣椒灌水定额采用 T4 处理的 525 m^3/hm^2 是既增产又节水的最佳处理。因此，在实际生产中应采用全膜垄作沟灌技术，同时采用适宜的灌水定额及灌溉制度。

表 7-64　垄作沟灌辣椒产量及水分生产效率

处理	单株总重(t)	单株果数(个)	单株果鲜重(g)	单株茎鲜重(g)	单株果干重(g)	单株茎干重(g)	鲜产量(kg/hm²)	灌水量(m³/hm²)	耗水量(m³/hm²)	干产量(kg/hm²)	节水率(%)	增产率(%)	灌溉水生产率(kg/m³)	水分生产效率(kg/m³)
T1	368	14.78	253.58	116.25	60.05	28.54	24 634.4	2 100	3 780	5 183.6	22.96	-17.44	2.47	1.37
T2	373	15.25	258.25	114.75	58.45	28.25	23 242.5	2 475	3 965	5 260.5	26.84	-16.21	2.13	1.33
T3	472	18.00	336.25	135.50	66.56	29.35	30 262.5	2 850	3 996	6 276.1	27.41	-0.04	2.20	1.57
T4	538	23.25	399.50	138.00	68.32	32.75	35 955	3 225	4 208	6 775.2	30.79	7.91	2.10	1.61
CK	315	13.25	247.00	115.25	57.06	28.50	30 230	4 500	5 462	6 278.3	—	—	1.40	1.15

3. 垄作沟灌辣椒耗水规律

由表 7-65 可知,各处理耗水量均呈前期小、中期大、后期小的变化规律,各处理灌水量越小,整个生育期耗水量越小,其耗水量分别为 CK 处理 546.20 mm、T4 处理 420.80 mm、T3 处理 399.60 mm、T2 处理 396.50 mm、T1 处理 378.00 mm,T1 处理全生育期耗水量比 CK 处理减少 168.2 mm。各处理中,耗水强度最大的为现蕾—开花期 CK 处理 5.33 mm/d,最小的为开花—结果期 T3 处理 2.89 mm/d。全生育期耗水强度最小的为 T1 处理 3.44 mm/d,较 CK 处理降低 30.8%。

表 7-65　垄作沟灌辣椒耗水规律分析结果

处理	移栽—现蕾期			现蕾—开花期			开花—结果期			结果—成熟期			全生育期	
	耗水量(mm)	耗水模数(%)	耗水强度(mm/d)	耗水量(mm)	耗水模数(%)	耗水强度(mm/d)	耗水量(mm)	耗水模数(%)	耗水强度(mm/d)	耗水量(mm)	耗水模数(%)	耗水强度(mm/d)	耗水强度(mm/d)	耗水量(mm)
T1	69.44	18.37	4.08	123.72	32.73	3.34	123.56	32.69	3.17	61.28	16.21	3.40	3.44	378.00
T2	74.06	18.68	4.36	128.34	32.37	3.47	126.64	31.94	3.25	67.46	17.01	3.75	3.60	396.50
T3	75.60	18.92	4.45	139.12	34.81	3.76	112.78	28.22	2.89	72.10	18.04	4.01	3.63	399.60
T4	84.84	20.16	4.99	156.06	37.09	4.22	115.86	27.53	2.97	64.04	15.22	3.56	3.83	420.80
CK	82.69	15.44	4.89	197.25	36.11	5.33	183.21	33.54	4.70	83.05	15.21	4.61	4.97	546.20

4. 垄作沟灌辣椒经济效益

垄作沟灌辣椒经济效益分析结果见表 7-66。由此可见,灌水定额较小的处理其投入小于 CK 处理,其中 T1 处理投入较 CK 处理减少 10.2%。同时,适宜的沟灌定额处理产量有所提高,其中 T4 产出(包括干辣椒产出和秸秆产出)为 26 149.2 元/hm²,净产值为 18 736.7 元/hm²,投入产出比为 1∶3.53,比 CK 处理增收 14.6%。T4 处理辣椒灌溉定额较对照降低 127.5 mm,生育期耗水降低 125.4 mm,水分生产力达 5.7 元/m³。

表 7-66　垄作沟灌辣椒经济效益分析结果

处理	生产投入（元/ hm²）	产出（元/ hm²）			净产值（元/ hm²）	增收（元/ hm²）	投产比
		干果产出	茎秆产出	总计			
T1	7 005	18 142.6	1 432	19 574.6	12 569.6	−3 774.3	1:2.79
T2	7 143	18 411.8	1 924	20 335.8	13 193.3	−3 150.6	1:2.85
T3	7 280	21 966.4	2 115	24 081.4	16 801.4	457.5	1:3.31
T4	7 413	23 713.2	2 436	26 149.2	18 736.7	2 392.8	1:3.53
CK	7 805	21 973.9	2 175	24 148.9	16 343.9	—	1:3.09

5.垄膜沟灌辣椒标准化技术体系

节水模式:秋耕免冬灌+起垄覆膜播种+垄作沟灌。

技术要求:前茬作物收割后深翻耕作层,免冬灌,次年播种前耙糖平整,利用农用拖拉机起垄、覆膜,最后利用穴播机播种,灌安种水。

技术指标:辣椒垄顶宽50 cm,垄底宽60 cm,垄高30 cm,沟宽40 cm,行距40 cm,株距30 cm,移栽定植。

灌水:生育期灌水6次(包括安种水),起垄后灌坐床水600 m³/hm²,灌水定额525 m³/hm²,灌溉定额3 225 m³/hm²。

追肥:分别在分枝期、盛果期结合灌水施肥2次,每次施尿素225 kg/hm²。

(二)垄作沟灌小麦标准化技术体系

垄作沟灌小麦一般垄埂底宽30 cm,垄埂高15~20 cm,两垄埂之间宽30~33 cm,种2行小麦,小麦行距15 cm左右。灌水方法采用沟灌法,处理XT1灌溉定额3 000 m³/hm²,每次灌水600 m³/hm²;XT2灌溉定额3 750 m³/hm²,每次灌水750 m³/hm²;CK灌溉定额4 500 m³/hm²,每次灌水900 m³/hm²,分别在拔节期、抽穗期、开花期、灌浆期、成熟期各灌一次水。

1.垄作沟灌小麦全生育期土壤储水量变化

表7-67分析了不同处理对不同土层储水量的动态变化影响,不同灌溉处理土壤储水量变化不同,灌水对0~20 cm影响最大,对100 cm以下土层储水量影响不大,观察发现不同土层储水量的变化动态非常相似,但随着土层深度的增加,各处理间土壤储水量变化幅度逐渐变小。在拔节—成熟期土壤水分消耗较多,其中变化最大的为抽穗—灌浆期,这一时期小麦耗水量最大。收获期土壤水分有所回升,是因为此阶段表层土壤中小麦根系大部分死亡,对水分吸收较少,加上降水补充,显出回升趋势。

表 7-67　不同处理下各生育期土壤储水量(0~100 cm)变化　　　　(单位:mm)

处理	播种期	苗期	拔节期	抽穗期	灌浆期	成熟期	收获期
XT1	245.0	221.6	231.8	205.8	214.6	143.1	225.4
XT2	245.0	216.7	230.8	231.8	204.3	163.2	226.87
CK	254.8	221.6	237.2	201.4	215.6	162.2	234.7

2. 垄作沟灌小麦耗水规律

由表 7-68 可知,各处理耗水量均呈前期小、中期大、后期小的变化规律,而且随着灌水量的增加小麦耗水量明显增加。拔节—灌浆期是小麦群体结构最大、植株生长最旺盛、叶面积最大、蒸发和蒸腾量最大的时期,因而决定了该时期耗水强度最大,均在 5 mm/d 以上,其次为苗期—拔节期,耗水强度均在 4 mm/d 以上。由于灌水定额较小,XT1 处理各生育阶段耗水量、耗水强度均小于 CK 及 XT2 处理,其最大耗水强度仅为 5.24 mm/d,较 CK 及 XT2 处理分别降低了 38.4% 和 23.4%。XT2 处理灌溉定额较 CK 降低 75 mm,生育期耗水降低 76 mm。

表 7-68　垄作沟灌小麦全生育期耗水规律分析结果

处理	播种—苗期			苗期—拔节期			拔节—灌浆期			灌浆—成熟期		
	耗水量 (mm)	耗水模数 (%)	耗水强度 (mm/d)	耗水量 (mm)	耗水模数 (%)	耗水强度 (mm/d)	耗水量 (mm)	耗水模数 (%)	耗水强度 (mm/d)	耗水量 (mm)	耗水模数 (%)	耗水强度 (mm/d)
XT1	89.40	0.25	2.55	49.80	0.14	4.53	167.70	0.46	5.24	57.90	0.16	1.61
XT2	109.30	0.25	3.12	60.90	0.14	5.54	207.00	0.47	6.47	60.50	0.14	1.68
CK	129.20	0.25	3.69	74.40	0.14	6.76	232.10	0.45	7.25	79.00	0.15	2.19

3. 垄作沟灌小麦产量效应

垄作沟灌条件下小麦产量分析结果见表 7-69。结果表明,XT2 处理产量最高,为 6 987.8 kg/hm²,CK 处理次之,为 6 828.1 kg/hm²,XT2 处理比 CK 处理增产 2.3%,经方差分析,二者无差异;同时,XT2 处理较 CK 处理节水 14.96%,XT1 处理虽较 CK 处理节水 29.12%,但却减产 13.19%。由此表明,XT2 处理是小麦垄作沟灌节水的最佳处理。进一步分析表明,CK 处理除千粒重外,其他产量构成因素均与 XT1 和 XT2 处理间有极显著差异,而 XT1 和 XT2 处理间无差异,就千粒重而言 3 个处理间均无差异,且以 XT2 的 51.18 g 为最高。

表 7-69　垄作沟灌小麦各处理产量效应分析结果

处理	株高 (cm)	穗长 (cm)	单株重 (g/株)	小穗数 (个/株)	穗粒数 (粒/穗)	穗粒重 (g)	穗重 (g)	千粒重 (g)	灌水量 (m³/hm²)	耗水量 (m³/hm²)	产量 (kg/hm²)	增产率 (%)	节水率 (%)
XT1	53.37	7.41	2.42	10.03	25.23	1.25	1.78	49.73	3 000	3 648	5 927.7	-13.19	29.12
XT2	54.37	7.91	2.52	10.43	25.19	1.33	1.85	51.18	3 750	4 377	6 987.8	2.33	14.96
CK	64.57	8.74	3.22	12.56	35.93	1.73	2.43	49.35	4 500	5 147	6 828.1	—	—

4. 垄作沟灌小麦水分生产效率

由表 7-70 可知,灌溉水生产效率、农田水生产效率最高的均为 XT1 处理,分别为 1.98 kg/m³、1.62 kg/m³,其次为 XT2 处理,分别为 1.86 kg/m³、1.60 kg/m³。CK 处理不论是灌溉水生产效率还是农田水生产效率都是最低的。

表 7-70 垄作沟灌小麦各处理水分生产效率分析结果

处理	灌水量 （m³/hm²）	耗水量 （m³/hm²）	产量 （kg/hm²）	灌溉水生产效率 （kg/m³）	农田水分生产效率 （kg/m³）
XT1	3 000	3 648	5 927.7	1.98	1.62
XT2	3 750	4 377	6 987.8	1.86	1.60
CK	4 500	5 147	6 828.1	1.51	1.33

5. 垄作沟灌小麦经济效益分析

由表 7-71 可知，各处理投资在 8 076 ~ 8 856 元/hm²，净增产值 7 771.5 ~ 10 579.7 元/hm²，投产比为 1 : （1.96 ~ 2.26）。XT2 处理净产值最大，比 CK 处理增加收入 817.3 元/hm²，节水 14.96%，经济效益提高 20.7%。

表 7-71 垄作沟灌小麦经济效益分析结果

处理	生产投入 （元/hm²）	产出（元/hm²）			净产值 （元/hm²）	增收 （元/hm²）	投产比
		籽粒产出	秸秆产出	总计			
XT1	8 076	14 226.5	1 621	15 847.5	7 771.5	−1 991	1 : 1.96
XT2	8 391	16 770.7	2 200	18 970.7	10 579.7	817.3	1 : 2.26
CK	8 856	16 387.4	2 231	18 618.4	9 762.4	—	1 : 2.10

6. 垄膜沟灌小麦标准化技术体系

节水模式：秋耕冬灌 + 起垄播种 + 垄作沟灌。

技术要求：前茬作物收割后深翻耕作层，冬灌，灌水定额 1 200 m³/hm²，次年播种前耙糖平整，利用起垄播种机一次完成起垄、播种。

技术指标：小麦垄埂底宽 30 cm，垄埂高 15 ~ 20 cm，两垄埂之间宽 30 ~ 33 cm，种 2 行小麦，行距 15 cm。

灌水：小麦生育期灌水 5 次，灌水定额 750 m³/hm²，灌溉定额 3 750 m³/hm²。

追肥：分别在拔节期、灌浆期结合灌水施肥 2 次，每次施尿素 225 kg/hm²。

（三）垄作沟灌南瓜标准化技术体系

休闲期深耕、免冬灌。覆膜后按 1 垄 2 行播种，行距 250 cm，株距 30 cm，沟宽 40 cm，起垄覆膜后灌安种水，生育期灌水 4 次。南瓜垄作沟灌试验方案设计见表 7-72。

1. 垄作沟灌南瓜生育期土壤水分变化规律

由于播种前灌溉且覆膜抑制了土壤水分蒸发，种位及垄沟内土壤均维持了较高含水率；此外，沟灌减少了水面蒸发面积，增加了入渗水量，在南瓜播种后保水作用较为明显，并且灌水定额越大效果越显著。由图 7-20 可知，各处理在起垄前土壤含水率基本一致，起垄后由于灌水量的影响，T3 及 T6 处理土壤含水率较 T1、T4 处理分别提高 7.7% 和 9.5%。随着灌水的实施,各处理含水率变化趋势均一致,含水率之间的差距在生育旺盛期逐渐消除,且土壤含水率降低很快,耗水量增大,到收获期,随着作物需水量的减少,各处理土壤含水率随灌水定额的差异再次出现。

表7-72　垄作沟灌南瓜试验方案设计结果

处理	地块几何尺寸				灌水技术要素设计			
	长度(m)	宽度(m)	面积(m²)	设计纵坡	单宽流量(L/(m·s))	灌水定额(mm)	单区灌水量(m³)
T1	17	5.0	85	1/1 500	5	22.5	1.27
T2	17	5.0	85	1/1 500	5	33.8	1.91
T3	17	5.0	85	1/1 500	5	45.0	2.55
T4	17	5.0	85	1/1 000	5	22.5	1.27
T5	17	5.0	85	1/1 000	5	33.8	1.91
T6	17	5.0	85	1/1 000	5	45.0	2.55
CK	17	5.0	85	1/500	5	54.0	4.6

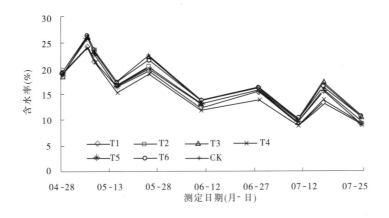

图7-20　垄作沟灌南瓜土壤水分变化过程

2. 垄作沟灌南瓜产量及水分生产效率

由表7-73可知,T6处理产量及构成因素均高于其他处理,鲜瓜产量23 459.1 kg/hm²,较CK处理增产9.32%;其次为T3,鲜瓜产量为22 027.7 kg/hm²,较CK处理增产2.66%。虽然T1、T4处理水分生产效率较高,但其产量远低于T3、T6处理,不利于增产增收。南瓜生长周期较短,垄作沟灌条件下较玉米、小麦等作物节水量在100 mm以上,水分生产效率处在较高水平。考虑到增产和经济效益,覆膜垄作沟灌南瓜采用45 mm的灌水定额是既增产又节水的方案。

表 7-73　垄作沟灌南瓜产量效应及水分生产效率分析结果

处理	蔓长（m）	单株瓜数（个）	瓜直径（cm）	瓜重（g）	产量（kg/hm²）	灌水量（m³/hm²）	耗水量（m³/hm²）	灌溉水生产效率（kg/m³）	农田水分生产效率（kg/m³）
T1	4.05	1	12.3	1 322.2	20 348.7	900	2 587.8	22.6	7.9
T2	4.11	1	13.1	1 371.0	21 099.7	1 350	2 841.6	15.6	7.4
T3	3.87	1	15.0	1 431.3	22 027.7	1 800	2 941.4	12.2	7.5
T4	4.16	1	12.2	1 298.7	19 987.0	900	2 618.6	22.2	7.6
T5	3.85	1	14.0	1 401.5	21 569.1	1 350	2 872.4	16.0	7.5
T6	4.20	1	16.2	1 524.3	23 459.1	1 800	3 018.4	13.0	7.8
CK	4.17	1	15.8	1 410.3	21 457.6	2 250	3 171.0	11.9	7.5

3. 垄作沟灌南瓜耗水规律

由表 7-74 可知,垄作沟灌南瓜各处理耗水量均呈前期小、中期大、后期小的变化规律,各处理灌水量越小,整个生育期耗水量越小。耗水量分别为 T1 处理 258.8 mm、T2 处理 284.2 mm、T3 处理 294.0 mm、T4 处理 261.9 mm、T5 处理 287.2 mm、T6 处理 301.8 mm。沟底坡度较平缓处理灌水均匀度稍高,耗水量小。南瓜开花—果实生长期耗水强度最大,除 T4 处理外,其他各处理均在 4 mm/d 以上;其次为吐蔓—开花期,除 T4 处理外,其他各处理均在 3 mm/d 以上。

表 7-74　垄作沟灌南瓜耗水规律分析结果

处理	播种—吐蔓期 耗水量（mm）	播种—吐蔓期 耗水模数（%）	播种—吐蔓期 耗水强度（mm/d）	吐蔓—开花期 耗水量（mm）	吐蔓—开花期 耗水模数（%）	吐蔓—开花期 耗水强度（mm/d）	开花—果实缓慢生长期 耗水量（mm）	开花—果实缓慢生长期 耗水模数（%）	开花—果实缓慢生长期 耗水强度（mm/d）	果实快速生长—成熟期 耗水量（mm）	果实快速生长—成熟期 耗水模数（%）	果实快速生长—成熟期 耗水强度（mm/d）	全生育期 耗水量（mm）	全生育期 耗水强度（mm/d）
T1	49.1	19.0	1.6	103.6	40.0	3.3	79.6	30.8	4.0	26.5	10.3	1.3	258.8	2.53
T2	50.4	17.7	1.7	100.3	35.3	3.2	94.8	33.4	4.7	38.7	13.6	1.9	284.2	2.80
T3	50.2	17.1	1.7	106.2	36.1	3.4	103.8	35.3	5.2	33.8	11.5	1.7	294.0	2.92
T4	72.2	27.6	2.4	88.2	33.7	2.8	78.1	29.8	3.9	23.5	9.0	1.2	261.9	2.59
T5	65.8	22.9	2.2	95.7	33.3	3.1	94.8	33.0	4.7	31.0	10.8	1.5	287.2	2.83
T6	61.0	20.2	2.0	106.2	35.2	3.4	100.8	33.4	5.0	33.8	11.2	1.7	301.8	2.97
CK	75.6	23.8	2.4	101.3	31.9	3.3	107.7	34.0	5.4	32.5	10.2	1.6	317.1	3.11

4. 垄作沟灌南瓜经济效益

由表 7-75 可知,灌水定额较小处理,其投入小于 CK 处理,其中 T1、T4 处理投入较 CK 处理减少 4.0%,由于适宜沟灌沟底纵坡和沟灌定额可提高灌水均匀度、作物产量,其中 T6 产出(包括鲜瓜和瓜秧产出)为 33 000.9 元/hm²,净产值为 25 180.8 元/hm²,投入产出比为 1:4.22,较 CK 处理增收 2 730.4 元/hm²,具有较高的经济效益。南瓜生育期耗水较 CK 处理降低 15.3 mm,灌溉水利用系数提高 0.15,水分生产效益达 9.4 元/m³。

表 7-75　垄作沟灌南瓜经济效益分析结果

处理	生产投入 (元/hm²)	产出(元/hm²)			净产值 (元/hm²)	产投比
		瓜产出	茎产出	合计		
T1	7 510	27 470.7	1 153.7	28 624.4	21 114.4	1:3.81
T2	7 665	28 484.6	1 202.1	29 686.7	22 021.7	1:3.87
T3	7 820	29 737.4	1 258.5	30 995.9	23 175.9	1:3.96
T4	7 510	26 982.5	1 136.8	28 119.2	20 609.2	1:3.74
T5	7 665	29 118.3	1 228.5	30 346.8	22 681.8	1:3.96
T6	7 820	31 669.7	1 331.2	33 000.9	25 180.8	1:4.22
CK	7 820	28 967.8	1 302.6	30 270.4	22 450.4	1:3.87

5.南瓜垄膜沟灌标准化技术体系

节水模式:秋耕免冬灌+起垄覆膜播种+垄作沟灌。

技术要求:前茬作物收割后深翻耕作层,免冬灌,次年播种前耙耱平整,利用农用拖拉机起垄、覆膜,沟底坡度 1/1 500,沟宽 40 cm,沟深 25 cm,灌安种水后人工点播。

技术指标:播种时 1 垄 2 行,行距 250 cm,株距 30 cm,每穴 1~2 粒。播前灌安种水 450 m³/hm²,生育期灌水 4 次。

灌水:管道输水垄沟灌溉,灌水定额 450 m³/hm²,灌溉定额 1 800 m³/hm²。

追肥:分别在果实快速生长期结合灌水施肥 2 次,每次施尿素 225 kg/hm²。

(四)垄作沟灌葵花标准化技术体系

休闲期深翻免冬灌,播前耙耱,垄沟设计为垄幅 100 cm,垄面宽 60 cm,沟宽 40 cm,沟深 20 cm。葵花垄作沟灌试验方案设计结果见表 7-76。

表 7-76　垄作沟灌葵花试验方案设计结果

处理	种植方式	安种水 (m³/hm²)	灌水定额 (m³/hm²)	灌水次数	灌溉定额(含安种水) (m³/hm²)
T1	覆膜垄作沟灌	450	300	5	1 650
T2	覆膜垄作沟灌	450	375	5	1 950
T3	覆膜垄作沟灌	450	450	5	2 250
T4	覆膜垄作沟灌	450	525	5	2 550
CK	覆膜平种	750	750	5	3 750

1.垄作沟灌葵花生育期土壤水分变化规律

由于各处理冬季储水灌定额一致,播种前各处理含水率无差别。但由于播后常规处理和沟灌处理安种水定额不同,其含水率有明显差别,最大相差 13.5%,但沟灌处理间无差别。

播后各生育阶段,由于灌水定额不同,灌水后含水率差异较大,但由于常规处理与沟灌处理地膜覆盖度不同,含水率下降速率也不同,甚至有个别时间段沟灌处理含水率还高于常规处理,如 7 月 10 日、7 月 30 日 T4 处理含水率高于 CK 处理。另外,沟灌可减少水面蒸发面积,增加入渗水量,灌水后作物根区土壤均能维持较高的含水率。垄作沟灌葵花土壤水分变化过程见图 7-21。

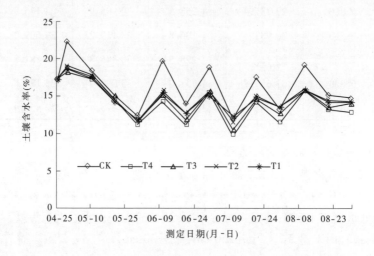

图 7-21　垄作沟灌葵花土壤水分变化过程

2. 垄作沟灌葵花产量及水分生产效率

单盘粒重是构成葵花产量的主要因素,其大小决定着葵花的最终产量。由表 7-77 可知,T4 处理产量最高,为 6 831.0 kg/hm²,比 CK 处理增产 6.1%,节水 17.9%,水分生产效率提高 11.8%。其次为 T3 处理,其产量为 6 705.0 kg/hm²,比 CK 处理增产 4.1%,节水 26.6%,水分生产效率提高 32.4%。

表 7-77　垄作沟灌葵花产量效应及水分生产效率分析结果

处理	株高 (cm)	盘直径 (cm)	单盘粒重 (g/盘)	单盘粒数 (粒)	盘干重 (g)	百粒重 (g)	灌水量 (mm)	耗水量 (mm)	产量 (kg/hm²)	增产率 (%)	节水率 (%)	水分生产效率 (kg/m³)
T1	169	18.9	113.8	1 580.6	69.3	6.8	165	296.2	5 913.0	−8.2	40.3	2.31
T2	168	18.6	111.7	1 618.8	66.5	7.0	195	331.6	6 261.0	−2.8	33.1	2.02
T3	169	17.8	104.3	1 490.0	54.5	7.0	225	363.9	6 705.0	4.1	26.6	1.72
T4	164	16.7	98.5	1 448.5	54.8	6.9	255	407.1	6 831.0	6.1	17.9	1.45
CK	168	17.8	107.3	1 532.9	62.2	7.2	375	495.8	6 441.0	0	0	1.30

3. 垄作沟灌葵花耗水规律

由表 7-78 可知,各处理耗水量均呈前期小、中期大、后期小的变化规律,各处理灌水量越小,整个生育期耗水量越小,全生育期 T4 处理耗水量比 CK 处理减少 88.7 mm。孕蕾—开花期耗水强度最大,CK 处理达 8.5 mm/d。与 CK 处理相比,耗水强度最小的 T1 处理全生育期耗水较 CK 处理降低 39.6%。

表 7-78　垄作沟灌葵花耗水规律分析结果

处理	播种—苗期			苗期—孕蕾期			孕蕾—开花期			开花—灌浆期			灌浆—成熟期			全生育期	
	耗水量 (mm)	耗水模数 (%)	耗水强度 (mm/d)	耗水量 (mm)	耗水模数 (%)	耗水强度 (mm/d)	耗水量 (mm)	耗水模数 (%)	耗水强度 (mm/d)	耗水量 (mm)	耗水模数 (%)	耗水强度 (mm/d)	耗水量 (mm)	耗水模数 (%)	耗水强度 (mm/d)	耗水量 (mm)	耗水强度 (mm/d)
T1	101.6	34.3	2.4	42.8	14.5	2.9	63.9	21.6	4.3	35.9	12.1	1.4	52.0	17.6	1.5	296.2	2.24
T2	107.7	32.5	2.5	50.5	15.2	3.4	77.7	23.4	5.2	43.6	13.2	1.7	52.0	15.7	1.5	331.5	2.49
T3	104.6	28.8	2.4	53.6	14.7	3.6	100.8	27.7	6.7	51.3	14.1	2.1	53.5	14.7	1.5	363.8	2.72
T4	112.3	27.6	2.6	52.1	12.8	3.5	108.5	26.7	7.2	65.2	16.0	2.6	68.9	16.9	2.0	407.0	3.07
CK	92.3	18.6	2.1	94.3	19.0	6.3	127.3	25.7	8.5	88.3	17.8	3.5	93.6	18.9	2.7	495.8	3.71

4. 垄作沟灌葵花经济效益

由表 7-79 可知,常规灌溉处理投入大于沟灌处理,主要是减少了水费投入,由于适宜沟灌定额处理产量有所提高,其中 T4 产出(包括籽粒产出和秸秆产出)为 27 632 元/hm²,净产值为 19 752 元/hm²,投入产出比为 1:3.51,比 CK 处理增收 1 843 元/hm²。葵花灌溉定额较对照降低 120 mm,生育期耗水降低 89 mm,灌溉水利用系数提高 0.23,水分生产率达 6.2 元/m³。

表 7-79　垄作沟灌葵花经济效益分析结果

处理	生产投入 (元/hm²)	产出 (元/hm²)			净产值 (元/hm²)	增收 (元/hm²)	投产比
		籽粒产出	秸秆产出	总计			
T1	8 150	23 652	331	23 983	15 833	−2 076	1:2.94
T2	8 060	25 044	324	25 368	17 308	−601	1:3.15
T3	7 970	26 820	315	27 135	19 165	1 256	1:3.40
T4	7 880	27 324	308	27 632	19 752	1 843	1:3.51
CK	8 180	25 764	325	26 089	17 909	—	1:3.19

5. 垄膜沟灌葵花标准化技术体系

节水模式:秋耕免冬灌 + 起垄覆膜播种 + 沟灌。

技术要求:前茬作物收割后深翻耕作层,免冬灌,次年播种前耙耱平整,利用农用拖拉机起垄、覆膜,最后利用穴播机播种,灌安种水。

技术指标:垄幅 100 cm,垄面宽 60 cm,沟宽 40 cm,沟深 20 cm,1 垄 2 行,行距 40 cm,株距 35 cm。

灌水:生育期灌水 5 次(包括安种水),安种水定额 450 m^3/hm^2,生育期灌水定额 525 m^3/hm^2,灌溉定额 2 550 m^3/hm^2。

追肥:分别在孕蕾期、开花盛期结合灌水施肥 2 次,每次施尿素 225 kg/hm^2。

四、节水灌溉标准化技术配套措施

(一)主要作物节水型灌溉制度

随着现代技术的发展,农业生产技术、生产条件、生产方式等基本特征与技术内涵都发生了根本性变化。对地面灌溉条件下小麦、玉米等作物需水量、耗水量、灌溉制度等均有过较为深入的研究,其成果已广泛应用。但对调亏灌溉、膜下滴灌、垄沟灌条件下的灌溉制度研究则比较少,在一定程度上影响了先进高效节水技术的推广应用。为此,以非充分灌溉理论为指导,在现有研究成果的基础上,结合主要作物标准化技术体系研究成果,总结小麦、玉米、制种玉米、葵花、棉花、洋葱、辣椒、西瓜、南瓜等作物在调亏灌溉、膜下滴灌、覆膜垄作沟灌条件下各生育阶段适宜需水量,提出了不同作物适宜的节水型灌溉制度。

1. 主要作物调亏灌溉节水型灌溉制度

1)春小麦调亏灌溉节水型灌溉制度

春小麦调亏灌溉方式下,根据灌溉统计资料、实地调查、试验示范资料,制定生育期适宜需水量及灌溉制度,见表 7-80。

表 7-80 春小麦调亏灌溉节水型灌溉制度

生育阶段	实测需水量(mm)	适宜需水量(mm)	灌水次数(次)	灌水定额(mm)	灌水时间
播种—拔节	40.0	40 ~ 50	0	0	
拔节—抽穗	204.6	200 ~ 210	2	75/90	5 月中旬/5 月下旬
抽穗—灌浆	133.4	130 ~ 140	2	90/75	6 月中旬/6 月下旬
灌浆—成熟	55.0	50 ~ 60	0	0	
全生育	433.0	420 ~ 460	4	330	

由此可见,调亏灌溉小麦推荐灌水次数 4 次,灌水时间主要在拔节—抽穗期、抽穗—灌浆期,需水高峰期灌水定额 90 mm,其他时段 75 mm,灌溉定额 330 mm。

2)玉米调亏灌溉节水型灌溉制度

玉米调亏灌溉方式下,根据灌溉统计资料、实地调查、试验示范资料,制定生育期适宜需水量及灌溉制度,见表 7-81。由表 7-81 可见,调亏灌溉玉米推荐灌水次数 6 次,需水高峰期灌水定额 90 mm,其他时段 75 mm,灌溉定额 480 mm。

表 7-81 玉米调亏灌溉节水型灌溉制度

生育阶段	实测需水量（mm）	适宜需水量（mm）	灌水次数（次）	灌水定额（mm）	灌水时间
播种—苗期	82.5	80～90	1	75	6月上旬
苗期—拔节	134.5	130～140	1	90	6月下旬
拔节—抽穗	115.2	110～120	1	90	7月中旬
抽穗—灌浆	153.6	150～160	2	75/75	7月下旬/8月上旬
灌浆—成熟	88.2	80～90	1	75	8月下旬
全生育	574.0	550～600	6	480	

3）西瓜调亏灌溉节水型灌溉制度

西瓜调亏灌溉方式下（沟灌），根据灌溉统计资料、实地调查、试验示范资料，制定生育期适宜需水量及灌溉制度，见表 7-82。由表 7-82 可见，西瓜调亏灌溉推荐灌水次数 8 次，其中，播种—开花期 45 mm，开花—坐果期 30 mm，坐果—膨大期 30 mm，膨大—成熟期 22.5 mm，灌溉定额 247.5 mm。

表 7-82 西瓜调亏灌溉节水型灌溉制度

生育阶段	实测需水量（mm）	适宜需水量（mm）	灌水次数（次）	灌水定额（mm）	灌水时间
播种—开花	137.5	130～140	1	45	5月下旬
开花—坐果	40.2	40～50	1	30	6月上旬
坐果—膨大	135.1	130～140	5	30/30/30/30/30	6月中旬/下旬/7月上旬/中旬/下旬
膨大—成熟	57.2	50～60	1	22.5	8月上旬
全生育	370.0	350～390	8	247.5	

2. 主要作物膜下滴灌节水型灌溉制度

1）棉花膜下滴灌节水型灌溉制度

棉花膜下滴灌方式下，根据灌溉统计资料、实地调查、试验示范资料，制定生育期适宜需水量及灌溉制度，见表 7-83。由表 7-83 可见，棉花膜下滴灌推荐灌水次数 7 次，灌水定额 36 mm，灌溉定额 252 mm。

表 7-83 棉花膜下滴灌节水型灌溉制度

生育阶段	实测需水量（mm）	适宜需水量（mm）	灌水次数（次）	灌水定额（mm）	灌水时间
播种—苗期	13.3	10～20	1	36	4月下旬
苗期—拔节	50.0	40～50	1	36	6月上旬
拔节—开花	86.7	80～90	2	36/36	6月中旬/下旬
开花—花铃	111.6	110～120	2	36/36	7月中旬/下旬
花铃—收获	50.9	50～60	1	36	8月中旬
全生育	312.5	280～320	7	252	

2）洋葱膜下滴灌节水型灌溉制度

洋葱膜下滴灌方式下，根据灌溉统计资料、实地调查、试验示范资料，制定生育期适宜需水量及灌溉制度，见表 7-84。由表 7-84 可见，洋葱膜下滴灌推荐灌水次数 9 次，灌水定额 33 mm，灌溉定额 297 mm。

表 7-84　洋葱膜下滴灌节水型灌溉制度

生育阶段	实测需水量（mm）	适宜需水量（mm）	灌水次数（次）	灌水定额（mm）	灌水时间
移栽—立苗	90.8	90~100	1	33	5月上旬
立苗—六叶	112.4	110~120	3	33/33/33	5月下旬/6月中旬/6月下旬
六叶—鳞茎膨大	101.7	100~110	3	33/33/33	7月上旬/中旬/下旬
鳞茎膨大—收获	116.1	110~120	2	33/33	8月上旬/中旬
全生育	421.0	410~450	9	297	

3）葵花膜下滴灌节水型灌溉制度

葵花膜下滴灌方式下，根据灌溉统计资料、实地调查、试验示范资料，制定生育期适宜需水量及灌溉制度，见表 7-85。由表 7-85 可见，葵花膜下滴灌推荐灌水次数 7 次，灌水定额 30 mm，灌溉定额 210 mm。

表 7-85　葵花膜下滴灌节水型灌溉制度

生育阶段	实测需水量（mm）	适宜需水量（mm）	灌水次数（次）	灌水定额（mm）	灌水时间
播种—苗期	33.9	30~40	1	30	4月下旬
苗期—拔节	44.2	40~50	1	30	6月上旬
拔节—开花	99.5	90~100	2	30/30	6月中旬/下旬
开花—灌浆	68.3	60~70	2	30/30	7月中旬/下旬
灌浆—成熟	48.5	40~50	1	30	8月上旬
全生育	294.4	260~310	7	210	

4）制种玉米膜下滴灌节水型灌溉制度

制种玉米膜下滴灌方式下，根据灌溉统计资料、实地调查、试验示范资料，制定生育期适宜需水量及灌溉制度，见表 7-86。据此，制种玉米膜下滴灌推荐灌水次数 8 次，灌水定额 36 mm，灌溉定额 288 mm。

5）辣椒膜下滴灌节水型灌溉制度

辣椒膜下滴灌方式下，根据灌溉统计资料、实地调查、试验示范资料，制定生育期适宜需水量及灌溉制度，见表 7-87。可见，辣椒膜下滴灌推荐灌水次数 8 次，播后畦灌安种水 75 mm，生育期滴灌灌水定额 36 mm，灌溉定额 327 mm。

表 7-86　制种玉米膜下滴灌节水型灌溉制度

生育阶段	实测需水量（mm）	适宜需水量（mm）	灌水次数（次）	灌水定额（mm）	灌水时间
播种—苗期	36.2	30~40	1	36	6月上旬
苗期—拔节	77.8	70~80	2	36/36	6月下旬/7月上旬
拔节—抽穗	92.9	90~100	2	36/36	7月中旬/下旬
抽穗—灌浆	99.1	90~100	2	36/36	8月上旬/中旬
灌浆—成熟	99.8	90~100	1	36	8月下旬
全生育	405.8	370~420	8	288	

表 7-87　辣椒膜下滴灌节水型灌溉制度

生育阶段	实测需水量（mm）	适宜需水量（mm）	灌水次数（次）	灌水定额（mm）	灌水时间
播种—现蕾	87.1	80~90	1	75	4月下旬（安种水）
现蕾—开花	178.8	170~180	2	36/36	6月下旬/7月上旬
开花—结果	140.9	140~150	3	36/36/36	7月中旬/下旬/8月上旬
结果—收获	65.8	60~70	2	36/36	8月下旬
全生育	472.6	450~490	8	327	

3. 主要作物垄作沟灌节水型灌溉制度

1）辣椒垄作沟灌节水型灌溉制度

辣椒垄作沟灌方式下，根据灌溉统计资料、实地调查、试验示范资料，制定生育期适宜需水量及灌溉制度，见表 7-88。由表 7-88 可见，辣椒垄作沟灌推荐灌水次数 6 次，播后沟灌安种水 60 mm，生育期沟灌灌水定额 52.5 mm，灌溉定额 322.5 mm。

表 7-88　辣椒垄作沟灌节水型灌溉制度

生育阶段	实测需水量（mm）	适宜需水量（mm）	灌水次数（次）	灌水定额（mm）	灌水时间
播种—现蕾	82.7	80~90	1	60	4月下旬（安种水）
现蕾—开花	156.1	150~160	2	52.5/52.5	6月下旬/7月上旬
开花—结果	115.9	110~120	2	52.5/52.5	7月中旬/下旬
结果—收获	83.1	80~90	1	52.5	8月下旬
全生育	437.8	420~460	6	322.5	

2）小麦垄作沟灌节水型灌溉制度

小麦垄作沟灌方式下，根据灌溉统计资料、实地调查、试验示范资料，制定生育期适宜需水量及灌溉制度，见表 7-89。由此可见，小麦垄作沟灌推荐灌水次数 5 次，灌水定额 75 mm，灌溉定额 375 mm。

表 7-89　小麦垄作沟灌节水型灌溉制度

生育阶段	实测需水量(mm)	适宜需水量(mm)	灌水次数(次)	灌水定额(mm)	灌水时间
播种—苗期	109.3	100~110	1	75	5月上旬
苗期—拔节	60.9	60~70	1	75	5月下旬
拔节—灌浆	207	200~210	2	75/75	6月上旬/下旬
灌浆—成熟	60.5	60~70	1	75	7月上旬
全生育	437.7	420~460	5	375	

3)南瓜垄作沟灌节水型灌溉制度

南瓜垄作沟灌方式下,根据灌溉统计资料、实地调查、试验示范资料,制定生育期适宜需水量及灌溉制度,见表7-90。由表7-90可见,南瓜垄作沟灌推荐灌水次数为4次,灌水沟灌定额45 mm,灌溉定额180 mm。

表 7-90　南瓜垄作沟灌节水型灌溉制度

生育阶段	实测需水量(mm)	适宜需水量(mm)	灌水次数(次)	灌水定额(mm)	灌水时间
播种—吐蔓	61.0	60~70	1	45	5月上旬
吐蔓—开花	106.2	100~110	1	45	5月下旬
开花—果实缓慢生长	100.8	100~110	2	45/45	6月上旬/下旬
果实缓慢生长—成熟	33.8	30~40	0	0	
全生育	301.8	290~330	4	180	

4)葵花垄作沟灌节水型灌溉制度

葵花垄作沟灌方式下,根据灌溉统计资料、实地调查、试验示范资料,制定生育期适宜需水量及灌溉制度,见表7-91。由表7-91可见,葵花垄作沟灌推荐灌水次数为5次,播后安种水定额75 mm,生育期沟灌灌水定额52.5 mm,灌溉定额255 mm。

表 7-91　葵花垄作沟灌节水型灌溉制度

生育阶段	实测需水量(mm)	适宜需水量(mm)	灌水次数(次)	灌水定额(mm)	灌水时间
播种—苗期	112.3	110~120	1	75	4月下旬(安种水)
苗期—孕蕾	52.1	50~60	1	52.5	6月上旬
孕蕾—开花	108.5	100~110	2	52.5/52.5	6月下旬/7月中旬
开花—灌浆	65.2	60~70	1	52.5	8月上旬
灌浆—成熟	16.9	10~20	0	0	
全生育	355	330~380	5	255	

(二)节水灌溉标准化技术体系配套农艺措施

在大力推广应用工程节水技术的基础上,选择适当的作物品种、种植方式,合理有效的灌溉管理、配方施肥、耕作、覆盖、化控调节等措施,实现工程节水与农艺节水的有机配套,对减少作物生育期水分消耗,提高灌溉水利用效率和水分生产效率,实现节水、高产、高效目标具有重要作用。农艺节水技术措施大致上可划分为七大类:种植结构优化技术、抗旱节水品种筛选应用技术、耕作保墒技术、覆盖保墒技术、蒸腾蒸发抑制技术、化学制剂保水技术与水肥耦合技术。

1.种植结构优化技术

依据当地水、土、光、热资源特征以及不同作物需水特性和耗水规律,以高效、节水为原则,以水定植,合理安排作物种植结构及灌溉规模,限制和压缩高耗水、低产出作物种植面积,从而建立与当地自然条件相适应的节水高效型作物种植结构,以缓解用水矛盾,提高降水和灌溉水利用效率。该技术普遍适用于所有灌区,可在较大范围内产生良好的节水效果。

对于水资源严重短缺,种植结构不合理,粮食作物种植比例过大,经济作物比例过小,作物种植与降水、光热条件不匹配,连茬、重茬作物过多地区适宜采用该项技术。如在石羊河流域应压缩春小麦种植面积,大力发展制种玉米等经济作物,扩大葵花、棉花等耐旱作物,实行休闲轮作制。在提高粮食产量人均占有水平的基础上,适当扩大经济作物面积比重。

2.抗旱节水品种筛选应用技术

抗旱节水品种是指抗旱性强、水分生产效率高、综合性状优良的作物品种。培育或引进适合当地条件的节水高产型品种是降低作物耗水量,提高水分生产效率的重要措施之一。

选用节水高产型作物品种要因地制宜。不同作物品种对环境的要求和适应力都有一系列的生理生态和形态差异,因此只有环境与作物品种的生理生态和遗传特性相适应,才能充分发挥品种的优良特性与产量潜力,合理利用资源,趋利避害,发挥资源增产优势。

3.耕作保墒技术

1)深松蓄墒技术

深松是指疏松土壤,打破犁底层,使雨水渗透到深层土壤,增加土壤储水能力,且不翻动土壤,不破坏地表植被,减少土壤水分无效蒸发损失的耕作技术。

深松有全面深松和局部深松2种。全面深松使用深松犁全面松土,适用于配合农田基本建设,改造浅耕层的黏质土。局部深松则是用杆齿、凿形铲进行松土与不松土间隔的局部松土,即深松土少耕法。

2)耙耱镇压保墒技术

耙耱是改善耕层结构达到地平、土碎、灭草、保墒的一项整地措施。镇压既能使土壤上实下虚减少土壤水分蒸发,又可使下层水分上升,起到提墒引墒作用。

耙耱保墒主要在秋季和春季进行。早春耙耱保墒或雨后耙耱破除板结,耙耱深度以3~5 cm为宜。播种前土壤墒情太差,表层干土层太厚,播种后种子不易发芽或发芽不好,尤其是小粒种子不易与土壤紧密接触,得不到足够的水分时,就需要进行镇压,使土壤下层的水分沿毛细管移动到播种层上来,以利种子发芽出苗。冬季地面土块太多太大,容易透风跑墒。在土壤开始冻结前进行冬季镇压,压碎地面土块,使碎土比较严密地覆盖地面,以利冻结聚墒和保墒。

4. 覆盖保墒技术

利用作物秸秆或地膜覆盖,可以截留和保蓄雨水及灌溉水,保护土壤结构,降低土壤水分消耗速度,减少棵间蒸发量和养分损耗,从而提高水资源利用效率,同时该技术具有调节土温、抑制杂草生长等多方面的综合作用。覆盖保墒技术根据覆盖材料的不同分地膜覆盖和秸秆覆盖两种形式。

1) 地膜覆盖保墒技术

采用地膜覆盖的田块秋季收获后要进行秋冬翻耕,耕后及时耙糖保墒。第二年春季只耙糖不翻耕,早春要及时顶凌耙糖保墒,雨后还要及时耙糖保墒。经过这些工序,达到地平、土碎、墒足,无大土块,无根茬,为保证覆膜质量创造良好条件。

覆膜质量直接关系到覆盖效果,是地膜覆盖栽培的关键。整地、起垄、喷洒除草剂后应立即覆膜。覆膜时,要将地膜拉展、铺平、压实,使膜面平整无坑洼,膜边紧实无孔洞。然后在膜面上每隔 1.5 m 压一小土堆,每隔 3 m 压一土带。应用地膜覆膜机覆膜工效高,质量好,均匀一致,并且节省地膜。在地膜覆盖下,作物生育期普遍提前,成熟期较早,应及时收获,达到增产增收的目的。作物收获后,要及时拣净、收回田间的破旧地膜,以免污染土壤,影响下茬作物生长发育。

2) 秸秆覆盖保墒技术

秸秆覆盖方式主要有直茬覆盖、粉碎覆盖、带状免耕覆盖、浅耕覆盖。直播作物播种后出苗前,以 2 250 ~ 3 000 kg/hm² 干秸秆均匀铺盖于土壤表面,以"地不露白,草不成坨"为标准。盖后抽沟,将沟土均匀地撒盖于秸秆上。移栽作物先覆盖秸秆 3 000 ~ 3 750 kg/hm²,然后移栽。宽行作物在最后一次中耕除草施肥后覆盖秸秆,用量 3 000 ~ 3 750 kg/hm²。休闲期在上茬作物收获后,及时浅耕灭茬,耙糖平整土地后将秸秆铡碎成 3 ~ 5 cm 覆盖在休闲地上,覆盖量视土壤肥力状况确定,一般 4 500 ~ 7 500 kg/hm²。覆盖材料以麦秸、麦糠、玉米秸秆等为主。

5. 蒸腾蒸发抑制技术

1) 黄腐酸抗旱剂

黄腐酸,简称 FA,是腐殖酸(HA)中相对分子质量较小的水可溶组分。FA 除具有 HA 的一般特征外,还具有分子量较小,醌基、酚羟基、羧基等活性基团含量较高,生理活性强,易溶于水,易被植物吸收利用,水溶液成酸性等特点。因而,FA 对植物起着以调控水分为中心的多种生理功能,是一种调节植物生长型的抗蒸腾剂。

黄腐酸使用方法:密植作物配比用量为种子: FA: 水 = 50 kg: 200 g: 5 kg,稀植作物配比用量为种子: FA: 水 = 50 kg: 100 g: 5 kg。方法是先将 FA 溶解在水中,然后将药液洒在种子上掺拌均匀,堆闷 2 ~ 4 h 后即可拌种。

喷施技术直接影响 FA 效果的发挥,基本要求是要保证农作物功能叶片均匀受药。如冬小麦以七叶和倒二叶为中心的上部叶片必须受药,喷量以刚从叶片上滴落雾滴为度,并检查叶片上是否均匀分布褐色雾滴作为喷雾的质量标准。

2) 水面蒸发抑制剂

水面蒸发抑制剂的主要功能包括:①抑蒸性——这是水面蒸发抑制剂的主要功能,在水面形成单分子膜层,阻挡水分子向外逸出,其抑制蒸发率室内为 70% ~ 90% ,野外为 22% ~

45%;②增温性——由于抑制蒸发在水中累积蒸发耗热,从而提高水温,一般增温幅度 4.0~8.2 ℃;③扩散性——这类制剂喷施后能迅速形成连续均匀的单分子膜层,由于膜内加有扩散剂,当膜层破裂后能自动扩散恢复合拢。扩散性与温度有关,温度高时扩散快,温度低时则扩散慢;④抗风性——单分子膜层对风敏感,当风速为 0.8 m/s 时,膜层就会随风移动,风速为 3 m/s 时有助于膜层扩散和提高抑制蒸发率,当风速超过 3 m/s 时,单分子膜被风吹成褶皱破裂而失效;⑤有效性——喷施一次有效性可维持 3~7 d。

3)土壤保墒剂

将成膜制剂喷于土表,干燥后即可形成多分子层化学保护膜固结表土,阻隔土壤水分以气态水方式进入大气。同样,以土壤结构改良剂混合土壤,可使土壤形成团粒多孔结构、松软透气,既可增加黏土通透性和沙土持水力,又可保证植物生长需求。

增温保墒剂需用水稀释后喷洒土表用来封闭土壤,所以用量较大。每公顷全覆盖用量为原液 1 200~1 500 kg 加 5~7 倍水稀释。先少量多次加水,不断搅拌均匀后再大量加水至所需浓度,经纱布过滤后倒入喷雾器即可喷施。若预先用水对土表喷施湿润后,则更有利于制剂成膜并节省用量。

6.化学制剂保水技术

保水剂是利用强吸水性树脂制成的一种具有超高吸水保水能力的高分子化合物。它与水分接触时,能够迅速吸收和保持相当于自身重量几百倍至几千倍的去离子水、数十倍至近百倍的含盐水分,而且具有反复吸水功能,吸水后膨胀为水凝胶,可缓慢释放水分供作物吸收利用,从而增强土壤保水性,改良土壤结构,减少深层渗漏和土壤养分流失,提高水分利用率。

保水剂的施用一般大田作物采用拌种并配合沟(穴)施。保水剂在土壤中的用量随土壤质量、土壤墒情、植物种类、气候条件以及保水剂本身性能的不同而有所差异,大致用量为植物耕作层或穴(沟)干土重的 0.05%~0.2%。

7.水肥耦合技术

水肥耦合技术就是根据不同的水分条件,提倡灌溉与施肥在时间、数量和方式上合理配合,达到以水促肥、以肥调水、增加作物产量和改善品质的目的。

技术要点:①平衡施肥:是指作物必需的各种营养元素之间的均衡供应和调节,以满足作物生长发育的需要,从而充分发挥作物生产潜力及肥料利用效率,避免单一元素过量造成毒害或污染。②混合施用:有机肥与无机肥配合施用,能提高土壤调水能力,而且增产效果较好。但施用时应根据有机肥和无机肥特点,适时、适量运用。③适宜施肥:对密植作物宜用耧播沟施,对宽行稀植作物以穴施为好,施肥后随即浇水。④控制灌水定额:研究表明,灌水定额超过 1 200 m³/hm² 便容易造成肥料淋失,因此畦灌条件下灌水定额宜控制在 900 m³/hm² 以内。

(三)节水灌溉标准化技术体系配套田间管理措施

田间管理是指大田生产中,作物从播种到收获的整个栽培过程所进行的各种管理措施的总称,即为作物生长发育创造良好条件的劳动过程。如镇压、间苗、中耕除草、培土、压蔓、整枝、追肥、灌溉、防霜防冻、防治病虫害等。

1. 间苗、定苗与补苗

间苗是根据植物最适密度而拔除多余的幼苗来调控植物密度的技术措施。播种出苗后需及时间苗,除去过密、瘦弱和有病虫的幼苗,选留生长健壮的苗株。间苗宜早不宜迟。间苗次数依据作物种类而定,小粒种子间苗次数一般可多些。最后一次间苗后即为定苗。

一些作物种子发芽率低或由于其他原因,播种后出苗少、出苗不整齐,或出苗后遭受病虫害,造成缺苗。为保证苗齐、苗全,稳定及提高产量和质量,必须及时补种和补苗。

2. 中耕、除草与培土

中耕即松土,是作物生育期间人们对土壤进行的表土耕作。中耕的目的是:消灭杂草,减少养分损耗;防止病虫滋生蔓延;疏松土壤,流通空气,加强保墒;早春中耕可提高地温。中耕一般在土壤湿度不大时进行,中耕深度要视作物根部生长情况而定。苗期杂草易滋生,土壤易板结,中耕宜勤;成株期枝叶繁茂,中耕次数宜少,以免损伤植物。

杂草一般出苗早,生长速度快,是病虫滋生和蔓延的场所,还与植物争夺营养,对作物生长极为不利,必须及时清除。

培土是将行间的土壤培在植物的根部。培土可提高作物地下器官的产量和质量,提高地温以保护植物越冬或夏季起降温作用;避免根部裸露,防止倒伏,促进生根生长。

3. 追肥

(1)根据作物的需要合理施肥:不同作物及不同土壤类型对肥料的需求不同,应根据测土配方施肥技术合理施肥。

(2)根据土壤性质和养分供应能力施肥:如黏土板结不透气,应多施有机肥,需浅施以加快分解,改善土壤物理性状,从而改善养分供给。

(3)根据作物不同生长阶段施肥:生长的前期,一般施用复合肥等含氮量较高的快速性肥料,生长中、后期,多施用草木灰、钾肥等。

4. 灌溉

灌溉是调节植物对水分要求的重要措施。耐旱作物一般灌水次数较少,灌水定额较小,而需水量较大的作物则需水分较多,需保持土壤湿润。炎热和少雨干旱季节应多灌水,多雨湿润季节则应少灌水。应根据不同作物灌溉制度掌握好灌水量、灌水次数和灌水时间。

5. 植株调整

摘蕾与打顶的目的主要是破坏植物的顶端优势,抑制地上部分生长,促进地下部分生长,或者抑制主茎生长,促进分枝。

不少作物生长旺盛,常常产生分蘖,这些分蘖不能形成果穗,只能消耗养分。因此,定苗后至拔节期间,要勤查看,及时将无效分蘖去掉,即人工打杈。

6. 抗逆措施

抗寒防冻是为了避免或减轻冷空气侵袭,提高土壤温度,减少地面夜间散热,加强近地层空气对流,使植物免遭寒冻危害。主要措施有调节播种期,灌水,增施磷肥、钾肥,采取覆盖措施等。

预防高温:高温常伴随着干旱,高温干旱对药用植物生长发育威胁很大。生产上,可培育耐高温、抗干旱的品种。同时,应采取灌水降低地温、喷水增加空气湿度、覆盖遮阴等办法来降低温度,减轻高温为害。

7. 病虫害防治

农作物病虫害防治可分为采用杀菌剂或杀虫剂等化学物质进行的化学防治,利用光或射线等物理能或建造障壁的物理防治,改变作物品种、栽培时间或环境以减少危害的耕作防治,以利用天敌为主的生物防治等。

不同农作物病虫害各有区别,要正确识别农作物病虫害发病原因,根据病虫害特性选用合适的药剂种类和剂型,掌握最佳防治时期,及时加以防治。

(四)节水灌溉量配水设施标准化技术

1. 渠系配水系统量水设施标准化技术

针对农渠、毛渠典型断面,在比较各类型量水设备结构、造价、量测方便程度的基础上,结合石羊河流域实际情况,选择机翼型量水堰作为田间渠道量水的标准化设施。

1)典型渠道断面技术参数

石羊河流域农渠、毛渠以梯形、矩形、U 形为主,典型末级渠道设计参数见表 7-92。

表 7-92 渠道参数

序号	渠道类型	渠深（cm）	渠底宽度（cm）	底弧半径（cm）	弧圆心角（°）	边坡系数	底弧弓形高	渠底坡度	衬砌形式
1	矩形渠道	45	93					1/1 000	混凝土
2	梯形渠道	40	50			1.33		1/1 000	混凝土
3	U 形渠道	45		30	154	0.143 7	25.7	1/1 000	混凝土

2)机翼形量水堰结构及技术参数

机翼形量水堰以其形状类似于机翼而得名,具体结构见图 7-22。

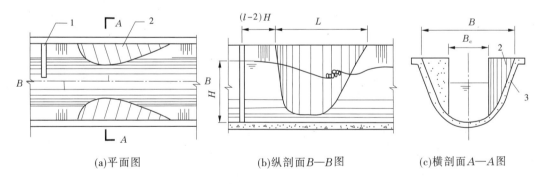

(a)平面图　　　　(b)纵剖面 B—B 图　　　　(c)横剖面 A—A 图

图 7-22 机翼形量水堰结构

3)机翼形量水堰流量

机翼形量水堰流量可按式(7-23)计算确定:

$$Q = 0.541\ 56\sqrt{g}B_c^{0.909\ 25}H^{1.590\ 75} \tag{7-23}$$

式中:Q 为流量,m^3/s;g 为重力加速度,m/s^2;B_c 为喉口宽度($B_c = B - d$),B 为渠道宽度,d 为翼高的 2 倍,m;H 为以量水堰喉口渠底为基准的上游水深,m。

三种代表性渠道机翼形量水堰技术参数见表 7-93。

表 7-93　三种代表性渠道机翼形量水堰技术参数

U 形渠道量水堰				矩形渠道、梯形渠道量水堰			
特性参数	翼高 $P=34$ cm;翼长 $L=200$ cm;收缩比 0.525			特性参数	翼高 $P=23$ cm;翼长 $L=150$ cm;收缩比 0.535		
坐标参数				坐标参数			
x(cm)	y(cm)	x(cm)	y(cm)	x(cm)	y(cm)	x(cm)	y(cm)
0.5	4.94	105	29.07	0.5	3.85	100	15.26
1	6.92	110	28.06	1	5.38	105	14.04
2	9.65	115	26.99	2	7.48	110	12.77
3	11.69	120	25.86	3	9.05	115	11.44
4	13.37	125	24.67	4	10.32	120	10.06
5	14.82	130	23.42	5	11.41	125	8.61
10	20.14	135	22.12	10	15.36	130	7.11
15	23.80	140	20.76	15	17.95	135	5.55
20	26.54	145	19.36	20	19.78	140	3.93
25	28.65	150	17.91	25	21.09	145	2.24
30	30.29	155	16.41	30	21.99	146	1.89
35	31.56	160	14.86	35	22.58	147	1.55
40	32.51	165	13.25	40	22.91	148	1.19
45	33.20	170	11.63	45	23.01 *	149	0.84
50	33.67	175	9.94	50	22.91	150	0
55	33.93	180	8.20	55	22.65		
60	34.01 *	185	6.41	60	22.24		
65	33.93	190	4.57	65	21.71		
70	33.71	195	2.67	70	21.05		
75	33.36	196	2.28	75	20.29		
80	32.88	197	1.90	80	19.44		
85	32.3	198	1.50	85	18.51		
90	31.62	199	1.11	90	17.49		
95	30.85	200	0	95	16.41		

注:表中带 * 数据位置为量水堰喉口位置。

在项目研究过程中,利用上游节制闸调节渠道流量,不同流量情况下用流速仪法与量水堰法计算公式计算结果比较见表7-94。由此可知,机翼形量水堰量测流量与流速仪测定流量平均误差均小于5%,符合《灌溉渠道系统量水规范》(GB/T 21303—2016)的有关规定。

表7-94 典型渠道流量分析

序号	矩形渠道				梯形渠道				U形渠道			
	水深 (cm)	流速仪法 (L/s)	量水堰法 (L/s)	误差分析 (%)	水深 (cm)	流速仪法 (L/s)	量水堰法 (L/s)	误差分析 (%)	水深 (cm)	流速仪法 (L/s)	量水堰法 (L/s)	误差分析 (%)
1	13.46	32.84	31.57	3.86	14.27	36.25	34.33	5.31	12.89	28.37	27.55	-2.98
2	15.02	39.12	37.15	5.04	15.99	43.45	45.42	-4.54	17.96	48.1	47.93	-0.35
3	16.56	45.69	47.62	-4.23	17.44	49.87	52.49	-5.26	22.09	66.86	68.6	2.54
4	18.25	53.34	49.94	6.37	18.62	55.38	53.30	3.76	21.89	65.9	63.48	-3.81
5	20.05	61.92	59.13	4.51	20.56	64.81	61.65	4.87	20.72	60.37	62.15	2.86
6	21.70	70.24	66.88	4.79	22.05	72.46	68.71	5.17	22.18	67.29	67.82	0.78
7	23.01	77.12	74.10	3.92	23.39	79.58	75.82	4.73	19.36	54.18	54.56	0.7
8	24.73	86.48	91.38	-5.67	25.08	88.91	83.33	6.28	17.04	44.23	45.15	2.04
9	25.63	91.55	88.13	3.74	25.91	93.65	97.98	-4.62	18.23	49.26	51.25	3.88
10	27.47	102.18	97.21	4.86	27.74	104.39	99.43	4.75	15.16	36.73	38.24	3.95
平均误差				4.70				4.93				2.39

2. 管道配水系统量水设施标准化技术

1)量水标准化设施

管道配水系统多位于井灌区,用水表量水比较方便。水表工作环境温度0~40 ℃,工作水温应低于40 ℃。水表类型主要有旋翼式和螺翼式两类,最大流量时,旋翼式水表压力损失应不超过0.1 MPa,螺翼式水表应不超过0.03 MPa。水表口径应根据管道设计流量、水头损失及定型产品流量—水头损失曲线选择。应选择管道设计流量接近公称流量的水表(不应直接以管道直径大小选定水表的口径)。螺翼式水表前应保证有8~10倍公称直径的直管段,旋翼式水表前后应有不小于0.3 m的直管段。

2)配水测控标准化设施

石羊河流域机井目前普遍选用IC智能卡灌溉管理系统进行配水测控,采取用户预交水费,凭卡开机灌溉,自动统计用水量和用水时间。

该系统由中心计算机(或专用发卡机)和智能卡机井灌溉管理机组成。中心管理系统由系统维护、卡片管理、分机管理、综合统计、安全加密、辅助系统等子系统构成。该系统具有操作方便、简单,管理系统方便灵活,系统安全可靠,管理功能强大,适应性强,使用寿命长等特点,普遍适用于机井灌区供水管理。

第四节　流域设施农业节水灌溉标准化技术

根据水、土、肥、热等农业资源耦合特点和社会经济发展水平,综合考虑区域经济、社会和生态效益目标,通过长期温室定位试验与观测,结合其他项目研究基础及大量调研考察,选取番茄和辣椒开展膜下调亏沟灌、膜下调亏滴灌、水氮耦合等节水灌溉标准化技术体系进行研究,提出适合区域特点的设施农业节水灌溉标准化技术体系及相应技术体系规程。

一、温室辣椒膜下滴灌标准化技术

按生长状况将辣椒生育期分为苗期、开花坐果期、果实采摘前期和果实采摘后期,各生育期水分亏缺程度见表 7-95。通过膜下滴灌系统进行灌溉,施肥采用施肥罐,1 管 2 行方式布置,压力补偿式滴头布置在两株辣椒之间,距离 50 cm,流量 2.3 L/h。

表 7-95　膜下滴灌辣椒试验方案设计

处理	水分亏缺程度			
	苗期	开花坐果期	果实采摘前期	果实采摘后期
T1	标准	1/3 标准	标准	标准
T2	标准	2/3 标准	标准	标准
T3	标准	标准	1/3 标准	标准
T4	标准	标准	2/3 标准	标准
T5	标准	标准	标准	1/3 标准
T6	标准	标准	标准	2/3 标准
T7（CK）	标准	标准	标准	标准

（一）辣椒产量及水分利用效率（WUE）

表 7-96 列出了不同水分条件下滴灌辣椒产量和水分利用效率。滴灌辣椒 T4 处理和 T5 处理产量与 CK 处理间达到显著性差异,产量最高为 CK 处理,产量最低为果实采摘后期重度亏水的 T5 处理,与充分灌水的 CK 处理相比,降幅达 15.6%。图 7-23 表明,不同水分亏缺条件下辣椒产量与耗水量均存在正相关关系,产量随耗水量的减小而减小,表明水分亏缺不利于温室辣椒产量的提高,

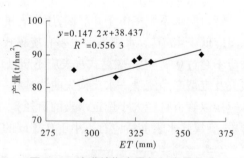

图 7-23　滴灌辣椒产量与耗水量关系

尤其在果实采摘期重度亏水会造成较为严重的产量下降。水分利用效率方面,滴灌能显著提高辣椒耗水利用效率和灌水利用效率,与沟灌处理相比,各处理的耗水利用效率增幅均超过 50%,最高达 65%,灌水利用效率相比增幅达 70% 以上,最高达 109%,说明滴灌对于提高温室辣椒水分利用效率具有显著效果。

表 7-96　不同水分亏缺条件下滴灌辣椒产量与水分利用效率分析结果

处理	产量(t/hm²)	耗水量 ET(mm)	灌水量 I(mm)	WUE_{ET}(kg/m³)	WUE_I(kg/m³)
T1	88.1[ab]	323.5	246.9	27.2	35.7
T2	88.8[a]	326.9	260.9	27.2	34.0
T3	85.2[ab]	290.8	200.3	29.3	42.5
T4	83.3[b]	314.0	237.6	26.5	35.1
T5	76.1[c]	294.1	218.9	25.9	34.8
T6	87.8[ab]	333.2	246.9	26.4	35.6
T7(CK)	90.1[a]	361.6	274.8	24.9	32.8

注:a、b、c、d 表示在 $p=0.5$ 水平下显著性差异,从 a 到 d 表示差异逐渐增加,下同。

(二)辣椒耗水规律

表 7-97 及图 7-24 显示,CK 处理滴灌辣椒不同生育期耗水量顺序为果实采摘前期 > 果实采摘后期 > 苗期 > 开花坐果期,但 T3 处理和 T4 处理果实采摘前期耗水量小于果实采摘后期耗水量,尤其 T3 处理更为明显,这是这两个处理在果实采摘前期均进行了水分亏缺且 T3 处理亏水程度最大的缘故。滴灌辣椒开花坐果期各处理耗水量均小于苗期,这是由于苗期未进行水分亏缺处理并且只存在缓苗水和定植水,其灌水量与开花坐果期灌水量相比明显偏大,这也是苗期各处理耗水量未存在明显差异的原因。而在进行了水分亏缺处理的开花坐果期、果实采摘前期和果实采摘后期,存在水分亏缺处理的耗水量均小于其他处理,尤其是亏水程度较大的处理表现最为显著,也就是说,水分亏缺明显导致了耗水量的下降。对全生育期而言,果实采摘前期亏水程度较大的 T3 处理耗水量最小,为 290.8 mm,充分灌水的 CK 处理 T7 耗水量最大,为 361.6 mm。

表 7-97　不同水分亏缺条件下滴灌辣椒耗水量和耗水强度分析结果

处理	苗期 耗水量(mm)	苗期 耗水强度(mm/d)	开花坐果期 耗水量(mm)	开花坐果期 耗水强度(mm/d)	果实采摘前期 耗水量(mm)	果实采摘前期 耗水强度(mm/d)	果实采摘后期 耗水量(mm)	果实采摘后期 耗水强度(mm/d)	全生育期 耗水量(mm)	全生育期 耗水强度(mm/d)
T1	77.5	15	17.5	0.3	126.5	1.2	102.0	1.5	323.5	1.1
T2	69.3	1.3	24.1	0.4	130.1	1.2	103.4	1.5	326.9	1.1
T3	71.5	1.4	36.2	0.6	73.3	0.7	109.7	1.6	290.8	1.0
T4	68.4	1.3	43.5	0.7	96.2	0.9	106.0	1.6	314.0	1.1
T5	62.8	1.2	42.7	0.7	134.2	1.3	54.4	0.8	294.1	1.0
T6	67.1	1.3	37.6	0.6	143.2	1.4	85.4	1.3	333.2	1.2
T7	79.5	1.5	37.1	0.6	131.9	1.3	113.2	1.7	361.6	1.3

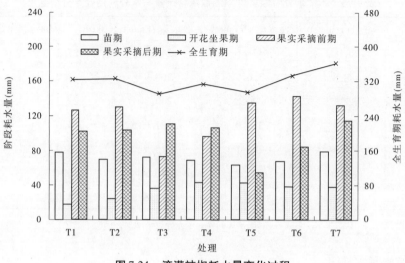

图 7-24　滴灌辣椒耗水量变化过程

二、温室沟灌标准化技术

(一)辣椒膜下沟灌标准化技术

1. 辣椒膜下沟灌产量效应

选择当地主栽品种陇椒 1 号,种植方式为高垄地膜覆盖,垄侧种植,垄宽 75 cm,沟宽 40 cm,株距 50 cm,覆膜宽 120 cm。每穴内植入 2 株幼苗,每公顷保苗 69 566 株,根据当地温室种植习惯,9 月 22 日定植,11 月 17 日进入开花坐果期,翌年 1 月 27 日进入果实成熟期,6 月 27 日收获完毕,灌溉方式为膜下沟灌。试验期间灌水量用土壤含水率上下限控制,即当土壤含水率降到下限时,灌水至上限,由于不同生育期的计划湿润层深度不一致,取平均计划湿润层深度为 60 cm。根据土壤特性和单沟灌水量将最高灌水上限设定为田间持水量的90%,最低灌水下限设定为田间持水量的 45%。温室沟灌辣椒试验处理结果见表 7-98。

表 7-98　温室沟灌辣椒试验处理结果

处理	占田间持水量的比例(%)		
	苗期	开花坐果期	果实成熟期
T1	45 ~ 60	80 ~ 90	80 ~ 90
T2	60 ~ 80	80 ~ 90	80 ~ 90
T3	80 ~ 90	45 ~ 60	80 ~ 90
T4	80 ~ 90	60 ~ 80	80 ~ 90
T5	80 ~ 90	80 ~ 90	45 ~ 60
T6	80 ~ 90	80 ~ 90	60 ~ 80
T7(CK)	80 ~ 90	80 ~ 90	80 ~ 90

一般说来,作物产量受光、温、水、肥等多种因子影响,水分是作物获得高产不可或缺的重要媒介。表 7-99 中的耗水量采用水量平衡法计算获得,通过 Diviner 2000 土壤水分仪和

取土法测定土壤水分,辣椒产量由每个小区中间4行产量换算得到,由于定植之前进行了一次泡田,土壤含水率较高,所以不同处理的耗水量都大于其灌水量。在本试验范围内,辣椒产量随灌水量的增加而增加,不同生育期减少灌水都会导致不同程度的减产,但与CK处理T7相比,T1、T2、T3、T4处理的减产效应不显著,而T5、T6处理产量差异达显著水平($p < 0.05$)。从耗水量上来看,与对照相比,T1、T2处理节水较少,T3、T4、T5、T6处理分别节水11.36%、7.71%、26.99%、21.51%。综合以上分析可见,虽然T5、T6处理节水效果较好,但会导致严重减产,说明温室辣椒产量对果实成熟期的灌溉调控最为敏感,在该生育期不宜实施水分亏缺处理。

表7-99 不同灌溉调控处理对温室辣椒产量影响分析结果

处理	灌水量（m³/hm²）	耗水量（m³/hm²）	产量（kg/hm²）	WUE（kg/m³）
T1	3 474.25	3 653.84	64 527.66ab	17.66
T2	3 525.08	3 678.30	63 707.77abc	17.32
T3	3 243.81	3 452.35	55 185.58abc	15.98
T4	3 340.02	3 594.66	54 013.29abc	15.03
T5	2 227.42	2 843.52	49 737.81c	17.49
T6	2 626.09	3 056.93	50 386.22bc	16.48
T7（CK）	3 621.40	3 894.79	67 800.00a	17.41

2. 辣椒膜下沟灌标准化技术

按作物生长状况将辣椒生育期划分为苗期、开花坐果期、果实采摘前期和果实采摘后期,各阶段水分亏缺试验设计结果见表7-100。采用覆膜沟灌和单阶段二水平水分亏缺设计,每种灌水方式设置3种灌水水平。小区垄宽75 cm,沟宽40 cm,株距50 cm,覆膜宽为120 cm。

表7-100 沟灌辣椒水分亏缺试验设计结果

处理	水分亏缺程度			
	苗期	开花坐果期	果实采摘前期	果实采摘后期
T1	标准	1/3 标准	标准	标准
T2	标准	2/3 标准	标准	标准
T3	标准	标准	1/3 标准	标准
T4	标准	标准	2/3 标准	标准
T5	标准	标准	标准	1/3 标准
T6	标准	标准	标准	2/3 标准
T7（CK）	标准	标准	标准	标准

　　沟灌辣椒标准灌水量以充分灌水对照处理为准,将其计划湿润层(0～50 cm)内平均土壤含水率始终控制在75%田间持水量以上,当土壤含水率低于75%田间持水量时,即视为水分亏缺,其他处理则分别在不同生育期按1/3标准灌水量和2/3标准灌水量进行灌溉。根据辣椒的实际耗水规律,确定每次标准灌水量的土壤含水率上限为田持持水量的90%,当对照试验的土壤含水率接近田间持水量的75%时,各处理同时灌水。

　　1)膜下沟灌辣椒产量效应及水分利用效率(WUE)

　　表7-101列出了不同水分亏缺条件下沟灌辣椒产量和水分利用效率。由此可见,T3、T5处理产量与CK处理间达到显著性差异,果实采摘前期重度亏水的T3处理产量最低,果实采摘后期重度亏水的T5处理产量也有大幅下降,与充分灌水的CK处理T7相比,降幅达到20.6%。由图7-25可知,不同水分亏缺条件下沟灌辣椒产量与耗水量均存在正相关关系,产量随耗水量的增大而增加,表明水分亏缺不利于温室辣椒产量的提高,尤其是在果实采摘期,重度亏水会造成较为严重的产量下降。

表7-101　沟灌辣椒产量与水分利用效率分析结果

处理	产量(t/hm^2)	耗水量ET(mm)	灌水量I(mm)	WUE_{ET}(kg/m^3)	WUE_I(kg/m^3)
T1	89.6^{ab}	511.2	456.5	17.5	19.6
T2	93.1^a	534.2	484.5	17.4	19.2
T3	73.9^d	412.7	363.4	17.9	20.3
T4	81.0^{bcd}	494.9	437.9	16.4	18.5
T5	77.3^{cd}	457.4	400.6	17.0	19.3
T6	84.2^{abc}	525.0	456.5	16.0	18.4
T7	87.8^{ab}	562.3	512.4	15.6	17.1

　　2)膜下沟灌辣椒耗水规律

　　由表7-102可知,CK处理沟灌辣椒耗水量果实采摘前期>果实采摘后期>开花坐果期>苗期,但T3、T4处理果实采摘前期耗水量明显小于果实采摘后期耗水量,这是由于果实采摘前期亏水程度较大;而T1、T2处理开花坐果期耗水量小于苗期耗水量,这也与开花坐果期进行了亏水处理有关。因本试验未对苗期进行水分亏缺处理,

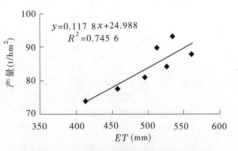

图7-25　辣椒产量与耗水量关系

所以图7-26中各处理苗期耗水量没有明显差异。而在进行了水分亏缺处理的开花坐果期、果实采摘前期和果实采摘后期,水分亏缺处理的耗水量均小于其他处理,其中果实采摘前期和果实采摘后期表现尤为显著,这可能和果实采摘期果实大量形成造成需水量加大以及气温回升导致蒸发蒸腾量加大有关。水分亏缺明显导致了耗水量的下降,对于全生育期而言,果实采摘前期亏水程度较大的T3处理耗水量最小,为412.7 mm,充分灌水的对照处理T7耗水量最大,为562.3 mm。

表 7-102　沟灌辣椒耗水量和耗水强度分析结果

处理	苗期		开花坐果期		果实采摘前期		果实采摘后期		全生育期	
	耗水量 （mm）	耗水强度 （mm/d）	耗水量 （mm）	耗水强度 （mm/d）	耗水量 （mm）	耗水强度 （mm/d）	耗水量 （mm）	耗水强度 （mm/d）	耗水量 （mm）	耗水强度 （mm/d）
T1	62.0	1.2	37.0	0.6	229.3	2.2	183.0	2.7	511.2	1.8
T2	67.4	1.3	52.5	0.9	220.8	2.1	193.4	2.9	534.2	1.9
T3	66.8	1.3	83.1	1.4	80.5	0.8	182.3	2.7	412.7	1.5
T4	69.2	1.3	85.8	1.5	154.8	1.5	185.2	2.8	494.9	1.8
T5	62.1	1.2	88.7	1.5	229.7	2.2	76.9	1.2	457.4	1.6
T6	70.7	1.4	86.8	1.5	226.5	2.2	140.9	2.1	525.0	1.9
T7（CK）	71.4	1.4	78.4	1.3	228.2	2.2	184.4	2.8	562.3	2.0

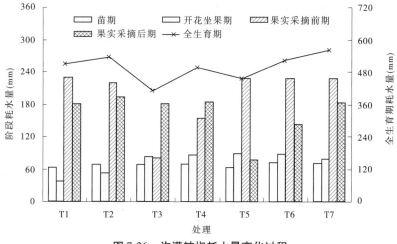

图 7-26　沟灌辣椒耗水量变化过程

（二）膜下沟灌番茄标准化技术

1. 膜下沟灌番茄标准化节水技术

温室番茄以不同灌水量作为处理因子，设高、中、低三个水平，以对照灌水量为标准，灌水前测定土壤含水率，以田间持水量的 90% 为上限，这样所计算的水量为标准灌水量。具体为：高水分处理为标准（对照处理），低水分处理为 1/3 标准，中水分处理为 2/3 标准，采用单阶段二水平缺水试验设计，番茄膜下沟灌试验方案设计见表 7-103。

1）膜下沟灌番茄土壤水分变化

图 7-27 是温室番茄全生育期内土壤计划湿润层体积含水率动态变化过程。由图 7-27 可见，初始土壤含水率差异不大，水分亏缺处理从苗期开始（2 月 23 日至 3 月 19 日），在这段时间内，除定植水外只灌过一次水，同时由于番茄苗期耗水量较小，所以在苗期不同处理间的土壤含水率差异不大，而进入开花坐果期（3 月 19 日至 5 月 17 日），随灌水次数和耗水

量的增加,各处理土壤水分差异逐渐变大。与其他处理相比,开花坐果期进行水分亏缺处理的 T3、T4 处理含水率逐渐降低,与其他处理之间的差异也逐渐增大,而其他各处理之间的差异较小。进入果实成熟期(5 月 17 日至 7 月 19 日),随灌水量的增加,T3、T4 处理土壤含水率与 CK 处理差异逐渐减小,而果实成熟期水分亏缺处理的 T5、T6 含水率与 CK 处理之间的差异增大。6 月 30 日以后,进入番茄采收后期,停止灌水,土壤含水率逐渐减小,并维持在一个较低水平,同时不同处理间的差异也逐渐减小。

表 7-103　沟灌温室番茄节水调质试验设计结果

处理	苗期	开花坐果期	果实成熟期
T1	1/3 标准	标准	标准
T2	2/3 标准	标准	标准
T3	标准	1/3 标准	标准
T4	标准	2/3 标准	标准
T5	标准	标准	1/3 标准
T6	标准	标准	2/3 标准
T7(CK)	标准	标准	标准

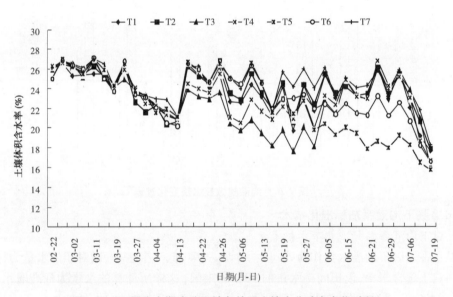

图 7-27　不同生育期水分亏缺条件下土壤水分动态变化过程

2)膜下沟灌番茄产量和水分利用率(WUE)

不同水分处理沟灌温室番茄产量和水分利用效率分析结果见表 7-104,由表 7-104 可见,各处理不同阶段水分亏缺都会导致温室番茄产量下降。但与 CK 处理相比,只有果实成熟期重度水分亏缺的 T5 处理产量降低达极显著水平($p < 0.01$),其他处理之间产量差异并不显著。这是由于果实成熟期是番茄发育成形以及成熟的关键时期,该生育期番茄对水分需求量较大,过多的水分亏缺会造成番茄果实难以成形,最终导致畸形果和坏果的产生,从

而降低经济价值。由表 7-104 可知,苗期或开花坐果期水分亏缺提高了水分利用效率,而果实成熟期水分亏缺与其相反,但各处理间差异未达到显著水平。

表 7-104　不同水分处理沟灌温室番茄产量和水分利用效率分析结果

处理	总灌水量 (m³/hm²)	总耗水量 (m³/hm²)	产量 (t/hm²)	WUE (kg/m³)
T1	2 082. 13	2 396. 01	167. 05	69. 72
T2	2 140. 10	2 424. 18	166. 91	68. 85
T3	1 750. 24	2 156. 47	150. 04	69. 57
T4	1 973. 43	2 351. 75	165. 48	70. 37
T5	1 432. 85	1 830. 80	117. 48	64. 17
T6	1 815. 46	2 142. 20	138. 87	64. 83
T7(CK)	2 198. 07	2 463. 01	167. 80	68. 13

3)膜下沟灌番茄耗水规律

图 7-28 为不同处理的温室番茄各生育期及全生育期耗水量。由此可知,除 T5 处理外,其他处理生育期耗水量果实成熟期 > 开花坐果期 > 苗期,而果实成熟期重度水分亏缺的 T5 处理耗水量果实成熟期小于开花坐果期。由此可见,水分亏缺对苗期耗水量影响较小,但对开花坐果期和果实成熟期影响较大。开花坐果期 CK 处理耗水量 76.76 mm,而水分亏缺的 T3、T4 处理分别为 53.62 mm 和 60.34 mm;果实成熟期 CK 处理耗水量 124.84 mm,而水分亏缺的 T5、T6 处理分别为 67.99 mm 和 100.96 mm。同时,水分亏缺显著降低了番茄耗水强度,开花、坐果期 T3、T4 和 CK 处理耗水强度分别为 1.00 mm/d、1.13 mm/d 和 1.43 mm/d,果实成熟期 T5、T6 和 CK 处理耗水强度分别为 1.15 mm/d、1.71 mm/d 和 2.11 mm/d。从总耗水量来看,果实成熟期重度水分亏缺处理的 T5 总耗水量最小,为 183.08 mm;CK 处理最大,为 246.3 mm。这说明水分亏缺在一定程度上可以抑制作物耗水量和耗水强度,但不同生育期水分亏缺对其影响不同。

2. 膜下沟灌番茄标准化技术

采用不同生育阶段灌水定额作为处理因子,试验番茄从移栽后 3 ~ 4 d 开始,当充分灌水处理(CK)计划湿润层(0 ~ 50 cm)内的平均土壤含水率达到田间持水量的 75% 时开始灌水,灌水上限为田间持水量的 90%,灌水方式为膜下沟灌,灌水量用水表控制。亏水处理分别在苗期(移栽至第一花序坐果)、开花坐果期和果实膨大期(第一花序坐果至第一次采摘)、果实成熟与采摘期(第一次采摘至拉秧)采用 1/3 或 2/3 充分灌水量(CK)处理,灌水时间与 CK 相同。拉秧前 20 d,对所有处理停止灌水。

1)膜下沟灌番茄土壤水分变化

两个生长周期内不同灌水处理 0 ~ 50 cm 土层平均含水率动态变化见图 7-29 和图 7-30。可见,无论冬春茬或越冬茬,各处理初始土壤含水率差异不大,但随着各阶段生育进程的不断推移和灌水处理的相继实施,亏水处理与对照处理土壤水分差异逐渐明显。

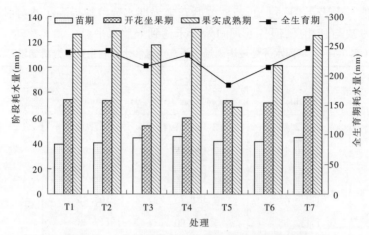

图 7-28　水分亏缺条件下沟灌温室番茄耗水过程

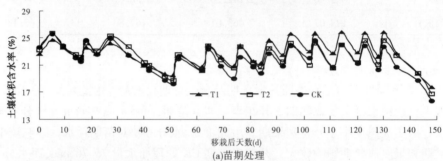

(a)苗期处理

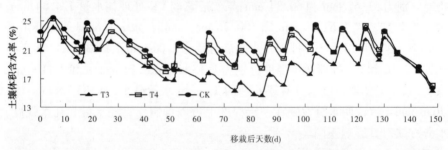

(b)开花坐果期和果实膨大期处理

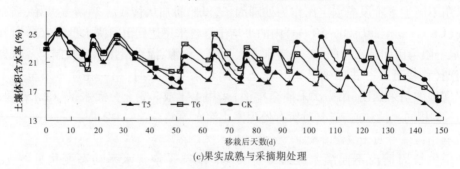

(c)果实成熟与采摘期处理

图 7-29　不同灌水处理沟灌冬春茬番茄 0～50 cm 土壤平均含水率变化过程

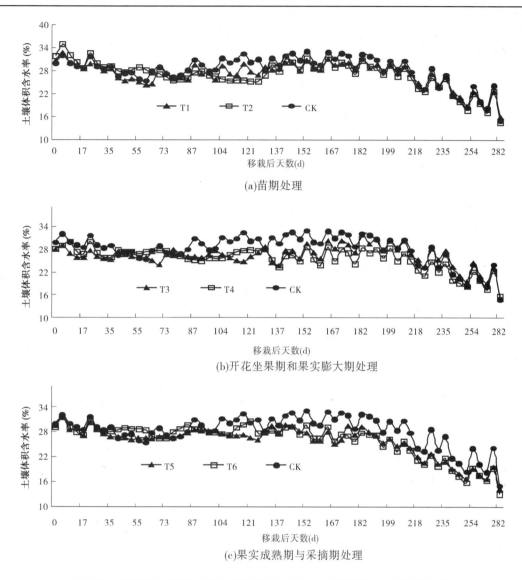

图 7-30　不同灌水处理沟灌越冬茬番茄 0 ~ 50 cm 土壤平均含水率变化过程

2) 膜下沟灌番茄产量效应

两个生长周期内不同灌水处理的番茄总产量如图 7-31 所示。结果表明,冬春茬番茄 T1、T2、T3、T4 和 T6 处理的总产量与 CK 处理差异不显著($p > 0.05$),而 T5 处理的总产量为 107.2 t/hm², 较 CK 处理降低 40.9%, 差异显著($p < 0.05$);越冬茬番茄 T1、T2 和 T4 处理的总产量与 CK 差异不显著($p > 0.05$),而 T3、T5 和 T6 处理与 CK 差异显著($p < 0.05$),三者总产量分别较 CK 降低 18.8%、35.2% 和 23.0%。这说明无论是冬春茬番茄还是越冬茬番茄,苗期采用 1/3 或 2/3 充分灌水量对总产量影响不大,在果实成熟期与采摘期采用 1/3 或 2/3 充分灌水量均显著降低番茄总产量,在开花坐果期和果实膨大期采用 2/3 充分灌水量对产量影响不明显。同时,在开花坐果期和果实膨大期采用 1/3 充分灌水量时,越冬茬番茄总产量显著降低,但对冬春茬番茄影响不显著。因此,一方面,番茄种植可减少苗期灌水,但

应尽量保证果实成熟期与采摘期的灌水;另一方面,对冬春茬、越冬茬番茄应采用不同的灌溉制度。

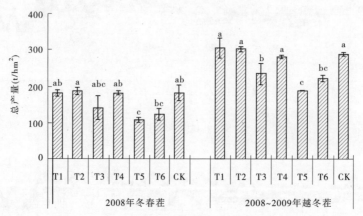

图 7-31　不同灌水处理沟灌温室番茄总产量对比

3)膜下沟灌番茄水分利用效率(WUE)

不同灌水处理的水分利用效率见图 7-32。图 7-32 表明,冬春茬番茄虽然 T5 处理和 T6 处理耗水量较低,但其 WUE 并没有较 CK 处理显著增加,反而分别降低 19.1% 和 18.3%,差异不显著($p > 0.05$)。T1、T2、T4 处理的 WUE 分别较 CK 增加 11.8%、8.90% 和 14.2%,差异不显著($p > 0.05$)。越冬茬番茄 T5 处理的 WUE 最高,为 57.2 kg/m³,较 CK 处理增加 15.9%,T3 处理最低,为 45.3 kg/m³,较 CK 处理降低 8.35%。与冬春茬相似,各亏水处理的 WUE 与对照差异不显著($p > 0.05$)。造成 WUE 差异不显著的原因可能是产量对不同生育阶段水分亏缺的敏感度有关。

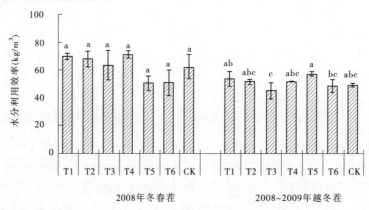

图 7-32　不同灌水处理沟灌温室番茄水分利用效率对比

4)膜下沟灌番茄耗水规律

两个生长周期不同灌水处理的番茄耗水量和耗水强度见表 7-105 和表 7-106。表 7-105、表 7-106 表明,番茄耗水受灌水处理影响很大,不论是总耗水量还是阶段耗水量,均随灌水量的增加而增大,充分灌水处理的总耗水量最高。各生育阶段耗水量表现为果实成熟与采摘期 > 开花坐果期和果实膨大期 > 苗期。

表7-105　不同灌水处理沟灌冬春茬番茄耗水量和耗水强度分析结果

处理	苗期		开花坐果期和果实膨大期		果实成熟与采摘期		全生育期	
	耗水量（mm）	耗水强度（mm/d）	耗水量（mm）	耗水强度（mm/d）	耗水量（mm）	耗水强度（mm/d）	耗水量（mm）	耗水强度（mm/d）
T1	27.4	1.2	89.6	1.6	144.8	2.1	261.8	1.8
T2	35.6	1.6	92.0	1.6	149.3	2.2	276.9	1.9
T3	41.5	1.9	59.0	1.0	123.0	1.8	223.5	1.5
T4	48.2	2.2	63.9	1.1	142.7	2.1	254.8	1.7
T5	50.9	2.3	96.6	1.7	65.9	1.0	213.3	1.4
T6	44.8	2.0	87.5	1.5	110.6	1.6	242.9	1.6
CK	47.3	2.1	92.7	1.6	150.9	2.2	290.9	2.0

表7-106　不同灌水处理沟灌越冬茬番茄耗水量与耗水强度分析结果

处理	苗期		开花坐果期和果实膨大期		果实成熟与采摘期		全生育期	
	耗水量（mm）	耗水强度（mm/d）	耗水量（mm）	耗水强度（mm/d）	耗水量（mm）	耗水强度（mm/d）	耗水量（mm）	耗水强度（mm/d）
T1	56.1	1.6	61.8	0.8	451.2	2.6	569.1	2.0
T2	42.1	1.2	83.9	1.1	462.0	2.7	588.0	2.1
T3	52.2	1.5	40.2	0.5	425.6	2.5	518.0	1.8
T4	58.3	1.6	64.7	0.9	417.3	2.4	540.4	1.9
T5	53.0	1.5	74.1	1.0	199.9	1.2	326.9	1.2
T6	71.7	2.0	59.4	0.8	327.8	1.9	458.9	1.6
CK	65.2	1.8	63.8	0.8	455.7	2.7	584.4	2.1

（三）膜下沟灌西瓜标准化技术

试验分为越冬茬（C1）、冬春茬（C2）和秋茬（C3）三个茬口。试验以日光温室西瓜为研究对象,基于西瓜不同生育期需水规律和已有同科属作物研究成果,共设置3个处理[传统灌水处理（CK）、优化灌水处理1（T1）、优化灌水处理2（T2）,均为膜下沟灌],具体试验处理设计见表7-107。

1. 对节水效果的影响分析

不同处理日光温室西瓜栽培总灌水量与耗水量见表7-108。从灌水量来看,T1 为355 mm,T2 为356 mm,CK 为490 mm,T1 处理和 T2 处理较 CK 处理分别节水 27.55%、27.35%。从灌水情况来看,这两种灌水方式比当地传统经验灌水方式有显著节水效果。

表 7-107　温室沟灌西瓜不同灌溉方案设计结果

处理	水分优化处理含水率占对照处理 CK 含水率的百分数				
	定植前	缓苗期	伸蔓期	开花坐果期—膨大期	成熟期
CK	传统灌水量	传统灌水量	传统灌水量	传统灌水量	传统灌水量
T1	传统灌水量	传统灌水量	70%～90%	75%～100%	65%～85%
T2	传统灌水量	传统灌水量	90%	传统灌水量	85%

表 7-108　不同处理日光温室西瓜栽培总灌水量与耗水量　　　（单位:mm）

处理	灌水量	蒸发量
T1	355	483.6
T2	356	493.0
CK	490	617.3

不同处理日光温室不同茬口西瓜灌水量与耗水量见表 7-109。由此可知,C1、C2、C3 栽培中,T1 和 T2 处理较对照 CK 处理都有显著的节水效果。C1 中,T1 处理和 T2 处理较 CK 处理分别节水 19.45%、17.59%;C2 中,T1 处理和 T2 处理较 CK 处理分别节水 23.93%、28.83%;C3 中,T1 处理和 T2 处理较 CK 处理分别节水 35.15%、31.96%。

表 7-109　不同处理日光温室不同茬口西瓜灌水量与耗水量　　　（单位:mm）

处理	苗期		伸蔓期		开花坐果—膨大期		成熟期		全生育期	
	灌水量	耗水量	灌水量	耗水量	灌水量	耗水量	灌水量	耗水量	灌水量	耗水量
C1T1	25	25.16	17	43.55	24	59.97	21	8.58	89	137.3
C1T2	25	24.96	16	42.91	30	64.32	18	6.85	91	139.1
C1CK	25	26.09	30	60.24	27	64.38	24	9.14	108	159.9
C2T1	25	20.07	15	39.10	62	77.01	20	27.3	124	163.5
C2T2	25	19.28	12	42.97	62	75.90	15	21.82	116	159.9
C2CK	25	19.30	30	70.07	76	84.12	30	37.38	163	210.9
C3T1	22	19.83	0	22.56	120	126.60	0	13.80	142	182.8
C3T2	22	21.30	14	44.16	113	110.50	18	18.06	149	194.0
C3CK	22	18.99	30	64.64	144	141.80	23	21.06	219	246.5

2. 对干物质累积的影响分析

从表 7-110 和图 7-33(a)可知,一年三茬栽培中,CK 处理干物质量和根冠显著高于 T1 处理和 T2 处理,并且在越冬茬栽培中,该趋势更加明显,说明在寒冷气候下植物对水分更加敏感。图 7-33 则反映出,在伸蔓期 T1、T2 处理相比 CK,显著增加了土壤深层的根系分布,这有利于后期土壤较为干旱情况下更好地利用土壤水分。

表7-110　日光温室不同茬西瓜干物质累积与分配分析结果

处理	C_1T_1	C_1T_2	C_1CK	C_2T_1	C_2T_2	C_2CK	C_3T_1	C_3T_2	C_3CK
根系(g/株)	0.689	0.693	0.983	0.434	0.457	0.581	1.170	1.178	1.210
植株(g/株)	80.207	84.721	96.330	62.764	63.669	70.027	66.066	68.972	76.613
根冠比	0.008 59	0.008 18	0.010 2	0.006 9	0.007 1	0.008 3	0.016 7	0.017 3	0.018 4

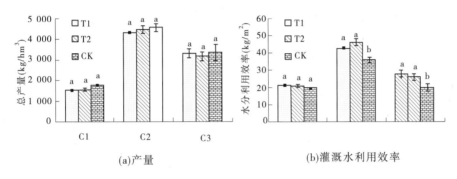

(a)产量　　　　　　　　　　　(b)灌溉水利用效率

图7-33　不同灌水量对日光温室不同茬口西瓜产量与灌溉水利用效率影响对比

3. 对产量和灌溉水利用效率的影响分析

从图7-33可以看出,三茬栽培中,T1处理和T2处理都一定程度降低了西瓜产量,但差异都没有达到显著水平,越冬茬栽培产量降低程度最大,T1、T2较对照分别降低了13.64%和12.57%,这是因为越冬茬栽培植物遭受极端寒冷天气,对植物有一定的寒冷胁迫,在这种胁迫下灌水量的确定还需要进一步研究。水分利用效率(WUE)方面,T1、T2处理都显著高于对照CK,分别较CK提高了17.91%和18.92%,这说明优化灌水方式对水的利用效率更高。因而,按照西瓜需水规律并结合土壤相对含水率的上下限进行水分管理,T1、T2处理方案均在确保产量没有下降的同时,提高了西瓜的水分利用效率,改善了西瓜品质。

(四)膜下沟灌黄瓜标准化技术

研究分冬春茬(2010年2~6月)和秋冬茬(2010年9~12月),宽窄行垄作(宽行80 cm,窄行50 cm),株距30 cm。根据栽培季节和黄瓜生育阶段设定动态灌水量,以当地经验灌水量(W1)为基本值,下浮25%(W2)和下浮50%(W3)作为另外两个灌水处理。冬春茬3月17日开始进行不同灌水量处理,秋冬茬从9月30日开始进行不同灌水量处理,之前均采用当地经验进行灌溉。温室沟灌黄瓜灌水时间及每次灌水量设计结果见表7-111。

1. 不同灌水量对灌溉水水分分配的影响

由表7-112可知,灌溉水在渗漏、蒸发、蒸腾和土壤储水之间的分配比例因处理不同而有所差异,其中渗漏占灌溉水的34%~50%,蒸发占11%~17%,蒸腾占24%~54%,土壤储变占0~16%。蒸腾是蔬菜作物重要的生理过程,与生长发育密切相关,土壤储水量相对较小,因此节水的重要环节应集中在降低深层渗漏和土面蒸发上。减少灌水量使水分深层渗漏、土面蒸发及土壤储水量下降,而植株蒸腾量则在不同处理间差异不显著。

表 7-111　温室沟灌黄瓜灌水时间及每次灌水量设计结果

时期	日期（月-日）	不同处理方案灌水量（mm）		
		W1	W2	W3
冬春茬	02-12	62.6	62.6	62.6
	02-24	83.3	83.3	83.3
	03-08	89.7	89.7	89.7
	03-17	94.9	75.6	56.4
	04-03	67.9	51.3	33.3
	04-20	67.9	51.3	33.3
	05-01	67.9	51.3	33.3
	05-09	67.9	51.3	33.3
	05-19	67.9	51.3	33.3
	05-29	67.9	51.3	33.3
	06-10	67.9	51.3	33.3
秋冬茬	09-06	92.3	92.3	92.3
	09-15	93.6	93.6	93.6
	09-30	103.6	78.4	51.8
	10-19	62.1	47.3	31.1
	11-09	59.2	44.4	29.6
	12-03	44.4	34.0	22.2

表 7-112　温室沟灌黄瓜不同灌水量对灌溉水水分分配影响分析结果

季节	处理	灌水量 I（mm）	渗漏量 D（mm）	蒸发量 E（mm）	蒸腾量 T（mm）	土壤储变量 W_0（mm）
冬春茬	W1	806.2	400.6	86.3	295.7	23.5
	W2	670.3	284.4	80.9	302.3	2.7
	W3	525.4	179.0	75.6	286.0	−15.1
秋冬茬	W1	455.1	217.9	57.6	108.2	71.5
	W2	390.0	172.4	56.5	109.1	52.0
	W3	320.5	124.9	55.5	104.6	35.5

注：定植及缓苗水所有处理相同，冬春茬为235.7 mm，秋冬茬为185.9 mm。

2. 不同灌水量对黄瓜经济产量和水分利用效率的影响

由表 7-113 可知，随着灌水量的减少，黄瓜经济产量不但没有减少，反而增加。冬春茬 W2、W3 分别比 W1 增产9.9%和16.3%，秋冬茬分别增产12.1%和13.0%。水分利用效率冬春茬 W2、W3 分别比 W1 提高32.2%和78.4%，秋冬茬分别提高30.9%和60.4%。因而，在本试验设定的灌水量范围内，随着灌水量的减少有增产趋势，并减少了硝态氮的淋洗量，促使养分更多地分布于根层，对节水和保护地下水环境具有重要意义。

表 7-113　温室沟灌黄瓜不同灌水量对黄瓜经济产量和水分利用效率影响分析结果

季节	处理	经济产量（kg/hm²）	WUE_Y（kg/m³）
冬春茬	W1	116 105	14.4
	W2	127 588	19.0
	W3	134 985	25.7
秋冬茬	W1	41 663	9.2
	W2	46 718	12.0
	W3	47 073	14.7

第五节　节水灌溉标准化技术模式集成研究

一、原则与依据

（一）集成原则

（1）坚持节水效益与增产效益相结合的原则。要紧密结合石羊河流域水资源现状与经济社会发展需求，把节水与增产有机结合起来，依托节水灌溉技术与高附加值农业生产技术的联合应用支撑经济社会发展。

（2）坚持成熟技术与最新研究成果相结合的原则。要在充分吸收和借鉴现有成熟技术的基础上，紧密结合最新研究成果，做到成熟技术与最新成果的相互补充和紧密衔接，形成内容全面、体系完善的农业生产灌溉技术模式。

（3）坚持实用性与先进性相结合的原则。要在注重集成节水灌溉技术模式实用性的基础上，坚持技术模式的先进性，做到实用性与先进性的有机统一，充分发挥好技术模式在推广应用过程中的引领、示范作用。

（4）坚持可操作性与指导性相结合的原则。要紧密结合现实生产实践需求，更加注重技术模式的可操作性和对现实生产的指导作用，力求操作过程简单明了，指导作用科学高效，使用效果显著提高。

（二）集成依据

1. 石羊河流域重点治理规划

石羊河流域重点治理规划中对流域地表水、地下水量使用权进行了明确的分配，且提出了节水措施规划和节水水量目标，为本项目技术模式集成提出了重点领域和技术方向。

2. 已有研究成果

随着学科的发展，国内外对节水农业研究围绕减少灌溉渠系（管道）输水过程水量蒸发与渗漏损失、减少农田土壤水分蒸发损失、减少天然降水无效浪费、减少作物水分奢侈性蒸腾消耗的"四减少"环节，相继开展了众多研究工作，并取得了大量研究成果，相继提出了基于水平畦田灌和波涌灌、滴灌、喷灌、沟灌等工程节水技术，基于保护性耕作、田间覆盖、节水生化制剂（保水剂、吸水剂、种衣剂）和旱地专用肥等农艺节水技术，基于调亏灌溉（RDI）、分根交替灌溉(ARDI)和部分根干燥(PRD)等生物(生理)节水技术,基于信息化、自动化、智能化等管理节水技术。所有这些研究成果,无一不为节水灌溉标准化技术模式集成奠定了良好基础。

3.最新研究成果

在已有研究成果的基础上,开展了不同灌溉方式灌溉效益与耗用水指标评价及主要作物免储水灌溉技术研究,提出了大田作物、设施农业节水灌溉标准化技术体系,制定了相应灌溉技术规程。取得的成果具有很强的针对性、适应性和可操作性,通过与已有研究成果的集成形成了综合技术体系,为形成石羊河流域节水灌溉标准化技术模式提供了技术支撑。

4.示范区检测成果

按照理论与实践相结合的要求,在集成已有研究成果与最新研究成果的基础上,相继开展了玉米、葵花、棉花等作物免储水灌溉技术、垄膜沟灌技术、膜下滴灌技术温室作物膜下滴灌技术应用示范,进行了示范区内各种作物技术指标、土壤水分含量、产量、水分生产效率等检测。通过总结经验,重点分析了节水效率与经济效益,并对免储水灌溉技术、垄膜沟灌技术、膜下滴灌技术相关参数指标进行了修正,为集成标准化技术模式提供了强有力的技术支撑。

5.已有节水模式

我国节水农业技术研究起步较早、发展较快,相关科研单位针对工程节水、农艺节水、生物节水、管理节水等在相关区域开展了一系列研究,形成了相对完善的富有地域特点的技术体系,与此有关的管道灌溉、喷灌、滴灌以及与之配套的农业、管理等节水灌溉技术模式、体系及技术标准与规程相对比较齐全,在我国灌溉农业发展中发挥了很好的指导作用。石羊河流域节水灌溉技术模式集成紧密结合流域特点,参考、借鉴和吸收了相关体系、模式及规程的有关成果。

二、模式集成结果

按照石羊河流域节水灌溉标准化技术模式集成原则与依据,在试验研究、示范检测、已有成果及模式的基础上,结合现有工程、农艺、管理节水成果,共集成提出了大田粮食作物节水灌溉标准化技术模式3套、大田经济作物节水灌溉标准化技术模式9套、设施农业节水灌溉标准化技术模式5套。

(一)大田粮食作物节水灌溉标准化技术模式

根据流域大田粮食作物种植区域、栽培特点、需水规律及基础设施条件,集成提出了包括耕作、种植、灌溉等在内的节水灌溉技术模式。

(1)小麦"秋耕冬灌 + 常规播种 + 调亏灌溉"技术模式;

(2)小麦"秋耕冬灌 + 起垄播种 + 垄作沟灌"技术模式;

(3)玉米"秋耕免冬灌 + 常规播种 + 调亏灌溉"技术模式。

(二)大田经济作物节水灌溉标准化技术模式

根据流域大田经济作物种植区域、栽培特点、需水规律及基础设施条件,集成提出了包括耕作、种植、灌溉等在内的节水灌溉技术模式。

(1)西瓜"秋耕免冬灌 + 垄沟播种 + 调亏灌溉"技术模式;

（2）棉花"免耕免冬灌＋深翻覆膜＋膜下滴灌"技术模式；

（3）洋葱"秋耕免冬灌＋深翻覆膜＋灌安种水移栽＋膜下滴灌"技术模式；

（4）葵花"秋耕免冬灌＋覆膜播种＋膜下滴灌"技术模式；

（5）制种玉米"秋耕免冬灌＋覆膜播种＋膜下滴灌"技术模式；

（6）辣椒"秋耕免冬灌＋覆膜播种＋膜下滴灌"技术模式；

（7）辣椒"秋耕免冬灌＋起垄覆膜播种＋垄作沟灌"技术模式；

（8）南瓜"秋耕免冬灌＋起垄覆膜播种＋垄作沟灌"技术模式；

（9）葵花"秋耕免冬灌＋起垄覆膜播种＋垄作沟灌"技术模式。

（三）设施农业节水灌溉标准化技术模式

根据流域设施农业种植区域、栽培特点、需水规律及基础设施条件，集成提出了包括耕作、种植、灌溉等在内的节水灌溉技术模式。

（1）温室辣椒"垄沟播种＋膜下滴灌"技术模式；

（2）温室黄瓜"垄沟播种＋膜下滴灌"技术模式；

（3）温室番茄"垄沟播种＋膜下沟灌"技术模式；

（4）温室辣椒"垄沟播种＋膜下沟灌"技术模式；

（5）温室西瓜"垄沟播种＋膜下沟灌"技术模式。

参 考 文 献

[1] 柴存英,王仰仁,王晓东. 冬小麦储水灌溉节水增产效果分析[J]. 山西水利科技,1999(1): 93-95.

[2] 刘冠,张新民,董平国. 河西干旱区冬季免储水灌溉结合坐水种技术对春小麦出苗率和产量的影响[J]. 安徽农业科学,2009,37(20): 9426-9429.

[3] 张新民,马忠民,胡想全,等. 节水型冬季储水灌溉技术及其应用前景[J]. 中国农村水利水电, 2007(3):48-49.

[4] 谢忠奎,王亚军,祁旭升,等. 河西绿洲区储水灌溉节水技术研究[J]. 中国沙漠,2000,20(4): 451-454.

[5] 陆祥生,梁智. 武威灌溉农业节水问题思考[J]. 农业科技与信息,2006(9):26-27.

[6] 丁林,张新民,王福霞. 免储水灌施用保水剂注水播种对玉米产量及其构成因素的影响[J]. 中国农村水利水电,2010(2):60-63.

[7] 张新民,丁林,雒天峰. 民勤地区玉米注水播种技术试验研究[J]. 灌溉排水学报,2010,29(5): 86-89.

[8] 丁林,张新民. 保水剂对春玉米注水播种条件下土壤水分及生长发育的影响[J]. 中国农村水利水电, 2010(11):56-60.

[9] 王以兵,丁林,张新民. 免储水灌注水播种条件下保水剂使用对玉米生长发育的影响[J]. 水土保持通报,2010,30(4):152-156.

[10] 丁林,王以兵,李元红,等. 干旱区辣椒全膜垄作沟灌与保水剂配合节水技术研究[J]. 干旱地区农业研究,2011,29(2):77-82.

[11] 翟治芬,赵元忠,景明,等. 秸秆和地膜覆盖下春玉米农田腾发特征研究[J]. 中国生态农业学报, 2010,18(1):62-66.

[12] 姚宝林,景明,施炯林. 留茬覆盖免耕条件下土壤休闲期节水效应研究[J]. 西北农业学报,2008, 17

（2）：122-125.

[13] 孙宏勇，张喜英，陈素英，等．农田耗水构成、规律及影响因素分析[J]．中国生态农业学报，2011，19
　　　（5）：1032-1038.

[14] 韩福贵，仲生年，俄有浩．民勤沙区降水及干旱特征分析[J]．甘肃林业科技，1995（3）：34-39.

[15] 张新民，李元红，王以兵，等．民勤生态–经济型绿洲技术集成试验示范[R]．兰州：甘肃省水利科学
　　　研究院，2010.

[16] 丁林，金彦兆，李元红，等．石羊河流域农田休闲期耗水规律试验研究[J]．中国生态农业学报，
　　　2012，20（4）：447-453.

[17] 杜守宇．秋覆膜保墒抗旱技术[EB/OL]．http://www. 12346. gov. cn/，2008 – 10 – 19.

[18] 李光，高志强，孙敏，等．休闲期覆盖和施氮量对旱地小麦幼苗生理特性的影响[J]．中国农学通报，
　　　2012，28（3）：47-50.

[19] 贺立恒，高志强，孙敏，等．旱地小麦休闲期不同耕作措施对土壤水分蓄纳利用与产量形成的影响
　　　[J]．中国农学通报，2012，28（15）：106-111.

[20] 丁林，王以兵，张新民，等．玉米免储水灌全膜覆盖膜孔注水播种技术试验研究[J]．人民黄河，
　　　2011，33（3）：83-85.

[21] 丁林，李元红，孟彤彤，等．春小麦免储水灌全膜覆盖穴播与保水剂配合节水技术研究[J]．灌溉排
　　　水学报，2012，31（1）：102-105.

[22] 丁林，孟彤彤，王以兵．节水灌溉技术在制种玉米上的应用研究[J]．水土保持通报，2013，33（2）：
　　　160-164.

[23] 张步翀．河西绿洲灌区春小麦调亏灌溉试验研究[J]．中国生态农业学报，2008，16（1）：35-40.

[24] 赵自明．西北干旱缺水区大田作物滴灌灌溉制度试验[J]．武汉大学学报（工学版），2006，39（4）：
　　　9-13.

[25] 李霆．石羊河流域主要农作物水分生产函数及优化灌溉制度的初步研究[D]．杨凌：西北农林科技
　　　大学，2005.

[26] 中国灌溉排水发展中心．节水灌溉综合技术应用推广系列讲座[EB/OL].

[27] 康绍忠，粟晓玲，杜太生，等．西北旱区流域尺度水资源转化规律及其节水调控模式——以甘肃石羊
　　　河流域为例[M]．北京：中国水利水电出版社，2009.

[28] 甘肃省水利厅．甘肃省行业用水定额（修订本）[M]．2011.

[29] 甘肃省统计局．甘肃发展年鉴（2012 年）[M]．北京．中国统计出版社，2012.

[30] 甘肃省水利厅．甘肃省水利统计年鉴（2012 年）[R]．兰州：甘肃省水利厅，2012.

[31] 陈平，杜太生，王峰，等．西北旱区温室辣椒产量和品质对不同生育期灌溉调控的响应[J]．中国农业
　　　科学，2009，42（9）：3203-3208.

[32] 王峰，杜太生，邱让建，等．亏缺灌溉对温室番茄产量与水分利用效率的影响[J]．农业工程学报，
　　　2010，26（9）：46-52.

[33] 王军，黄冠华，郑建华．西北内陆旱区不同沟灌水肥对甜瓜水分利用效率和品质的影响[J]．中国农
　　　业科学，2010，43（15）：3168-3175.

[34] 张久东，胡志桥，包兴国，等．垄作和灌水量对河西绿洲灌区啤酒大麦的影响[J]．干旱地区农业研
　　　究，2011，29（1）：157-167.

[35] 张玲丽，郁继华，颉建明，等．灌溉量对露地辣椒产量及部分生理指标的影响[J]．甘肃农业大学学
　　　报，2011，46（1）：63-68.

[36] 何斌生，汪开宏，马景胜．黄羊灌区春小麦播前喷灌储水灌溉技术[J]．甘肃水利水电技术，2002，38
　　　（2）：117-118.

［37］何庆祥,张想平,钱永康,等.甘肃河西灌区啤酒大麦滴灌栽培技术［J］.大麦与谷类科学,2010(3)：26-27.

［38］侯晓燕.西北旱区马铃薯滴灌技术及覆膜效应研究［D］.北京:中国农业大学,2007.

［39］王振昌.民勤荒漠绿洲区棉花根系分区交替灌溉的节水机理与模式研究［D］.杨凌:西北农林科技大学,2008.

［40］陈锋.西北旱区酿酒葡萄节水调质高效灌溉机理与模式研究［D］.北京:中国农业大学,2010.

［41］刘宝磊.干旱荒漠绿洲区酿酒葡萄小管出流调亏灌溉试验研究［D］.北京:中国农业大学,2011.

［42］庞秀明.干旱荒漠绿洲区西瓜耗水规律与调亏灌溉模式的研究［D］.杨凌:西北农林科技大学,2005.

［43］翟治芬.农艺节水条件下春玉米的非充分灌溉制度研究［D］.兰州:甘肃农业大学,2009.

［44］吴迪.西北旱区制种玉米高效地面灌水技术参数研究与模式应用［D］.北京:中国农业大学,2013.

［45］甘肃省水利科学研究院.石羊河流域节水灌溉标准化技术体系规程研究［R］.兰州:甘肃省水利科学研究院,2013.

第八章　节水农业生态－经济型绿洲建造技术

第一节　绿洲灌区现状及节水需求

一、石羊河流域生态脆弱区现状

石羊河流域水问题由来已久,流域现状水资源开发利用远远超过其承载能力,致使生态环境日趋恶化,危害程度日益加重,影响范围持续扩大。具体表现为:一是水资源严重短缺,下游来水量大幅减少。20 世纪 50 年代,石羊河流域年均径流量 17.8 亿 m^3,现状已减少为 15.6 亿 m^3,尤其是进入下游民勤盆地的水量已由 20 世纪 50 年代的 4.6 亿 m^3 减少至现状的不足 1.0 亿 m^3,过去曾经是长流水的南、北沙河目前已全部干涸。二是地下水严重超采,水位急剧下降。石羊河中、下游地下水年超采量达 4.32 亿 m^3 以上,其中民勤县年超采量接近 3.0 亿 m^3,地下水位普遍下降 10～12 m,下降速率 0.57 m/a,最大处下降幅度达到 15～16 m。三是南部祁连山区林草退缩,水源涵养功能减弱。由于上游山区人为过度开发和放牧,林地减少,草场退化,植被覆盖率降低,水源涵养能力持续下降,30% 的灌木林地出现草原化和荒漠化,林线比 20 世纪 50 年代上移 40 m。四是北部荒漠区植被枯死,荒漠化程度加剧。目前,石羊河流域荒漠化面积达 1.8 万 km^2,其中北部民勤县约 1.5 万 km^2,维护北部沙区的 0.81 万 hm^2 沙生植物、6 万 hm^2 柴茨灌草枯死,20.0 万 hm^2 天然草场退化,流沙以每年 3～4 m 的速度向南部推进。五是自然灾害频繁发生,群众生命财产安全受到严重威胁。由于植被减少,生态恶化,水土保持能力减弱,风沙及沙尘暴危害日益加剧,特别是民勤县,年均风沙日数达 139 d,最多时达 150 d,8 级以上大风日数达 70 d,年均强沙尘暴日数达到 29 d。

二、绿洲灌区节水农业发展需求

石羊河流域是以农业经济为主的流域,农业用水量占总用水量的 90% 以上。农田灌溉是石羊河流域用水大户,只有最大限度地实现农业灌溉节水并把节约的水量用于生态建设,民勤生态环境恶化趋势才有可能得到遏制,拯救民勤绿洲的目标才能逐步实现。实现农业节水,首先要保障农业供水,要充分挖掘当地水资源的潜力,包括降水、地下水、地表水、土壤水、劣质水(生活、工业污水和地下微咸水等),维持"五水"转化的良性循环,根据灌区情况以供定需,确定灌溉规模。其次,需在石羊河流域有限灌溉水量的基础上,开展渠系水量损失及转化规律、田间灌溉水转化规律及高效利用、高效节水灌溉技术应用、高效节水灌溉技术体系优化等方面的技术研究与示范,建立包括输配水、灌溉、用水环节的灌溉农业全程节水高效型灌溉系统,提高灌溉水利用效率,保障农业灌溉。最后,需调整种植结构,种植业结构优化调整的原则之一是实现供水量与需水量、供水时间与需水时期的基本平衡,从整体上进行供需调控,满足农业生产的用水需求;扩大种植抗旱性强、对灌水依赖性小、水分利用效率高的农作物,增强农作物对缺水的适应能力,缓解水资源的供需矛盾,转变现有农业发展模式,对以粮食作物为主的单一种植结构进行科学调整,优化种植结构,扩大棉花、葵花等低耗水、高效益经济作物的种植面积,积极探索发展高效设施农业的新路子。通过农业节水措施,提高农业灌溉用水效率,在保障农业灌水的前提下,降低农业灌溉用水量,为生态用水、保护生态环境提供有效水量。

(一)地表水资源

流域地表水资源主要产于祁连山区,产流面积 1.11 万 km^2。地表水资源总量 15.75 亿 m^3,其中大靖河、古浪河、黄羊河、杂木河、金塔河、西营河、东大河和西大河 8 条较大支流多年平均天然径流量 14.74 亿 m^3,其他 11 条小沟小河及浅山区多年平均径流量 1.01 亿 m^3。

(二)地下水资源

石羊河流域与地表水不重复的地下水资源量 0.99 亿 m^3,其中流域天然降水、凝结水补给量 0.43 亿 m^3,沙漠地区侧向流入量 0.49 亿 m^3,祁连山区侧向补给量 0.07 亿 m^3。

(三)水资源总量

流域水资源总量 16.74 亿 m^3,其中地表天然水资源量 15.75 亿 m^3,与地表水不重复的地下水资源量 0.99 亿 m^3。

按水系分,西大河水系水资源总量 1.55 亿 m^3,其中地表水资源量 1.44 亿 m^3,与地表水不重复的地下水资源量 0.11 亿 m^3;六河水系水资源总量 14.05 亿 m^3,其中地表水资源量 13.17 亿 m^3,与地表水不重复的地下水资源量 0.88 亿 m^3;大靖河水系水资源总量 0.13 亿 m^3,其中地表水资源量约为 0.13 亿 m^3,与地表水不重复的地下水资源量只有 20 万 m^3。

第二节 绿洲灌区生态－经济型种植结构优化

一、节水型绿洲主导作物品种筛选

(一)民勤农业种植结构现状

民勤县粮食作物主要包括小麦、玉米等,经济作物主要包括棉花、油料(主要为胡麻)、大麻、葵花、茴香、辣椒、洋葱及瓜类(主要为白兰瓜、籽瓜)等,牧草作物主要为苜蓿等,天然植被包括梭梭、白刺、沙蒿、红柳、胡杨、芨芨草和沙米等。近年来按照"稳粮、扩经、增草"的思路,大力压缩高耗水作物,推广扩大棉花等节水特色作物,粮、经、草比重由原来的 45:41:14 调整为 37:45:18。图 8-1 为 1998~2005 年民勤粮食作物、经济作物和其他作物的种植面积变化过程线。

(二)主导作物品种筛选

主导作物品种筛选充分考虑民勤县水资源严重短缺、生态环境恶化等现实问题,通过计算作物的水分生产效率,进行分析和评价,筛选出主导作物品种。本节在计算作物水分生产率时,为避免诸多因素的影响,假设作物的土、肥、气、热等处于相同条件,单独研究水和产量的关系,也就是主要探求可控制且数量有限的水分施加量与产量之间的函数关系,对于不能控制和供应量不限的因素,一般视为特定条件下保持一致或者固定不变的因素,以此构成单因子水分生产函数。选取民勤县 10 种传统作物和 2 种优选新品种,分别计算水分利用效

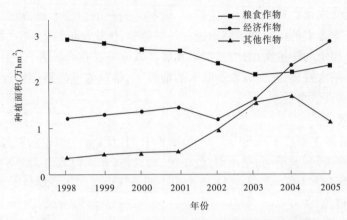

图 8-1　1998~2005 年民勤县作物种植面积变化过程线

率,计算结果见表 8-1。

表 8-1　民勤县主要作物水分生产效益

作物	灌水量(m³/hm²)	产量(kg/hm²)	产值(元/hm²)	水分利用效率(kg/m³)
春小麦	6 450	6 750	11 070	1.05
玉米	8 100	7 950	11 925	0.98
棉花	5 400	5 700	33 060	1.06
啤酒大麦	5 700	7 500	11 250	1.32
苜蓿	2 400	90 000	31 500	37.50
洋葱	4 800	75 000	56 250	15.63
茴香	4 500	3 525	15 510	0.78
葵花	4 350	4 950	17 820	1.14
瓜类(温室)	2 250	43 200	172 800	19.20
蔬菜(温室)	2 175	114 000	159 600	52.41
板蓝根	2 250	5 250	30 450	2.33
花生	3 000	4 125	15 262.5	1.38

　　从经济效益角度分析:温室瓜类和蔬菜经济效益最优,每公顷产值可达 10 万元以上,春小麦和玉米等传统作物经济效益最低,每公顷产值仅为 11 070 元和 11 925 元。从水分利用效率分析:温室蔬菜、苜蓿和温室瓜类效率最高,分别为 52.41 kg/m³、37.50 kg/m³ 和 19.20 kg/m³,茴香和玉米水分利用效率最低,仅为 0.78 kg/m³ 和 0.98 kg/m³。综合考虑民勤县资源性缺水现状和水资源承载能力,种植结构调整时优先考虑水分利用效率高的作物品种,尽量压缩高耗水、低效益作物的种植面积。

　　根据民勤县主要农作物种植情况,考虑民勤地区经济、社会和生态效益目标,并结合实际调查,选取 12 种作物的种植面积作为决策变量,其中粮食作物 2 种,包括春小麦和玉米;

经济作物 7 种,包括棉花、啤酒大麦、洋葱、茴香、葵花、蔬菜和瓜类(温室);牧草类 1 种,即
苜蓿;优选新品种 2 种,即花生和板蓝根。

二、种植结构调整优化模型

通过综合分析,民勤县种植结构调整优化模型选定粮食总产量、经济效益和生态效益作
为模型的三个目标,将向灌区供水的两个水源作为水资源量的约束条件,即地下水和红崖山
水库。作物的灌溉定额参照武威市统计年鉴并结合试验结果视具体情况综合确定。为了具
有可比性,作物价格均以 2008 年不变价计算。

(一)决策变量

将选取的 12 种作物种植面积作为决策变量,其中粮食作物 2 种,包括春小麦和玉米;经
济作物 7 种,包括棉花、啤酒大麦、洋葱、茴香、葵花、蔬菜和温室(瓜类);牧草类 1 种,即苜
蓿;优选新品种 2 种,即花生和板蓝根。民勤县种植结构优化模型决策变量见表 8-2。

表 8-2　民勤县种植结构优化模型决策变量

作物名称	春小麦	玉米	棉花	啤酒大麦	苜蓿	洋葱
灌溉面积(hm^2)	A_1	A_2	A_3	A_4	A_5	A_6
作物名称	茴香	葵花	瓜类(温室)	蔬菜(温室)	板蓝根	花生
灌溉面积(hm^2)	A_7	A_8	A_9	A_{10}	A_{11}	A_{12}

(二)目标函数

目标函数 1:效益函数,即种植作物的经济效益最大。

$$\max f_1(A_1, A_2, \cdots, A_n) = \sum_{j=1}^{12} (C_j \times A_j \times S_j) \tag{8-1}$$

式中:A_j 为第 j 种作物的种植面积,hm^2;C_j 为第 j 种作物的单价,元/kg;S_j 为第 j 种作物灌溉
条件下产量,kg/hm^2。

目标函数 2:产量函数,即种植作物的产量最高。

$$\max f_2(A_1, A_2, \cdots, A_n) = \sum_{j=1}^{12} (A_j \times S_j) \tag{8-2}$$

式中:各符号代表意义同目标函数 1。

目标函数 3:生态效益函数,指农业种植结构调整产生的生态效益,不包括河流、湖泊、
坑塘、湿地等的生态效益。

$$\max f_3(A_1, A_2, \cdots, A_n) = \sum_{j=1}^{12} (A_j \times ECO_j) \tag{8-3}$$

式中:ECO_j 为第 j 种作物灌溉时单位面积对生态的贡献率;其他符号意义同前。

(三)约束条件

1. 水资源量约束条件

在水资源严重短缺的民勤地区,水资源的大量消耗必然会对区域经济健康发展产生很
大阻力。因此,在进行民勤地区种植业结构优化时,水资源约束是最强大的,即所有种植作

物灌溉量不能超过区域内所能提供的灌溉用水量。

$$\sum_{j=1}^{12} (A_j \times M_j) \leqslant Q_1 \times \eta_1 + Q_2 \times \eta_2 \tag{8-4}$$

式中:M_j 为第 j 种作物的灌溉定额,m^3/hm^2;Q_1 为地表水农业可利用水量,m^3;Q_2 为地下水农业可利用水量,m^3;η_1 为地表水灌溉利用系数;η_2 为地下水灌溉利用系数;其他符号意义同前。

2.面积约束

(1)总面积约束:

$$\sum_{j=1}^{12} A_j \leqslant F \times XA \tag{8-5}$$

(2)各种作物种植面积约束:

$$A_j \leqslant XA \tag{8-6}$$

式中:XA 为总耕地面积,hm^2;A_j 为第 j 种作物的种植面积约束。

(3)产量约束:

$$A_j \times S_j \geqslant yield_j \times POP \tag{8-7}$$

式中:S_j 为第 j 种作物的产量,kg/hm^2;$yield_j$ 为人们对第 j 种作物的需求量,$kg/$人;POP 为总人口,人;其他符号意义同前。

(4)非负约束:

$$A_j \geqslant 0 \tag{8-8}$$

(四)生态效益定量化

民勤绿洲灌区种植结构优化采用多目标规划法,即在水资源有限的前提下,以社会效益、经济效益和生态效益最大为优化目标。模型中各种作物的经济、社会等指标可以通过数据定量表示,比如经济指标可以选用作物灌溉毛效益或净效益等指标来衡量,社会指标可选用粮食产量或农产品的商品率等指标来衡量。但对于生态环境目标,通常的研究只能定性描述或转化为约束条件,对农业生态系统要素进行生态功能价值估算,是目前生态环境研究的难点和前沿课题。民勤绿洲种植结构优化模型采用层次分析法(AHP),即根据不同作物对生态环境影响的重要性来定量化。

1.模型建立及计算

层次结构模型由目标层(A)、准则层(C)和对象层(P)三个层次组成。准则层(C)表示为实现目标 A 所涉及的若干中间环节,在此选植被度、保持水土、饲料、燃料、改善气候、固沙、地下水环境作为衡量作物对生态环境影响的重要性指标。其中,植被度指植被覆盖地表的时间、厚度或密度的综合评估,考虑到农牧结合等因素,将提供饲料和燃料也作为生态功能。对象层(P)表示为实现目标 A 的若干具体措施、政策、方案等,此处为 12 种作物,包括10 种民勤传统作物和 2 种引进的新品种,即春小麦(P_1)、玉米(P_2)、棉花(P_3)、啤酒大麦(P_4)、苜蓿(P_5)、洋葱(P_6)、茴香(P_7)、葵花(P_8)、瓜类(温室)(P_9)、蔬菜(温室)(P_{10})、板蓝根(P_{11})和花生(P_{12}),民勤县主要作物生态效益定量化评价模型层次结构见图 8-2。模型建立后,进行专家打分,构建判断矩阵,层次单排序和层次总排序等步骤,通过一致性检验,最终计算出结果。

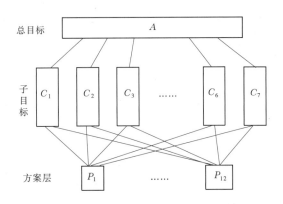

图 8-2　生态效益评价模型层次结构

2. 结果分析

将各种作物对目标层的层次总排序结果,作为单位面积土地上种植相应作物对生态环境影响的重要性指标,具体结果见表 8-3。

表 8-3　民勤县主要作物相对生态效益

作物	春小麦	玉米	棉花	啤酒大麦	苜蓿	洋葱	茴香	葵花	瓜类(温室)	蔬菜(温室)	板蓝根	花生
生态效益	0.048 0	0.052 6	0.056 4	0.066 2	0.196 7	0.060 8	0.059 9	0.067 2	0.122 4	0.136 0	0.074 1	0.065 6

由表 8-3 分析,牧草(苜蓿)对生态效益的贡献率最大,为 0.196 7,在条件允许的情况下应尽可能扩大种植面积,以利于区域生态环境的改善;温室(蔬菜)和温室(瓜类)次之,从生态环境的角度考虑为排在第二位应种植的作物;板蓝根、花生、洋葱、葵花、茴香、啤酒大麦和棉花的生态效益为 0.075~0.055;对生态效益贡献最小的为春小麦和玉米,这两种作物属于高耗水作物,在极度缺水的民勤地区不鼓励种植。

通过对民勤灌区种植结构的多目标优化模型研究和不同作物的生态效益定量化分析,在未来民勤灌区种植业优化选择中,应提倡种植经济效益高、生态效益好、用水耗水低的经济作物和粮食作物,压缩春小麦及露地蔬菜种植面积,结合现代节水技术大力发展设施农业,适当增加高效经济作物种植面积,从根本上实现灌区种植结构优化目标,并广泛进行推广与应用。

三、绿洲灌区生态－经济型种植结构优化方案

(一)方案设计

目前,多目标规划求解的方法很多,如化多为少法、分层序列法、直接求非劣解法、层次分析法等。本书调用 MATLAB 软件中的 fgoalattain 命令求解。

模型中所需参数和数据均通过民勤统计资料、实地调查、试验数据相结合的方法确定;通过确定经济效益、生态效益和社会效益权重,制订不同计算方案。考虑到多目标决策过程本身不可能是一种纯客观的过程,必然要将决策者的意见、偏好和现实情况联系起来,只有通过模型与决策者之间高效合理的互动,才有可能产生科学合理的决策方案和优化方案。

按照前述方案设计原则,本书提出 4 种不同组合方案:

(1)方案一:为基准方案,即经济效益、生态效益和社会效益同等重要,赋初始值为平均值,经优化模型运行后,给出第一种配置方案。

(2)方案二:侧重于经济效益,即在确保社会需要和生态环境需要的同时,保证经济效益最大。

(3)方案三:侧重于社会效益,即在满足基本的经济效益和生态环境需要的同时,保证社会效益最大。

(4)方案四:侧重于生态效益,即在满足经济和社会需求最小量的同时,保证生态效益最大。

(二)不同水平年种植结构优化方案

根据民勤绿洲 2007 年农业种植面积、农业水资源量、各种作物灌溉定额,计算出 2007 年的农业种植方案,如表 8-4 所示。《规划》中明确了 2010 年、2020 年农业配水量、耕地面积,结合通过资料分析和试验研究获得的各种作物的灌溉定额,利用多目标规划模型计算了重点治理项目不同实施阶段的农业种植结构,具体如表 8-5、表 8-6 所示。

表 8-4　2007 年不同优化方案配置　　　　　　　　（单位:hm²）

作物	方案一 （基准方案）	方案二 （侧重经济效益）	方案三 （侧重社会效益）	方案四 （侧重生态效益）
春小麦	30 333.33	16 900.00	18 373.33	16 333.33
玉米	7 222.00	3 931.33	4 083.33	3 926.67
棉花	1 082.67	594.67	600.00	580.00
啤酒大麦	389.33	208.67	217.33	243.33
苜蓿	1 038.67	556.00	3 596.67	21 235.33
洋葱	389.33	208.67	3 850.67	262.67
茴香	6 618.00	3 525.33	3 600.67	3 566.67
葵花	9 454.00	4 725.33	5 060.00	4 873.33
温室(瓜类)	676.67	28 849.33	6 686.00	3 762.00
温室(蔬菜)	1 538.67	824.00	14 250.00	3 490.67
板蓝根	556.67	298.00	300.00	332.00
花生	2 835.33	1 517.33	1 520.00	1 533.33
合计	113 975.54	493 870.22	499 512.22	371 183.01

通过分析,2007 年耕地面积 60 139 hm²,方案二粮经种植比例为 34:66,方案四粮经种植比例为 52:48,方案四与方案三相比,大幅度增加了牧草、日光温室蔬菜的种植面积,减少了日光温室瓜类的种植面积。表 8-5 给出了耕地面积压缩到 4.19 万 hm²、农业水资源量减少到 2.62 亿 m³ 的农业种植结构,与 2007 年相比,方案二、方案四的粮经种植比例没有显著变化。随着重点治理规划项目的实施,2020 年农业水资源量进一步减少,但与 2010 年相比耕地面积没有发生变化,方案四粮经种植比例调整为 51:49。

表 8-5　2010 年不同优化方案配置表　　（单位：hm²）

作物	方案一 （基准方案）	方案二 （侧重经济效益）	方案三 （侧重社会效益）	方案四 （侧重生态效益）
春小麦	20 452.64	11 394.31	12 387.79	11 378.35
玉米	4 869.53	2 650.58	2 753.09	2 735.45
棉花	730	400.94	404.54	404.05
啤酒大麦	262.51	140.69	146.53	169.51
苜蓿	700.33	374.87	2 424.97	14 793.25
洋葱	262.51	140.69	2 596.22	182.98
茴香	4 462.27	2 376.85	2 427.67	2 484.66
葵花	6 374.48	3 185.91	3 411.59	3 394.93
温室（瓜类）	456.25	19 450.78	4 507.88	2 620.74
温室（蔬菜）	1 037.47	555.56	9 607.73	2 431.73
板蓝根	375.34	200.91	202.27	231.28
花生	1 911.77	1 023.01	1 024.82	1 068.17
合计	41 895.10	41 895.10	41 895.10	41 895.10

表 8-6　2020 年不同优化方案配置表　　（单位：hm²）

作物	方案一 （基准方案）	方案二 （侧重经济效益）	方案三 （侧重社会效益）	方案四 （侧重生态效益）
春小麦	20 076.86	11 180.53	12 156.24	11 164.86
玉米	4 772.44	2 593.18	2 693.86	2 676.53
棉花	726.95	403.77	407.3	406.82
啤酒大麦	266.82	147.17	152.91	175.48
苜蓿	837.66	518.02	2 531.45	14 678.54
洋葱	268.82	149.17	2 560.79	190.71
茴香	4 374.47	2 326.34	2 376.25	2 432.22
葵花	6 258.48	3 126.93	3 348.57	3 332.23
温室（瓜类）	597.95	19 252.77	4 577.11	2 723.72
温室（蔬菜）	1 168.76	695.47	9 585.76	2 538.08
板蓝根	518.47	347.18	348.51	376.99
花生	2 027.42	1 154.57	1 156.35	1 198.92
合计	41 895.10	41 895.10	41 895.10	41 895.10

（三）结论

在水资源总量不能增加的条件下，只有通过调整作物种植结构，发展节水、经济和有利于生态环境恢复的种植作物，压缩耗水量大且利润低的传统作物种植面积，继续增加棉花等高效节水作物种植面积。具体方案为：压缩春小麦及露地蔬菜种植面积，结合现代节水技术发展设施农业，适当增加高效经济作物种植面积。在提高农业收益的前提下，实现民勤地区水土资源的合理配置。按照"稳粮、扩经、增草"的思路，进一步优化种植结构，扩大棉花等节水特色作物，更加符合民勤生态县情，适应市场需求。

第三节　基于水量有限配置的限额灌溉技术

一、免储水灌注水播种技术

（一）玉米免储水灌注水行播技术

玉米免储水灌注水行播以常规覆膜穴播膜上灌溉为对照处理（CK），其余采用注水播种技术，保水剂为"白金子"，用量分别为 0（YB0）、0.5 g/m²（YB0.5）、1.5 g/m²（YB1.5）、2.5 g/m²（YB2.5）以及保水剂拌种（2.5 g/m²）处理（YBH）。玉米播种前先人工开沟，沟宽 20 cm，沟深 10 cm，注水 240 m³/hm²，注水后将保水剂拌土直接撒入播种时所开沟中，撒好保水剂后人工点播，播后人工将注水沟填平并覆膜，玉米生育期灌水 5 次，灌水定额 900 m³/hm²，灌溉定额 4 500 m³/hm²（不包括播种时的注水量）。

1. 玉米注水行播后土壤水分扩散规律

1）注水行播后土壤水分横向扩散规律

各处理施用保水剂注水播种后，不同时段注水原点（土表面以下 10 cm）土壤水分横向变化情况见图 8-3、图 8-4。由此可知，在注水播种后 24 h、72 h 时，各处理注水原点含水率均高于其他测试点，其中以 YB2.5 最高，YB1.5 次之，主要是注水播种时采用保水剂量比较大，使注水原点周围含水率较离注水原点较远地方的含水率高；在离注水原点较远的地方，处理 YB0、YBH 和 YB0.5 的含水率却高于 YB2.5 及 YB1.5，这主要是 YB2.5、YB1.5 处理使用保水剂量较大，使土壤水分聚集在注水原点周围，其水分横向扩散较慢，而其他处理使用保水剂量较小，使水分横向扩散较快，到注水 72 h 后，处理 YB0 和 YB2.5 的含水率在横向 20 cm 处已差别不大，但 YB2.5 比 YB0 高出 5.0%。

2）注水行播后土壤水分纵向扩散规律

各处理施用保水剂注水播种后，不同时段注水原点（土表面以下 10 cm）土壤水分纵向变化情况见图 8-5、图 8-6。由此可知，在注水播种后 24 h、72 h 时，各处理在注水原点含水率均高于纵向其他测试点，其中以 YB2.5 最高，YB1.5 次之，但处理 YB0、YBH 和 YB0.5 在注水原点 10 cm 深度处含水率与注水点以下土壤含水率差别不大。同时可以看出，在上述时段离注水原点较深的地方，YB0、YBH 和 YB0.5 的含水率却高于 YB2.5 及 YB1.5，这主要是保水剂使 YB2.5 及 YB1.5 的土壤水分聚集在注水原点，其水分纵向扩散较慢，而其余处理水分纵向扩散较快。

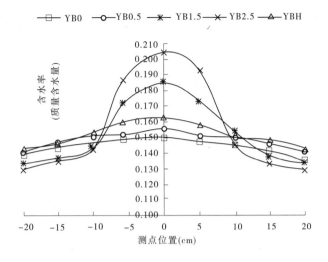

图8-3　各处理24 h时注水原点土壤水分横向变化情况

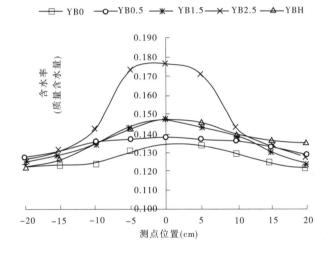

图8-4　各处理72 h时注水原点土壤水分横向变化情况

2. 注水行播玉米干物质积累转运分析

1) 注水行播玉米株高生长发育动态

株高是冠层结构对水分响应的主要体现者,从各处理株高曲线(见图8-7)可以看出,曲线变化都是前期缓慢增长,拔节后快速增长,抽穗后期基本稳定。在整个玉米生长过程中,处理CK株高与YB2.5、YBH无差别,而与其他处理均有极显著差异($p<0.01$),在玉米株高最高时,CK、YB2.5、YBH平均株高分别为264.0 cm、268.3 cm、253.7 cm,而不施加保水剂注水播种处理YB0的株高仅为184.7 cm,与处理CK、YB2.5、YBH相比,其株高相差79.3 cm、83.6 cm、66.0 cm。以上说明施用保水剂量为2.5 g/m² 或保水剂拌种处理与常规灌溉处理在株高生长方面无差异,而保水剂施用量小于2.5 g/m² 处理的株高均与常规灌溉有差异。

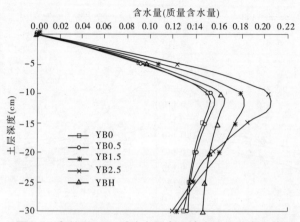

图 8-5　各处理 24 h 时注水原点土壤水分纵向变化情况

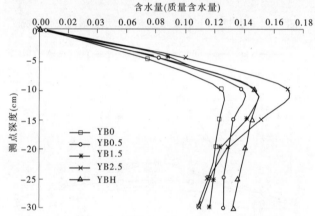

图 8-6　各处理 72 h 时注水原点土壤水分纵向变化情况

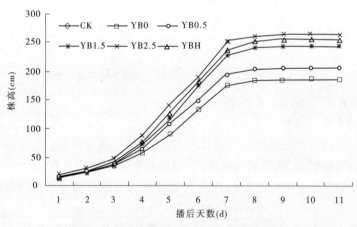

图 8-7　注水行播玉米各处理株高变化情况

在施用保水剂注水播种玉米生育前期,处理 YB0 和 YB0.5 由于没有施用或施用保水剂量小,在注水播种后水分扩散较快、蒸发较快,因此这两个处理下玉米较早处于水分亏缺状态,其株高生长受阻加重,不同保水剂处理对株高的影响程度依次为 YB0 > YB0.5 > YB1.5

> YBH > YB2.5。在播种后 20～30 d,各处理株高相差不大,到灌第一水时(6 月 1 日)各处理株高已有差别,其中处理 CK 和 YB2.5 与其他处理间达到极显著差异。虽然灌水后的补偿效应使各处理株高激增,但处理 YB0 和 YB0.5 由于苗期受旱时间较长,其株高在苗期后各生育阶段仍低于 CK、YB2.5、YBH、YB1.5 处理并与之达到显著差异。在收获时,处理 CK、YB2.5、YBH 和 YB1.5 的株高已非常接近,而处理 YB0 和 YB0.5 的株高一直是各处理中最低的,最终只有 184.7 cm 和 207.0 cm,显著小于平均值。

玉米各生育期生长速率变化见图 8-8。由图 8-8 可知,玉米生长速率在整个生育期呈现小—大—小的变化规律,在苗期各处理生长速率较慢,其原因是苗期当地气温和有效积温都较低,作物生长缓慢,处理 YB2.5、YBH、YB1.5、YB0.5、YB0 和 CK 的生长速率分别为 1.84 cm/d、1.61 cm/d、1.49 cm/d、1.34 cm/d、1.24 cm/d、1.85 cm/d;拔节—大喇叭口期是玉米生长最快的时段,此时玉米进入了快速营养生长期,各处理生长速率平均达到 3.67～5.33 cm/d,虽然处理 YB0.5、YB0 在此阶段生长速率也达到最大,但由于苗期受旱影响,其生长速率较其他处理都小。同时可看出,在玉米进入抽穗—灌浆期以后生长速率已很小,这主要是因为进入抽穗期后玉米营养生长基本停止而转向生殖生长,所以株高基本不再增长。

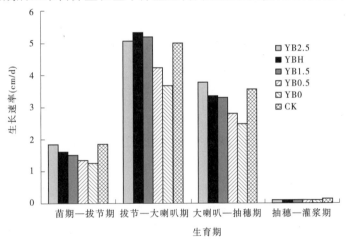

图 8-8 玉米各生育期生长速率变化

2)注水行播玉米叶面积指数变化

叶片是植物进行光合作用和蒸腾作用的重要器官,叶面积的消长是衡量作物个体和群体生长发育好坏的重要标志,叶面积大小将直接影响玉米光合面积的大小,进而影响到玉米产量的高低。

玉米叶面积指数随生育期的变化过程见图 8-9。由此可知,叶面积指数随生育期推进呈现出先增加、后稳定、最后又减小的趋势,玉米叶面积指数在苗期—拔节期增长速度较快,平均日增长 0.007～0.011,拔节—抽穗期叶面积指数增长速度最快,平均日增长 0.102～0.125,玉米抽穗—灌浆期叶面积指数基本不再增长,日平均增长仅为 0.011～0.017;灌浆—成熟期玉米叶面积指数出现明显下降趋势。在苗期由于保水剂作用,YB2.5 和 YBH 出苗较早,受旱较轻,受旱时间较短,其叶面积指数与其他处理呈极显著差异,灌水后各处理叶面积均较快增长,但 YB0、YB0.5、YB1.5 在苗期受旱时间较长,植株长势较弱,虽然在灌水后叶面积增长较快,但到叶面积指数最大时仍与 CK、YB2.5 和 YBH 有极显著差异。

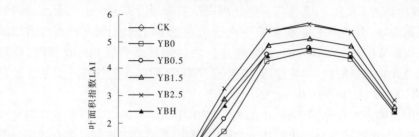

图 8-9　玉米各处理生育期叶面积指数变化

3）注水行播玉米单株绿叶面积变化

群体叶面积是反映作物生长发育及群体物质生产能力的重要指标,各保水剂施用量对单株绿叶面积的影响见表 8-7。保水剂施用影响程度与绿叶面积递增呈正相关关系。各处理叶面积以 CK 最大,为 9 855.33 cm²/株,YB2.5 次之,为 9 839.67 cm²/株,YB0 最小,只有 8 114.00 cm²/株,最大、最小相差 1 741.33 cm²/株,对照处理、保水剂施用量大处理分别与施用量小处理均有显著性差异。从表 8-7 可以看出,无论是在拔节期还是在抽穗期,施用保水剂较不施用保水剂处理都使绿叶面积增加,抽穗期 YB2.5 和 YBH 叶面积分别比 YB0 增加 21.26% 和 11.08%,比 YB0.5 增加 18.33% 和 8.38%,这说明施用保水剂对叶片无明显不利影响,甚至有一定的促进作用。施用保水剂不仅增加了最大叶面积指数,而且使作物后期不早衰,叶面积下降较慢,叶面积持续期长,单茎绿叶面积大幅度增加。

表 8-7　注水行播玉米生育期单株绿叶面积变化情况　　　　　　　（单位:cm²/株）

处理	苗期	拔节期	大喇叭期	抽穗期	灌浆期	成熟期
CK	718.00	5 631.33	9 372.33	9 855.33	9 375.67	5 057.67
YB0	411.33	2 885.33	7 728.33	8 114.00	7 709.00	4162.67
YB0.5	520.00	3 723.67	7 919.67	8 315.67	7 900.00	4 266.00
YB1.5	582.00	4 668.67	7 931.33	8 327.67	7 911.33	4 272.00
YB2.5	712.00	5 625.00	9 371.00	9 839.67	9 347.67	5 045.67
YBH	647.67	5 051.33	8 583.67	9 012.67	8 562.00	4 623.33

4）注水行播对玉米干物质积累影响

植株地上部分干重反映了植株干物质积累和生长状况,且单株地上部干重为干物质向籽粒运转提供能源物质。玉米干物质的积累是一个连续的过程,抽穗前干物质在茎鞘的积累、花后灌浆期光合产物向籽粒的大量积累以及籽粒成熟期茎秆干物质向穗部的转移,这三个阶段是不同处理玉米干物质积累的主要过程。玉米在不同保水剂施用量条件下这三个阶段所持续的时间长短不同,在各个阶段干物质积累的强度不同。玉米苗期(5 月 24 日)到收获期(9 月 21 日)不同处理对干物质的影响见表 8-8。

表 8-8　注水行播玉米干物质积累分析结果　　　　　　（单位:g/m²）

处理	苗期	拔节期	大喇叭期	抽穗期	灌浆期	成熟期
CK	39.26	395.43	1 039.56	1 654.49	3 370.07	3 656.43
YB0	24.65	171.28	610.91	959.72	1 854.07	2 039.48
YB0.5	29.19	231.97	700.65	1 079.89	2 111.24	2 322.36
YB1.5	32.65	302.87	714.97	1 172.98	2 294.04	2 523.44
YB2.5	39.46	394.20	1 040.10	1 676.60	3 331.35	3 664.49
YBH	36.38	357.62	877.26	1 312.44	2 580.47	2 838.52

从表 8-8 可以看出,玉米干物质积累在苗期已存在显著差异,且以 YB2.5 最大,为 39.46 g/m²,以 YB0 最小,为 24.65 g/m²,这说明保水剂的保水作用可为玉米苗期生长提供较为充足的水分,使玉米在苗期及后续生育阶段生长旺盛,植株粗壮、高大,干物质积累较快;在玉米苗期由于缺水,处理 YB0 及 YB0.5 植株生长受抑制,其植株高度及粗壮程度远低于 CK、YB2.5、YBH,故其干物质积累较慢,所以其干物质积累与 CK、YB2.5、YBH 间有极显著差异,这种差异一直到玉米收获时仍然存在,且随着保水剂使用量的增大,玉米干物质积累量也增大。在出苗至拔节期,由于气温较低玉米生长缓慢,干物质积累缓慢,从拔节到灌浆期,干物质迅速积累,之后积累速率减缓甚至不再增加。干物质积累量在一定范围内与向籽粒转化量呈正相关,与生物学产量、经济产量呈正相关,不同处理间后期的干物质积累量差异显著,说明水分是影响玉米干物质积累的第一影响因子,玉米使用保水剂注水播种会对干物质动态变化产生显著影响。因此,可以通过合理控制保水剂使用量,配合其他农艺措施控制玉米干物质的形成。

3.注水行播对土壤水分的影响

1)注水行播玉米全生育期土壤水分变化

土壤水分在很大程度上影响了玉米生长发育和地上部分产量的形成。此处就不同保水剂施用量注水播种对玉米土壤水分变化,施用保水剂注水播种条件下作物的需水规律及蒸腾蒸发进行研究,以寻求适宜的保水剂施用量,为玉米高效生产提供理论依据。

从图 8-10 ～图 8-12 可以看出,在播种到苗期常规灌溉处理的含水率较大,且远远高于注水播种处理,主要是由于常规灌溉处理冬季储水量较大,使其各层含水率都大于免储水灌处理。免储水灌注水播种处理含水率均呈现表层高于深层,即随着深度的增加,含水率降低,随着每次灌水,各处理表层含水率均出现峰值,这是由于灌水使上层土壤含水率高于深层,而蒸发量大,上层土壤含水率较深层降低较快。灌水前各注水播种处理中土壤各层平均含水率都是 YB2.5 处理最高,主要是由于保水剂可以有效地抑制蒸发,减少土壤水分损失,从而维持了较高的土壤含水率;另外,保水剂不会破坏土壤结构,使土壤有效持水孔隙比例增加,对增加入渗有一定促进作用。因此,保水剂可增加土壤含水率,特别是在表层区域。从 3 月 14 日播种到 5 月下旬,YB2.5 处理土壤含水与其他处理有极显著差异,随着时间的推移及灌水的实施,各处理间差异逐渐减小,到成熟时施用保水剂处理和不施用保水剂处理的表层含水率已无明显差异,这主要是因为玉米生育后期降水量较多,气温较低,导致地表层水分蒸发较慢,损失水量小,水分有所增加。玉米含水率差值最大在表层 0 ~ 20 cm,YB2.5 处理较 YB0 处理在播后 1 ~ 51 d 含水率高 2.6% ~ 6.0%,之后差距逐渐减小。

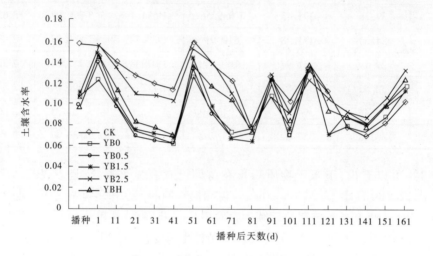

图 8-10　各处理 0 ~ 20 cm 土壤含水率变化

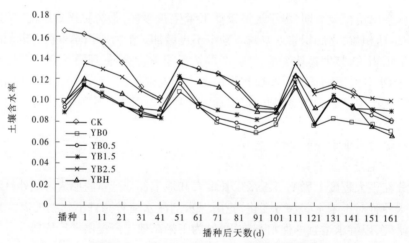

图 8-11　各处理 20 ~ 80 cm 土壤含水率变化

20 ~ 80 cm 土层土壤含水率在整个生育期内变化趋势与 0 ~ 20 cm 土层的相同,但其变化幅度较小。各处理土壤含水率变化幅度为 28.8% ~ 41.7%,与 0 ~ 20 cm 的变化幅度 50.8% ~ 59.6% 相比差别较大。总体来说,对照处理和施用保水剂处理的土壤含水率高于 YB0 处理,且差异明显,以播种后 71 d 所测数据为例,YB2.5 处理和 YB0 处理土壤平均含水率分别为 12.40%、7.90%。

在 80 ~ 120 cm 处,各处理在灌水后含水率有所上升,但上升幅度不大。总体来说,各处理在全生育期 80 ~ 120 cm 土壤含水率均较小,主要是由于试验田下层属沙土,保水性能较差。

随着土层加深,不同土层含水率受外界影响程度减弱,0 ~ 20 cm 土层含水率变化明显

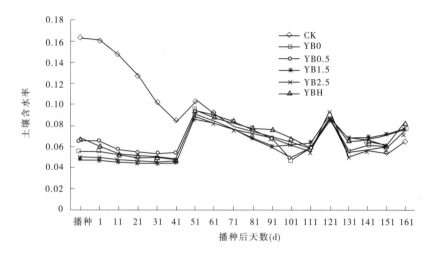

图 8-12　各处理 80～120 cm 土壤含水率变化

大于 20～80 cm 和 80～100 cm 土层,在玉米苗期,施用保水剂处理的各层含水率明显高于不施用保水剂处理。

2)注水行播玉米耗水规律

免储水灌注水行播玉米全生育期耗水量、耗水模数和耗水强度见表 8-9。利用水量平衡方程计算各阶段和全生育期玉米耗水量,采用试验数据综合计算可得,各处理在全生育期以常规灌溉处理 CK 耗水量最大,平均为 678.20 mm,与保水剂拌种及保水剂施用量 2.5 g/m² 的注水播种处理相比,达到极显著差异,耗水量最小的是 YB2.5 处理和 YBH 处理,其耗水量分别为 550.98 mm 和 583.80 mm,较 CK 分别减少 127.22 mm 和 94.40 mm。在各生育期,第一阶段 YB2.5 处理与 YBH 处理耗水量最小,与 CK 处理相差 73.53 mm 和 40.31 mm,阶段耗水模数比 CK 降低 10.10% 和 4.64%,日耗水强度比 CK 降低 1.63 mm 和 0.89 mm;第二、三阶段是玉米耗水高峰期,耗水量最大,以蒸腾耗水为主,随着灌水的实施,各处理平均耗水量趋于一致;第四、第五阶段玉米进入生长后期,随着生长发育功能和各器官的衰退,对水分的需求逐渐降低,田间耗水量也随之减少。

4.注水行播玉米产量效应

1)免储水灌注水行播玉米产量效应

免储水灌注水播种玉米产量效应及水分生产效率见表 8-10。经两年试验数据综合计算可得,YB2.5 处理和 YBH 处理较对照处理产量高,分别为 13 750 kg/hm² 和 13 441 kg/hm²;增产率最明显,分别为 17.77% 和 15.13%;节水率也较高,分别为 18.76% 和 13.91%。就水分生产效率而言,常规灌溉处理 CK 水分生产效率最低,为 1.72 kg/m³,而 YB2.5 处理最高,达到 2.50 kg/m³,次高为 YBH 处理,达到 2.30 kg/m³,而施用保水剂量小和不施加保水剂的注水播种处理水分生产效率与 CK 均无差异。

2)注水行播玉米收获指数差异

收获指数大小可以反映在整个灌浆—成熟期干物质在籽粒和茎叶中的分配情况。由表 8-11 可知,在产量上,最大为 YB2.5 处理 13 750 kg/hm²,其次为 YBH 处理 13 441 kg/hm²,最小为 YB0 处理 10 710 kg/hm²;而生物量也以 YB2.5 处理最大,为 36 644.9 kg/hm²,CK 次之,为 35 697.3 kg/hm²,YB0 最小,为 20 394.8 kg/hm²。

表 8-9　免储水灌注水行播玉米全生育期耗水量、耗水模数和耗水强度分析结果

处理	播种—苗期 耗水量 (mm)	耗水模数 (%)	耗水强度 (mm/d)	苗期—拔节期 耗水量 (mm)	耗水模数 (%)	耗水强度 (mm/d)	拔节—抽穗期 耗水量 (mm)	耗水模数 (%)	耗水强度 (mm/d)	抽穗—灌浆期 耗水量 (mm)	耗水模数 (%)	耗水强度 (mm/d)	灌浆—成熟期 耗水量 (mm)	耗水模数 (%)	耗水强度 (mm/d)	全生育期 耗水量 (mm)
CK	95.44	14.08	2.12	88.08	12.99	3.52	246.2	36.3	9.12	182.2	26.86	5.06	66.28	9.77	1.89	678.20
YB0	73.91	12.63	1.64	94.1	16.1	3.77	189.3	32.35	7.01	183.1	31.29	5.09	44.62	7.63	1.27	585.03
YB0.5	59.75	10.39	1.33	108.5	18.87	4.34	188.1	32.71	6.97	162.5	28.26	4.51	56.18	9.77	1.61	575.03
YB1.5	63.34	11.21	1.41	111.6	19.76	4.46	167.6	29.67	6.21	171.2	30.32	4.76	51.05	9.04	1.46	564.79
YB2.5	21.91	3.98	0.49	84.22	15.29	3.37	224.6	40.76	8.32	169.2	30.71	4.70	51.05	9.27	1.46	550.98
YBH	55.13	9.44	1.23	65.38	11.20	2.62	218.9	37.5	8.11	180.0	30.83	5.00	64.39	11.03	1.84	583.80

表 8-10　免储水灌注水播种玉米各处理产量及水分生产效率分析结果

处理	株高 (cm)	穗长 (cm)	穗行数 (行/穗)	秃尖长 (cm)	穗粒数 (粒/穗)	穗粒重 (g)	穗重 (g)	百粒重 (g)	产量 (kg)	灌水量 (mm)	耗水量 (mm)	产量 (kg/hm²)	增产率 (%)	节水率 (%)	水分利用效率 (kg/m³)
CK	244.2	20.71	16.57	1.43	574.4	197.0	259.0	34.76	11 675	570	678.1	11 675	—	—	1.72
YB0	211.9	18.68	15.33	0.98	497.9	179.0	234.7	36.53	10 710	474	585.2	10 710	-8.27	13.70	1.83
YB0.5	213.7	20.01	16.00	1.22	563	190.5	248.5	34.32	11 431	474	575.0	11 431	-2.09	15.20	1.99
YB1.5	231.9	20.58	16.44	1.36	570.9	194.2	254.4	34.11	11 654	474	564.8	11 654	-0.18	16.71	2.06
YB2.5	243.7	22.63	16.89	1.52	648.8	229.2	298.7	35.31	13 750	474	550.9	13 750	17.77	18.76	2.50
YBH	234.8	21.01	16.44	1.50	585.6	224.0	294.8	37.64	13 441	474	583.8	13 441	15.13	13.91	2.30

表8-11　免储水灌注水行播玉米收获指数分析结果

处理	CK	YB0	YB0.5	YB1.5	YB2.5	YBH
籽粒产量(kg/hm²)	11 675	10 710	11 431	11 654	13 750	13 441
干物质(kg/hm²)	35 697.3	20 394.8	23 223.6	25 234.4	36 644.9	28 385.2
收获指数(%)	32.71	52.51	49.22	46.18	37.52	47.35

不同处理经济产量与生物产量之间的比例关系(收获指数),反映出光合有机物质的分配效率,所有处理中,以 YB0 处理最大,为 52.51,其后依次为 YB0.5 > YBH > YB1.5 > YB2.5 > CK,最大收获指数和最小收获指数相差 19.80。虽然 YB0 处理的收获指数最高,但其产量却是最低的,说明玉米植株生长弱小,茎秆较细,叶片较小,这在一定程度上减少了光合产物的形成,从而使玉米产量降低;YB2.5 处理的收获指数较小,但其产量和生物量却是最高的,主要是由于使用保水剂使玉米在苗期生长旺盛,光合产物较多,在增加产量的同时,其光合副产品也大幅度增加。为了实现有限供水的高效利用,捕捉作物需水关键期是实现高效供水的关键,在灌溉量相同的情况下,使用不同量的保水剂可使玉米在生育关键期不缺水,进而求得灌溉水的总体效益,因地制宜地选择适当量的保水剂,提高作物生育关键期的用水效率,不但可以保持其较高的产量,还可以起到节约用水的作用。

3)免储水灌注水行播玉米经济效益

玉米生长时间为 170 d 左右,通过本试验并根据该灌区现状对玉米生产成本进行了估算,其投入产出分析见表8-12。从统计结果可以看出,各处理投入相差不大,主要是由保水剂用量不同和灌溉用水量不同所造成的。产出(籽粒产出和秸秆产出)为 24 005.48 ~ 30 400.29 元/hm²,净产值 13 615.73 ~ 20 460.54 元/hm²,投入产出比为 1:2.31 ~ 1:3.06。虽然施用保水剂处理增加了投入,但大剂量施用保水剂和保水剂拌种处理的产量均有所提高,投入产出比相应提高,对照处理的投入最小,但产量和净产值低,投入产出比较小。适宜保水剂(YB2.5)使用条件下玉米全生育期综合灌溉定额降低 66 mm,灌溉水利用系数提高 0.08,经济效益提高 29.3%。

表8-12　免储水灌注水播种玉米投入产出分析结果

处理	投入(元/hm²) 种子、化肥、劳力机械费	产出(元/hm²)			净产值 (元/hm²)	投入产出比
		籽粒产值	秸秆产值	总计		
CK	10 089.75	24 516.87	1 393.42	25 910.29	15 820.54	1:2.57
YB0	10 389.75	22 491.42	1 514.06	24 005.48	13 615.73	1:2.31
YB0.5	11 289.75	24 004.47	1 703.11	25 707.58	14 417.83	1:2.28
YB1.5	10 689.75	24 473.82	2 198.69	26 672.51	15 982.76	1:2.50
YB2.5	9 939.75	28 873.95	1 526.34	30 400.29	20 460.54	1:3.06
YBH	9 939.75	28 225.89	1 223.69	29 449.58	19 509.83	1:2.96

由此可见,玉米前茬免耕免冬灌,采用春耕 + 行播注水播种技术,可以在一定程度上抑制土壤蒸发量,减少灌水定额,因此在实际玉米种植生产中可采取免储水灌行播注水播种技术,注水定额以 24 mm 为宜,生育期灌水定额以 90 mm 为宜,这样不仅可节约有限水资源,还可提高地温及水分生产效率,达到节水、增效的目的。

(二)玉米免储水灌全膜覆盖膜孔注水播种技术

全膜覆盖各处理膜孔注水量分别为 750 m³/hm²(QM – 50)、600 m³/hm²(QM – 40)、450 m³/hm²(QM – 30),以春灌常规覆膜种植为对照处理,灌水定额为 1 200 m³/hm²(CK),灌水次数及灌溉定额根据土壤含水率下限控制,采用人工控制灌水。

1. 膜孔注水玉米棵间蒸发规律

全膜覆盖处理棵间蒸发主要为通过播种时形成的膜孔蒸发,对照处理棵间蒸发主要为膜间露地、靠地埂露地土面及膜孔蒸发。本试验中采用直径为 20 cm、桶高为 30 cm、底部封闭的微型蒸渗桶(Lysimeter)测定土面蒸发。由分析结果可知,全膜覆盖处理各生育阶段棵间蒸发明显低于常规处理,全生育期棵间蒸发最小的处理是 QM – 40,较 CK 棵间蒸发减少35. 82%,且 CK 棵间蒸发量占全生育期耗水量比例较 QM – 50、QM – 40 高 53. 77% 和46. 96%;虽然处理 QM – 30 首次灌水定额较小,但由于其在苗期处于缺水状态,导致生长发育迟缓,地面绿叶覆盖度低,增大了棵间蒸发,全生育期棵间蒸发所占耗水量比例较 QM –50、QM – 40 分别高 1. 45% 和 0. 74%(见表 8-13)。

表 8-13　膜孔注水播种玉米棵间蒸发规律分析结果

处理	各生育期棵间蒸发(mm)							棵间蒸发占全生育期耗水量(%)
	播种—苗期	苗期—拔节	拔节—大喇叭期	大喇叭—抽穗期	抽穗—灌浆期	灌浆—成熟期	全生育期	
CK	30. 88	28. 37	19. 24	29. 22	22. 50	19. 75	149. 96	23. 50
QM – 50	18. 65	17. 17	11. 38	21. 48	14. 79	13. 76	97. 23	15. 28
QM – 40	15. 61	17. 64	11. 53	22. 15	15. 21	14. 11	96. 25	15. 99
QM – 30	14. 55	18. 87	11. 89	22. 45	15. 28	14. 24	97. 28	16. 73

2. 膜孔注水播种玉米全生育期土壤水分变化

分析各处理土壤水分变化过程,结果表明,除对照处理由于实施了春灌导致含水率较高外,播前其他各处理含水率无差别(见图 8-13)。播后,由于灌水量不同,含水率出现了差异,虽然 QM – 30 处理含水率较低,但仍可满足玉米出苗及苗期生长。由于全膜覆盖抑制了土壤蒸发,各生育阶段作物根区土壤均能维持较高含水率;另外,对照处理灌水后含水率有较大提高,但由于田间蒸发较大,其含水率在短期内就会下降到与全膜覆盖处理一致。在生育旺盛期土壤含水率降低很快,耗水量增大,到收获期,随着降水量增多,土壤含水率有所提高。

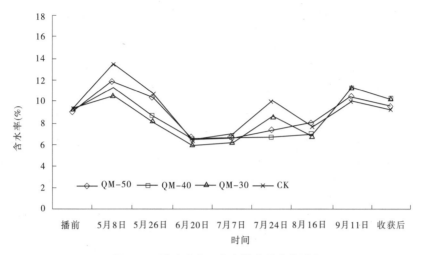

图 8-13　膜孔注水玉米土壤水分变化过程

3. 膜孔注水播种玉米耗水规律

通过田间土壤含水率测定,计算各阶段和全生育期玉米耗水量可知,各处理在全生育期以常规灌溉处理 CK 耗水量最大,为 638.08 mm;最小的是 QM－30,耗水量 581.50 mm,较 CK 减少 56.58 mm。在各生育期,第一阶段 QM－30 处理耗水量最小,与 CK 相差 30.40 mm,阶段耗水模数比 CK 降低了 3.83%,日耗水强度比 CK 降低了 0.87 mm/d;第二、三、四阶段是玉米的耗水高峰期,耗水量最大,以植株的蒸腾耗水为主,随着灌水的实施,各处理平均耗水量趋于一致;第五阶段玉米进入生长后期,随着生长发育功能和各器官的衰退,对水分的需求逐渐降低,田间耗水量也随之减少(见表 8-14)。

表 8-14　膜孔注水播种玉米全生育期耗水量、耗水模数和耗水强度分析结果

处理	播种—苗期			苗期—拔节期			拔节—抽穗期			抽穗—灌浆期			灌浆—成熟期			全生育期
	耗水量(mm)	耗水模数(%)	耗水强度(mm/d)	耗水量(mm)	耗水模数(%)	耗水强度(mm/d)	耗水量(mm)	耗水模数(%)	耗水强度(mm/d)	耗水量(mm)	耗水模数(%)	耗水强度(mm/d)	耗水量(mm)	耗水模数(%)	耗水强度(mm/d)	耗水量(mm)
CK	91.44	14.33	2.61	135.92	21.30	5.44	86.00	13.48	5.06	183.52	28.76	4.59	141.2	22.13	3.36	638.08
QM－50	69.54	10.93	1.99	159.02	25.00	6.36	92.16	14.49	5.42	172.74	27.15	4.32	142.74	22.44	3.40	636.20
QM－40	73.76	12.25	2.11	134.38	22.33	5.38	92.16	15.31	5.42	188.14	31.26	4.70	113.48	18.85	2.70	601.92
QM－30	61.04	10.50	1.74	134.38	23.11	5.38	90.62	15.58	5.33	183.52	31.56	4.59	111.94	19.25	2.67	581.50

4. 膜孔注水播种玉米产量效应

免储水灌全膜覆盖膜孔注水播种玉米,各处理产量及水分生产效率见表 8-15。可知,处理 QM－50 和 QM－40 较对照是增产的,其产量分别为 12 650.0 kg/hm² 和 12 648.3 kg/hm²,其增产率为 12.8% 和 12.7%,而 QM－30 较对照是减产的,其减产率为 13.5%。对于节水率来说,QM－30 的节水率最高,其节水率为 8.9%。就水分生产效率而言,QM－30 处理的农田总供水利用效率最低,只有 1.67 kg/m³,而 QM－40 处理最高,达到 2.10 kg/m³。

表 8-15　膜孔注水播种玉米各处理产量和水分生产效率分析结果

处理	株高 (cm)	穗长 (cm)	穗行数 (行/穗)	秃尖长 (cm)	穗粒数 (粒/穗)	穗粒重(g)	穗重 (g)	百粒重(g)	产量 (kg)	灌水量 (mm)	耗水量 (mm)	产量 (kg/hm²)	增产率(%)	节水率(%)	水分利用效率 (kg/m³)
CK	289.5	15.3	15.7	1.0	372.7	139.4	175.0	38.3	11 219.2	570.0	638.1	11 219.2	—	—	1.76
QM – 50	267.3	17.6	17.3	0.9	542.0	196.8	241.9	36.1	12 650.0	525.0	636.2	12 650.0	12.8	0.3	1.99
QM – 40	260.3	18.1	17.7	1.3	507.5	183.6	231.6	36.9	12 648.3	510.0	601.9	12 648.3	12.7	5.7	2.10
QM – 30	261.7	20.3	17.7	1.2	532.3	203.7	265.5	38.4	9 707.6	495.0	581.5	9 707.6	-13.5	8.9	1.67

5. 膜孔注水播种玉米经济效益

膜孔注水播种玉米投入产出分析结果见表 8-16。可见,各处理投入无明显差别,产出(包括籽粒产出和秸秆产出)为 21 754.08 ～ 28 640.77 元/hm²,净产值为 11 828.83 ～ 18 712.52 元/hm²,投入产出比为 1:(2.19 ～ 2.88)。虽然 QM – 50 和 QM – 40 处理籽粒产量及投入无差别,但由于 QM – 40 秸秆产出较高,导致其净产值提高,全生育期综合灌溉定额较对照降低 60 mm,灌溉水利用系数提高 0.17,经济效益提高 30.6%。

表 8-16　膜孔注水播种玉米投入产出分析结果

处理	投入(元/hm²) 种子、化肥、劳力机械费	产出(元/hm²) 籽粒产值	产出(元/hm²) 秸秆产值	产出(元/hm²) 总计	净产值 (元/hm²)	投入产出比
CK	9 912.25	23 560.32	1 562.47	25 122.79	15 210.54	1:2.53
QM – 50	9 931.25	26 565.00	1 792.36	28 357.36	18 426.11	1:2.86
QM – 40	9 928.25	26 561.43	2 079.34	28 640.77	18 712.52	1:2.88
QM – 30	9 925.25	20 385.96	1 368.12	21 754.08	11 828.83	1:2.19

以节水、高产为目的的全膜覆盖膜孔注水播种玉米试验结果表明,该项技术具有较高的节水效益和增产效益。由于前茬免耕免冬灌,并采用春耕 + 全膜覆盖膜孔注水播种技术,在一定程度上抑制了休闲期土壤的无效蒸发,播种时的注水效应显著。因此,在玉米种植生产实践中,可采取免储水灌春耕全膜覆盖膜孔注水播种技术,注水定额以 60 mm 为宜,这样不仅可节约有限水资源,还可提高地温及水分生产效率,达到节水、增效的目的。

(三)辣椒免储水灌注水移栽技术

辣椒免储水灌注水移栽处理保水剂施用量分别为 0、1.0 g/m²、2.0 g/m²、3.0 g/m²,注水量 120 m³/hm²,以常规覆膜平种为对照处理。辣椒按行距 45 cm、株距 20 cm 移栽,移栽后共灌水 5 次,灌水定额 600 m³/hm²,包括注水移栽水量,总灌溉定额 3 120 m³/hm²;对照处理移栽后灌 5 次水,灌水定额 900 m³/hm²,灌溉定额 4 500 m³/hm²。

1. 辣椒注水移栽后水分扩散规律

辣椒施用保水剂注水移栽后,不同时段注水原点(土表面以下 5 cm)土壤水分纵向及横向变化情况见图 8-14、图 8-15。在注水播种后 24 h、72 h 时,各处理注水原点含水率均高于其他测试点,其中以 T4 最高,T3 次之,主要是由于保水剂的保水作用,抑制了水分的扩散速度,且随着用量的增加,抑制作用将会增强;在离注水原点较远的地方,处理 T1 的含水率却高于 T4 及 T3,主要是由于保水剂用量小,其水分纵向和横向扩散受到的抑制作用弱,到注水 72 h 后,各处理间注水原点含水率在纵向 25 cm 及横向 20 cm 处已差别不大。

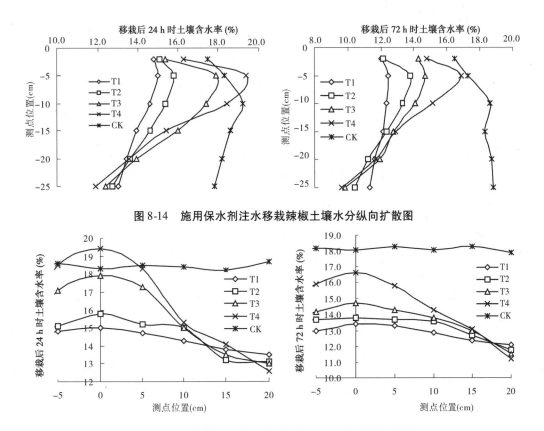

图 8-14　施用保水剂注水移栽辣椒土壤水分纵向扩散图

图 8-15　施用保水剂注水移栽辣椒土壤水分横向扩散图

2. 注水移栽辣椒全生育期土壤水分变化规律

根据试验结果,分析各处理土壤水分变化过程,施用保水剂能保持作物根部足够的水分含量。辣椒移栽后各生育阶段,由于保水剂抑制了土壤蒸发,作物根区土壤均能维持较高含水率;另外,保水剂不会破坏土壤结构,使得土壤有效持水孔隙比例增加,对增加灌水入渗有一定积极作用。保水剂的保水作用较为明显,并且随保水剂施用量增加保水效果更显著。辣椒移栽后土壤含水率全生育期变化情况见图 8-16。各处理在移栽前土壤含水率基本一致,移栽后由于保水剂的影响,T4 及 T3 的土壤含水率较其他处理有所提高,分别较 T1 和 T2 提高 19.01% 和 12.39%。随着灌水的实施各处理含水率逐渐变化一致,含水率之间的差距也逐渐消除,在生育旺盛期土壤含水率降低很快,耗水量增大,到收获期,随着降水量增多,土壤含水率也有所提高。

3. 不同处理辣椒全生育期耗水规律

通过测定田间土壤含水率,计算各阶段和全生育期辣椒耗水量,结果如表 8-17 所示。各处理耗水量均呈现前期小、中期大、后期小的变化规律,施用保水剂量越大,整个生育期耗

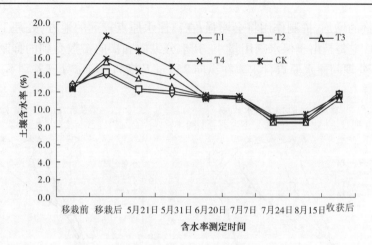

图 8-16　注水移栽辣椒全生育期土壤水分变化

水量越小,其耗水量分别为 CK:546.20 mm、T1:420.80 mm、T2:399.60 mm、T3:396.50 mm、T4:378.00 mm,T4 全生育期耗水量比 CK 减少 168.2 mm。辣椒移栽—开花期耗水强度最大,各处理中最大为 CK 现蕾—开花期的 5.33 mm/d,最小的 T4 处理耗水强度较 CK 降低 37.34%;T4 处理全生育期平均耗水强度为 3.40 mm/d,较对照降低 30.79%,由于施用保水剂量大,其移栽后生长旺盛,在开花—结果期耗水量大于其他处理,而在其他生育阶段耗水量均小于其他处理。

表 8-17　免储水灌注水移栽辣椒施用保水剂耗水规律分析结果

处理	移栽—现蕾期			现蕾—开花期			开花—结果期			结果—成熟期			全生育期
	耗水量 (mm)	耗水模数 (%)	耗水强度 (mm/d)	耗水量 (mm)	耗水模数 (%)	耗水强度 (mm/d)	耗水量 (mm)	耗水模数 (%)	耗水强度 (mm/d)	耗水量 (mm)	耗水模数 (%)	耗水强度 (mm/d)	耗水量 (mm)
T4	69.44	18.37	4.08	123.72	32.73	3.34	123.56	32.69	3.17	61.28	16.21	3.40	378.00
T3	74.06	18.68	4.36	128.34	32.37	3.47	126.64	31.94	3.25	67.46	17.01	3.75	396.50
T2	75.60	18.92	4.45	139.12	34.81	3.76	112.78	28.22	2.89	72.10	18.04	4.01	399.60
T1	84.84	20.16	4.99	156.06	37.09	4.22	115.86	27.53	2.97	64.04	15.22	3.56	420.80
CK	82.69	15.44	4.89	197.25	36.11	5.33	183.21	33.54	4.70	83.05	15.21	4.61	546.20

4. 施用保水剂注水移栽辣椒产量及其水分生产效率

注水移栽辣椒产量及水分生产效率分析结果见表 8-18。结果表明,T4 处理产量及其构成因素均高于其他处理,其辣椒干产量 6 148.8 kg/hm²,比 CK 增产 19.73%,较 CK 节水 30.79%,水分生产效率提高 73.40%。

考虑到节水、增产和提高水分生产效率的综合效应,保水剂施用量为 0.3 g/穴的注水移栽辣椒栽培处理是最佳处理。因此,在生产实际中采用全膜垄作沟灌注水移栽技术,同时施用适量的保水剂,即可实现节水增产目标。

表 8-18　免储水灌施用保水剂注水移栽辣椒产量效应分析结果

处理	单株总重（g）	单株果数（个）	单株果鲜重（g）	单株茎鲜重（g）	单株果干重（g）	单株茎干重（g）	鲜产量（kg/hm²）	干产量（kg/hm²）	灌水量（m³/hm²）	耗水量（m³/hm²）	灌溉水利用效率（kg/m³）	水分利用效率（kg/m³）
T1	368	14.78	253.58	116.25	60.05	28.54	24 634.4	5 321.7	3 120	4 208	1.55	1.23
T2	373	15.25	258.25	114.75	58.45	28.25	23 242.5	5 260.5	3 120	3 996	1.69	1.32
T3	472	18.00	336.25	135.50	66.56	29.35	30 262.5	5 990.4	3 120	3 965	1.92	1.51
T4	538	23.25	399.50	138.00	68.32	32.75	35 955.0	6 148.8	3 120	3 780	1.97	1.63
CK	315	13.25	247.00	115.25	57.06	28.50	22 230.0	5 135.4	4 500	5 462	1.14	0.94

5. 施用保水剂注水移栽辣椒经济效益

注水移栽辣椒投入产出分析见表 8-19。可以看出,施用保水剂注水移栽处理的投入略大于对照,其中 T4 处理投入较对照提高 1.73%,由于施用保水剂注水移栽处理产量有所提高,其中 T4 处理产出(包括干辣椒产出和秸秆产出)为 23 713.2 元/hm²,净产值为 15 773.2 元/hm²,投入产出比为 1∶1.71,收入较对照提高 33.6%。T4 处理虽然施用保水剂处理增加了投入,但施用保水剂处理产量有所提高,每公顷可增收 3 411.9 元,投入产出比相应提高,对照处理的投入最小,但产量和净产值最低,投入产出比最小。T4 处理全生育期综合灌溉定额较对照降低 138 mm,灌溉水利用系数提高 0.25,经济效益提高 33.6%。

表 8-19　免储水灌注水移栽辣椒经济效益分析结果

处理	投入（元/hm²）种子化肥劳力机械费	产出（元/hm²）			净产值（元/hm²）	投入产出比
		干果产出	茎产出	总计		
T1	7 825	16 416.8	1 725.8	18 142.6	10 317.6	1∶1.32
T2	7 850	15 869.3	2 542.5	18 411.8	10 561.8	1∶1.35
T3	7 895	18 324.9	2 641.5	20 966.4	13 071.4	1∶1.66
T4	7 940	20 765.7	2 947.5	23 713.2	15 773.2	1∶1.71
CK	7 805	16 308.9	1 665.0	17 973.9	10 168.9	1∶1.30

辣椒全膜垄作沟灌注水移栽技术配合使用保水剂,可保证根区土壤水分含量,增加作物根系集中分布区的土壤水分,能提高水分生产效率,保证辣椒高产,提前成熟 10～15 d,具明显的抗旱节水效果。在无水利设施的旱田或灌溉水源不足的西北干旱、半干旱地区,辣椒施用保水剂注水移栽是较好的抗旱方法,应大力推广应用,移栽时以保水剂 0.3 g/穴、注水量 0.72 kg/穴(120 m³/hm²)为宜。

(四)葵花免储水灌膜下滴灌注水播种技术

葵花免储水灌膜下滴灌注水播种试验地休闲期免耕、免冬灌,滴灌注水播种处理注水量 180 m³/hm²,具体设计见表 8-20。

表 8-20　免储水灌膜下滴灌注水播种葵花技术试验设计结果

处理	种植方式	灌水定额(mm)	面积(m²)	单区灌水量(m³)	灌水延续时间(min)
T1	1 膜 3 管 3 行	18	126	2.27	90
T2	1 膜 3 管 3 行	24	126	3.02	120
T3	1 膜 3 管 3 行	30	126	3.78	150
T4	1 膜 3 管 3 行	36	126	4.53	180
CK	1 膜 3 管 3 行	90	126	11.34	—

1. 膜下滴灌注水葵花生长动态分析

从各处理株高(见图 8-17)可以看出,曲线变化都是前期缓慢增长,拔节后快速增长,开花后期基本稳定。在葵花前期生长过程中,各处理株高无明显差别,生长后期只有低灌水定额处理略低于对照及其他处理。生长速率在整个生育期呈现小—大—小变化规律,在苗期由于气温和有效积温都较低,生长缓慢,各处理生长速率为 1.60 ～ 1.71 cm/d,其中 T1 最小,CK 最大;拔节—开花期是生长最快的时段,各处理生长速率平均达到 3.34 ～ 3.68 cm/d,由于处理 T1 在苗期生长速率较小,经灌溉后,此阶段生长速率明显增大。

葵花叶面积指数随生育期的推进,呈现先增加、后稳定、最后又减小的趋势,在拔节—开花期增长速度最快,平均日增长 0.07 ～ 0.09,开花—灌浆期增长速度次之,平均日增长 0.03 ～ 0.05,灌浆—成熟期叶面积指数出现明显的下降趋势(见图 8-18)。

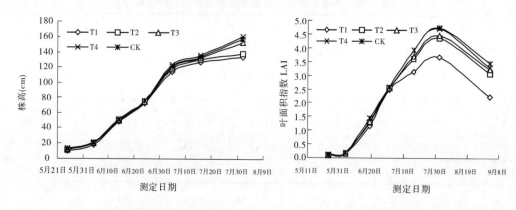

图 8-17　葵花株高全生育期变化　　　图 8-18　葵花叶面积指数全生育期变化

由于气温较低,葵花出苗—拔节期生长缓慢,干物质积累缓慢,从开花到收获干物质迅速积累。从出苗到收获干物质日增长量均呈现小—大—小的变化过程,在拔节前干物质积累量很小,进入拔节期后积累速度很快,到成熟后期积累速度有所减缓。灌水定额较低处理在生育后期单株干物质日增长量较对照及其他处理有较大差异,导致整个生育期总干物质积累量下降(见图 8-19)。

2. 膜下滴灌注水播种葵花棵间蒸发规律

膜下滴灌处理棵间蒸发主要为膜孔蒸发,对照处理棵间蒸发主要为膜间露地、靠地埂露

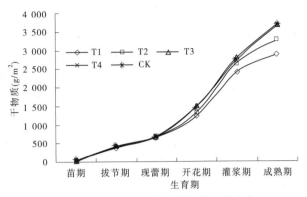

图 8-19 葵花干物质积累全生育期变化

地土面及膜孔蒸发。本试验中采用直径为 20 cm、桶高为 30 cm、底部封闭的微型蒸渗桶
(Lysimeter)测定土面蒸发。由表 8-21 中分析结果可知,膜下滴灌处理各生育阶段棵间蒸发
明显低于对照处理,全生育期棵间蒸发占全生育期耗水量的比例明显低于对照处理。由此
可知,膜下滴灌可显著减少棵间蒸发,提高水分利用率。

表 8-21 免储水灌膜下滴灌注水播种葵花棵间蒸发规律分析结果

处理	各生育期棵间蒸发(mm)						棵间蒸发占全生育期耗水量(%)
	播种—苗期	苗期—拔节期	拔节—开花期	开花—灌浆期	灌浆—成熟期	全生育期	
CK	22.76	14.71	23.93	29.23	13.46	104.09	22.04
T1	3.76	2.25	3.69	2.91	5.16	17.77	7.40
T2	4.69	2.67	4.34	3.27	5.35	20.32	7.40
T3	4.90	3.29	4.98	3.48	5.63	22.28	7.38
T4	5.58	3.51	5.23	4.13	6.01	24.46	7.34

3. 膜下滴灌注水播种葵花全生育期土壤水分变化

由试验结果可知,播前各处理含水率无差别,但由于各处理播种时灌水量不同,播后土
壤含水率出现了差异。同时,虽然滴灌处理灌水量较小,土壤含水率也较低,但土壤蒸发也
较小,仍可满足葵花各生育期生长需水;另外,对照处理灌水后含水率有较大提高,但由于田
间蒸发较大,其含水率在短期内就会下降到与滴灌处理一致。各处理在葵花生育旺盛期土
壤含水率降低很快,耗水量增大,到收获期,随着降水量增多,土壤含水率下降相对较为缓慢
(见图 8-20)。

4. 膜下滴灌注水播种葵花耗水规律

分析各阶段和全生育期葵花耗水量可知,各处理全生育期耗水量以常规灌溉处理 CK
最大,为 472.26 mm,T1 处理最小,为 240.09 mm,较 CK 减少 232.17 mm。随着灌水定额的
不同,各生育期各处理耗水量不同,各阶段 T1 处理耗水量最小,除成熟期外,与 CK 相差均
在 35 mm 以上,日耗水强度比 CK 低 1.50 mm/d 以上;其中拔节—开花期是葵花的耗水高峰

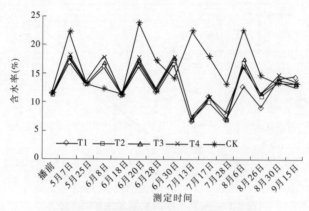

图 8-20　膜下滴灌注水葵花土壤水分变化

期,耗水量最大,以植株的蒸腾耗水为主,日耗水量均在 4.90 mm 以上,整个生育阶段各处理耗水规律一致;进入生长后期,随着生长发育功能和各器官的衰退,葵花对水分的需求逐渐降低,田间耗水量也随之减少(见表 8-22)。

表 8-22　免储水灌膜下滴灌葵花全生育期耗水规律分析结果

| 处理 | 播种—苗期 | | | 苗期—拔节期 | | | 拔节—开花期 | | | 开花期—灌浆期 | | | 灌浆—成熟期 | | | 全生育期 |
	耗水量(mm)	耗水模数(%)	耗水强度(mm/d)	耗水量(mm)	耗水模数(%)	耗水强度(mm/d)	耗水量(mm)	耗水模数(%)	耗水强度(mm/d)	耗水量(mm)	耗水模数(%)	耗水强度(mm/d)	耗水量(mm)	耗水模数(%)	耗水强度(mm/d)	耗水量(mm)
T1	28.95	12.06	0.67	32.18	13.40	2.68	73.83	30.75	4.92	58.2	24.24	1.94	46.92	19.54	1.56	240.09
T2	36.06	13.32	0.84	38.18	14.10	3.18	84.88	31.34	5.66	64.0	23.64	2.13	47.70	17.61	1.59	270.85
T3	33.86	11.50	0.79	44.18	15.01	3.68	99.53	33.81	6.64	68.3	23.21	2.28	48.46	16.46	1.62	294.36
T4	42.89	12.81	1.00	50.18	14.98	4.18	104.65	31.24	6.98	82.6	24.67	2.75	54.60	16.30	1.82	334.97
CK	96.87	20.51	2.25	69.05	14.62	5.75	115.62	24.48	7.71	135.3	28.65	4.51	55.40	11.73	1.85	472.26

5. 膜下滴灌注水播种葵花产量效应

免储水灌膜下滴灌注水播种葵花各处理产量效应及水分生产效率见表 8-23。可知,在构成葵花产量的诸因素中,单盘粒重是构成产量的主要因素,T3、T4 处理较对照是增产的,其中 T3 产量为 6 904.5 kg/hm² ,其增产率为 12.08% ,而 T1、T2 滴灌处理较对照均是减产的,减产率最大的为 T1 处理的 18.68% 。对于节水率来说,T1 的节水率是最高的,其节水率为 49.16% 。就水分生产效率而言,CK 处理的 1.30 kg/m³ 最低,T3 处理的 2.35 kg/m³ 最高。

6. 膜下滴灌注水葵花经济效益

免储水灌膜下滴灌注水播种葵花投入产出分析见表 8-24。可见,各处理投入无明显差别,产出(包括籽粒产出和秸秆产出)为 23 474.6 ~ 32 203.8 元/hm² ,净产值 13 012.6 ~ 21 716.6元/hm² ,投入产出比为 1:2.2 ~ 1:3.1。虽然 T3 投入较多,但由于节水增产效果明显,净产值仍高于对照,其全生育期综合灌溉定额较对照降低 150 mm,灌溉水利用系数提高 0.30,经济效益提高 29.6% 。

表 8-23 免储水灌膜下滴灌注水播种葵花产量要素分析结果

处理	株高（cm）	盘直径（cm）	单盘粒重（g/盘）	单盘粒数（粒）	盘干重（g）	百粒重（g）	灌水量（mm）	耗水量（mm）	产量（kg/hm²）	增产率（%）	节水率（%）	水水分生产效率（kg/m³）
CK	145.0	19.3	112.6	908.0	53.2	13.6	360.00	472.26	6 160.5	—	—	1.30
T1	144.0	18.6	83.5	659.0	58.0	14.0	126.00	240.09	5 010	−18.68	49.16	2.09
T2	149.0	20.5	90.6	731.0	69.9	16.6	168.00	270.85	5 737.5	−6.87	42.65	2.12
T3	148.0	20.8	115.0	864.0	71.7	16.5	210.00	294.36	6 904.5	12.08	37.67	2.35
T4	149.0	18.9	105.1	936.0	67.7	15.3	252.00	334.97	6 754.5	9.64	29.07	2.02

表 8-24 免储水灌膜下滴灌注水播种葵花投入产出分析结果

处理	投入（元/hm²） 种子、化肥、劳力机械费	产出（元/hm²） 籽粒产出	产出（元/hm²） 秸秆产出	产出（元/hm²） 总计	净产值（元/hm²）	投入产出比
CK	10 262.25	28 338.3	423.1	28 761.4	18 499.2	1:2.8
T1	10 462.05	23 046.0	428.1	23 474.6	13 012.6	1:2.2
T2	10 474.65	26 392.5	442.6	26 835.1	16 360.5	1:2.6
T3	10 487.25	31 760.7	443.1	32 203.8	21 716.6	1:3.1
T4	10 499.85	31 070.9	444.7	31 515.4	21 015.6	1:3.0

　　葵花前茬免耕免冬灌，采用春耕＋膜下滴灌注水播种技术，由于节约了冬季储水灌溉水量，生育期膜下滴灌又减少了土壤蒸发，使有限的水资源得到充分利用。因此，该项技术的应用，可实现节水、增产目标。在实际生产中，免储水灌春耕膜下滴灌注水播种技术，以播种注水定额 30 mm、灌水定额 30 mm、全生育期灌水 7 次为宜。

（五）棉花免储水灌膜下滴灌注水播种技术

　　棉花免储水灌膜下滴灌注水播种试验地休闲期免耕免冬灌，滴灌注水播种处理注水量 180 m³/hm²，具体设计见表 8-25。

表 8-25 免储水灌膜下滴灌注水播种棉花技术试验方案设计结果

处理	种植方式	灌水定额（mm）	面积（m²）	单区灌水量（m³）	灌水延续时间（min）
T1	1 膜 2 管 4 行	18	90	1.62	132
T2	1 膜 2 管 4 行	24	90	2.16	180
T3	1 膜 2 管 4 行	30	90	2.70	222
T4	1 膜 2 管 4 行	36	90	3.24	264
CK	1 膜 2 管 4 行	90	90	8.10	

1. 膜下滴灌注水播种棉花生长动态分析

从各处理株高(见图8-21)可以看出,曲线变化都是前期缓慢增长,分支后快速增长,开花后基本稳定。在棉花前期生长过程中,各处理株高无明显差别,生长后期只有低灌水定额处理略低于对照及其他处理。生长速率在整个生育期呈现小—大—小的变化规律,在苗期由于气温和有效积温都较低,生长缓慢,各处理生长速率在0.4~0.5 cm/d之间,其中T1最小,CK最大;现蕾—开花期是生长最快时段,各处理生长速率在1.3~1.5 cm/d之间,由于处理T1在苗期生长速率较小,经灌溉后,此阶段生长速率明显增大。棉花叶面积指数随生育期的推进,呈现先增加、后稳定、最后又减小的趋势,在现蕾—开花期增长速度最快,日增长0.09~0.15,分支—现蕾期增长速度次之,日增长0.08~0.09,成熟期叶面积指数出现明显下降趋势(见图8-22)。

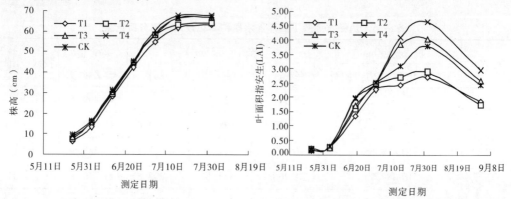

图8-21　棉花株高变化　　　　　　　图8-22　棉花叶面积指数变化

在出苗至分支期,由于气温较低,棉花生长缓慢,干物质积累缓慢,从开花到收获期,干物质迅速积累。从出苗到收获期干物质日增长量均呈现小—大—小的变化过程,在分支前干物质积累量很小,进入现蕾期后积累速度加快,积累量迅速增加,到成熟后期积累速度有所减缓。灌水定额较低的处理,在生育后期单株干物质日增长量较对照及其他处理有较大差异,导致整个生育期总干物质积累量减少。分支期和开花期是叶干重变化过程的重要分水岭,分支期前叶干重很小,进入分支期后叶干重迅速增加,到开花期后叶干重基本不再增加;在开花期以前所有处理茎秆的干物质积累量占总生物量的比例均较大,在抽穗后持续减少,向营养器官转运,各处理在开花—成熟期茎秆占总生物量的比重下降较慢,主要是此阶段棉花干物质向棉桃转移(见图8-23)。

2. 膜下滴灌注水播种棉花棵间蒸发规律

膜下滴灌注水播种棉花各生育期棵间蒸发分析结果见表8-26。由分析结果可知,膜下滴灌处理各生育阶段棵间蒸发明显低于对照处理,滴灌处理中全生育期棵间蒸发最小的是T1,较T4棵间蒸发减少18.76%;虽然处理T4生育期棵间蒸发大于T1、T2及T3,但棵间蒸发占全生育期耗水量的比例则低于T1、T2及T3。由此可知,膜下滴灌可显著减少棵间蒸发,提高水分利用率。

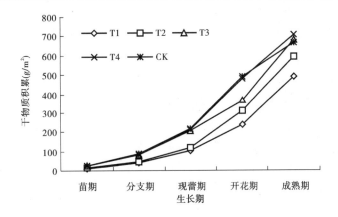

图 8-23　棉花干物质积累变化

表 8-26　免储水灌膜下滴灌注水播种棉花棵间蒸发分析结果

处理	各生育期棵间蒸发（mm）						棵间蒸发占全生育期耗水量（%）
	播种—苗期	苗期—分支期	分支—现蕾期	现蕾—开花期	开花—成熟期	全生育期	
CK	25.76	17.71	23.93	31.23	24.46	123.09	27.10
T1	4.76	3.25	3.89	3.24	9.42	24.56	10.01
T2	4.92	3.63	4.57	3.84	10.05	27.01	9.94
T3	4.99	3.47	4.98	4.01	11.23	28.68	9.66
T4	5.37	3.62	5.78	4.26	11.20	30.23	8.84

3. 膜下滴灌注水播种棉花全生育期土壤水分变化

膜下滴灌注水播种棉花全生育期土壤水分变化过程见图 8-24。由图可知,播前各处理间土壤含水率无差别,但由于播种时各处理灌水量不同,土壤含水率出现了差异。虽然滴灌处理灌水量较小,灌后土壤含水率较低,但由于土壤蒸发也较小,仍可满足棉花各生育阶段生长需水;另外,对照处理灌水后含水率有较大提高,但由于棵间蒸发较大,其含水率在短期内就会下降到与滴灌处理一致。各处理在生育旺盛期土壤含水率降低很快,耗水量增大。

4. 膜下滴灌注水播种棉花耗水规律

通过测定田间土壤含水率,计算各个阶段和全生育期棉花的耗水量可得,各处理在全生育期以常规灌溉处理 CK 耗水量最大,达到 454.15 mm,耗水量最小的是 T1,其耗水量仅为254.31 mm,较 CK 减少 208.84 mm。在各个生育期,随着灌水定额的不同,各处理耗水量也不同,各阶段 T1 处理耗水量最小,除成熟期外,与 CK 相差均在 20 mm 以上,日耗水强度比CK 降低 0.85 mm/d 以上;其中现蕾—开花期是棉花的耗水高峰期,耗水量最大,以植株的蒸腾耗水为主,日耗水量均在 4.20 mm 以上,整个生育阶段各处理耗水规律一致;进入生长后期,随着生长发育功能和各器官的衰退,棉花对水分的需求逐渐降低,田间耗水量也随之减少(见表 8-27)。

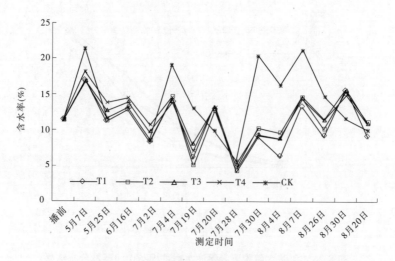

图 8-24　膜下滴灌注水棉花土壤水分变化

表 8-27　免储水灌膜下滴灌注水播种棉花全生育期耗水规律分析结果

| 处理 | 播种—苗期 | | | 苗期—分支期 | | | 分支—现蕾期 | | | 现蕾—开花期 | | | 开花—成熟期 | | | 全生育期 |
	耗水量 (mm)	耗水模数 (%)	耗水强度 (mm/d)	耗水量 (mm)	耗水模数 (%)	耗水强度 (mm/d)	耗水量 (mm)	耗水模数 (%)	耗水强度 (mm/d)	耗水量 (mm)	耗水模数 (%)	耗水强度 (mm/d)	耗水量 (mm)	耗水模数 (%)	耗水强度 (mm/d)	耗水量 (mm)
T1	22.65	9.23	0.91	45.02	18.35	1.13	52.20	21.28	3.48	59.60	24.30	4.26	65.84	26.84	0.94	245.31
T2	25.26	9.30	1.01	56.04	20.63	1.40	55.58	20.46	3.71	67.14	24.72	4.80	67.59	24.88	0.97	271.61
T3	26.33	8.87	1.05	63.78	21.48	1.59	57.89	19.50	3.86	74.68	25.16	5.33	74.19	24.99	1.06	296.87
T4	37.41	10.94	1.50	72.84	21.31	1.82	64.20	18.78	4.28	85.30	24.95	6.09	82.13	24.02	1.17	341.88
CK	58.76	12.94	2.35	85.37	18.80	2.13	95.28	20.98	6.35	105.42	23.21	7.53	109.32	24.07	1.56	454.15

5. 膜下滴灌注水播种棉花产量效应

免储水灌膜下滴灌注水播种棉花各处理产量效应及水分生产效率见表 8-28。可见,在构成棉花产量的诸因素中,单株籽棉重是主要因素,T3、T4 处理较对照增产,其产量分别为 5 490.5 kg/hm² 和 5 760.5 kg/hm²,增产率分别为 5.97% 和 11.19%,而其他滴灌处理较对照均减产,减产率最大的为 T1 的 22.06%。对于节水率来说,T1 的节水率是最高的,其节水率为 45.98%。就水分生产效率而言,CK 处理的 1.14 kg/m³ 最低,T3 处理的 1.85 kg/m³ 最高。

6. 膜下滴灌注水棉花经济效益

免储水灌膜下滴灌注水播种棉花投入产出分析结果见表 8-29。从分析结果可以看出,各处理投入无明显差别,产出(包括籽棉产出和秸秆产出)为 29 832.8 ~ 42 423.9 元/hm²,净产值为 19 924.6 ~ 32 344.6 元/hm²,投入产出比为 1:3.01 ~ 1:4.21。虽然滴灌各处理投入较多,但由于其节水增产效果明显,其净产值仍高于对照。T4 处理棉花全生育期综合灌溉定额降低 80 mm,灌溉水利用系数提高 0.30,经济效益提高 28.4%。

表 8-28 免储水灌膜下滴灌注水播种棉花各处理产量效应及水分生产效率

处理	株高（cm）	单株铃数（个）	单铃重（g/铃）	单株籽棉重（g）	茎秆重（g）	灌水量（mm）	耗水量（mm）	产量（kg/hm²）	增产率（%）	节水率（%）	水分利用效率（kg/m³）
T1	64.4	7.0	4.6	30.3	36.7	108.0	245.3	4 038.0	-22.06	45.98	1.65
T2	65.2	9.0	4.8	41.7	46.2	144.0	271.6	4 806.0	-7.24	40.19	1.77
T3	66.9	10.0	4.8	43.0	49.3	180.0	296.9	5 490.5	5.97	34.63	1.85
T4	66.6	11.0	5.0	45.6	54.3	216.0	341.9	5 760.5	11.19	24.72	1.68
CK	69.9	13.0	5.0	46.2	63.3	360.0	454.2	5 181.0	0.00	0.00	1.14

表 8-29 免储水灌膜下滴灌注水播种棉花投入产出分析结果

处理	投入（元/hm²）	产出（元/hm²）			净产值（元/hm²）	投入产出比
	种子、化肥、劳力机械费	籽粒产出	秸秆产出	总计		
T1	9 908.25	29 477.4	355.4	29 832.8	19 924.6	1:3.01
T2	10 090.05	35 083.8	360.0	35 443.8	25 353.8	1:3.51
T3	10 084.65	40 077.0	371.8	40 448.8	30 364.1	1:4.01
T4	10 079.25	42 051.7	372.2	42 423.9	32 344.6	1:4.21
CK	10 199.85	37 821.3	373.5	38 194.8	27 995.0	1:3.74

棉花采用前茬免耕免冬灌+春耕+膜下滴灌注水播种技术,可节约冬季储水灌溉水量,生育期膜下滴灌可减少土壤蒸发,充分利用有限水资源。在实际生产中,采取免储水灌春耕膜下滴灌注水播种技术,以注水定额 12 mm,生育期灌水定额 30 mm,生育期灌水次数 7 次为宜。

二、全膜双垄沟播喷灌技术

（一）葵花垄作沟播喷灌技术

根据《喷灌工程技术规范》要求,葵花垄作沟播田间喷灌工程设计为半固定式喷灌,喷头布置方式采用正方形布置,灌溉制度设计分两种情况,2013 年有储水灌溉,定额为9 000 m³/hm²;2014 年为免储水灌溉,生育期喷灌处理设计灌水定额均为 300 m³/hm²(CE)、375 m³/hm²(CH)、450 m³/hm²(CD),常规覆膜平作畦灌对照(CK)为 900 m³/hm²,灌溉制度设计案见表 8-30。

表 8-30 葵花垄作沟播喷灌制度设计结果

灌水次数	2013 年				2014 年			
	灌溉时间	灌水定额(m³/hm²)			灌溉时间	灌水定额(m³/hm²)		
		对照(CK)	垄作沟播(CE)	垄作沟播(CH)	垄作沟播(CD)		对照(CK)	垄作沟播(CE)	垄作沟播(CH)	垄作沟播(CD)
冬季储水灌溉	2012 年 11 月 20 日	900	900	900	900				
生育期第一水	2013 年 4 月 28 日	900	300	375	450	2014 年 5 月 1 日	900	300	375	450
生育期第二水	2013 年 5 月 25 日	0	300	375	450	2014 年 5 月 25 日	0	300	375	450
生育期第三水	2013 年 6 月 15 日	900	300	375	450	2014 年 6 月 15 日	900	300	375	450
生育期第四水	2013 年 7 月 5 日	0	300	375	450	2014 年 7 月 5 日	0	300	375	450
生育期第五水	2013 年 7 月 25 日	900	300	375	450	2014 年 7 月 25 日	900	300	375	450
生育期第六水	2013 年 8 月 15 日	900	300	375	450	2014 年 8 月 15 日	900	300	375	450
生育期第七水	2013 年 9 月 1 日	900	300	375	450	2014 年 9 月 1 日	900	300	375	450
生育期第八水	2013 年 9 月 19 日	0	300	375	450	2014 年 9 月 19 日	0	300	375	450
灌溉定额		5 400	3 300	3 900	4 500		4 500	2 400	3 000	3 600

1. 葵花垄作沟播喷灌生长发育变化特征

植株生长和干物质积累是作物光合作用产物的最佳表现形式,其积累和分配与经济产量有密切关系,也是人们揭示高产机制的重要方面。垄作沟播喷灌使葵花灌溉方式及生长环境发生很大变化,因此有必要对其水分反应和增产机制进行更加深入的研究和探讨。由2013 年、2014 年葵花出苗率统计得知,采用储水灌和免储水灌的出苗率均在 90% 以上,因此在河西内陆井灌区垄作沟播种植葵花时推荐选择免储水灌。

1)根系时空变化特征

由图 8-25 可见,葵花全生育期采用全膜垄作沟播喷灌的根密度比采用全膜平铺小畦灌条件下的总根密度大,在蕾期,0～30 cm 范围之内,全膜平铺小畦灌的根密度比垄作沟播喷灌根密度大,30 cm 以下全膜平铺小畦灌的根密度比垄作沟播喷灌根密度小。在成熟期,0～50 cm 范围之内,全膜平铺小畦灌的根密度比垄作沟播喷灌根密度大,50 cm 以下,全膜平铺小畦灌的根密度比垄作沟播喷灌根密度小。垄作沟播喷灌全生育期内,随着灌水定额的增加,根密度也随之增加,300 m³/hm² 与 375 m³/hm² 处理之间的根密度差距较大,375 m³/hm 与 450 m³/hm 处理之间的根密度差距较小。全膜双垄沟播栽培方式具有良好的抑蒸保墒作用,能够有效地提高地温和自然降水的利用率,有利于根系向土壤深层的延伸。

由图 8-26 可见,不同栽培方式下葵花根系在 0～100 cm 土层分布比例存在着明显差异,全膜垄作沟播深层根长占总根长的比例显著高于全膜平铺小畦灌的处理。两年试验结果表明,在葵花蕾期和成熟期,所有处理在 0～30 cm 土层根长占总根长的百分比最高,分别为40.53%、41.76%、43.34% 和 52.69%,垄作沟播所占比例小于平铺,全膜垄作沟播条件下,随着灌水量的不同比例也不同,灌水定额越大所占比例越小;在 30～60 cm 土层根长占总根长的百分比最高,分别为 20.33%、21.72%、21.90% 和 12.88%,垄作沟播所占比例大

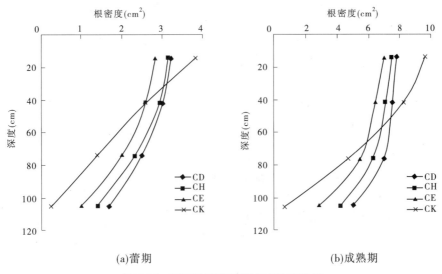

(a)蕾期　　　　　　　　　　　　　　(b)成熟期

图 8-25　不同处理葵花根密度动态变化

于平铺,全膜垄作沟播条件下,随着灌水量的不同比例也不同,灌水量越大所占比例越大。分析处理深层根长占总根长的百分比显著高于其他处理的原因,是由于全膜垄作沟播方式良好的集雨效果,能够将 5 mm 以下的无效降水转化为有效水分被作物吸收利用。此外,其良好的抑蒸保墒作用使深层土壤中的水分上移减缓,葵花根系具有"趋水"特性,从而加大了葵花根系向深层土壤下扎的力度。

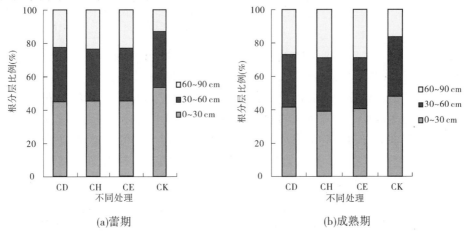

(a)蕾期　　　　　　　　　　　　　　(b)成熟期

图 8-26　不同处理葵花根长垂直分布状况

2)干物质变化特征

由图 8-27 可知,在葵花全生育期,叶片的变化呈单峰曲线形式,即幼苗—现蕾—开花期,叶片干物质呈增加的趋势,开花—成熟期,葵花叶片干物质呈减小趋势。全膜垄作沟播条件下,整个生育期葵花叶干重大于全膜平铺,随着灌水定额的增加,叶干重也增加。300 m³/hm² 与 375 m³/hm² 处理之间的叶干重差距较大,而 375 m³/hm² 与 450 m³/hm² 处理之间的叶干重差距较小。

由图 8-28 可知,在葵花全生育期,茎干干物质的变化呈 S 形曲线形式,即幼苗—现蕾—

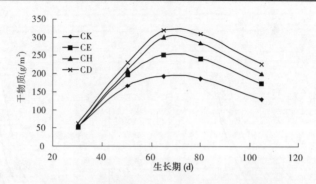

图 8-27　不同处理葵花全生育期叶片干物质积累

开花期,茎干的干物质呈增加的趋势,开花—成熟期,茎干的干物质基本保持不变。全膜垄作沟播条件下,整个生育期葵花茎干干物质重大于全膜平铺,随着灌水定额的增加,茎干干物质重也随之增加。300 m³/hm² 与 375 m³/hm² 处理之间的茎干干物质重差距较大,而 375 m³/hm² 与 450 m³/hm² 处理之间的茎干干物质重差距较小。

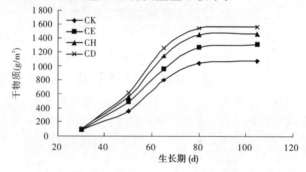

图 8-28　不同处理葵花全生育期茎干干物质积累

由图 8-29 可知,在葵花全生育期,花盘的干物质变化呈曲线增长形式,在全生育期,幼苗—现蕾期,花盘的干物质呈增加的趋势,但速度相对较缓。现蕾—开花期,花盘的干物质呈增加的趋势,速度较快。开花—成熟期,花盘的干物质增长速度又变缓。全膜垄作沟播条件下,整个生育期葵花花盘干物质重大于全膜平铺,随着灌水定额的增加,花盘干物质重也增加。300 m³/hm² 与 375 m³/hm² 处理之间的花盘干物质重差距较大,而 375 m³/hm² 与 450 m³/hm² 处理之间的花盘干物质重差距较小。

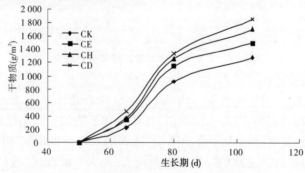

图 8-29　不同处理葵花全生育期花盘干物质积累

3）株高生长发育动态

从葵花株高曲线（见图8-30）可以看出，曲线变化都是前期缓慢增长，拔节后快速增长，开花后期基本稳定。在整个葵花生长过程中，株高无明显差别。葵花各生育期生长速率变化见图8-31，由图可知，葵花生长速率在整个生育期呈现小—大—小的变化规律，在苗期各处理生长速率较慢，其原因是苗期当地气温和有效积温都较低，作物生长缓慢，各处理的生长速率均在1.33 cm/d左右，现蕾—开花期是葵花生长最快的时段，各处理生长速率为2.5 cm/d左右，在葵花进入成熟期由营养生长转向生殖生长，生长速率已很小。

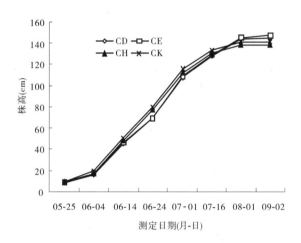

图8-30 各处理葵花全生育期株高变化

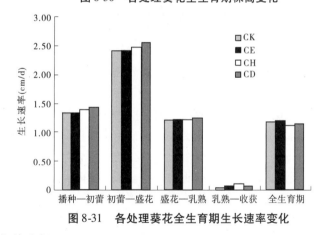

图8-31 各处理葵花全生育期生长速率变化

4）叶面积指数分析

葵花叶面积指数随生育期的变化过程见图8-32，由图中可以看出，叶面积指数随生育期的推进，呈现出先增加、后稳定、最后又减小的趋势，葵花叶面积指数在现蕾—盛花期增长速度最快，平均日增长0.080～0.083，盛花—乳熟期叶面积指数增长速度次之，平均日增长0.059～0.061，灌浆—成熟期葵花叶面积指数出现明显的下降趋势。各处理间在生长前期叶面积指数差异不大，后期的垄作沟播喷灌处理明显高于对照处理，且垄作沟播喷灌处理间，灌水定额越大，叶面积指数越高。

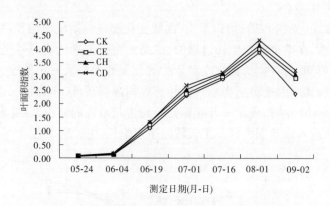

图 8-32　不同处理葵花全生育期叶面积指数变化

2. 土壤水分动态分析

为了监测不同处理条件下 0 ~ 60 cm 内土壤含水率的详细变化过程,本次试验在试验田内埋设了土壤水分自动监测系统,2014 年灌水定额为小畦灌 900 m³/hm²,垄作沟播喷灌和平铺喷灌均为 450 m³/hm²,根据土壤墒情监测系统采集到的农田土壤水分动态观测资料,分别绘制了 3 个处理 20 cm、40 cm、60 cm 的土壤体积含水率随时间的变化曲线(其中垄作沟播喷灌为垄沟内的含水率),具体见图 8-33。

通过对以上土壤水分随时间变化图分析得出,土壤水分在葵花整个生育期内呈现如下变化规律:与畦灌相对照,垄作沟播喷灌尽管灌水定额只有 50%,但灌水后在垄沟位置各土层含水率增加值均大于畦灌情况,而且这个结果在整个作物生育期均得到了保持,说明垄面的集流效应显著;垄作沟播喷灌处理与平铺膜喷灌相对照,尽管灌水定额相同,但灌水后在垄沟位置各土层含水率增加值均大于畦灌情况,说明垄面的集流效应显著;在 20 ~ 40 cm 范围内,采用垄作沟播喷灌的土壤含水率明显大于小畦灌和平铺喷灌,平铺喷灌和小畦灌之间几乎没有差距。该范围为作物根系的主要分布层,也是积蓄灌水的主要土层,与 0 ~ 20 cm 相对照,受气候影响的土壤蒸发强度较小,水分变化速率一般比较缓慢,主要损耗为作物蒸腾作用。当有明显的降水补给或灌水时,该层土壤水分也会有明显的上升变化,不过在时间上有所滞后。在 40 ~ 60 cm 范围内,采用垄作沟播喷灌的土壤含水率明显大于小畦灌,小畦灌明显大于平铺喷灌,该土层内水分损耗主要为作物蒸腾,当有明显的灌溉水补给时,土壤水分也会有明显的上升变化,之后随着作物蒸腾开始缓慢下降。

3. 喷灌葵花产量与灌溉制度

1)产量效应

试验结果表明,与对照相比,垄作沟播喷灌的 3 个处理均有增产,300 m³/hm²、375 m³/hm² 与 450 m³/ hm² 处理的增产率分别达到了 3.67%、5.88% 和 7.35%,且 300 m³/hm² 与 375 m³/hm² 处理之间的差别较大,而 375 m³/hm² 与 450 m³/hm² 处理之间的差别较小。3 个处理的节水率分别达到了 38.89%、27.77% 和 16.67%。三个处理均有明显的节水增产效果。具体结果见表 8-31。

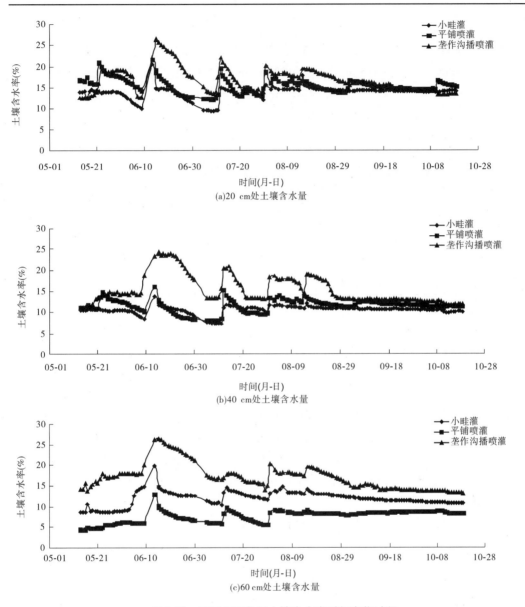

图 8-33 不同处理各层土壤含水率时间变化过程

表 8-31 葵花产量、增产率和节水率

处理	灌水量(m³/hm²)	产量(kg/hm²)	增产率(%)	节水率(%)
CE	3 300	8 460	3.67	38.89
CH	3 900	8 640	5.88	27.77
CD	4 500	8 760	7.35	16.67
CK	5 400	8 160	—	—

2）水分利用效率

经分析，对照处理的灌溉水利用效率为 1.51 kg/m³，农田水分利用效率为 1.41 kg/m³，垄作沟播喷灌 300 m³/hm²、375 m³/hm² 与 450 m³/hm²3 个处理比对照的灌溉水利用效率分别提高 1.05 kg/m³、0.71 kg/m³ 和 0.44 kg/m³，农田水分利用效率分别提高 0.88 kg/m³、0.60 kg/m³ 和 0.38 kg/m³。具体结果见表 8-32。

表 8-32　葵花水分利用效率

处理	灌水量（m³/hm²）	耗水量（m³/hm²）	灌溉水利用效率（kg/m³）	农田水分利用效率（kg/m³）
CE	3 300	3 690	2.56	2.29
CH	3 900	4 290	2.22	2.01
CD	4 500	4 890	1.95	1.79
CK	5 400	5 790	1.51	1.41

3）需水量及适宜灌溉制度

（1）生育期适宜耗水计算采用式（8-9）进行：

$$ET_{1-2} = 10 \sum_{i=1}^{n} \left[r_i H_i (W_{i1} - W_{i2}) \right] + M + P + K - C \tag{8-9}$$

式中：ET_{1-2} 为阶段耗水量，mm；i 为土壤层次目数；n 为土壤层次总数目；r_i 为第 i 层土壤干密度，g/cm³；H_i 为第 i 层土壤的厚度，cm；W_{i1} 为第 i 层土壤在时段始的含水率（占干土重的百分率）；W_{i2} 为第 i 层土壤在时段末的含水率（占干土重的百分率）；M 为时段内的灌水量，mm；P 为时段内的降水量，mm；K 为时段内的地下水补给量，mm；C 为时段内的排水量（地表排水与下层排水之和），mm。

（2）适宜的灌溉制度：根据灌溉统计资料、实地调查、实测资料并结合式（8-9）计算的葵花不同生育阶段适宜需水量如表 8-33 所示，根据适宜需水量制定的各灌溉方式下葵花灌溉制度如表 8-34 所示。

表 8-33　葵花全生育期适宜需水量　　　　　　　　　　（单位：mm）

处理	播种—初蕾期	初蕾—盛花期	盛花—乳熟期	乳熟—收获期	全生育期
垄作沟播喷灌	60 ~ 70	90 ~ 100	170 ~ 180	40 ~ 50	360 ~ 400

表 8-34　葵花垄作沟播喷灌适宜灌溉制度

处理	播种—初蕾期	初蕾—盛花期	盛花—乳熟期	乳熟—收获期	全生育期
灌水定额（m³/hm²）	450	450	450	450	3 150
灌水数（次）	2	2	2	1	7

(二)棉花垄作沟播喷灌技术

根据《喷灌工程技术规范》,棉花垄作沟播田间喷灌工程设计为半固定式喷灌,喷头采用正方形布置方式。灌溉制度设计分两种情况,2012 年为储水灌溉,定额为 900 m³/hm²,2014 年为免储水灌溉,生育期喷灌处理设计灌水定额均为 300 m³/hm²(CE)、375 m³/hm²(CH)、450 m³/hm²(CD),常规覆膜平作对照(CK)为 900 m³/hm²,灌溉制度设计方案见表 8-35、表 8-36。

表 8-35　垄作沟播喷灌棉花灌溉制度设计结果

灌水次数	2012 年					2013 年				
	灌溉时间	灌水定额(m³/hm²)				灌溉时间	灌水定额(m³/hm²)			
		对照(CK)	垄作沟播(CE)	垄作沟播(CH)	垄作沟播(CD)		对照(CK)	垄作沟播(CE)	垄作沟播(CH)	垄作沟播(CD)
冬季储水灌溉	2011 年 11 月 20 日	900	900	900	900					
生育期第一水	2012 年 4 月 28 日	900	300	375	450	2013 年 5 月 1 日	900	300	375	450
生育期第二水	2012 年 6 月 2 日	0	300	375	450	2013 年 6 月 2 日	0	300	375	450
生育期第三水	2012 年 6 月 25 日	900	300	375	450	2013 年 6 月 25 日	900	300	375	450
生育期第四水	2012 年 7 月 18 日	900	300	375	450	2013 年 7 月 18 日	900	300	375	450
生育期第五水	2012 年 8 月 4 日	900	300	375	450	2013 年 8 月 4 日	900	300	375	450
生育期第六水	2012 年 8 月 25 日	900	300	375	450	2013 年 8 月 25 日	900	300	375	450
生育期第七水	2012 年 9 月 8 日	0	300	375	450	2013 年 9 月 8 日	0	300	375	450
灌溉定额	—	5 400	3 000	3 525	4 050	—	4 500	2 100	2 775	3 150

表 8-36　垄作沟播喷灌棉花主要生育期时段

生育阶段	苗期	蕾期	花铃期	吐絮期	全生育期
起止时间(月-日)	04-20 ~ 05-23	05-24 ~ 06-25	06-26 ~ 08-15	08-16 ~ 10-25	04-20 ~ 10-25
间隔天数(d)	33	33	51	71	188

1.棉花生长发育变化特征

植株生长和干物质积累是作物光合作用产物的最佳表现形式,其积累和分配与经济产量有密切关系,也是人们揭示高产机制的重要方面。垄作沟播喷灌使棉花灌溉方式及生长环境发生很大变化,观测记录的生育期各时段见表 8-36。由 2012 年和 2014 年葵花出苗率统计得知,采用储水灌的出苗率在 90% 以上,而免储水灌的在 75% 左右,因此在河西井灌区垄作沟播种植棉花时不推荐选择免储水灌。

1) 根系时空变化特征

由图 8-34 可见,各处理根系生物量随深度增加呈减小趋势,根据种植方式和灌溉方式的不同,棉花根密度分布也不同。棉花全生育期采用全膜垄作沟播喷灌的根密度比采用全膜平铺畦灌条件下的根密度大。蕾期根系主要分布在 0~15 cm 土层内,全膜平铺地面灌的根密度比垄作沟播喷灌根密度大,15 cm 以下全膜平铺地面灌的根密度比垄作沟播喷灌根密度小;花铃期根系主要分布在 0~50 cm 土层内,0~30 cm 的根系分布较多,30~50 cm 的根系分布相对较少,垄作沟播喷灌增加了 20~50 cm 的根系生物量;盛铃期根系生物量主要分布在 0~60 cm 土层内,全膜平铺地面灌处理土壤浅层根密度较大,全膜垄作沟播喷灌处理土壤深层根密度较大;棉花吐絮时,浅层根系几乎不变,深层根系却有所增加,且棉花根系下扎深度达到 80 cm。全膜双垄沟播栽培方式具有良好的抑蒸保墒作用,能够有效地提高地温和自然降水的利用率,有利于根系向土壤深层的延伸。据试验资料分析得知,全膜垄作沟播处理的根长占总根长比例大于全膜平铺,全膜垄作沟播条件下,随着灌水定额的不同比例也有所不同,灌水定额越大所占比例越大。分析全膜垄作沟播处理深层根长占总根长的百分比显著高于其他处理的原因,是由于全膜垄作沟播方式良好的集雨效果,能够将 5 mm 以下的无效降水转化为有效水分被作物吸收利用。此外,其良好的抑蒸保墒作用使深层土壤中的水分上移减缓,棉花根系具有"趋水"特性,从而加大了棉花根系向深层土壤下扎的力度。

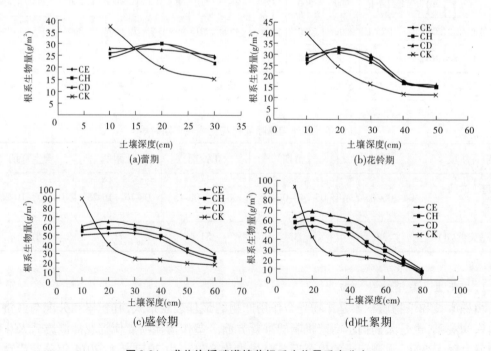

(a)蕾期　　　　　　　　　　(b)花铃期

(c)盛铃期　　　　　　　　　　(d)吐絮期

图 8-34　垄作沟播喷灌棉花根系生物量垂直分布

2）干物质变化特征

由图 8-35 可以看出，在苗期和蕾期，各处理棉花干物质积累总量无明显差异，从花铃期开始，各处理干物质积累总量随着处理不同而出现显著差异，地面灌总量整体小于垄作沟播喷灌，棉花干物质积累总量在垄作沟播喷灌条件下随着灌水定额的增加而明显增加。

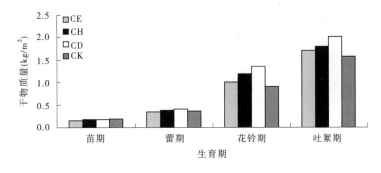

图 8-35　垄作沟播喷灌不同处理棉花干物质积累

由图 8-36 可见，随着生育期不同，棉花地上部分不同器官中的水分分配不仅影响各器官中干物质的积累，而且影响干物质在不同器官中的分配比例。随生育进程，各处理干物质在茎、叶中的分配比例逐渐减小，而在生殖器官中的分配比例逐渐增大，不同水分处理间棉花干物质在茎、叶、生殖器官中的分配比例差异显著。在垄作沟播喷灌条件下，蕾期干物质在叶中的分配比例随灌水定额的增加而增大，在生殖器官中的分配比例随灌水定额的增加而减小，在茎中的分配比例各处理间无明显差异；CK 处理花铃期干物质在叶中的分配比例及茎中的分配比例最大，而在生殖器官中的分配比例最小，水分过量促进了这一阶段干物质在茎中的分配，而抑制了在生殖器官中的分配。棉花吐絮时，干物质在营养器官中的分配比例最小，而在生殖器官中的分配比例最大，这有利于经济产量的形成，是比较合适的水分处理。

3）株高生长发育动态

从棉花株高曲线（见图 8-37）可以看出，曲线变化都是前期缓慢增长，花期开始快速增长，铃期后期基本稳定。在整个棉花生长过程中，各处理株高无明显差别。棉花各生育期生长速率变化见图 8-38，由图可知棉花生长速率在整个生育期呈现小—大—小的变化规律，蕾期—花期是棉花生长最快的时段，棉花由铃期进入成熟期由营养生长转向生殖生长，生长速率已很小。

不同的水分处理在促进地上部营养生长的同时，促进了生殖生长，地面灌过量水分处理（CK）的结铃数显著大于其他处理，但过量的水分又增加了蕾铃脱落率，吐絮时结铃数反而小于其他处理，结果见表 8-37。垄作沟播喷灌是水分进入根系周围后进行再分配，使得蕾铃脱落率大幅减小，吐絮时结铃数反而大于地面灌溉。

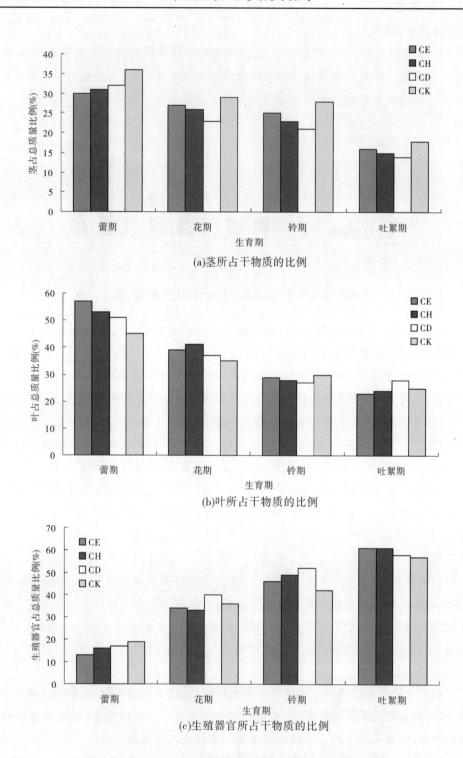

(a)茎所占干物质的比例

(b)叶所占干物质的比例

(c)生殖器官所占干物质的比例

图 8-36　垄作沟播喷灌棉花全生育期各器官干物质所占比例

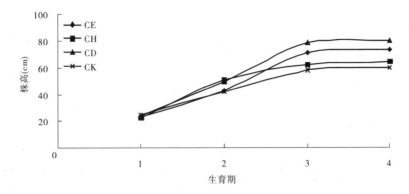

图 8-37 不同处理棉花全生育期株高变化过程

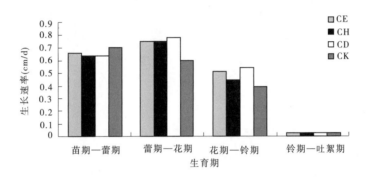

图 8-38 垄作沟播喷灌不同处理棉花生育期生长速率

表 8-37 垄作沟播喷灌不同处理棉花果枝数、蕾铃数比较

处理		CE	CH	CD	CK
枝数(枝)		8.3	8.5	10.0	9.0
铃数(个)	铃期	7.0	9.0	6.0	10.0
	盛铃期	8.0	8.5	9.5	12.0
	吐絮期	7.8	8.0	8.5	6.3

2. 土壤水分动态分析

以 2012 年试验资料进行分析得出以下结论(见图 8-39):

(1)表层急变层(0~20 cm):这一土层受气象因素、灌溉和耕作措施的影响最为显著,在整个生育期不同时期变化很大。在灌水及雨季蓄墒时期最大,含水率达到 20%。

(2)中间活跃层(20~40 cm):此层为作物根系的主要分布层,也是积蓄灌水的主要土层。受气候影响相对比 0~20 cm 土层要小,变化速率一般比较缓慢。

(3)底部相对稳定层(40~60 cm):由于根系分布越向下越少,水分消耗相应减少,降水及其他气象因子的影响也不断减小。

(4)底部稳定层(60~80 cm):由于根系分布的减少及降水和其他气象因子的影响也不断减小,水分消耗很少,在整个生育期内土壤含水率变化相对不大。

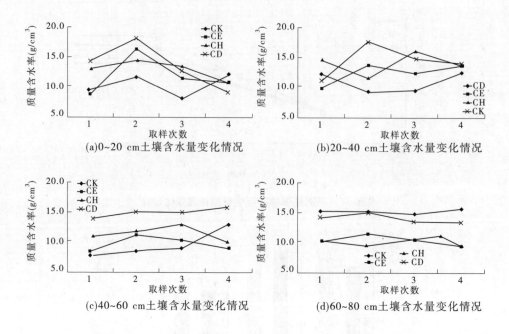

图8-39　垄作沟播喷灌不同处理棉花灌水前土壤含水率变化过程

3. 棉花产量与灌溉制度

1)产量效应

垄作沟播喷灌棉花产量效应分析结果见表8-38。结果表明,垄作沟播喷灌3个灌水条件下,灌水定额375 m³/hm²与450 m³/hm²处理的增产率较大,达到12.79%和15.82%;最小灌水定额300 m³/hm²处理的增产量仅为5.78%。3个处理CD、CH、CE的节水率分别达到25.0%、34.7%和44.4%,节水效果显著。

表8-38　垄作沟播喷灌棉花产量、增产率和节水率分析结果

处理	灌水量(m³/hm²)	产量(kg/hm²)	增产率(%)	节水率(%)
CE	3 000	4 695	5.78	44.4
CH	3 525	5 025	12.79	34.7
CD	4 050	5 160	15.82	25.0
CK	5 400	4 455	—	—

2)水分利用效率(WUE)

垄作沟播喷灌棉花水分利用效率分析结果见表8-39。可见,棉花常规灌溉处理灌溉水利用效率为0.83 kg/m³,农田水分利用效率0.77 kg/m³,垄作沟播喷灌棉花的上述两项指标比对照分别提高0.44~0.74 kg/m³和0.39~0.61 kg/m³。

表 8-39 垄作沟播喷灌棉花水分利用效率

处理	灌水量 (m³/hm²)	耗水量 (m³/hm²)	灌溉水利用效率 (kg/m³)	农田水分利用效率 (kg/m³)
CE	3 000	3 390	1.57	1.38
CH	3 525	3 915	1.43	1.28
CD	4 050	4 440	1.27	1.16
CK	5 400	5 790	0.83	0.77

3)需水量及适宜灌溉制度

根据灌溉统计资料、实地调查、实测资料并结合式(8-9)计算的棉花不同生育阶段适宜需水量见表 8-40,根据适宜需水量制定的垄作沟播喷灌棉花灌溉制度见表 8-41。

表 8-40 垄作沟播喷灌棉花全生育期适宜需水量 （单位:mm）

处理	播种—初蕾期	初蕾—盛花期	花铃期	吐絮期	全生育期
垄作沟播喷灌	50～70	80～100	120～170	40～50	290～390

表 8-41 棉花垄作沟播喷灌适宜灌溉制度

生育阶段	灌水日期(月-日)	灌水定额(m³/hm²)
苗期	05-01～05-23	525
蕾期	06-05～06-20	450
蕾期	06-21～07-10	450
花铃期	07-11～07-26	525
花铃期	07-27～08-10	525
花铃期	08-11～08-25	450
吐絮期	08-26～09-10	450
合计		3 375

（三）茴香垄作沟播喷灌技术

本书通过对茴香在垄作沟播喷灌条件下需水规律及对不同灌水制度作物生理及产量的影响研究,提出适宜的灌溉制度。根据《喷灌工程技术规范》,垄作沟播喷灌茴香田间灌溉工程设计为半固定式喷灌,喷头采用正方形布置方式。灌溉制度设计分两种情况,2012 年为储水灌溉,灌水定额为 900 m³/hm²,2014 年为免储水灌溉,不同处理生育期喷灌处理设计灌水定额均为 300 m³/hm²(CE)、375 m³/hm²(CH)、450 m³/hm²(CD),常规覆膜平作对照(CK)为 900 m³/hm²。垄作沟播喷灌设计灌溉制度见表 8-42。

表 8-42　垄作沟播喷灌茴香灌溉试验设计灌水时间及灌水量

灌水次数	2012 年度					2014 年度				
	灌溉时间	灌水定额（m³/hm²）				灌溉时间	灌水定额（m³/hm²）			
		对照（CK）	垄作沟播（CE）	垄作沟播（CH）	垄作沟播（CD）		对照（CK）	垄作沟播（CE）	垄作沟播（CH）	垄作沟播（CD）
冬季储水灌溉	2011 年 11 月 20 日	900	900	900	900					
生育期第一水	2012 年 5 月 1 日	900	300	375	450	2014 年 5 月 1 日	900	300	375	450
生育期第二水	2012 年 6 月 2 日	0	300	375	450	2014 年 6 月 2 日	0	300	375	450
生育期第三水	2012 年 6 月 25 日	900	300	375	450	2014 年 6 月 25 日	900	300	375	450
生育期第四水	2012 年 7 月 18 日	900	300	375	450	2014 年 7 月 18 日	900	300	375	450
生育期第五水	2012 年 8 月 4 日	900	300	375	450	2014 年 8 月 4 日	900	300	375	450
生育期第六水	2012 年 8 月 25 日	900	300	375	450	2014 年 8 月 25 日	900	300	375	450
生育期第七水	2012 年 9 月 8 日	0	300	375	450	2014 年 9 月 8 日	0	300	375	450
灌溉定额	—	5 400	3 000	3 525	4 050	—	4 500	2 100	2 625	3 150

1.茴香生长发育变化特征

垄作沟播喷灌使茴香灌溉方式及生长环境发生很大变化,其生育期见表8-43。因此,有必要对其水分反应和增产机制进行深入系统的研究和探讨。

表 8-43　茴香主要生育期时段

生育阶段	苗期	蕾期	花期	成熟期	全生育期
起止时间（月-日）	05-01 ~ 06-08	06-09 ~ 07-18	07-18 ~ 08-16	08-17 ~ 10-10	05-01 ~ 06-08
间隔天数(d)	39	40	30	56	165

1)根系时空变化特征

由图 8-40 可见,各处理根系生物量随深度增加呈减小趋势,根据种植方式和灌溉方式的不同,茴香根密度分布也有所不同。茴香全生育期采用全膜垄作沟播喷灌的根密度比采用全膜平铺畦灌条件下的总根密度大。蕾期根系主要分布在 0 ~ 15 cm 土层内,全膜平铺地面灌的根密度比垄作沟播喷灌根密度大,15 cm 以下全膜平铺地面灌的根密度比垄作沟播喷灌根密度小;花期根系主要分布在 0 ~ 50 cm 土层内,0 ~ 30 cm 的根系分布较多,30 ~ 50 cm 的根系分布相对较少,垄作沟播喷灌增加了 20 ~ 50 cm 的根系生物量;成熟期根系生物量主要分布在 0 ~ 60 cm 土层内,浅层全膜平铺地面灌的根密度较大,深层全膜垄作沟播喷灌的根密度较大。全膜双垄沟播栽培方式具有良好的抑蒸保墒作用,能够有效提高地温和自然降水的利用率,有利于根系向土壤深层的延伸。

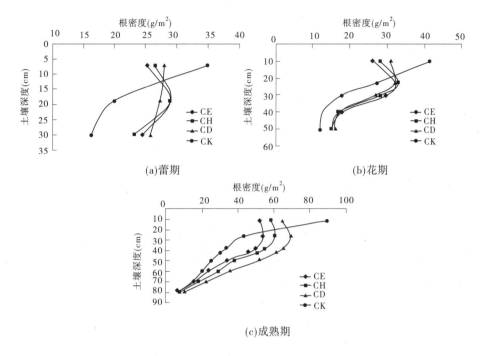

图 8-40　垄作沟播喷灌茴香根系生物量垂直分布情况

2）干物质变化特征

由图 8-41 可以看出,在苗期和蕾期,各处理茴香干物质累积总量无明显差异,从蕾期开始,各处理干物质积累总量随着处理不同而出现显著差异,地面灌总量整体大于垄作沟播喷灌,垄作沟播喷灌随着灌水定额的变化茴香干物质累积变化不明显。

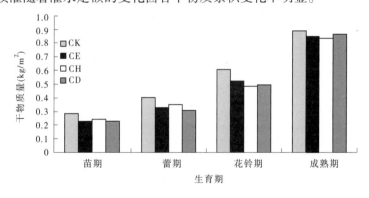

图 8-41　垄作沟播喷灌不同处理茴香干物质积累

3）株高生长发育动态

从茴香株高曲线(见图 8-42)可以看出,曲线变化都是前期增长较慢,蕾期开始快速增长,花期后期基本稳定。在整个茴香生长过程中,株高无明显差别。茴香各生育期生长速率变化见图 8-43,由图可知,茴香生长速率在苗期、蕾期和花期生长速率较快,花期—成熟期由营养生长转向生殖生长,生长速率已很小。

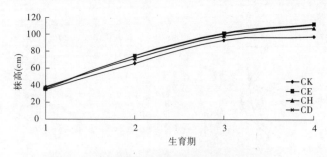

图 8-42　垄作沟播喷灌不同处理全生育期株高

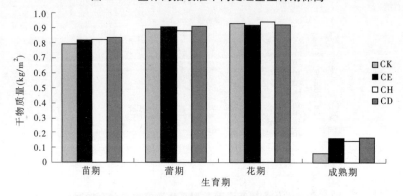

图 8-43　垄作沟播喷灌不同处理生育期生长速率

不同的水分处理在促进地上部营养生长的同时,促进了生殖生长,地面灌水分处理(CK)平均单株分枝数显著大于其他处理,但过量的水分又使得通风透光性很差,平均单伞粒数反而小于其他处理,籽粒饱满度较差;垄作沟播喷灌使水分进入根系周围后进行再分配,使得平均单株分枝数大幅减小,全生育期通风透光性较好,平均单伞粒数反而增大,籽粒饱满度较好。具体结果见表 8-44。

表 8-44　垄作沟播喷灌不同处理生长发育情况

处理	平均单株分枝	通风透光性	平均单伞粒数	籽粒饱满度
CE	22	最好	113	中等
CH	24	好	143	饱满
CD	25	较好	124	饱满
CK	32	差	96	不饱满

由 2012 年和 2014 年茴香出苗率统计得知,采用储水灌的出苗率在 90% 以上,而免储水灌的在 75% 左右。因此,在河西井灌区垄作沟播喷灌种植茴香时不推荐选择免储水灌方式。

2. 土壤水动态规律

2012 年试验观测期,每次灌水前对不同处理茴香 0 ~ 100 cm 含水率采用烘干法进行测试,受土壤性质、作物根系分布和气象因素的影响,不同层次、不同时段土壤水分的垂直变化各不相同,垄作沟播喷灌不同处理茴香土壤水分变化过程见图 8-44。可见,土壤水分垂直变化大致可分为 0 ~ 30 cm、30 ~ 60 cm、60 ~ 100 cm 三个层次,其中,0 ~ 30 cm 的蒸发层土壤水分变化最为强烈,垄作沟播喷灌处理由于灌水定额较小,灌水后各峰值含水率均低于对照,而 0 ~ 30 cm 含水率由于灌水时间不一致使峰值出现差异,其他时段与对照相差不大;在30 ~ 60 cm 垄作沟播喷灌处理含水率峰值均小于对照,主要是由垄作沟播喷灌条件下入渗到该层的灌溉水较少所致;60 ~ 100 cm 两个处理含水率变化幅度较小,趋近于直线,灌水后基本处在 16.5% ~ 19.8% 之间。采用垄作沟播喷灌后灌水前后土壤水分含量较覆膜畦灌均有减小,这是由于垄作沟播喷灌后灌溉定额减小,水分沿着作物根系分布,导致 0 ~ 100 cm 深度的平均土壤水分含量减小。

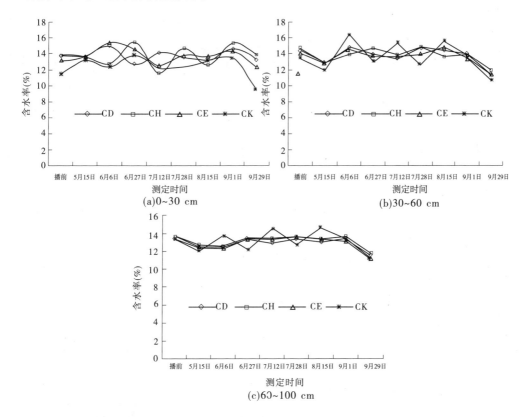

图 8-44　垄作沟播喷灌不同处理茴香灌前土壤水分变化过程

3. 茴香产量与灌溉制度

1) 产量效应

试验结果表明,垄作沟播喷灌三个灌水处理条件下,灌水量 375 m³/hm² 与 450 m³/hm²处理的增产率较大,分别达到 17.76% 和 12.98%,300 m³/hm² 处理的增产率最小,仅为9.56%。3 个试验处理 CE、CH、CD 和对照相比,节水率分别达到 52.38%、44.05% 和35.71%,节水效果明显。具体结果见表 8-45。

2) 水分利用效率(WUE)

茴香常规灌溉处理灌溉水利用效率、农田水分利用效率分别只有 0.54 kg/m³、0.44

kg/m³,而垄作沟播喷灌茴香的上述两项指标均有所提高,比对照分别提高 0.28 ~ 0.53 kg/m³ 和 0.31 ~ 0.51 kg/m³。具体见表 8-46。

表 8-45　垄作沟播喷灌茴香产量、增产率和节水率

处理	灌水量(m³/hm²)	产量(kg/hm²)	千粒重(g)	增产率(%)	节水率(%)
CE	3 000	3 211.65	7.06	9.56	52.38
CH	3 525	3 451.95	8.24	17.76	44.05
CD	4 050	3 312	7.76	12.98	35.71
CK	5 400	2 931.45	6.70	—	—

表 8-46　垄作沟播喷灌茴香水分利用效率

处理	灌水量(m³/hm²)	耗水量(m³/hm²)	灌溉水利用效率(kg/m³)	农田水分利用效率(kg/m³)
CE	3 000	3 390	1.07	0.95
CH	3 525	3 915	0.98	0.88
CD	4 050	4 440	0.82	0.75
CK	5 400	6 690	0.54	0.44

3)需水量及适宜灌溉制度

根据灌溉统计资料、实地调查、实测资料并结合式(8-9)计算的茴香不同生育阶段适宜需水量见表 8-47,根据适宜需水量制定的垄作沟播喷灌茴香灌溉制度见表 8-48。

表 8-47　垄作沟播喷灌茴香全生育期适宜需水量　　　　　　(单位:mm)

处理	播种—初蕾期	初蕾—开花期	花期	成熟	全生育期
垄作沟播喷灌	50 ~ 70	60 ~ 90	110 ~ 150	35 ~ 50	255 ~ 360

表 8-48　垄作沟播喷灌茴香垄作沟播喷灌适宜灌溉制度

生育阶段	灌水日期(月-日)	灌水定额(m³/hm²)
苗期	05-01 ~ 05-23	450
蕾期	06-05 ~ 06-20	375
蕾期	06-21 ~ 07-10	375
花期	07-11 ~ 07-26	375
花期	07-27 ~ 08-10	375
花期	08-11 ~ 08-25	375
成熟期	08-26 ~ 09-10	375
合计		2 700

三、作物生育期农艺节水调控技术

(一)春小麦化学节水技术

小麦参试品种为"永良四号",保水剂采用唐山博亚生产的"黑金子"营养保水剂。保水剂拌种包衣,播前种子用清油 7.5 kg/hm²,种子 375 kg/hm²拌和,然后摊平(5 cm 厚)均匀撒上保水剂,保水剂用量 0.75 g/m²,上述材料用量根据种植面积计算后拌和包衣,再从不同方向人工拌和直至全部保衣在小麦种子上,堆闷 3 h 后播种。处理设计为保水剂拌种 0.75 g/m²、灌水次数 3 次、灌溉定额 2 400 m³/hm²(CK₁);保水剂拌种 0.75 g/m²、灌水次数 4 次、灌溉定额 2 400 m³/hm²(CK₂);保水剂拌种 0.75 g/m²、灌水次数 4 次、灌溉定额 3 900 m³/hm²(CK₃);保水剂拌种 0.75 g/m²、灌水次数 5 次、灌溉定额 3 150 m³/hm²(CK₄);保水剂拌种 0.75 g/m²、灌水次数 5 次、灌溉定额 3 900 m³/hm²(CK₅)。设两个对照,分别为:不施加保水剂,灌水次数 4 次,灌溉定额 2 400 m³/hm²(CK₀₁);不施加保水剂,灌水次数 5 次,灌溉定额 3 900 m³/hm²(CK₀₂)。上述灌溉定额均不包括冬季储水灌溉量。

1. 施用保水剂对垂直方向土壤含水率变化影响

在种植前初始水分相同的情况下,经过播种—出苗——水前期间地表蒸发及作物需水观测,各处理各层土壤含水率变化规律相似,即从地表开始土壤含水率逐渐增大,在 70 cm 处土壤含水率达到最大值,然后逐渐降低,并且 CK₂、CK₅各土层土壤含水率均大于 CK₀₁、CK₀₂。灌水后,土壤含水率仍表现为 CK₂、CK₅各土层土壤含水率均大于 CK₀₁、CK₀₂,但 0 ~ 30 cm 土层之间土壤含水率随土层增加呈递减趋势。与灌水前相比,CK₂、CK₅较 CK₀₁、CK₀₂在 10 cm、30 cm 土层深度的土壤含水率变化幅度较大,说明保水剂主要影响 0 ~ 30 cm 土层的土壤含水率(见图 8-45 ~ 图 8-48)。

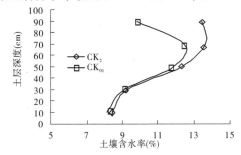

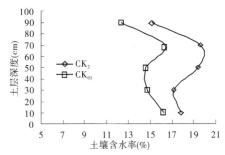

图 8-45　灌水前 CK₂与 CK₀₁不同土层含水率　　　图 8-46　灌水后 CK₂与 CK₀₁不同土层含水率

2. 生育期施用保水剂对土壤水分变化影响

根据对小麦生长发育情况的观测,小麦各生育期分别为播种(3 月 17 日)—出苗(4 月 9 日)—分蘖(4 月 30 日)—拔节(5 月 13 日)—抽穗(5 月 31 日)—扬花(6 月 9 日)—灌浆(6 月 14 日)—乳熟(7 月 3 日)—成熟(7 月 11 日)—收获(7 月 14 日)共九个阶段 112 d。图 8-49 ~ 图 8-54 分别为两组灌溉制度完全相同,施用保水剂处理与不施用保水剂处理情况下,各 0 ~ 20 cm、20 ~ 60 cm、60 ~ 100 cm 土层土壤含水率变化过程线对比。可以看出,用保水剂拌种与常规播种试验相比,在播种—出苗—拔节期间,土壤含水率没有明显差别,从第一次灌水前开始,在其他因素、水平一致的情况下,每次灌水前的土壤含水率表现为保水剂

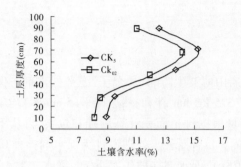

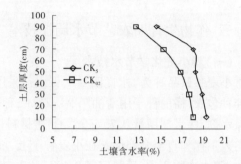

图 8-47　灌水前 CK₅ 与 CK₀₂ 不同土层含水率　　**图 8-48　灌水后 CK₅ 与 CK₀₂ 不同土层含水率**

拌种处理高于常规播种。由此说明,保水剂拌种包衣可保持土壤水分,提高水分利用率并且保水剂的吸水保水性能不会随着作物的生长而减低。

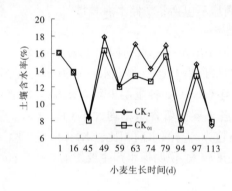

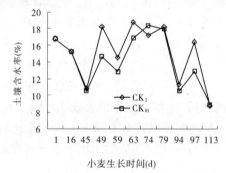

图 8-49　CK₂ 与 CK₀₁ 含水率变化(0～20 cm)　　**图 8-50　CK₂ 与 CK₀₁ 含水率变化(20～60 cm)**

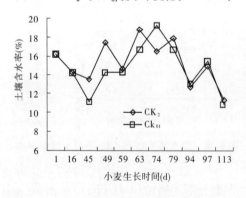

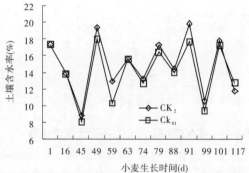

图 8-51　CK₂ 与 CK₀₁ 含水率变化(60～100 cm)　　**图 8-52　CK₅ 与 CK₀₂ 含水率变化(0～20 cm)**

3. 保水剂对小麦产量与耗水量的影响

利用土壤含水率、降水、单位面积产量等试验结果,分别计算各处理的耗水量及耗水系数和单方水效益,其中耗水量根据播种前、各次灌水前后、作物收割后的土壤水分检测结果,结合灌溉定额及降水量计算。具体结果见表 8-49。

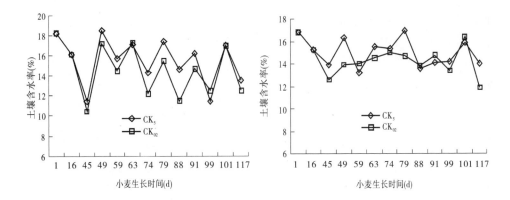

图 8-53　CK_5 与 CK_{02} 含水率变化（20~60 cm）　图 8-54　CK_5 与 CK_{02} 含水率变化（60~100 cm）

表 8-49　春小麦化学节水技术试验成果

区号	保水剂拌种用量（g/m^2）	灌水次数	灌溉定额（m^3/hm^2）	平均产量（kg/hm^2）	耗水量（m^3/hm^2）	耗水系数（m^3/kg）	水分利用效率（kg/m^3）
CK_1	0.75	3	2 400	3 603.75	4 644	1.29	0.78
CK_2	0.75	4	2 400	4 440.45	4 602	1.04	0.96
CK_{01}	不拌种	4	2 400	4 302.45	4 607.85	1.07	0.93
CK_3	0.75	4	3 150	4 763.55	5 194.2	1.09	0.92
CK_4	0.75	5	3 150	5 638.05	4 954.35	0.88	1.14
CK_5	0.75	5	3 900	5 976.45	5 691.3	0.95	1.05
CK_{02}	不拌种	5	3 900	5 787.45	5 846.85	1.01	0.99

在相同灌溉制度、农艺措施和田间管理条件下,使用保水剂拌种的各小区产量均不同程度地高于未拌种的对照区。其中,灌溉定额 2 400 m^3/hm^2 的情况下,采用保水剂拌种的 CK_2 处理与对照处理 CK_{01} 相比,总耗水量相近,增产 138 kg/hm^2,增产率为 3.2%,耗水系数低 0.03 m^3/kg,水分利用效率提高 0.03 kg/m^3;灌溉定额 3 900 m^3/hm^2 的情况下,采用保水剂拌种的 CK_5 处理与对照处理 CK_{02} 相比,总耗水量低 156 m^3/hm^2,增产 189 kg/hm^2,增产率为 3.3%,耗水系数低 0.06 m^3/kg,水分利用效率提高 0.06 kg/m^3。由分析可知,播前种子采用保水剂拌种包衣可促进作物生长发育,增加作物产量,减少土壤水分蒸发,水分利用效率明显增加。田间观测也表明,采用保水剂拌种包衣处理的作物在幼苗期生长良好,苗齐,色正,植株壮,有较好的抗旱能力。

4. 施用保水剂情况下的合理灌溉制度

不同的灌溉制度施用保水剂后产生不同的增产效果。对比分析不同灌溉定额和灌水次数组合 5 个试验处理的产量、耗水量、水分利用效率试验结果,绘制产量直方图见图 8-55。

随着灌溉定额及灌溉次数的增加,小麦产量也逐步增加,灌水次数相同,灌溉定额增大,单位面积产量不断提高,耗水系数增大,水效益降低。灌溉定额相同,灌水次数增多,单位面积产量不断提高,耗水系数降低,水效益增大。从水效益来讲,采用 3 150 m³/hm² 的生育期灌溉定额具有较高的水效益。

分析相同灌溉定额情况下不同灌水次数处理 CK_1 与 CK_2、CK_3 与 CK_4 的产量变化,CK_2 较 CK_1 产量增加 836.7 kg/hm²,增产率 23.6%,耗水量减小 42 m³/hm²,耗水系数减小 0.25 m³/kg,水分利用效率增加 0.25 kg/m³;CK_4 较 CK_3 产量增加 1 024.5 kg/hm²,增产率 21.5%,耗水量减小 240 m³/hm²,耗水系数相应减小 0.21 m³/kg,水

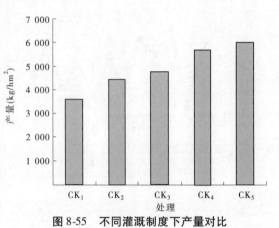

图 8-55　不同灌溉制度下产量对比

分利用效率增加 0.21 kg/m³。由此说明,相同的灌溉定额施用保水剂的情况下,可适当增加灌水次数。

综上所述,在民勤绿洲灌区春小麦采用保水剂拌种条件下,采用灌溉定额 3 900 m³/hm²,灌水 5 次能达到较高的产量;而采用灌溉定额 3 150 m³/hm²,灌水 5 次则能得到更高的水效益。因此,建议民勤绿洲地区可采用保水剂拌种播种处理(保水剂拌种用量 0.75 g/m²),相应的灌溉制度为灌水定额 630 m³/hm²,灌水次数 5 次。

(二)垄作花生不同覆盖调控技术

花生具有重要的油料价值和食用价值,并且是较耐贫瘠、耐旱的作物,在民勤沙漠绿洲进行花生引种试验,对该区域农业结构调整具有一定实用价值。现阶段对光照强、年蒸发量大、降水稀少、昼夜温差大等特定气候条件下花生的种植技术研究较少。本书研究了在地膜覆盖、液态地膜覆盖、小麦秸秆覆盖和裸地种植土壤水分减蒸效应和地温变化规律,并对各种覆盖条件下的产量及经济效益进行了分析,为在民勤绿洲地区推广种植花生提供了一定的理论依据。试验花生为"鲁花 10 号",以起垄裸地种植为对照,处理分别为地膜覆盖、液态地膜覆盖、小麦秸秆覆盖,液态地膜采用粉剂液态地膜,使用时用水溶解,用喷雾器均匀喷洒于垄沟面上;小麦秸秆覆盖量采用 3 750 kg/hm² 水平覆盖。

1.不同覆盖条件下土壤水分含量动态变化

为分析不同覆盖物对花生根区土壤水分动态变化的影响,试验采用"同流量—同时段—不同灌水量"的灌水方式进行灌溉。在第一次灌水(5 月 26 日)前后分别观测了灌水前(5 月 25 日)、灌水后(5 月 30 日)及灌水 10 d 后(6 月 7 日)作物根区 0~80 cm 深度的土壤含水率。

对比图 8-56、图 8-57 可知,采用"同水平—同时段—不同灌水量"灌水方式进行灌溉后,由于地膜覆盖条件下水流推进速度快,膜孔入渗时单位时间内的水分入渗量较小,导致各层土壤水分含量的增加量最小;秸秆覆盖提高了地面粗糙度,水流推进速度较慢,同水平—同时段条件下灌水量小,地面喷洒液态地膜较裸地种植土壤表面孔隙度减小,减少了土壤水分入渗量。灌水后 0~80 cm 土层深度内土壤水分含量增加值呈现裸地种植 > 液态地膜覆盖 > 秸秆覆盖 > 地膜覆盖的趋势。各处理 50~80 cm 土层内的土壤水分含量增加量呈裸地种植 > 秸秆覆盖 > 液态地膜覆盖 > 地膜覆盖,裸地种植灌水量增大,单位时间内的入渗强度增加,

导致深层土壤水分含量增加、深层渗漏严重,降低了灌溉水利用率。

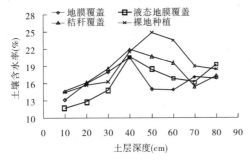

图8-56　灌水前土壤含水率

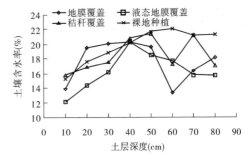

图8-57　灌水3 d后土壤含水率

　　如图8-58、图8-59所示,分析灌水后(5月30日)及灌水10 d后(6月7日)不同土层的土壤水分含量,发现经过地表蒸发、作物蒸腾、深层渗漏三种土壤水分消耗方式,灌水10 d后0~80 cm土层深度内土壤水分含量减小值呈现裸地种植>液态地膜覆盖>秸秆覆盖>地膜覆盖的趋势。经过分析,各处理0~30 cm土层内的土壤水分含量减少量呈裸地种植>液态地膜覆盖>秸秆覆盖>地膜覆盖的趋势,与裸地种植对比,三种覆盖的减蒸效率分别为地膜覆盖67.35%、秸秆覆盖35.44%、液态地膜5.1%。液态地膜喷洒后,在地面形成涂层,但是只减小了地表孔隙度,对土壤水分的减蒸性能相对有限。

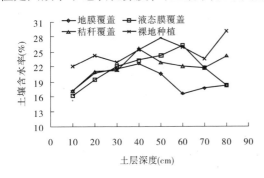

图8-58　灌水10 d后土壤含水率

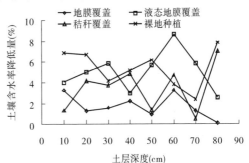

图8-59　灌水10 d后土壤含水率降低量

　　2.覆盖条件下花生根区地温时空变化

　　土壤温度是控制微生物活性和植物生长过程的重要因素之一,其表征土壤的热状况,不仅直接影响植物根系和幼苗的生长,还对土壤水分、养分的迁移和转化有直接或间接的影响。图8-60~图8-63为6月7日各处理不同土层深度地温随时间的变化情况。可知,花生根区0~25 cm土层深度内的地温均值随时间的变化情况,自08:00开始各处理土壤温度随时间平稳上升,在15:00达到最大,各层土壤地温都为地膜覆盖最大,相比裸地增加3.8~7.3℃;秸秆覆盖最小,相比裸地降低1.3~5.5℃,这是由于秸秆覆盖时秸秆覆盖材料阻碍了太阳对地表的直接辐射;在08:00~20:00之间各处理0~25 cm土层深度内的温度均值大小为地膜覆盖>裸地种植>液态地膜>秸秆覆盖,其中地膜覆盖处理相比裸地种植地温高5.6℃。受土壤导热性能的影响,5 cm土层深度地温在15:00达到最大,10 cm土层在16:00达到最大,15 cm土层在17:00达到最大,20 cm在18:00达到最大,而25 cm土层自

08:00 至 20:00 温度一直在升高,这是由于自 15:00 地表土壤温度开始下降,但 10 ~ 25 cm 土层温度仍在增加,自 18:00 开始 0 ~ 20 cm 范围内的土层温度开始全部下降,但土壤表层的热量散失和吸热向下传递有一个过程。因此,在气温下降表层土壤开始降温的同时,深层土壤仍处于不断增温过程,导致 25 cm 土层温度在 08:00 ~ 20:00 始终处于增长状态。

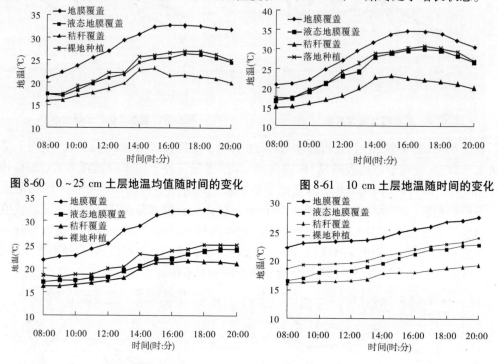

图 8-60　0 ~ 25 cm 土层地温均值随时间的变化　　图 8-61　10 cm 土层地温随时间的变化

图 8-62　20 cm 土层地温随时间的变化　　图 8-63　25 cm 土层地温随时间的变化

3. 不同覆盖条件对花生产量及水分利用效率的影响

不同覆盖条件下花生各处理相对裸地种植的产量效应及水分生产力见表 8-50。可见,地膜覆盖产量最高,其次为液态地膜覆盖和秸秆覆盖,其中地膜覆盖增产率达到 167.07%,这是由于在花生出苗期,液态地膜覆盖和秸秆覆盖处理条件下地表土壤板结,并且地温较地膜覆盖降低 5 ℃,导致出苗期延长,花生生长速度较慢,叶面积指数和干物质积累量较小,单株分枝数、单株荚果数、单株荚果重都比较低。所以,液态地膜覆盖、秸秆覆盖、裸地种植条件下产量较低,水分生产力小。

表 8-50　不同覆盖条件下花生产量及水分生产力分析结果

处理	灌水量 (m³/hm²)	耗水量 (m³/hm²)	产量 (kg/hm²)	增产率 (%)	节水率 (%)	水分利用效率 (kg/m³)
地膜覆盖	2 424	3 849	4 775	167.07	30.85	1.24
液态地膜覆盖	3 771	5 258	3 116	74.24	5.55	0.59
秸秆覆盖	3 411	4 850	2 736	53.02	12.87	0.56
裸地种植	4 040	5 567	1 788	—	—	0.32

4.不同覆盖条件下花生经济效益分析

经过试验观测,花生在民勤沙漠绿洲地区的生育期为147 d左右,本试验同时对不同覆盖条件下花生的投入产出进行了对比分析。不同覆盖条件下花生投入产出分析结果见表8-51。从统计结果可以看出,各处理投入为9 890～10 133元/hm²,产出为7 510～20 055元/hm²,三种覆盖条件下净产值1 453～10 165元/hm²,投入产出比为1:1.14～1:2.03。

表8-51　覆盖条件下花生投入产出分析结果

| 处理 | 投入(元/hm²) | 产出 | 净产值 | 投入产出比 |
	种子、化肥、劳力机械费	(元/hm²)	(元/hm²)	
地膜覆盖	9 890	20 055	10 165	1:2.03
液态地膜覆盖	10 092	13 087	2 995	1:1.30
秸秆覆盖	10 038	11 491	1 453	1:1.14
裸地种植	10 133	7 510	−2 623	1:0.74

一方面,由于民勤气候干旱,春季昼夜温差较大,液态地膜覆盖和秸秆覆盖条件下地温较低,影响了花生种植—苗期—分蘖期间的叶面积增加量和地面干物质积累量,导致以上两种覆盖条件下花生的产量较地膜低;另一方面,由于民勤春季蒸发量较大,裸地种植条件下地表土壤水分降低较快,使得地表土壤板结,影响了花生的出苗率和生长动态。因此,地膜覆盖条件下花生的净产值相比其他处理达到最大。

(三)小麦微垄沟灌技术

将旱作区垄作技术运用到麦类作物,并开展小麦微垄沟灌大田试验,通过测定小麦生育阶段生长状况、生理反应及其产量,验证微垄沟灌小麦在节水及增产方面的合理性,为小麦微垄沟灌技术进一步大面积推广提供理论依据。小麦微垄沟灌垄面宽45 cm,垄埂高(沟深)15 cm,垄沟宽(沟口宽)25 cm,种四行小麦,小麦行距10 cm左右。灌水方法采用沟灌法,处理XT1灌溉定额为3 000 m³/hm²,每次灌水600 m³/hm²;XT2灌溉定额为3 750 m³/hm²,每次灌水750 m³/hm²;CK灌溉定额为4 500 m³/hm²,每次灌水900 m³/hm²,分别在拔节期、抽穗期、开花期、灌浆期、成熟期各灌一次水。具体设计见表8-52。

表8-52　微垄沟灌小麦灌参数及灌水量

| 处理 | 参数 | | | | | 灌水定额 (m³/hm²) | 灌水次数 |
	沟深 (cm)	沟口宽 (cm)	垄面宽 (cm)	行距 (cm)	行数		
XT1	15	25	45	10	4	600	5
XT2	15	25	45	10	4	750	5
CK	畦田灌溉					900	5

1.微垄沟灌小麦生长动态

微垄沟灌小麦整个生育期株高、干物质积累、叶面积变化见图8-64～图8-66。由图8-64

可知,小麦在整个生育期各处理株高变化规律一致,三个灌水量情况下株高之间无明显差异。各处理在苗期生长缓慢,到拔节期后株高增长速度加快,此阶段株高日增长量最大为1.63 cm/d。到抽穗期后小麦株高增长速度逐渐减缓,到灌浆期株高基本停止增长。

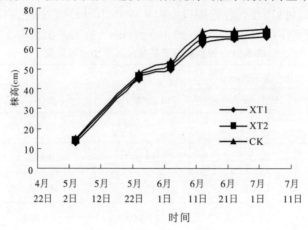

图 8-64　微垄沟灌小麦株高变化

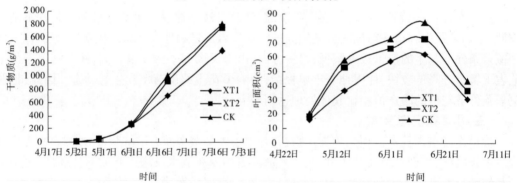

图 8-65　微垄沟灌小麦干物质变化　　　　图 8-66　微垄沟灌小麦叶面积变化

由图 8-65 可知,XT2 与 CK 的干物质积累在整个生育期无差异,处理 XT1 在苗期到拔节期干物质与 XT2 和 CK 无差异,到拔节期以后差异逐渐明显,其干物质量较对照最大降低 28.18%。

从图 8-66 可以看出,无论是在拔节期还是在开花期,灌水量越小,小麦单株绿叶面积越小,XT1 的单株叶面积比 CK 最大减少了 58.3%,在整个生育阶段 XT1 和 XT2 的单株叶面积一直比 CK 小,主要是由于 CK 灌水充足,小麦生长旺盛,叶片较大。可以看出,灌水量小不仅降低了最大叶面积指数,而且导致最大叶面积指数提前达到最大,而后期早衰,下降快,叶面积持续期短,单茎绿叶面积大幅度减少。

2. 微垄沟灌小麦全生育期耗水规律

通过田间土壤含水率的测定利用水量平衡方程,计算各阶段和全生育期小麦耗水量,结果见图 8-67。各处理耗水量均呈现前期小、中期大、后期小的变化规律,各处理灌溉定额越大,整个生育期耗水量越大,其耗水量分别为 CK:514.7 mm、XT1:364.8 mm、XT2:437.7 mm。小麦全生育期内不同生育阶段,拔节—灌浆期是玉米群体结构最大、植株生长最旺盛、叶面积最大、蒸发和蒸腾都最大的时期,因而决定了该时期耗水强度最大,其耗水强度最大为 7.25 mm/d,耗水模数最大为 47%。处理 XT1 由于灌水定额较小,其各生育阶段耗水量、耗水强度均小于 CK 及 XT2,其最大耗水强度为 5.24 mm/d,较 CK 及 XT2 降低 38.4% 和 23.4%。

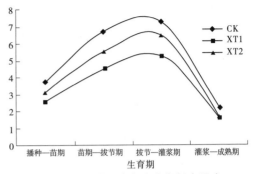

图 8-67　微垄沟灌小麦各生育期耗水强度

3. 微垄沟灌小麦产量及水分利用效率

试验过程中,对各生育阶段的作物形状进行了跟踪观测和记录,收割时按照灌溉试验规范要求,对作物株高、穗长、百粒重等指标进行了逐一统计,各小区产量单打单收,具体结果见表 8-53、表 8-54。

表 8-53　微垄沟灌小麦产量对照

处理	作物品种	株高(cm)	穗长(cm)	穗粒数	百粒重(g)	产量(kg/hm²)
XT1	永良四号	66.08	8.56	41.5	4.89	6 231.0
XT2	永良四号	62.94	7.17	34.0	4.52	6 046.5
对照	永良四号	61.80	6.85	32.8	4.35	6 942.0

表 8-54　微垄沟灌小麦水分利用效率对照

处理	灌水量(mm)	耗水量(mm)	产量(kg/hm²)	增产率(%)	节水率(%)	水分利用效率(kg/m³)
XT1	300.0	364.8	6 231.0	-10.2	29.1	1.14
XT2	375.0	437.7	6 046.5	-12.9	15.0	0.92
对照	450.0	514.7	6 942.0	—	—	0.90

微垄沟灌条件下,小麦垄沟的透光透气性较好,小麦株高、穗长、穗粒数、百粒重均较对照大。但产量与对照相比均有下降,这是由于垄作沟灌条件下灌水沟占种植面积的 36%,导致小麦实际播种面积减少。各处理节水率较对照均增大 15% 以上,水分生产率均高于对照,处理 XT1 的水分生产率较对照增加 26.7%。

第四节　流域主要作物节水灌溉技术适宜性评价

一、节水灌溉技术适宜性综合评价指标体系构建

评价指标体系构建以全面反映节水灌溉技术为基础,以提高田间节水效益为中心,以科

学性、系统性和普遍适用性为原则。

具体评价指标体系构建以田间节水灌溉技术适宜性评价指标 A 为综合指标层,选择节水灌溉技术评价指标 B_1、作物适应性评价指标 B_2、农户评价指标 B_3 作为主体层,灌水均匀度 C_1、地形适应性 C_2、气候适应性 C_3、基建和设备投资 C_4、土壤透水性适应性 C_5、节水率 C_6、增产幅度 C_7、作物匹配程度 C_8、农户承担能力 C_9、难易程度 C_{10}、经济效益 C_{11} 为子主体层,建立了基于层次分析法的 3 级 11 个评价指标的田间节水灌溉技术适宜性综合评价指标体系。

节水灌溉技术适宜性综合评价指标框图见图 8-68。

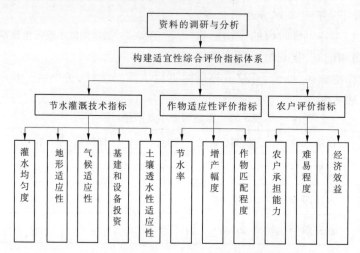

图 8-68　节水灌溉技术适宜性综合评价指标框图

二、节水灌溉技术适宜性评价模型

(一)评价矩阵建立

1. 比较矩阵

聘请专家分别对节水灌溉技术指标、作物适应性指标、农户评价指标中的评价因素进行两两比较,按相对重要性标度表打出评价值,建立比较矩阵:

$$B = \begin{vmatrix} B & b_1 & b_2 & b_3 \\ b_1 & b_{11} & b_{12} & b_{13} \\ b_2 & b_{21} & b_{22} & b_{23} \\ b_3 & b_{31} & b_{32} & b_{33} \end{vmatrix} \tag{8-10}$$

式中:b_1、b_2、b_3 为节水灌溉技术指标、作物适应性评价指标、农户评价指标;b_{11}、b_{12}、b_{13} 为专家对节水灌溉技术指标、作物适应性评价指标、农户评价指标中的评价因素进行的两两比较值;$b_{ii} = 1$,$b_{ij} = \dfrac{1}{b_{ji}}(i,j=1,2,3)$。

2. 判断矩阵

用极差法构造判断矩阵,因为 $f(r_i,r_j) = c_{ij} = c_b^{(r_i-r_j)/R}$,所得的矩阵 $C = (c_{ij})_{n \times n}$ 为一致性判断矩阵,其中 c_b 为一常量(按某种标准预先给定的极差元素的相对重要程度,一般在实践

应用中常取 $c_b = 9$)。

$$B = \begin{vmatrix} C & c_1 & c_2 & \cdots & c_n \\ c_1 & c_{11} & c_{12} & \cdots & c_{1n} \\ c_2 & c_{21} & c_{22} & \cdots & c_{2n} \\ \vdots & \vdots & \vdots & & \vdots \\ c_n & c_{n1} & c_{n2} & \cdots & c_{nn} \end{vmatrix} \qquad (8\text{-}11)$$

$$R = r_{max} - r_{min}$$

式中, $r_{max} = \max\{r_1, r_2, \cdots, r_n\}$, $r_{min} = \min\{r_1, r_2, \cdots, r_n\}$。

相对重要性标度如表 8-55 所示。

表 8-55　相对重要性标度

标度	9	7	5	3	1
意义	极端重要	很重要	明显重要	稍微重要	同等重要
说明	2、4、6、8 为两相邻的判断中值,相对不重要的值为重要值的倒数				

(二)主体层权重计算

在构建相应于评价指标体系的两个矩阵前,应交代相关指标的确定情况,如主体层矩阵。

主体层比较矩阵:

$$B = \begin{vmatrix} b & b_1 & b_2 & b_3 \\ b_1 & 1 & 1 & 5 \\ b_2 & 1 & 1 & 7 \\ b_3 & \dfrac{1}{5} & \dfrac{1}{7} & 1 \end{vmatrix} \qquad (8\text{-}12)$$

主体层判断矩阵:

$$C = (b_{ij}) = \begin{vmatrix} c & b_1 & b_2 & b_3 & M_i & W_i & \overline{W}_i \\ b_1 & 1 & 0.56 & 5.07 & 2.856 & 1.419 & 0.336 \\ b_2 & 1.78 & 1 & 9 & 15.977 & 2.519 & 0.597 \\ b_3 & 0.2 & 0.11 & 1 & 0.022 & 0.28 & 0.066 \end{vmatrix} \qquad (8\text{-}13)$$

进行一致性检验,设 $C = (c_{ij})$, $D = (d_i)_{n \times 1} = C \cdot \overline{W}_i = (1.009, 1.791, 0.199)^T$,则最大特征值:

$$\lambda_{max} = \sum_{i=1}^{5} \frac{d_i}{nW_i} = \frac{1}{3}\left(\frac{1.009}{0.336} + \frac{1.791}{0.597} + \frac{0.199}{0.066}\right) = 3.00$$

$$P_{CI} = \frac{\lambda_{max} - n}{n - 1} = \frac{3 - 3}{3 - 1} = 0$$

因此,满足一致性检验。

主体层指标权重计算结果见表 8-56。

表 8-56　主体层指标权重计算结果

指标	B_1	B_2	B_3
权重	0.336	0.597	0.066

（三）子主体层权重计算

1. 技术指标权重计算

技术指标比较矩阵：

$$B_1 = \begin{vmatrix} B & c_1 & c_2 & c_3 & c_4 & c_5 \\ c_1 & 1 & 7 & 7 & 5 & 1 \\ c_2 & \dfrac{1}{7} & 1 & 1 & 3 & 1 \\ c_3 & \dfrac{1}{7} & 1 & 1 & 3 & 1 \\ c_4 & \dfrac{1}{5} & \dfrac{1}{3} & \dfrac{1}{3} & 1 & \dfrac{1}{3} \\ c_5 & 1 & 1 & 1 & 3 & 1 \end{vmatrix} \tag{8-14}$$

技术指标判断矩阵：

$$C_1 = (c_{ij}) = \begin{vmatrix} c & c_1 & c_2 & c_3 & c_4 & c_5 & M_i & W_i & \overline{W_i} \\ c_1 & 1 & 5.93 & 5.93 & 9 & 5.82 & 1\,843.2 & 4.5 & 0.617 \\ c_2 & 0.17 & 1 & 1 & 1.52 & 0.98 & 0.251 & 0.758 & 0.104 \\ c_3 & 0.17 & 1 & 1 & 1.52 & 0.98 & 0.251 & 0.758 & 0.104 \\ c_4 & 0.11 & 0.66 & 0.66 & 1 & 0.65 & 0.031 & 0.5 & 0.069 \\ c_5 & 0.17 & 1.02 & 1.02 & 1.55 & 1 & 0.28 & 0.81 & 0.106 \end{vmatrix}$$

$$\tag{8-15}$$

式中：$M_i = \prod\limits_{j=1}^{5} c_{ij}$，$W_i = \sqrt[5]{M_i}$，$\overline{W_i} = \dfrac{W_i}{\sum\limits_{i=1}^{5} W_i}$，$\sum\limits_{i=1}^{5} \overline{W_1} = 1$。

进行一致性检验，设 $C = (c_{ij})$，$D = (d_i)_{n \times 1} = C \cdot \overline{W_i} = (3.086, 0.52, 0.52, 0.343,$
$0.531)^{\mathrm{T}}$，则最大特征值：

$$\lambda_{\max} = \sum_{i=1}^{5} \frac{d_i}{nW_i} = \frac{1}{5}\left(\frac{3.086}{0.617} + \frac{0.52}{0.104} + \frac{0.52}{0.104} + \frac{0.343}{0.069} + \frac{0.531}{0.106}\right) = 5.00$$

$$P_{CI} = \frac{\lambda_{\max} - n}{n - 1} = \frac{5 - 5}{5 - 1} = 0$$

因此，满足一致性检验。

技术指标权重计算结果见表 8-57。

表 8-57　技术指标权重计算结果

指标	C_1	C_2	C_3	C_4	C_5
权重	0.617	0.104	0.104	0.069	0.106

2. 作物指标权重计算

作物指标比较矩阵：

$$B_2 = \begin{array}{c|ccc} B_2 & c_6 & c_7 & c_8 \\ \hline c_6 & 1 & \dfrac{1}{3} & \dfrac{1}{5} \\ c_7 & 3 & 1 & \dfrac{1}{3} \\ c_8 & 5 & 3 & 1 \end{array} \tag{8-16}$$

作物指标判断矩阵：

$$C_2 = (c_{ij}) = \begin{array}{c|cccccc} c & c_6 & c_7 & c_8 & M_i & W_i & \overline{W_i} \\ \hline c_6 & 1 & 0.32 & 0.11 & 0.036 & 0.333 & 0.076 \\ c_7 & 3.08 & 1 & 0.34 & 1.055 & 1.02 & 0.24 \\ c_8 & 9 & 2.92 & 1 & 2.29 & 2.97 & 0.69 \end{array} \tag{8-17}$$

进行一致性检验，设 $C = (c_{ij})$，$D = (d_i)_{n \times 1} = C \cdot \overline{W_i} = (0.229, 0.707, 2.064)^T$，则最大特征值：

$$\lambda_{\max} = \sum_{i=1}^{5} \frac{d_i}{nW_i} = \frac{1}{3}\left(\frac{0.229}{0.076} + \frac{0.707}{0.24} + \frac{2.064}{0.69}\right) = 3.00$$

$$P_{CI} = \frac{\lambda_{\max} - n}{n - 1} = \frac{3 - 3}{3 - 1} = 0$$

因此，满足一致性检验。

作物指标权重计算结果见表8-58。

表8-58 作物指标权重计算结果

指标	C_6	C_7	C_8
权重	0.076	0.24	0.69

3. 农户指标权重计算

农户指标比较矩阵：

$$B_3 = \begin{array}{c|ccc} B_3 & c_9 & c_{10} & c_{11} \\ \hline c_9 & 1 & 3 & \dfrac{1}{3} \\ c_{10} & \dfrac{1}{3} & 1 & \dfrac{1}{3} \\ c_{11} & 3 & 3 & 1 \end{array} \tag{8-18}$$

农户指标判断矩阵：

$$C_3 = (c_{ij}) = \begin{array}{c|cccccc} c & c_9 & c_{10} & c_{11} & M_i & W_i & \overline{W_i} \\ \hline c_9 & 1 & 9 & 0.11 & 1 & 1 & 0.1 \\ c_{10} & 0.11 & 1 & 0.01 & 0.001 & 0.11 & 0.01 \\ c_{11} & 9 & 81 & 1 & 729 & 9 & 0.89 \end{array} \tag{8-19}$$

进行一致性检验,设 $C = (c_{ij})$,$D = (d_i)_{n \times 1} = C \cdot \overline{W_i} = (0.297, 0.033, 2.67)^T$,则最大特征值:

$$\lambda_{max} = \sum_{i=1}^{5} \frac{d_i}{nW_i} = \frac{1}{3}\left(\frac{0.297}{0.1} + \frac{0.033}{0.01} + \frac{2.67}{0.89}\right) = 3.00$$

$$P_{CI} = \frac{\lambda_{max} - n}{n - 1} = \frac{3 - 3}{3 - 1} = 0$$

因此,满足一致性检验。

农户指标权重计算结果见表 8-59。

表 8-59　农户指标权重计算结果

指标	C_9	C_{10}	C_{11}
权重	0.1	0.01	0.89

三、不同作物节水灌溉技术适宜性方案评价

(一)节水灌溉技术适宜性评价作物选择

根据调研,小麦、玉米、辣椒、棉花、葵花是石羊河流域的主栽作物,利用田间节水灌溉技术适宜性综合评价指标体系,分别评价这些作物利用畦灌、沟灌、滴灌、膜上灌、隔沟交替灌、波涌灌、喷灌、滴灌、免储水灌等节水技术的适宜性。

(二)节水灌溉技术评价指标排序权重计算

根据节水灌溉技术适宜性综合评价指标体系的建设内容和主体层权重、子主体层权重计算结果,计算了节水灌溉技术适宜性评价中综合目标层的总排序权重,具体见表 8-60。

表 8-60　节水灌溉技术评价指标权重计算结果

综合指标层	主体层	权重	子主体层	权重	总排序权重
节水灌溉技术适宜性评价	节水灌溉技术评价指标	0.336	灌水均匀度 C_1	0.617	0.207
			对地形的适应性 C_2	0.104	0.035
			对气候的适应性 C_3	0.104	0.035
			基建和设备投资 C_4	0.069	0.023
			对土壤透水性的适应性 C_5	0.106	0.036
	作物适应性评价	0.597	节水率 C_6	0.076	0.042
			增产幅度 C_7	0.24	0.143
			作物的匹配程度 C_8	0.69	0.412
	农户评价指标	0.066	农户承担能力 C_9	0.1	0.007
			掌握的难易程度 C_{10}	0.01	0.001
			经济效益 C_{11}	0.89	0.060

经过分析,作物的匹配程度、灌水均匀度、增产幅度权重占整个评价指标体系权重的76.2%,此次,经济效益和节水率也占有一定比重。因此,在对作物的节水灌溉技术选择过程中,应注重考虑节水灌溉技术在作物上的匹配程度、灌水均匀度、增产幅度及经济效益和节水率。

(三)石羊河流域主栽作物适宜节水技术评价

1.灌溉技术评价指标标准化

借鉴国内外节水灌溉技术适宜性分析成果,对不同节水灌溉技术在各种作物应用后相应的技术指标、作物指标、农户指标进行打分赋值。一方面,田间节水灌溉技术适宜性农户评价指标有些为正向指标,如对地形的适应性、节水率、增产幅度和结合施肥的便利程度等,其指标值越大越好;有些为负向指标,如基建和设备投资、掌握的难易程度等,其指标越小越好。另外,有些指标具有量纲,而有些指标则无量纲。因此,在利用层次分析法求各节水灌溉方式的农户评价值时,必须对负向指标和有量纲指标进行规范化处理,以便消除指标间数量级差异过大和量纲带来的影响,使各指标在同一层次中具有可比性。具体用式(8-20)、式(8-21)计算:

单调上升函数: $$u(x) = \frac{x_{原} - x_{min}}{x_{max} - x_{min}} \tag{8-20}$$

单调下降函数: $$u(x) = \frac{x_{max} - x_{原}}{x_{max} - x_{min}} \tag{8-21}$$

由于不同作物节水技术指标相同,但作物指标和农户指标具有区别,因此将技术自身的判断参数和标准化值进行分析。各种作物的作物指标和农户指标在相应节水灌溉技术适宜性评价中分别进行了计算。表8-61为不同节水灌溉技术的灌水均匀度、地形适应性等评价指标的专家打分,表8-62为不同灌水技术专家打分后的参数标准化值和总排序值。

2.灌溉技术适宜性评价

选择石羊河流域传统大宗作物小麦、玉米、辣椒、棉花、葵花等作物,分别进行畦灌、沟灌、膜上灌、喷灌、滴灌、免储水灌、隔沟交替灌、波涌灌等不同灌溉方式的适宜性评价。

表8-61　技术自身的专家打分

B_1	畦灌	沟灌	膜上灌	隔沟交替灌	波涌灌	喷灌	滴灌	免储水灌
C_1	1	2	2	4	3	5	5	2
C_2	2	1	2	1	2	4	4	2
C_3	2	2	2	2	2	1	2	2
C_4	1	2	2	3	3	4	4	1
C_5	1	2	1	2	2	3	3	1

表 8-62　技术判断参数标准化值和总排序值

B_1	C_1	C_2	C_3	C_4	C_5	排序值
	0.207	0.035	0.035	0.023	0.036	
畦灌	0.000	0.250	1.000	1.000	0.000	0.067
沟灌	0.250	0.000	1.000	0.670	0.500	0.120
膜上灌	0.250	0.250	1.000	0.670	0.000	0.111
隔沟交替灌	0.750	0.000	1.000	0.330	0.500	0.216
波涌灌	0.250	0.000	1.000	0.330	0.500	0.112
喷灌	1.000	0.750	1.000	0.000	1.000	0.269
滴灌	1.000	0.750	1.000	0.000	1.000	0.304
免储水灌	0.250	0.250	1.000	1.000	0.000	0.119

以下具体进行适宜灌溉技术评价。

根据资料分析和专家打分,给出了选定作物不同节水技术的作物评价和农户评价指标值,具体如表 8-63 所示。

表 8-63　选定作物的作物评价和农户评价指标值

作物类型	灌溉技术	作物评价			农户评价		
		C_6	C_7	C_8	C_9	C_{10}	C_{11}
小麦	畦灌	15%	5%	4	5	4	4
	沟灌	25%	5%	4	3	3	3
	膜上灌	20%	5%	3	4	4	4
	隔沟交替灌	33%	10%	4	3	3	3
	波涌灌	25%	5%	2	2	2	3
	喷灌	45%	0%	1	2	3	2
	滴灌	50%	10%	4	3	3	3
	免储水灌	10%	0%	4	4	5	3
玉米	畦灌	20%	5%	4	5	4	4
	沟灌	25%	5%	4	3	3	3
	膜上灌	40%	30%	3	4	4	4
	隔沟交替灌	33%	5%	4	3	3	3
	波涌灌	25%	8%	2	2	2	3
	喷灌	45%	25%	1	2	3	2
	滴灌	50%	30%	3	3	3	2
	免储水灌	10%	0%	4	4	5	3

续表 8-63

作物类型	灌溉技术	作物评价			农户评价		
		C_6	C_7	C_8	C_9	C_{10}	C_{11}
辣椒	畦灌	15%	5%	4	5	4	4
	沟灌	25%	10%	4	3	3	3
	膜上灌	20%	15%	3	4	4	4
	隔沟交替灌	33%	5%	4	3	3	3
	波涌灌	25%	8%	2	2	2	3
	喷灌	45%	25%	3	2	3	2
	滴灌	50%	25%	3	3	3	2
	免储水灌	10%	0%	4	4	5	3
棉花	畦灌	15%	5%	3	5	4	3
	沟灌	25%	0%	1	3	3	3
	膜上灌	20%	15%	3	4	4	3
	隔沟交替灌	33%	0%	1	3	3	3
	波涌灌	25%	5%	2	2	2	3
	喷灌	45%	5%	3	2	3	2
	滴灌	50%	25%	4	3	3	4
	免储水灌	10%	0%	3	4	5	3
葵花	畦灌	15%	5%	4	5	4	4
	沟灌	25%	5%	4	3	3	3
	膜上灌	20%	5%	3	4	4	4
	隔沟交替灌	33%	10%	4	3	3	3
	波涌灌	25%	5%	2	2	2	3
	喷灌	45%	0%	1	2	3	2
	滴灌	50%	10%	4	3	3	3
	免储水灌	10%	0%	4	4	5	3

利用指标值规范化处理方法,得出了选定作物评价指标和农户评价指标标准化值,结合各评价指标的排序值,计算处理基于作物评价和农户评价的各种节水灌溉技术在各类作物上的适宜性排序值,具体见表8-64。

表 8-64　选定作物的作物评价和农户评价指标标准化值和排序值

作物类型	灌溉技术	作物评价				农户评价			
		C_6	C_7	C_8	排序值	C_9	C_{10}	C_{11}	排序值
		0.042	0.143	0.412		0.007	0.001	0.060	
小麦	畦灌	0.125	0.500	1.000	0.489	1.000	0.667	1.000	0.068
	沟灌	0.375	0.500	1.000	0.499	0.333	0.333	0.500	0.033
	膜上灌	0.250	0.500	0.667	0.357	0.667	0.667	1.000	0.065
	隔沟交替灌	0.575	1.000	1.000	0.579	0.333	0.333	0.500	0.033
	波涌灌	0.375	0.500	0.333	0.225	0.000	0.000	0.500	0.030
	喷灌	0.875	0.000	0.000	0.037	0.000	0.333	0.000	0.000
	滴灌	1.000	1.000	1.000	0.597	0.333	0.333	0.500	0.033
	免储水灌	0.000	0.000	1.000	0.412	0.667	1.000	0.500	0.036
玉米	畦灌	0.250	0.167	1.000	0.446	1.000	0.750	1.000	0.068
	沟灌	0.375	0.167	1.000	0.452	0.500	0.500	0.500	0.034
	膜上灌	0.750	1.000	0.667	0.449	0.750	0.750	1.000	0.066
	隔沟交替灌	0.575	0.167	1.000	0.460	0.500	0.500	0.500	0.034
	波涌灌	0.375	0.250	0.333	0.189	0.250	0.250	0.500	0.032
	喷灌	0.875	0.833	0.000	0.156	0.250	0.500	0.000	0.002
	滴灌	1.000	1.000	0.667	0.460	0.500	0.500	0.000	0.004
	免储水灌	0.000	0.000	1.000	0.412	0.750	1.000	0.500	0.036
辣椒	畦灌	0.125	0.200	1.000	0.446	1.000	0.750	1.000	0.068
	沟灌	0.375	0.400	1.000	0.485	0.500	0.500	0.500	0.034
	膜上灌	0.250	0.600	0.500	0.302	0.750	0.750	1.000	0.066
	隔沟交替灌	0.575	0.200	1.000	0.465	0.500	0.500	0.500	0.034
	波涌灌	0.375	0.300	0.000	0.059	0.250	0.250	0.500	0.032
	喷灌	0.875	1.000	0.500	0.386	0.250	0.500	0.000	0.002
	滴灌	1.000	1.000	0.500	0.391	0.500	0.500	0.000	0.004
	免储水灌	0.000	0.000	1.000	0.412	0.750	1.000	0.500	0.036
棉花	畦灌	0.125	0.200	0.667	0.309	1.000	1.000	0.500	0.038
	沟灌	0.375	0.000	0.000	0.016	0.333	0.500	0.500	0.033
	膜上灌	0.250	0.600	0.667	0.371	0.667	1.000	0.500	0.036
	隔沟交替灌	0.575	0.000	0.000	0.024	0.333	0.500	0.500	0.033
	波涌灌	0.375	0.200	0.333	0.182	0.000	0.000	0.500	0.030
	喷灌	0.875	0.200	0.667	0.340	0.000	0.500	0.000	0.001
	滴灌	1.000	1.000	1.000	0.597	0.333	0.500	1.000	0.063
	免储水灌	0.000	0.000	0.667	0.275	0.667	1.500	0.500	0.036

续表 8-64

作物类型	灌溉技术	作物评价				农户评价			
		C_6	C_7	C_8	排序值	C_9	C_{10}	C_{11}	排序值
		0.042	0.143	0.412		0.007	0.001	0.060	
葵花	畦灌	0.125	0.500	1.000	0.489	1.000	0.667	1.000	0.068
	沟灌	0.375	0.500	1.000	0.499	0.333	0.333	0.500	0.033
	膜上灌	0.250	0.500	0.667	0.357	0.667	0.667	1.000	0.065
	隔沟交替灌	0.575	1.000	1.000	0.579	0.333	0.333	0.500	0.033
	波涌灌	0.375	0.500	0.333	0.225	0.000	0.000	0.500	0.030
	喷灌	0.875	0.000	0.000	0.037	0.000	0.333	0.000	0.000
	滴灌	1.000	1.000	1.000	0.597	0.333	0.333	0.500	0.033
	免储水灌	0.000	0.000	1.000	0.412	0.667	1.000	0.500	0.036

　　根据计算出的技术指标排序值、作物评价指标排序值、农户评价指标排序值,计算了不同节水技术在选定作物上的适宜性排序值。具体结果见表 8-65。

表 8-65　不同节水灌溉技术选定作物适宜性总排序

作物类型	指标	畦灌	沟灌	膜上灌	隔沟交替灌	波涌灌	喷灌	滴灌	免储水灌
小麦	技术	0.067	0.12	0.111	0.216	0.112	0.269	0.304	0.119
	作物	0.441	0.106	0.185	0.105	0.32	0.243	0.161	0
	农户	0.068	0.034	0.066	0	0.032	0.032	0.004	0.003
	综合排序值	0.576	0.26	0.362	0.321	0.464	0.544	0.469	0.122
	排序	1	7	3	9	5	2	4	8
玉米	技术	0.067	0.12	0.111	0.216	0.112	0.269	0.304	0.119
	作物	0.446	0.452	0.449	0.46	0.189	0.156	0.460	0.412
	农户	0.068	0.034	0.066	0.034	0.032	0.002	0.004	0.036
	综合排序值	0.581	0.606	0.626	0.710	0.333	0.427	0.768	0.567
	排序	5	4	3	2	8	7	1	6
辣椒	技术	0.067	0.12	0.111	0.216	0.112	0.269	0.304	0.119
	作物	0.446	0.485	0.302	0.465	0.059	0.386	0.391	0.412
	农户	0.068	0.034	0.066	0.034	0.032	0.002	0.004	0.036
	综合排序值	0.581	0.639	0.479	0.715	0.203	0.657	0.699	0.567
	排序	5	4	7	1	8	3	2	6

续表 8-65

作物类型	指标	畦灌	沟灌	膜上灌	隔沟交替灌	波涌灌	喷灌	滴灌	免储水灌
棉花	技术	0.067	0.12	0.111	0.216	0.112	0.269	0.304	0.119
	作物	0.309	0.016	0.371	0.024	0.182	0.34	0.597	0.275
	农户	0.038	0.033	0.036	0.033	0.030	0.001	0.063	0.036
	综合排序值	0.414	0.169	0.518	0.273	0.324	0.61	0.964	0.43
	排序	5	8	3	7	6	2	1	4
葵花	技术	0.067	0.12	0.111	0.216	0.112	0.269	0.304	0.119
	作物	0.489	0.499	0.357	0.579	0.225	0.037	0.597	0.412
	农户	0.068	0.033	0.065	0.033	0.030	0	0.033	0.036
	综合排序值	0.624	0.652	0.533	0.828	0.367	0.306	0.934	0.567
	排序	4	3	6	2	7	8	1	5

由表 8-65 可以得出如下结论:①对小麦而言,畦灌适应性最强,其次为喷灌、膜上灌、滴灌;②对玉米而言,滴灌适应性最强,其次为隔沟交替灌、膜上灌;③对辣椒而言,隔沟交替灌适应性最强,其次为滴灌、喷灌;④对棉花而言,滴灌适应性最强,其次为喷灌、膜上灌;⑤对葵花而言,滴灌适应性最强,其次为隔沟交替灌、沟灌。

第五节　流域节水－生态型绿洲建造技术模式

一、节水生态型粮食作物农业技术模式

(一)小麦免储水灌注水播种技术微垄沟灌模式

模式内容:留茬免耕＋免冬灌＋播前深翻＋保水剂拌种＋注水播种＋微垄沟灌。

技术要求:前茬作物收割后,留茬免耕、免冬灌,以减少土壤水分无效蒸发和深层渗漏量。翌年播种前深翻、耙耱、碾压,保水剂拌种,播种时采用开沟—灌水—播种—覆土的操作程序,实现小麦种子周围局部湿润,保证小麦种子正常出苗,定期监测土壤水分,适时进行第一次灌水。

技术指标:沟深 15 cm,上口宽 25 cm,垄面宽 60 cm,每垄 4 行播种。小麦保水剂拌种量按 3.0 g/m² 进行,注水量 360 m³/hm²,生育期灌水 4 次,灌溉定额 3 960 m³/hm²。

适宜区域:坝区、泉山区。

（二）玉米免储水灌地膜覆盖注水播种技术模式

模式内容：留茬免耕＋免冬灌＋播种前深翻＋开沟覆膜＋保水剂拌种＋注水播种＋膜孔灌溉。

技术要求：在前茬作物收获后，留茬免耕、免冬灌，以减少土壤水分无效蒸发和深层渗漏量。翌年播种前深翻、耙糖、碾压，保水剂拌种，播种时采用开沟—灌水—播种—覆土—覆膜的操作程序，实现玉米种子周围局部湿润，保证玉米种子正常出苗，定期监测土壤水分，适时进行第一次灌水。

技术指标：玉米保水剂拌种量按 $2.5\ g/m^2$ 进行，注水量 $240\ m^3/hm^2$，生育期灌水 5 次，灌溉定额 $4\ 740\ m^3/hm^2$。

适宜区域：坝区、泉山区。

（三）玉米免储水灌注水播种全膜垄作沟灌技术模式

模式内容：留茬免耕＋免冬灌＋播种前深翻＋起垄＋开沟覆膜＋保水剂拌种＋注水播种＋垄作沟灌。

技术要求：在前茬作物收获后，留茬免耕、免冬灌，以减少土壤水分无效蒸发和深层渗漏量。翌年播种前深翻、耙糖、碾压，保水剂拌种，播种时采用起垄—开沟—灌水—播种—覆土—覆膜的操作程序，实现玉米种子周围局部湿润，保证玉米种子正常出苗，定期监测土壤水分，适时进行第一次灌水。

技术指标：玉米保水剂拌种量按 $2.5\ g/m^2$ 进行，注水量 $120\ m^3/hm^2$，生育期灌水 6 次，灌溉定额 $2\ 820\ m^3/hm^2$。

适宜区域：坝区、泉山区。

二、节水高效型大田经济作物农业技术模式

（一）辣椒免储水灌注水移栽垄作沟灌技术模式

模式内容：留茬免耕＋免冬灌＋春季深翻＋起垄覆膜＋施保水剂＋注水移栽＋垄作沟灌。

技术要求：在前茬作物收获后，留茬免耕、免冬灌，次年播种前深翻、耙糖、碾压，采用起垄覆膜移栽，起垄覆膜后在垄沟灌水，灌后 7～10 d 移栽，移栽后用保水剂加注水灌方法灌定苗水。

技术指标：辣椒保水剂使用量按 $3.0\ g/m^2$ 进行，注水量 $240\ m^3/hm^2$，生育期灌水 5 次，灌溉定额 $3\ 240\ m^3/hm^2$。

适宜区域：泉山区。

（二）葵花、花生免储水灌全膜垄作沟灌技术模式

模式内容：秋耕＋免冬灌＋起垄覆膜＋播种＋垄作沟灌。

技术要求：前茬作物收割后深翻耕作层，免冬灌，翌年播种前耙糖平整，利用农用拖拉机起垄、覆膜，最后利用穴播机播种，灌安种水。

技术指标：葵花生育期灌水 5 次，灌溉定额 $2\ 250\ m^3/hm^2$；花生生育期灌水 7 次，灌溉定额 $3\ 150\ m^3/hm^2$。

适宜区域：葵花为泉山区，花生为坝区、泉山区。

三、高效设施农业技术模式

模式内容:休闲期深翻 + 播前起垄 + 铺滴灌带 + 覆膜 + 移栽前沟灌 + 生育期低压膜下滴灌。

技术要求:前茬作物收获后深翻耕作层,晒地 2 个月,播种前深翻耕作层,然后耙糖平整,利用人工起垄、铺滴灌带、覆膜,采用沟灌方式灌水后 7 ~ 10 d 移栽,移栽后采用低压膜下滴灌方式进行灌溉。

技术指标:温室辣椒生育期灌水 15 次,灌溉定额 2 250 m^3/hm^2;温室黄瓜生育期灌水 15 次,灌溉定额 2 250 m^3/hm^2;温室番茄生育期灌水 15 次,灌溉定额 2 250 m^3/hm^2。

适宜区域:坝区、泉山区。

参 考 文 献

[1] 高明杰,罗其友. 水资源约束地区种植结构优化研究——以华北地区为例[J]. 自然资源学报,2008 (7):204-210.

[2] 武雪萍,吴会军. 节水型种植结构优化灰色多目标规划模型和方法研究——以洛阳市为例[J]. 中国农业资源与区划,2008(2):16-21.

[3] 郭彦芬. 河套灌区节水型种植结构优化[J]. 内蒙古科技与经济,2009(3):193.

[4] 陈守煜,马建琴,张振伟. 作物种植结构多目标模糊优化模型与方法[J]. 大连理工大学学报,2003,43 (1):12-15.

[5] 高琼,谢小玉,王立祥. 渭北旱塬节水型种植业结构优化研究——以长武县为例[J]. 干旱地区农业研究,2009,27(4):219-224.

[6] 左余宝,唐继伟,田昌玉. 德州地区主要作物不同生育期需水、降水吻合性及种植结构优化探讨[J]. 水利与建筑工程学报,2008,6(4):33-34,42.

[7] 蔡甲冰,蔡林根,刘钰. 在有限供水条件下的农作物种植结构优化——簸箕李引黄灌区农作物需、配水初探[J]. 节水灌溉,2002(1):20-22.

[8] 谢承志. 以市场为导向调整优化种植业结构加快农村经济发展[J]. 青海农林科技,1998(4):1-3.

[9] 林一波,何建华,万苏鸿. 苏州地区农作物种植结构调整的思路分析[J]. 中国农学通报,2004,21(1): 342-344.

[10] 李仁安,崔祎满. 江汉平原农作物种植结构调整模型及建议[J]. 武汉理工大学学报(信息与管理工程版),2004,26(5):203-205.

[11] 陶延怀,王传荣,安清平. 注水灌溉效益分析[J]. 黑龙江水利科技,2002(2):92-93.

[12] 李芳花,袁辅恩,于井喜,等. 苗期注水灌溉技术参数研究[J]. 黑龙江水专学报,1999,26(4):15-18.

[13] 朱景武. 注灌及其效果浅析[J]. 农村水利与小水电,1994(1):19-21.

[14] 雷延庆. 旱地春小麦抗旱坐水播种试验初探[J]. 青海农林科技,2001(3):36-37.

[15] Bowman D C,Evans R Y. Calciuminhibition of polyacrylimidegel hydrationisparti all yreversible by potassium [J]. Hort. Sci.,1991,26(8):1063-1065.

[16] Johnson M S. The effects of gelforming polyacry lamideson moisture storage in sandy soils[J]. Sci. Food Agric.,1984,35:1196-1200.

[17] 川岛和夫．农用土壤改良剂——新型保水剂[J]．土壤学进展，1986(3):49-52.

[18] 王砚田，华孟，赵小雯，等．高吸水性树脂对土壤物理性状的影响[J]．北京农业大学学报，1990,16(2):181-187.

[19] 李长荣，刑玉芬，朱健康，等．高吸水性树脂与肥料相互作用的研究[J]．北京农业大学学报，1989,15:187-191.

[20] 张富仓，康绍忠．BP保水剂及其对土壤与作物的效应[J]．农业工程学报，1999(5):74-78.

[21] 李景生，黄韵珠．土壤保水剂的吸水保水性能研究动态[J]．中国沙漠，1996,16(1):86-91.

[22] AlHarbi A R. Effecancy of a hydrophilic polymer declines with time in greenhouse experiments [J]. Hort. Sci. ,1999,34(2):223-224.

[23] 马天新，庞中存，陆秀珍．土壤保水剂在我省旱作农业上的应用展望[J]．甘肃农业科技，1997(12):31-32.

[24] Alasdair Barcroft. Super absorbent simprove plant survival[J]. World Crops,1984(1/2):7-10.

[25] Woodhouse J,Johnson M S. Effect of super absorbent polymerson survival and growth of crop seedlings [J]. Agricultural Water Management,1991(20):63-70.

[26] Gehring J M, Lewis A J. Ⅲ. Eeffect of hydrogelonwilting and moisture stress of bedding plants [J]. J. Amer. Soc. Hort. Sci. ,1980,105(4):511-513.

[27] 冯金朝，赵金龙，胡英娣，等．土壤保水剂对沙地农作物生长的影响[J]．干旱地区农业研究，1993,11(2):36-40.

[28] 陈玉水．耐盐吸水抗旱剂及其在甘蔗上的应用研究[J]．甘蔗，1997,4(4):11-14.

[29] 胡芬，姜雁北．高吸水剂KH841在旱地农业中的应用[J]．干旱地区农业研究，1994,12(4):83-86.

[30] 刘俊渤，华萱．超强吸水性树脂在玉米大豆种植上的应用研究[J]．吉林农业大学学报，1996(3):50-52.

[31] 何腾兵，陈焰，班嬴红．高吸水剂对盆栽玉米和小麦的影响研究[J]．耕作与栽培，1997(1/2):115-118.

[32] 李青丰，房丽宁，徐军，等．吸水剂对促进种子萌发作用的置疑[J]．干旱地区农业研究，1996,14(4):56-60,66.

[33] 土壤保水聚合物研究会．土壤保水剂在沙漠地区的应用[J]．世界沙漠研究，1993(2):37-46.

[34] 北京农业大学树脂应用协作组．高吸水性树脂在农业上的应用基础研究[J]．北京农业大学学报，1989,15(1):37.

[35] 褚达华，田大增，张立言，等．IAC-13高保水剂保土改土效应的研究[J]．河北农业大学学报，1988,11(3):1-7.

[36] Silberbush M,Adar E,De Malach Y. Use of an hydrophilic polymer to improve water storage and availability to crops grown in sanddunes. I. Cabbage irrigated by trickling [J]. Agricultural Water Management,1993(23):303-313.

[37] Silberbush M,Adar E,De Malach Y. Use of an hydrophilic polymer to improve water storage and availability to crops grown in sand dunes. Ⅱ. Cabbage irrigated by sprinkling with different water salinities[J]. Agricultural Water Management,1993(23):313-327.

[38] 姜玉强．抗旱及保水剂应用于直播甜菜效果分析[J]．中国糖料，1996(2):36-37.

[39] 韩清瑞，罗永全，方成良．保水剂和抗旱剂对小麦生长发育的影响[J]．北京农业科学，1991,9(1):35-37.

[40] 吕朝阳，郭宗楼.节水灌区指标体系与总效益评价方法探讨研究[J]．节水灌溉，2008(3).

[41] 何淑媛，方国华．农业节水综合效益评价指标体系构建[J]．中国农村水利水电，2007(7).

[42] 卢玉邦,郭龙珠,郎景波. 综合评价方法在节水灌溉方式选择中的应用[J]. 农业工程学报,2006(2).

[43] 张志川. 节水灌溉工程技术适宜性模糊评价[J]. 中国农村水利水电,2004(1):23-27.

[44] 吴景社,康绍忠,王景雷. 节水灌溉综合效应评价指标的选取与分级研究[J]. 灌溉排水学报,2004, 23(5):17-19.

[45] 雷波,姜文来. 节水农业综合效益评价研究进展[J]. 灌溉排水学报,2004,23(3):65-69.

[46] 何淑媛,方国华. 农业节水综合效益评价指标体系构建[J]. 中国农村水利水电,2007(7):44-50.

[47] 路振广,曹祥华. 节水灌溉工程综合评价指标体系与定性指标量化方法[J]. 灌溉排水,2001,20(1): 55-59.

[48] 甘肃省水利科学研究院. 民勤生态–经济型绿洲技术集成试验示范[R]. 2010.

第九章　基于总量控制的流域
水资源管理技术

第一节　流域水资源现状及总量控制方案

一、流域水资源现状

(一)地表水资源

石羊河流域地表水资源主要来源于祁连山区,产流面积 1.11 万 km^2。采用 1956~2000 年共 45 年径流系列资料,分析得到石羊河 8 条支流出山口多年平均天然径流量为 14.54 亿 m^3,结果见表 9-1。

表 9-1　石羊河流域各支流出山多年平均径流量　　（单位:亿 m^3）

支流名称	西大河	东大河	西营河	金塔河	杂木河	黄羊河	古浪河	大靖河	合计
平均径流	1.577	3.232	3.702	1.368	2.38	1.428	0.728	0.127	14.54

注:数据来源《石羊河流域重点治理规划》。

除此之外,还有 11 条没有水文站控制的独立小沟小河和浅山区产水量,由径流模数求出,多年平均径流量分别为 0.48 亿 m^3 和 0.58 亿 m^3。综上所述,石羊河流域地表水资源总量 15.60 亿 m^3,其中,8 条大支流多年平均天然径流量 14.54 亿 m^3,11 条小沟小河多年平均径流量 0.48 亿 m^3,浅山区水量 0.58 亿 m^3。

(二)地下水资源

石羊河流域地下水资源量按南北两个盆地分别计算。南盆地紧邻祁连山,包括大靖、武威、永昌三个盆地;北盆地包括民勤、金川－昌宁两个盆地。地下水资源包括与地表水重复的地下水资源量和与地表水不重复的地下水资源量,在流域水资源量总量计算中,仅计入与地表水不重复的地下水资源量,包括降水、凝结水补给量和侧向流入量。据有关资料,石羊河流域降水、凝结水补给量为 0.43 亿 m^3,沙漠地区侧向流入量 0.49 亿 m^3,祁连山区侧向补给量为 0.07 亿 m^3,三项合计石羊河流域地下水资源量为 0.99 亿 m^3。

(三)水资源总量

石羊河流域水资源总量 16.59 亿 m^3,包括地表天然水资源量和与地表水不重复的地下水资源量。其中,地表天然水资源量为 15.61 亿 m^3,与地表水不重复的地下水资源量 0.99 亿 m^3。按水系分,西大河水系水资源总量 2.02 亿 m^3,其中地表水资源量为 1.91 亿 m^3,与地表水不重复的地下水资源量 0.11 亿 m^3;六河水系水资源总量 14.45 亿 m^3,其中地表水资源量为 13.57 亿 m^3,与地表水不重复的地下水资源量 0.88 亿 m^3;大靖河水系水资源总量 0.13 亿 m^3,其中地表水资源量为 0.13 亿 m^3,与地表水不重复的地下水资源量 0.002 亿 m^3。

（四）水资源质量

水资源质量按照国家《地表水环境质量标准》（GB 3838—2002）评价，评价时段划分为汛期、非汛期和全年 3 个时段，具体评价方法采用单因子法。

出山口以上河段水质：西大河、东大河、西营河、金塔河、杂木河、黄羊河和古浪河为Ⅰ类水质，大靖河为Ⅱ类水质，总体属优良水质。

平原区河段水质：石羊河干流和红崖山水库水质差，基本为劣Ⅴ类水质，金川峡水库为Ⅲ类水质。

平原区地下水质：武威南盆地地下水水质较好，北盆地地下水水质明显恶化，矿化度升高，各种有害离子含量增大，民勤湖区地下水矿化度普遍在 3 g/L 以上，局部地区高达 10 g/L，不但不能饮用，而且灌溉受很大程度的影响。

二、水资源总量控制方案

《石羊河流域重点治理规划》治理范围为除大靖河水系和古浪县引黄灌区外的石羊河流域，以 2003 年为现状水平年，2010 年和 2020 年为规划水平年，2010 水平年为规划重点。

总体目标：保障生活和基本生态用水，满足工业用水，调整农业用水，提高水资源利用效率和效益，促进农民增收和区域经济社会可持续发展，实现"决不能让民勤成为第二个罗布泊"的目标。

2010 水平年治理目标：平水年份，使民勤蔡旗断面下泄水量由现状的 0.98 亿 m³ 增加到 2.5 亿 m³ 以上，民勤盆地地下水开采量由现状的 5.17 亿 m³ 减少到 0.89 亿 m³；六河中游地表供水量由现状的 9.72 亿 m³ 减少到 8.82 亿 m³，地下水开采量由现状的 7.47 亿 m³ 减少到 4.18 亿 m³。基本实现六河水系中下游地下水采补平衡，地下水位停止下降，有效遏制生态系统恶化趋势。

2020 水平年治理目标：平水年份，使民勤蔡旗断面下泄水量由 2010 年的 2.5 亿 m³ 增加到 2.9 亿 m³ 以上，民勤盆地地下水开采量减少到 0.86 亿 m³；六河中游地表供水量由 2010 年的 8.82 亿 m³ 减少到 8.22 亿 m³，地下水开采量稳定在 2010 年的 4.18 亿 m³ 左右。实现民勤盆地地下水位持续回升，北部湖区预计将出现总面积大约 70 km² 的地下水埋深小于 3 m 的浅埋区，形成一定范围的旱区湿地；六河水系中游地下水位有所回升，生态系统得到有效修复。在西大河水系所属灌区实施以强化节水为核心的综合治理措施，实现西大河水系水资源供需基本平衡，使西大河水系下游金川－昌宁盆地地下水位有所回升，生态系统有所好转。

第二节　灌溉现状及管理信息系统

一、土地利用现状

根据民勤县遥感影像资料，解译得到 2007 年民勤绿洲土地利用现状，结果见表 9-2 和图 9-1。

表 9-2　2007 年民勤绿洲土地利用现状

类型	耕地	林地	草地	水域	居民用地	未利用土地	总面积
面积(km²)	568.07	230.76	904.09	0.25	109.81	3 030.60	4 843.58
比例(%)	11.73	4.76	18.67	0.01	2.27	62.57	100.00

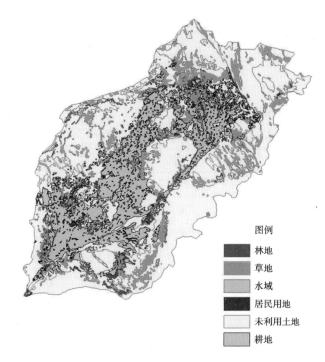

图例

■ 林地
■ 草地
■ 水域
■ 居民用地
□ 未利用土地
■ 耕地

图 9-1　2007 年民勤绿洲土地利用分布图

2007 年民勤绿洲总面积 4 843.58 km²,其中耕地面积 568.07 km²,占总面积的 11.73%;林地面积 230.76 km²,占 4.76%;草地面积 904.09 km²,占 18.67%;水域面积 0.25 km²,占 0.01%;居民用地 109.81 km²,占 2.27%;未利用土地面积 3 030.60 km²,占 62.57%。

二、灌溉工程及灌溉现状

(一)灌溉工程现状

1. 红崖山水库

红崖山水库位于石羊河中游,民勤县城以南 30 km 处,控制流域面积 13 400 km²,总库容 9 993 万 m³,是以灌溉为主,兼有防洪、旅游等效益的中型水库。枢纽建筑物由大坝、输水涵洞、泄洪闸、非常溢洪道组成。水库于 1958 年开始修建,1964 年底完成主体工程并开始蓄水,投入运行以来,存在防洪标准低、泄洪闸消能段混凝土抗冲能力低于规范要求等问题。1973~1980 年新建输水涵洞、非常溢洪道,同时对泄洪闸、大坝进行加固处理,设计冬季允许最大蓄水库容 0.86 亿 m³。经过多年淤积后,水库实际库容减小为 0.65 亿 m³,于 1989~

1998 年进行了续建处理。2003 年,水库再次被列入国家重点病险水库除险加固计划,对大坝、输水洞、泄洪闸、溢洪道等进行了除险加固。红崖山水库工程特性见表 9-3。

表 9-3　红崖山水库工程特性

水库名称		红崖山	所在地点		重兴乡	非常溢洪道	型式	开敞式
水文特征	设计标准	100 年一遇	主坝	坝型	均质坝		堰顶高程	1 479.50 m
	洪峰流量	1 090 m³/s		坝顶高程	1 485.10 m		堰顶净宽	70.4 m
	校核标准	1 000 年一遇		最大坝高	16.5 m		最大泄量	495 m³/s
	洪峰流量	1 990 m³/s		坝顶长度	6 700 m	输水涵洞	型式	无压涵洞
水库特征	校核洪水位	1 482.19 m		坝顶宽度	5.5 m		断面尺寸	2.2 m×3 m
	设计洪水位	1 481.50 m	副坝	总长度	1 360 m		进口高程	1 474.00 m
	汛限水位	1 480.70 m		最大坝高	16.2 m		最大流量	50 m³/s
	正常蓄水位	1 481.87 m		坝顶宽度	2.2 m		设计灌溉面积	5.86 万 hm²
	死水位	1 474.00 m	泄洪闸	闸底高程	1 476.70 m		河道安全泄量	50 m³/s
	总库容	9 993 万 m³		净宽	21 m		影响城镇	1 座
	调洪库容	5 703 万 m³		闸门型式	平板钢闸门		影响耕地	6 万 hm²
	兴利库容	6 402 万 m³		闸门尺寸	3.0 m×3.8 m		影响人口	28 万人
	死库容	600 万 m³		最大泄量	160 m³/s		管理人员	39 人

红崖山水库是一个平原型洼地水库,号称亚洲第一沙漠水库,承担着向民勤绿洲——红崖山灌区 6.307 万 hm² 农田的灌溉任务,主要调节当年 12 月至翌年 2 月期间上游河道来水,作为 3 ~ 4 月春季安种水和 5 月以后生长季节的灌溉需水,7 ~ 9 月的来水作为冬季泡地灌溉需水。

据民勤县水务局资料,1964 ~ 2008 年,累计进库水量 109.997 亿 m³,同期累计出库水量 95.831 亿 m³,总损失水量 14.166 亿 m³。根据《民勤县农业区划》(1984 年)水文地质资料,红崖山水库坝基每年渗漏约 600 万 m³,除坝基渗漏进入研究区含水层的水量 2.100 亿 m³,水库蒸发损失总量 12.066 亿 m³,平均每年损失 0.345 亿 m³。图 9-2 为 1960 ~ 2007 年红崖山水库入库和出库水量曲线变化趋势,可见,红崖山水库来水量和出库水量逐年减少,现状锐减为 1.0 亿 m³ 左右。

2. 景电二期民勤调水工程

由于石羊河地表来水逐年减少,为了缓解水资源短缺带来的民勤地区供水不足的压力,2000 年 9 月,建成了甘肃省景电二期民勤调水工程,通过人工混凝土衬砌渠道向民勤红崖山水库直接调水。景电二期民勤调水工程设计从古浪县新井南北分水闸开始延伸至凉州区长城乡五墩村,新建输水线路 99.46 km,然后注入洪水河,流经 60 km 天然河道送入民勤红崖山水库,设计流量 6 m³/s,最大流量 6.3 m³/s,设计年调水能力 0.61 亿 m³。工程建成以来调水情况见表 9-4。

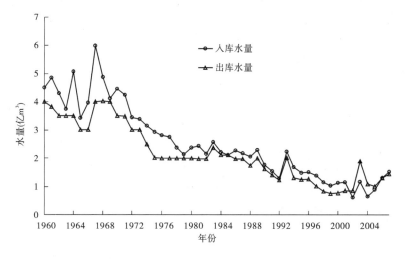

图 9-2　1960～2007 年红崖山水库入库、出库水量变化曲线

表 9-4　景电二期民勤调水工程调水量　　　　　　（单位:亿 m³）

年份	2001	2002	2003	2004	2005	2006	2007	2008
调水量	0.413	—	0.400	0.447	0.490	0.530	0.450	0.491
损失水量	0.120	—	0.112	0.122	0.142	0.142	0.126	0.140
入库水量	0.293	—	0.288	0.325	0.348	0.388	0.324	0.351

从表 9-4 可见,2001 年实际调水 0.413 亿 m³,渠道渗漏损失 0.12 亿 m³,实际进入红崖山水库的水量 0.293 亿 m³。2008 年实际调水 0.491 亿 m³,渠道渗漏损失 0.140 亿 m³,实际进入红崖山水库的水量 0.351 亿 m³。由于要经过 60 km 的天然河道,水量损失高达 30% 左右,明显加大了调水成本。

3. 渠系及配套工程

红崖山水库建成之后,1966 年开始进行灌溉引水渠系工程建设。据调查统计资料,截至目前,先后修建和衬砌跃进总干渠 1 条,长 87.37 km,控制灌溉面积 6.307 万 hm²;干渠 13 条,总长度 168.566 km,已衬砌 151.88 km,控制面积 5.035 万 hm²;支渠 73 条,总长度 485.052 km,已衬砌 421.559 km,控制面积 3.478 万 hm²;斗农渠 5 305 条,总长度 2 861.974 km。这些渠系工程以及田林路等配套、附属工程的建成,使民勤绿洲基本覆盖在一个网状的田间灌溉体系中。渠系衬砌及配套工程的实施,显著提高了渠道输水能力,现状渠系水利用系数达到 0.58 左右。红崖山灌区渠系建设情况见表 9-5,渠系布置情况见图 9-3。

表 9-5　红崖山灌区渠系建设情况

名称	渠道长度(km)	衬砌长度(km)	控制灌溉面积(×10³ hm²)
总干渠	87.37	87.37	63.07
一干渠	21.206	21.206	4.59
二干渠	9.44	9.44	2.84
三干渠	28.20	28.20	7.35

续表9-5

名称	渠道长度(km)	衬砌长度(km)	控制灌溉面积(×10³ hm²)
四干渠	4.00	4.00	1.45
五干渠	5.00	5.00	1.07
六干渠	4.66	4.66	2.04
七干渠	28.1	28.1	8.67
八干渠	18.25	15.17	2.18
九干渠	6.14	3.77	3.85
十干渠	21.6	16.974	1.87
十一干渠	16.51	9.9	8.93
双干渠	—	—	3.99
三岔支干	5.46	5.46	1.53

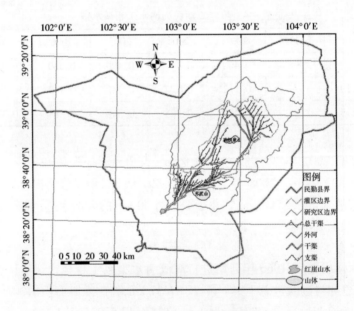

图9-3　红崖山灌区渠系布置

　　截至2007年底,红崖山灌区共有渠系建筑物12 671座。其中,总干渠49座,干渠308座,分干渠27座,支渠1 687座,斗渠5 328座,农渠5 272座。

　　4.机井

　　由于地下水位很高,从20世纪50年代开始,民勤地区开始修建涝池、镶井、水车等传统取水设施开采利用浅层地下水资源,进行小面积农业灌溉。到20世纪60年代中期,由于农业生产的持续发展,耕地面积增加和上游来水减少的矛盾逐渐显现,1965年民勤县开始发展机井取水工程,到2007年民勤县共有机井9 519眼,其中研究区内机井数量达到7 628眼。

　　(二)灌区现状

　　民勤绿洲只涉及一个灌区——红崖山灌区。灌区内已建成中型水库1座(红崖山水库),

于 20 世纪 60 年代初基本建成并发挥效益,是以灌溉为主,结合防洪、养殖等功能的综合水利工程。经过 50 多年的建设配套,基本形成了地表水与地下水相结合的水利灌溉体系。

红崖山灌区灌溉范围包括 13 个乡镇和 2 个国有农、林场。根据民勤县统计资料,2007 年灌区内人口 21.5 万人,年度总配水面积 5.315 万 hm², 其中农田 4.204 万 hm², 占总配水面积的 79.09%,基本生态 0.645 万 hm², 退耕还林 0.466 万 hm²。农业是灌区主要产业,农作物以粮食和瓜类作物为主,其他作物主要有棉花、大茴香、葵花、油料、蔬菜等,是甘肃省主要的商品粮基地。近年来,灌区大力调整农业产业结构,发展本地特色经济,黄河蜜瓜与大板黑瓜籽畅销全国各地,已成为黄河蜜瓜与大板黑瓜籽的主要生产基地。2007 年各乡镇配水面积统计见表 9-6。

表 9-6　2007 年各乡镇配水面积统计表

灌区	乡镇	人口（人）	农田配水面积（km²）	基本生态配水面积（km²）	退耕还林配水面积（km²）
坝区	薛百	18 631	3 320.40	558.93	
	三雷	14 574	2 635.93	437.20	
	大坝	16 348	3 604.67	490.47	972.87
	苏武	31 740	5 811.80	952.20	63.40
	东坝镇	12 581	2 607.93	377.40	493.13
	夹河	9 621	2 348.73	288.60	922.27
	小计	103 495	20 329.46	3 104.87	2 451.67
泉山	大滩	13 658	2 624.20	409.73	217.00
	双茨科	14 338	3 272.40	430.13	1 023.80
	泉山镇	15 409	2 876.73	462.27	115.80
	红沙梁	11 667	2 120.33	350.00	
	小计	55 072	10 893.67	1 652.13	1 356.60
湖区	西渠镇	25 583	4 671.60	767.47	31.40
	东湖镇	13 595	2 644.80	407.87	266.33
	收成乡	17 259	3 499.47	517.80	556.27
	小计	56 437	10 815.87	1 693.13	854.00
合计		215 004	42 039.00	6 450.13	4 662.27

三、灌溉管理信息系统

灌溉管理信息系统包括灌溉面积分布、灌溉制度以及渠系工程信息等内容,主要为灌区水资源高效利用和优化配置等工作提供基础数据。系统建立采用 C#. net 并结合数据库技术、GIS 技术,主要实现了数据管理维护、查询等功能。

（一）系统结构

数据库设计是建立数据库及其应用系统的核心和基础，要求对于指定的应用环境，构造出较优的数据库模式，使建立的数据库系统能有效存储数据，并满足用户的各种应用需求。根据程序结构设计以及民勤绿洲灌溉管理的需要，本系统以 Geodatabase 技术数据库为底层，借助 ArcGIS Engine 结合 C#. net 实现了管理与应用程序的前台操作。

系统结构由数据库模块和数字地图模块构成。数据库模块主要实现数据资料的录入编辑、查询统计、报表生成、导入导出功能；数字地图模块主要实现数字地图的浏览、打印、专题图生成和查询定位功能。系统中各模块的划分既考虑了便于操作、易于管理，又考虑了所纳数据的全面性，是一个比较合理的系统结构。

（二）系统设计

1. 系统层次设计

Geodatabase 数据库为整个系统的基础，运用 C#. net 编写了核心操作层，实现了对数据库的维护、数据导出、数据查询等功能，最终面向用户输出查询结果、专题图及基础数据。灌溉信息管理系统结构框图如图 9-4 所示。

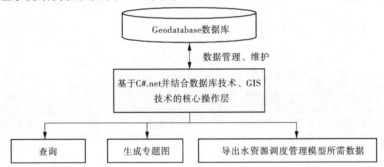

图 9-4　灌溉信息管理系统结构框图

2. 系统数据库设计

根据民勤绿洲水资源调度管理模型对数据的要求，主要完成了降水资源、地表水和地下水利用、土地利用和灌溉渠系现状资料等数据库的建立；利用 GPS 技术确定灌溉渠系分布控制节点的地理坐标、主要植被类型、种植作物的空间地理分布、面积、灌溉制度等数据库设计。为适应相关数据的输入，根据数据类型，设计了表格和 GIS 图形两种类型数据库。灌溉信息管理系统数据库构成见图 9-5。

（三）系统功能

系统的主要任务是实现灌区灌溉管理可视化查询，动态管理，及时检索、查询工程信息状况，能分析评价及预测有关灌溉信息变化状况，为水资源管理调度系统提供必需的基础数据。

1. 查询功能

系统中设计了点击查询和条件查询两种方式。点击查询就是直接在数字地图上点击查询区域即可显示其基本信息，条件查询可以根据用户条件和关键词，查询数据信息，同时将得到的结果以图和表格的方式显示在屏幕上。

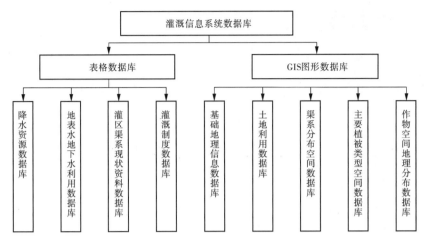

图 9-5　灌溉信息管理系统数据库构成

2. 报表生成功能

本系统采用 Visual Studio 2008 自带的报表系统进行二次开发,它与 C#无缝集成从设计到打印的完整控件包,提供的设计界面友好灵活,可允许开发用户自定义报表。报表的表头和标题使用文本格式,而数据字段则用相关表达式表示。设计好报表模板后,保存待用。在生成报表时,通过数据库接口直接从数据库调用数据,对模板变量进行填充,继而生成报表。

3. 数据输出功能

为了能充分利用已有的数据资源,系统专门设置了数据转化及输出功能,可将 GeoDatabase 格式的数据导出为最为通用的 Excel 文件等格式。

4. 地图浏览功能

数字地图的浏览包括数字地图的显示、放大、缩小、移动、鹰眼等,该功能通过 ArcGIS Engine 控件来完成。ArcGIS Engine 控件的基本组成单元是 Object(单个对象)和 Collection(集合)。每种对象和集合负责处理地图某一方面的功能,构成地图的所有信息分类实行分层管理,每一图层包含地图中的不同信息,所有图层叠加起来就组成一个完整的地图。

5. 地图打印及输出功能

(1)所见即所得的打印。这个功能的实现是调用 ArcGIS Engine 控件的打印功能,对显示在屏幕上的地图进行打印,可以最大限度地反映一个区域的信息资源。

(2)地图输出功能。将整张地图按用户指定的分辨率导出为图片,该功能同样由 Arc-GIS Engine 控件完成。

(四)系统最终运行效果

1. 实时生成专题图

专题图是利用颜色渲染、图案填充、直方图或饼图形式将属性数据在地图上表现出来,是用于分析和表现数据的一种强有力的方式,用户可以清楚地看出数据发展的模式和趋势,为决策支持提供依据。专题图生成界面见图 9-6。

2. 数据导出

系统采用数据转换控件,将 Geodatabase 数据转换为 Excel 格式文件并导出,有利于用户编辑、浏览系统内相关数据。数据导出界面见图 9-7。

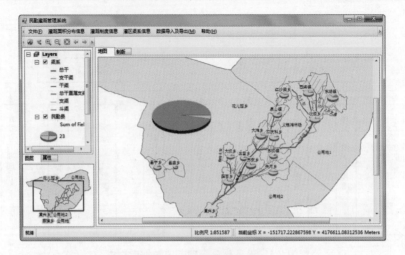

图 9-6　专题图生成界面

图 9-7　数据导出界面

第三节　地下水利用现状及管理信息系统

一、地下水利用现状

(一)地下水资源开发利用现状

石羊河是民勤绿洲唯一的地表水源,20 世纪 80 年代以来,由于上、中游用水量增加,进入民勤的水量剧减,无法满足经济社会发展需水要求,绿洲内部不得不大量开采地下水,从而导致地下水位急剧下降,植被大量死亡,引发了一系列生态环境问题。2007 年,民勤县总用水量 6.36 亿 m^3,其中地表水供水量 1.44 亿 m^3,占总供水量的 22.64%;地下水供水量 4.92 亿 m^3,占 77.36%。地下水供水中农业用水量 4.19 亿 m^3,占 85.16%;工业用水量 0.09 亿 m^3,占 1.83%;城镇生活用水量 0.029 2 亿 m^3,占 0.59%;农村生活用水量 0.150 8

亿 m³，占 3.07%；生态环境用水量 0.46 亿 m³，占 9.35%。由此可见，现状民勤县用水以地下水为主，而且主要用于农田灌溉，比例明显偏高。2007 年民勤县地下水资源分配情况见表 9-7，民勤县地下水用水比例见图 9-8。

表 9-7　2007 年民勤县地下水资源分配情况　　　（单位：万 m³）

农田灌水量	生态环境用水量	工业用水量	城镇生活用水量	农村生活用水量	合计
41 900	4 600	900	292	1 508	49 200

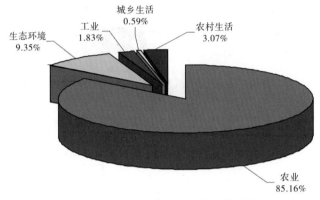

图 9-8　民勤县地下水用水比例

据统计，民勤绿洲地下水供水量为 3.59 亿 m³，占地下水总供水量的 72.98%。其中，地下水供水中农业用水量为 2.84 亿 m³，占 79.13%；工业用水量为 0.06 亿 m³，占 1.63%；生活用水量为 0.12 亿 m³，占 3.26%；生态环境用水量为 0.57 亿 m³，占 15.98%。按分区统计，坝区为 1.79 亿 m³，占民勤绿洲地下水总供水量的 49.73%；泉山区为 0.93 亿 m³，占 25.94%；湖区为 0.87 亿 m³，占 24.33%。2007 年民勤绿洲各分区地下水利用情况见表 9-8。

表 9-8　2007 年民勤绿洲各分区地下水利用情况

分区	农业（亿 m³）	工业（亿 m³）	生活（亿 m³）	生态（亿 m³）	合计（亿 m³）	比例（%）
坝区	1.41	0.03	0.06	0.29	1.79	49.73
泉山区	0.72	0.02	0.03	0.16	0.93	25.94
湖区	0.70	0.01	0.03	0.13	0.87	24.33
合计	2.84	0.06	0.12	0.57	3.59	100.00

（二）机井

2003 年民勤县配套使用机井 9 903 眼，2004 年以来结合绿洲西线退耕还林工程的实施，先后关闭机井 384 眼。2007 年民勤县共有机井 9 519 眼，其中属于研究区的机井数量为 7 628 眼。按取水单位性质统计，有个体机井 122 眼，占 1.60%；国有机井 272 眼，占 3.57%；机关单位机井 71 眼，占 0.93%；集体机井 7 163 眼，占 93.90%。按机井类别统计，其中工业机井 3 眼，占 0.04%；生活机井 18 眼，占 0.24%；生态机井 2 眼，占 0.03%；农业机井 7 605 眼，占 99.69%，由此可见，机井用途以农业为主。按井深统计，其中井深≤30 m 的机井 35 眼，占 0.46%；31～50 m 的机井 327 眼，占 4.29%；51～70 m 的机井 2 453 眼，占

32.15% ;71～90 m 的机井 1 801 眼,占 23.61% ;91～100 m 的机井 2 756 眼,占 36.13% ;井深大于 100 m 的机井 256 眼,占 3.36% ,可以看出,95.25% 的机井深度超过 50 m。根据石羊河流域重点治理要求而制定的民勤关井压田规划,到 2010 年关闭机井数达到 3 000 眼,使民勤县机井减少到 6 519 眼,绿洲区机井数量也要同步减少。2007 年研究区配套使用机井见图 9-9。

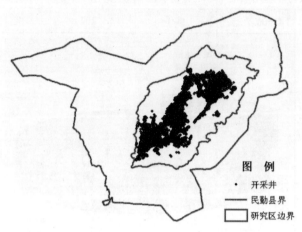

图 9-9　2007 年研究区内配套机井分布

(三)地下水位动态变化

1. 时间变化

根据 1990～2007 年地下水长观资料分析,绿洲区地下水位普遍呈严重下降趋势。统计结果表明,18 年间坝区地下水位累计下降 4.83 m,下降速度为 0.27 m/a;泉山区下降 10.45 m,下降速度为 0.58 m/a;湖区下降 23.63 m,下降速度为 1.31 m/a。民勤绿洲各区地下水埋深变化幅度见表 9-9,各区地下水埋深变化见图 9-10。

表 9-9　民勤绿洲各区地下水埋深变化幅度

分区	地下水埋深(m)			1990～2000 年变幅 (m/a)	2000～2007 年变幅 (m/a)	总年变幅 (m/a)
	1990 年	2000 年	2007 年			
坝区	13.22	18.18	18.05	-4.96	0.13	0.27
泉山	11.77	17.04	22.22	-5.27	-5.19	0.58
湖区	5.25	18.38	28.87	-13.13	-10.50	1.31

由上述结果可以看出,民勤绿洲地下水位正在加速下降中,国民经济和生态环境用水矛盾非常突出。如不及时采取措施,遏制地下水位的进一步下降,自然植被将大量死亡,沙漠化进程将进一步加快,生态环境将更加恶化。

2. 空间变化

民勤绿洲地下水位整体下降,但坝区、泉山区、湖区因受地理位置、灌溉方式、种植作物等因素的不同影响,地下水位下降程度各不相同。从空间位置来看,下游湖区地下水位下降幅度最大,泉山区次之,上游坝区相对较小。究其原因,坝区和泉山区距红崖山水库最近,相应得到的地表水补给量也较大,地下水下降变化幅度相对较小;而湖区由于远离红崖山水

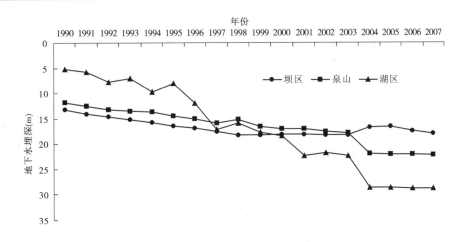

图9-10　民勤绿洲各区地下水埋深变化

库,地表水来源非常有限,农业生产主要依靠大量开采地下水,导致地下水位下降幅度最大。从图9-10可以看出,1995年以前,湖区地下水位虽然已呈现出下降趋势,但下降幅度较小。这主要是由于那时在冬春灌期间还有一定数量的地表水进入湖区,某种程度上对地下水有一定的补给作用。但1995年以后,由于通过红崖山水库进入湖区的地表水越来越少,为了满足农业灌溉及居民生活用水,不得不大量开采地下水,造成地下水位急剧下降,至2007年,湖区最大地下水埋深已经接近30 m。

（四）地下水位年内变化

　　民勤绿洲井、河水混灌的坝区和泉山区地下水位在年内变化相对稳定,而以井灌为主的湖区地下水位年内变化十分剧烈。每年3~9月是主要的灌溉期,湖区由于大量抽取地下水,3月开始地下水位大幅度下降,随着9月灌溉期的结束,地下水位开始慢慢回升,至11月已基本接近年初的水位。2007年民勤各分区地下水埋深月变化见图9-11。

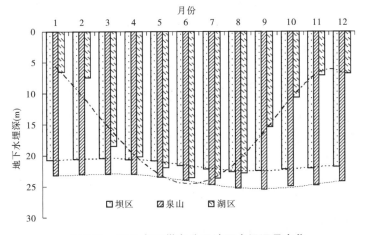

图9-11　2007年民勤各分区地下水埋深月变化

通过以上分析,民勤绿洲地下水位在时间、空间上的变化特征呈现出大范围长时间段内相似、小区域短时间差异较大的"大同小异"变化趋势。在这里,人类活动作为一种特殊的作用力,极大地加速了该区域生态环境的退化进程,使当地生态环境变得极其脆弱,自然生态调控能力几近丧失。

(五)地下水水质分析

资料显示,1998～2007年民勤绿洲地下水矿化度普遍呈上升趋势,但从南到北上升程度各不相同。南部坝区处在绿洲上游,地表淡水较多,地下水水质较好,矿化度相对稳定;泉山区地处绿洲中部,矿化度上升幅度要略大于坝区;北部湖区由于地处下游,属石羊河尾闾,坝区、泉山区地下水最终均汇集于此,大量盐分被运移至此,矿化度升高幅度最大。总体来看,民勤绿洲地下水矿化度也随地形及水力坡度呈现出由南向北逐渐升高的变化趋势。1998～2007年地下水水质变化趋势见图9-12。

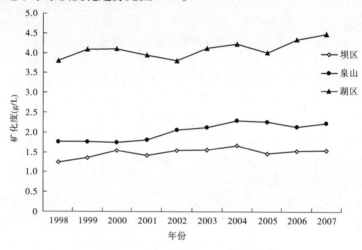

图9-12　1998～2007年地下水水质变化趋势

就水化学类型而言,从南到北可划分为三个带:①淡水 - 微咸水带,分布于泉山坝区灌区南部,阴离子以 SO_4^{2-} 为主,占阴离子含量的40%～48%,阳离子以 Ca^{2+}、Mg^{2+} 为主,占阳离子总含量的80%左右,水化学类型主要为 $SO_4^{2-} - Mg^{2+} - Na^+$,TDS(总溶解固体)为0.83～1.97 g/L;②微咸水带,分布于盆地中部的广大地区,SO_4^{2-} 占阴离子含量的60%,阳离子以 Na^+、Mg^{2+} 为主,两者之和占总阳离子含量的67%～84%,水化学类型为 $SO_4^{2-} - Cl^- - Na^+ - Mg^{2+}$,地下水 TDS 南部为1～3 g/L,北部多为3～9 g/L;③$Cl^- - SO_4^{2-} - Na^+$ 型咸水带,分布于盆地北部,东镇西北部及中渠西南部分地区,Cl^- 含量达到56%左右,TDS > 7 g/L,甚至局部最高达到17 g/L。

二、地下水开发利用现状评价

(一)地下水均衡分析

根据民勤绿洲实际情况,其地下水源汇项主要包括降水及凝结水入渗补给、渠系渗漏补给、灌溉入渗补给、侧向补给和流出、人工开采、潜水蒸发量等。民勤绿洲地下水模型源汇项计算参数见表9-10。

表 9-10　民勤绿洲地下水模型源汇项计算参数

项目	计算公式	参数说明
降水、凝结水入渗	$Q_降 = F \times P \times \alpha$ $Q_降 = A \times H$	$Q_降,Q_凝$—降水入渗补给量和凝结水补给量;F—接受降水入渗的面积;P—有效降水量;α—有效降水入渗系数;A—凝结水发生的面积;H—凝结水层厚度
田间入渗	$Q_田 = Q_供 - Q_耗$	$Q_田$—单位面积田间水入渗量,m^3/hm^2;$Q_供$—田间供水量,m^3/hm^2;$Q_耗$—单位面积耗水量,m^3/hm^2
渠系入渗	$Q_渠 = Q_引 - Q_出 - E_渠 - Q_包$	$Q_渠$—渠系渗漏补给量,m^3;$Q_引$—渠首引水量,m^3;$Q_出$—渠系出水量,m^3;$E_渠$—渠系水面蒸发量,m^3;$Q_包$—包气带消耗量
潜水蒸发	$Q_蒸发 = F \times q$	$Q_蒸发$—陆面蒸发量,m^3;F—不同埋深陆面面积,m^2;q—单位面积蒸发值
侧向流出(入)量	$Q_侧入 = \sum_{i=1}^{n} T_i I_i L_i SINQ_i$	T_i—i计算段的导水系数,m^3/a;I_i—i计算段的水力坡度,‰;L_i—i断面线的长度,m;Q_i—i断面线与地下水流向夹角
开采量	利用民勤县 2007 年统计资料	

地下水数值模拟通过模拟研究区渠系入渗、田间入渗、降水凝结水入渗、潜水蒸发、排水与地下水的运移及平衡转换关系,对地表水与地下水的运移、平衡进行分析。本书对模拟结果进行地下水各均衡要素分析,得出民勤绿洲 2007 年地下水均衡结果(见表 9-11),研究区 2007 年地下水系统总补给量 23 947.3 万 m^3,总排泄量 36 695.1 万 m^3,均衡差 12 747.80 万 m^3,为负均衡,说明地下水严重超采。补给项中,以灌溉入渗补给为主,占总补给量的 47.42%;排泄项中以人工开采为主,占总排泄量的 98.41%。

表 9-11　民勤绿洲 2007 年地下水均衡表　　　　　　　(单位:万 m^3)

补给项	降水凝结水入渗补给	3 413.0
	渠系渗漏补给	4 663.0
	灌溉入渗补给	11 357.0
	边界流入量	4 514.3
	合计	23 947.3
排泄项	人工开采量	35 900.0
	潜水蒸发量	290.4
	侧向流出	504.7
	合计	36 695.1
水均衡		− 12 747.8

(二)现状存在问题

由于过度开发地下水资源,民勤绿洲地下水位急剧下降,引发了一系列生态环境问题。主要表现为沙生植物死亡,植被退化,防风固沙林退化,土地沙化,固定沙丘复活,沙漠南侵,灌区弃耕,土地盐渍化面积扩大,地下水水质恶化,人畜饮水困难,居民被迫迁移,民勤绿洲危在旦夕。

(1)水系变迁,湖泊萎缩干涸。史前时期,石羊河流域的民勤是猪野泽,一片水乡泽园,东西长百余千米,南北宽数十千米。中华人民共和国成立后,随着农业发展和水利工程建设的开展,青土湖水域面积不断萎缩直至完全干涸。20世纪50~60年代,盆地内低洼地带、河湖两岸均为中生系列的草甸植物,20世纪70年代严重退化,目前全部被旱生植被所代替。

(2)植被衰退,土地盐渍化日益严重。由于无序开荒和地下水位急剧下降,绿洲70%的固沙植被已经衰败;人工沙枣、临河梭梭林60%死亡;3.33万hm²天然灌木丛林处于死亡或半死亡状态,草地生态衰退也很严重。同时,由于进入绿洲的地表水资源量骤减,加之地下水的反复消耗与浓缩以及强烈的蒸发作用,盐分在地表大量聚积,形成蒸发型积盐土壤,使民勤县的盐碱地由20世纪50年代的1.2万hm²扩展到目前的2.13万hm²,增加了将近1倍。

(3)土地沙漠化严重,沙尘暴频繁。民勤绿洲外围现有1万hm²的流沙和69个风沙口,目前流沙仍以每年3~4m的速度向民勤绿洲推进,部分地段前移速度高达每年8~10m。其中,湖区北部沙漠挺进50~70m,侵占耕地约406.7hm²;泉山坝区西部沙漠挺进40~60m;中沙窝东部及南部沙漠挺进20~30m,东沙窝沙漠挺进50~60m,使167hm²土地失去了耕作能力。另外,还有近8万hm²土地产生了不同程度的沙化,尽管这些土地尚可利用,而且部分仍在利用,但沙漠化趋势和危害依然存在且不容忽视。

三、地下水利用管理信息系统

(一)设计思路

民勤绿洲地区属资源型缺水区域,水资源管理手段落后,提高水资源管理水平迫在眉睫。在利用GPS对机井调查的基础上,利用C#. net并结合数据库技术、GIS技术建立了地下水信息系统,具备数据管理维护、查询以及为水资源调度管理模型提供基础数据的功能。

(二)总体设计

系统平台开发设计主要考虑:一是软件能满足本系统需要;二是软件成熟,运行稳定,易于进行二次开发;三是要具有较高的性价比。因此,系统开发采用ESRI公司的ArcGIS Engine控件作为GIS技术支撑平台,而且从系统的实用性角度出发,采用Windows XP操作系统,以Geodatabase作为后台数据库,用Net 2.0进行编程,使信息管理系统能够实现数据的浏览、查询、统计输出等功能,并与Microsoft Excel无缝集成。

(三)系统数据库设计

根据民勤绿洲水资源调度管理系统中地下水管理模型对数据的要求,主要完成了含水层水文地质结构、水文地质参数、地下水观测井空间位置、地下水位观测值、水文地质钻孔资料等数据库的设计,根据数据类型设计了表格和GIS图形两种类型数据库。地下水信息系统数据库构成见图9-13。

经统计,本系统最终完成收录130余眼观测井相关表格数据及GIS空间数据、18个水

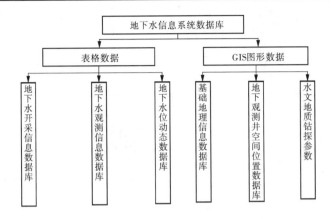

图 9-13　地下水信息管理系统数据库构成

文地质钻孔数据、各类图件 40 余张、GIS 专题图 10 余副,总数据量 500 MB 以上,为民勤绿洲水资源调度管理系统中地下水管理模型的开发打下了坚实基础。

(四)系统功能

数据库系统开发采用 ArcGIS Engine 控件与 C#. net 集成开发的方式,将 ArcGIS Engine 控件运用在应用程序中,同时将 GIS 所有功能成功嵌入其中,使数据库系统也具有 GIS 的一些基本功能。

1.地图功能

地下水信息管理系统的地图控制功能主要包括放大、缩小、平移、全图、鹰眼和图层控制等。

2.数据输入功能

数据输入是系统其他功能实现的先决条件与基础。数据输入可以手工逐条输入,也可以由 Excel 文件直接导入。

3.数据维护功能

数据维护包括数据修改和数据删除。先根据条件进行查询,然后对查询结果进行修改或删除,包括对逐条记录进行修改的交互修改;对数据库中某一字段进行修改的批量修改;对少量记录进行删除的选择删除;对满足条件的全部记录删除的批量删除。这种多形式、多入口的信息更新手段,是保证数据库数据现势性的必要前提。

4.查询统计功能

系统提供两种数据查询方式:一是 GIS 查询,二是 SQL 查询。GIS 查询提供图形与属性的交互查询,SQL 查询不仅可提供地下水信息的各种属性查询,而且可进行灵活组合的条件查询。

5.制图输出功能

将统计与制图功能相结合,既能生成统计报表,又能生成专题图。统计报表包括水位年鉴、地下水动态信息统计、水质资料统计等;专题图包括监测点柱状图、剖面图等图件的自动生成和打印输出。

(五)系统界面

系统界面根据功能分为三个部分:上部为菜单栏和工具栏,左侧依次为图层控制和鹰眼,中部为地图浏览窗口。地下水信息管理系统主菜单界面见图9-14。

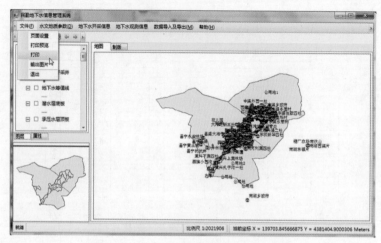

图 9-14　地下水信息管理系统主菜单界面

第四节　基于 3S 的流域水资源调度管理系统

一、基本思路

从民勤绿洲水资源管理的需要出发,利用已建立的地下水信息管理系统和灌溉信息管理系统成果,结合 FEFLOW 地下水模型,基于水资源合理配置和调控基本理论知识,建立水资源统一管理调度模型,研究不同的管理方案,以达到合理利用地表水和地下水的目的,为合理评价、分配和调度绿洲内水资源,支持当地经济社会发展,改善自然生态环境,实现民勤绿洲水资源开发与经济社会发展及自然生态环境保护相互协调提供支撑。

二、民勤绿洲水资源系统概化

为建立水资源调度管理模型,首先需要把实际的民勤绿洲水资源系统概化为由节点和有向线段构成的网络。民勤绿洲水资源系统概化分为坝区、泉山区和湖区三个分区,以支渠范围与乡镇叠加的最小区域为配水计算单元,以配水计算单元为中心,灌溉渠系支渠为主线,引水口(分水闸)控制断面为水量控制节点,结合行政区划,建立民勤绿洲水资源概化网络。根据水资源合理配置的需要,为反映影响供需平衡分析中各个主要因素的内在联系,依据计算单元、地表水系、地下水和大中型及重要水利工程之间的空间关系和水力联系,将整个民勤绿洲共划分为106个计算单元,通过概化得出民勤绿洲水资源系统图。民勤绿洲水资源系统计算单元分区及水资源系统网络概化结果分别见图9-15、图9-16。

图 9-15　计算单元分区

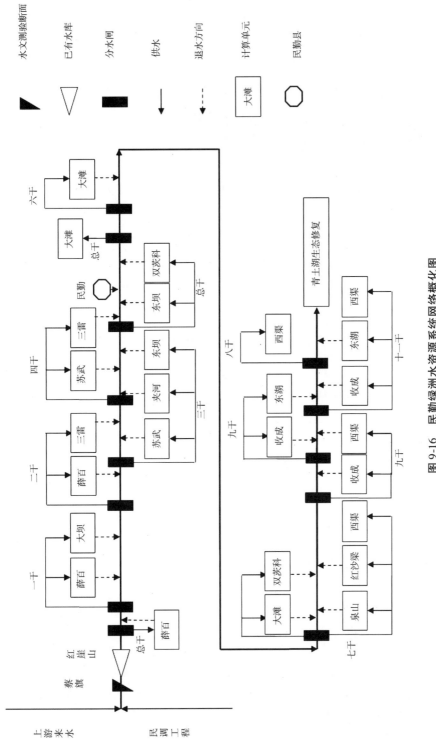

图 9-16 民勤绿洲水资源系统网络概化图

三、系统模型构建

(一)模型框架

民勤绿洲水资源调度管理模型在综合考虑石羊河流域各项规划的基础上,拟定各种水资源开发利用、经济社会发展、生态环境保护目标,以水资源供需平衡模拟为核心,预测各计算单元各行业不同时间尺度需水量和需水过程,水资源系统中各种水源作为供水过程,进行水资源调度方案的优化选择。

民勤绿洲水资源调度管理模型由 5 个子模块组成,其核心模型是水资源实时调度模型,另外还包括种植结构优化、需水预测、可供水量预测和结果评价 4 个预测子模块。该模型与利用 FEFLOW5.4 构建的地下水数值模拟模型耦合,通过地下水位模拟预测各方案在控制地下水位、改善生态方面的影响,评价方案的合理性。民勤绿洲水资源调度管理模型结构见图 9-17。

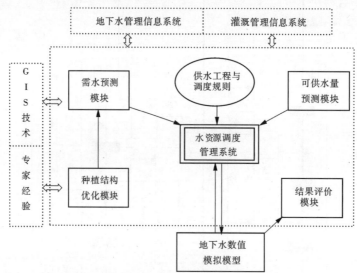

图 9-17　民勤绿洲水资源调度管理模型结构

(二)模拟方法

1. 水资源实时调度模型

水资源实时调度是在一个总控条件约束下的事前决策与事后修正的过程,本次水资源实时调度提出了"宏观总控、长短嵌套、实时决策、滚动修正"的方法。"宏观总控"是指实时调度以流域水资源合理配置为控制基础,包括年和月的总量控制,实际上是指对水资源配置方案根据来水和需水过程进行修正和分解;"长短嵌套"是针对调度过程而言,首先根据长期气象和来水预测长时段(月)供水过程,在此基础上,根据实时调度时段(旬)预测短期供水过程;"实时决策"是指逐时段预测水库的蒸发、渗漏损失以及调度过程中渠系的蒸发渗漏损失,并结合当前水利工程情况做出当前时段的调度决策;"滚动修正"就是根据新的来水信息、气象信息修正预报信息所带来的偏差,逐时段滚动修正,直到调度结束。

2. 种植结构优化

种植结构优化模型是利用多目标规划方法,对民勤绿洲种植结构进行针对目标的优化初选,在水资源有限的前提下选择社会效益、经济效益和生态效益最佳作为目标函数,在各分区的约束条件和水资源总量条件约束下,求解各分区种植结构比例。以作物净效益代表经济效益指标,粮食产量代表社会效益指标,而生态环境指标通常是定性描述的。对农业生态系统要素进行生态功能价值估算,即生态效益定量化,这是目前生态环境研究的难点和前沿课题。本书采用层次分析法(AHP)将生态效益进行了量化,即在单位面积上种植不同的作物,对其影响生态环境的重要性进行定量化。

3. 需水预测模型

需水预测是在种植结构优化的基础上,采用指标分析法分别对农业、工业、生活和生态需水进行预测。根据用水量的主要影响因素变化趋势,对各部门的用水影响因素(如人口、工业产值、农业产值等)及用水定额进行预测,再分别预测各部门的需水量,各部门需水量之和即为总需水量。

4. 供水预测模型

供水预测是以上游水文站长系列径流资料为基础,结合石羊河流域重点治理规划向民勤配水量相关规定,分析计算不同频率入库水量过程线;利用红崖山水库面积—库容曲线和渗漏系数,分别计算水库水面蒸发和渗漏损失,进而计算出水库可供水量过程曲线。

5. 结果评价模型

结果评价模型是以计算单元为对象,进行逐时段供需平衡模拟计算,并将水资源调度结果与地下水数值模拟模型嵌套,分析不同方案下水资源调度对地下水位的影响,综合评价调度方案的经济社会效果及环境影响,最终提出以计算单元为单位的水资源调度管理方案。

(三)与地下水模型的嵌套耦合

民勤绿洲内无自产径流,因此地下水系统的各收支均衡项基本能够涵盖区域水循环系统的各要素项。在水文地质勘测资料的基础上,综合利用2000～2002年地下水和地表水信息,对研究区内地下水系统进行反复验算,以2003～2005年作为校验期,由于同时利用了地表水和地下水信息,所构建的地下水数值模型具有较高的准确度。

在完成地下水建模的基础上,与水资源调度管理模型耦合和嵌套,以现状地下水实际状态为初始状态,对规划配水情景进行模拟,在模拟过程中与水资源调度模型逐时段进行信息交互和迭代反馈。水资源调度模型根据地表系列来水情况,结合地下水进行当前时段配水,这些配水信息将分配到各个配水单元上,然后通过空间与时间上的离散细化到分布式地下水数值网格上,作为地下水数值模型当前时段的输入项。依据地下水供水情况确定每眼机井的开采量,依据渠系过水确定渠系入渗项,根据田间配水时间确定田间入渗项等,然后将这些信息代入FEFLOW5.4构建的地下水数值模型中,模拟地下水流场动态和输出信息,包括地下水位、地下水均衡项等。根据这些模拟信息检验调度的合理性并反馈到调度端,根据模拟反馈信息进行调度方案调整,直到满足模型要求。最后,将这些输出信息在时空上进行积分,形成与集总式的水资源调度模型相匹配的时段信息,代入水资源调度模型中,与下一时段地表来水一同作为下一时段配水的依据,如此不断迭代,从而实现集总式调度模型和分布式地下水数值模型的嵌套耦合和信息交互。

(四)数学模型构建

流域水资源实时调度是流域水资源合理配置方案在日常管理运行中的具体落实手段和

途径。因此,实时调度目标必须符合宏观尺度上水资源合理配置的目标,在实时调度方案制订上以民勤绿洲水资源合理配置为总控,在实际操作过程中通过修正来满足模型要求。

1. 目标函数

本次水资源调度选取地下水开采量最小作为调度目标,函数表达式如下:

$$\min f(W) = W_{农业} + W_{工业} + W_{生活} + W_{生态} \tag{9-1}$$

式中:$W_{农业}$、$W_{工业}$、$W_{生活}$、$W_{生态}$分别表示用于农业、工业、生活、生态的地下水开采量。

2. 约束条件

1)水资源供需动态平衡约束

$$Sh(i,t) = Q(i,t) - W(i,t) - L(i,t) \tag{9-2}$$

式中:$Sh(i,t)$为第 i 个计算单元第 t 时段的缺水量;$Q(i,t)$为第 i 个计算单元第 t 时段的需水量;$W(i,t)$为第 i 个计算单元第 t 时段的供水量;$L(i,t)$为第 i 个计算单元第 t 时段的水量损失。

2)水库水量平衡约束

$$V_{(i+1)} = V_i + Vs_i - Vr_i - L_i \tag{9-3}$$

式中:$V_{(i+1)}$为水库第 i 时段末库容;V_i 为水库第 i 时段初库容;Vs_i 为水库第 i 时段的蓄水量;Vr_i 为水库第 i 时段的放水量;L_i 为水库第 i 时段的损失量。

3)供水能力约束

规划年第 m 类水源的可供水量应不大于其自身供水能力,即:

$$W_{m供} \leq W_{m供max} \tag{9-4}$$

式中:$W_{m供}$为规划年第 m 类水源的可供水量;$W_{m供max}$为规划年第 m 类水源的最大供水能力。

4)行业取用水量约束

各行业的取用水量应在一个允许范围内,即:

$$W_{i需min} \leq W_{i需} \leq W_{i需max} \tag{9-5}$$

式中:$W_{i需}$为规划年第 i 行业需水量;$W_{i需max}$、$W_{i需min}$分别为规划年第 i 行业需水量的上、下限。

5)地下水位约束

$$T_{imin} \leq T_{in} \leq T_{imax} \tag{9-6}$$

式中:T_{in}为第 i 个计算单元的地下水位;T_{imax}、T_{imin}分别为第 i 个计算单元的地下水允许的最低、最高水位。

当 $T_{in} > T_{imax}$ 时,多余地下水通过各项排泄量排出,而不能开采利用;当 $T_{in} < T_{imax}$ 时,表明实际地下水位已降至最大开采深度,为维持正常的多年平衡和正常的水文地质环境而不宜开采。

6)耕地面积约束

$$A_{耕} \leq A \tag{9-7}$$

式中:A 为规划年耕地总面积;$A_{耕}$ 为实际耕地面积。

7)非负约束

要求所有决策变量均为非负值。

(五)模型功能与特点

1. 模型功能

本系统具有预测、模拟、优化、分析和管理等五大功能。

1）预测功能

本系统设有多个专门的预测子模型,包括生活需水预测子模型、农业需水预测子模型、工业需水预测子模型、生态需水预测子模型和地下水数值模拟模型,具有进行整个绿洲以及各分区国民经济需水和生态环境需水预测、不同规划情境景下的供水预测以及地下水位变化预测等功能。

2）模拟功能

系统具有较强的模拟功能,模拟对象包括:①水资源供需平衡过程模拟,包括模拟经济发展及经济结构调整状态下的工农业及生活需水过程和生态恢复过程中的生态需水过程。②与地下水数值模型耦合实现对配置区水循环过程的系统模拟,包括地表水和地下水系统均衡要素项以及系统和单元之间的交互项,如植物蒸腾蒸发量与地下水位变化量、地表水水量动态模拟等,为水循环过程的系统调控提供决策依据。

3）优化功能

本系统能够优化生态环境系统、经济社会系统与水资源系统的具体恢复保护、调整与开发利用模式,通过决策支持给出各项优化结果。

4）分析功能

分析途径包括两套方式:一是与拟订目标值对比,根据运行方案计算结果与期望值的差距来分析拟订方案的优劣;二是先运行一次得到的基础方案,改变某个条件后再运行一次得到条件改变后的方案,并比较两个方案的差别,以便得到更优的结果。

5）管理功能

主要包括制订供水计划、确定分水方案和重要断面下泄流量、协调各用水户关系以及水资源的统一调度等内容。

基于 GIS 的民勤绿洲水资源调度管理系统主界面见图 9-18。

图 9-18　基于 GIS 的民勤绿洲水资源调度管理系统主界面

2. 模型特点

本系统在分布式地下水模型支持下,综合运用动态水资源供需平衡思想、水文长系列模拟操作方法以及系统分析与运筹方法进行求解。总体来看,模型具有以下四大特点:

（1）采用长系列逐旬模拟方法进行供需平衡模拟计算,不仅能够生成每个单元宏观水资源配置方案,识别出单元水资源供需平衡状态,而且能够逐时段精细描述各计算单元水资源动态平衡过程。

(2)在水资源供需平衡过程中,供需水项的计算全面系统且符合其动态变化过程。供水项确定时主要考虑了现状工程和不同水平年的供水工程,而在需水项计算中,充分考虑了国民经济各需水部门的用水结构调整和用水水平提高等因素。

(3)构建的流域水资源调度管理模型与FEFLOW5.4建立的地下水数值模型耦合嵌套,通过信息的交互反馈,使该模型更为精细和合理。

(4)模型构建过程中采用多准则决策与多目标优化相结合的综合决策方式,并在决策全过程实施人机交互,设定调度方案合理性评价模型,以保障水资源合理调配的公平性、系统性、高效性和可持续性。

(六)组成模块与计算流程

1. 组成模块

水资源调度管理模型由前期处理、模拟计算和后处理三大模块组成。

1)前期处理模块

前期处理模块的功能是完成模拟计算前的各种准备工作,其中包括读入数据、部分数据的预处理及数据的合理性检验。读入的数据包括各种基本数据、部分参数的初始值及程序控制数据。数据预处理可以减少模拟计算时的重复计算量,提高计算效率,缩短计算时间。数据合理性检验也是必要的环节,可以有效预防不必要的错误。

2)模拟计算模块

水资源调度模型是在给定的系统结构和参数以及系统运行规则下,对水资源进行逐时段的调度操作,然后得出水资源系统的供需平衡结果,模拟计算模块包括参数赋值、模拟计算、结果存储等过程。

3)后处理模块

后处理模块的功能是对模拟结果进行统计处理。此模块由一组相对独立但又有联系的程序组成,经模拟计算将结果转换为易读的表格形式,以便结果分析和检验模型的正确性。

2. 计算流程

水资源调度模型计算流程见图9-19。

四、种植结构优化模块构建

(一)生态效益定量化

1. 层次结构模型

层次结构由目标层、准则层和对象层三层组成。目标层(A),即生态环境最佳;准则层(C),表示为实现目标A所涉及的若干中间环节,在此选植被度、保持水土、饲料、燃料、改善气候、固沙、地下水环境作为衡量作物对生态环境影响的重要性指标。其中,植被度指植被覆盖地表的时间、厚度或密度的综合评估,考虑到农牧结合等因素,将提供饲料和燃料也作为生态功能。对象层(P)表示为实现目标A的若干具体措施、政策、方案等,此处为7种作物,包括6种传统作物和1种引进新品种:春小麦、玉米、棉花、瓜类、油料、蔬菜、花生。层次结构见图9-20。

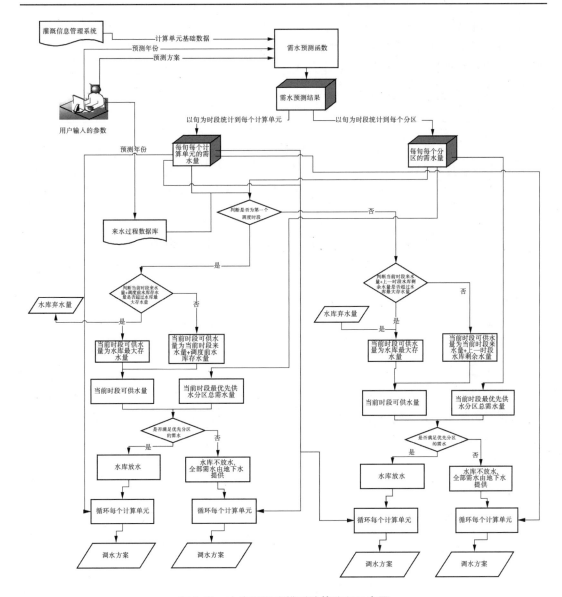

图 9-19 水资源调度模型计算流程示意图

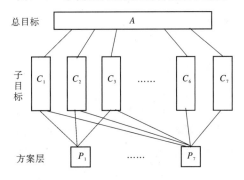

图 9-20 层次结构

2. 判断矩阵

根据上述模型结构,在专家咨询的基础上,构造了 $A{-}C$ 判断矩阵、$C{-}P$ 判断矩阵,并进行了层次单排序计算。为了使判断定量化,对不同情况的评比给出数量标度,具体方法为 $1\sim9$ 标度法,判断矩阵标度及含义见表9-12。

表9-12　判断矩阵标度及含义

标度	定义与说明
1	两个元素对某个属性具有同样重要性
3	两个元素比较,一元素比另一元素稍微重要
5	两个元素比较,一元素比另一元素明显重要
7	两个元素比较,一元素比另一元素重要得多
9	两个元素比较,一元素比另一元素极端重要
2,4,6,8	表示需要在上述两个标准之间折中时的标度
$1/b_{ij}$	两个元素的反比较

3. 层次单排序

层次单排序采用和积法,在准则 C 下,对方案层 n 个元素 $P_1,P_2,\cdots,P_n$ 排序权重计算,可以求解判断矩阵 P 的最大特征根。将判断矩阵的每一列元素做归一化处理,其元素的一般项为:

$$\bar{b}_{ij} = \frac{b_{ij}}{\sum\limits_{k=1}^{n} b_{kj}} \quad (i,j = 1,2,\cdots,n) \tag{9-8}$$

然后将每一列经归一化处理后的判断矩阵按行求和:

$$\overline{W}_i = \sum_{j=1}^{n} \bar{b}_{ij} \quad (i,j = 1,2,\cdots,n) \tag{9-9}$$

将向量 $\overline{W} = [\overline{W}_1,\overline{W}_2,\cdots,\overline{W}_n]^{\mathrm{T}}$ 归一化为:$W_i = \overline{W}_i / \sum\limits_{i=1}^{n} \overline{W}_i (i,j = 1,2,\cdots,n)$,则 $W = [W_1, W_2,\cdots,W_n]^{\mathrm{T}}$ 即为所求的特征向量。最后计算最大特征根 $\lambda_{\max} = \sum\limits_{i=1}^{n} \frac{(AW)_i}{nW_i}$,式中 $(AW)_i$ 表示向量 AW 的第 i 个向量。

检验矩阵的一致性,需计算一致性指标:

$$CI = \frac{\lambda_{\max} - n}{n - 1}, \quad CR = \frac{CI}{RI} \tag{9-10}$$

一致性指标 CI 值越大,表明判断矩阵偏离完全一致性的程度越大;CI 值越小,表明判断矩阵越接近于完全一致性。CR 为判断矩阵的随机一致性比例,当 $CR < 0.1$ 时,则判断矩阵具有满意的一致性解。

对于多阶判断矩阵,引入平均随机一致性指标 RI(Random Index),$1\sim15$ 阶正互反矩阵计算 1 000 次得到的平均随机一致性指标见表 9-13,模型层次单排序结果见表 9-14。

表 9-13　判断矩阵的平均随机一致性指标

n	1	2	3	4	5	6	7	8	9	10	11	12	13	14	15
RI	0	0	0.58	0.90	1.12	1.24	1.32	1.41	1.46	1.49	1.52	1.54	1.56	1.58	1.59

表 9-14　层次单排序结果

参数	$A—C$	$P—C_1$	$P—C_2$	$P—C_3$	$P—C_4$	$P—C_5$	$P—C_6$	$P—C_7$
λ_{max}	7.294 4	13.001 8	12.139 0	12.468 8	13.017 6	12.661 5	12.435 1	12.510 8
CI	0.049 1	0.091 1	0.012 6	0.042 6	0.092 5	0.060 1	0.039 6	0.046 4
RI	1.320 0	1.540 0	1.540 0	1.540 0	1.540 0	1.540 0	1.540 0	1.540 0
CR	0.037 2	0.059 1	0.008 2	0.027 7	0.060 1	0.039 0	0.025 7	0.030 2
层次模型的随机一致性	满意一致性	满意一致性	满意一致性	满意一致性	满意一致性	满意一致性	满意一致性	满意一致性

4. 层次总排序

层次总排序是利用层次单排序计算结果,计算每一层次所有元素对总目标的相对权值,计算得出最低层次元素对总目标优先顺序的相对权重。层次总排序结果见表 9-15。

表 9-15　层次总排序结果

P 层	C_1	C_2	C_3	C_4	C_5	C_6	C_7	P 层总排序结果
	0.100 5	0.100 5	0.043 2	0.041 8	0.086 9	0.513 0	0.114 1	
P_1	0.089 7	0.024 9	0.034 8	0.174 0	0.025 0	0.042 2	0.033 9	0.048 0
P_2	0.057 1	0.068 1	0.039 6	0.210 7	0.042 3	0.038 4	0.053 7	0.052 6
P_3	0.097 9	0.025 8	0.177 6	0.188 4	0.023 3	0.040 6	0.049 1	0.056 4
P_4	0.091 7	0.129 3	0.304 5	0.060 3	0.135 0	0.119 4	0.100 6	0.122 4
P_5	0.069 1	0.107 8	0.020 5	0.037 4	0.050 7	0.067 1	0.071 7	0.067 2
P_6	0.098 4	0.177 7	0.133 0	0.113 5	0.173 7	0.123 4	0.169 4	0.136 0
P_7	0.093 7	0.090 7	0.037 8	0.038 8	0.073 2	0.056 2	0.075 8	0.065 6

5. 一致性检验

层次总排序后,需要检查整个递阶层次模型的判断一致性。若一致性指标 $CI \leq 0.1$,则认为层次总排序具有满意的一致性。本次研究中 $CI = 0.046\ 9$,$RI = 1.54$,$CR = 0.035 < 0.10$,说明层次总排序具有满意一致性。

6. 结果分析

将各种作物对目标层的层次总排序结果作为单位面积土地上种植相应作物对生态环境影响的重要性指标。各种植作物相对生态效益计算结果见表 9-16。

表 9-16　各种植作物相对生态效益计算结果

作物	春小麦	玉米	棉花	瓜类	葵花	蔬菜	花生
生态效益	0.048 0	0.052 6	0.056 4	0.122 4	0.067 2	0.136 0	0.065 6

　　由表 9-16 可以看出,在 7 种作物中,蔬菜和瓜类对生态效益的贡献率较大,分别为 0. 136 0 和 0. 122 4,在条件允许下应尽可能发展较为节水的设施农业;而春小麦和玉米对生态效益的贡献相对较小,这两种作物属于高耗水作物,在极度缺水的民勤地区不鼓励种植。

(二)种植结构优化模型

　　建立农业种植结构调整多目标规划模型,将民勤绿洲划分为坝区、泉山区和湖区,在总水量约束下分别对各区种植结构进行优化。考虑到农业系统是一个复杂的大系统,对其进行结构调整,目标的选取一方面要满足各目标间相互独立,另一方面所选目标要具有一定的代表性。通过综合分析,最后确定两种水源,即地下水和红崖山水库的地表水同时向灌区供水,选定经济效益和生态效益为该模型优化的 2 个目标。作物灌溉定额参照民勤县 2007 年制定的分区灌溉制度,视具体情况综合确定。为了具有可比性,作物单价均以 2007 年不变价格进行计算。

　　1. 目标函数

　　1)经济效益函数

　　以谋求各分区种植作物的经济效益之和最大为目标。

$$\max f_1(A_1, A_2, \cdots, A_n) = \sum_{j=1}^{7} C_j \times A_j \tag{9-11}$$

式中:A_j 为第 j 种作物的种植面积,hm^2;C_j 为第 j 种作物的单位面积净效益,元/hm^2。

　　2)生态效益函数

　　这里生态效益指由各分区农业结构产生的生态效益,不包括河流、湖泊、坑塘、湿地等生态效益。

$$\max f_3(A_1, A_2, \cdots, A_n) = \sum_{j=1}^{7} A_j \times ECO_j \tag{9-12}$$

式中:ECO_j 为第 j 种作物灌溉时的单位面积对生态效益贡献率。

　　2. 约束条件

　　1)水资源总量约束

　　在水资源严重短缺的民勤地区,水资源无节制的耗费必然会对区域经济健康发展产生很大的阻力。因此,在进行种植业结构优化时,各区种植作物的灌溉量不能超过民勤地区所能提供的最大灌溉用水量。

$$\sum_{j=1}^{7} (A_j \times M_j) \leqslant Q_1 \times \eta_1 + Q_2 \times \eta_2 \tag{9-13}$$

式中:M_j 为第 j 种作物的灌溉定额,m^3/hm^2;Q_1 为地表水农业可利用水量,m^3;Q_2 为地下水农业可利用水量,m^3;η_1 为地表水灌溉利用系数;η_2 为地下水灌溉利用系数;A_j 为第 j 种作物的种植面积,hm^2。

　　2)各分区约束条件

　　(1)总面积约束。总面积约束是指各区 j 种作物的种植面积总和不大于区内总耕地面积与复种指数的乘积。总面积约束可用下式表示:

$$\sum_{j=1}^{12} A_j \leqslant F \times XA \tag{9-14}$$

式中:XA 为总耕地面积,hm^2;F 为复种指数;A_j 为第 j 种作物的种植面积,hm^2。

（2）各种作物种植面积约束。各种作物种植面积约束可用下式表示:

$$A_j \leqslant XA \tag{9-15}$$

式中:XA 为总耕地面积,hm^2。

（3）粮食产量满足该区群众生活所需。

$$A_j \times S_j \geqslant yield_j \times POP \tag{9-16}$$

式中:S_j 为第 j 种作物的产量,kg/hm^2;$yield_j$ 为人们对第 j 种作物的需求量,$kg/$人;POP 为总人口,人;A_j 为第 j 种作物的种植面积,hm^2。

（4）地下水开采量约束。地下水开采量约束是指地下水开采量不能超过最大允许开采量。地下水开采量约束可用下式表示:

$$W_i \leqslant W_{max} \tag{9-17}$$

式中:W_i 为第 i 区的地下水开采量,万 m^3;W_{max} 为最大允许地下水开采量,万 m^3。

（5）决策变量非负约束。

$$A_j \geqslant 0 \tag{9-18}$$

五、需水预测子模块模型构建

民勤绿洲需水由工业需水、农业需水、生活需水和生态需水构成。

（一）工业需水预测

近期工业用水定额依据国家有关部门制定的工业用水定额标准,并进行综合分析后确定。远期工业用水定额参考目前经济比较发达、用水水平比较先进国家或地区现有工业用水定额水平,并结合本地发展条件确定。在进行工业用水定额预测时,充分考虑了多种影响因素对用水定额的影响。这些影响因素主要包括:①行业生产性质及产品结构;②用水水平与节水程度;③企业生产规模;④生产工艺、生产设备及技术水平;⑤用水管理与水价水平。

工业需水预测计算公式为:

$$Q_n^t = \sum_k \sum_j (Y_{n,j}^k \times q_{n,j}^k) \tag{9-19}$$

式中:$Q_n^t \geqslant$ 第 n 年(或规划水平年)工业需水量的预测值,m^3;$Y_{n,j}^k \geqslant$ 第 k 子区第 n 年第 j 类工业产值,万元;$q_{n,j}^k \geqslant$ 第 k 子区第 n 年第 j 类工业的万元产值用水量,$m^3/$万元。

（二）农业需水预测

农业需水采用灌溉定额与灌溉水利用系数方法进行预测。各种作物种植比例由种植结构优化模块提供;农作物灌溉定额可分为充分灌溉和非充分灌溉两种类型。根据各地多年灌溉实践和已基本摸索出的当地农作物非充分灌溉技术及其非充分灌溉定额经验值,对于水资源比较丰富的地区,一般采用充分灌溉定额;而对于水资源比较紧缺的地区,一般应采用非充分灌溉定额。农业需水预测公式为

$$AQ^t = \sum_t AQ_i^t = \frac{\sum_t (S_i^t \times AA_i^t)}{q^t} \tag{9-20}$$

式中:i 为作物种类分类序号;t 为规划水平年序号;AQ^t 为 t 规划水平年农田灌溉总需水量,

亿 m^3; AQ_i^t 为 t 规划水平年第 i 类作物需水量,亿 m^3; S_i^t 为 t 规划水平年第 i 类作物种植面积,10^3 hm^2; AA_i^t 为 t 规划水平年第 i 类作物灌溉净定额,亿 $m^3/10^3$ hm^2; q^t 为 t 规划水平年综合灌溉水利用系数。

(三)生活需水预测

生活需水预测由农村生活需水预测和城镇生活需水预测两部分组成。根据全国水资源综合规划技术大纲要求,农村生活需水单指农村居民生活需水,其预测采用农业人口人均日用水定额指标进行预测;城镇生活需水量采用城镇人口人均用水定额指标进行预测。农村居民生活直接采用用水定额计算其需水量。另外,按照相同原理计算得到牲畜需水量,纳入生活需水量计算范围。预测公式如下:

$$Q_n^p = \sum_k \sum_j (P_{n,j}^k \times a_{n,j}^k) \tag{9-21}$$

式中: Q_n^p 为第 n 年(或规划水平年)人畜生活需水量预测值,万 L/年; $P_{n,j}^k$ 为第 k 子区第 n 年第 j 类用水人口数或牲畜数,万人或万头; $a_{n,j}^k$ 为第 k 子区第 n 年第 j 类人口或牲畜需水量指标或定额,L/(d·人)或 L/(d·头)。

(四)生态需水预测

与本次调度密切相关的民勤绿洲生态需水主要为人工防护林灌溉水量。因此,本书研究生态需水预测只进行人工防护林灌溉需水量预测。其计算函数如下:

$$Q = A \times q \tag{9-22}$$

式中: Q 为生态需水量,万 m^3; A 为人工防护林面积,万 hm^2; q 为林地灌溉定额,m^3/hm^2。

六、可供水量预测模块构建

可供水量是指在不同水平年、不同保证率情况下,可利用水资源量、需水量及工程供水能力三者结合条件下工程可提供的水量。本书研究中可供水量计算为水资源总量减去水资源耗损量。

(一)水库水面蒸发损失

$$R_E = E \times R_A \tag{9-23}$$

式中: R_E 为水库水面蒸发损失量,m^3; E 为水面蒸发能力,m; R_A 为水库水面面积,m^2,根据红崖山水库库容—面积曲线推求。

(二)水库渗漏损失

$$R_S = K_S \times R_V \tag{9-24}$$

式中: R_S 为水库渗漏损失量,万 m^3; K_S 为水库渗漏系数; R_V 为水库蓄水库容,万 m^3。

(三)渠系水面蒸发损失

渠系水面蒸发量由各级渠道行水时裸露的水面面积、年内行水时间、蒸发值确定。由于渠道水为流动水,水面温度比当地静止水体水面温度低,故其蒸发值小于当地气象站蒸发皿的蒸发值。根据这个原则并参考水文学资料,渠道水面蒸发值取当地气象站蒸发量的56%。对于各级渠系规格不同以及过水流量变化引起的水面面积变化,水面面积根据水力学公式推算出水深迭代计算。

1. 水面宽度

渠系水面宽度近似地按矩形渠道公式进行计算:

$$B = b + 2mh \tag{9-25}$$

其中,水深根据谢才公式推导得到的如下迭代公式进行计算:

$$h^{(j+1)} = \left(\frac{nQ}{\sqrt{i}}\right)^{0.6} \frac{(b + 2h^{(h)}\sqrt{1 + m^2})^{0.4}}{(b + mh^{(j)})} \tag{9-26}$$

式中:h 为渠道水深,m;n 为渠道糙率;Q 为渠道流量,m^3/s;b 为渠底宽度,m;i 为底坡;m 为边坡系数;B 为水面宽度,m。

2. 渠系水面蒸发

渠系水面蒸发损失计算公式为

$$R_{渠} = BLSE \tag{9-27}$$

式中:$R_{渠}$ 为渠系水面蒸发损失,m^3;B 为行水水面宽度,m;L 为行水长度,m;S 为行水时间,d;E 为水面蒸发能力,m。

(四)渠系渗漏损失

为了提高河渠入渗水量计算精度,本书研究未采用多年平均入渗系数法或以典型地段入渗系数推求全区的方法,而是收集了各灌区逐级渠道各时段引水资料和渠系参数,对各级渠道直接采用水均衡法计算入渗量。具体计算公式为

$$R_{渠} = W(1 - \eta) - R_{水面} \tag{9-28}$$

式中:$R_{渠}$ 为渠系入渗损失量,m^3;W 为渠首引水量,m^3;η 为渠系利用系数;$R_{水面}$ 为水面蒸发损失量,m^3。

第五节　地表水资源调度管理方案

一、调度管理方案优化

(一)方案设计

根据前述原则,依据 2010 ~ 2015 年不同频率($P = 25\%$、50%、75%)来水条件和人均耕地面积设定水资源调度管理方案。

方案一:2010 年农民人均耕地面积 0. 167 hm^2。

方案二:2010 年农民人均耕地面积 0. 183 hm^2,2015 年压缩到 0. 177 hm^2。

方案三:2010 年农民人均耕地面积 0. 200 hm^2,2015 年压缩到 0. 183 hm^2。

经专家讨论初步筛选,考虑各种措施下方案实施的难易程度,提出合理的水资源调度管理方案。

(二)方案运行结果

模拟计算在空间尺度上以 106 个计算单元为基础,时间步长以旬为基本单位。受篇幅所限,本书给出 2010 年和 2015 年平水年汇总到乡镇的计算结果。

1. 不同水平年需水计算结果

结合前面介绍的需水预测方法,在加大绿洲节水力度、调整农业种植结构的前提下,给出相关定量指标,民勤绿洲 2010 年和 2015 年平水年不同方案毛需水预测结果见表 9-17 ~ 表 9-22。

表 9-17　2010 年平水年方案一民勤绿洲毛需水预测结果　（单位:万 m³）

乡(镇)	农业	生活	工业	生态	合计
大坝乡	1 027.10	59.51	9.84	253.76	1 350.22
大滩乡	1 537.74	51.10	42.10	231.72	1 862.65
东坝镇	1 132.40	52.81	14.10	149.36	1 348.66
东湖镇	1 427.99	67.15	10.84	231.06	1 737.05
红沙梁	1 063.77	37.25	24.41	203.95	1 329.38
夹河乡	1 695.25	33.57	3.94	308.24	2 041.00
泉山乡	2 154.01	60.01	20.61	216.41	2 451.03
三雷乡	934.53	155.57	167.48	122.55	1 380.13
收成乡	2 675.76	57.55	12.40	136.86	2 882.57
双茨科乡	2 593.80	48.40	22.05	182.62	2 846.86
苏武乡	2 241.77	110.15	171.70	642.45	3 166.08
西渠镇	5 404.61	122.32	79.19	375.63	5 981.76
薛百乡	1 615.94	54.64	14.80	370.42	2 055.81
合计	25 504.68	910.04	593.45	3 425.03	30 433.19

表 9-18　2010 年平水年方案二民勤绿洲毛需水预测结果　（单位:万 m³）

乡(镇)	农业	生活	工业	生态	合计
大坝乡	1 095.05	59.51	9.84	253.76	1 418.16
大滩乡	1 659.10	51.10	42.10	230.75	1 983.06
东坝镇	1 215.00	52.81	14.10	149.36	1 431.27
东湖镇	1 570.80	67.15	10.84	231.06	1 879.86
红沙梁	1 120.29	37.25	24.41	203.60	1 385.55
夹河乡	1 809.08	33.57	3.94	308.24	2 154.83
泉山乡	2 275.64	60.01	20.61	216.41	2 572.66
三雷乡	1 002.07	155.57	167.48	122.55	1 447.68
收成乡	2 943.35	57.55	12.4	136.86	3 150.15
双茨科乡	2 785.44	48.4	22.05	182.62	3 038.52
苏武乡	2 363.22	110.15	171.7	642.45	3 287.52
西渠镇	5 945.11	122.32	79.19	375.63	6 522.25
薛百乡	1 740.39	54.64	14.8	370.42	2 180.25
合计	27 524.54	910.03	593.46	3 423.71	32 451.76

表9-19 2010年平水年方案三民勤绿洲毛需水预测结果 （单位：万 m³）

乡（镇）	农业	生活	工业	生态	合计
大坝乡	1 119.85	59.51	9.84	214.97	1 404.17
大滩乡	1 791.31	51.1	42.1	232.7	2 117.2
东坝镇	1 296.29	52.81	14.10	141.27	1 504.47
东湖镇	1 699.66	67.15	10.84	238.31	2 015.97
红沙梁	1 263.55	37.25	24.41	214.07	1 539.29
夹河乡	1 933.86	33.57	3.94	285.20	2 256.57
泉山乡	2 535.63	60.01	20.61	225.94	2 842.19
三雷乡	1 048.65	155.57	167.48	108.24	1 479.94
收成乡	3 174.43	57.55	12.4	140.25	3 384.64
双茨科乡	3 018.57	48.4	22.05	172.36	3 261.39
苏武乡	2 534.57	110.15	171.7	602.4	3 418.82
西渠镇	6 421.01	122.32	79.19	387.58	7 010.12
薛百乡	1 805.93	54.64	14.8	315.84	2 191.22
合计	29 643.31	910.03	593.46	3 279.13	34 425.99

表9-20 2015年平水年方案一民勤绿洲毛需水预测结果 （单位：万 m³）

乡（镇）	农业	生活	工业	生态	合计
大坝乡	1 016.05	104.07	28.29	307.32	1 455.73
大滩乡	1 575.80	91.39	121.02	282.31	2 070.52
东坝镇	1 126.03	90.59	40.51	182.54	1 439.67
东湖镇	1 504.70	115.86	31.16	297.86	1 949.58
红沙梁乡	1 092.67	63.49	70.16	252.26	1 478.58
夹河乡	1 676.31	58.72	11.32	375.92	2 122.27
泉山乡	2 192.75	100.71	59.22	265.17	2 617.85
三雷乡	922.56	225.73	481.33	148.23	1 777.85
收成乡	2 777.90	100.08	35.61	174.67	3 088.26
双茨科乡	2 543.80	84.01	63.37	217.89	2 909.07
苏武乡	2 186.48	182.12	493.46	781.93	3 643.99
西渠镇	5 618.90	213.52	227.59	484.53	6 544.54
薛百乡	1 587.56	96.24	42.53	444.65	2 170.98
合计	25 821.51	1 526.53	1 705.57	4 215.28	33 268.94

表 9-21　2015 年平水年方案二民勤绿洲毛需水预测结果　　（单位：万 m³）

乡（镇）	农业	生活	工业	生态	合计
大坝乡	1 016.05	104.07	28.29	307.32	1 455.73
大滩乡	1 575.80	91.39	121.02	282.31	2 070.52
东坝镇	1 126.03	90.59	40.51	182.54	1 439.67
东湖镇	1 504.70	115.86	31.16	297.86	1 949.58
红沙梁乡	1 092.67	63.49	70.16	252.26	1 478.58
夹河乡	1 676.31	58.72	11.32	375.92	2 122.27
泉山镇	2 192.75	100.71	59.22	265.17	2 617.85
三雷乡	922.56	225.73	481.33	148.23	1 777.85
收成乡	2 777.90	100.08	35.61	174.67	3 088.26
双茨科乡	2 543.80	84.01	63.37	217.89	2 909.07
苏武乡	2 186.48	182.12	493.46	781.93	3 643.99
西渠镇	5 618.90	213.52	227.59	484.53	6 544.54
薛百乡	1 587.56	96.24	42.53	444.65	2 170.98
合计	25 821.51	1 526.53	1 705.57	4 215.28	33 268.94

表 9-22　2015 年平水年方案三民勤绿洲毛需水预测结果　　（单位：万 m³）

乡（镇）	农业	生活	工业	生态	合计
大坝乡	1 125.83	104.07	28.29	311.75	1 569.94
大滩乡	1 664.83	91.39	121.02	284.66	2 161.90
东坝镇	1 239.26	90.60	40.52	183.49	1 553.87
东湖镇	1 606.16	115.86	31.16	283.86	2 037.04
红沙梁乡	1 166.33	63.49	70.16	250.55	1 550.53
夹河乡	1 850.90	58.72	11.32	378.67	2 299.61
泉山镇	2 356.35	100.71	59.22	268.09	2 784.37
三雷乡	1 020.56	225.73	481.33	150.55	1 878.17
收成乡	3 000.12	100.08	35.61	168.13	3 303.94
双茨科乡	2 762.52	84.01	63.37	224.35	3 134.25
苏武乡	2 414.02	182.11	493.47	789.25	3 878.86
西渠镇	6 055.78	213.53	227.59	461.46	6 958.35
薛百乡	1 760.66	96.25	42.53	455.06	2 354.50
合计	28 023.30	1 526.55	1 705.58	4 209.88	35 465.32

从预测结果可知:平水年方案一民勤绿洲 2010 年毛需水总量 30 433.19 万 m³,其中农业毛需水量 25 504.68 万 m³,占 83.81%;生态毛需水量 3 425.03 万 m³,占 11.25%;工业和生活毛需水量仅 1 503.49 万 m³,占 4.94%。

平水年方案二民勤绿洲 2010 年毛需水总量 32 451.75 万 m³,其中农业毛需水量 27 524.55 万 m³,占 84.82%;生态毛需水量 3 423.72 万 m³,占 10.55%;工业和生活毛需水量 1 503.49 万 m³,占 4.63%。

平水年方案三民勤绿洲 2010 年毛需水总量 34 425.96 万 m³,其中农业毛需水量 29 643.36 万 m³,占 86.11%;生态毛需水量 3 279.12 万 m³,占 9.53%;工业和生活毛需水量 1 503.49 万 m³,占 4.36%。

平水年方案一民勤绿洲 2015 年毛需水总量 33 268.94 万 m³,其中农业毛需水量 25 821.51 万 m³,占 77.61%;生态毛需水量 4 215.28 万 m³,占 12.67%;工业和生活毛需水量 3 232.10 万 m³,占 9.72%。

平水年方案二民勤绿洲 2015 年毛需水总量 33 268.94 万 m³,其中农业毛需水量 25 821.51 万 m³,占 77.61%;生态毛需水量 4 215.28 万 m³,占 12.67%;工业和生活毛需水量 3 232.10 万 m³,占 9.72%。

平水年方案三民勤绿洲 2015 年毛需水总量 35 465.32 万 m³,其中农业毛需水量 28 023.30 万 m³,占 79.02%;生态毛需水量 4 209.88 万 m³,占 11.87%;工业和生活毛需水量 3 232.13 万 m³,占 9.11%。

2. 不同水平年供水量计算结果

根据不同水平年水利工程布局和长系列来水预测结果,将来水代入水资源供需平衡模型进行长系列计算,得到各单元不同水平年的供水情况。

1)方案一水资源调度结果

方案一充分考虑恢复湖区生态环境,农业人口人均耕地面积严格遵守《石羊河流域重点治理规划》要求,即到 2010 年压缩至 0.167 hm²,采用以需定供方式进行供水,2010 年平水年全年供水 30 433.19 万 m³,地表水供水 22 150.38 万 m³,占总供水量的 72.78%,水库可供水量全部调出,无剩水;地下水供水 8 282.80 万 m³,占 27.22%。地表水供水中农业供水 19 346.23 万 m³,占 87.34%;生态供水 2 804.16 万 m³,占 12.66%。地下水供水中农业供水量占主要地位,为 6 158.45 万 m³,占 74.35%;其次为生活供水量,为 910.04 万 m³,占 10.99%;生态供水 620.86 万 m³,占 7.50%;工业供水量最小,为 593.45 万 m³,占 7.16%。

2010 年耕地面积压缩到规划目标,2015 年耕地面积保持不变。预测 2015 年平水年全年供水 33 268.94 万 m³,其中地表水供水 25 316.19 万 m³,占总供水量的 76.10%,水库可供水量全部调出,无剩水;地下水供水 7 952.75 万 m³,占 23.90%。地表水供水中农业供水量 21 687.15 万 m³,占 85.67%;生态供水量 3 629.04 万 m³,占 14.33%。地下水供水中农业供水量占主要地位,为 4 134.34 万 m³,占 51.99%;其次为工业供水量,为 1 705.58 万 m³,占 21.45%;生活供水 1 526.55 万 m³,占 19.20%;生态供水量最小,为 586.27 万 m³,占 7.37%。

民勤绿洲方案一不同水平年水资源调度结果见表 9-23 和表 9-24。

表 9-23　民勤绿洲 2010 年平水年方案一水资源调度结果　　（单位：万 m³）

乡镇	地表水供水量			地下水供水量					总供水量
	农业	生态	合计	农业	生活	工业	生态	合计	
大坝乡	746.60	203.74	950.34	280.50	59.51	9.84	50.03	399.88	1 350.22
大滩乡	1 157.68	190.73	1 348.41	380.06	51.10	42.10	40.99	514.25	1 862.65
东坝镇	714.53	121.01	835.53	417.87	52.81	14.10	28.35	513.13	1 348.66
东湖镇	1 211.62	199.94	1 411.55	216.38	67.15	10.84	31.13	325.50	1 737.05
红沙梁	877.86	167.06	1 044.91	185.91	37.25	24.41	36.89	284.47	1 329.38
夹河乡	1 067.38	249.21	1 316.59	627.87	33.57	3.94	59.03	724.40	2 041.00
泉山乡	1 724.71	174.31	1 899.02	429.30	60.01	20.61	42.10	552.01	2 451.03
三雷乡	610.46	98.27	708.73	324.07	155.57	167.48	24.28	671.40	1 380.13
收成乡	2 283.85	117.24	2 401.10	391.91	57.55	12.40	19.62	481.47	2 882.57
双茨科乡	1 860.19	144.24	2 004.42	733.62	48.40	22.05	38.38	842.44	2 846.86
苏武乡	1 543.47	518.38	2 061.85	698.30	110.15	171.70	124.07	1 104.21	3 166.08
西渠镇	4 559.76	325.25	4 885.01	844.85	122.32	79.19	50.38	1 096.75	5 981.76
薛百乡	988.12	294.79	1 282.91	627.82	54.64	14.80	75.63	772.89	2 055.81
合计	19 346.23	2 804.16	22 150.38	6 158.45	910.04	593.45	620.86	8 282.80	30 433.19

表 9-24　民勤绿洲 2015 年平水年方案一水资源调度结果　　（单位：万 m³）

乡镇	地表水供水量			地下水供水量					总供水量
	农业	生态	合计	农业	生活	工业	生态	合计	
大坝乡	759.51	250.29	1 009.80	256.54	104.07	28.29	57.03	445.93	1 455.73
大滩乡	1 342.93	234.85	1 577.78	232.87	91.39	121.02	47.46	492.74	2 070.52
东坝镇	723.98	148.66	872.63	402.05	90.59	40.51	33.88	567.05	1 439.68
东湖镇	1 504.70	297.86	1 802.56	0.00	115.86	31.16	0	147.01	1 949.57
红沙梁	983.90	211.68	1 195.58	108.77	63.49	70.16	40.58	283.00	1 478.58
夹河乡	1 046.93	306.16	1 353.09	629.38	58.72	11.32	69.76	769.18	2 122.27
泉山乡	1 950.08	222.26	2 172.34	242.67	100.71	59.22	42.91	445.51	2 617.84
三雷乡	616.02	120.73	736.75	306.54	225.73	481.33	27.50	1 041.11	1 777.85
收成乡	2 777.90	174.67	2 952.57	0.00	100.08	35.61	0.00	135.69	3 088.27
双茨科乡	1 943.22	178.37	2 121.59	600.58	84.01	63.37	39.52	787.48	2 909.07
苏武乡	1 413.05	636.83	2 049.89	773.43	182.12	493.46	145.10	1594.11	3 643.99
西渠镇	5 618.90	484.53	6 103.43	0.00	213.52	227.59	0.00	441.12	6 544.54
薛百乡	1 006.04	362.14	1 368.19	581.52	96.24	42.53	82.51	802.82	2 171.00
合计	21 687.15	3 629.04	25 316.19	4 134.34	1 526.55	1 705.58	586.27	7 952.75	33 268.94

2)方案二水资源调度结果

方案二在充分考虑恢复湖区生态环境的前提下,2010年农业人口人均耕地面积压缩至0.183 hm²,采用以需定供方式进行供水,2010年平水年全年供水32 451.75万m³,地表水供水22 150.38万m³,占68.26%,水库可供水量全部调出,无剩水;地下水供水1 0301.37万m³,占31.74%。地表水供水中农业供水量19 350.99万m³,占87.36%;生态供水量2 799.39万m³,占12.64%。地下水供水中农业供水量占主要地位,为8 173.56万m³,占79.34%;其次为生活供水量,为910.04万m³,占8.83%;生态供水624.33万m³,占6.06%;工业供水量最小,为593.45万m³,占5.76%。

2015年人均耕地面积压缩至0.167 hm²,预测2015年平水年全年供水33 268.94万m³,其中地表水供水25 316.19万m³,占76.10%,水库可供水量全部调出,无剩水;地下水供水7 952.75万m³,占23.90%。地表水供水中农业供水量21 687.15万m³,占85.67%;生态供水量3 629.04万m³,占14.33%。地下水供水中农业供水量占主要地位,为4 134.34万m³,占51.99%;其次为工业供水量,为1 705.58万m³,占21.45%;生活供水1 526.55万m³,占19.20%;生态供水量最小,为586.27万m³,占7.37%。

民勤绿洲方案二不同水平年水资源调度结果见表9-25和表9-26。

表9-25 民勤绿洲2010年平水年方案二水资源调度结果 （单位:万 m³）

乡镇	地表水供水量			地下水供水量					总供水量
	农业	生态	合计	农业	生活	工业	生态	合计	
大坝乡	694.84	203.74	898.57	400.21	59.51	9.84	50.03	519.59	1 418.16
大滩乡	1 155.56	187.23	1 342.79	503.54	51.10	42.10	43.52	640.26	1 983.06
东坝镇	674.57	121.01	795.58	540.43	52.81	14.10	28.35	635.70	1 431.27
东湖镇	1 332.79	199.94	1 532.72	238.02	67.15	10.84	31.13	347.13	1 879.86
红沙梁	784.33	165.77	950.11	335.96	37.25	24.41	37.82	435.44	1 385.55
夹河乡	971.56	249.21	1 220.77	837.52	33.57	3.94	59.03	934.06	2 154.83
泉山乡	1 556.16	174.31	1 730.47	719.48	60.01	20.61	42.10	842.19	2 572.66
三雷乡	577.27	98.27	675.54	424.80	155.57	167.48	24.28	772.14	1 447.68
收成乡	2 512.25	117.24	2 629.49	431.10	57.55	12.40	19.62	520.67	3 150.15
双茨科乡	1 799.87	144.24	1 944.11	985.57	48.40	22.05	38.38	1 094.41	3 038.52
苏武乡	1 324.22	518.38	1 842.62	1 039.00	110.15	171.70	124.07	1 444.91	3 287.52
西渠镇	5 015.76	325.25	5 341.00	929.33	122.32	79.19	50.38	1 181.23	6 522.25
薛百乡	951.82	294.79	1 246.61	788.56	54.64	14.80	75.63	933.64	2 180.25
合计	19 350.99	2 799.39	22 150.38	8 173.56	910.04	593.45	624.33	10 301.37	32 451.75

表 9-26　民勤绿洲 2015 年平水年方案二水资源调度结果　　　　（单位:万 m³）

乡镇	地表水供水量			地下水供水量					总供水量
	农业	生态	合计	农业	生活	工业	生态	合计	
大坝乡	759.51	250.29	1 009.80	256.54	104.07	28.29	57.03	445.93	1 455.73
大滩乡	1 342.93	234.85	1 577.78	232.87	91.39	121.02	47.46	492.74	2 070.52
东坝镇	723.98	148.66	872.63	402.05	90.59	40.51	33.88	567.05	1 439.68
东湖镇	1 504.70	297.86	1 802.56	0.00	115.86	31.16	0.00	147.01	1 949.57
红沙梁	983.90	211.68	1 195.58	108.77	63.49	70.16	40.58	283.00	1 478.58
夹河乡	1 046.93	306.16	1 353.09	629.38	58.72	11.32	69.76	769.18	2 122.27
泉山乡	1 950.08	222.26	2 172.34	242.67	100.71	59.22	42.91	445.51	2 617.84
三雷乡	616.02	120.73	736.75	306.54	225.73	481.33	27.50	1 041.11	1 777.85
收成乡	2 777.90	174.67	2 952.57	0.00	100.08	35.61	0.00	135.69	3 088.27
双茨科乡	1 943.22	178.37	2 121.59	600.58	84.01	63.37	39.52	787.48	2 909.07
苏武乡	1 413.05	636.83	2 049.89	773.43	182.12	493.46	145.10	1 594.11	3 643.99
西渠镇	5 618.90	484.53	6 103.43	0.00	213.52	227.59	0.00	441.12	6 544.54
薛百乡	1 006.04	362.14	1 368.19	581.52	96.24	42.53	82.51	802.82	2 171.00
合计	21 687.15	3 629.04	25 316.19	4 134.34	1 526.55	1 705.58	586.27	7 952.75	33 268.94

3)方案三水资源调度结果

方案三在考虑耕地面积压缩过程中存在的问题和难度,假定压缩目标尚未达到的前提下,以优先恢复湖区生态环境为目标,2010 年人均耕地面积压缩至 0.20 hm²,采用以需定供方式进行供水,平水年全年供水 34 425.96 万 m³,地表水供水 21 479.36 万 m³,占 62.39%,水库可供水资源未全部调出,剩余水量 671.03 万 m³;地下水供水 12 946.60 万 m³,占 37.61%。地表水供水中农业供水量 19 124.83 万 m³,占地表水供水的 89.04%;生态供水量 2 354.53 万 m³,占 10.96%。地下水供水中农业供水量占主要地位,为 10 518.53 万 m³,占 81.25%;其次为生态供水量,为 924.59 万 m³,占 7.14%;生活供水 910.04 万 m³,占 7.03%;工业供水量最小,为 593.45 万 m³,占 4.58%。

到 2015 年人均耕地面积压缩至 0.183 hm²,预测 2015 年平水年全年供水 35 465.32 万 m³,地表水供水 25 316.19 万 m³,占 71.38%,水库可供水资源全部调出,无剩水。地下水供水 10 149.13 万 m³,占 28.62%。地表水供水中农业供水量 21 863.15 万 m³,占 86.36%;生态供水量 3 453.04 万 m³,占 13.64%。地下水供水中农业供水量占主要地位,为 6 160.15 万 m³,占 60.70%;其次为工业供水量,为 1 705.58 万 m³,占 16.81%;生活供水 1 526.55 万 m³,占 15.04%;生态供水量最小,为 756.84 万 m³,占 7.46%。

民勤绿洲方案三不同水平年水资源调度结果见表 9-27 和表 9-28。

表 9-27　民勤绿洲 2010 年平水年方案三水资源调度结果　　　（单位:万 m³）

乡镇	地表水供水量			地下水供水量					总供水量
	农业	生态	合计	农业	生活	工业	生态	合计	
大坝乡	470.44	71.02	541.46	649.41	59.51	9.84	143.95	862.71	1 404.17
大滩乡	1 163.02	199.00	1 362.02	628.28	51.10	42.10	33.70	755.18	2 117.20
东坝镇	611.39	93.39	704.78	684.90	52.81	14.10	47.88	799.69	1 504.47
东湖镇	1 400.50	226.99	1 627.50	299.16	67.15	10.84	11.32	388.47	2 015.97
红沙梁	1 006.16	203.98	1 210.14	257.39	37.25	24.41	10.09	329.15	1 539.29
夹河乡	888.33	170.61	1 058.94	1 045.53	33.57	3.94	114.59	1 197.63	2 256.57
泉山乡	1 852.53	214.48	2 067.01	683.10	60.01	20.61	11.46	775.17	2 842.19
三雷乡	435.35	50.59	485.94	613.30	155.57	167.48	57.65	994.00	1 479.94
收成乡	2 563.21	133.12	2 696.33	611.22	57.55	12.40	7.13	688.30	3 384.64
双茨科乡	1 728.10	119.70	1 847.80	1 290.48	48.40	22.05	52.65	1 413.58	3 261.39
苏武乡	1 237.67	386.49	1 624.17	1 296.90	110.15	171.70	215.90	1 794.65	3 418.82
西渠镇	5 152.55	369.26	5 521.82	1 268.46	122.32	79.19	18.32	1 488.30	7 010.12
薛百乡	615.56	115.90	731.45	1 190.39	54.64	14.80	199.94	1 459.77	2 191.22
合计	19 124.83	2 354.53	21 479.36	10 518.53	910.04	593.45	924.59	12 946.60	34 425.96

表 9-28　民勤绿洲 2015 年平水年方案三水资源调度结果　　　（单位:万 m³）

乡镇	地表水供水量			地下水供水量					总供水量
	农业	生态	合计	农业	生活	工业	生态	合计	
大坝乡	835.47	250.29	1 085.75	290.37	104.07	28.29	61.46	484.19	1 569.94
大滩乡	1 205.08	234.31	1 439.39	459.75	91.39	121.02	50.35	722.51	2 161.90
东坝镇	782.67	148.66	931.32	456.59	90.59	40.51	34.83	622.55	1 553.87
东湖镇	1 468.02	245.63	1 713.64	138.14	115.86	31.16	38.24	323.39	2 037.04
红沙梁	952.18	205.23	1 157.41	214.15	63.49	70.16	45.32	393.12	1 550.53
夹河乡	1 151.63	306.16	1 457.79	699.27	58.72	11.32	72.51	841.82	2 299.61
泉山乡	1 896.64	222.26	2 118.89	459.71	100.71	59.22	45.83	665.48	2 784.37
三雷乡	677.63	120.73	798.36	342.93	225.73	481.33	29.83	1 079.82	1 878.17
收成乡	2 786.26	144.05	2 930.28	213.86	100.08	35.61	24.09	373.64	3 303.94
双茨科乡	1 885.35	177.19	2 062.55	877.17	84.01	63.37	47.15	1 071.69	3 134.24
苏武乡	1 554.37	636.83	2 191.19	859.66	182.12	493.46	152.41	1 687.66	3 878.86
西渠镇	5 561.24	399.57	5 960.79	494.55	213.52	227.59	61.90	997.56	6 958.35
薛百乡	1 106.66	362.14	1 468.80	654.01	96.24	42.53	92.92	885.71	2 354.51
合计	21 863.15	3 453.04	25 316.19	6 160.15	1 526.55	1 705.58	756.84	10 149.13	35 465.32

二、调度管理推荐方案

从供需平衡结果分析,按照以需定供的原则,在调度计算年份内,3 种方案都满足现有的生活、农业、生态和工业需水。然而,考虑到民勤绿洲农业生产现状和石羊河流域重点治理规划目标,人均耕地面积需在 2010 年达到 0.167 hm²。因此,研究推荐方案一作为优选方案。此方案实现了民勤蔡旗断面水量目标,对抢救民勤绿洲有十分积极的作用,其生态将有明显恢复,恢复民勤生态的目标将会实现。

三、地表水资源管理对策

(一)实行统一配置,严格调度管理

建立地表水统一分配和调度机制,实行统一规划、统一调度、统一发放水权证,政府和有关部门认真落实年度分水计划,严格调水程序,科学实施调度,进一步强化石羊河流域水资源管理。

(二)加强过程管理,实行差别水价

严格落实水资源分配方案,推行水资源预决算管理,强化过程控制;严格水权审批程序,杜绝超用、乱用等现象;严格实施用水监控,加强动态巡查;严格落实执法监督,实行政府调控,部门配合,全力落实水电共管措施;加强协会管理,充分发挥参与式管理;全面推行新的农业用水价格管理办法,充分发挥水价的调节作用,积极推行农民定额内用水享受优惠、超定额用水累进加价的农业水价综合改革。

(三)强化农业节水,实施高效利用

落实各类节水技术,大力推广实施大田滴管、温室滴管等高新节水技术,推行科学合理的灌溉制度,降低灌溉定额;坚持效益优先、节水为本,加快各级输配水渠道的改造和硬化,提高地表水利用效率;全面推广膜下滴灌、小畦灌溉、垄作沟灌等农田节水和设施农业节水为主的农业综合节水技术,提高用水效率。

(四)开源节流并举,建设节水型社会

推动石羊河流域污水资源化,拓宽污水资源化项目融资渠道,推动污水资源化项目企业化运营管理大力宣传,引导全社会牢固树立水资源"稀缺"、水资源有价的观念,强化全社会节水意识;通过建立样板示范工程等多种方式,普及污水资源化知识,引导社会认识再生水;从全局出发,制定综合配套政策,推进和完善城市污水资源化进程的法律保障;把坚持节约用水放在首位,努力建设节水型社会;要加强法制建设,促进依法治水。

第六节　地下水资源开发利用方案

一、地下水开发利用原则及目标

(一)利用原则

1. 优先恢复湖区地下水位原则

民勤绿洲湖区地下水严重超采,生态环境恶化,迫切需要恢复地下水位,通过区域地表

水与地下水水量置换方式,优先恢复湖区地下水位,缓解环境恶化趋势。

2. 地下水补排平衡原则

根据地下水补给和储存条件,按照采补平衡的原则,调整优化地下水开采布局和用水结构。超采区压缩开采量,有资源潜力的地区扩大开采量,基本做到采补平衡,实现地下水资源的可持续利用。

3. 优质优用原则

按照优先满足人民生活用水需求,兼顾工业、农业和生态环境用水的序次和原则,合理开发利用地下水。

4. 统一调配地表水与地下水的原则

坚持地表水与地下水及上下游水资源统筹兼顾的原则。水资源调蓄要实行从以地表调蓄为主向地表、地下联合调蓄的战略转变,充分发挥地表水库和地下水库各自的优势,取长补短,优势互补,综合开发利用水资源。按照不同地区的水文地质条件,调整优化地下水开发布局和用水结构。

(二)目标及水平年

1. 目标

基于水资源调度模型推荐的优选方案(方案一)调度结果,通过在民勤盆地实施以强化节水为核心的综合治理措施,达到恢复地下水位、修复生态植被的目的。平水年,2010年民勤绿洲区地下水开采量由现状的3.59亿 m^3 减少到0.83亿 m^3,基本实现民勤绿洲地下水采补平衡,地下水位停止下降,有效遏制生态系统恶化趋势;2015年民勤绿洲区地下水开采量减少到0.80亿 m^3,实现民勤盆地地下水位持续回升,生态系统得到有效修复。

2. 水平年

以2007年为现状水平年,2010年和2015年为研究水平年,以2015年为重点进行实施方案研究。

二、地下水资源开发利用方案

(一)规划分区

民勤绿洲主要包括民勤县的坝区、泉山区和湖区以及绿洲边缘的荒漠区。由于地下水开采主要分布在民勤绿洲范围内,因此进行地下水规划分区时,主要按照坝区、泉山区、湖区进行。民勤绿洲区地下水规划分区见图9-21。坝区包括薛白、大坝、三雷、苏武、东坝和夹河6个乡(镇);泉山区包括红沙梁、泉山、大滩和双茨科4个乡(镇);湖区包括西渠、东湖和收成3个乡(镇)。

(二)方案确定

各分区除地表水配水外,配水总量不足部分均配置地下水,分年度地下水控制开采量为:2007年3.59亿 m^3,其中坝区灌区1.79亿 m^3,泉山灌区0.93亿 m^3,湖区灌区0.87亿 m^3;2010年0.83亿 m^3,其中坝区灌区0.42亿 m^3,泉山灌区0.22亿 m^3,湖区灌区0.19亿 m^3。地下水主要用于人畜饮用,少量用于补充地表水灌溉的不足部分;2015年0.80亿 m^3,其中坝区灌区0.41亿 m^3,泉山灌区0.21亿 m^3,湖区灌区0.18亿 m^3。不同水平年民勤绿洲区地下水开发方案见表9-29。

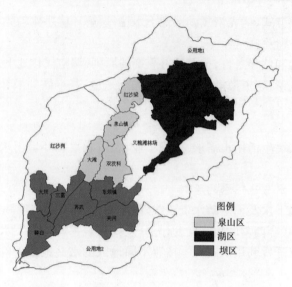

图 9-21　民勤绿洲区地下水规划分区示意图

表 9-29　不同水平年民勤绿洲区地下水开发方案　　　　　（单位：万 m³）

分区	乡镇	2010 年	2015 年
坝区	东坝镇	513.13	495.61
	大坝乡	399.88	386.23
	薛百乡	772.89	746.50
	三雷乡	671.40	648.48
	夹河乡	724.40	699.67
	苏武乡	1 104.23	1 066.53
	小计	4 185.93	4 043.01
泉山区	双茨科乡	842.44	813.68
	大滩乡	514.25	496.69
	红沙梁乡	284.47	274.76
	泉山乡	552.01	307.14
	小计	2 193.16	2 118.28
湖区	东湖镇	324.49	313.41
	西渠镇	1 096.76	1 059.31
	收成乡	481.46	465.02
	小计	1 903.71	1 838.71
合计		8 282.80	8 000.00

由于地下水开采量逐年减少，参照民勤绿洲区关井压田政策，相应的开采机井数量也应

逐年减少。根据方案一制订的地下水开采方案,制订与之相应的地下水开采井关闭方案,到 2010 年民勤绿洲区农业开采井由现在的 7 605 眼压缩到 1 757 眼,其中坝区 530 眼,泉山区 805 眼,湖区 422 眼;到 2015 年压缩到 1 691 眼,其中坝区 506 眼,泉山区 785 眼,湖区 400 眼。不同水平年民勤绿洲区地下水开采井规划结果见表 9-30。

表 9-30　不同水平年民勤绿洲地下水开采井规划结果　　　（单位:眼）

分区	乡镇	2010 年	2015 年
坝区	东坝镇	103	101
	大坝乡	134	131
	薛百乡	149	146
	三雷乡	130	127
	夹河乡	102	99
	苏武乡	187	181
	小计	805	785
泉山区	双茨科乡	163	155
	大滩乡	131	126
	红沙梁乡	93	89
	泉山乡	143	136
	小计	530	506
湖区	东湖镇	100	95
	西渠镇	174	164
	收成乡	148	141
	小计	422	400
合计		1 757	1 691

　　遵照地下水开发利用规划原则,充分考虑灌溉工程布局,民勤绿洲 2010 年、2015 年规划保留机井布置见图 9-22、图 9-23。

　　本书研究在水资源调度管理方案研究推荐优选方案的基础上,重点对民勤盆地三个分区的地下水资源开发利用方案进行了研究,分区提出了不同水平年地下水开采量以及相应的机井布局和数量。但这仅仅是在确保优选方案完全实施的基础上,基于地下水平衡原理进行的模拟计算,受方案落实程度等计算条件的制约,计算结果存在很大变数。尽管近年来采取了一系列措施,强化水资源调度管理,加强地下水开发利用保护,加大力度治理民勤地区的生态环境问题,一定程度上缓解了民勤地区生态环境恶化趋势,但从总体来看,有限的水资源数量、脆弱的生态环境决定了今后要走的路还很长。必须进一步加大产业结构调整力度,加快节水型社会建设步伐;充分利用好跨流域调水工程,增加可利用水资源数量,弥补盆地自身水资源不足的矛盾;建立和完善水资源管理手段,在包括民勤盆地的整个石羊河流

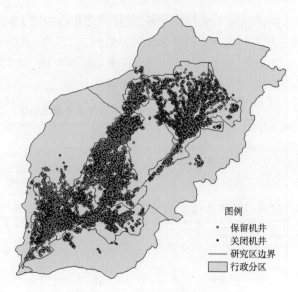

图 9-22　2010 年保留机井分布

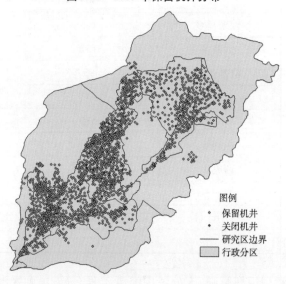

图 9-23　2015 年保留机井分布

域建立和完善地表水情与地下水动态观测、水环境监测与预报网络,实现水资源管理系统化;加强地表水地下水联合调度研究,掌握地下水动态以及地表水、地下水转换规律,全面提高水资源综合管理能力。

三、地下水资源管理对策

(1)编制年度管理计划。每年从 10 月下旬开始编制翌年的地下水开采和供水计划。由于民勤绿洲情况特殊,在近期内保持年内地下水采补平衡不符合客观实际,因此计划编制应遵循逐步缩小采补差距、延缓地下水位下降速度、控制地下水埋深不超过极限值的原则。各灌区以村级用水者协会为单位,编制年度开采和供水计划书,并由用水者协会逐级上报审核,按管理委员会的批准意见执行。编制依据是民勤县的种植结构调整计划、人均耕种面积和预测的地表水量,实行定额管理和总量控制,即水权的分配和核定。

(2)以水控电,以电控水。根据民勤县目前的实际,采取"以水控电,以电控水"的办法,是现阶段管理地下水最直接最有效的措施。总量指标由用水者协会逐级层层分配,水权明晰到灌区、村、单个机井和各用水农户,实行用水总量控制。

(3)加强机井更新改造管理。民勤县应将机井的产权和管理权分开,产权暂时保持不变,管理权交给用水者协会,由用水者协会核定收取管理费用,进行统一管理。今后的机井更新全部通过用水者协会申报,集体和联户申报的一概不予批准,随着机井的更新,使机井产权逐步由集体和联户向协会过渡,逐步达到统一管理水资源的目的。

(4)开征水资源费。通过开征地下水资源费,提高地下水水价,发挥经济杠杆的调节作用,强化节水意识,提高节水主动性,达到高效管理地下水的目的。按照"总量控制、定额管理"的原则,核定各用水户年度用水指标,超过批准指标所取水量,全部实行累进加价制度征收水资源费。

(5)大力发展节水灌溉,减少地下水开采量。地下水资源的恶性开发利用,已导致民勤绿洲生态环境的日益恶化,但在水资源开发利用过程中又存在许多不合理的问题。近年来,民勤县在渠道衬砌和种植结构调整方面开展了大量工作,取得了突出效果,尤其是石羊河重点治理项目的实施,在狠抓渠道衬砌等工程措施的同时,大力推广大田滴灌高新节水技术。今后,还应尽快建立有效的节水管理机制,通过增强全民节水意识来推动整体节水灌溉的发展。

(6)加强地下水保护。目前,民勤县境内各灌区不同程度地存在地下水被污染的现象,应加强治理和保护,尤其是湖区,已形成若干眼苦淡水封闭不严的深井,导致苦淡水混串,又未采取封存措施,浅层苦水严重污染深层淡水。若不尽快治理,不远的将来,湖区将成为永无淡水的地区,已建的若干项大型人饮工程将永远失去淡水水源。因此,为保证生活用水安全,应以乡或村为单位划定一定范围的生活用水水源地,在此范围内应采取严格措施,禁止一切可能造成地下水污染的人为活动。

(7)加大宣传力度,增强舆论引导。在民勤县范围内大力加强对水资源严重短缺和生态环境持续恶化的县情教育,使群众充分认识加强水资源保护的极端重要性和现实紧迫性,增强全社会节水意识,以及全民节水使命感和责任感,着力营造建设节水型社会的浓厚氛围,动员和鼓励民勤县广大干部、群众积极投身水利事业,保证水资源的永续利用和经济社会的可持续发展。

参 考 文 献

[1] Hillbricht-Ilkowska A, Maitre V. Water table fluctuations in the riparian zone: comparative results from a pan-European experiment[J]. Journal of Hydrology,2002, 265(1-4):129-148.

[2] Asian Development Bank. Asian water development outlook 2007—Achieving water security for Asia. P. IV. 2007.

[3] Asmuth Jos R. von, Knotters Martin. Characterising groundwater dynamics based on a system identification

approach[J]. Journal of Hydrology,2004,296(1-4):118-134.

[4] Bardossy A, Lehmann W. Spatial distribution of soil moisture in a small catchment. Part 1: geostatistical a-nalysis[J]. Journal of Hydrology,1998,206:1-15.

[5] Baird A J, Wilby R L. Ecohydrology: Plants and water in terrestrial and aquatic environments. Taylor & Francis Group,1998.

[6] Bakker M. Simulating groundwater flow in multi-aquifer systems with analytical and numerical Dupuit-models [J]. Journal of Hydrology,1999,222(1-4):55-64.

[7] Berendrecht W L, Heemink A W, Geer F C van,et al. State-space modeling of water table fluctuations in switching regimes[J]. Journal of Hydrology, 2004,292(1-4):249-261.

[8] Brunner Philip, Bauer Peter, Eugster Martin, et al. Using remote sensing to regionalize local precipitation re-charge rates obtained from the Chloride Method[J]. Journal of Hydrology,2004,294(4):241-250.

[9] Boken V K, Hoogenboom G, Hook J E, et al. Agricultural water use estimation using geospatial modeling and a geographic information system[J]. Agricultural Water Management, 2004, 67(3):185-199.

[10] Burt T P, Bates P D, Stewart M D,et al. Water table fluctuations within the flood plain of the River Severn, England[J]. Journal of Hydrology,2002, 262(1-4):102-121. 2002.

[11] Beckers J, Frind E O. Simulating groundwater flow and runoff for the Oro Moraine aquifer system. Part II, 2001.

[12] Bradley C. Simulation of the annual water table dynamics of a floodplain wetland, Narborough Bog, UK[J]. Journal of Hydrology,2002,261(1-4):150-172.

[13] Bouarfa S, Zimmer D. Water-table shapes and drain flow rates in shallow drainage systems[J]. Journal of Hydrology, 2002, 35(3-4):264-275.

[14] Cobby D M,David C M, Horritt M S, et al. Two-dimensional hydraulic flood modelling using a finite-ele-ment mesh decomposed according to vegetation and topographic features derived from airborne scanning laser altimetry[M]. Hydrol. Process,2003.

[15] Cabrera M C, Custodio E. Groundwater flow in a volcanic-sedimentary coastal aquifer: Telde area, Gran Canaria, Chen Zhuoheng, Grasby Stephen E, Osadetz Kirk G, 2002. Predicting average annual groundwa-ter levels from climatic variables: an empirical model[J]. Journal of Hydrology, 2004, 260(1-4):102-117.

[16] Ebrahee A M, Riad S, Wycisk P, et al. A local-scale groundwater flow model for groundwater resources management in Dakhla Oasis[J]. SW Egypt. Hydrogeology Journal, 2004, 12:714-722.

[17] Heilig A, Steenhuis T S, Walter M T, et al. Funneled flow mechanisms in layered soil: field investigations [J]. Journal of Hydrology, 2003, 279(1-4):210-223.

[18] Isabella Shentsis, Eliyahu Rosenthal. Recharge of aquifers by flood events in an arid region[J]. Hydrologi-cal Processes,2003,17(4):695-712.

[19] McNeely J A. Biodiversity in arid regions: values and perceptions[J]. Journal of Arid Environments, 2003, 54:61-70.

[20] Wu B, Ci L J. Landscape change and desertification development in the Mu Us Sandland, Northern China [J]. Journal of Arid Environments, 2002, 50(3):429-444.

[21] Yan P, Dong G R, Su Z Z, et al. Desertification problems in the Yangtze River source area, China[J]. Land Degradation & Development, 2004, 15(2): 177-182.

[22] Zhang L, Daves W R, Tom H J. Modeling hydrologic processes using a biophysically based model, applica-tion of waves to File and Hapex Moblihy[J]. Journal of Hydrology, 1996, 185(14):147-169.

[23]程国栋,张志强,李锐.西部地区生态环境建设的若干问题与政策建议[J].地理科学,2000,20(6):

503-510.

[24] 丁宏伟,王贵玲,黄晓辉.红崖山水库径流量减少与民勤绿洲水资源危机分析[J].中国沙漠,2003,23
(1):84-89.

[25] 俄有浩,严平,仲生年,等.民勤沙井子地区地下水动态研究[J].中国沙漠,1997,17(1):70-76.

[26] 樊文艳.水资源可持续利用中的"3S"技术应用研究[J].国土开发与整治,1999,9(3)42-44,

[27] 高志海.基于 RS 和 GIS 的绿洲荒漠化动态与机制研究[D].北京:北京林业大学,2003.

[28] 贾宝全,慈龙骏.绿洲–荒漠交错带土壤水分变化特征初步研究[J].植物生态学报,2002,26(2):
203-208.

[29] 颉耀文.近 2000 年来民勤绿洲土地利用/覆盖变化研究[D].兰州:兰州大学,2003.

[30] 颉耀文,郭英,矫树春.基于遥感与 GIS 的民勤盆地荒漠垦殖研究[J].遥感技术与应用,2004,19(5):
334-338.

[31] 李爱德,赵明,王耀琳.民勤地区不同林龄梭梭林地水分平衡研究[D]//王继和.甘肃治沙理论实践.
兰州:兰州大学出版社,1997.

[32] 刘昌明,陈志恺.中国水资源现状评价和供需发展趋势分析[M].北京:中国水利水电出版社,2001.

[33] 刘小勇,吴芸云,等.基于 GIS 技术的地下水资源预测预报系统[J].农业工程学报,2003,19(4):171-
174.

[34] 刘亚传.民勤绿洲生态环境演变的初步研究[J].生态学杂志,1984(3): 1-4.

[35] 马金珠,魏红.民勤地下水资源开发引起的生态与环境问题[J].干旱区研究,2003,20(4):261-265.

[36] 马兴旺,李保国.民勤绿洲现状土地利用模式影响下地下水位时空变化的预测[J].水科学进展,
2003,14(1):85-90.

[37] 王根绪,钱鞠,程国栋.生态水文学研究的现状和展望[J].地球科学进展,2001,16(3):314-323.

[38] 魏红.民勤盆地水资源承载力研究[D].兰州:兰州大学,2004.

[39] 魏怀东,高志海,丁峰.甘肃省民勤县土地荒漠化动态监测研究[J].水土保持学报,2004,18(2):32-
36.

[40] 杨建强,罗先香,等. GIS 支持下人类活动对地下水动态影响的定量分析[J].水科学进展,2003,14
(3):358-362.

[41] 张海桓,陈安华,徐富敏,等.石羊河流域地下水动态观测五年(1980—1984)报告[R].甘肃省地矿局
第二水文地质工程地质队,1986.

[42] 赵传燕.甘肃省祖厉河流域潜在生态条件的 GIS 辅助模拟研究[D].兰州:兰州大学,2003.

[43] 詹小国,文余源.3S 技术在长江水利中的应用及展望[J].人民长江,2001,32(12):27-29.

[44] 左其亭,周可法.基于"3S"技术的生态环境调查及生态用水量计算[J].水资源与水工程学报,2004,
15(2):1-4.

[45] 钟华平,刘恒,顾颖.石羊河下游民勤水资源与生态环境治理对策[J].西北水资源与水工程,2002,13
(1):10-13.

[46] 杜威漩.国内外水资源管理研究综述[J].水利发展研究,2006,6:17-21.

[47] 钟建华,谢宝丰."3S"技术与水资源管理[J].内蒙古科技与经济,2006,26:98-99.

[48] 邹应双,王义祥.基于 RS 和 GIS 的民勤湖区环境恶化动态分析[J].甘肃大学学报(自然学科版),
1999,35(4):109-116.

[49] 丁宏伟,张荷生.近 50 年来河西走廊地下水资源变化及对生态环境的影响[J].自然资源学报,2002,
17(6):691-697.

[50] 朱林元,唐万平.民勤绿洲生态环境与农业开发兴衰的历史演变[J].甘肃林业,2002(5):38-41.

[51] 孙雪涛.民勤绿洲水资源利用的历史现状和未来[J].中国工程科学,2004,6(1):1-9.

[52] 林志.民勤盆地的生态尴尬[J].西部大开发,2006(7):18-20.

[53] 刘虎俊,王继和,常兆丰,等.石羊河流域的水资源及其公众的水意识[J].干旱区资源与环境,2005,19(4):18-22.

[54] 俄有浩.民勤盆地地下水时空动态及其对生态环境变化影响过程的 GIS 辅助模拟[D].兰州:兰州大学,2005.

[55] 李宗礼.民勤地下水持续超采地区开采量优化分析[C]//中国西北荒漠区持续农业与沙漠综合治理国际学术论文集.兰州:兰州大学出版社,1998.

[56] 民勤县志编纂委员会.民勤县志[M].兰州:兰州大学出版社,1994.

[57] 施及人,郭普.河西走廊沙区防护林建设与水分平衡[C]//中国农学会,等.西北地区农业现代化会议论文集.1980.

[58] 田智兴.民勤县实施关闭机井的对策与措施[J].甘肃水利水电技术,2004,40(4):291-292.

[59] 魏怀东,高志海,丁峰.民勤县土地利用的空间变化分析[C]//中国西北荒漠区持续农业与沙漠综合治理国际学术论文集.兰州:兰州大学出版社,1998:166-172.

[60] 丁声怀,王继和.民勤沙区梭梭固沙林衰亡原因及其防治途径的初步研究[J].甘肃林业科技,1985(3):37-42.

[61] 范锡鹏.河西走廊主要含水层系地下水的运动与交替[J].甘肃地质,1983(00):103-115.

[62] 冯绳武.民勤绿洲及其水系[J].地理学报,1963,29(3):241-249.

[63] 甘肃省民勤治沙综合试验站.甘肃沙漠与治理[M].兰州:甘肃人民出版社,1974.

[64] 黄子琛,王继和,等.民勤地区梭梭林衰亡原因的初步研究[J].林业科学,1983,19(1):79-84.

[65] 刘家琼.民勤梭梭死亡原因的研究[J].中国沙漠,1982,2(2):44-46.

[66] 严平,俄有浩,韩福贵,等.民勤沙井子地区四十年来风沙活动状况及其与治沙造林的关系[J].甘肃林业科技,1996,21(3):20-23.

[67] 严平,韩福贵,俄有浩,等.民勤沙井子地区降水特征及干旱周期分析[J].中国沙漠,1997,17(1):32-37.

[68] 杨自辉.民勤沙井子地区40 a 来荒漠植被变迁初探[J].中国沙漠,1999,19(4):395-398.

[69] 张克斌.甘肃民勤地区梭梭林调查及合理密度的探讨[J].北京林学院学报,1984(1):132-135.

[70] 朱震达,陈广庭,等.中国土地沙质荒漠化[M].北京:科学出版社,1994.

[71] 陈崇希,唐仲华.地下水流动问题数值方法[M].武汉:中国地质大学出版社,1990.

[72] 马兴旺,李保国,吴春荣,等.绿洲区土地利用对地下水影响的数值模拟分析——以民勤绿洲为例[J].资源科学,2002,24(2):49-55.

[73] 范锡鹏.内陆河流域和山间盆地地下水资源评价[J].中国干旱半干旱地区地下水资源评价,1979,12(5):345-385.

[74] 谷源泽,张胜红,郭书英,等.FEFLOW 有限元地下水流系统[M].徐州:中国矿业大学出版社,2001.

[75] 贺国平,邵景力,崔亚莉,等.FEFLOW 在地下水流模拟方面的应用[J].成都理工大学学报(自然科学版),2003,30(4):356-361.

[76] 宋冬梅,肖笃宁,张志城,等.石羊河下游民勤绿洲生态安全时空变化分析[J].中国沙漠,2004,24(3):335-342.

[77] 王大纯,张人权.水文地质学基础[M].北京:地质出版社,1986.

[78] 王刚.酒泉盆地地下水系统数值模拟研究[D].兰州:兰州大学,2007.

[79] 朱高峰.民勤盆地地下水系统数值模拟与管理[D].兰州:兰州大学,2005.

[80] 薛禹群,谢春红.水文地质学的数值法[M].北京:煤炭工业出版社,1980.

[81] 薛禹群,朱学愚.地下水动力学[M].北京:地质出版社,1979.

[82] 张蔚榛.地下水土壤水动力学[M].北京:中国水利水电出版社,1996.

[83] 甘肃省水利科学研究院.基于3S 的民勤绿洲水资源管理技术应用与推广[R].2009.

第十章　流域水资源高效利用与管理实践

第一节　粮食作物节水灌溉新技术应用

一、小麦调亏灌溉技术模式应用

（1）种植方法。小麦调亏灌溉技术模式是在前茬作物收获后深耕,冬季储水灌 1 200 m^3/hm^2,次年播种前（3 月中旬）先施尿素 450 kg/hm^2、磷酸二铵 225 kg/hm^2、磷肥 450 kg/hm^2的底肥,喷洒除草剂,将肥料耙匀后采用机械播种,选用品种为"永良 4 号",播种量 450 kg/hm^2。在开花期随水追施 225 kg/hm^2尿素 1 次。播前进行试验田平整、施底肥、喷除草剂及选种等工作,生长发育过程中进行中耕,人工除草,必要时选择适宜的杀虫剂防治病虫害。

（2）灌水方法。采用畦灌技术,生育期土壤含水率下限指标控制苗期—拔节期（45% ~ 50%）θ_f,乳熟—收获期（50% ~55%）θ_f,其他生育期（65% ~70%）θ_f,全生育期灌水 4 次,分别为拔节期、孕穗期、开花期、灌浆期,灌水定额 900 m^3/hm^2,在抽穗期追肥 225 kg/hm^2尿素 1 次。调亏灌溉定额 4 800 m^3/hm^2,常规灌溉定额 5 400 m^3/hm^2。

（3）耗水规律。调亏灌溉播前土壤水分与对照无差别,播种后由于调亏灌溉首次灌水时间推迟 10 d 左右,灌水后含水率峰值也相应向后推移,整个生育期常规小麦共灌水 5 次,而调亏灌溉只灌水 4 次,虽然灌水次数减少,但不影响春小麦生长。示范田小麦耗水量 410.8 mm,较常规灌溉减少 64.2 mm。具体见表 10-1。

表 10-1　调亏灌溉小麦全生育期耗水量、耗水模数及耗水强度

种植方式	播种—苗期			苗期—拔节期			拔节—灌浆期			灌浆—成熟期		
	耗水量（mm）	耗水模数（%）	耗水强度（mm/d）	耗水量（mm）	耗水模数（%）	耗水强度（mm/d）	耗水量（mm）	耗水模数（%）	耗水强度（mm/d）	耗水量（mm）	耗水模数（%）	耗水强度（mm/d）
常规	109.20	25.10	4.04	74.40	14.46	4.13	212.10	45.09	7.74	79.00	15.35	3.29
调亏	74.47	18.13	2.33	72.35	17.61	4.02	209.68	51.04	6.99	54.32	13.22	2.26

（4）产量及水分利用效率。示范区小麦产量 7 170 kg/hm^2,比对照增产 4.77%,节水 12.00%,水分利用效率提高 21.53%。具体见表 10-2。

表 10-2　调亏灌溉小麦产量、增产率和节水率表

种植方式	灌水量(mm)	耗水量(mm)	产量(kg/hm²)	增产率(%)	水分利用效率(kg/m³)	节水率(%)
畦田灌溉	450	475	6 828.0	—	1.44	—
调亏灌溉	360	411	7 170.0	4.77	1.75	12.00

二、玉米垄作沟灌技术模式应用

(1)种植方法。玉米垄作沟灌技术模式是在前茬作物收割后深翻,春季储水灌 1 800 m³/hm²,播前施尿素 450 kg/hm²、磷酸二铵 225 kg/hm²、磷肥 450 kg/hm² 的底肥后起垄覆膜播种,垄宽 50 cm,沟宽 40 cm,每垄 2 行,行距 45 cm,株距 35 cm,每穴 2~3 粒,播后在垄沟内灌水 450 m³/hm²,选用品种为"豫玉 22 号"或"金穗 1 号"等,播种量 75 kg/hm²。在大喇叭口期、灌浆期、乳熟期分别随水追肥 3 次,每次施尿素 225 kg/hm²。播前进行试验田平整、施底肥、喷除草剂及选种等工作,出苗后及时放苗、间苗,在生长发育过程中进行中耕,人工除草,必要时选择适宜的杀虫剂防治病虫害。

(2)灌水方法。采用沟灌技术,生育期灌水 6 次,分别为 6 月上旬、6 月下旬、7 月上旬、7 月中旬、8 月下旬、9 月上旬,灌水定额 450 m³/hm²。垄作沟灌灌溉定额 4 500 m³/hm²,常规灌溉定额 5 250 m³/hm²。

(3)耗水规律。垄作沟灌玉米播前—苗期含水率与对照无差别,拔节后由于垄作沟灌玉米灌水次数较对照多 1 次,灌水后含水率峰值也不一致,整个生育期常规玉米共灌水 5 次,而垄作沟灌则需灌水 6 次,虽然灌水次数增加,但由于灌水定额较小,整个生育期灌水量较对照也小。示范应用区玉米耗水量 497.2 mm,较对照减少 99.3 mm。具体见表 10-3。

表 10-3　垄作沟灌玉米全生育期耗水量、耗水模数及耗水强度

种植方式	播种—苗期			苗期—拔节期			拔节—抽穗期			抽穗—灌浆期			灌浆—成熟期		
	耗水量(mm)	耗水模数(%)	耗水强度(mm/d)	耗水量(mm)	耗水模数(%)	耗水强度(mm/d)	耗水量(mm)	耗水模数(%)	耗水强度(mm/d)	耗水量(mm)	耗水模数(%)	耗水强度(mm/d)	耗水量(mm)	耗水模数(%)	耗水强度(mm/d)
常规地膜	110.8	16.20	2.77	144.3	21.09	5.15	102.0	14.91	6.00	204.7	29.92	6.02	122.3	17.88	2.72
垄作沟灌	73.1	14.70	1.83	87.5	17.60	3.13	85.3	17.16	5.02	153.1	30.79	4.50	98.2	19.75	2.18

(4)产量及水分利用效率。垄作沟灌玉米产量及水分利用效率分析结果见表 10-4,可见示范区比对照增产 3.7%、节水 27.32%,水分利用效率提高 24.53%。

表 10-4　垄作沟灌玉米产量及水分利用效率

种植方式	灌水量(mm)	耗水量(mm)	产量(kg/hm²)	增产率(%)	节水率(%)	水分利用效率(kg/m³)
常规地膜	540	597	12 640.5	—	—	2.12
垄作沟灌	300	497	13 105.5	3.7	27.32	2.64

第二节　大田经济作物节水灌溉新技术应用

一、制种玉米膜孔注水灌溉技术模式应用

（1）种植方法。前茬作物收获后，留茬免耕，以减少土壤水分无效蒸发和深层渗漏量；冬灌，灌水定额 1 200 m³/hm²。次年播种前深翻、耙糖、碾压，机械覆全膜后播种，定期监测土壤水分，适时进行第一次灌水。播前进行田间平整、施底肥、喷除草剂及选种等工作，出苗后及时放苗、间苗，生长发育过程中及时进行中耕，人工除草，必要时选择适宜的杀虫剂防治病虫害。在大喇叭口期、灌浆期、乳熟期随水追肥 3 次，每次施尿素 225 kg/hm²。

（2）灌水方法。全生育期灌水 6 次，灌水定额 750 m³/hm²。灌水时间按制种玉米生育期分别为播后、拔节期、大喇叭口期、抽穗期、灌浆期（2 次），具体时间分别为播后、6 月中旬、7 月上旬、7 月下旬、8 月中旬、9 月上旬。膜孔灌灌溉定额 5 700 m³/hm²，常规膜上灌灌溉定额 6 750 m³/hm²。

（3）耗水规律。全生育期膜孔灌耗水量 495.8 mm，而常规膜上灌高达 607.40 mm，具体见表 10-5。

表 10-5　制种玉米膜孔注水灌溉全生育期耗水量和耗水强度

处理	播种—苗期		苗期—拔节期		拔节—抽穗期		抽穗—灌浆期		灌浆—成熟期		全生育期	
	耗水量（mm）	耗水强度（mm/d）	耗水量（mm）	耗水强度（mm/d）	耗水量（mm）	耗水强度（mm/d）	耗水量（mm）	耗水强度（mm/d）	耗水量（mm）	耗水强度（mm/d）	耗水量（mm）	耗水强度（mm/d）
膜孔灌	78.37	2.61	98.80	2.47	108.43	5.42	108.54	3.62	101.67	2.90	495.80	3.20
常规膜上灌	71.55	2.39	117.97	2.95	146.75	7.34	155.44	5.18	115.68	3.31	607.40	3.92

（4）产量及水分利用效率。制种玉米膜孔注水灌溉水分利用效率分析结果见表 10-6，可见示范区比对照增产 2.54%、节水 18.37%，水分利用效率提高 47.67%。

表 10-6　制种玉米各处理产量、增产率和节水率

处理	灌水量（mm）	耗水量（mm）	产量（kg/hm²）	增产率（%）	节水率（%）	水分利用效率（kg/m³）
膜孔灌	375	496	15 583.5	2.54	18.37	4.12
常规膜上灌	540	607	15 079.5	0	0	2.79

二、制种玉米膜下滴灌技术模式应用

（1）种植方法。农田休闲期深翻，冬季储水定额 1 200 m³/hm²，播前进行田间平整、施底肥、喷除草剂及选种等工作，出苗后及时放苗、间苗，生长发育过程中及时中耕，人工除草，必要时选择适宜的杀虫剂防治病虫害。在大喇叭口期、灌浆期、乳熟期随水追肥 3 次，每次施尿素 225 kg/hm²。

（2）灌水方法。全生育期灌水 10 次，每次灌水定额 300 m³/hm²。灌水时间按制种玉米生育期分别为播后、拔节期、大喇叭口期（2 次）、抽穗期（2 次）、灌浆期（4 次），具体时间分别为 6 月上旬、6 月下旬、7 月上旬、7 月中旬、7 月下旬、8 月上旬、8 月中旬、8 月下旬、9 月上旬。膜下滴灌灌溉定额 4 200 m³/hm²，常规膜上灌灌溉定额 5 700 m³/hm²。

（3）耗水规律。全生育期制种玉米膜孔灌耗水量 387.27 mm，常规膜上灌高达 607.40 mm，具体见表 10-7。

表 10-7　制种玉米膜下滴灌全生育期耗水量和耗水强度

处理	播种—苗期		苗期—拔节期		拔节—抽穗期		抽穗—灌浆期		灌浆—成熟期		全生育期	
	耗水量（mm）	耗水强度（mm/d）	耗水量（mm）	耗水强度（mm/d）	耗水量（mm）	耗水强度（mm/d）	耗水量（mm）	耗水强度（mm/d）	耗水量（mm）	耗水强度（mm/d）	耗水量（mm）	耗水强度（mm/d）
膜下滴灌	56.24	1.87	100.61	2.52	62.93	3.15	88.11	2.94	79.38	2.27	387.27	2.50
常规膜上灌	71.55	2.39	117.97	2.95	146.75	7.34	155.44	5.18	115.68	3.31	607.40	3.92

（4）产量及水分利用效率。制种玉米膜下滴灌水分利用效率分析结果见表 10-8，可见膜下滴灌相比常规膜上灌产量有所降低，但节水效果显著，节水率高达 36.24%。

表 10-8　制种玉米膜下滴灌产量、增产率和节水率

处理	灌水量（mm）	耗水量（mm）	产量（kg/hm²）	增产率（%）	节水率（%）	水分利用效率（kg/m³）
膜下滴灌	210	387	14 721.0	−2.38	36.24	4.67
常规膜上灌	540	607	15 078.5	0	0	1.86

三、葵花膜孔注水灌溉技术模式应用

（1）种植方法。葵花膜孔注水灌溉技术模式是在前茬作物收割后深翻耕作层，春季储水灌 1 500 m³/hm²，伴随春耕施尿素 450 kg/hm²、磷酸二铵 225 kg/hm²、磷肥 450 kg/hm² 作底肥。利用机械开沟—起垄—覆膜—播种。开沟及种植规格：垄宽 60 cm，沟宽 40 cm，一垄

2 行,行距 50 cm,株距 35 cm,每穴 2~3 粒。作物出苗后及时放苗、间苗,采取必要的杀虫、除草措施,在葵花开花期随水追肥 225 kg/hm² 尿素 1 次,9 月下旬黄熟后收获。

(2)灌水方法。采用沟灌技术,分别于播种后、6 月下旬、7 月上旬、7 月下旬、8 月上旬,全生育期共灌水 4 次,灌溉定额 300 mm。垄作沟灌灌溉定额 4 500 m³/hm²,常规灌溉定额 5 400 m³/hm²。

(3)耗水规律。采用垄作沟灌后灌水前后土壤水分含量较覆膜畦灌均有减小,这是由于垄作沟灌后灌溉定额减小,深层渗漏量减小,深层土壤水分含量变小,直到 0~100 cm 深度的平均土壤水分含量减小。葵花耗水量分别为垄作沟灌 370.2 mm、覆膜畦灌 469.6 mm。垄作沟灌葵花全生育期耗水量比对照减少 99.4 mm,较对照降低 21.17%,耗水强度为 3.62 mm/d,比对照降低 21.60%。具体见表 10-9。

表 10-9　葵花全生育期耗水量、耗水模数及耗水强度

种植方式	播种—初蕾期			初蕾—盛花期			盛花—乳熟期			乳熟—收获期		
	耗水量(mm)	耗水模数(%)	耗水强度(mm/d)	耗水量(mm)	耗水模数(%)	耗水强度(mm/d)	耗水量(mm)	耗水模数(%)	耗水强度(mm/d)	耗水量(mm)	耗水模数(%)	耗水强度(mm/d)
常规地膜	92.47	19.69	4.62	121.07	25.78	6.05	212.88	45.33	6.08	43.19	9.20	1.73
垄作沟灌	65.48	17.69	3.27	95.23	25.72	4.76	170.76	46.13	4.88	38.72	10.46	1.55

(4)产量及水分利用效率。统计分析结果表明,葵花采用垄作沟灌技术后产量 7 057.5 kg/hm²,较对照增产 3.02%;其水分利用效率 1.91 kg/m³,提高 30.68%,较覆膜畦灌节水 21.17%,水分生产效益达 5.92 元/m³,较对照提高 30.68%。具体见表 10-10。

表 10-10　全膜垄作沟灌葵花产量及水分利用效率

种植方式	灌水量(mm)	耗水量(mm)	产量(kg/hm²)	节水率(%)	增产率(%)	水分利用效率(kg/m³)
常规地膜	360	470	6 850.5	—	—	1.46
垄作沟灌	300	370	7 057.5	21.17	3.02	1.91

四、葵花膜下滴灌技术模式应用

(1)种植方法。休闲期深耕、免冬灌,播前施磷酸二铵 225 kg/hm²、尿素 300 kg/hm²、钾肥 150 kg/hm² 作底肥,深翻、耙耱、起垄覆膜,膜宽 145 cm,种植模式 1 膜 3 管 3 行,行距 45 cm,株距 30 cm,每穴 1~2 粒。

(2)灌水方法。生育期灌水 7 次,灌水定额 300 m³/hm²,灌水时间分别为 4 月下旬、6 月上旬、6 月下旬、7 月上旬、7 月中旬、7 月下旬、8 月中旬。葵花膜下滴灌定额 2 100 m³/hm²,

常规灌溉定额 5 400 m³/hm²。

（3）耗水规律。在全生育期，葵花膜下滴灌耗水量 294.36 mm，常规膜上灌高达 472.26 mm。具体见表 10-11。

表 10-11　膜下滴灌葵花全生育期耗水规律分析结果

| 处理 | 播种—苗期 | | | 苗期—拔节期 | | | 拔节—开花期 | | | 开花—灌浆期 | | | 灌浆—成熟期 | | | 全生育期 |
	耗水量（mm）	耗水模数（%）	耗水强度（mm/d）	耗水量（mm）	耗水模数（%）	耗水强度（mm/d）	耗水量（mm）	耗水模数（%）	耗水强度（mm/d）	耗水量（mm）	耗水模数（%）	耗水强度（mm/d）	耗水量（mm）	耗水模数（%）	耗水强度（mm/d）	耗水量（mm）
膜下滴灌	33.86	11.50	0.79	44.18	15.01	3.68	99.53	33.81	6.64	68.3	23.21	2.28	48.46	16.46	1.62	294.36
常规膜上灌	96.87	20.51	2.25	69.05	14.62	5.75	115.62	24.48	7.71	135.3	28.65	4.51	55.40	11.73	1.85	472.26

（4）产量及水分利用效率。葵花膜下滴灌净收入为 16 020.0 元/hm²，与常规灌溉相比净收入多 862.5 元/hm²，增加 5.7%。膜下滴灌灌溉定额较对照降低 150 mm，生育期耗水降低 178 mm，灌溉水利用系数提高 0.26，水分生产效益达 10.5 元/m³。具体见表 10-12。

表 10-12　膜下滴灌葵花经济效益比较

| 处理 | 投入（元/hm²） | 产出（元/hm²） | | | 净产值（元/hm²） | 增收（元/hm²） | 投入产出比 |
	种子、化肥、劳力机械费	籽粒产出	茎秆产出	总计			
DG	7 780.5	23 475	324	23 799	16 020	865.5	1:3.06
CK	8 160	22 986	328.5	23 313	15 153	—	1:2.86

五、棉花膜下滴灌技术模式应用

（1）种植方法。棉花膜下滴灌技术模式是在前茬作物收割后深翻耕作层，春季储水灌，灌水灌溉 900 m³/hm²，播种前施尿素 450 kg/hm²、磷酸二铵 225 kg/hm²、磷肥 450 kg/hm² 作底肥，将肥料耙匀后按"1 膜 2 管、1 管 2 行"的规格铺设滴灌带—覆膜—种植。滴灌带铺设规格：滴灌带采用全固定式，滴头间距 0.3 m、滴头流量 1.0~1.5 L/h，棉花按行距 25 cm、株距 20 cm 播种。出苗后及时放苗，现蕾期及时打顶整枝，在开花期、吐絮期随水追施尿素 2 次，每次 75 kg/hm²，采取必要的杀虫、除草措施。

（2）灌水方法。采用膜下滴灌技术，全生育期灌水 7 次，从播种后每隔 10~15 d 灌水 1 次，在苗期及生育后期灌水周期适当延长，生长旺盛期适当缩短，灌溉定额 4 100 m³/hm²，常规灌溉定额 5 400 m³/hm²。

（3）耗水规律。膜下滴灌棉花全生育期耗水量 307.5 mm，比对照减少 165.1 mm。具体见表 10-13。

表 10-13　膜下滴灌棉花全生育期耗水量、耗水模数及耗水强度

处理	播种—苗期			苗期—蕾期			蕾期—花铃期			花铃—收获期		
	耗水量（mm）	耗水模数（%）	耗水强度（mm/d）	耗水量（mm）	耗水模数（%）	耗水强度（mm/d）	耗水量（mm）	耗水模数（%）	耗水强度（mm/d）	耗水量（mm）	耗水模数（%）	耗水强度（mm/d）
膜下滴灌	64.2	20.29	1.57	98.7	31.19	2.14	119.7	37.83	3.33	33.8	10.68	0.94
常规地膜	102.4	21.67	2.50	136.8	28.95	2.97	180.3	38.15	5.01	53.1	11.24	1.48

（4）产量及水分利用效率。膜下滴灌棉花产量（皮棉产量）为 2 250 kg/hm^2，较对照增产 3.2%；其水分利用效率平均为 0.73 kg/m^3，节水 35.00%，水分生产效益达 8.0 元/m^3。具体见表 10-14。

表 10-14　棉花产量及水分利用效率

种植方式	灌水量（mm）	耗水量（mm）	产量（kg/hm^2）	节水率（%）	增产率（%）	水分利用效率（kg/m^3）
膜下滴灌	210	308	2 250	35.00	3.2	0.73
常规地膜	360	473	2 175	—	—	0.46

第三节　高效设施农业节水新技术应用

一、黄瓜膜下滴灌技术模式应用

（1）种植方法。黄瓜膜下滴灌技术模式采用垄作栽培，选用品种为津优一号。移栽时 1 垄 2 行，垄宽 50 cm，沟宽 40 cm，行距 45 cm，株距 30 cm。一条滴灌带控制两行，滴头间距 30 cm。在开花期、盛果期随水追施 225 kg/hm^2 尿素 2 次。移栽前进行试验田平整、施底肥、喷除草剂及选种等工作，生长发育过程中进行中耕，人工除草，必要时防治病虫害，选择适宜的杀虫剂加以防治。

（2）灌水方法。黄瓜全生育期灌水 15 次，移栽后每隔 8～10 d 灌水 1 次，在苗期及生育后期灌水周期适当延长，生长旺盛期适当缩短，灌水定额 150 m^3/hm^2，灌溉定额 2 250 m^3/hm^2，常规灌溉定额 5 400 m^3/hm^2。

（3）作物指标。温室黄瓜平均株高 245.1 cm，平均最大叶面积指数 4.50，平均单株干物质 12.72 g，移栽成活率达到 95.0%，平均产量 65 265 kg/hm^2。

（4）耗水规律。温室黄瓜采用膜下滴灌技术后，全生育期平均耗水量 313.0 mm，较膜下沟灌减少 34.0 mm；平均耗水强度 2.61 mm/d，较膜下沟灌减少 9.8%。具体见表 10-15。

表 10-15　温室黄瓜全生育期耗水量、耗水模数及耗水强度

灌溉方式	苗期			开花—坐果初期			结果盛期			结果后期		
	耗水量 （mm）	耗水 模数 （%）	耗水 强度 （mm/d）	耗水 量 （mm）	耗水 模数 （%）	耗水 强度 （mm/d）	耗水 量 （mm）	耗水 模数 （%）	耗水 强度 （mm/d）	耗水 量 （mm）	耗水 模数 （%）	耗水 强度 （mm/d）
膜下滴灌	61.27	20.22	2.04	90.02	29.71	2.73	119.84	39.55	4.61	31.88	10.52	1.23
膜下沟灌	81.48	21.67	2.72	108.85	28.95	3.30	143.44	38.15	5.52	42.26	11.24	1.63

（5）产量及水分利用效率。温室黄瓜鲜瓜产量 71 350.5 kg/hm²，增产 11.53%，节水 9.8%。具体见表 10-16。

表 10-16　温室膜下滴灌黄瓜耗水量、产量及水分利用效率

种植方式	灌水量 （mm）	耗水量 （mm）	产量 （kg/hm²）	灌溉水利用效率 （kg/m³）	水分利用效率 （kg/m³）	净产值 （元/hm²）
膜下滴灌	234	313	71 350.5	30.49	22.80	162 240.0
膜下沟灌	270	347	63 972.0	23.69	18.44	144 532.5

二、辣椒膜下滴灌技术模式应用

（1）种植方法。辣椒膜下滴灌技术模式采用垄作栽培，选用品种为陇椒和航椒，移栽时 1 垄 2 行，行距 45 cm，株距 25 cm，一条滴灌带控制 2 行，滴头间距 30 cm。开花期、盛果期随水追施 225 kg/hm² 尿素 2 次。移栽前进行土地平整、施底肥、喷除草剂及选种等工作，生长发育过程中进行中耕，人工除草，必要时防治病虫害，选择适宜的杀虫剂加以防治。

（2）灌水方法。辣椒全生育期灌水 15 次，移栽后每隔 8～10 d 灌水 1 次，在苗期及生育后期灌水周期适当延长，生长旺盛期适当缩短，灌水定额 150 m³/hm²，灌溉定额 2 250 m³/hm²，常规灌溉定额 5 400 m³/hm²。

（3）作物指标。温室辣椒平均株高 58.9 cm，平均最大叶面积指数 4.43，平均单株干物质 10.50 g，移栽成活率达到 95.1%，平均产量 34 110 kg/hm²。

（4）耗水规律。温室膜下滴灌辣椒全生育期平均耗水量 315.0 mm，较沟灌分别减少 120.0 mm；平均耗水强度为 1.85 mm/d，较沟灌减少 26.10%。具体见表 10-17。

表 10-17　温室辣椒全生育期耗水量、耗水模数及耗水强度

灌溉 方式	苗期			开花—坐果初期			结果盛期			结果后期		
	耗水 量 （mm）	耗水 模数 （%）	耗水 强度 （mm/d）	耗水 量 （mm）	耗水 模数 （%）	耗水 强度 （mm/d）	耗水 量 （mm）	耗水 模数 （%）	耗水 强度 （mm/d）	耗水 量 （mm）	耗水 模数 （%）	耗水 强度 （mm/d）
膜下滴灌	63.69	20.22	2.05	93.59	29.71	2.67	124.58	39.55	4.61	33.14	10.52	1.23
沟灌	94.26	21.67	3.04	125.93	28.95	3.60	165.95	38.15	6.15	48.89	11.24	1.81

（5）产量及水分利用效率。温室膜下滴灌辣椒鲜果产量 36 489.0 kg/hm²，增产 15.00%，节水 27.59%。具体见表 10-18。

表 10-18　温室膜下滴灌辣椒耗水量、产量及水分利用效率

种植方式	灌水量（mm）	耗水量（mm）	产量（kg/hm²）	节水率（%）	增产率（%）	水分利用效率（kg/m³）
膜下滴灌	225	315	36 489.0	16.22	11.58	11.6
沟灌	270	435	31 729.5	11.75	7.29	7.3

三、番茄膜下滴灌技术模式应用

（1）种植方法。番茄膜下滴灌技术模式采用垄作栽培，选用品种为金棚一号。移栽时一垄 2 行，垄宽 50 cm，沟宽 40 cm，行距 45 cm，株距 30 cm，一条滴灌带控制两行，滴头间距 30 cm。在开花期、盛果期随水追施 225 kg/hm² 尿素 2 次。移栽前进行土地平整、施底肥、喷除草剂及选种等工作，生长发育过程中进行中耕，人工除草，必要时防治病虫害，选择适宜的杀虫剂加以防治。

（2）灌水方法。番茄全生育期灌水 15 次，灌水周期 8 d，在苗期及生育后期灌水周期适当延长，生长旺盛期适当缩短，灌水定额 150 m³/hm²，灌溉定额 2 250 m³/hm²，常规灌溉定额 5 400 m³/hm²。

（3）作物指标。温室番茄平均株高 94.5 cm，平均最大叶面积指数 4.73，平均单株干物质 335.6 g，移栽成活率达到 95.5%，平均产量 65 265.0 kg/hm²。

（4）耗水规律。温室膜下滴灌番茄全生育期平均耗水量 303.0 mm，较常规沟灌减少 73.0 mm；平均耗水强度为 1.89 mm/d，较常规沟灌减少 5.28%。具体见表 10-19。

表 10-19　温室番茄全生育期耗水量、耗水模数及耗水强度

灌溉方式	苗期			开花—坐果初期			结果盛期			结果后期		
	耗水量（mm）	耗水模数（%）	耗水强度（mm/d）	耗水量（mm）	耗水模数（%）	耗水强度（mm/d）	耗水量（mm）	耗水模数（%）	耗水强度（mm/d）	耗水量（mm）	耗水模数（%）	耗水强度（mm/d）
膜下滴灌	61.27	20.22	2.04	90.02	29.71	2.73	119.84	39.55	4.61	31.88	10.52	1.23
膜下沟灌	81.48	21.67	2.72	108.85	28.95	3.30	143.44	38.15	5.52	42.26	11.24	1.63

（5）产量及水分利用效率。温室膜下滴灌番茄鲜果产量 65 265.0 kg/hm²，较常规沟灌增产 9.02%，节水 19.41%。具体结果见表 10-20。

表 10-20　　温室膜下滴灌番茄耗水量、产量及水分利用效率

种植方式	灌水量（mm）	耗水量（mm）	产量（kg/hm²）	灌溉水利用效率（kg/m³）	水分利用效率（kg/m³）	净产值（元/hm²）
膜下滴灌	225	303	65 265.0	29.01	21.54	137 067.0
膜下沟灌	315	376	59 865.0	19.01	15.92	125 727.0

第四节　节水灌溉标准化技术体系应用

一、调亏灌溉标准化技术体系应用

（一）示范应用建设管理方案

1. 建设内容及规模

从 2011 年开始,在石羊河流域建立了玉米调亏灌溉标准化技术体系示范区 26.67 hm²。通过应用示范,实现了提升玉米灌溉技术水平、促进种植结构调整、提高用水效益的目标。通过建立玉米节水灌溉标准化技术样板,完善了节水灌溉标准化技术体系规程,有效指导了流域治理及后期节水灌溉技术的推广应用。

2. 田间管理方案

1）田间管理

示范区玉米采用机械完成铺膜工作,选用宽幅 145 cm、厚 0.005 ~ 0.006 mm 的地膜,采用人力穴播机进行播种,每穴播 1 ~ 3 粒种子,播种深度 2.5 ~ 3.5 cm,行距 45 cm,株距 25 ~ 30 cm,播种量 52.5 ~ 67.5 kg/hm²,播种密度 75 000 ~ 90 000 株/hm²。播种时间为当年 4 月中下旬,当 5 ~ 10 cm 土层温度稳定在 12 ℃以上时开始播种,播期以出苗后应避开晚霜危害为宜。

在玉米苗期,由于有些幼苗不能直接钻出膜孔,必须及时进行人工引苗,使其正常生长。引苗后要及时查苗、补苗。缺苗时可就近带土移栽双苗中的幼苗,方法是在缺苗处开一小孔,将幼苗放入小孔中,浇少量水,用细土封住孔眼。当缺苗达 20% 以上无苗可移栽时,可催芽补种当地适宜的玉米品种。当缺苗不严重时,可通过每穴 2 株或 3 株的形式,达到合理密度。玉米出苗后 2 ~ 3 片叶展开时,即可开始间苗,去掉弱苗。幼苗达到 3 ~ 4 片展开叶时,即可定苗,保留健壮、整齐一致的壮苗。壮苗的标准是:叶片宽大,根多根深,茎基扁粗,生长墩实,苗色浓绿。地膜玉米生长旺盛,常常产生分蘖,这些分蘖不能形成果穗,只能消耗养分。因此,定苗后至拔节期间,要勤查看,及时将无效分蘖去掉,即人工打杈。

玉米收获后,严禁焚烧秸秆,应及时秸秆还田,以培肥地力。适于青储的品种可以适时收获,秸秆青储用作饲料。收获后用机械或人工耙除废膜及玉米残根平整土地。

2）水肥管理

基肥以农家肥为主,以猪粪腐熟的厩肥为好。一般 60 000 kg/hm²,纯氮 450 kg/hm²,纯

磷$(P_2O_5)210$ kg/hm²,其中纯氮的30%(约135 kg)作为基肥结合整地施入土壤。农家肥均匀摊开结合春耕翻入土中,做基肥的化肥在播前耕地时施入土壤,化肥施于种床正下方。化肥与种子之间的土壤隔离层应在4~6 cm。施播的化肥和种子深浅一致,肥带宽度略大于种行宽度,土壤隔离层合格率不小于95.0%。施肥量符合作物播种的农艺要求。玉米全生育期追肥2次,第一次在玉米拔节期(6月5日),结合第一次灌水追施纯氮180 kg/hm²,第二次在抽穗期(6月25日),结合第二次灌水追施纯氮135 kg/hm²,肥料种类以尿素为宜,肥料在灌水前均匀撒到沟内或膜上。

生育期灌水流量控制在5 L/s左右。播后灌安种水900 m³/hm²;拔节期(6月5日)灌第一次水,灌水量750 m³/hm²;大喇叭口期(6月25日)灌第二次水,灌水量900 m³/hm²;抽雄后灌第三水(7月15日),灌水量900 m³/hm²;灌浆中期灌第四水(8月5日),灌水量900 m³/hm²;灌浆后期灌第五水(8月25日),灌水量750 m³/hm²。

(二)示范应用监测方案

1. 监测内容

示范区监测内容包括作物农艺性状(出苗率、株高、叶面积)、土壤含水率、不同作物灌溉制度(灌水次数、灌水定额、灌溉定额)、作物产量及水分利用效率。

2. 监测方案

1)作物指标测定

出苗率:玉米出苗后在示范区随机选3行,记录每行株数,取3行平均数后根据行数计算示范区玉米出苗率。

株高:出苗后在示范区每15 d随机选20株,用钢卷尺测定植株地面至最长叶顶端的长度。当乳熟期测定株高时,应从地面量至雄穗顶端。

叶面积:作物出苗后在示范区每15 d随机选10株,采用长×宽×系数法测定叶面积,系数为0.75。

2)土壤水分含量测定

在播种前2 d、作物整个生育期内每隔10 d以及收获后,共分5层:0~20 cm、20~40 cm、40~60 cm、60~80 cm、80~100 cm,采用土钻取土烘干法(105 ℃,12 h)测定土壤含水率,灌水前后及降水前后进行加测。

3)作物灌溉制度监测

记录每种作物实际灌水日期及灌水次数,在渠道输水示范区用量水堰测定每次实际灌水量,在管道输水示范区用水表记录每次实际灌水量,作物收获后统计不同作物实际灌水次数及灌溉定额。

4)考种、计产

考种:玉米收获时在示范区随机选取15株测定穗长、穗粗、单株有效穗数、穗重、秃尖度、行数、行粒数、穗行数、穗粒重及百粒重。

计产:玉米计产按照以下公式计算

$$作物产量(kg/hm²) = 穗数/hm² × 穗粒数 × 千粒重\ kg/1\ 000$$

(三)示范应用跟踪监测

1. 监测控制

1）整地、土壤处理监测控制

在早春土壤解冻后顶凌整地，做到地面平整，土壤细绵，无前作根茬。在整地起垄时每公顷用50%辛硫磷乳油7.5 kg加细沙土450 kg制成毒土对玉米的地下害虫进行防治，用50%乙草胺乳油1 500～3 000 mL兑水450 kg对杂草进行防治。

2）播种监测控制

在早春土壤耕层解冻后进行覆膜作业，基肥和农家肥随耕地作业完成。覆膜一般在4月上旬、播种前10 d左右进行。调亏灌溉玉米实行干播湿出，在4月10～25日播种后浅灌安种水。

3）灌溉、农艺性状监测控制

在玉米全生育期(4月25日至9月25日)的不同生育阶段对作物农艺性状、土壤含水率进行动态监测。追肥次数、追肥量按照不同作物技术规程进行实施。

4）收获、考种监测控制

在9月下旬至10月中旬对玉米进行考种、测产。在籽粒完熟、苞叶枯黄变白、籽粒乳线消失、基部变黑时进行收获。

2. 监测结果

玉米调亏灌溉标准化技术示范播种采用干播湿出法，即在使用穴播机进行播种后及时灌安种水，灌水量900 m³/hm²，之后分别在6月10日(拔节期)、6月25(抽穗期)、7月10日(灌浆期)、7月25日(蕾期)、8月10日(乳熟期)灌水5次，全生育期共灌水6次，灌溉定额5 100 m³/hm²。拔节期6月10日随水施氮肥和磷肥，施肥量均为75 kg/hm²；抽穗期6月25日、灌浆期7月10日施氮肥两次，施肥量均为150 kg/hm²。玉米田间管理、水肥管理及病虫害防治均严格按照《玉米调亏灌溉标准化技术规程》实施。在调亏灌溉条件下，玉米产量14 250 kg/hm²。考种结果见表10-21。

表 10-21　玉米调亏灌溉考种结果

干物质(g)	有效穗数(个)	穗长(cm)	穗直径(cm)	穗重(g)
929.31	1.18	20.21	4.28	233.80
秃尖长(cm)	穗行数(行)	行粒数(粒)	籽粒重(g)	百粒重(g)
1.81	13.91	32.34	158.92	33.30

二、膜下滴灌标准化技术体系应用

(一)示范应用建设管理方案

1. 建设内容及规模

从2011年开始，在石羊河流域建立了棉花膜下滴灌标准化技术体系示范区26.67 hm²，3年累计开展示范面积80 hm²。通过应用示范，实现了提升灌溉技术水平、促进种植结构调整、提高用水效益的目标。

2. 田间管理方案

1) 田间管理

棉花膜下滴灌采用 1 膜 2 管种植模式,选用幅宽 120 cm、厚 0.005 ~ 0.006 mm 的地膜,1 膜 4 行,并在膜面每隔 2 m 左右压土腰带。滴灌带铺设与播种、铺膜同时进行,滴灌带设置于窄行中,滴灌带毛面朝上。种植规格为 25 cm + 50 cm + 25 cm,滴灌带间距 75 cm,株距 18 cm。人力机械播种,每穴播 4 ~ 6 粒种子,空穴率不超过 2%,播种深度 2 ~ 2.5 cm,覆土厚度 1 cm,每公顷保苗以 18.0 万 ~ 19.5 万株为宜。在 4 月中下旬,当膜下 5 cm 地温稳定在 12 ℃以上时即可播种。播期以出苗后能避开晚霜危害为宜。

在棉花苗期由于有些幼苗不能直接钻出膜孔,必须及时进行人工引苗,使其正常生长。引苗后要及时查苗、补苗。缺苗时可就近带土移栽双苗中的幼苗,方法是在缺苗处开一小孔,将幼苗放入小孔中,浇少量水,用细土封住孔眼。当缺苗达 20% 以上无苗可移栽时,可催芽补种当地适宜棉花品种。当缺苗不严重时,可通过每穴 2 株或 3 株的形式,达到合理密度。地膜棉花出苗后 2 ~ 3 片叶展开时,即可开始间苗,去掉弱苗。幼苗达到 3 ~ 4 片展开叶时,即可定苗,保留健壮、整齐一致的壮苗。壮苗的标准是:叶片宽大,根多根深,茎基扁粗,生长墩实,苗色浓绿。

花铃期及时打顶,进入 7 月,保留 7 ~ 8 个果枝,棉高 55 ~ 60 cm,见顶就打,虽然棉花生长以水肥控制为主要手段,但必须结合打顶整枝,7 月 15 日前打顶结束。根据棉花不同成熟期,要分期、分批进行收获。

2) 水肥管理

基肥以农家肥为主,一般施 45 000 ~ 60 000 kg/hm²。氮肥、磷肥若作基肥,一般纯氮 112.5 ~ 135.0 kg/hm²,纯磷(P_2O_5)300 ~ 360 kg/hm²。农家肥均匀摊开结合春耕翻入土中,作基肥的化肥在春耕时施入土壤。棉花全生育期追施尿素 180 kg/hm²,分 4 次追施(一般在 7 ~ 8 月),在灌水开始 1 h 后进行,灌水结束前半小时完成。

棉花生育期采取以水调为主、化控为辅的调控技术,确保棉花生长发育稳健、协调,实现枝枝有果,不中空。化学控制要根据作物实际生长状况而定,不能盲目控制,用量要适中。一般在 6 月下旬每公顷用 50% 矮壮素 30 ~ 60 mL 喷雾 1 ~ 2 次。

棉花全生育期灌水 3 225 m³/hm²,灌 9 次水。在苗期(6 月 10 日)灌第一次水,灌水量 450 m³/hm²。在棉花蕾期共灌水 3 次,灌水时间分别在 6 月 20 日、6 月 30 日、7 月 10 日,每次灌水量 300 m³/hm²。在棉花花铃期共灌水 4 次,灌水时间分别在 7 月 20 日、7 月 30 日、8 月 10 日、8 月 20 日,每次灌水量 375 m³/hm²。在棉花吐絮期(9 月 10 日)灌最后一次水,灌水量 375 m³/hm²。棉花生长后期棉株吸收养分较少,为防止早衰,应适时补水补肥,灌水 1 ~ 2 次,灌水定额 300 m³/hm²。随水施纯氮 3 ~ 4.5 kg/hm²,纯磷 6 ~ 9g/hm²,钾(K_2O)9 ~ 10.5 kg/hm²。对于贪青晚熟棉田,可在 9 月 20 日前后,主要往棉铃上人工喷洒有效成分 40% 的乙烯利 1 500 ~ 1 800 g/hm²。

(二)示范应用监测方案

1. 监测内容

示范区监测内容包括作物农艺性状(出苗率、株高、叶面积)、土壤含水率、不同作物灌溉制度(灌水次数、灌水定额、灌溉定额)、作物产量及水分利用效率。

2.监测方案

1）作物指标测定

出苗率:棉花等作物出苗后在示范区随机选 3 行,记录每行株数,取 3 行平均数后根据行数计算示范区玉米出苗率。

株高:出苗后在示范区每 15 d 随机选 20 株,用钢卷尺测定植株地面至最长叶顶端的长度数。当乳熟期测定株高时,应从地面量至顶端。

叶面积:作物出苗后在示范区每 15 d 随机选 10 株,采用长×宽×系数法测定叶面积,系数为 0.75。

2）土壤水分含量测定

在播种前 2 d、作物整个生育期内每隔 10 d 以及收获后,共分 5 层:0 ~ 20 cm、20 ~ 40 cm、40 ~ 60 cm、60 ~ 80 cm、80 ~ 100 cm,采用土钻取土烘干法(105 ℃,12 h)测定土壤含水率,灌水前后及降水前后进行加测。

3）作物灌溉制度监测

记录每种作物实际灌水日期及灌水次数,在渠道输水示范区用量水堰测定每次实际灌水量,在管道输水示范区用水表记录每次实际灌水量,作物收获后统计不同作物实际灌水次数及灌溉定额。

4）考种、计产

考种:棉花收获时随机选取 15 株棉花测定株高、叶面积、干物质、果枝数、铃数、脱落率、单铃重、衣分、纤维长度、籽棉产量、皮棉产量。

计产:棉花计产采用随收随称重计产方式,收花时间分别在 9 月 10 日、9 月 24 日、10 月 16 日(霜后花)、10 月 18 日,共收 4 次花。

（三）示范应用跟踪监测

1.监测控制

1）整地、土壤处理监测控制

在早春土壤解冻后顶凌整地,做到地面平整,土壤细绵,无前作根茬。在整地起垄时每公顷用 50% 辛硫磷乳油 7.5 kg 加细沙土 450 kg 制成毒土对地下害虫进行防治,用 50% 乙草胺乳油 1 500 ~ 3 000 mL 兑水 450 kg 对杂草进行防治。

2）播种监测控制

在早春土壤耕层解冻后进行起垄覆膜作业,基肥和农家肥随耕地作业完成。起垄覆膜一般在 4 月上旬、播种前 10 d 左右进行。实行干播湿出,在 4 月 10 ~ 25 日播种后浅灌安种水。

3）灌溉、农艺性状监测控制

棉花全生育期(4 月 25 日至 8 月 25 日)的不同生育阶段对作物农艺性状、土壤含水率进行动态监测。追肥次数、追肥量按照不同作物技术规程进行实施。

4）收获、考种监测控制

在 9 月下旬至 10 月中旬对棉花进行考种、测产。采用随收随称重进行定株(15 株)计产,定株棉花共测产 4 次。

2.监测结果

棉花膜下滴灌采用 1 膜 2 管种植模式,开灌时间在 6 月 10 日,灌水量 450 m³/hm²。蕾期灌水 3 次,灌水总量 1 125 m³/hm²。花铃期灌水 4 次,总灌水量 1 500 m³/hm²。吐絮初期灌最后一次水,灌水量 375 m³/hm²。全生育期共灌水 9 次,灌溉定额 3 450 m³/hm²。苗期 6 月 10 日随水施氮肥,施肥量 75 kg/hm²;蕾期施氮肥两次,施肥时间分别为 6 月 20 日和 6 月 30 日,施肥量均为 75 kg/hm²。棉花膜下滴灌田间管理、水肥管理均严格按照《棉花膜下滴灌标准化技术规程》实施。棉花膜下滴灌考种结果见表 10-22。

表 10-22　棉花膜下滴灌考种结果

株高(cm)	干物质(g)	叶面积(cm²)	果枝数(个)	铃数(个)
56.3	23.1	673.2	7.5	4.67
单铃重(g)	衣分(%)	纤维长度(cm)	籽棉(g)	皮棉(g)
8.2	42.1	39.1	6.3	2.61

三、垄作沟灌标准化技术体系应用

(一)示范应用建设管理方案

1.建设内容及规模

从 2011 年开始,在石羊河流域建立了葵花垄作沟灌标准化技术体系示范区 13.33 hm²,3 年累计开展示范面积 40 hm²。通过应用示范,实现了提升灌溉技术水平、促进种植结构调整、提高用水效益的目标。

2.田间管理方案

1)田间管理

平田整地后利用起垄机起垄,选用宽幅 120 cm、厚 0.005 ~ 0.006 mm 的地膜。垄幅宽 100 cm,垄面宽 60 cm,沟宽 40 cm,沟深 20 ~ 25 cm,灌水沟沟底比降一般为 0.005 ~ 0.02,边坡系数 1.0。采用人工点播方法进行播种,每穴播 1 ~ 2 粒种子,播种深度 2.5 ~ 3.5 cm,行距 45 cm,株距 30 ~ 35 cm,密度 67 500 ~ 75 000 株/hm²。播种时间为 4 月中下旬,当 5 ~ 10 cm 土层温度稳定在 12 ℃以上时开始播种,播期选择以出苗后避开晚霜危害为宜。

在葵花苗期由于有些幼苗不能直接钻出膜孔,必须及时进行人工引苗,使其正常生长。引苗后要及时查苗、补苗。缺苗时可就近带土移栽双苗中的幼苗,方法是在缺苗处开一小孔,将幼苗放入小孔中,浇少量水,用细土封住孔眼。当缺苗率达 20% 以上无苗可移栽时,可催芽补种当地适宜葵花品种。当缺苗不严重时,可通过每穴双株或 3 株的形式,达到合理密度。地膜葵花出苗后 2 ~ 3 片叶展开时开始间苗,去掉弱苗。幼苗达到 3 ~ 4 片展开叶时,即可定苗,保留健壮、整齐一致的壮苗。壮苗的标准是:叶片宽大,根多根深,茎基扁粗,生长墩实,苗色浓绿。

2)水肥管理

基肥以农家肥为主,以猪粪腐熟的厩肥为好。农家肥均匀摊开结合春耕翻入土中,一般 60 000 kg/hm²。纯氮施用量 225 kg/hm²,纯磷(P_2O_5)施用量 165 kg/hm²,其中纯氮的 60%(约 135 kg)作为基肥结合整地施入土壤。作基肥的化肥在播前耕地时施入土壤,化肥施于种床正下方,化肥与种子之间的土壤隔离层应在 4 ~ 6 cm。施播的化肥和种子深浅一致,肥带宽度略大于种行的宽度,土壤隔离层合格率不小于 95.0%。施肥量符合作物播种的农艺要求,在葵花全生育期追肥一次,在葵花盛花期结合二水追施纯氮,施肥量为 90 kg/hm²,肥料种类以尿素为宜,在灌水前将肥料均匀撒到沟内或膜上。

当采用垄作沟灌时,生育期灌水流量控制在 1.0 L/s 左右。全生育期灌水 2 625 m³/hm²,灌 4 次水。4 月 25 日播种后灌安种水 600 m³/hm²;现蕾期(6 月 15 日)灌第一次水,灌水量 525 m³/hm²;盛花期(7 月 5 日)灌第二次水,灌水量 525 m³/hm²;灌浆初期灌第三次水(7 月 25 日),灌水量 525 m³/hm²;灌浆中期灌第四次水(8 月 5 日),灌水量 450 m³/hm²。

(二)示范应用监测方案

1. 监测内容

示范区监测内容包括作物农艺性状(出苗率、株高、叶面积)、土壤含水率、不同作物灌溉制度、作物产量及水分利用效率。

2. 监测方案

1)作物指标测定

出苗率:葵花出苗后在示范区随机选 3 行,记录每行株数,取 3 行平均数后根据行数计算示范区玉米出苗率。

株高:出苗后在示范区每 15 d 随机选 20 株,用钢卷尺测定植株地面至最长叶顶端的长度。当乳熟期测定株高时,应从地面量至顶端。

叶面积:作物出苗后在示范区每 15 d 随机选 10 株,采用长×宽×系数法测定叶面积,系数为 0.75。

2)土壤水分含量测定

在播种前 2 d、作物整个生育期内每隔 10 d 以及收获后,共分 5 层:0~20 cm、20~40 cm、40~60 cm、60~80 cm、80~100 cm,采用土钻取土烘干法(105 ℃,12 h)测定土壤含水率,灌水前后及降水前后进行加测。

3)作物灌溉制度监测

记录每种作物实际灌水日期及灌水次数,在渠道输水示范区用量水堰测定每次实际灌水量,在管道输水示范区用水表记录每次实际灌水量,作物收获后统计不同作物实际灌水次数及灌溉定额。

4)考种、计产

考种:收获时在示范区随机选取 15 株葵花测定盘直径、盘重、盘粒数、盘粒重及百粒重。

计产:葵花按照以下公式计算:

$$作物产量(kg/hm^2) = 穗数/hm^2 × 穗粒数 × 千粒重 \ kg/1\ 000$$

(三)示范应用跟踪监测

1. 监测控制

1)整地、土壤处理监测控制

在早春土壤解冻后顶凌整地,做到地面平整,土壤细绵,无前作根茬。在整地起垄时每公顷用 50% 辛硫磷乳油 7.5 kg 加细沙土 450 kg 制成毒土对葵花地下害虫进行防治,用 48% 地乐胺乳油 2 250 mL 兑水 450 kg 对杂草进行防治。

2) 起垄、播种监测控制

在早春土壤耕层解冻后进行起垄覆膜作业,基肥和农家肥随耕地作业完成。起垄覆膜一般在4月上旬、播种前10 d左右进行。实行干播湿出,在4月10~25日播种后浅灌安种水。

3) 灌溉、农艺性状监测控制

在葵花全生育期(4月25日至8月25日)的不同生育阶段对作物农艺性状、土壤含水率进行动态监测,追肥次数、追肥量按照不同作物技术规程进行实施。

4) 收获、考种监测控制

在9月下旬至10月中旬对葵花进行考种、测产。葵花在花盘背面发黄、边缘为微绿色、舌状花瓣凋萎或干枯、茎叶老黄、叶片黄枯下垂时收获。

2. 监测结果

葵花垄作沟灌除安种水外,之后分别在6月20日(现蕾期)、7月5日(盛花期)、7月20日(灌浆初期)、8月5日(灌浆中期)灌水4次,灌水量均为750 m^3/hm^2。全生育期共灌水5次,灌溉定额3 600 m^3/hm^2。6月20日随水施氮肥和磷肥,施肥量均为75 kg/hm^2。7月5日施氮肥一次,施肥量150 kg/hm^2。葵花垄作沟灌田间管理、水肥管理均按照《葵花垄作沟灌标准化技术规程》实施。考种结果见表10-23。

表10-23 葵花垄作沟灌考种结果

株高(cm)	干物质(g)	盘直径(cm)	百粒重(g)	盘粒数(个)	盘重(g)
173.2	245.8	21.25	20.52	790.87	236.63

第五节 水资源管理技术应用

一、地下水信息管理系统应用

采用GPS等技术开展地下水利用现状调查,示范应用基于3S和VB语言开发的地下水信息管理系统,在示范区安装地下水信息管理系统软件一套。

系统能够帮助用户直观地了解研究区域地下水开采井分布情况;查询每眼地下水开采井的名称、经纬度、所属灌区、所属渠系名称、所属乡镇、取水单位、法人代表及开采井的各种详细参数;可以将查询到的地下水开采井的具体数据生成报表,打印并输出成电子表格形式,方便用户查阅;查询地下水观测井参数及分布情况,直观地显示出地下水等值线图、潜水层底板图、承压水层顶板图及承压水层底板图;直观地反映研究区域土地利用情况,查询各种类型土地数量、面积及详细信息表等。

二、灌溉信息管理系统应用

在示范区内建立基于遥感和GIS技术的灌溉信息管理系统,安装灌溉信息管理系统软件一套,为管理工作提供便利。

系统能够帮助用户直观地了解整个灌区渠系分布情况,查询每条渠道名字、级别及长度等详细属性,并可以将查询结果生成报表,打印成纸质文件或输出成电子表格形式,方便查阅。可生成研究区域灌溉面积专题图,直观地以饼图的形式表现各个乡镇灌溉面积分布情况。灌溉制度设计程序可以为用户生成灌区灌溉制度表,并且可以方便地保存、修改。有多种查询方式可供用户选择,如单点查询、范围查询及输入数据直接查询。将数据库中的数据导出为常用的 Excel 格式,方便编辑计算。可快速生成民勤县渠系分布专题图,并导出为图片或者直接打印。

三、基于 3S 的水资源调度信息管理系统应用

在示范区内推广地下水管理技术,借助渠道配水设施,联合利用地下水管理与地表水调度信息管理系统进行水资源管理技术应用示范,安装水资源调度信息管理系统一套,配套 IC 卡计量设施 20 套。

系统可以根据不同的调度年份、起调时间及计算原则生成灌区 106 个计算单元逐日的需水过程。可按计算要求以旬、月、乡镇、灌区为关键字进行统计计算,并输出为 Excel 表格或者以图表形式反映出来。以需水预测功能生成的需水预测序列为基础,按照不同的来水频率、调度方案、起调时间、计算原则及配水模式,生成 106 个计算单元逐旬的配水过程。调度结果可以按照要求以乡镇、灌区、渠系为关键字进行统计计算,并输出为 Excel 表格或者以图表形式反映出来。可对地下水开采量进行智能控制。

四、应用效果

(一)经济效益

通过技术成果的推广和实施,在示范区建成灌溉信息管理系统、地下水信息管理系统和水资源调度信息管理系统,示范面积 333.33 hm²。项目实施期内示范区水资源利用效率平均提高 5.6%,年均节水 12.8 万 m³,年均增产 17.8 万 kg。

(二)社会效益

技术成果的推广和实施,对研究区社会经济的发展能起到一定的促进作用。

(1)可实现石羊河流域下游地区水资源管理的现代化、科学化、制度化,保障了全流域水资源的优化配置,同时通过本系统的应用,使水资源—环境的动态变化得到充分、及时的反映,借助于灌区现代化的信息采集技术和自动化、智能化灌溉设备,与智能化地下水管理系统紧密联系,进行精准灌溉,为最终实现灌区农业灌溉的自动化、现代化创造良好的基础条件。

(2)可以最大限度地提高水资源利用效率,继而为民勤绿洲社会经济可持续发展奠定基础。

(3)显著加快了以水资源高效利用为依托的一大批节水技术成果的推广应用和转化进程。同时,进一步促进了其他已有科技成果的产业化开发和新科技成果的应用开发。

(4)培养了一批能够熟练掌握计算机技术的工程技术人员、基层农技人员,这些技术人员已经成为实现绿洲可持续发展的重要推动力量。

(5)为民勤绿洲高效利用水资源提供技术支撑,为建设节水型社会奠定基础。

(6)以 GIS 为基础平台,结合专业模型和智能化管理设备,可实现对区域水资源、水环境

数据的科学管理,并通过管理系统的应用及管理决策人员对管理区域内的各种信息的了解,使水资源管理决策进一步系统化、科学化,真正促进区域水资源的有效开发和可持续利用。

（三）生态效益

民勤绿洲的生态环境问题实际上是水资源优化配置问题,地下水资源管理的成败和地下水位的恢复是民勤绿洲区生态环境得以改善的关键。成果的应用能够为区域生态环境的改善提供技术保障,同时对缓解绿洲水资源供需矛盾、改善生态环境质量具有积极的促进作用。